详细讲解了 Dreamweaver、Flash、Photoshop
在网页设计方面的应用

Dreamweaver CS6
Flash CS6
Photoshop CS6
网页设计
完全学习手册

金景文化 编著

人民邮电出版社
北京

图书在版编目（CIP）数据

Dreamweaver CS6、Flash CS6、Photoshop CS6网页设计完全学习手册 / 金景文化编著. -- 北京 : 人民邮电出版社，2014.1（2016.5 重印）
ISBN 978-7-115-33054-3

Ⅰ. ①D… Ⅱ. ①金… Ⅲ. ①网页制作工具—手册 Ⅳ. ①TP393.092-62

中国版本图书馆CIP数据核字(2013)第223356号

内容提要

优秀的网页设计师应该熟悉网页设计制作的系列流程，并且在实际工作中面对各种任务时都要有自己的解决方案和应对技巧。本书以初学者学习网页设计制作的先后顺序为线索，逐步讲解了初学者需要掌握的网页设计制作知识，对概念和功能的介绍较为形象、生动。全书结合实例进行讲解，详细地介绍了制作步骤和软件应用技巧，并配有相关知识的操作提示和技巧，使读者能很好地学习并掌握。

本书共 25 章，分为入门篇、Dreamweaver CS6 篇、Photoshop CS6 篇、Flash CS6 篇和综合商业案例篇，清晰地展示了本书的主要内容，将知识点根据读者学习的难易程度，以及在实际工作中应用的轻重顺序来安排，真正地为学习者考虑，也让不同程度的学习者有针对性地学习。

本书结构清晰、内容全面、实例经典、技术实用，适合想要涉足网页设计领域的读者特别是网页设计专业的大中专学生阅读。随书光盘中包含了书中所有实例的素材和源文件，以及所有实例的视频教学，方便读者学习和参考。

◆ 编　　著　金景文化
责任编辑　杨　璐
责任印制　方　航

◆ 人民邮电出版社出版发行　北京市丰台区成寿寺路 11 号
邮编　100164　电子邮件　315@ptpress.com.cn
网址　http://www.ptpress.com.cn
北京九州迅驰传媒文化有限公司印刷

◆ 开本：787×1092　1/16
印张：31.75
字数：1 060 千字　　2014 年 1 月第 1 版
印数：5 001 – 5 300 册　　2016 年 5 月北京第 3 次印刷

定价：59.00 元（附光盘）

读者服务热线：(010)81055410　印装质量热线：(010)81055316
反盗版热线：(010)81055315
广告经营许可证：京东工商广字第 8052 号

前　言

随着时代的发展，网络已经是人们日常生活不可或缺的一部分。对于网页爱好者而言，当每次打开计算机，看到各种不同类型、不同风格、不同内容的网站时，是不是也想拥有属于自己的网站，也想掌握网页设计制作的知识呢？

Dreamweaver、Photoshop和Flash这3款软件以强大的功能和易学易用的特性，被称为网页三剑客，是多媒体网站设计制作的梦幻组合。本书将讲解如何将这3款软件完美结合制作出优秀的网页作品。

内容安排

本书共25章，分为5篇，入门篇、Dreamweaver CS6篇、Photoshop CS6篇、Flash CS6篇和综合商业案例篇，循序渐进地向读者介绍了网页设计制作软件的相关知识点和操作方法。

入门篇（第1～第2章）：讲解了有关网页设计制作的相关基础知识，包括什么是网页设计、网页开发常用软件和技术、网站建设的基本流程、以及常见的网站类型和网页配色的相关知识等。通过该部分内容的学习，可以使读者对网页设计与制作有更加深入的了解。

Dreamweaver CS6篇（第3～第10章）：详细讲解了Dreamweaver CS6软件的操作方法和各知识点，包括网页文本的基本操作、创建站点、在网页中添加文本、在网页中插入图像、在网页中插入多媒体元素、各种不同类型网页链接的创建方法，另外还讲解了使用AP Div与行为实现网页特效、CSS样式与Div+CSS布局、表格和框架布局、模板和库、在网页中插入表单元素等网页制作高级功能。通过该部分内容的学习，读者可以掌握Dreamweaver CS6软件的操作和网页制作过程中的各方面知识。

Photoshop CS6篇（第11～第16章）：讲解了Photoshop CS6的工作界面和文件的基本操作方法，详细讲解了Photoshop CS6中各种绘图工具、文本、图层的使用方法和技巧，重点讲解了网页图像的处理方法和技巧。通过该部分内容的学习，读者可以掌握Photoshop CS6的使用方法，以及常见网页元素的设计和表现方法。

Flash CS6篇（第17～第23章）：对Flash CS6中的绘图工具、修改工具、填充工具等基本工具的使用方法进行了简单讲解，并对文本与对象的操作、元件与“库”面板、ActionScript 3.0、测试、发布与导出动画等内容进行了讲解，重点讲解了各种不同类型的Flash动画的制作方法。通过该部分内容的学习，读者可以掌握Flash CS6软件的使用方法，并能够制作出网页中常见的动画效果。

综合商业案例篇（第24～第25章）：通过两个不同类型的典型商业网站案例，按照从页面设计、切割出网页所需素材、制作网页中的Flash动画、制作HTML页面这样的整体流程，全面分析和讲解了网页设计的制作方法和技巧。通过该部分内容的学习，读者可以掌握网页设计制作的流程，并掌握设计制作的方法和技巧。

本书特点

本书不但讲解了每一种软件的使用方法，还讲解了如何将这3个软件相互配合，充分发挥各自的特点，设计制作出精美的网页，具有很强的实用价值。

- **全面剖析三大网页设计制作软件**

本书基于最新版的网页设计制作软件编写，分别对Dreamweaver CS6、Photoshop CS6和Flash CS6这3款软件的基础知识和基本操作进行了详细讲解，帮助读者掌握网页制作、图像处理、动画制作的基本技能。

- **清新的阅读环境**

本书认真考虑读者的需求，将内容版式设计得清新、典雅，知识点与案例相结合，像一位贴心的老师手把手进行教导。

- **技巧和知识点的归纳总结**

本书在知识点和实例的讲解过程中结合作者长期的网页设计与教学经验列出了大量的提示、技巧，使读者更容易理解和掌握相关的知识点。

- **多媒体光盘辅助学习**

为了增强读者的学习兴趣，本书配有多媒体教学光盘。教学光盘中提供了本书中所有实例的相关素材、源文件和视频教学，使读者可以更方便地做出相应的效果，并能够快速地将其应用于实际工作中。

读者对象

本书适合想进入网页设计领域的读者与网页设计专业的大中专学生阅读，同时对专业设计人士也有很高的参考价值。希望读者通过对本书的学习，能够早日成为优秀的网页设计师。

本书由张晓景执笔，另外李晓斌、解晓丽、孙慧、程雪翩、王媛媛、胡丹丹、刘明秀、陈燕、王素梅、杨越、王巍、范明、刘强、贺春香、王延楠、于海波、肖阂、张航、罗廷兰等也参与了部分编写工作。本书在写作过程中力求严谨，如有疏漏之处望广大读者批评指正。

编者

2013年7月

目录

入门篇

Dreamweaver CS6篇

Photoshop CS6篇

Flash CS6篇

以下内容见光盘

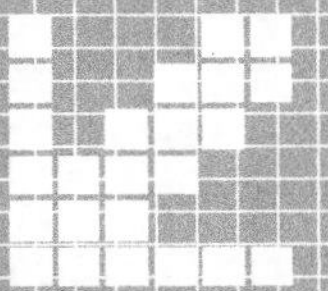

入门篇

第1章 了解网页设计

想要成为网页设计高手，制作出精美的网站页面，不仅需要能够熟练的使用网页设计制作的相关软件，掌握网页设计相关的一些基本概念和设计常识也是非常有必要的，这样可以使读者对网页设计有更加深入的了解。本章主要讲解有关网页设计的相关基础知识，包括网页设计的概念和术语、网页设计的元素和版式、网站开发常用的软件和技术以及网站建设的基本流程等。

1.1 什么是网页设计

作为上网的主要依托，网页因人们频繁地使用网络而变得越来越重要，这使得网页设计也得到了发展。网页讲究的是排版布局，其目的就是提供给每一个浏览者一种布局更合理、功能更强大、使用更方便的形式，使他们能够愉快、轻松、快捷地了解网页所提供的信息。

网页设计是近年来兴起的设计领域。由于互联网是继报纸、广播、电视之后的又一全新的媒介，因此网页设计代表着一种新的设计思路。同时，网页设计也是一种为客户服务的理念，一种对网络特点的把握和对网络限制条件的理解。

1.1.1 网页设计概述

随着时代的发展、科学的进步、需求的不断提高，网页设计已经在短短数年内跃升成为一个新的艺术门类，而不再仅仅是一门技术。相比其他传统的艺术设计门类而言，它更突出艺术与技术的结合、形式与内容的统一、交互与情感的诉求。

在这种时代背景的要求下，人们对网页产生了更深层次的审美需求。网页不仅要把各种信息简单地、清晰地表达出来，更要通过各种设计方法与技术技巧，让受众能更多更有效地接收网页上的各种信息，从而对网站留下深刻的印象，催生消费行为，提升企业品牌形象。

随着互联网技术的进一步发展与普及，当今时代的网站，更注重审美的要求和个性化的视觉表达，这也对网页设计师提出了更高层次的要求。一般来说，平面设计中的审美观点以及利用各种色彩的搭配营造出不同氛围、不同形式的美，都可以套用到网页设计上来。

但网页设计也有自己的独特性，在颜色的使用上，它有自己的标准色——“安全色”；在界面设计上，要充分考虑到浏览者使用的不同浏览器、不同分辨率的各种情况；在元素的使用上，它可以充分利用多媒体的长处，选择最恰当的音频与视频相结合的表达方式，给用户以身临其境的感觉和比较直观的印象。说到底，这还只是一个比较模糊抽象的概念，在网络世界中，有许许多多设计精美的网页值得去学习、欣赏和借鉴，如图1-1所示。

图1-1 精美网页欣赏

图1-1 精美网页欣赏（续）

图1-1所示的网页，也仅仅是互联网海洋中众多优秀网页作品的一朵朵小浪花而已，但从以上作品中不难看出，一般好的网站应该给人有这样的感觉：干净整洁、条理清晰、引人入胜。优秀的网页设计作品是艺术与技术的高度统一，它应该包含视听元素与版式设计两项内容；以主题鲜明、形式与内容相统一、强调整体为设计原则；具有交互性、持续性、多维性、综合性、艺术与技术结合的紧密性等特点。

1.1.2 网页与网站

网页是Internet的基本信息单位，英文为Web Page。一般网页上都会有文本和图片等信息，而复杂一些的网页上还会有声音、视频、动画等多媒体内容。进入网站首先看到的是其主页，主页集成了指向二级页面以及其他网站的链接。浏览者进入主页后可以浏览相应的网页内容并找到感兴趣的主题链接，通过单击该链接可以跳转到其他网页，图1-2所示为腾讯网站首页面。

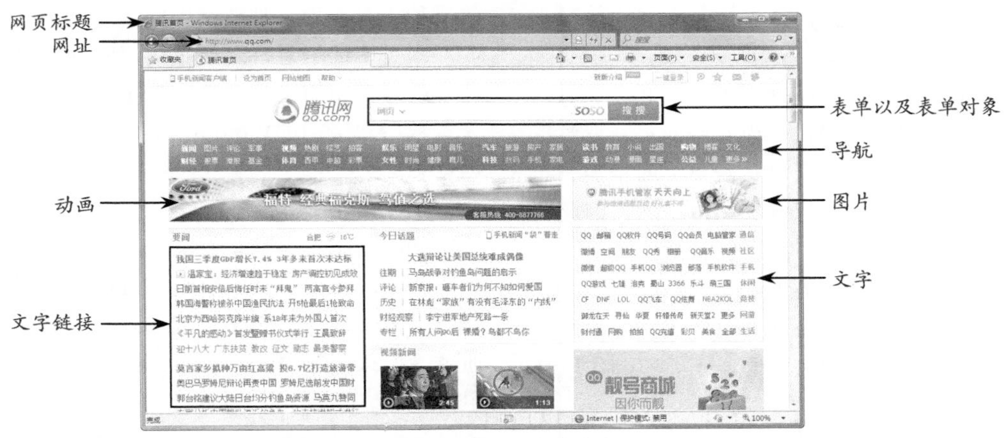

图1-2 腾讯网站首页面

> 提示
> 在网页中，文本内容是最常见的，早期的网页就是全部由文本构成的。随着技术的发展，网页中逐步添加了图像、动画、音乐、视频等多媒体内容，从而使网页更加美观，更具有视觉冲击力。

网站，英文为Web Site。简单来说网站是多个网页的集合，其中包括一个首页和若干个分页。首页是访问这个网站时打开的第一个网页。除了首页，其他的网页即是分页，图1-3所示为新浪网站的一个分页——“新闻中心”。虽然网站是多个网页的集合，但它又不是简单的集合，这要根据该网站的内容来决定，比如由多少个网页构成、如何分类等。当然一个网站也可以只有一个网页即首页，但是这种情况很少见，也不向大家推荐。

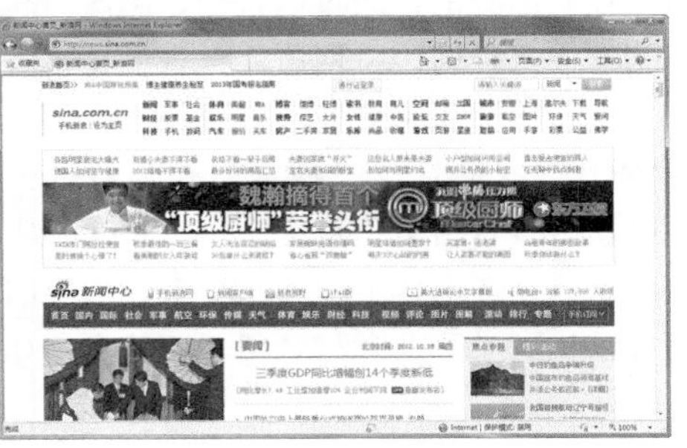

图1-3 新浪网站“新闻中心”分页面

1.1.3 静态网页与动态网页

静态网页是相对于动态网页而言的，并不是说网页中的元素都是静止不动的。静态网页是指浏览器与服务器端不发生交互的网页，但网页中的GIF动画，Flash动画等也都会发生变化。

静态网页的执行过程大致为：

- 浏览器向网络中的服务器发出请求，指向某个静态网页。
- 服务器接到请求后传输给浏览器，此时传送的只是文本文件。
- 浏览器接到服务器传来的文件后解析HTML标签，将结果显示出来。

动态网页中除了包含静态网页中的元素外，还包括一些应用程序，这些程序需要浏览器与服务器之间发生交互行为，而且应用程序的执行需要服务器中的应用程序服务器才能完成。目前的动态网页主要使用ASP、PHP、JSP和.NET等程序。

1.1.4 网页设计中的术语

在相同的条件下，有些网页不仅美观、大方，而且打开的速度也非常的快，而有些网页却要等很久，这就说明网页设计不仅仅是需要页面精美、布局整洁，很大程度上还要依赖于网络技术。因此网站不仅仅是设计者审美观、阅历的体现，更是设计者知识面、技术等综合素质的展示。

下面向大家介绍一些与网页设计相关的术语，只有了解了网页设计的相关术语，才能够制作出具有艺术性和技术性的网页。

- **因特网**

因特网，英文为Internet，整个因特网的世界是由许许多多遍布全世界的电脑组织而成的，一台电脑在连接上网的一瞬间，它就已经是因特网的一部分了。网络是没有国界的，通过因特网，随时可传递文件信息到世界上任何因特网所能包含的角落，当然也可以接收来自世界各地的实时信息。

在因特网上查找信息，“搜索”是最好的办法。比如可以使用搜索引擎“百度”，它具有强大的搜索功能，只需在文本框中输入几个查找内容的关键字，就可以找到成千上万与之相关的信息，如图1-4所示。

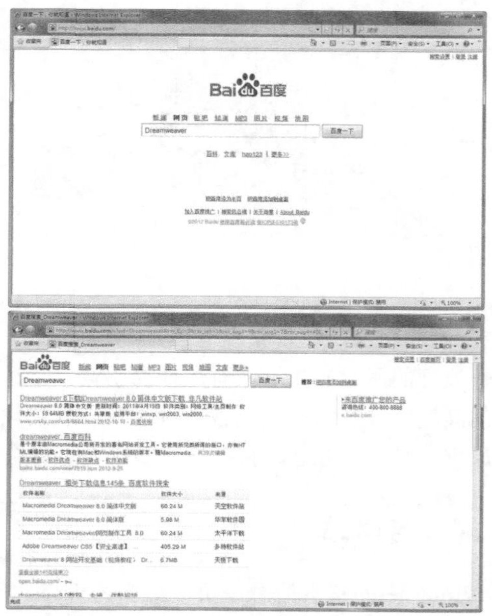

图1-4 搜索到的相关信息

- **浏览器**

浏览器是安装在电脑中用来查看因特网中网页的一种工具，用户都要在电脑上安装浏览器来“阅读”网页中的信息，这是使用因特网的最基本的条件，就好像要用电视机来收看电视节目一样。目前大多数用户所用的Windows操作系统中已经内置了浏览器。

- URL

URL是Universal Resource Locater的缩写，中文为“全球资源定位器”，是网页在因特网中的地址和访问方式，通过URL可以找到特定的网页。例如通过“搜狐”的URL：www.sohu.com，可对搜狐的主页进行访问，如图1-5所示。

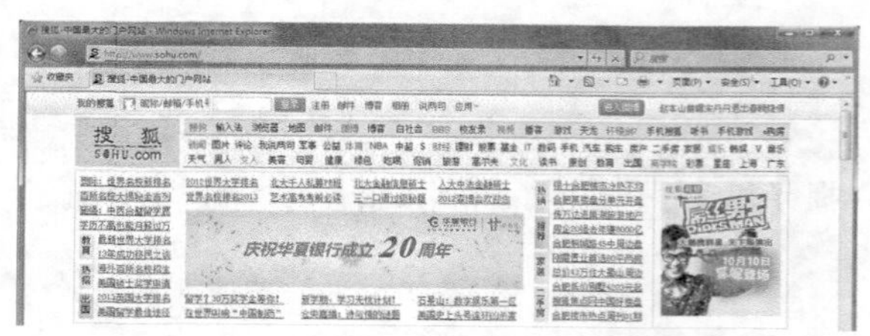

图1-5 浏览器地址栏中输入的站点URL

- HTTP

HTTP是Hypertext Transfer Protocol的缩写，中文为“超文本传输协议”，是一种最常用的网络通信协议。如果想链接到某一特定的网页，就必须通过HTTP协议，不论使用哪一种网页编辑软件，在网页中加入什么资料，或是使用哪一种浏览器，利用

HTTP协议都可以看到正确的网页效果。

- TCP/IP

TCP/IP是Transmission Control Protocol/Internet Protocol的缩写，中文为“传输控制协议/网络协议”，是因特网所采用的标准协议。只要遵循TCP/IP协议，不管电脑是什么系统或平台，均可以在因特网的世界中畅行无阻。

- FTP

FTP是File Transfer Protocol的缩写，中文为“文件传输协议”，与HTTP协议相同，它也是URL地址使用的一种协议名称，以指定传输某一种因特网资源。HTTP协议用于链接到某一网页，而FTP协议则是用于上传或是下载文件。

- **IP地址**

IP地址是分配给网络上计算机的一组由32位二进制数值组成的编号，来对网络中计算机进行标识。为了方便记忆地址，采用了十进制标记法，每个数值小于等于225，数值中间用“.”隔开。一个IP地址相对一台计算机并且是唯一的，这里提醒大家注意的是所谓的唯一是指在某一时间内唯一。如果使用动态IP，那么每一次分配的IP地址是不同的，在使用网络的这一时段内，这个IP是唯一指向正在使用的计算机的；另一种是静态IP，是固定将这个IP地址分配给某计算机使用的。网络中的服务器使用的就是静态IP。

- **域名**

IP地址是一组数字，记忆起来不够方便，因此人们给每个计算机赋予了一个具有代表性的名字，这就是主机名。将由英文字母或数字组成的主机名和IP对应起来就是域名，它能方便大家记忆。

域名和IP地址是可以交替使用的，但一般域名还是要通过转换成IP地址才能找到相应的主机，这就是上网的时候经常用到的DNS域名解析服务。

- **虚拟主机**

虚拟主机（Virtual Host/Virtual Server）是使用特殊的软硬件技术，把一台计算机主机分成一台台“虚拟”的主机，每一台虚拟主机都具有独立的域名和IP地址（或共享的IP地址），有完整的Internet服务器（WWW、FTP、Email等）功能。在同一台硬件、同一个操作系统上，运行着为多个用户打开的不同的服务器程序，互不干扰；而各个用户拥有自己的一部分系统资源（IP地址、文件存储空间、内存、CPU时间等）。虚拟主机之间完全独立，并可由用户自行管理，在外界看来，每一台虚拟主机和一台独立的主机的表现完全一样。

虚拟主机属于企业在网络营销中比较简单的应用，适合初级建站的小型企事业单位。这种建站方式，适合用于企业宣传、发布比较简单的产品和经营信息。

- **租赁服务器**

租赁服务器是通过租赁ICP的网络服务器来建立自己的网站。

使用这种建站方式，用户无须购置服务器只需租用服务器的线路、端口、机器设备和所提供的信息发布平台就能够发布企业信息，开展电子商务。它能替用户减轻初期投资的压力，减少对硬件长期维护所带来的人员及机房设备投入，使用户既不必承担硬件升级负担又同样可以建立一个功能齐全的网站。

- **主机托管**

主机托管是企业将自己的服务器放在ICP的专用托管服务器机房，利用他们的线路、端口、机房设备为信息平台建立自己的宣传基地和窗口。

使用独立主机是企业开展电子商务的基础。虚拟主机会被共享环境下的操作系统资源所限，因此，当用户的站点需要满足日益发展的要求时，虚拟主机将不再能满足用户的需要，这时候用户需要选择使用独立的主机。

1.2 网页设计元素及版式

现代的网页如同门面，小到个人主页，大到公司、政府部门，以及国际组织等，在网络上无不以网页作为自己的门户。当进入某一个网站时，首先映入眼帘的是该网站的网页界面，如页面的框架与构图、导航系统的设置、内容的安排、按钮的摆放、色彩的应用等，这一切都是网页设计的范畴，也都是网页设计师的工作，称之为网页艺术设计。

1.2.1 网页构成元素

网页实际上就是一个文件，这个文件存放在世界上某个地方的某一台计算机中，而且这台计算机必须要与互联网相连接。那么，如何才能准确无误地找到这个文件呢？这就需要一个地址（URL：统一资源定位符）来帮助识别与读取。在浏览器的地址栏中输入网页的地址后，经过一段复杂而又快速的程序解析后（域名解析系统），网页文件就会被传送到计算机中，然后再通过浏览器解释网页的内容，最后展现在人们的眼前。

文字和图片是构成网页的两个最基本的元素。可以这样简单地理解，文字是网页的内容部分，图片能更好地充实内容部分或者装饰网页的外观。除了文字和图片以外，现在的网页元素还包括动画、声音、视频、表单、程序等，如图1-6所示。

图1-6 网页中的基本元素

在网页的空白处单击鼠标右键，在弹出菜单中选择“查看源文件”命令，就会弹出一个记事本文件，这就是网页的源文件了。但是，现在很多网站为了避免自己的源文件泄露，屏蔽了鼠标的右键单击功能，这时，还可以使用另一种方法，在浏览器窗口“菜单”栏中执行“查看>查看源文件”命令，这样同样可以查看到网页的源代码，如图1-7所示。

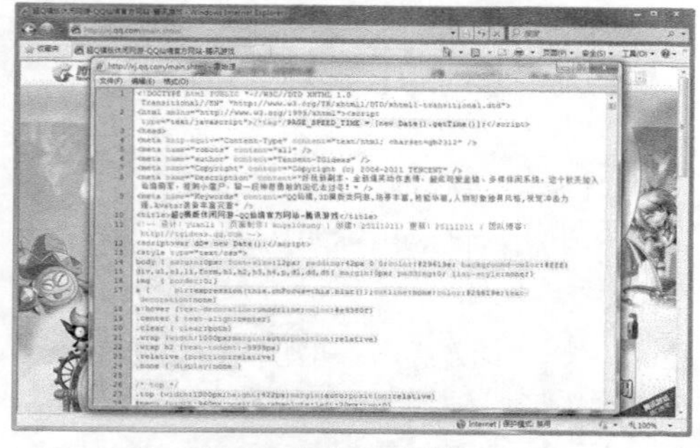

图1-7 查看网页源代码

可以发现，从源文件的角度来看，网页实际上只是一个纯文本文件，它通过各种各样的标签对页面上的文字、图片、表单、声音等元素进行描述（例如字体、颜色、大小等），而浏览器则对这些标签进行解释并生成页面，就得到网站页面了。

文本

文本是网页中最基本的组成元素之一，通过文本可以非常详细地将要传达的信息传送给浏览者。文本在网络上传输速度较快，用户可以很方便地浏览和下载文本信息，故其成为网页主要的信息载体。

网页中文本的样式繁多、风格不一，吸引人的网页通常都具有美观的文本样式。文本的样式可以通过CSS样式进行设置和修改。

图像

图像是网页中不可或缺的元素，图像比文本更直观更生动，能传递一些文本不能传递的信息。网站Logo、广告、按钮、背景等通常都是图像。

表单

表单元素在网页中的应用也比较广泛，主要能在网页中通过表单元素收集浏览者的相关信息或提供对网页内容的快速检索。网页中常见的表单应用有用户注册、登录、搜索等。

多媒体元素

Flash动画、音乐、视频等多媒体元素也在网页中有非常广泛的运用。网页中有了这些极富动感的多媒体元素的加入，平静的网页也会变得生机勃勃。

网页中常用的动画格式主要有两种，一种是GIF动画、一种是Flash动画。GIF动画是逐帧动画，相对比较简单，而Flash动画则更富表现力和视觉冲击力，还可以结合声音和互动功能，给浏览者带来强烈的视听感受。

1.2.2 网页的设计构思

许多人认为网页设计就是网页制作，认为只要能够熟练的使用网页制作软件，就已经有能力胜任网页设计的工作了。其实网页设计是一个感性思考与理性分析相结合的复杂的过程，它的方向取决于设计的任务，它的实现依赖于网页的制作。其实，网页设计中最重要的东西，并不是在软件的应用上，而是在于设计者对网页设计的理解以及设计制作的水平，在于设计者自身的美感以及对页面的把握。

设计的任务

设计是一种审美活动，成功的设计作品一般都比较艺术化，但艺术只是设计的手段，而并非设计的任务。网页设计的任务，是指设计者要表现的主题和需要实现的功能。设计的任务是要实现设计者的意图，并非创造美。网站的性质不同，设计的任务也不同，从形式上可以将站点分为以下三类。

第一类是资讯类网站，例如网易、新浪、搜狐等门户网站，这类网站为浏览者提供大量的信息，而且访问量较大，因此需注意页面的分割、结构的合理、页面的优化、界面的亲和等问题，如图1-8所示。

图1-8 资讯类网站

第二类是资讯和形象相结合的网站，像一些较大的公司、国内的高校等。这类网站在设计上要求较高，既要保证资讯类网站的上述要求，同时又要突出企业、单位的形象，如图1-9所示。

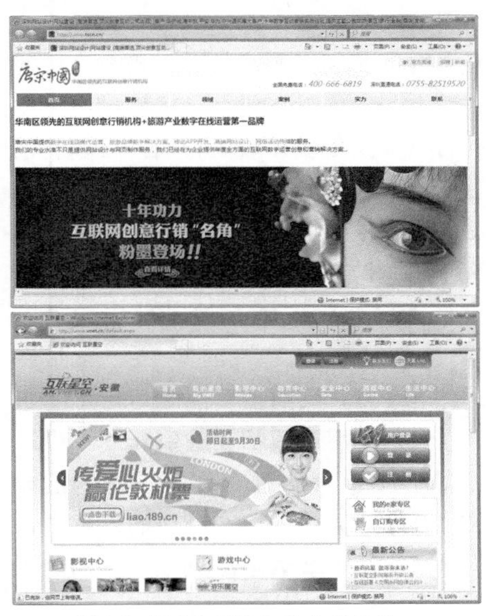

图1-9 资讯和形象相结合的网站

第三类则是形象类网站，比如一些中小型的公司或单位。这类网站一般较小，有的只有几页，需要实现的功能也较为简单，网页设计的主要任务是突出企业形象，如图1-10所示，这类网站对设计者的美工水平要求较高。

图1-10 形象类网站

> **提示** 这只是从整体上来看，具体情况还要具体分析。不同的网站还要区别对待，别忘了最重要的一点，那就是客户的要求，它也属于设计的任务，明确了设计的任务之后，接下来要考虑的就是如何完成任务了。

设计的实现

设计的实现可以分为两个部分，第一部分为网站的规划及草图的绘制，这一部分可以在图纸上完成，第二部分为网页的制作，这一过程需要在计算机上完成。

设计首页的第一步是设计版面布局，可以将网页看作传统的报刊杂志来编辑，这里面有文字、图像、动画，设计者要做的工作就是以最适合的方式将图片、文字和动画排放在页面的不同位置。

接下来设计者需要做的就是通过使用软件，将设计的蓝图变为现实，最终的集成一般是在Dreamweaver里完成的。虽然在草图上，定出了页面的大体轮廓，但是灵感一般都是在制作过程中产生的。设计作品一定要有创意，这是最基本的要求，没有创意的设计是失败的。在制作的过程中，还会遇到许多问题，其中最敏感的莫过于页面的颜色了。

造型的组合

在网页设计中，设计者主要通过视觉传达来表现主题。在视觉传达中，造型是很重要的一个元素，不管是图还是文字，画面上的所有元素都可以统一作为画面的基本构成要素点、线、面来进行处理。在一幅成功的作品里，是需要点、线、面的共同组合与搭配来构造整个页面的。

通常可以使用的组合手法有秩序、比例、均衡、对称、连续、间隔、重叠、反复、交叉、节奏、韵律、归纳、变异、特写、反射等。这些组合手法都有各自的特点，在设计中应根据具体情况，选择最适合的表现手法，这样有利于主题的表现。

通过点、线、面的组合，可以突出页面上的重要元素，突出设计的主题，增强美感，让浏览者在感受美的过程中领会设计的主题，从而实现设计的任务。

造型的巧妙运用不仅能带来极大的美感，而且能较好地突出企业形象，能将网页上的各种元素有机的组织起来，甚至还可以引导浏览者的视线。

1.2.3 网页设计版式

网页的版式设计与报刊杂志等平面媒体的版式设计有很多相通之处，它在网页的艺术设计中占据着重要的地位。所谓网页的版式设计，是指在有限的屏幕空间上将各种视听多媒体元素进行有机地排列组合，将理性思维以个性化的形式表现出来，是一种具有个人风格和艺术特色的视听传达方式。它在传达信息的同时，也产生感官上的美感和精神上的享受。图1-11所示为几个具有代表性的网页版式设计。

图1-11 具有代表性的版式设计

网页的排版与报刊杂志的排版又存在很多的差异。印刷品有固定的规格尺寸，网页则不然，它的尺寸是不固定的，这就使得网页设计者不能精确地控制页面上每个元素的尺寸和位置，而且网页的组织结构不像印刷品那样为线性组合，这也给网页的版式设计增加了一定的难度。

1.3 网站开发常用软件和技术

要想制作出精美的网站页面，需要综合运用各种网页制作工具和技术，本节将向读者简单介绍网站开发时常用的软件和技术。

1.3.1 Dreamweaver CS6——网页编辑软件

Dreamweaver是网页设计与制作领域中用户最多、应用最广泛、功能最强大的软件，无论是在国内还是在国外，都备受专业网站开发人员的喜爱。Dreamweaver用于网页的整体布局和设计，以及对网站的创建和管理，与Flash、Photoshop并称为网页设计三剑客，利用它可以轻而易举地制作出充满动感的网页。本书主要以最新版本的Dreamweaver CS6为读者进行讲解，Dreamweaver CS6的工作界面如图1-12所示。

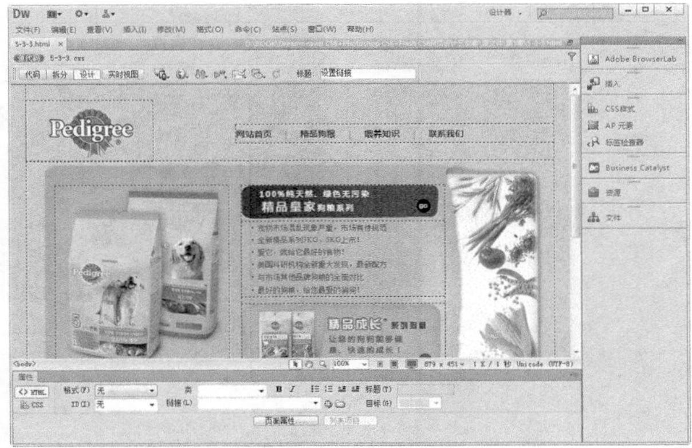

图1-12 Dreamweaver CS6的工作界面

1.3.2 Photoshop CS6——网页图像处理软件

最常用的网页图像处理软件主要有Photoshop和Fireworks，其中Photoshop凭借其强大的功能和广泛的应用范围，一直占据着图像处理软件的领先地位。Photoshop支持多种图像格式以及多种色彩模式，可以任意调整图像的尺寸、分辨率及画布的大小。使用Photoshop可以设计整体的网页效果、处理网页中的图像效果、设计网站Logo、设计网页按钮和网页宣传广告图像等。本书主要以最新版本的Photoshop CS6为读者进行讲解，Photoshop CS6的工作界面如图1-13所示。

图1-13 Photoshop CS6的工作界面

1.3.3 Flash CS6——网页动画制作软件

Flash是一款非常优秀的交互式矢量动画制作软件，能够制作包含矢量图、位图、动画、音频、视频、交互式动画等内容在内的站点。为了引起浏览者的兴趣和注意，展示网站的动感和魅力，许多网站的介绍页面、宣传广告、按钮，甚至整个网站，都是用Flash制作出来的。用Flash制作的网页文件比普通网页文件要小很多，这大大加快了网页的浏览速度，是一款十分适合网页动画制作的软件。本书主要以最新版本的Flash CS6为读者进行讲解，Flash CS6的工作界面如图1-14所示。

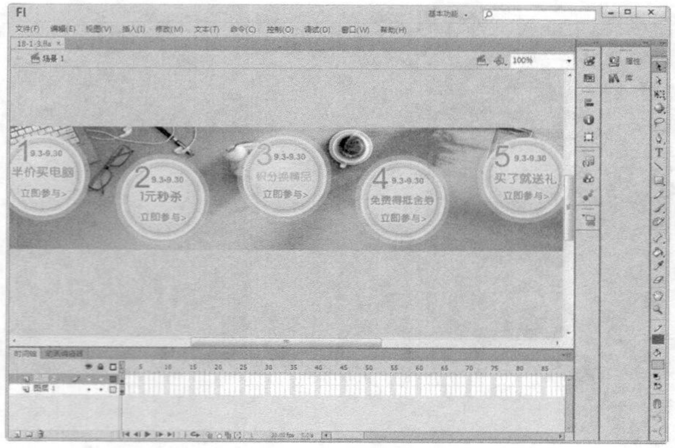

图1-14 Flash CS6的工作界面

1.3.4 HTML——网页标记语言

要想专业地进行网页的设计和编辑，最好还要具备一定的HTML语言知识。虽然现在有很多可视化的网页设计制作软件，但网页的本质都是HTML语言构成的，可以说要想精通网页制作，必须要对HTML语言有相当的了解。

HTML是HyperText Marked Language的缩写，即超文本标记语言，是一种用来制作超文本文档的简单标记语言。超文本传输协议规定了浏览器在运行HTML文档时所遵循的规则和进行的操作。HTTP协议的制定使浏览器在运行超文本时有了统一的规则和标准。

1.3.5 JavaScript——网页特效脚本语言

在网页设计中使用脚本语言，不仅可以减小网页的规模，提高网页的浏览速度，还可以丰富网页的表现力，因此脚本已成为网页设计中必不可少的一种技术。目前最常用的脚本有JavaScript和VBScript等，其中JavaScript是众多脚本语言中较为优秀的一种，是许多网页开发者首选的脚本语言。

JavaScript是一种描述性语言，它可以被嵌入到HTML文件中，和HTML一样，用户可以用任何一种文本编辑工具对它进行编辑，并在浏览器中进行预览。同时，JavaScript也是一种解释性编程语言，当用户向服务器请求页面资源时，其源代码在发往客户端执行之前并不需要经过编译，而是将文本格式的字符代码随HTML一起发送给客户端，完全由客户端支持JavaScript的浏览器来解释和执行。图1-15所示为使用JavaScript实现的网页特效。

图1-15 使用JavaScript实现的网页特效

1.3.6 ASP、PHP、JSP——动态网页编程语言

随着互联网的发展，静态网站页面已经渐渐满足不了大多数网站的需求，需要通过动态网页设计语言来实现网站的交互操作和对网站内容的便捷管理。动态网站编程语言种类繁多，目前比较常用的有ASP、PHP、JSP、CGI、ASP.NET等。

ASP是Active Server Pages的缩写，是Microsoft公司开发的Web服务器端脚本开发环境，利用它可以生成动态、高效的Web应用程序。ASP就是嵌入了ASP脚本的HTML页面，它可以是HTML标签、文本和命令的任意组合。

PHP全称为PHP: Hypertext Preprocessor，同样是一种HTML内嵌式的服务器端语言，PHP在Windows

或UNIX Like（UNIX、Linux、BSD等）平台下都能够运行，更重要的是它的源代码是免费的、开放的。

JSP，全称为Java Server Pages，是由Sun Microsystems公司倡导，多家公司参与一起建立的一种动态网页技术标准。在传统的HTML网页文件中加入Java程序片段（Scriptlet）和JSP标记（tag），就构成了JSP网页，其文件扩展名为.jsp。

1.4 网站建设的基本流程

建设网站之前应该有一个整体的战略规划和目标，规划好网页的大致外观后即可进行设计。当整个网站测试完成后，就可以发布到网上。大部分站点需要定期进行维护，以实现内容的更新和功能的完善。

1.4.1 前期网站策划

一件事情的成功与否，其前期策划举足轻重。网站建设也是如此。网站策划是网站设计的前奏，主要包括确定网站的用户群和定位网站的主题，还有形象策划、制作规划和后期宣传推广等方面的内容。网站策划在网站建设的过程中尤为重要，它是制作网站迈出的重要的第一步。作为建设网站的第一步，网站策划应该切实地遵循“以人为本”的创作思路。

网络是用户主宰的世界，由于可选择对象众多，而且寻找起来也相当便利，所以网络用户明显缺乏耐心，并且想要迅速满足自己的要求。如果他们不能在一分钟之内弄明白如何使用一个网站，他们会认为这个网站不值得再花费时间，然后就会离开，因此只有那些经过周密策划的网站才能吸引更多的访问者。

1.4.2 规划站点结构

一个网站设计得成功与否很大程度上取决于设计者规划水平的高低。网站规划包含的内容很多，如网站的结构、栏目的设置、网站的风格、网站导航、颜色搭配、版面布局、文字图片的运用等。只有在制作网站之前把这些方面都考虑到了，才能在制作时胸有成竹。

1.4.3 收集网站相关素材

网站的前期策划完成以后，接下来是按照确定的主题进行资料和素材的收集、整理。这一步也特别重要，有了好的想法，却没有内容来充实，是肯定不能实现网站建设的。资料、素材的选择是没有什么规律的，可以寻找一些自己认为好的东西，同时也要考虑浏览者的情况，因为每个人的喜好都不同，如何权衡取舍，就要看设计者如何把握了。收集回来的资料一定要整理好，归类清楚，以便以后使用。

提示 制作商业网站时，通常客户会提供相关的素材图像和资料，所以在制作商业网站时，资料收集这一步可以省略，但是把客户提供的资料归类、整理还是很有必要的。

1.4.4 网页的版式与布局分析

当资料的收集、整理完成后，就可以开始进行具体的网页设计工作了。在进行网页设计时，首先要做的就是设计网页的版式与布局。现在，网页的布局设计变得越来越重要，因为访问者不愿意再看到只注重内容的站点。虽然内容很重要，但只有当网页布局和网页内容成功结合时，这种网页或者说站点才是受人欢迎的，只取任何一面都有可能无法留住“挑剔”的访问者。关于网页的版式与布局，主要有以下几个方面的内容。

1. 页面尺寸

由于页面尺寸和显示器大小及分辨率有关，而网页的局限性就在于无法突破显示器的范围，而且因为浏览器也将占去不少空间，所以留给页面的空间会更小。在网页设计过程中，向下拖动页面是唯一给网页增加更多内容的方法。但有必要提醒大家的是除非你能肯定网站的内容能吸引大家拖动，否则不要让访问者拖动页面超过三屏。如果需要在同一页面显示超过三屏的内容，那么最好是在页面上创建内部链接，方便访问者浏览。

2. 整体造型

造型就是创造出来的物体形象。这里是指页面的整体形象，这种形象应该是一个整体，图形与文本的结合应该是层叠有序的。虽然，显示器和浏览器都是矩形，但对于页面的造型，可以充分运用自然界中的其他形状以及它们的组合：矩形、圆形、三角形、菱形等。

3. 网页布局方法

网页布局的方法有两种，第一种为纸上布局，第二种为软件布局。

纸上布局法，许多网页制作者不喜欢先画出页面布局的草图，而是直接在网页设计软件中边设计布局边添加内容。这种不打草稿的方法很难设计出优秀的网页，所以在开始制作网页时，要先在纸上画出页面的布局草图。

软件布局法，如果制作者不喜欢用纸来画出布局图，那么还可以利用软件来完成这些工作。可以使用Photoshop，Photoshop所具有的对图像的编辑功能正适合设计网页布局。利用Photoshop可以方便地使用颜色、图形，并且可以利用图层的功能设计出用纸张无法实现的布局效果。

1.4.5 确定网页的主色调

色彩是艺术表现的要素之一。在网页设计中，根据和谐、均衡和重点突出的原则，将不同的色彩进行组合、搭配来构成美丽的页面。同时应该根据色彩对人们心理的影响，合理地加以运用。按照色彩的记忆性原则，一般暖色较冷色的记忆性强；色彩还具有联想与象征的特质，如红色象征血、太阳；蓝色象征大海、天空和水面等。网页的颜色应用并没有数量的限制，但不能毫无节制地运用多种颜色。一般情况下，先根据整体风格的要求定出一到两种主色调，有CIS（企业形象识另系统）的，更应该按照其中的VI进行色彩运用。图1-16所示为成功的网站配色。

图1-16 成功的网站配色

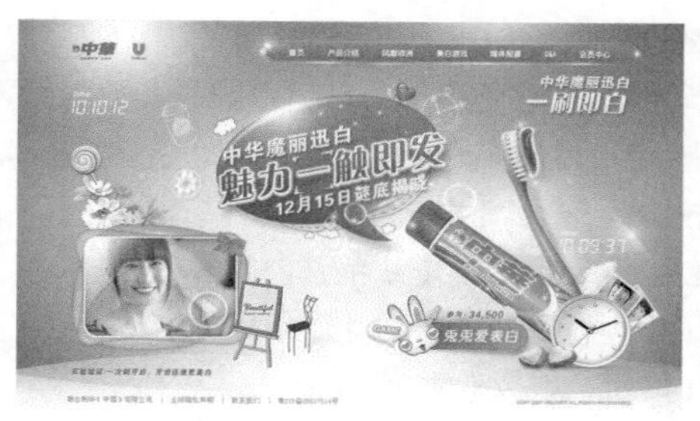

图1-16 成功的网站配色（续）

在色彩的运用过程中，还应该注意的一个问题是由于国家和种族、宗教和信仰的不同，以及生活的地理位置、文化修养的差异等，不同的人群对色彩的喜好程度有着很大的差异。如儿童喜欢对比强烈、个性鲜明的纯颜色；生活在草原上的人喜欢红色；生活在闹市中的人喜欢淡雅的颜色；生活在沙漠中的人喜欢绿色。在设计中要考虑主要读者群的背景和构成，以便于选择恰当的色彩组合。

1.4.6 设计网站页面

在版式布局完成的基础上，将确定需要的功能模块（功能模块主要包含网站标志、主菜单、新闻、搜索、友情链接、广告条、邮件列表、版权信息等）、图片、文字等放置到页面上。需要注意的是，这里必须遵循突出重点、平衡协调的原则，将网站标志、主菜单等最重要的模块放在最显眼、最突出的位置，然后再考虑次要模块的摆放。

1.4.7 切割和优化网页图像

整体的页面效果制作好以后，就要考虑如何把整个页面分割开来，并且使用什么样的方法可以使最后生成的页面的文件量最小。对页面进行切割与优化具有一定规律和技巧。

1.4.8 制作网站HTML页面

这一步是具体的制作阶段，也就是大家常说的网页制作。目前主流的网页可视化编辑软件是Adobe公司Dreamweaver，它具有强大的网页编辑功能，适合专业的网页设计制作人员，本书将主要介绍使用Dreamweaver对网页进行设计制作。完成了这一步整个网页也就制作完了。

1.4.9 开发动态网站模块

完成网站HTML静态页面的制作后，如果还需要动态功能的话，就需要开发动态功能模块。网站中常用的功能模块有新闻发布系统、搜索功能、产品展示管理系统、在线调查系统、在线购物、会员注册管理系统、统计系统、留言系统、论坛及聊天室等。

1.4.10 申请域名和服务器空间

网页制作完毕，最后要发布到Web服务器上，才能够让众多的浏览者观看。首先需要申请域名和空间，然后才能上传到服务器上。

可以用搜索引擎查找相关的域名空间提供商，在他们的网站上可以进行在线域名查询，从而找到最适合自己的而且还没有被注册的域名。

提示

起一个好的域名，有以下一些注意事项：

- 一般来说域名的长度越短越好。
- 域名的意义以越简单越常用越好。
- 域名要尽可能给人留下良好的印象。
- 一般来说组成域名的单词数量越少越好（少于3个为佳）。主要类型有英文、数字、中文、拼音、混合。
- 是否是以前被广泛使用过的域名，是否在搜索引擎中有好的排名或者多的连接数。
- 是否稀有，是否有不可替代性。

有了自己的域名后，就需要一个存放网站文件的空间，而这个空间在Internet上就是服务器。一般情况下，可以选择虚拟主机或独立服务器的方式。

1.4.11 测试并上传网站

网站制作完成以后，暂时还不能发布，需要在本机上内部测试，并进行模拟浏览。测试的内容包括版式、图片等显示是否正确，是否有死链接或者空链接等，发现有显示错误或功能欠缺后需要进一步修改，如果没有发现任何问题，就可以发布上传了。发布上传是网站制作最后的步骤，完成这一步骤后，整个过程就结束了。

1.4.12 网站的更新与维护

严格地说，后期更新与维护不能算是网站设计过程中的环节，而是制作完成后应该考虑的。但是这一项工作却是必不可少的，尤其是信息类网站，更新和维护更是必不可少的。这是网站保持新鲜活力、吸引力以及正常运行的保障。

1.5 本章小结

网页设计，必须在有限的空间中妥善地安排所用的画面构成、有趣的要素、文字介绍等内容，必须首先考虑用户的便利程度，还要考虑网站的全部流程。本章主要讲解了有关网页设计的相关基础知识，了解这些相关的知识，对于网页设计者来说是非常有必要的，可以使读者对网页设计能够有更加深入的理解。

第2章 网站的分类与配色

打开一个网站，给浏览者留下第一印象的既不是网站丰富的内容，也不是网站合理的版面布局，而是网站的色彩。色彩给人的视觉效果非常明显。一个网站设计成功与否，在某种程序上取决于设计者对色彩的运用和搭配。因为网页设计属于一种平面效果的设计，除了立体图形、动画效果之外，在平面图上，色彩的冲击力是最强的，它很容易给浏览者留下深刻的印象。本章将讲解有关网站的分类与配色知识。

2.1 常见的网站类型

网站就是把一个个网页系统地链接起来的集合，例如常见的网易、新浪、搜狐等。网站按照其内容和形式可以分为很多种类型，下面就向读者简单介绍一下各种不同类型的网站。

2.1.1 个人网站

个人网站是以个人名义开发创建的具有较强个性的网站。一般是个人为了兴趣爱好或为了展示自己等目的而创建的，具有较强的个性化特点，无论是从内容、风格还是样式上，都形色各异、包罗万象。

个人网站一般不具有商业性质，规模也不大。制作个人网站的目的可能每个人不尽相同，有的人希望把自己的作品放在网上，以方便展示自己寻求发展机遇，而有的人则想把自己某一方面的特长或者特别的东西介绍给大家。图2-1所示为精美的个人网站。

图2-1 个人网站

2.1.2 企业类网站

随着网络的普及和飞速发展，企业拥有自己的网站已经是必然的趋势。企业网站作为电子商务时代企业对外的窗口，起着宣传企业、提高企业知名度、展示和提升企业形象、方便用户查询产品信息和提供售后服务等重要作用，因而越来越受到企业的重视。图2-2所示为精美的企业类网站。

图2-2 企业类网站

图2-2 企业类网站（续）

2.1.3 行业信息类网站

随着Internet的发展，网民人数的增多以及网上不同兴趣群体的形成，门户网站已经明显不能满足不同上网群体的需求。一批能够满足某一特定领域上网人群的特定需要的网站应运而生。由于这些网站的内容服务更为专一和深入，因此被称为行业网站，也称为垂直网站。

垂直网站只专注于某一特定领域，并通过提供特定的服务内容，有效地把对这一特定领域感兴趣的用户与其他网站区分开来，并长期持久地吸引住这些用户，从而为其发展电子商务提供理想的平台。图2-3所示为精美的行业信息类网站。

图2-3 行业信息类网站

2.1.4 影视音乐类网站

影视类网站具有很强的时效性，重视视觉性的布局，要求具有丰富信息。在这类网站中，经常运用Flash动画、生动的图像及视频片段等。影视类网站的色彩设计多用透明度和饱和度高的颜色，以给人带来强烈的视觉刺激。在影视类网站中，深色的背景下透明度高的紫色组合会给人幻想的感觉，这种配色方法经常使用。动作片常用银色和蓝色的组合，爱情片则常用白色和粉红色的组合。

音乐类网站需要能够展现音乐带来的精神上的自由、感动和趣味。歌手、乐队网站需要根据音乐的不同安排有区别的图像。其他与音乐有关的网站都比较重视个性，利用背景音乐或制作可以听到的音乐来表现音乐网站的特性。图2-4所示为精美的影视音乐类网站。

图2-4 影视音乐类网站

2.1.5 休闲游戏类网站

对于那些已经被复杂的现实生活和物质文明搞得焦头烂额、疲惫不堪的现代人来说，休闲游戏就像是一种甜蜜的休息，因此受到了越来越多的人的喜爱。休闲游戏网站要能够给浏览者带来快乐、欢笑和感动。网站通常运用鲜艳、丰富的色彩，夸张的卡通虚拟形象和丰富的Flash动画，勾起浏览者对网站内容的兴趣，从而达到推广该休闲游戏的目的。图2-5所示为精美的休闲游戏类网站。

图2-5 休闲游戏类网站

图2-5 休闲游戏类网站（续）

2.1.6 电子商务类网站

随着网络与计算机技术的发展，信息技术作为工具被引入商务活动领域，从而产生了电子商务。电子商务就是利用信息技术将商务活动的各实体：企业、消息者和政府联系起来，通过互联网将信息流、商流、物流与资金流完整地结合，从而实现商务活动的过程。由于电子商务网站的内容以商品交易为主，因此内容主要是商品目录信息和交易方式等信息，且图文比例适中。在页面设计上，多采用分栏结构，设计与配色简洁明了、方例实用。图2-6所示为精美的电子商务类网站。

图2-6 电子商务类网站

2.1.7 综合门户类网站

门户网站将信息整合、分类，通常门户网站涉及的领域非常广泛，是一种综合性的网站，如新浪、搜狐、网易等。此外这类网站还具有非常强大的服务功能，例如电子邮箱、搜索、论坛、博客等。

门户类网站比较显著的特点是信息量大，内容丰富，多为简单的分栏结构。此类网站的页面通常都比较长，页面布局简洁，图文排列对称，导航位于页面顶部，清晰明了，这也是很多大型门户类网站通用的导航形式。如何让浏览者在面对大量繁杂的信息时，能够快速地找到所需要的信息，是一个值得首要考虑的问题。图2-7所示为综合门户类网站。

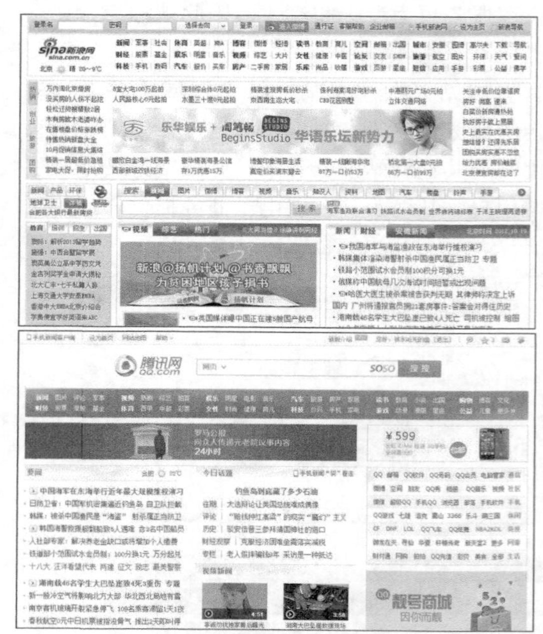

图2-7 门户类网站

2.2 网页配色基础

在网页上，色彩的应用并不像想象的那样容易，在显示器上看到的画面色彩会随着用户显示器环境的变化而变化。特别是在网页这个特殊的环境里，色彩的使用就更加困难，但是又必须做到能够自由地使用色彩做出漂亮的网页。首先必须理解网页的特殊环境，在了解色彩原理的基础上逐步掌握配色的要领，才能制作出使人心旷神怡的美丽画面。

2.2.1 色彩模式

如果使用如Photoshop之类的图像处理软件作图，首先需要理解并设置色彩模式。如果在Photoshop中使用CMYK色彩模式来制作图片，为了使制作出的图片能够在网页中使用，需要将其存为JPG格式。但直接保存是不行的，如果想存储为JPG格式，就需要把模式转换为RGB色彩模式之后再保存。

- **RGB色彩模式（RGB Color Mode）**

RGB色彩模式是通过光的三原色Red（红色）、Green（绿色）、Blue（蓝色）相加混合产生的色彩。RGB色彩是颜色相加混合产生的色彩，有增加明亮程度的特征，被称为加色混合。加色混合中，补色是指相关的两个颜色混合时成为白色的情况，在网页中使用的图片、在显示器上出现的图像，大多数都是在RGB色彩模式中制作的，如图2-8所示。

- **CMYK色彩模式（CMYK Color Mode）**

CMYK色彩模式是指颜料或墨水的三原色Cyan（青色）、Magenta（洋红）、Yellow（黄色）加上Black（黑色）这4种色彩减色混合表现出的色彩，是主要用于出版印刷时制作图像的一种模式。减色混合是指颜色混合后出现的色彩比原来的颜色暗淡。这样与补色相关的两种颜色混合就会出现彩色的情况，如图2-9所示。

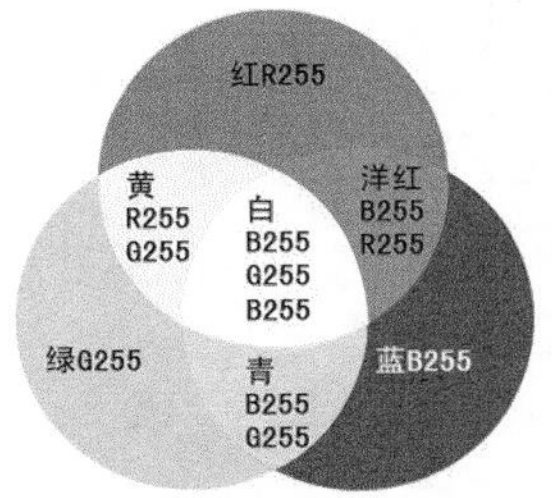

图2-8 RGB色彩模式

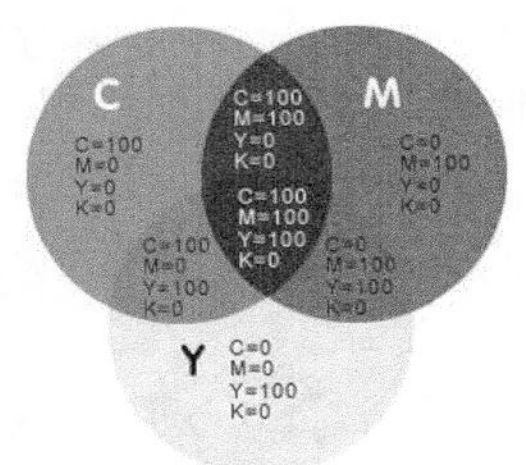

图2-9 CMYK色彩模式

- **灰度模式（Grayscale Mode）**

灰度模式是无色彩模式，主要用于处理黑、白、灰的图片。

- **索引色彩模式（Indexed Color Mode）**

索引色彩模式使用的颜色是已经被限定在256种颜色以内的一种模式，主要在网页安全色彩和制作透明的GIF图片时使用，在Photoshop中制作透明的GIF图片时，一定要使用索引色彩模式。

- **双色调模式（Duotone Mode）**

双色调模式是为黑白图片加入颜色，使色调更加丰富的模式。RGB、CMYK等颜色模式都不可以直接转换为双色调模式，必须将色彩模式先转换为灰度模式后才能够转换为双色调模式，用双色调模式可以占用很小的空间制作出漂亮的图片。

- **位图模式（Bitmap Mode）**

位图模式是用白色和黑色共同处理图片的模式。它与双色调一样，除双色调模式和灰度模式外，其他色彩模式都需要转换为灰度模式后，再转换位图模式。

位图模式可以选定5种图片处理方法：50%阈值，是在256种颜色中当颜色值大于129便处理为白色，反之则处理为黑色。图案仿色，是按一定的模式处理图片的。扩散仿色，为最常用的选项，是按黑色和白色的阴影自然地使其分布。半调网屏与自定图案，是利用盲点的各种形态和密度与用户自己设置样式的处理方式。

2.2.2 网页安全色彩

当用户的显示器只能显示8位元色彩的时候，无论使用多么多样的色彩也只能表示256种颜色。虽然现在计算机和显示器的性能越来越好，大部分用户都能使用16位以上的颜色，但是在网页配色时还是要考虑到在256色彩环境下使用网络的人。

考虑到这一点而在网页设计时使用的颜色就是网页安全色彩。网页安全色彩是以 8位256色为基准，除去在网页浏览器中表现的40种颜色，剩下的216种色彩。目前，虽然对于一般用户的环境没有必要一定要使用这216种网页安全色，但是在指定网站标志这类网页背景色彩时还是应该做考虑的。

判断颜色编码是否是网页安全色彩的方法是观察编码的组合。RGB色彩的16进制值为00、33、66、99、CC、FF都是网页安全色彩，这样便可以组合出216种颜色，这216种颜色就是网页安全色彩，如图2-10所示。

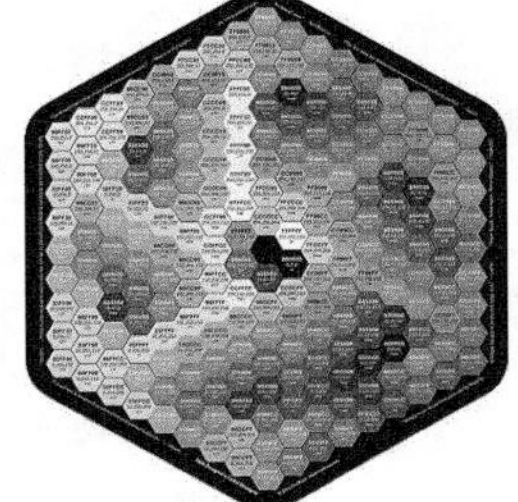
图2-10 网页中的216种安全色彩

2.2.3 网页色彩的特性

在网页中看到的色彩随着用户的计算机显示器环境的变化而变化，所以无论多么一样的颜色看起来也会有细小的差异。但这不是说关于色彩的基本概念不同，只不过在网页的环境下使用色彩要多费些精力。

计算机的显示器是由一个个像素小点组成的，利用电子束表现色彩。像素把光的三原色R（红）、G（绿）、B（蓝）组合而成的色彩按照科学的原理表现出来。每个像素小点包含8位的信息量，从0～255的256个单元，0是无光的状态，255是最亮的状态。

8位色彩能够表现256种色彩，经常说到的真彩是指24位，也就是256的3次方，即为16777216种色彩。

在网页中指定色彩时主要运用16进制数值的表示方法，为了用HTML表现RGB色彩，使用十六进制数0～255，改为16进制值就是00～FF，用RGB的顺序罗列就成为HTML色彩编码。例如：在HTML编码中#000000就是R（红）G（绿）B（蓝）都没有的0状态，就是黑色。相反，#FFFFFF就是R（红）G（绿）B（蓝）都是255的状态，就是在R（红）G（绿）B（蓝）最明亮的状态进行合成组成的色彩，图2-11所示为网页中的色彩。

图2-11 网页中的色彩

2.3 网页配色方法

生活中的色彩总是千变万化，多姿多彩的，在习惯了彩色电影后，人们一般都不愿意再回到黑白影像的时代。尽管黑白搭配确实在某些时候能起到非同凡响的效果，但也仅仅适用于有限的场合，更多的时候还需要综合搭配其他色彩，这就涉及色彩搭配的原则，因为所有的色彩并不是可以任意搭配的。

2.3.1 网页配色基础

色彩本身是无任何含义的，但是色彩确实可以在不知不觉间影响人的心理，左右人的情绪。不同色彩之间的对比会有不同的效果。当两种颜色同时在一起时，这两种颜色可能会各自展现出色彩的极端。例如，红色与绿色对比，红的更红，绿的更绿；黑色与白色对比，黑的更黑，白的更白。由于人的视觉不同，对比的效果通常也会有所不同。当大家长时间看一种纯色，例如红色，然后再看看周围的人，会发现周围的人脸色变成了绿色，这正是因为红色与周围颜色的对比，形成了对视觉的刺激。色彩的对比还会受很多其他因素影响，例如色彩的面积、亮度等。

色彩的对比有很多方面，色相的对比就是其中的一种。当使用湖水蓝与深蓝色对比时，会发觉深蓝色带点紫色，而湖水蓝则带点绿色。各种纯色的对比会产生鲜明的色彩效果，很容易给人带来视觉与心理的满足。红色与黄色对比，红色会使人想起玫瑰的味道，而黄色则会使人想起柠檬的味道。绿色与紫色对比，很有鲜明特色，令人感觉到活泼、自然，如图2-12所示。

图2-12 色彩的对比

红、黄、蓝三种颜色是最极端的色彩，它们之间对比，哪一种颜色也无法影响对方。

纯度对比也是色彩间对比的一种。举个例子，黄色是比较夺目的颜色，但是加入灰色会失去其夺目的光彩，通常可以混入黑、白、灰色来对比纯色，以减低其纯度。纯度的对比会使色彩的效果更明确、肯定。除了色相对比、纯度对比之外，色彩搭配还会受到下面一些因素的影响。

色块的大小和形状

有很多因素可以影响色彩的对比效果，色块的大小就是其中最重要的因素之一。如果两种色块同样大小，那么这两种颜色之间的对比就十分强烈，但是当其大小变得不同时，小的色块就会成为大的色块的补充。色块的大小会使色彩的对比产生一种生动的效果，比如，在一大片绿色中加入一小点红色，红色在绿色的衬托下会显得很抢眼，这就是色块的大小对对比效果的影响。在大面积的色彩陪衬下，小面积的纯色会产生特别的效果，但是如果小面积的色彩较淡，则会使人感觉不到这种色彩的存在。例如，在黄色中加入淡灰色，人们根本不会注意到淡灰色，如图2-13所示。

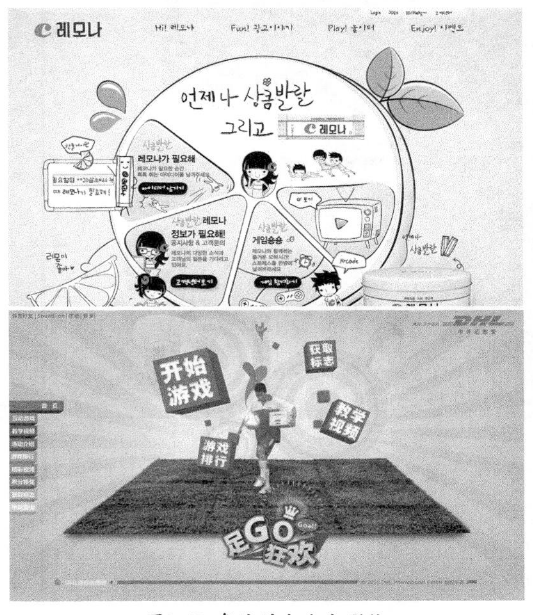

图2-13 色块的大小和形状

在不同的形状上面，同一种色彩也会产生不同的效果。比如，在一个正方形和一条线上用红色，就会发现，正方形更能表现红色稳重、喜庆的感觉。

色彩的位置

色彩所处的位置不同也会造成色彩对比效果的不同。比如，把两个同样大小的色块放在不同的位置，比如前后，会觉得后面的颜色要比前面的颜色暗一些。正是由于所处的位置的不同，导致视觉感受的不同。很多的软件中都有渐变工具，使用这个工具，则会使人觉得多种色彩在一起会有一种不同的效果，同样的色相但纯度不同的色彩组合在一起常常会产生令人吃惊的效果。

不要认为渐变很简单，它是色彩运用中非常重要的一部分。色彩的渐变有种如同曲谱一样的变化，配色中含有高亮度的对比，会给人清晰的感觉，如深红色与大红色的对比；中性色与低亮度的对比，给人模糊、朦胧、深奥的感觉，如草绿色与浅灰色的对比；纯色与高亮度的对比，给人跳跃舞动的感觉，如黄色与白色的对比；纯色与低亮度的对比，给人轻柔、欢快的感觉，如浅蓝色与白色的对比；纯色与暗色的对比，给人强硬、不可改变的感觉，如图2-14所示。

图2-14 色彩的位置

色彩的搭配是一门艺术，灵活运用色彩搭配能让设计的网页更具亲和力和感染力。当然，前面讲述的内容还多偏重于理论，实际上，要制作出漂亮的网页，则还需要灵活运用色彩，并加上自己的创意。

2.3.2 网页配色的原则

色彩搭配在网页设计中是相当重要的，色彩的取用更多的只是个人的感觉、经验或是风格，当然也有一些是视觉上的因素。

背景与前景文字，应尽可能地避免色彩的亮度、色调及饱和度的接近，主要是为了让页面信息能够正确地被阅读，同时要避免高饱和度的文字与明亮的背景配合，不然可能会比较刺眼，而如果背景比较暗淡，有时候使用很亮的文字就会产生很好的效果。网页背景色这类大面积的色块，最好使用低饱和度的颜色，这样起码要看起来舒服。

整体色调统一

如果要使设计充满生气，稳健，或具有冷清、温暖、寒冷等感觉，就必须从整体色调的角度来考虑。只有控制好构成整体色调的色相、明度、纯度关系和面积关系等，才可能控制好设计的整体色调。首先，要在配色中确定占大面积的主色调颜色，并根据这一颜色来选择不同的配色方案，从而得到不同的整体色调，然后可以从中选择最合适的。如果用暖色系做整体色调，则会呈现出温暖的感觉。如果用暖色和纯度高的色彩作为整体色调，则会给人以火热、刺激的感觉；以冷色和纯度较低的色彩作为整体色调，则会给人清冷、平静的感觉；以明度高的色彩作为整体色调，则会给人亮丽、轻快的感觉；以明度低的色彩作为整体色调，则会显得比较庄重、肃穆；如果整体色调取对比的色相和明度，则会显得活泼；如果整体色调取类似或同一色系，则会显得稳健；如果整体色调中色相数多，则会显得华丽；如果整体色调中色相数少，则就显得淡雅、清新。以上几点整体色调的选择都要根据所要表达的内容来决定，如图2-15所示。

图2-15 整体色调统一

配色的平衡

颜色的平衡就是颜色强弱、轻重、浓淡这几种关系的平衡。这些元素在视觉感受上会左右颜色的平衡关系。因此，即使相同的配色，也要根据图形的形状和面积的大小来决定成为调和色或不调和色。一般来说，同类色配色比较平衡，而处于补色关系且明度也相似的纯色配色，比如红和蓝、绿的配色，会因为过分强烈而感到刺眼，成为不调和色。但是，如果把一个色彩的面积缩小或加白、加黑，或者改变其明度和彩度并取得平衡，则可以使这种不调和色变得调和。纯度高而且强烈的色彩与同样明度的浊色或灰色配合时，如果前者的面积小，而后者的面积大也可以很容易地取得平衡。将明色与暗色上下配置时，如果明色在上暗色在下，则会显得安定。反之，如果暗色在明色上，则会有一种动感，如图2-16所示。

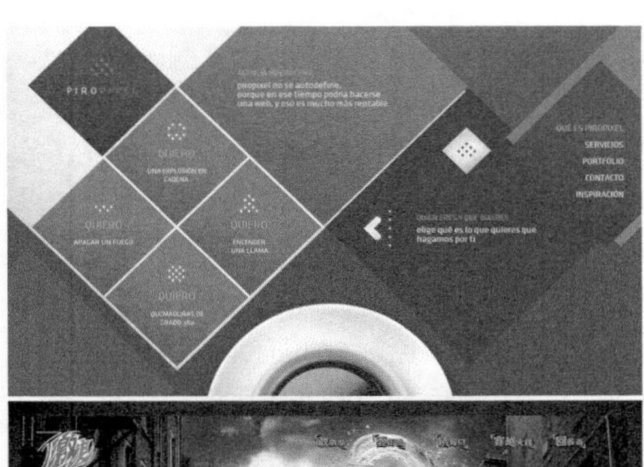

图2-16 配色的平衡

配色时要有重点色

配色时，为了弥补色调节调的单调，可以将某个颜色作为重点，从而使整体配色平衡。在整体配色的关系不明确时，就需要突出一个重点色来平衡配色关系。选择重点色时要注意以下几点：重点色应该使用比其他的色调更强烈的颜色；重点色应该选择与整体色调相对比的调和色；重点色应该用于极小的面积上，而不能用于大面积上；选择重点色必须考虑配色方面的平衡效果，如图2-17所示。

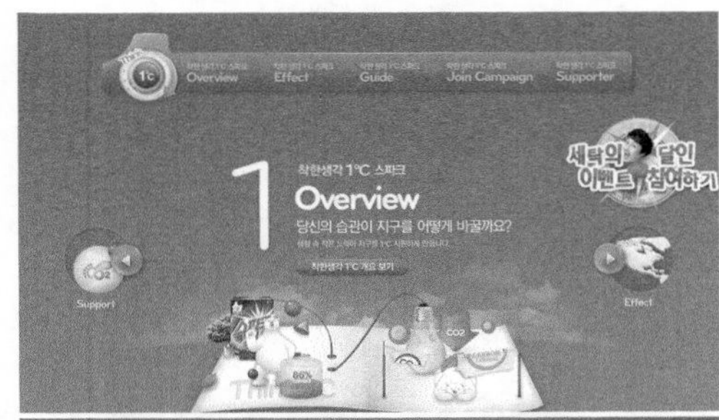

图2-17 配色时要有重点色

配色的节奏

由颜色的搭配产生整体的色调，而这种搭配关系在整体色调中反复出现排列就产生了节奏。这种节奏和颜色的排放、形状、质感等有关。由于渐进的变化色相、明度、纯度都会产生变化，而且是有规律的，所以就产生了阶调的节奏。将色相、明暗、强弱等变化做几次反复，会产生反复的节奏，也可以通过赋予色彩的搭配跳跃和方向感，而产生动态的节奏等，如图2-18所示。

图2-18 配色的节奏

渐变色的调和

当有两个或两个以上的颜色不调和时，在其中间插入阶梯变化的几个颜色，就可以使之调和。一般主要有下面几种渐变形式：一是色环的渐变，色相的渐变像色环一样，在红、黄、绿、蓝、紫等色相之间配以中间色，就可以得到渐变的效果；二是明度的渐变，从明色到暗色的阶梯变化；三是纯度的渐变，从纯色到浊色或黑色的阶梯变化。根据色相、明度、纯度组合的渐变，把各种各样的变化作为渐变来处理，从而构成复杂的效果。这些渐变色都是调和的，如图2-19所示。

图2-19 渐变色的调和

图2-19 渐变色的调和（续）

在配色方面的分割

两个颜色如果互相处于对立关系，具有过分强烈的效果，就会成为不调和色。为了调节它们，可以用其他颜色把它们划分开来，这就是分割，用于分割的颜色叫做分割色。可用于分割的颜色不多，最常用的是白、灰、黑。金色和银色也具有分割的效果，但在计算机中很难调出这两种具有重量感的颜色，所以在计算机中几乎用不到这两种色，但在印刷中经常使用。使用其他色彩进行分割也是可以的，但是要选择与原来颜色有明显区别的明度，同时也应该考虑色相和纯度，如图2-20所示。

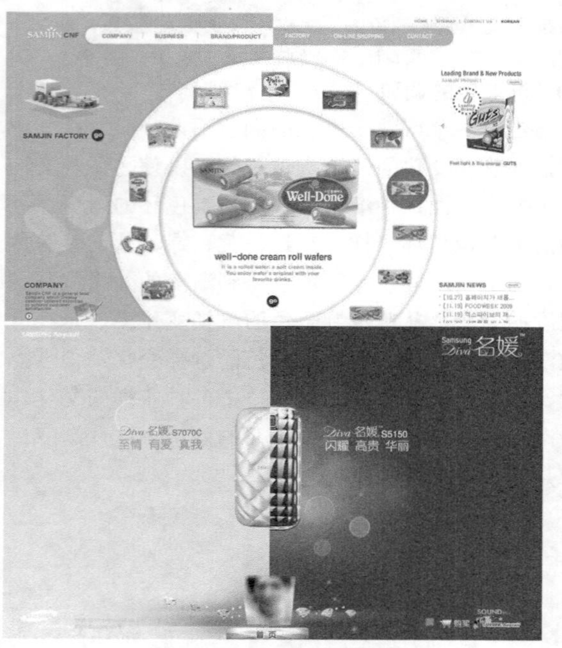

图2-20 在配色方面的分割

以上这些原则是在配色时应该注意的一些问题及基本解决方法。当然还有更多的色彩问题，比如色彩的味觉、色彩的距离感、色彩的音乐感等，读者可以参考其他的专业色彩书籍。

2.3.3 网页配色的基本方法

配色不同的网页给人的感觉会有很大差异，一般用与网页主题相符的颜色。可能的话尽量少用几种颜色，调和各种颜色使其有稳定感是最好的。把鲜明的色彩用做中心色彩时，以这个颜色为基准，主要使用与它邻近的颜色，使其有统一性。需要强调的部分使用别的颜色，或利用几种颜色的对比，这些都是网页配色的基本方法。

色彩的调和

如果想要把各种各样的颜色有效地调和起来，那么定下一个规则，再按照它去做会比较好。比如，用同一色系的色彩制作某种要素时，按照种类只变换背景色的明度和饱和度，或者维持一定的明度和饱和度只变换颜色，利用色彩三要素——颜色、饱和度和明度来配色是比较容易的。比如，使用同样的颜色，变换饱和度差异或明度差异，是简单而又有效的方法，如图2-21所示。

图2-21 网页中色彩的调和

文本色彩搭配

比起图像或图形布局要素，文本配色就需要更强的可读性和可识别性。所以，文本的配色与背景的对比度等问题就需要多费些精力。很显然，字的颜色和背景色有明显的差异，其可读性和可识别性就强。这时主要使用的配色是明度的对比配色或者利用补色关系的配色。使用灰色或白色等无彩色背景，其可读性高，和别的颜色也容易配合。但如果想使用一些比较有个性的颜色的话就要注意颜色的对比度问题。多试验几种颜色，要努力寻找那些熟悉的、适合的颜色。另外，在文本背景下使用图像时，如果使用对比度高的图像，那么可识别性就要降低。这种情况下就要考虑降低图像的对比度和使用只有颜色的背景。图2-22所示为网页中文本色彩的搭配。

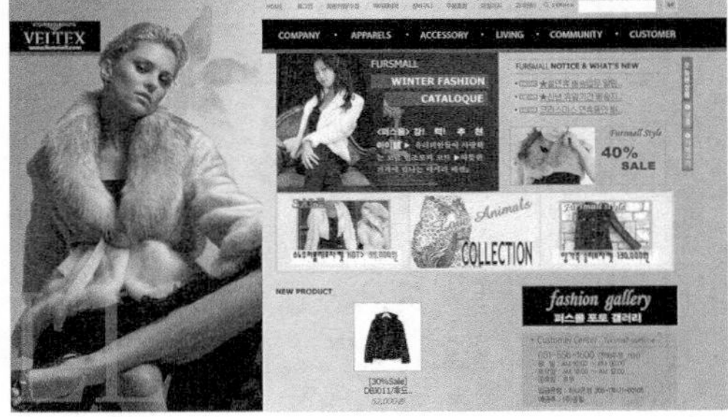

图2-22 网页中文本色彩搭配

实际上，想在网页中恰当地使用颜色，就要考虑各个要素的特点。背景和文字如果使用近似的颜色，其可识别性就会降低，这是文本字号大小处于某个值时的特征，即各要素的大小如果发生了改变，色彩也需要改变。标题字号大小如果大于一定值，即使使用与背景相近的颜色对其可识别性也不会有太大的妨碍。相反，如果与周围的颜色互为补充，可以给人整体上调和的感觉。如果整体使用比较接近的颜色，那么就对想强调的内容使用它的补色，这也是配色的一种方法，如图2-23所示。

图2-23 网页中文本与背景色彩搭配

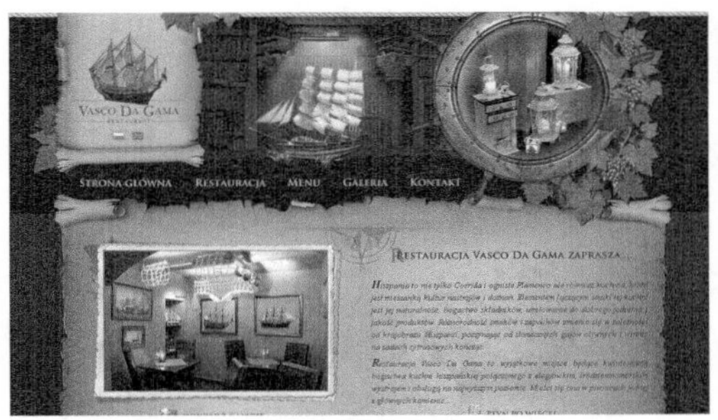

图2-23 网页中文本与背景色彩搭配（续）

整体配色的平衡

在网页配色中，最重要的莫过于整体的平衡。比如，为了强调标题使用对比强烈的图像或色彩，而正文过暗或到处使用补色作为强调色，就会使注意力分散，使整体的效果退色，这就是没有很好地考虑整体的平衡而发生的问题。如果标题的背景使用较暗的颜色，用最容易引人注意的白色作为标题的颜色，正文也使用与之相同的颜色，或者，标题用很大的字，在很暗的背景下用白色作为扩张色压倒其他要素，这样画面就会互相冲突而显得很杂乱。

如果把抓下来的网页的一部分反转过来，尽管这些内容看起来很奇怪，但色彩还是很均衡。色彩调和非常好的网页即使全部反转过来，看起来还是很调和的。对网页配色设计来说，尽管作为中枢色的基本色和剩下的颜色都很重要，但最重要的还是页面色彩间的调和和均衡问题，所以设计网页时要仔细考虑色彩间的各种对比现象和一贯性，如图2-24所示。

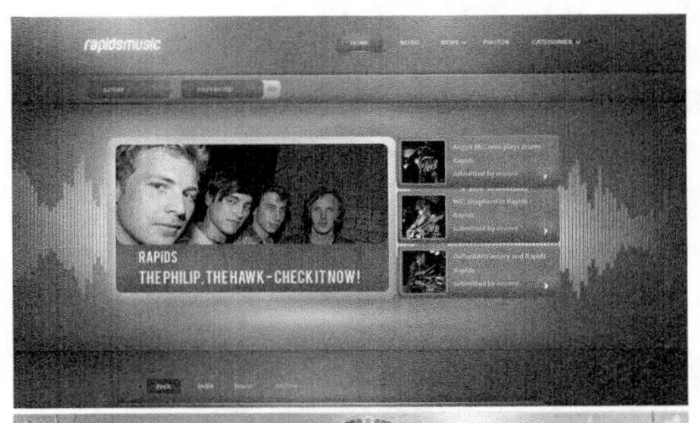

图2-24 网页整体配色平衡

统一的配色，可以给人贯性的感觉，可以很方便的配色，但是要注意可能产生的腻烦感。像紫色和蓝色这样的相近色进行配色时就要充分地考虑明度差和饱和度差进行调和配色。像红色和蓝色的配色互相构成对比，色彩差强烈而又华丽、给人很强的动感。此外，利用明度差和饱和度差可以做到多种感觉的配色。

2.4 常见的网页配色

自然界中有许多种色彩，如树木是绿色的、天空是蓝色的、香蕉是黄色的、太阳是橙色的……根据网站的目标而选择颜色，这些对于一个网页设计者来说都是很重要的事情。在网站中，可以用强烈而感性的颜色，可以用冷静的无彩色的颜色，也可以不时用一下平时不太使用但可以产生美妙效果的颜色。但是盲目地使用颜色会使色彩显得杂乱，使网站令人厌烦。

想更好地使用颜色就必须了解色彩对人普遍产生的心理效果。如：红、黄等颜色给人温暖的感觉，绿、蓝等颜色给人清爽、凉快的感觉。颜色不但会给你温度的感觉，还会给人情绪感、重量感、安全感等。

红色

红色的色感温暖，性格强烈而外向，是一种对人刺激很强的颜色。红色在各种媒体中都有广泛的应用，除了具有较佳的明视效果外，更被用来传达有活力、积极、温暖、前进等涵义的企业形象与精神，另外红色也常被用做警告、危险、禁止、防火等标识色。在网页颜色应用中，红色与黑色的搭配比较常见，常用于前卫时尚、娱乐休闲等要求个性的网站，图2-25所示为红色的网站配色。

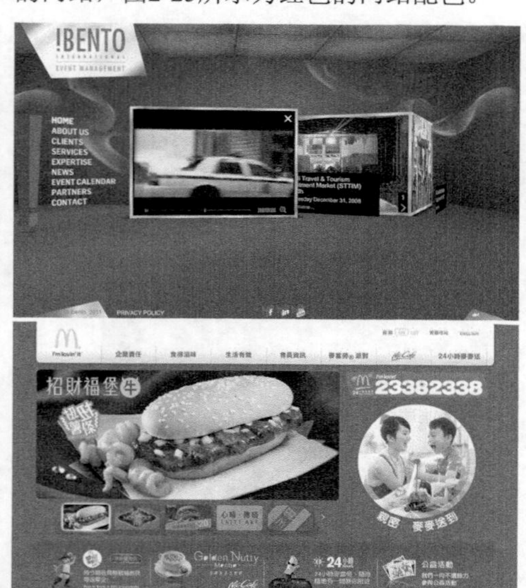

图2-25 红色的网站配色

黄色

黄色是最明亮的色彩之一，能给人留下明亮、辉煌、灿烂、愉快、高贵、柔和的印象，同时又容易引起味觉的条件反射，给人以甜美、香酥感。

黄色在网页配色中的应用十分广泛，它和其他颜色配合让人感觉很活泼、很温暖，具有快乐、希望、智慧和轻快的个性。黄色有着金色的光芒，包含希望与功名等象征意义。黄色也代表着土地，象征着权力，并且还具有神秘的宗教色彩。图2-26所示为黄色的网站配色。

图2-26 黄色的网站配色

绿色

绿色介于黄色和蓝色之间，属于较中庸的颜色，是和平色、偏向自然美、宁静、生机勃勃、宽容，可以与多种颜色搭配而达到和谐，也是网页中使用最为广泛的颜色之一。

草绿象征自然、调和、健康、青春、富饶、成长等，有使眼睛解除疲劳及缓和痛苦和紧张的效果，草绿虽然并不太引人注目，但明度和饱和度都合适的话，可以营造的氛围，给人安定感。深绿色常被用在信息室、会客室，也常用在手术服和安全标志上。应该注意的是草绿如果使用不当的话会给人厌烦和孤独的感觉。浅绿色有很强的中立性，给人安静的感觉；深绿色则给人严格和严肃的感觉。淡绿色让人感觉新鲜，希望、明朗的感觉。淡绿色也给人清新和活力之感，图2-27所示为绿色的网站配色。

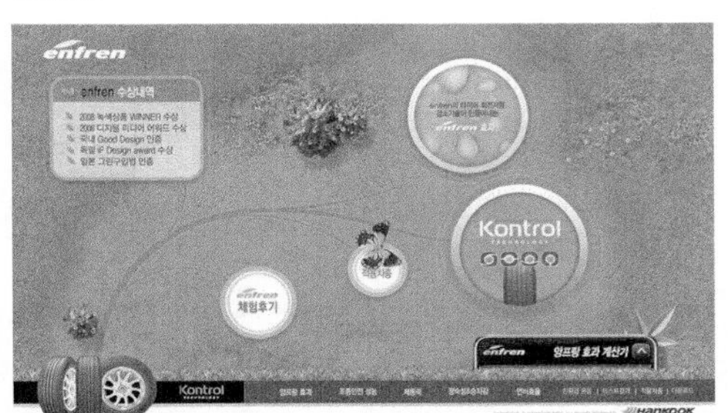

图2-27 绿色的网站配色

蓝色

蓝色是一种在淡化后仍然保持较强个性的颜色。如果在蓝色中分别加入少量的红、黄、黑、橙、白等颜色，均不会对蓝色的性格构成明显的影响。

蓝色给人冷的感觉，会使人联想到天空、大海、湖水等，它象征青春、成功，因为很多工作服都是蓝色的，所以还象征劳动，后来还被认为象征正直、信用等。明亮度高一些的蓝色，会给人开放和活力之感，暗一些的蓝色给人沉着冷静之感。

蓝色和绿色可以使眼睛从疲劳中恢复，所以常在冥想或为了安静时使用。蓝色在吸引人和受瞩目的程度上不是特别高，和白色相配而成的蓝色有很好的判读性，常和黑色一样被用于表示文本。图2-28所示为蓝色的网站配色。

图2-28 蓝色的网站配色

紫色

紫色的明度相比上面介绍的颜色是最低的，具有创造、忠诚、神秘、稀有等内涵。象征着女性化，代表着高贵与奢华、优雅与魅力，也象征着神秘与庄重、神圣与浪漫。图2-29所示为紫色的网站配色。

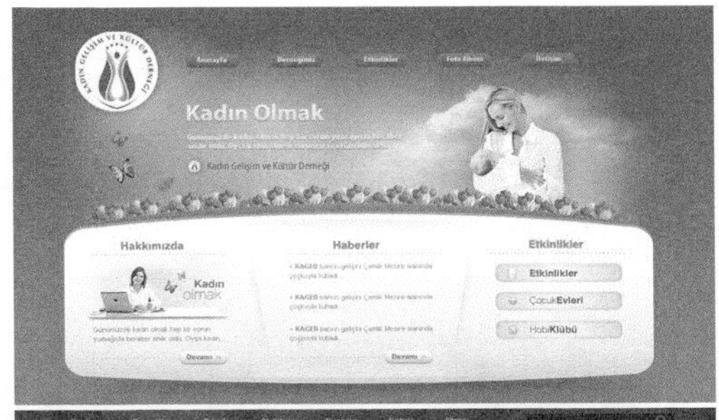

图2-29 紫色的网站配色

黑色、白色和灰色

黑色象征黑暗、死亡、沉默、神秘，给人沉重和忧郁的感觉。但是熟练地使用黑色能够营造高贵的氛围，黑色也被认为是代表上流社会、权利、奢华的颜色。黑色不反射色光，吸收所有的颜色，所以在配色时有使别的颜色更鲜明的效果。

灰色随着配色的不同可以很动人，相反也可以很平静。灰色较为中性，象征知性、老年、虚无等，使人联想到工厂、都市、冬天的荒凉等。灰色可以营造保守、稳重的气氛，表现出均衡的氛围，可以和大部分颜色配合使用。白色在网页中是最普遍使用的基本背景色，具有干净纯洁的意味，象征纯洁、清白、清洁，使人联想到雪、婚纱等。图2-30所示为黑色、白色和灰色的网站配色。

图2-30 黑色、白色和灰色的网站配色

2.5 本章小结

无论是给用户以好感，还是想使网站给人留下深刻的印象，色彩都是需要在网页设计时认真考虑的。本章主要讲解网站的分类以及网页配色的相关知识，通过本章的学习，希望读者能够理解如何在网页中正确的使用颜色。

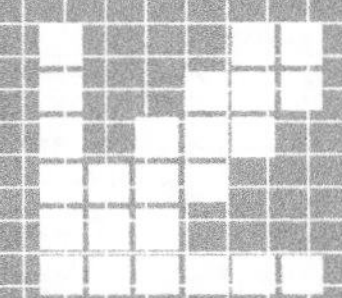

Dreamweaver CS6篇

第3章 Dreamweaver CS6入门

Dreamweaver CS6是由Adobe公司开发的最新版本的专业网页编辑器，用于Web站点、Web页面和Web应用程序的设计、编码和开发。利用Dreamweaver CS6中的可视化编辑功能，用户可以快速创建网页而无需编写任何代码。Dreamweaver CS6提供了许多与编码相关的工具和功能，本章将带领读者一起去认识和了解最新版的Dreamweaver CS6。

3.1 初识Dreamweaver CS6

Dreamweaver CS6在增强面向专业人士的基本工具和可视技术的同时，还为网页设计用户提供了功能强大的、开放的、基于标准的开发模式。正是如此，Dreamweaver CS6的出现巩固了自1997年推出Dreamweaver 1以来，长期占据网页设计专业开发领域行业标准级解决方案的领先地位。Dreamweaver CS6的启动画面如图3-1所示。

图3-1 Dreamweaver CS6启动画面

Dreamweaver CS6是业界领先的网页开发工具，使用该软件能够使用户高效地设计、开发维护基于标准的网站和应用程序。使用Dreamweaver CS6，网页开发人员能够完成从创建和维护基本网站到支持最佳实践和最新技术和高级应用程序的开发全过程。

3.2 Dreamweaver CS6的新增功能

Dreamweaver CS6是Dreamweaver的最新版本，它同以前的Dreamweaver CS5.5版本相比，增加了一些新的功能，并且还增强了很多原有的功能，下面就对Dreamweaver CS6的新增功能进行简单的介绍。

3.2.1 全新的“管理站点”对话框

在Dreamweaver CS6中对“管理站点”对话框进行了全新的改进和增强，执行“站点>管理站点”命令，即可弹出“管理站点”对话框，如图3-2所示。在全新的“管理站点”对话框中保持了对站点的基本编辑和管理功能，新增了创建和导入Business Catalyst站点的功能。

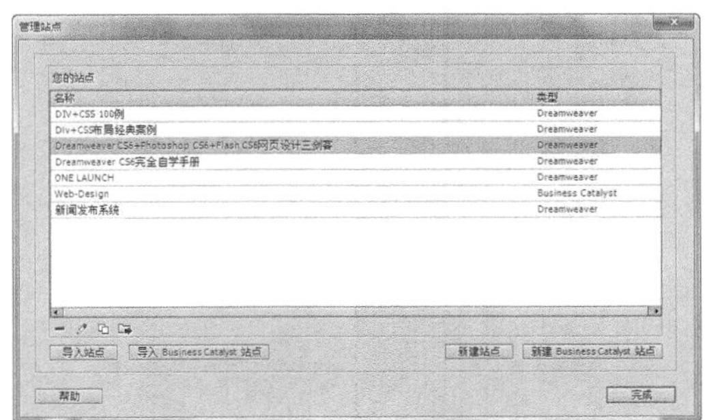

图3-2 “管理站点”对话框

3.2.2 Business Catalyst站点和Business Catalyst面板

在Dreamweaver CS6中可以直接创建Business Catalyst站点，执行“站点>新建Business Catalyst站点”命令，如图3-3所示，弹出Business Catalyst对话框，对相关选项进行设置，即可创建Business Catalyst站点，如图3-4所示。

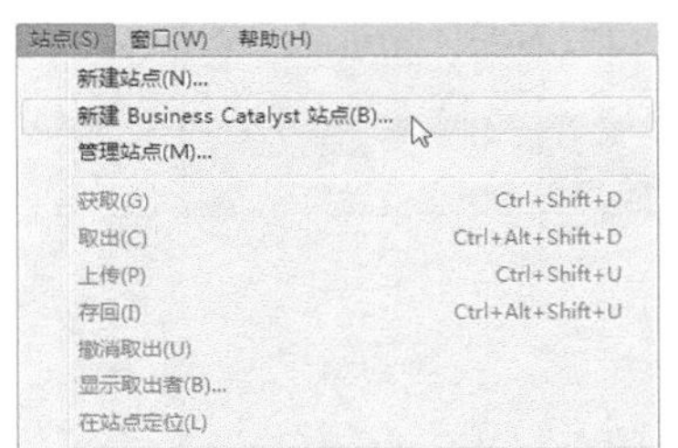

图3-3 执行“新建Business Catalyst站点”命令

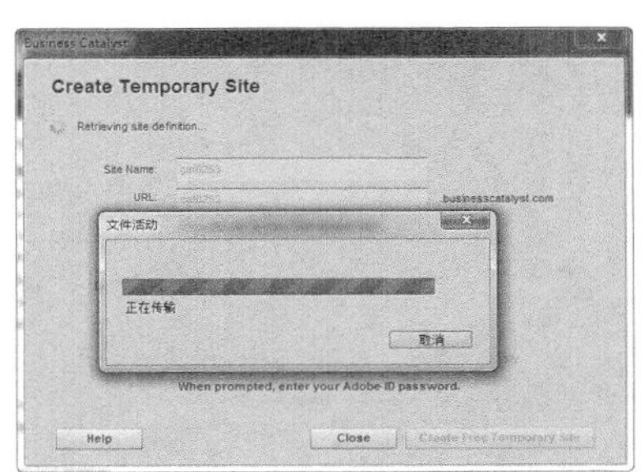

图3-4 “Business Catalyst”对话框

创建了Business Catalyst站点后，Dreamweaver CS6将会自动连接到在远程服务器上所创建的Business Catalyst站点，并在“文件”面板中显示Business Catalyst站点，如图3-5所示。可以直接在Dreamweaver CS6中的“Business Catalyst”面板中管理Business Catalyst模块，如图3-6所示。

图3-5 Business Catalyst站点

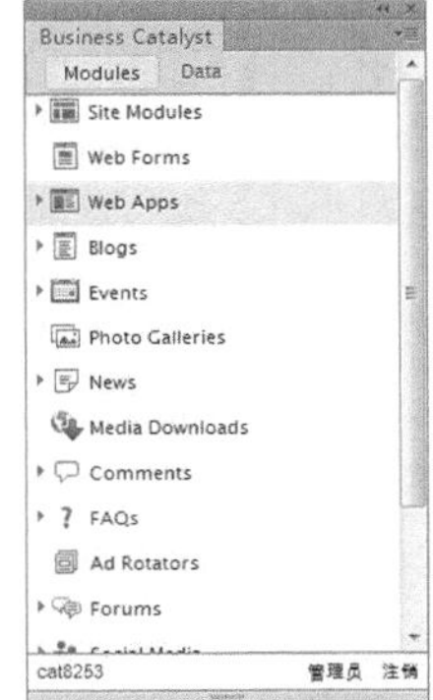

图3-6 “Business Catalyst”面板

3.2.3 流体网格布局页面

在Dreamweaver CS6中新增了基于流体网格的CSS布局功能，执行“文件>新建流体网格布局”命令，弹出“新建文档”对话框，并自动切换到“流体网格布局”选项卡中，如图3-7所示，可以创建针对不同屏幕尺寸的流体CSS布局，如图3-8所示。在使用流体网格生成网页时，页面的布局及其内容会自动适应用户的查看设备，包括智能手机、平板电脑等。

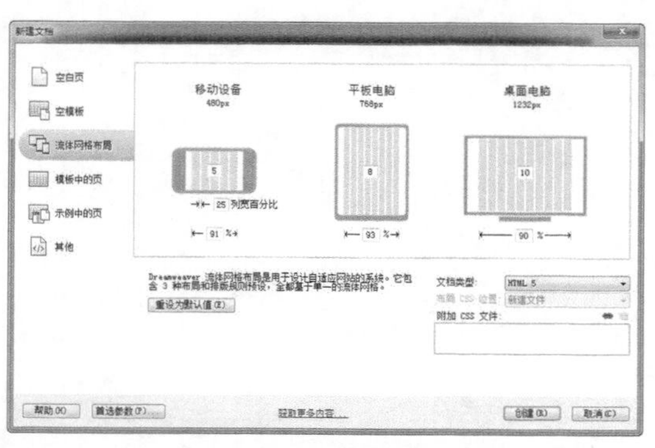
图3-7 “流体网格布局”选项卡

图3-8 流体网格布局页面

3.2.4 为单个元素应用多个类CSS样式

在Dreamweaver CS6中可以将多个类CSS样式应用于页面中同一个元素。需要为单个元素应用多种类CSS样式，可以选中该元素，在“属性”面板上的“类”下拉列表中选择“应用多个类”选项，如图3-9所示，弹出“多类选区”对话框，在该对话框中可以选择为选中元素需要应用的类CSS样式，如图3-10所示。

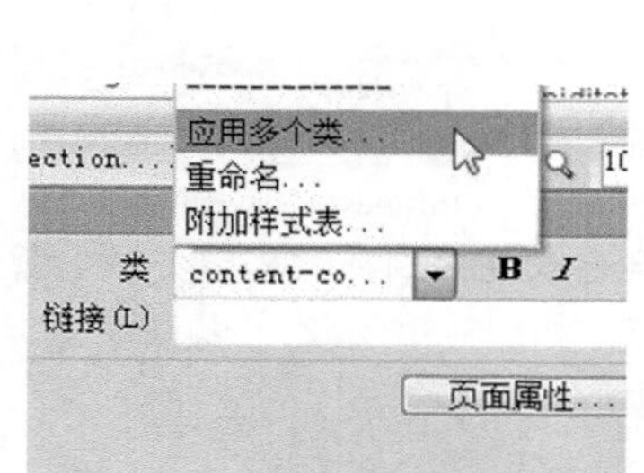

图3-9 “应用多个类”选项

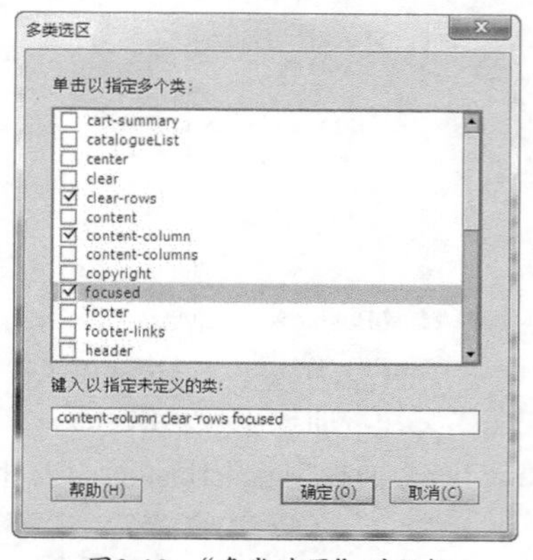

图3-10 “多类选区”对话框

在为页面中的单个元素应用多个类CSS样式后，Dreamweaver CS6会根据用户所选择的多个类CSS样式来创建新的多类。然后，在“类”下拉列表中即可看到所创建的多类CSS样式。

3.2.5 CSS过渡效果

在Dreamweaver CS6中可以为元素创建CSS的过渡效果，可以通过“CSS过渡效果”面板来创建CSS过渡效果，如图3-11所示，将CSS样式平滑过渡效果应用于页面元素，可以实现更多的交互效果，例如，当鼠标悬停在某个菜单项上时，该菜单栏的背景颜色能够从一种颜色逐渐转变为另一种颜色。

3.2.6 Web字体

在Dreamweaver CS6中新增了Web字体的功能，可以使用具有创建造性的Web支持字体，例如Google或Typekit Web字体。如果需要使用Web字体，可以执行“修改>Web字体”命令，弹出“Web字体管理器”对话框，如图3-12所示，将需要使用的Web字体添加到Dreamweaver站点中，即可在网页中使用所添加的Web字体了。

图3-11 “CSS过渡效果”面板　　图3-12 “Web字体管理器”对话框

3.2.7 改进的图像优化功能

在Dreamweaver CS6中对图像优化功能进行了改进。根据在页面中所选择的图像的格式，在弹出的“图像优化”对话框中将显示不同的优化选项，例如，在页面中选中一个JPEG格式的图像，单击“属性”面板上的“编辑图像设置”按钮，弹出“图像优化”对话框，提供JPEG格式图像的优化选项，如图3-13所示。

在“图像优化”对话框中进行优化设置时，可以在页面中看到图像优化的实时效果。

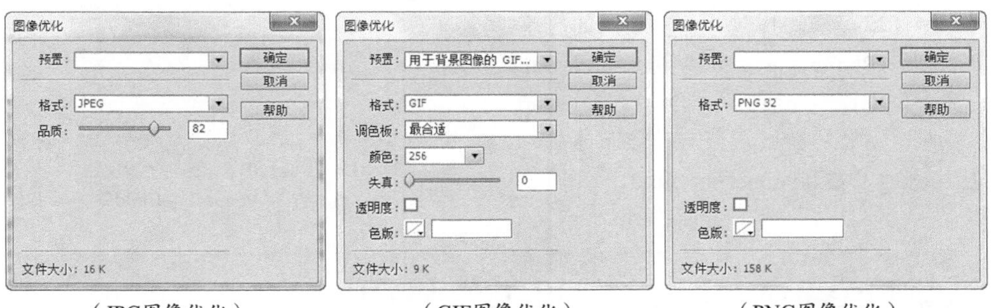

（JPG图像优化）　（GIF图像优化）　（PNG图像优化）

图3-13 “图像优化”对话框

3.2.8 支持JQuery 16.4和JQuery Mobile 1.0

全新的Dreamweaver CS6附带JQuery 1.6.4和JQuery Mobile 1.0文件。执行“文件>新建”命令，弹出“新建文档”对话框，切换到“示例中的页”选项卡，选择“Mobile超始页”选项，即可创建JQuery Mobile文件，如图3-14所示。

3.2.9 新增JQuery Mobile色板

在Dreamweaver CS6中编辑JQuery Mobile文件时，可以执行“窗口>JQuery Mobile色板”命令，打开“JQuery Mobile色板”面板，如图3-15所示。使用“JQuery Mobile色板”面板可以在JQuery Mobile文件中应用标题、列表、按钮和其他元素效果。

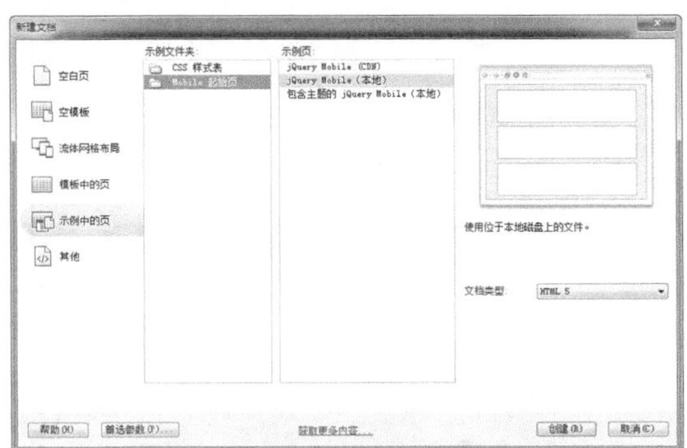

图3-14 新建JQuery Mobile文件

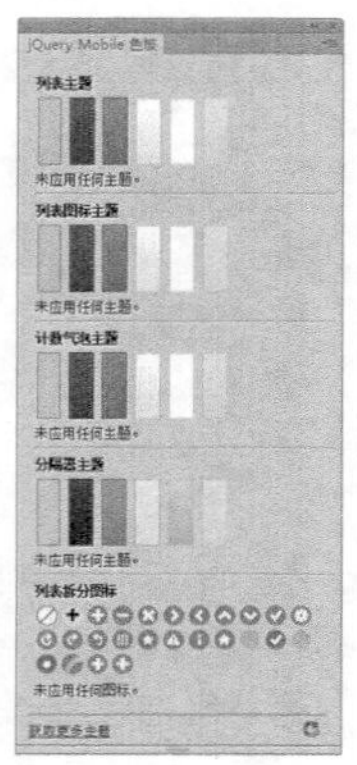

图3-15 “JQuery Mobile色板”面板

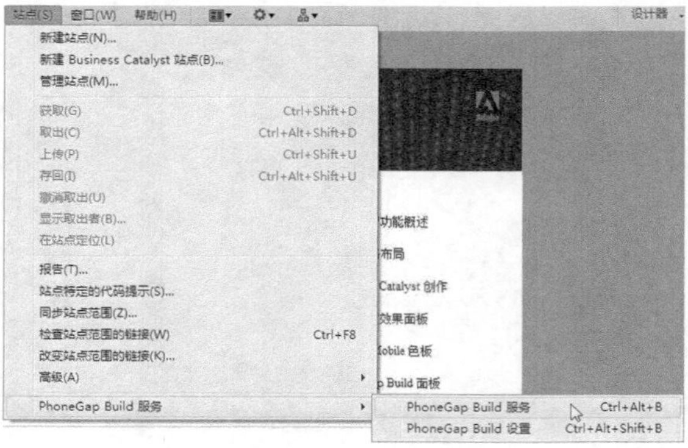

图3-16 执行命令

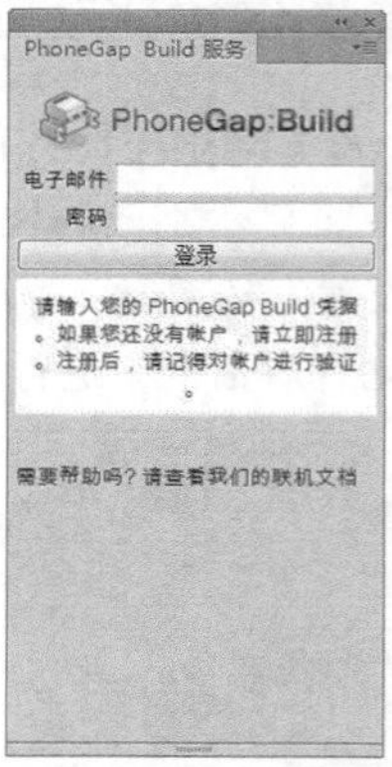

图3-17 “PhoneGap Build服务”面板

3.2.10 集成PhoneGap Build

在Dreamweaver CS6中集成了PhoneGap服务，可以使用PhoneGap服务构建和模拟移动设备的应用程序，该服务集成了包括Android、iOS、Blackberry和WebOS应用程序环境，能够打包并输出用户的应用程序。执行“站点>PhoneGap Build服务>PhoneGap Build服务”命令，如图3-16所示，打开“PhoneGap Build服务”面板，如图3-17所示，启动该服务后，可以将Web应用程序发布到PhoneGap Build。

3.3 认识Dreamweaver CS6工作界面

Dreamweaver CS6提供了一个将全部元素置于一个窗口中的集成布局。在集成的工作区中，全部窗口和面板都被集成到一个更大的应用程序窗口中，如图3-18所示。使用户可以查看文档和对象属性，还将许多常用操作放置于工具栏中，使用户可以快速更改文档。

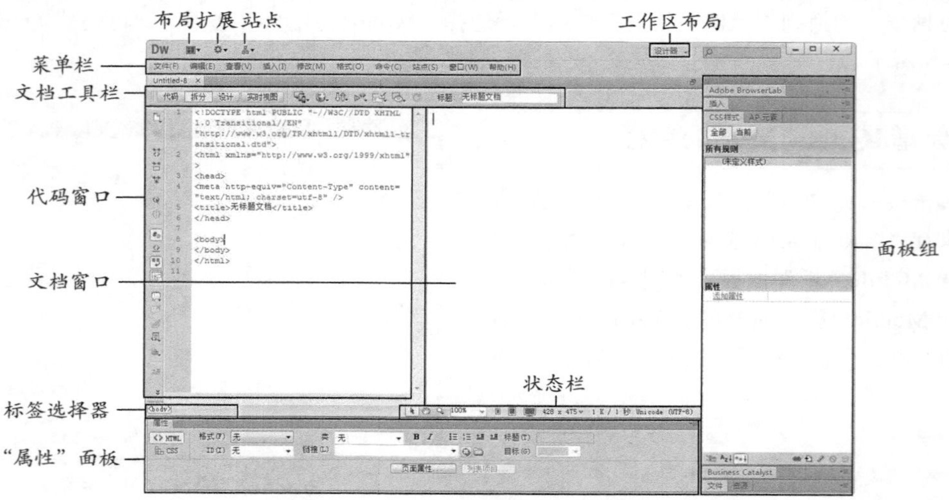

图3-18 Dreamweaver CS6工作界面

3.3.1 Dreamweaver CS6工作区布局

默认情况下，Dreamweaver CS6的工作区布局是以设计视图布局的，如图3-19所示。在Dreamweaver CS6中可以对工作区布局进行修改。单击菜单栏右侧“设计器”按钮，在弹出菜单中选择一种布局方式即可，如图3-20所示。这样不需要重新启动Dreamweaver CS6，就可以即时更换工作区布局。

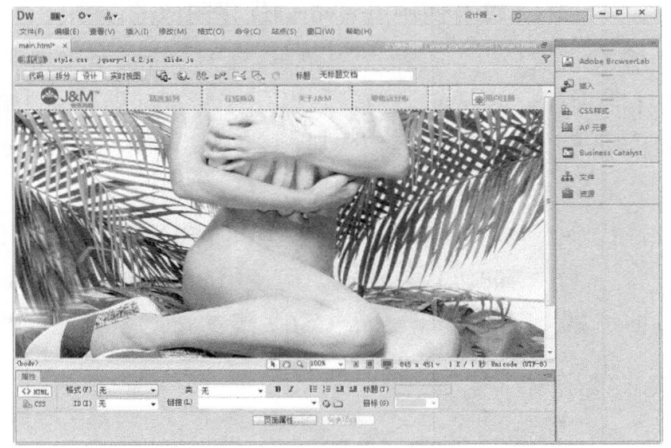

图3-19 “设计器”工作区布局

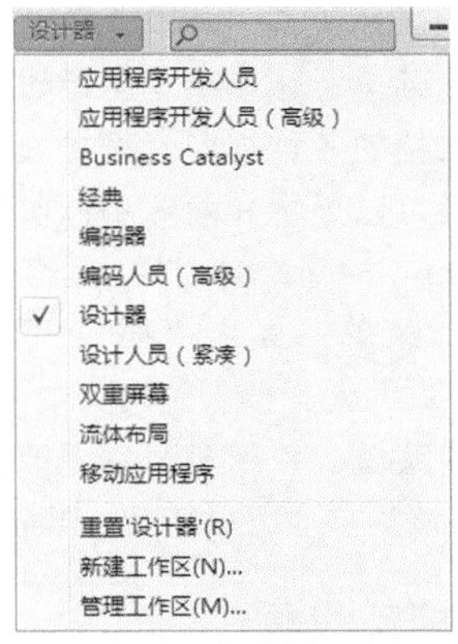

图3-20 “工作区布局”下拉列表

例如，在“工作区布局”下拉列表中选择“经典”选项，则可以将Dreamweaver CS6的工作区切换到默认的Dreamweaver经典布局，如图3-21所示。例如，在“工作区布局”下拉列表中选择“编码器”选项，则可以将Dreamweaver CS6的工作区切换到默认的编码器布局，如图3-22所示。

图3-21 “经典”工作区布局

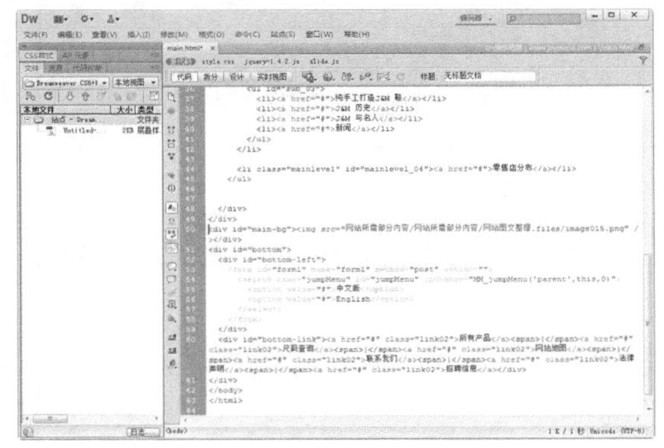

图3-22 “编码器”工作区布局

提示 Dreamweaver CS6设计视图布局是一种将全部元素置于一个窗口中的集成布局，是Adobe家族的标准工作区布局，建议大多数用户使用这个工作区布局。本书对Dreamweaver CS6的学习主要在“设计器”布局。

3.3.2 菜单栏

Dreamweaver CS6的主菜单共有10个，即文件、编辑、查看、插入、修改、格式、命令、站点、窗口和帮助，如图3-23所示。

DW 文件(F) 编辑(E) 查看(V) 插入(I) 修改(M) 格式(O) 命令(C) 站点(S) 窗口(W) 帮助(H)

图3-23 菜单栏

“文件”菜单：包含用于文件操作的标准菜单项，例如“新建”、“打开”和“保存”。它还包含各种其他命令，用于查看当前文档或对当前文档执行操作，例如“在浏览器中预览”和“打印代码”等。

“编辑”菜单：包含用于基本编辑操作的标准菜单项，例如“剪切”、“拷贝”和“粘贴”等。“编辑”菜单包括选择和搜索命令，例如“选择父标签”和“查找和替换”，并且提供对键盘快捷方式编辑和标签编辑器的访问。它还提供对Dreamweaver CS6菜单中“首选参数”的访问。

“查看”菜单：在该菜单中通过执行相应的命令可以切换文档的各种视图（例如设计视图和代码视图），并且可以显示和隐藏不同类型的页面元素及不同的Dreamweaver CS6工具。

“插入”菜单：提供“插入”面板的替代命令，以便于将页面元素插入到网页中。

“修改”菜单：使用户可以更改选定页面元素的属性。使用该菜单，用户可以编辑标签属性，更改表格和表格元素，并且为库和模板执行不同的操作。

“格式”菜单：主要是为了方便用户设置网页中文本的格式。

“命令”菜单：提供对各种命令的访问，包括根据格式参数的选择来设置代码格式、排序表格，以及使用Fireworks优化图像的命令。

“站点”菜单：提供的选项可用于创建、打开和编辑站点，以及用于管理当前站点中的文件。

“窗口”菜单：提供对Dreamweaver CS6中的所有面板、检查器和窗口的访问。

“帮助”菜单：提供对Dreamweaver CS6文件的访问，包括如何使用Dreamweaver CS6以及创建对Dreamweaver CS6扩展的帮助系统，以及包括各种代码的参考材料等。

3.3.3 文档工具栏

文档工具栏包含了各种按钮，它们提供各种“文档”窗口视图，例如“设计”视图、“代码”视图的选项，各种查看选项和一些常用操作，例如在浏览器中预览页面等，如图3-24所示。

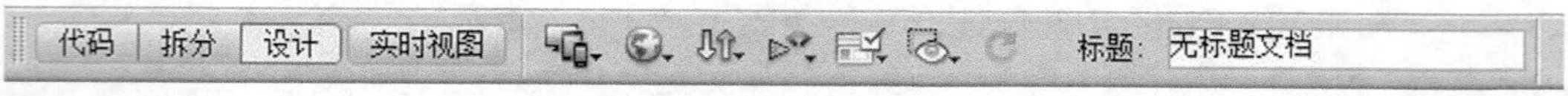

图3-24 文档工具栏

文档工具栏中还包含一些与查看文档、在本地和远程站点间传输文档有关的常用命令和选项。

3.3.4 状态栏

“状态”栏位于“文档”窗口底部，提供与正在创建的文档有关的其他信息，如图3-25所示。

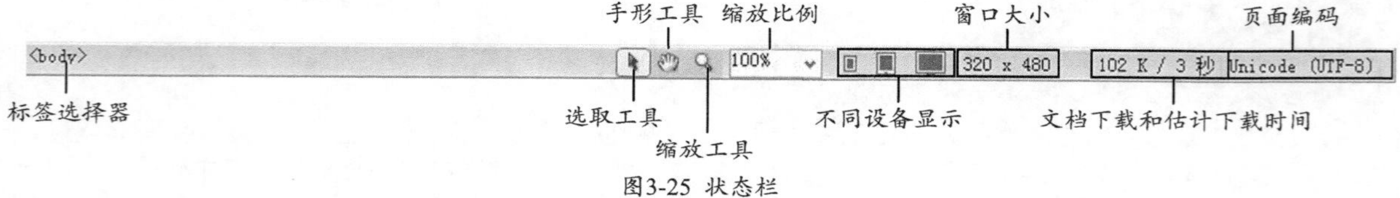

图3-25 状态栏

标题选择器：显示环绕当前选定内容的标签的层次结构。单击该层次结构中的任何标签可以选择该标签及其全部内容。单击 <body> 可以选择文档的整个正文。

选取工具：使用“选取工具”，可以选择页面中的相关元素，包括文字、图像、表格等。

手形工具：使用“手形工具”，可以在Dreamweaver的设计视图中拖动页面，以便查看整个页面中的所有内容。

缩放工具：使用“缩放工具”可以对页面的设计视图进行缩放操作，按住Alt键不放，可以将“缩放工具”在放大和缩小之间切换。

缩放比例：在该选项的下拉列表中可以选择预设的页面大小。

不同设备显示：单击“手机大小”按钮，可以将页面的当前文档窗口的页面尺寸设置为手机大小（480×800）。单击“平板电脑大小”按钮，可以将页面的当前文档窗口的页面尺寸设置为平板电脑大小（768×1024）。单击“桌面电脑大小”按钮，可以将页面的当前文档窗口的页面尺寸设置为桌面电脑大小（1000×557）。

窗口大小：显示当前设计视图中窗口部分的尺寸，在该选项上单击鼠标，在弹出菜单中提供了一些常用的页面尺寸大小。

文档下载和估计下载时间： 显示当前文档的大小以及下载该文档所需要的时间。

页面编码： 显示当前页面的编码格式。

3.3.5 “插入”面板

网页的内容虽然多种多样，但是都可以被称为对象，简单的对象有文字、图像、表格等，复杂的对象包括导航条、程序等。大部分的对象都可以通过“插入”面板插入到页面中，“插入”面板如图3-26所示。

图3-26 “插入”面板

在“插入”面板中包含了用于将各种类型的页面元素（如图像、表格和AP DIV）插入到文档中的按钮。每一个对象都是一段HTML代码，允许用户在插入它时设置不同的属性。例如，用户可以在“插入”面板中单击“表格”按钮，插入一个表格。当然，也可以不使用“插入”面板而使用“插入”菜单来插入页面元素。

如果用户习惯了老版本的工作方式，可以单击“菜单”栏上的“设计器”按钮，在其下拉列表中选择“经典”选项，则Dreamweaver CS6的工作区将和以前版本的工作区相同，将“插入”面板放置在菜单栏的下方，如图3-27所示。

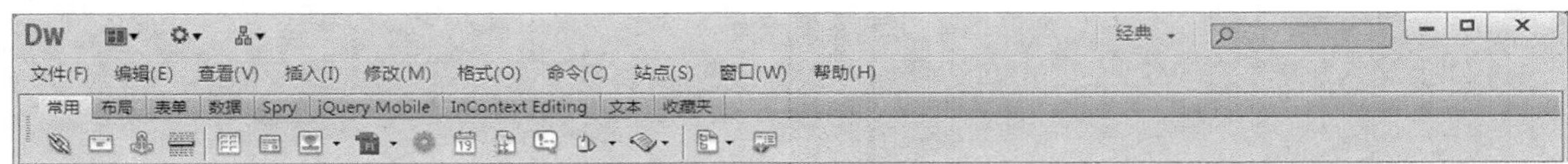

图3-27 经典视图中的插入栏

在“插入”面板中可以看到，在“插入”面板的类别名称按钮旁有一个三角形的扩展按钮，单击该按钮可以在不同类别的插入对象之间进行切换。

> **提示** “插入”面板，在默认情况下是显示在Dreamweaver的工作区中的，可以通过执行“窗口>插入”命令，在工作区中显示或隐藏“插入”面板。“插入”面板中的所有项目都可以在菜单栏中的“插入”菜单下找到相对应的选项。

3.3.6 “属性”面板

网页设计中的对象都有各自的属性，比如文字与字体、字号、对齐方式等属性，图形有大小、链接、替换文字等属性。所以在有了上面的对象面板之后，就要有相应的面板对对象进行设置，这就要用到“属性”面板，“属性”面板的设置选项会根据对象的不同而变化，图3-28所示的是选中文本对象时“属性”面板上的内容。

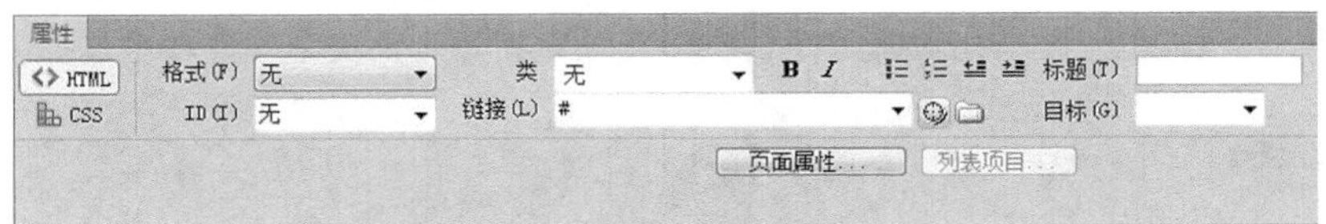

图3-28 “属性”面板

3.3.7 其他浮动面板

浮动面板是Dreamweaver操作界面的一大特色，其中一个好处是可以节省屏幕空间。用户可以根据需要显示浮动面板，也可以拖曳面板脱离面板组。用户可以通过在如图3-29所示的三角图标上单击鼠标展开或折叠起浮动面板。

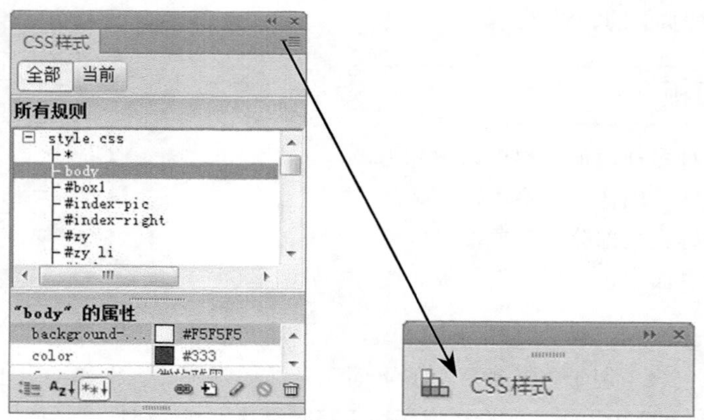

图3-29 展开或折叠浮动面板

在Dreamweaver CS6工作界面的右侧，整齐地竖直排放着一些浮动面板，这一部分可以称为浮动面板组，可以在“窗口”菜单中选择需要显示或隐藏的浮动面板。Dreamweaver CS6的浮动面板比较多，这里不再逐一介绍，各浮动面板会在后面章节涉及到时进行介绍。

提示 面板打开之后可能会被随意地放置在屏幕上，有时会很杂乱，这时候可以执行“窗口>工作区布局”命令的一种布局方式，使面板能够整齐地摆放在屏幕上。当需要更大的编辑窗口时，可以按快捷键F4，将所有的面板都隐藏。再按一下快捷键F4，隐藏之前打开的面板又会在原来的位置上出现。对应的菜单命令是“窗口>显示面板（或隐藏面板）”，使用快捷键更加方便快捷。

3.4 网页文件的基础操作

网页文件操作是制作网页的最基本操作，它包括了网页文件的打开、保存、关闭、预览等。网页文件的创建、导入、存储等可以说都是最基础的操作，本小节将主要为大家介绍网页文件的基本操作方法。

3.4.1 实战——创建空白文件

在开始制作网站页面之前，首先需要在Dreamweaver CS6中创建一个空白页面，在所创建的空白页面中进行制作，下面向读者介绍如何创建空白页面。

创建空白文件

●源文件：无　　　　●视频：光盘\视频\第3章\3-4-1.swf

01 启动Dreamweaver CS6，执行“文件>新建”命令，弹出“新建文档”对话框，如图3-30所示。

02 在“新建文档”对话框的左侧单击选择“空白页”选项；在“页面类型”选项中选择一种需要的类型，这里选择“HTML”选项，在“布局”选项中选择一种布局样式，一般默认情况下为“无”，单击“创建”按钮，即可创建一个空白的HTML文档，如图3-31所示。

在Dreamweaver CS6中可以创建多种类型的文档，各种不同类型的文档都可以通过“新建文档”对话框来创建，该对话框中的各选项简单介绍如下：

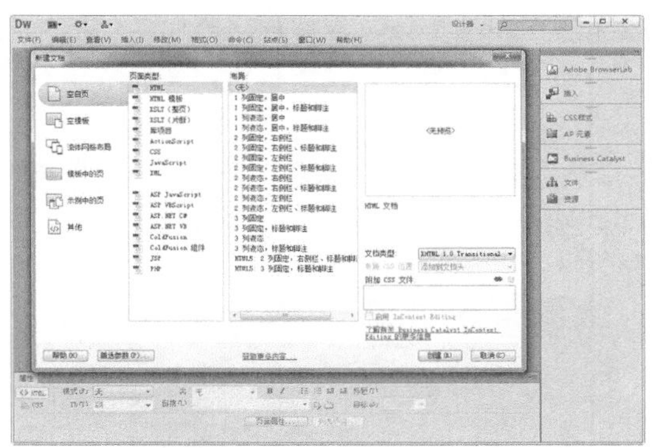

图3-30 “新建文档”对话框

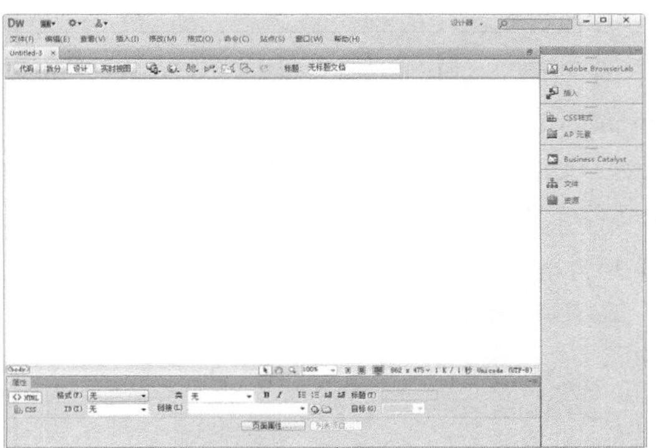

图3-31 新建空白文件

空白页：在“空白页”选项卡中可以新建基本的静态网页和动态网页，其中最常用的就是HTML选项。

空模板：单击“空模板”选项卡，可以切换到“空模板”选项中，可以新建静态和动态的网页模板，包括ASP JavaScript模板、ASP VBScript模板、ASP.NET C#模板、ASP.NET VB模板、ColdFusion模板、HTML模板、JSP模板和PHP模板，如图3-32所示。

流体网格布局：该选项为Dreamweaver CS6新增的功能，单击“流体网格布局”选项卡，可以切换到“流体网格布局”选项中，可以新建基于“移动设备”、“平板电脑”或“桌面电脑”3种设备的流体布局网页，如图3-33所示。

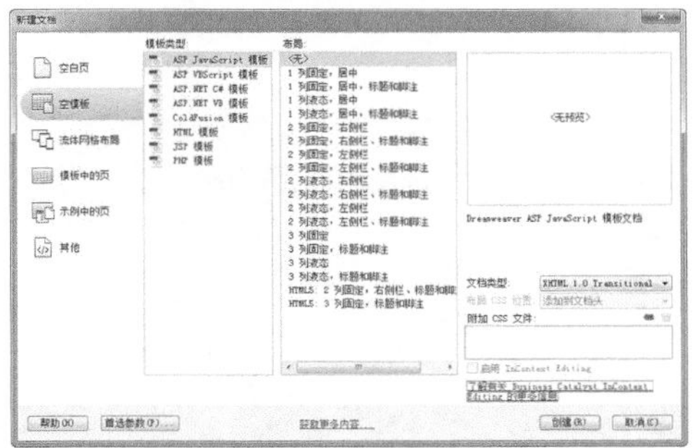

图3-32 “空模板”选项卡

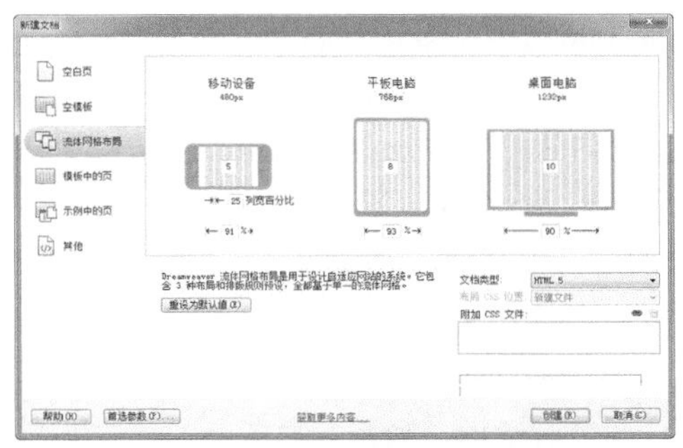

图3-33 “流体网格布局”选项卡

模板中的页：单击“模板中的页”选项卡，可以切换到“模板中的页”选项中，可以创建基于各站点中的模板的相关页面，在“站点”列表中可以选择需要创建基于模板页的站点，在“站点的模板”列表中列出了所选中站点中的所有模板页面，选中一个模板，单击“创建”按钮，即可创建基于该模板的页面，如图3-34所示。

示例中的页：单击“示例中的页”选项卡，可以切换到“标例中的页”选项中，在该选项卡中包含有两个示例文件夹，分别为“CSS样式表”和“Mobile起始页”，如图3-35所示。其中，“Mobile起始页”为Dreamweaver CS6新增的功能。

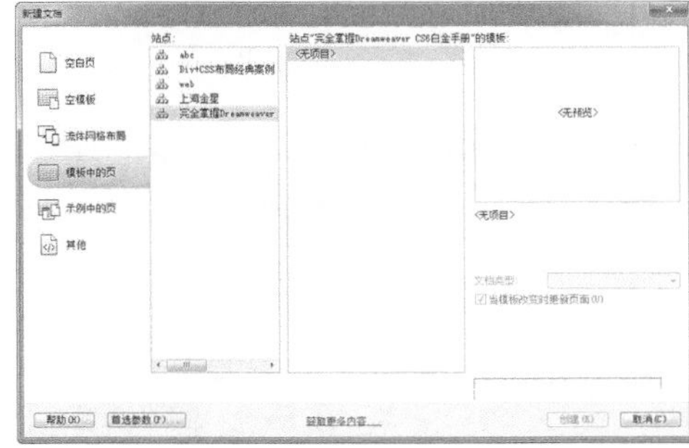

图3-34 “模板中的页”选项卡

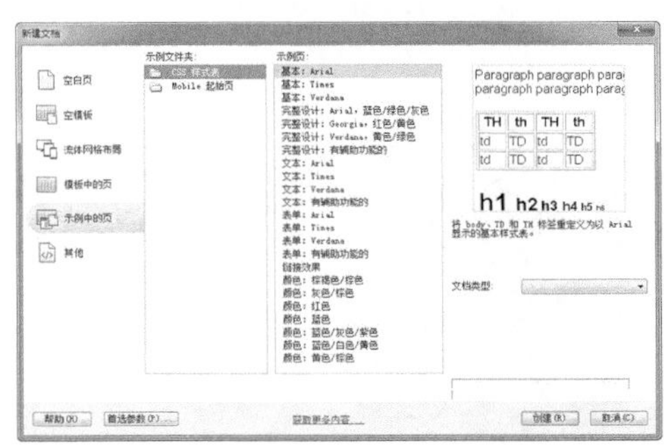

图3-35 “示例中的页”选项卡

其他： 单击“其他”选项卡，可以切换到“其他”选项中，可以新建各种网页相关文件，包括ActionScript远程文件、ActionScript通信文件、C#文件、EDML文件、Java文件、SVG文件、TLD文件、VB文件、VBScript文件、WML文件和文本文件，如图3-36所示。

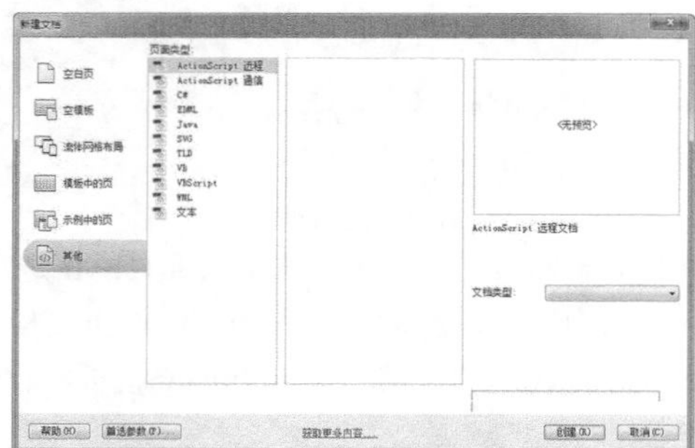

图3-36 “其他”选项卡

3.4.2 实战——打开网页文件

在Dreamweaver CS6中要想编辑网页文件，就必须先打开文件。Dreamweaver CS6可以打开多种格式的文件，它们的扩展名分别为.html、.shtml、.asp、.js、.xml、.as、.css等。

打开网页文件

●源文件：无　　　　●视频：光盘\视频\第3章\3-4-2.swf

01 在Dreamweaver CS6中执行“文件>打开”命令，弹出“打开”对话框，如图3-37所示。“打开”对话框和其他的Windows应用程序类似，包括“查找范围”列表框、导航、视图按钮、文件名输入框以及文件类型列表框等。

02 选择需要打开的网页文件，单击“打开”按钮，即可在Dreamweaver CS6中打开该网页文件，如图3-38所示。

图3-37 选择需要打开的网页

图3-38 在Dreamweaver中打开网页

3.4.3 实战——预览网页

在Dreamweaver CS6中完成了网页的制作，可以浏览网页的效果，这里包括预览和实时预览。

预览网页

●源文件：无　　　　●视频：光盘\视频\第3章\3-4-3.swf

01 如果需要在Dreamweaver CS6的实时视图中预览网页文件，可以单击文档工具栏上的“实时视图”按钮，如图3-39所示，即可在Dreamweaver的实时视图中预览该网页文件在浏览器中的显示效果，如图3-40所示。

图3-39 单击“实时视图”按钮

图3-40 在实时视图中预览

提示 “实时视图”与传统的Dreamweaver设计视图的不同之处在于，它提供了页面在某一浏览器中的不可编辑、更逼真的外观，在设计视图操作时可以随时切换到“实时视图”查看，进入“实时视图”后，“设计”视图变为不可编辑。

02 可以单击工具栏上的“在浏览器中预览”按钮，在弹出菜单中选择一种预览器，如图3-41所示。即可使用所选择的浏览器预览该网页，如图3-42所示。

图3-41 单击“在浏览器中预览”按钮

图3-42 在IE浏览器中预览网页

3.4.4 保存和关闭网页

在创建了新页面或者对页面进行编辑后，需要对网页进行保存，在完成网页的制作后，需要在Dreamweaver中关闭网页。

保存当前编辑的网页，可以执行“文件>保存”命令，弹出“另存为”对话框，如图3-43所示。设置文件名，并设置文件的保存位置，完成后，单击“保存”按钮即可。

如果需要关闭网页文件，可以单击文档窗口右上角的“关闭”按钮，如图3-44所示。也可以在文档标签上单击鼠标右键，在弹出菜单中执行“关闭”命令。

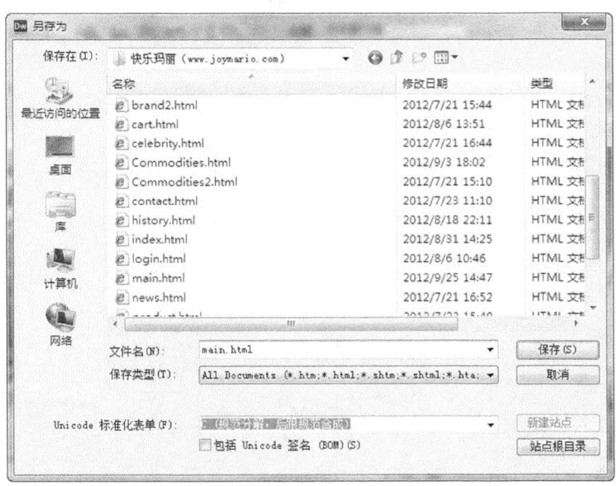

图3-43 “另存为”对话框

图3-44 单击“关闭”按钮

提示 保存文件时，设置完文件名和保存位置后可以直接按Enter键确认保存。如果没有另外指定的文件类型，文件会自动保存为扩展名为HTML的网页文件。

如果当前编辑的文件，以前已经保存过，则执行“文件>保存”命令，将直接覆盖保存原来的文件，而不会弹出“另存为”对话框。

3.5 创建站点

无论是一个网页制作的新手，还是一个专业的网页设计师，都要从构建站点开始，理清网站结构的脉络。当然，不同的网站有不同的结构，功能也不会相同，所以一切都需要按照需求组织站点的结构。

3.5.1 实战——创建本地静态站点

在Dreamweaver CS6中改进了Dreamweaver以前版本中创建本地站点的方法，使得创建本地站点更加简便快捷。

创建本地静态站点

●源文件：无　　●视频：光盘\视频\第3章\3-5-1.swf

01 执行“站点>新建站点”命令，弹出“站点设置对象”对话框，如图3-45所示。在“站点名称”文本框中输入站点的名称，单击“本地站点文件夹”文本框后的“浏览”按钮，弹出“选择根文件夹”对话框，浏览到本地站点的位置，如图3-46所示。

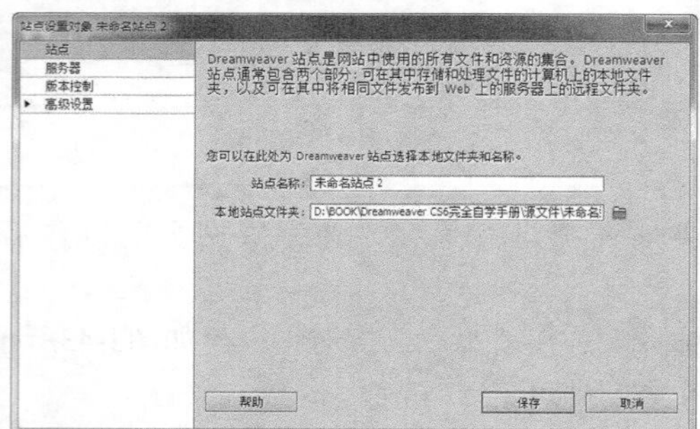

图3-45 “站点设置对象”对话框

图3-46 “选择根文件夹”对话框

02 单击“选择”按钮，确定本地站点根目录的位置，“站点设置对象”对话框如图3-47所示。单击“保存”按钮，即可完成本地站点的创建，执行“窗口>文件”命令，打开“文件”面板，在“文件”面板中显示刚刚创建的本地站点，如图3-48所示。

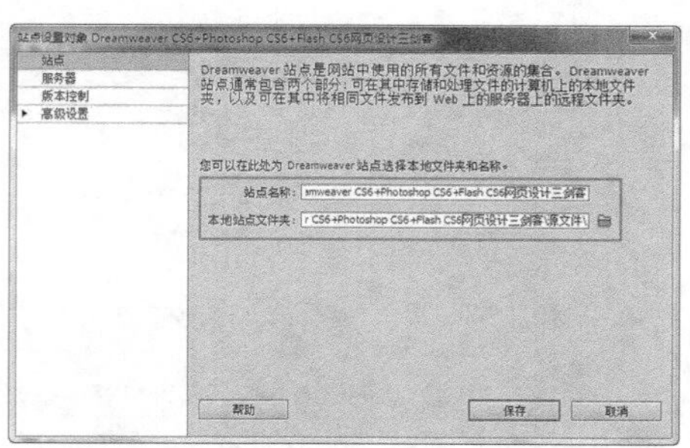

图3-47 “站点设置对象”对话框

图3-48 “文件”面板

提示　在大多数情况下，都是在本地站点中编辑网页，再通过FTP上传到远程服务器。在Dreamweaver CS6中创建本地静态站点的方法更加的方便、快捷，只需要一步就可以完成站点的创建。

3.5.2 实战——创建站点并设置远程服务器

如果希望在Dreamweaver中完成网站制作后，直接将页面上传到远程服务器，则在创建站点时还需要设置远程服务器信息，以便于直接上传所制作的网页。

创建站点并设置远程服务器

●源文件：无　　　　●视频：光盘\视频\第3章\3-5-2.swf

01 执行“站点>新建站点”命令，弹出“站点设置对象”对话框，在“站点名称”对话框中输入站点的名称，单击“本地站点文件夹”后的“浏览”按钮，弹出“选择根文件夹”对话框，浏览到站点的根目录文件夹，如图3-49所示。单击“选择”按钮，选定站点根目录文件夹，如图3-50所示。

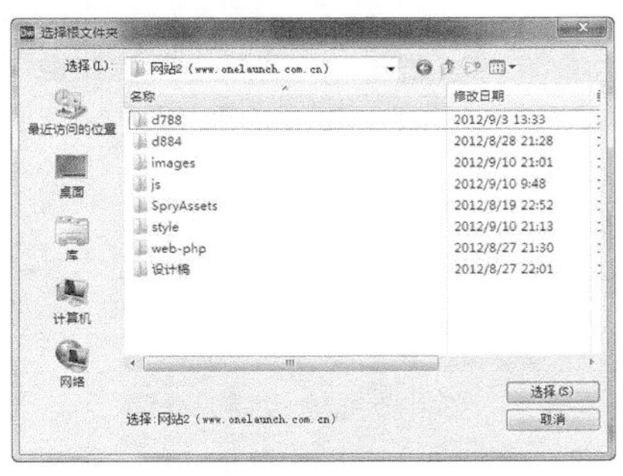

图3-49 “选择根文件夹”对话框

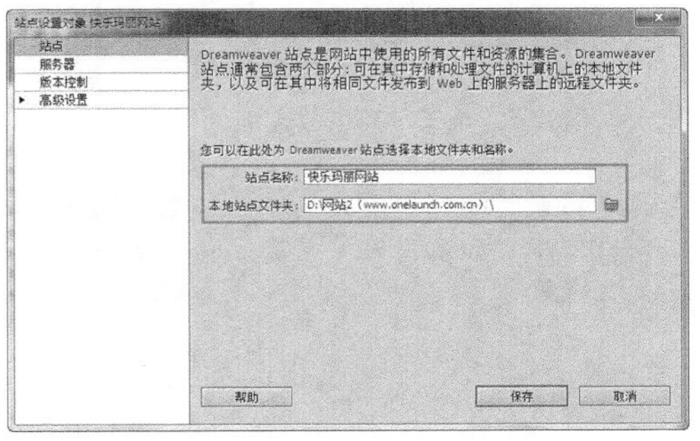

图3-50 “站点设置对象”对话框

02 单击“站点设置对象”对话框左侧的“服务器”选项，切换到“服务器”选项设置界面，如图3-51所示。单击“添加新服务器”按钮，弹出“添加新服务器”对话框，对远程服务器的相关信息进行设置，如图3-52所示。

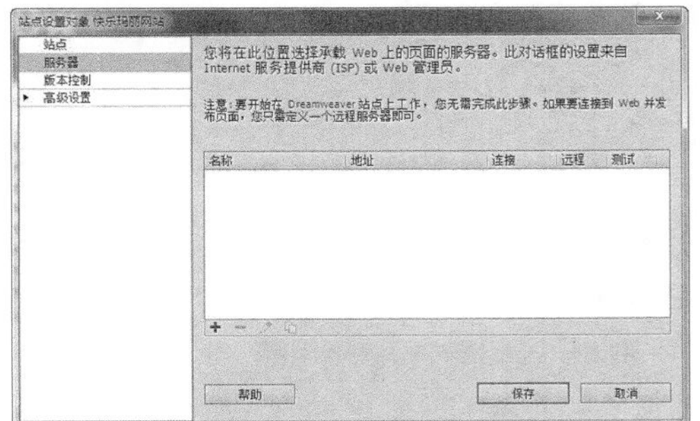

图3-51 “服务器”选项卡

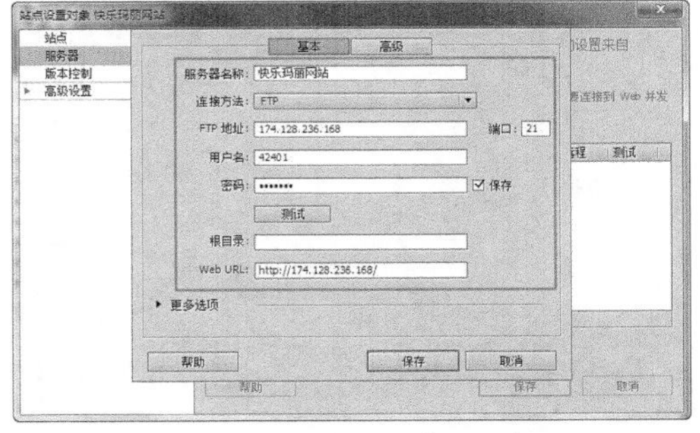

图3-52 设置远程服务器信息

03 单击“测试”按钮，弹出“文件活动”对话框，显示正在与设置的远程服务器连接，如图3-53所示。连接成功后，弹出提示对话框，提示“Dreamweaver已成功连接您的Web服务器”，如图3-54所示。

图3-53 “文件活动”对话框

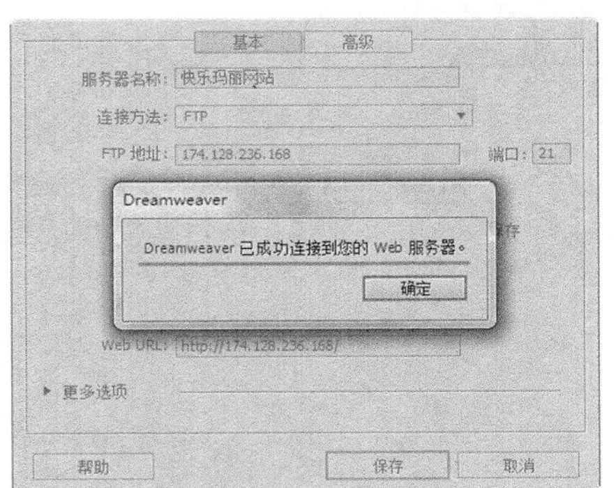

图3-54 成功连接远程服务器

04 单击“添加新服务器”对话框上的“高级”选项卡，切换到“高级”选项卡的设置中，在“服务器模型”下拉列表中选择ASP VBScript选项，如图3-55所示。单击“保存”按钮，完成“添加新服务器”对话框的设置，如图3-56所示。

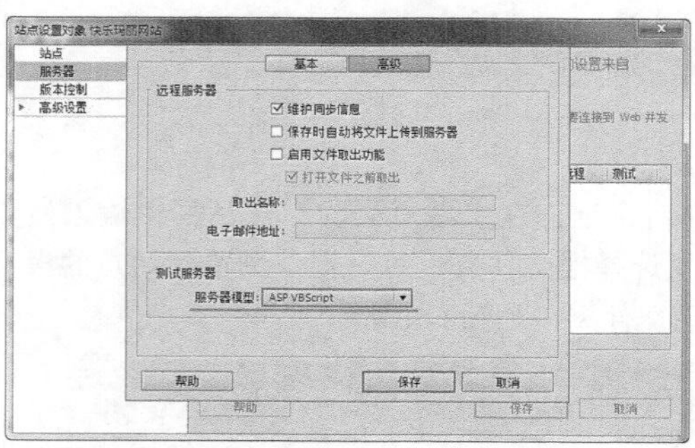
图3-55 设置“高级”选项

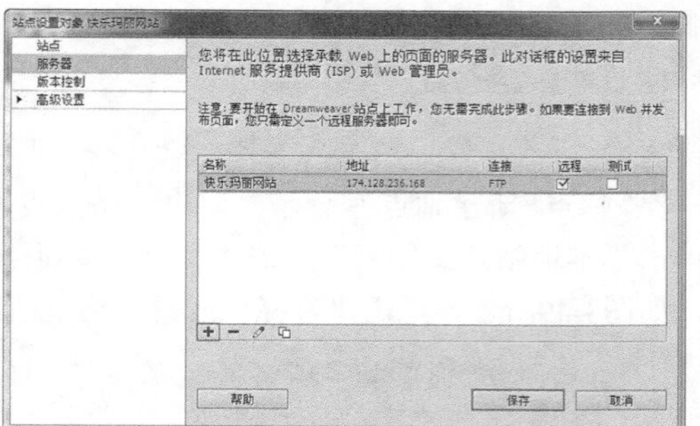
图3-56 “服务器”选项

提示 在创建站点的过程中定义远程服务器是为了方便本地站点随时能够与远程服务器相关联，上传或下载相关的文件。如果用户希望在本地站点中将网站制作完成后再将站点上传到远程服务器，则可以选不定义远程服务器，待需要上传时再定义。

05 单击“保存”按钮，完成该站点的创建并设置了远程服务器，“文件”面板将自动切换为刚建立的站点，如图3-57所示。单击“文件”面板上的“连接到远程服务器”按钮，即可在Dreamweaver中直接连接到所设置的远程服务器，如图3-58所示。

图3-57 “文件”面板

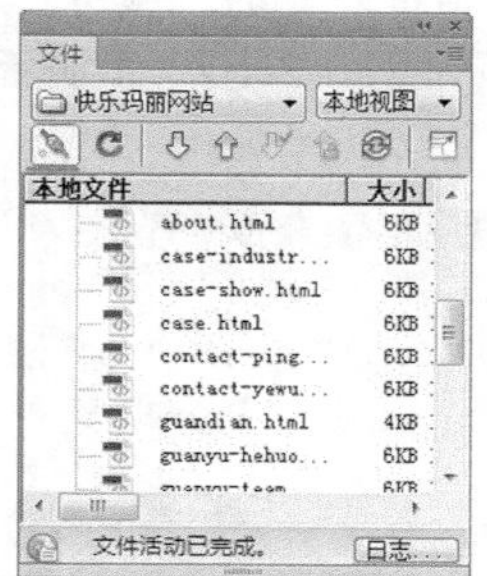
图3-58 连接到远程服务器

3.5.3 实战——创建Business Catalyst站点

Business Catalyst是Dreamweaver CS6新增的一项功能，Business Catalyst可以提供一个专业的在线远程服务器站点，使设计者能够获得一个专业的在线平台。在Dreamweaver CS6中可以更加方便的创建Business Catalyst站点，就像是创建本地静态站点一样。

创建Business Catalyst站点

●源文件：无　　●视频：光盘\视频\第3章\3-5-3.swf

01 执行“站点>新建Business Catalyst站点”命令，Dreamweaver CS6会自动连接Business Catalyst平台服务器，如图3-59所示，弹出“登录”窗口，需要使用所注册的Adobe ID登录，如图3-60所示。

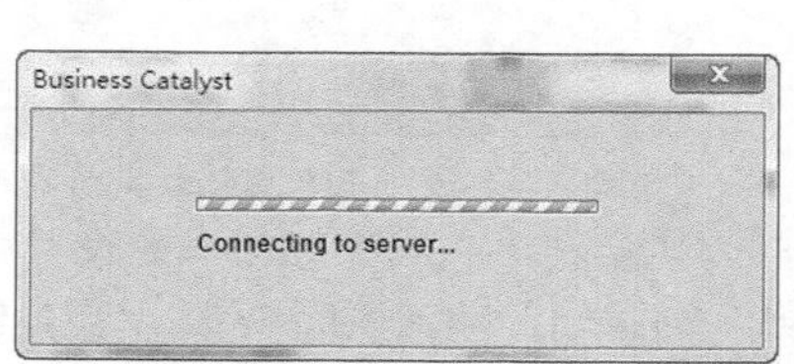

图3-59 连接Business Catalyst服务器

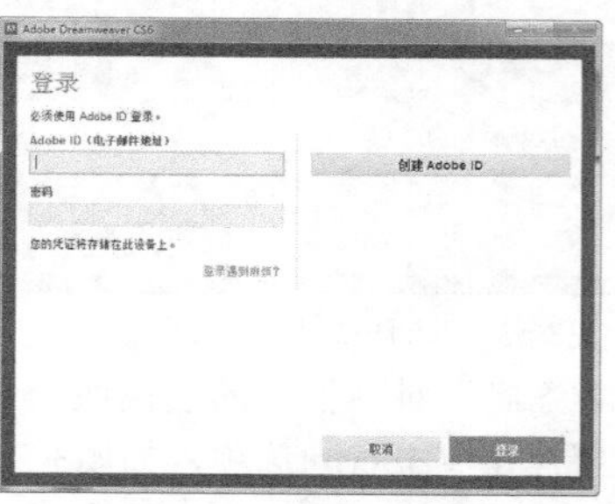

图3-60 “登录”窗口

02 输入Adobe ID和密码，单击“登录”按钮，登录到Business Catalyst服务器，显示创建Business Catalyst站点的相关选项，如图3-61所示。在“Site Name”选项文本框中输入Business Catalyst站点的名称，在URL选项文本框中输入Business Catalyst站点的URL名称，如图3-62所示。

图3-61 Business Catalyst站点设置选项

图3-62 设置Business Catalyst站点选项

03 单击“Create Free Temporary Site”按钮，即可创建一个免费临时Business Catalyst站点。如果所设置的URL名称已经被占用，则给出相应提示，并自动分配一个没有被占用的URL，如图3-63所示。单击“Create Free Temporary Site”按钮，弹出“选择站点的本地根文件夹”对话框，浏览到Business Catalyst站点的本地根文件夹，如图3-64所示。

图3-63 自动分配URL名称

图3-64 “选择站点的本地根文件夹”对话框

04 单击“选择”按钮，确定站点的本地根文件夹，弹出“输入站点的密码”对话框，可以为所创建Business Catalyst站点设置密码，如图3-65所示。单击“确定”按钮，Dreamweaver CS6会自动将Business Catalyst站点中的文件与本地根文件夹进行同步，如图3-66所示。

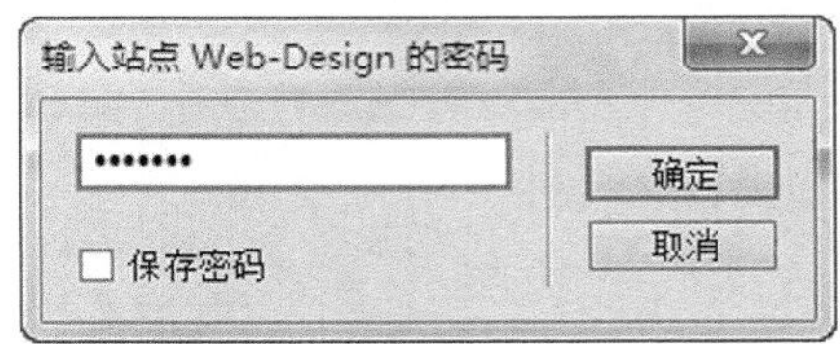

图3-65 “输入站点的密码”对话框

图3-66 “文件活动”对话框

05 完成Business Catalyst站点与本地根文件夹的同步操作，在“文件”面板中可以看到所创建的Business Catalyst站点，如图3-67所示。在本地根文件夹中可以看到从Business Catalyst站点中下载的相关文件，如图3-68所示。

06 打开浏览器，在地址栏中输入所创建的Business Catalyst站点的URL地址，可以看到所创建Business Catalyst站点的默认网站效果，如图3-69所示。

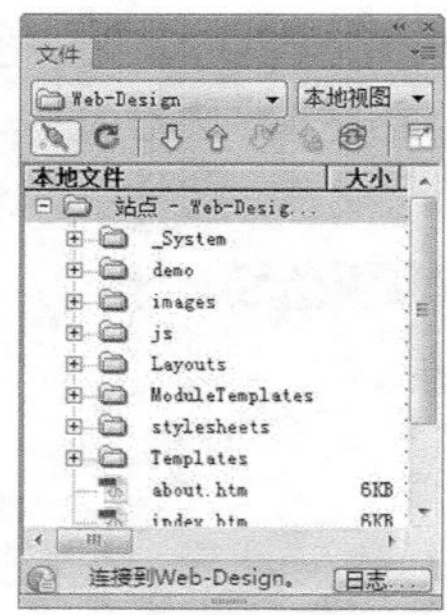
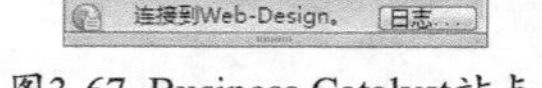

图3-67 Business Catalyst站点

图3-68 本地根文件夹

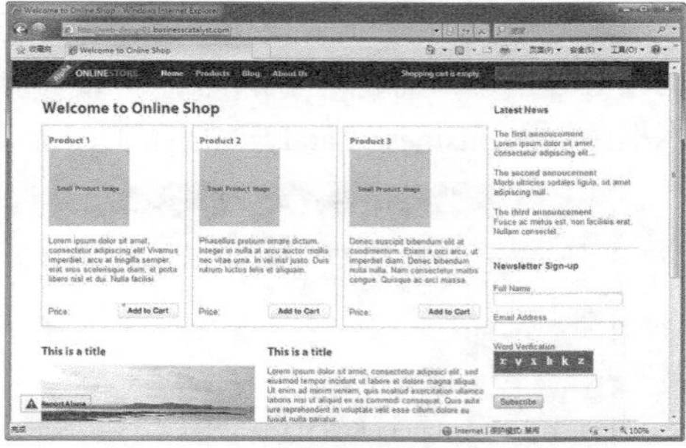

图3-69 Business Catalyst站点默认效果

3.6 站点的管理

在Dreamweaver中不但可以创建多个不同类型的站点，包括本地站点、远程站点、Business Catalyst站点等，还可以在Dreamweaver中对所创建的多个站点进行管理。

3.6.1 使用“文件”面板切换站点

使用Dreamweaver CS6编辑网页或进行网站管理时，每次只能操作一个站点。在“文件”面板上左边的下拉列表中选择已经创建的站点，如图3-70所示，就可以快速切换到对这个站点进行操作的状态。

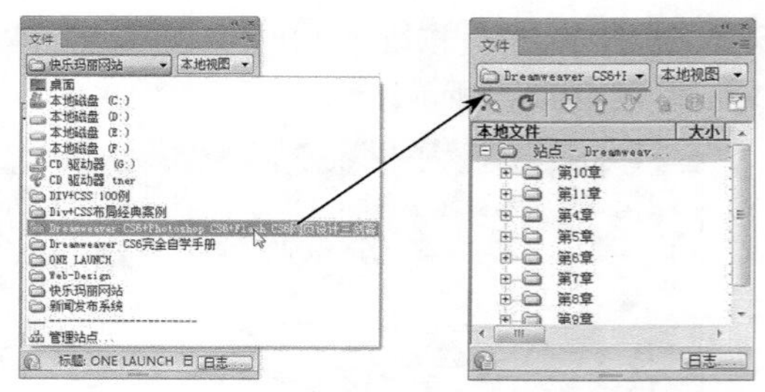

图3-70 切换站点

另外，在“管理站点”对话框中选中需要切换到的站点，单击“完成”按钮，同样可以切换到所选择的站点。

3.6.2 “管理站点”对话框

如果想要对Dreamweaver中的站点进行编辑、删除、复制等操作，可以执行“站点>管理站点”命令，在弹出的“管理站点”对话框中，可以对Dreamweaver站点进行全面的管理操作，如图3-71所示。并且，在Dreamweaver CS6中全新规划了“管理站点”对话框，使得站点的管理更加高效、方便。

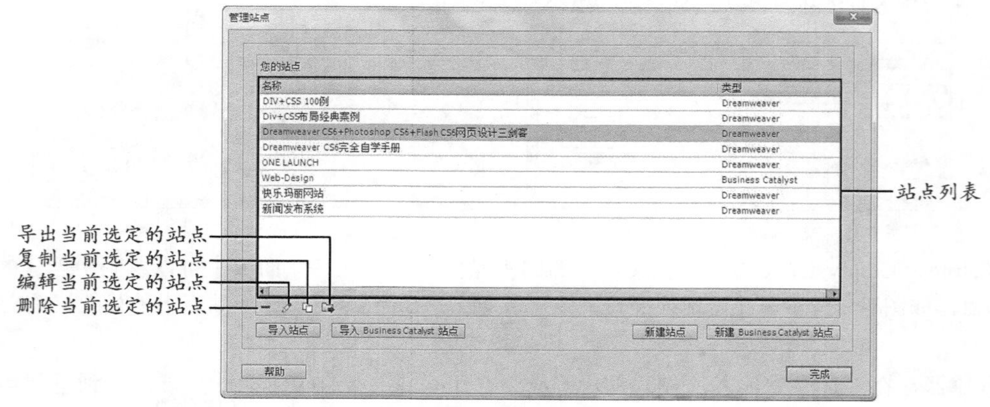

图3-71 切换站点

站点列表：在该列表中显示了当前在Dreamweaver CS6中所创建的所有站点，并且显示了各个站点的类型，可以在该列表中选中需要进行管理的站点。

"删除当前选定的站点"按钮：单击该按钮，弹出提示对话框，单击"是"按钮，即可删除当前选中的站点。注意，这里删除的只是在Dreamweaver中创建的站点，而该站点中的文件并不会被删除。

"编辑当前选定的站点"按钮：单击该按钮，弹出"站点设置对象"对话框，在该对话框中可以对选中的站点设置信息进行修改。

"复制当前选定的站点"按钮：单击该按钮，即可复制选中的站点并得到该站点的副本。

"导出当前选定的站点"按钮：单击该按钮，弹出"导出站点"对话框，选择导出站点的位置，在"文件名"文本框中为导出的站点文件设置名称，单击"保存"按钮，即可将选中的站点导出为一个扩展名为.set的Dreamweaver站点文件。

"导入站点"按钮：单击该按钮，弹出"导入站点"对话框，在该对话框中选择需要导入的站点文件，单击"打开"按钮，即可将该站点文件导入到Dreamweaver中。

"导入Business Catalyst站点"按钮：Business Catalyst站点是Dreamweaver CS6新增的功能，单击该按钮，将弹出Business Catalyst对话框，显示当前用户所创建的Business Catalyst站点，选择需要导入的Business Catalyst站点，单击"Import Site"按钮，即可将选中的business Catalyst站点导入到Dreamweaver中。

"新建站点"按钮：单击该按钮，弹出"站点设置对象"对话框，可以创建新的站点，单击该按钮与执行"站点>新建站点"命令功能相同。

"新建Business Catalyst站点"按钮：单击该按钮，弹出Business Catalyst对话框，可以创建新的Business Catalyst站点，单击该按钮与执行"站点>新建Business Catalyst站点"命令功能相同。

3.7 本章小结

本章带领读者认识了全新的Dreamweaver CS6，介绍了Dreamweaver CS6的基本功能和全新的工作界面，并且还学习了网页的基本操作方法。重点讲解了如何在Dreamweaver中创建各种不同类型的站点，以及使用"管理站点"对话框对站点进行管理。本章所讲解的内容都是网页设计制作中最基础的内容，需要读者能够熟练的掌握。

第4章 在网页中插入基础网页元素

一个完整网页的构成要素有很多，其中包括文本、图像以及Flash动画、声音、视频等多媒体元素。多种元素综合运用才能够生动、形象的表达出网页的主体信息，并且能够给浏览者带来无穷的趣味性，增强网页的新鲜感和亲和力，从而吸引更多浏览者的访问。本章将讲解如何使用Dreamweaver CS6为网页添加文本、图像以及其他一些多媒体内容。

4.1 设置页面属性

设置页面属性，也就是设置整个网站页面的外观属性，主要是通过对外观的设置对网页进行总体控制。例如，许多网站都有固定的字体样式、字体颜色、背景颜色或者背景图像等，都是通过设置页面属性进行控制的。

执行“修改>页面属性”命令，或单击“属性”面板上的“页面属性”按钮，即可弹出“页面属性”对话框，在该对话框中可以对外观（CSS）、外观（HTML）、链接（CSS）、标题（CSS）、标题/编码和跟踪图像等属性进行设置，如图4-1所示。

图4-1 “页面属性”对话框

4.1.1 设置外观（CSS）

在“页面属性”对话框中，Dreamweaver CS6将页面属性分为6个类别，其中“外观（CSS）”是用来设置页面的一些基本属性，包括页面字体、颜色和背景的控制，如图4-2所示。

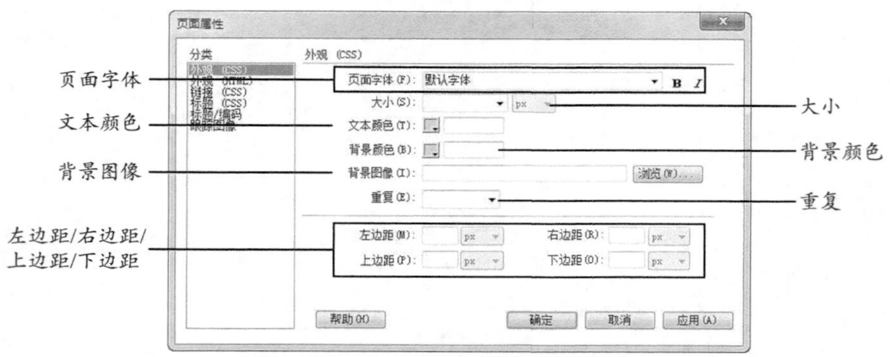

图4-2 “外观（CSS）”选项

页面字体：该选项可以用来设置页面的字体，也可以直接在该选项的下拉列表框中输入字体名称进行设置，并且还可以单击“页面字体”下拉列表后的“加粗”按钮**B**或“斜体”按钮*I*，为页面中的字体添加加粗或是斜体的显示效果。

大小：该选项可以用来设置页面中默认的文本字号和字体大小的单位，默认为“px（像素）”。

文本颜色：该选项可以用来设置网页中文本的默认颜色。若该选项未设置，则默认的文本颜色为黑色。

背景颜色：该选项可以用来设置网页的背景颜色。一般情况下，背景颜色设置为白色，即在文本框里输入#FFFFFF。若该选项未设置，常用的浏览器默认网页的背景色为白色，但有些低版本的浏览器默认的背景色则是灰色。为了增强网页的通用性，最好对该选项进行设置。

背景图像：该选项可以用来设置网页的背景图像，即在该选项的文本框中输入背景图像的地址，或者单击文本框后的“浏览”按钮，在弹出的“选择图像源文件”对话框中选择相应的图像作为网页的背景图像。

重复：在使用图像作为背景时，可以在“重复”下拉列表中设置背景图像的重复方式，其选项包括no-repeat、repeat、repeat-x、repeat-y四个选项。

- no-repeat：选择该选项后，所设置的背景图像只显示一次，不会进行重复平铺。
- repeat：选择该选项后，所设置的背景图像在横向和纵向均会进行重复平铺操作。
- repeat-x：选择该选项后，所设置的背景图像仅在横向进行重复平铺操作。
- repeat-y：选择该选项后，所设置的背景图像仅在纵向会进行重复平铺操作。

左边距/右边距/上边距/下边距：在“左边距”、“右边距”、“上边距”和“下边距”四个文本框中可以分别设置网页四边与浏览器四边边框的距离。

在为网页设置背景图像时需要注意的是，为了避免出现问题，尽可能使用相对路径的图像路径，而不要使用绝对路径。

4.1.2 设置外观（HTML）

单击“页面属性”对话框左侧的“分类”列表中的“外观（HTML）”选项，即可切换到“外观（HTML）”选项的设置界面，如图4-3所示。“外观（HTML）”的相关设置选项与“外观（CSS）”的相关设置选项基本相同，唯一的区别在于，“外观（HTML）”选项中设置的页面属性，将会自动在页面主体标签<body>中添加相应的属性设置代码，而不会自动生成CSS样式。

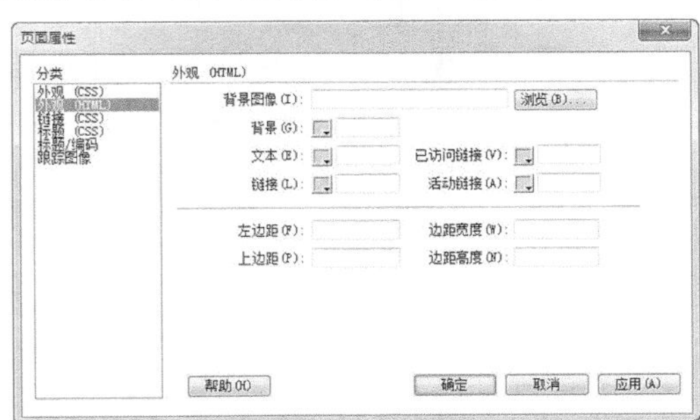

图4-3 “外观（HTML）”选项

从对话框中可以看出，“外观（HTML）”的相关设置选项中多了3个关于文本超链接的相关设置，由于关于文本超链接的设置将在下一节中进行介绍，在这里就不做过多的介绍了。

4.1.3 设置链接（CSS）

单击“页面属性”对话框左侧的“分类”列表中的“链接（CSS）”选项，即可切换到“链接（CSS）”选项的设置界面，在这里可以对页面中的链接文本的效果进行设置，如图4-4所示。

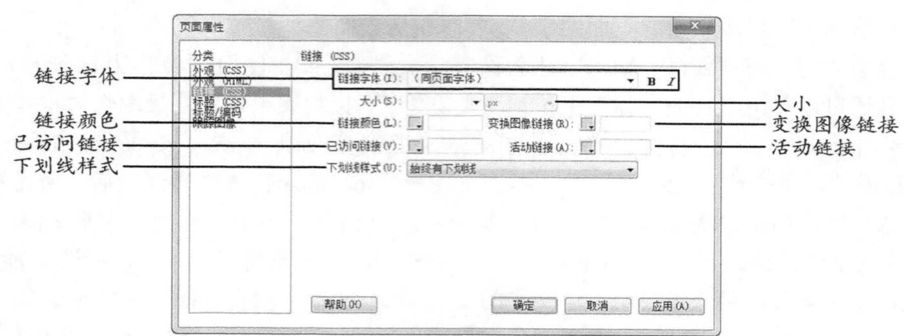

图4-4 “链接（CSS）”选项

链接字体：从该选项的下拉列表中选择一种字体设置为页面中链接的字体，还可以单击“链接字体”下拉列表后的“加粗”按钮B或“斜体”按钮I，使页面中的链接字体加粗或是斜体显示。

大小：从该选项的下拉列表中可以选择页面中的链接文本字体大小，还可以设置链接字体大小的单位，默认为“px（像素）”。

链接颜色：在该选项的文本框中可以设置网页中文本超链接的默认状态颜色。

变换图像链接：在该选项的文本框中可以设置网页里当光标移动到超链接文字上方时超链接文本的颜色。

已访问链接：在该选项的文本框中可以设置网页里访问过的超链接文本的颜色。

活动链接：在该选项的文本框中可以设置网页中激活的超链接文本的颜色。

下划线样式：从该选项的下拉列表中可以选择网页中当光标移动到超链接文字上方时采用何种下划线，在该选项的下拉列表中包括4个选项，如图4-5所示。

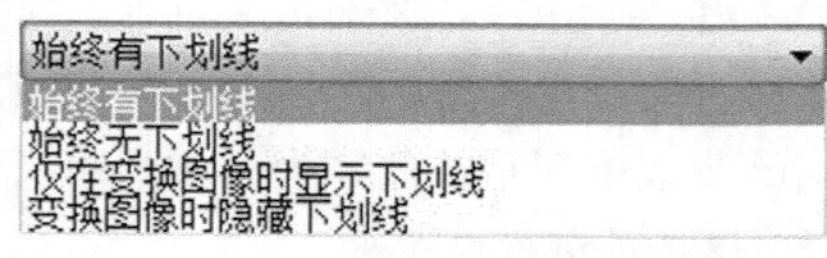

图4-5 “下划线样式”下拉列表

- **始终有下划线：**该选项为超链接文本的默认选项，选择该选项后，链接文本在任何状态下都会具有下划线。
- **始终无下划线：**选择该选项后，链接文本在任何状态下都没有下划线。
- **仅在变换图像时显示下划线：**选择该选项后，当超链接文本处于“变换图像链接”状态时显示下划线，其他的状态下不显示下划线。
- **变换图像时隐藏下划线：**由于默认的超链接文本具有下划线，选择该选项后，当超链接文本处于“变换图像链接”状态时不显示下划线，其他状态下都显示下划线。

4.1.4 设置标题（CSS）

单击“页面属性”对话框左侧的“分类”列表中的“标题（CSS）”选项，即可切换到“标题（CSS）”选项的设置界面，在该选项的界面中可以对标题文字的相关属性进行设置，如图4-6所示。

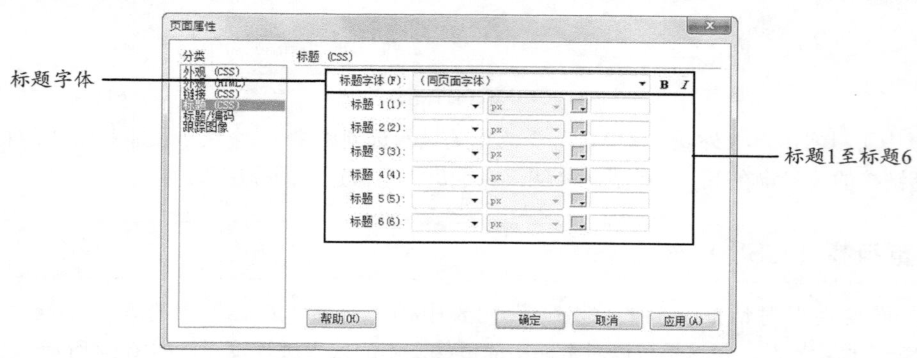

图4-6 “标题（CSS）”选项

标题字体：该选项可以用来设置页面中被设置为标题的文字字体，也可以单击“标题字体”下拉列表后的“加粗”按钮 B 或“斜体”按钮 I ，为页面中的标题文字添加加粗或是斜体的显示效果。

标题1至标题6：在HTML页面中可以通过<h1>至<h6>标签，定义页面中的文字为标题文字，分别对应“标题1”至“标题6”，在该部分选项区中可以分别为不同标题文字的大小以及文本颜色进行设置。

4.1.5 设置标题和编码

单击“页面属性”对话框左侧的“分类”列表中的“标题/编码”选项，即可切换到“标题/编码”选项设置界面，在该选项的界面中可以对网页的标题、文字编码等属性进行设置，如图4-7所示。

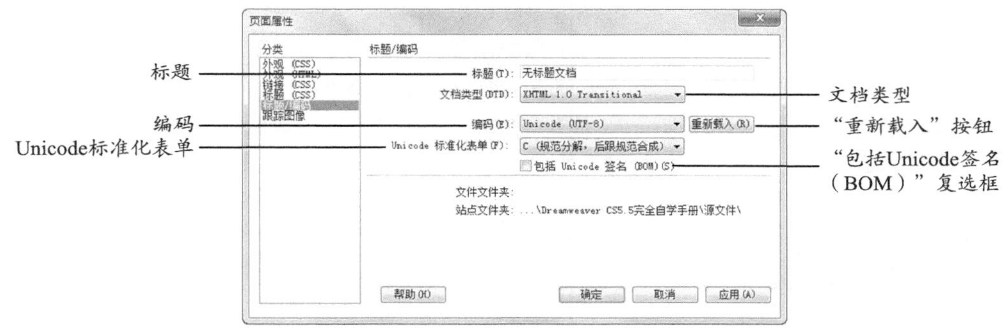

图4-7 “标题/编码”选项

标题：该选项可以用来设置页面的标题，和前面介绍的通过头信息设置页面标题的效果相同。

文档类型：该选项可以用来设置文档的类型，Dreamweaver CS6中默认新建的文档类型为“XHTML 1.0 Transitional”。

编码：该选项可以用来设置网页的文字编码，Dreamweaver CS6中默认新建的文档编码为“Unicode（UTF-8）”，也可以选择“简体中文（gb2312）”。

“重新载入”按钮：如果在“编码”下拉列表中更改了页面的编码，可以单击该按钮，转换现有文档或者使用新编码重新打开该页面。

Unicode标准化表单：只有在选择Unicode（UTF-8）作为页面编码时，该选项才可用。在该选项的下拉列表中提供了四种Unicode标准化表单，其中最重要的是C范式，因为它是用于万维网的字符模型的最常用范式。

包括Unicode签名（BOM）：选中该复选框后，则在文档中包括一个字节顺序标记（BOM）。BOM是位于文本文件开头的2～4个字节，可以将文件标识为Unicode，如果是这样，还标识后面字节的字节顺序。由于UTF-8没有字节顺序，所以该选项可以不选，而对于UTF-16和UTF-32，则必须添加BOM。

提示 在Dreamweaver CS6中设计制作网页时，由于标题对网页的内容不产生任何的影响，因此最容易被初学者忽略。但是在浏览网页时，在浏览器的标题栏中可以看到网页的标题，这样的话，在进行多个窗口操作时，其可以很明白地提示当前的网页信息；并且，在收藏网页时，会把网页的标题列在收藏夹内，从而方便用户进行查找。

4.1.6 设置跟踪图像

在Dreamweaver CS6中，跟踪图像是指将网页的设计草图设置成跟踪图像，铺在编辑的网页下面作为背景，用来引导网页的设计，从而方便网页设计的工作。

单击“页面属性”对话框左侧的“分类”列表中的“跟踪图像”选项，可以切换到“跟踪图像”选项设置界面，在“跟踪图像”选项中可以设置跟踪图像的属性，如图4-8所示。

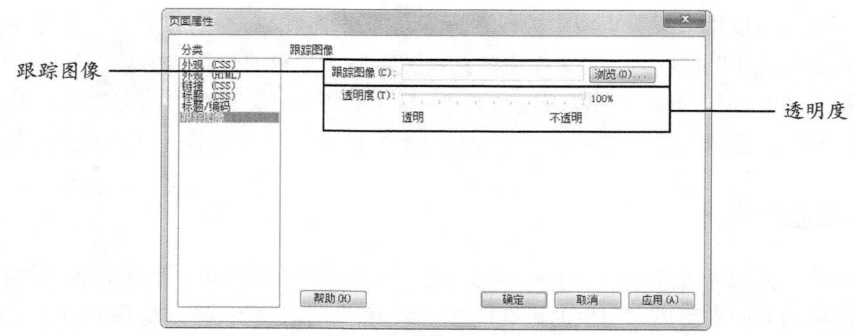

图4-8 “跟踪图像”选项

跟踪图像： 该选项可以为当前制作的网页添加跟踪图像。单击文本框后的“浏览”按钮，弹出“选择图像源文件”对话框，在该对话框中即可选择需要设置为跟踪图像的图像。

透明度： 拖动“透明度”滑块可以调整跟踪图像在网页编辑状态下的透明度。透明度越高，跟踪图像显示得越明显；透明度越低，跟踪图像显示得越不明显。

> 提示　跟踪图像是网页排版的一种辅助手段，主要是用来进行图像定位，其只有在对网页进行编辑时有效，对HTML文档并不会产生任何影响。

4.1.7 实战——控制网页整体属性

在Dreamweaver CS6中，可以通过设置“页面属性”中的相关属性对网页的整体属性进行定义，其中包括页面的背景颜色、背景图像、字体、字体大小、字体颜色以及页面的标题等。

控制网页整体属性

●源文件：光盘\源文件\第4章\4-1-7.html　　●视频：光盘\视频\第4章\4-1-7.swf

01 执行“文件>打开”命令，打开页面“光盘\源文件\第4章\4-1-7.html”，效果如图4-9所示。在浏览器中预览该页面，页面效果如图4-10所示。

图4-9 打开页面

图4-10 预览效果

02 切换到代码视图，为相应文字添加<h3></h3>标签，如图4-11所示。返回到设计视图，页面效果如图4-12所示。

```
<h3>欢迎光临！</h3>
欢迎来到<a href="#">奇异网页设计工作室</a>（简称奇异工作室）<br />
工作领域：网页设计、平面广告设计等<br />
```

图4-11 代码视图

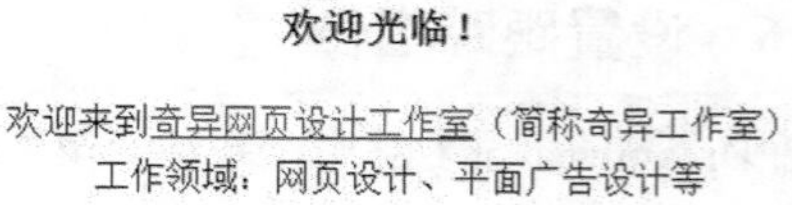

欢迎光临！

欢迎来到奇异网页设计工作室（简称奇异工作室）
工作领域：网页设计、平面广告设计等

图4-12 页面效果

03 单击“属性”面板上的“页面属性”按钮，弹出“页面属性”对话框，对相关选项进行设置，如图4-13所示。单击“页面属性”对话框左侧的“分类”列表中的“链接（CSS）”选项，切换到“链接（CSS）”

选项设置界面，对相关选项进行设置，如图4-14所示。

图4-13 “页面属性”对话框

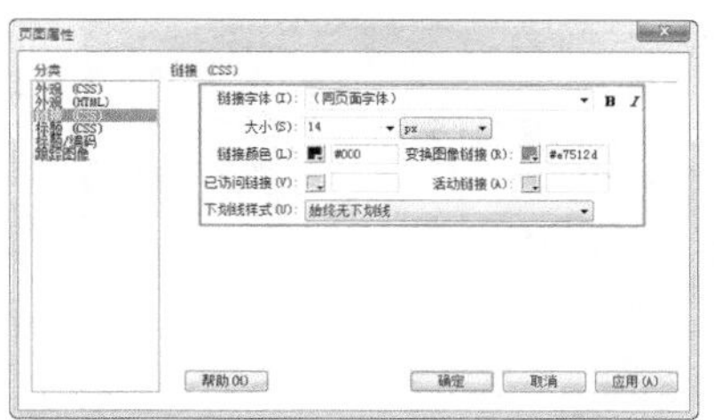

图4-14 “页面属性”对话框

04 单击“页面属性”对话框左侧的“分类”列表中的“标题/编码”选项，切换到“标题/编码”选项设置界面，对相关选项进行设置，如图4-15所示。设置完成后，单击“确定”按钮，页面效果如图4-16所示。

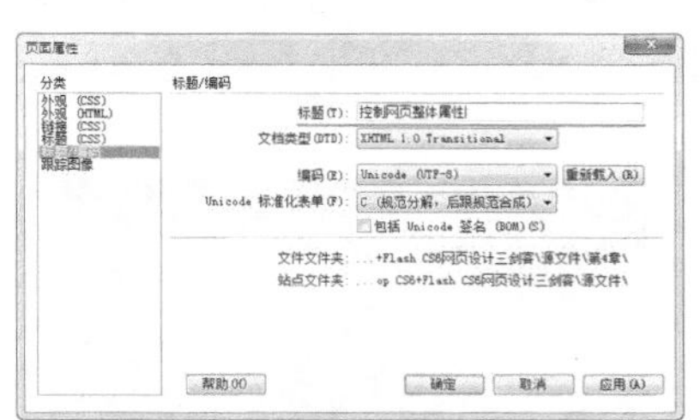

图4-15 “页面属性”对话框

图4-16 页面效果

05 执行“文件>保存”命令，保存该页面，按F12键即可在浏览器中预览该页面，效果如图4-17所示。

图4-17 预览效果

4.2 在网页中添加文本

在设计制作网页时，文本是网页的重要元素之一。使用Dreamweaver CS6可以对网页中的文字和字符进行格式化处理，使其在网页中不但可以起到表达页面信息的效果，还可以美化网页界面，从而吸引更多的浏览者访问。

4.2.1 实战——在网页中输入文本

当需要在网页中输入大量的文本内容时，可以通过两种方式输入文本。一种是在网页编辑窗口中直接使用键盘输入，这是最基本的输入方式，和一些文本编辑软件的使用方法相同，例如Microsoft Word；另一种是使用复制粘贴的方法。接下来将通过一个小案例，介绍如何在网页中添加文本。

在网页中输入文本

●源文件：光盘\源文件\第4章\4-2-1.html ●视频：光盘\视频\第4章\4-2-1.swf

01 执行“文件>打开”命令，打开页面“光盘\源文件\第4章\4-2-1.html”，页面效果如图4-18所示。打开准备好的文本文件，打开“光盘\源文件\第4章

\images\素材文本1.txt”，将文本全部选中，如图4-19所示。

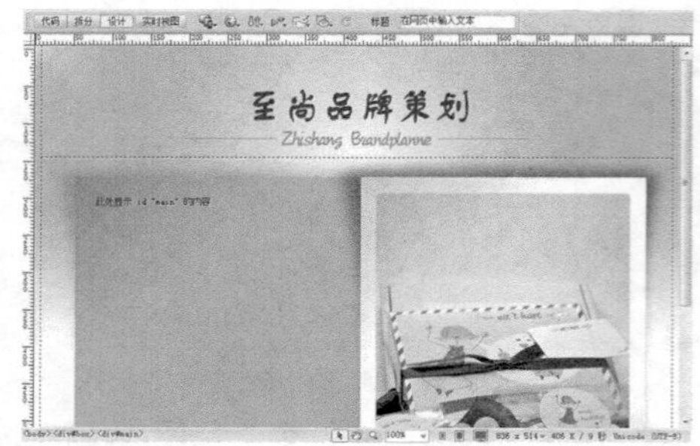

图4-18 打开页面

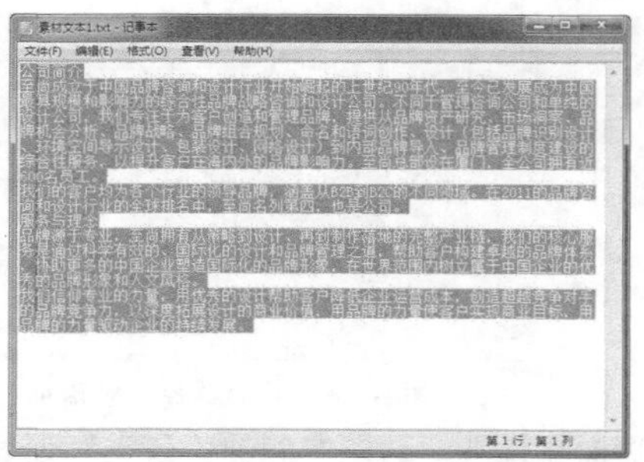

图4-19 文本文件

02 执行“编辑>复制”命令，切换到Dreamweaver中，将光标移至名为main的Div中，删除多余文字，执行“编辑>粘贴”命令，即可将大段的文本快速粘贴到网页中，效果如图4-20所示。保存页面，在浏览器中预览页面，效果如图4-21所示。

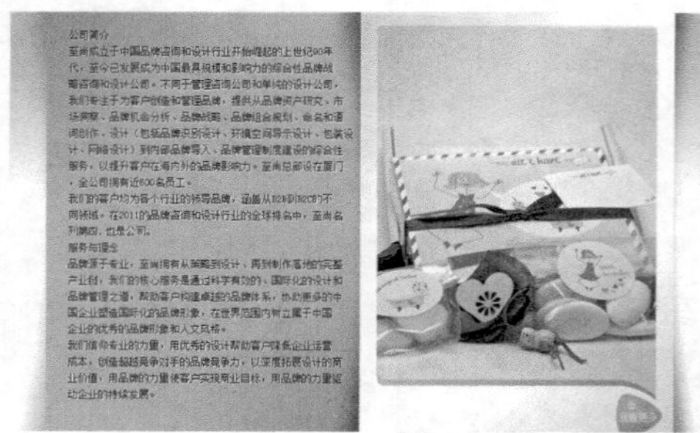

图4-20 页面效果

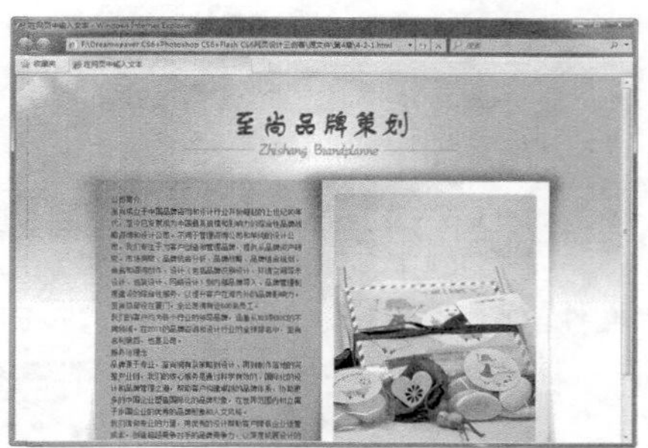

图4-21 预览效果

4.2.2 设置文本属性

适当的对文本属性进行设置，可以美化网页界面，使得浏览者更加方便的阅读文本信息，在Dreamweaver CS6中，可以通过“属性”面板对网页中文本的颜色、大小和对齐方式等属性进行设置。将光标移至文本中，在“属性”面板中便会出面相应的文本属性选项，“属性”面板如图4-22所示。

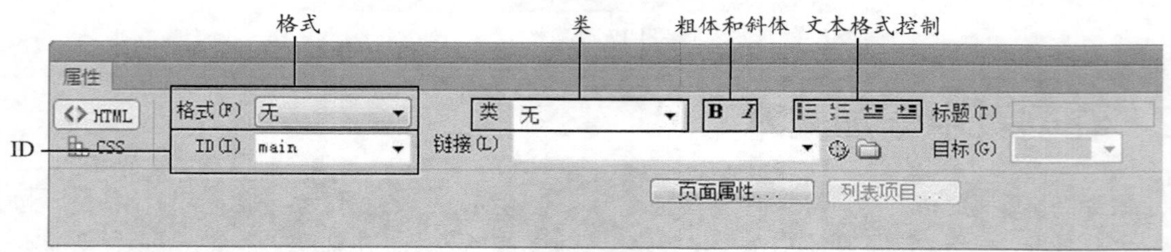

图4-22 “属性”面板

格式：该选项的下拉列表框中的“标题1”到“标题6”分别表示各级标题，对应字体由大到小，同时文字全部加粗，可以应用于网页的标题部分。当使用“标题1”时，在代码视图中，文字两端应用<h1></h1>标签；当使用“标题2”时，文字两端应用<h2></h2>标签，以下依次类推。

ID：该选项用于设置包含当前文本的容器的ID值。

类：该选项可以用来设置已经定义的CSS样式为选中的文字应用。

粗体/斜体：选中需要加粗显示的文本，单击“属性”面板上的“粗体”按钮B，可以加粗显示文字；单击“属性”面板上的“斜体”按钮I，可以斜体显示文字。

文本格式控制：选中文本段落，单击“属性”面板上的“项目列表”按钮，可以将文本段落转换为项目列表；单击“编号列表”按钮，可以将文本段落转换为编号列表；单击“属性”面板上的“文本凸出”按钮，即可向左侧凸出一级；单击“属性”面板上的“文本缩进”按钮，即可向右侧缩进一级。

在“属性”面板上单击CSS按钮，可以切换到文字CSS属性设置面板中，“属性”面板如图4-23所示。

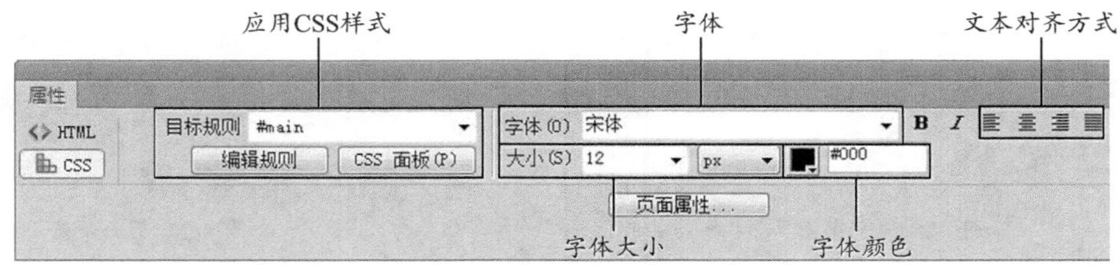

图4-23 “属性”面板

应用CSS样式：在该选项的下拉列表中可以为选中的文字应用已经定义的CSS样式。单击“编辑规则”按钮，即可对所选择的CSS样式进行编辑设置。如果在“目标规则”下拉列表中选择的是“<新CSS规则>”选项，单击“编辑规则”按钮，则弹出“新建CSS规则”对话框，可以创建新的CSS规则；单击“CSS面板”按钮，可以在Dreamweaver工作界面中显示出“CSS样式”面板。

字体：该选项可以用来给文本设置字体组合。Dreamweaver CS6默认的字体设置是“默认字体”，如果选择“默认字体”，则在浏览网页时，文字字体显示为浏览器默认的字体，Dreamweaver CS6预设的可供选择的字体组合有14种，如图4-24所示。如果需要使用这14种字体组合外的字体，必须编辑新的字体组合。只需要在“字体”下拉列表中选择“编辑字体列表”选项，弹出“编辑字体列表”对话框，进行编辑即可，如图4-25所示。

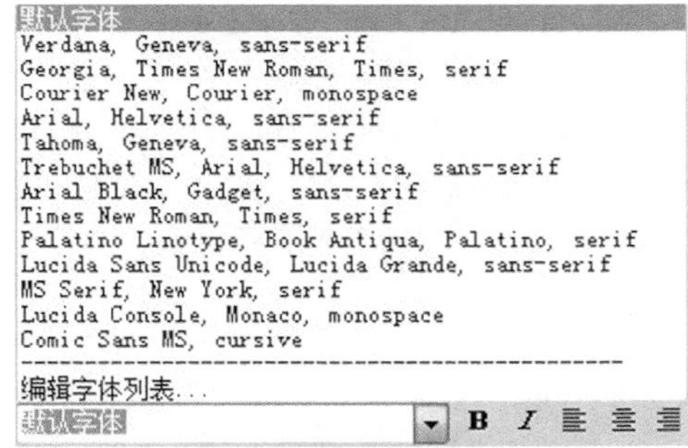

图4-24 预设的字体组合

图4-25 “编辑字体列表”对话框

字体大小：该选项可以用来设置选中的字体的大小。

字体颜色：该选项可以用来设置选中的字体的颜色。

文本对齐方式：在“属性”面板上的CSS选项中可以设置4种文本段落的对齐方式，从左至右分别为“左对齐”、“居中对齐”、“右对齐”和“两端对齐”，在Dreamweaver CS6中默认的文本对齐方式为“左对齐”。

4.2.3 文本换行与分段

在Dreamweaver CS6中，当遇到文本末尾的地方时，则会自动进行分行操作，但是在某些情况下，需要进行强迫分行来实现想要的效果。

有两种方法能将一些文本放到下一行，一种是按Enter键进行换行，在“代码”视图中显示为<P>标签，如图4-26所示。这种方法是将文本彻底划分到下一段落中，两个段落之间将会留出一条空白行，页面效果如图4-27所示。

```
<div id="main">
    <p>公司简介</p>
    <p>    至尚成立于中国品牌咨询和设计行业开始崛起的上世纪90年代，至今已发展成为中国最具规模和影响力的综合性品牌战略咨询和设计公司。不同于管理咨询公司和单纯的设计公司，我们专注于为客户创造和管理品牌，提供从品牌资产研究、市场洞察、品牌机会分析、品牌战略、品牌组合规划、命名和语词创作、设计（包括品牌识别设计、环境空间导示设计、包装设计、网络设计）到内部品牌导入、品牌管理制度建设的综合性服务，以提升客户在海内外的品牌影响力。至尚总部设在厦门，全公司拥有近600名员工。</p>
    <p>    我们的客户均为各个行业的领导品牌，涵盖从B2B到B2C的不同领域。在2011的品牌咨询和设计行业的全球排名中，至尚名列第四，也是公司。</p>
      服务与理念</p>
    <p>    品牌源于专业，至尚拥有从策略到设计、再到制作落地的完整产业链，我们的核心服务是通过科学有效的、国际化的设计和品牌管理之道，帮助客户构建卓越的品牌体系，协助更多的中国企业塑造国际化的品牌形象，在世界范围内树立属于中国企业的优秀的品牌形象和人文风格。</p>
    <p>    我们信仰专业的力量，用优秀的设计帮助客户降低企业运营成本，创造超越竞争对手的品牌竞争力，以深度拓展设计的商业价值，用品牌的力量使客户实现商业目标，用品牌的力量驱动企业的持续发展。 </p>
</div>
```

图4-26 代码视图

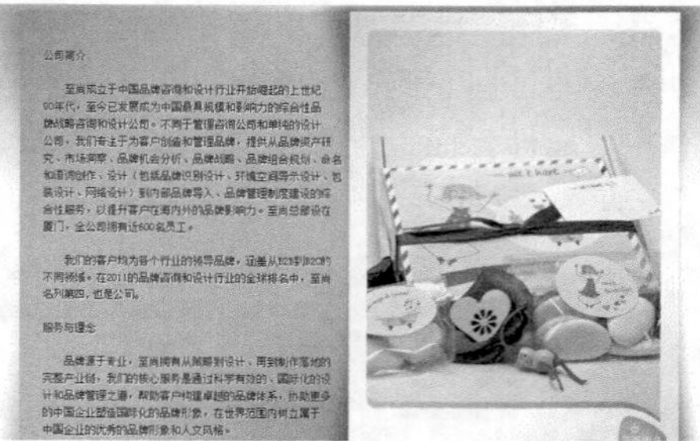

图4-27 页面效果

另一种是按快捷键Shift+Enter，在代码视图中显示为
标签，如图4-28所示。这种方法可以使文本放到下一行，但是被分行的文本仍然在同一段落中，中间也不会留出空白行，页面效果如图4-29所示。

```
<div id="main">
  公司简介<br/>
      至尚成立于中国品牌咨询和设计行业开始崛起的上世纪90年代，至今已发展成为中国最具规模和影响力的综合性品牌战略咨询和设计公司。不同于管理咨询公司和单纯的设计公司，我们专注于为客户创造和管理品牌，提供从品牌资产研究、市场洞察、品牌机会分析、品牌战略、品牌组合规划、命名和语词创作、设计（包括品牌识别设计、环境空间导示设计、包装设计、网络设计）到内部品牌导入、品牌管理制度建设的综合性服务，以提升客户在海内外的品牌影响力。至尚总部设在厦门，全公司拥有近600名员工。<br/>
      我们的客户均为各个行业的领导品牌，涵盖从B2B到B2C的不同领域。在2011的品牌咨询和设计行业的全球排名中，至尚名列第四，也是公司。<br/>
  服务与理念<br/>
      品牌源于专业，至尚拥有从策略到设计、再到制作落地的完整产业链，我们的核心服务是通过科学有效的、国际化的设计和品牌管理之道，帮助客户构建卓越的品牌体系，协助更多的中国企业塑造国际化的品牌形象，在世界范围内树立属于中国企业的优秀的品牌形象和人文风格。<br/>
      我们信仰专业的力量，用优秀的设计帮助客户降低企业运营成本，创造超越竞争对手的品牌竞争力，以深度拓展设计的商业价值，用品牌的力量使客户实现商业目标，用品牌的力量驱动企业的持续发展。<br/>
</div>
```

图4-28 代码视图

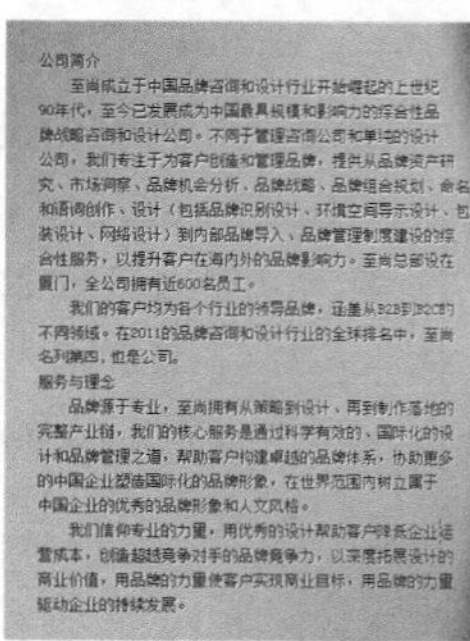

图4-29 页面效果

为文本内容插入换行符后，有时可能看的不太明显，可以执行“编辑>首选参数”命令，在弹出的“首选参数”对话框中单击左侧的“分类”列表中的“不可见元素”选项，切换到“不可见元素”窗口，勾选“换行符”选项，如图4-30所示。设置完成后，单击“确定”按钮，确认在“可视化助理”按钮的下拉列表中的“不可见元素”选项为勾选状态，如图4-31所示。这样在页面中即可看见黄色的换行符标记，如图4-32所示。

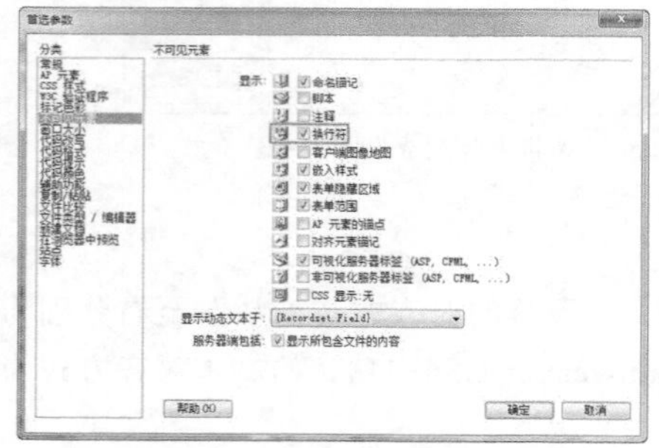

图4-30 “页面属性”对话框

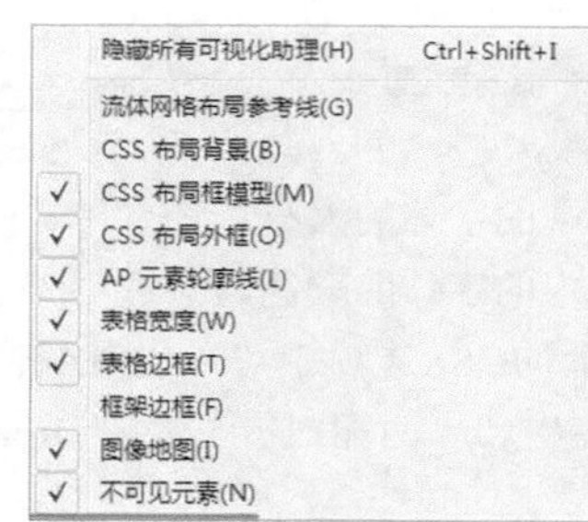

图4-31 “不可见元素”选项

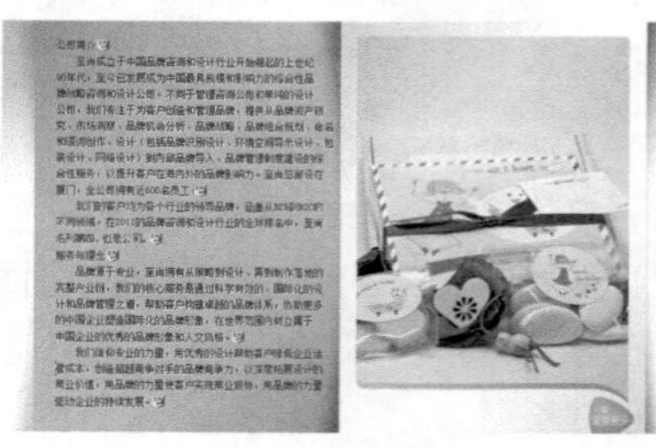

图4-32 页面效果

4.2.4 实战——插入水平线

水平线可以起到分割网页元素的作用，因此，在文本内容较多的网页中，可以使用一条或多条水平线分隔文本或元素，使页面看起来更加规整、清爽。下面通过实例详细讲述如何在页面中插入水平线。

插入水平线

●源文件：光盘\源文件\第4章\4-2-4.html　　●视频：光盘\视频\第4章\4-2-4.swf

01 执行“文件>打开”命令，打开页面“光盘\源文件\第4章\4-2-4.html”，页面效果如图4-33所示。将光标移至需要插入水平线的位置，单击“插入”面板中的“水平线”按钮，如图4-34所示。

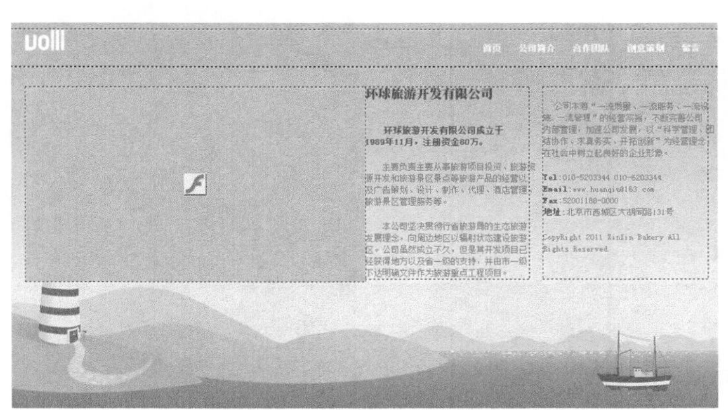

图4-33 打开页面

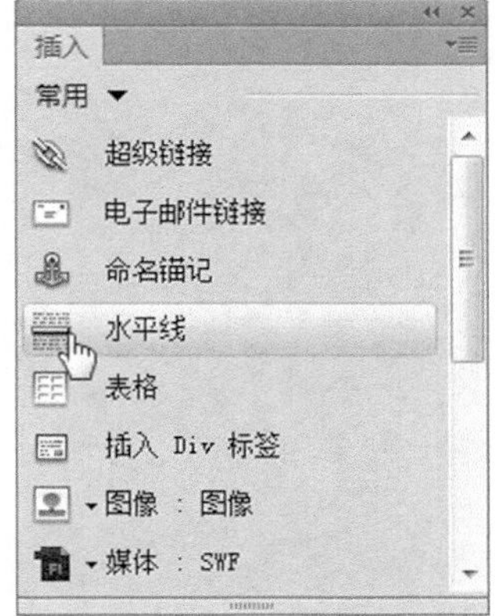

图4-34 “插入”面板

02 在页面中插入水平线，页面效果如图4-35所示。单击选中刚插入的水平线，即可在“属性”面板中对其相关属性进行设置，“属性”面板如图4-36所示。

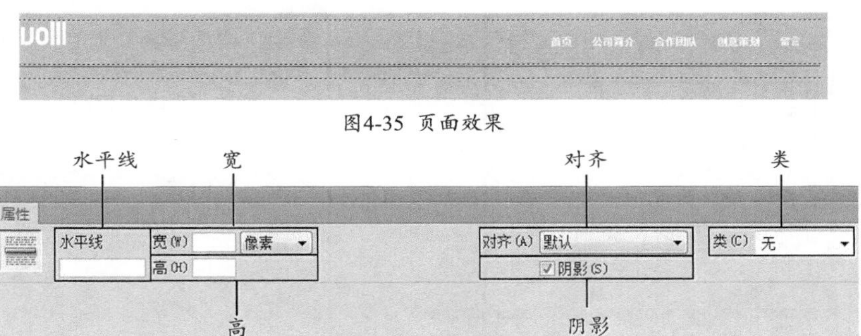

图4-35 页面效果

图4-36 “属性”面板

水平线：在该选项的文本框中可以设置该水平线的ID值。

宽：该选项可以用来设置水平线的宽度，右侧的下拉列表用来设置宽度的单位，其中包括“%”和“像素”两个选项。

高：该选项可以用来设置水平线的高度，单位为像素。

对齐：该选项可以用来设置水平线的对齐方式，其中包括“默认”、“左对齐”、“居中对齐”和“右对齐”4种选项。

阴影：该选项可以用来为水平线设置阴影效果，默认为勾选状态。

类：在该选项的下拉列表中可以为水平线应用已经定义好的CSS样式。

4.2.5 实战——插入时间

一般，对网页进行更新过后，都会加上更新日期以供浏览者查看。在DreamweaverCS6中，可以通过单击“日期”按钮向网页中加入当前的日期和时间，并且通过设置，还可以使其每次保存时都能自动更新。

插入时间

●源文件：光盘\源文件\第4章\4-2-5.html　　●视频：光盘\视频\第4章\4-2-5.swf

01 执行“文件>打开”命令，打开页面“光盘\源文件\第4章\4-2-5.html”，页面效果如图4-37所示。将光标移至需要插入日期的位置，单击“插入”面板中的“日期”按钮，如图4-38所示。

图4-37 打开页面

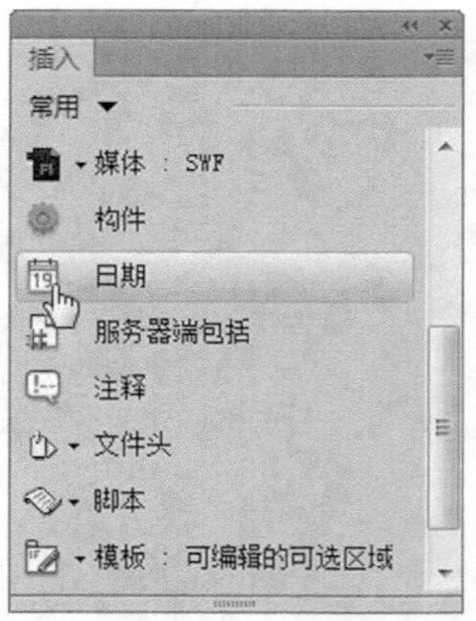

图4-38 “插入”面板

02 弹出“插入日期”对话框，设置如图4-39所示。设置完成后，单击“确定”按钮，即可在页面中插入日期，如图4-40所示。

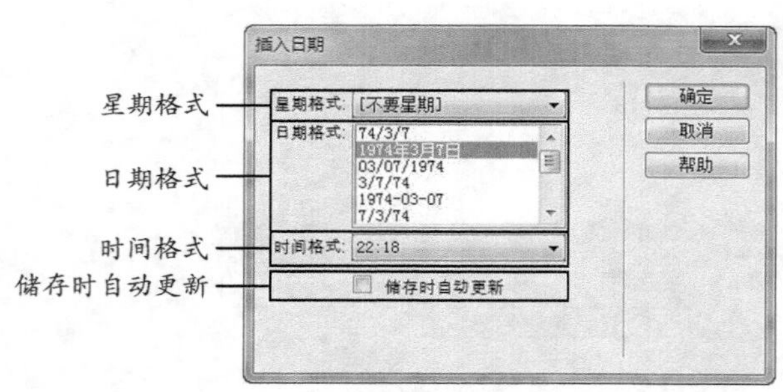

图4-39 “插入日期”对话框

Tel:010-5203344 010-6203344
Email:www.huanqiu@163.com
Fax:52001188-0000
地址:北京市西城区大胡同路131号
2012年10月18日 13:25

CopyRight 2011 XinXin Bakery All Rights Reserved.

图4-40 页面效果

星期格式：该选项可以用来设置星期的格式，在其下拉列表中包含7个选项，如图4-41所示。选择其中的一个选项，星期的格式会按照所选选项的格式插入到网页中，但由于星期格式对中文的支持不是很好，所以一般情况下都选择“[不要星期]”选项，这样在插入的日期中就会不显示当前是星期几。

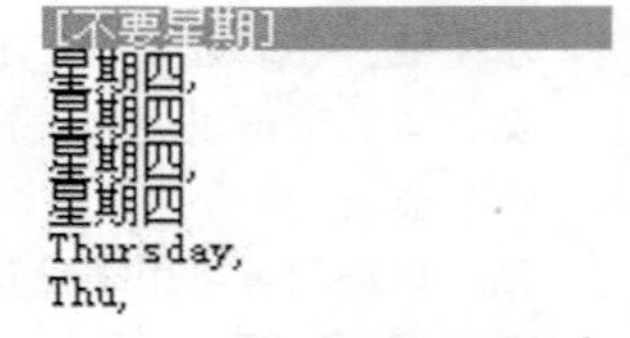

图4-41 “星期格式”下拉列表

日期格式：该选项可以用来设置日期的格式，共有12个选项，只要选择其中一个选项，日期的格式就会按照所选选项的格式插入到网页中。

时间格式：该选项可以用来设置时间的格式，共有3个选项，分别为“[不要时间]”、“10:18 PM”、“22:18”。

储存时自动更新：如果勾选“储存时自动更新”复选框，则插入的日期将在每次保存网页时自动更新为最新的日期。

4.2.6 实战——插入注释

在Dreamweaver CS6中，为页面插入相关的说明注释语句，可以方便源代码编写者对页面的代码进行检查、整理和维护，但是在浏览器中浏览该页面时，这些注释语句将不会出现。

插入注释

● 源文件：光盘\源文件\第4章\4-2-6.html　● 视频：光盘\视频\第4章\4-2-6.swf

01 执行“文件>打开”命令，打开页面“光盘\源文件\第4章\4-2-6.html”，页面效果如图4-42所示。将光标移至需要插入注释的位置，单击“插入”面板中的“注释”按钮，如图4-43所示。

图4-42 打开页面　　图4-43 “插入”面板

02 弹出“注释”对话框，在该对话框中可以输入注释文本，如图4-44所示。设置完成后，单击“确定”按钮，切换到代码视图，可以查看注释内容，如图4-45所示。

```
<p>　公司本着“一流质量、一流服务、一流设施
、一流管理”的经营宗旨，不断完善公司内部管理，加速公
司发展，以“科学管理、团结协作、求真务实、开拓创新”为
经营理念，在社会中树立起良好的企业形象。
  <!--公司简介内容 -->
</p>
```

图4-44 “注释”对话框　　图4-45 代码视图

03 返回到设计视图中，若想查看注释的内容，可以执行“编辑>首选参数”命令，在弹出的“首选参数”对话框中单击左侧“分类”列表中的“不可见元素”选项，切换到“不可见元素”窗口，勾选“注释”复选框，如图4-46所示。设置完成后，单击“确定”按钮，并确认在“可视化助理”按钮的下拉列表中的“不可见元素”选项为勾选的状态，如图4-47所示。

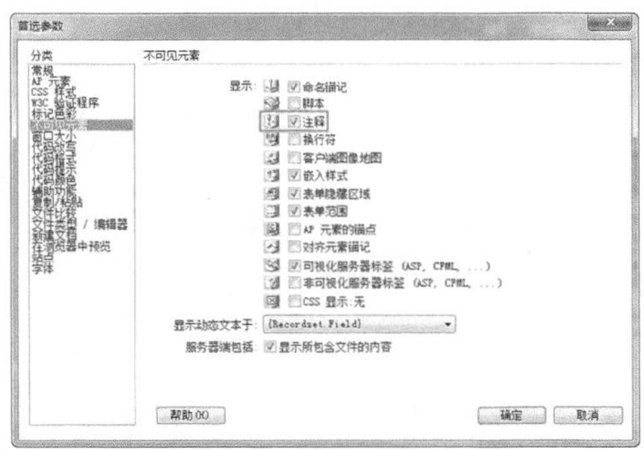

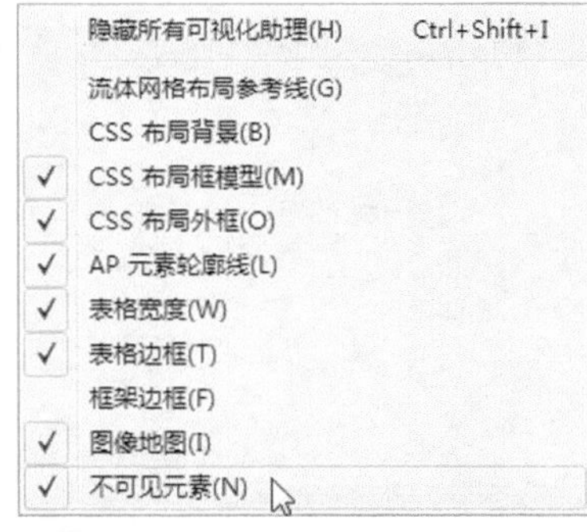

图4-46 “首选参数”对话框　　图4-47 “可视化助理”下拉列表

04 在页面中即可看到黄色的注释记号，如图4-48所示。单击选中刚插入的注释记号，可以在“属性”面板中查看并编辑注释内容，“属性”面板如图4-49所示。

图4-48 页面效果　　图4-49 “属性”面板

4.2.7 实战——插入特殊字符

特殊字符包括注册商标、版权符号以及商标符号等字符的实体名称，其在HTML代码中是以名称或数字的形式来表示的。

插入特殊字符

●源文件：光盘\源文件\第4章\4-2-7.html　●视频：光盘\视频\第4章\4-2-7.swf

01 执行“文件>打开”命令，打开页面“光盘\源文件\第4章\4-2-7.html”，页面效果如图4-50所示。将光标移至需要插入特殊字符的位置，单击“插入”面板中“文本”选项卡中的“其他字符”按钮旁的三角符号，在弹出菜单中选择需要插入的特殊字符，如图4-51所示。

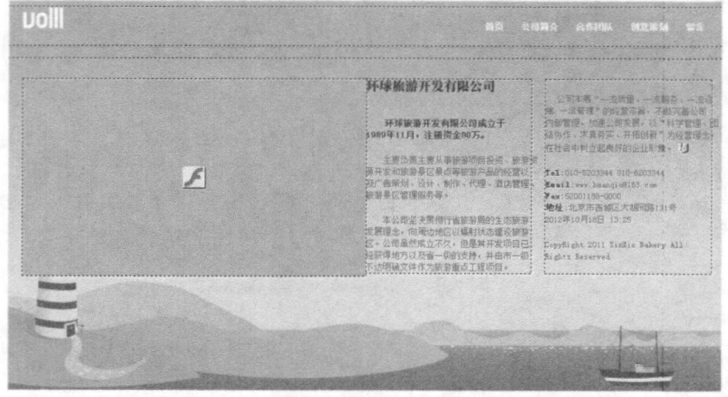

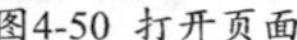

图4-50 打开页面

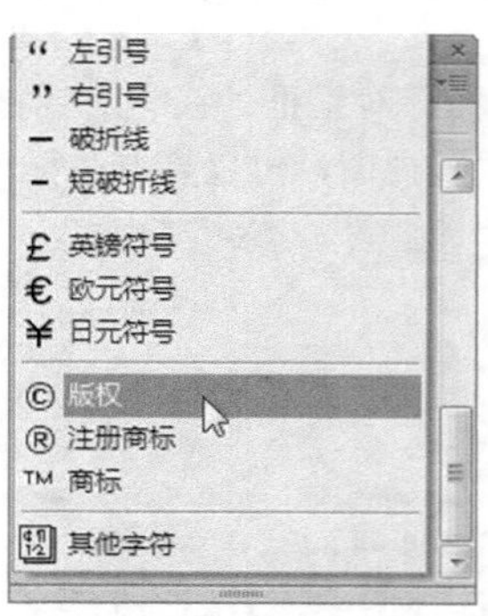

图4-51 “插入”面板

02 单击“其他字符”按钮，即可弹出“插入其他字符”对话框，在该对话框中可以选择更多特殊字符，如图4-52所示。在该对话框中可以单击需要的字符按钮，也可以直接在“插入”文本框中输入特殊字符的编码，单击“确定”按钮，即可在页面中插入相应的特殊字符，如图4-53所示。

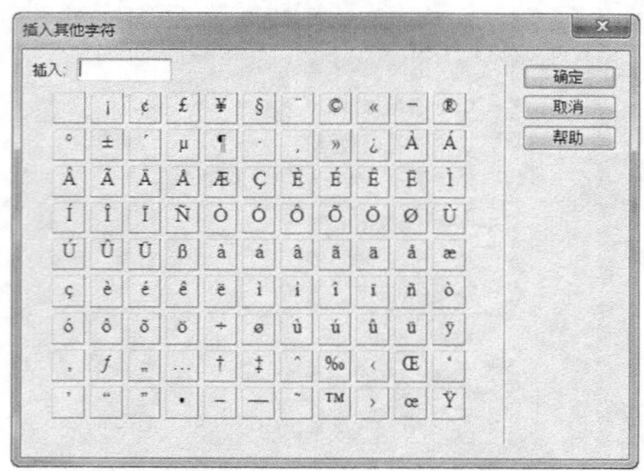

图4-52 “插入其他字符”对话框

图4-53 页面效果

4.2.8 实战——创建项目列表

在Dreamweaver CS6中制作一些信息类网页时，为了更有效地排列网页中的文字，通常会采用为文字创建列表的方式来取得更加清晰、整齐的显示效果。

列表分为项目列表和编号列表两种，项目列表可以使用某个符号或者图像来对一组没有顺序的文本进行排列，通常使用一个项目符号作为每条列表项的前缀，并且各个项目之间没有顺序级别之分。

创建项目列表

●源文件：光盘\源文件\第4章\4-2-8.html　视频：光盘\视频\第4章\4-2-8.swf

01 执行“文件>打开”命令，打开页面“光盘\源文件\第4章\4-2-8.html”，页面效果如图4-54所示。选中段落文本后，执行“插入>HTML>文本对象>项目列表”命令，或者单击“属性”面板中的“项目列表”按钮，即可插入无序列表，页面效果如图4-55所示。

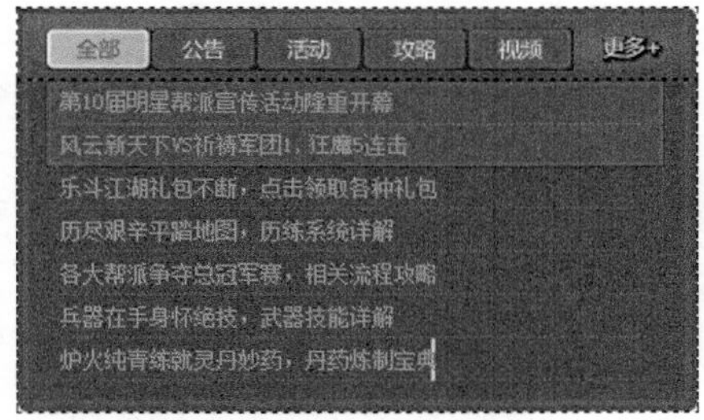

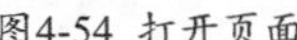
图4-54 打开页面

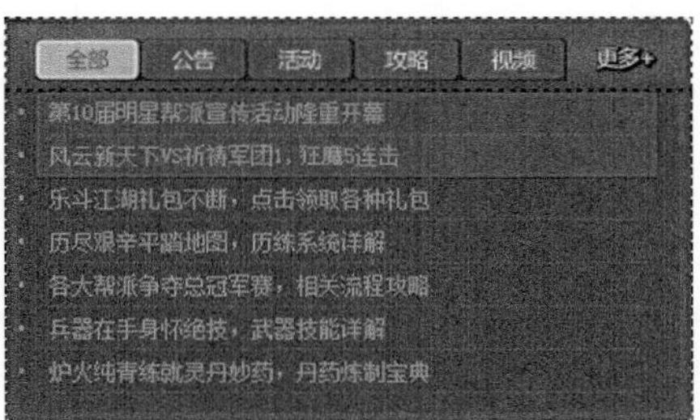

图4-55 页面效果

02 切换到4-2-8.css文件中，创建名为#text li的CSS规则，如图4-56所示。返回到设计视图，执行“文件>保存”命令，保存该页面，按F12键即可在浏览器中预览页面的效果，如图4-57所示。

```
#text li{
    list-style:none;
    background-image:url(../images/42807.png);
    background-repeat:no-repeat;
    background-position:5px center;
    padding-left:20px;
}
```

图4-56 CSS样式代码

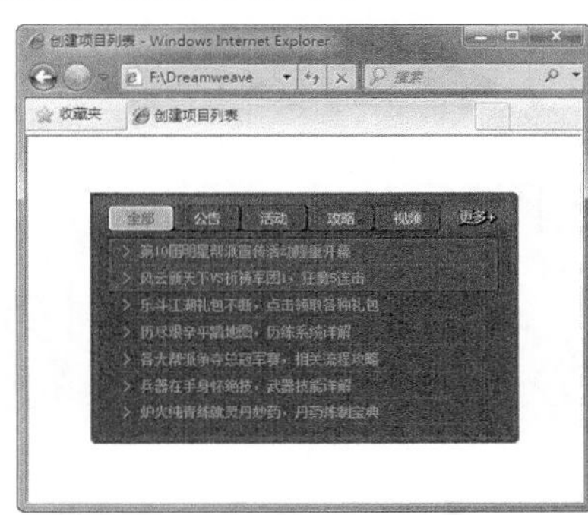

图4-57 预览效果

提示 CSS样式是网页设计制作非常重要的知识，通过CSS样式可以对网页中元素的外观、位置等属性进行设置，从而达到控制页面显示效果的功能。关于CSS样式的相关知识将在第7章中进行详细的介绍。

4.2.9 实战——创建编号列表

编号列表是指以数字编号来对一组没有顺序的文本进行排列，通常使用一个数字符号作为每条列表项的前缀，并且各个项目之间存在顺序级别之分，这种方式能够让浏览者清楚地阅读文本内容，减少发生阅读时错行的现象。

创建编号列表

●源文件：光盘\源文件\第4章\4-2-9.html　　●视频：光盘\视频\第4章\4-2-9.swf

01 执行“文件>打开”命令，打开页面“光盘\源文件\第4章\4-2-9.html”，页面效果如图4-58所示。选中段落文本后，执行“插入>HTML>文本对象>编号列表”命令，或单击“属性”面板中的“编号列表”按钮，即可插入有序列表，页面效果如图4-59所示。

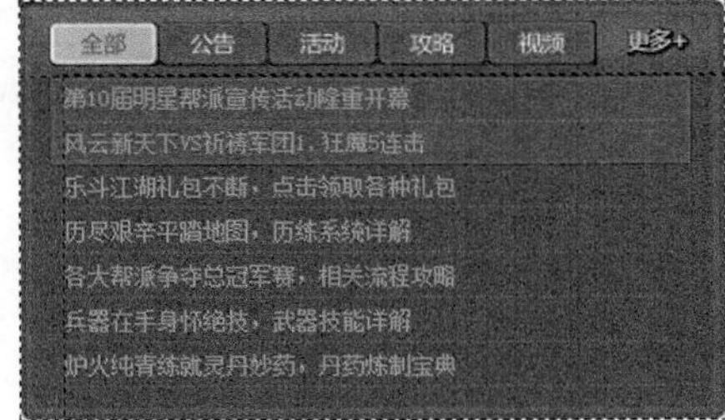

图4-58 打开页面

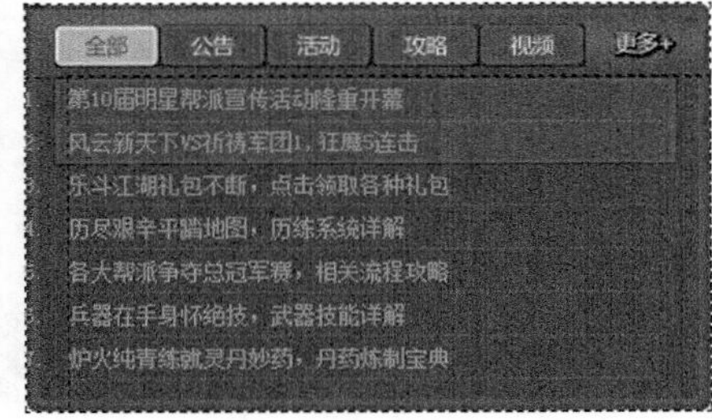

图4-59 页面效果

02 切换到4-2-9.css文件中，创建名为#text li的CSS规则，如图4-60所示。返回到设计视图，执行“文件>保存”命令，保存该页面，按F12键即可在浏览器中预览页面的效果，如图4-61所示。

```
#text li{
    list-style-position:inside;
}
```

图4-60 CSS样式代码

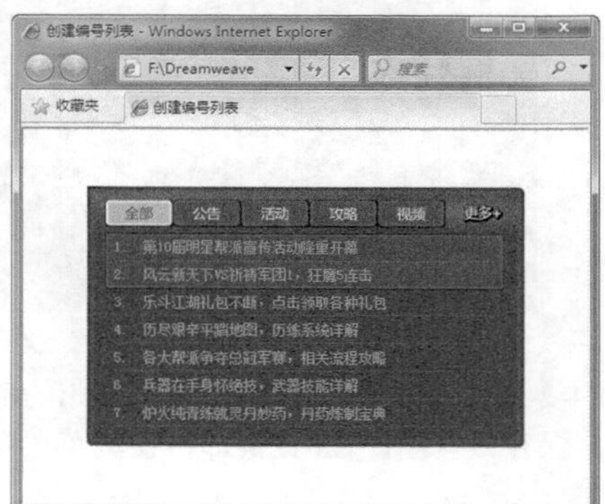

图4-61 预览效果

4.3 在网页中插入图像

图像和文字一样，都是网页中必不可少的组成元素，合理的在网页中使用图像可增添页面的可观赏性，使网页充满生命力，避免了由于网页中文字过多而导致的视觉疲劳，从而吸引更多浏览者的访问。

4.3.1 网页图像的格式

目前，由于浏览器支持的网页图像格式有限，因此，在Dreamweaver CS6中制作网页时，常用的图像格式用3种，分别为GIF、JPEG和PNG。其中，使用最为广泛的是GIF格式和JPEG格式，由于PNG格式的图像只有较高版本的浏览器才支持，因此使用的并不多。

GIF（Graphics Interchange Format）格式，图形交换格式，采用LZW无损压缩算法。GIF图像文件的特点是：最多包含256种颜色、支持透明的背景色、支持动画格式，并且特别擅长表现那些包含有大面积单色区域的图像以及所含颜色不多、变化不繁杂的图像，图4-62所示的是适合于使用GIF图像的网页。另外，GIF的动画效果是它广泛流行的重要原因，如图4-63所示。

图4-62 适合于使用GIF图像的网页

图4-63 GIF动画

JPEG（Joint Photographic Experts Group）格式，由联合图像专家组开发的图形标准。JPEG格式采用的是一种有损的压缩算法，也就是说，可能会造成图像失真，并且JPEG图像支持24位真彩色，不支持透明的背景色，完全和GIF图像形成了互补。在表现色彩非富、物体形状结构复杂的图片，比如照片等，JPEG格式有着不可取代的优点。图4-64所示的是适合于使用JPEG图像的网页。

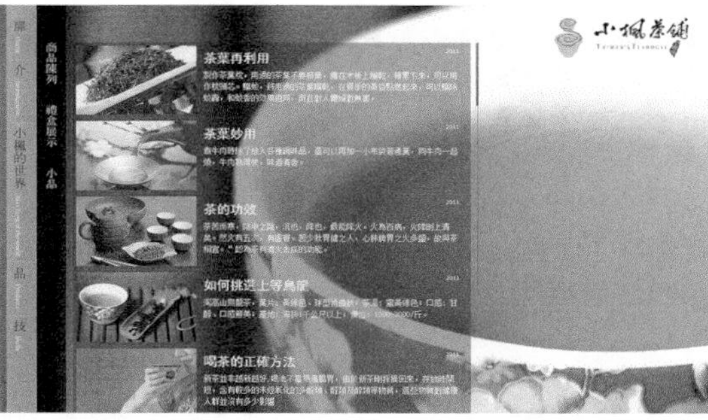

图4-64 适合于使用JPEG图像的网页

PNG（Portable Network Graphic）格式的图像以任何颜色深度存储单个光栅图像。PNG是与操作平台无关的格式，其支持高级别无损耗压缩并支持Alpha通道透明度，但是较低版本的浏览器和程序并不支持PNG格式的图像，并且与JPEG的有损压缩相比，PNG提供的压缩量较少。

4.3.2 实战——在网页中插入图像

在制作网页时，适当的结合图片进行设计可以使网页的内容更加丰富。在Dreamweaver CS6中，既可以直接在网页中插入图像，也可以将图像作为页面背景进行展示，下面通过案例的制作介绍如何在网页中插入图像。

在网页中插入图像

●源文件：光盘\源文件\第4章\4-3-2.html　　●视频：光盘\视频\第4章\4-3-2.swf

01 执行“文件>打开”命令，打开页面“光盘\源文件\第4章\4-3-2.html”，页面效果如图4-65所示。将光标移至名为pic的Div中，删除多余的文字，如图4-66所示。

图4-65 打开页面

图4-66 删除多余文字

02 单击“插入”面板上的“常用”选项卡中的“图像”按钮，如图4-67所示。弹出“选择图像源文件”对话框，在该对话框中选择图像“光盘\源文件\第4章\images\43202.png”，如图4-68所示。

图4-67 “插入”面板

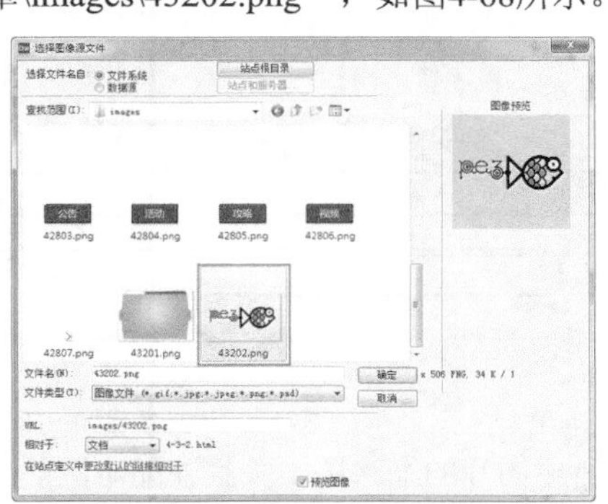

图4-68 “选择图像源文件”对话框

提示 在插入图像时，如果所选择的图像不在本地站点的目录下，则会弹出提示对话框，提示用户是否复制图像文件到本地站点的目录中，若单击“是”按钮，则会弹出“拷贝文件为”对话框，让用户选择图像文件的存放位置，可选择根目录或根目录下的任何文件夹。

03 单击“确定”按钮，弹出“图像标签辅助功能属性”对话框，如图4-69所示。单击“确定”按钮，即可将选中的图像插入到页面中相应的位置，效果如图4-70所示。

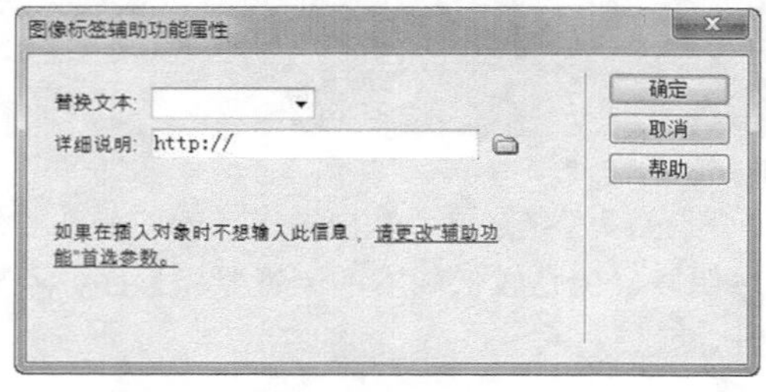

图4-69 “图像标签辅助功能属性”对话框

图4-70 页面效果

提示 在“图像标签辅助功能属性”对话框中，可以在“替换文本”下拉列表框中输入图像的简短的替换文本内容。如果对图像的描述说明内容较多，可以在“详细说明”文本框中输入该图像详细说明文件的地址。

04 执行“文件>保存”命令，保存该页面，按快捷键F12即可在浏览器中预览页面效果，如图4-71所示。

图4-71 预览效果

4.3.3 设置图像属性

在网页中插入图像后，并不是每个图像都能完全符合视觉上的要求，因此，需要在Dreamweaver CS6中对图像的相关属性进行设置。

单击选中需要设置属性的图像，在“属性”面板上即可对该图像的相关属性进行设置，如图4-72所示。

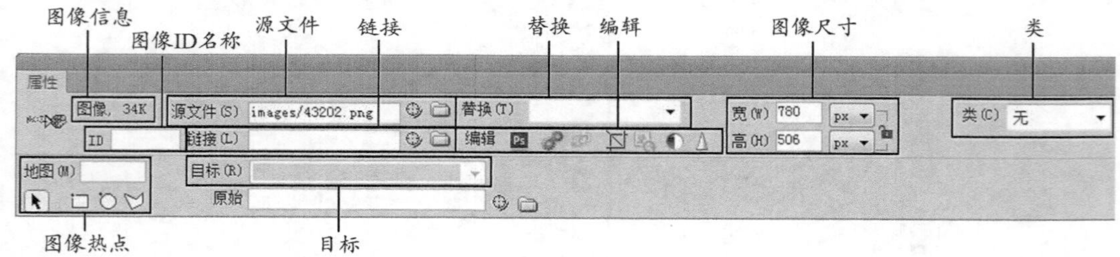

图4-72 图像的“属性”面板

图像信息：显示所选图片的缩略图，并且在缩略图的右侧显示该对象的信息，在信息中可以看到该对象为图像文件，大小为12K。

图像ID名称：该文本框可以用来定义图像的ID名称，主要是为了在脚本语言（如JavaScript或VBScript）中便于引用图像而设置的。

源文件：在该文本框中可以输入图像的源文件路径地址。

链接：在该文本框中可以输入图像的链接地址。

替换：在该文本框中可以输入图像的替换说明文字，如图4-73所示。在浏览网页时，当该图片因丢失或者其他原因不能正确显示时，在其相应的区域就会显示设置的替换说明文字，如图4-74所示。

替换(T) 在网页中插入图像

图4-73 设置替换文本

图4-74 在浏览器中的效果

编辑：可以单击该选项后相应的按钮对图像进行编辑操作。

- “编辑”按钮：单击该按钮，可以启动外部图像编辑软件对所选中的图像进行编辑。
- “编辑图像设置”按钮：单击该按钮，弹出“图像优化”对话框，如图4-75所示。在该对话框中可以对图像进行优化设置，在“预置”选项下拉列表中可以选择Dreamweaver CS6预设的图像优化选项，如图4-76所示。

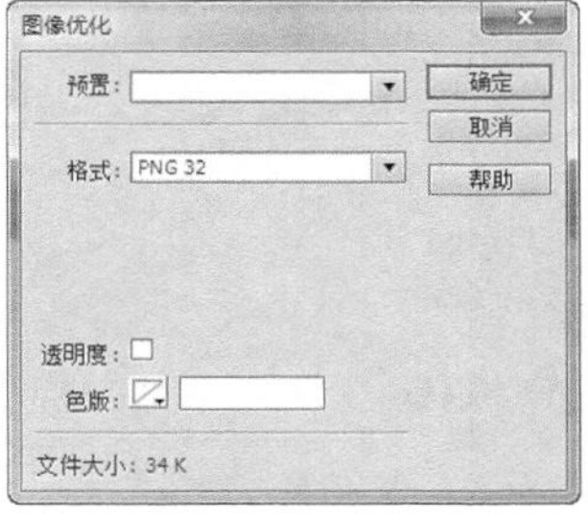

图4-75 “图像优化”对话框

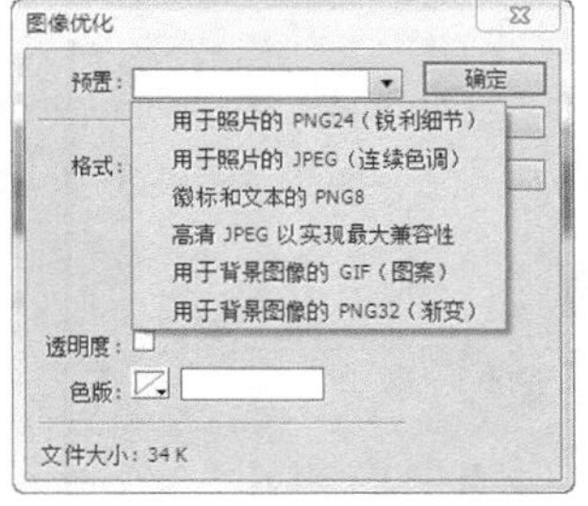

图4-76 “预置”下拉列表

- “从源文件更新”按钮：单击该按钮，在更新智能对象时网页图像会根据原始文件的当前内容和原始优化设置以新的大小、无损方式重新呈现图像。
- “裁剪”按钮：单击该按钮，图像上会出现虚线区域，拖动该虚线区域的8个角点至合适的位置，按Enter键即可完成图像裁剪操作，如图4-77所示。

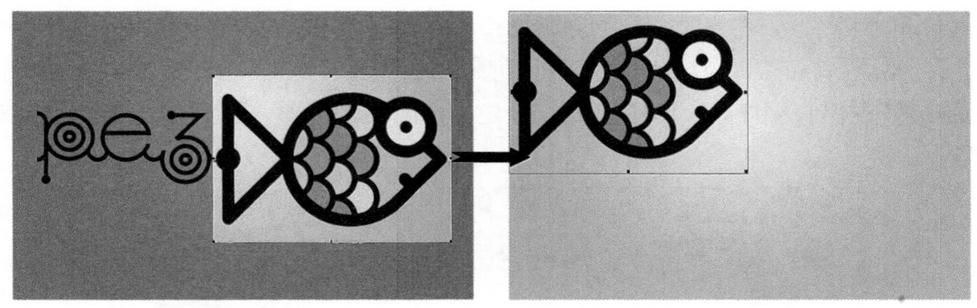

（调整裁剪区域） （裁剪图像）

图4-77 裁剪图像

- “重新取样”按钮：对图像进行编辑操作后，可以单击该按钮，重新读取该图像文件的信息。
- “亮度和对比度”按钮：单击该按钮，即可弹出“亮度/对比度”对话框，在该对话框中可以通过拖动滑块或者在后面的文本框中输入数值来设置图像的亮度和对比度，如图4-78所示。勾选“预览”复选框，可以在调节的同时在Dreamweaver的设计视图中看到图像调节的效果，如图4-79所示。

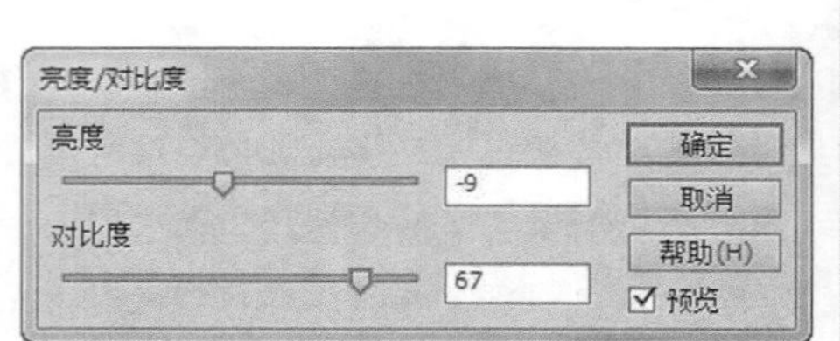

图4-78 “亮度/对比度”对话框

图4-79 调整后图像的效果

- “锐化”按钮：单击该按钮，即可弹出“锐化”对话框，如图4-80所示。在该对话框中可以通过输入数值或拖动滑块来调整锐化效果，锐化后的效果如图4-81所示。

图4-80 “锐化”对话框

图4-81 调整后图像的效果

图像尺寸：在网页中插入图像时，Dreamweaver会自动在“属性”面板上的“宽”和“高”文本框中显示图像的原始大小，如图4-82所示。默认情况下，单位为像素。可以直接在“宽”和“高”文本框中输入相应的数值对图像进行调整，也可以通过在Dreamweaver设计视图中选中需要调整的图像，拖动图像的角点进行调整，改变图像尺寸后“属性”面板如图4-83所示。

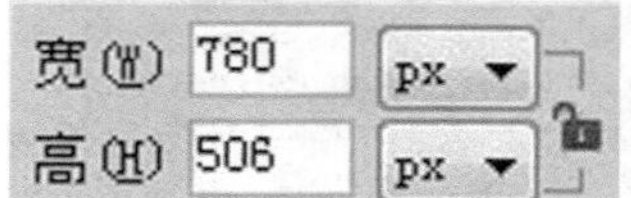

图4-82 图像尺寸

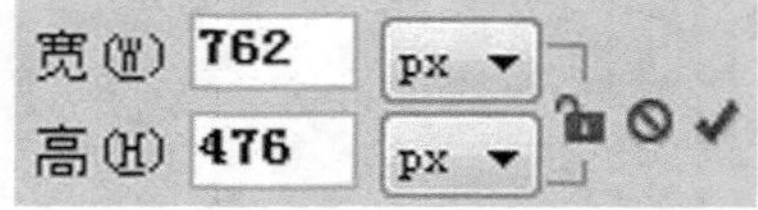

图4-83 调整后图像尺寸

在当对图像默认的“宽”和“高”进行修改后，“宽”和“高”文本框后面会出现三个按钮，分别为“切换尺寸约束”按钮、“重置为原始大小”按钮和“提交图像大小”按钮。

- “切换尺寸约束”按钮：单击该按钮，可以约束图像缩放的比例，当修改图像的宽度，则高度也会进行等比例的修改。
- “重置为原始大小”按钮：单击该按钮可以恢复图像原始的尺寸大小。
- “提交图像大小”按钮：单击该按钮，即可弹出提示框，如图4-84所示。提示是否提交对图像尺寸的修改，单击“确定”按钮，即可确认对图像大小的修改。

类：在该选项的下拉列表中可以为图像应用已经定义好的CSS样式，或者进行“重命名”和“管理”的操作，如图4-85所示。

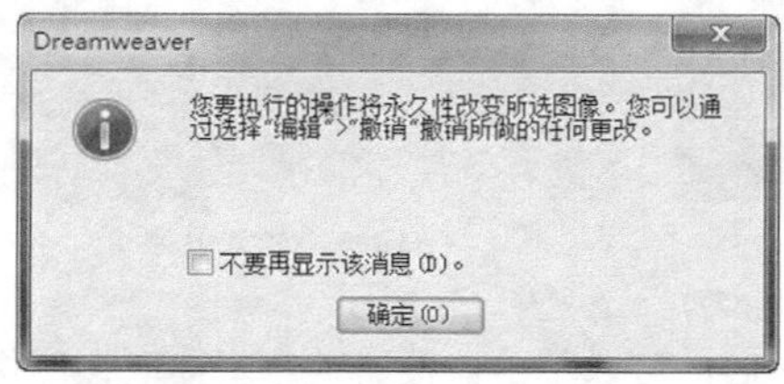

图4-84 提示框

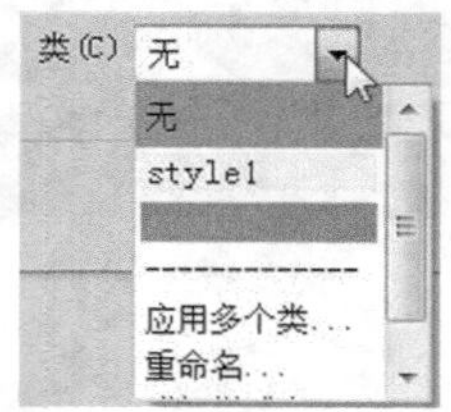

图4-85 应用CSS样式

图像热点： 在该选项的文本框中可以创建图像热点集，其下面则是创建热点区域的3种不同的形状工具。

目标： 该选项可以用来设置图像链接文件显示的目标位置。

4.3.4 实战——插入图像占位符

在制作网页时还没找到适合的图片，为了避免中断网页制作，可以在需要插入图像的地方插入图像占位符，直到整个网页制作完成后再来插入图片，下面将通过案例的制作进行详细的介绍。

插入图像占位符

●源文件：光盘\源文件\第4章\4-3-4.html　　●视频：光盘\视频\第4章\4-3-4.swf

01 执行“文件>打开”命令，打开页面“光盘\源文件\第4章\4-3-4.html”，页面效果如图4-86所示。将光标移至名为top的Div中，删除多余的文字，单击“插入”面板中“图像”按钮旁的向下箭头按钮，在弹出菜单中选择“图像占位符”选项，弹出“图像占位符”对话框，设置如图4-87所示。

图4-86 打开页面

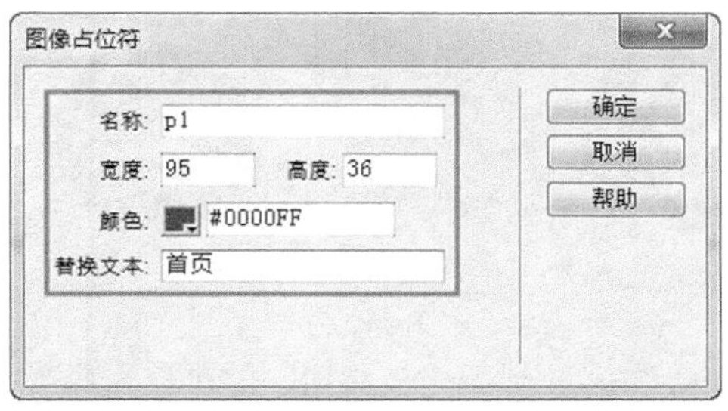

图4-87 “图像占位符”对话框

02 设置完成后，单击“确定”按钮，即可在光标所在位置插入图像占位符，如图4-88所示。使用相同的方法，插入其他占位符，页面效果如图4-89所示。

图4-88 插入图像占位符

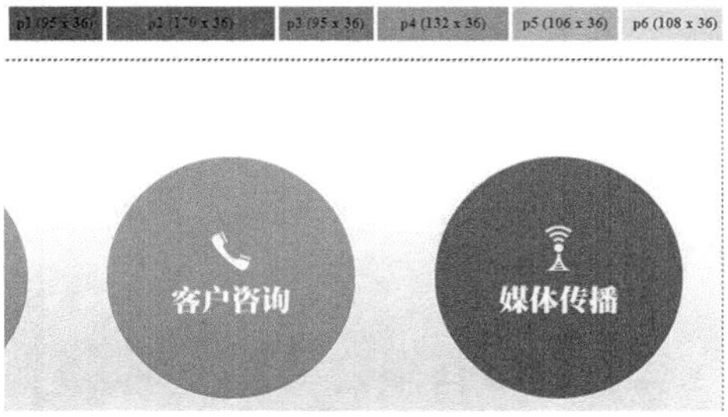

图4-89 页面效果

03 执行“文件>保存”命令，保存该页面。按快捷键F12即可在浏览器中预览该页面的效果，可以看到“图像占位符”在浏览器中显示的效果，如图4-90所示。

图4-90 预览效果

4.3.5 实战——插入鼠标经过图像

鼠标经过图像是一种在浏览器中查看并使用光标经过它时发生变化的图像，在Dreamweaver CS6中为网页插入鼠标经过图像可以增强网页的吸引力，并且给浏览者留下深刻的印象，从而吸引更多浏览者的访问。

插入鼠标经过图像

●源文件：光盘\源文件\第4章\4-3-5.html　　●视频：光盘\视频\第4章\4-3-5.swf

01 执行“文件>打开”命令，打开页面“光盘\源文件\第4章\4-3-5.html”，页面效果如图4-91所示。将光标移至名为top的Div中，将图像占位符删除，单击“插入”面板中“图像”按钮旁的向下箭头按钮，在弹出菜单中选择“鼠标经过图像”选项，弹出“插入鼠标经过图像”对话框，设置如图4-92所示。

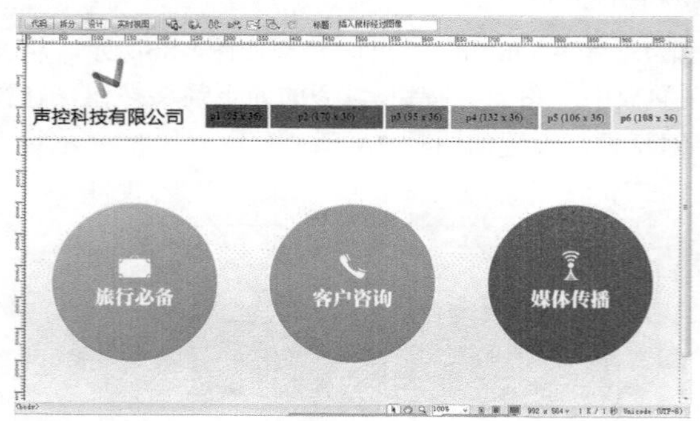

图4-91 打开页面

插入鼠标经过图像
图像名称：Image4
原始图像：images/43406.png
鼠标经过图像：images/43407.jpg
预载鼠标经过图像
替换文本：
按下时，前往的 URL：
确定
取消
帮助

图4-92 “插入鼠标经过图像”对话框

02 设置完成后，单击“确定”按钮，即可在光标所在位置插入鼠标经过图像，如图4-93所示。将光标移至刚插入的鼠标经过图像后，使用相同的制作方法，可以在页面中插入其他的鼠标经过图像，页面效果如图4-94所示。

图4-93 插入鼠标经过图像　　图4-94 页面效果

03 执行“文件>保存”命令，保存该页面，按快捷键F12即可在浏览器中预览该页面的效果，如图4-95所示。

图4-95 预览效果

4.4 在网页中插入多媒体元素

除了可以在网页中插入图片和文字等静态元素外，还可以插入Flash动画、视频以及声音等多媒体元素。多种元素相结合使用可以丰富网页界面的视觉效果，为页面注入更多的活力，增添页面给浏览者的新鲜感。

4.4.1 实战——插入Flash动画

由于Flash的动态效果能够为网页注入活力，不但能使页面内容更加丰富多彩，而且还能够实现交互的功能，因此，Flash动画已经广泛运用于各个类型的网页中，下面将通过案例的制作讲解如何在网页中插入Flash动画。

插入Flash动画

●源文件：光盘\源文件\第4章\4-4-1.html　　●视频：光盘\视频\第4章\4-4-1.swf

01 打开需要插入到网页中的Flash动画，可以看到该Flash动画的效果，如图4-96所示。执行“文件>打开”命令，打开页面“光盘\源文件\第4章\4-4-1.html”，页面效果如图4-97所示。

图4-96 Flash动画效果

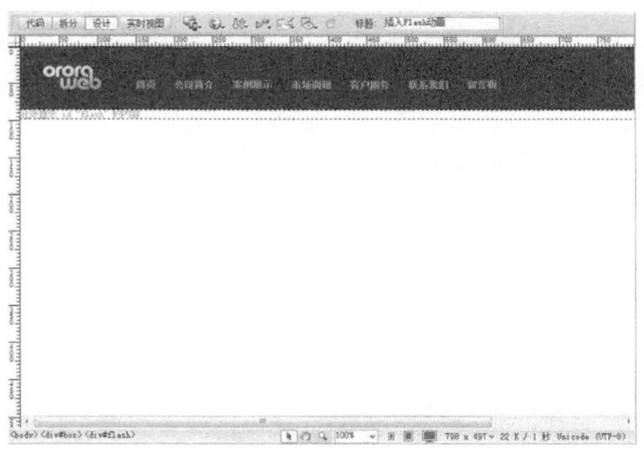
图4-97 打开页面

02 将光标移至名为flash的div中，删除多余的文字，单击“插入”面板上的“媒体”按钮旁的倒三角按钮，在弹出菜单中选择SWF选项，如图4-98所示。弹出“选择SWF”对话框，选择“光盘\源文件\第4章\images\44102.swf”，如图4-99所示。

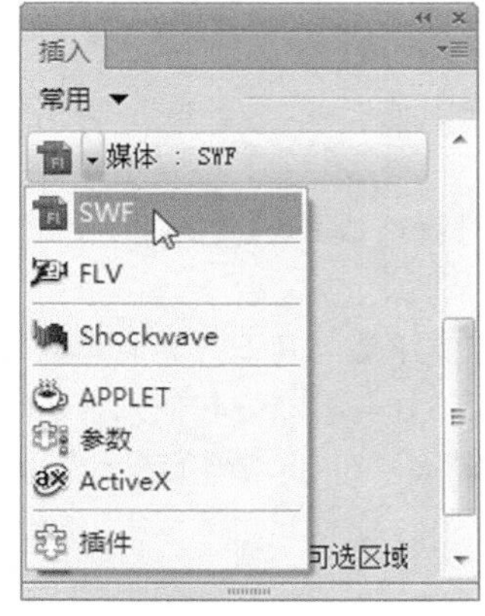

图4-98 “插入”面板

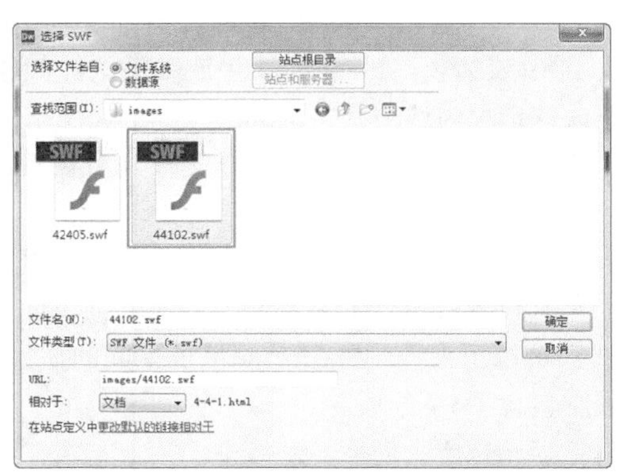

图4-99 “选择SWF”对话框

03 单击“确定”按钮，弹出“对象标签辅助功能属性”对话框，如图4-100所示。单击“取消”按钮，即可在页面中插入Flash动画，如图4-101所示。

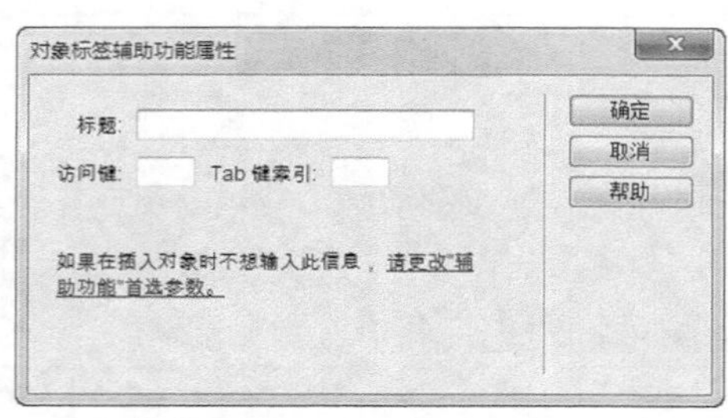

图4-100 “对象标签辅助功能属性”对话框

图4-101 插入Flash动画

04 单击选中刚插入的Flash动画，在“属性”面板上对其相关属性进行设置，如图4-102所示。设置完成后，执行“文件>保存”命令，保存该页面，按F12键即可在浏览器中预览页面，效果如图4-103所示。

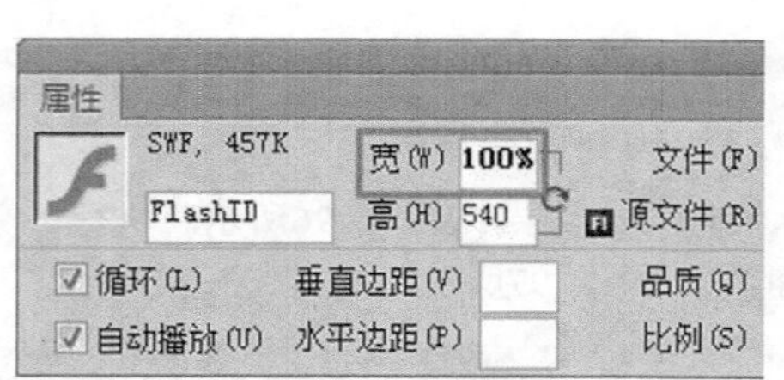

图4-102 “属性”面板

图4-103 预览效果

4.4.2 设置Flash动画属性

为了使插入到页面中的Flash动画更能符合用户的需要，可以通过“属性”面板对其进行相应的设置。单击选中刚插入到页面中的Flash动画，可以在“属性”面板中对其相关属性进行设置，如图4-104所示。

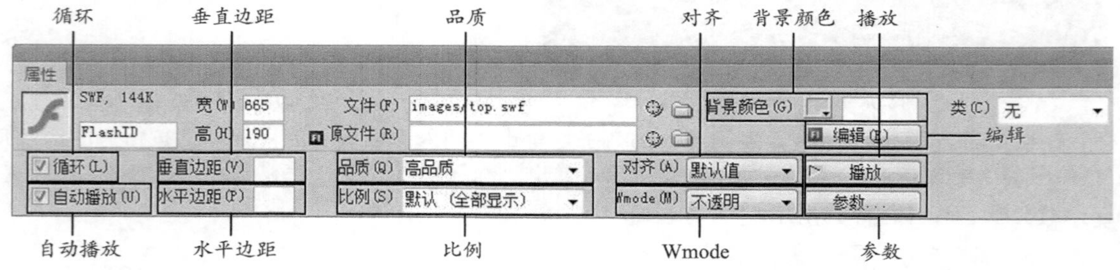

图4-104 Flash动画的“属性”面板

循环：如果选中该选项，Flash动画将连续播放；如果没有选中该选项，则Flash动画在播放一次后停止。默认情况下，该选项为选中状态。

自动播放：该选项可以用来设置Flash文件是否在页面加载时就播放。默认情况下，该选项为选中状态。

垂直边距：用来设置Flash动画的上边与其上方其他页面元素及其下边与其下方其他元素之间的距离。

水平边距：用来设置Flash动画左边与其左方其他页面元素及其右边与其右方其他元素之间的距离。

品质：该选项可以用来控制Flash动画播放期间的质量。设置越高，Flash动画的观看效果就越好。在该选项的下拉列表中包含了4个选项。

- 低品质：看重显示速度，而非显示效果。
- 高品质：看重显示效果，而非显示速度。
- 自动低品质：首先看重显示速度，如有可能则改善显示效果。
- 自动高品质：首先看重这两种品质，但根据需要可能会因为显示速度而影响显示效果。

比例：在该选项的下拉列表中包含了3个选项，分别为“默认”、“无边框”和“严格匹配”。如果选择“默认”选项，则Flash动画将全部显示，可以保证各部分的比例；如果选择“无边框”选项，则在必要时会漏掉Flash动画左右两边的一些内容；如果选择“严格匹配”选项，则Flash动画将全部显示，但比例可能会有所变化。

对齐：用来设置Flash动画的对齐方式。在该选项的下拉列表中包含了10个选项，分别为“默认值”、“基线”、“顶端”、“居中”、“底部”、“文本上方”、“绝对居中”、“绝对底部”、“左对齐”和“右对齐”。

Wmode：在该属性下拉列表中共有3个选项，分别为“窗口”、“透明”、“不透明”。为了能够使页面的背景在Flash动画下衬托出来，选中Flash动画，设置“属性”面板上的“Wmode（M）”属性为“透明”，这样在任何背景下，Flash动画都能实现透明显示背景的效果。

背景颜色：用来设置Flash动画的背景颜色。当Flash动画还没显示时，其所在位置将显示这个颜色。

编辑：单击该按钮，会自动打开Flash软件，对选中的Flash重新进行编辑。

播放：选中该Flash文件后，单击“播放”按钮，即可在Dreamweaver的设计视图中预览Flash动画效果。

参数：单击该按钮，可以弹出“参数”对话框，如图4-105所示。在该对话框中可以设置需要传递给Flash动画的附加参数。注意，Flash动画必须设置好可以接收这些附加参数。

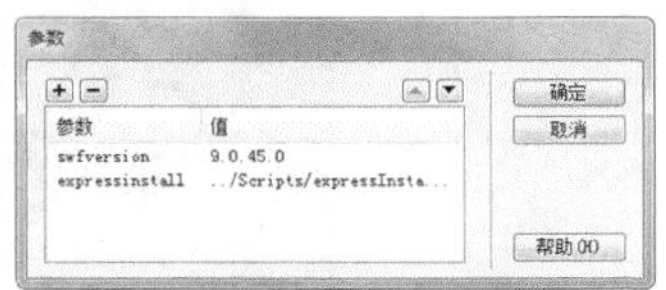

图4-105 “参数”对话框

4.4.3 实战——插入FLV视频

FLV是随着Flash推出的一种流媒体格式，它的视频采用Sorenson Media公司的Sorenson Spark视频编码器，音频采用MP3编辑。它可以使用HTTP服务器或者专门的Flash Communication Server流服务器进行流式传送。将FLV文件添加到Dreamweaver CS6中可以将视频快速地融入网站的应用程序。

插入FLV视频

●源文件：光盘\源文件\第4章\4-4-3.html　　●视频：光盘\视频\第4章\4-4-3.swf

01 执行“文件>打开”命令，打开页面“光盘\源文件\第4章\4-4-3.html”，效果如图4-106所示。将光标移至名为flv的Div中，删除多余的文字，单击“插入”面板上的“媒体”按钮旁的倒三角按钮，在弹出菜单中选择FLV选项，如图4-107所示。

图4-106 打开页面

图4-107 “插入”对话框

02 弹出“插入FLV”对话框，如图4-108所示。在URL文本框中输入FLV文件的地址，在“外观”下拉列表中选择一个外观，其他设置如图4-109所示。

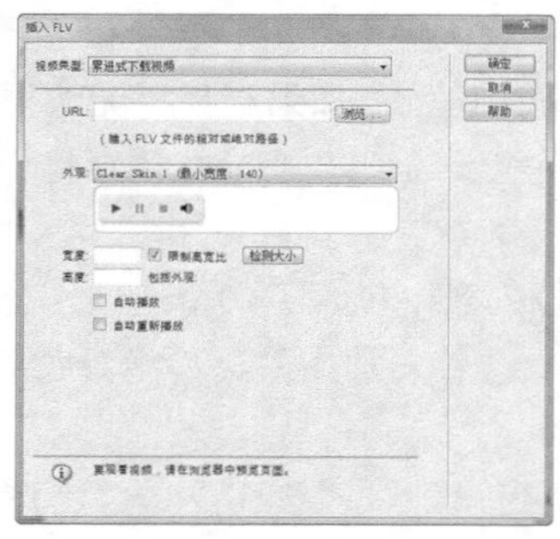

图4-108 “插入FLV”对话框

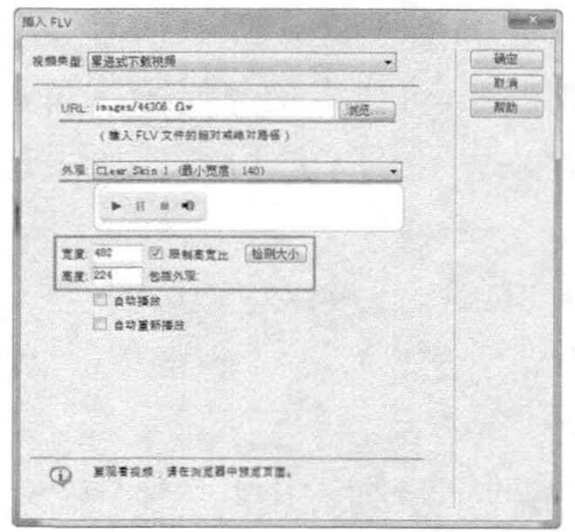

图4-109 “插入FLV”对话框

03 设置完成后，单击“确定”按钮，即可在页面中插入FLV视频，效果如图4-110所示。执行“文件>保存”命令，保存该页面，在浏览器中预览页面，可以看到插入到网页中的FLV视频效果，如图4-111所示。

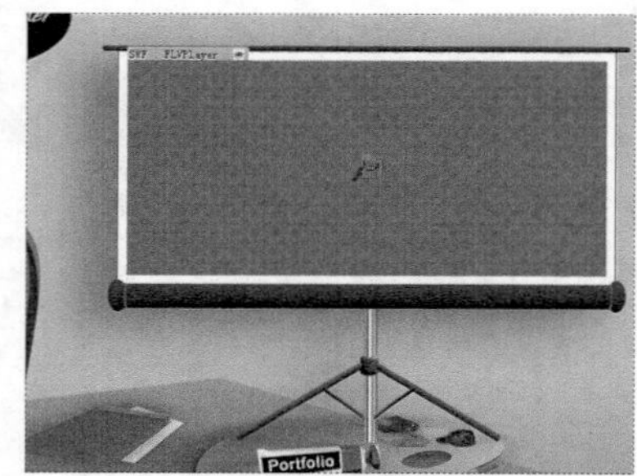

图4-110 插入FLV视频

图4-111 预览效果

4.4.4 实战——插入Shockwave动画

Shockwave动画是Web中的另外一种交互动画形式，是一种经过压缩的格式。在Web上用于交互式多媒体的标准，使得在Macromedia Director中创建的多媒体文件能够快速下载，而且可以在大多数常用浏览器中进行播放。

播放Shockwave影片必须使用相应的播放器，在Netscape Navigator中，可以通过插件来实现；在Internet Explorer中，则是通过ActiveX空间来实现。当在文档中插入Shockwave影片后，Dreamweaver CS6会使用object和embed标记来实现它们在浏览器中的正确播放。

插入Shockwave动画

●源文件：光盘\源文件\第4章\4-4-4.html　　●视频：光盘\视频\第4章\4-4-4.swf

01 执行“文件>打开”命令，打开页面“光盘\源文件\第4章\4-4-4.html”，效果如图4-112所示。光标移至名为box的Div中，删除多余的文字，单击“插入”面板上的“媒体”按钮旁的倒三角按钮，在弹出菜单中选择Shockwave选项，如图4-113所示。

图4-112 打开页面

图4-113 “插入”面板

02 弹出“选择文件”对话框，在该对话框中选择需要插入的Shockwave动画文件，如图4-114所示。单击“确定”按钮，即可在页面中插入Shockwave动画。Shockwave在Dreamweaver的设计视图中并不会显示内容，而是以Shockwave图标形式进行显示，如图4-115所示。

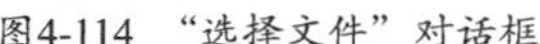

图4-114　“选择文件”对话框

图4-115　页面效果

03 单击选择页面中的Shockwave图标，在“属性”面板上对其相关属性进行设置，如图4-116所示。设置完成后，页面效果如图4-117所示。

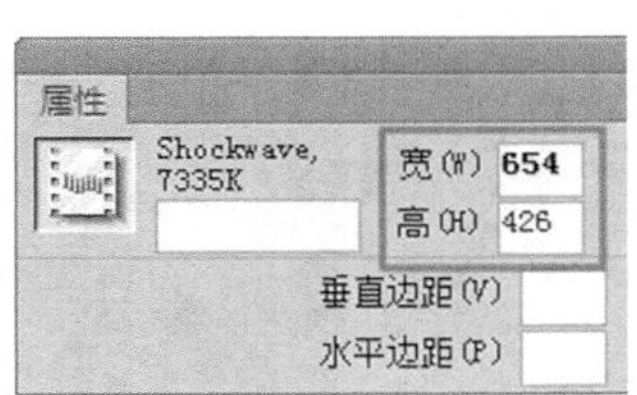

图4-116　“属性”面板

图4-117　页面效果

04 单击“属性”面板上的“参数”按钮，弹出“参数”对话框，设置如图4-118所示。设置完成后，单击“确定”按钮，保存该页面，按F12键即可在浏览器中预览页面效果，可以看到页面中插入的Shockwave动画效果，如图4-119所示。

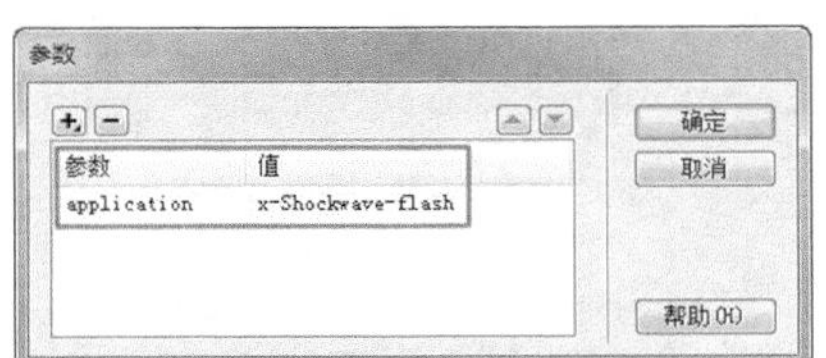

图4-118　“参数”对话框

图4-119　预览效果

提示　浏览Shockwave动画需要计算机中安装Adobe Shockwave Player插件，如果用户是第一次预览Shockwave动画，则浏览器将会提示用户安装Shockwave Player插件，安装完成后，即可预览Shockwave动画的效果。

4.4.5　实战——为网页添加背景音乐

在Dreamweaver CS6中制作网页时，有时候为网页添加适当的背景音乐会比文字、图片等元素更能渲染网页的页面氛围，使得浏览者能够同时享受视听觉的盛宴，但同时也会增加网页的容量，从而增加网页的下载时间。

为网页添加背景音乐

●源文件：光盘\源文件\第4章\4-4-5.html　　●视频：光盘\视频\第4章\4-4-5.swf

01 执行“文件>打开”命令，打开页面“光盘\源文件\第4章\4-4-5.html”，效果如图4-120所示。将光标移至名为right的Div中，删除多余的文字，单击“插入”面板上的“媒体”按钮旁的倒三角按钮，在弹出菜单中选择“插件”选项，如图4-121所示。

图4-120 页面效果

图4-121 “插入”面板

02 弹出“选择文件”对话框，选择“光盘\源文件\第4章\images\44507.mp3”，如图4-122所示。单击“确定”按钮，插入后的插件并不会在设计视图中显示内容，而是显示插件的图标，如图4-123所示。

图4-122 “选择文件”对话框

图4-123 显示插件图标

03 单击选中刚插入的插件图标，在“属性”面板中对其相关属性进行设置，如图4-124所示。单击“属性”面板上的“参数”按钮，弹出“参数”对话框，设置如图4-125所示。

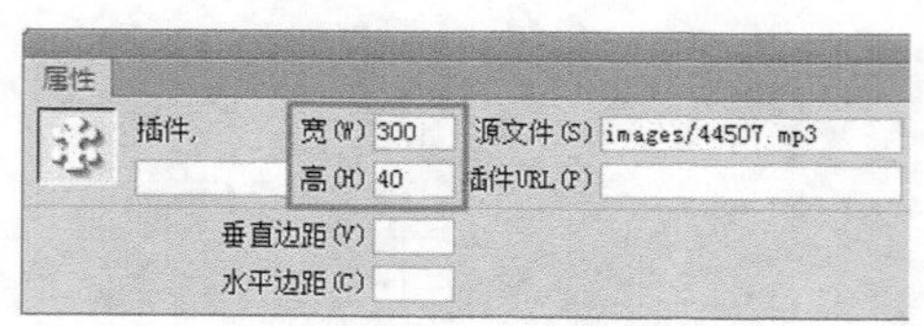

图4-124 “属性”面板

图4-125 “参数”对话框

04 设置完成后，单击“确定”按钮，可以看到插件图标的效果，如图4-126所示。执行“文件>保存”命令，保存该页面，按F12键即可在浏览器中预览页面，可以听到页面中美妙的背景音乐，如图4-127所示。

图4-126 页面效果

图4-127 预览效果

提示 除了这里介绍的可以使用插件的方式在网页中嵌入音频文件外，还可以通过在网页中的<body>与</body>之间添加<bgsound>属性，通过该属性设置网页的背景音乐，但在网页中并不会显示音频控制条。<bgsound>属性的使用方法如下：
<bgsound src=" images\44507.mp3" loop=" true" />

4.4.6 实战——在网页中插入视频

在Dreamweaver CS6中制作网页时可以直接将视频插入到页面中，并且插入的视频可以在页面上显示播放器外观，包括播放、暂停、停止、音量及声音文件的开始点和结束点等控制按钮。前面已经讲述了如何在页面中插入FLV格式的视频，接下来将讲述如何插入其他格式的视频文件。

在网页中插入视频

●源文件：光盘\源文件\第4章\4-4-6.html ●视频：光盘\视频\第4章\4-4-6.swf

01 执行“文件>打开”命令，打开页面“光盘\源文件\第4章\4-4-6.html”，效果如图4-128所示。将光标移至页面中名为box的Div中，删除多余的文字，单击“插入”面板上的“媒体”按钮旁的倒三角按钮，在弹出菜单中选择“插件”选项，如图4-129所示。

图4-128 打开页面

图4-129 “插入”面板

02 弹出“选择文件”对话框，选择“光盘\源文件\第4章\images\44603.wmv”，如图4-130所示。单击“确定”按钮，插入后的视频并不会在设计视图中显示内容，而是显示插件的图标，如图4-131所示。

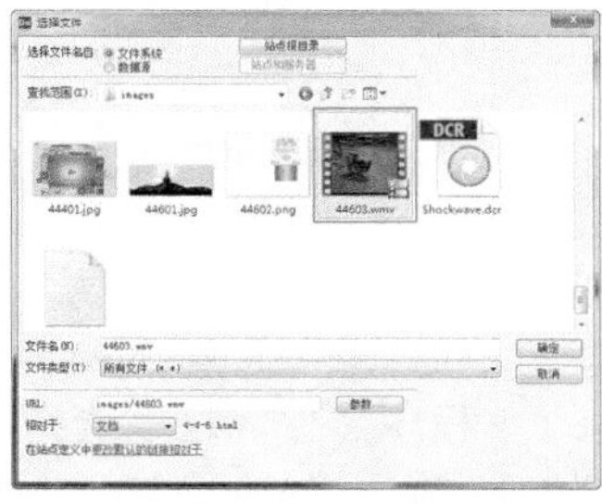

图4-130 “选择文件”对话框

图4-131 页面效果

03 单击选择刚插入的插件图标，在“属性”面板中对其相关属性进行设置，如图4-132所示。设置完成后，页面效果如图4-133所示。

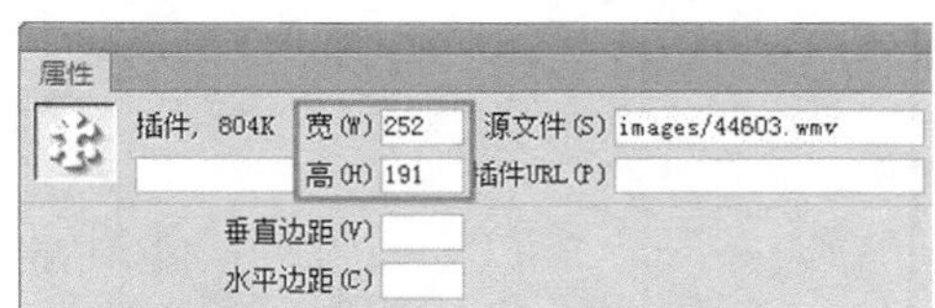

图4-132 “属性”面板

图4-133 页面效果

04 单击“属性”面板上的“参数”按钮，弹出“参数”对话框，设置如图4-134所示。设置完成后，单击“确定”按钮，执行“文件>保存”命令，保存该页面，按F12键即可在浏览器中预览该页面，可以看到视频播放的效果，如图4-135所示。

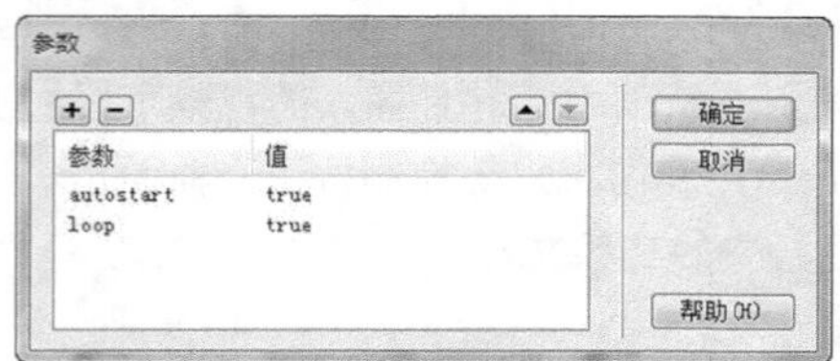

图4-134 “参数”对话框

图4-135 预览效果

4.4.7 实战——应用JavaApplet实现网页特效

Java是由Sun Microsystems公司开发，其试图在互联网上建立一种可以在任意平台、任意计算机上运行的程序（APPLET），从而实现多种平台之间的交互操作。Java是一种编程语言，可以在Web上使用，从而提供“真正的交互”。

应用JavaApplet实现网页特效

●源文件：光盘\源文件\第4章\4-4-7.html　　●视频：光盘\视频\第4章\4-4-7.swf

01 执行“文件>打开”命令，打开页面“光盘\源文件\第4章\4-4-7.html”，如图4-136所示。将光标移至页面中名为box的Div中，删除多余的文字，单击“插入”面板上的“媒体”按钮旁的倒三角按钮，在弹出菜单中选择APPLET选项，如图4-137所示。

图4-136 打开页面

图4-137 选择APPLET选项

02 弹出“选择文件”对话框，选择需要插入的APPLET小程序文件，这里选择“光盘\源文件\第4章\ScrollImage.class”文件，如图4-138所示。单击“确定”按钮，弹出“Applet辅助功能属性”对话框，设置如图4-139所示。

图4-138 “选择文件”对话框

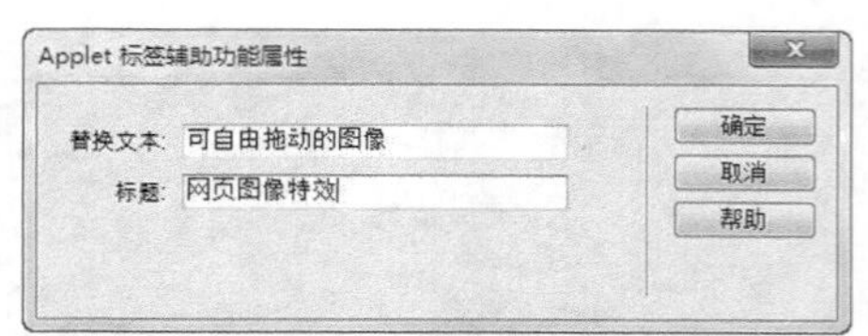

图4-139 “Applet标签辅助功能属性”对话框

提示 在“Applet标签辅助功能属性”对话框中的“替换文本”文本框中可以输入APPLET说明文字，在“标题”文本框中可以输入APPLET标题。插入到页面中的Java APPLET小程序必须与该网页放置在同一目录下。

03 单击“确定”按钮，完成“Applet辅助功能属性”对话框的设置，在页面中插入APPLET占位符，如图4-140所示。单击选中页面中的APPLET占位符图标，在“属性”面板上设置“宽”为100%，“高”为100%。单击“属性”面板上的“参数”按钮，弹出“参数”对话框，设置如图4-141所示。

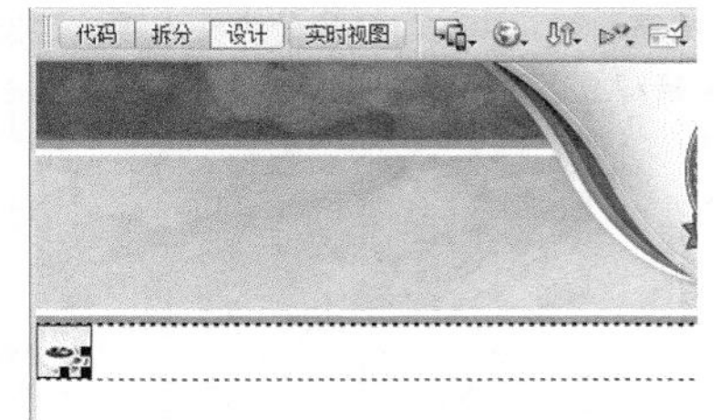

图4-140 APPLET图标

图4-141 设置“参数”对话框

04 单击“确定”按钮，完成“参数”对话框的设置。执行“文件>保存”命令，保存页面，在浏览器中预览页面，在图像上拖动鼠标可以看到APPLET小程序的效果，如图4-142所示。

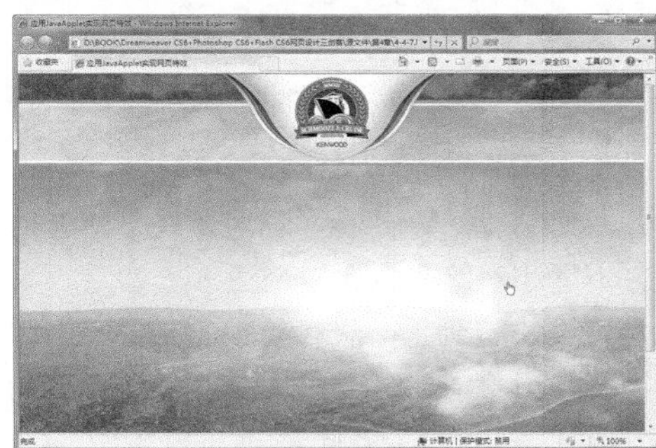

图4-142 预览APPLET小程序的页面效果

提示 Java APPLET小程序需要系统中安装Java虚拟机，默认情况下，Windows操作系统并没有提供该插件，用户需要在互联网中自己搜索并下载安装该程序，这样才能够在网页中正常查看Java APPLET小程序所实现的效果。

4.5 本章小结

本章主要向大家讲解了如何在Dreamweaver CS6中将一些基础的网页元素插入到网页中，其中包括文字、图片以及多媒体等文件和对象，并且介绍了一些功能的相关属性，希望读者能够通过这些知识，更加轻松、熟练的掌握网页的制作技巧，并将其运用到学习和工作中。

第5章 创建网页链接

网页链接即超级链接，超级链接简称超链接或链接。超链接是网页页面中最重要的元素之一，是一个网站的灵魂与核心。一个网站是由多个页面组成的，页面之间就是依靠超链接来确定相互的导航关系。网页中的超链接分为文本超级链接、电子邮件超链接、图像超链接和热点超链接等，本章将详细讲解如何使用各种超级链接建立各个页面之间的链接。

5.1 什么是超链接

超链接由<a></a>标签组成，是一种特殊的文本或图像。超链接是指从一个网页指向一个目标的链接关系，通过单击链接，可以从一个页面跳到另一个页面，超链接可以使用在文本、图像或是其他的网页元素中。

网页中的链接按照链接路径的不同，可以分为相对路径、绝对路径和根路径三种形式。

5.1.1 相对路径

相对路径就是相对于当前文件的路径，网页中通常用这种方法表示路径。相对路径最适合网站的本地链接，只要是属于同一网站之下的，即使不在同一个目录之下，相对路径也比较合适。

如果链接到同一目录下，只需要输入链接文档的名称；要链接到下一级目录中的文件，则需先输入目录名，然后输入“/”，再输入文件名；如果要链接到上一级目录中的文件，则先要输入“../”再输入目录名、文件名。

采用相对路径的优点是省略掉对于当前文档和所链接的文档都相同的绝对URL部分，而只提供不同的路径部分，且相对路径在搜索引擎中表现良好。通常在Dreamweaver中制作网页时使用的大多数路径都是相对路径，在网页中插入的图像或在CSS样式中设置的背景图像等，如图5-1所示。

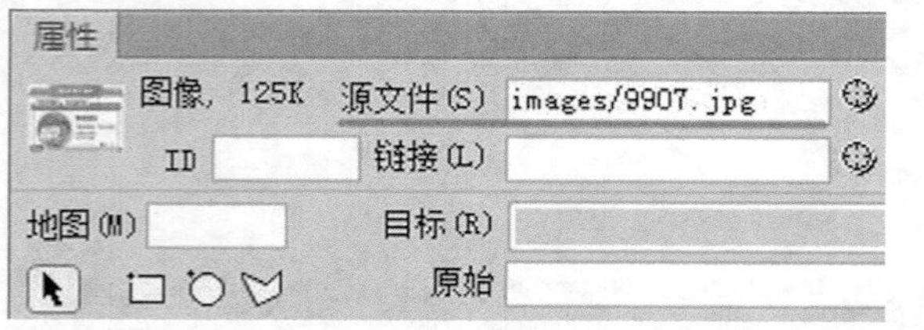

图5-1 网页中使用的相对路径

5.1.2 绝对路径

绝对路径是指包括服务器规范在内的完全路径，通常使用http://来表示，就是网页上的文件或目录在硬盘上真正的路径，一般常用的绝对路径如http://www.sina.com.cn等。

采用绝对路径的优点是：它同链接的源端点无关，只要网站的地址不变，无论文档在站点中如何移动都可以正常实现跳转。另外，如果希望链接到其他站点上的内容，就必须使用绝对路径，如图5-2所示。

绝对路径也可以出现在尚未保存的网页上，如果在未保存的网页上插入图像或添加链接，Dreamweaver会暂时使用绝对路径，如图5-3所示。当网页保存后，Dreamweaver会自动将绝对路径转换为相对路径。

图5-2 绝对路径

图5-3 暂时使用的绝对路径

提示 被链接文档的完整URL就是绝对路径，包括所使用的传输协议，从一个网站的网页链接到另一个网站的页面时，绝对路径是必须使用的，以保证当一个网站的网页发生变化时，被引用的另一个链接还是有效的。

5.1.3 外部链接和内部链接

外部链接是指链接到外部的地址，一般是绝对地址链接。外部链接的链接目标文件不在站点内，而在远程的服务器上，只需在链接栏内输入需链接的网址即可，外部链接可实现网站与网站之间的跳转，从而将浏览范围扩大到整个互联网网络。

内部链接是指站点内部页面之间的链接，其目标端点是本站点中的其他网页或文件，即只在本站点内进行页面跳转。在“链接”文本框中，用户需要输入文档的相对路径，一般使用“指向文件”和“浏览文件”的方式来创建。

5.1.4 “超链接”对话框

单击“插入”面板上的“常用”选项卡中的“超级链接”按钮，或者执行“插入>超级链接”命令，弹出“超级链接”对话框，如图5-4所示。

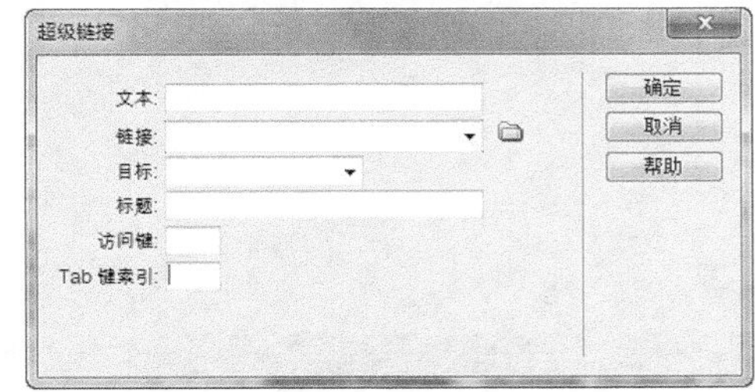

图5-4 “超级链接”对话框

文本：该选项后的文本框用来设置超链接显示的文本。

链接：该选项后的文本框用来设置超链接所要链接到的路径。

目标：该选项用来设置超链接的打开方式，和“属性”面板上的“目标”下拉列表相同，该选项后的下拉列表中包含5个选项，如图5-5所示，具体介绍如下：

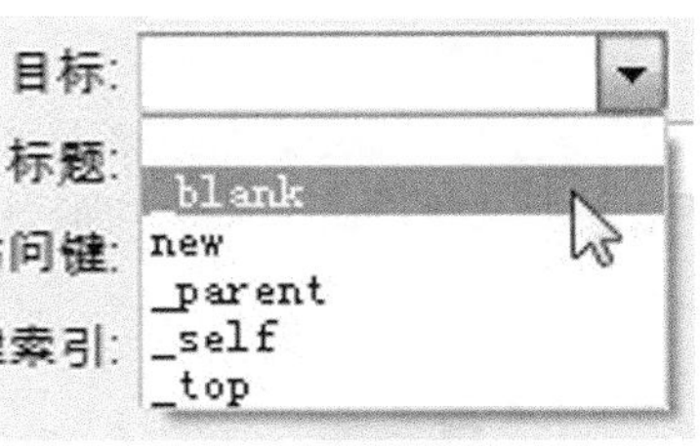

图5-5 “目标”下拉列表

- _blank：将链接的文件载入一个未命名的新浏览器窗口中。
- new：将链接的文件载入一个新的浏览器窗口中，如果页面中的其他的链接打开方式同样为new，则页面中其他链接将在第一个弹出的新窗口中打开而不会再弹出新窗口。
- _parent：将链接的文件载入含有该链接的框架的父框架集或父窗口中。如果包含的链接的框架不是嵌套的，链接文件则加载到整个浏览器窗口中。
- _self：将链接的文件载入该链接所在的同一框架或窗口中。该目标是默认的，所以通常不需要指定它。
- _top：将所链接的文件载入整个浏览器窗口中，会删除所有的框架。

标题：该选项后的文本框用来设置超链接的标题。

访问键：该选项后的文本框用来设置键盘快捷访问键，可以输入一个字母，在浏览器中打开网页后，单击键盘上的这个字母将选中该链接。

Tab键索引：可以在该选项后的文本框中输入该链接的Tab键索引号。

5.2 创建基础超链接

Dreamweaver CS6中的超级链接，根据建立链接的对象有所不同，可以分为文本链接和图像链接两种，图像链接和文本链接都是网页中基本的链接。网页中为文字和图像提供了多种创建链接的方法，而且可以通过对属性的控制，达到很好的视觉效果。

5.2.1 实战——设置文字超链接

浏览网页时，会看到一些带下画线的文字，将鼠标移到文字上时，光标会变成手形，单击鼠标会打开一个网页，这样的链接就是文字链接。换种说法，文字链接即以文字作为媒介的链接，它是网页中最常用的链接方式之一，具有文件小、制作简单和便于维护的特点。

设置文字超链接

●源文件：光盘\源文件\第5章\5-2-1.html　　●视频：光盘\视频\第5章\5-2-1.swf

01 执行“文件>打开”命令，打开页面“光盘\源文件\第5章\5-2-1.html”，页面效果如图5-6所示。在页面中，选中红色标题文字，在“属性”面板中可以看到一个“链接”文本框，如图5-7所示。

图5-6 打开页面

图5-7 “属性”面板

02 单击文本框后的“浏览文件”按钮，在弹出的“选择文件”对话框中选择需要链接到的html页面，如图5-8所示。单击“确定”按钮，“链接”文本框中就会显示刚选择页面的路径和名称，如图5-9所示。

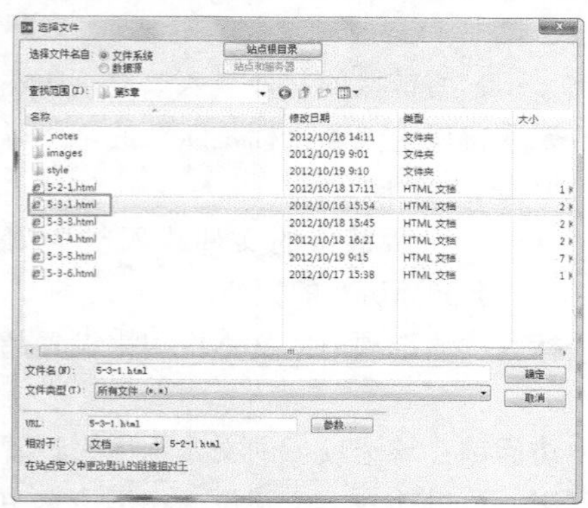

图5-8 “选择文件”对话框

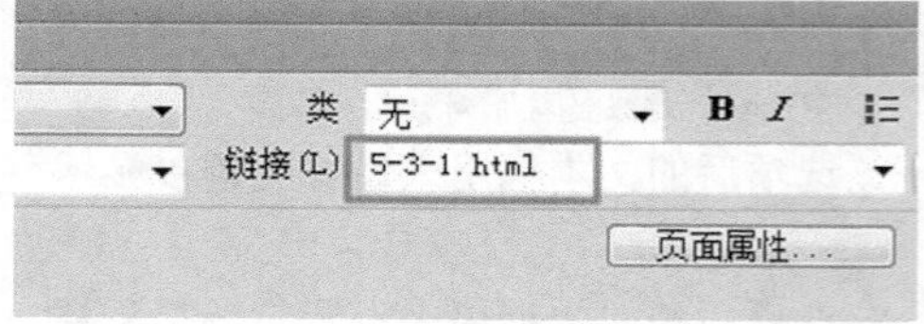

图5-9 “属性”面板

03 单击“属性”面板中的“页面属性”按钮，弹出“页面属性”对话框，在其左侧的“分类”列表中选择“链接（CSS）”选项，设置如图5-10所示。单击“确定”按钮，完成“页面属性”对话框的设置，页面中文字超链接的效果如图5-11所示。

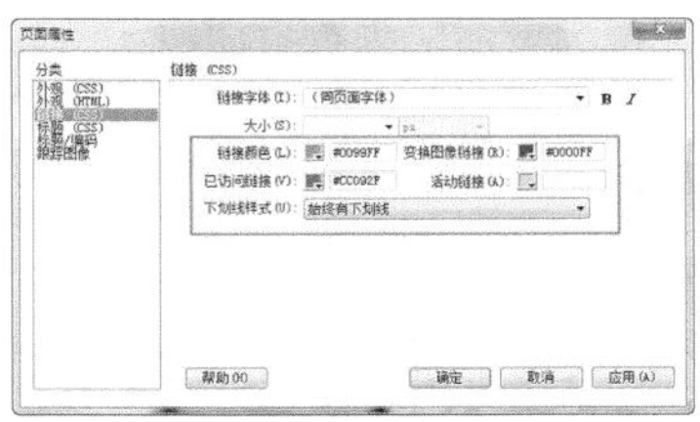
图5-10 “页面属性”对话框

图5-11 页面效果

提示 在网页中文字超链接默认显示为蓝色带有下画线的效果，这样的效果并不能满足网页设计中表现的需要，可以通过在“页面属性”对话框中进行设置对网页中所有的超链接文字外观效果进行控制，也可以通过CSS样式分别对网页中不同的文字超链接进行控制，关于如何使用CSS样式对超链接文字效果进行控制，将在第7章中进行详细的介绍。

04 单击“确定”按钮，完成文字链接的设置，执行“文件>保存”命令，保存页面，在浏览器中浏览页面，如图5-12所示，单击页面中文字的链接即可查看链接效果。

图5-12 在浏览器中预览页面

提示 创建文字超链接的操作方法有很多种，除了上面所叙述的方法外，还可以直接在“链接”文本框中输入html页面的地址，也可以用鼠标拖动文本框后面的“指向文件”按钮，至“文件”面板中需要链接到的html页面，释放鼠标，地址即可插入到文本框中。

5.2.2 实战——设置图像超链接

给图像添加超级链接，使其指向其他的文件，这就是图像超级链接，图像链接和文字链接一样，都是网页中基本的链接，在Dreamweaver中超级链接的范围很广，利用它不仅可以链接到其他网页，还可以链接到其他图像文件。

设置图像超链接

●源文件：光盘\源文件\第5章\5-2-2.html　　●视频：光盘\视频\第5章\5-2-2.swf

01 执行“文件>打开”命令，打开页面“光盘\源文件\第5章\5-2-2.html”，页面效果如图5-13所示。在页面中，选中需要设置超链接的红色按钮图像，在“属性”面板中“链接”文本框中输入需要链接的网页文件地址，如图5-14所示。

图5-13 打开页面

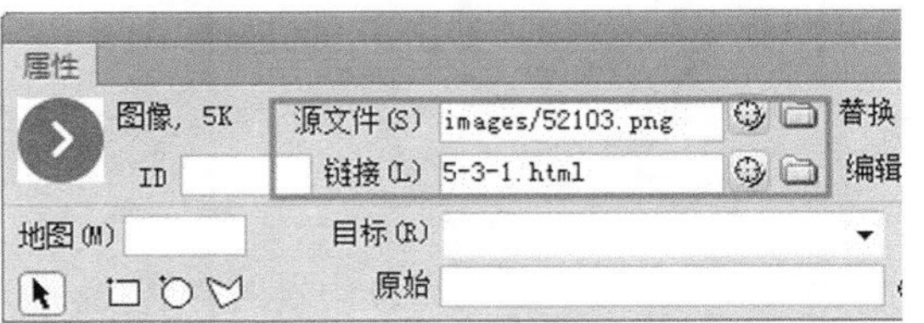

图5-14 “属性”面板

02 完成为图像设置超链接的制作，执行“文件>保存”命令，在浏览器中预览页面，如图5-15所示，单击设置链接的按钮图像，即可看到链接效果。

图5-15 在浏览器中预览页面

提示 默认情况下，为图像设置超链接后，超链接图像会添加蓝色的边框，如果想将蓝色边框去掉，可以通过CSS样式的控制或者在“属性”面板中设置图像的边框为0，即可去除超链接图像默认的蓝色边框。

5.3 创建特殊的网页链接

在网页页面中，除了可以创建文本链接、图像链接和基础的网页链接外，还可以在页面中创建特殊的网页超链接，例如，空链接、脚本链接、下载链接、热点链接等其他的一些链接方式，本节中将向读者详细介绍其他一些特殊链接形式的创建方法。

5.3.1 实战——创建空链接

所谓空链接，就是没有目标端点的链接，当访问者单击网页中空链接时，将不会打开任何文件。利用空链接，可以激活文档链接对应的对象和文本，一旦对象或文本被激活，就可以为之添加一个行为，以实现当光标移动到链接上时进行切换图像或显示分层等动作。

创建空链接

●源文件：光盘\源文件\第5章\5-3-1.html　　●视频：光盘\视频\第5章\5-3-1.swf

01 执行“文件>打开”命令，打开页面“光盘\源文件\第5章\5-3-1.html”，效果如图5-16所示。选中页面中相应的文字内容，如图5-17所示。

图5-16 打开页面

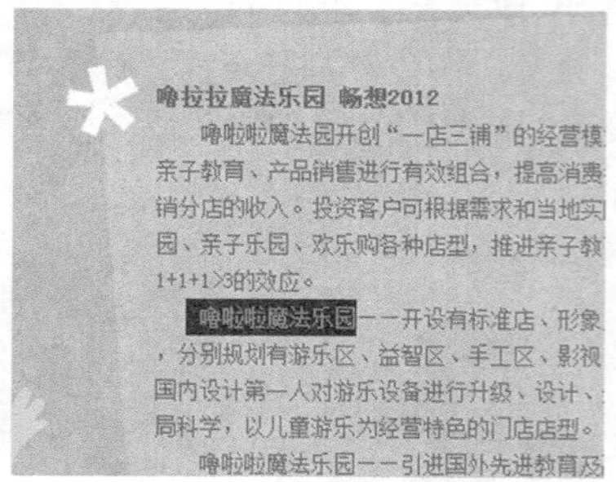

图5-17 选中相应的文字

02 在“属性”面板上的“链接”文本框中输入空链接#，如图5-18所示。使用相同方法，完成页面中其他文字空链接的设置。执行“文件>保存”命令，保存页面，在浏览器中预览页面，单击刚刚设置的空链接文字，将重新刷新当前的网页，如图5-19所示。

图5-18 设置空链接

图5-19 预览页面

5.3.2 实战——创建脚本链接

脚本链接是另一种特殊类型的链接，通过单击带有脚本链接的文本或对象，可以运行相应的脚本及函数（JavaScript和VBScript等），从而为浏览者提供许多附加的信息，例如关闭浏览器窗口、验证表单等。

创建脚本链接

●源文件：光盘\源文件\第5章\5-3-2.html　　●视频：光盘\视频\第5章\5-3-2.swf

01 执行“文件>打开”命令，打开页面“光盘\源文件\第5章\5-3-2.html”，如图5-20所示。单击选中页面底部的“关闭”图像，在“属性”面板上的“链接”文本框中输入JavaScript脚本链接代码JavaScript:window.close()，如图5-21所示。

图5-20 打开页面

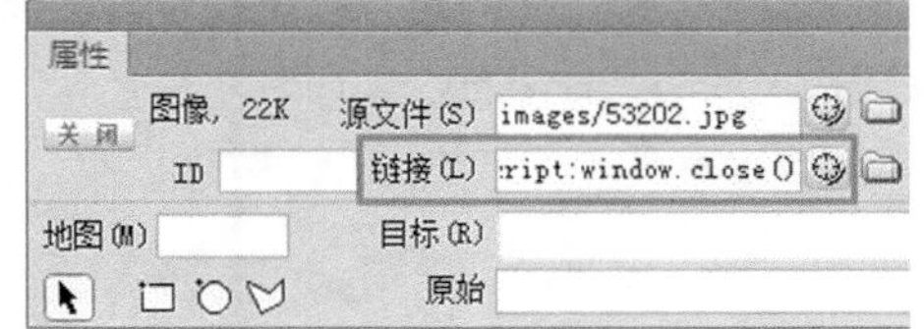

图5-21 设置脚本链接

02 单击选中刚设置脚本链接的“关闭”图像，转换到代码视图中，可以看到添加脚本链接的代码，如图5-22所示。执行“文件>保存”命令，保存页面，在浏览器中预览页面，单击设置了脚本链接的图像，浏览器将会弹出提示对话框，单击“是”按钮，即可关闭窗口，如图5-23所示。

```
<div id="bottom">关闭浏览器窗口<a href=
"JavaScript:window.close()"><img src=
"images/53202.jpg" width="64" height="22"
/></a></div>
```

图5-22 脚本链接代码

图5-23 预览页面

提示 在脚本链接中，由于JavaScript代码出现在一对双引号中，因此代码中原先的双引号应该相应的改为单引号。

5.3.3 实战——创建下载链接

下载链接在软件下载网站或源代码下载网站中应用的较多，下载链接的创建方法与一般的链接创建方法相同，只是所链接的内容不是文字或网页，而是一个软件。

创建下载链接

●源文件：光盘\源文件\第5章\5-3-3.html ●视频：光盘\视频\第5章\5-3-3.swf

01 执行“文件>打开”命令，打开页面“光盘\源文件\第5章\5-3-3.html”，如图5-24所示。单击选中页面中相应的图像，如图5-25所示。

图5-24 打开页面

图5-25 选中图像

02 单击“属性”面板上“链接”文本后的“浏览文件”按钮，在弹出的“浏览文件”对话框中选择需要下载的内容，如图5-26所示。单击“确定”按钮，完成链接文件的选择。在“属性”面板上的“链接”文本框中可以看到所要链接下载的文件名称，如图5-27所示。

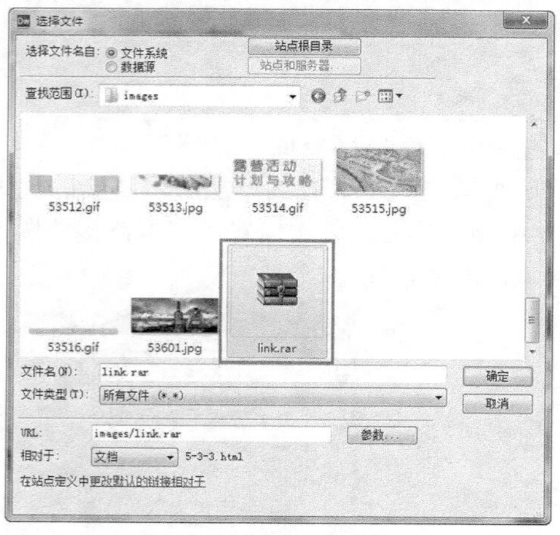

图5-26 “选择文件”对话框

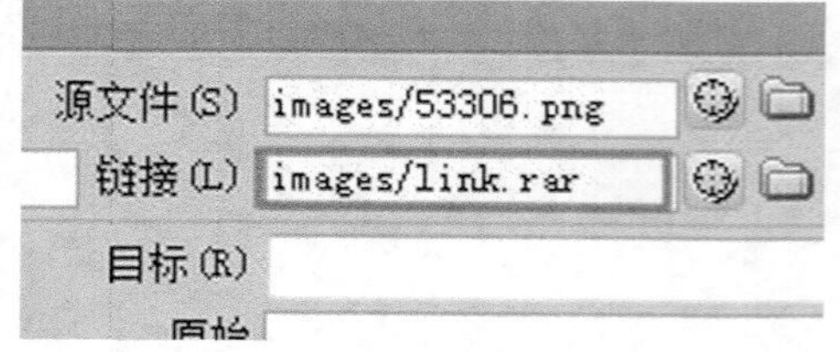

图5-27 “属性”面板

03 执行“文件>保存”命令，保存页面，在浏览器中浏览页面，单击页面中设置下载链接的图像，弹出“文件下载”对话框，如图5-28所示。单击“保存”按钮，弹出“另存为”对话框，单击“保存”按钮，所链接的下载文件即可保存到相应的位置，如图5-29所示。

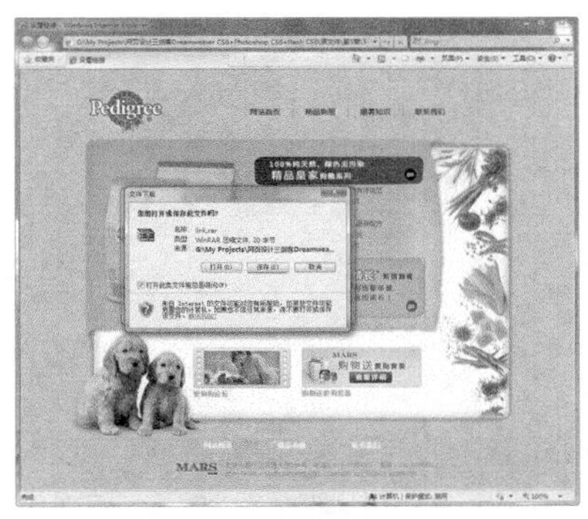

图5-28 “文件下载”对话框

图5-29 “另存为”对话框

5.3.4 实战——创建E-Mail链接

E-Mail链接是一种特殊的链接，单击这种链接，不是跳转到相应的网页上，也不是下载相应的文件，而是会启动计算机中相应的E-mail程序，允许书写电子邮件，然后发往指定的地址。

当使用E-mail地址作为超链接的链接目标时，与其他链接目标不同，当用户在浏览器中单击指向电子邮件地址的超链接时，将会打开默认邮件管理器的新邮件窗口，其中会提示用户输入消息并将其传送到指定的地址。

创建E-mail链接

●源文件：光盘\源文件\第5章\5-3-4.html　　●视频：光盘\视频\第5章\5-3-4.swf

01 执行“文件>打开”命令，打开页面“光盘\源文件\第5章\5-3-4.html”，如图5-30所示。在页面中选中“联系我们”文字，如图5-31所示。

图5-30 打开页面

图5-31 选中文字

02 在“属性”面板上的“链接”文本框中输入语句mailto:webmaster@intojoy.com，如图5-32所示。执行“文件>保存”命令，保存页面，在浏览器中预览页面，如图5-33所示。

图5-32 “属性”面板

图5-33 预览页面

03 单击“联系我们”文字，弹出系统默认的邮件收发软件，如图5-34所示。返回到设计视图中，选中刚刚设置的E-mail链接文字，在“属性”面板上的“链接”文本框中的文字后输入“?subject=客服中心”，如图5-35所示。

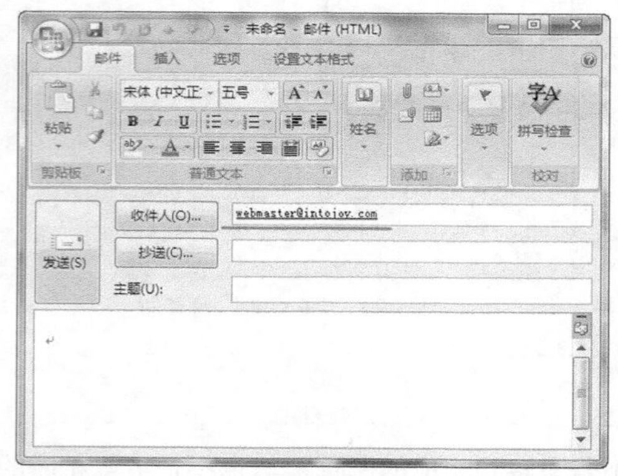

图5-34 邮件收发软件

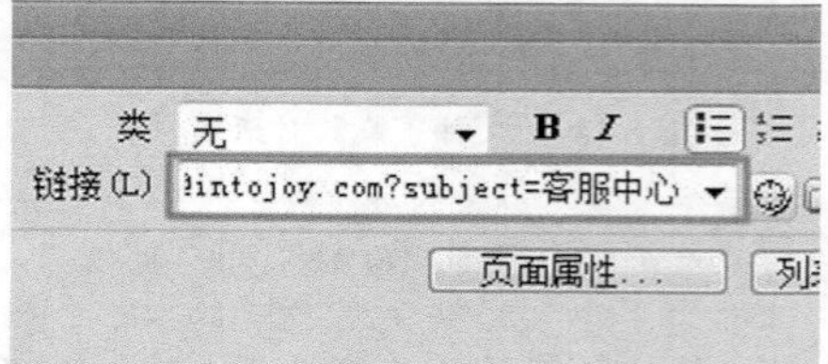

图5-35 “属性”面板

提示 用户在设置时还可以替浏览者加入邮件的主题。方法是在输入电子邮件地址后面加入“?subject=要输入的主题”的语句，实例中主题可以写“客服中心”，完整的语句为“mailto:webmaster@intojoy.com?subject=客服中心”。

04 保存页面，在浏览器中预览页面，单击页面中的“联系我们”文字，如图5-36所示。弹出系统默认的邮件收发软件并自动填写邮件主题，如图5-37所示。

图5-36 预览效果

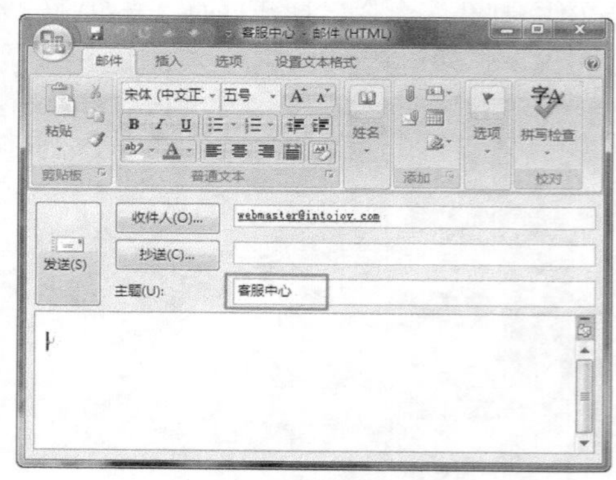

图5-37 邮件收发软件

5.3.5 实战——创建锚记链接

创建锚记链接（简称锚点）就是在文档的指定位置设置标记，给该标记一个名称，以便引用。通过创建锚点，可以使链接指向当前文档或不同文档中的指定位置。锚记常常被用来实现到特定的主题或文档顶部的跳转链接，以使访问者能够快速地浏览到选定的位置，加快信息检索的速度。

创建锚记链接要先设置一个命名锚记，然后建立到命名锚记的链接。

创建锚记链接

●源文件：光盘\源文件\第5章\5-3-5.html　　●视频：光盘\视频\第5章\5-3-5.swf

01 执行“文件>打开”命令，打开页面“光盘\源文件\第5章\5-3-5.html”，效果如图5-38所示。将光标移至“露营公园”文字后，单击“插入”面板上的“命名锚记”按钮，弹出“命名锚记”对话框，在“锚记名称”文本框中输入锚记的名称，如图5-39所示。

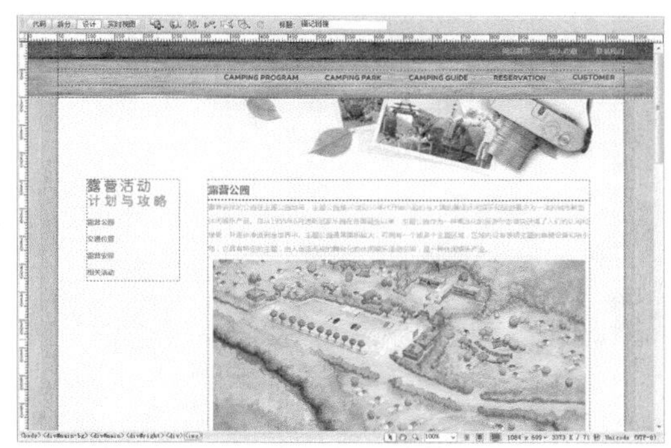
图5-38 打开页面

图5-39 “命令锚记”对话框

提示 在为锚记进行命名时应该遵守以下规则：锚记名称可以是中文、英文或数字组合，但锚记名称中不能含有空格，并且锚记名称不能以数字开头。

02 单击“确定”按钮，在光标所在位置插入一个锚记标签，如图5-40所示。将光标移至“交通位置”文字后，单击“插入”面板上的“命名锚记”按钮，弹出“命名锚记”对话框，设置“锚记名称”为A2，单击“确定”按钮，页面效果如图5-41所示。

图5-40 插入锚记标签

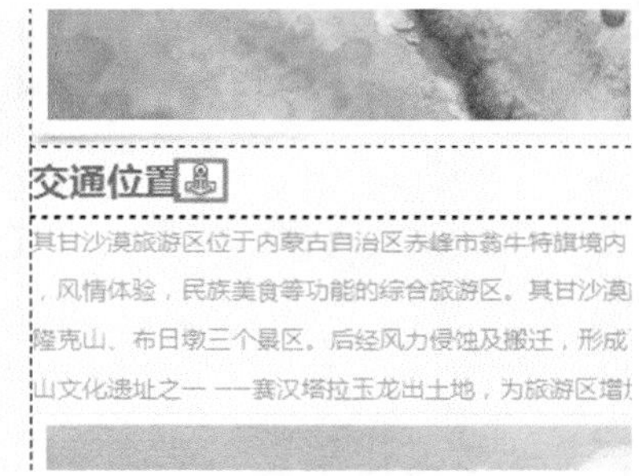
图5-41 插入锚记标签

提示 在Dreamweaver CS6设计视图中，如果看不到插入的锚记标记，可以执行“查看>可视化助理>不可见元素”命令，勾选选项，即可在Dreamweaver CS6设计视图中看到锚记标记。另外，在页面中插入的锚记标记，在浏览器中浏览页面是不可见的。

03 使用相同方法，可以完成相似部分内容的制作，页面效果如图5-42所示。单击选中页面左侧需要链接到A1锚记的导航文字，如图5-43所示。

图5-42 页面效果

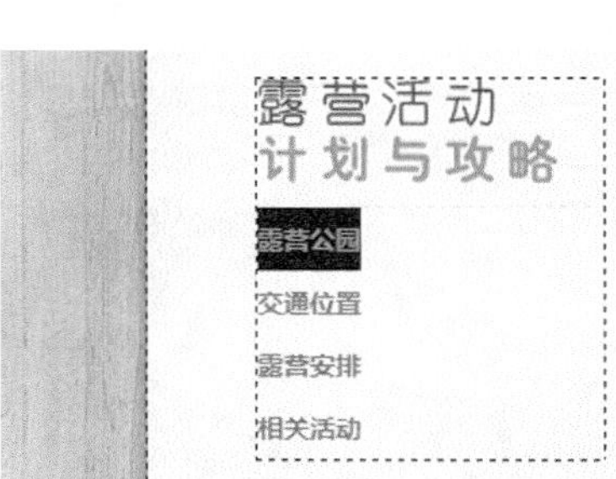

图5-43 选中文字

04 在“属性”面板上的“链接”文本框中输入数字符号#和锚记名称，如图5-44所示。使用相同的制作方法，完成页面其他锚记链接的创建，页面效果如图5-45所示。

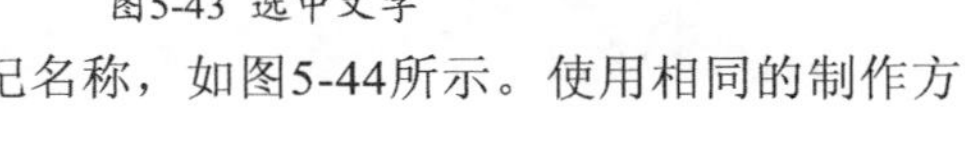

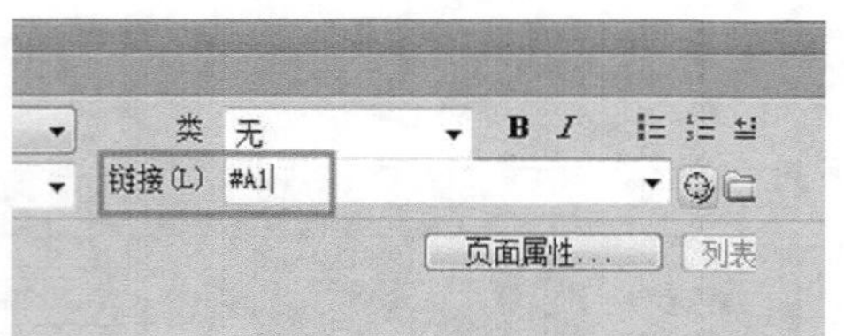

图5-44 “属性”面板

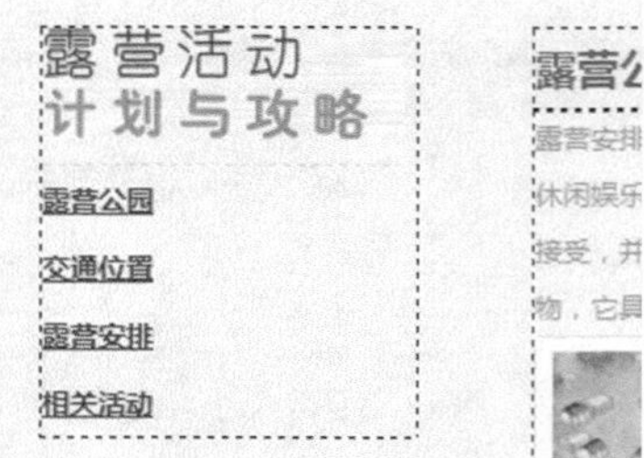

图5-45 页面效果

提示 如果要链接到同一文件夹内其他文档页面中的锚记，可以在“链接”文本框中输入“文件名#锚记名”。例如需要链接到5-3-4.html页面中的A1锚记，可以设置“链接”为5-3-4.html#A1。

05 完成锚记链接的设置，执行“文件>保存”命令，保存页面，在浏览器中预览页面，单击页面中设置了锚记链接的文字，页面将自动跳转到该链接到的锚记名称的位置，如图5-46所示。

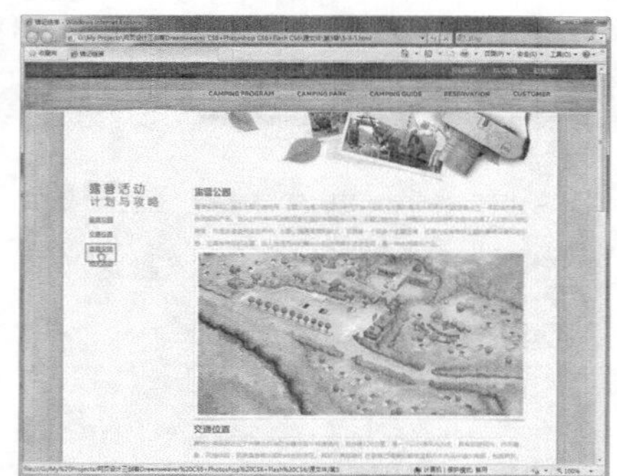

图5-46 在浏览器中预览页面

5.3.6 实战——创建热点链接

在网页中，不但可以单击整幅图像跳转到链接文档，也可以单击图像中的不同区域而跳转到不同的链接文档，通常将处于一幅图像上的多个链接区域成为热点，通过图像热点功能，可以在图像中的特定部分建立链接，在单个图像内，可以设置多个不同的链接。

创建热点链接

●源文件：光盘\源文件\第5章\5-3-6.html　　●视频：光盘\视频\第5章\5-3-6.swf

01 执行“文件>打开”命令，打开页面“光盘\源文件\第5章\5-3-6.html”，页面效果如图5-47所示。单击选中页面中的图像，单击“属性”面板中的“矩形热点工具”按钮，如图5-48所示。

图5-47 打开页面

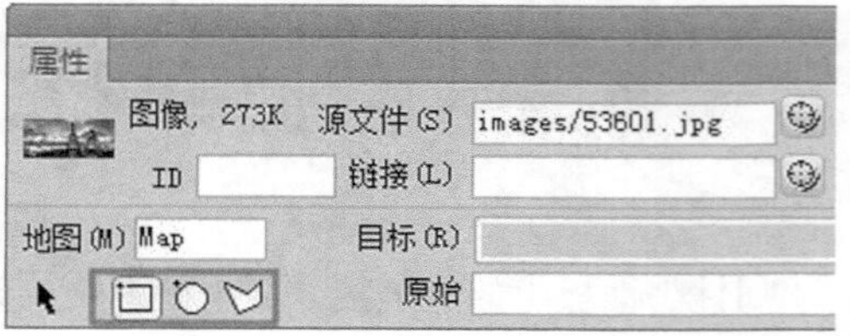

图5-48 “属性”面板

提示 在“属性”面板中单击“指针热点工具”按钮，可以在图像上移动热点的位置，改变热点的大小和形状。还可以在“属性”面板中单击“多边形热点工具”按钮和“椭圆形热点工具”按钮，以创建矩形和椭圆形的热点。

02 移动光标至图像上合适的位置，按下鼠标左键在图像上拖动鼠标，绘制一个合适的矩形热点区域，松开鼠标弹出提示对话框，如图5-49所示。单击“确定”按钮，可以看到在图像上所绘制的热点区域，如图5-50所示。

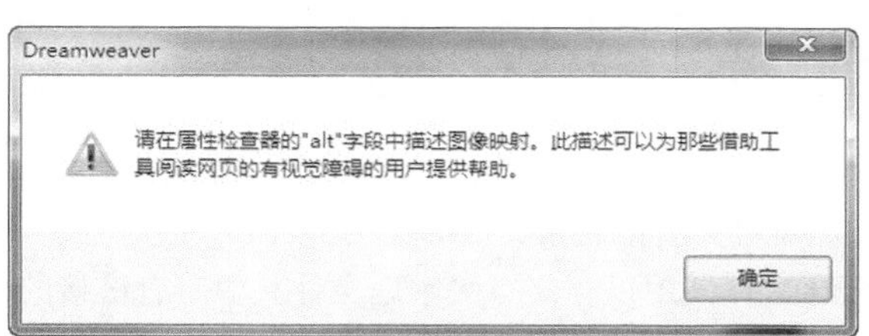

图5-49 弹出提示框

图5-50 绘制热点区域

03 单击“属性”面板上的“指针热点工具”按钮，选中所绘制的矩形热点区域，并在“属性”面板上进行设置，如图5-51所示。使用相同方法，在图像上的其他部分绘制热点区域，并分别设置相应的链接和替换文本，效果如图5-52所示。

图5-51 “属性”面板

图5-52 页面效果

04 完成页面中图像映射链接的制作，执行“文件>保存”命令，保存页面，在浏览器中预览该页面，效果如图5-53所示。单击图像中的热点区域可以在新窗口中打开它的链接页面，如图5-54所示。

图5-53 预览页面

图5-54 打开热点链接页面

提示 图像热点也可称为图像映像，是在一幅图像中创建的多个链接区域，主要指客户端图像映像。这种技术在客户端实现图像映像时，不通过服务器计算，从而减轻了服务器的负担，因此也成为实现图像映像的主流方式。

5.4 管理网页超链接

超链接是网页中必不可少的一部分，通过超链接可以使各个网页连接在一起使网站中众多的网页构成一个有机整体。如果没有了超链接，每个彼此独立的页面将变得没有任何意义，因此管理网页超链接将变得非常重要。

通过管理网页中的超链接，可以对网页进行相应的管理，这样一来，Dreamweaver将会自动维护文档中的链接，以保证链接不会中断。

5.4.1 自动更新链接

当在本地站点内移动或重命名文档时，Dreamweaver可更新指向该文档的链接。

为了加快更新过程，Dreamweaver可创建一个缓存文件，用以存储有关本地文件夹中所有链接的信息，在添加、更改或删除指向本地站点上的文件的链接时，该缓存文件以可见的方式进行更新。

执行“编辑>首选参数”命令，弹出“首选参数”对话框，如图5-55所示。在该对话框左边的列表中选择“常规”选项，在右边即可显示相应的设置选项，在“移动文件时更新链接”选项的下拉列表中可以选择需要的选项，如图5-56所示。

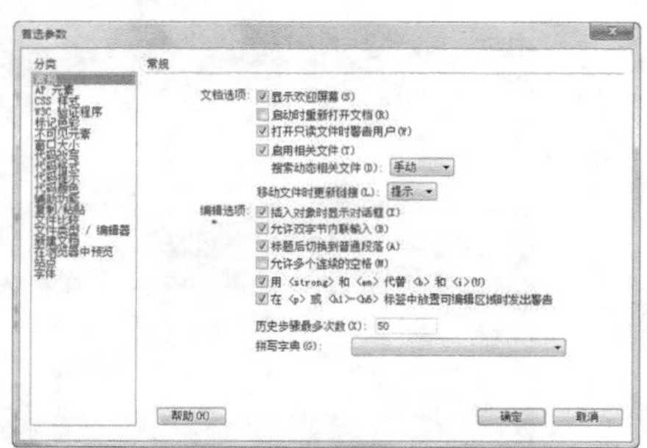

图5-55 “首选参数”对话框

移动文件时更新链接(L)：提示
总是
从不
提示
插入对象时显示对话框
允许双字节内联输入(B)

图5-56 “移动文件时更新链接”下拉列表

该下拉列表中包含3个选项，具体介绍如下：

总是：如果选择该选项，表示当在本地站点中对文件重新命名或移动时，Dreamweaver总是自动对文档中的链接自动进行自动更新操作。

提示：如果选择该选项，表示当在本地站点中对文档重新命名或移动时，Dreamweaver会显示一个提示信息框，用来询问用户是否需要对其中的链接进行更新，该提示框如图5-57所示。

从不：如果选择该选项，表示当在本地站点中对文档重新命名或移动时，Dreamweaver不会对文档中相应的链接进行自动更新操作。

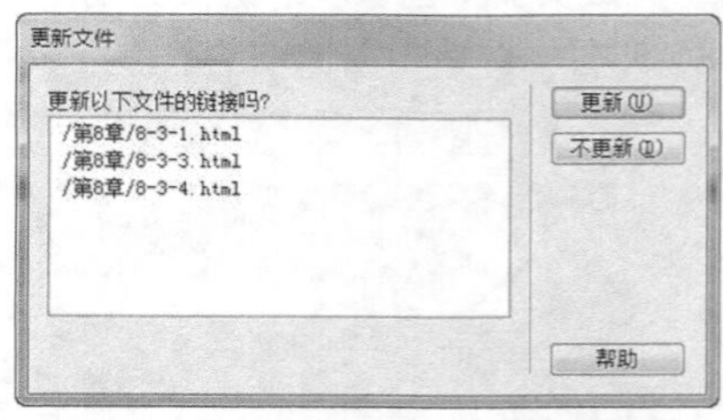

图5-57 “更新文件”提示框

5.4.2 在站点范围内更改链接

除了当移动或重命名文档时让Dreamweaver自动更新链接外，还可以在站点范围内更改所有链接，具体操作步骤如下：

打开站点中任何一个网页，执行“站点>改变站点范围的链接”命令，在弹出的“更新整个站点链接”对话框中进行设置，将站点中所有的链接页面变成另外一个新链接页面，如图5-58所示。

单击“确定”按钮，弹出“更新文件”对话框，如图5-59所示，单击“更新”按钮，即可完成更改整个站点范围内的链接。

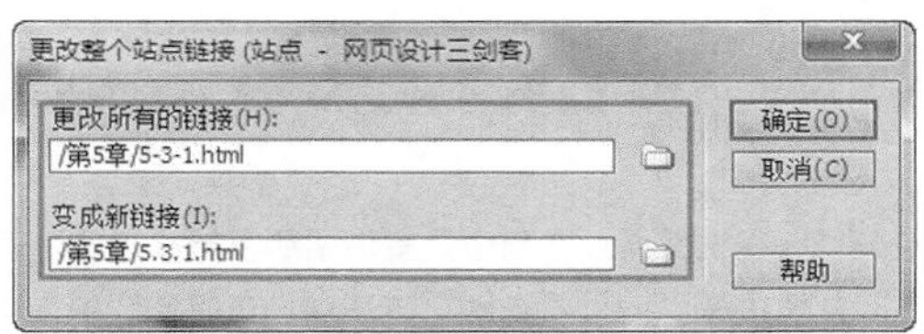

图5-58 “更改整个站点链接”对话框

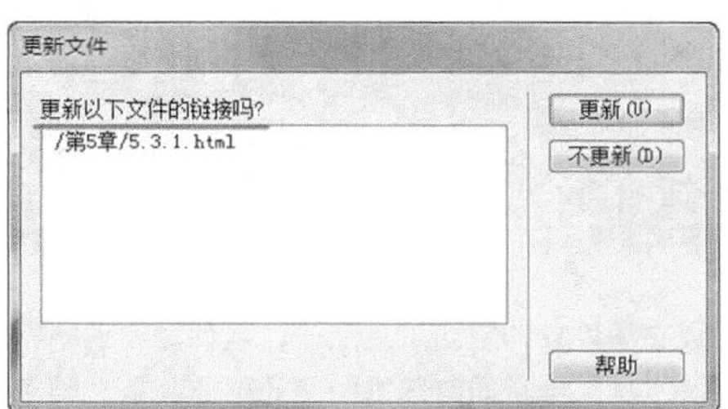

图5-59 “更新文件”对话框

提示 在整个站点范围内更改某个链接后，所选文件就成为独立文件，这时可安全地删除此文件，而不会破坏本地Dreamweaver站点中的任何链接，因为这些更改是在本地进行的，所以必须手动删除远程文件夹中的相应独立文件，然后存回或取出链接已经更改的所有文件，否则，站点浏览者将看不到这些更改。

5.4.3 检查错误的链接

创建好一个站点之后，由于整个网站中的超链接数量很多，因此在上传服务器之前，需要对这些超链接进行测试，如果发现站点中存在着中断的链接，还需要修复之后才能上传。在Dreamweaver CS6中，提供了对整个站点的链接进行快速检查的功能，以便快速检查网页中的链接，以免出现链接错误。

打开网页文件后，执行“站点>检查站点范围的链接”命令，打开“链接检查器”面板，如图5-60所示。从“显示”选项的下拉列表中可以选择“断掉的链接”、“外部链接”或“孤立的文件”等选项。

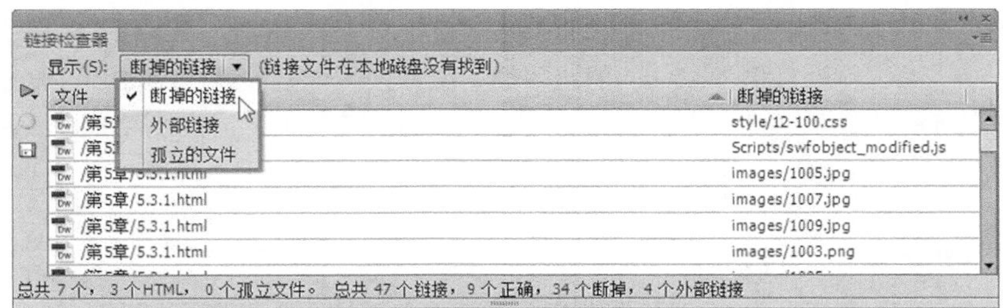

图5-60 “链接检查器”面板

断掉的链接：如果选择该选项，Dreamweaver 将会显示所有当前断掉的链接列表，单击“断掉的链接”文本后的“浏览文件”按钮，选择正确的文件，即可修改无效的链接。

外部链接：如果选择该选项，Dreamweaver可以检查出与外部网站链接的全部信息。

孤立的文件：如果选择该选项，Dreamweaver将对当前链接情况进行检查，并且将孤立的文件列表显示出来。孤立文件是在网页中没有使用的文件，存放在网站文件夹里，上传后会占据有效空间，应该及时清除孤立文件，清除的办法是先选中该文件，然后按Delete键即可。

5.5 本章小结

本章主要讲解了超链接的概念、如何创建网页链接，包括创建网页基础链接和创建网页特殊链接的操作方法，另外也为读者讲解了如何管理网页超链接的知识，通过本章的学习，希望读者可以掌握各种超链接的创建操作方法，并能够根据所学知识在网页中创建各种形式的超链接。

第6章 使用AP Div与行为实现网页特效

AP Div是网页布局设计的重要工具之一，其功能和表格相似，但是AP Div在设置网页布局中具有表格所不能比拟的可移动优势，体现了网页技术从二维空间向三维空间的延伸，是一种新的发展方向，使用AP Div可以在网页中实现许多特殊的效果。
行为是用来动态响应用户操作、改变当前页面效果或执行特定任务的一种方法，是Dreamweaver CS6中强大的功能，提高了网站的可交互性。在制作网页过程中，使用行为能够使页面更加丰富多彩，本章将详细讲解网页中如何利用行为实现网页特效。

6.1 认识AP Div

在Dreamweaver CS6中，AP Div是一种页面元素，可以定位于网页的任何一个位置，并且能够将页面中的各种元素包含在其中，例如文本、表单、对象插件等内容元素，从而控制页面元素的位置。使用Dreamweaver CS6，可以方便地在网页上创建并定位AP Div，以使页面布局更加整齐、美观。

6.1.1 什么是AP Div

AP Div是在制作网页时经常使用到的元素之一，合理恰当的使用AP Div可以为网页增色不少。AP Div最主要的特性是其在网页中的可移动性，可以在网页中任意改变AP Div的位置，以实现对AP Div的精确定位。

AP Div还有一些重要的特性，例如AP Div的透明性、叠加性、可见性等。AP Div可以显示或隐藏，利用程序在网页中控制AP Div的显示隐藏，实现AP Div内容的动态交替显示及一些特殊的显示效果，同时也能自定义各个AP Div之间的层次关系。

6.1.2 认识“AP元素”面板

在Dreamweaver CS6中，有一个与AP Div相关联的面板，即“AP元素”面板。在该面板中，用户可以方便地对AP Div进行各种相应的操作，设置AP Div属性、管理文档中的AP Div等。

“AP元素”面板是页面中AP Div的可视图，执行“窗口>AP元素”命令或按F2键，即可打开“AP元素”面板，如图6-1所示。

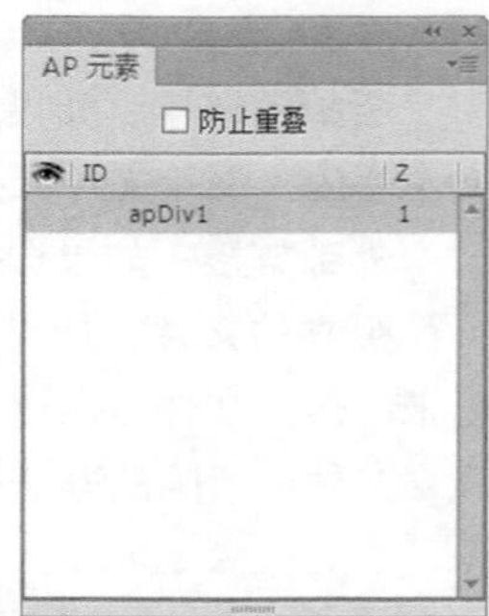

图6-1 “AP元素”面板

防止重叠：该选项用来设置所绘制的AP Div是否能够重叠显示。

“显示/隐藏AP元素”按钮：单击该按钮，可以查看所有AP Div的隐藏或显示情况。

AP元素的Z轴排列情况：该选项显示页面中AP Div的*z*轴情况，*z*轴数值越大，则排列在页面中的层级越高，即排列在前面。

6.2 使用AP Div排版

AP Div在本质上也是Div标签，只是它是绝对定位的Div标签，类似于图像处理软件中的图层。虽然AP Div在概念上与图像处理软件中的图层有所区别，但是它们都有一个共同点，那就是它们都存在一个*z*轴的概念。*z*轴使用户的工作从“二维”空间进入了“三维”空间，即垂直于显示器的平面方向。

6.2.1 插入AP Div

创建AP Div的方法有很多种，可以通过直接插入或拖动绘制的方法来创建。AP Div被创建后，即可通过“AP元素”面板来选择，还可以创建不同效果的AP Div。

执行“插入>布局对象>AP Div”命令，即可将AP Div插入到页面中，插入后的页面效果如图6-2所示。执行“窗口>AP元素”命令，打开“AP元素”面板，即可看到刚刚插入的AP Div，如图6-3所示。

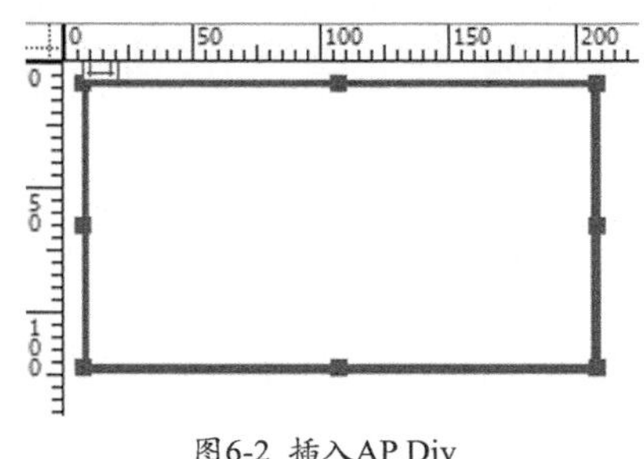

图6-2 插入AP Div

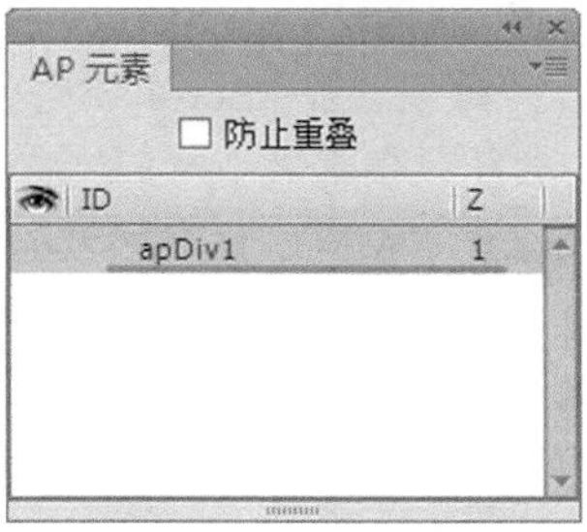

图6-3 “AP元素”面板

单击“插入”面板上“布局”选项卡中的“绘制AP Div”按钮，当文档窗口中的光标变成十字时，按住鼠标左键拖动到任意位置，释放鼠标即可绘制出任意大小的AP Div，如图6-4所示，“AP元素”面板如图6-5所示。

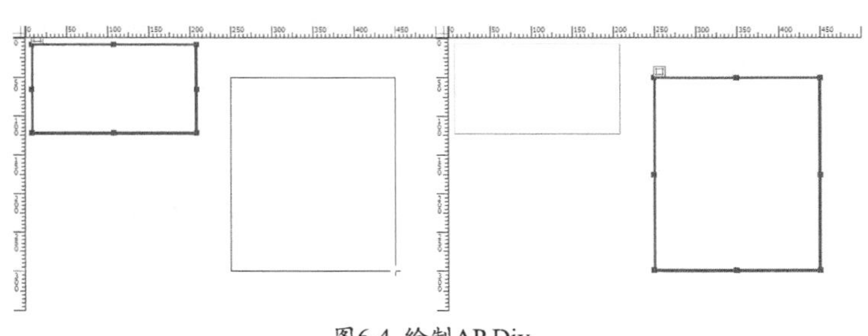

图6-4 绘制AP Div

图6-5 “AP元素”面板

> **提示** 如果想要绘制多个AP Div，按住Ctrl键的同时单击“插入”面板上“布局”选项卡中的“绘制AP Div”按钮，即可在文档窗口中绘制出AP Div。只要不松开Ctrl键，就能在文档中继续绘制出多个AP Div。

6.2.2 设置AP Div属性

单击新建的AP Div的蓝色边线以选中该AP Div，“属性”面板中就会显示出AP Div的相关属性，用户可以根据需要在该面板中进行相应设置，如图6-6所示。

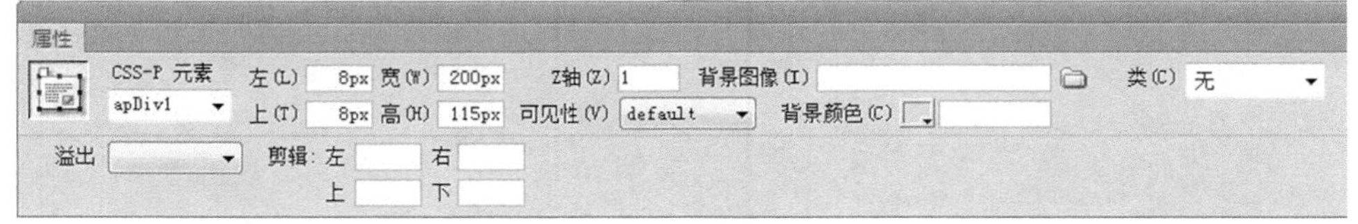

图6-6 AP Div“属性”面板

CSS-P元素：该选项用来设置所选中AP Div的名称，网页中默认命名为apDiv1、apDiv2、…

左和上：该选项用来设置AP Div的左边界和上边界与页面的左边界和上边界的距离，可手动输入数值。

宽和高：该选项用来设置AP Div的宽度和高度，也可以输入数值，默认单位为像素。

z轴：该选项用来设置AP Div的z轴，可手动输入数值。在浏览器中，z轴数值较大的AP Div总位于z轴数值较小的AP Div上面，值可以为负数或者为0。

背景图像：该选项用来设置AP Div的背景图像，可以手动输入背景图像的路径，也可以单击该选项后的按钮，在弹出的“选择图像源文件”对话框中选择需要的图像。

溢出：该选项用来控制当AP Div内容超过AP Div大小时，其内容在浏览器中的显示方法，在选项后的下拉列表中包含4个选项，如图6-7所示。如果选择“visible”选项，则当AP Div的内容超过指定大小时，AP Div的边界会自动延伸以容纳这些内容；如果选择“hidden”选项，则当AP Div的内容超过指定大小时，将隐藏超出部分的内容；如果选择“scroll”选项，则浏览器将在AP Div上添加滚动条；如果选择“auto”选项，则当AP Div的内容超过指定大小时，浏览器才显示AP Div的滚动条。

剪辑：该选项用来设置AP Div可见区域的大小。在“左”、“右”、“上”和“下”文本框中可以指定AP Div可见区域的左、右、上、下端相对于AP Div的左、右、上、下端的距离。AP Div经过剪辑后只有指定的矩形区域才是可见的。

可见性：该选项用来设置AP Div的可视属性，在该选项后的下拉列表中包含4个选项，如图6-8所示。

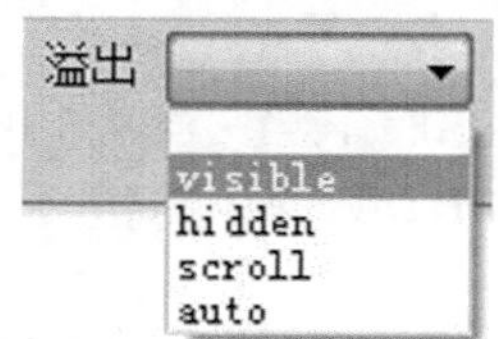

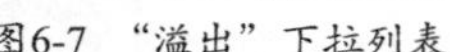
图6-7 “溢出”下拉列表

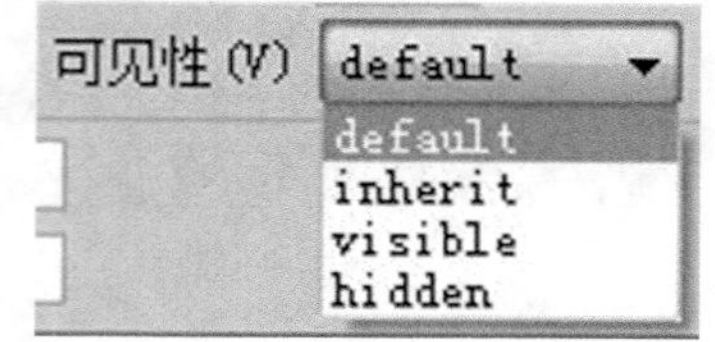

图6-8 “可见性”下拉列表

背景颜色：该选项用来设置AP Div的背景颜色，也可以在文本框中手动输入颜色值。

6.2.3 实战——使用AP Div排版

AP Div与表格都可以用来在页面中定位其他对象，但两者并不完全相同，鉴于易操作性，可以利用AP Div先将各个对象进行定位。

使用AP Div排版

●源文件：光盘\源文件\第6章\6-2-3.html　　●视频：光盘\视频\第6章\6-2-3.swf

01 执行“文件>打开”命令，打开页面“光盘\源文件\第6章\6-2-3.html”，页面效果如图6-9所示。单击“插入”面板上“布局”选项卡中的“绘制AP Div”按钮，在页面中合适的位置单击拖动绘制一个AP Div，如图6-10所示。

图6-9 打开页面

图6-10 绘制AP Div

02 选中刚绘制的AP Div，在“属性”面板上对其相关属性进行设置，如图6-11所示。将光标移至刚绘制的AP Div中，插入图像“光盘\源文件\第6章\ images\ 62304.png”，如图6-12所示。

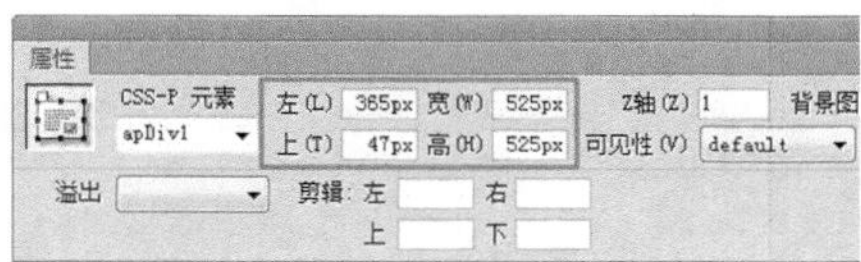

图6-11 “属性”面板

图6-12 插入图像

03 使用相同方法，绘制出另一个AP Div，对该AP Div的属性进行设置，并插入相应的图像，效果如图6-13所示。执行“文件>保存”命令，保存页面，在浏览器中预览页面，效果如图6-14所示。

图6-13 页面效果

图6-14 预览页面

提示 使用AP Div排版页面的方法只适合于排版并不复杂的页面，如欢迎页面等。对于复杂的图文混排页面，最好还是采用传统的页面排版方法。

6.2.4 实战——使用AP Div溢出排版

AP Div的溢出属性控制的是当AP Div中的内容超过AP Div指定大小时如何在浏览器中显示AP Div，下面通过一个实战练习向读者详细介绍如何使用AP Div溢出排版。

使用AP Div溢出排版

●源文件：光盘\源文件\第6章\6-2-4.html　　●视频：光盘\视频\第6章\6-2-4.swf

01 执行“文件>打开”命令，打开页面“光盘\源文件\第6章\6-2-4.html”，页面效果如图6-15所示。单击“插入”面板上“布局”选项卡中的“绘制AP Div”按钮，在页面中合适的位置单击拖动绘制一个AP Div，如图6-16所示。

图6-15 打开页面

图6-16 绘制AP Div

02 选中刚绘制的AP Div，在“属性”面板上对其相关属性进行设置，如图6-17所示。转换到代码视图，找到相应的CSS样式代码，添加相应的CSS样式属性设置，如图6-18所示。

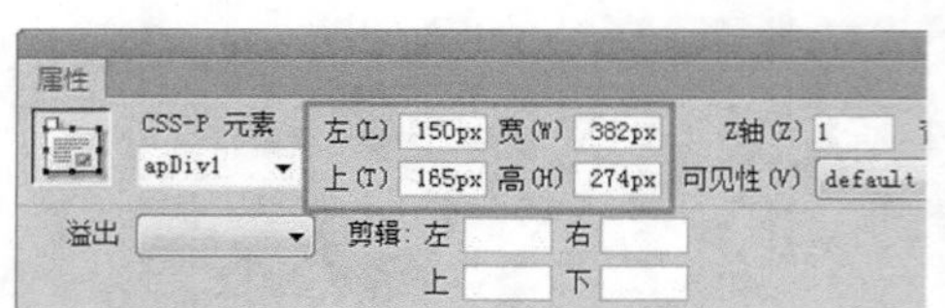

图6-17 “属性”面板

```
#apDiv1 {
    position: absolute;
    left: 150px;
    top: 165px;
    width: 382px;
    height: 274px;
    z-index: 1;
    background-image: url(images/62402.jpg);
    background-repeat: no-repeat;
}
```

图6-18 CSS样式代码

03 返回到设计视图中，可以看到页面效果，如图6-19所示。将光标移至该AP Div中，使用相同的方法绘制出另一个AP Div，效果如图6-20所示。

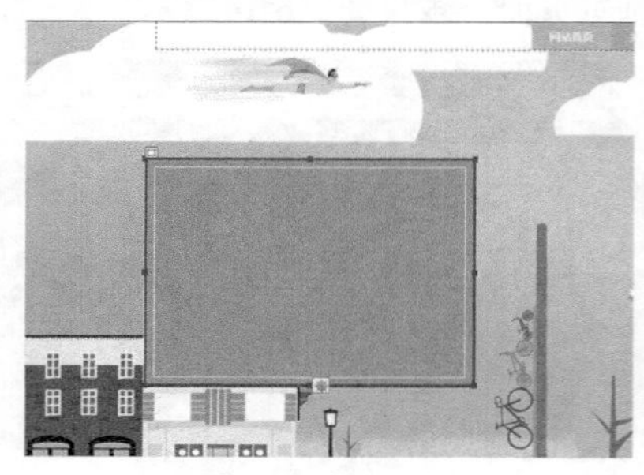

图6-19 页面效果

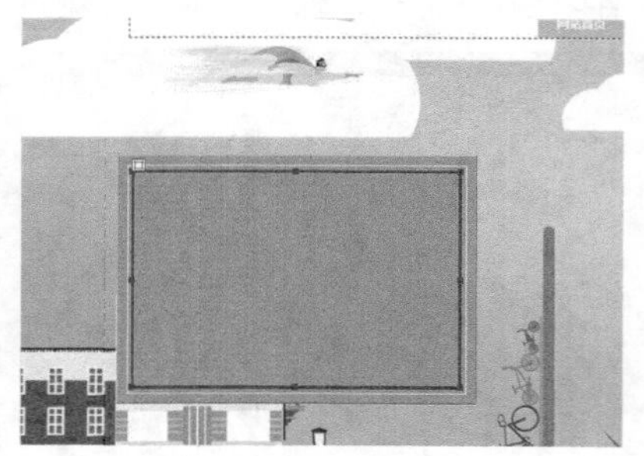

图6-20 绘制AP Div

04 将光标移至所绘制的AP Div中，输入相应的文字，效果如图6-21所示。单击选中该AP Div，在“属性”面板上对其相关属性进行设置，如图6-22所示。

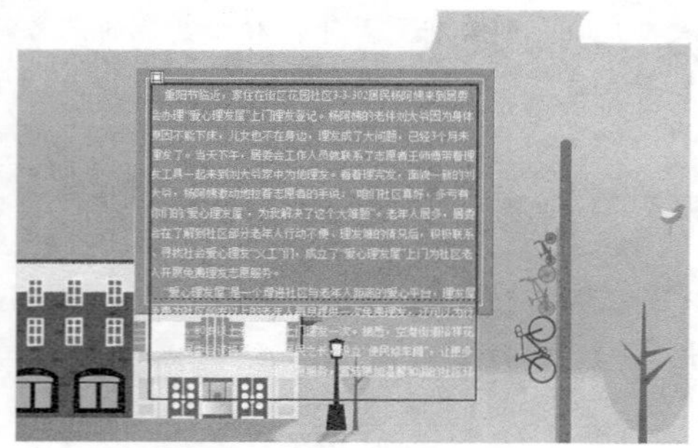

图6-21 输入文字

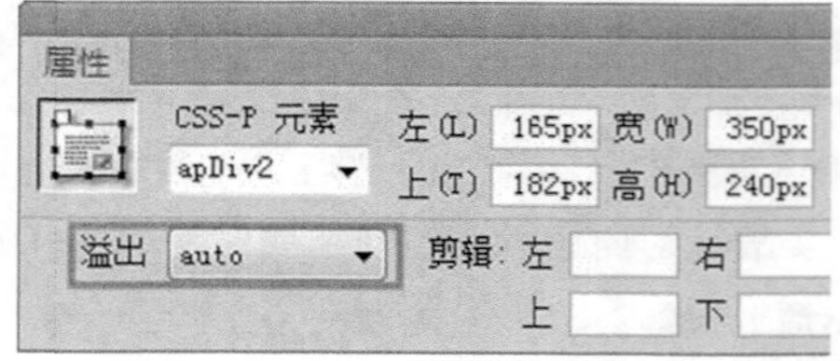

图6-22 “属性”面板

05 可以看到页面效果，如图6-23所示。执行“文件>保存”命令，保存页面，在浏览器中预览页面，效果如图6-24所示。

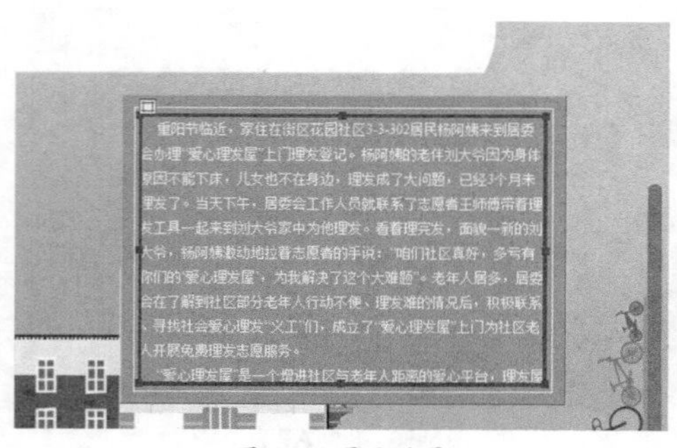

图6-23 页面效果

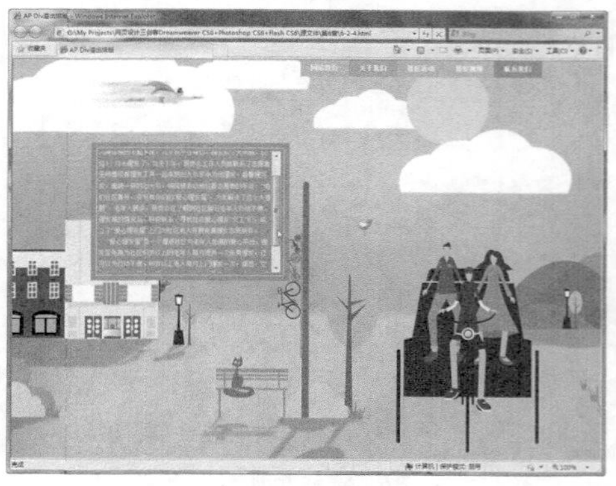

图6-24 预览页面

6.3 行为的概念

行为是事件（Event）和动作（Action）的组合，是为响应某一具体事件而采取的一个或多个动作，当指定的事件被触发时，将运行相应的JavaScript程序，执行相应的动作。行为针对的是网页中的所有对象，因此必须结合一个对象才能够添加行为。

6.3.1 事件

事件用于设置当前对象上触发动作的事件。一个对象可以有多个触发事件，通常一个事件是针对页面对象或标签而言，根据所选对象和在“显示事件”子菜单中指定的浏览器的不同，“事件”菜单中显示的事件也会有所不同，如果要查看对于指定页面元素中指定的浏览器支持哪些事件，则在文档中插入该页面元素并向其附加一个行为，然后查看“行为”面板中的“事件”菜单即可。

如果页面中尚不存在相关的对象或所选的对象不能接收事件，则菜单中的事件将处于灰色禁用状态；如果未显示所需的事件，确保选择了正确的对象，或在“显示事件”子菜单中更改目标浏览器。

6.3.2 动作

动作是一段预先编写好的JavaScript代码，可用于执行以下任务：打开浏览器窗口、显示或隐藏AP元素等，Dreamweaver中的动作提供了最大程度的跨浏览器兼容性。

每个浏览器都提供一组事件，这些事件可以与“行为”面板中弹出的动作菜单中列出的动作相关联。当网页的浏览者与页面进行相互时，浏览器会生成事件，这些事件可用于调用引起动作发生的JavaScript函数，Dreamweaver提供许多可以使这些事件触发的常用动作。

提示 “行为”和“动作”这两个术语是Dreamweaver 术语，而不是HTML术语，从浏览器的角度看，动作与其他任何一段JavaScript代码完全相同。在为网页添加行为的任何时候都要遵循以下几个步骤：1. 选择对象；2. 添加动作；3. 设置触发事件。

6.4 为网页添加行为

在Dreamweaver CS6中，内置了多个行为，每种行为都可以实现一个网页动态特效，或用户与网页之间的交互性。为对象附件动作时，可以一次为每个事件关联多个动作，动作的执行按照“标签检查器”面板上“行为”选项卡列表中的顺序执行。

执行“窗口>行为”命令，打开“行为”面板，如图6-25所示。单击“添加行为”按钮+，则弹出“行为”菜单，如图6-26所示。

图6-25 “行为”面板

图6-26 弹出“行为”菜单

6.4.1 实战——交换图像

交换图像就是当光标经过图像时，原图像会变成另外一张图像。“交换图像”行为通过更改图像标签的src属性，将一个图像和另一个图像交换，使用该动作，可以创建“鼠标经过图像”和其他的图像效果（包括一次交换多个图像）。

交换图像

●源文件：光盘\源文件\第6章\6-4-1.html　　●视频：光盘\视频\第6章\6-4-1.swf

01 执行“文件>打开”命令，打开页面“光盘\源文件\第6章\6-4-1.html”，页面效果如图6-27所示。选中页面中需要添加“交换图像”行为的图像，如图6-28所示。

图6-27 打开页面

图6-28 选中图像

02 单击“标签检查器”中的“添加行为”按钮，从弹出菜单中选择“交换图像”选项，弹出“交换图像”对话框，设置如图6-29所示。单击“确定”按钮，完成“交换图像”对话框的设置，在“行为”面板中添加相应的行为，如图6-30所示。

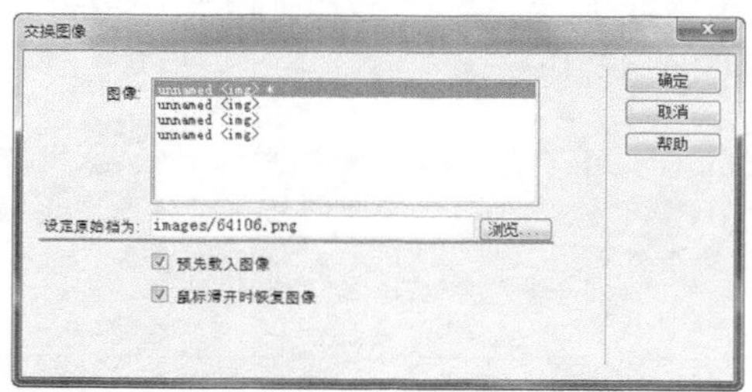

图6-29 “交换图像”对话框

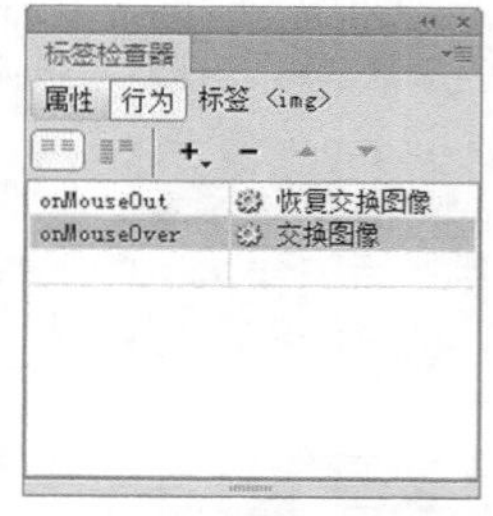

图6-30 “行为”面板

> **提示** 当在网页中添加“交换图像”行为时，会自动为页面添加“恢复交换图像”的行为，这两个行为的效果通常都是一起出现的。onMouseOver触发事件表示当光标移至图像上时，onMouseOut触发事件表示当鼠标移出图像上时。

03 使用相同方法，为页面中其他图像添加“交换图像”行为。执行“文件>保存”命令，保存页面，在浏览器中预览页面，当光标移至添加了“交换图像”行为的图像上时可以看到交换图像的效果，如图6-31所示。

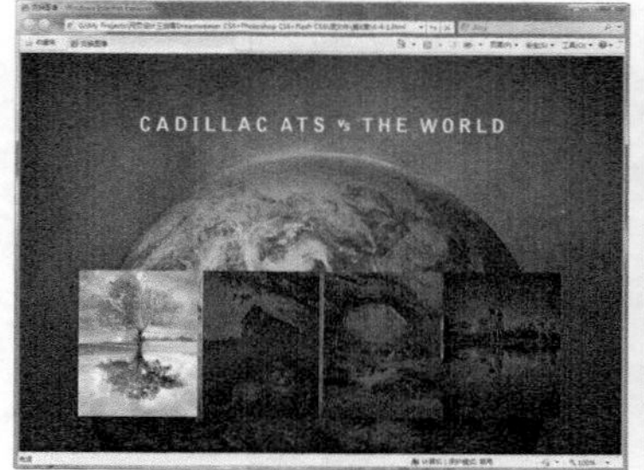

图6-31 预览“交换图像”行为效果

> **提示** 一个交换图像起始是由两张图像组成的，组成图像交换的两张图像必须有相同的尺寸，如果两张图像的尺寸不同，那么Dreamweaver会自动将第二张图像的尺寸调整为与第一张图像相同的尺寸。

6.4.2 实战——弹出信息

“弹出信息”行为的作用是在特定的事件被触发时弹出信息框，给浏览者提供动态的导航功能等，例如在登录信息错误或加入会员时输入信息错误等情况下，给用户传达错误事项。

弹出信息

●源文件：光盘\源文件\第6章\6-4-2.html　　●视频：光盘\视频\第6章\6-4-2.swf

01 执行“文件>打开”命令，打开页面“光盘\源文件\第6章\6-4-2.html”，页面效果如图6-32所示。在标签选择器中选择<body>标签，如图6-33所示。

图6-32 打开页面

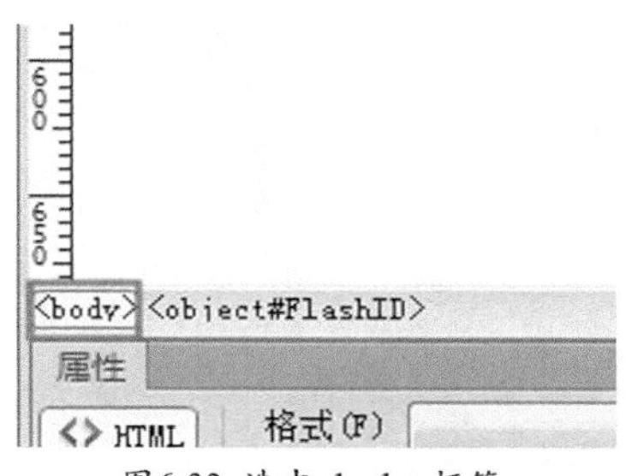

图6-33 选中<body>标签

02 单击“标签检查器”中的“添加行为”按钮+，从弹出菜单中选择“弹出信息”选项，在弹出的“弹出信息”对话框中进行设置，如图6-34所示。单击“确定”按钮，完成“弹出信息”对话框的设置，在“行为”面板中将触发事件修改为onLoad，如图6-35所示。

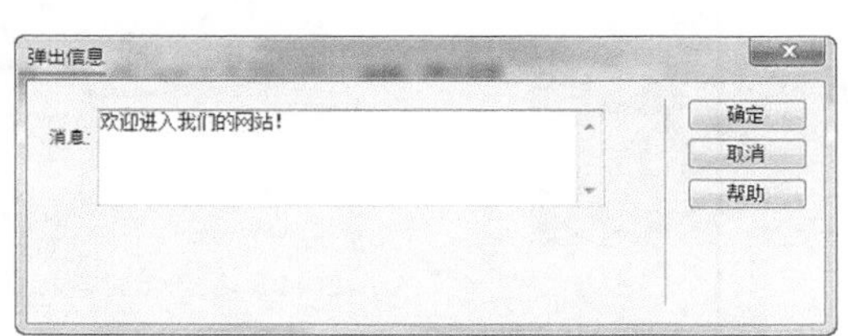

图6-34 设置“弹出信息”对话框

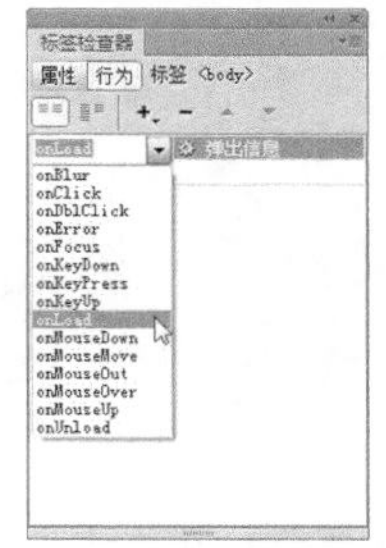

图6-35 设置触发事件

03 切换到代码视图，在<body>标签中可以看到刚刚添加的“弹出信息”行为，如图6-36所示。保存页面，在浏览器中预览该页面，在页面刚载入时，可以看到“弹出信息”行为的效果，如图6-37所示。

```
<script type="text/javascript">
function MM_popupMsg(msg) { //v1.0
  alert(msg);
}
</script>
</head>

<body onload="MM_popupMsg('欢迎进入我们的网站！')">
<object id="FlashID" classid="clsid:D27CDB6E-AE6
```

图6-36 代码视图

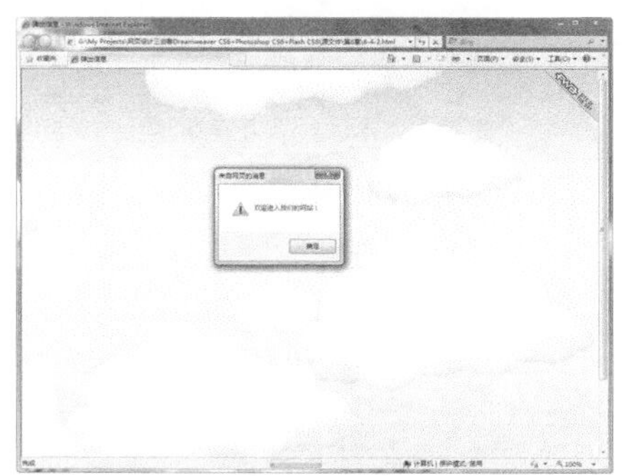

图6-37 预览“弹出信息”行为效果

提示 使用“弹出信息”行为，可显示一个带有指定信息的JavaScript警告，该JavaScript警告只有一个“确定”按钮，所以使用该动作可以提供信息，而不能为用户提供选择。

6.4.3 恢复交换图像

“恢复交换图像”行为只有在使用了“交换图像”动作后才起作用。它的功能是当光标离开交换图像后，重新显示原来的图像，其对应的对话框如图6-38所示。

使用“恢复交换图像”行为，可以将最后一组交换的图像恢复为以前的源文件。这样，当每次将“交换图像”行为附加到某个对象时，就都会自动地添加该行为。

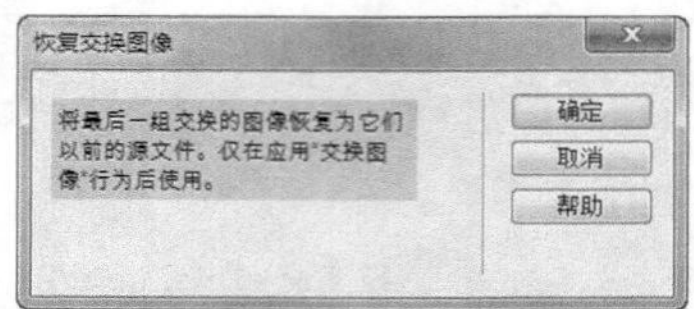

图6-38 “恢复交换图像”对话框

6.4.4 实战——打开浏览器窗口

使用“打开浏览器窗口”行为，可以在一个新的窗口中打开URL，并指定新窗口的属性、特性和名称。使用该行为可以在浏览者单击缩略图时，在一个单独的窗口中打开一个较大的图像，也可以使新窗口与该图像一样大。

打开浏览器窗口

●源文件：光盘\源文件\第6章\6-4-4.html ●视频：光盘\视频\第6章\6-4-4.swf

01 执行“文件>打开”命令，打开页面“光盘\源文件\第6章\6-4-4.html”，页面效果如图6-39所示。在标签选择器中选中<body>标签，如图6-40所示。

图6-39 打开页面

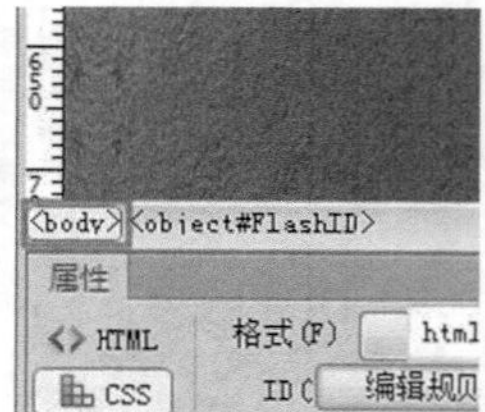

图6-40 选中<body>标签

02 单击“标签选择器”中的“添加行为”按钮，从弹出菜单中选择“打开浏览器窗口”选项，如图6-41所示。在弹出的“打开浏览器窗口”对话框中进行相应的设置，如图6-42所示。

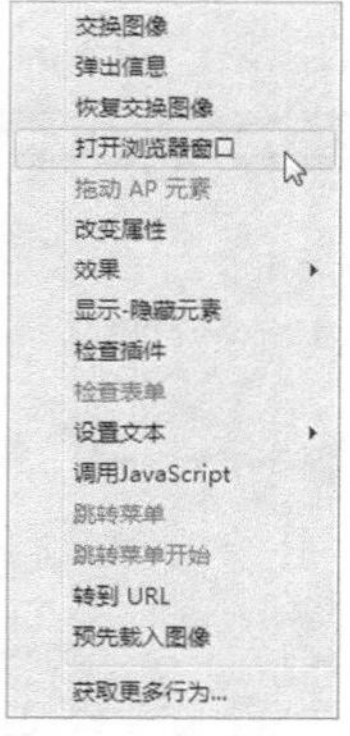

图6-41 弹出菜单

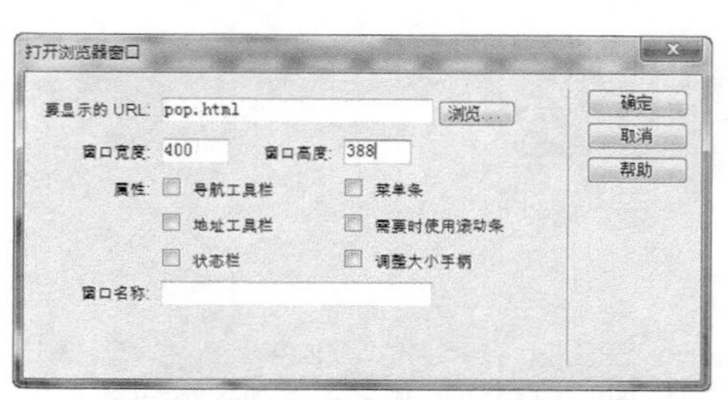

图6-42 “打开浏览器窗口”对话框

提示 在“要显示的URL”文本框中输入弹出窗口页面的位置，可以是URL绝对地址，也可以是相对地址。“窗口宽度”和“窗口高度”可以用来设置弹出窗口的大小。在“属性”选项中可以选择是否在弹出窗口中显示“导航工具栏”、“地址工具栏”、“状态栏”和“菜单条”。另外，“需要时使用滚动条”用来指定在内容超出可视区域时显示滚动条。“调整大小手柄”用来指定用户调整窗口的大小。“窗口名称”用来设置新窗口的名称。

03 在“行为”面板中将触发该行为的事件修改为onLoad，如图6-43所示。完成页面中“打开浏览器窗口”行为的添加，执行“文件>保存”命令，保存页面。在浏览器中预览该页面，当页面打开时，会自动弹出设置的浏览器窗口，如图6-44所示。

图6-43 设置触发事件

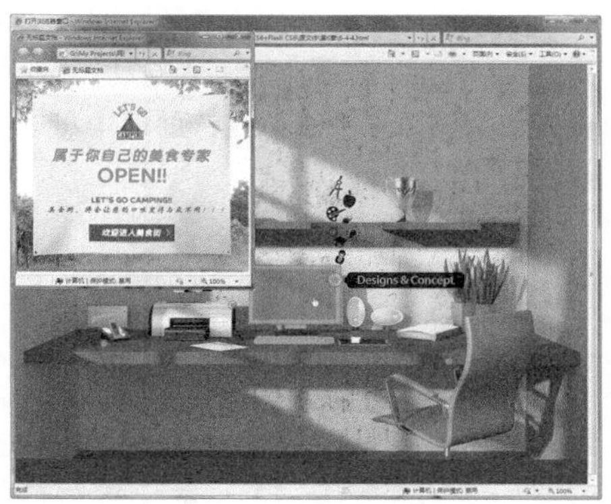

图6-44 预览“打开浏览器窗口”行为效果

6.4.5 实战——拖动AP元素

“拖动AP元素”行为可让浏览者拖动绝对定位的AP元素，使用此行为可创建拼版游戏、滑块控件和其他可移动的界面元素。

访问者在拖动AP元素之前必须先调用“拖动AP元素”行为，所以应确保触发该动作的事件发生在访问者试图拖曳AP元素之前，其最佳方法是将“拖动AP元素”附加到<body>对象上，即使用onLoad事件。

拖动AP元素

●源文件：光盘\源文件\第6章\6-4-5.html　　●视频：光盘\视频\第6章\6-4-5.swf

01 执行“文件>打开”命令，打开页面“光盘\源文件\第6章\6-4-5.html”，页面效果如图6-45所示。单击“插入”面板上“布局”选项卡中的“绘制AP Div”按钮，在页面中绘制AP Div，如图6-46所示。

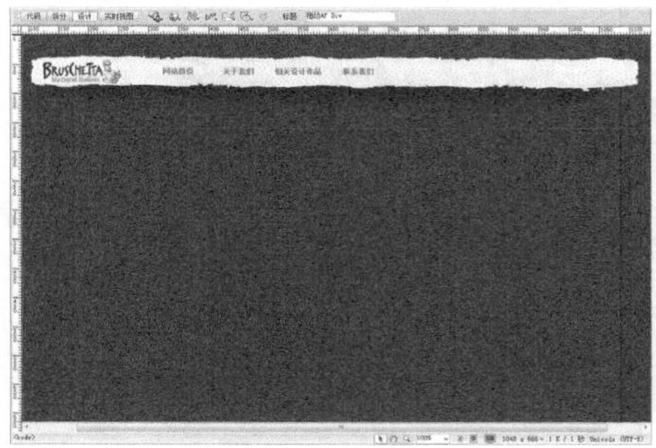

图6-45 页面效果

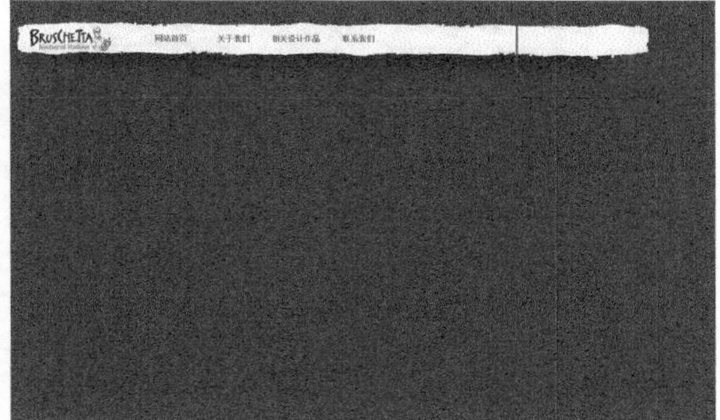

图6-46 绘制AP Div

02 单击选中刚绘制的AP Div，在“属性”面板上对其相关属性进行设置，如图6-47所示。将光标移至该AP Div中，插入图像“光盘\源文件\第6章\images\ 64503.png”，如图6-48所示。

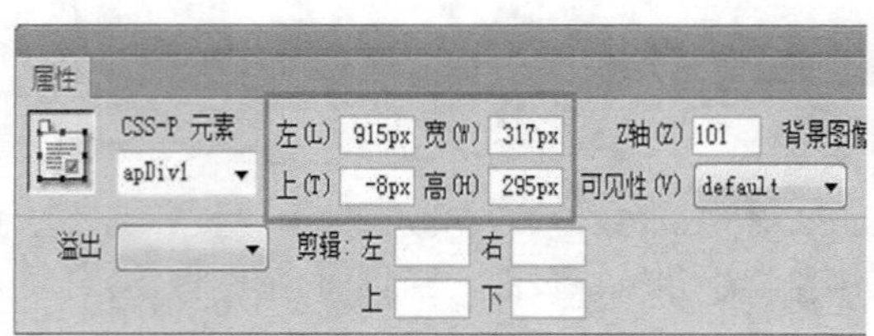

图6-47 “属性”面板

图6-48 页面效果

03 单击页面其他位置取消该AP Div的选中状态，单击“标签检查器”面板上的“添加行为”按钮，在弹出菜单中选择“拖动AP元素”选项，弹出“拖动AP元素”对话框，设置如图6-49所示。单击“高级”选项卡，切换到高级设置，如图6-50所示，在该面板中可以设置拖动AP元素的控制点、调用的JavaScript程序等，这里使用默认设置。

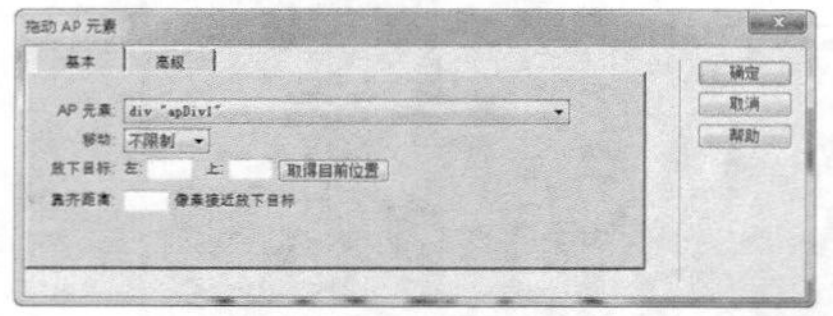

图6-49 “拖动AP元素”对话框

图6-50 “拖动AP元素”对话框

04 单击“确定”按钮，完成“拖动AP元素”对话框的设置，将“行为”面板中的鼠标事件调整为onMouseDown，如图6-51所示。使用相同方法，在页面中绘制一个AP Div插入图像并添加“拖动AP元素”行为，页面效果如图6-52所示。

图6-51 “行为”面板

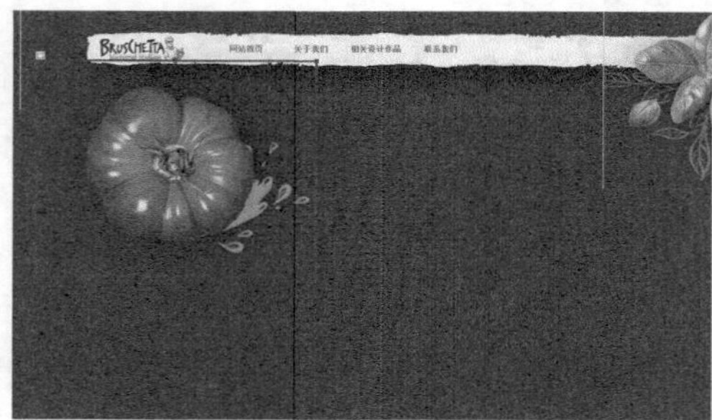

图6-52 页面效果

05 执行“文件>保存”命令，保存页面，在浏览器中预览页面，可以随意对AP Div进行拖动，如图6-53所示。

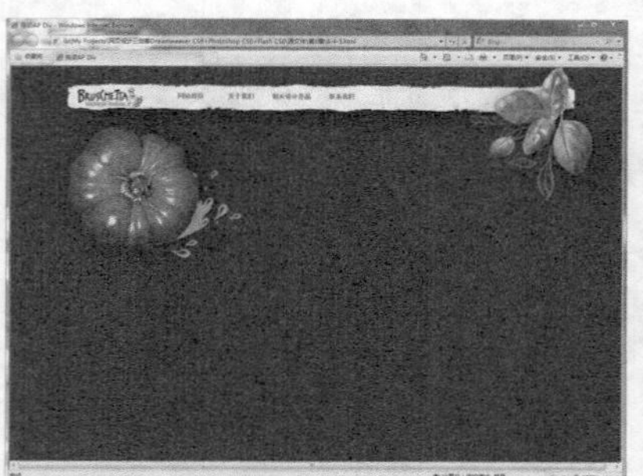

图6-53 预览“拖动AP元素”行为效果

6.4.6 实战——改变属性

可以使用“改变属性”行为更改对象某个属性的值（例如AP Div的背景颜色或表单的动作），这些改变实际上是改变对象的相应属性值，而是否允许改变属性值，取决于浏览器的类型。

改变属性

●源文件：光盘\源文件\第6章\6-4-6.html ●视频：光盘\视频\第6章\6-4-6.swf

01 执行“文件>打开”命令，打开页面“光盘\源文件\第6章\6-4-6.html”，页面效果如图6-54所示。选中页面中的图像，单击“标签检查器”面板上的“添加行为”按钮，在弹出菜单中选择“改变属性”选项，弹出“改变属性”对话框，设置如图6-55所示。

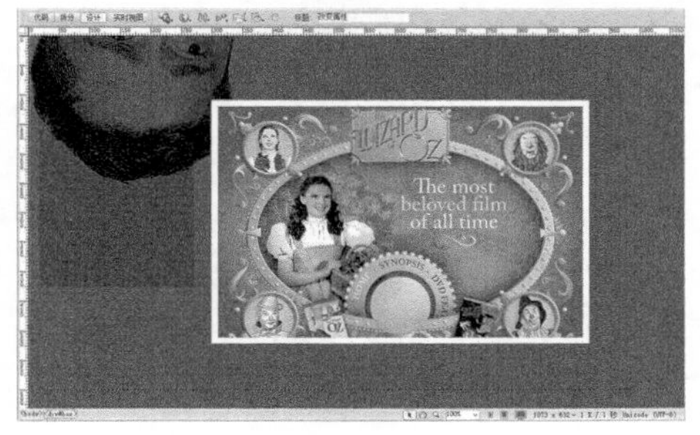

图6-54 打开面板

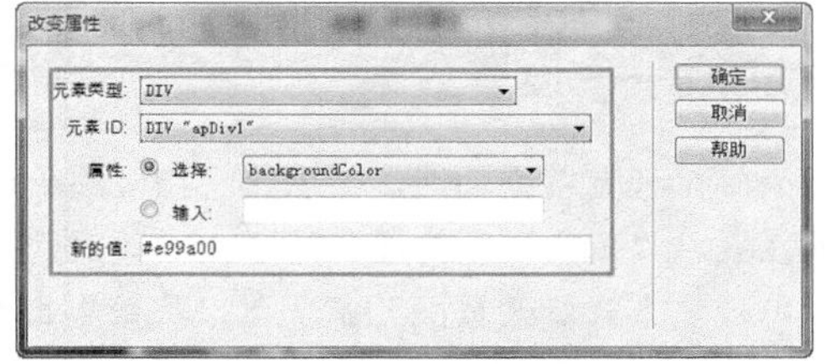

图6-55 “改变属性”对话框

02 单击“确定”按钮，在“行为”面板中可以看到刚刚添加的“改变属性”行为，如图6-56所示。设置激活该行为的事件为onMouseOver，如图6-57所示。

图6-56 “行为”面板

图6-57 修改事件

03 使用相同的方法，选中图像，再次添加“改变属性”行为，在弹出的“改变属性”对话框中进行设置，如图6-58所示。单击“确定”按钮，在“行为”面板中设置激活该行为的事件为onMouseOut，如图6-59所示。

图6-58 “改变属性”对话框

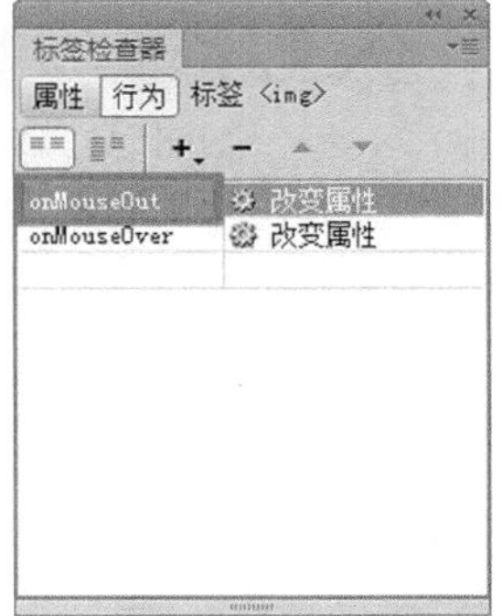

图6-59 “行为”面板

04 执行“文件>保存”命令，保存页面。在浏览器中预览页面，可以看到改变AP Div属性的效果，如图6-60所示。

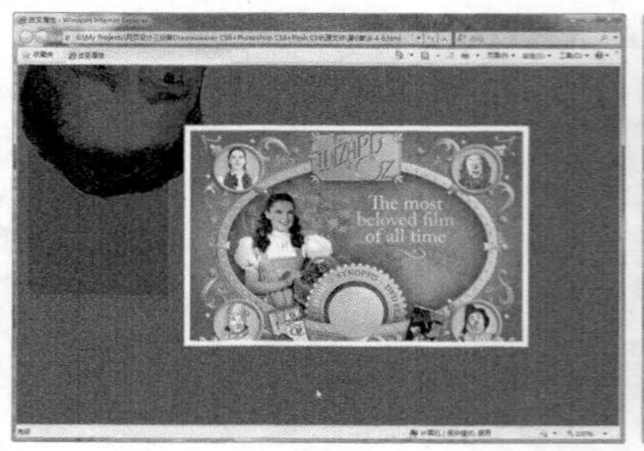
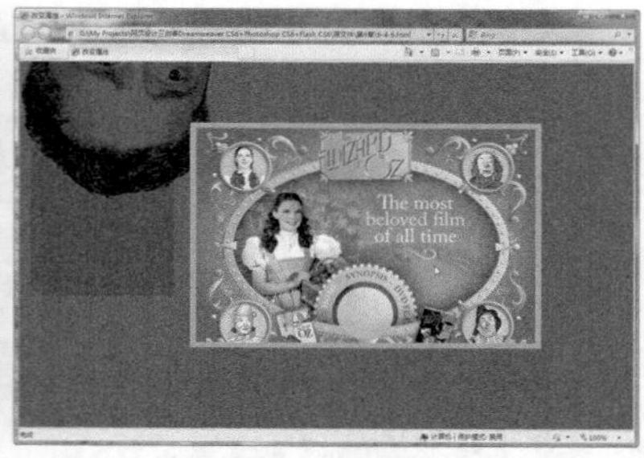

图6-60 在浏览器中预览“改变属性”行为效果

6.4.7 实战——设置效果

“效果”是视觉增强功能，可以将它们应用于适用JavaScript的HTML页面上大部分的元素。“效果”行为通常用于在一段时间内高亮显示信息、创建动画过渡或者以可视化方式修改页面元素。可以将效果直接应用于HTML元素，而无需其他自定义标签。

由于这些效果是基于Spry，因此在用户单击应用了效果的元素时，仅会动态更新该元素，而不会刷新整个HTML页面。在Dreamweaver CS6中为页面元素添加“效果”行为时，单击“行为”面板上的“添加行为”按钮，弹出Dreamweaver CS6默认的“效果”行为菜单，如图6-61所示。

图6-61 “效果”行为菜单

设置效果

●源文件：光盘\源文件\第6章\6-4-7.html　　●视频：光盘\视频\第6章\6-4-7.swf

01 执行“文件>打开”命令，打开页面“光盘\源文件\第6章\6-4-7.html”，页面效果如图6-62所示。选中页面中的按钮图像，单击“行为”面板上的“添加行为”按钮，在弹出菜单中选择“效果>遮帘”选项，如图6-63所示。

图6-62 打开页面

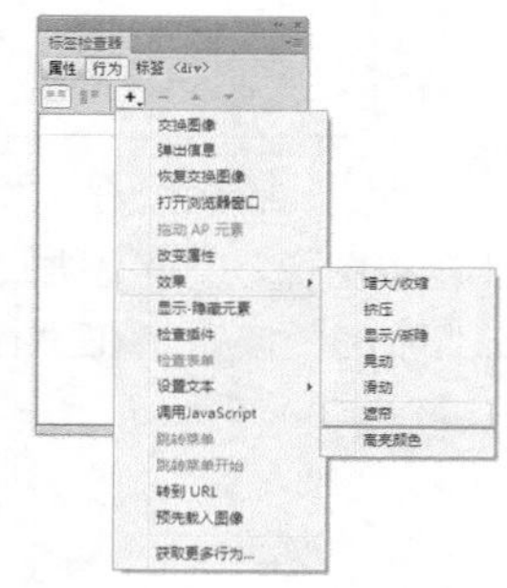

图6-63 选中“遮帘”选项

02 在弹出的“遮帘”对话框中对相关参数进行设置，如图6-64所示。单击“确定”按钮，为该元素添加“遮帘”效果，在“行为”面板中将触发事件修改为onClick，如图6-65所示。

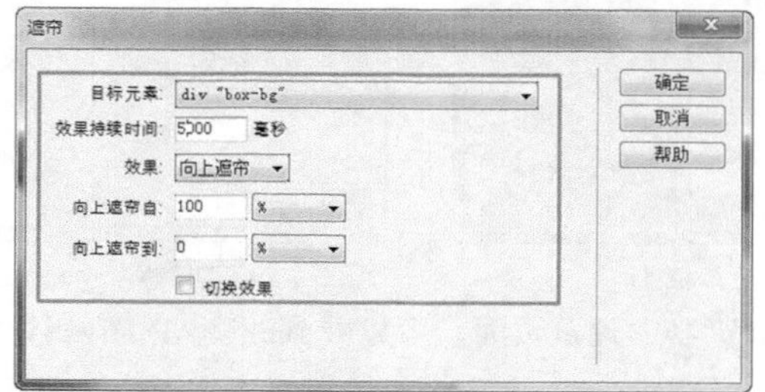

图6-64 设置“遮帘”对话框

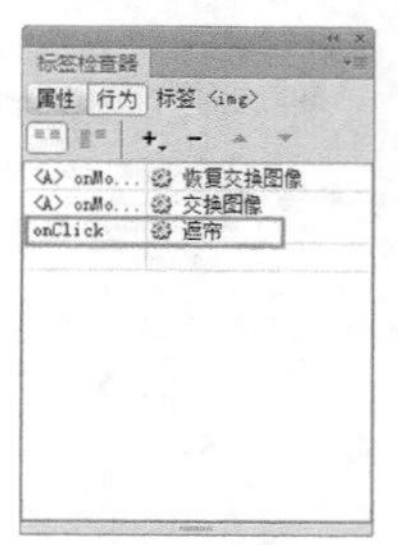

图6-65 “行为”面板

03 转换到代码视图中，可以看到在页面代码中自动添加了相应的JavaScript脚本代码，如图6-66所示。执行“文件>保存”命令，弹出“复制相关文件”对话框，如图6-67所示，该文件是Dreamweaver自动生成的JavaScript脚本文件，单击“确定”按钮，保存该文件。

图6-66 相应的脚本代码

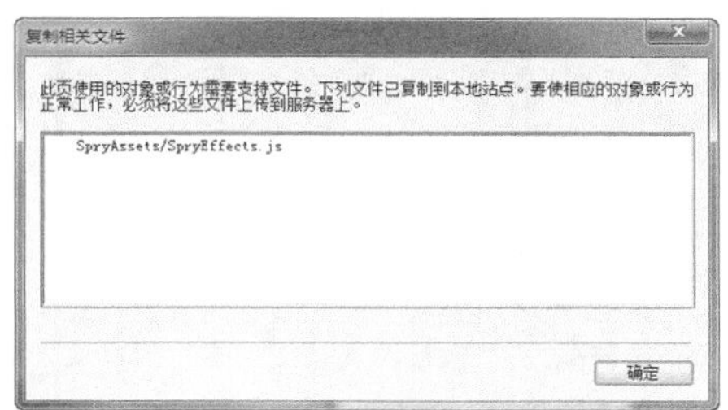

图6-67 “复制相关文件”对话框

04 在浏览器中预览该页面，页面效果如图6-68所示。当单击页面中设置了遮帘效果的元素时，就会产生遮帘效果动画，如图6-69所示。

图6-68 页面效果

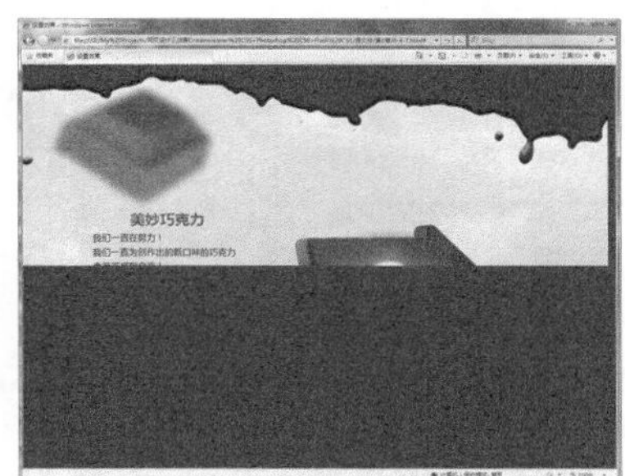

图6-69 遮帘效果

提示 如果需要为某个元素应用效果，首先必须选中该元素，或者该元素必须具有一个ID名。例如，如果需要向当前未选定的Div标签应用高亮显示效果，则该Div必须具有一个有效的ID值，如果该元素还没有有效的ID值，可以在“属性”面板上为该元素定义ID值。

6.4.8 实战——显示/隐藏元素

“显示/隐藏元素”行为可以显示、隐藏或恢复一个或多个AP Div的默认可见性，此行为用于在浏览者与浏览页面进行交互时显示信息。例如，当浏览者将光标滑过一个图像时，可以显示一个AP Div以及给出有关该图像的详细信息。

显示/隐藏元素

●源文件：光盘\源文件\第6章\6-4-8.html　　●视频：光盘\视频\第6章\6-4-8.swf

01 执行“文件>打开”命令，打开页面“光盘\源文件\第6章\6-4-8.html”，如图6-70所示。单击“插入”面板上“布局”选项卡中的“绘制AP Div”按钮，在页面中单击并拖动光标绘制一个AP Div，如图6-71所示。

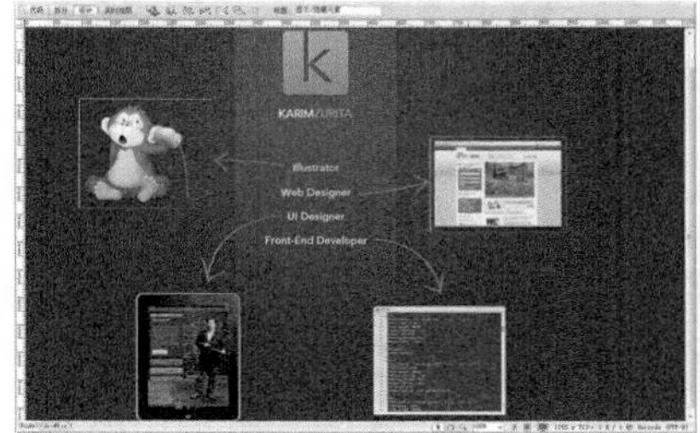
图6-70 打开页面

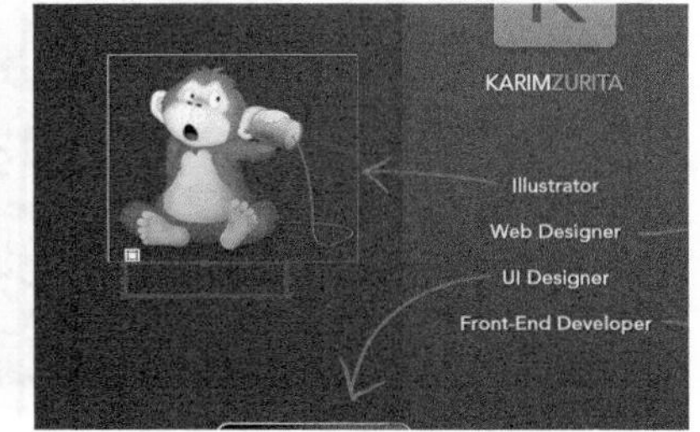

图6-71 绘制AP Div

02 单击选中刚绘制的AP Div，在“属性”面板上可以看到AP Div的名称，并对相关属性进行设置，如图6-72所示。将光标移至刚绘制的AP Div中，输入相应的文字内容，如图6-73所示。

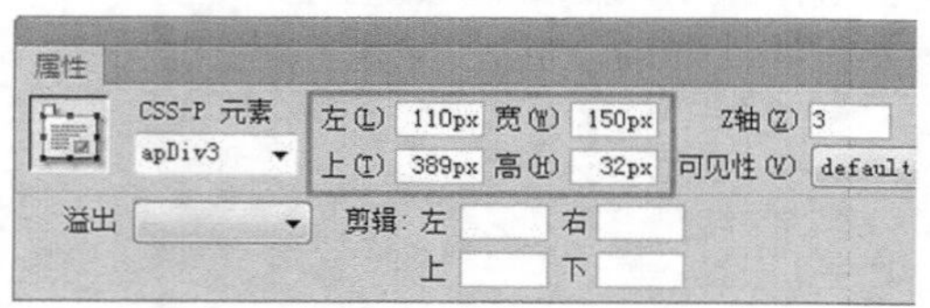

图6-72 “属性”面板

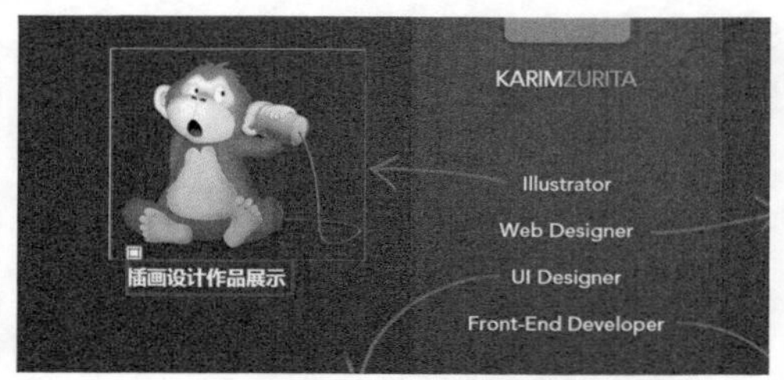

图6-73 页面效果

03 执行“窗口>AP元素”命令，打开“AP元素”面板，在该面板中单击apDiv3名称前的“眼睛”图标，将该AP Div设置为隐藏，如图6-74所示。选中页面中的“小猴”图像，单击“添加行为”按钮+，在弹出菜单中选择“显示-隐藏元素”选项，弹出“显示-隐藏元素”对话框，设置如图6-75所示。

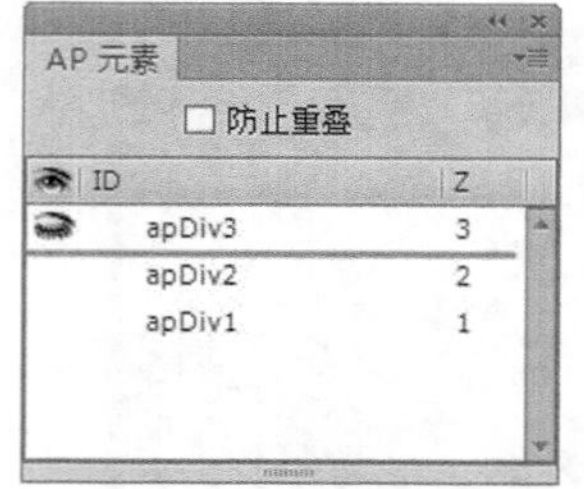

图6-74 “AP元素”面板

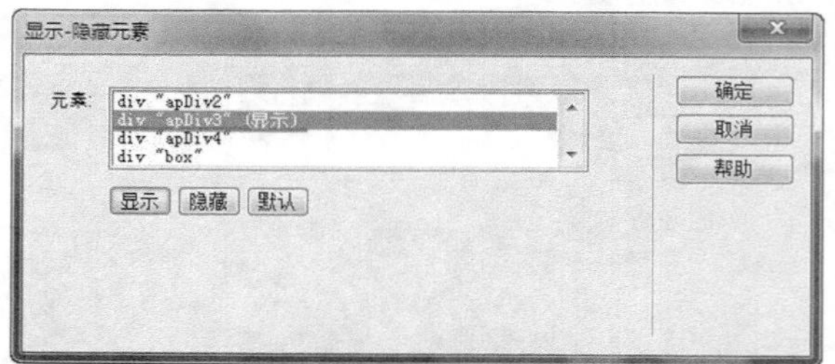

图6-75 “显示-隐藏元素”对话框

04 单击“确定”按钮，在“行为”面板中设置事件为onMouseOver，如图6-76所示。再次选择页面中的“小猴”图像，单击“添加行为”按钮+，在弹出菜单中选择“显示-隐藏元素”选项，弹出“显示-隐藏元素”对话框，设置如图6-77所示。单击“确定”按钮，在“行为”面板中设置事件为onMouseOut，如图6-78所示。

图6-76 “行为”面板

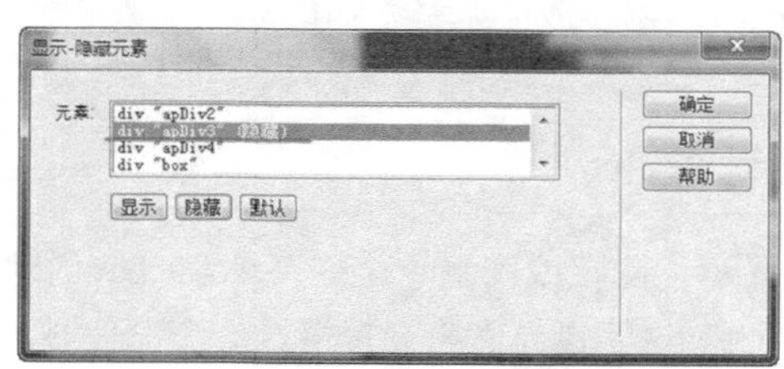

图6-77 “显示-隐藏元素”对话框

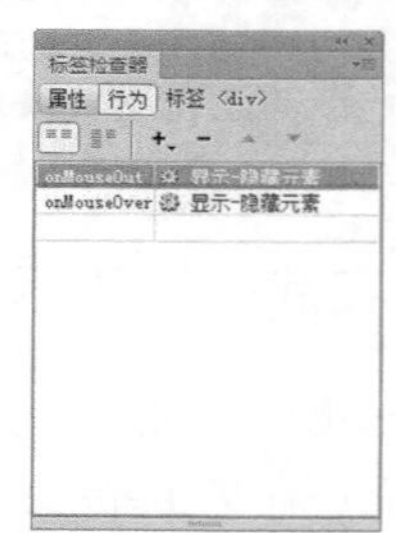

图6-78 “行为”面板

05 使用相同方法，完成页面中另一个AP Div的绘制。执行“文件>保存”命令，保存页面，在浏览器中预览页面，如图6-79所示。

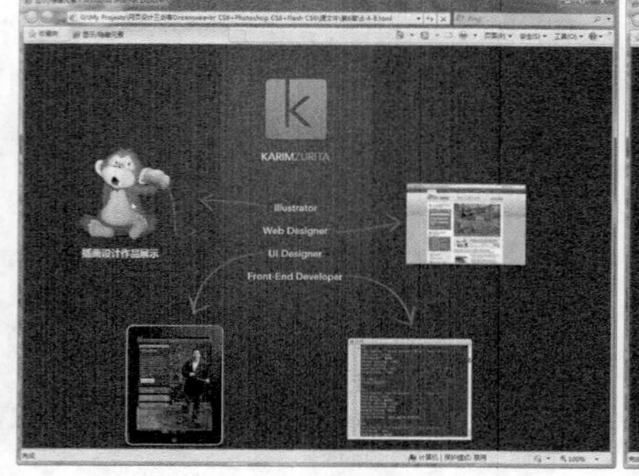
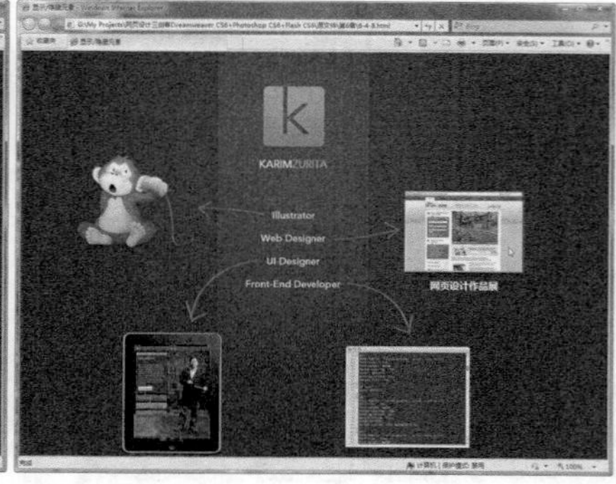

图6-79 预览页面

提示 显示隐藏AP Div动作可以根据鼠标事件显示或隐藏页面中的AP Div，这改善了与用户之间的交互，这个动作一般用于给用户提示一些信息。

6.4.9 实战——检查插件

“检查插件”行为可以检查访问者的浏览器中是否安装了浏览此网页所必需的插件，如果安装了，则可以把网页链接到一个URL指定的页面上；如果没有安装，则不进行跳转或跳转到另一个页面。该行为一次只能检查一种插件，如果需要检查多个插件，则必须添加多个该行为。

检查插件

●源文件：光盘\源文件\第6章\6-4-9.html　　●视频：光盘\视频\第6章\6-4-9.swf

01 执行“文件>打开”命令，打开页面“光盘\源文件\第6章\6-4-9.html”，页面效果如图6-80所示。选中页面底部的相关的文本，在“属性”面板上的“链接”文本框中输入#，为文字设置空链接，如图6-81所示。

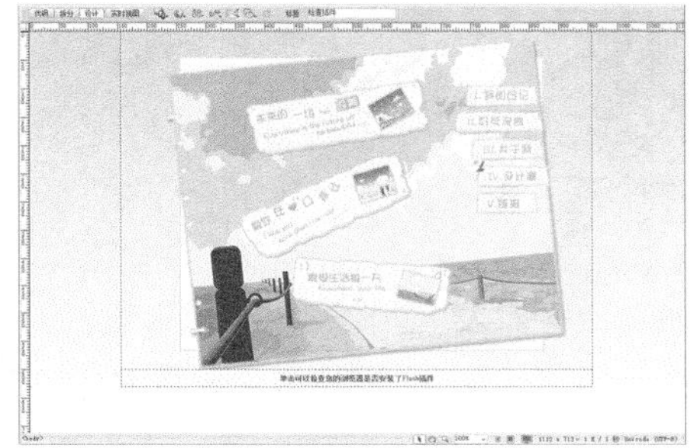

图6-80 打开页面

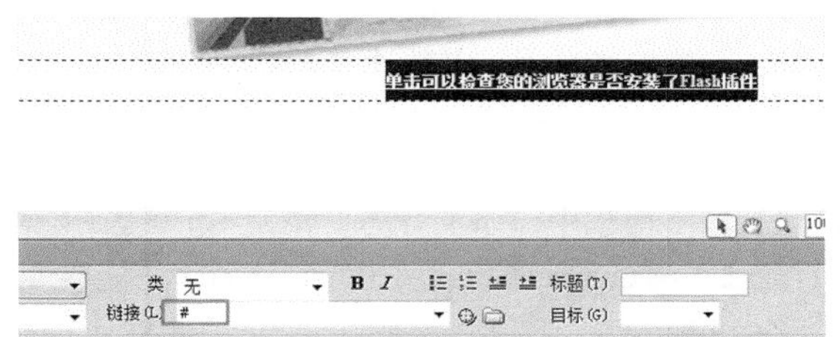

图6-81 设置空链接

02 单击“行为”面板中的“添加行为”按钮+，在弹出菜单中选择“检查插件”选项，弹出“检查插件”对话框，设置如图6-82所示。单击“确定”按钮，在“行为”面板中将触发事件修改为onClick，如图6-83所示。

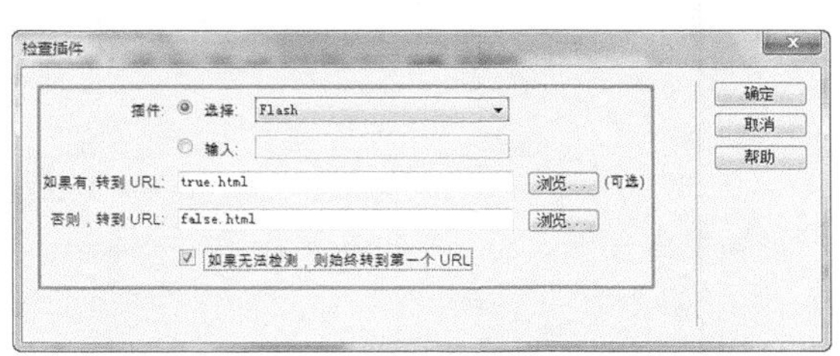

图6-82 设置“检查插件”对话框

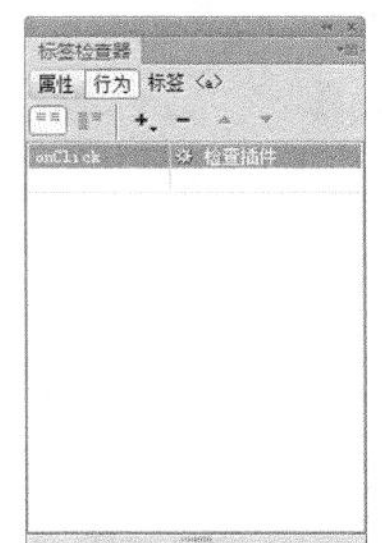

图6-83 “行为”面板

03 执行“文件>保存”命令，保存页面，在浏览器中预览页面，效果如图6-84所示。单击文本链接后，页面跳转到true.html，表示检测到了Flash插件，如图6-85所示。

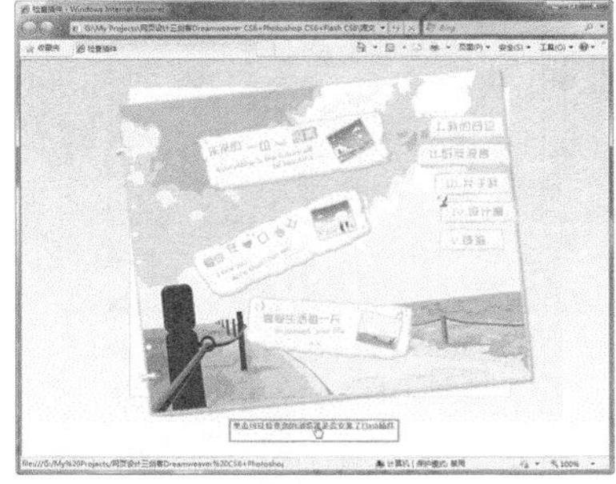

图6-84 预览页面效果

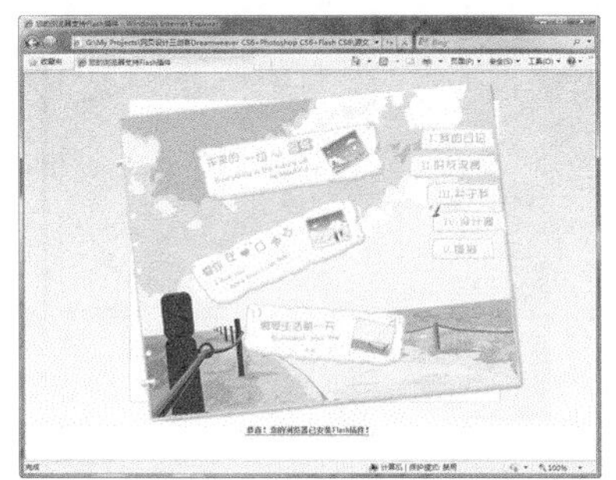

图6-85 检查插件后跳转到的页面

6.4.10 实战——检查表单

使用“检查表单”行为配以onBlur事件，可以在用户填写完表单的每一项之后，立刻检验该项是否合理。也可以使用“检查表单”行为配以onSubmit事件，当用户单击“提交”按钮后，一次校验所有填写内容的合法性。

检查表单

●源文件：光盘\源文件\第6章\6-4-10.html　　●视频：光盘\视频\第6章\6-4-10.swf

01 执行“文件>打开”命令，打开页面“光盘\源文件\第6章\6-4-10.html”，效果如图6-86所示。在标签选择器中选中< form#form1>标签，如图6-87所示，“检查表单”行为主要是针对<form>标签添加的。

图6-86 打开页面

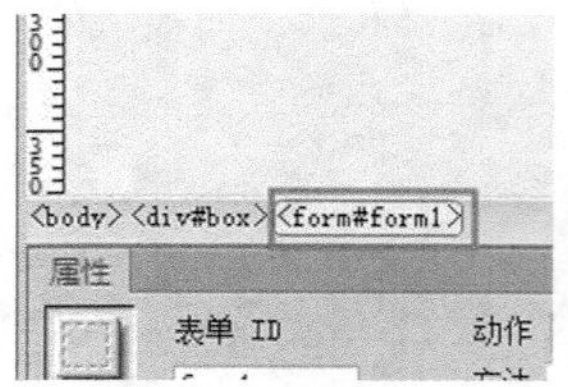

图6-87 选中< form#form1>标签

02 单击“行为”面板中“添加行为”按钮+，在弹出菜单中选择“检查表单”命令，弹出“检查表单”对话框，首先要设置uname的值，并且uname的值只能接受电子邮件地址，如图6-88所示。选择upass，设置其值是必需的，并且upass的值必需是数字，如图6-89所示。

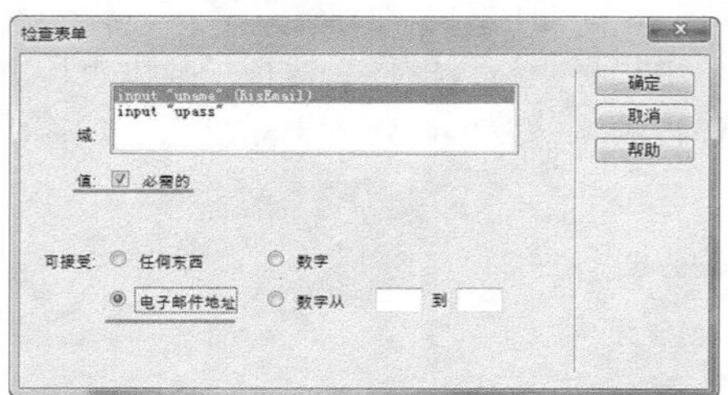

图6-88 “检查表单”对话框

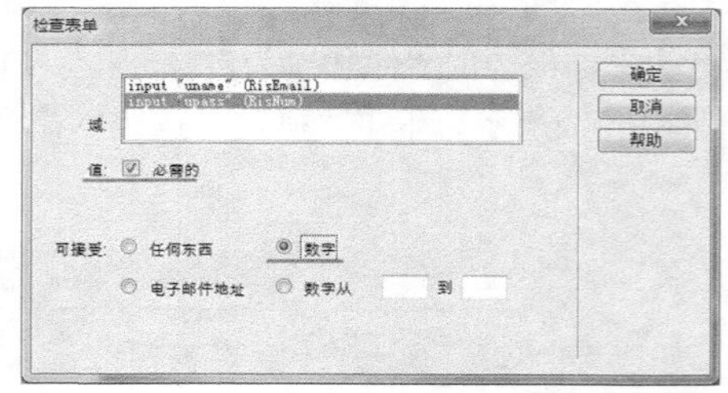

图6-89 “检查表单”对话框

03 单击“确定”按钮，在“行为”面板中将触发事件修改为onSubmit，如图6-90所示。当浏览者单击表单的“提交”按钮时，行为会检查表单的有效性。执行“文件>保存”命令，保存页面。在浏览器中预览页面，当用户不输入信息，直接单击提交表单按钮后，浏览器会弹出警告对话框，如图6-91所示。

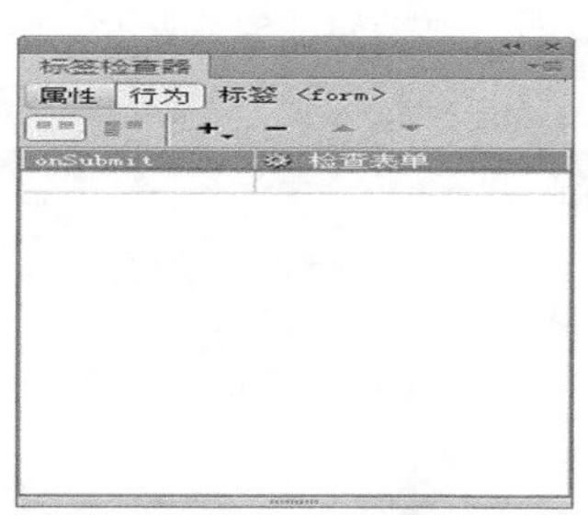

图6-90 “行为”面板

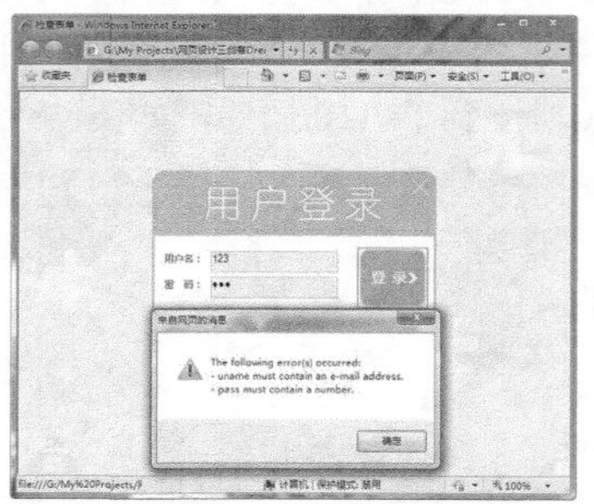

图6-91 弹出警告对话框

提示　验证功能虽然实现了，但是美中不足的是，提示对话框中的文本都是系统默认使用的英文，有些用户可能会觉得没有中文看着简单。不过没有关系，可以通过修改源代码来解决这个问题。

04 转换到代码视图中，找到弹出警告对话框中的英文提示字段，如图6-92所示，并且替换为中文，如图6-93所示。

```
<script type="text/javascript">
function MM_validateForm() { //v4.0
  if (document.getElementById){
    var i,p,q,nm,test,num,min,max,errors='',args=MM_validateForm.arguments;
    for (i=0; i<(args.length-2); i+=3) { test=args[i+2]; val=document.getElementById(args[i]);
      if (val) { nm=val.name; if ((val=val.value)!="") {
        if (test.indexOf('isEmail')!=-1) { p=val.indexOf('@');
          if (p<1 || p==(val.length-1)) errors+='- '+nm+' must contain an e-mail address.\n';
        } else if (test!='R') { num = parseFloat(val);
          if (isNaN(val)) errors+='- '+nm+' must contain a number.\n';
          if (test.indexOf('inRange') != -1) { p=test.indexOf(':');
            min=test.substring(8,p); max=test.substring(p+1);
            if (num<min || max<num) errors+='- '+nm+' must contain a number between '+min+' and '+max+'.\n';
      } } } else if (test.charAt(0) == 'R') errors += '- '+nm+' is required.\n'; }
    } if (errors) alert('The following error(s) occurred:\n'+errors);
    document.MM_returnValue = (errors == '');
} }
</script>
```

图6-92 英文提示部分

```
<script type="text/javascript">
function MM_validateForm() { //v4.0
  if (document.getElementById){
    var i,p,q,nm,test,num,min,max,errors='',args=MM_validateForm.arguments;
    for (i=0; i<(args.length-2); i+=3) { test=args[i+2]; val=document.getElementById(args[i]);
      if (val) { nm=val.name; if ((val=val.value)!="") {
        if (test.indexOf('isEmail')!=-1) { p=val.indexOf('@');
          if (p<1 || p==(val.length-1)) errors+='- '+nm+'必须是一个Email地址.\n';
        } else if (test!='R') { num = parseFloat(val);
          if (isNaN(val)) errors+='- '+nm+' 必须是数字格式.\n';
          if (test.indexOf('inRange') != -1) { p=test.indexOf(':');
            min=test.substring(8,p); max=test.substring(p+1);
            if (num<min || max<num) errors+='- '+nm+' must contain a number between '+min+' and '+max+'.\n';
      } } } else if (test.charAt(0) == 'R') errors += '- '+nm+' 为必须填写项目.\n'; }
    } if (errors) alert('出现错误:\n'+errors);
    document.MM_returnValue = (errors == '');
} }
</script>
```

图6-93 替换为中文提示

05 在浏览器中预览页面，测试验证表单的行为，可以看到提示对话框中的提示文字内容已经变成了中文，如图6-94所示。

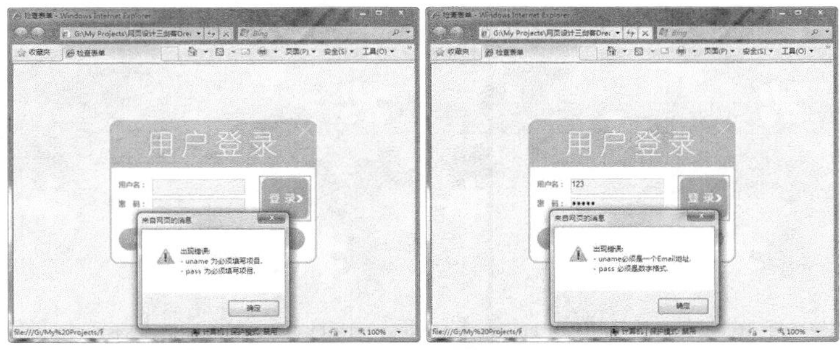

图6-94 检查表单效果

提示 如果要对整个表单域进行验证，则“检查表单”行为要设置在“提交”按钮上，默认使用事件onSubmit，即当用户单击“提交”按钮时进行验证；如果只针对个别域进行验证，则可以将“检查表单”行为设置在这些域上，默认使用onBlur事件，即当光标离开该域时进行验证。

6.4.11 实战——设置容器的文本

“设置容器的文本”行为将用户指定的内容替换网页上现有Div中的内容和格式设置，用于设置Div的内容进行动态变化，该内容可以包括任何有效的HTML源代码，在适当的触发事件后在某一个Div中显示新的内容。

设置容器的文本

●源文件：光盘\源文件\第6章\6-4-11.html　　　●视频：光盘\视频\第6章\6-4-11.swf

01 执行“文件>打开”命令，打开页面“光盘\源文件\第6章\6-4-11.html”，页面效果如图6-95所示。单击“插入”面板上“布局”选项卡中的“绘制AP Div”按钮，在页面中单击并拖动鼠标绘制一个AP Div，如图6-96所示。

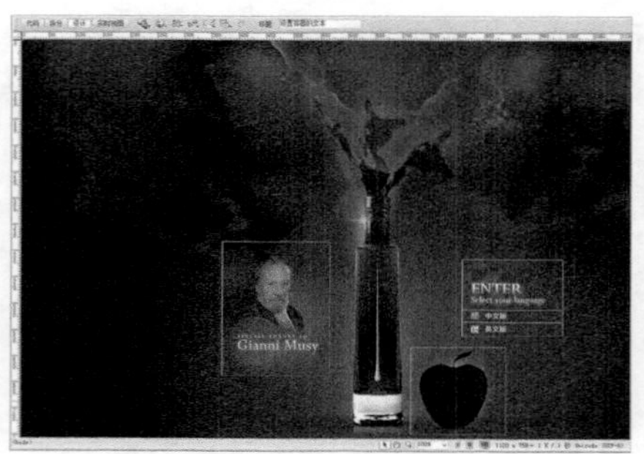

图6-95 打开页面

图6-96 绘制AP Div

02 选中刚绘制的AP Div，在“属性”面板中可以看到该AP Div的名称，并对相关属性进行设置，如图6-97所示。设置完成后，可以看到该Ap Div的效果，如图6-98所示。

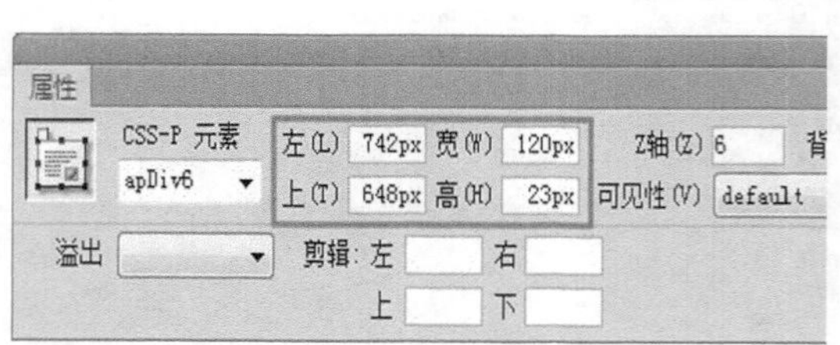

图6-97 “属性”面板

图6-98 页面效果

03 单击选中页面中的“中文版”图像，在“行为”面板中单击“添加行为”按钮，在弹出菜单中选择“设置文本>设置容器的文本”选项，弹出“设置容器的文本”对话框，设置如图6-99所示。单击“确定”按钮，在“行为”面板中将激活该行为的事件设置为onMouseOver，如图6-100所示。

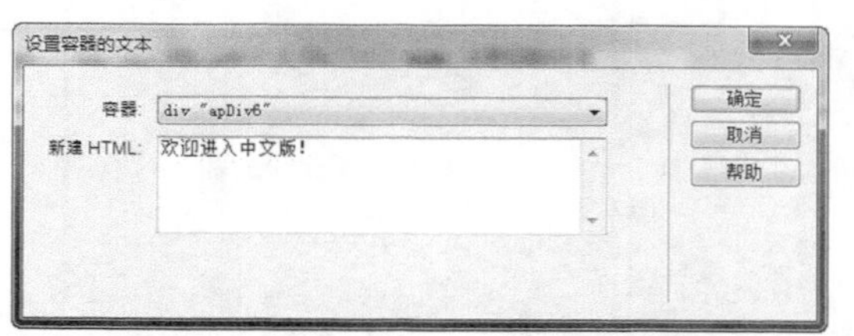

图6-99 “设置容器的文本”对话框

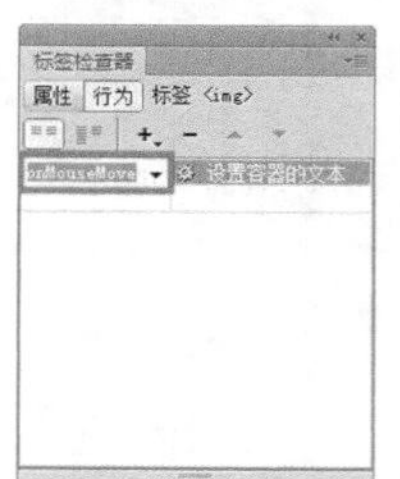

图6-100 “行为”面板

提示 在“容器”下拉列表中选择要改变内容的AP Div名称，这里选择apDiv6。在“新建HTML”文本框中输入取代AP Div内容的新的HTML代码或文本。

04 使用相同方法，为“英文版”图像添加“设置容器文本”的行为，执行“文件>保存”命令，保存页面。在浏览器中预览页面，可以看到设置AP Div文本的效果，如图6-101所示。

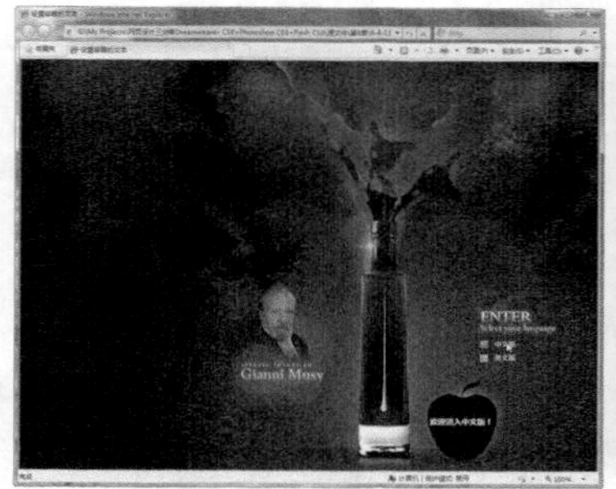

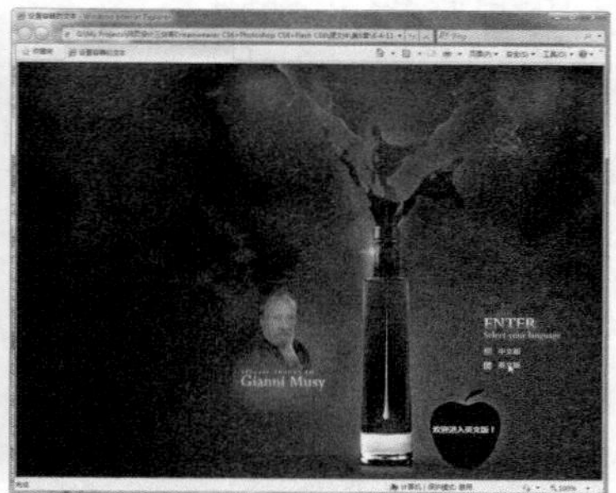

图6-101 预览页面效果

6.4.12 实战——设置文本域文字

使用“设置文本域文字”行为能够让用户更新任何文本或文本区域，并且是动态的，在用适当的触发事件触发后会在某一个文本域中显示新的内容。

设置文本域文字

●源文件：光盘\源文件\第6章\6-4-12.html　　●视频：光盘\视频\第6章\6-4-12.swf

01 执行“文件>打开”命令，打开页面“光盘\源文件\第6章\6-4-12.html”，效果如图6-102所示。选中“用户名”文本后的文本字段，单击“行为”面板上的“添加行为”按钮，在弹出菜单中选择“设置文本>设置文本域文字”选项，弹出“设置文本域文字”对话框，如图6-103所示。

图6-102 打开页面

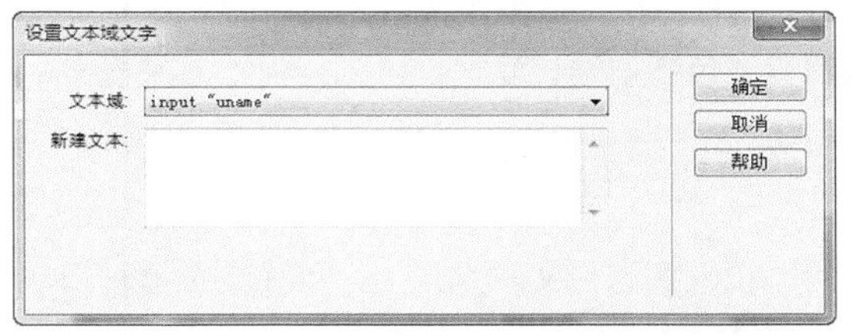

图6-103 “设置文本域文字”对话框

02 对“设置文本域文本”对话框进行设置，如图6-104所示。单击“确定”按钮，完成设置，在“行为”面板中修改触发该行为的事件为onMouseOut（当光标移开表单域时），如图6-105所示。

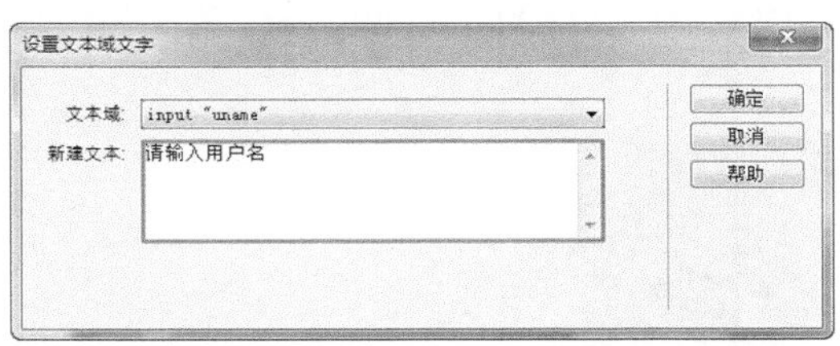

图6-104 “设置文本域文字”对话框

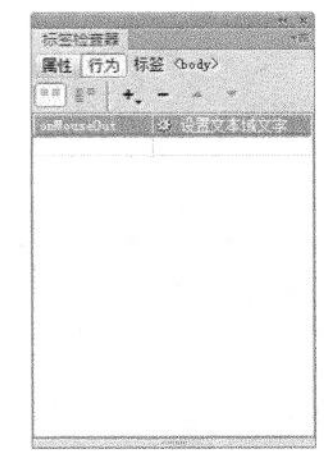

图6-105 “行为”面板

> **提示** 在“文本域”下拉列表中显示了该页面中的所有文本域，可以在该下拉列表中选择需要“设置文本域文本”的文本域。在“新建文本”文本框中输入文本域中的文本内容。

03 执行“文件>保存”命令，保存页面，在浏览器中预览页面，如图6-106所示。当光标移出表单域时，可以看到设置的文本域文字，如图6-107所示。

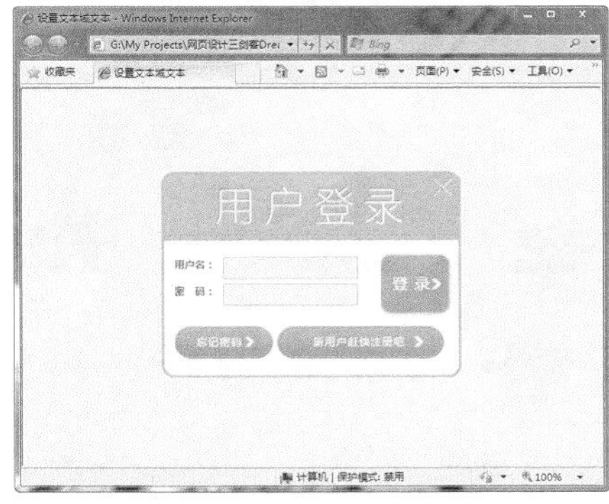

图6-106 预览页面效果

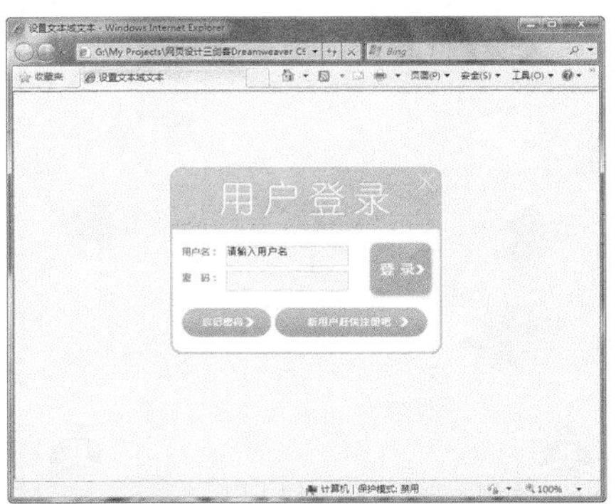

图6-107 文本域文字

6.4.13 设置框架文本

"设置框架文本"行为用于包含框架结构的页面，可以动态地改变框架的文本、转变框架的显示及替换框架的内容，还可使用户动态地改写任何框架的全部代码。虽然"设置框架文本"行为将替换框架的格式设置，但可以选中"保留背景颜色"复选框，以保留页面背景和文本颜色的属性。

图6-108 "设置框架文本"对话框

"设置框架文本"对话框如图6-108所示，用户可以根据自己的需要在该对话框中进行相应的设置。

框架：可以从该选项后的下拉列表中选择一个框架类型。

新建HTML：该选项用于设置当前框架新加入的内容，在该文本框中可以输入任何HTML语句及JavaScript代码，这些内容将代替原来该框架的内容。

获取当前HTML：单击该按钮，则当前框架的内容会以HTML代码的形式显示在上面的文本框中。

保留背景色：勾选该复选框，则会保留原来框架中的背景颜色。

6.4.14 实战——设置状态栏文本

使用"设置状态栏文本"行为，可在浏览器窗口底部左侧的状态栏中显示消息。例如，可以使用此行为在状态栏中显示连接的目标，而不是显示与之关联的URL。

设置状态栏文本

●源文件：光盘\源文件\第6章\6-4-14.html　　●视频：光盘\视频\第6章\6-4-14.swf

01 执行"文件>打开"命令，打开页面"光盘\源文件\第6章\6-4-14.html"，效果如图6-109所示。在标签选择器中单击选中<body>标签，如图6-110所示。

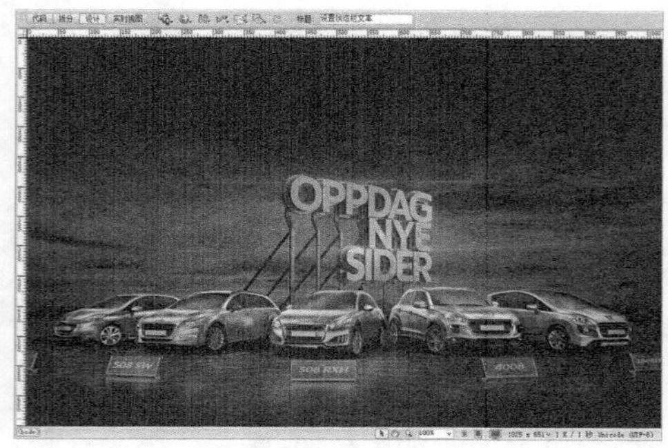

图6-109 打开页面

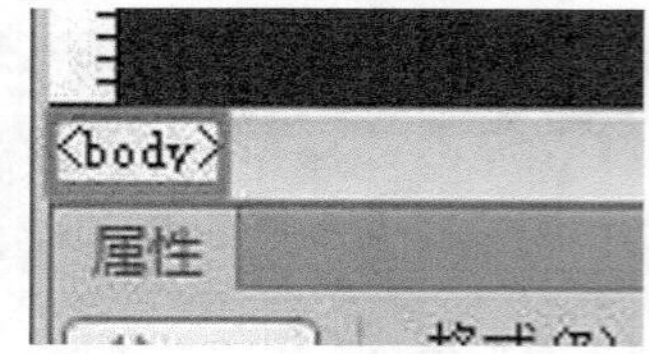

图6-110 选则<body>标签

02 单击"行为"面板上的"添加行为"按钮，在弹出菜单中选择"设置文本>设置状态栏文本"选项，如图6-111所示。在弹出的"设置状态栏文本"对话框中进行设置，设置如图6-112所示。

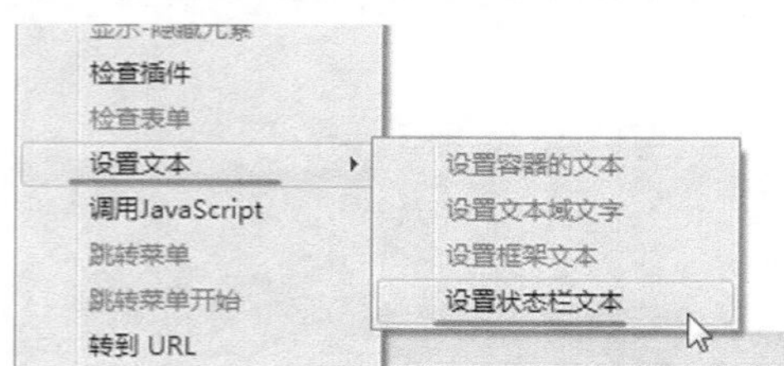

图6-111 选择"设置状态栏文本"选项

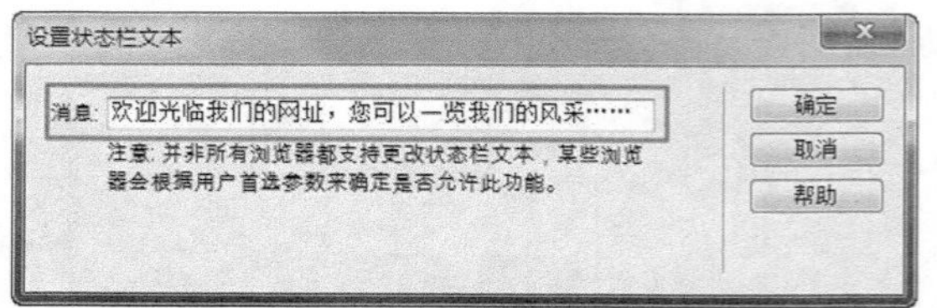

图6-112 "设置状态栏文本"对话框

03 单击"确定"按钮，在"行为"面板中将触发事件修改为onLoad，如图6-113所示。执行"文件>保存"命令，保存页面。在浏览器中预览页面，可以看到浏览器状态栏上出现了设置的状态栏文本，如图6-114所示。

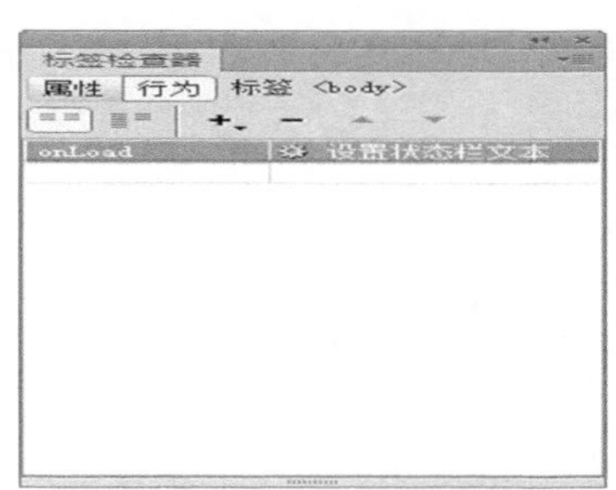

图6-113 “行为”面板

图6-114 预览页面效果

6.4.15 实战——调用JavaScript

“调用JavaScript”行为，可以设置当某事件被触发时调用相应的JavaScript代码，以实现相应的行为动作。如果用户使用的浏览器可以识别嵌在HTML中的JavaScript语句，它就能够响应用户单击或输入等事件。

调用JavaScript

●源文件：光盘\源文件\第6章\6-4-15.html　　●视频：光盘\视频\第6章\6-4-15.swf

01 执行“文件>打开”命令，打开页面“光盘\源文件\第6章\6-4-15.html”，效果如图6-115所示。在标签选择器中单击选中<body>标签，如图6-116所示。

图6-115 打开页面

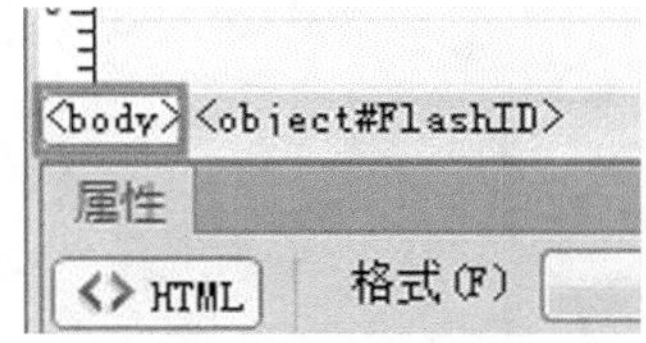

图6-116 选中<body>标签

02 单击“行为”面板上的“添加行为”按钮，在弹出菜单中选择“调用JavaScript”选项，如图6-117所示。在弹出的“调用JavaScript”对话框中进行设置，设置如图6-118所示。

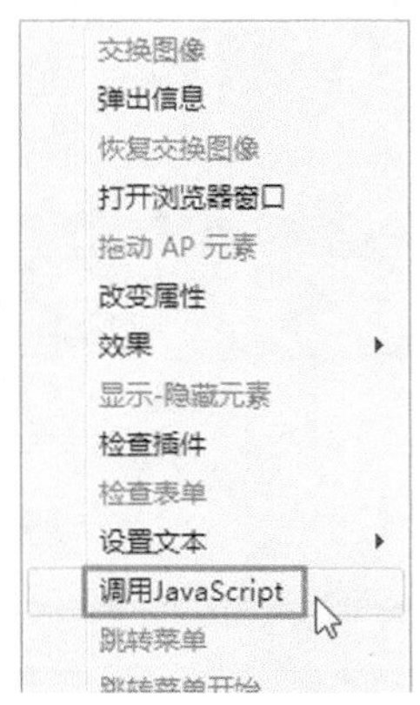

图6-117 弹出菜单

图6-118 “调用JavaScript”对话框

03 单击“确定”按钮，在“行为”面板中将触发事件修改为onLoad，如图6-119所示。执行“文件>保存”命令，保存页面。在浏览器中预览页面，可以看到调用JavaScript的页面效果，如图6-120所示。

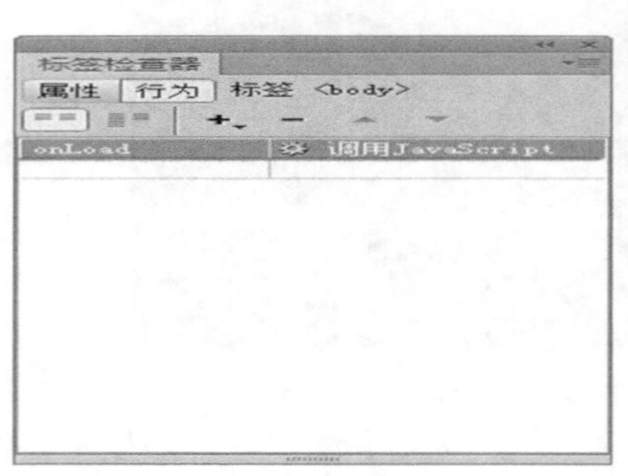
图6-119 “行为”面板

图6-120 预览页面

6.4.16 实战——跳转菜单

使用“跳转菜单”行为，可以编辑和重新排列菜单项、更改要跳转到的文件以及编辑文件的窗口等。如果页面中尚无跳转菜单对象，则要创建一个跳转菜单对象。

跳转菜单

●源文件：光盘\源文件\第6章\6-4-16.html　　●视频：光盘\视频\第6章\6-4-16.swf

01 执行“文件>打开”命令，打开页面“光盘\源文件\第6章\6-4-16.html”，页面效果如图6-121所示。在标签选择器中单击选中“门户网站”列表菜单的标签，如图6-122所示。

图6-121 打开页面

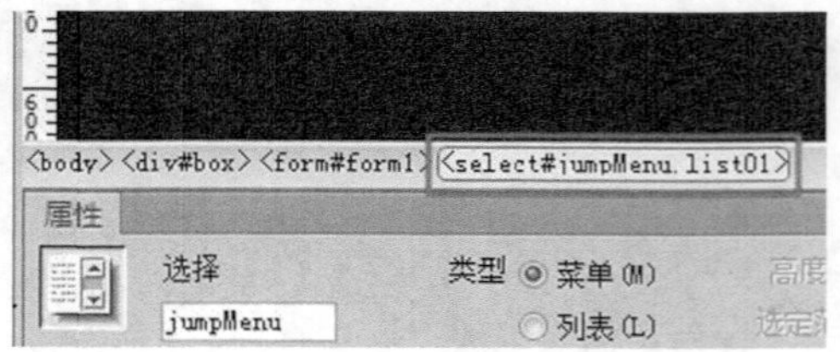
图6-122 选中<body>标签

02 单击“行为”面板上的“添加行为”按钮，在弹出菜单中选择“跳转菜单”选项，弹出“跳转菜单”对话框，在该对话框中设置如图6-123所示，单击“确定”按钮。选中刚插入的跳转菜单，在“标签检查器”中可以看到相应的设置，如图6-124所示。

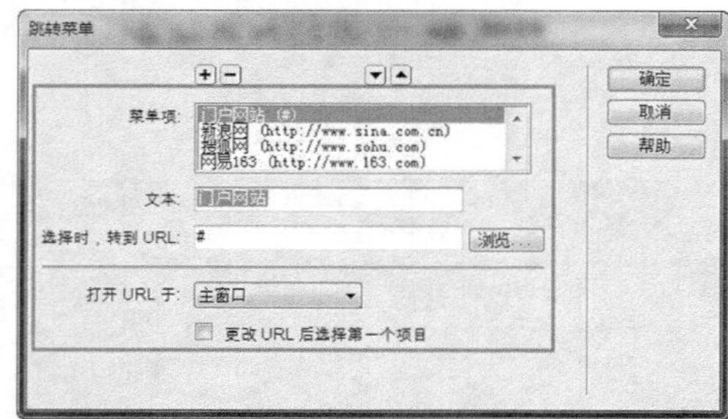
图6-123 “跳转菜单”对话框

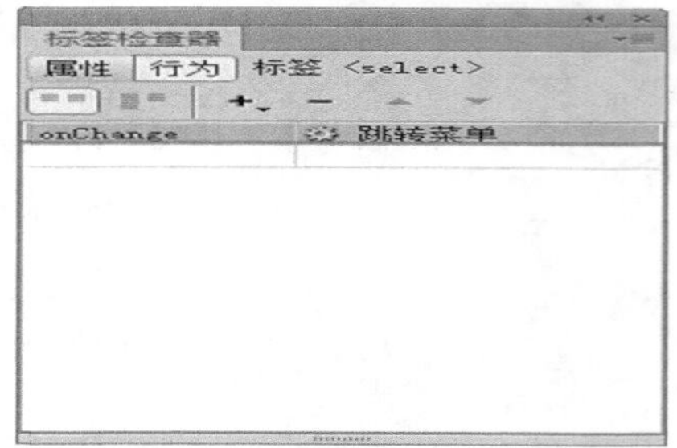
图6-124 “行为”面板

03 使用相同方法，完成其他跳转菜单的插入操作。执行“文件>保存”命令，保存页面。在浏览器中预览该页面，单击插入跳转菜单的选项，即可跳转到所设置的网站页面，如图6-125所示。

图6-125 预览页面

6.4.17 跳转菜单开始

“跳转菜单开始”行为与“跳转菜单”行为关联密切，“跳转菜单开始”允许访问者将一个按钮和一个跳转菜单关联起来，这个按钮可以是各种形式，比如图片等。在一般的商业网站中，这种技术常被使用。当单击按钮时则打开在该跳转菜单中选择的链接。

选中作为跳转按钮的图片，然后单击“行为”面板上的“添加行为”按钮，在弹出菜单中选择“跳转菜单开始”行为，弹出“跳转菜单开始”对话框，如图6-126所示。

图6-126 “跳转菜单开始”对话框

提示 如果跳转菜单出现在一个框架中，而跳转菜单项链接到其他框架中的网页，则通常需要使用这种执行按钮，以允许访问者重新选择已在跳转菜单中选择的项。

6.4.18 转到URL

使用“转到URL”行为，可在当前窗口或指定的框架中打开一个新页面，该操作适用于通过一次单击更改两个或多个框架的内容。该行为可以丰富打开链接的事件及效果，同时还可以实现一些特殊的打开链接方式，例如在页面中一次性打开多个链接，当光标经过对象上方的时候打开链接等。

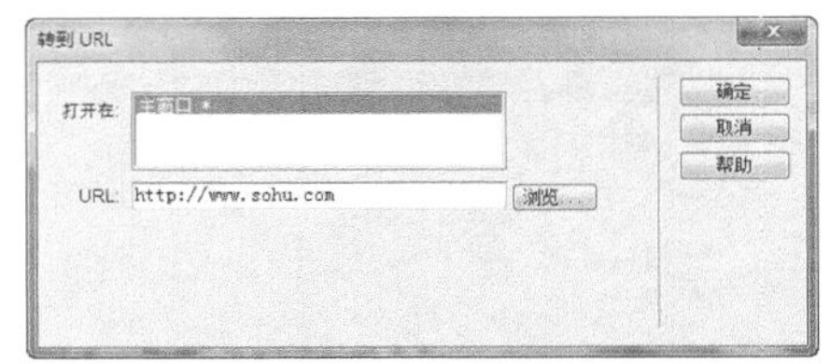

图6-127 “转到URL”对话框

单击“标签检查器”面板上的“添加行为”按钮，在弹出菜单中选择“转到URL”选项，弹出“转到URL”对话框，如图6-127所示。

如果任何一个框架命名为top、blank、self或parent，则使用此行为动作可能会产生意想不到的结果，如浏览器有时会将这些名称误认为是保留的目标名称。

6.4.19 预先载入图像

使用“预先载入图像”行为，可以将不会立即出现在页面上的图像载入浏览器缓存中，这样可以防止当图像被查看时，由于下载而导致延迟。

使用“交换图像”行为，可以自动预先载入在“交换图像”对话框选择“预先载入图像”选项时所有高亮显示的图像，因此在使用“预先载入图像”时，不需要手动添加。

选择页面中的某个对象，然后单击“行为”面板上的“添加行为”按钮+.。在弹出菜单中选择“预先载入图像”选项，弹出“预先载入图像”对话框，如图6-128所示，用户可以根据自己的需要对相应的选项进行设置。

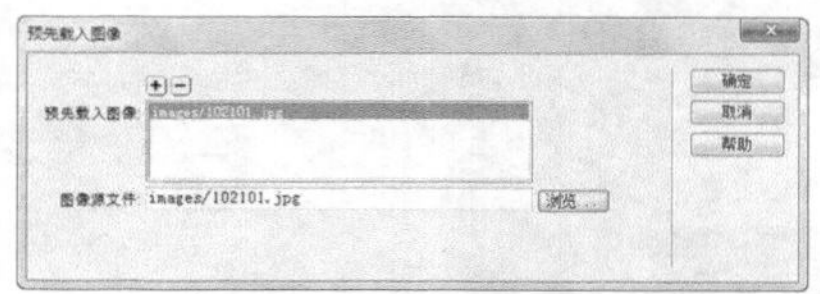

图6-128 “预先载入图像”对话框

6.5 本章小结

本章主要讲解了AP Div和行为在网页中的应用和使用方法。学习了本章后，了解到使用AP Div和行为能够实现许多网页特殊效果，AP Div还可以对简单页面进行排版。Dreamweaver CS6中所插入的行为，实际上是Dreamweaver CS6自动给网页添加了一些JavaScript代码，这些代码能够实现动感丰富的网页效果。通过本章的学习，希望读者能够使用AP Div和行为制作出效果丰富、形象生动的网站页面。

第7章 CSS样式与Div+CSS布局

在设计制作网页的过程中，常常需要对页面中元素的位置、大小、背景、风格及间距等进行设置，这些都可以通过CSS样式来实现。随着Web标准的发展，使用Div+CSS对网页进行排版布局已经成为当前的趋势，而传统的表格布局方式正在逐渐被淘汰，表格正在回归它原来的用途。在Div+CSS布局中，最重要的依然是使用CSS样式控制网页的外观表现。所以，CSS样式是网页设计制作中非常重要的技术，Div+CSS布局又称为CSS布局。

7.1 什么是CSS样式

CSS是Cascading Style Sheets的简称，CSS具有非常灵活实用的功能，不必把繁杂的样式定义编写在文档结构中，可以将所有有关文档的样式内容全部脱离出来，在行内定义，在标题中定义，甚至作为外部CSS样式文件供HTML页面调用。

7.1.1 认识CSS样式

CSS是一组格式设置规则，用于控制Web页面的外观。通过使用CSS样式设置页面的格式，可以将页面的内容与表现形式分离。页面内容存放在HTML文档中，而用于定义表现形式的CSS规则则存放在另一个文件中。将内容与表现形式分离，不仅可以使维护站点的外观更加容易，而且还可以使HTML文档代码更加简练，缩短浏览器的加载时间。

CSS样式首要目的是为网页上的元素精确定位；其次，它把网页上的内容结构和格式控制相分离。浏览者想要看的是网页上的内容结构，而为了让浏览者更好地看到这些信息，就要通过使用格式来控制。内容结构和格式控制相分离，使得网页可以仅由内容构成，而网页的格式则通过CSS样式表文件来控制。

CSS样式表的功能一般可以归纳为以下几点：

- 可以更加灵活地控制网页中文字的字体、颜色、大小、间距、风格及位置。
- 可以灵活地设置一段文本的行高、缩进，并可以为其加入三维效果的边框。
- 可以方便地为网页中的任何元素设置不同的背景颜色和背景图像。
- 可以精确地控制网页中各元素的位置。
- 可以为网页中的元素设置各种滤镜，从而产生如阴影、模糊、透明等效果。
- 可以与脚本语言相结合，从而产生各种动态效果。
- 由于是HTML格式的代码，因此网页打开的速度非常快。

7.1.2 “CSS样式”面板

在Dreamweaver中，可以通过“CSS样式”面板来创建CSS样式，也可以直接手写相应的CSS样式代码来创建CSS样式。执行“窗口>CSS样式”命令或按快捷键Shift+F11，可以打开“CSS样式”面板，如图7-1所示。

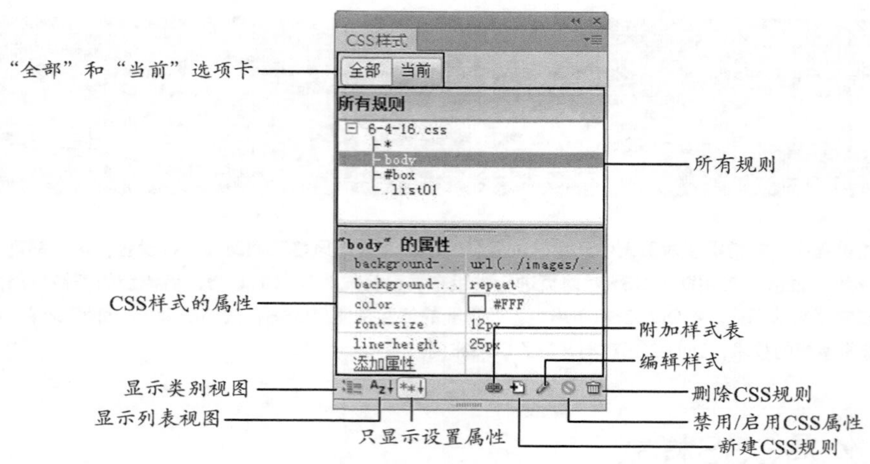

图7-1 "CSS样式"面板

"全部"和"当前"选项卡：单击"全部"按钮，可以切换到"全部"选项卡，该选项卡中将显示当前页面中所有已经定义的CSS样式。单击"当前"按钮，可以切换到"当前"选项卡，该选项卡中将显示当前在页面中所选中的页面元素所应用的CSS样式中的相关属性，如图7-2所示。

所有规则：在该部分显示当前页面中所有已定义的CSS样式，包括内部CSS样式和外部CSS样式。

CSS样式的属性：在"所有规则"选项区中选中某一个CSS样式名称，将在该部分显示所选中的CSS样式的相关属性设置。

"显示类别视图"按钮：单击该按钮，可以在"CSS样式"面板中的"CSS样式的属性"选项区中显示CSS样式类别，如图7-3所示，单击某个类别，可以展开该类别。

"显示列表视图"按钮：单击该按钮，可以在"CSS样式"面板中的"CSS样式的属性"选项区中显示CSS样式属性列表，如图7-4所示。

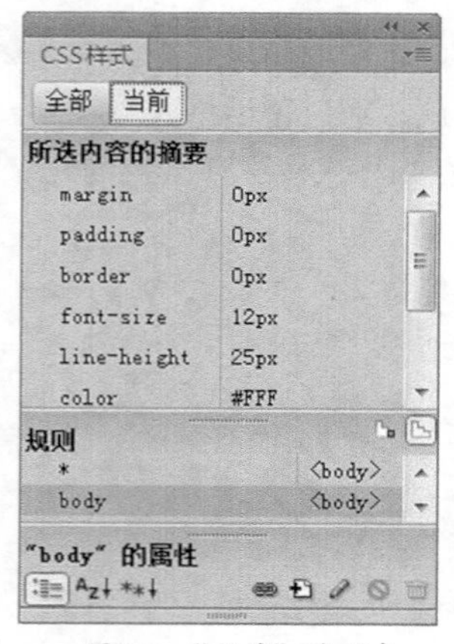

图7-2 "当前"选项卡

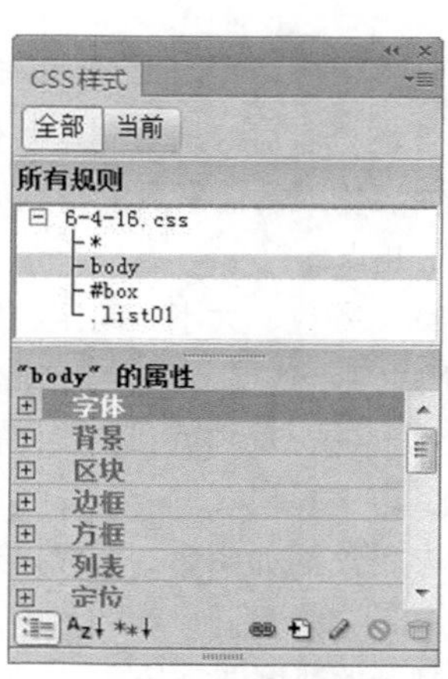

图7-3 显示类别视图

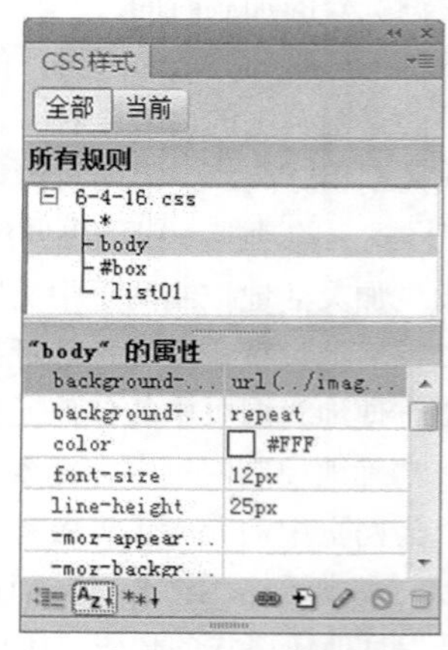

图7-4 显示列表视图

"只显示设置属性"按钮：单击该按钮，可以在"CSS样式"面板中的"CSS样式的属性"选项区中显示当前选中CSS样式中所设置的属性。

"附加样式表"按钮：单击该按钮，将弹出"链接外部样式表"对话框，如图7-5所示，通过该对话框，可以链接或导入外部的CSS样式表文件。

"新建CSS规则"按钮：单击该按钮，将弹出"新建CSS规则"对话框，如图7-6所示，通过在该对话框中进行设置，可以创建各种不同类型的CSS样式。

"编辑样式"按钮：在"CSS样式"面板中选中需要编辑的CSS样式名称，单击该按钮，可以弹出"CSS规则定义"对话框，如图7-7所示，在该对话框中可以对CSS规则进行重新定义。

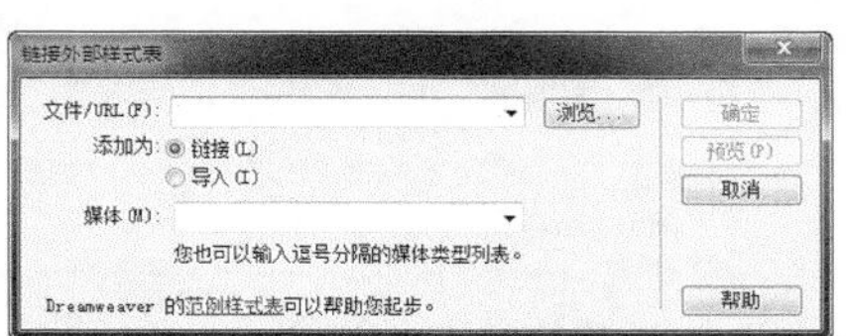

图7-5 “链接外部样式表”对话框

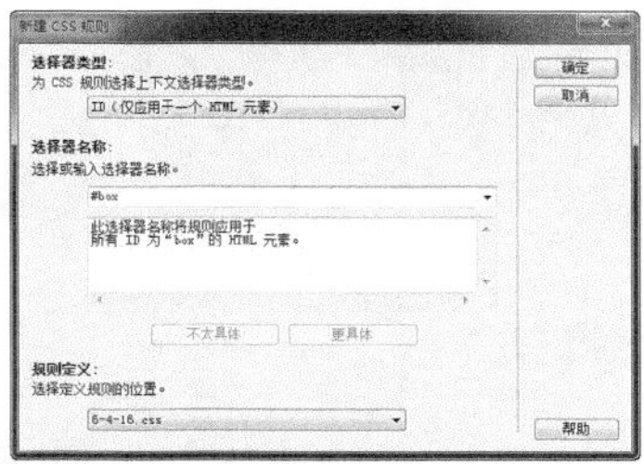

图7-6 “新建CSS规则”对话框

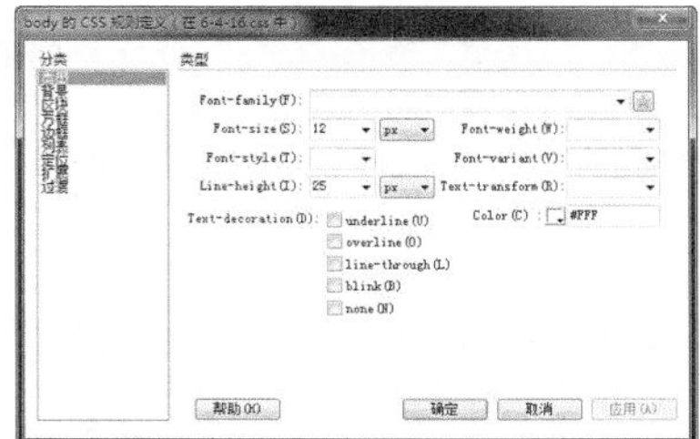

图7-7 “CSS规则定义”对话框

“禁用/启用CSS属性”按钮：在“CSS样式的属性”选项区中选中某个需要禁用CSS属性，单击该按钮，即可在选中的CSS样式中禁用该CSS属性，再次单击该按钮，则可以启用该CSS属性。

“删除CSS规则”按钮：在“CSS样式”面板中选中需要删除的CSS样式，单击该按钮，可以删除该CSS样式。

7.1.3 CSS样式的基本写法

CSS语言由选择器和属性构成，样式表的基本语法如下：

```
CSS选择器{属性1：属性值1；属性2：属性值2；属性3：属性值3；……}
```

下面是在HTML页面中直接引用CSS样式，这个方法必须把CSS样式信息包括在<style>和</style>标签中，为了使样式表在整个页面中产生作用，应把该组标签及内容放到<head>和</head>标签中去。

例如，需要设置HTML页面中所有<h1>标签中的文字都显示为红色，其代码如下：

```
<html>
<head>
<meta http-equiv="Content-Type" content="text/html; charset=utf-8" />
<title>CSS基本语法</title>
<style type="text/css">
<!--
h1 {color: red;}
-->
</style>
</head>
<body>
<h1>这里是页面的正文内容</h1>
</body>
</html>
```

提示 <style>标签中包括了type=”text/css”，这是让浏览器知道是使用CSS样式规则。加入<!—和→这一对注释标记是防止有些老式浏览器不认识CSS样式表规则，可能把该段代码忽略不计。

7.2 创建CSS样式

要想在网页中应用CSS样式，首先必须创建相应的CSS样式。在Dreamweaver中创建CSS样式的方法有两种，一种是通过“CSS样式”面板可视化创建CSS样式，另一种是手动编写CSS样式代码。

提示　通过“CSS样式”面板创建CSS样式，方便、易懂，适合初学者理解，但有部分特殊的CSS样式属性在设置对话框中并没有被提供。手动编写CSS样式代码，更便于理解和记忆CSS样式的各种属性及其设置方法。

7.2.1　实战——创建标签CSS样式

新建了一个页面后，首先需要定义<body>标签的CSS样式，从而对整个页面的外观进行设置，标签CSS样式是网页中最为常用的一种CSS样式。

创建标签CSS样式

●源文件：光盘\源文件\第7章\7-2-1.html　　●视频：光盘\视频\第7章\7-2-1.swf

01 执行“文件>打开”命令，打开页面“光盘\源文件\第7章\7-2-1.html”，效果如图7-8所示。打开“CSS样式”面板，可以看到定义的CSS样式，如图7-9所示。

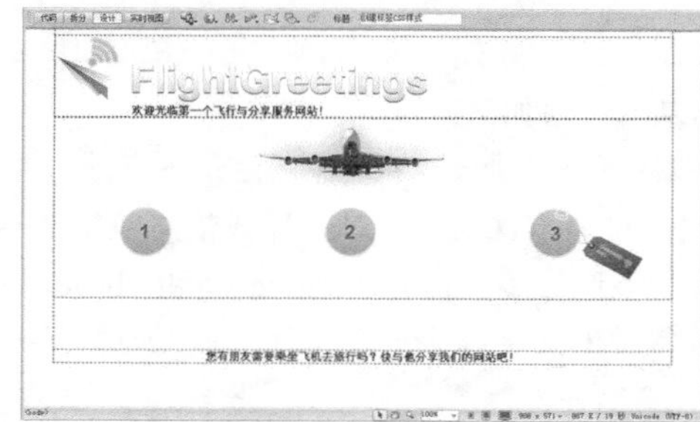
图7-8 打开页面

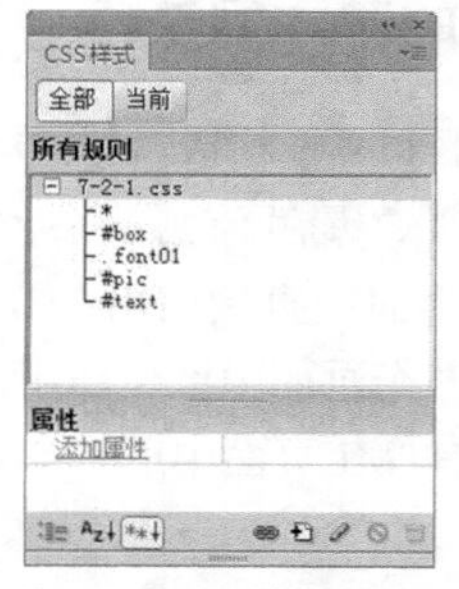

图7-9 “CSS样式”面板

02 在浏览器中预览该页面，效果如图7-10所示。单击“CSS样式”面板上的“新建CSS规则”按钮，弹出“新建CSS规则”对话框，如果需要重新定义特定 HTML 标签的默认格式，在“选择器类型”列表中选择“标签（重新定义HTML标签）”选项，如图7-11所示。

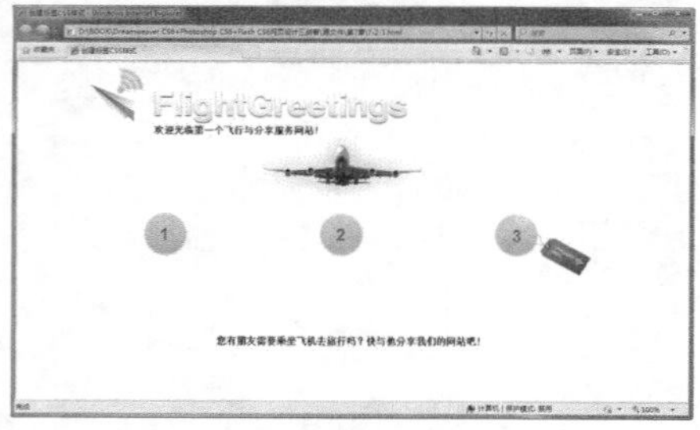
图7-10 预览页面效果

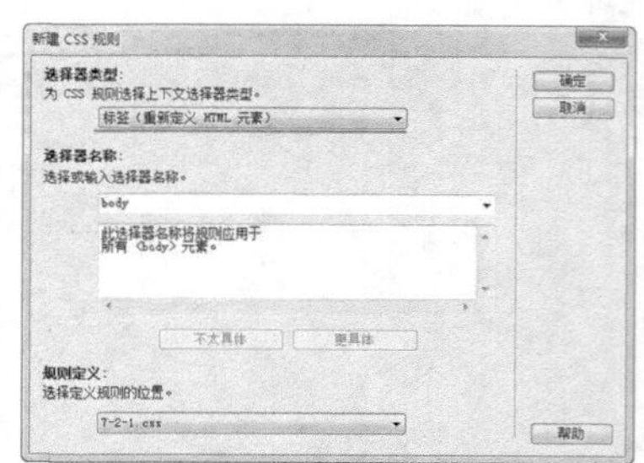

图7-11 “新建CSS规则”对话框

03 在“选择器名称”文本框中输入 HTML 标签，也可以从下拉列表中选择一个想要定义的标签，这里定义的为body标签，如图7-12所示。在“规则定义”下拉列表中选择所链接的外部样式表文件7-2-1.css，如图7-13所示。

图7-12 “新建CSS规则”对话框

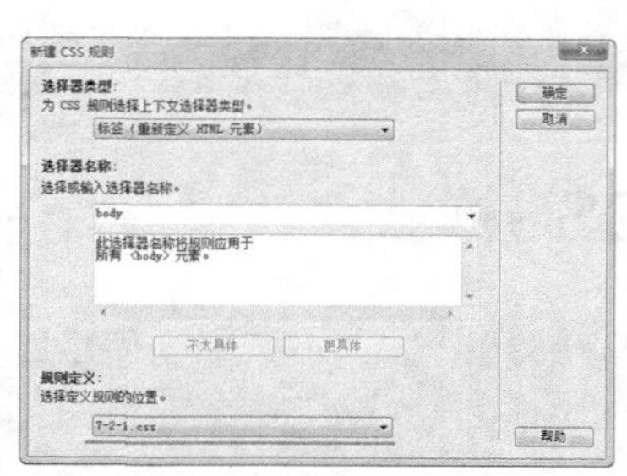
图7-13 “新建CSS规则”对话框

> **提示** 在"规则定义"下拉列表中有两个选项，"（仅对该文档）"选项：在当前文档中内部CSS样式。每次样式定义完成后，代码都会自动添加到顶部的<style></style>中。"（新建样式表文件）"选项：创建外部样式表。如果已经链接了外部CSS样式文件，在该下拉列表中还将出现所链接的外部CSS样式文件选项。

04 单击"确定"按钮，弹出"CSS规则定义"对话框，在左侧的"分类"列表中选择"类型"选项，对相关参数进行设置，如图7-14所示。在左侧的"分类"列表中选择"背景"选项，对相关参数进行设置如图7-15所示。

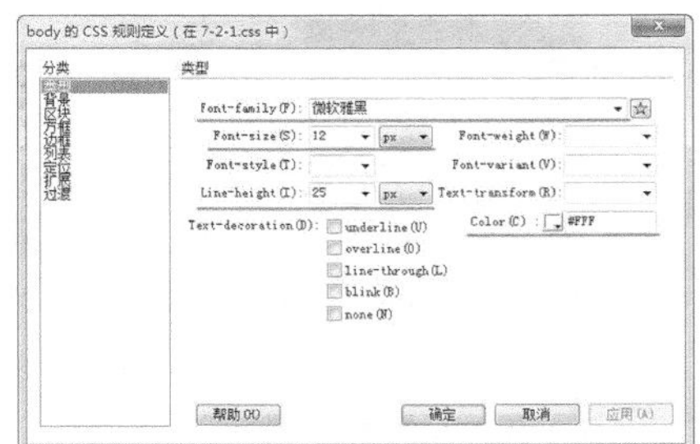

图7-14 设置"类型"相关属性

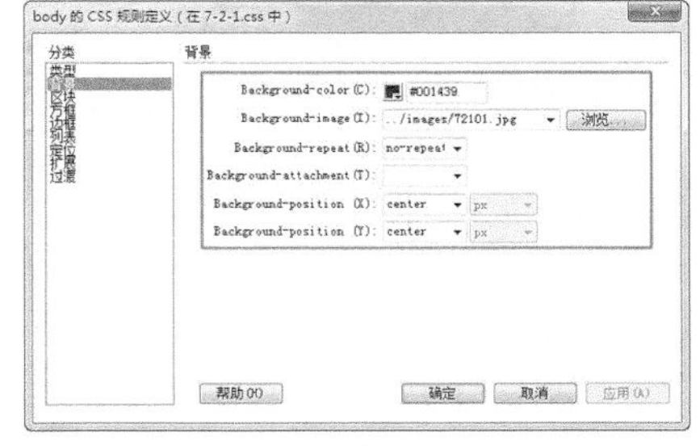

图7-15 设置"背景"相关属性

05 单击"确定"按钮，完成"CSS规则定义"对话框的设置，可以看到页面的效果，如图7-16所示。转换到所链接的外部CSS样式文件中，可以看到所定义的body标签的CSS样式，如图7-17所示。

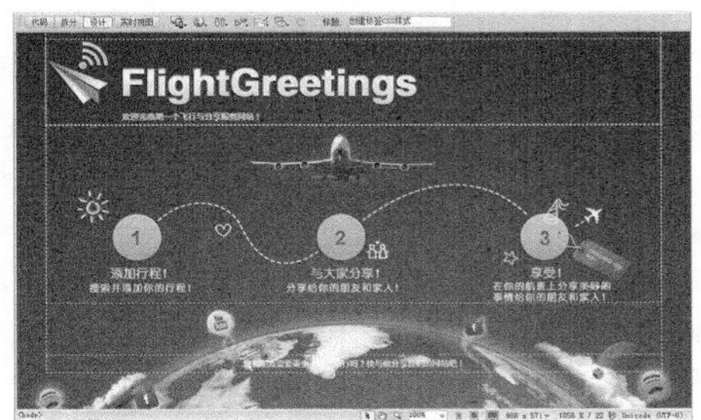

图7-16 页面效果

```
body {
    font-family: 微软雅黑;
    font-size: 12px;
    line-height: 25px;
    color: #FFF;
    background-color: #001439;
    background-image: url(../images/72101.jpg);
    background-repeat: no-repeat;
    background-position: center center;
}
```

图7-17 body标签CSS样式代码

06 保存页面，在浏览器中预览页面，可以看到页面的效果，如图7-18所示。

图7-18 在浏览器中预览页面效果

7.2.2 实战——创建类CSS样式

类CSS样式可以应用在网页中任意的元素上，还可以对网页中的元素进行更精确的控制，使不同的网页之间可以在外观上得到统一的效果。

创建类CSS样式

●源文件：光盘\源文件\第7章\7-2-2.html ●视频：光盘\视频\第7章\7-2-2.swf

01 执行“文件>打开”命令，打开页面“光盘\源文件\第7章\7-2-2.html”，效果如图7-19所示。打开“CSS样式”面板，单击“新建CSS规则”按钮，弹出“新建CSS规则”对话框，如图7-20所示。

图7-19 打开页面

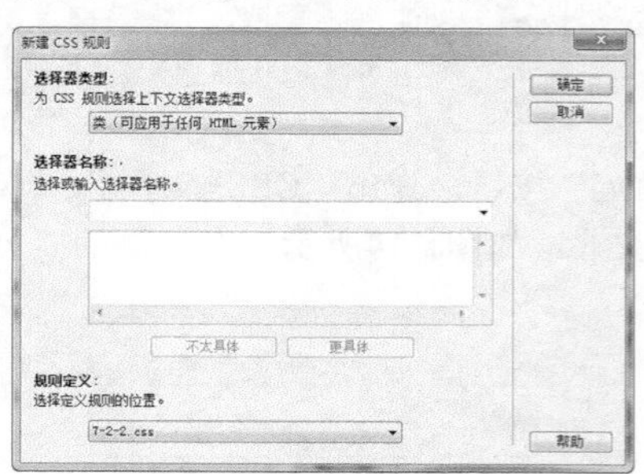

图7-20 “新建CSS规则”对话框

02 在“选择器类型”下拉列表中选择“类（可用于任何HTML元素）”选项，在“名称”文本框中输入自定义名称，命名以“.”开头，其他设置如图7-21所示。单击“确定”按钮，弹出“CSS规则定义”对话框，进行相应的设置，如图7-22所示。

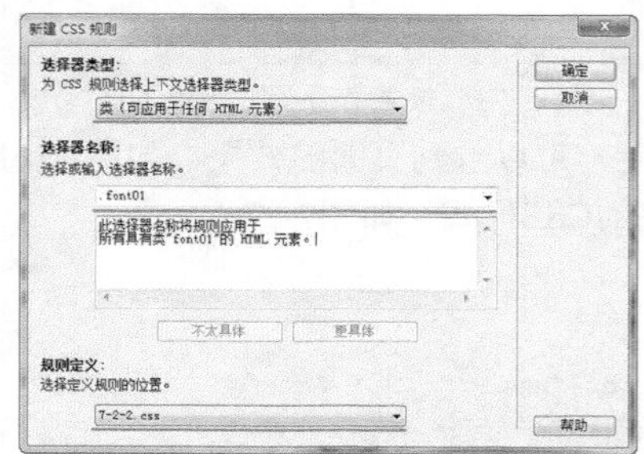

图7-21 “新建CSS规则”对话框

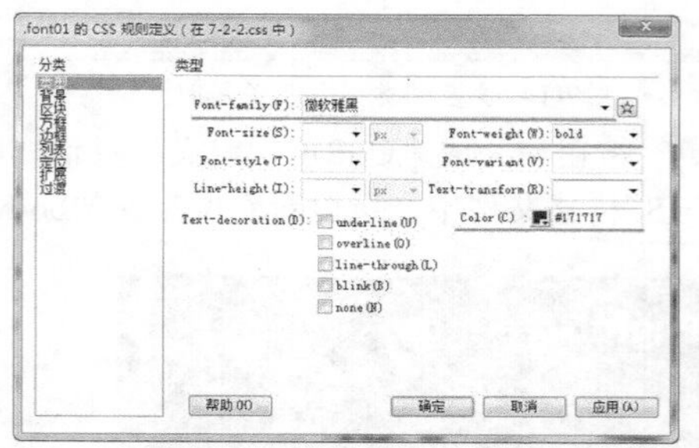

图7-22 “CSS规则定义”对话框

03 单击“确定”按钮，完成“CSS规则定义”对话框的设置，转换到所链接的外部CSS样式文件中，可以看到所定义的名为.font01的类CSS样式，如图7-23所示。返回页面设计视图中，选中需要应用该类CSS样式的文字，如图7-24所示。

```
.font01 {
    font-family: "微软雅黑";
    font-weight: bold;
    color: #171717;
}
```

图7-23 CSS样式代码

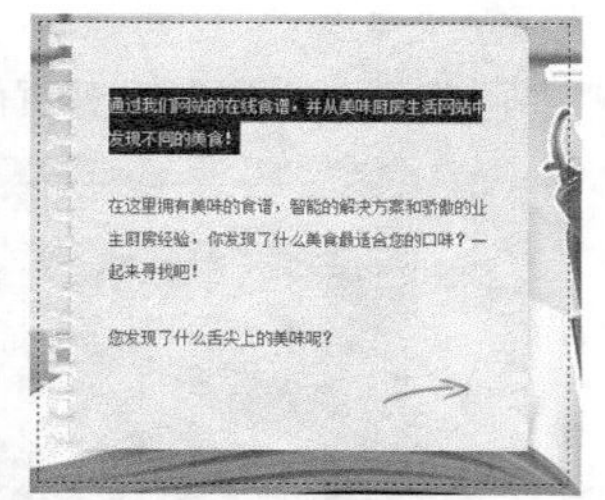

图7-24 选中相应的文字

04 在“属性”面板上的“类”下拉列表中选择刚刚定义的.font01样式，就可以看到用了该类CSS样式的文字效果，如图7-25所示。使用相同的方法，可以定义另一个名称为.font02的类CSS样式，该CSS样式的代码如图7-26所示。

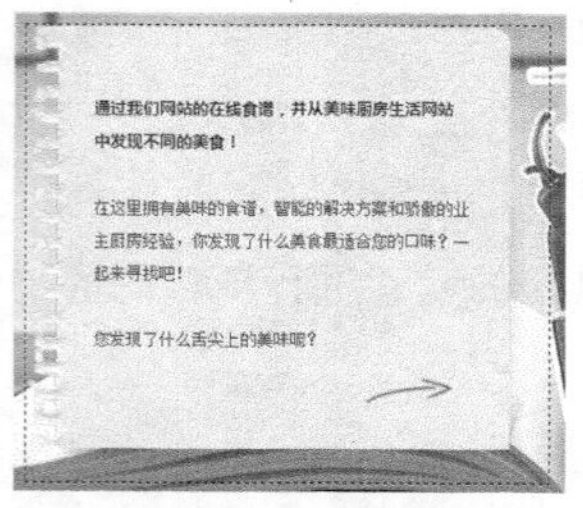

图7-25 应用类CSS样式效果

```
.font02 {
    font-family: "微软雅黑";
    font-size: 14px;
    font-weight: bold;
    color: #006FBA;
}
```

图7-26 CSS样式代码

05 使用相同的方法，选中相应的文字，在“类”下拉列表中选择刚定义的名为.font02的类CSS样式应用，效果如图7-27所示。保存页面，在浏览器中预览页面，可以看到页面的效果，如图7-28所示。

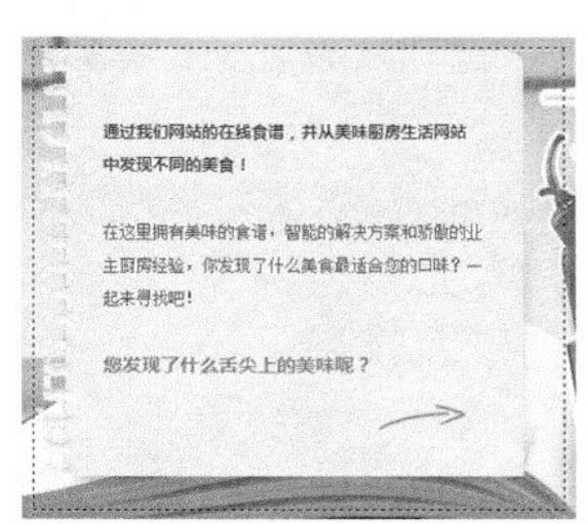

图7-27 应用类CSS样式效果

图7-28 在浏览器中预览页面效果

提示 在新建类CSS样式时，默认在类CSS样式名称前有一个“.”。这个“.”说明了此CSS样式是一个类CSS样式（class），根据CSS规则，类CSS样式（class）可以在一个HTML元素中被多次的调用。

7.2.3 实战——创建ID CSS样式

ID CSS样式主要用于定义设置了特定ID名称的元素。通常在一个页面中，ID名称是不能重复的，所以，所定义的ID CSS样式也是特定指向页面中唯一的元素。

创建ID CSS样式

●源文件：光盘\源文件\第7章\7-2-3.html　　●视频：光盘\视频\第7章\7-2-3.swf

01 执行“文件>打开”命令，打开页面“光盘\源文件\第7章\7-2-3.html”，效果如图7-29所示。在状态栏上的标签选择器中单击<div#text>标签，如图7-30所示。

图7-29 打开页面

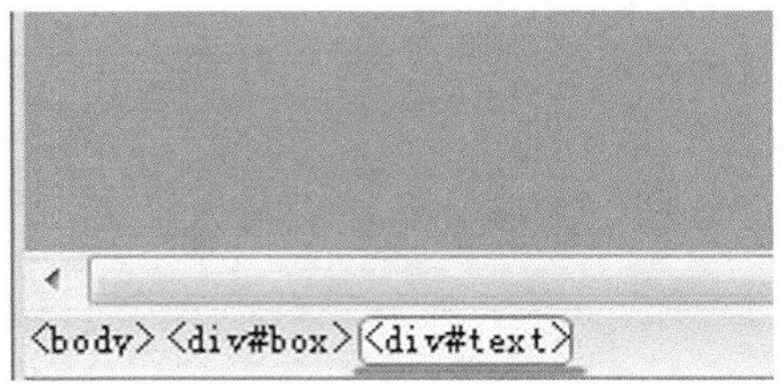

图7-30 单击<div#text>标签

02 选中ID名为text的Div，如图7-31所示。打开“CSS样式”面板，单击“新建CSS规则”按钮，弹出“新建CSS规则”对话框。在“选择器类型”下拉列表中选择“ID（仅应用于一个HTML元素）”选项，在“名称”文本框中输入唯一的ID名称，设置如图7-32所示。

图7-31 选中ID名为text的Div

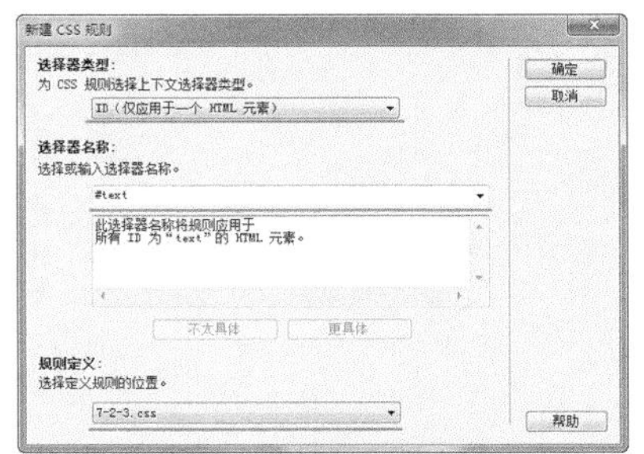

图7-32 “新建CSS规则”对话框

提示 ID样式的命名必须以井号（#）开头，并且可以包含任何字母和数字组合。

03 单击“确定”按钮，弹出“CSS规则定义”对话框，选择“类型”选项，设置如图7-33所示。在“分类”列表中选择“区块”选项，对相关参数进行设置，如图7-34所示。

图7-33 设置“类型”相关属性

图7-34 设置“区块”相关属性

04 在“分类”列表中选择“方框”选项，对相关参数进行设置，如图7-35所示。单击“确定”按钮，完成“CSS规则定义”对话框的设置，可以看到页面中ID名为text的Div的效果，如图7-36所示。

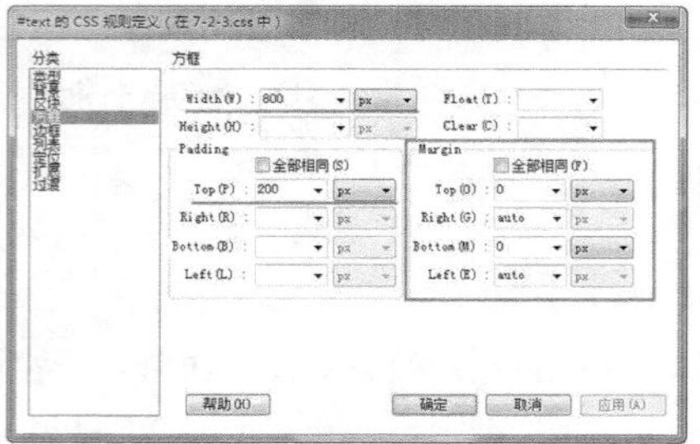
图7-35 设置“方框”相关属性

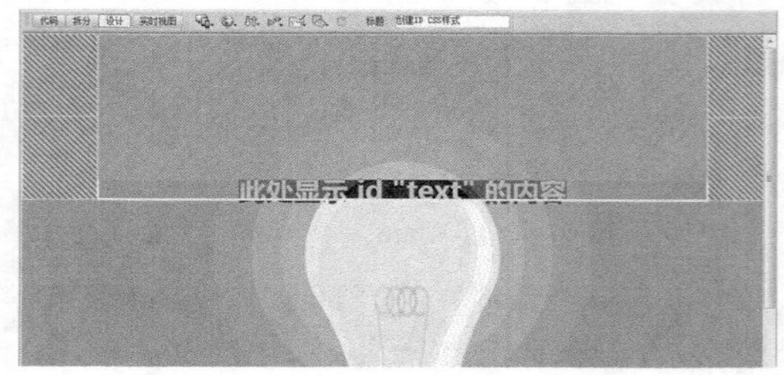

图7-36 页面效果

05 转换到所链接的外部CSS样式文件中，可以看到所定义的名#text的ID样式代码，如图7-37所示。返回设计视图，将光标移至名为text的Div中，删除多余的文字并输入相应的文字，如图7-38所示。

```
#text {
    width: 800px;
    font-family: 微软雅黑;
    font-size: 36px;
    font-weight: bold;
    color: #0E4149;
    text-align: center;
    margin: 0px auto;
    padding-top: 200px;
}
```

图7-37 CSS样式代码

图7-38 输入文字

06 保存页面，在浏览器中预览该页面，效果如图7-39所示。

图7-39 在浏览器中预览页面

7.2.4 实战——创建复合CSS样式

使用“复合内容”样式可以定义同时影响两个或多个标签、类或 ID 的复合规则。例如，如果输入 div img，则 div 标签内的所有img元素都将受此规则影响。

创建复合 CSS样式

●源文件：光盘\源文件\第7章\7-2-4.html　　●视频：光盘\视频\第7章\7-2-4.swf

01 执行“文件>打开”命令，打开页面“光盘\源文件\第7章\7-2-4.html”，效果如图7-40所示。在浏览器中预览该页面，效果如图7-41所示。

图7-40 打开页面

图7-41 在浏览器中预览效果

02 将光标移至名为pic的Div中，删除多余文字，插入图像“光盘\源文件\第7章\images\72403.png”，如图7-42所示。打开“CSS样式”面板，单击“新建CSS规则”按钮，弹出“新建CSS规则”对话框。在“选择器类型”下拉列表中选择“复合内容（基于选择的内容）”选项，在“名称”文本框中输入名称#pic img，其他设置如图7-43所示。

图7-42 插入图像

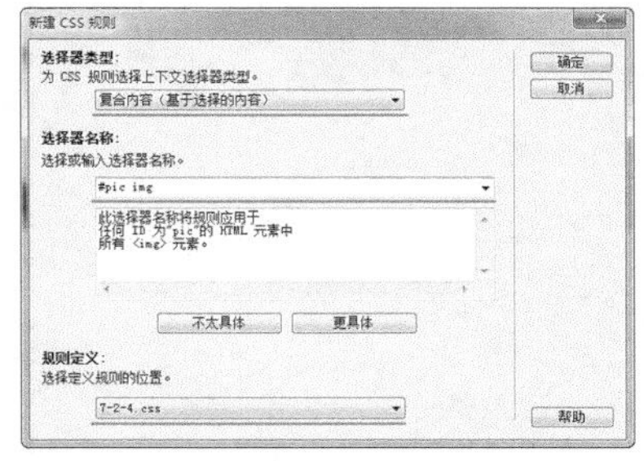

图7-43 “新建CSS规则”对话框

> **提示** 此处所创建的复合CSS样式#pic img，仅仅只针对ID名为pic的Div中的img标签起作用，而不会对页面中其他位置的img标签起作用。

03 单击“确定”按钮，弹出“CSS规则定义”对话框，进行相应的设置，如图7-44所示。单击“确定”按钮，完成“CSS规则定义”对话框的设置，在页面中可以看到名为pic的Div中图像的效果，如图7-45所示。

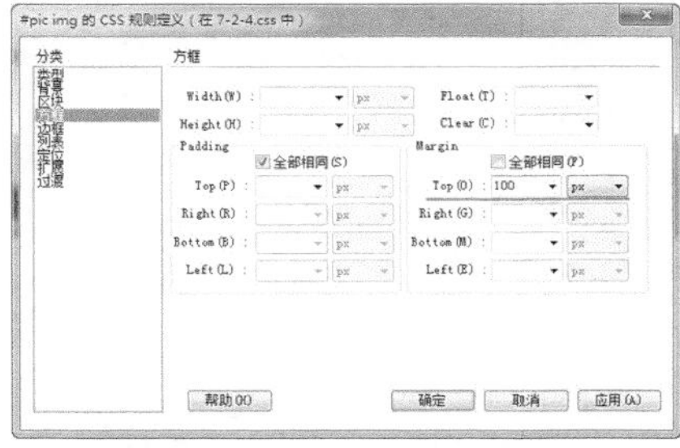

图7-44 “CSS规则定义”对话框

图7-45 页面效果

04 转换到所链接的外部样式表文件中，可以看到所定义的名#pic img的复合CSS样式代码，如图7-46所示。返回设计页面，将光标移至名为menu的Div中，删除多余文字，输入相应的段落文本，如图7-47所示。

```
#pic img {
    margin-top: 100px;
}
```

图7-46 CSS样式代码

图7-47 输入段落文本

05 选中刚输入的所有段落文本，单击“属性”面板上的“项目列表”按钮，如图7-48所示。创建项目列表，转换到代码视图中，可以看到该部分项目列表的代码，如图7-49所示。

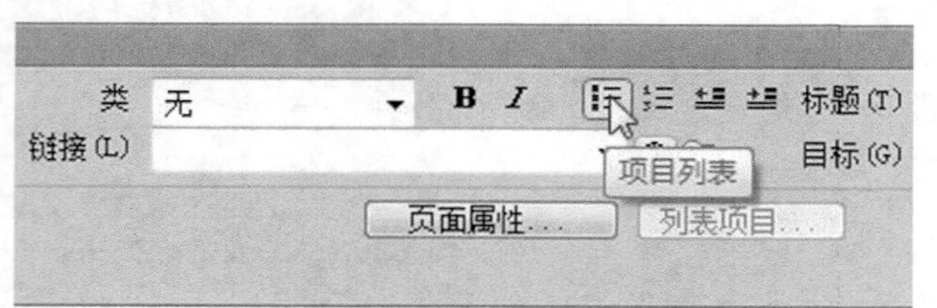

图7-48 单击“项目列表”按钮

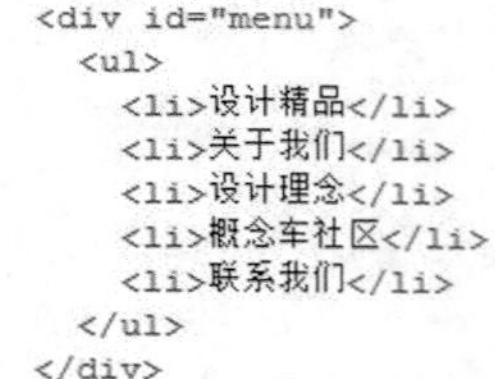

```
<div id="menu">
  <ul>
    <li>设计精品</li>
    <li>关于我们</li>
    <li>设计理念</li>
    <li>概念车社区</li>
    <li>联系我们</li>
  </ul>
</div>
```

图7-49 项目列表代码

06 单击“新建CSS规则”按钮，弹出“新建CSS规则”对话框，在“选择器类型”下拉列表中选择“复合内容（基于选择的内容）”选项，在“名称”文本框中输入名称#menu li，其他设置如图7-50所示。单击“确定”按钮，弹出“CSS规则定义”对话框，设置如图7-51所示。

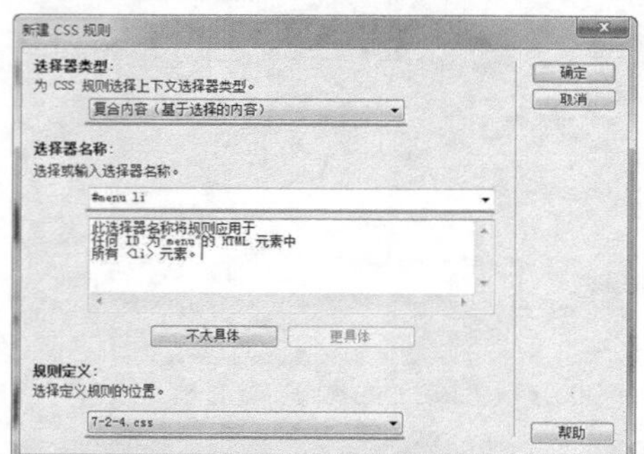

图7-50 “新建CSS规则”对话框

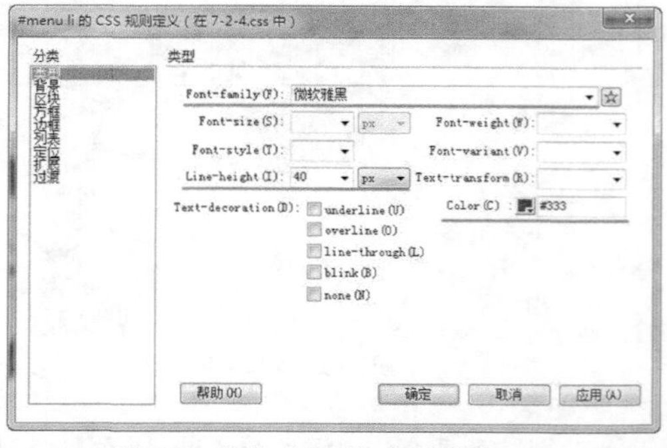

图7-51 设置“类型”相关属性

07 在“分类”列表中选择“区块”选项，对相关参数进行设置，如图7-52所示。在“分类”列表中选择“列表”选项，对相关参数进行设置，如图7-53所示。

图7-52 设置“区块”相关属性

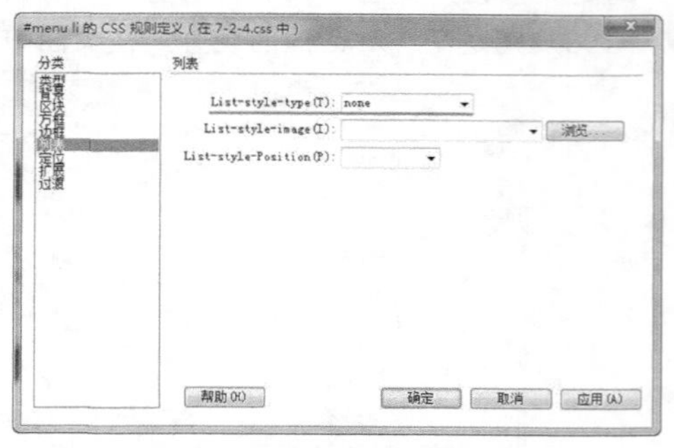

图7-53 设置“列表”相关属性

08 单击“确定”按钮，完成“CSS规则定义”对话框的设置，在页面中可以看到名为menu的Div中项目列表的效果，如图7-54所示。转换到所链接的外部样式表文件中，可以看到所定义的名#menu li的复合CSS样式代码，如图7-55所示。

图7-54 页面效果

```
#menu li {
    line-height: 40px;
    text-align: center;
    display: block;
    list-style-type: none;
    font-family: "微软雅黑";
    color: #333;
}
```

图7-55 CSS样式代码

09 保存页面，在浏览器中预览该页面，效果如图7-56所示。

图7-56 在浏览器中预览页面效果

7.2.5 实战——创建伪类 CSS样式

使用HTML中的超链接标签<a>创建的超链接非常普通，除了颜色发生变化和带有下划线，其他的和普通文本没有太大的区别。这种传统的超链接样式显然无法满足网页设计制作的需求，这时就可以通过CSS样式对网页中的超链接样式进行控制。

对于超链接的修饰，通常可以采用CSS伪类。伪类是一种特殊的选择符，能被浏览器自动识别。其最大的用处是在不同状态下可以对超链接定义不同的样式效果，是CSS本身定义的一种类。

对于超链接伪类的介绍如下。

a:link：定义超链接对象在没有访问前的样式。

a:hover：定义当光标移至超链接对象上时的样式。

a:active：定义当鼠标单击超链接对象时的样式。

a:visited：定义超链接对象已经被访问过后的样式。

CSS样式就是通过上面所介绍的4个超链接伪类来设置超链接样式的。在了解了超链接的CSS伪类后，就可以通过对超链接CSS伪类的定义来实现网页中各种不同的超链接效果。

创建伪类 CSS样式

●源文件：光盘\源文件\第7章\7-2-5.html　　●视频：光盘\视频\第7章\7-2-5.swf

01 执行“文件>打开”命令，打开页面“光盘\源文件\第7章\7-2-5.html”，效果如图7-57所示。选中页面中的导航菜单文字，分别为各导航菜单文字设置空链接，效果如图7-58所示。

图7-57 打开页面

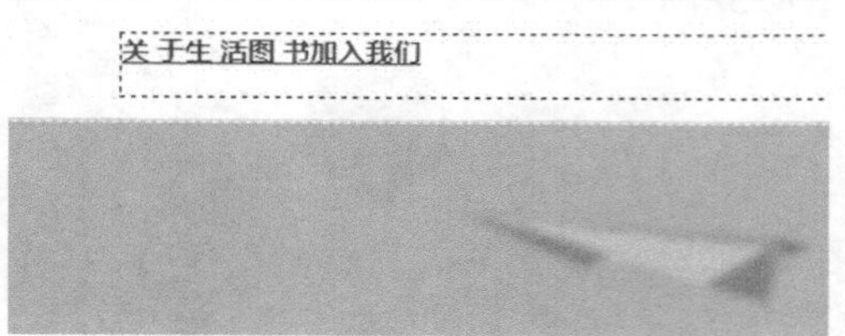

图7-58 设置空链接

02 转换到代码视图中，可以看到所设置的链接代码，如图7-59所示。在浏览器中预览页面，可以看到默认的超链接文字效果，如图7-60所示。

```
<div id="menu">
  <ul>
    <li><a href="#">关 于</a></li>
    <li><a href="#">生 活</a></li>
    <li><a href="#">图 书</a></li>
    <li><a href="#">加入我们</a></li>
  </ul>
</div>
```

图7-59 超链接代码

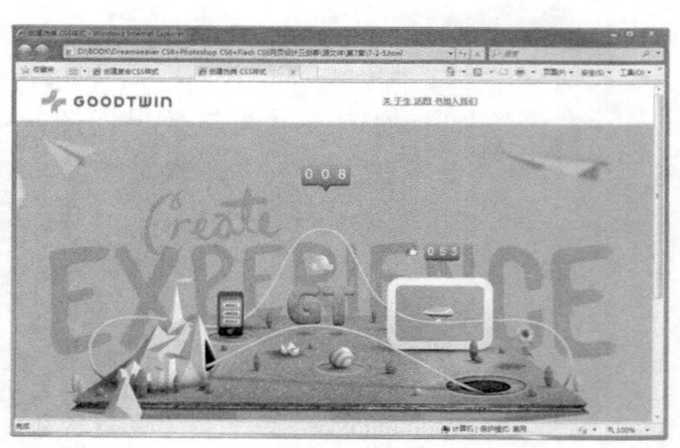
图7-60 预览链接效果

03 单击“新建CSS规则”按钮，弹出“新建CSS规则”对话框，在“选择器类型”下拉列表中选择“复合内容（基于选择的内容）”选项，在“名称”文本框中输入名称#menu li a，其他设置如图7-61所示。单击“确定”按钮，弹出“CSS规则定义”对话框，进行相应的设置，如图7-62所示。

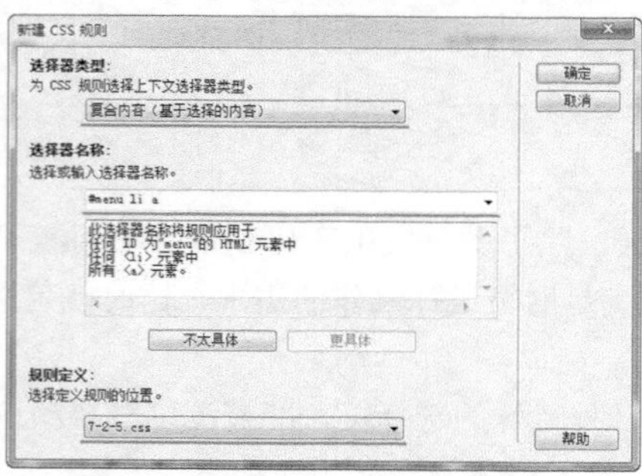

图7-61 “新建CSS规则”对话框

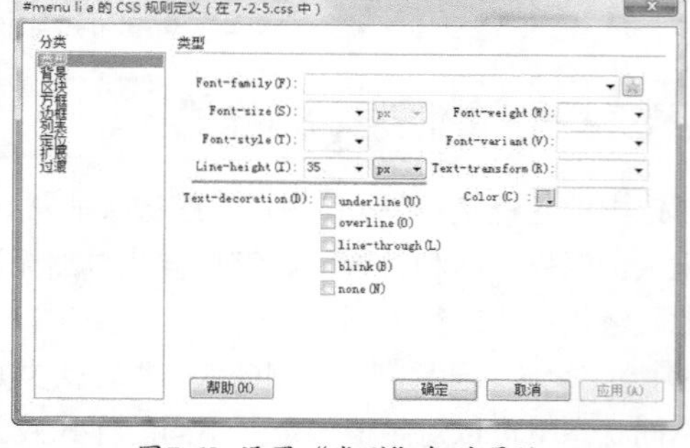

图7-62 设置“类型”相关属性

04 在“分类”列表中选择“区块”选项，对相关参数进行设置，如图7-63所示。在“分类”列表中选择“方框”选项，对相关参数进行设置，如图7-64所示。

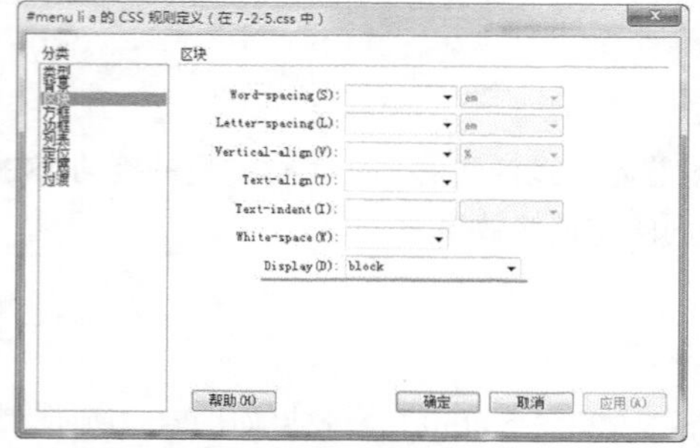

图7-63 设置“区块”相关属性

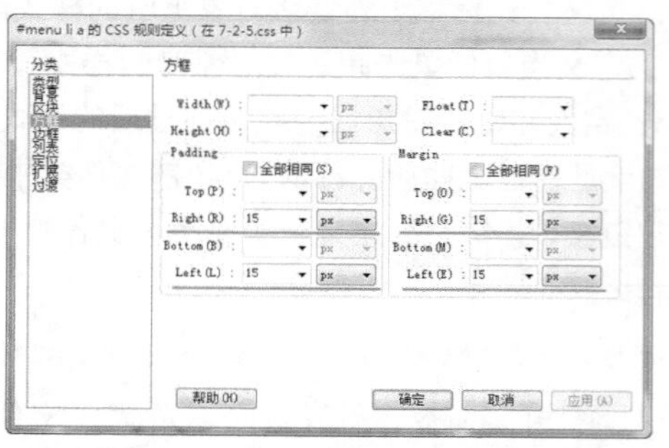

图7-64 设置“方框”相关属性

05 单击“确定”按钮，完成“CSS规则定义”对话框的设置，可以看到页面导航部分的效果，如图7-65所示。转换到所链接的外部样式表文件中，可以看到所定义的名#menu li a的复合CSS样式代码，如图7-66所示。

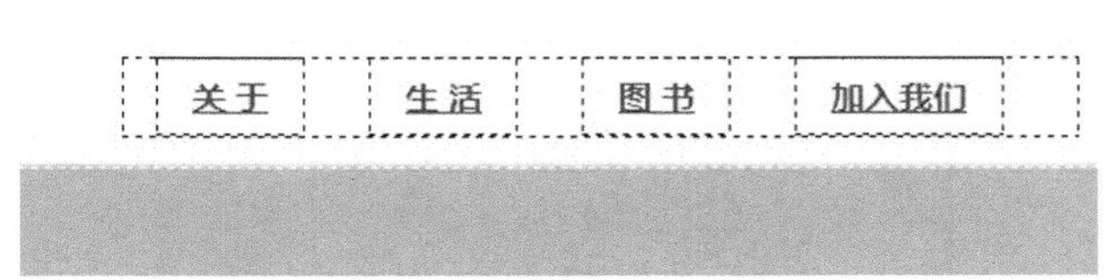

图7-65 页面效果

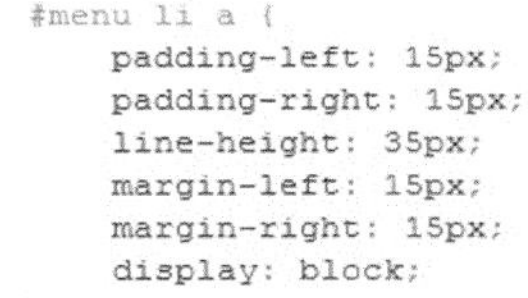

```
#menu li a {
    padding-left: 15px;
    padding-right: 15px;
    line-height: 35px;
    margin-left: 15px;
    margin-right: 15px;
    display: block;
}
```

图7-66 CSS样式代码

06 单击“新建CSS规则”按钮，弹出“新建CSS规则”对话框，在“选择器类型”下拉列表中选择“复合内容（基于选择的内容）”选项，在“名称”文本框中输入名称.link1:link，其他设置如图7-67所示。单击“确定”按钮，弹出“CSS规则定义”对话框，进行相应的设置，如图7-68所示。

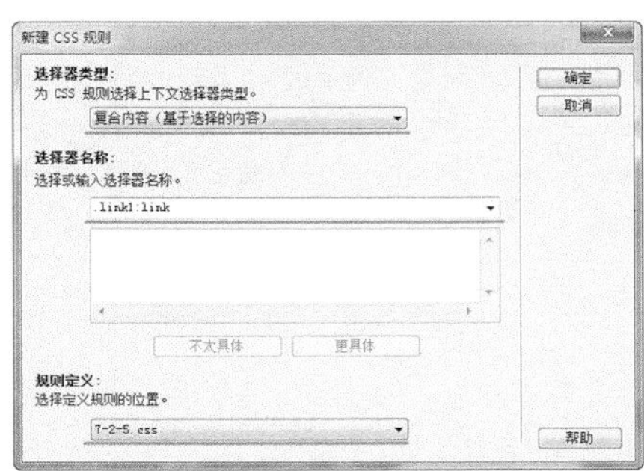

图7-67 “新建CSS规则”对话框

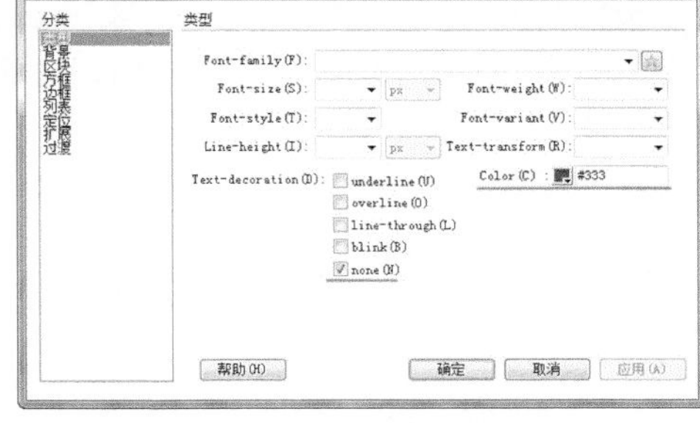

图7-68 设置“类型”相关属性

07 在“分类”列表中选择“背景”选项，对相关参数进行设置，如图7-69所示。单击“确定”按钮，完成“CSS规则定义”对话框的设置。使用相同的方法，可以完成其他3个伪类样式的设置，“CSS样式”面板如图7-70所示。

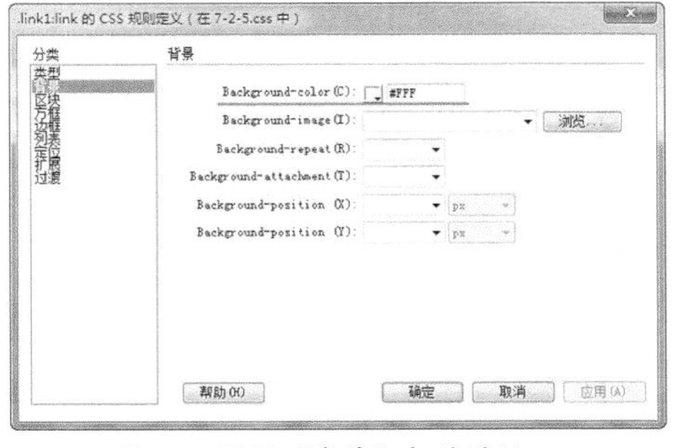

图7-69 设置“背景”相关属性

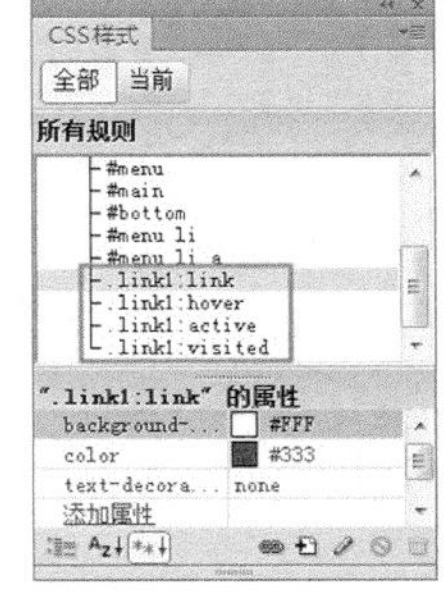

图7-70 “CSS样式”面板

08 转换到所链接的外部CSS样式表文件中，可以看到所创建名为.link1的类CSS样式的4种伪类样式，如图7-71所示。返回设计页面中，分别选中菜单项，在“类”下拉列表中选择刚定义的CSS样式link1应用，如图7-72所示。

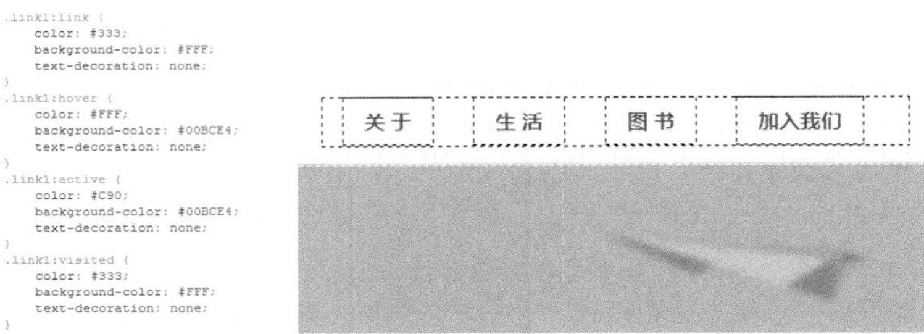

```
.link1:link {
    color: #333;
    background-color: #FFF;
    text-decoration: none;
}
.link1:hover {
    color: #FFF;
    background-color: #00BCE4;
    text-decoration: none;
}
.link1:active {
    color: #C90;
    background-color: #00BCE4;
    text-decoration: none;
}
.link1:visited {
    color: #333;
    background-color: #FFF;
    text-decoration: none;
}
```


图7-71 CSS样式代码

图7-72 应用CSS样式效果

09 转换到代码视图中，可以看到名为.link1的类CSS样式是直接应用在<a>标签中的，如图7-73所示。保存页面，在浏览器中预览该页面，效果如图7-74所示。

```
<div id="menu">
  <ul>
    <li><a href="#" class="link1">关 于</a></li>
    <li><a href="#" class="link1">生 活</a></li>
    <li><a href="#" class="link1">图 书</a></li>
    <li><a href="#" class="link1">加入我们</a></li>
  </ul>
</div>
```

图7-73 代码效果

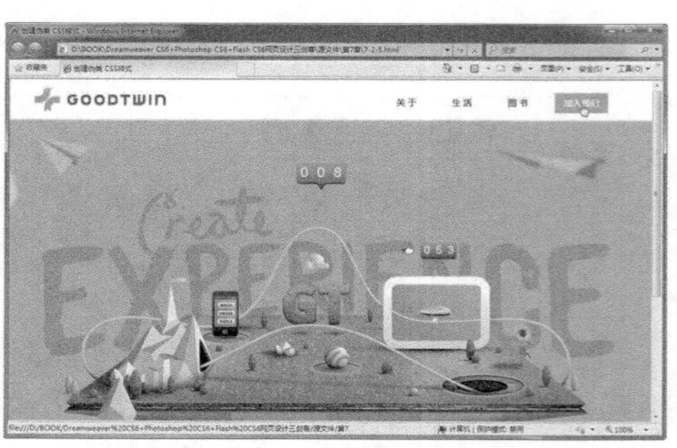

图7-74 预览页面效果

提示 在本实例中，定义了类CSS样式的4种伪类，再将该类CSS样式应用于<a>标签，同样可以实现超链接文本样式的设置。如果直接定义<a>标签的4种伪类，则对页面中的所有<a>标签起作用，这样页面中的所有链接文本的样式效果都是一样的。通过定义类CSS样式的4种伪类，就可以在页面中实现多种不同的文本超链接效果。

7.3 设置CSS样式属性

在Dreamweaver中为了方便初学者的可视化操作，提供了“CSS规则定义”对话框。在该对话框中可以设置几乎所有的CSS样式属性，完成该对话框的设置后，Dreamweaver会自动生成相应的CSS样式代码。通过CSS样式可以定义页面中元素的几乎所有外观效果，包括文本、背景、边框、位置及效果等。

7.3.1 实战——设置文本样式

文本是网页中最基本的重要元素之一，文本的CSS样式设置是经常使用的，也是在网页制作过程中使用频率最高的。在“CSS规则定义”对话框左侧选择“类型”选项，则在右侧的选项区中可以对文本样式进行设置，如图7-75所示。

图7-75 “类型”选项

Font-family：该属性用于设置字体，在该选项下拉列表框中可以选择文字字体。

Font-size：该属性用于设置字体大小，在该选项下拉列表框中可以选择字体的大小，也可以直接在该选项下拉列表框中输入字体的大小值，然后再选择字体大小的单位。

Font-weight：该属性用于设置字体的加粗，在该选项下拉列表中可以设置字体的粗细，也可以选择具体的数值。

Font-style：该属性用于设置字体样式，在该选项下拉列表框中可以选择文字的样式，其中包括normal(正常)、italic(斜体)、oblique(偏斜体)。

Font-variant：该属性用于设置字体变形，该选项主要是针对英文字体的设置。在英文中，大写字母的字号一般采用该选项中的small-caps（小型大写字母）进行设置，可以缩小大写字母。

Line-height：该属性用于设置文字行高，在该选项下拉列表框中可以设置文本行的高度。在设置行高时，需要注意，所设置行高的单位应该和设置“大小”的单位一致。行高的数值是把“大小”选项中的数值包括在内的。例如，大小设置为12px，如果要创建一倍行距，则行高应该为24px。

Text-transform：该属性用于设置文字大小写，该选项同样是针对英文字体的设置。可以将每句话的第一个字母大写，也可以将全部字母变化为大写或小写。

Text-decoration：该属性用于设置文字修饰，在Text-decoration选项中提供了5种样式供选择，勾选underline复选框，可以为文字添加下划线；勾选overline复选框，可以为文字添加上划线；勾选line-through复选框，可以为文字添加删除线；勾选blink复选框，可以为方字添加闪烁效果；勾选none复选框，则文字不发生任何修饰。

Color：该属性用于设置文字颜色。在该文本框中可以为字体设置字体颜色，可以通过颜色选择器选取，也可以直接在文本框中输入颜色值。

设置文本样式

●源文件：光盘\源文件\第7章\7-3-1.html　　●视频：光盘\视频\第7章\7-3-1.swf

01 执行“文件>打开”命令，打开页面“光盘\源文件\第7章\7-3-1.html”，效果如图7-76所示。打开“CSS样式”面板，如图7-77所示。

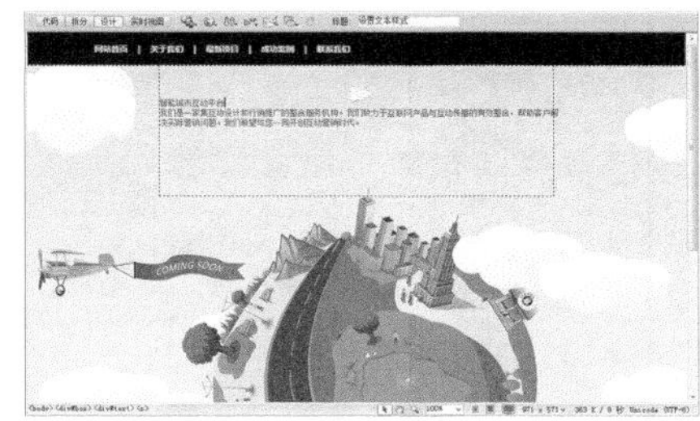

图7-76 打开页面

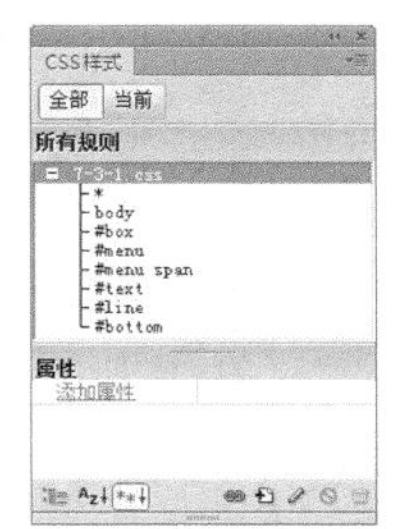

图7-77 “CSS样式”面板

02 单击“CSS样式”面板上的“新建CSS规则”按钮，弹出“新建CSS规则”对话框，在“选择器类型”下拉列表中选择“类（可用于任何HTML元素）”选项，设置如图7-78所示。单击“确定”按钮，弹出“CSS规则定义”对话框，设置如图7-79所示。

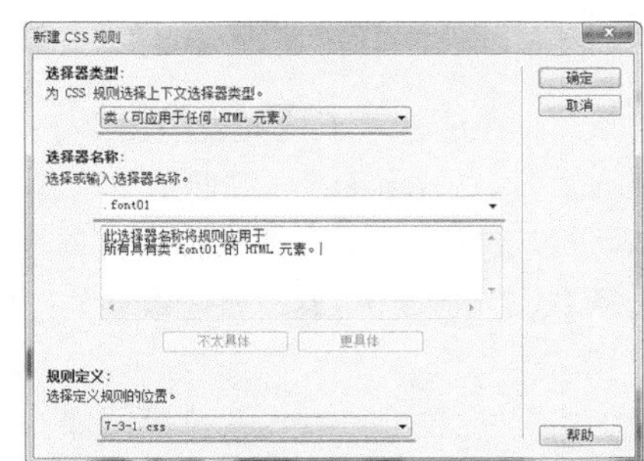

图7-78 “新建CSS规则”对话框

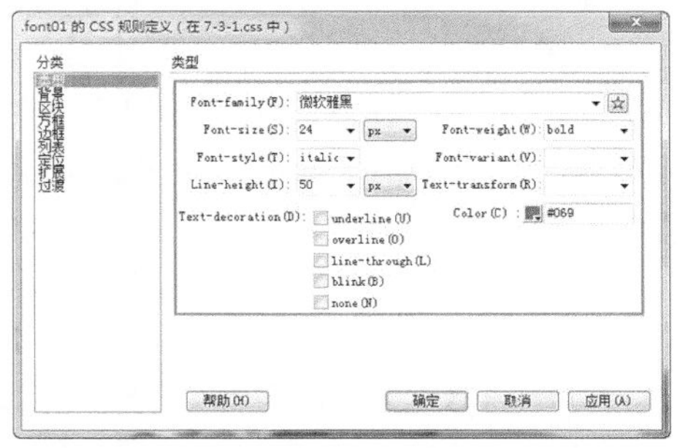

图7-79 “CSS规则定义”对话框

03 单击“确定”按钮，拖动鼠标选中页面中需要应用CSS样式的文字内容，在“属性”面板上的“类”下拉列表中选择刚刚定义的CSS样式font01应用，效果如图7-80所示。使用相同的方法，可以创建另一个名为.font02的类CSS样式，并为网页中相应的文字应用该类CSS样式，如图7-81所示。

图7-80 应用CSS样式

图7-81 应用CSS样式

04 保存页面，在浏览器中预览页面，效果如图7-82所示。

图7-82 在浏览器中预览页面效果

7.3.2 实战——设置背景样式

在使用HTML编写的页面中，背景只能使用单一的色彩或利用背景图像水平垂直方向平铺，而通过CSS样式可以更加灵活的对背景进行设置。在“CSS规则定义”对话框左侧选择“背景”选项，则在右侧的选项区中可以对背景样式进行设置，如图7-83所示。

图7-83 “背景”选项

Background-color：该属性用于设置背景颜色，在该文本框中可以设置页面元素的背景颜色值。

Background-image：该属性用于设置背景图像，在该选项下拉列表中可以直接输入背景图像的路径，也可以单击“浏览”按钮，浏览到需要的背景图像。

Background-repeat：该属性用于设置背景图像的重复方式，在该选项下拉列表中提供了4种重复方式，分别为no-repeat（不重复）、repeat（重复）、repeat-x（横向重复）、repeat-y（纵向重复）。

Background-attachment：该属性用于设置背景图像的固定或滚动，如果以图像作为背景，可以设置背景图像是否随着页面一同滚动。在该选项下拉列表中可以选择fixed（固定）或scroll（滚动），默认为背景图像随着页面一同滚动。

Background-position（X）：该属性用于设置背景图像的水平位置，可以设置背景图像在页面水平方向上的位置。可以是left（左对齐）、right（右对齐）和center（居中对齐），还可以设置数值与单位相结合表示背景图像的位置。

Background-position（Y）：该属性用于设置背景图像的垂直位置，可以设置背景图像在页面垂直方向上的位置。可以是top（顶部）、bottom（底部）和center（居中对齐），还可以设置数值与单位相结合表示背景图像的位置。

设置背景样式

●源文件：光盘\源文件\第7章\7-3-2.html　　●视频：光盘\视频\第7章\7-3-2.swf

01 执行“文件>打开”命令，打开页面“光盘\源文件\第7章\7-3-2.html”，效果如图7-84所示。单击“CSS样式”面板上的“新建CSS规则”按钮，弹出“新建CSS规则”对话框，在“选择器类型”下拉列表中选择“标签（重新定义HTML元素）”选项，设置如图7-85所示。

图7-84 打开页面

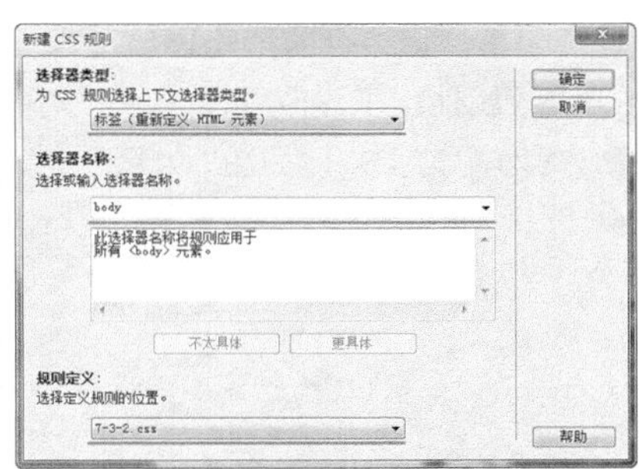
图7-85 “新建CSS规则”对话框

02 单击“确定”按钮，弹出“CSS规则定义”对话框，选择“背景”选项，设置如图7-86所示。单击“确定”按钮，完成“CSS规则定义”对话框的设置，效果如图7-87所示。

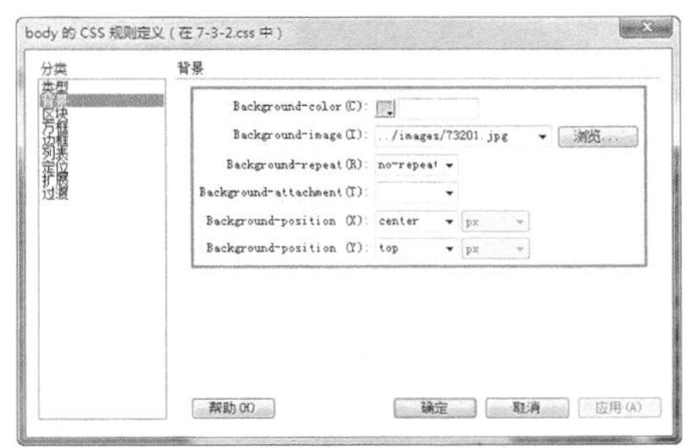
图7-86 “CSS规则定义”对话框

图7-87 页面背景效果

03 保存页面，在浏览器中预览页面，效果如图7-88所示。

图7-88 在浏览器中预览页面效果

7.3.3 实战——区块样式

在“CSS规则定义”对话框左侧选择“区块”选项，则在右侧的选项区中可以对区块样式进行设置，区块主要用于元素的间距和对齐属性，如图7-89所示。

图7-89 “区块”选项

Word-spacing：该属性用于设置单词间距，该选项可以设置英文单词之间的距离，还可以设置数值和单位相结合的形式。使用正值来增加单词间距，使用负值来减少单词间距。

Letter-spacing：该属性用于设置字符间距，可以设置英文字母之间的距离，也可以设置数值和单位相结合的形式。使用正值来增加字母间距，使用负值来减少字母间距。

Vertical-align：该属性用于设置垂直对齐，包括baseline（基线）、sub（下标）、super（上标）、top（顶部）、text-top（文本顶对齐）、middle（中线对齐）、bottom（底部）、text-bottom（文本底对齐）以

及自定义的数值和单位相结合的形式，如图7-90所示。

Text-align：该属性用于设置文本的水平对齐方式，包括left（左对齐）、right（右对齐），center（居中对齐）和justify（两端对齐），如图7-91所示。

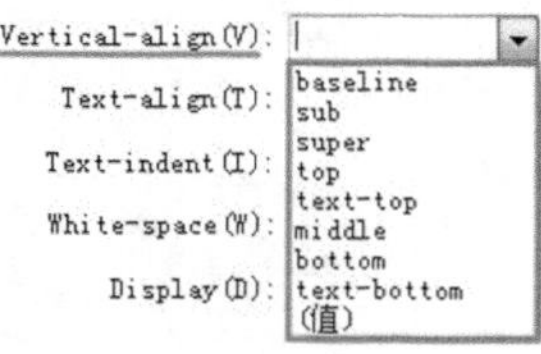

图7-90 Vertical-align下拉列表

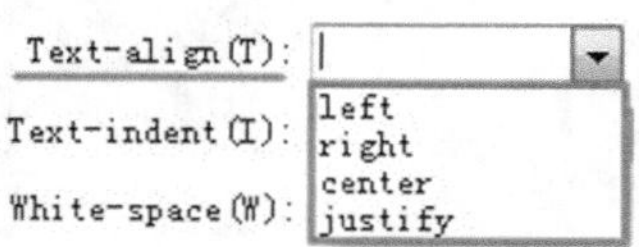

图7-91 Text-align下拉列表

Text-indent：该属性用于设置段落文本首行缩进，该选项是最重要的设置项目，中文段落文字的首行缩进就是由它来实现的。首先填入具体的数值，然后选择单位。文字缩进和字体大小设置要保持统一。如字体大小为12px，想创建两个中文的缩进效果，文字缩进时就应该为24px。

White-space：该属性用于设置空格，可以对源代码文字空格进行控制，有normal（正常）、pre（保留）和nowrap（不换行）3种选项。

Display：该属性用于设置是否显示以及如何显示元素。

设置区块样式

●源文件：光盘\源文件\第7章\7-3-3.html　　●视频：光盘\视频\第7章\7-3-3.swf

01 执行“文件>打开”命令，打开页面“光盘\源文件\第7章\7-3-3.html”，效果如图7-92所示。打开“CSS样式”面板，选中名为.font01的类CSS样式，单击“编辑样式”按钮，如图7-93所示。

图7-92 打开页面

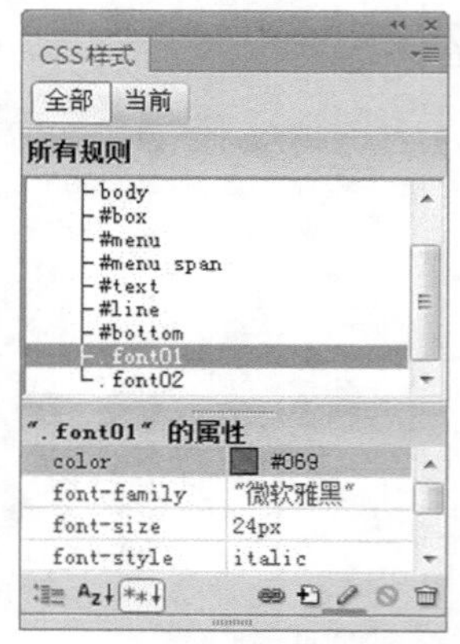

图7-93 “CSS样式”面板

02 弹出“CSS规则定义”对话框，选择“区块”选项，设置如图7-94所示。单击“确定”按钮，完成“CSS规则定义”对话框的设置，可以看到页面中应用名为.font01的类CSS样式的文字的效果，如图7-95所示。

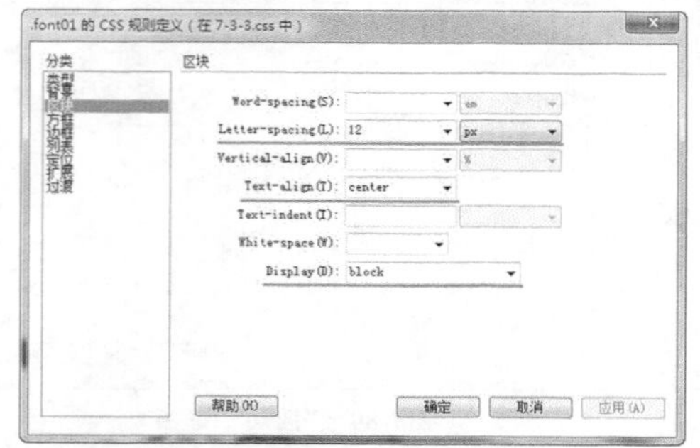

图7-94 “CSS规则定义”对话框

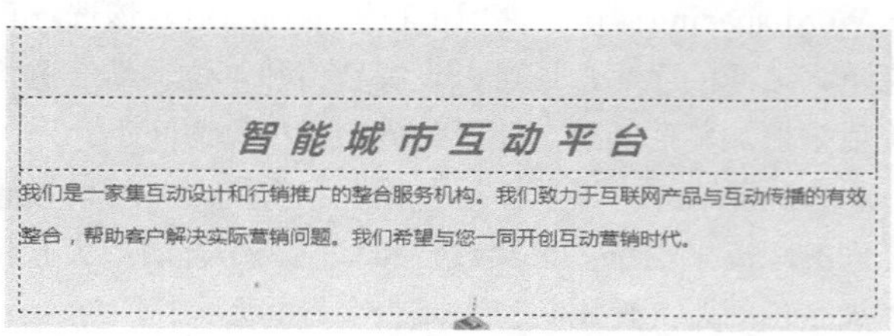

图7-95 页面效果

03 保存页面，在浏览器中预览页面，效果如图7-96所示。

图7-96 在浏览器中预览页面效果

7.3.4 实战——方框样式

图7-97 “方框”选项

在“CSS规则定义”对话框左侧选择“方框”选项，则在右侧的选项区中可以对方框样式进行设置，如图7-97所示。方框样式主要用来定义页面中各元素的位置和属性，如大小、环绕方式等。通过应用padding(填充)和margin(边界)属性还可以设置各元素（如图像）水平和垂直方向上的空白区域。

Width和Height：Width属性用于设置元素的宽度，Height属性用于设置元素的高度。

Float：该属性用于设置元素的浮动，Float实际上是指文字等对象的环绕效果，有left(左)、right(右)和none(无)3个选项。

Clear：该属性用于设置元素清除浮动，在Clear下拉列表中共有left(左)、right(右)、both（两者）和none(无)4个选项。

Padding：该属性用于设置元素的填充，如果对象设置了边框，则Padding指的是边框和其中内容之间的空白区域。可以在下面对应的top(上)、bottom(下)、left(左)、right(右)各选项中设置具体的数值和单位。如果勾选“全部相同”复选框，则会将top(上)的值和单位应用于bottom(下)、left(左)和right(右)中。

Margin：该属性用于设置元素的边界，如果对象设置了边框，Margin是边框外侧的空白区域，用法与用Padding（填充）相同。

设置方框样式

●源文件：光盘\源文件\第7章\7-3-4.html ●视频：光盘\视频\第7章\7-3-4.swf

01 执行“文件>打开”命令，打开页面“光盘\源文件\第7章\7-3-4.html”，效果如图7-98所示。将光标移至页面中名为pic的Div中，删除多余文字，插入图像“光盘\源文件\第7章\images\73401.jpg”，如图7-99所示。

图7-98 打开页面

图7-99 插入图像

02 单击“CSS样式”面板上的“新建CSS规则”按钮，弹出“新建CSS规则”对话框，在“选择器类型”下拉列表中选择“ID（仅应用于一个HTML元素）”选项，设置如图7-100所示。单击“确定”按钮，弹出“CSS规则定义”对话框，选择“方框”选项，设置如图7-101所示。

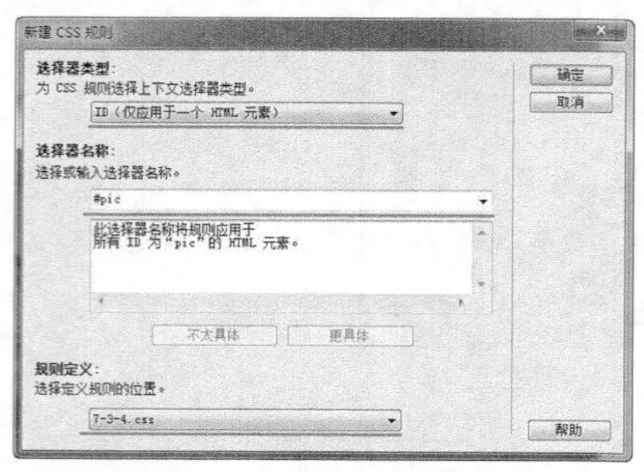

图7-100 “新建CSS规则”对话框

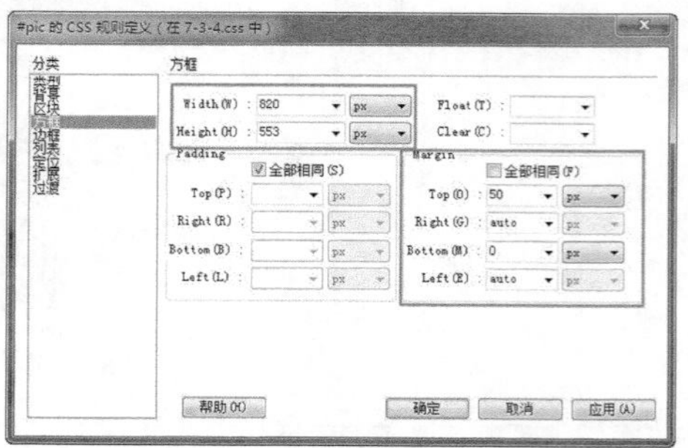

图7-101 “CSS规则定义”对话框

03 单击“确定”按钮，完成“CSS规则定义”对话框的设置，可以看到页面中ID名为pic的Div的效果，如图7-102所示。保存页面，在浏览器中预览页面，效果如图7-103所示。

图7-102 页面效果

图7-103 在浏览器中预览页面效果

7.3.5 实战——边框样式

在“CSS规则定义”对话框左侧选择“边框”选项，则在右侧的选项区中可以对边框样式进行设置，如图7-104所示。设置边框样式可以为对象添加边框以及设置边框的颜色、粗细和样式。

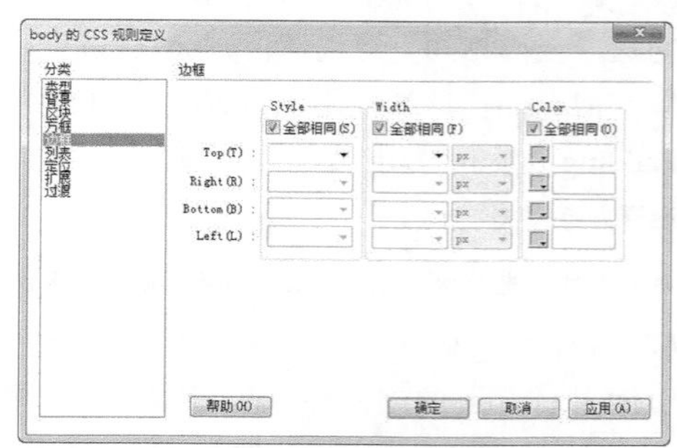

图7-104 “边框”选项

Style：该属性用于设置元素边框的样式，包括none（无）、dotted（点划线）、dashed（虚线）、solid（实线）、double（双线）、groove（槽状）、ridge（脊状）、inset（凹陷）、outset（凸出），如图7-105所示。

Width：该属性用于设置元素边框的宽度，可以选择相对值thin（细）、medium（中）、thick（粗），也可以设置边框的宽度值和单位，如图7-106所示。

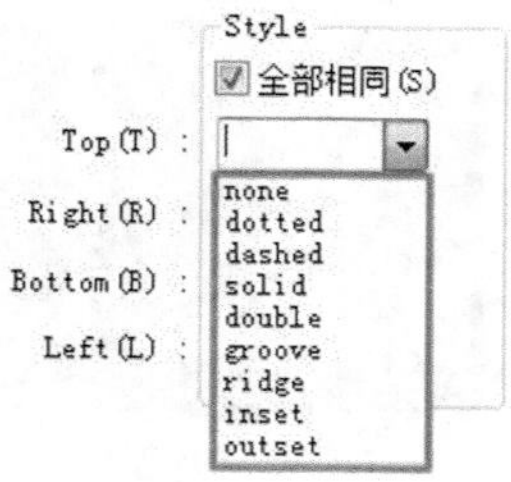

图7-105 Style下拉列表

图7-106 Width下拉列表

Color：该属性用于设置元素边框的颜色。

设置边框样式

●源文件：光盘\源文件\第7章\7-3-5.html　　●视频：光盘\视频\第7章\7-3-5.swf

01 执行“文件>打开”命令，打开页面“光盘\源文件\第7章\7-3-5.html”，效果如图7-107所示。打开“CSS样式”面板，单击“新建CSS规则”按钮，弹出“新建CSS规则”对话框，在“选择器类型”下拉列表中选择“类（可应用于任何HTML元素）”选项，设置如图7-108所示。

图7-107 打开页面

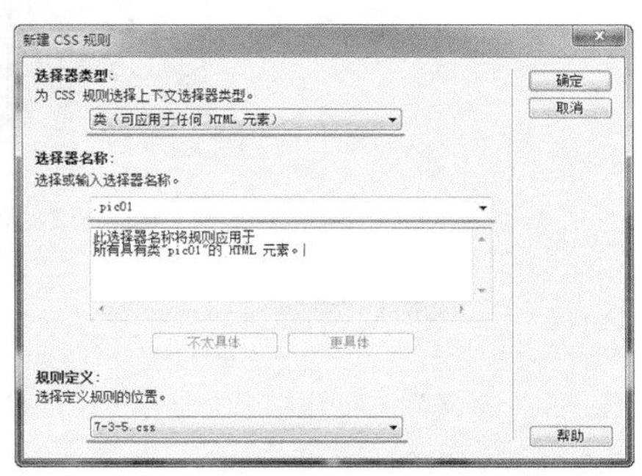

图7-108 “新建CSS规则”对话框

02 单击“确定”按钮，弹出“CSS规则定义”对话框，选择“边框”选项，设置如图7-109所示。单击“确定”按钮，完成“CSS规则定义”对话框的设置。单击“新建CSS规则”按钮，弹出“新建CSS规则”对话框，在“选择器类型”下拉列表中选择“类（可应用于任何HTML元素）”选项，设置如图7-110所示。

图7-109 “CSS规则定义”对话框

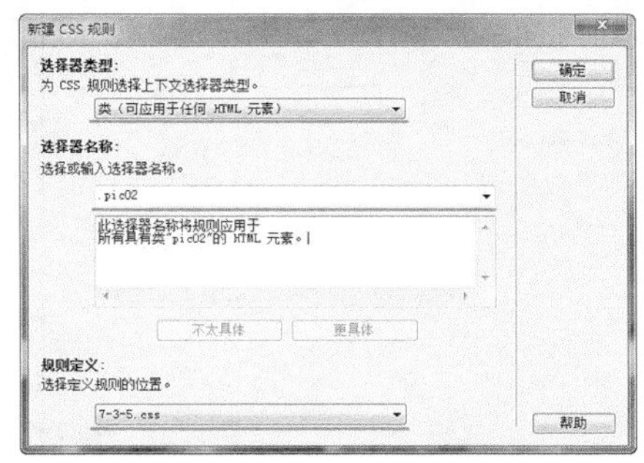

图7-110 “新建CSS规则”对话框

03 单击“确定”按钮，弹出“CSS规则定义”对话框，选择“边框”选项，设置如图7-111所示。单击“确定”按钮，完成“CSS规则定义”对话框的设置。在网页中选中相应的图像，在“类”下拉列表中选择相应的类CSS样式应用，效果如图7-112所示。

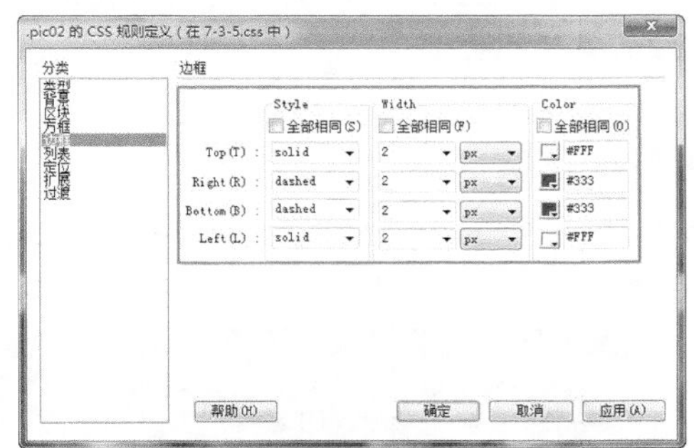

图7-111 “CSS规则定义”对话框

图7-112 应用类CSS样式

04 保存页面，在浏览器中预览页面，效果如图7-113所示。

图7-113 在浏览器中预览页面效果

7.3.6 实战——列表样式

在“CSS规则定义”对话框左侧选择“列表”选项，则在右侧的选项区中可以对列表样式进行设置，如图7-114所示。通过CSS样式对列表进行设置，可以设置出非常丰富的列表效果。

List-style-type：该属性用于设置列表的类型，可以选择disc（圆点）、circle（圆圈）、square（方块）、decimal（数字）、lower-roman（小写罗马数字）、upper-roman（大写罗马数字）、lower-alpha（小写字母）、upper-alpha（大写字母）、none（无）9个选项，如图7-115所示。

图7-114 “列表”选项

List-style-type(T):
List-style-image(I):
List-style-Position(P):
disc
circle
square
decimal
lower-roman
upper-roman
lower-alpha
upper-alpha
none

图7-115 List-style-type下拉列表

List-style-image：该属性用于设置项目符号图像，在该下拉列表框中可以选择图像作为项目的引导符号，单击“浏览”按钮，弹出“选择图像源文件”对话框中选择图像文件即可。

List-style-Position：该属性用于设置列表图像位置，决定列表项目缩进的程度。选择outside（外），则列表贴近左侧边框，选择inside（内）则列表缩进，该项设置效果不明显。

设置列表样式

●源文件：光盘\源文件\第7章\7-3-6.html　　●视频：光盘\视频\第7章\7-3-6.swf

01 执行“文件>打开”命令，打开页面“光盘\源文件\第7章\7-3-6.html”，效果如图7-116所示。将光标移至页面中名为news的Div中，删除多余文字，并输入相应的段落文本，如图7-117所示。

图7-116 打开页面

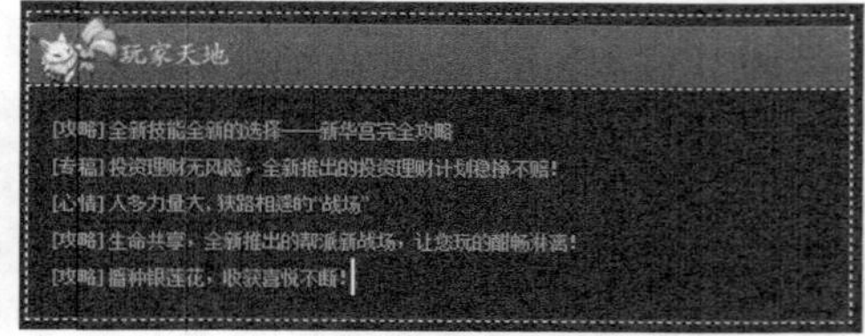

图7-117 输入段落文字

02 选中刚输入的段落文字，单击“属性”面板上的“项目列表”按钮，创建项目列表，如图7-118所示。转换到代码视图中，可以看到项目列表的相关标签，如图7-119所示。

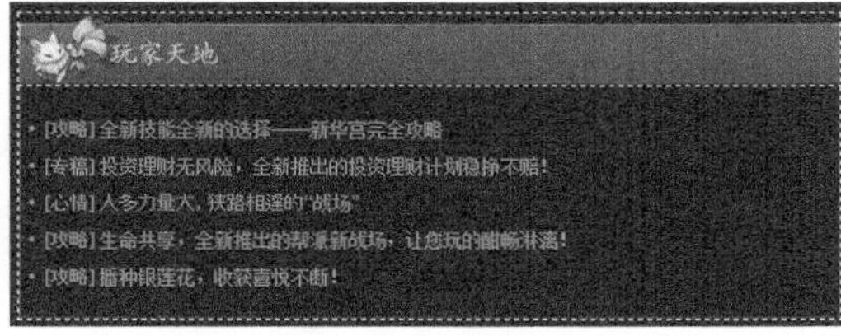

图7-118 创建项目列表

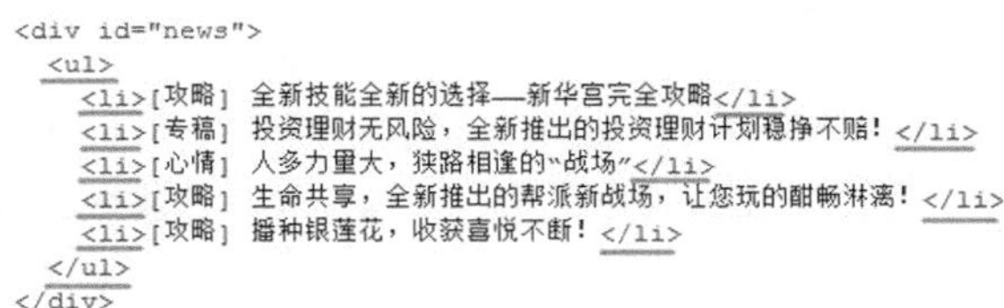

```
<div id="news">
  <ul>
    <li>[攻略] 全新技能全新的选择——新华宫完全攻略</li>
    <li>[专稿] 投资理财无风险，全新推出的投资理财计划稳挣不赔! </li>
    <li>[心情] 人多力量大，狭路相逢的"战场"</li>
    <li>[攻略] 生命共享，全新推出的帮派新战场，让您玩的酣畅淋漓! </li>
    <li>[攻略] 播种银莲花，收获喜悦不断! </li>
  </ul>
</div>
```

图7-119 项目列表代码

03 打开“CSS样式”面板，单击“新建CSS规则”按钮，弹出“新建CSS规则”对话框，在“选择器类型”下拉列表中选择“复合内容（基于选择的内容）”选项，设置如图7-120所示。单击“确定”按钮，弹出“CSS规则定义”对话框，选择“边框”选项，设置如图7-121所示。

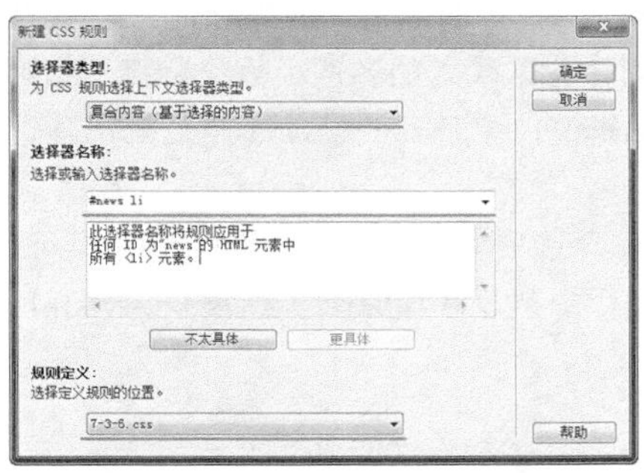

图7-120 “新建CSS规则”对话框

图7-121 “CSS规则定义”对话框

04 在“CSS规则定义”对话框左侧选择“列表”选项，设置如图7-122所示。单击“确定”按钮，完成“CSS规则定义”对话框的设置，效果如图7-123所示。

图7-122 “CSS规则定义”对话框

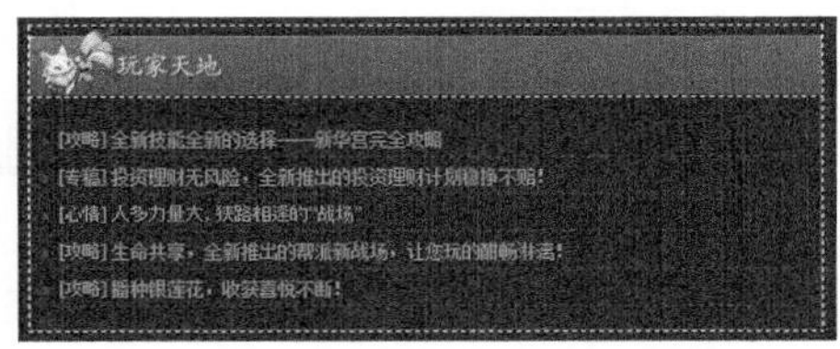

图7-123 页面效果

05 保存页面，在浏览器中预览页面，效果如图7-124所示。

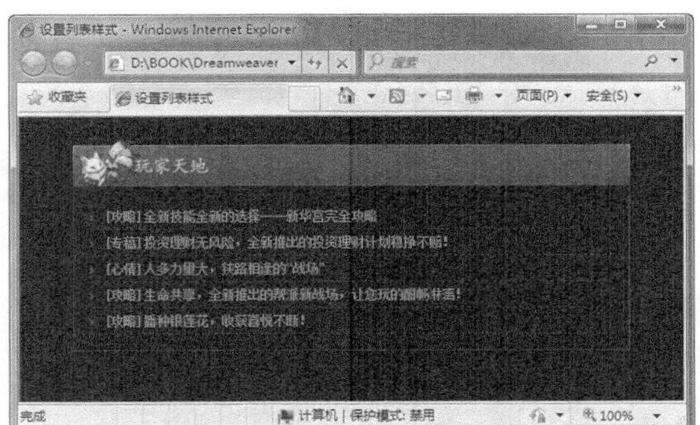

图7-124 在浏览器中预览页面效果

7.3.7 实战——定位样式

在“CSS规则定义”对话框左侧选择“定位”选项，则在右侧的选项区中可以对定位样式进行设置，如图7-125所示。设置定位样式实际上是对AP Div的设置。但是因为Dreamweaver提供有可视化的AP Div制作功能，所以该设置在实际操作中用的不多。有的时候可以使用定位样式设置将网页上已有的对象转化为AP Div中的内容。

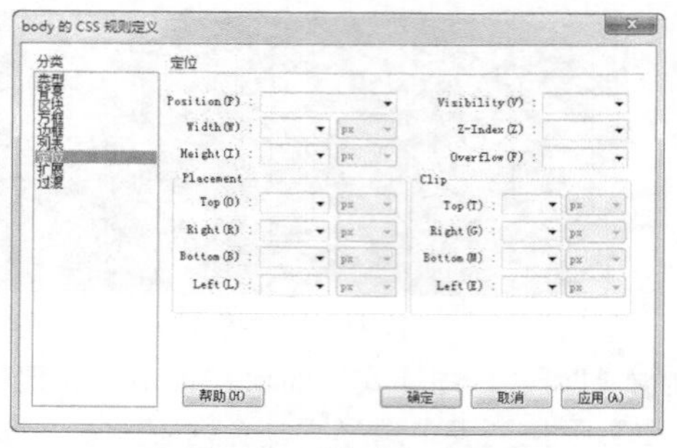

图7-125 “定位”选项

Position：该属性用于设置元素的定位方式，有absolute（绝对）、fixed（固定）、relative（相对）和static（静态）4个选项，如图7-126所示。选择absolute选项，表示绝对定位，此时编辑窗口的左上角的顶点为元素定位时的原点；选择fixed选项，直接输入定位的光标位置，当用户滚动页面时，内容将在此位置保持固定；选择relative选项，表示相对定位，输入的各选项数值，都是相对元素原来在网页中的位置进行的设置，这一设置无法在Dreamweaver编辑窗口中看到效果；选择static选项，表示固定定位，元素的位置不移动。

Width和Height：用于设置元素的高度和宽度，与“方框”选项中的Width和Height属性相同。

Visibility：该属性用于设置元素的可见性，下拉列表框中包括了inherit（继承）、visible（可见）和hidden（隐藏）3个选项，如图7-127所示。

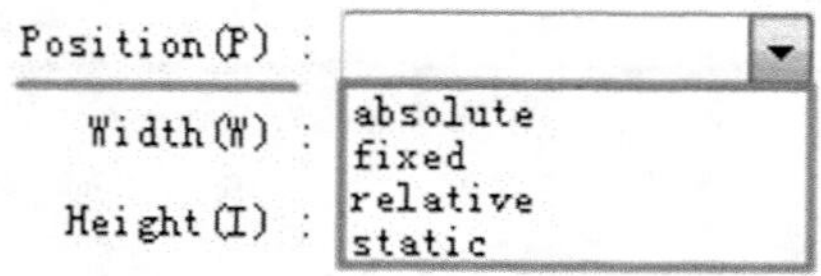

图7-126 Position下拉列表

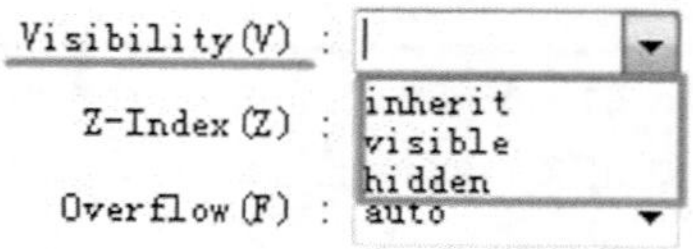

图7-127 Visibility下拉列表

Z-Index：该属性用于设置元素的先后顺序和覆盖关系。

Overflow：该属性用于设置元素内容溢出的处理方式，有visible（可见）、hidden（隐藏）、scroll（滚动）和auto （自动）4个选项。

Placement：用于设置元素的定位属性，因为元素是矩形的，需要两个点准确描绘元素的位置和形状。第一个是左上角的顶点，用left（左）和top（上）进行设置位置；第二个是右下角的顶点，用bottom（下）和right（右）进行设置，这4项都是以网页左上角点为原点。

Clip：该选项只显示裁切出的区域。裁切出的区域为矩形，只要设置两个点即可。

设置定位样式

●源文件：光盘\源文件\第7章\7-3-7.html ●视频：光盘\视频\第7章\7-3-7.swf

01 执行“文件>打开”命令，打开页面“光盘\源文件\第7章\7-3-7.html”，效果如图7-128所示。将光标移至名为top的Div中，删除多余文字，插入图像“光盘\源文件\第7章\images\73702.png”，如图7-129所示。

图7-128 打开页面

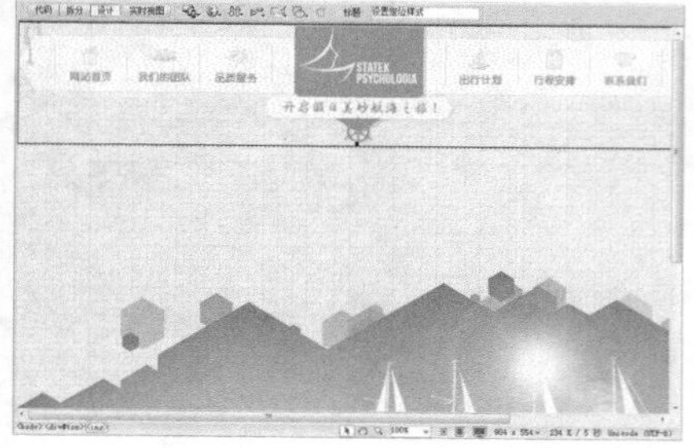

图7-129 插入图像

02 打开“CSS样式”面板，单击“新建CSS规则”按钮，弹出“新建CSS规则”对话框，在“选择器类型”下拉列表中选择“ID（仅应用于一个HTML元素）”选项，设置如图7-130所示。单击“确定”按钮，弹出“CSS规则定义”对话框，选择“区块”选项，设置如图7-131所示。

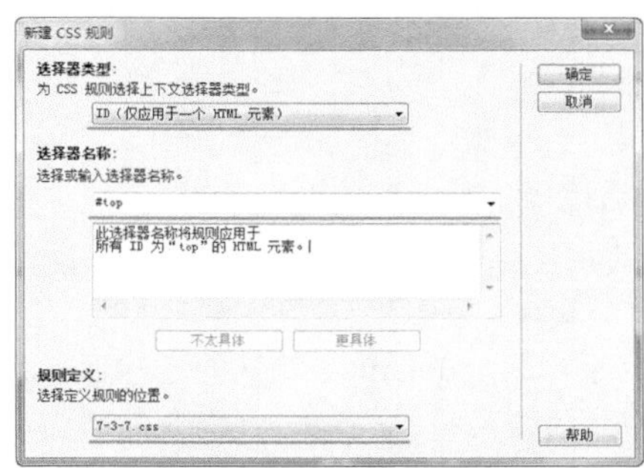

图7-130 “新建CSS规则”对话框

图7-131 “CSS规则定义”对话框

03 在“CSS规则定义”对话框左侧选择“定位”选项，设置如图7-132所示。单击“确定”按钮，完成“CSS规则定义”对话框的设置，效果如图7-133所示。

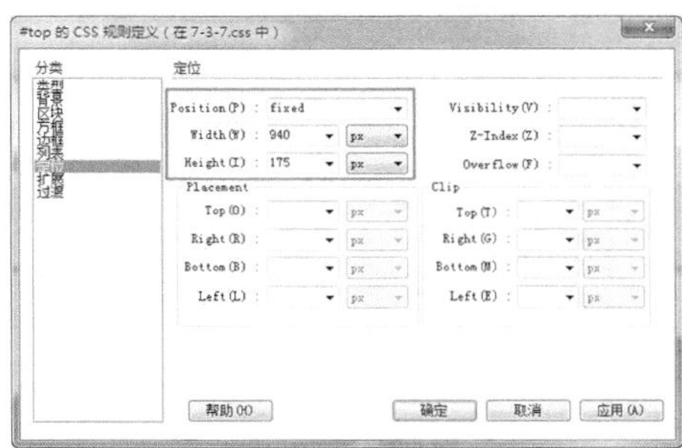

图7-132 “CSS规则定义”对话框

图7-133 页面效果

提示 在该CSS样式的设置中，通过在“区块”选项中设置text-align属性为center，使Div中的图像居中显示；在“定位”选项中设置position属性为fixed，实现该Div的固定，即固定显示在页面的顶部。

04 保存页面，在浏览器中预览页面，效果如图7-134所示。

图7-134 在浏览器中预览页面效果

7.3.8 实战——扩展样式

在“CSS规则定义”对话框左侧选择“扩展”选项，则在右侧的选项区中可以对扩展样式进行设置，如图7-135所示。CSS样式还可以实现一些扩展功能，在“CSS规则”对话框的左侧单击“扩展”选项，则在右侧选项区中可以看到这些扩展功能，主要包括三种效果：分页、鼠标视觉效果和滤镜视觉效果。

Page-break-before：该属性用于设置在元素之前添加分页符，在该选项的下拉列表中提供了4个选项，分别是auto（自动）、always（总是）、left（左）和right（右）。

Page-break-after：该属性用于设置在元素之后添加分页符，下拉列表框中的4个选项与Page-break-before（之前）下拉列表框中的4个选项基本相同，只不过是在元素的后面插入分页符。

图7-135 “扩展”选项

Cursor：该属性用于设置光标在网页中的视觉效果，通过样式改变光标形状，当光标放在被此选项设置修饰过的区域上时，形状会发生改变。具体的形状包括：crosshair（交叉十字）、text（文本选择符号）、wait（Windows等待形状）、pointer（手形）、default（默认的光标形状）、help（带问号的光标）、e-resize（向东的箭头）、ne-resize（指向东北的箭头）、n-resize（向北的箭头）、nw-resize（指向西北的箭头）、w-resize（向西的箭头）、sw-resize（向西南的箭头）、s-resize（向南的箭头）、se-resize（向东南的箭头）、auto（正常光标），如图7-136所示，页面中光标的显示效果如图7-137所示。

Filter：该属性用于为元素添加滤镜效果。CSS中自带了许多滤镜，合理应用这些滤镜可以做出其他软件（如Photoshop）所做出的效果。在“滤镜”下拉列表框中有多种滤镜可以选择，如Alpha、Blur、Shadow等，如图7-138所示。

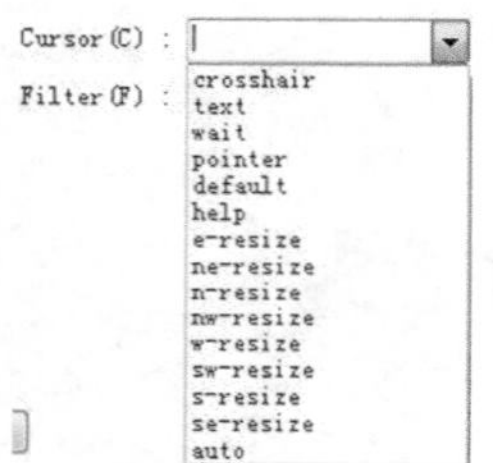

图7-136 Cursor下拉列表

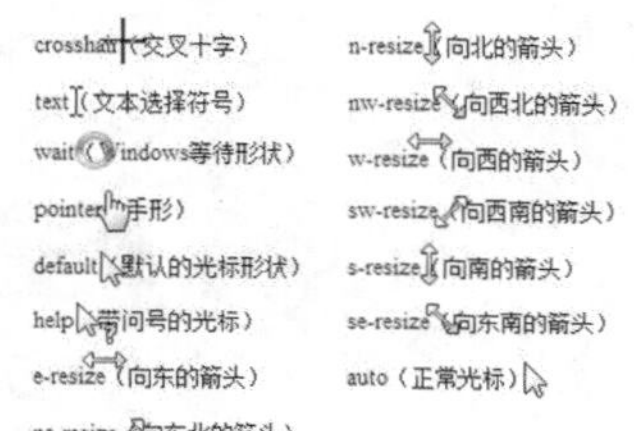

图7-137 光标效果

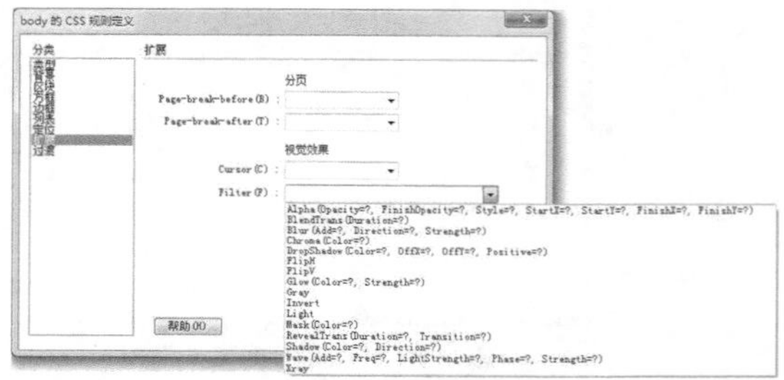

图7-138 Filter下拉列表

设置扩展样式

●源文件：光盘\源文件\第7章\7-3-8.html　　●视频：光盘\视频\第7章\7-3-8.swf

01 执行“文件>打开”命令，打开页面“光盘\源文件\第7章\7-3-8.html”，效果如图7-139所示。打开“CSS样式”面板，单击“新建CSS规则”按钮，弹出“新建CSS规则”对话框，在“选择器类型”下拉列表中选择“类（可应用于任何HTML元素）”选项，设置如图7-140所示。

图7-139 打开页面

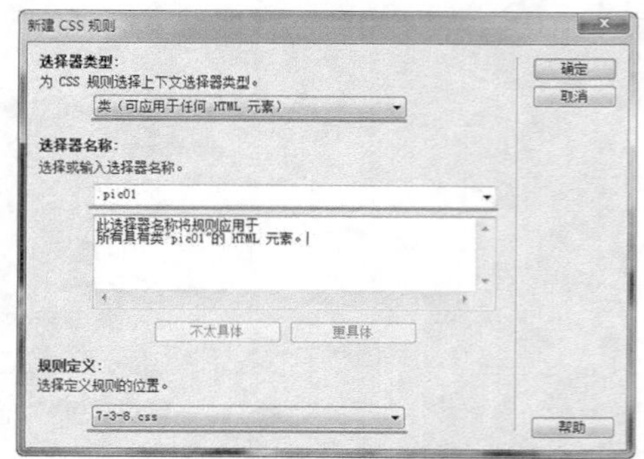

图7-140 “新建CSS规则”对话框

02 单击“确定”按钮，弹出“CSS规则定义”对话框，选择“扩展”选项，设置如图7-141所示。单击“确定”按钮，完成“CSS规则定义”对话框的设置。单击“新建CSS规则”按钮，弹出“新建CSS规则”对话框，在“选择器类型”下拉列表中选择“类（可应用于任何HTML元素）”选项，设置如图7-142所示。

图7-141 “CSS规则定义”对话框

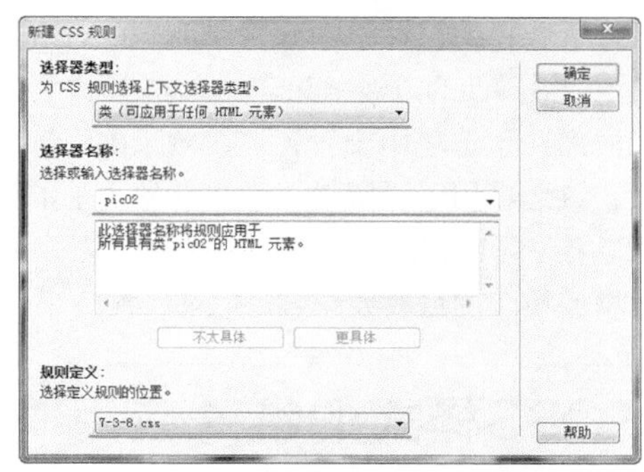

图7-142 “新建CSS规则”对话框

03 单击“确定”按钮，弹出“CSS规则定义”对话框，选择“扩展”选项，设置如图7-143所示。单击“确定”按钮，完成“CSS规则定义”对话框的设置。使用相同的方法，可以创建出.pic03和.pic04类CSS样式，如图7-144所示。

图7-143 “CSS规则定义”对话框

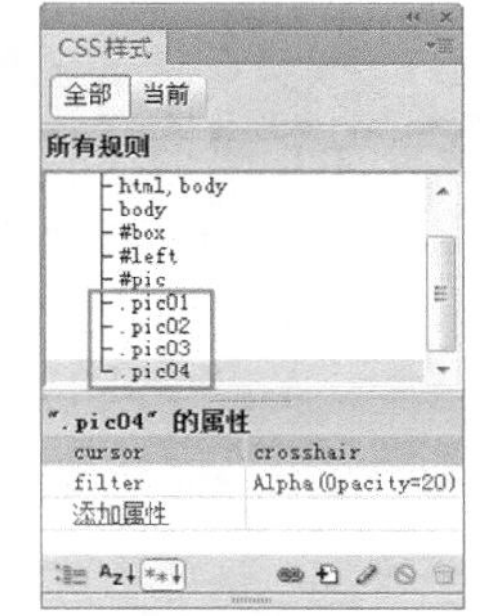

图7-144 “CSS样式”面板

04 分别为页面中相应的图像应用刚刚所定义的类CSS样式，在浏览器中预览页面，效果如图7-145所示。

图7-145 在浏览器中预览页面效果

7.3.9 过渡样式

在“CSS规则定义”对话框左侧选择“过渡”选项，则在右侧的选项区中可以对过渡样式进行设置，如图7-146所示。过渡样式是Dreamweaver CS6新增的功能，通过过渡样式的设置，可以实现CSS样式的过渡效果。

图7-146 “过渡”选项

所有可动画属性：选中该复选框，则可以为要过渡的所有CSS属性指定相同的“持续时间”、“延迟”和“计时功能”。

属性：该选项用于取消“所有动画属性”复选框的勾选。单击“添加”按钮，在弹出菜单中选择需要应用过渡效果的CSS属性，即可将所选择的属性添加到“属性”列表中，在“属性”列表中选择某一个属性，单击“删除”按钮，即可删除该CSS属性的过渡效果。

持续时间：该选项用于设置过渡效果的持续时间，单位为s（秒）或ms（毫秒）。

延迟：该选项用于设置过渡效果开始之前的延迟时间，单位为s（秒）或ms（毫秒）。

计时功能：在该选项的下拉列表中提供了Dreamweaver CS6提供的CSS过渡效果，可以选择相应的选项，从而添加相应的过渡效果。

7.4 CSS样式的特殊应用

在Dreamweaver CS6中新增了CSS类选区和Web字体的功能，通过CSS类选区，可以同时将多个类CSS样式应用于网页中同一元素。通过Web字体的功能，可以在网页中使用特殊字体对网页中文字的样式进行定义。

7.4.1 实战——CSS类选区

CSS类选区是Dreamweaver CS6新增的功能，通过CSS类选区可以为网页中同一个元素同时应用多个类CSS样式。

CSS类选区

●源文件：光盘\源文件\第7章\7-4-1.html　　●视频：光盘\视频\第7章\7-4-1.swf

01 执行“文件>打开”命令，打开页面“光盘\源文件\第7章\7-4-1.html”，效果如图7-147所示。打开“CSS样式”面板，单击“新建CSS规则”按钮，弹出“新建CSS规则”对话框，设置如图7-148所示。

图7-147 打开页面

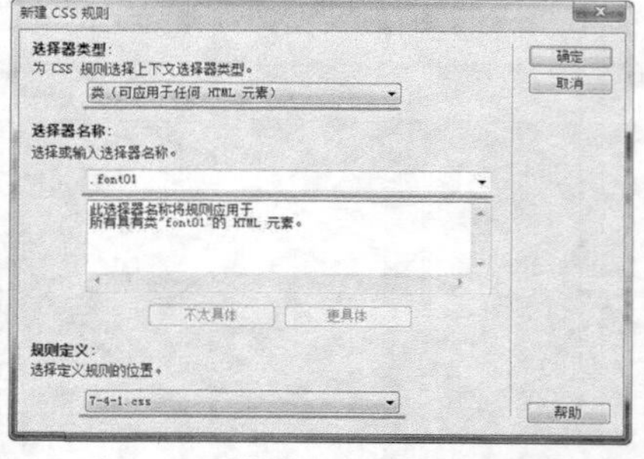

图7-148 “新建CSS规则”对话框

02 单击“确定”按钮，弹出“CSS规则定义”对话框，设置如图7-149所示。单击“确定”按钮，完成“CSS规则定义”对话框的设置。单击“新建CSS规则”按钮，弹出“新建CSS规则”对话框，设置如图7-150所示。

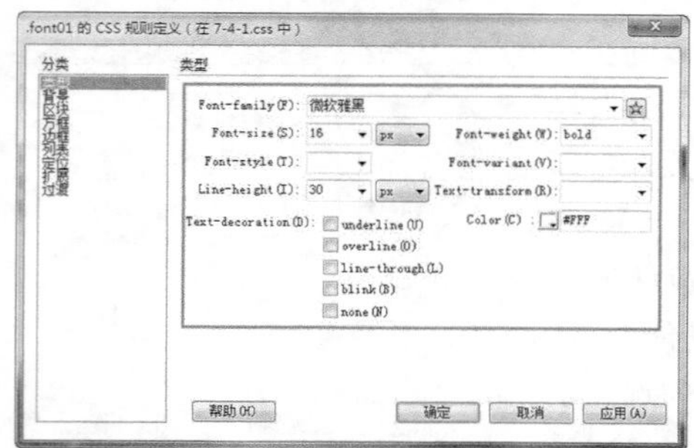

图7-149 “CSS规则定义”对话框

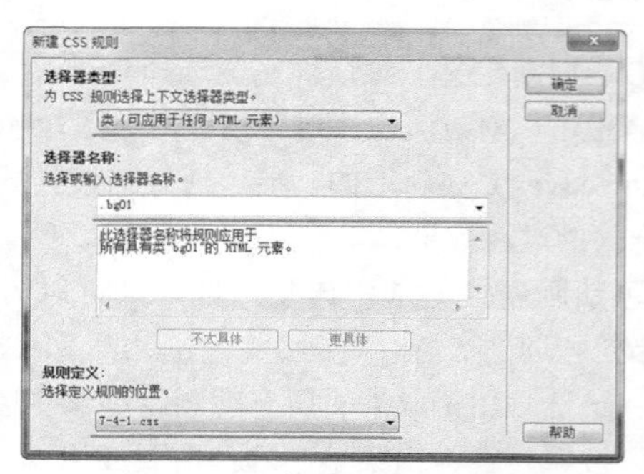

图7-150 “新建CSS规则”对话框

03 单击“确定”按钮，弹出“CSS规则定义”对话框，切换到“背景”选项中，设置如图7-151所示。切换到“区块”选项中，设置如图7-152所示。

图7-151 “CSS规则定义”对话框

图7-152 “CSS规则定义”对话框

04 切换到“方框”选项中，设置如图7-153所示。切换到“边框”选项中，设置如图7-154所示。

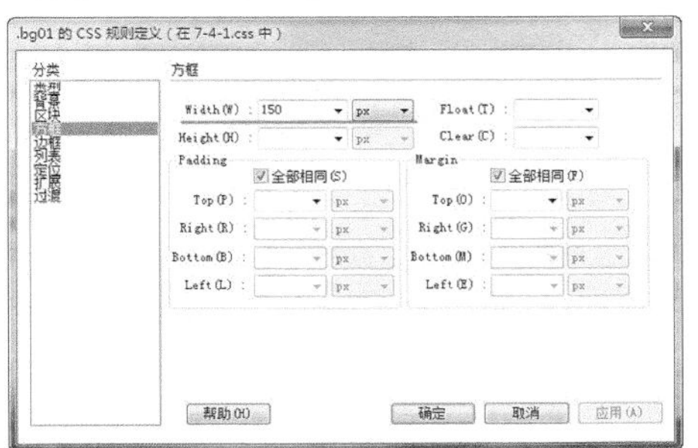

图7-153 “CSS规则定义”对话框

图7-154 “CSS规则定义”对话框

05 完成两个CSS样式的定义，在网页中选中需要应用类CSS样式的文字，如图7-155所示。在“属性”面板上的“类”下拉列表中选择“应用多个类”选项，如图7-156所示。

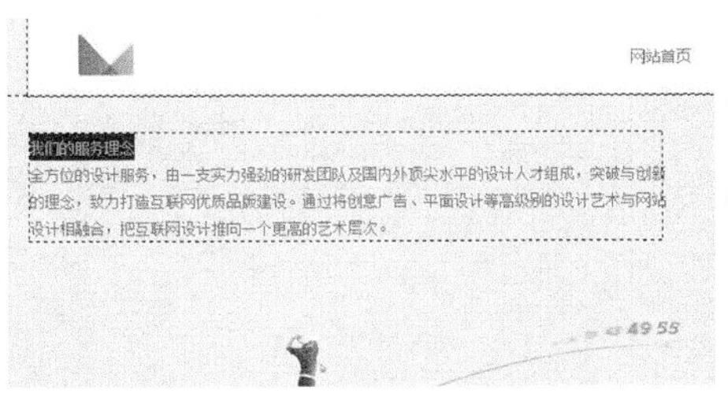

图7-155 选中文字

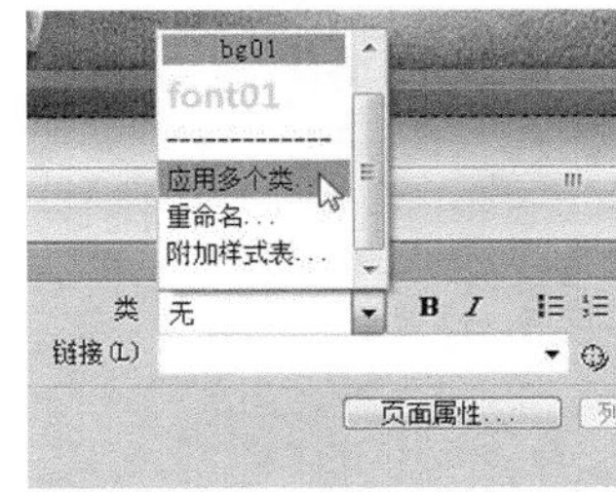

图7-156 选择“应用多个类”选项

06 在弹出的“多类选区”对话框中，选中需要为选中的文字所应用的多个类CSS样式，如图7-157所示。单击“确定”按钮，即可将选中的多个类CSS样式应用于所选中的文字，如图7-158所示。

图7-157 “多类选区”对话框

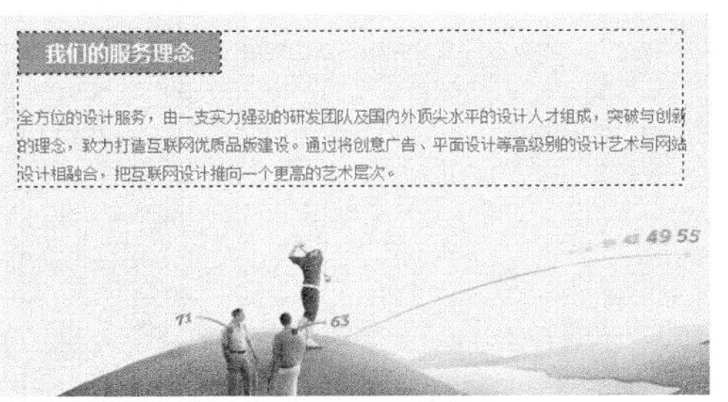

图7-158 应用多类CSS样式效果

07 转换到代码视图中，可以看到为刚选中的文字应用多个类CSS样式的代码效果，如图7-159所示。保存页面，在浏览器中预览页面，效果如图7-160所示。

```
<div id="text"><span class="bg01 font01">我们的服
务理念</span><br />
    全方位的设计服务，由一支实力强劲的研发团队及国内外
顶尖水平的设计人才组成，突破与创新的理念，致力打造互联
网优质品牌建设。通过将创意广告、平面设计等高级别的设计
艺术与网站设计相融合，把互联网设计推向一个更高的艺术层次。</div>
```

图7-159 代码视图

图7-160 预览页面效果

> **提示** 在“多类选区”对话框中将显示当前页面的CSS样式中所有的类CSS样式，而ID样式、标签样式、复合样式等其他的CSS样式并不会显示在该对话框的列表中，从列表中选择需要为选中元素应用的多个类CSS样式即可。

7.4.2 实战——Web字体

以前在网页中想要使用特殊的字体实现特殊的文字效果，只能是通过图片的方式来实现，非常麻烦也不利于修改。在Dreamweaver CS6中新增的Web字体的功能，通过Web字体功能可以加载特殊的字体，从而在网页中实现特殊的文字效果。

Web字体

●源文件：光盘\源文件\第7章\7-4-2.html　　●视频：光盘\视频\第7章\7-4-2.swf

01 执行“文件>打开”命令，打开页面“光盘\源文件\第7章\7-4-2.html”，效果如图7-161所示。执行“修改>Web字体”命令，弹出“Web字体管理器”对话框，单击“添加字体”按钮，弹出“添加Web字体”对话框，如图7-162所示。

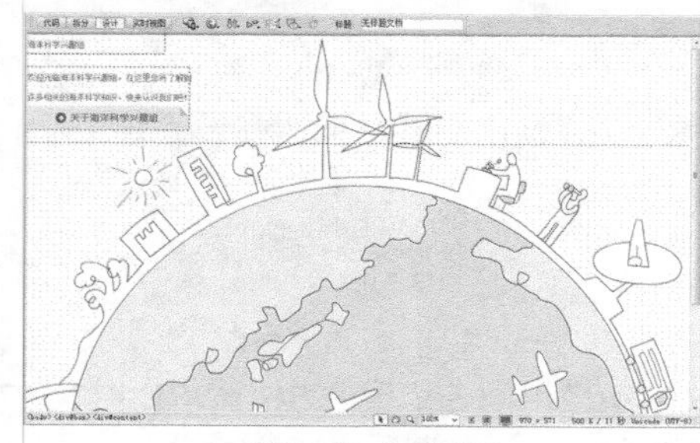

图7-161 打开页面

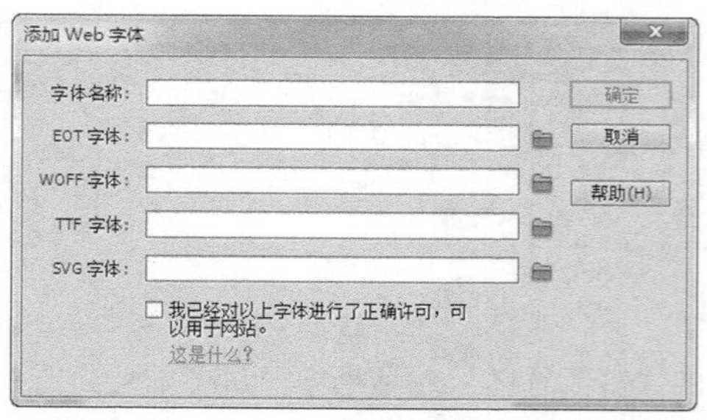

图7-162 “添加Web字体”对话框

02 单击“TTF字体”选项后的“浏览”按钮，弹出“打开”对话框，选择需要添加的字体，如图7-163所示。单击“打开”按钮，添加该字体，选中相应的复选框，如图7-164所示。

图7-163 选择需要添加的字体

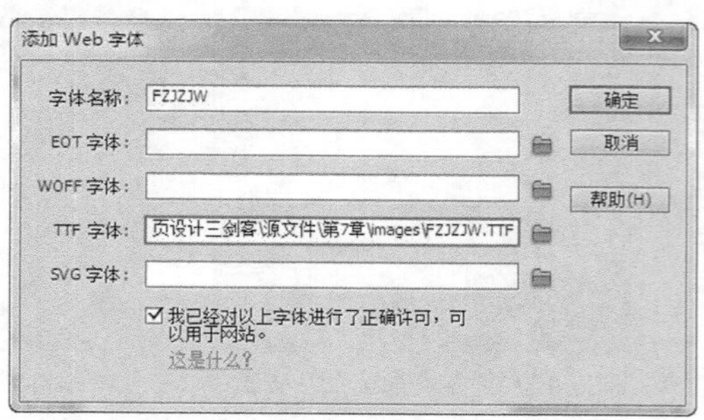

图7-164 “添加Web字体”对话框

提示 在“添加Web字体”对话框中，可以添加4种格式的字体文件，分别单击各字体格式选项后的“浏览”按钮，即可添加相应格式的字体。

03 单击“确定”按钮，即可将所选择的字体添加到“Web字体管理器”对话框中，如图7-165所示。单击“完成”按钮，即可完成Web字体的添加。打开“CSS样式”面板，单击“新建CSS规则”按钮，弹出“新建CSS规则”对话框，设置如图7-166所示。

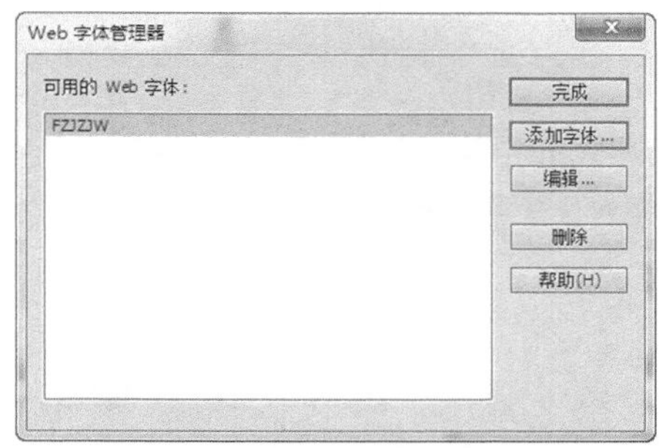

图7-165 “Web字体管理器”对话框

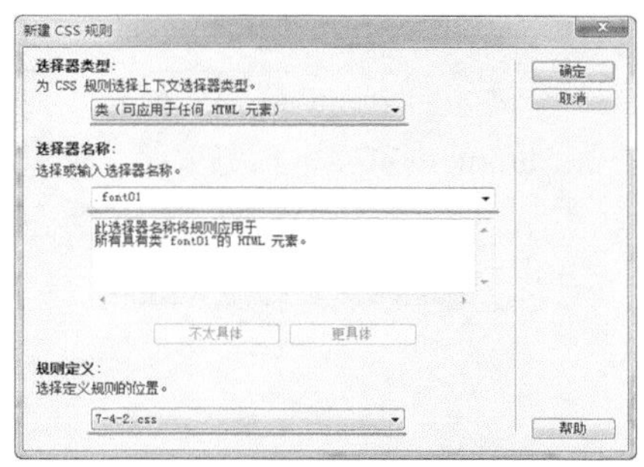

图7-166 “新建CSS规则”对话框

04 单击“确定”按钮，弹出“CSS规则定义”对话框，在font-family下拉列表中选择刚定义的Web字体，如图7-167所示。在“CSS规则定义”对话框中对其他选项进行设置，如图7-168所示。

图7-167 选择刚添加的Web字体

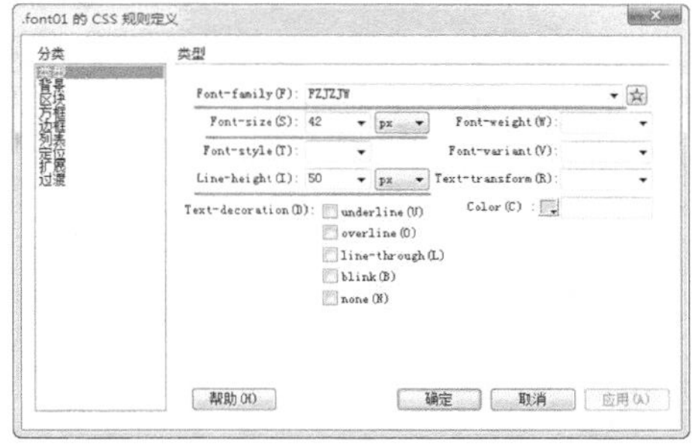

图7-168 “CSS规则定义”对话框

05 单击“确定”按钮，完成CSS样式的设置，转换到该文件所链接的外部CSS样式文件中，可以在页面头部看到所添加代码，如图7-169所示。返回设计视图，选中相应的文字，在“属性”面板上的“类”下拉列表中选择刚定义的名为.font01的类CSS样式应用，如图7-170所示。

图7-169 自动添加的相关代码

图7-170 应用CSS样式

提示 在CSS样式定义了定义字体为所添加的Web字体，则会在当前站点的根目标中自动创建名为webfonts的文件夹，并在该文件夹中创建以Web字体名称命令的文件夹，如图7-171所示。在该文件夹中自动创建了所添加的Web字体文件和CSS样式表文件，如图7-172所示。

图7-171 Webfonts文件夹

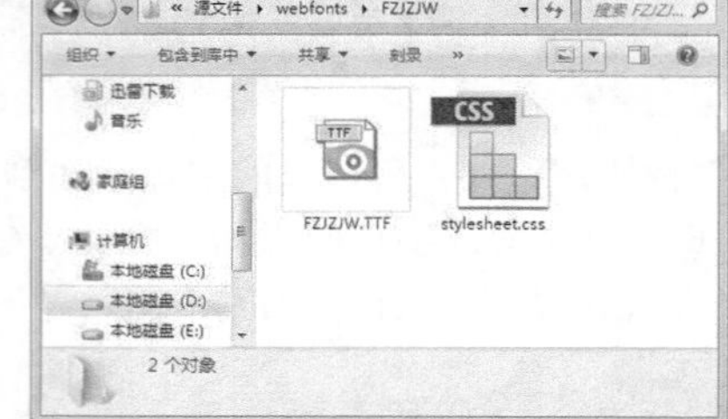

图7-172 Web字体文件夹

06 保存页面，在Chrome浏览器中预览页面，可以看到使用Web字体的效果，如图7-173所示。

图7-173 在Chrome浏览器中预览效果

07 使用相同的方法，在“Web字体管理器”中添加另一种Web字体，如图7-174所示。创建相应的类CSS样式，并为页面中相应的文字应用该类CSS样式，在Chrome浏览器中预览页面，可以看到使用Web字体的效果，如图7-175所示。

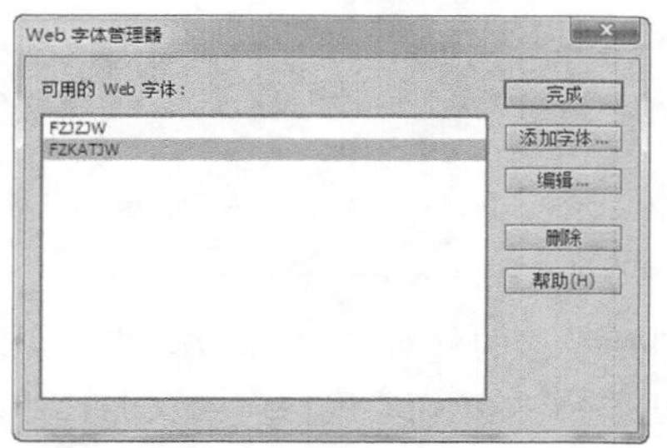

图7-174 “Web字体管理器”对话框

图7-175 在Chrome浏览器中预览效果

提示 目前，对于Web字体的应用很多浏览器的支持方式并不完全相同，例如，IE8就并不支持Web字体，所以，目前，在网页中还是要尽量少用Web字体。并且如果在网页中使用的Web字体过多，会导致网页下载时间过长。

7.5 关于Div+CSS布局

Div与其他HTML标签一样，是一个HTML所支持的普通标签，在使用时也是同样以<div></div>的形式出现。通过使用Div标签将网页中某一区域标识出来，再通过CSS样式对该区域的外观效果进行设置，这就是Div+CSS布局，也称为CSS布局。

7.5.1 什么是Div

Div是一个容器。在HTML页面中的每个标签对象几乎都可以称得上是一个容器，例如使用P段落标签对象：

```
<p>文档内容</p>
```

P作为一个容器，其中放入了内容。相同的，Div也是一个容器，能够放置内容，例如：

```
<div>文档内容</div>
```

Div是HTML中指定的，专门用于布局设计的容器对象。在传统的表格式的布局当中之所以能进行页面的排版布局设计，完全依赖于表格对象table。在页面当中绘制一个由多个单元格组成的表格，在相应的表格中放置内容，通过对表格单元格的位置控制，达到实现布局的目的，这是表格式布局的核心对象。而在今天，我们所要接触的是一种全新的布局方式“CSS布局”，Div是这种布局方式的核心对象，使用CSS布局的页面排版不需要依赖表格，仅从Div的使用上说，做一个简单的布局只需要依赖Div与CSS，因此也可以称为Div+CSS布局。

7.5.2 插入Div

如果需要在网页中插入Div，可以像插入其他的HTML元素一样，只需在代码中应用<div></div>这样的标签形式，将内容放置其中，便可以应用Div标签。

还可以通过Dreamweaver CS6的设计视图，在网页中插入Div，单击“插入”面板上的“插入Div标签”按钮，如图7-176所示。弹出的“插入Div标签”对话框如图7-177所示。

图7-176 “插入”面板

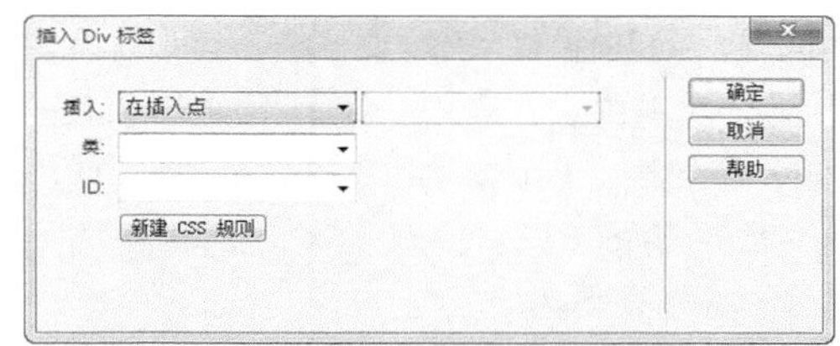

图7-177 “插入Div标签”对话框

插入：在该选项的下拉列表中可以选择所要在网页中插入的Div的位置，包含“在插入点”、“在标签之前”、“在开始标签之后”、“在结束标签之前”、“在标签之后”5个选项，如图7-178所示。当选择除“在插入点”选项之外的任意一个选项后，就可以激活第二个下拉列表，可以在该下拉列表中选择相对于某个页面已存在的标签进行操作，如图7-179所示。

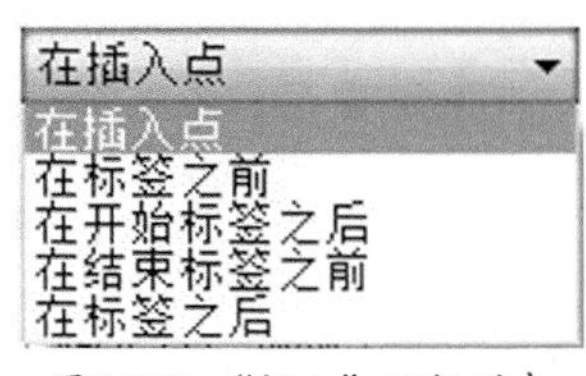

图7-178 “插入”下拉列表

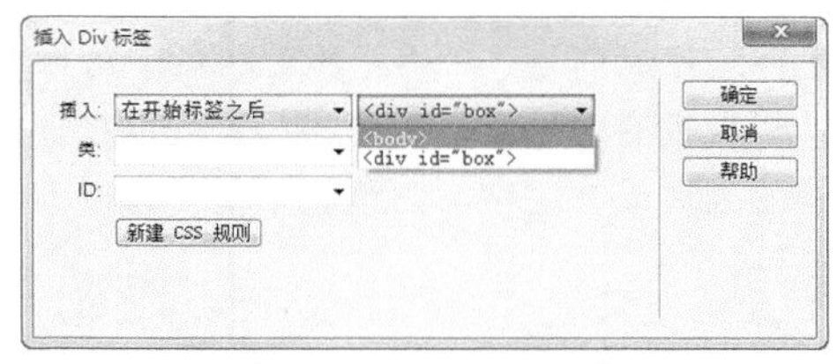

图7-179 “插入Div标签”对话框

- 在插入点：选择该选项，即在当前光标所在位置插入相应的Div。
- 在标签之前：选择该选项后，在第二个下拉列表中选择标签，可以在所选择的标签之前插入相应的Div。
- 在开始标签之后：选择该选项后，在第二个下拉列表中选择标签，可以在所选择的标签的开始标签之后插入相应的Div。
- 在结束标签之前：选择该选项后，在第二个下拉列表中选择标签，可以在所选择的标签的结束标签之前插入相应的Div。
- 在标签之后：选择该选项后，在第二个下拉列表中选择标签，可以在所选择的标签之后插入相应的Div。

类： 在该选项的下拉列表中可以选择为所插入的Div应用的类CSS样式。

ID：在该选项的下拉列表中可以选择为所插入的Div应用的ID CSS样式。

新建CSS规则： 单击该按钮，将弹出“新建CSS规则”对话框，可以新建应用于所插入的Div的CSS样式。

在“插入”下拉列表中选择相应的选项，在“ID”下拉列表框中输入需要插入的Div的ID名称，如图7-180所示。单击“确定”按钮，即可在网页中插入一个Div，如图7-181所示。

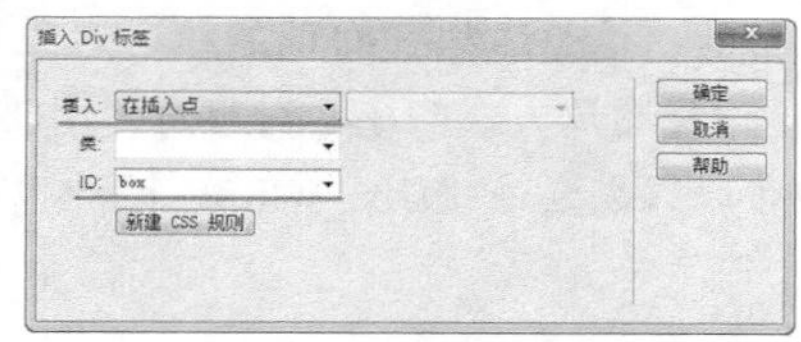

图7-180 “插入Div标签”对话框

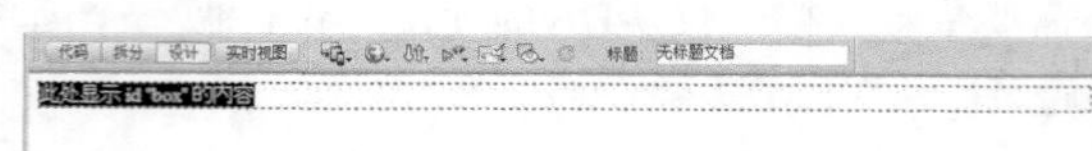

图7-181 在网页中插入Div效果

转换到页面的代码视图中，可以看到刚插入的ID名称为box的Div的代码，如图7-182所示。

```
<body>
<div id="box">此处显示  id "box" 的内容</div>
</body>
```

图7-182 插入的Div代码

提示 <div>标签只是一个标识，作用是把内容标识一个区域，并不负责其他事情。Div只是CSS布局工作的第一步，需要通过Div将页面中的内容元素标识出来，而为内容添加样式则由CSS来完成。

Div对象在使用的时候，同其他HTML对象一样，可以加入其他属性，如：id、class、align及style等。而在Div+CSS布局方面，为了实现内容与表现分离，不应当将align（对齐）属性，与style（行间样式表）属性编写在HTML页面的<div>标签中，因此，Div代码只可能拥有以下两种形式：

```
<div id="id名称">内容</div>
<div class="class名称">内容</div>
```

使用id属性，可以将当前这个Div指定一个id名称，在CSS中使用id选择符进行CSS样式编写。同样，可以使用class属性，在CSS中使用类选择符进行CSS样式编写。

7.5.3 Div+CSS的优势

CSS样式表是控制页面布局样式的基础，并真正能够做到网页表现与内容分离的一种样式设计语言。相对传统HTML的简单样式控制而言，CSS能够对网页中对象的位置排版进行像素级的精确控制，支持几乎所有的字体字号样式，以及拥有对网页对象盒模型样式的控制能力，并能够进行初步页面交互设计，是目前基于文本展示的最优秀的表现设计语言。归纳起来主要有以下优势：

1. 浏览器支持完善

目前CSS2样式是被众多浏览器支持最完善的版本，最新的浏览器均以CSS2为CSS支持原型进行设计，使用CSS样式设计的网页在众多平台及浏览器下样式表最为接近。

2. 表现与结构分离

CSS真正意义上实现了设计代码与内容分离，而在CSS 的设计代码中通过CSS 的内容导入特性，又可以使设计代码根据设计需要进行二次分离。如为字体专门设计一套样式表，为版式设计一套样式表，根据页面显示的需要重新组织，使得设计代码本身也便于维护与修改。

3. 样式设计控制功能强大

样式设计控制对网页对象的位置排版能够进行像素级的精确控制，支持所有字体字号样式，具有优秀的盒模型控制能力及简单的交互设计能力。

4. 继承性能优越

CSS的语言在浏览器的解析顺序上，具有类似面向对象的基本功能，浏览器能够根据CSS的级别先后应用多个样式定义。良好的CSS代码设计可以使得代码之间产生继承及重载关系，使代码能被最大限度的使用以降低代码量及维护成本。

7.6 块元素和行内元素

HTML中的元素分为块元素和行内元素，通过CSS样式可以改变HTML元素原本具有的显示属性，也就是说，通过CSS样式的设置可以将块元素与行内元素相互转换。

7.6.1 块元素

在HTML代码中，常见的块元素包括<div>、<p>及<table>等，块元素具有如下特点：

（1）总是在新行上开始显示。

（2）行高以及顶和底边距都可以控制。

（3）如果不设置其宽度的话，则会默认为整个容器的100%；而如果设置了其宽度值，就会应用所设置的宽度。

7.6.2 行内元素

在常用的一些元素中，<span>、<a>、<img>、<b>、<font>及<input>等默认都是行内元素，行内元素具有如下特点：

（1）和其他元素显示在一行上。

（2）行高以及顶边距和底边距不可以改变。

（3）宽度就是它的文字或图片的宽度，不可以改变。

当display属性的值被设置为inline时，可以把元素设置为行内元素。

7.7 CSS盒模型

将网页上的每个HTML元素视为一个长方形的盒子，这是网页设计制作上的一大创新。盒子模型是CSS控制页面时一个重要的概念。只有很好地掌握了盒子模型以及其中每个元素的用法，才能真正地控制页面中各个元素的位置。

7.7.1 什么是CSS盒模型

CSS中，所有的页面元素都包含在一个矩形框内，这个矩形框就称为盒模型。盒模型描述了元素及其属性在页面布局中所占的空间大小，因此盒模型可以影响其他元素的位置及大小。一般来说这些被占据的空间往往都比单纯的内容要大。换句话说，可以通过整个盒子的边框和距离等参数，来调节盒子的位置。

盒模型是由margin（边界）、border（边框）、padding（填充）和content（内容）几个部分组成的，此外，在盒模型中，还具备高度和宽度两个辅助属性，盒模型如图7-183所示。

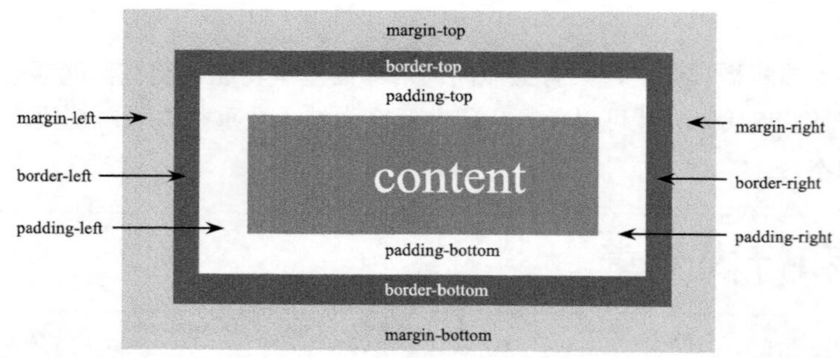

图7-183 盒模型效果

从图中可以看出，盒模型包含4个部分的内容：

Margin：边界或称为外边距，用来设置内容与内容之间的距离。

Border：边框，内容边框线，可以设置边框的粗细、颜色和样式等。

Padding：填充或称为内边距，用来设置内容与边框之间的距离。

Content：内容，是盒模型中必需的一部分，可以放置文字、图像等内容。

一个盒子的实际高度或宽度是由content+padding+border+margin组成的。在CSS中，可以通过设置width或height属性来控制content部分的大小，并且对于任何一个盒子，都可以分别设置4边的border、margin和padding。

关于盒模型还有以下几点需要注意：

- 边框默认的样式（border-style）可设置为不显示（none）。
- 填充值（padding）不可为负。
- 内联元素，例如<a>，定义上下边界不会影响到行高。
- 如果盒中没有内容，则即使定义了宽度和高度都为100%，但实际上只占0%，因此不会被显示，此处在使用Div+CSS布局的时候需要特别注意。

7.7.2 实战——margin（边界）

margin（边界）用来设置页面中元素和元素之间的距离，即定义元素周围的空间范围，是页面排版中一个比较重要的概念。

margin属性的语法格式如下：

```
margin: auto|length;
```

其中，auto表示根据内容自动调整，length表示由浮点数字和单位标识符组成的长度值或百分数，百分数是基于父对象的高度。对于内联元素来说，左右外延边距可以是负数值。

Margin属性包含4个子属性，分别用于控制元素四周的边距，如下表所示：

margin子属性

属　性	说　明
margin-top	设置元素上边距
margin-right	设置元素右边距
margin-bottom	设置元素下边距
margin-left	设置元素左边距

在给margin设置值时，如果提供4个参数值，将按顺时针的顺序作用于上、右、下、左4边；如果只提供1个参数值，则将作用于四边；如果提供2个参数值，则第1个参数值作用于上、下两边，第2个参数值作用于左、右两边；如果提供3个参数值，第1个参数值作用于上边，第2个参数值作用于左、右两边，第3个参数值作用于下边。

margin（边界）

●源文件：光盘\源文件\第7章\7-7-2.html　　●视频：光盘\视频\第7章\7-7-2.swf

01 执行“文件>打开”命令，打开页面“光盘\源文件\第7章\7-7-2.html”，页面效果如图7-184所示。在浏览器中预览该页面效果，如图7-185所示。

图7-184 页面效果

图7-185 在浏览器中预览页面

02 返回Dreamweaver设计视图中，选中页面中名为pic的Div，如图7-186所示。转换到该文件所链接的外部CSS样式表文件中，找到名为#pic的CSS样式设置，如图7-187所示。

图7-186 选中ID名为pic的Div

```
#pic {
    width: 654px;
    height: 447px;
}
```

图7-187 CSS样式代码

03 在名为#pic的CSS样式代码中添加margin属性的设置，如图7-188所示。返回设计视图中，可以看到名为pic的Div的效果，如图7-189所示。

```
#pic {
    width: 654px;
    height: 447px;
    margin: 30px auto 0px auto;
}
```

图7-188 CSS样式代码

图7-189 页面效果

04 保存页面，并且保存外部CSS样式表文件，在浏览器中预览页面，效果如图7-190所示。

图7-190 预览页面效果

7.7.3 实战——padding（填充）

在CSS中，可以通过设置padding属性定义内容与边框之间的距离，即内边距。

padding的语法格式如下：

```
padding: length;
```

padding属性值可以是一个具体的长度，也可以是一个相对于上级元素的百分比，但不可以使用负值。

padding属性可以为盒子定义上、右、下、左各边填充的值，如下表所示：

padding子属性

属　性	说　明
padding-top	设置元素上填充
padding-right	设置元素右填充
padding-bottom	设置元素下填充
padding-left	设置元素左填充

在给padding设置值时，如果提供4个参数值，将按顺时针的顺序作用于上、右、下、左4边；如果只提供1个参数值，则将作用于四边；如果提供2个参数值，则第1个参数值作用于上、下两边，第2个参数值作用于左、右两边；如果提供3个参数值，第1个参数值作用于上边，第2个参数值作用于左、右两边，第3个参数值作用于下边。

padding（**填充**）

●源文件：光盘\源文件\第7章\7-7-3.html　　●视频：光盘\视频\第7章\7-7-3.swf

01 执行“文件>打开”命令，打开页面“光盘\源文件\第7章\7-7-3.html”，页面效果如图7-191所示。将光标移至名为pic的Div中，删除多余文字，插入图像“光盘\源文件\第7章\images\77304.jpg”，如图7-192所示。

图7-191 页面效果

图7-192 插入图像

02 转换到该文件所链接的外部CSS样式表文件中，找到名为#pic的CSS样式设置代码，如图7-193所示。在该CSS样式代码中添加padding属性的设置，如图7-194所示。

```
#pic {
    width: 644px;
    height: 496px;
    background-image: url(../images/77303.png);
    background-repeat: no-repeat;
    margin:0px auto;
}
```

图7-193 CSS样式代码

```
#pic {
    width: 541px;
    height: 406px;
    background-image: url(../images/77303.png);
    background-repeat: no-repeat;
    margin:0px auto;
    padding: 44px 50px 46px 53px;
}
```

图7-194 CSS样式代码

提示　在CSS样式代码中，width和height属性分别定义的是div内容区域的宽度和高度，不包括margin、border和padding，因此，当在CSS样式中添加了padding设置后，则需要在高度和宽度值上减去相应的值，这样才能保证div整体的宽度和高度不变。例如，在该处上填充和下填充相加为90像素，则需要在高度上减去90像素，在该处左右填充相加为103像素，则需要在宽度上减去103像素。

03 返回到设计视图，选中名为pic的div，可以看到填充区域的效果，如图7-195所示。保存页面，并且保存外部CSS样式表文件，在浏览器中预览页面，效果如图7-196所示。

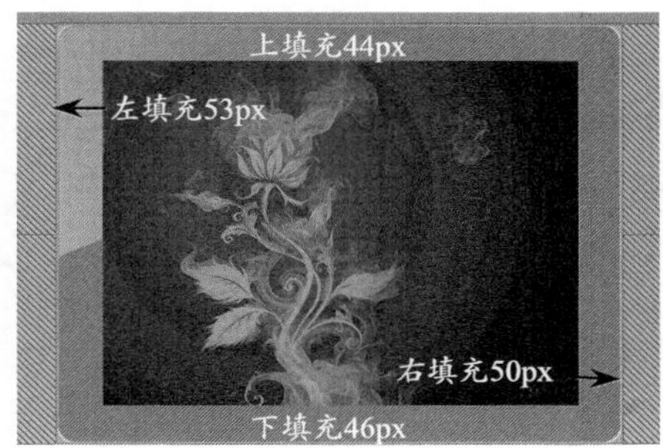

图7-195 页面效果

图7-196 在浏览器中预览页面

7.7.4 实战——border（边框）

border（边框）是内边距和外边距的分界线，可以分离不同的HTML元素，border的外边距是元素的最外围。在网页设计中，如果计算元素的宽和高，则需要把border计算在内。border有3个属性，分别是边框样式（style）、边框宽度（width）和边框颜色（color）。

border（边框）

●源文件：光盘\源文件\第7章\7-7-4.html　　●视频：光盘\视频\第7章\7-7-4.swf

01 执行“文件>打开”命令，打开页面“光盘\源文件\第7章\7-7-4.html”，页面效果如图7-197所示。转换到该文件链接的外部CSS样式文件中，定义名为.border01的类CSS样式，如图7-198所示。

图7-197 页面效果

```
.border01 {
    border: solid 10px #000;
}
```
图7-198 CSS样式代码

02 返回到设计视图，选中页面中的图像，在“属性”面板上的“类”下拉列表中选择刚定义的CSS样式border01应用，如图7-199所示。执行“文件>保存”命令，保存页面和外部CSS样式文件，在浏览器中预览页面，效果如图7-200所示。

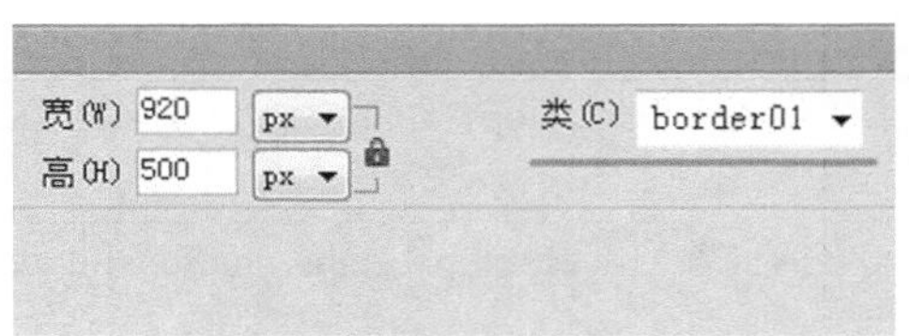

图7-199 应用CSS样式

图7-200 在浏览器中预览页面效果

7.8 常用CSS定位方式

通常一个网站页面中的各个元素都应该有自己合理的位置和定位方式，才能搭建出整个页面的结构。本小节将围绕CSS定位的原理进行详细的讲解，包括相对定位、绝对定位、固定定位等，熟练掌握这些定位方式，对使用Div+CSS布局制作页面是非常有用的。

7.8.1 CSS定位属性

在网页设计制作中，定位就是精确的定义HTML元素在页面中的位置，可以是页面中的绝对位置，也可以是相对于父级元素或另一个元素的相对位置。在使用Div+CSS布局制作页面的过程中，都是通过CSS的定位属性对元素完成位置、大小控制的。

CSS中的定位属性如下表所示：

CSS定位属性

属　性	说　明
position	定义位置
top	设置元素垂直距顶部的距离
right	设置元素水平距右部的距离
bottom	设置元素垂直距底部的距离
left	设置元素水平距左部的距离
z-index	设置元素的层叠顺序
width	设置元素的宽度
height	设置元素的高度
overflow	设置元素内容溢出的处理方法
clip	设置元素剪切

上表中前6个属性是实际的元素定位属性，后面的4个有关属性，是用来对元素内容进行控制的属性。其中，position属性是最主要的定位属性，它既可以定义元素的绝对位置，又可以定义元素的相对位置，而top、right、bottom和left只有在position属性中使用才会起到作用。

position属性的语法格式如下：

```
position: static | absolute | fixed | relative;
```

position属性值及其含义说明如下表所示：

position属性值

属性值	说　明
static	无特殊定位，元素定位的默认值，对象遵循HTML元素定位规则，不能通过z-index属性进行层次分级
relative	相对定位，对象不可以重叠，可以通过top、right、bottom和left等属性在页面中偏移位置，可以通过z-index属性进行层次分级
absolute	绝对定位，相对于其父级元素进行定位，元素的位置可以通过top、right、bottom和left等属性进行设置
fixed	绝对定位，相对于浏览器窗口进行的定位，元素的位置可以通过top、right、bottom和left等属性进行设置

7.8.2 浮动定位

浮动定位是CSS排版中非常重要的手段。浮动的框可以左右移动，直到它外边缘碰到包含框或另一个浮动框的边缘。因为浮动框不在文档的普通流中，所以文档流中的块框表现的就像浮动框不存在一样。float可选参数如下表所示：

float属性

属 性	描 述	可用值	注 释
float	用于设置对象是否浮动显示，以及设置及具体浮动的方式	none left right	不浮动 左浮动 右浮动

left：文本或图像会移至父元素中的左侧。

right：文本或图像会移至父元素中的右侧。

none：默认。文本或图像会显示于它在文档中出现的位置。

7.8.3 相对定位

相对定位的CSS样式设置如下：

```
position: relative;
```

如果对一个元素进行相对定位，在它所在的位置上，通过设置垂直或水平位置，让这个元素相对于起点进行移动。如果将top设置为40像素，那么框将出现在原位置顶部下面40像素的位置。如果将left设置为40像素，那么会在元素左边创建40像素的空间，也就是将元素向右移动。

```
#main {
    position:relative;                    <!--设置相对定位-->
    left:40px;
    top:40px;
    background-color:#0FF;
    float:left;
    height:200px;
    width:200px;
}
```

完成效果如图7-201所示。

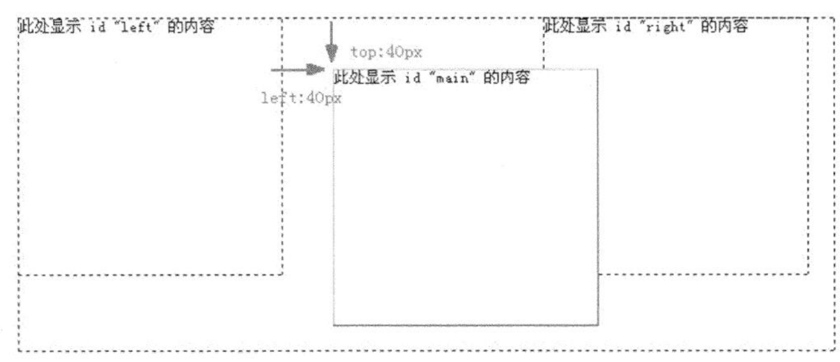

图7-201 相对定位

提示 在使用相对定位时，无论是否进行移动，元素仍然占据原来的空间。因此，移动元素会导致它覆盖其他框。

7.8.4 绝对定位

绝对定位的CSS样式设置如下：

```
position: absolute;
```

绝对定位是参照浏览器的左上角，并配合top、right、bottom和left进行定位的，如果没有设置上述的4个值，则默认依据父级元素的坐标原点为原始点。绝对定位可以通过top、right、bottom和left来设置元素，使其处在任何一个位置。

相对定位实际上被看作普通流定位模型的一部分，因为元素的位置相对于它在普通流中的位置。与之相反，绝对定位使元素的位置与文档流无关，因此不占据空间，普通文档流中其他元素的布局就像绝对定位的元素不存在一样。简单来说，使用了绝对定位之后，对象就浮在网页的上面了。

```
#main {
    position:absolute;                  <!--设置绝对定位-->
    left:40px;
    top:40px;
    background-color:#0FF;
    float:left;
    height:200px;
    width:200px;
}
```

完成效果如图7-202所示。

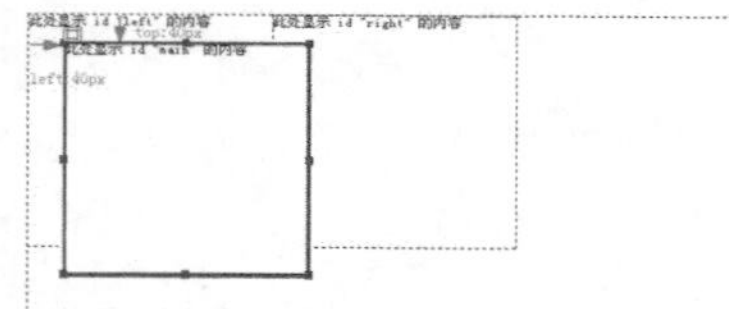

图7-202 绝对定位

与相对定位的框一样，绝对定位的框可以从包含块向上、下、左、右移动。这提供了很大的灵活性，可以直接将元素定位在页面上的任何位置。

> 提示 对于定位的主要问题是要记住每种定位的意义。相对定位是相对于元素在文档流中的初始位置，而绝对定位是相对于最近的已定位的父元素，如果不存在已定位的父元素，那就相对于最初的包含块。

> 提示 因为绝对定位的框与文档流无关，所以它们可以覆盖页面上的其他元素。可以通过设置z-index属性来控制这些框的堆放次序。z-index属性的值越大，框在堆中的位置就越高。

7.8.5 固定定位

固定定位的CSS样式设置如下：

```
position: fixed;
```

固定定位和绝对定位比较相似，它是绝对定位的一种特殊形式，固定定位的容器不会随着滚动条的拖动而变化位置。在视线中，固定定位的容器位置是不会改变的。固定定位可以把一些特殊效果固定在浏览器的视线位置。

固定定位的参照位置不是上线元素块而是浏览器窗口。所以可以使用固定定位来设定类似传统框架样式布局，以及广告框架或导航框架等。使用固定定位的元素可以脱离页面，无论页面如何滚动，始终处在页面的同一位置上。

7.9 本章小结

本章重点讲解了CSS样式与Div+CSS布局的相关知识，该部分知识也是网页设计制作的重点，只有熟练的掌握了CSS样式的设置方法，才能够更好的应用Div+CSS布局制作网站页面。本章讲解的内容较多，读者需要仔细的理解并熟练掌握本章所讲解的相关知识，这样才能够更好的在Dreamweaver中制作出精美网页。

第8章 使用表格与框架布局

表格是网页中用途非常广泛的工具，也是设计页面布局的重要工具，除了排列数据和图像外，更多的用于网页布局。Dreamweaver提供了强大的表格编辑功能，利用表格可以实现各种不同的布局方式。
框架是一个较早出现的HTML对象，是一种特殊的网页，也是网页中最常用的页面设计方式。框架通常用来定义页面的导航区域和内容区域，可以非常方便地完成导航工作而且各个框架之间都是独立的，不会存在干扰问题。

8.1 插入表格

表格是网页制作中不可缺少的网页元素之一，在Dreamweaver中，表格主要用来处理表格式数据。在文档中利用表格可以对网页内容进行精确定位，本节介绍了如何插入表格及设置表格和单元格属性，使读者对表格有基本的了解。

8.1.1 在网页中插入表格

表格由一行或多行组成，每行又由一个或多个单元格组成，在网页中插入表格的方法很多，通常是通过“表格”对话框进行的。

单击“插入”面板上的“表格”按钮，弹出“表格”对话框，在该对话框中可以对相应的选项进行设置，如图8-1所示。

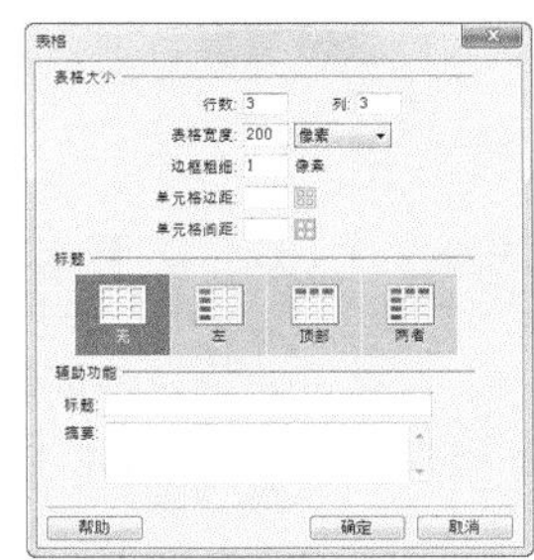

图8-1 “表格”对话框

行数：该选项用于设置表格行数，可在文本框中输入表格行数。

列：该选项用于设置表格的列数，可在文本框中输入表格列数。

表格宽度：该选项用于设置表格的宽度，在该选项后的下拉列表中可以选择宽度单位：像素或百分比。

> 提示　“表格宽度”选项后的下拉列表中包含两个宽度单位，其中，“宽度”单位是以像素定义的表格，其大小是固定不变的；而“宽度”单位是以百分比定义的表格，所以表格的大小会随着浏览器窗口大小的改变而变化。

边框粗细：该选项用于设置表格边框宽度，以像素为单位，若设置为0，在浏览时则不显示表格边框。

单元格边距：该选项用于设置单元格边框和单元格内容之间的像素数。

单元格间距：该选项用于设置相邻单元格之间的像素数。

标题：该选项用于设置表格的表头样式，有4种样式可供选择：“无”、“左”、“顶部”和“两者”。

辅助功能：该选项组可以定义与表格存储相关的参数，包括“标题”和“摘要”。在“标题”文本框中输入表格标题，则标题将显示在表格的外部；在“摘要”文本框中可以输入对表格进行说明或注释的文字，其内容不会在浏览器中显示，仅在源代码中显示，可提高源代码的可读性。

8.1.2 设置表格属性

为了使创建的表格更加美观、醒目，需要对表格的属性，如表格的样式、颜色等属性进行设置。设置表格属性的方法很简单，只需选中整个表格，即可在“属性”面板中对表格的属性进行相应的设置，如图8-2所示。

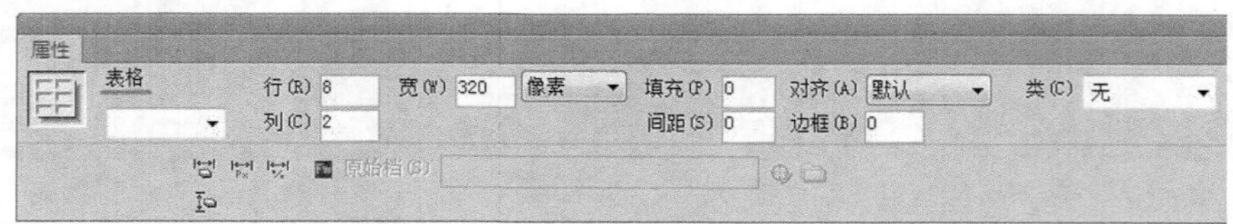

图8-2 表格“属性”面板

表格：该选项用于设置表格的ID，可以在文本框中直接输入表格的ID名称。

行和列：该选项用于设置表格的行和列的数量，可以在文本框中直接输入表格行和列的数值。

宽：该选项用于显示当前选中表格的宽度，可以在文本框中直接输入数值来修改该表格的宽度，并且在文本框后的下拉列表中有两个单位可供选择，包括“像素”和“%”。

填充：该选项用于设置单元格内容和单元格边界之间的像素数。

对齐：该选项用于设置表格的对齐方式，在该选项后的下拉列表中有4个选项可供选择：“默认”、“左对齐”、“居中对齐”和“右对齐”，用户可以根据需要选择合适的对齐方式。

间距：该选项用于设置相邻表格的单元格间的像素数。

边框：该选项用于设置表格边框的宽度。

类：该选项可以为该表格设置一个的CSS类样式。

清除列宽：该选项用于清除列宽。

将表格宽度转换成像素：该选项用于将表格宽度由百分比转换为像素。

将表格宽度转换为百分比：该选项用于将表格宽度由像素转换为百分比。

清除行高：该选项用于清除行高。

8.1.3 设置单元格属性

设置单元格属性同设置表格属性相似，都要先选中某单元格，即可在“属性”面板中对单元格的属性进行相应的设置，如图8-3所示。

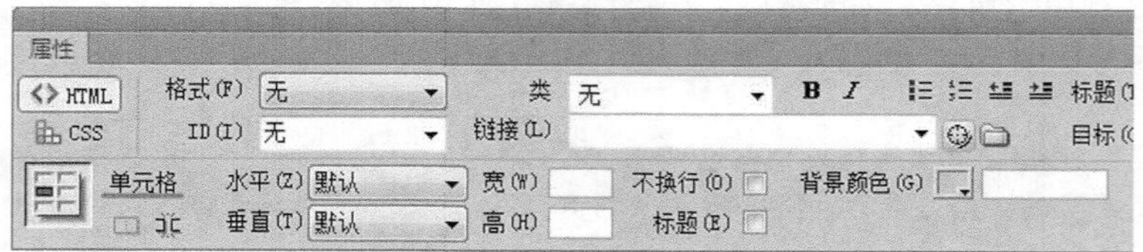

图8-3 单元格“属性”面板

合并单元格：当在表格中选中两个或两个以上连续的单元格时，该按钮呈可用状态，单击该按钮，可以将选中的单元格合并。

拆分单元格：单击该按钮，将弹出相应的对话框，可以将当前单元格拆分为多个单元格。

水平：该选项用于设置单元格中对象的水平对齐方式，在该选项后的下拉列表中有4个选项可供选择，如图8-4所示，用户可以根据需要选择合适的对齐方式。

垂直：该选项用于设置单元格中对象的垂直对齐方式，在该选项后的下拉列表中有5个选项可供选择，如图8-5所示，用户可以根据需要选择合适的对齐方式。

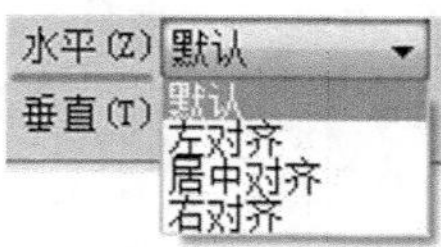

图8-4 “水平”下拉列表

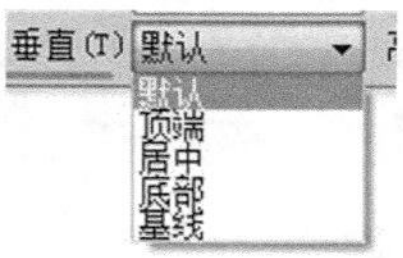

图8-5 “垂直”下拉列表

宽与高：该选项用于设置单元格的宽度和高度值。

不换行：勾选该复选框，可以防止单元格中较长的文本自动换行。

标题：勾选该复选框，可以为当前表格设置标题。

背景样色：该选项用于设置单元格的背景颜色，单击该选项后的颜色块，即可在弹出的“拾色器”面板中选择合适的颜色。

8.2 选择表格元素

上一节学习了如何在网页中插入表格，并通过“属性”面板对表格和单元格进行相应的设置。表格创建好之后，有时需要对表格进行编辑，在对表格进行编辑之前，必须要学会如何选择表格元素。

8.2.1 实战——选择整个表格

在对表格进行编辑之前，首先要选择整个表格，选择整个表格可以使用不同的方法进行操作，下面将详细介绍如何选择整个表格。

选择整个表格

●源文件：光盘\源文件\第8章\8-2-1.html　　●视频：光盘\视频\第8章\8-2-1.swf

01 执行“文件>打开”命令，打开页面“光盘\源文件\第8章\8-2-1.html”，效果如图8-6所示。将光标放置在单元格内，用鼠标单击表格上方，在弹出菜单中选择“选择表格”选项，即可选中整个表格，如图8-7所示。

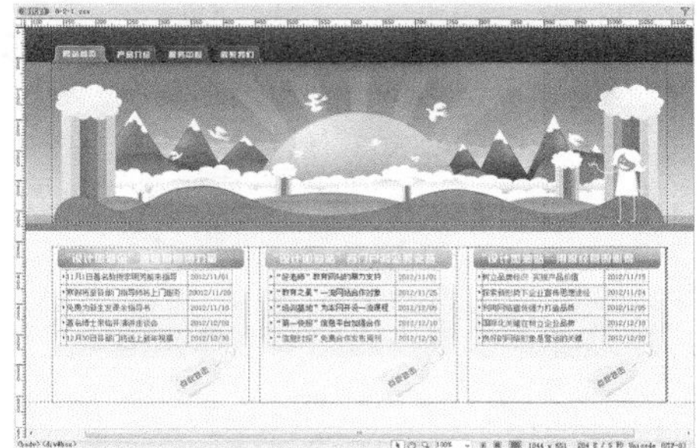

图8-6 页面效果

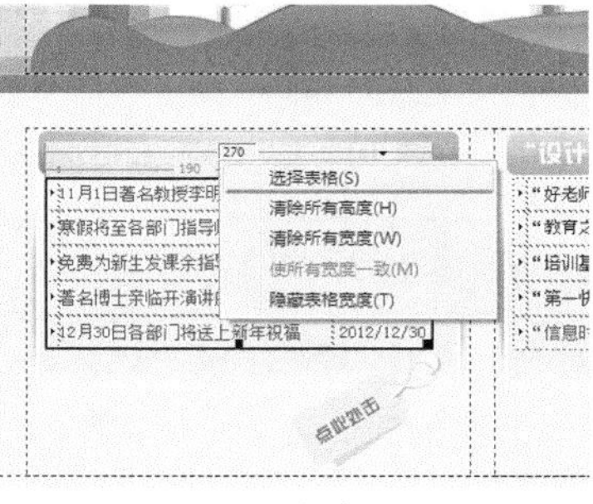

图8-7 选择表格

02 还可以在表格内部单击鼠标右键，在弹出菜单中选择“表格>选择表格”命令，如图8-8所示，同样可以选择整个表格。单击所要选择的表格左上角，当光标下方出现表格形状的图标时单击，如图8-9所示，同样可以选择整个表格。

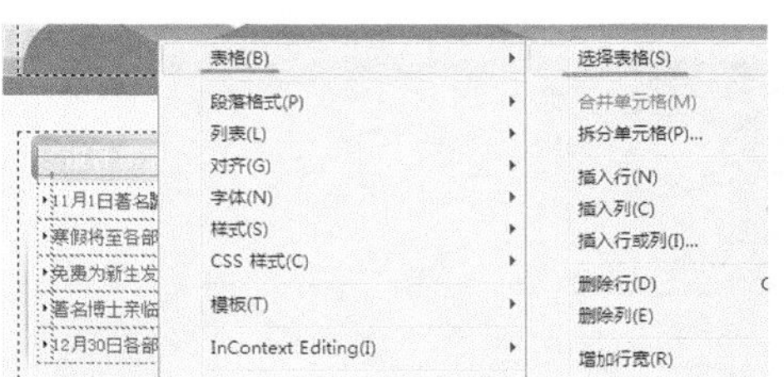

图8-8 “选择表格”选项

图8-9 选择表格

8.2.2 实战——选择单元行或单元列

选择表格时，可以选择整个表格或单个表格元素，例如选择表格中的某一单元行或某一单元列，选择单元行或单元列两者的方法基本相同。

选择单元行或单元列

●源文件：光盘\源文件\第8章\8-2-2.html　　　　●视频：光盘\视频\第8章\8-2-2.swf

01 执行“文件>打开”命令，打开页面“光盘\源文件\第8章\8-2-2.html”，效果如图8-10所示。将光标移至想要选择的单元行左边，当光标变成右箭头形状时，单击左键即可选中整个单元行，如图8-11所示。

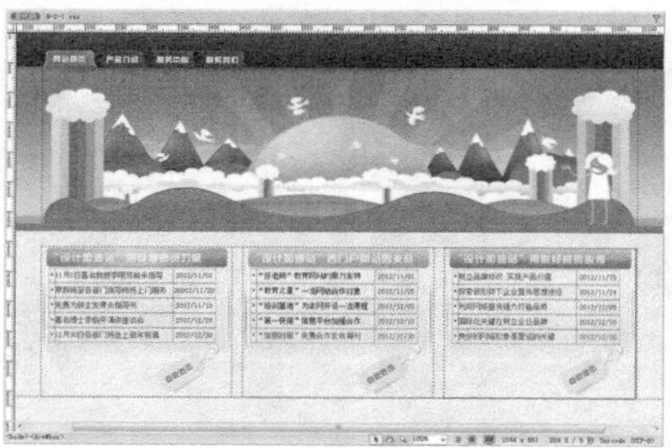

图8-10 页面效果

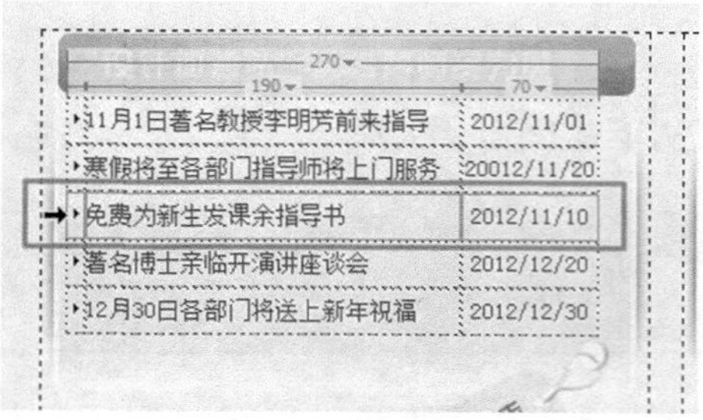

图8-11 选择单元行

02 如果需要选择整个单元列，只需将光标移至想要选择的一列表格上方，当光标变成下箭头形状时，单击左键即可选中整个单元列，如图8-12所示。将光标放置在单元格内，用鼠标单击表格上方向下的箭头，在弹出菜单中选择“选择列”选项，同样可以选中整个单元列，如图8-13所示。

图8-12 选择单元列

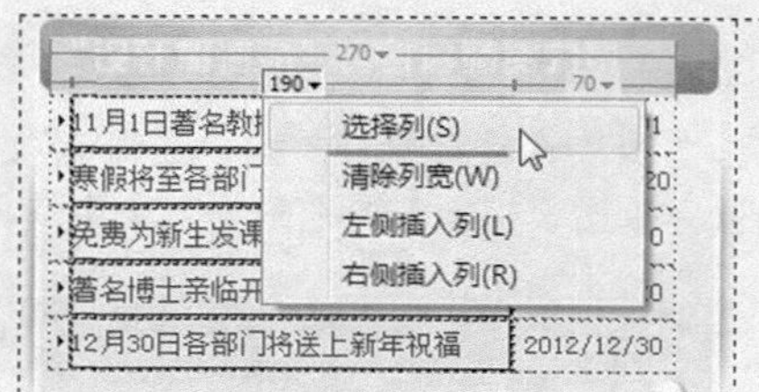

图8-13 选择单元列

8.2.3 实战——选择单元格

选择单元格时，可以选择单个单元格，也可以选择连续多个或不连续的多个单元格。当表格中的某单元格被选中时，该单元格的四周将会出现黑色的边框。

选择单元格

●源文件：光盘\源文件\第8章\8-2-3.html　　　　●视频：光盘\视频\第8章\8-2-3.swf

01 执行“文件>打开”命令，打开页面“光盘\源文件\第8章\8-2-3.html”，效果如图8-14所示。将光标放置在需要选择的单元格内部，在“状态”栏上的“标签选择器”中单击<td>标签，如图8-15所示。

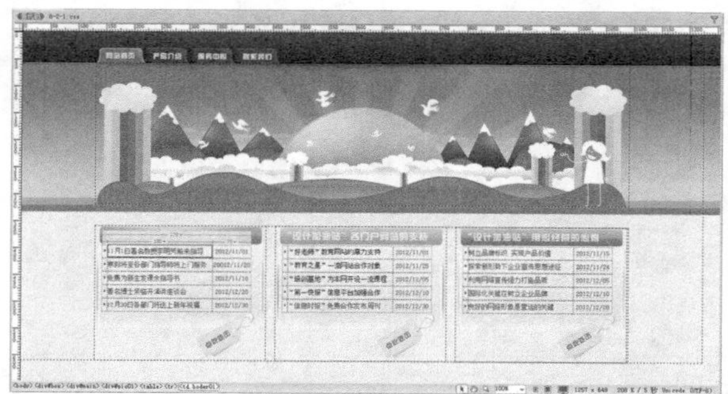

图8-14 打开页面

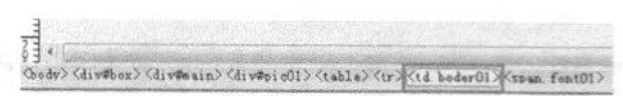

图8-15 标签选择器

02 即可选中该单元格，如图8-16所示。将光标放在其他单元格内，使用相同的方法，也可以选择其他单元格，如图8-17所示。

图8-16 选择单元格

图8-17 选择单元格

03 要选择连续的单元格，需要使用鼠标从一个单元格上方开始向要连续选择单元格的方向按下左键后拖动选择单元格，如图8-18所示。要选择不连续的几个单元格，则需要在单击所选单元格的同时，按住Ctrl键即可，如图8-19所示。

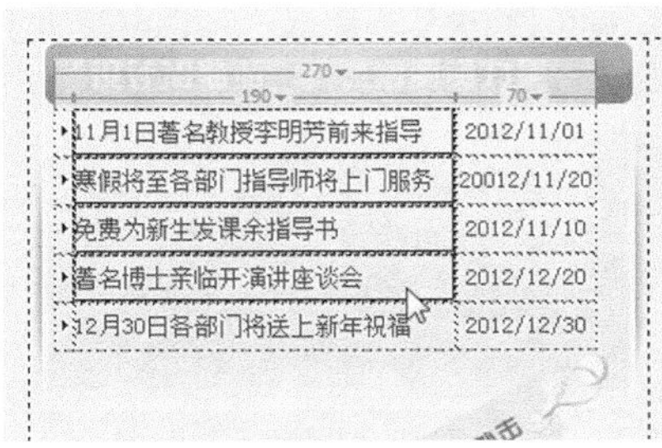

图8-18 选择连续单元格

图8-19 选择不连续单元格

8.3 表格特殊处理

创建好一个表格之后，有时需要对表格数据进行特殊的处理，因此针对表格数据的处理需要，在Dreamweaver CS6中还提供了导入表格数据和对表格数据进行排序的高级处理技巧，通过这些特殊处理，可以更加方便、快捷的对表格数据进行处理。

8.3.1 实战——导入表格式数据

在实际工作中，有时需要把其他软件（如Microsoft Word）中建立的表格数据发布到网上，其实现的方法是，先从Word等软件中将文件另存为文本格式的文件，再用Dreamweaver将这些数据导入为网页页面上的表格，用户可以在"导入表格数据"对话框中对导入表格的数据进行相应的设置。

导入表格式数据

●源文件：光盘\源文件\第8章\8-3-1.html ●视频：光盘\视频\第8章\8-3-1.swf

01 执行"文件>打开"命令，打开页面"光盘\源文件\第8章\8-3-1.html"，效果如图8-20所示。打开在该页面中需要导入的文本文件，内容如图8-21所示。

图8-20 打开页面

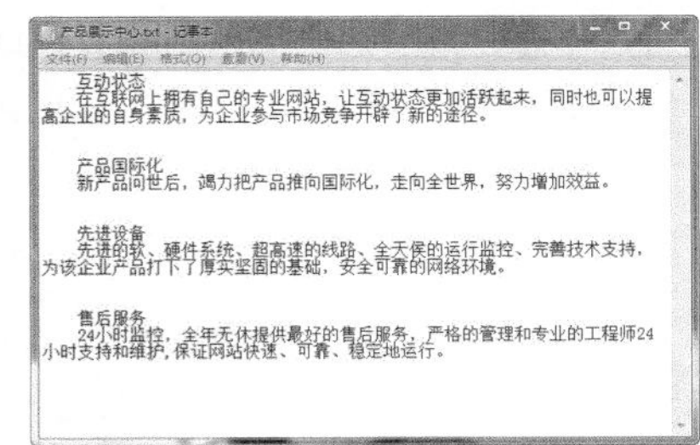

图8-21 导入的文本文件

02 将光标移至页面中名为top01的Div中，删除多余文字，执行“文件>导入>表格式数据”命令，弹出“导入表格式数据”对话框，设置如图8-22所示。单击“确定”按钮，即可将所选择的文本文件中的数据导入到页面中，如图8-23所示。

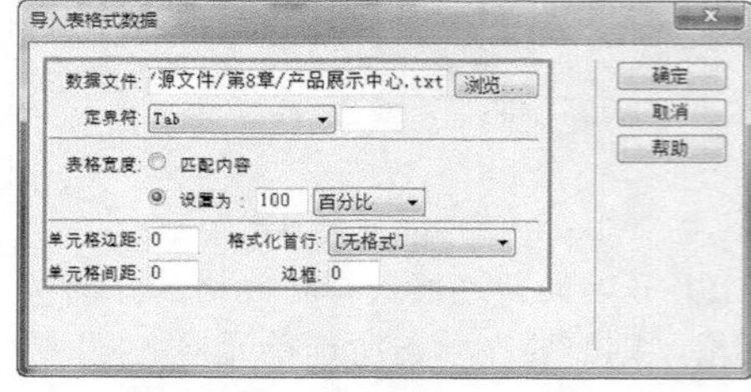

图8-22 设置“导入表格式数据”对话框

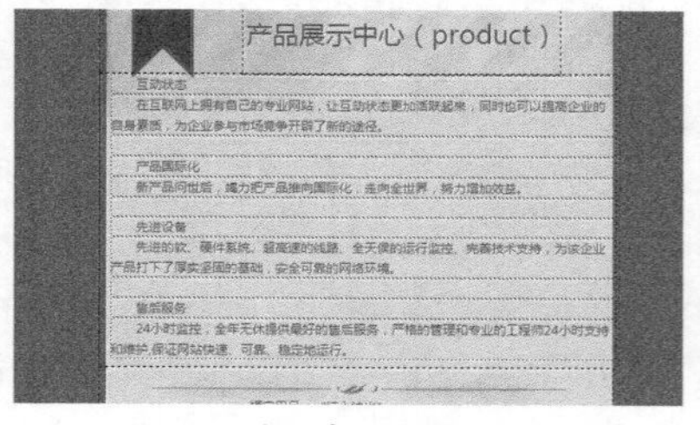

图8-23 导入表格式数据效果

03 转换到该网页所链接的外部CSS样式文件中，创建名为.font01的类CSS样式，如图8-24所示。返回设计视图中，选中相应的文字，在“类”下拉列表中选择刚定义的类CSS样式font01应用，如图8-25所示。

```
.font01 {
    font-weight: bold;
    color: #5f171a;
}
```

图8-24 CSS类样式

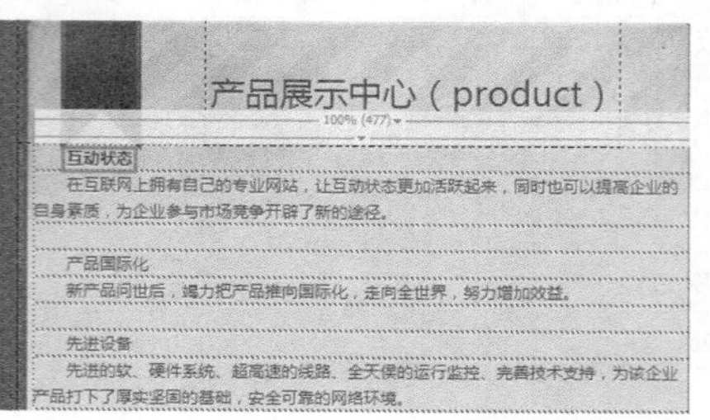

图8-25 应用CSS样式

04 使用相同的方法，为其他相应的文字应用该类CSS样式，页面效果如图8-26所示。完成表格数据的导入，保存页面，在浏览器中预览页面，效果如图8-27所示。

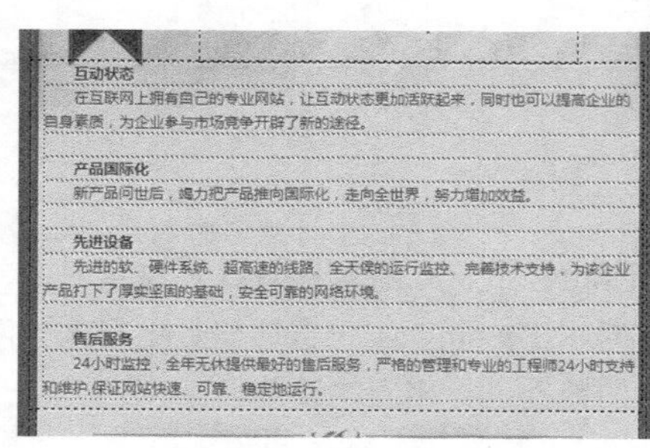

图8-26 页面效果

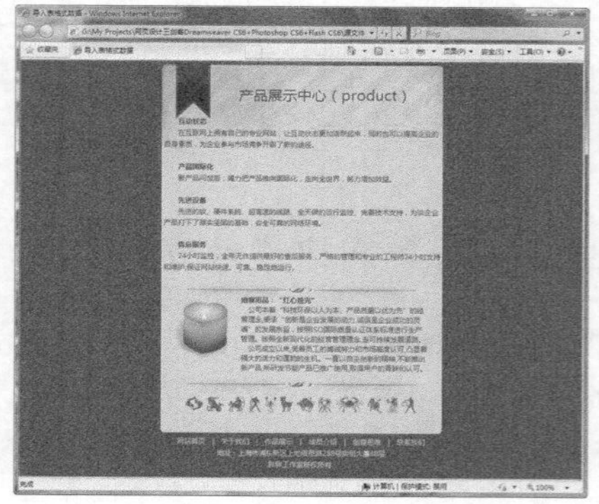

图8-27 预览页面

8.3.2 实战——表格排序

在网页表格中经常会有大量的数据，Dreamweaver CS6允许对表格执行排序操作，该排序功能主要是针对具有格式数据的表格，是根据表格列表中的数据来排序的。如果需要对表格数据进行排序，则选中需要排序的表格，执行“命令>排序表格”命令，弹出“排序表格”对话框，即可在该对话框中对表格排序的规则进行设置。

表格排序

●源文件：光盘\源文件\第8章\8-3-2.html　　●视频：光盘\视频\第8章\8-3-2.swf

01 执行“文件>打开”命令，打开页面“光盘\源文件\第8章\8-3-2.html”，效果如图8-28所示。将光标移至表格的左上角，当光标变为形状时单击鼠标左键，选择需要排序的表格，如图8-29所示。

图8-28 打开页面

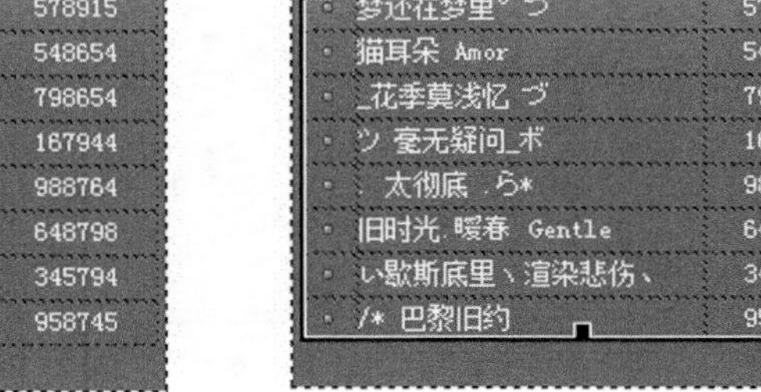

图8-29 选中表格

02 执行“命令>排序表格”命令，弹出“排序表格”对话框，在这里需要对表格中的数据按积分顺序从高到低进行排序，设置如图8-30所示。单击“确定”按钮，对选中的表格进行排序，如图8-31所示。

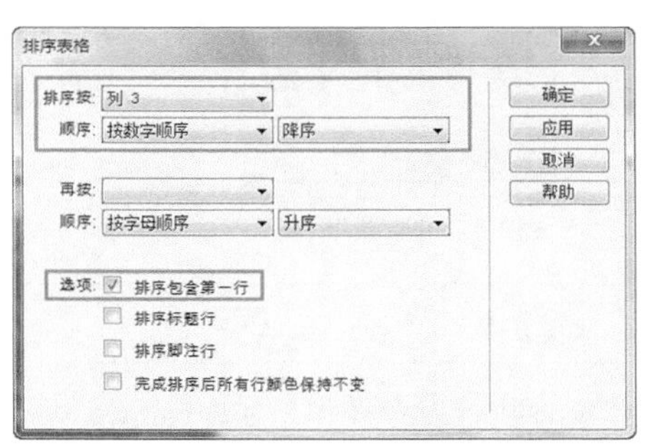

图8-30 设置“排序表格”对话框

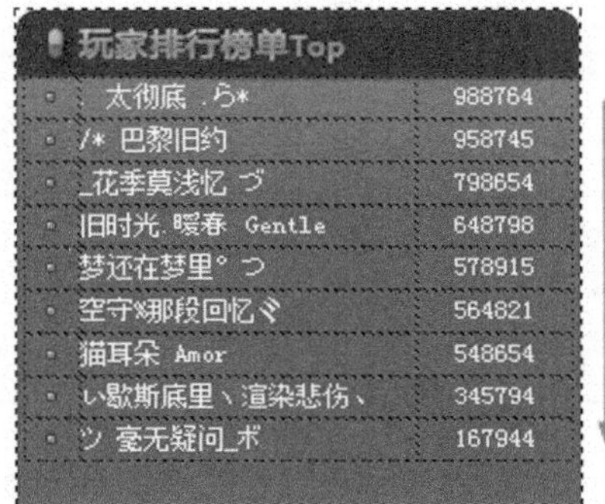

图8-31 排序后表格效果

8.4 创建框架网页

框架是一种特殊的网页，框架的作用是把浏览器窗口划分为若干个区域，每个区域可以分别显示不同的网页页面，且每个区域的内容都是独立的。模板出现以前，框架基于结构清晰、框架之间独立性强的特征在网页中一直都被广泛应用。

在制作网页时有时并不是所有的内容都需要改变，如网页的导航、网页标题部分等，如果每个网页都重复插入这些元素，会浪费时间，这时就可以使用框架来解决以上问题。

8.4.1 创建框架集

框架是浏览器窗口中的一个区域，框架集是HTML文件，它定义一组框架的布局和属性，包括框架的数目、大小和位置以及在每个框架中初始显示页面的URL。Dreamweaver CS6为用户提供了多种创建框架集的方法，使用预定义框架集的方法可以直接使用定义好的框架集，从而避免建立框架集的麻烦。

在Dreamweaver CS6中，可以通过执行“插入>HTML>框架”命令，在弹出的子菜单中选择相应的预设框架选项来创建框架。

打开Dreamweaver CS6，执行“插入>HTML>框架” 命令，弹出菜单中包含了所有预定义的框架集，如图8-32所示。选择“右对齐”选项后，弹出“框架标签辅助功能属性”对话框，如图8-33所示。

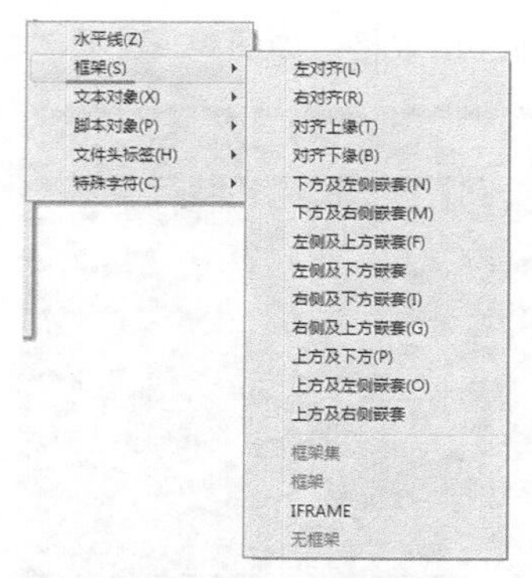
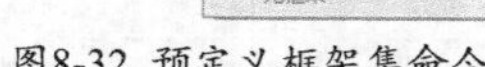

图8-32 预定义框架集命令

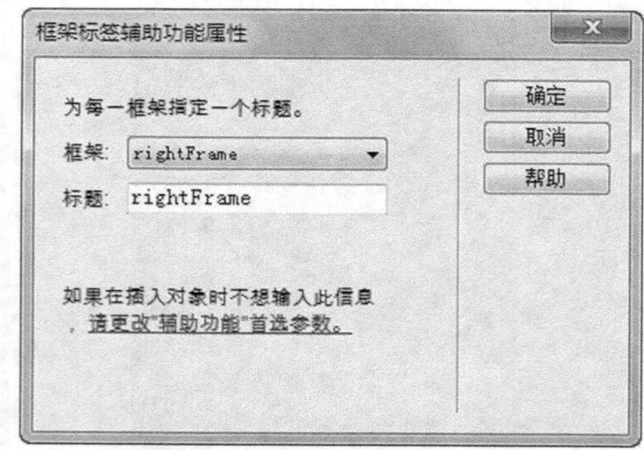

图8-33 “框架标签辅助功能属性”对话框

单击“确定”按钮，即可插入预定义框架集，页面效果如图8-34所示。执行“窗口>框架”，命令，即可在“框架”面板中看到刚插入的框架集，如图8-35所示。

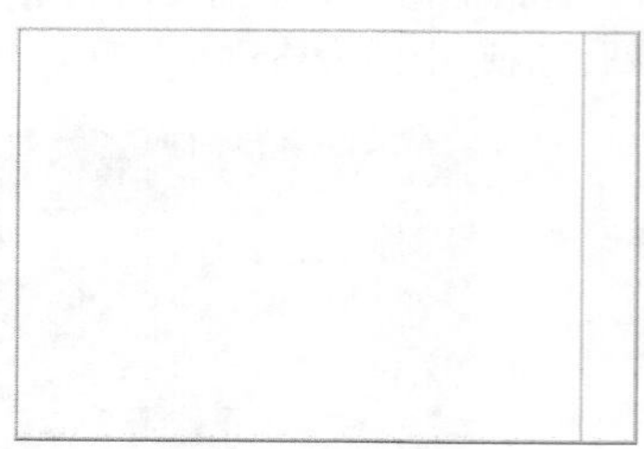

图8-34 插入框架集效果

图8-35 “框架”面板

8.4.2 保存框架和框架集文件

创建完框架或框架集文件后，需要对该框架或框架集文件执行保存操作。在Dreamweaver CS6中保存框架和框架集与一般的网页有所不同，可以单独保存某个框架文件，也可以保存框架集文档，还可以保存框架集和框架中出现的所有文档。

在“文件”菜单下，Dreamweaver提供了3个与框架有关的保存命令，分别是“保存框架页”、“框架集另存为”和“保存全部”，如图8-36所示。

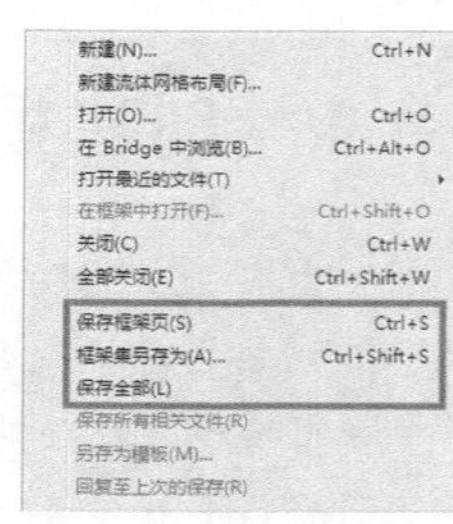

图8-36 “文件”菜单

保存框架页：该命令是用于保存框架文件的。

框架集另存为：该命令是用于保存框架集文件的。

保存全部：该命令是用于将面中包括所有的框架集、框架文件一起保存的。

如果想单独保存某个框架页面，那么只需将光标置于该框架中，再执行“文件>保存框架”命令即可。

8.4.3 设置框架集属性

建立好框架集后，框架集会采用默认属性值，如果想要改变默认值，可以通过“属性”面板对框架集进行修改和调整，选中建立好的整个框架集，打开“属性”面板，即可在“属性”面板中进行相应的设置，如图8-37所示。

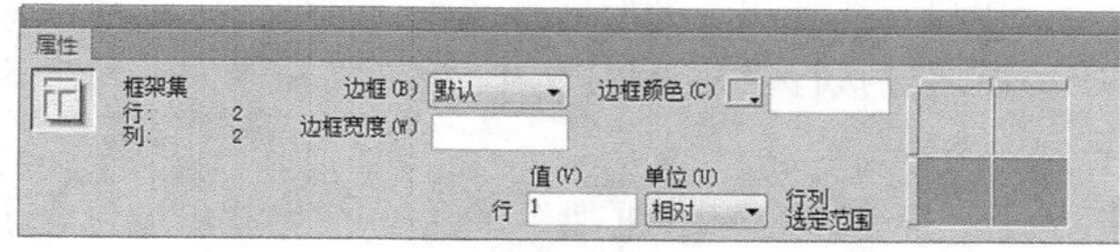

图8-37 框架集“属性”面板

框架集：在框架集信息区域显示的是当前整个框架的构造。

边框：该选项是用来设置框架边界在浏览器窗口中的显示情况。在该选项后的下拉列表中包含了3个选项，如图8-38所示。选择“是”选项，则显示框架边框；选择“否”选项，则不显示框架边框；选择“默认”选项，则由浏览器决定是否显示框架边框。

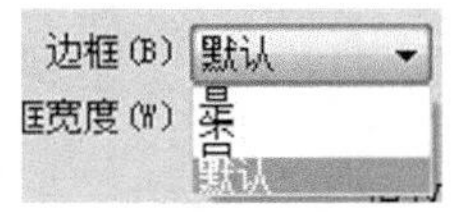

图8-38 “边框”下拉列表

边框宽度：该选项是用来设置当前框架集的边框宽度单位为像素，输入0表示不显示边框。

边框颜色：该选项是用来设置框架中边框的颜色，单击该选项后的颜色块，即可在弹出的“拾色器”面板中选择合适的颜色，也可以在文本框中直接输入颜色值进行设置。

设置框架结构的拆分比例：可以在“属性”面板右侧的框中选择需要设置的框架，选择后会在“值”和“单位”两个选项中出现该框架所对应的属性值，如果选择的框架是上下拆分，则显示“行”项数值，如图8-39所示；如果选择的框架是左右拆分，则显示“列”项数值，如图8-40所示。“值”选项对于“行”指的是高度，对于“列”指的是宽度，且可以通过“单位”选项的下拉菜单中对“值”的单位进行设置。

图8-39 显示“行”项的数据

图8-40 显示“列”项的数据

8.4.4 设置框架属性

在“框架”面板中选择需要进行设置的框架，在“属性”面板中可以对该框架的相关属性进行设置，如图8-41所示。

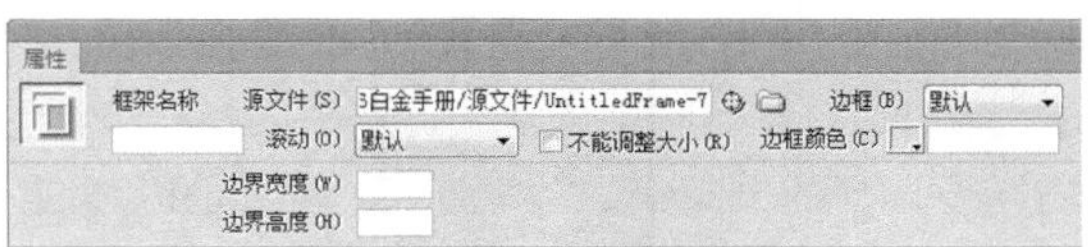

图8-41 框架“属性”面板

框架名称：该选项下的文本框中可以直接输入选中框架的名称。

源文件：该选项后的文本框显示的是该框架中插入的框架网页的路径，页面未保存时使用的是绝对路径，保存后使用的是相对路径。

边框：该选项是用来设置框架是否显示边框，同框架集的“边框”用法相同。

滚动：该选项用来设置当没有足够的空间来显示当前框架的内容时，是否显示滚动条，在该选项后的下拉列表中包含了4个选项，如图8-42所示。选择“是”选项，则一直显示滚动条；选择“否”选项，则不显示滚动条；选择“自动”选项，则只在框架内容超出范围时才显示滚动条；选择“默认”选项，在大多数浏览器中相当于“自动”选项。

不能调整大小：该复选框是用来设置是否允许访问者调整框架的边框，勾选复选框，则允许调整。

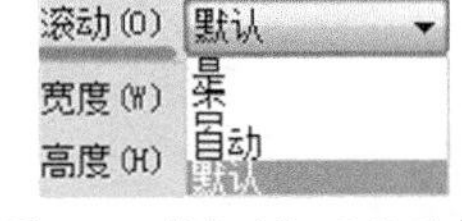

图8-42 “滚动”下拉列表

边框颜色：该选项是用来设置框架边框的颜色，用法和框架集“边框颜色”相同。

边界高度和边界宽度：该选项是用来设置框架中的内容与左右、上下边框之间的距离，以像素为单位，也可在该选项后的文本框中直接输入数值。

8.5 选择框架和框架集

框架创建完成后，还需对其进行一些调整，如选择框架和链接网页等。对框架及框架可进行选择等系列操作，可以在“框架”面板中选择框架或框架集，也可以在文档窗口中选择框架或框架集。

8.5.1 在“框架”面板中选择框架或框架集

如果需要在“框架”面板中选择框架或框架集，执行“窗口>框架”命令，打开“框架”面板，即可在“框架”面板中进行框架或框架集的选择操作。

直接在“框架”面板中的框架内单击框架边框，即可选择该框架，如图8-43所示，被选中的框架以粗黑框显示；如果需要在“框架”面板中选择整个框架集，直接在面板中单击框架最外面的边框即可，如图8-44所示。

图8-43 选择框架

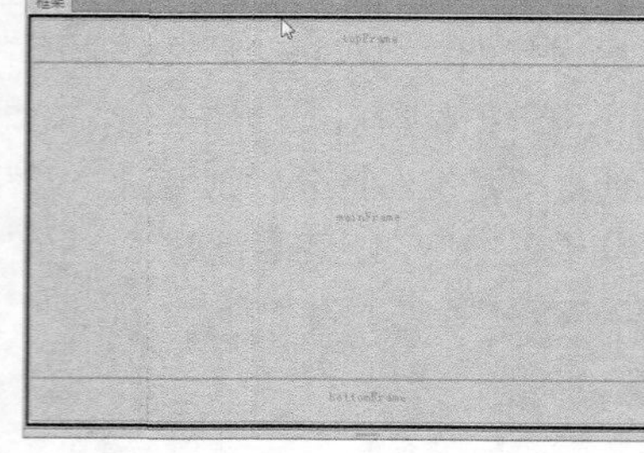

图8-44 选择框架集

> **提示** 在选择一个框架的基础上，可用快捷键选择其他框架，其方法是按住Alt键的同时，按键盘上的方向键。其中，按Alt键再按“←”键或“→”键是选择同级框架或框架集。

8.5.2 在文档窗口中选择框架或框架集

如果想在文档窗口中选择框架或框架集，将光标移至需要选择的框架边框位置，按住Alt键，当光标变为水平双向箭头或垂直双向箭头时，单击边框即可选中该框架，选中的框架边框均呈虚线显示，如图8-45所示。

如果需要选择框架集，单击需要选择的框架集的边框即可，选择的框架集包含的所有框架边框都呈现虚线，如图8-46所示。

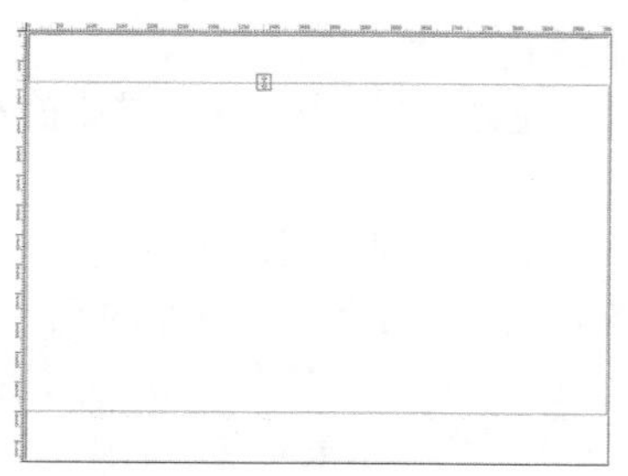

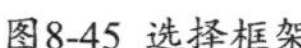

图8-45 选择框架

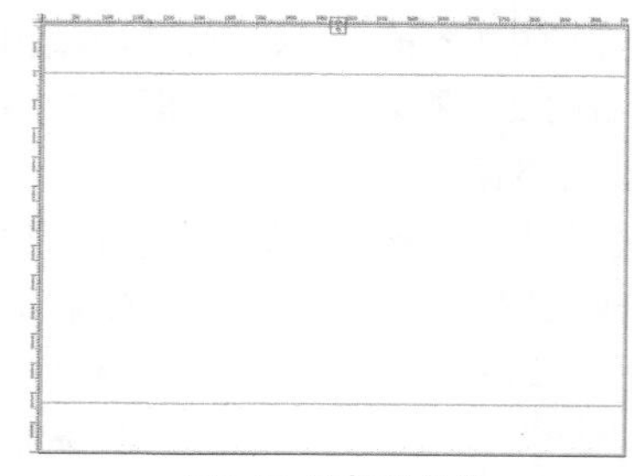

图8-46 选择框架集

8.6 使用Spry构件创建网页常见效果

在Dreamweaver CS6中，Spry是一个内置的JavaScript库，通过它就可以使用HTML、CSS和JavaScript将XML数据合并到HTML文档中，创建例如菜单栏、可折叠面板等构件，从而向各种网页中添加不同类型的效果，实现更加丰富的网页交互效果。

8.6.1 关于Spry构件

在“插入”面板中的Spry选项卡中提供了5种Spry构件，分别为“Spry菜单栏”、“Spry选项卡式面板”、“Spry折叠式”、“Spry可折叠面板”和“Spry工具提示”，Spry构件主要由以下几个部分组成：

（1）构件结构，用来定义Spry构件结构组成的HTML代码块。

（2）构件行为，用来控制Spry构件如何响应用户启动事件的JavaScript脚本。

（3）构件样式，用来指定Spry构件外观的CSS样式。

在Dreamweaver CS6中插入Spry构件时，Dreamweaver CS6会自动将相关的文件链接到页面中，以便Spry构件中包含该页面的功能和样式。

提示 与插入的Spry构件相关联的CSS样式表和JavaScript脚本文件会根据该Spry构件进行命名，因此，用户可以很容易判断出哪些文件是应用于哪些构件的。当在页面中插入Spry构件后，Dreamweaver CS6会自动在站点的根目录下创建一个名称为SpryAssets的文件夹，并将相应的CSS样式表文件和JavaScript脚本文件存放在该文件夹中。

8.6.2 实战——Spry菜单栏

导航栏是每个网站页面不可缺少的一部分，其在页面中主要起到了引导浏览者有效地浏览页面的作用，因此设计新颖的导航栏可以给网页增色不少。

Spry菜单栏

●源文件：光盘\源文件\第8章\8-6-2.htm　　●视频：光盘\视频\第8章\8-6-2.swf

01 执行“文件>打开”命令，打开页面“光盘\源文件\第8章\8-6-2.html”，页面效果如图8-47所示。将光标移至名为menu的Div中，删除多余文字，单击“插入”面板上Spry选项卡中的“Spry菜单栏”按钮，弹出“Spry菜单栏”对话框，设置如图8-48所示。

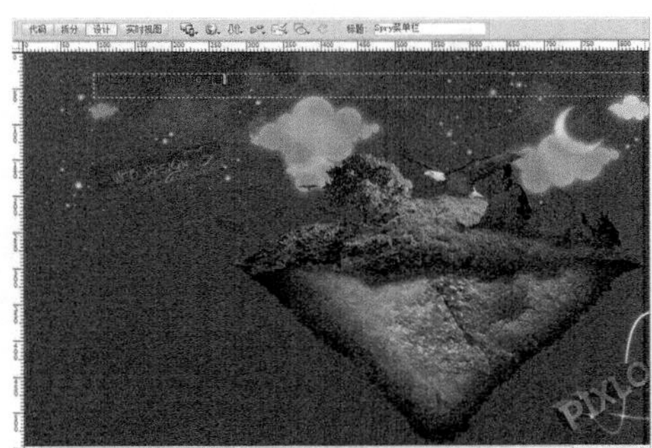

图8-47 打开页面

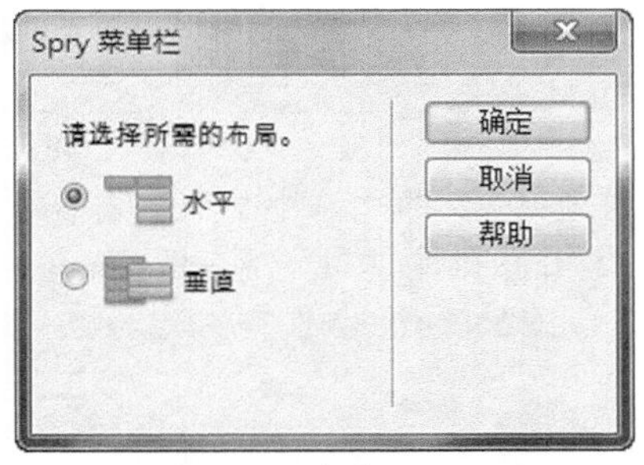

图8-48 “Spry菜单栏”对话框

02 单击“确定”按钮，即可在页面中插入Spry菜单栏，页面效果如图8-49所示。单击选中刚插入的Spry菜单栏，在“属性”面板上的“主菜单项列表”框中选中“项目1”选项，可以在“子菜单项列表”框中看到该菜单项下的子菜单项，如图8-50所示。

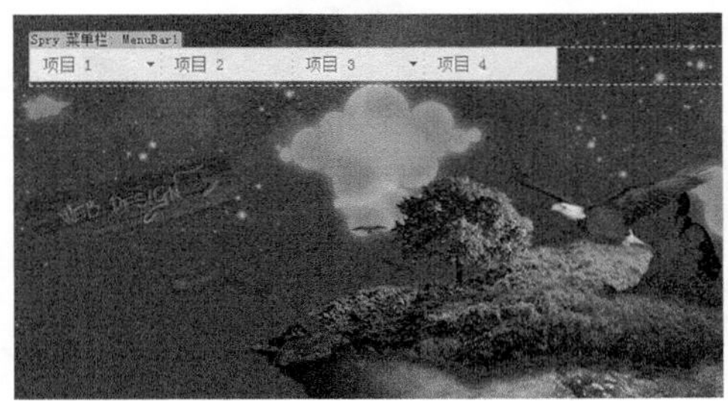

图8-49 插入Spry菜单栏

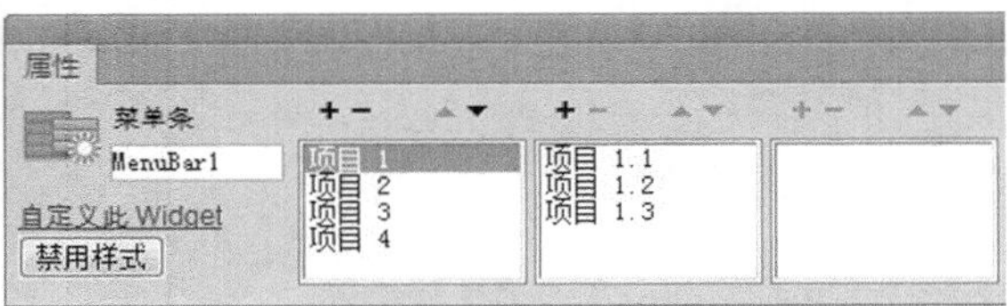

图8-50 “属性”面板

03 在“子菜单项列表”框中选中需要删除的项目，单击其上方的“删除菜单项”按钮，即可将其删除，如图8-51所示。在“主菜单项列表”框中选中“项目1”选项，在“文本”文本框中修改该菜单项的名称，如图8-52所示。

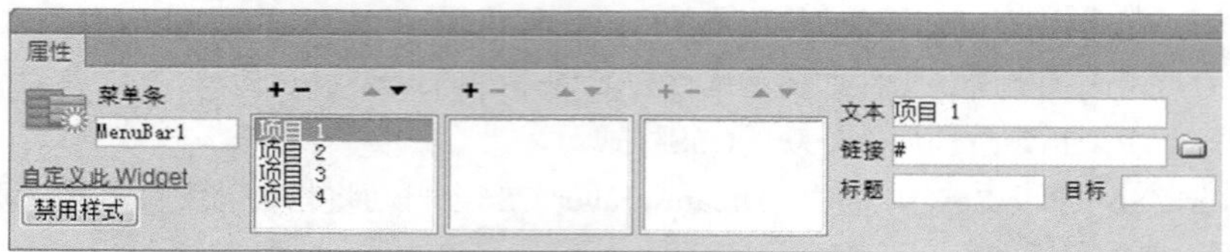

图8-51 删除子菜单项

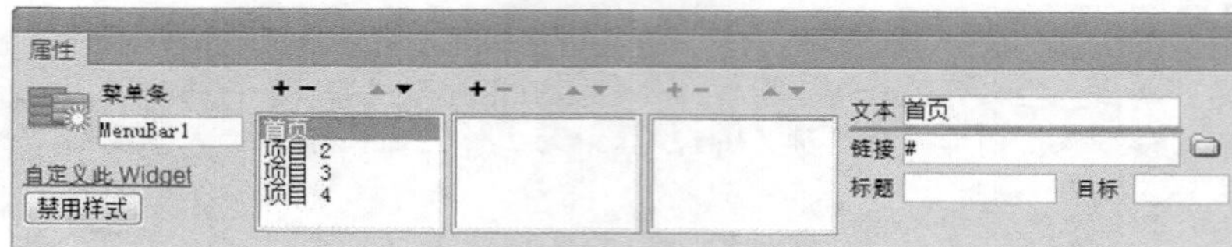

图8-52 修改菜单项名称

04 使用相同的制作方法，修改其他各主菜单项的名称，如图8-53所示。单击“主菜单项列表”框上的“添加菜单项”按钮+，可以添加相应的主菜单项，如图8-54所示。

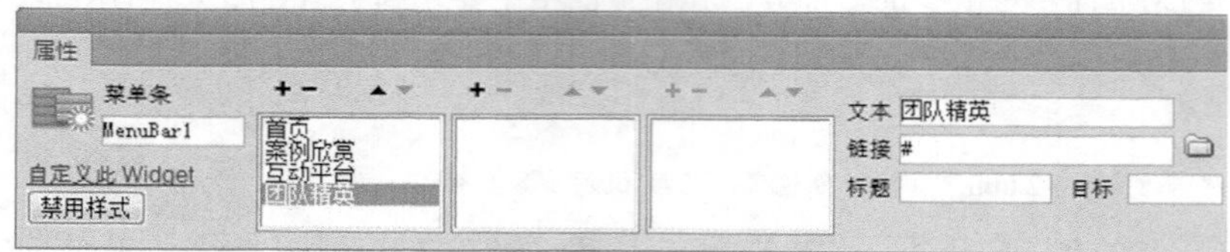

图8-53 修改菜单项名称

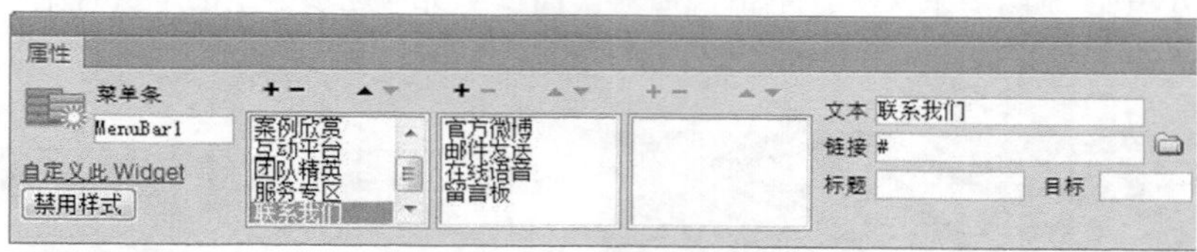

图8-54 添加主菜单项

05 在“主菜单项列表”框中选中某个主菜单项，在“子菜单列表”框中可以添加相应的子菜单项，如图8-55所示。使用相同的制作方法，完成Spry菜单栏中各菜单项的设置，如图8-56所示。

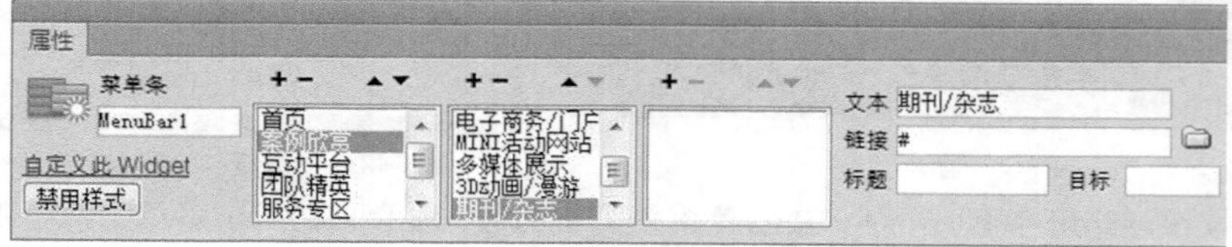

图8-55 添加子菜单项

图8-56 菜单栏的效果

06 切换到Spry菜单栏的外部CSS样式表文件SpryMenuBarHorizontal.css中，找到相应的CSS样式，如图8-57所示。将其删除，再找到名为ul.MenuBarHorizontal ul的CSS样式，如图8-58所示，将其删除。

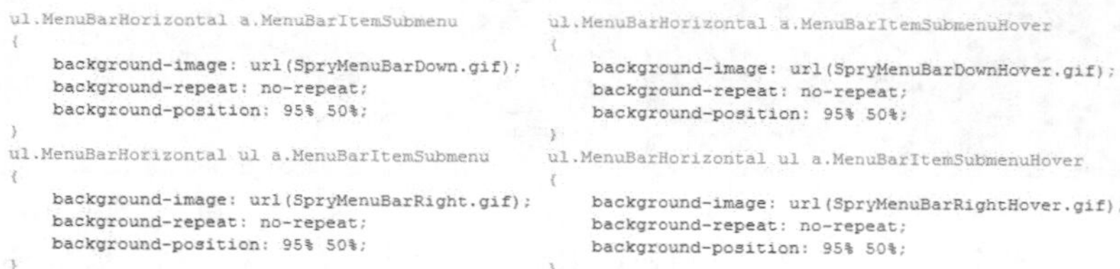

```
ul.MenuBarHorizontal a.MenuBarItemSubmenu
{
    background-image: url(SpryMenuBarDown.gif);
    background-repeat: no-repeat;
    background-position: 95% 50%;
}
ul.MenuBarHorizontal ul a.MenuBarItemSubmenu
{
    background-image: url(SpryMenuBarRight.gif);
    background-repeat: no-repeat;
    background-position: 95% 50%;
}
```

```
ul.MenuBarHorizontal a.MenuBarItemSubmenuHover
{
    background-image: url(SpryMenuBarDownHover.gif);
    background-repeat: no-repeat;
    background-position: 95% 50%;
}
ul.MenuBarHorizontal ul a.MenuBarItemSubmenuHover
{
    background-image: url(SpryMenuBarRightHover.gif);
    background-repeat: no-repeat;
    background-position: 95% 50%;
}
```

图8-57 CSS样式代码

07 再找到名为ul.MenuBarHorizontal li的CSS样式，如图8-59所示。对样式进行相应的修改，修改后如图8-60所示。

```
ul.MenuBarHorizontal ul
{
    border: 1px solid #CCC;
}
```

图8-58 CSS样式代码

```
ul.MenuBarHorizontal li
{
    margin: 0;
    padding: 0;
    list-style-type: none;
    font-size: 100%;
    position: relative;
    text-align: left;
    cursor: pointer;
    width: 8em;
    float: left;
}
```

图8-59 CSS样式代码

```
ul.MenuBarHorizontal li
{
    list-style-type: none;
    position: relative;
    text-align: left;
    cursor: pointer;
    width: 120px;
    line-height:32px;
    margin-right:5px;
    margin-top:1px;
    float: left;
}
```

图8-60 修改后的CSS样式代码

08 返回到设计视图，Spry菜单栏的效果如图8-61所示。切换到Spry菜单栏的外部CSS样式表文件SpryMenuBarHorizontal.css中，找到名为ul.MenuBarHorizontal a的CSS样式，如图8-62所示。

图8-61 页面效果

```
ul.MenuBarHorizontal a
{
    display: block;
    cursor: pointer;
    background-color: #EEE;
    padding: 0.5em 0.75em;
    color: #333;
    text-decoration: none;
}
```

图8-62 CSS样式代码

09 对样式进行相应的修改，修改后如图8-63所示。再找到相应的CSS样式，如图8-64所示。

```
ul.MenuBarHorizontal a
{
    display: block;
    cursor: pointer;
    width:120px;
    height:32px;
    text-align:center;
    margin-right:5px;
    background-image:url(images/86203.png);
    background-repeat:no-repeat;
    color:#FFF;
    text-decoration: none;
}
```

图8-63 修改后的CSS样式代码

```
ul.MenuBarHorizontal a.MenuBarItemHover,
ul.MenuBarHorizontal
a.MenuBarItemSubmenuHover,
ul.MenuBarHorizontal a.MenuBarSubmenuVisible
{
    background-color: #33C;
    color: #FFF;
}
```

图8-64 CSS样式代码

10 对样式进行相应的修改，修改后如图8-65所示。再找到名为ul.MenuBarHorizontal li.MenuBarItemIE的CSS样式，如图8-66所示。

```
ul.MenuBarHorizontal a.MenuBarItemHover,
ul.MenuBarHorizontal
a.MenuBarItemSubmenuHover,
ul.MenuBarHorizontal a.MenuBarSubmenuVisible
{
    background-color: #33C;
    color: #FFF;
    text-decoration: underline;
}
```

图8-65 修改后的CSS样式代码

```
ul.MenuBarHorizontal li.MenuBarItemIE
{
    display: inline;
    f\loat: left;
    background: #FFF;
}
```

图8-66 CSS样式代码

11 对样式进行相应的修改，修改后如图8-67所示。返回到设计视图中，可以看到Spry菜单栏的效果，如图8-68所示。

```
ul.MenuBarHorizontal li.MenuBarItemIE
{
    display: inline;
    f\loat: left;
}
```

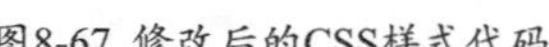
图8-67 修改后的CSS样式代码

图8-68 菜单栏的效果

⑫ 执行“文件>保存”命令，弹出“复制相关文件”对话框，如图8-69所示。单击“确定”按钮，按F12键即可在浏览器中预览页面，可以看到Spry菜单栏的效果，如图8-70所示。

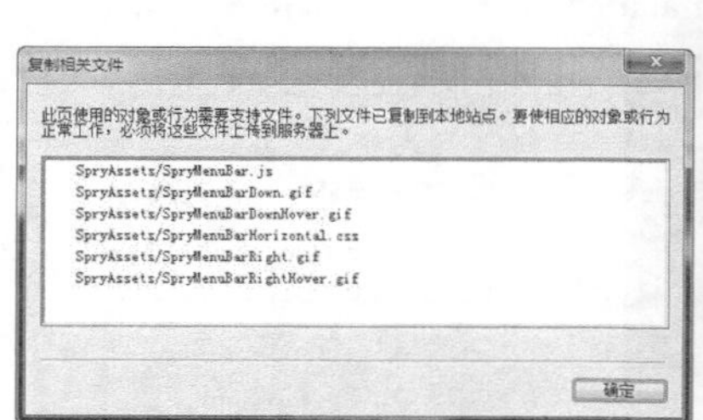
复制相关文件

此页使用的对象或行为需要支持文件。下列文件已复制到本地站点。要使相应的对象或行为正常工作，必须将这些文件上传到服务器上。

SpryAssets/SpryMenuBar.js
SpryAssets/SpryMenuBarDown.gif
SpryAssets/SpryMenuBarDownHover.gif
SpryAssets/SpryMenuBarHorizontal.css
SpryAssets/SpryMenuBarRight.gif
SpryAssets/SpryMenuBarRightHover.gif

确定

图8-69 “复制相关文件”对话框

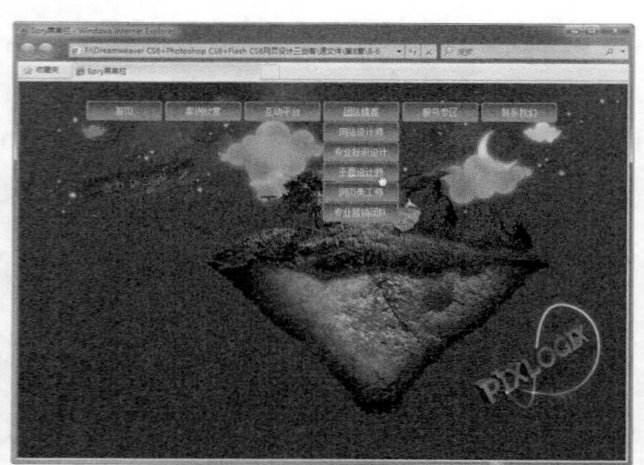

图8-70 预览Spry菜单栏效果

8.6.3 实战——Spry选项卡式面板

在Dreamweaver CS6中制作信息量较大的网页时，可以通过使用Spry选项卡式面板构件将较多的页面内容放置在紧凑的空间中，当浏览者单击不同的选项卡时，即可打开构件中相应的面板。

Spry选项卡式面板

●源文件：光盘\源文件\第8章\8-6-3.html　　●视频：光盘\视频\第8章\8-6-3.swf

⑪ 执行“文件>打开”命令，打开页面“光盘\源文件\第8章\8-6-3.html”，效果如图8-71所示。将光标移至名为right的Div中，删除多余文字，单击“插入”面板上Spry选项卡中的“Spry选项卡式面板”按钮，即可插入Spry选项卡式面板，如图8-72所示。

图8-71 打开页面

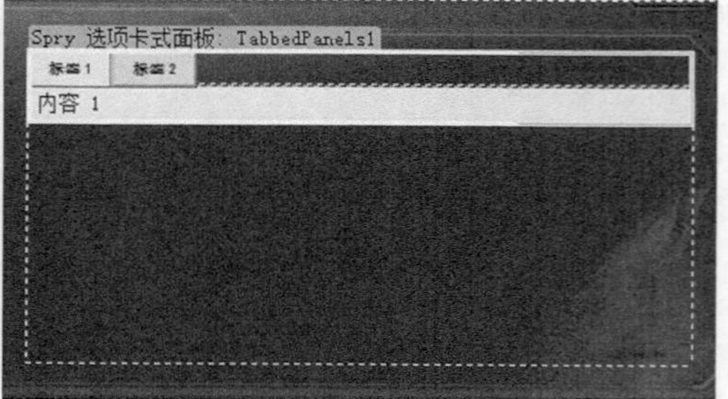

图8-72 插入Spry选项卡式面板

⑫ 单击选中刚插入的Spry选项卡式面板，在“属性”面板中为其添加标签，如图8-73所示。可以看到Spry选项卡式面板的效果，如图8-74所示。

图8-73 “属性”面板

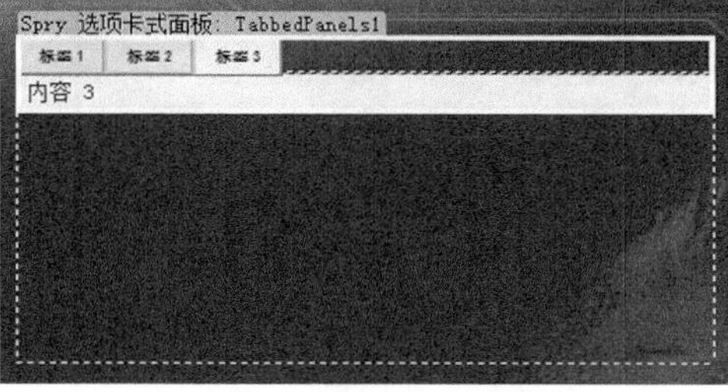

图8-74 页面效果

03 切换到Spry选项卡式面板的外部CSS样式表文件SpryTabbedPanels.css中，找到名为.TabbedPanelsTab的CSS样式，如图8-75所示。对样式进行相应的修改，修改后如图8-76所示。

```
.TabbedPanelsTab {
    position: relative;
    top: 1px;
    float: left;
    padding: 4px 10px;
    margin: 0px 1px 0px 0px;
    font: bold 0.7em sans-serif;
    background-color: #DDD;
    list-style: none;
    border-left: solid 1px #CCC;
    border-bottom: solid 1px #999;
    border-top: solid 1px #999;
    border-right: solid 1px #999;
    -moz-user-select: none;
    -khtml-user-select: none;
    cursor: pointer;
}
```

图8-75 CSS样式代码

```
.TabbedPanelsTab {
    position: relative;
    top: 1px;
    float: left;
    width: 86px;
    height: 29px;
    color: #FFF;
    line-height:29px;
    text-align: center;
    margin: 0px 1px 0px 0px;
    font-size: 12px;
    background-image: url(images/86310.png);
    background-repeat: no-repeat;
    list-style: none;
    -moz-user-select: none;
    -khtml-user-select: none;
    cursor: pointer;
}
```

图8-76 修改后的CSS样式代码

提示 首先修改的.TabbedPanelsTab样式表，主要定义了选项卡式面板标签的默认状态，接着修改的.TabbedPanelsTabSelected样式表，主要定义了选项卡面板中当前选中标签的状态，最后修改的.TabbedPanelsContentGroup样式表，定义了选项卡式面板内容部分的外观。

04 返回到设计视图，修改各标签中的文字内容，页面效果如图8-77所示。切换到SpryTabbedPanels.css文件中，找到名为.TabbedPanelsTabHover的CSS样式，如图8-78所示，将其删除。

图8-77 Spry选项卡式面板的效果

```
.TabbedPanelsTabHover {
    background-color: #CCC;
}
```

图8-78 CSS样式代码

05 再找到名为.TabbedPanelsTabSelected的CSS样式，如图8-79所示。对样式进行相应的修改，修改后如图8-80所示。

```
.TabbedPanelsTabSelected {
    background-color: #EEE;
    border-bottom: 1px solid #EEE;
}
```

图8-79 CSS样式代码

```
.TabbedPanelsTabSelected {
    background-image:url(images/86311.png);
    background-repeat:no-repeat;
}
```

图8-80 修改后的CSS样式代码

06 返回到设计视图，可以看到Spry选项卡式面板的效果，如图8-81所示。切换到SpryTabbedPanels.css文件中，找到名为.TabbedPanelsContentGroup的CSS样式，如图8-82所示。

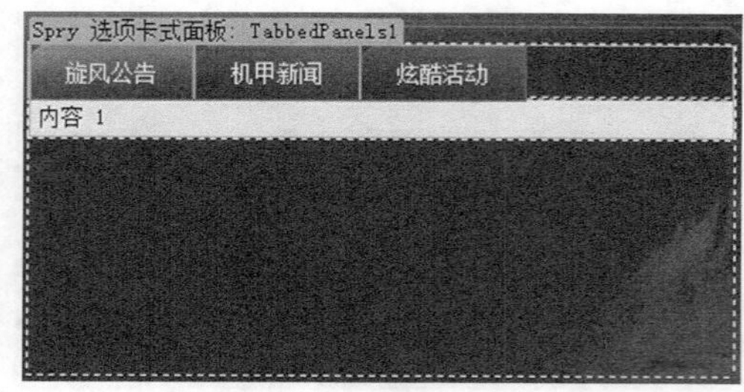

图8-81 Spry选项卡式面板的效果

```
.TabbedPanelsContentGroup {
    clear: both;
    border-left: solid 1px #CCC;
    border-bottom: solid 1px #CCC;
    border-top: solid 1px #999;
    border-right: solid 1px #999;
    background-color: #EEE;
}
```

图8-82 CSS样式代码

07 对样式进行相应的修改，修改后如图8-83所示。再找到名为.TabbedPanelsContent的CSS样式，如图8-84所示。

```
.TabbedPanelsContentGroup {
    clear: both;
    width: 370px;
}
```

图8-83 修改后CSS样式代码

```
.TabbedPanelsContent {
    overflow: hidden;
    padding: 4px;
}
```

图8-84 CSS样式代码

08 对样式进行相应的修改，修改后如图8-85所示。返回到设计视图，可以看到Spry选项卡式面板的效果，如图8-86所示。

```
.TabbedPanelsContent {
    overflow: hidden;
    height: 146px;
    line-height: 28px;
    color: #00bcba;
    padding-top:4px;
}
```

图8-85 修改后CSS样式代码

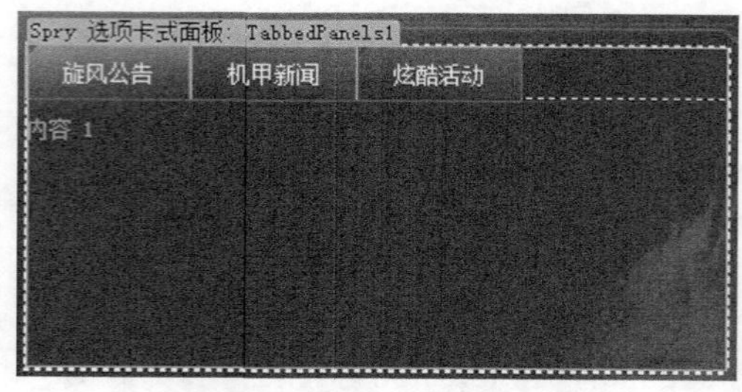

图8-86 Spry选项卡式面板的效果

09 将光标移至第一个标签的内容中，将“内容1”文字删除，插入名为text1的Div，切换到8-6-3.css文件中，创建名为#text1的CSS规则，如图8-87所示。返回到设计视图，页面效果如图8-88所示。

```
#text1{
    width:370px;
    height:146px;
}
```

图8-87 CSS样式代码

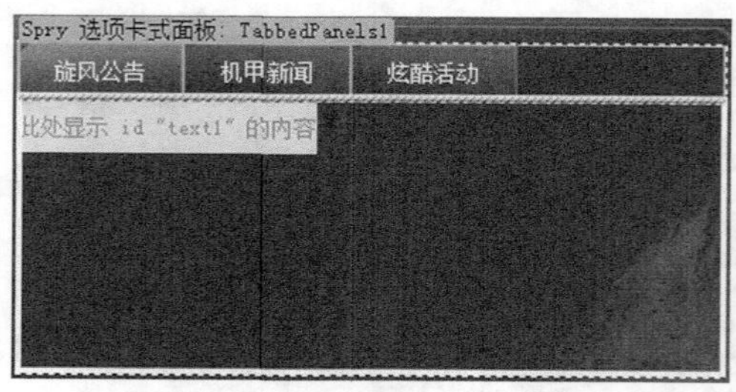

图8-88 页面效果

10 将光标移至名为text1的Div中，删除多余文字，输入相应的文字，如图8-89所示。转换到代码视图，为相应文字添加列表标签，如图8-90所示。

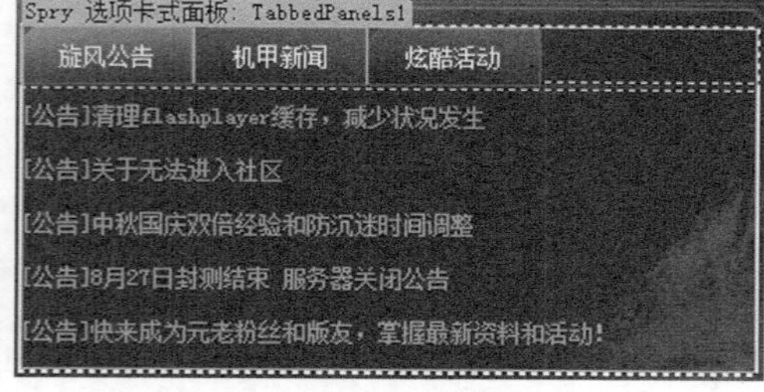

图8-89 页面效果

```
<div id="text1">
  <ul>
  <li>[公告]清理flashplayer缓存，减少状况发生</li>
  <li>[公告]关于无法进入社区</li>
  <li>[公告]中秋国庆双倍经验和防沉迷时间调整</li>
  <li>[公告]8月27日封测结束 服务器关闭公告</li>
  <li>[公告]快来成为元老粉丝和版友，掌握最新资料和活动！</li>
  </ul>
</div>
```

图8-90 添加列表标签

11 切换到8-6-3.css文件中，创建名为#text1 li的CSS规则，如图8-91所示。返回到设计视图，页面效果如图

8-92所示。

```
#text1 li{
    list-style:none;
    background-image:url(../images/86312.png);
    background-repeat:no-repeat;
    background-position:5px center;
    padding-left:20px;
    border-bottom:#00405b 1px dashed;
}
```

图8-91 CSS样式代码

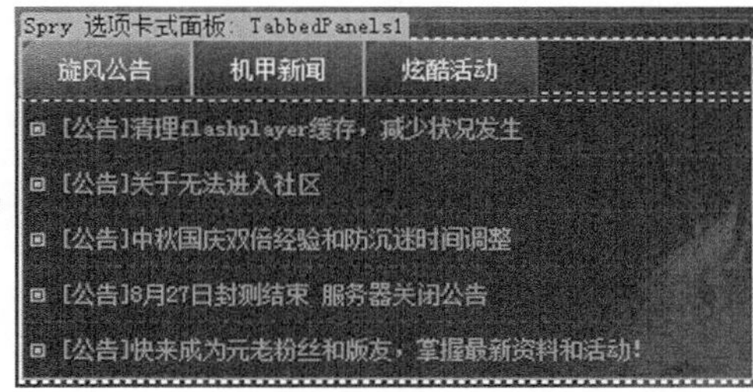

图8-92 页面效果

⑫ 使用相同的方法，完成其他两个标签中内容的制作，执行“文件>保存”命令，保存该页面，在浏览器中测试Spry选项卡式面板的效果，如图8-93所示。

图8-93 预览Spry选项卡式面板的效果

8.6.4 实战——Spry可折叠面板

Spry可折叠面板是用来将页面中的部分内容放在一个小的并且能够在展开和收缩之间进行切换的空间里展示，从而达到节省页面空间的作用。

Spry可折叠面板

●源文件：光盘\源文件\第8章\8-6-4.html　　●视频：光盘\视频\第8章\8-6-4.swf

01 执行“文件>打开”命令，打开页面“光盘\源文件\第8章\8-6-4.html”，页面效果如图8-94所示。将光标移至名为main的div中，删除多余文字，单击“插入”面板上Spry选项卡中的“Spry可折叠面板”按钮，即可插入Spry可折叠面板，如图8-95所示。

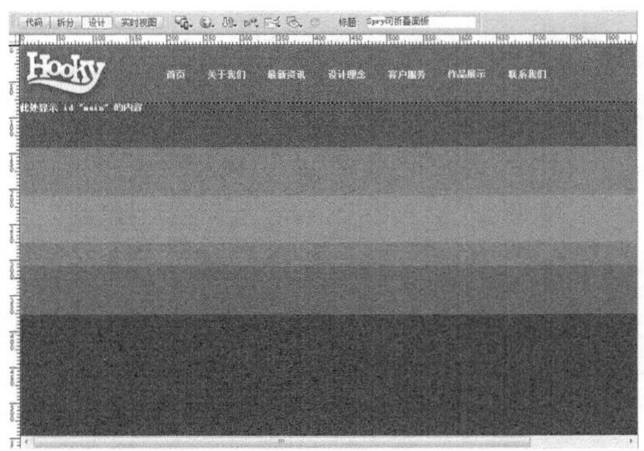

图8-94 打开页面

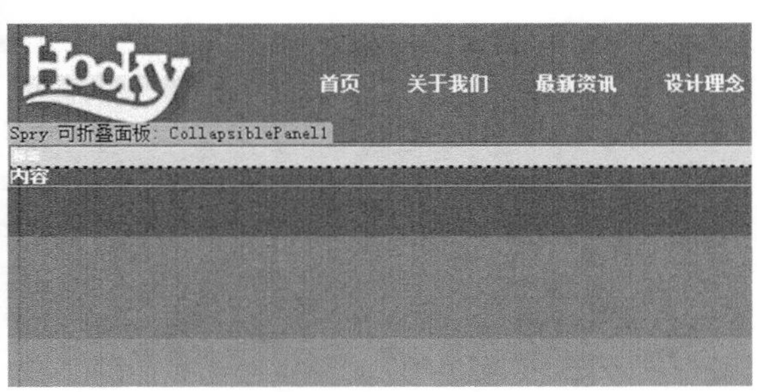

图8-95 插入Spry可折叠面板

02 切换到Spry可折叠面板的外部CSS样式表文件SpryCollapsiblePanel.css中，找到名为.CollapsiblePanel的CSS样式，如图8-96所示。对样式进行相应的修改，修改后如图8-97所示。

```
.CollapsiblePanel {
    margin: 0px;
    padding: 0px;
    border-left: solid 1px #CCC;
    border-right: solid 1px #999;
    border-top: solid 1px #999;
    border-bottom: solid 1px #CCC;
}
```

图8-96 CSS样式代码

```
.CollapsiblePanel {
    margin: 0px;
    padding: 0px;
}
```

图8-97 修改后的CSS样式代码

03 再找到名为.CollapsiblePanelTab的CSS样式，如图8-98所示。对样式进行相应的修改，修改后如图8-99所示。

```
.CollapsiblePanelTab {
    font: bold 0.7em sans-serif;
    background-color: #DDD;
    border-bottom: solid 1px #CCC;
    margin: 0px;
    padding: 2px;
    cursor: pointer;
    -moz-user-select: none;
    -khtml-user-select: none;
}
```

图8-98 CSS样式代码

```
.CollapsiblePanelTab {
    width: 965px;
    height: 58px;
    background-color: #00a8ff;
    margin: 0px;
    padding: 55px 2px 2px 35px;
    cursor: pointer;
    -moz-user-select: none;
    -khtml-user-select: none;
}
```

图8-99 修改后的CSS样式代码

04 返回到设计视图，将标签中的文字删除，插入图像“光盘\源文件\第8章\images\86403.png”，可以看到Spry可折叠面板的效果，如图8-100所示。切换到外部CSS样式表文件SpryCollapsiblePanel.css中，找到名为.CollapsiblePanelContent的CSS样式，如图8-101所示。

图8-100 插入图像

```
.CollapsiblePanelContent {
    margin: 0px;
    padding: 0px;
}
```

图8-101 CSS样式代码

05 对样式进行相应的修改，修改后如图8-102所示。返回到设计视图，可以看到Spry可折叠面板的效果，如图8-103所示。

```
.CollapsiblePanelContent {
    margin: 0px;
    padding: 0px;
    width: 1000px;
    height: 430px;
}
```

图8-102 修改后的CSS样式代码

图8-103 页面效果

06 将光标移至该标签中，删除多余文字，插入图像“光盘\源文件\第8章\images\86404.jpg”，效果如图8-104所示。切换到外部CSS样式表文件SpryCollapsiblePanel.css中，找到名为.CollapsiblePanelOpen.CollapsiblePanelTab的CSS样式，如图8-105所示。

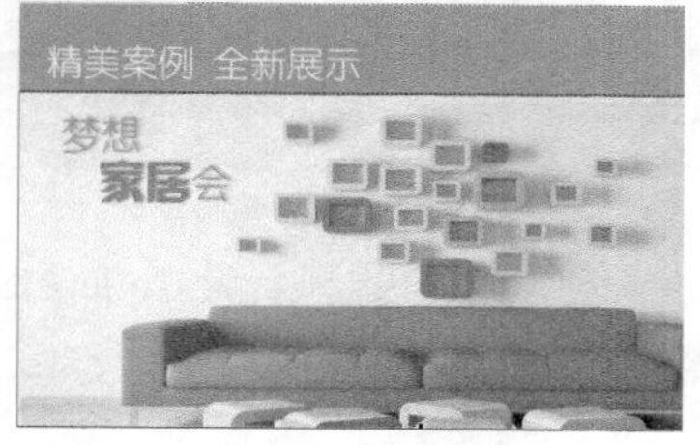

图8-104 插入图像

```
.CollapsiblePanelOpen .CollapsiblePanelTab {
    background-color: #EEE;
}
```

图8-105 CSS样式代码

07 对样式进行相应的修改，修改后如图8-106所示。再找到相应的CSS样式，如图8-107所示。

```
.CollapsiblePanelOpen .CollapsiblePanelTab {
    background-color: #00a8ff;
}
```

图8-106 修改后的CSS样式代码

```
.CollapsiblePanelTabHover,
.CollapsiblePanelOpen
.CollapsiblePanelTabHover {
    background-color: #CCC;
}
```

图8-107 CSS样式代码

08 对样式进行相应的修改，修改后如图8-108所示。再找到相应的CSS样式，如图8-109所示，将其删除。

```
.CollapsiblePanelTabHover,
.CollapsiblePanelOpen
.CollapsiblePanelTabHover {
    background-color: #0083c7;
}
```

图8-108 修改后的CSS样式代码

```
.CollapsiblePanelFocused
.CollapsiblePanelTab {
    background-color: #3399FF;
}
```

图8-109 CSS样式代码

09 返回到设计视图中，执行“文件>保存”命令，保存该页面，在浏览器中测试Spry可折叠面板的效果，如图8-110所示。

图8-110 在浏览器中预览Spry可折叠面板的效果

8.6.5 实战——Spry折叠式

Spry折叠式与Spry可折叠面板的功能相似，也是用来将大量页面内容放置在一个紧凑的空间中。当浏览者在浏览具有Spry折叠式的页面时，只需要单击该构件的选项卡就可以展开或者隐藏该面板中的内容，非常节省页面内容的展示空间。

Spry折叠式

●源文件：光盘\源文件\第8章\8-6-5.html ●视频：光盘\视频\第8章\8-6-5.swf

01 执行“文件>打开”命令，打开页面“光盘\源文件\第8章\8-6-5.html”，页面效果如图8-111所示。将光标移至名为box的div中，删除多余文字，单击“插入”面板上Spry选项卡中的“Spry折叠式”按钮，即可插入Spry折叠式面板，如图8-112所示。

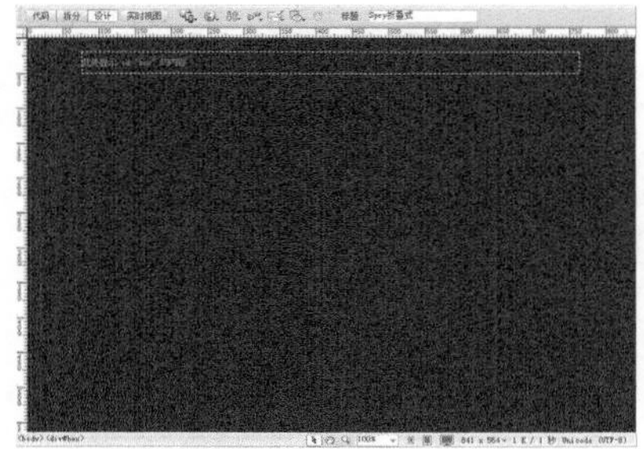

图8-111 打开页面

图8-112 插入Spry折叠式面板

02 单击选中刚插入的Spry折叠式，在“属性”面板中为其添加标签，如图8-113所示。可以看到Spry折叠式的效果，如图8-114所示。

图8-113 “属性”面板

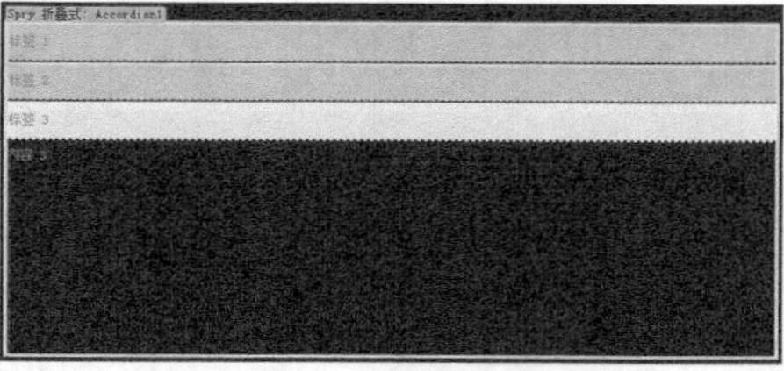

图8-114 面板效果

03 切换到Spry折叠式的外部CSS样式表文件SpryAccordion.css中，找到名为.Accordion的CSS样式，如图8-115所示。对样式进行相应的修改，修改后如图8-116所示。

```
.Accordion {
    border-left: solid 1px gray;
    border-right: solid 1px black;
    border-bottom: solid 1px gray;
    overflow: hidden;
}
```

图8-115 CSS样式代码

```
.Accordion {
    overflow: hidden;
}
```

图8-116 修改后的CSS样式代码

04 再找到名为.AccordionPanelTab的CSS样式，如图8-117所示。对样式进行相应的修改，修改后如图8-118所示。

```
.AccordionPanelTab {
    background-color: #CCCCCC;
    border-top: solid 1px black;
    border-bottom: solid 1px gray;
    margin: 0px;
    padding: 2px;
    cursor: pointer;
    -moz-user-select: none;
    -khtml-user-select: none;
}
```

图8-117 修改后的CSS样式代码

```
.AccordionPanelTab {
    width:670px;
    height:33px;
    color:#c1a06a;
    line-height:33px;
    font-weight:bold;
    padding-left:16px;
    background-image:url(images/86501.jpg);
    background-repeat:no-repeat;
    cursor: pointer;
    -moz-user-select: none;
    -khtml-user-select: none;
}
```

图8-118 CSS样式代码

05 返回到设计视图，修改各个标签的文字内容，可以看到Spry折叠式的效果，如图8-119所示。切换到Spry折叠式面板的外部CSS样式表文件SpryAccordion.css中，找到名为.AccordionPanelContent的CSS样式，如图8-120所示。

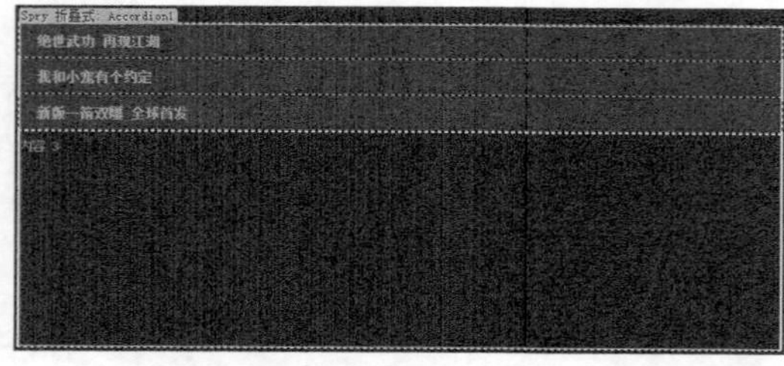

图8-119 折叠式面板的效果

```
.AccordionPanelContent {
    overflow: auto;
    margin: 0px;
    padding: 0px;
    height: 200px;
}
```

图8-120 CSS样式代码

06 对样式进行相应的修改，修改后如图8-121所示。再找到名为.AccordionPanelTabHover和名为.AccordionPanelOpen .AccordionPanelTabHover的CSS样式，如图8-122所示。

```
.AccordionPanelContent {
    width:656px;
    height: 116px;
    padding:15px 15px;
    background-color:#1a1612;
}
```

图8-121 修改后的CSS样式代码

```
.AccordionPanelTabHover {
    color: #555555;
}
.AccordionPanelOpen .AccordionPanelTabHover
{
    color: #555555;
}
```

图8-122 CSS样式代码

07 对样式进行相应的修改，修改后如图8-123所示。返回到设计视图，可以看到Spry折叠式面板的效果，如图8-124所示。

```
.AccordionPanelTabHover {
    color: #FFF;
}
.AccordionPanelOpen .AccordionPanelTabHover
{
    color: #FFF;
}
```

图8-123 修改后的CSS样式代码

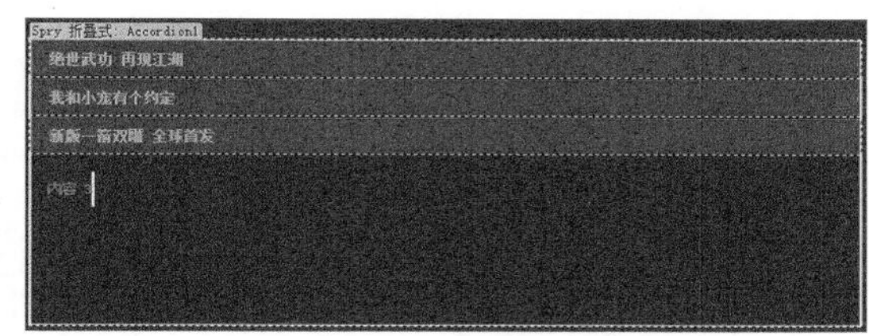

图8-124 折叠式的效果

08 将光标移至第一个标签的内容中，将“内容1”文字删除，插入名为main01的Div，切换到8-6-5.css文件中，创建名为#main01的CSS规则，如图8-125所示。返回到设计视图，页面效果如图8-126所示。

```
#main01{
    width:455px;
    height:96px;
    background-image:url(../images/86502.jpg);
    background-repeat:no-repeat;
    padding-left:201px;
    padding-top:10px;
    padding-bottom:10px;
}
```

图8-125 CSS样式代码

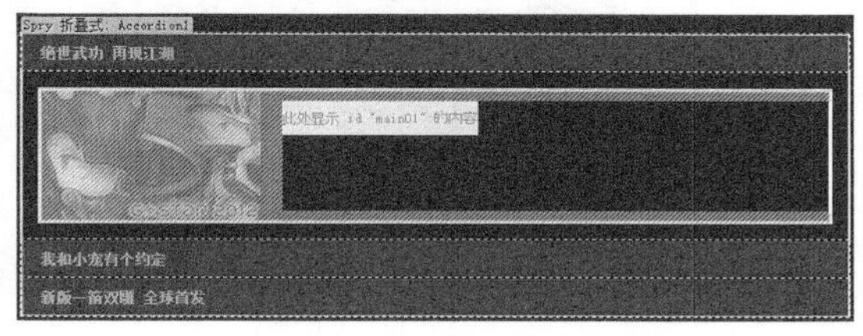

图8-126 页面效果

09 将光标移至名为main01的Div中，删除多余文字，输入相应的文字，如图8-127所示。切换到8-6-5.css文件中，创建名为.fong01和.font02的类CSS样式，如图8-128所示。

图8-127 输入文字

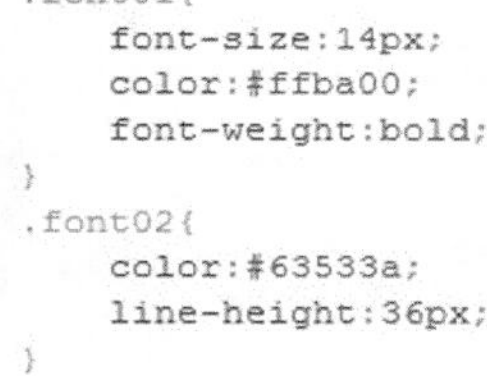

```
.font01{
    font-size:14px;
    color:#ffba00;
    font-weight:bold;
}
.font02{
    color:#63533a;
    line-height:36px;
}
```

图8-128 CSS样式代码

10 返回到设计视图，为相应的文字分别应用该样式，文字效果如图8-129所示。使用相同的方法，完成其他标签中内容的制作，页面效果如图8-130所示。

图8-129 文字效果

图8-130 页面效果

11 执行“文件>保存”命令，保存该页面，在浏览器中测试Spry折叠式的效果，如图8-131所示。

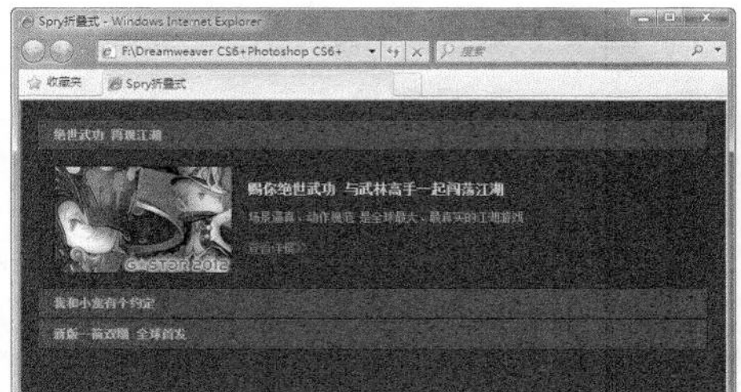

图8-131 在浏览器中预览Spry折叠式的效果

8.6.6 实战——Spry工具提示

在浏览具有Spry工具提示的网页时，当浏览者将光标移至网页中某个特定的元素上时，工具提示会显示该特定元素的其他信息内容；反之，当用户移开光标时，显示的额外信息便会消失，使得网页的交互更加强大。

Spry工具提示

●源文件：光盘\源文件\第8章\8-6-6.html　　●视频：光盘\视频\第8章\8-6-6.swf

01 执行“文件>打开”命令，打开页面“光盘\源文件\第8章\8-6-6.html”，页面效果如图8-132所示。按F12键在浏览器中预览该页面的效果，如图8-133所示。

图8-132 打开页面

图8-133 预览效果

02 返回Dreamweaver的设计视图中，单击选中第一张图像，单击“插入”面板上Spry选项卡中的“Spry工具提示”按钮，即可插入Spry工具提示，如图8-134所示。单击选中刚插入的Spry工具提示，在“属性”面板上对相关属性进行设置，如图8-135所示。

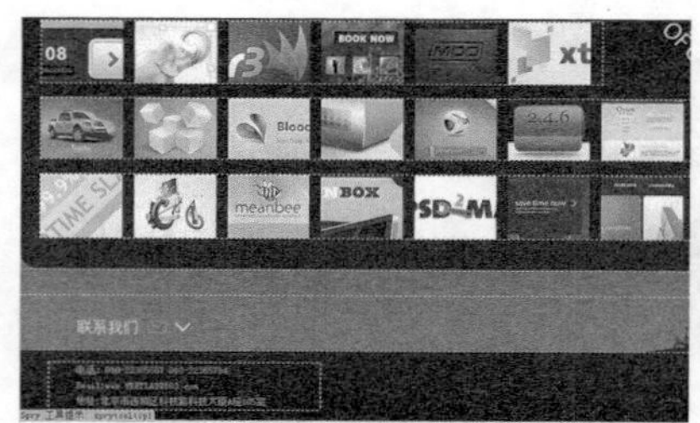

图8-134 插入Spry工具提示

图8-135 “属性”面板

03 切换到Spry工具提示的外部CSS样式表文件SpryTooltip.css中，找到名为.tooltipContent的CSS样式，如图8-136所示。对样式进行相应的修改，修改后如图8-137所示。

```
.tooltipContent
{
    background-color: #FFFFCC;
}
```

图8-136 CSS样式代码

```
.tooltipContent
{
    width:300px;
    height:180px;
    border:solid 6px #FFFFFF;
}
```

图8-137 修改后的CSS样式代码

04 返回到设计视图，可以看到Spry工具提示的效果，如图8-138所示。将光标移至Spry工具提示标签中，将多余文字删除，插入图像“光盘\源文件\第8章\images\86628.jpg”，如图8-139所示。

图8-138 Spry工具提示的效果

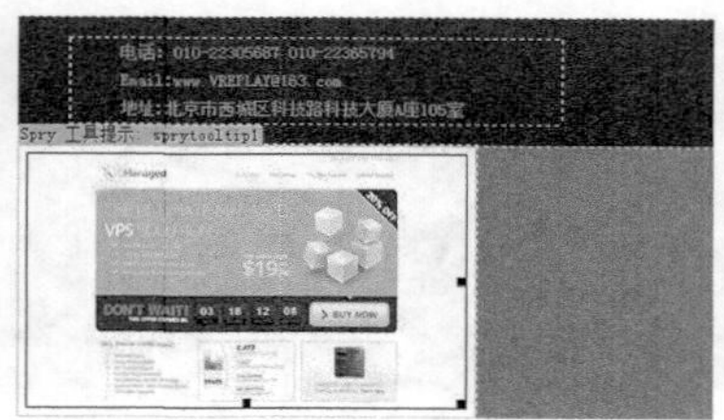

图8-139 插入图像

05 使用相同的方法，完成其他部分内容的制作，执行“文件>保存”命令，保存该页面，在浏览器中测试Spry工具提示的效果，如图8-140所示。

图8-140 在浏览器中预览Spry工具提示的效果

8.7 本章小结

本章讲解了表格、框架布局和Spry构件在网页中的应用，通过前面的学习，了解了如何创建表格和框架集、表格的特殊处理、如何选择表格和框架及如何使用Spry构件创建网页常见效果等知识，并通过相应的练习向读者进行了详细的讲解。通过本章的学习，希望读者能够对表格、框架和Spry构件有基本的了解和掌握，为后来制作丰富多彩的网站页面打下坚实的基础。

第9章 模板和库的运用

通常在一个网站中会有大量风格和内容基本相似的页面，如果一一制作、修改，不仅费时费力，而且效率很低，使得整个站点中的网页很难做到有统一的外观及结构。此时，在Dreamweaver CS6中，可以借助“模板”和“库”来简化操作，即将具有相同的整体布局结构的页面制作成模板，将相同局部的对象制作成库文件。这样，当再次制作相同内容的时候，只需在“资源”面板中直接使用就可以了。

9.1 使用模板

模板是一种特殊类型的文档，用于设计布局比较固定的页面。可以基于现有文档创建模板，也可以基于新文档创建模板。基于模板创建文档后，则创建的文档会继承模板的页面布局。

9.1.1 模板的特点

当设计制作大型网站时，就能够将模板的优点发挥的淋漓尽致：使用模板不仅提高网页制作者的工作效率，而且能够拥有统一的网站整体风格和结构，同时也避免了在保存时覆盖其他文档的困扰。

那么，模板是如何做到拥有统一网站的整体风格和结构呢？这其中是有原因的。作为一个模板，Dreamweaver会自动锁定文档中的大部分区域，模板设计者可以定义基于模板的页面中哪些区域是可以编辑的。创建模板时，可编辑区域和锁定区域都可以更改，但是，在基于模板的文档中，模板用户只能在可编辑区域中修改，而锁定的区域则无法进行任何操作。

模板的扩展名为.dwt，其相应的文件存放在根目录下的Templates文件夹中，如果该文件夹在站点中尚不存在，Dreamweaver将在保存新建模板时自动创建。

9.1.2 实战——创建模板

在Dreamweaver中，创建模板的方法有两种，一种是直接新建一个空白模板，再在其中插入需要显示的文档内容；另外一种是将现有的网页文件另存为模板，然后根据需要再进行修改。

创建模板

●源文件：光盘\源文件\第9章\9-1-2.dwt　　●视频：光盘\视频\第9章\9-1-2.swf

01 执行“文件>打开”命令，打开一个制作好的页面“光盘\源文件\第9章\9-1-2.html”，效果如图9-1所示。执行“文件>另存为模板”命令，如图9-2所示，或者单击“插入”面板中的“模板”按钮，在弹出菜单中选择“创建模板”选项，如图9-3所示。

图9-1 页面效果

图9-2 菜单命令

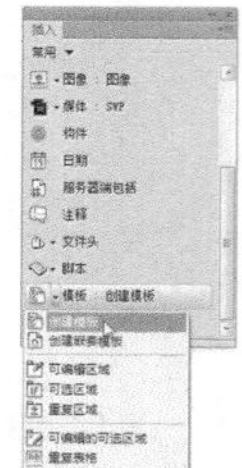
图9-3 “插入”面板

02 弹出“另存模板”对话框，如图9-4所示。单击“保存”按钮，弹出“提示”对话框，提示是否要更新页面中的链接，如图9-5所示。

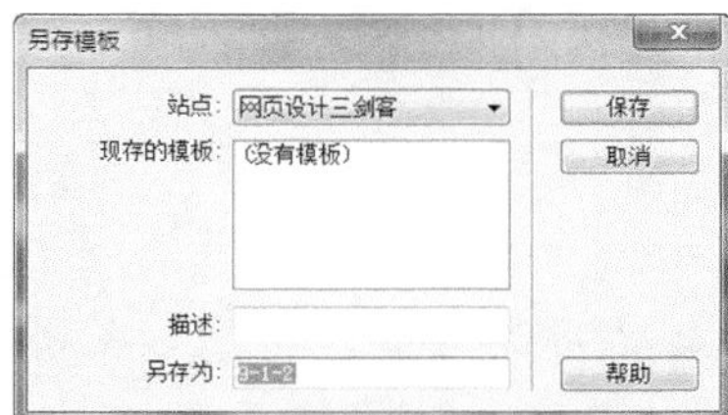

图9-4 “另存模板”对话框

图9-5 提示对话框

03 单击“否”按钮，将页面相关文件复制到Templates文件夹中，完成另存为模板的操作，模板文件即被保存在站点的Templates文件夹中，如图9-6所示。完成模板创建后，可以看到刚打开文件的9-1-2.html的扩展名变成了.dwt，如图9-7所示，该文件的扩展名即网页模板文件的扩展名。

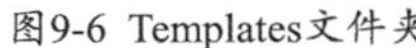

图9-6 Templates文件夹

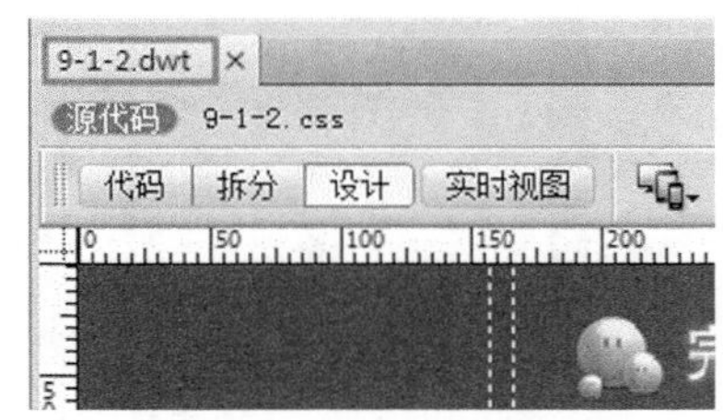

图9-7 模板文件扩展名

提示 在Dreamweaver中，不要将模板文件移动到Templates文件夹外，不要将其他非模板文件存放在Templates文件夹中，同样也不要将Templates文件夹移动到本地站点根目录外，因为这些操作都会引起模板路径错误。

9.1.3 实战——定义可编辑区域

在模板页面中可以定义可编辑区域，可编辑区域可以控制模板页面中哪些区域可以编辑，哪些区域不可以编辑。

定义可编辑区域

●源文件：光盘\源文件\第9章\9-1-3. dwt　　●视频：光盘\视频\第9章\9-1-3.swf

01 执行“文件>打开”命令，打开模板页面“光盘\源文件\Templates\9-1-3.dwt”，将光标移至名为left01的Div中，选中文本，如图9-8所示。单击“插入”面板上的“创建模板”按钮右边的向下箭头，在弹出菜单中选择“可编辑区域”选项，如图9-9所示。

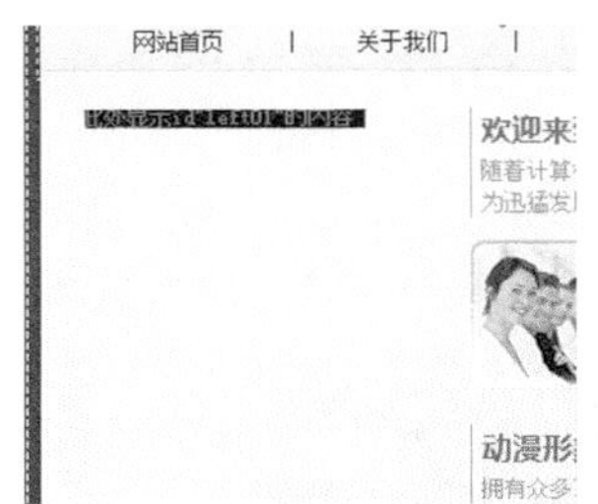

图9-8 选中文本

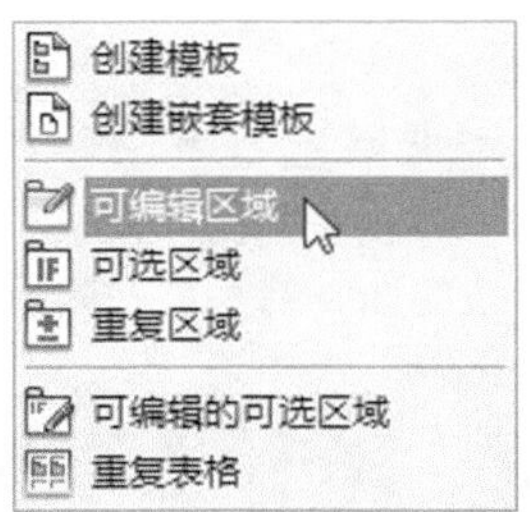

图9-9 选择“可编辑区域”选项

02 弹出“新建可编辑区域”对话框，如图9-10所示。单击“确定”按钮，即可在模板页面中插入可编辑区域，如图9-11所示。

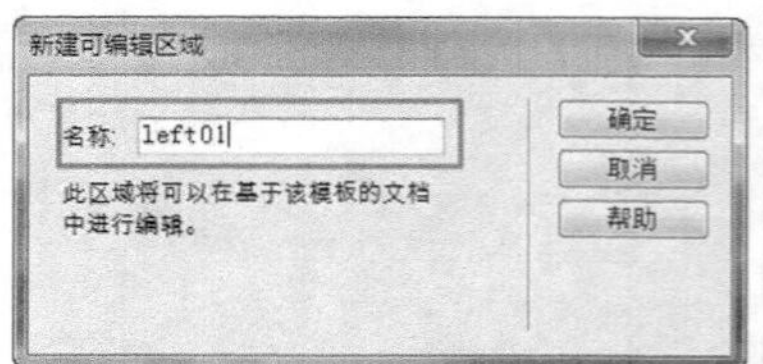

图9-10 “新建可编辑区域”对话框

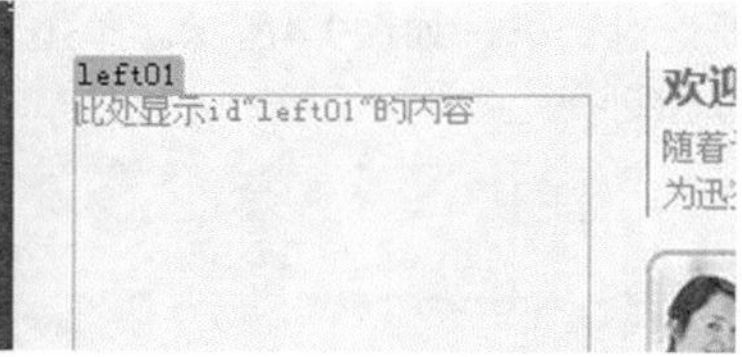

图9-11 插入可编辑区域

提示 可编辑区域在模板页面中由高亮显示的矩形边框围绕，区域左上角的选项卡会显示该区域的名称，在为可编辑区域命名时，不能使用某些特殊字符，如单引号“' ”等。

03 当需要选择可编辑区域时，直接单击可编辑区域上面的标签，即可选中可编辑区域，如图9-12所示。还可以执行“修改>模板”命令，从子菜单底部的列表中选择可编辑区域的名称，如图9-13所示。

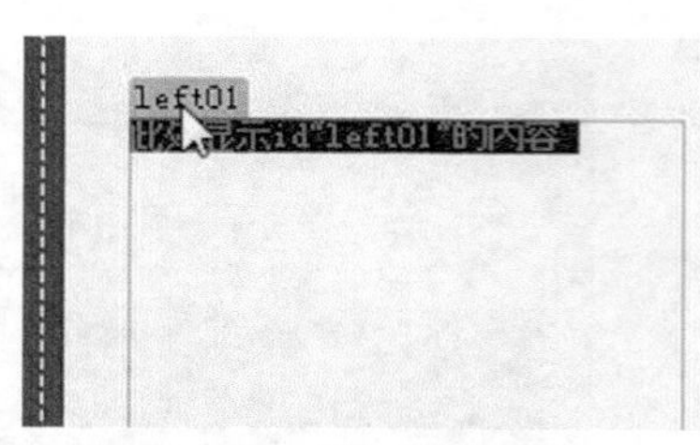

图9-12 单击选择可编辑区域

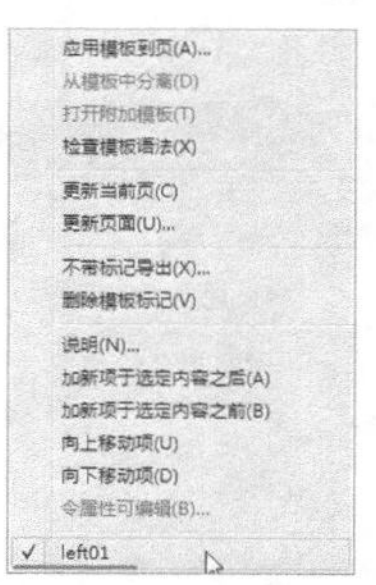

图9-13 执行菜单命令

04 当选中可编辑区域后，在“属性”面板上可以修改其名称，如图9-14所示。使用相同的制作方法，可以在模板页面中其他需要插入可编辑区域的位置插入可编辑区域，如图9-15所示。

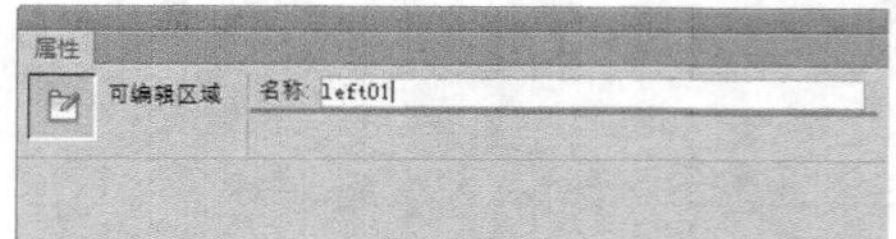

图9-14 “属性”面板

图9-15 在模板页面中创建其他可编辑区域

提示 如果需要删除某个可编辑区域和其内容时，在选择需要删除的可编辑区域后，按键盘上的Delete键，即可将选中的可编辑区域删除。

9.1.4 实战——定义可选区域

可选区域是在创建模板时定义的。用户可以显示或隐藏可选区域，在这些区域中用户无法编辑其内容，但是可以设置该区域在所创建的基于模板的页面中是否可见。

定义可选区域

●源文件：光盘\源文件\第9章\9-1-4.dwt　　●视频：光盘\视频\第9章\9-1-4.swf

01 继续在模板页面9-1-2.dwt中进行操作，在页面中选中名为right02的Div，如图9-16所示。单击“插入”面板上的“创建模板”按钮右边的向下箭头，在弹出菜单中选择“可选区域”选项，如图9-17所示。

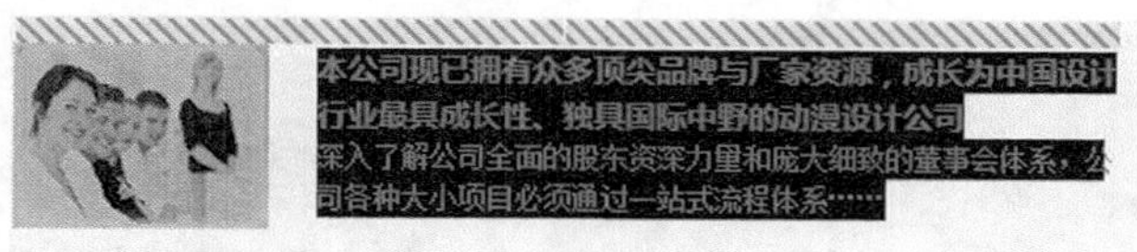

图9-16 选中名为right02的Div

图9-17 “可选区域”选项

02 弹出“新建可选区域”对话框，如图9-18所示。单击“新建可选区域”对话框上的“高级”选项卡，可以切换到高级选项设置，如图9-19所示。

图9-18 “新建可选区域”对话框

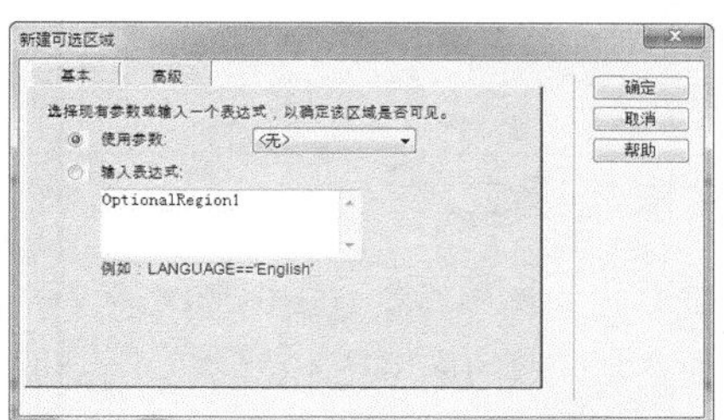

图9-19 “新建可选区域”对话框

03 一般情况下，使用默认设置，单击“确定”按钮，即可在模板页面中定义可选区域，如图9-20所示。

图9-20 定义可选区域

9.1.5 实战——定义可编辑可选区域

将模板页面中的某一部分内容定义为可编辑可选区域，则该部分内容可以在基于模板的页面中设置是否显示或隐藏该区域，并且可以编辑区域中的内容。

定义可编辑可选区域

●源文件：光盘\源文件\第9章\9-1-5.dwt　　●视频：光盘\视频\第9章\9-1-5.swf

01 继续在模板页面9-1-2.dwt中进行操作，在页面中选中名为right03的Div，如图9-21所示。单击“插入”面板上“创建模板”按钮右边的向下箭头，在弹出菜单中选择“可编辑可选区域”选项，如图9-22所示。

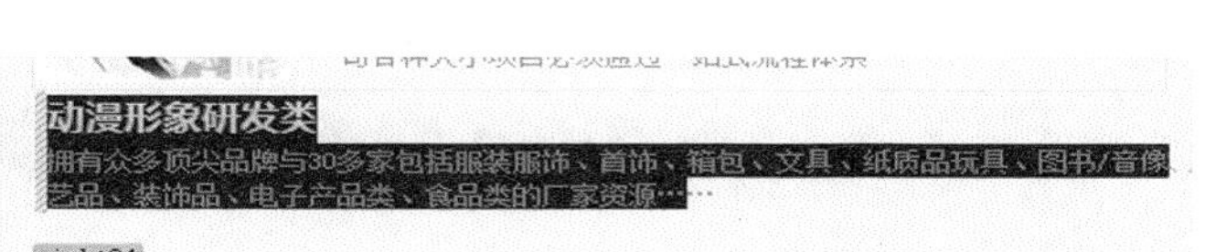

图9-21 选中需要定义的区域

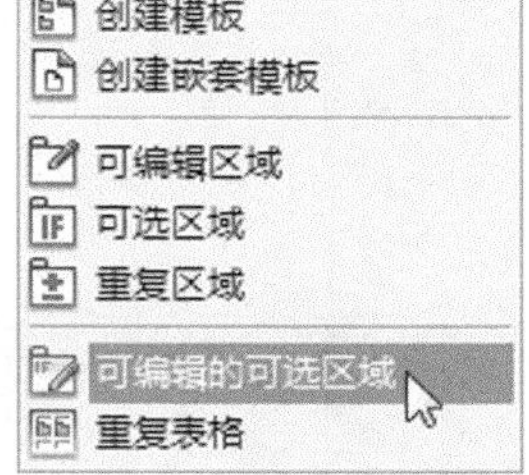

图9-22 选择“可编辑的可选区域”选项

02 弹出“新建可选区域”对话框，如图9-23所示。单击“确定”按钮，即可在页面中定义可编辑可选区域，如图9-24所示。

图9-23 “新建可选区域”对话框

图9-24 定义可编辑的可选区域

提示 无论是定义可选区域还是可编辑可选区域，所弹出的对话框都是“新建可选区域”对话框，其中的选项也完全相同。如果想要取消页面中的可编辑可选区域，将该可编辑可选区域选中，执行“修改>模板>删除模板标记”命令，即可取消页面中的可编辑的可选区域。

9.1.6 定义重复区域

重复区域就是在文档中会重复出现的区域，重复区域特性是Dreamweaver的模板特性之一。在静态页面的制作中，这种重复区域的应用还不太常见，在动态网页制作中，重复区域则是经常用到的一个概念。

使用重复区域，用户可以通过重复特定项目来控制页面布局，例如目录项、说明布局或者重复数据行。重复区域可以使用重复区域和重复表格两种重复区域模板对象。

重复区域和可编辑区域是截然不同的，如果用户需要使重复区域中的内容可编辑，必须在重复区域内插入可编辑区域。

9.1.7 可编辑标签属性

设置可编辑的标签属性可以使用户能够从基于模板的网页中修改指定标签的属性。例如，用户可以在模板中设置背景颜色，但如果把代码页面本身的<body>标签的属性设置成可编辑，则在基于模板的网页中可以修改各自的背景颜色。

在页面中选择一个页面元素，例如，将<body>标签选中，执行“修改>模板>令属性可编辑”命令，弹出“可编辑标签属性”对话框，如图9-25所示。单击“确定”按钮，弹出对话框，可以输入相应的属性，如图9-26所示。单击“确定”按钮，便可完成“可编辑标签属性”对话框的设置。

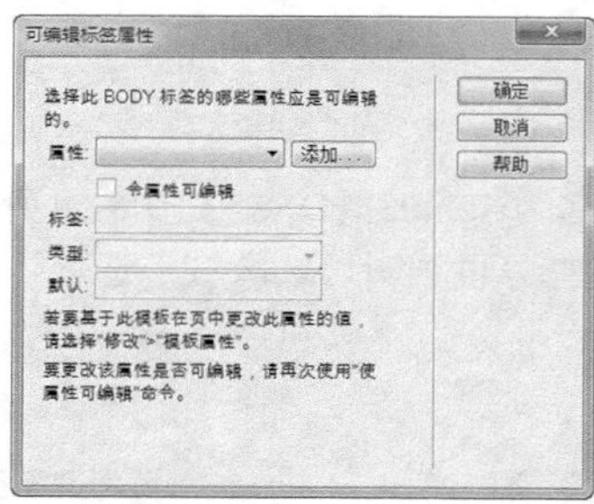

图9-25 “可编辑标签属性”对话框

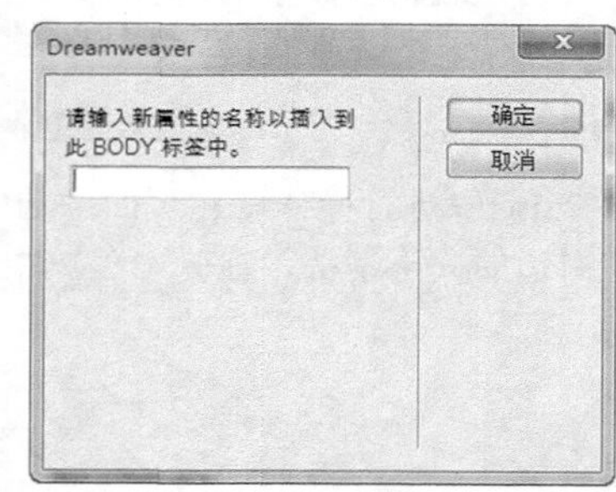

图9-26 添加属性对话框

提示 如果在“可编辑标签属性”对话框中取消“令属性可编辑”选项的勾选状态，则选中的属性就不能被编辑。

9.2 应用模板

在Dreamweaver中，创建新页面时，可以利用“资源”面板或通过文档窗口将模板应用于现有文档。应用于现有文档时，该模板将用其标准化内容替换文档内容。因此，在将模板应用于页面之前，需备份页面的内容。

9.2.1 实战——创建基于模板的页面

创建基于模板的页面有很多方法，可以使用“资源”面板，也可以使用“新建文档”对话框从

Dreamweaver定义的任何站点中选择模板，然后就可以使用模板快速高效地设计出风格一致的网页。

创建基于模板的页面

●源文件：光盘\源文件\第9章\9-2-1.html ●视频：光盘\视频\第9章\9-2-1.swf

01 执行“文件>新建”命令，弹出“新建文档”对话框，在左侧选择“模板中的页”选项，在“站点”右侧的列表中显示的是该站点中的模板，如图9-27所示。单击“创建”按钮，创建一个基于9-1-2模板的页面，或者执行“文件>新建”命令，新建一个HTML文件，执行“修改>模板>应用模板到页”命令，弹出“选择模板”对话框，如图9-28所示。

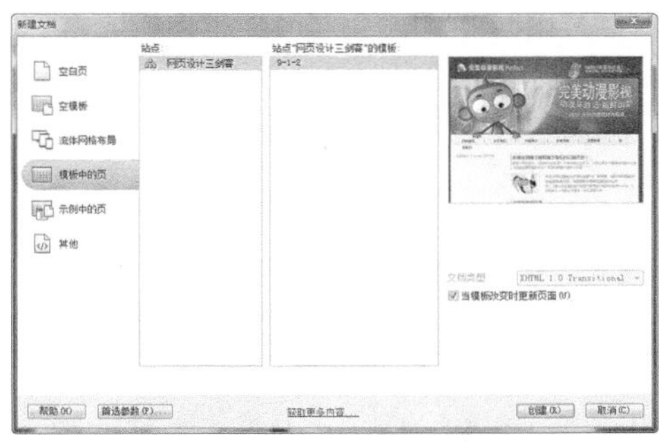

图9-27 “新建文档”对话框

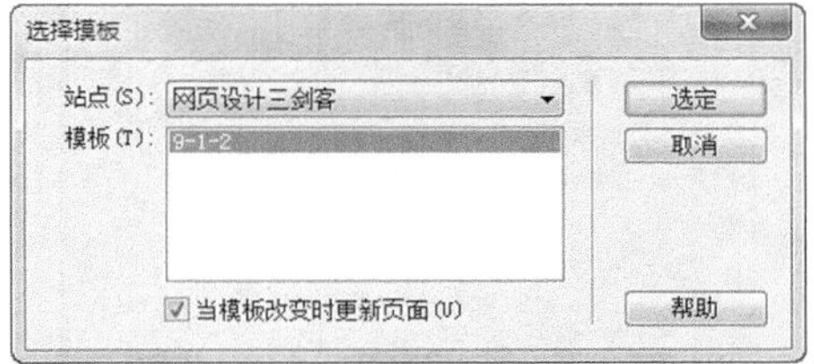

图9-28 “选择模板”对话框

提示 在“站点”下拉列表中可以选择需要应用模板的所在站点，在“模板”文本框中可以选择需要应用的模板。

02 单击“确定”按钮，即可将选择的9-1-2模板应用到刚刚创建的HTML页面中，执行“文件>保存”命令，将页面保存为“源文件\光盘\源文件\第9章\9-2-1.html”，页面效果如图9-29所示。将光标移至名为left01的Div中，删除多余文字，插入名为news_title的Div，页面效果如图9-30所示。

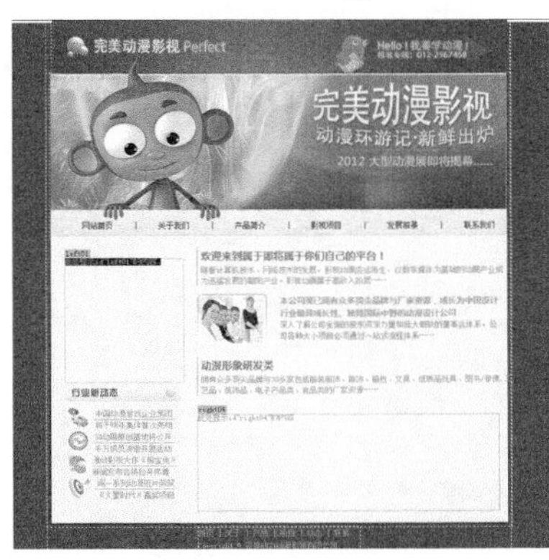

图9-29 页面效果

图9-30 插入Div

提示 在Dreamweaver中基于模板的页面，在设计视图中页面的四周会出现黄色边框，并且在窗口右上角显示模板的名称。在该页面中只有编辑区域的内容能够被编辑，可编辑区域外的内容被锁定，无法编辑。

提示 将模板应用到页面中的其他方法：新建一个HTML文件，在“资源”页面中的“模板”类别中选中需插入的模板，单击“应用”按钮；还可以将模板列表中的模板直接拖到网页中。

03 切换到9-1-2.css文件中，创建名为#news_title的CSS规则，如图9-31所示。返回到设计视图中，可以看到页面效果，如图9-32所示。

```
#news_title {
    width: 181px;
    height: 15px;
    background-image: url(../images/9105.jpg);
    background-repeat: no-repeat;
    padding-top: 40px;
    color: #ec7916;
    font-weight: bold;
    font-family: "微软雅黑";
}
```

图9-31 CSS样式代码

left01
影视项目展示
此处显示 id "news_title" 的内容

图9-32 页面效果

04 将光标移至名为news_title的Div中，删除多余文字，插入图片并输入文字，效果如图9-33所示。切换到9-1-2.css文件中，创建名为#news_title img的CSS规则，如图9-34所示。

```
#news_title img {
    margin-right: 5px;
    vertical-align: middle;
    margin-left: 5px;
}
```

图9-33 页面效果　　图9-34 CSS样式代码

05 返回到设计视图中，可以看到页面效果，如图9-35所示。在名为news_title的Div后插入名为news_text的Div，切换到9-1-2.css文件中，创建名为#news_text的CSS规则，如图9-36所示。

```
#news_text {
    width: 170px;
    height: 59px;
    margin-left: 7px;
    padding-top: 5px;
    line-height: 18px;
    border-bottom: dashed 1px #666666;
}
```

图9-35 页面效果　　图9-36 CSS样式代码

06 返回到设计视图中，可以看到页面效果，如图9-37所示。将光标移至名为news_text的Div中，删除多余文字，输入文字并为相应的文字创建项目列表，文字效果如图9-38所示。

图9-37 页面效果　　图9-38 文字效果

07 切换到9-1-2.css文件中，创建名为#news_text li的CSS规则和名为.font的类CSS样式，如图9-39所示。返回到设计视图中，为相应的文字应用刚定义的类样式，效果如图9-40所示。

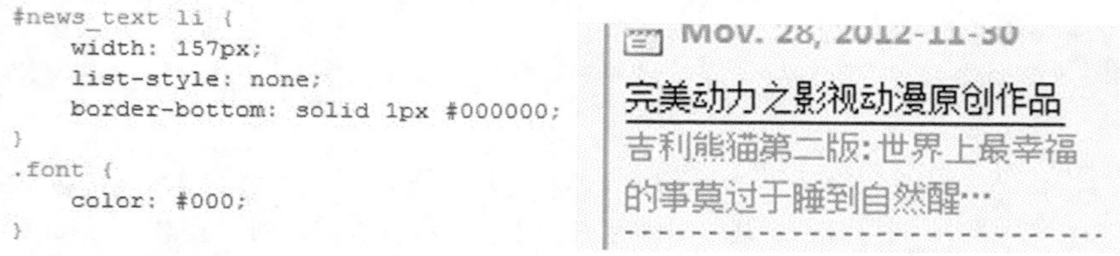

```
#news_text li {
    width: 157px;
    list-style: none;
    border-bottom: solid 1px #000000;
}
.font {
    color: #000;
}
```


图9-39 CSS样式代码　　图9-40 文字效果

08 使用相同方法，完成相似内容的制作，效果如图9-41所示。将光标移至名为right04的可编辑区域中，删除多余文字，插入名为pic05的Div，切换到9-1-2.css文件中，创建名为#pic05的CSS规则，如图9-42所示。

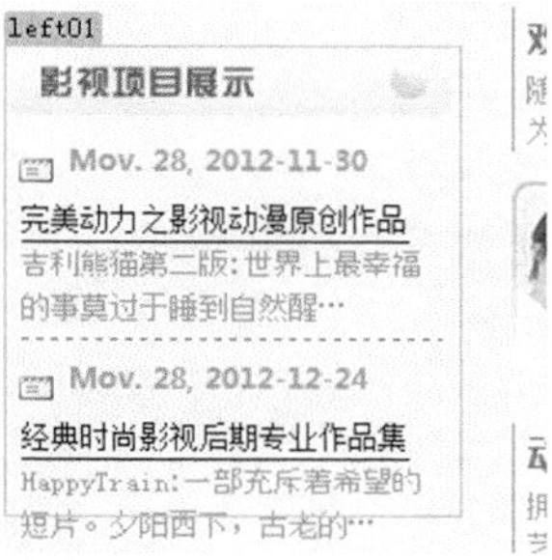

图9-41 页面效果

```
#pic05 {
    width: 204px;
    height: 171px;
    margin-left: 8px;
    line-height: 16px;
    float: left;
    border-right: #dfdedc 1px solid;
}
```

图9-42 CSS样式代码

⑨ 返回到设计视图中，可以看到页面效果，如图9-43所示。将光标移至名为pic05的Div中，删除多余文字，插入相应的图像并输入文字，如图9-44所示。

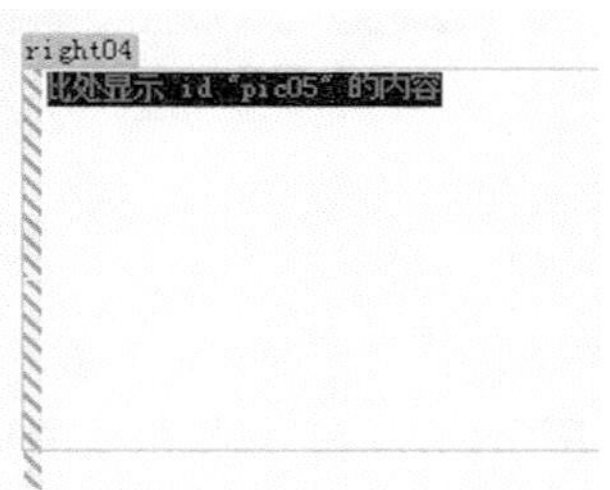

图9-43 页面效果

图9-44 插入图像输入文字

⑩ 切换到9-1-2.css文件中，创建名为#pic05 img和名为.img01的的CSS规则，如图9-45所示。返回到设计视图中，为相应的图像应用相应的CSS样式，可以看到页面效果，如图9-46所示。

```
#pic05 img {
    float: left;
    margin-right: 10px;
}
.img01 {
    margin-left: 108px;
    margin-top: 6px;
}
```

图9-45 CSS样式代码

图9-46 页面效果

⑪ 使用相同方法，可以完成相似内容的制作，页面效果如图9-47所示。执行“文件>保存”命令，保存页面，在浏览器中预览整个页面，效果如图9-48所示。

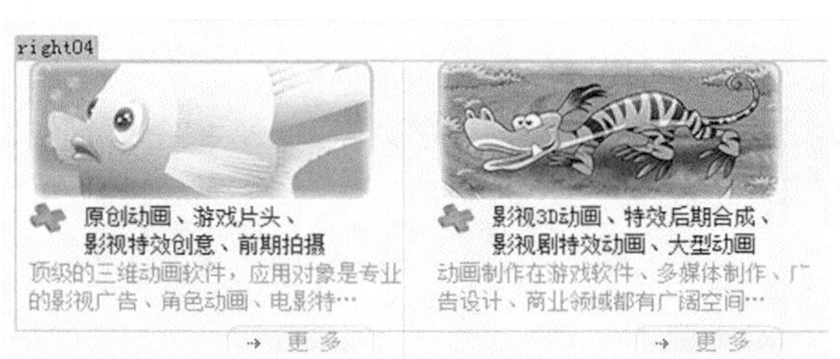

图9-47 页面效果

图9-48 在浏览器中预览页面

⑫ 返回到Dreamweaver设计视图中，执行“修改>模板属性”命令，弹出“模板属性”对话框，在该对话框中将“显示OptionalRegion1”选项取消勾选状态，此时OptionalRegion1值会变为“假”，如图9-49所示。单

击“确定”按钮，完成“模板属性”对话框的设置，返回到页面视图中，页面名称为OptionalRegion1的可选区域就会在页面中隐藏，将页面保存后，预览页面，效果如图9-50所示。

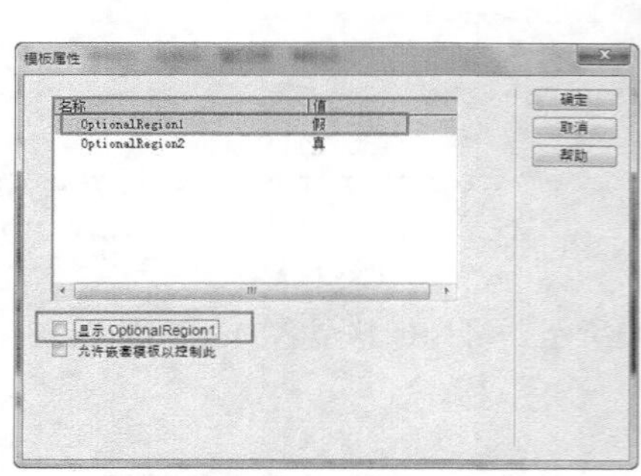

图9-49 “模板属性”对话框

图9-50 预览页面

9.2.2 删除页面中所使用的模板

如果不希望对基于模板的页面进行更新，或者更改基于模板文档的锁定区域，则必须执行“修改>模板>从模板中分离”命令，将文档从模板中分离，如图9-51所示。之后，模板生成的页面即可脱离模板成为普通的网页，此时页面右上角的模板名称与页面中模板元素名称便可消失，如图9-52所示。

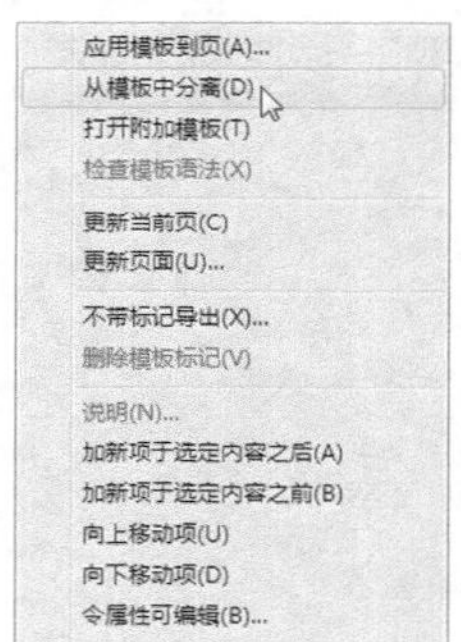

图9-51 选择“从模板分离”命令

图9-52 从模板分离后页面效果

9.2.3 更新模板及基于模板的网页

应用模板创建其他网页既可以保持整个网站的风格一致，又可以节省时间。模板最大的作用就是可以一次更新多个页面，当对模板进行了修改，Dreamweaver会提示更新所有基于该模板的页面，也可以使用更新命令来手动更新当前页面或整个站点。

执行“文件>打开”命令，打开制作好的模板页面“光盘\源文件\Templates\9-1-2.dwt”，在模板页面中进行修改，修改后执行“文件>保存”命令，弹出“更新模板文件”对话框，如图9-53所示。单击“更新”按钮，弹出“更新页面”对话框，会显示更新的结果，如图9-54所示。单击“关闭”按钮，便可完成页面的更新。

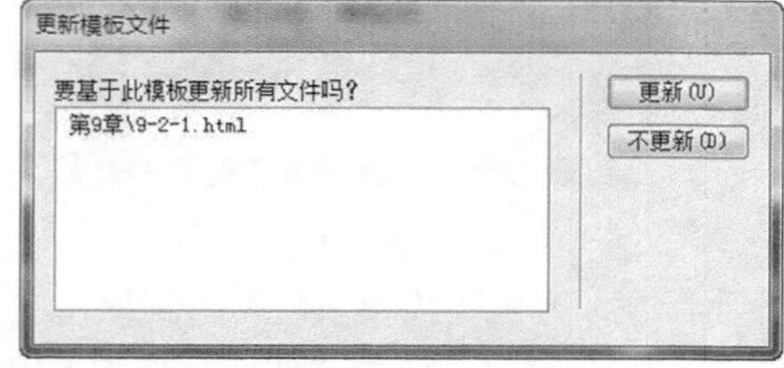

图9-53 “更新模板文件”对话框

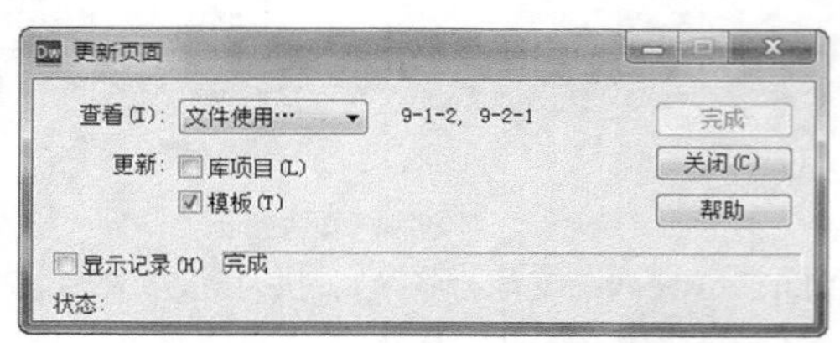

图9-54 “更新页面”对话框

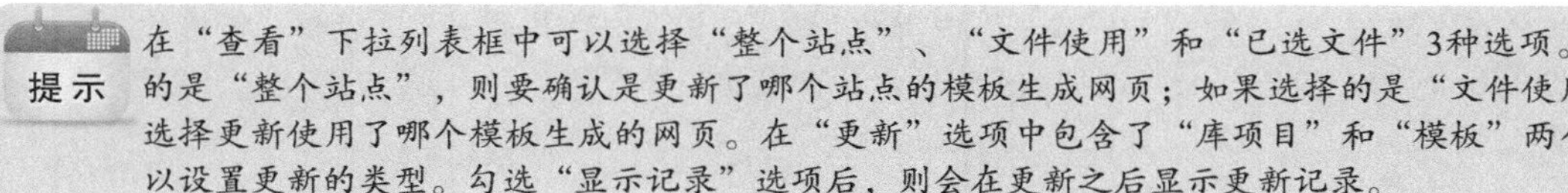

提示 在“查看”下拉列表框中可以选择“整个站点”、“文件使用”和“已选文件”3种选项。如果选择的是“整个站点”，则要确认是更新了哪个站点的模板生成网页；如果选择的是“文件使用”，则要选择更新使用了哪个模板生成的网页。在“更新”选项中包含了“库项目”和“模板”两个选项，可以设置更新的类型。勾选“显示记录”选项后，则会在更新之后显示更新记录。

9.3 在网页中使用库项目

库是一种特殊的Dreamweaver文件，其中包含可放置到Web中的一组单个资源或资源副本，这些资源称为库项目。可在库中存储的项目包括图像、表格、声音和使用Adobe Flash创建的文件。当编辑某个库项目时，可以自动更新所有使用该项目的页面。

9.3.1 实战——创建库项目

库文件的作用是将网页中常用到的对象转化为库文件，然后作为一个对象插入到其他网页中。这样就能够通过简单的插入操作创建页面内容了。模板使用的是整个网页，而库文件只是网页上的局部内容。

创建库项目

●源文件：光盘\源文件\第9章\9-3-1.lbi　　●视频：光盘\视频\第9章\9-3-1.swf

01 执行“窗口>资源”命令，打开“资源”面板，单击面板左侧的“库”按钮，在“库”选项中的空白处单击右键，在弹出菜单中选择“新建库项”选项，如图9-55所示。新建一个库文件，并为新建的库文件重命名为9-3-1，如图9-56所示。

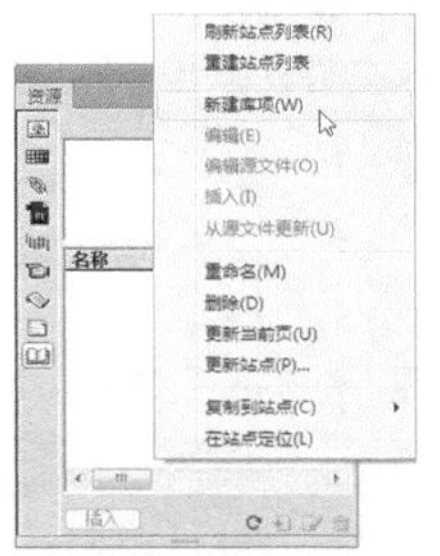

图9-55 选择“新建库项”选项

图9-56 新建库文件

提示 在创建库文件之后，Dreamweaver会自动在当前站点的根目录下创建一个名为Library的文件夹，将库项目文件放置在该文件夹中。

02 在新建的库文件上双击，即可在Dreamweaver编辑窗口中打开该库文件进行编辑，如图9-57所示。为了方便操作，将“光盘\源文件\第9章”中的images和style文件夹复制到Library文件夹中，辅助库文件制作，如图9-58所示。

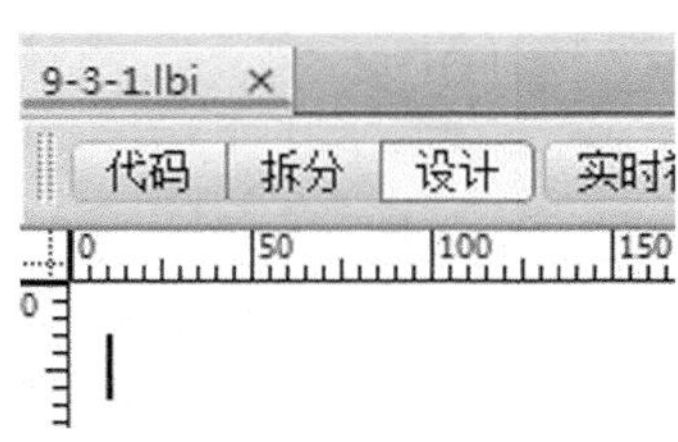

图9-57 打开库文件

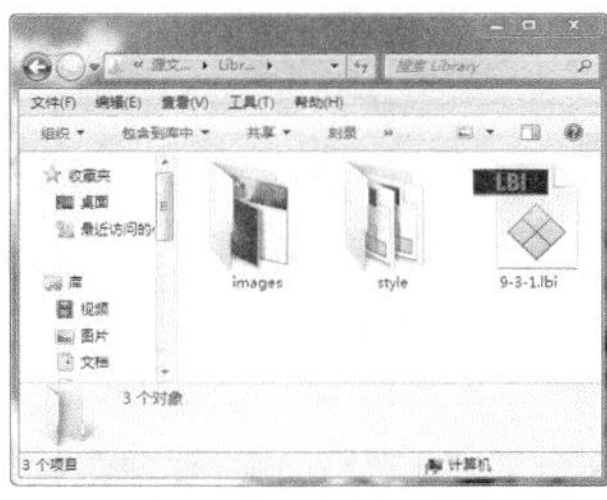

图9-58 库项目文件

03 打开“CSS样式”面板，单击“附加样式表”按钮，弹出“链接外部样式表”对话框，链接外部样式表“光盘\源文件\Library\style\9-3-1.css”，如图9-59所示。在页面中插入一个名为logo的Div，切换到9-3-1.css文件中，创建名为 #logo的CSS规则，如图9-60所示。

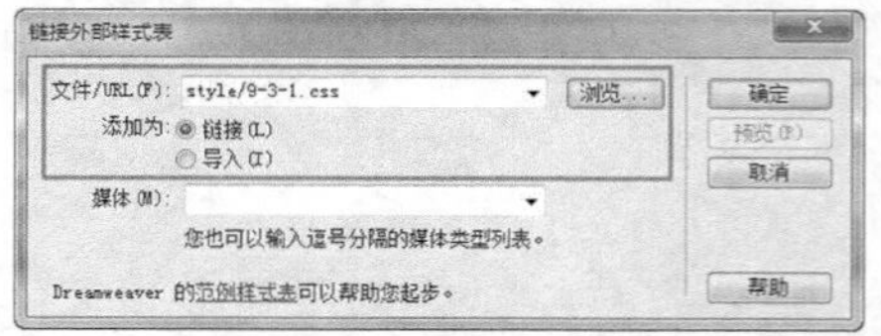

图9-59 “链接外部样式表”对话框

```
#logo {
    width: 908px;
    height: 38px;
    margin-top: 10px;
}
```

图9-60 CSS样式代码

04 返回到设计视图中，可以看到页面效果，如图9-61所示。将光标移至名为logo的Div中，删除多余文字，插入图像并输入相应的文字，页面效果如图9-62所示。

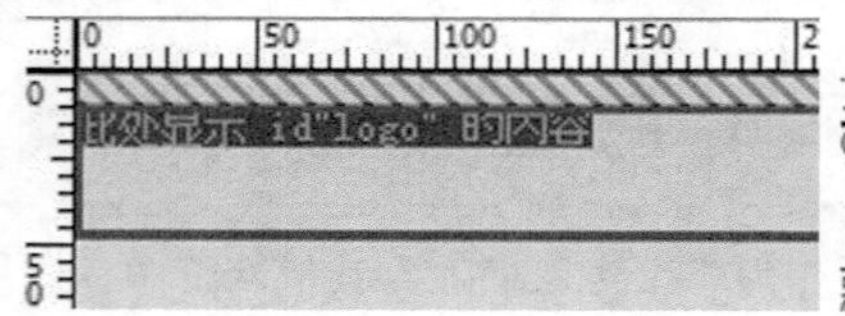

图9-61 页面效果

图9-62 插入图像并输入文字

05 切换到9-3-1.css文件中，创建名为#logo img的CSS规则，如图9-63所示。返回到设计视图中，可以看到页面效果，如图9-64所示。

```
#logo img {
    margin-right: 500px;
    vertical-align: middle;
}
```

图9-63 CSS样式代码

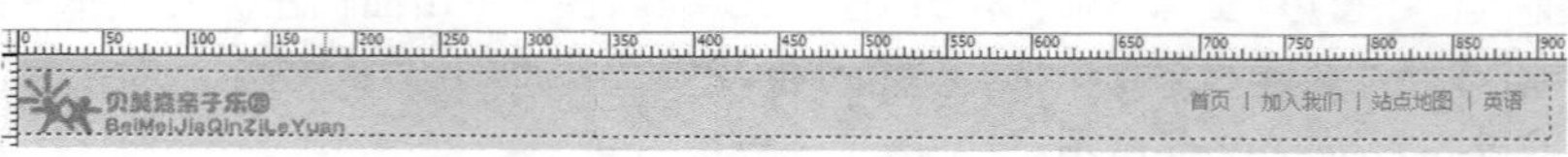

图9-64 页面效果

06 在名为logo的Div后插入名为menu的Div，切换到9-3-1.css文件中，创建名为#menu的CSS规则，如图9-65所示。返回到设计视图中，可以看到页面效果，如图9-66所示。

```
#menu {
    width: 908px;
    height: 35px;
    background-image: url(../images/9304.png);
    background-repeat: no-repeat;
    margin-top: 5px;
    line-height: 20px;
}
```

图9-65 CSS样式代码

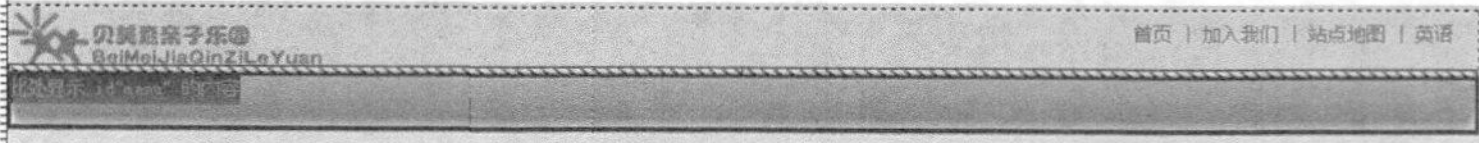

图9-66 页面效果

07 将光标移至名为menu的Div中，删除多余文字，单击“插入”面板上的“图像”按钮旁的倒三角按钮，在弹出菜单中选择“鼠标经过图像”选项，如图9-67所示。弹出“插入鼠标经过图像”对话框，设置如图9-68所示。

图9-67 “插入”面板

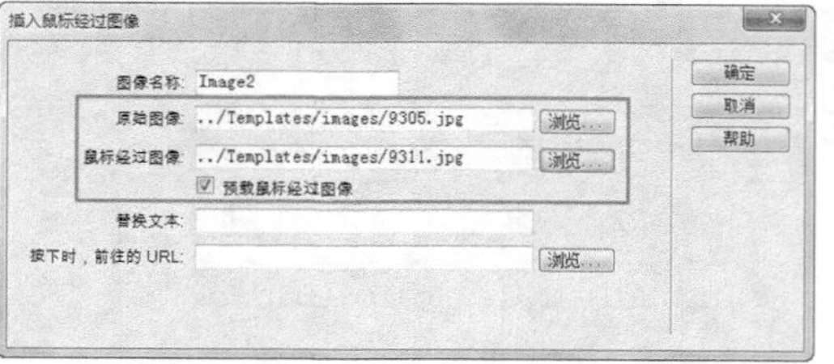

图9-68 “插入鼠标经过图像”对话框

08 设置完成后，单击“确定”按钮，即可插入鼠标经过图像，如图9-69所示。使用相同方法，完成其他鼠标经过图像的制作，页面效果如图9-70所示。

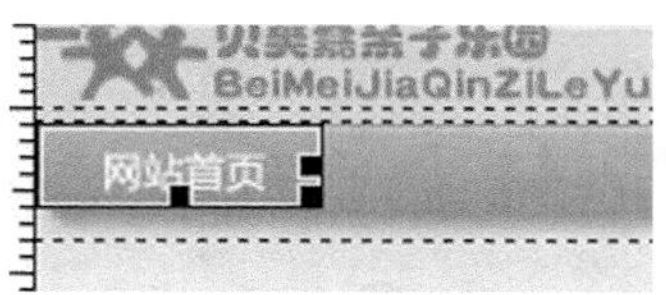

图9-69 页面效果

图9-70 页面效果

09 切换到9-3-1.css文件中，创建名为#menu img的CSS规则和名为.img的类CSS样式，如图9-71所示。返回到设计视图中，为相应的图像应用刚定义的CSS类样式，页面效果如图9-72所示。

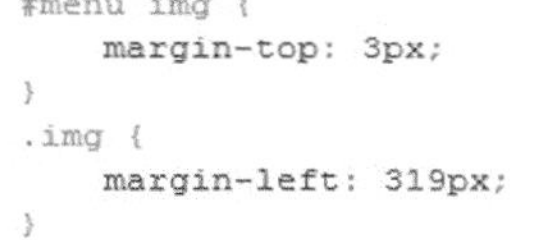

```
#menu img {
    margin-top: 3px;
}
.img {
    margin-left: 319px;
}
```

图9-71 CSS样式代码

图9-72 页面效果

10 完成该库文件的制作，页面效果如图9-73所示。

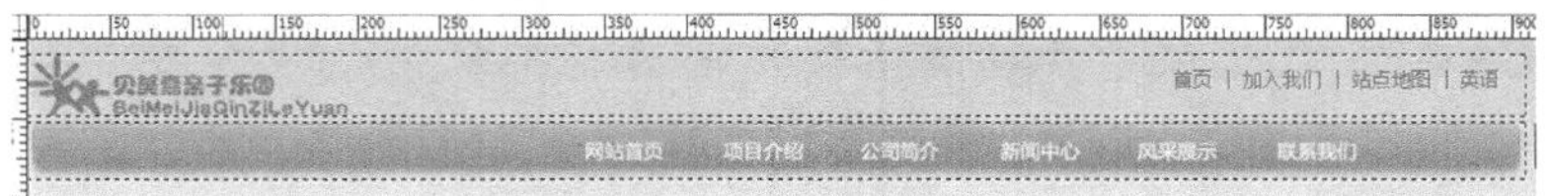

图9-73 页面效果

提示 在一个制作完成的页面中也可以直接将页面中的某一处内容转换为库文件。首先需要选中页面中需要转换为库文件的内容，然后执行“修改>库>增加对象到库”命令，便可以将选中的内容转换为库项目。

9.3.2 实战——插入库项目

完成了库文件的创建，接下来就可以将库文件插入到相应的网站页面中去了，这样，在整个网站的制作过程中，就可以节省很多时间。

插入库项目

●源文件：光盘\源文件\第9章\9-3-2.html ●视频：光盘\视频\第9章\9-3-2.swf

01 执行“文件>打开”命令，打开页面“光盘\源文件\第9章\9-3-2.html”，单击“文档工具”栏中的“实时视图”按钮 实时视图 ，效果如图9-74所示。返回到设计视图中，将光标移至页面顶部名为top的Div中，删除多余文字，如图9-75所示。

图9-74 页面效果

图9-75 删除多余的文字

02 打开“资源”面板，单击“库”按钮，选中刚创建的库文件，单击“插入”按钮 插入 ，如图9-76所示。即可在页面中光标所在位置插入所选择的库文件，如图9-77所示。

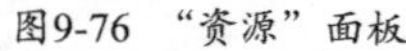

图9-76 “资源”面板

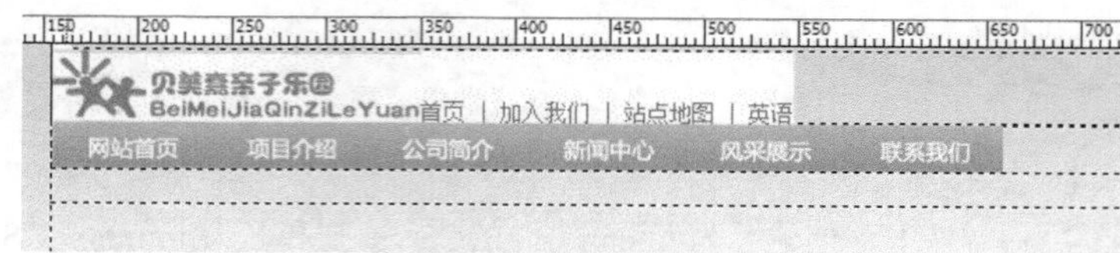

图9-77 插入库项目

提示 将库文件插入到页面中后，背景会显示为淡黄色，而且是不可编辑的。在预览页面时背景色按照实际设置的显示。

03 执行“文件>保存”命令，保存页面，在浏览器中预览该页面，可以看到在网页中应用库文件的效果，如图9-78所示。

图9-78 在浏览器中预览页面

提示 制作完成后，需要将Library文件夹中的images、style文件中的内容与第9章中的images、style文件中的内容保持一致，从而确保页面在预览的时候正常显示。

9.3.3 库项目的编辑和更新

库是一种用来存储在整个站点上经常重复使用或者更新的页面元素的方法。它包含了已创建网页中的一些单独的资源或资源集合，库里的这些资源被称为库项目。通过库可以有效地管理和使用站点上的各种资源。当编辑库项目时，可以更新使用该项目的所有文档。如果选择不更新，那么文档将保持与库项目相关联，可以在以后更新。

打开“资源”面板中的“库”选项，选中需要修改的库文件，单击“编辑”按钮，如图9-79所示，即可在Dreamweaver中打开该库文件进行编辑。完成库文件的修改后，执行“文件>保存”命令，保存库文件，弹出“更新库项目”对话框，询问是否更新站点中使用了库文件的网页文件，如图9-80所示。

单击“更新库项目”对话框中的“更新”按钮后，弹出“更新页面”对话框，显示更新站内使用了该库文件的页面文件，如图9-81所示。

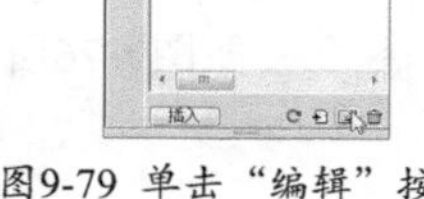

图9-79 单击“编辑”按钮

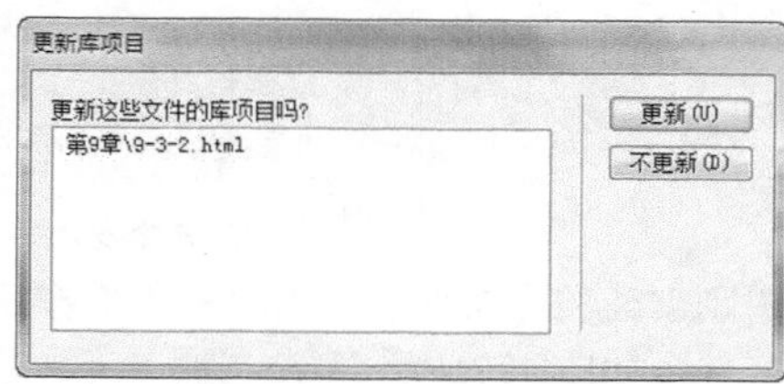

图9-80 “更新库项目”对话框

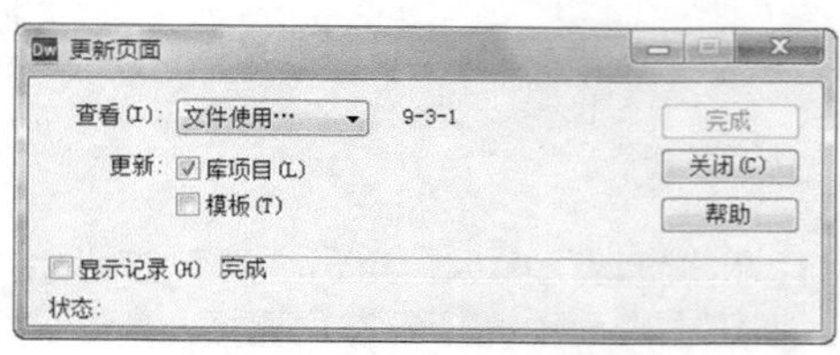

图9-81 “更新页面”对话框

9.3.4 库项目属性

将一个插入到页面中的库文件选中后，在“属性”面板中会出现该库文件的路径与“打开”、“从源文件中分离”和“重新创建”3个按钮，“属性”面板如图9-82所示。

图9-82 “属性”面板

源文件：该选项显示库文件在站点中的相对路径。

打开：单击该按钮，可以在Dreamweaver中打开该库文件并能够对其进行编辑。

从源文件中分离：单击该按钮，可以断开库文件与源文件之间的链接，分离后的库文件会变成普通的页面对象。

重新创建：单击该按钮，可以将应用的库文件内容改写为原始的库文件。单击该按钮，可以在丢失或意外删除原始库文件时重新创建库文件。

9.4 本章小结

本章主要讲解了模板、库项目的创建和在网页中的具体应用。通过使用模板和库项目，可以使网页中相同的内容重复使用，从而极大的提高了网页设计者的工作效率，有效地节省了很多时间。通过本章的学习，读者应该熟练掌握Dreamweaver中模板和库的使用方法，并能够通过对模板和库的使用提高网站页面的制作效率。

第10章 在网页中插入表单元素

表单可以用来收集用户的各种信息，是网站管理者与浏览者之间沟通的桥梁，实现了浏览网页者与Internet服务器之间信息的交互。使用表单可以收集、分析用户的反馈意见，做出科学、合理的决策，是一个网站成功的重要因素之一。

使用Dreamweaver CS6可以创建各种各样的表单，表单中可以包含各种对象，如文本域、图象域、按钮、单选按钮、复选框、文件域等，本章将详细讲解如何在网页中插入表单元素。

10.1 关于表单

表单是一般网页中经常使用到的要素，表单以各种各样的形式广泛地应用于网页制作中，表单通常用来做调查表、订单和搜索等。通常，一个表单中会包含多个对象，有时也被称为控件，如用于输入文本的文本域、用于发送命令的按钮等。

10.1.1 表单概述

表单有两个重要的组成部分：一是描述表单的HTML源代码，二是用于处理用户在表单域中输入的服务器端应用程序客户端脚本，如ASP和CGI等。在HTML中，表单拥有一个特殊功能：支持交互作用。表单在Web上也有很多用途，包括调查、电子商务、客户订单及民意调查等。

表单的所有元素都包含在表单标签<form>和</form>中，与表格不同的是，虽然一个页面上可以有多个表单，但是不能嵌套表单。

一般的表单由单选按钮、复选框、按钮及文本域等部分组成，而所有的部分，都包含在一个由<form>标签标识起来的表单结构中。使用Dreamweaver创建表单，可以向表单中添加对象，还可以通过使用行为来验证用户输入信息的正确性。

10.1.2 认识表单元素

执行“窗口>插入”命令，打开“插入”面板，如图10-1所示。单击该面板中的“常用”按钮，在弹出菜单中选择“表单”选项，切换到“表单”选项卡中，如图10-2所示。

图10-1 “插入”面板

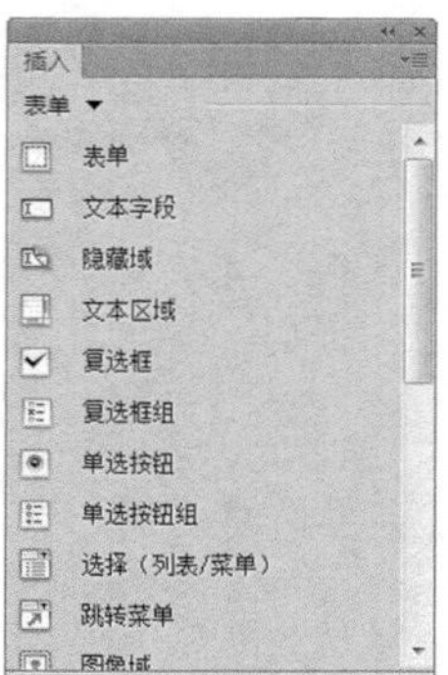

图10-2 “表单”选项卡

“表单”：单击该按钮，可以在网页中添加表单域，该表单域是其他表单对象的基本容器。

“文本字段”：单击该按钮，可以在表单中插入建立文本输入框的工具。

“隐藏域”：单击该按钮，可以在表单中插入包含隐藏信息的隐藏域。

“文本区域”：单击该按钮，可以插入多行文本域，是多行文本输入的工具。

“复选框”：单击该按钮，可以插入复选框，用户可以在提供多个选项的复选框中做出多个选择。

“复选框组”：单击该按钮，可以插入多个复选框，并使这些复选框成为一组。

“单选按钮”：单击该按钮，可以插入单选按钮，用户可以在提供多个选项的单选按钮中做出单个选择。

“单选按钮组”：单击该按钮，可以创建多个单选按钮，并使这些单选按钮成为一组。

“选择（列表/菜单）”：单击该按钮，可以在网页中以列表的形式为用户提供一系列的预设选择项。

“跳转菜单”：单击该按钮，可以插入跳转菜单，跳转菜单是一个包含跳转动作的菜单列表。

“图像域”：单击该按钮，在弹出的对话框中选择需要作为按钮的图像，即可插入图像域。

“文件域”：单击该按钮，可以在网页中插入一个文件地址的输入选择栏。

“按钮”：单击该按钮，可以插入用于触发服务器端脚本处理程序的按钮。

“标签”：单击该按钮，文档窗口会显示为文档和代码同时显示模式，并在源代码中添加<label>标签和</label>标签，在这两个标签之间用户可以输入相应的代码。

“字段集”：单击该按钮，用户可以通过在对话框中输入代码，然后系统自动将这些代码加入到表单源代码中。

“Spry验证文本域”：在表单域中插入一个具有验证功能的文本域，该文本域用于在用户输入文本时显示文本的状态（有效或无效）。

“Spry验证文本区域”：Spry验证文本区域构件是一个文本区域，该区域在用户输入几个文本句子时显示文本的状态（有效或无效）。

“Spry验证复选框”：Spry验证复选框构件是HTML表单中的一个或一组复选框，该复选框在用户选择或没有选择复选框时会显示构件的状态（有效或无效）。

“Spry验证选择”：Spry验证选择构件是一个下拉菜单，该菜单在用户进行选择时会显示构件的状态（有效或无效）。

“Spry验证密码”：Spry验证密码构件是一个密码文本域，可以用于强制执行密码规则，例如，字符的数目和类型。该Spry构件根据用户的输入提示警告或错误信息。

“Spry验证确认”：Spry验证确认构件是一个文本域或密码域，当用户输入的值与同一表单中类似域的值不匹配时，该Spry构件将显示有效或无效状态。

“Spry验证单选按钮组”：Spry验证单选按钮组构件是一组单选按钮，可以支持对所选内容进行验证，该Spry构件可以强制从组中选择一个单选按钮。

10.2 插入表单元素

通过“插入”面板可以插入表单域，在创建了表单域之后，就可以通过“插入”面板在表单域中插入各种表单元素，也可以通过相应的菜单在表单域中插入相应的表单对象。

在表单中可以插入文本域、隐藏域、多行文本域、单选按钮、复选框、列表/菜单、跳转菜单等多种表单元素，下面将通过实战练习对各种表单元素进行详细介绍。

10.2.1 实战——插入表单域

表单域是表单中必不可少的元素之一，只有先创建了表单域才能创建其他各种表单元素，因此制作表单页面的第一步就是插入表单域。

插入表单域

●源文件：光盘\源文件\第10章\10-2-1.html　　　　●视频：光盘\视频\第10章\10-2-1.swf

01 执行“文件>打开”命令，打开页面“光盘\源文件\第10章\10-2-1.html”，页面效果如图10-3所示。将光标移至名为login的Div中，删除多余文字，效果如图10-4所示。

图10-3 打开页面

图10-4 删除多余文字

02 单击“插入”面板上“表单”选项卡中的“表单”按钮，如图10-5所示。即可在光标所在位置插入红色虚线的表单域，如图10-6所示。

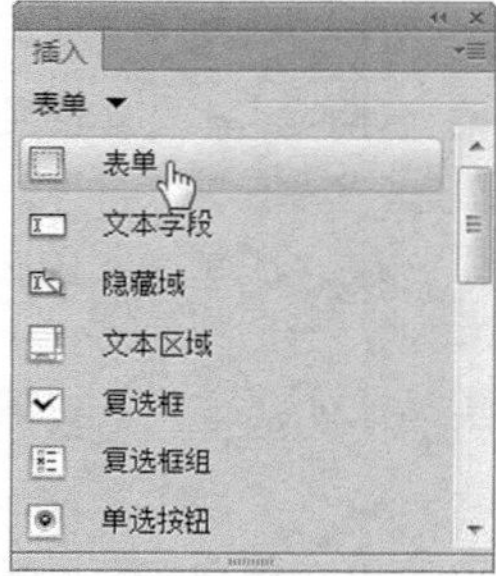

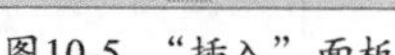
图10-5 “插入”面板

图10-6 插入表单域

03 转换到代码视图中，可以看到红色虚线表单域的代码，如图10-7所示。单击“文档”工具栏上的“实时视图”按钮，在实时视图中可以看到表单域的红色虚线在预览状态下是不显示的，如图10-8所示。在Dreamweaver中显示为红色虚线，是为了使用户更清楚的辨识。

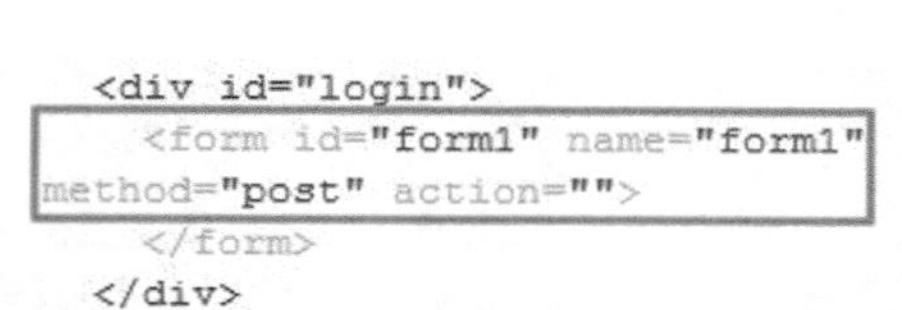

```
<div id="login">
  <form id="form1" name="form1"
method="post" action="">
  </form>
</div>
```

图10-7 代码视图

图10-8 实时视图

提示　如果插入表单域后，在Dreamweaver设计视图中并没有显示红色的虚线框，执行“查看>可视化助理>不可见元素”命令，即可在设计视图中看到红色虚线的表单域。红色虚线的表单域在浏览器中浏览时是看不到的。

10.2.2 实战——插入文本域

文本域是可输入文本的表单元素，当用户使用表单收集使用者输入的文本信息时，都会用到“文本域”

表单元素，在“文本域”中可以输入任何类型的文本、数字或字母，输入的内容可以是单行显示，也可以是多行显示，还可以将密码以星号或圆点的形式进行显示。

插入文本域

●源文件：光盘\源文件\第10章\10-2-2.html　　●视频：光盘\视频\第10章\10-2-2.swf

01 执行“文件>打开”命令，打开页面“光盘\源文件\第10章\10-2-1.html”，执行“文件>另存为”命令，将页面另存为“光盘\源文件\第10章\10-2-2.html”。将光标移至表单域中，单击“插入”面板上的“表单”选项卡中的“文本字段”按钮，如图10-9所示，弹出“输入标签辅助功能属性”对话框，设置如图10-10所示。

图10-9 “插入”面板

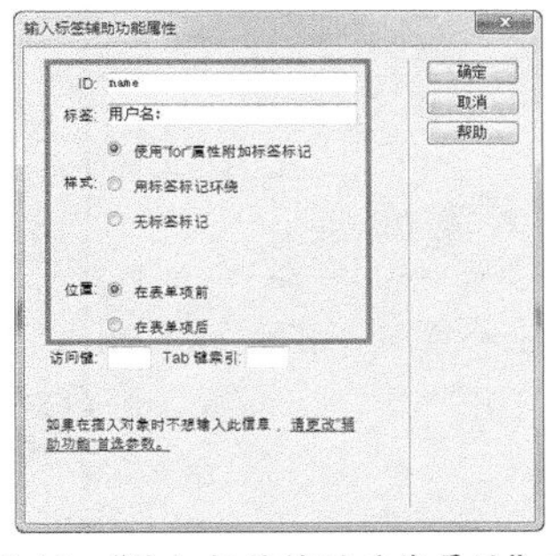

图10-10 “输入标签辅助功能属性”对话框

02 设置完成后，单击“确定”按钮，即可在光标位置插入文本字段，如图10-11所示。转换到CSS样式表文件10-2-1.css中，创建名为#name的CSS样式，如图10-12所示。

图10-11 页面效果

```
#name {
    width: 338px;
    height: 22px;
    margin-top: 3px;
    border: solid 1px #CCC;
}
```

图10-12 CSS样式代码

> 提示　如果在表单区域外插入文本域，Dreamweaver会弹出一个提示框，如图10-13所示。提示用户插入表单域，单击“是”按钮，Dreamweaver会在插入文本域的同时在它周围创建一个表单域。这种情况不仅针对文本域会出现，其他的表单元素也同样会出现。

03 返回到设计视图中，可以看到应用CSS样式后的文本字段效果，如图10-14所示。

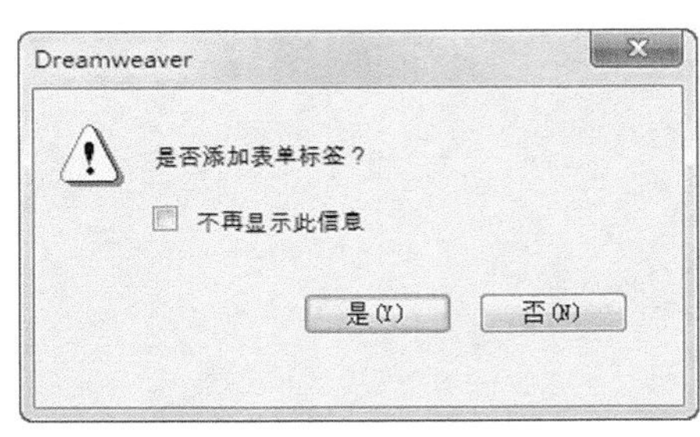

图10-13 提示框

图10-14 页面效果

04 转换到代码视图中，可以看到刚刚插入文本字段的代码部分，如图10-15所示。执行“文件>保存”命令，保存该页面，在浏览器中预览页面，可以看到文本域效果，如图10-16所示。

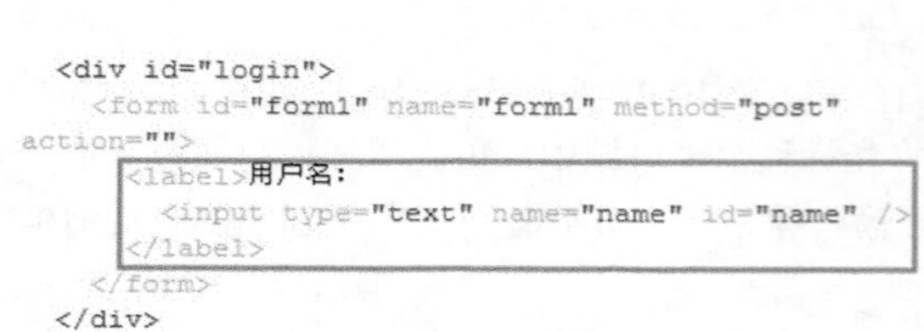

```
<div id="login">
  <form id="form1" name="form1" method="post"
action="">
    <label>用户名:
      <input type="text" name="name" id="name" />
    </label>
  </form>
</div>
```

图10-15 代码视图

图10-16 预览页面

10.2.3 实战——插入密码域

为了安全，输入密码是不能显示的，或者输入时，以其他特殊符号显示，如圆点或者星号等。把文本字段转变为密码域很简单，打开“属性”面板，即可对相关属性进行设置。

插入密码域

●源文件：光盘\源文件\第10章\10-2-3.html　　●视频：光盘\视频\第10章\10-2-3.swf

01 执行“文件>打开”命令，打开页面“光盘\源文件\第10章\10-2-2.html”，执行“文件>另存为”命令，将页面另存为“光盘\源文件\第10章\10-2-3.html”。将光标移至文本字段后，按Shift+Enter组合键，插入一个换行符，单击“插入”面板上的“表单”选项卡中的“文本字段”按钮，弹出“输入标签辅助功能属性”对话框，设置如图10-17所示。单击“确定”按钮，即可插入文本字段，如图10-18所示。

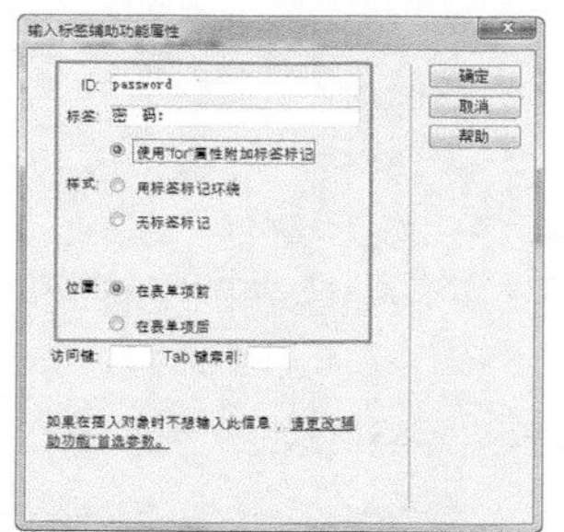

图10-17 “输入标签辅助功能属性”对话框

图10-18 插入文本字段

02 转换到外部CSS样式表文件10-2-1.css中，创建名为#password的CSS样式，如图10-19所示。返回到设计视图中，可以看到应用CSS样式后文本字段的效果，如图10-20所示。

```
#password {
    width: 338px;
    height: 22px;
    border: solid 1px #CCC;
    margin-top: 3px;
}
```

图10-19 CSS样式代码

图10-20 页面效果

03 单击选中刚插入的文本字段，在“属性”面板上的“类型”选项区中选中“密码”单选按钮，如图10-21所示。执行“文件>保存”命令，保存页面，在浏览器中预览该页面，可以看到密码域的效果，如图10-22所示。

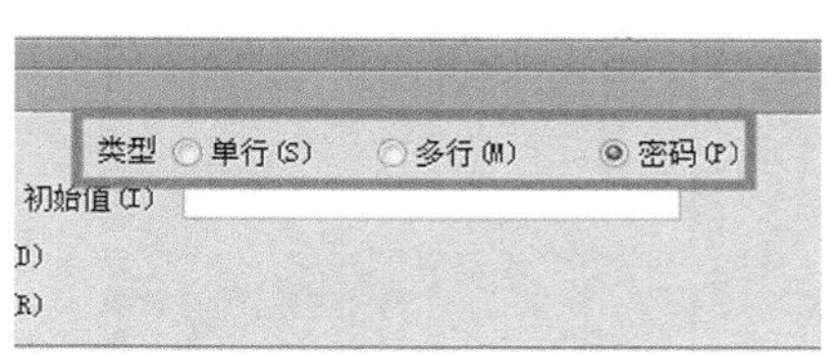

图10-21 “属性”面板

图10-22 预览页面

10.2.4 实战——插入多行文本域

多行文本域可以为访问者提供一个较大的区域，还可以指定访问者最多可输入的行数以及对象的字符宽度，如果输入的文本超过了这些设置，该域将按照换行属性中指定的设置进行滚动。

插入多行文本域

●源文件：光盘\源文件\第10章\10-2-4.html　　　●视频：光盘\视频\第10章\10-2-4.swf

01 执行“文件>打开”页面，打开页面“光盘\源文件\第10章\10-2-4.html”，页面效果如图10-23所示。将光标移至页面中的表单域中，单击“插入”面板上“表单”选项卡中的“文本区域”按钮，如图10-24所示。

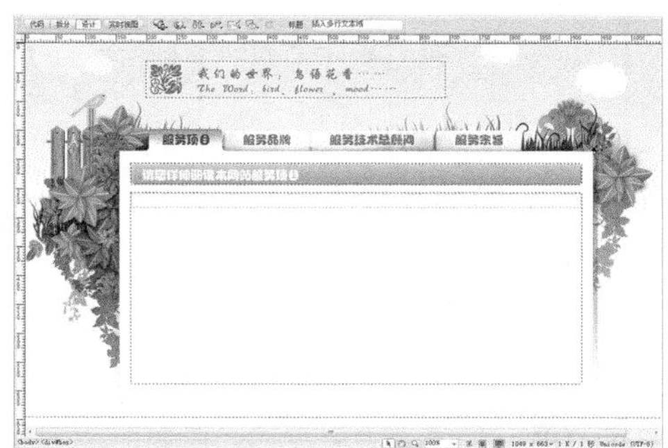
图10-23 打开页面

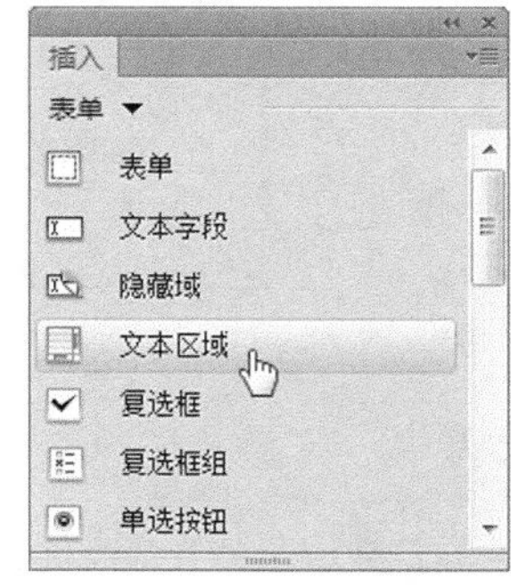

图10-24 “插入”面板

02 弹出“输入标签辅助功能属性”对话框，设置如图10-25所示。单击“确定”按钮，即可插入多行文本域，页面效果如图10-26所示。

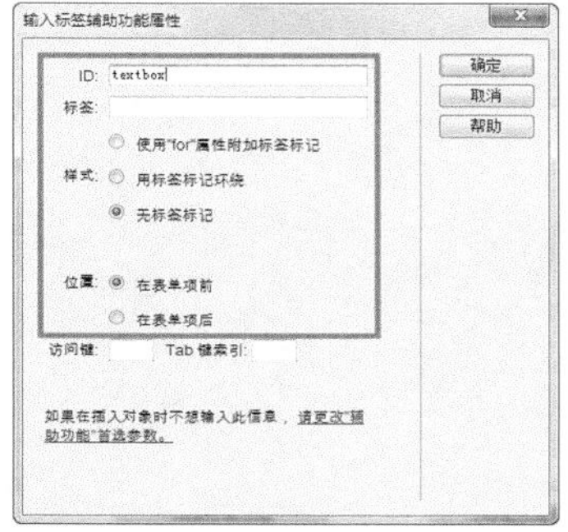

图10-25 “输入标签辅助功能属性”对话框

图10-26 插入多行文本域

03 单击选中刚刚插入的多行文本域在“属性”面板上对其相关属性进行设置，并在“初始值”文本框中输入初始值，如图10-27所示，页面效果如图10-28所示。

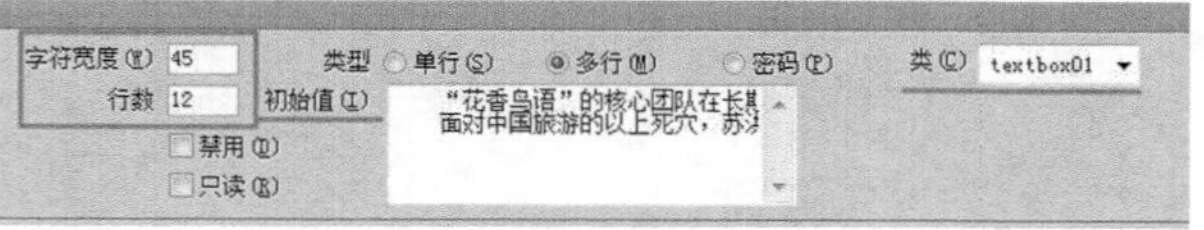
图10-27 “属性”面板

图10-28 页面效果

提示 “行数”文本框用来设置所选文本域显示的行数，可以输入数值。如果勾选“禁用”复选框，可以禁用该多行文本区域；如果勾选“只读”复选框，可以设置该多行文本域为只读文本区域。

04 执行“文件>保存”命令，保存页面，在浏览器中预览页面，可以看到多行文本域的效果，如图10-29所示。

图10-29 预览页面

10.2.5 插入隐藏域

在表单域中插入的隐藏域虽然在表单中，但对于用户来说是不可见的。隐藏域主要用于程序设计，还可以用来保存一些信息、传递一些参数等。当浏览者提交表单时，隐藏域的内容会一起提交给处理程序。

单击“插入”面板上“表单”选项卡中的“隐藏域”按钮，在文档中会出现隐藏域的标记，如图10-30所示。单击选中刚插入的隐藏域，可以在“属性”面板上对相关属性进行设置，如图10-31所示。

图10-30 插入隐藏域

图10-31 “属性”面板

提示 “隐藏区域”选项用于设置隐藏区域的名称，默认设置为hiddenField。“值”选项主要用于设置要为隐藏域指定的值，该值将在提交表单时传递给服务器。

10.2.6 实战——插入复选框

复选框提供了多个选项供访问者选择，复选框表单控件为用户提供了一种在表单中选择或取消选择某个条目的快捷方法。

在创建复选框时，需要为复选框定义一个标签，如果要创建一组复选框，不但要为这个复选框组定义一个标签，而且要为每一项定义标签。一般情况下，复选框组的标签放在复选框之前，而每一个复选框的标签放在后面。

插入复选框

●源文件：光盘\源文件\第10章\10-2-6.html　　●视频：光盘\视频\第10章\10-2-6.swf

01 执行“文件>打开”命令，打开页面“光盘\源文件\第10章\10-2-6.html”，页面效果如图10-32所示。将光标移至名为text的Div中，删除多余文字，单击“插入”面板上的“表单”选项卡中的“表单”按钮，即可在该Div中插入表单域，效果如图10-33所示。

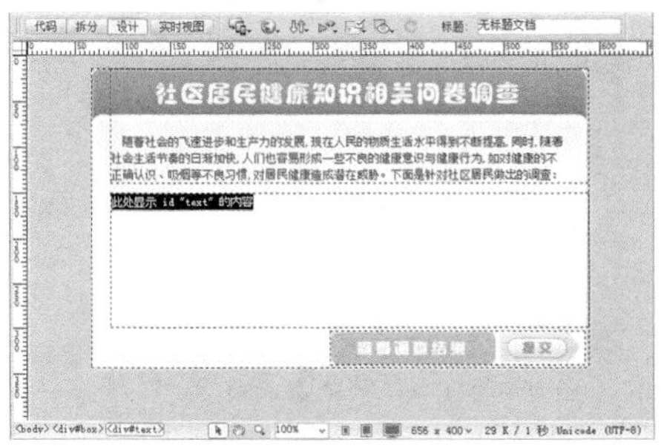

图10-32 打开页面

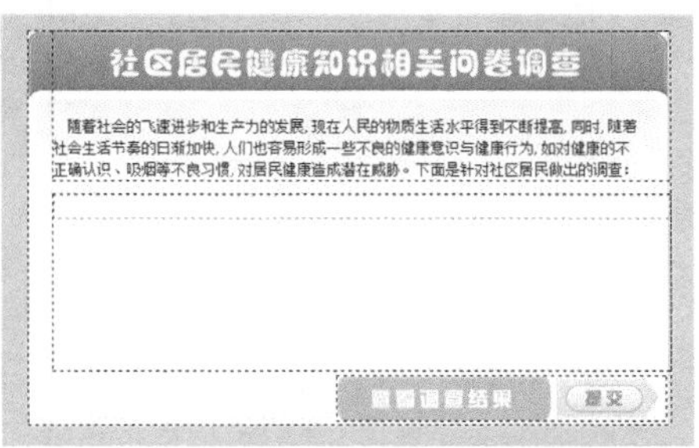

图10-33 插入表单域

02 将光标移至表单域中，单击“插入”面板上的“表单”选项卡中的“复选框”按钮，如图10-34所示。弹出“输入标签辅助功能属性”对话框，如图10-35所示。

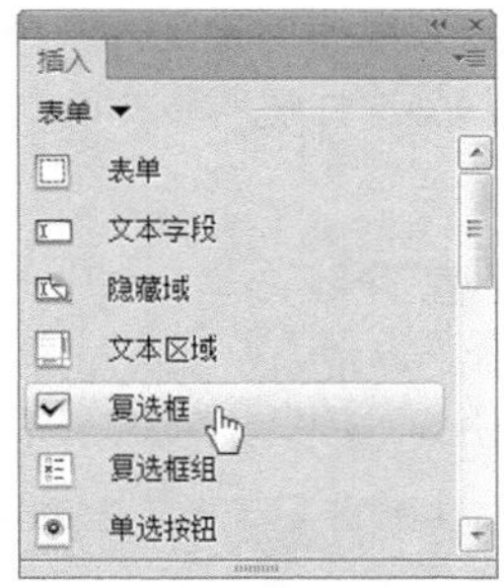

图10-34 “插入”面板

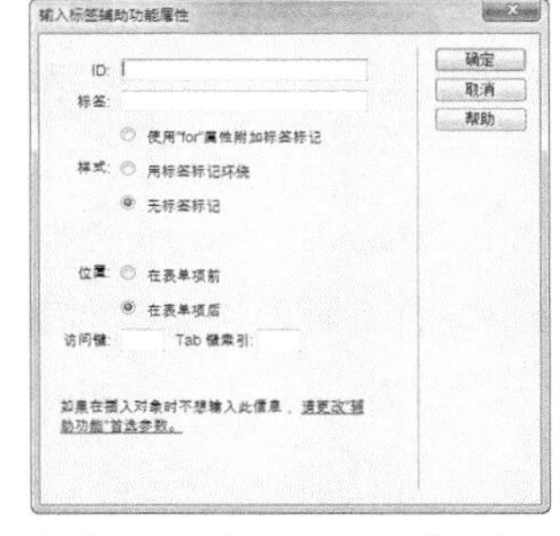

图10-35 “输入标签辅助功能属性”对话框

03 单击“确定”按钮，即可在光标所在位置插入复选框，如图10-36所示。将光标移至刚插入的复选框后，输入相应的文字，如图10-37所示。

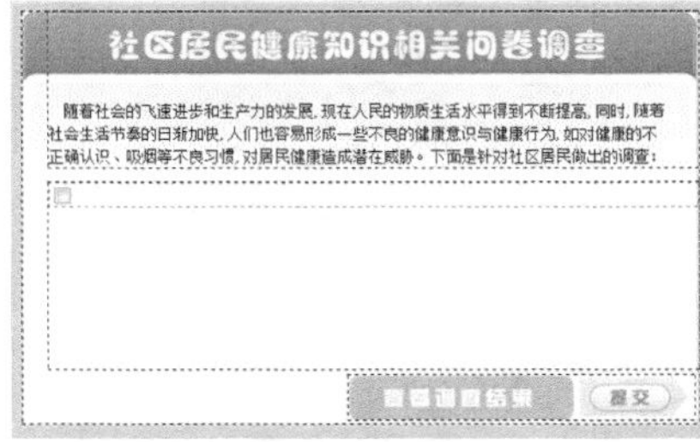

图10-36 插入复选框

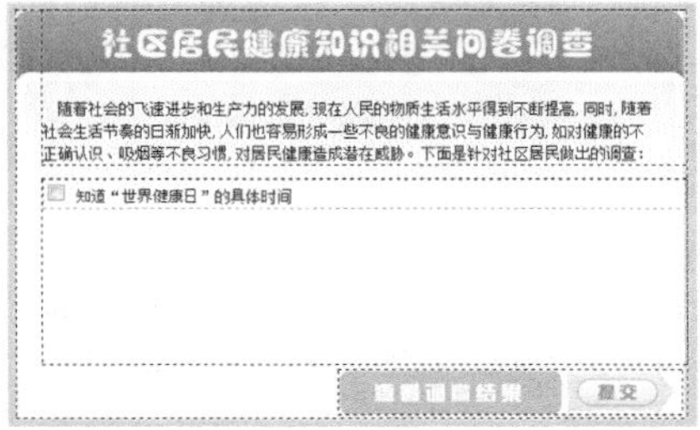

图10-37 输入文字

04 将光标移至刚输入的文字后，按Shift+Enter组合键插入换行符，使用相同的方法，插入复选框并输入文字，页面效果如图10-38所示。切换到10-2-6.css文件中，创建名为.checkbox的类CSS样式，如图10-39所示。

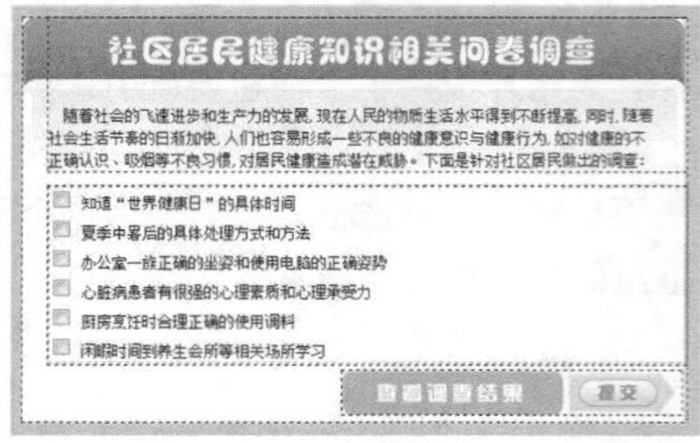

图10-38 页面效果

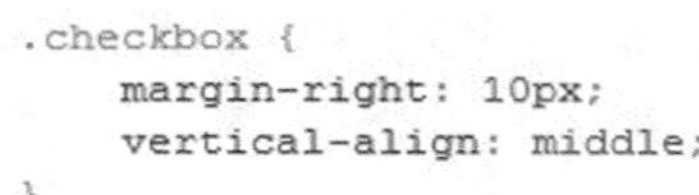

```
.checkbox {
    margin-right: 10px;
    vertical-align: middle;
}
```

图10-39 CSS样式代码

05 返回到设计视图中，为复选框应用刚定义的类CSS样式，页面效果如图10-40所示。执行“文件>保存”命令，保存页面，在浏览器中预览页面，可以看到复选框的效果，如图10-41所示。

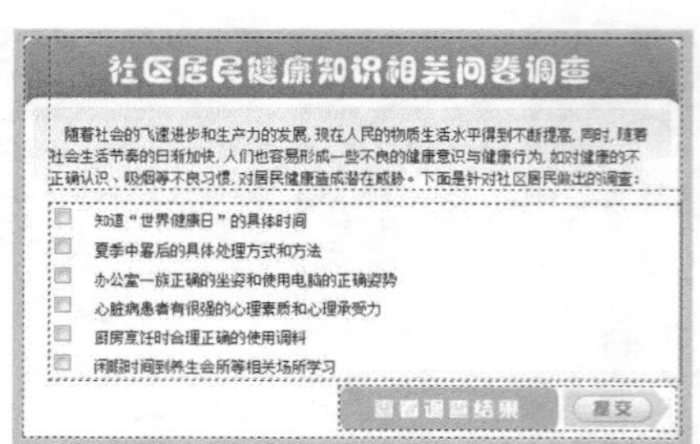

图10-40 页面效果

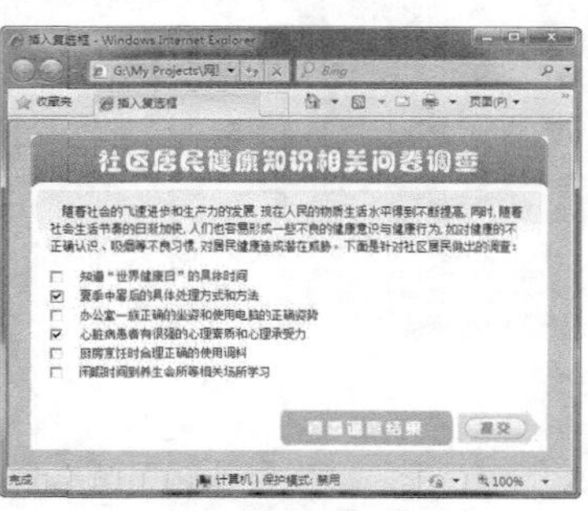

图10-41 预览页面

10.2.7 实战——插入单选按钮

单选按钮是在多个项目中只选择一项的按钮，为了选择单选按钮，应该把两个以上的项目合并为一个组，并且一个组的单选按钮应该具有相同的名称，因为这样才可以看出它们是同一个组的项目，除此之外一定要输入单选按钮的“值”属性，这是因为用户在选择项目时，单选按钮所具有的值会传到服务器上。

插入单选按钮

●源文件：光盘\源文件\第10章\10-2-7.html ●视频：光盘\视频\第10章\10-2-7.swf

01 执行“文件>打开”命令，打开页面“光盘\源文件\第10章\10-2-7.html”，效果如图10-42所示。将光标移至表单中，单击“表单”选项卡中的“单选按钮”按钮，如图10-43所示。

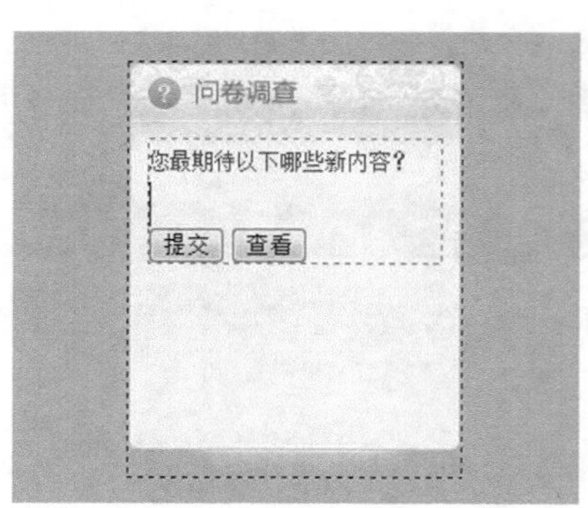

图10-42 打开页面

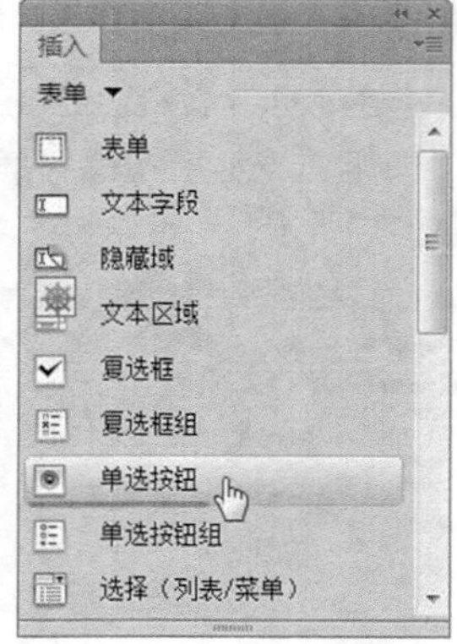

图10-43 “插入”面板

02 弹出“输入标签辅助功能属性”对话框，设置如图10-44所示。完成相应的设置后，单击“确定”按钮，页面效果如图10-45所示。

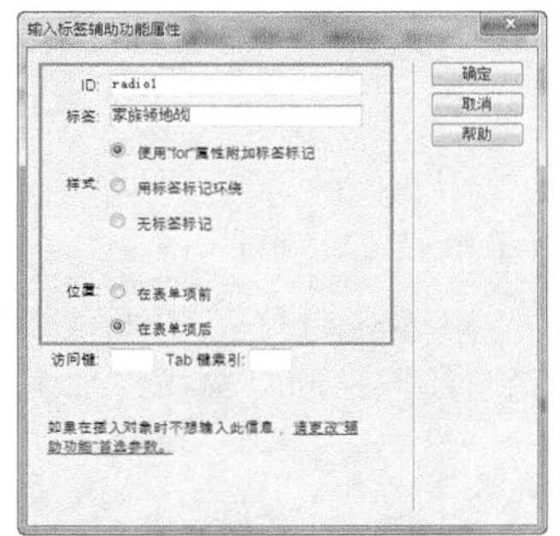

图10-44 “输入标签辅助功能属性”对话框

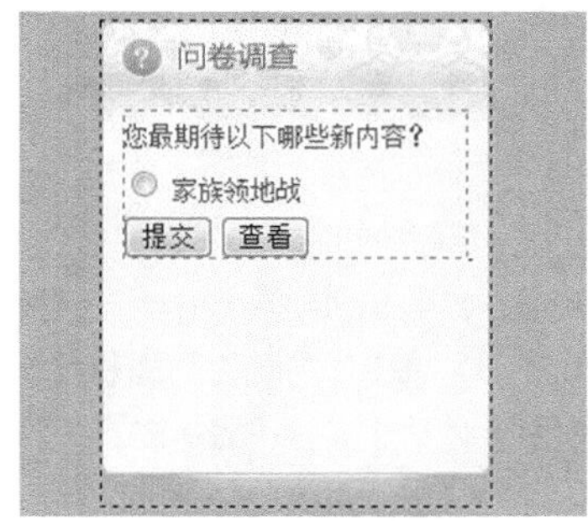

图10-45 插入单选按钮

03 切换到10-2-7.css文件中，创建名为#radio1的CSS规则，如图10-46所示。返回到设计视图中，效果如图10-47所示。

```
#radio1 {
    vertical-align: middle;
    margin-left: 5px;
    margin-right: 5px;
}
```

图10-46 CSS样式代码

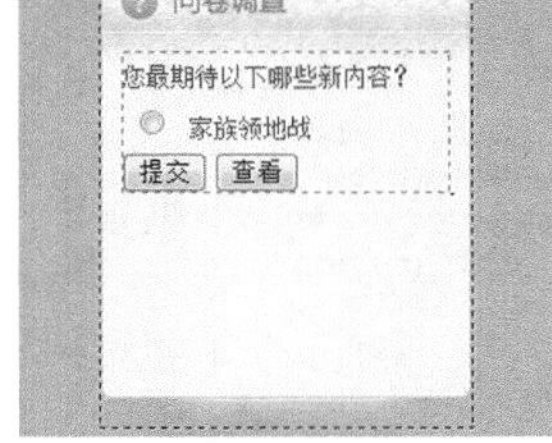

图10-47 页面效果

04 选中刚刚插入的单选按钮，在“属性”面板中可以对相关选项进行设置，如图10-48所示。在页面设计视图中，可以看到相应的页面效果，如图10-49所示。

图10-48 “属性”面板

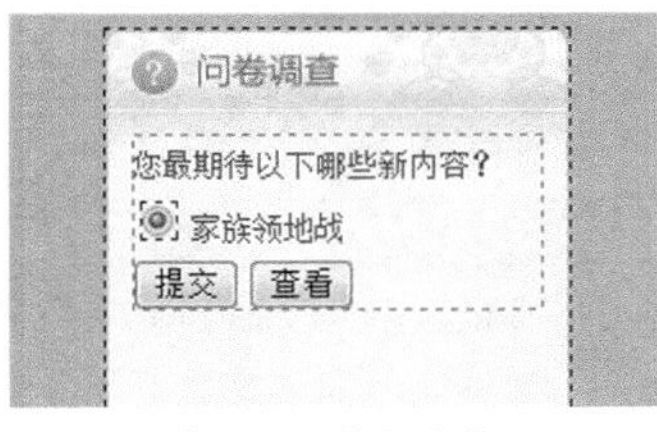

图10-49 页面效果

05 使用相同方法，完成页面中其他单选按钮的制作，效果如图10-50所示。执行“文件>保存”命令，保存该页面，在浏览器中预览页面，可以看到单选按钮效果，如图10-51所示。

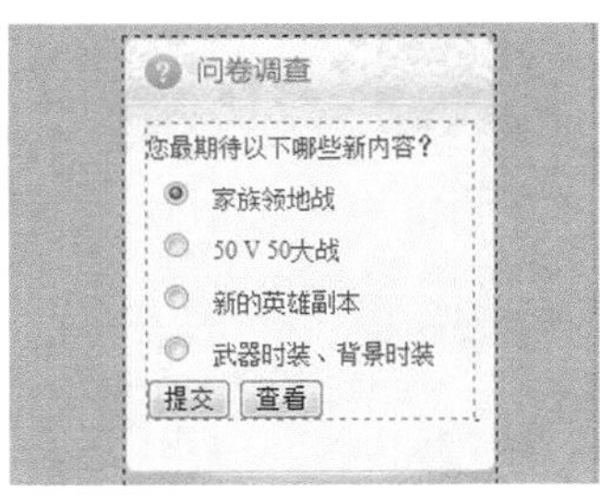

图10-50 页面效果

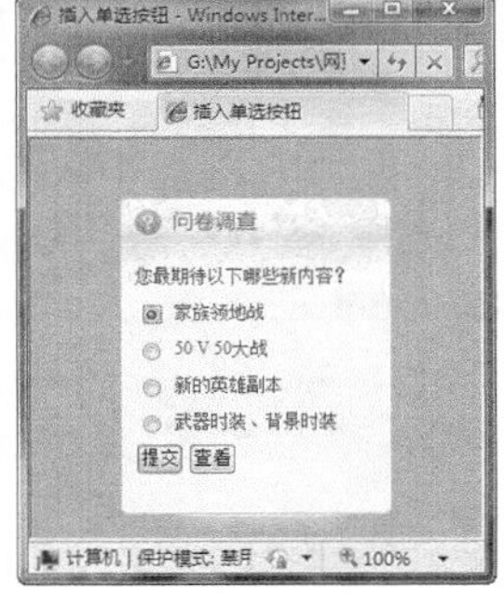

图10-51 预览页面

10.2.8 实战——插入列表/菜单

列表/菜单的功能与复选框和单选按钮大同小异，都可以列举出很多选项供浏览者选择，其共同的优点是可以在有限的空间内为用户提供更多的选项，节省版面。

列表提供一个滚动条，它使用户可能浏览更多项，并进行多重选择；下拉列表默认仅显示一个项，该项为活动选项，用户可以单击打开菜单但只能选择其中一项。

插入列表/菜单

●源文件：光盘\源文件\第10章\10-2-8.html　　　●视频：光盘\视频\第10章\10-2-8.swf

01 执行“文件>打开”命令，打开页面“光盘\源文件\第10章\10-2-8.html”，页面效果如图10-52所示。将光标移至“问题搜索”文字后，单击“插入”面板上“表单”选项卡中的“选择（列表/菜单）”按钮，弹出“输入标签辅助功能属性”对话框，如图10-53所示。

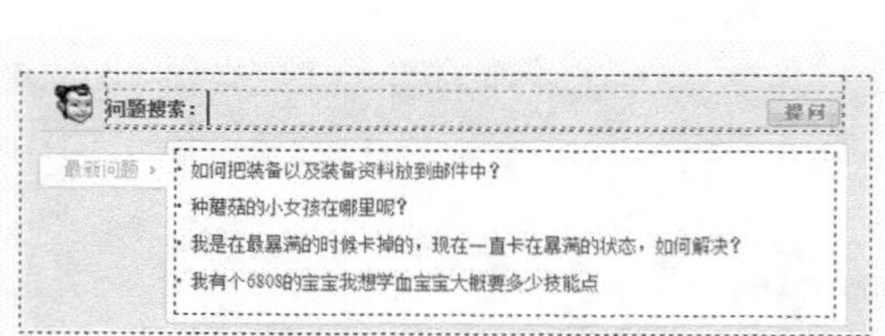

图10-52 打开页面

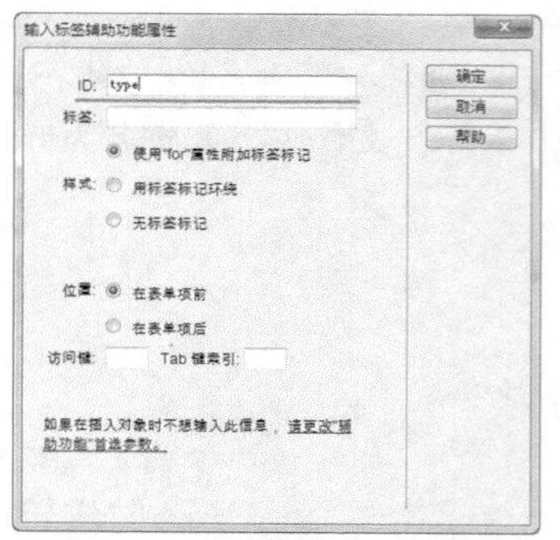

图10-53 “输入标签辅助功能属性”对话框

02 单击“确定”按钮，即可在页面中插入列表/菜单，效果如图10-54所示。选中刚插入的列表/菜单，单击“属性”面板上的“列表值”按钮，弹出“列表值”对话框，在该对话框中输入相应的项目，如图10-55所示。

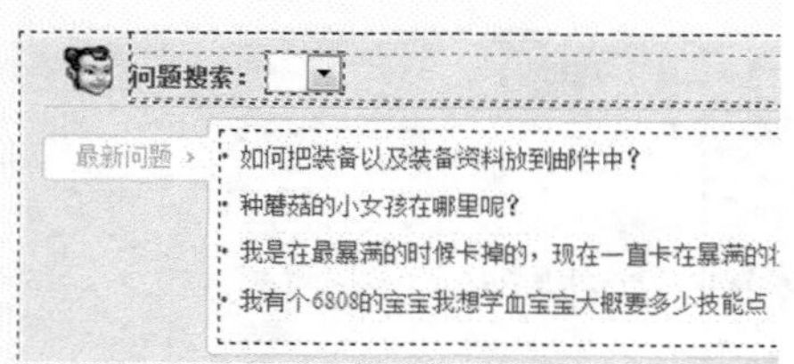

图10-54 页面效果

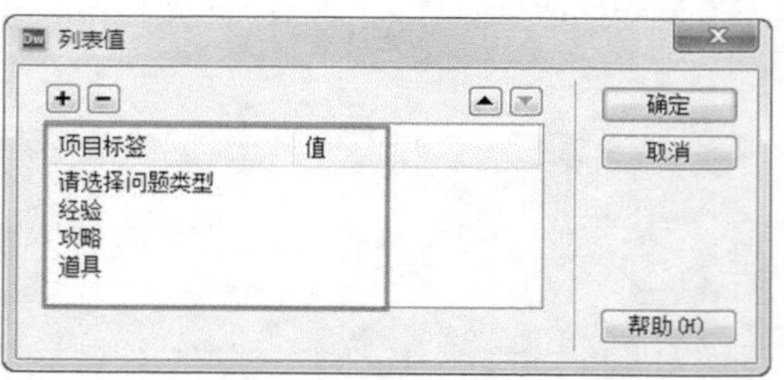

图10-55 “列表值”对话框

提示 单击“添加项”按钮+，可以在列表中添加一个项目，然后在“项目标签”选项中输入该项目的说明文字，最后在“值”选项中输入传回服务器端的表单数据。单击“删除项”按钮-，可以从列表中删除一个项目。单击“在列表中上移项”按钮▲或在“在列表中下移项”按钮▼，则可以对这些项目进行上移或下移的排序操作。

03 单击“确定”按钮，完成“列表值”对话框的设置，效果如图10-56所示。转换到该文件所链接的外部CSS样式表文件中，创建名为#type的CSS样式，如图10-57所示。

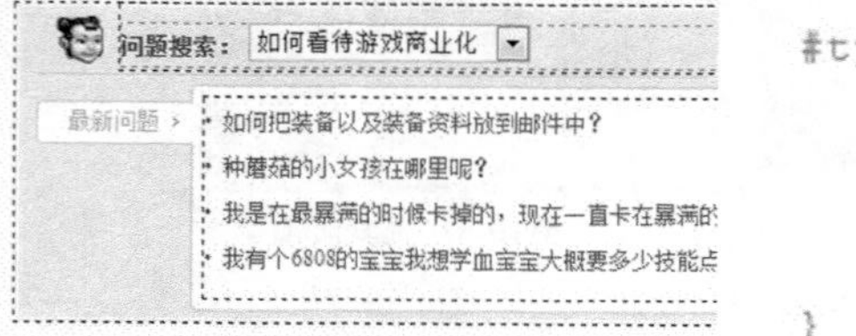

图10-56 页面效果

```
#type {
    width: 130px;
    height: 20px;
    border: solid 1px #CCC;
    margin-right: 15px;
}
```

图10-57 CSS样式代码

04 将光标移至刚插入的列表/菜单后，单击“插入”面板上“表单”选项卡中的“文本字段”按钮，弹出“输入标签辅助功能属性”对话框，如图10-58所示。单击“确定”按钮，插入文本字段，如图10-59所示。

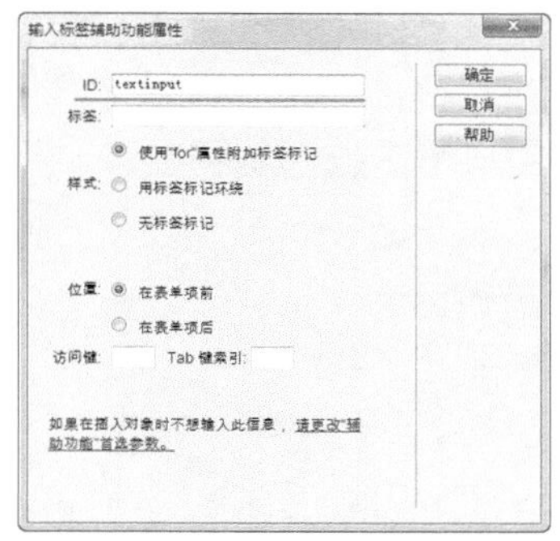

图10-58 “输入标签辅助功能属性”对话框

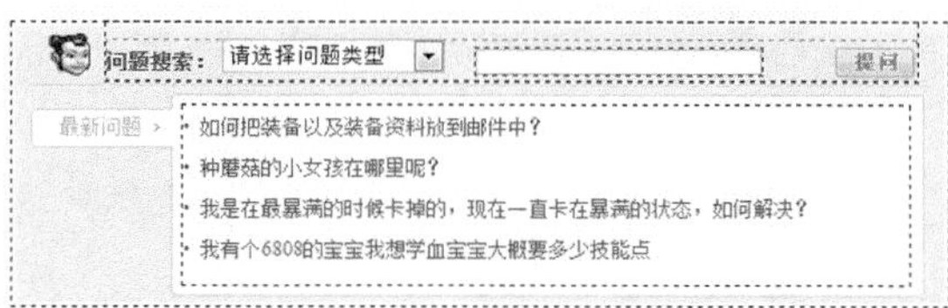

图10-59 插入文本字段

05 转换到该文件所链接的外部CSS样式表文件中，创建名为#textinput的CSS样式，如图10-60所示。返回页面设计视图，效果如图10-61所示。

```
#textinput {
    width: 190px;
    height: 20px;
    border: solid 1px #CCC;
}
```

图10-60 CSS样式代码

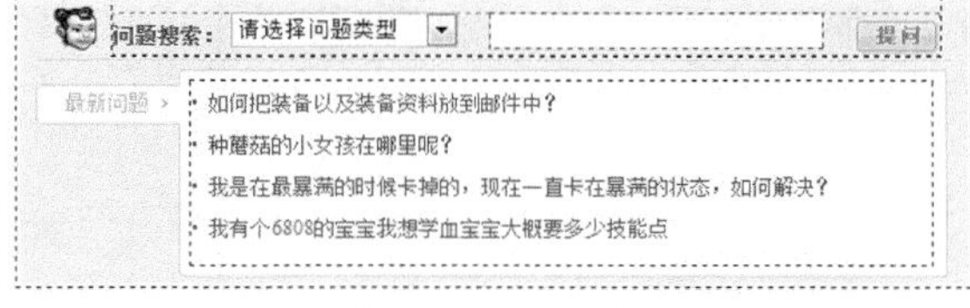

图10-61 页面效果

06 执行“文件>保存”命令，保存页面，在浏览器中预览该页面，效果如图10-62所示。

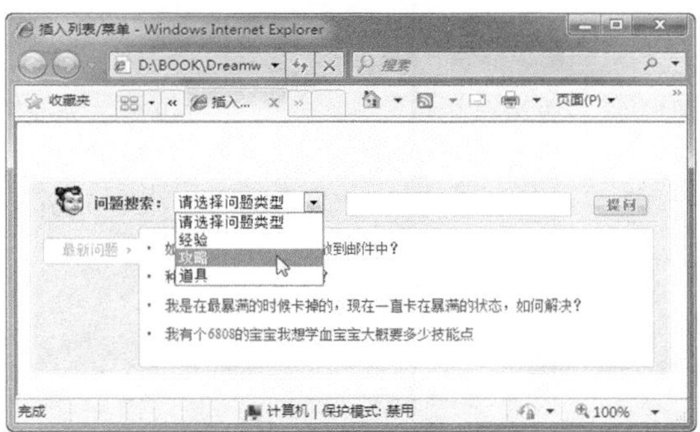

图10-62 预览页面

> **提示** “插入”面板中“表单”选项卡中的“选择（列表/菜单）”选项其实有两种可以选择的类型，即“列表”和“菜单”。“菜单”是在浏览者进行单击操作时产生展开效果的下拉菜单；而“列表”则显示为一个列有项目的可滚动列表，使浏览者可以从该列表中选择相应的项目。“列表”也是一种菜单，通常被称为“列表菜单”。

10.2.9 实战——插入跳转菜单

跳转菜单在外观上与菜单差不多，不同的是在跳转菜单中可以创建Web站点内文档的链接、其他Web站点上的链接、电子邮件链接以及图形链接等。

跳转菜单是创建链接的一种形式，从表单中的菜单发展而来，浏览者在跳转菜单列表中选择其中的任意一个选项，即可跳转到相应的网页。

插入跳转菜单

●源文件：光盘\源文件\第10章\10-2-9.html　　●视频：光盘\视频\第10章\10-2-9.swf

01 执行“文件>打开”命令，打开页面“光盘\源文件\第10章\10-2-9.html”，页面效果如图10-63所示。将光标移至表单域中，单击“插入”面板上“表单”选项卡中的“跳转菜单”按钮，弹出“插入跳转菜单”对话框，设置如图10-64所示。

图10-63 打开页面

图10-64 “插入跳转菜单”对话框

02 设置完成后，单击“确定”按钮，即可在页面中插入跳转菜单，如图10-65所示。切换到10-2-9.css文件中，创建名为.select的类CSS样式，如图10-66所示。

图10-65 页面效果

```
.select {
    width: 210px;
    height: 22px;
}
```

图10-66 CSS类样式

03 返回设计视图中，为页面中所插入的跳转菜单应用刚创建的类CSS样式，页面效果如图10-67所示。单击“属性”面板上的“列表值”按钮，弹出“列表值”对话框，如图10-68所示，可以在该对话框中对相关参数进行修改。

图10-67 页面效果

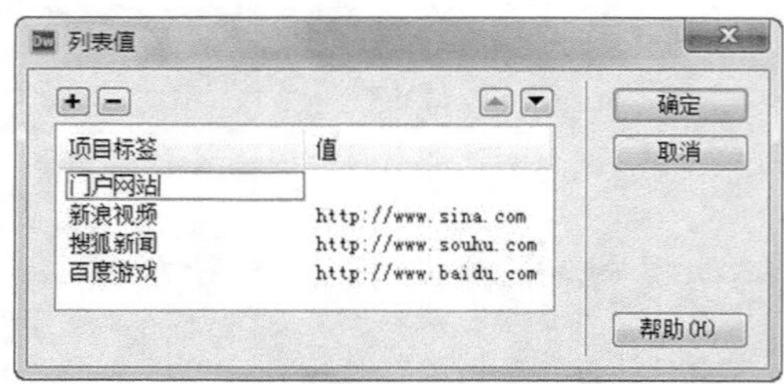

图10-68 “列表值”对话框

04 将光标移至刚插入的跳转菜单后，使用相同的方法，插入其他相应的跳转菜单，如图10-69所示。执行“文件>保存”命令，保存页面，在浏览器中预览该页面，可以看到跳转菜单的效果，如图10-70所示。

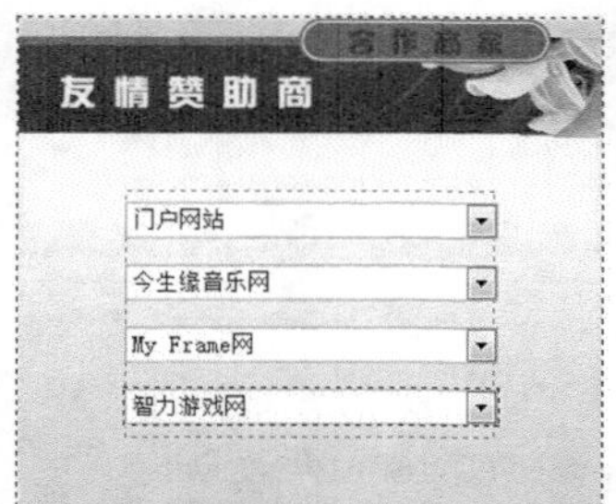

图10-69 页面效果

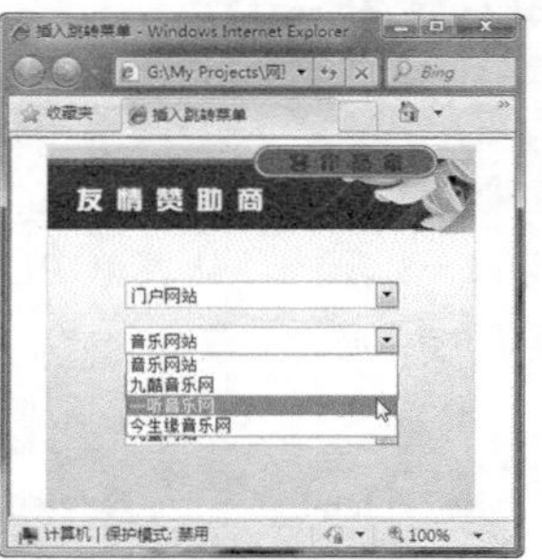

图10-70 预览页面效果

10.2.10 实战——插入图像域

网页设计时，用Dreamweaver自带的按钮添加到页面中，样式比较单一，如果想使网页中的按钮更美观，可通过添加图像域的方法，将自制的按钮图像添加到网页中，图像域实现的是提交按钮的功能。

插入图像域

●源文件：光盘\源文件\第10章\10-2-10.html　　●视频：光盘\视频\第10章\10-2-10.swf

01 执行“文件>打开”命令，打开页面“光盘\源文件\第10章\10-2-3.html”，执行“文件>另存为”命令，将文件另存为“光盘\源文件\第10章\10-2-10.html”。

02 将光标移至密码域后，按Shift+Enter键插入一个换行符，单击“插入”面板上“表单”选项卡中的“图像域”按钮，在弹出的“选择图像源文件”对话框中选择相应的图像，如图10-71所示。单击“确定”按钮，弹出“输入标签辅助功能属性”对话框，设置如图10-72所示。

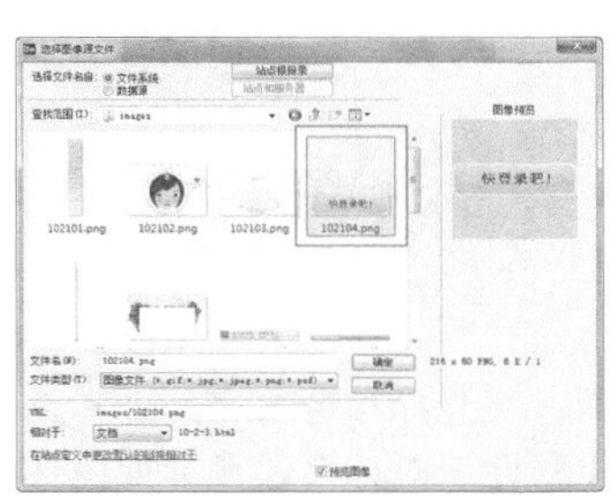

图10-71 “选择图像源文件”对话框

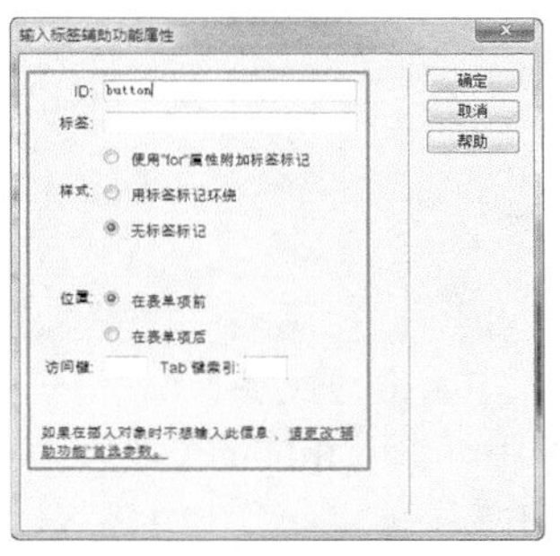

图10-72 “输入标签辅助功能属性”对话框

03 完成“输入标签辅助功能属性”对话框的设置，单击“确定”按钮，即可在光标所在位置插入图像域，效果如图10-73所示。切换到外部CSS样式表文件10-2-1.css中，创建名为#button的CSS规则，如图10-74所示。

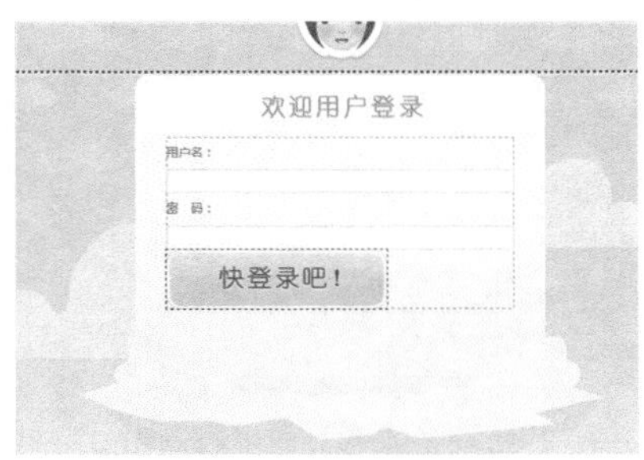

图10-73 页面效果

```
#button {
    margin-left: 62px;
    margin-top: 25px;
}
```

图10-74 CSS样式代码

04 返回到设计视图中，可以看到图像域的效果，如图10-75所示。执行“文件>保存”命令，保存页面，并且保存外部CSS样式表文件，在浏览器中预览页面，效果如图10-76所示。

图10-75 页面效果

图10-76 预览页面

10.2.11 实战——插入文件域

文件域包括一个文本框和一个“浏览”按钮，该域用来从本地计算机向服务器上传文件。在浏览器中单击“浏览”按钮，弹出“选择文件”对话框，在本地计算机中选择需要上传的文件，然后单击表单中的提交按钮，将文件上传到服务器上。

插入文件域

●源文件：光盘\源文件\第10章\10-2-11.html　　●视频：光盘\视频\第10章\10-2-11.swf

01 执行“文件>打开”命令，打开页面“光盘\源文件\第10章\10-2-11.html”，页面效果如图10-77所示。将光标移至名为bottom的Div中，删除多余文字，单击“插入”面板上的“表单”选项卡中的“表单”按钮，插入表单域，如图10-78所示。

图10-77 打开页面

图10-78 插入表单域

02 将光标移至表单域中，输入相应的文字，如图10-79所示。将光标移至文字后，单击“插入”面板上“表单”选项卡中的“文件域”按钮，弹出“输入标签辅助功能属性”对话框，设置如图10-80所示。

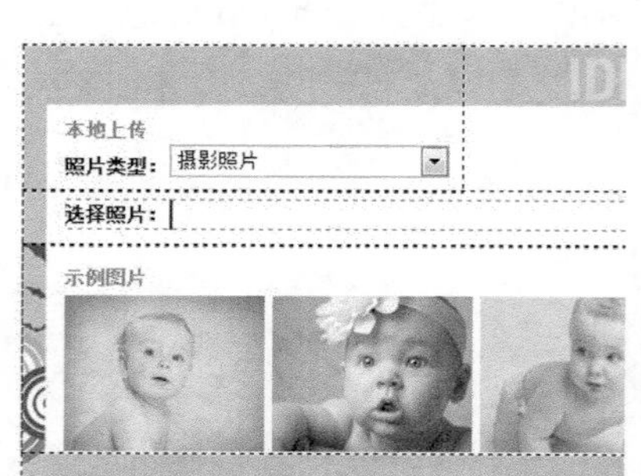

图10-79 输入文字

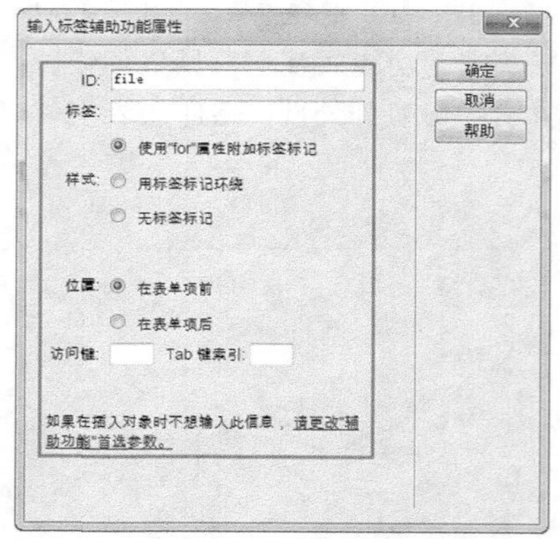

图10-80 “输入标签辅助功能属性”对话框

03 完成相应的设置，单击“确定”按钮，即可在光标所在位置插入文件域，效果如图10-81所示。切换到10-2-11.css文件中，创建名为#file的CSS规则，如图10-82所示。

图10-81 插入文件域

```
#file {
    width: 318px;
    height: 22px;
}
```

图10-82 CSS样式代码

04 执行“文件>保存”命令，保存页面，在浏览器中预览该页面，如图10-83所示。单击页面中的“浏览”按钮，弹出“选择要加载的文件”对话框，在该对话框中用户即可选择需要上传的文件，如图10-84所示。

图10-83 预览页面效果

图10-84 “选择要加载的文件”对话框

10.2.12 实战——插入按钮

一个表单填满了许多内容，需要将这些信息交给另一个页面进行处理，可以利用按钮将这些信息提交给处理页面。表单中的按钮有“提交”、“重置”和“普通”3种类型，它们在网页中的添加过程都是一样的，只是在“属性”面板的属性设置不同而已。

插入按钮

●源文件：光盘\源文件\第10章\10-2-12.html　　●视频：光盘\视频\第10章\10-2-12.swf

01 执行“文件>打开”命令，打开页面“光盘\源文件\第10章\10-2-12.html”，页面效果如图10-85所示。将光标移至最后一个复选框的文字后，按快捷键Shift+Enter，插入换行符，单击“插入”面板上“表单”选项卡中的“按钮”按钮，如图10-86所示。

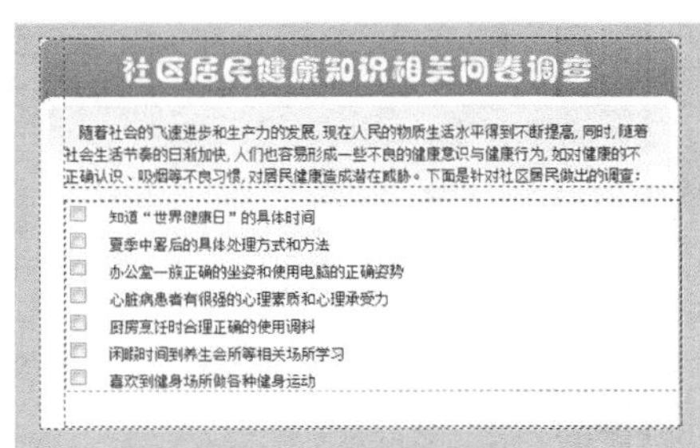

图10-85 打开页面

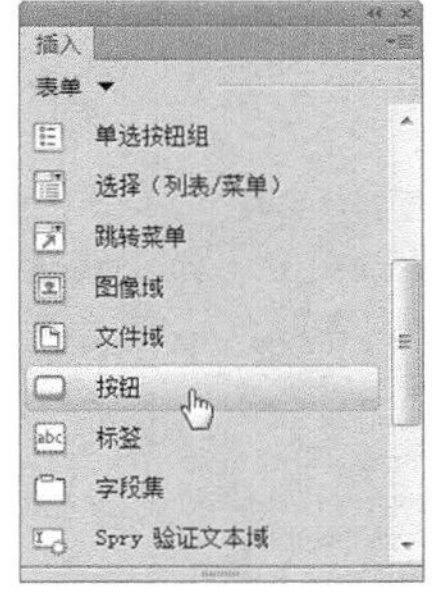

图10-86 “插入”面板

02 即可弹出“输入标签辅助功能属性”对话框，在该对话框中进行相应的设置，如图10-87所示。完成相应的设置后，单击“确定”按钮，即可在光标所在位置插入按钮，效果如图10-88所示。

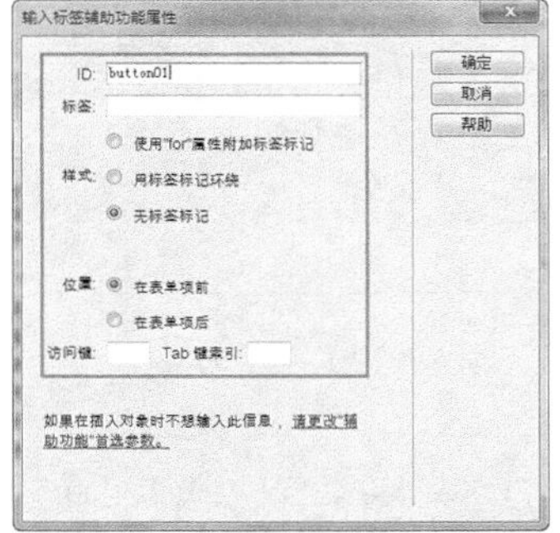

图10-87 “输入标签辅助功能属性”对话框

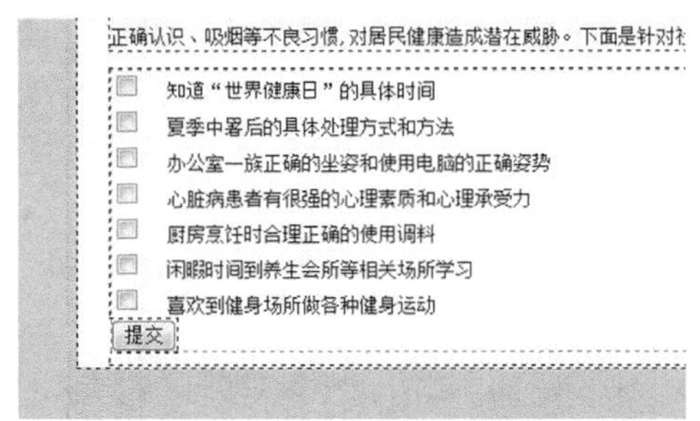

图10-88 页面效果

03 将光标移至刚插入的按钮后，使用相同的方法，插入另一个按钮，页面效果如图10-89所示。单击选中刚插入的按钮，在“属性”面板上进行相应的设置，如图10-90所示。

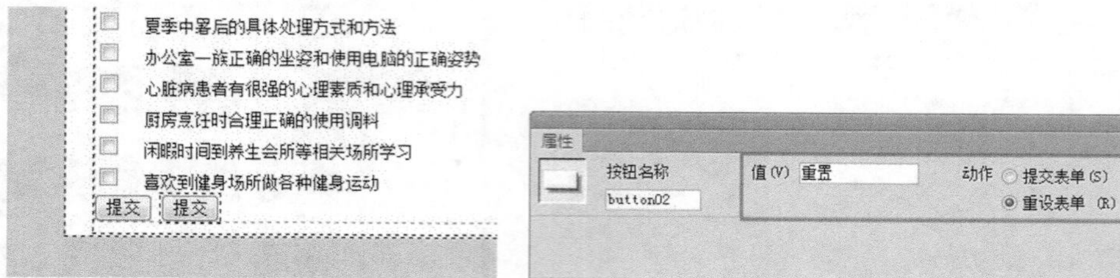

图10-89 页面效果　　图10-90 “属性”面板

04 设置完成后，页面中按钮的效果如图10-91所示。切换到10-2-12.css文件中，创建名为#button01和名为#button02的CSS规则，如图10-92所示。

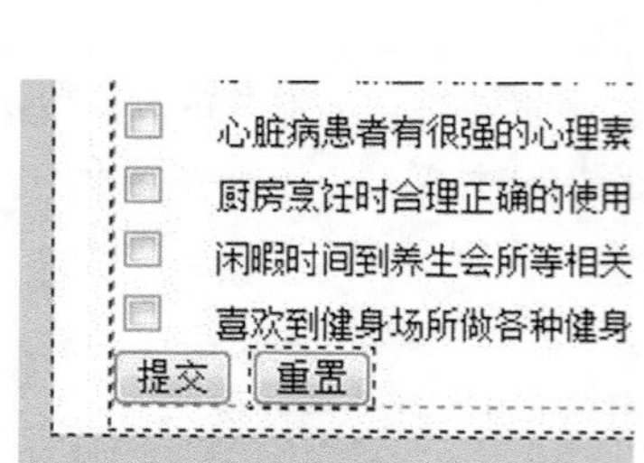

图10-91 页面效果

```
#button01 {
    width: 80px;
    height: 20px;
    margin-top: 15px;
    margin-left: 30px;
    margin-right: 40px;
}
#button02 {
    width: 80px;
    height: 21px;
}
```

图10-92 CSS样式代码

05 返回到设计视图中，可以看到页面效果，如图10-93所示。执行“文件>保存”命令，保存页面，在浏览器中预览该页面，效果如图10-94所示。

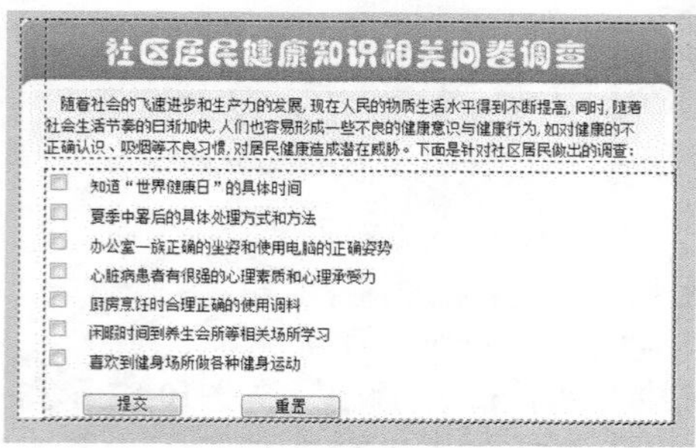

图10-93 页面效果

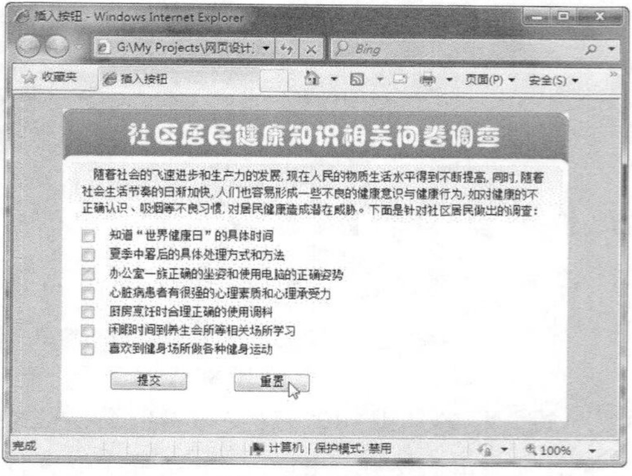

图10-94 预览页面

提示 “提交”按钮常用于将表单的内容提交到服务器上；“普通”按钮需要用户编写脚本才能执行相应的操作，否则单击无反应，即和普通的图像没有分别；“重置”按钮用于将表单输入信息清除，供用户重新输入。

10.3 实战——Spry验证表单

通过前面两节的学习，相信读者已经对表单元素的添加有了基础的掌握，但是在真正的登录和注册页面中，当用户填写完信息后，表单的验证可以通过行为来实现，使用行为验证表单的方法，前面章节中已经进行了介绍。本小节将向读者介绍如何使用Spry验证表单中的表单项和设置Spry验证。

10.3.1 实战——使用Spry验证登录框

Dreamweaver CS6中提供了一个Ajax的框架Spry。Spry框架内置表单验证的功能，对于网页设计新手来说，是一个非常方便实用的功能。下面将通过一个练习向读者介绍如何使用Spry验证网站登录框。

使用Spry验证登录框

●源文件：光盘\源文件\第10章\10-3-1.html　　●视频：光盘\视频\第10章\10-3-1.swf

01 执行“文件>打开”命令，打开页面“光盘\源文件\第10章\10-3-1.html”，页面效果如图10-95所示。选中第一个文本字段，单击“插入”面板上“表单”选项卡中的“Spry验证文本域”按钮，如图10-96所示。

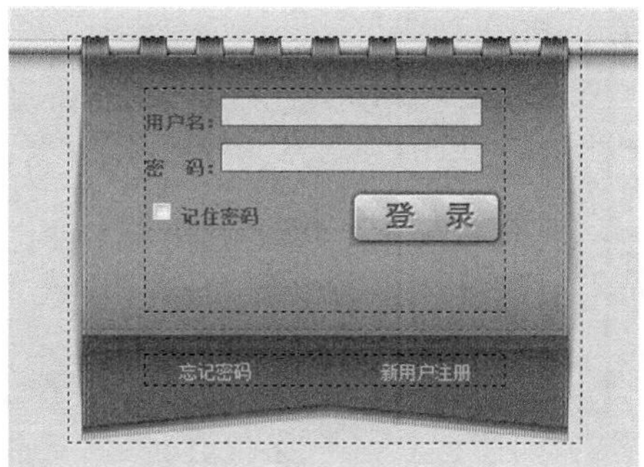

图10-95 打开页面

图10-96 “插入”面板

02 插入“Spry验证文本域”后，页面效果如图10-97所示。保持该文本字段的选中状态，在“属性”面板中将该文本字段设置为必填项，如图10-98所示。

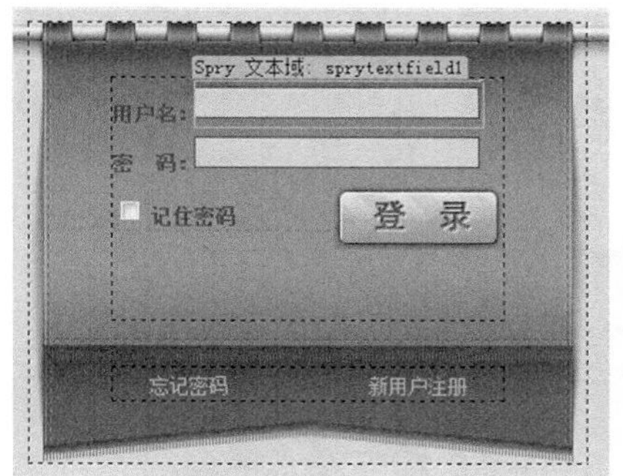

图10-97 页面效果

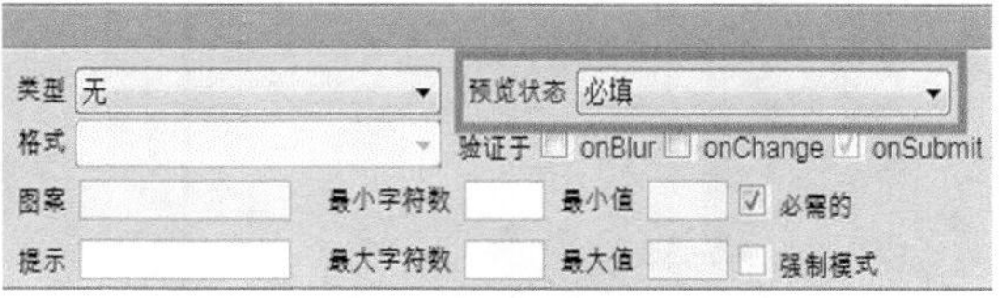

图10-98 “属性”面板

03 设置完成后，可以看到该文本字段的效果，如图10-99所示。选中第二个文本字段，单击“插入”面板上“表单”选项卡中的“Spry验证密码”按钮，添加Spry验证密码，效果如图10-100所示。

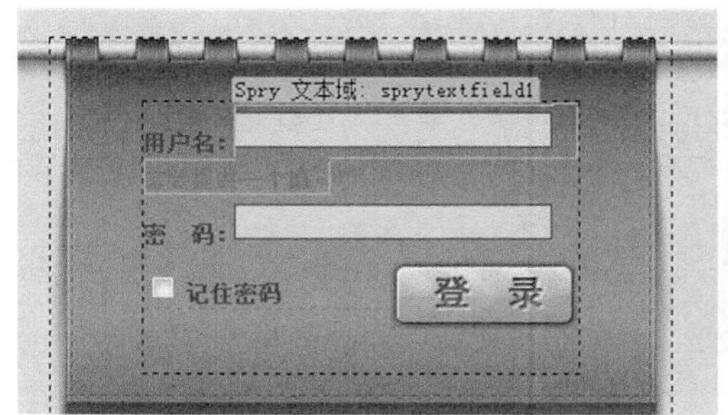

图10-99 页面效果

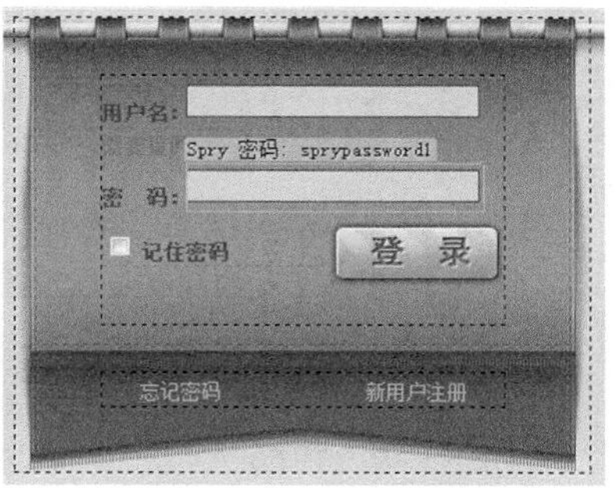

图10-100 页面效果

04 保持该文本字段的选中状态，在“属性”面板上对相关属性进行设置，如图10-101所示。设置完成后，可以看到文本字段的效果，如图10-102所示。

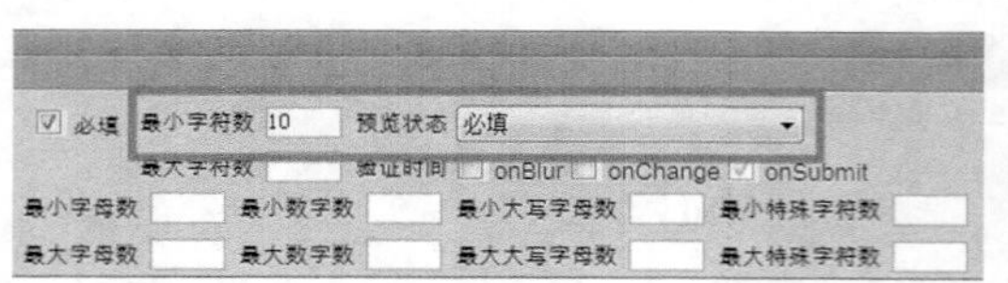

图10-101 “属性”面板

图10-102 页面效果

05 执行“文件>保存”命令，保存页面，在浏览器中预览该页面，效果如图10-103所示。当用户没有输入用户名和密码时，单击“登录”按钮，效果如图10-104所示。

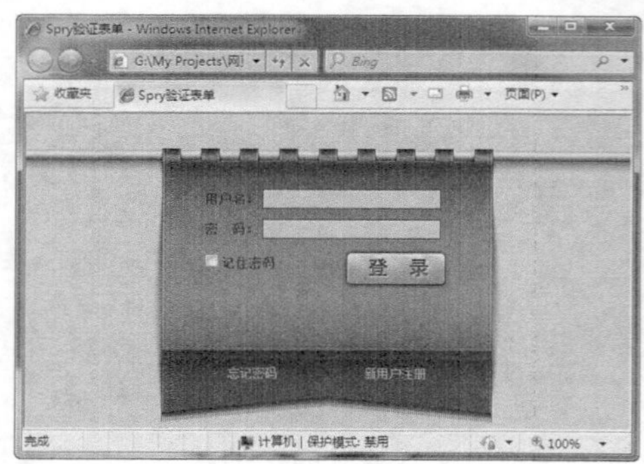

图10-103 预览效果

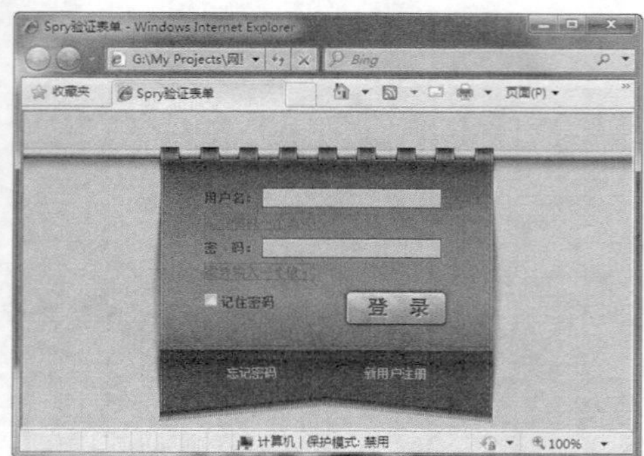

图10-104 预览效果

06 如果用户在只输入用户名，而不输入密码时，单击“登录”按钮，效果如图10-105所示。当在密码框中输入小于10位密码时，单击“登录”按钮，效果如图10-106所示。

图10-105 预览效果

图10-106 预览效果

10.3.2 设置Spry验证属性

单击“插入”面板上“表单”选项卡中的“Spry验证文本域”按钮，即可在页面中插入Spry验证文本域，选中页面中插入的Spry验证文本域，可以在“属性”面板中对相关参数进行设置，如图10-107所示。

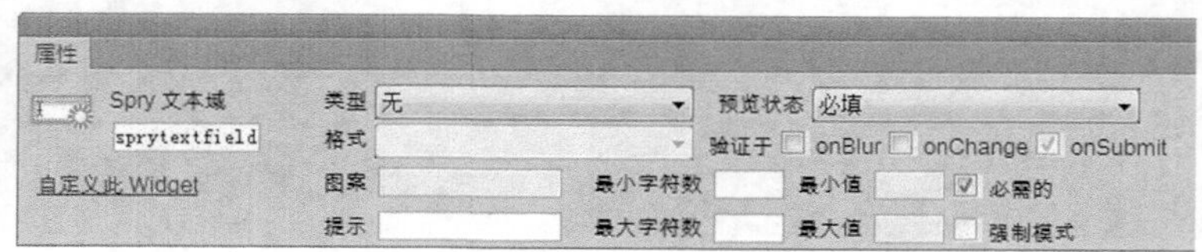

图10-107 Spry验证文本域“属性”面板

类型：该选项后的下拉列表中可以选择一种验证的格式，大多数验证类型都会要求文本域采用标准格式。

预览状态：在浏览器中加载页面或用户重置表单时的状态，默认情况下有4种状态，即“初始”、“必填”、“无效格式”和“有效”。

格式：随着所选的验证类型被激活，需要注意的是，并不是全部类型都可被激活，只包含可变的格式类型，如日期、邮政编码和时间等，如图10-108所示。

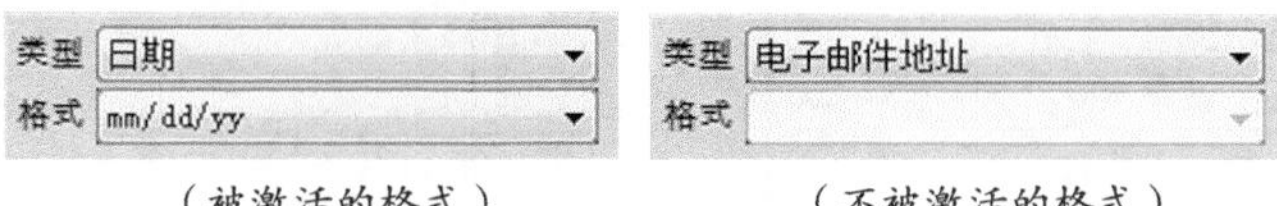

（被激活的格式）（不被激活的格式）

图10-108 格式

最小字符数和最大字符数：该选项可以设置文本字段的最小字符和最大字符，需要提示的是，它仅适用于“无”、“整数”、“电子邮件地址”和“URL”验证类型。

最小值和最大值：该选项可以设置文本字段的最小值和最大值，需要提示的是，它仅适用于“整数”、“时间”、“货币”和“实数/科学记数法”验证类型。

验证于：可检查指定文本域的内容以确保用户输入的数据类型正确，提供了3种事件：

- onBlur：页面元素失去焦点的事件，通过 onBlur 事件将检查表单的行为附加到单独的文本字段中，以便在用户填写表单时验证这些字段。
- onChange：页面上表单元素的值被改变时的事件。与onBlur事件一样，当用户对文本字段进行操作时都会触发检查表单行为。不同之处在于：无论用户是否在字段中键入内容，onBlur都会发生，而 onChange 仅在用户更改了字段的内容时才会发生。
- onSubmit：页面上表单被提交的事件，也就是说，只有单击按钮将表单提交后才会发生检查表单的行为。

提示 使用Spry表单验证不仅能够验证文本域和密码，还能对其他表单元素进行验证，例如Spry验证区域、Spry验证复选框、Spry验证选择、Spry验证确认、Spry验证单选按钮组等，这里就不再进行详细讲解。

10.4 本章小结

本章中讲解了表单域和各种表单元素的添加及表单在网页中的作用。表单对象较多，希望读者注意区分掌握，学习完本章，用户应该就能够轻松地制作出表单了。表单是管理员与浏览器直接对话的窗口，它往往与数据库和动态网页程序相结合，完成浏览者与管理者的对话，因此网页中的表单非常重要。希望读者通过本章的学习，可以在网页中轻松的添加各种表单元素。

Photoshop CS6篇

第11章 Photoshop CS6入门

Photoshop CS6是一款具有强大功能的图像处理以及绘图的软件，其涉及了许多领域，其中包括图像合成、色彩校正以及一些超现实的“电脑特效”作品；另外，在网页设计、二维动画制作和三维建模等行业也占有举足轻重的地位。

本章将对Photoshop CS6的工作界面和基本操作进行相应的介绍，下面将进行详细的讲解。

11.1 认识Photoshop CS6工作界面

Photoshop CS6的工作界面较Photoshop CS5而言没有太大的变化，依旧保持着简约、开阔的操作界面和快捷、便利的文档切换方法；唯一的区别在于对工具箱中的图标进行了重新绘制，从而使得页面在整体的视觉效果上更加精致、美观，下面将向大家介绍Photoshop CS6的基本操作界面。

11.1.1 Photoshop CS6工作区

启动Photoshop CS6后，会出现如图11-1所示的工作界面，其中包含文档窗口、菜单栏、工具箱、工具选项栏以及面板等模块。

图11-1 Photoshop CS6的操作界面

菜单栏：Photoshop CS6的菜单栏中共有文件、编辑、图像、图层、文字、选择、滤镜、3D、视图、窗口和帮助11个菜单，包含了所有Photoshop CS6操作所需要的命令。

“选项”栏：“选项”栏会根据所选工具或命令的不同而对应显示不同的设置选项。

工具箱：工具箱中包含了Photoshop CS6中所有的操作工具，Photoshop CS6更新了所有工具图标，并且增强了很多工具的功能。

状态栏：显示当前打开的文档的状态，包括了显示比例、文档大小、文档尺寸等。

图像窗口：图像窗口用来显示当前打开的图像文件，在其标题栏中显示文件的名称、格式、缩放比例及颜色模式等信息。

面板：面板中汇集了编辑图像时常用的选项和相关属性参数。默认状态下，面板显示在操作窗口的右侧，用户可以按照自身的操作习惯修改面板的排列方式。

11.1.2 菜单栏

在Photoshop CS6中，按照不同的功能分类有11个菜单，分别为文件、编辑、图像、图层、文字、选择、滤镜、3D、视图、窗口和帮助。

其中，“文件”菜单包括了新建、打开、关闭和保存等基本操作，并且与文件操作有关的命令，例如打印、优化等都在这个菜单下，如图11-2所示。

“编辑”菜单中提供了处理图像的基本编辑命令，如拷贝、粘贴等命令，并且与图像编辑有关的命令，例如调整图像大小、翻转图像等都在这个菜单下，如图11-3所示。

“图像”菜单中提供了对图像颜色和外形调整的命令，其中包括图像大小、画布大小以及与图像颜色模式有关的命令，例如亮度/对比度、色阶、曲线等都在这个菜单下，如图11-4所示。

“图层”菜单中主要提供了图像合成操作的相关命令，其中包括移动、复制和删除图层等编辑命令，以及其他与图层相关的命令，例如新建图层、合并图层等都在这个菜单下，如图11-5所示。

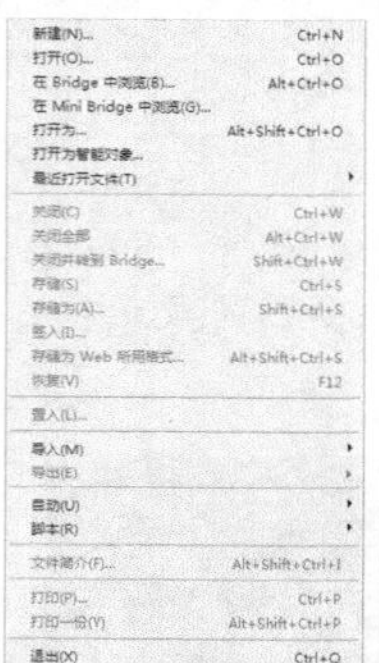

图11-2 “文件”菜单

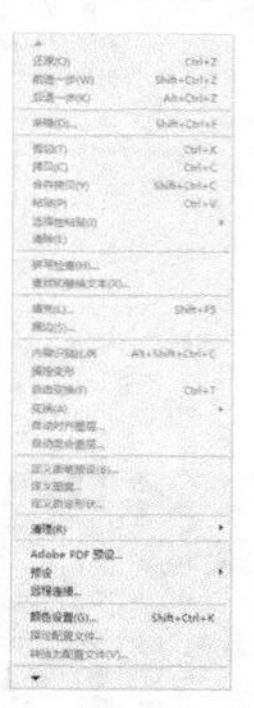

图11-3 “编辑”菜单

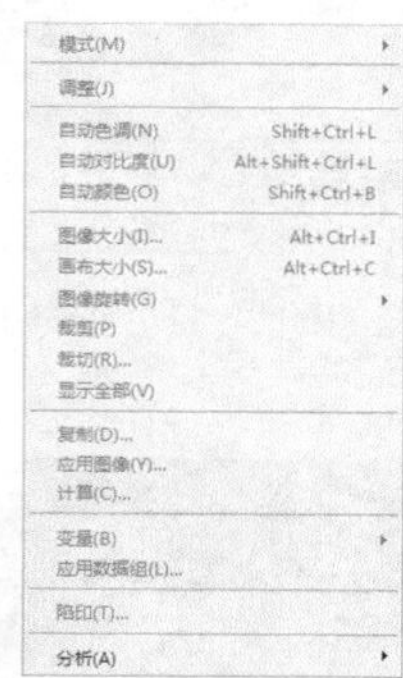

图11-4 “图像”菜单

图11-5 “图层”菜单

“文字”菜单中包含了多种主要针对于文字的命令，其中包括创建工作路径、转换为形状等，并且与文字编辑有关的命令，例如字体预览大小、语言选项等都在这个菜单下，如图11-6所示。

“选择”菜单中提供了各种创建选区和编辑选区的命令，其中包括全选、不选、反向等编辑命令，以及其他与选区有关的命令，例如修改、变化选区等都在这个菜单下，如图11-7所示。

“滤镜”菜单中集合了Photoshop CS6中所有的滤镜，如素描、模糊等命令，以及其他与滤镜有关的命令，例如滤镜库、镜头校正等都在这个菜单下，如图11-8所示。

“3D”菜单中所包含的命令主要用于对3D图像的编辑和设置，其中包括从3D文件新建图层命令。并且与3D对象有关的操作，例如渲染设置、合成3D图层等都在这个菜单下，如图11-9所示。

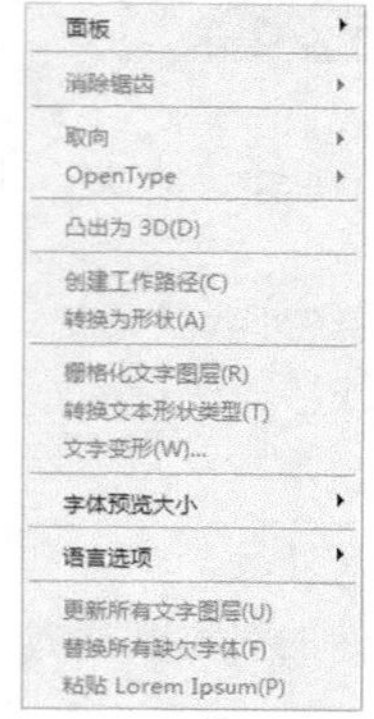

图11-6 “文字”菜单

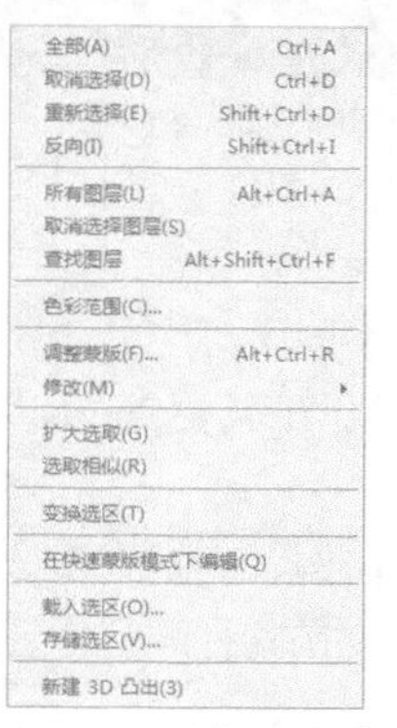

图11-7 “选择”菜单

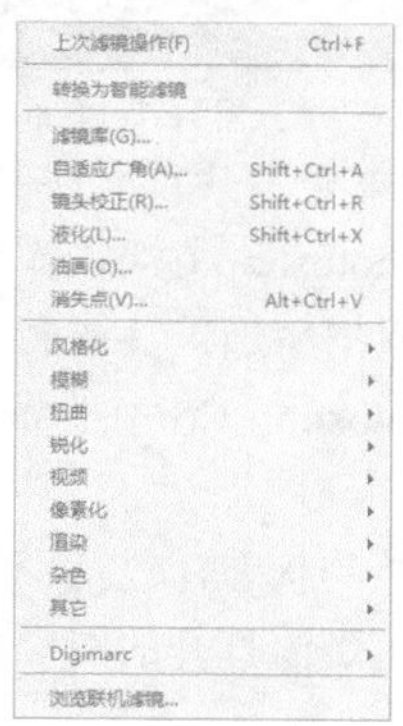

图11-8 “滤镜”菜单

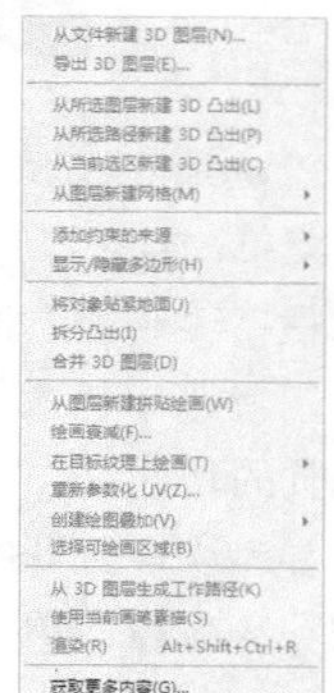

图11-9 “3D”菜单

“视图”菜单中所包含的命令主要用于设置照片的显示效果，其中包括放大、缩小和显示比例等命令，以及其他与照片显示有关的操作，例如辅助线、标尺、网格等都在这个菜单下，如图11-10所示。

“窗口”菜单中所包含的命令主要用于控制工作界面中工具箱和各个面板的显示方式，例如显示/隐藏面板命令。其他与视图显示和控制有关的操作，例如排列、工作区等都在这个菜单下，如图11-11所示。

“帮助”菜单中提供了软件的各项帮助信息，如图11-12所示。

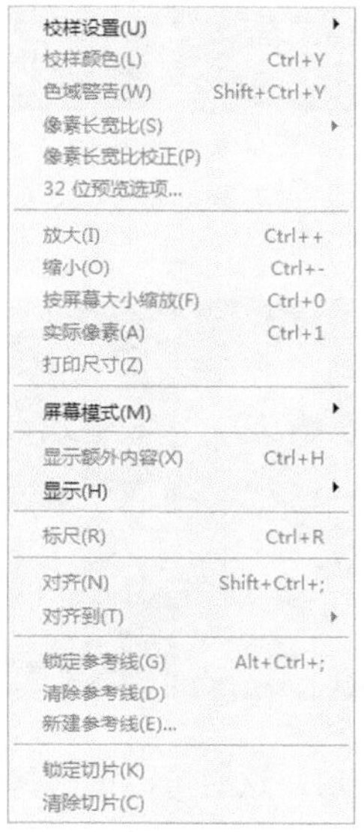

图11-10 “视图”菜单

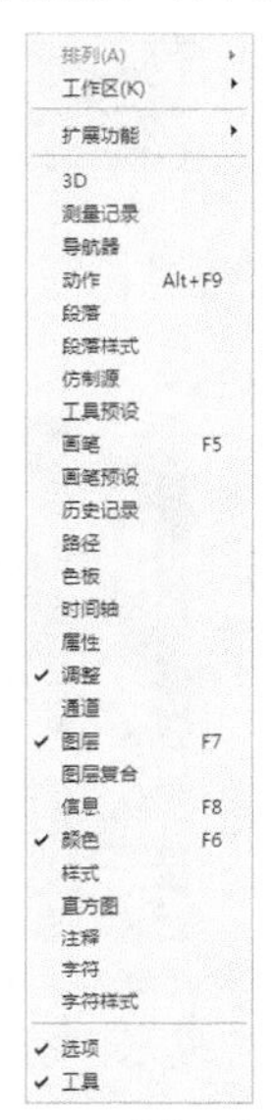

图11-11 “窗口”菜单

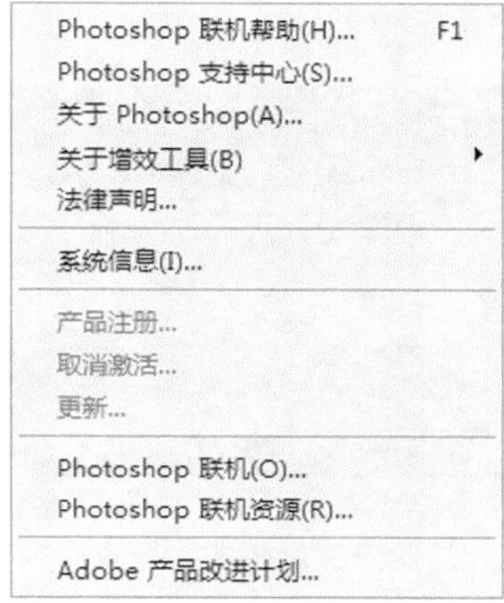

图11-12 “帮助”菜单

11.1.3 选项栏

在Photoshop CS6中，“选项”栏中的内容会根据选择不同的工具而发生变化。在工具箱中选择相应的工具后，即可在该工具的“选项”栏中出现相应的参数，通过改变参数可以准确地对图像编辑和设置。

11.1.4 文档窗口

如果在Photoshop CS6中打开一张图像，则Photoshop便会自动创建一个文档窗口；如果打开多张图像，各个文档窗口则会以选项卡的形式进行显示，如图11-13所示。在文档的名称上单击即可将其设置为当前操作的窗口，如图11-14所示。

图11-13 文档窗口

图11-14 切换当前窗口

按快捷键Ctrl+Tab可以按照前后顺序切换窗口；按快捷键Ctrl+Shift+Tab可以以相反的顺序切换窗口。

在任意一个窗口的标题栏上单击并拖动即可将其从选项卡中拖出，使其成为可以任意移动位置的浮动窗口，且拖动标题栏可对其进行移动操作，如图11-15所示。将光标移至浮动窗口的一个边角上，当光标变为双向箭头时单击并拖动，即可调整该浮动窗口的大小，如图11-16所示。

图11-15 浮动窗口

图11-16 调整窗口大小

单击并拖动浮动窗口至选项卡中，当出现蓝色横线时松开鼠标即可将该浮动窗口放到选项卡中，如图11-17所示。

图11-17 将浮动窗口放回到选项卡中

如果打开的图像数量较多，导致选项卡不能够全部显示出所有的文档窗口，这时可以单击其右侧的双箭头图标»，在弹出菜单中可以选择相应的文档名称，如图11-18所示。在选项卡中单击并拖动文档的名称即可调整其排列顺序，如图11-19所示。

图11-18 显示其他文档

图11-19 调整文档排列顺序

如果需要关闭某一个文档窗口，可以单击该文档窗口右上角的关闭图标☒，如图11-20所示。如果需要关闭所有的文档窗口，可以在任意一个文档的标题栏上单击右键，在弹出菜单中选择“关闭全部”选项即可，如图11-21所示。

图11-20 关闭单个文档窗口

图11-21 关闭全部文档窗口

11.1.5 状态栏

在Photoshop CS6中，“状态”栏主要用来显示文档窗口的缩放比例、文档大小以及当前使用的工具等信息，其位于文档窗口的底部。

单击“状态”栏中的▶按钮，在弹出菜单中可以选择“状态”栏的显示内容，如图11-22所示。在状态栏上单击鼠标左键不放，可以显示出图像的宽度、高度和通道等信息，如图11-23所示。在状态栏上按住Ctrl键单击鼠标左键不放，可以显示出图像的拼贴宽度、拼贴高度等信息，如图11-24所示。

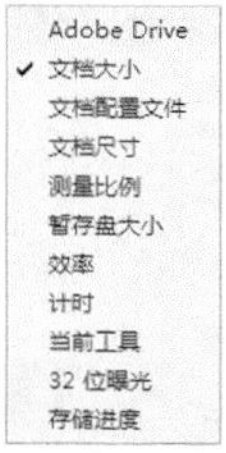

Adobe Drive
✔ 文档大小
文档配置文件
文档尺寸
测量比例
暂存盘大小
效率
计时
当前工具
32 位曝光
存储进度

图11-22 状态栏的显示内容

宽度：999 像素(35.24 厘米)
高度：635 像素(22.4 厘米)
通道：3(RGB 颜色，8bpc)
分辨率：72 像素/英寸

图11-23 图像信息

拼贴宽度：368 像素
拼贴高度：356 像素
图像宽度：3 拼贴
图像高度：2 拼贴

图11-24 图像信息

Adobe Drive：选择该选项后，将在状态栏上显示该文档的Version Cue工作组状态。Adobe Drive能够连接到Version Cue CS6服务器，连接后，可以在Windows资源管理器或Mac OS Finder中查看服务器的项目文件。

文档大小：选择该选项后，状态栏上会出现两组数据，显示有关图像中的数据量的信息，如图11-25所示。左边显示的数据是拼合图层在存储文件后的文档大小，右边显示的是文档在包含图层和通道情况下的近似大小。

文档配置文件：选择该选项后，将在状态栏上显示图像所使用的颜色配置文件的名称。

文档尺寸：选择该选项后，将在状态栏上显示图像的尺寸。

测量比例：选择该选项后，将在状态栏上显示文档的比例。

暂存盘大小：选择该选项后，状态栏上会出现两组数据，显示有关于处理当前文档所需的内存和Photoshop暂存盘的信息，如图11-26所示。左边数据表示程序用来显示所有打开的图像的内存量；右边数据表示可用于处理图像的总内存量。如果左边的数据大于右边的数据，则Photoshop将启用暂存盘作为虚拟内存。

文档:1.81M/1.81M

图11-25 文档大小

暂存盘：103.6M/968.3M

图11-26 暂存盘大小

效率：选择该选项后，将在状态栏上显示执行操作实际花费时间的百分比。当该值为100%时，表示当前处理的图像在内存中生成；如果该值低于100%，表示Photoshop正在使用暂存盘，操作速度也会变慢。

计时：选择该选项后，将在状态栏上显示上一次操作所用的时间。

当前工具：选择该选项后，将在状态栏上显示当前使用工具的名称。

32位曝光：用于调整预览图像，以便于在计算机显示器上查看32位/通道高动态范围（HDR）图像的选项。但是，只有文档窗口显示HDR图像时，该选项才可以用。

存储进度：选择该选项后，当对文档进行保存的时候，将在状态栏上显示存储的进度。

11.1.6 面板

Photoshop CS6中的面板主要用于帮助用户修改和设置图像，面板中汇集了在调整图像过程中的一些常用的属性和功能，可以在使用某个工具或者执行某项命令后，结合面板继续进行进一步调整。其通常显示在工作界面的右侧，用户也可以根据自己的需要来对面板的显示模式进行设置，面板折叠后的显示效果如图11-27所示。单击“展开面板”按钮◀◀，即可展开面板，效果如图11-28所示。

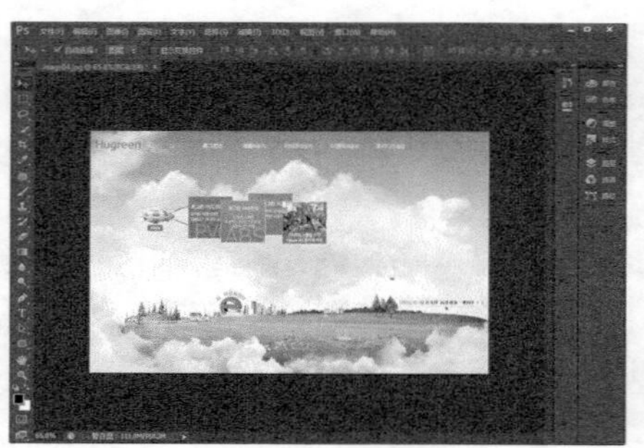
图11-27 合并面板

图11-28 展开面板

11.2 图像的类型和分辨率

在计算机中，由于图像是以数字的方式进行记录、处理和保存的，因此，图像也可以说是数字化图像。

图像的类型分为矢量图像和位图图像两种。这两种类型的图像各自拥有不同的优势与劣势，并且两者各自的优势恰好可以弥补对方的劣势。因此在设计或制作作品时，应根据实际需要进行选择，从而达到取长补短的效果。

11.2.1 位图

Photoshop CS6的主要功能就是处理位图图像，其中包括对图像进行编辑和保存等操作。位图图像是由许多像素组成的，当许多不同颜色的像素组合在一起，即可构成一副完整的位图图像。位图图像的优势在于其能够制作出颜色丰富的图像，能够更加真实的表现出事物的外观，还可以在不同的软件之间自由的交换文件，位图图像放大后的效果如图11-29所示。

图11-29 位图图像和局部放大后的效果

11.2.2 矢量图像

矢量文件中是以图形元素为对象，并且每个对象都是一个自称一体的实例，其具有颜色、形状、轮廓、大小和屏幕位置等属性，在数学上定义为一系列曲线连续的点，也称为面向对象的图像或绘图图像。

其中Adobe Illustrator、CorelDraw、AutoCAD等软件都是以矢量图像为基础进行创作的，矢量图像文件所占容量体积较小，可以任意放大、缩小而不影响图像质量，如图11-30所示。

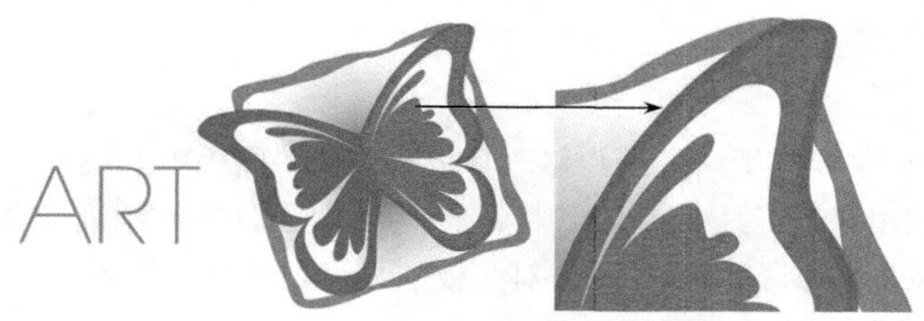

图11-30 矢量图像和局部放大后的效果

11.2.3 分辨率

分辨率是单位长度内的点和像素的数量，分辨率的高低直接影响位图图像的显示效果。分辨率过低的图像打印速度快，但显示效果模糊不清、画面质量差；分辨率过高的图像画面清晰、细腻，但是会增加文件的大小，并且会降低图像的打印速度，因此在使用图像时，根据图像的不同用途，应对图像分辨率进行适当的调整。

例如，用于出版印刷的图像可以选择分辨率大于或等于300像素；用于在Web页面上进行显示的图像分辨率可以小于或等于72像素。

图像分辨率：图像分辨率指的是每英寸图像中含有多少个点或像素，分辨率的单位为点/英寸，英文缩写为dpi，在Photoshop CS6中也可以用厘米为单位来计算分辨率。当然，不同的单位所计算出来的分辨率是不同的，用厘米来计算比用英寸为单位计算出的“点/英寸”数值要小得多。

设备分辨率：设备分辨率指的是单位输出长度所代表的点数和像素。它与图像分辨率不同，图像分辨率可以更改，而设备分辨率不可以更改。如常见的计算机显示器、扫描仪和数字照相机这些设备，各自都有一个固定的分辨率。

屏幕分辨率：屏幕分辨率又称为屏幕频率，指的是打印灰度图像或分色所用的网屏上每英寸的点数。屏幕分辨率是用每英寸上有多少行来测量的。

位分辨率：位分辨率也称位深，用来衡量每个像素存储的信息位数。该分辨率决定在图像的每个像素中存放多少颜色信息，例如一个24位的RGB图像，即表示其各原色R、G、B均使用了8位，三者之和为24位。但是在RGB图像中，每个像素都要记录R、G、B三原色的值，因此第一个像素所存储的位数即为24位。

输出分辨率：输出分辨率指的是激光打印机等输出设备在输出图像的每英寸上所产生的点数。

11.3 文件的基本操作

在开始Photoshop CS6各项功能的学习之前，首先需要了解并掌握的是一些关于图像文件的基本操作方法和技巧，其中包括文件的新建、打开以及保存等操作，掌握了这些基本操作可以为之后的图像编辑打下坚实的基础，从而能够快速并熟练的制作出精美的作品。

11.3.1 新建文件

在Photoshop CS6中进行创作之前，首先需要创建新文件，然后才能在新建的文件中进行相应的操作。执行“文件>新建”命令，弹出“新建”对话框，如图11-31所示，为Photoshop创建画布。在“新建”对话框中可以设置文件的名称、尺寸、分辨率、颜色模式和背景内容等。

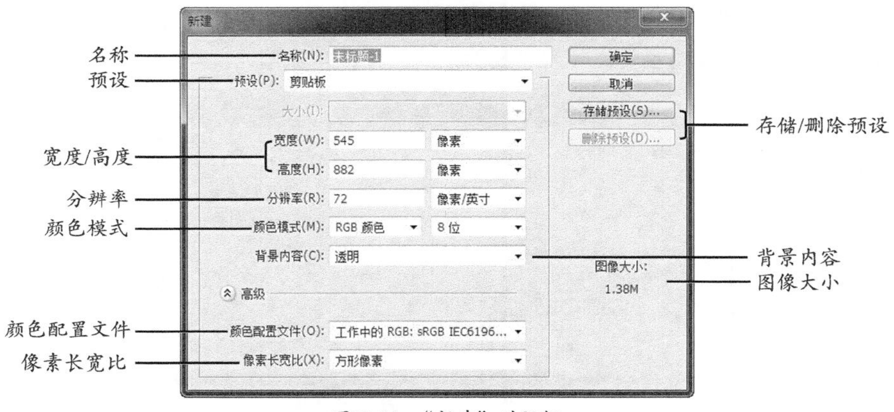

图11-31 “新建”对话框

名称：该选项可以用来输入新文件的名称。如果不输入，则以默认名“未标题-1”为名。

预设：在该选项的下拉列表中存放了很多预先设置好的文件尺寸，如图11-32所示。用户可以根据自己的实际情况选择。

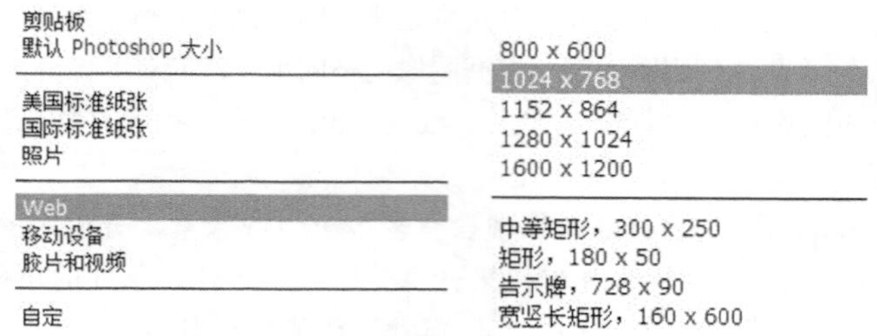

图11-32 预设尺寸

宽度/高度：该选项用来设定新建图像的宽度和高度，可以在文本框中输入具体数值；并且在输入数值之前应先确定文档尺寸的单位，然后在后面的文本框选择相应的单位。

分辨率：该选项可以用来设置图像的分辨率。根据作品的不同用途来设定，通常使用的单位为像素/英寸。

颜色模式：该选项可以用来设定图像的色彩模式，共有5种颜色模式供选择，可以从右侧的列表框中选择色彩模式的位数，其中包括1位、8位、16位和32位4种选择。位数越高，图像的质量越高，但是对系统的要求也越高。

背景内容：在该选项的下拉列表中可以选择新图像的背景层颜色，其中包括白色、背景色和透明3种方式，效果如图11-33所示。另外，在选择“背景色”选项之前应设置好工具箱中的“背景色”。

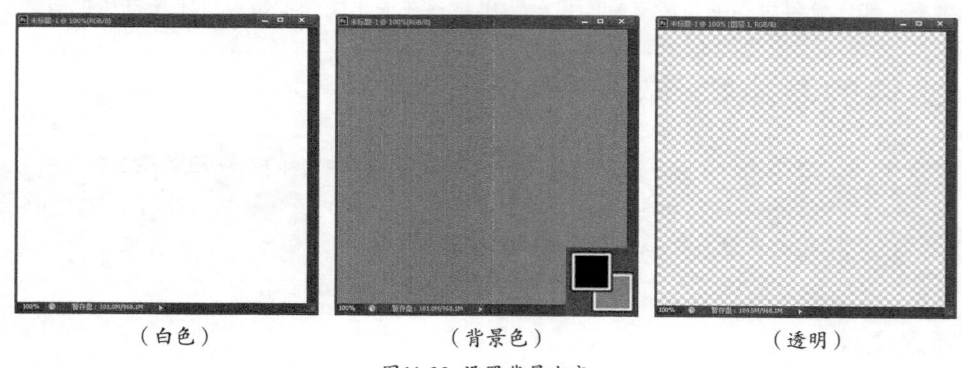

（白色）　（背景色）　（透明）

图11-33 设置背景内容

颜色配置文件：该选项可以用来设定当前图像文件要使用的色彩配置文件。

像素长宽比：该选项主要在图像输出到电视屏幕上时起作用。

存储/删除预设：单击该按钮，弹出“新建文档预设”对话框，如图11-34所示。输入预设的名称并选择相应的选项，可以将当前设置的文件大小、分辨率、颜色模式等创建为一个预设，使用时只需要在“预设”下拉列表中选择该预设即可；同时也可以使用“删除预设”按钮删除预设。

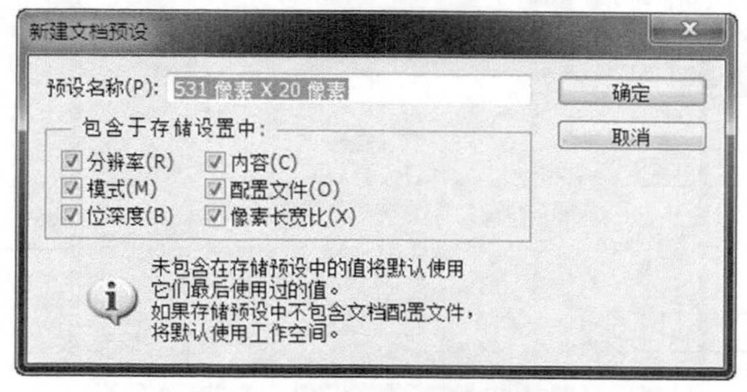

图11-34 “新建文档预设”对话框

图像大小：用来显示新建文档的大小。

11.3.2 打开文件

如果想将一个已有的图像放在Photoshop CS6中进行编辑或调整等操作，首先需要将其打开。

在Photoshop CS6中打开文件的方法有很多，既可以使用命令打开，也可以使用快捷键Ctrl+O打开，还可以直接将图像拖至软件界面中打开，用户可根据不同的实际情况进行相应的选择。

11.3.3 导入文件

在Photoshop CS6中，“导入”命令可以将视频帧、注释和WIA支持等内容导入到打开的文件中，因此，通过这种方法可以将外部文件合并在一起。

如果电脑配置有扫描仪并安装了相关软件，则可以在“导入”下拉菜单中选择扫描仪的名称，使用扫描仪扫描图像并将图像保存，然后再在Photoshop中打开；另外，对于数码相机中的图像文件，由于某些数码相机是使用“Windows图像采集”（WIA）导入图像，因此，可以将数码相机连接到电脑，然后执行“文件>导入>WIA支持”命令，即可将照片导入到Photoshop CS6中。

11.3.4 置入文件

在Photoshop CS6中，置入文件和导入文件的效果相似，都是通过该种方式将外部文件合并在一起。不同的是，“导入”命令可以简单理解为用于外部设备，包括扫描仪、数码相机等；而“置入”命令则是针对其他软件做的文件或图片格式，且使用“置入”命令可以将照片、图像或者EPS、AI、PDF等矢量格式的文件作为智能对象置入Photoshop文档中。

11.3.5 保存文件

在Photoshop CS6中执行创建新文件、对文档进行编辑或者调整等相关操作后，应及时保存处理后的结果，从而避免因为断电或者死机等原因造成的不必要的丢失。

11.3.6 导出文件

在Photoshop CS6中，导出文件是文档创建并编辑完成后，应将其以合适的格式保存到适当的位置才算是真正完成了整个工作。因此，导出和关闭文件是文件创建与编辑完成后需要进行的操作。

在Photoshop CS6中创建与编辑的图像，为了能够满足不同的使用目的，可以使用“导出”命令将其导出到Illustrator以及一些视频设备中。执行“文件>导出”命令，在弹出菜单中包含了用于导出文件的所有命令，如图11-35所示。

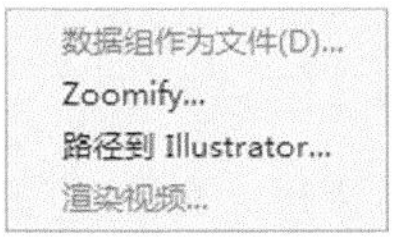

数据组作为文件(D)...
Zoomify...
路径到 Illustrator...
渲染视频...

图11-35 “导出”命令菜单

数据组作为文件：执行“文件>导出>数据组作为文件”命令后，可以将在Photoshop CS6中创建的数据库导出为PSD文件。

Zoomify：执行“文件>导出>Zoomify”命令后，即可将高分辨率的图像发布到Web上，并且用户能够利用Viewpoint Media Player来平移或者缩放图像以查看它不同的位置，以及细节部分的图像。在导出时，Photoshop会创建JPEG格式和HTML格式的文件，用户可以选择将这些图像上传到Web服务器上。

路径到Illustrator：如果在Photoshop CS6中创建了路径，可以执行“文件>导出>路径到Illustrator”命令，将路径导出为AI格式，即可在Illustrator中继续对该路径进行编辑。

渲染视频：如果在Photoshop CS6文档中制作了视频动画，可以执行“文件>导出>渲染视频”命令，将视频导出为QuickTime影片。另外，还可以将时间轴动画与视频图层一起导出。

11.3.7 关闭文件

在Photoshop CS6中，完成文档的编辑、保存等操作后，便可以关闭该文档。关闭文档的方法有很多种，下面将进行详细的介绍。

关闭文件：执行“文件>关闭”命令，或者按快捷键Ctrl+W以及单击文档窗口右上角的“关闭”按钮 ，都可以关闭当前的图像文件，如图11-36所示。

关闭全部文件：如果要关闭Photoshop中打开的多个文件，可以执行“文件>关闭全部”命令，关闭所有文件。

关闭并转到Bridge：执行“文件>关闭并转到Bridge”命令，可以关闭当前文件，并运行Bridge。

退出程序：执行“文件>退出”命令，或者单击程序窗口右上角的“关闭”按钮 ，如图11-37所示，即可关闭文件并退出Photoshop。如果有文件没有进行保存，Photoshop会自动弹出一个对话框，询问是否保存该文件。

图11-36 关闭文件

图11-37 关闭文件并退出程序

11.4 图像编辑的辅助操作

在Photoshop CS6中对图像进行编辑或调整等操作时，可以使用相应的辅助工具来更好更快的完成图像的编辑，Photoshop CS6中所包含的辅助工具有标尺、参考线、网格和注释工具等。

11.4.1 实战——使用标尺

在Photoshop CS6中对图像进行裁剪、定位等操作时，使用标尺工具可以精确地测量图像或者确定图像以及元素的位置，从而得到更加精准的定位。下面将通过实例演示的方式向大家介绍标尺的使用方法。

使用标尺

●源文件：无　　　　●视频：光盘\视频\第11章\11-4-1.swf

01 执行“文件>打开”命令，打开素材图像“光盘\源文件\第11章\素材\114101.jpg”，效果如图11-38所示。执行“视图>标尺”命令，或者按快捷键Ctrl+R，即可在文档窗口的顶部和左侧显示标尺，如图11-39所示。

图11-38 图像效果

图11-39 显示标尺

02 默认情况下，标尺的原点位于窗口的左上角（0，0）标记处，将光标放置在原点上，单击并向右下方拖动，图像上会出现十字线，如图11-40所示。拖至需要的位置松开鼠标，该处即可成为原点的新位置，如图11-41所示。

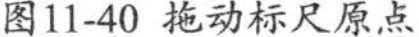
图11-40 拖动标尺原点

图11-41 原点的新位置

> **提示** 在定位标尺原点时，按住Shift键可以使标尺的原点与标尺的刻度记号对齐；标尺的原点就是网格的原点，因此当对标尺的原点进行调整后，网格的原点也会随之改变。

03 如果要将标尺的原点恢复为默认的位置，在窗口的左上角双击即可，如图11-42所示。如果要修改标尺的测量单位，可以双击标尺，在弹出的“首选项”对话框中可以对其进行设置，还可以在标尺上单击右键，在弹出菜单中可以进行设置，如图11-43所示。

图11-42 恢复原点的位置

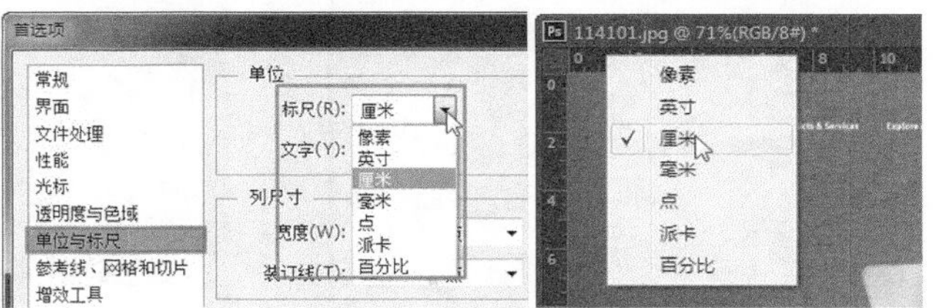

图11-43 设置标尺的单位

11.4.2 实战——使用参考线

在Photoshop CS6中，参考线的使用可以有效地帮助用户更加精准、确切的定位图像在进行裁切或缩放操作时的位置，下面将通过实例演示的方式向大家介绍参考线的使用方法。

使用参考线

●源文件：无　　　●视频：光盘\视频\第11章\11-4-2.swf

01 执行“文件>打开”命令，打开素材图像“光盘\源文件\第11章\素材\114201.jpg”，效果如图11-44所示。按快捷键Ctrl+R显示标尺，将光标移至水平标尺上，单击并向下拖动即可拖出一条水平参考线，如图11-45所示。

图11-44 打开图像

图11-45 创建参考线

02 使用相同的方法，在垂直标尺上拖出一条垂直参考线，如图11-46所示。使用“移动工具”，将光标移至参考线上，当光标变为↔状时，单击并拖动即可移动该参考线，如图11-47所示。

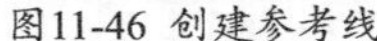
图11-46 创建参考线

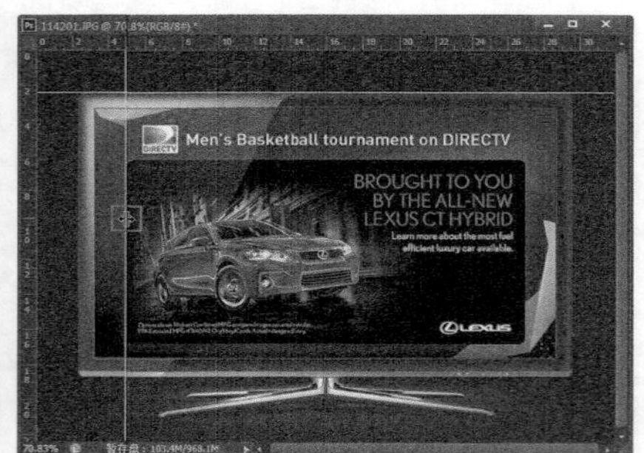

图11-47 移动参考线

提示 为了避免在操作过程中参考线会被移动，可以执行“视图>锁定参考线”命令，将参考线锁定在原来的位置上。

03 如果要删除参考线，将其拖回标尺上即可，如图11-48所示。如果要删除所有的参考线，可执行“视图>清除参考线”命令。

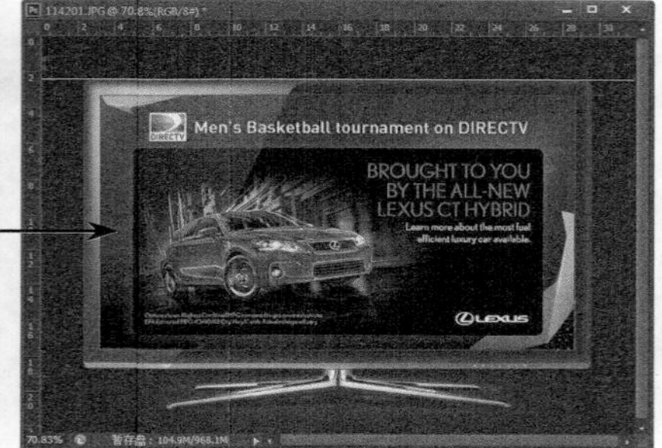

图11-48 删除参考线

04 如果要在精确的点位上创建参考线，可以执行“视图>新建参考线”命令，在弹出的“新建参考线”对话框中对参考线的取向和位置进行设置，如图11-49所示。设置完成后，单击“确定”按钮，即可在精确的位置上创建参考线，如图11-50所示。

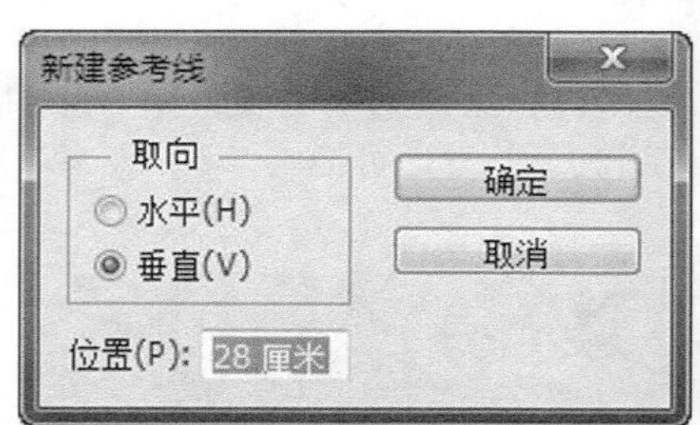

图11-49 “新建参考线”对话框

图11-50 创建定位精确的参考线

11.4.3 使用智能参考线

智能参考线是一种智能化的参考线，在Photoshop CS6中，当使用“移动工具”对文档中的图像或元素进行移动操作时，即可通过智能参考线将图形、切片和选区进行对齐。

执行“文件>打开”命令，打开图像“光盘\源文件\第11章\素材\114301.psd”，效果如图11-51所示。执行“视图>显示>智能参考线”命令，单击并拖动“图层2”上的图像时，便会显示出智能参考线来辅助操作，如图11-52所示。

图11-51 打开图像

图11-52 智能参考线

11.4.4 使用网格

Photoshop CS6中网格的功能对于对称布置的对象非常有用，下面将向大家介绍一下网格的使用方法。

打开一张素材图像，效果如图11-53所示。执行“视图>显示>网格”命令，即可显示网格，如图11-54所示。

图11-53 打开图像

图11-54 显示网格

显示网格后，可以执行“视图>对齐>网格”命令启用对齐功能，在之后进行创建选区或移动图像等操作时，对象便会自动对齐到网格上。

11.4.5 实战——使用注释工具

在Photoshop CS6中，注释工具是在图像上添加文字注释，以此来标记制作说明或者其他相关的信息，下面将通过实例演示的方式向大家介绍注释的使用方法。

使用注释工具

●源文件：无　　●视频：光盘\视频\第11章\11-4-5.swf

01 执行“文件>打开”命令，打开素材图像“光盘\源文件\第11章\素材\114501.jpg”，效果如图11-55所示。使用“注释工具”，在“选项”栏上进行相应的设置，如图11-56所示。

图11-55 打开图像

图11-56 设置“选项”栏

02 设置完成后，在图像上单击，即可在打开的“注释”面板中输入注释内容，如图11-57所示。输入完成后，图像上鼠标单击处就会出现一个注释图标，如图11-58所示。

图11-57 “注释”面板

图11-58 添加注释

提示 如果要查看注释，可以双击注释图标，在打开的“注释”面板中查看注释内容；如果文档中添加了多个注释，可以单击面板下方的“选择上一注释”按钮或“选择下一注释”按钮逐一进行查看，在画面中，当前显示的注释为状。

03 使用相同的方法，可以在图像的不同位置添加多个注释，如图11-59所示。如果要删除注释，在需要删除的注释上单击右键，在弹出菜单中选择“删除注释”选项即可，如图11-60所示。

图11-59 添加多个注释

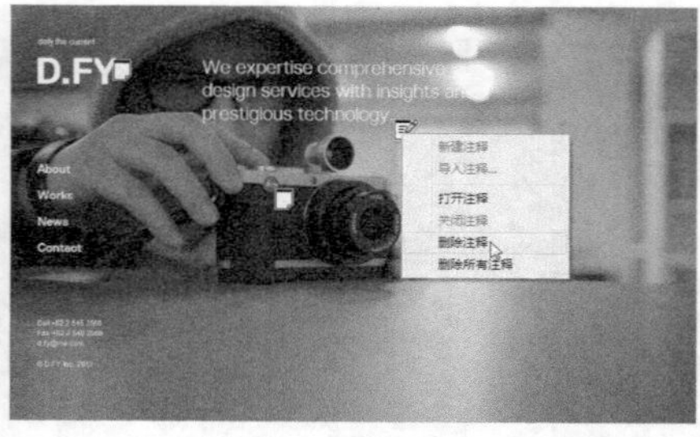

图11-60 删除注释

提示 在Photoshop CS6中，还可以将PDF文件中包含的注释导入到图像中。操作方法为：执行“文件>导入>注释”命令，弹出“载入”对话框，选择PDF文件，单击“载入”即可将其导入。

11.5 本章小结

本章主要讲解了Photoshop CS6的一些基础知识和基本操作，主要针对Photoshop CS6的工作界面、图像的类型、文件的基本操作以及图像编辑的辅助操作做了简单的介绍。

通过本章的学习，读者需要掌握常见图像的类型和格式，并且能够根据不同的格式判断其不同的用途。虽然都是一些简单的操作，但只有熟练掌握了这些基础的知识，才能够为后面进一步的学习打下坚实的基础，从而更加深入的学习其他功能。

第12章 使用Photoshop CS6绘制图像

通常，在制作图像时，经常需要绘制一些矢量图形对图像进行装饰或修补，这时，便要用到一些绘图工具。本章将介绍多种创建和绘制矢量图形的工具，通过这些工具能够绘制出很多种不同形状的图形来满足用户的需求。这些工具绘制的图形运用范围广，且不会受到分辨率的限制，还可以在不同分辨率的文件中交换使用，本章进行详细的讲解。

12.1 调整图像

由于图像在不同领域中的应用非常广泛，因此便经常需要对图像以及画布的尺寸进行适当的调整，直至达到满意的效果为止。在Photoshop CS6中修改图像或者画布大小时，需要注意像素大小、文档大小以及分辨率的设置。

12.1.1 调整图像大小

如果要调整一个现有文件的像素大小、分辨率和打印尺寸等参数，可以在Photoshop CS6中打开该图像，然后执行“图像>图像大小”命令或者按快捷键Ctrl+Alt+I，可以弹出“图像大小”对话框，如图12-1所示。在该对话框中即可通过输入相应的数值来调整图像的相关参数。

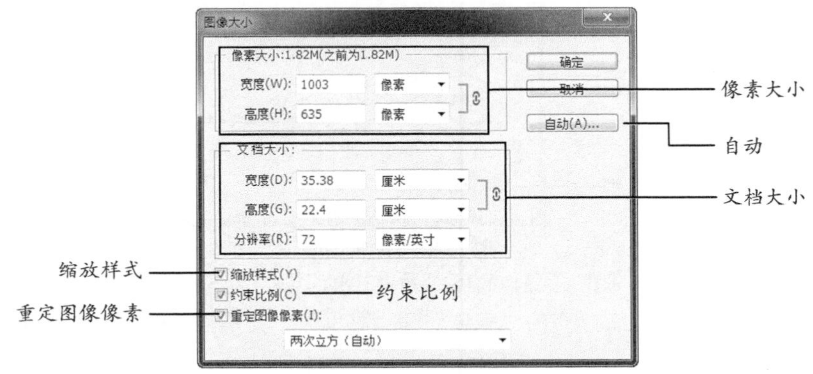

图12-1 “图像大小”对话框

像素大小：该选项用来设置图像的像素大小，包括“宽度”和“高度”的像素值，也可以设置为百分比。

文档大小：该选项用来设置图像的打印尺寸和图像分辨率。如果需要单独修改其中的一项，例如打印尺寸，需要按照比例调整图像中的像素总量，并应勾选“重定图像像素”选项，然后再选择差值方法。

缩放样式：如果在图像中包含应用了样式的图层，勾选该复选框后，可以在调整图像大小的同时按照比例缩放样式。

约束比例：勾选该复选框后，在对图像进行修改时，可保持当前的像素宽度和像素高度的比例。

重定图像像素：勾选该复选框后，在修改图像尺寸时图像像素不会改变，缩小图像的尺寸会自动增加分辨率，反之，增加分辨率也会自动缩小图像的尺寸。在该选项的下拉列表中包含了6个选项，如图12-2所示。

- 邻近（保留硬边缘）：为不精确的差值方法，会产生锯齿效果。
- 两次线性：为中等品质的差值方式。
- 两次立方（适用于平滑渐变）：为高精度的差值方式。

- 两次立方较平滑（适用于扩大）：适合扩大图像时使用。
- 两次立方较锐利（适用于缩小）：适合缩小图像时使用。
- 两次立方（自动）：为默认选项，高精度差值方式。

自动：单击该按钮，即可弹出“自动分辨率”对话框，如图12-3所示。在该对话框中不但可以设置输出打印的精度，还可以将打印图像的品质设置为草图、好或最好。选中“品质”选项区中的“草图”单选按钮，则会产生一个较小的文件；选中“最好”单选按钮，则会产生一个较大的文件，但同时制作出的作品效果更好。

邻近（保留硬边缘）
两次线性
两次立方（适用于平滑渐变）
两次立方较平滑（适用于扩大）
两次立方较锐利（适用于缩小）
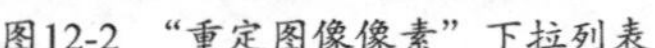

图12-2 “重定图像像素”下拉列表

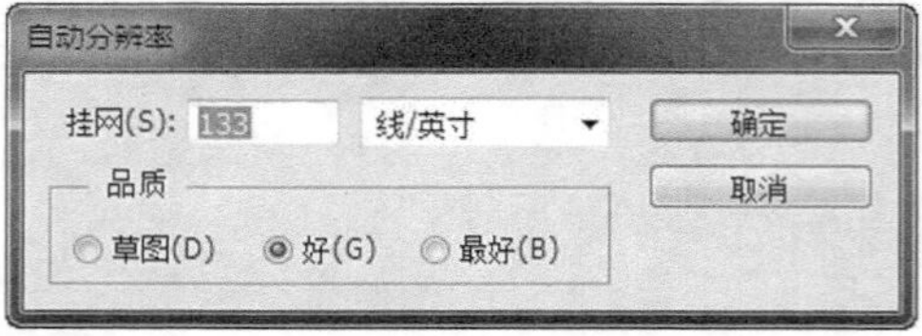

图12-3 “自动分辨率”对话框

12.1.2 调整画布大小

在Photoshop CS6中，经常会根据需要来调整画布的尺寸，画布就是整个文档的工作区域，可以通过执行“图像>画布大小”命令或按快捷键Ctrl+Alt+C，在弹出的“画布大小”对话框中对画布的尺寸进行相应的调整，如图12-4所示。

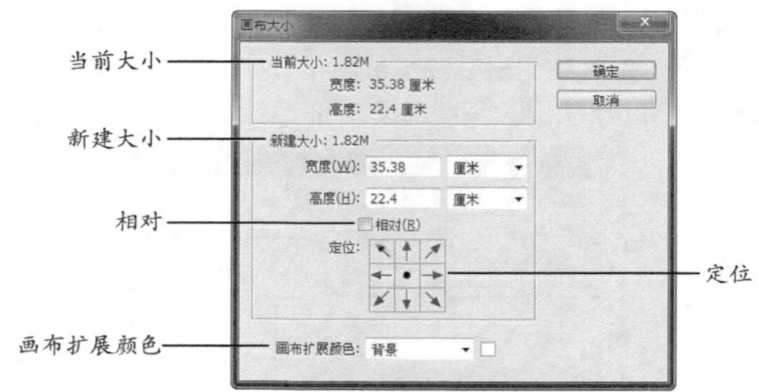

图12-4 “画布大小”对话框

当前大小：此处显示了当前图像的宽度和高度以及文档的实际大小。

新建大小：该选项可以用来设置画布的“宽度”和“高度”。如果输入的数值大于原图像尺寸，则增加画布大小，反之则减小画布大小。

相对：勾选该复选框后，“宽度”和“高度”选项中的数值将代表实际增加或减小的区域大小，而不再显示整个文档的尺寸。如果输入的是正值则增加画布，输入负值则减小画布。

定位：该选项可以选择为图像扩大画布的方向，效果如图12-5所示。

图12-5 扩展定位

图12-5 扩展定位（续）

画布扩展颜色：在该选项的下拉列表中可以选择填充新画布的颜色。当图像的背景设置为透明时，该选项不可用。

12.2 基本绘图工具

利用基本的绘图工具可以绘制简单的图形来为作品增添色彩，Photoshop CS6中基本的绘画工具包括“画笔工具”、“铅笔工具”、“颜色替换工具”和“混合器画笔工具”四种，如图12-6所示。

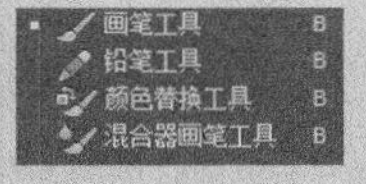

图12-6 基本绘图工具

12.2.1 画笔工具

在Photoshop CS6中，使用“画笔工具”，在“选项”栏上对其相关选项进行相应的设置后，绘制出的线条与真实画笔绘制的类似，线条柔和、自然。

单击工具箱中的“画笔工具”按钮，在“选项”栏中可以对“画笔工具”的相关选项进行设置，如图12-7所示。

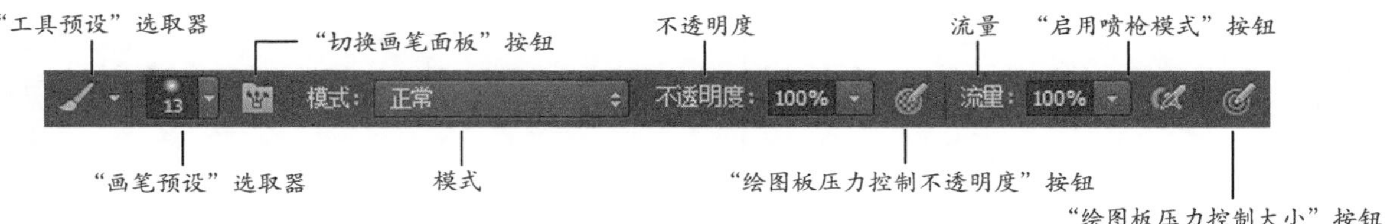

图12-7 “画笔工具”的“选项”栏

“工具预设”选取器：在“工具预设”选取器中可以选择系统预设的画笔样式或将当前画笔定义为预设画笔。

“画笔预设”选取器：在“画笔预设”选取器中可以对画笔的大小、硬度以及样式进行设置，如图12-8所示。单击“画笔预设”选取器右上角的按钮，在弹出菜单中可以对画笔进行的自定义设置保存为画笔预设或选择更多的画笔类型，如图12-9所示。

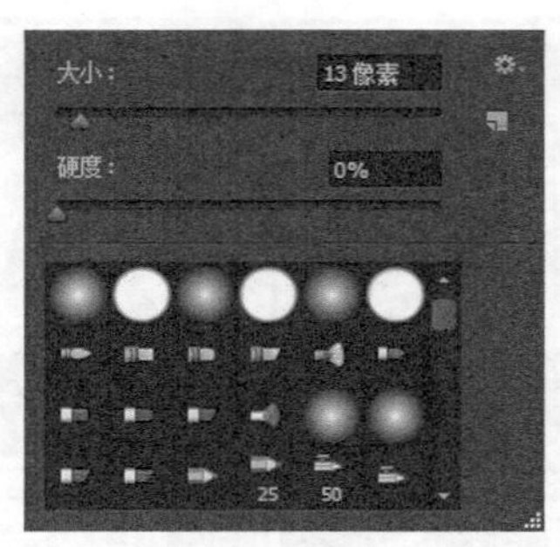

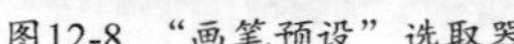

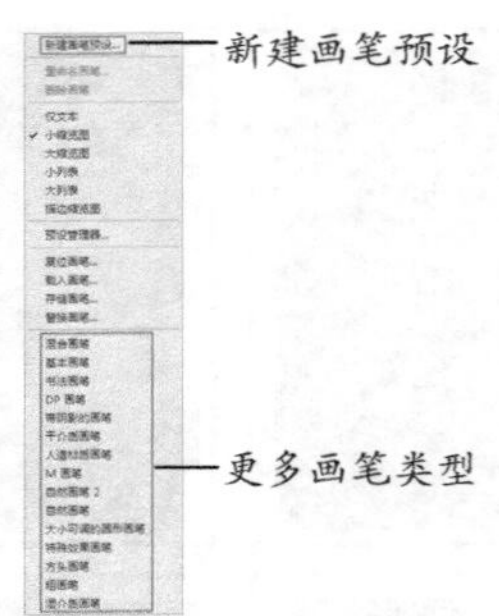

图12-8 “画笔预设”选取器　　图12-9 其他“画笔预设”类型

“切换画笔面板”按钮：单击该按钮可以切换“画笔”面板的打开与关闭。打开“画笔”面板后，在该面板中可以对画笔工具的更多扩展选项进行设置。

模式：用于设置“画笔工具”在图像中进行涂抹时，涂抹区域颜色与图像像素之间的混合模式。在“模式”的下拉列表中大部分选项与“图层混合模式”的选项相同，只有两种模式是图层混合模式中没有的，分别为“背后”和“清除”模式，但是这两个选项对已“锁定透明像素”、“锁定图像像素”的图层或“背景”图层不起作用。

- 背后：该模式只限于为当前图层的透明区域进行添加颜色，选择“背后”混合模式后，只能更改图层中的透明区域，对已有像素的区域没有作用。
- 清除：该模式用于清除图层中的图像，效果等同于使用“橡皮擦工具”擦除图像。

不透明度：在画笔、铅笔、仿制图章和历史记录画笔等绘图工具的“选项”栏中都有“不透明度”选项，该选项用于设置使用对应工具在图像中进行涂抹时，笔尖部分颜色的不透明度，该值的范围为1%~100%之间的整数百分数，默认为100%。

“绘图板压力控制不透明度”按钮：如果正在使用外部绘图板设备对“画笔工具”进行操作，按下该按钮后，在“选项”栏中设置的“不透明度”便不会对使用绘图板绘制图形的不透明度产生影响。

流量：在画笔、铅笔、仿制图章和历史记录画笔等绘图工具的“选项”栏中都设有“流量”选项，用来控制使用对应工具在画布中进行涂抹时，笔尖部分的颜色流量。如果一直按住鼠标左键在某个区域不断涂抹，颜色将根据流动速率增加，直至达到不透明度设置，该值的范围在1%~100%之间，数值越大，流动速率也就越大。

“启用喷枪模式”按钮：启用喷枪模式后，将使用喷枪模拟绘画。如果按住鼠标按钮，当前光标所在位置的颜色量将会不断增加。

“绘图板压力控制大小” 按钮：按下该按钮，可以控制画笔的大小。该按钮与“绘图板压力控制不透明度”按钮一样，都是在连接外部绘图板设置时才会起作用。

> **提示** 使用“画笔工具”时，按键盘上的“[”或“]”键可以减小或增加画笔的直径；按Shift+[或Shift+]键可以减少或增加所选笔触的硬度；按住键盘区域或小键盘区域的数字键可以调整画笔工具的不透明度；按住Shift+主键盘区域的数字键可以调整画笔工具流量。

12.2.2 铅笔工具

在Photoshop CS6中，使用“铅笔工具”可以绘制出具有硬边的线条。单击工具箱中的“铅笔工具”按钮，在“选项”栏中即可对“铅笔工具”的相关选项进行设置，如图12-10所示。

图12-10 “铅笔工具”的“选项”栏

自动抹除：未勾选该选项时，在使用“铅笔工具”进行绘制时，绘制出的线条颜色均为前景色；勾选该选项后，使用“铅笔工具”绘制图形时，如果绘制区域的颜色与前景色相同，那么绘制出的线条会自动更改为背景色。按D键恢复默认颜色，勾选该选项与未勾选该选项时在图像中绘制线条的效果如图12-11所示。

（未勾选该选项）

（勾选该选项）

图12-11绘制线条

从上面两张图像的对比可以看出，不管是勾选还是未勾选该选项，在使用“铅笔工具”绘制线条的过程中，总体的颜色不会发生改变，勾选该选项后，绘制的线条颜色只受“铅笔工具”光标所在位置颜色的影响。

12.3 矢量绘图工具

通过Photoshop CS6中的形状工具能够绘制出矢量图形及路径，其中包含了6种形状工具，分别为“矩形工具”、“圆角矩形工具”、“椭圆工具”、“多边形工具”、“直线工具”和“自定形状工具”，如图12-12所示。

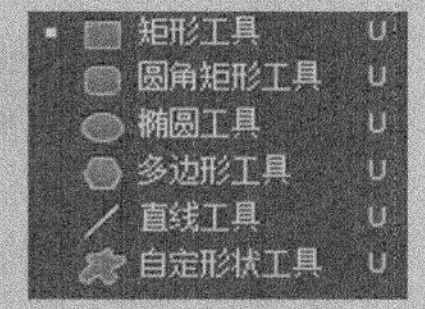

图12-12 基本绘图工具

12.3.1 矩形工具

单击工具箱中的“矩形工具”按钮，在“选项”栏上对其相关选项进行设置，如图12-13所示。设置完成后，在画布中单击并拖动鼠标即可创建矩形。

单击“选项”栏上的“设置”按钮，即可打开“矩形选项”面板，如图12-14所示。在该面板中可以对绘制的图形的相关参数进行设置。

图12-13 “矩形工具”的“选项”栏

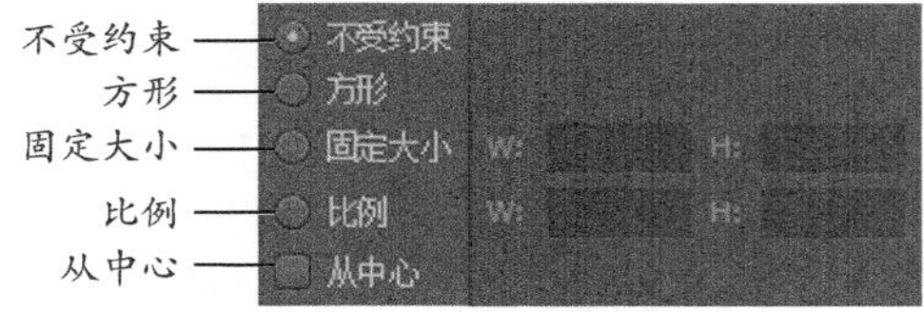

图12-14 “矩形选项”面板

工具模式：Photoshop CS6中的矢量绘图工具，可以创建出不同类型的对象。其中，包括形状图层、工作路径和像素图像。在工具箱中选择矢量工具后，并在“选项”栏上的“工具模式”下拉列表中选择相应的模式，即可指定一种绘图模式，然后在画布中进行绘图，如图12-15所示。

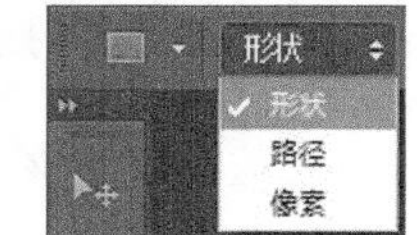

图12-15 “工具模式”下拉列表

- 形状：在“选项”栏中的“选择工具模式”下拉菜单中选择“形状”选

项，在画布中可绘制出形状图像，形状是路径，它出现在“路径”面板中。

- 路径：在“选择工具模式”下拉菜单中选择“路径”选项，可以在画布中绘制路径，还可以将路径转换为选区、创建矢量蒙版，也可以为其填充和描边，从而得到栅格化的图形。
- 像素：在“选择工具模式”下拉菜单中选择“像素”选项，在画布中能够绘制出栅格化的图像，其中，图像所填充的颜色为前景色，由于它不能创建矢量图像，因此，在“路径”面板中不会显示路径。

不受约束：选择该选项后，可以在画布中绘制任意大小的矩形，包括正方形。

方形：选择该选项后，可以在画布中绘制任意大小的正方形。

固定大小：选择该选项后，可以在它右侧的文本框中输入所绘制矩形的宽度和高度。在画布中单击并拖动鼠标，即可绘制出固定尺寸大小的矩形。

比例：选择该选项后，可以在它右侧的文本框中输入所绘制矩形的宽度和高度的比例，在画布中单击并拖动鼠标，即可绘制出任意大小但宽度和高度保持一定比例的矩形。

从中心：勾选该复选框后，鼠标在画布中的单击点即为所绘制矩形的中心点，绘制时矩形由中心向外扩展。

12.3.2 椭圆工具

单击工具箱中的“椭圆工具”按钮，在“选项”栏上对其相关属性进行设置，在画布中单击并拖动鼠标即可绘制椭圆形。“椭圆工具”的“选项”栏与“矩形工具”的选项设置相同，如图12-16所示。

路径　建立：选区...　蒙版　形状　对齐边缘

图12-16 “椭圆工具”的“选项”栏

使用“椭圆工具”在画布中绘制椭圆形时，如果在按住Shift键的同时拖动鼠标，则可以绘制正圆形，如图12-17所示；拖动鼠标绘制椭圆时，在释放鼠标之前，按住Alt键，则将以单击点为中心向四周绘制椭圆形，如图12-18所示；在画布中拖动鼠标绘制椭圆时，在释放鼠标之前，按住Alt+Shift键，将以单击点为中心向四周绘制正圆形。

图12-17 绘制正圆　　　　图12-18 绘制椭圆

12.3.3 圆角矩形工具

单击工具箱中的“圆角矩形工具”按钮，在“选项”栏上对相关选项进行设置，在画布中单击并拖动鼠标即可绘制圆角矩形。

“圆角矩形工具”的“选项”栏与“矩形工具”的选项设置基本相同，如图12-19所示。

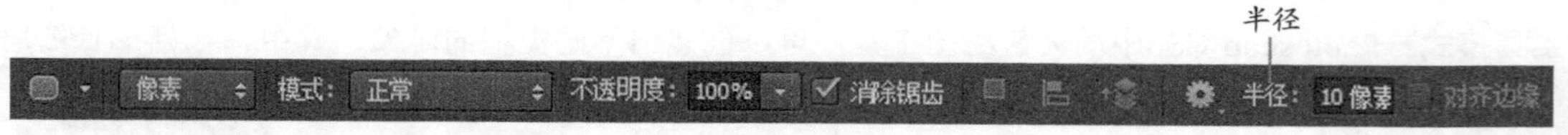

图12-19 “圆角矩形工具”的“选项”栏

半径：该选项用来设置所绘制的圆角矩形的圆角半径。图12-20所示为设置不同的“半径”值所绘制的圆角矩形效果，数值越大，圆角越广。

（半径为10px）

（半径为40px）

图12-20 绘制圆角矩形

12.3.4 直线工具

单击工具箱中的“直线工具”按钮，在“选项”栏上可以对相关选项进行设置，如图12-21所示。在“选项”栏上单击“设置”按钮，打开“箭头”面板，如图12-22所示。对该面板中的相关选项进行设置，在画布中单击并拖动鼠标即可绘制直线或线段。

图12-21 “直线工具”的“选项”栏

箭头
起点/终点 起点 终点
宽度 宽度：500%
长度 长度：1000%
凹度 凹度：0%

图12-22 “箭头”面板

粗细：该选项用来设置直线的宽度，单位为像素或厘米。

起点/终点：勾选该复选框后，可以在绘制的直线的起点或终点添加箭头，如图12-23所示。如果“起点”和“终点”复选框均被勾选，则会同时在起点和终点添加箭头，如图12-24所示。

图12-23 不同方向处添加箭头

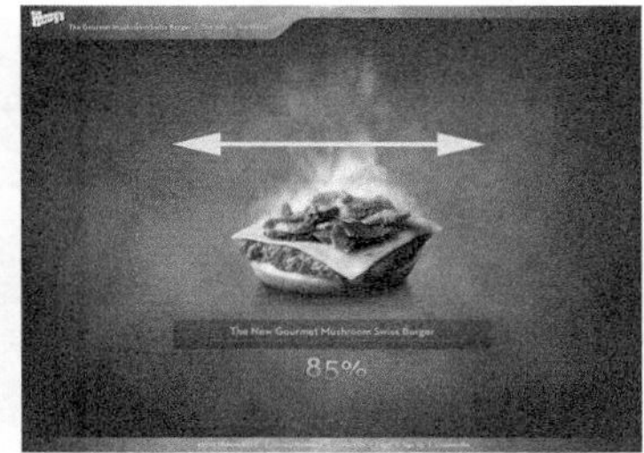

图12-24 添加双向箭头

宽度：该选项用来设置箭头宽度与直线宽度的百分比，取值范围为10%~1000%。图12-25所示为“宽度”值为200%和500%时箭头的效果。

图12-25 绘制不同“宽度”值的箭头效果

长度：该选项用来设置箭头长度与直线宽度的百分比，取值范围为10%~5000%，图12-26所示为“长度”值为200%和800%时箭头的效果。

图12-26 绘制不同“长度”值的箭头效果

凹度：该选项用来设置箭头的凹陷程度，取值范围为-50%~50%。数值为0%时，箭头尾部平齐；数值大于0%时，向内凹陷；数值小于0%时，向外凸出，图12-27所示为“凹度”值为50%和-50%时箭头的效果。

图12-27 绘制不同“凹度”值的箭头效果

> **提示** 使用“直线工具”在画布中绘制直线或线段时，如果按住Shift键的同时拖动鼠标，即可绘制出水平、垂直或以45° 角为增量的直线。

12.3.5 自定形状工具

在Photoshop CS6中，使用“自定形状工具”可以绘制多种不同类型的形状。单击工具箱中的“自定形状工具”按钮，在“选项”栏上对相关属性进行设置，“选项”栏如图12-28所示。在画布上单击并拖动鼠标即可绘制相应的形状图形，效果如图12-29所示。

图12-28 “自定形状工具”的“选项”栏

图12-29 图形效果

在“选项”栏上单击“设置”按钮，在打开的“自定形状选项”面板中可以对“自定形状工具”

的相关选项进行设置，如图12-30所示。它与“矩形工具”的设置方法基本相同。

单击“选项”栏上“形状”右侧的倒三角按钮，即可打开“自定形状拾色器”面板，如图12-31所示。单击拾色器右上角的按钮，在弹出菜单中可以选择形状的类型、缩览图的大小、复位形状以及替换形状等。

不受约束
定义的比例
定义的大小
固定大小
W:
H:
从中心

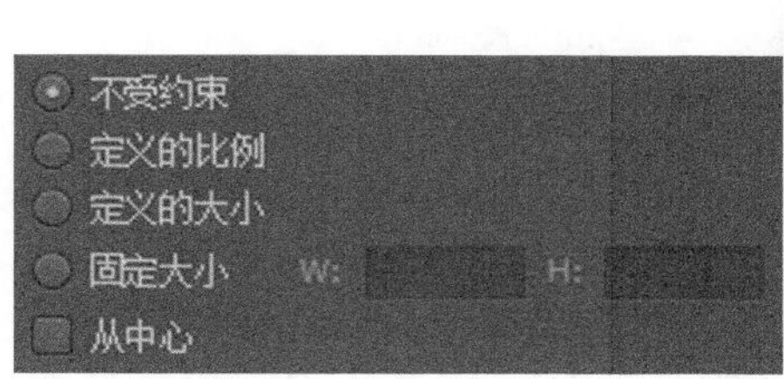

图12-30“自定形状选项”面板

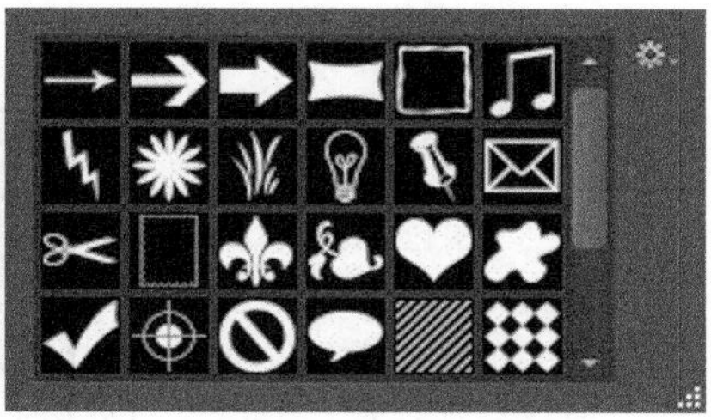

图12-31“自定形状”拾色器

提示 在“自定形状选项”面板中，选择“定义的比例”选项后，所绘制的形状将保持原图形的比例关系；如果选择“定义的大小”选项，所绘制的形状为原图形的大小。

提示 除了可以使用系统提供的形状外，在Photoshop中还可以将自己绘制的路径图形创建为自定义形状。只需要将自己绘制的路径图形选中，执行“编辑>定义自定形状”命令，即可将其保存为自定义形状。

提示 在使用各种形状工具会制矩形、椭圆形、多边形、直线和自定义形状时，在绘制形状的过程中按住键盘上的空格键即可移动形状的位置。

12.4 钢笔工具

路径是由多个锚点组成的线段或曲线，它既能以单独的线段存在，也可以以曲线存在。将终点没有连接始点的路径称为开放式路径，将终点连接了始点的路径称为封闭路径。在Photoshop CS6中，使用“钢笔工具”可以在画布中绘制不同的路径。

12.4.1 使用“钢笔工具”

单击工具箱中的“钢笔工具”按钮，可以在“选项”栏上对其相关选项进行设置，如图12-32所示。

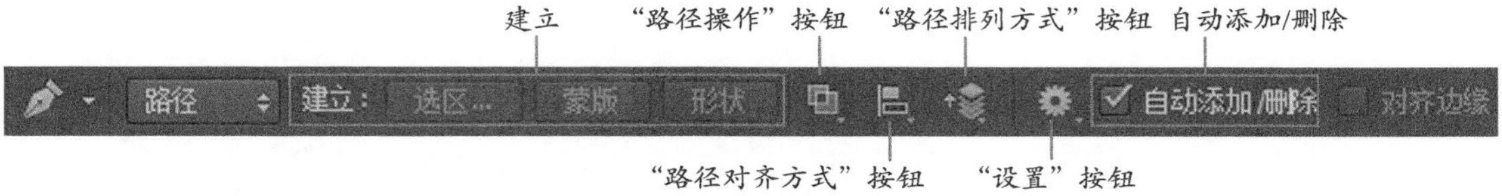

建立
“路径操作”按钮
“路径排列方式”按钮
自动添加/删除
路径
建立:
选区...
蒙版
形状
自动添加/删除
对齐边缘
“路径对齐方式”按钮
“设置”按钮

图12-32 “钢笔工具”的“选项”栏

建立：单击该选项中不同的按钮，可以将绘制的路径转换成不同的对象类型。

- “选区”按钮：单击该按钮，弹出“创建选区”对话框，如图12-33所示。在该对话框中可以对选区的创建方式以及羽化方式进行设置。
- “蒙版”按钮：单击该按钮，可以沿当前路径边缘创建矢量蒙版。如果当前图层为“背景”图层，则该按钮不可用，因为“背景”图层不允许添加蒙版。
- “形状”按钮：单击该按钮，可以沿当前路径创建形状图层并为该形状图形填充前景色。

“路径操作”按钮：单击该按钮，在弹出菜单中可以选择相应的选项，如图12-34所示。

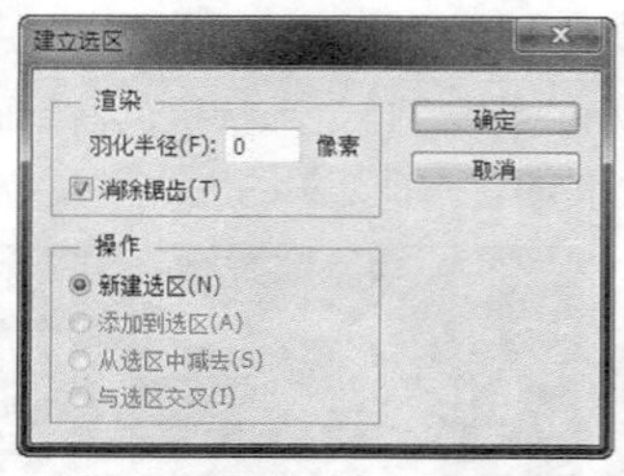

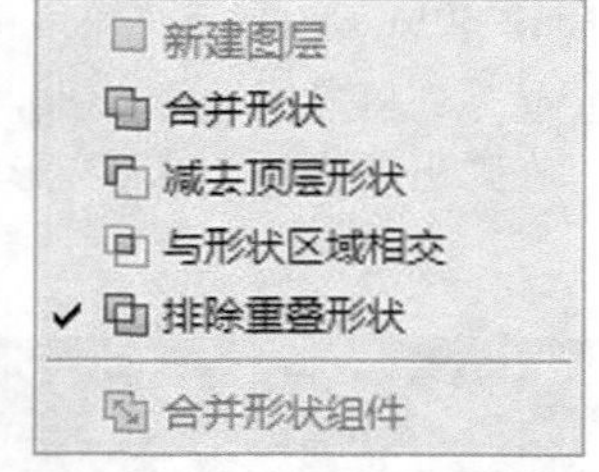

图12-33 “建立选区”对话框　　图12-34 “路径操作”下拉菜单

- 新建图层：该选项为默认选项，可以在一个新的图层中放置所绘制的形状图形。
- 合并形状：选择该选项后，可以在原有形状的基础上添加新的路径形状。
- 减去顶层形状：选择该选项后，可以在已经绘制的路径或形状中减去当前绘制的路径或形状。
- 与形状区域相交：选择该选项后，可以保留原来的路径或形状与当前的路径或形状相交的部分。
- 排除重叠形状：选择该选项后，只保留原来的路径或形状与当前的路径或形状非重叠的部分。
- 合并形状组件：当在同一形状图层中绘制了两个或两个以上形状图形时，可以选择该选项，则新绘制的形状图形将与原有形状图形合并。

“路径对齐方式”按钮：单击该按钮，在弹出菜单中可以设置路径的对齐与分布方式，如图12-35所示。

“路径排列方式”按钮：单击该按钮，在弹出菜单中可以设置路径的堆叠方式，如图12-36所示。另外，调整堆叠顺序的所有形状必须在同一个图层中。

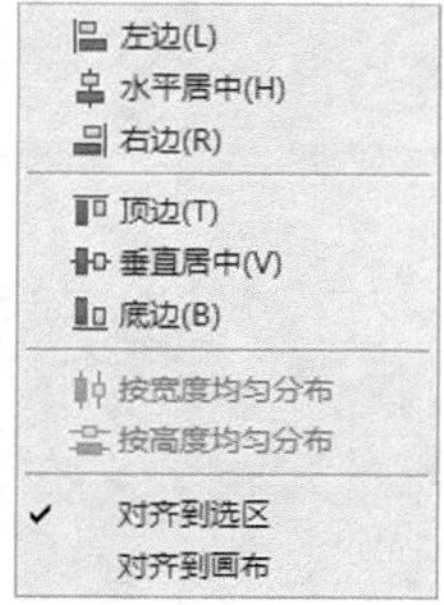

将形状置为顶层
将形状前移一层
将形状后移一层
将形状置为底层

图12-35 “路径对齐方式”弹出菜单　　图12-36 “路径排列方式”弹出菜单

“设置”按钮：单击该按钮，弹出“橡皮带”复选框，勾选该复选框后，移动光标时便会显示出一个路径状的虚拟线，它显示了该段路径的大致形状。

自动添加/删除：勾选该复选框后，将“钢笔工具”移至路径上，当光标变为形状时，单击鼠标即可添加锚点；将“钢笔工具”移至路径的锚点上，当光标变为形状时，单击鼠标即可删除锚点。

> 提示　创建路径后，也可以使用“路径选择工具”，选择多个子路径，然后单击“选项”栏中的“路径操作”按钮，在弹出菜单中选择“合并形状组件”选项，则可以合并重叠的路径组件。

12.4.2　添加和删除锚点

在使用“钢笔工具”绘制路径时，难免有需要添加或者删除的锚点，这时，可以通过两种方法来添加或者删除锚点，一种是使用“添加锚点工具”和“删除锚点工具”；另一种是勾选“选项”栏上的“自动添加/删除”复选框，勾选后，使用“钢笔工具”，将光标移至相应的位置即可添加或者删除锚点。

单击工具箱中的“添加锚点工具”按钮，将光标移至路径上，当光标变为形状时，单击即可添加锚点；单击工具箱中的“删除锚点工具”按钮，将光标移至锚点上，当光标变为形状时，单击即可删除该锚点。

12.4.3 选择路径与锚点

在Photoshop中，绘制路径后，通常使用“路径选择工具”或“直接选择工具”对路径进行选择，使用它们选择路径的效果是不一样的。

打开图像“光盘\源文件\第12章\素材\124301.jpg”，在画布中绘制路径，如图12-37所示。使用“路径选择工具”选择路径后，被选中的路径以实心点的方式显示各个锚点，表示此时已选中整个路径；如果使用“直接选择工具”选择路径，则被选中的路径以空心点的方式显示各个锚点，如图12-38所示。

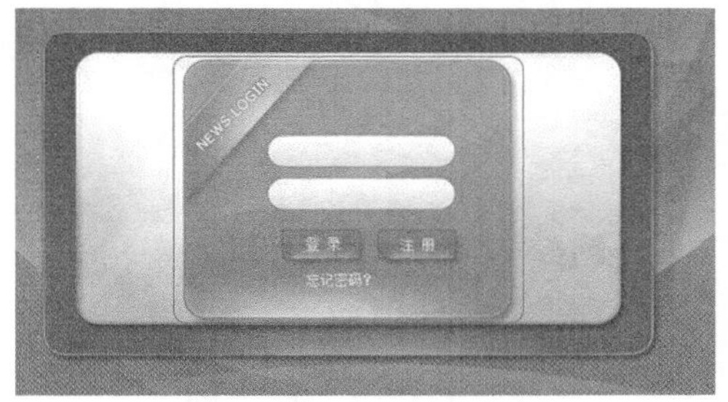

图12-37 绘制路径

图12-38 使用不同工具选择路径效果

提示 使用“路径选择工具”选取路径，不需要在路径线上单击，只需要移动光标在路径内的任意区域单击即可，该工具主要是方便选择和移动整个路径；而“直接选择工具”则必须移动光标在路径线上单击，才可选中路径，并且不会自动选中路径中的各个锚点。

使用“路径选择工具”与“直接选择工具”都能够移动路径。使用“路径选择工具”，可以将光标对准路径本身或路径内部，按下鼠标左键不放，向需要移动的目标位置拖动，所选路径就可以随着光标一起移动，如图12-39所示。

使用“直接选择工具”，需要使用框选的方法选择要移动的路径，只有这样才能将路径上的所有锚点都选中，在移动路径的过程中，光标必须在路径线上，如图12-40所示。

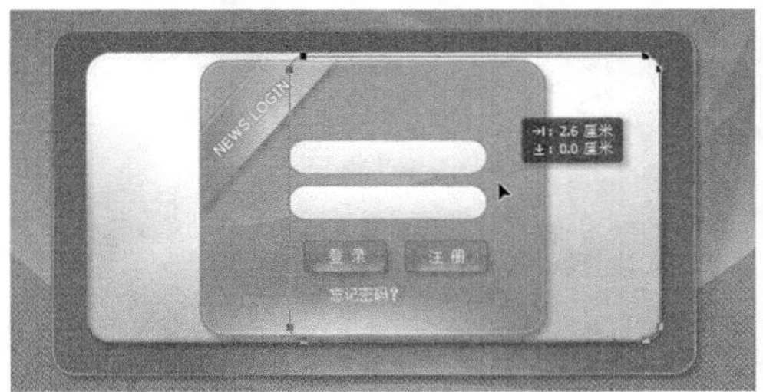

图12-39 使用“路径选择工具”移动路径

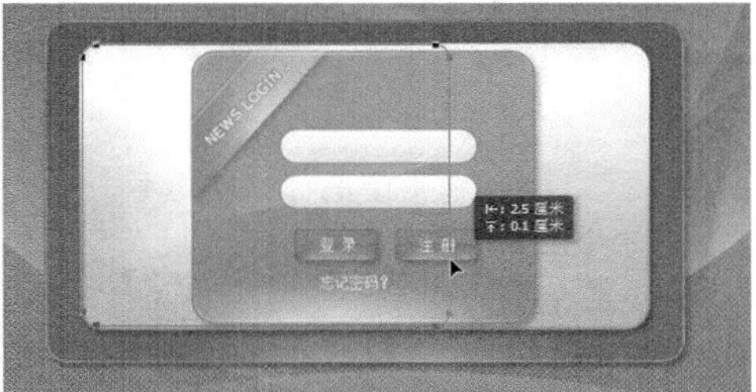

图12-40 使用“直接选择工具”移动路径

提示 在移动路径的操作中，不论使用的是“路径选择工具”或是“直接选择工具”，只要在移动路径的同时按住的Shift键，就可以在水平、垂直或者45°方向上移动路径。

12.4.4 调整路径

使用“转换点工具”可以轻松实现角点和平滑点之间的相互切换，以满足编辑需要，还可以调整曲线的方向。

打开图像“光盘\源文件\第12章\素材\124401.jpg”，在画布中绘制路径，如图12-41所示。单击工具箱中的“转换点工具”按钮，移动光标至需要调整的角点上，如图12-42所示。

图12-41 绘制路径

图12-42 移动工具到合适位置

单击该锚点并进行拖动即可将角点转换为平滑点，如图12-43所示。使用相同的方法，可以将多个角点转换为平滑点，改变路径形状，如图12-44所示。

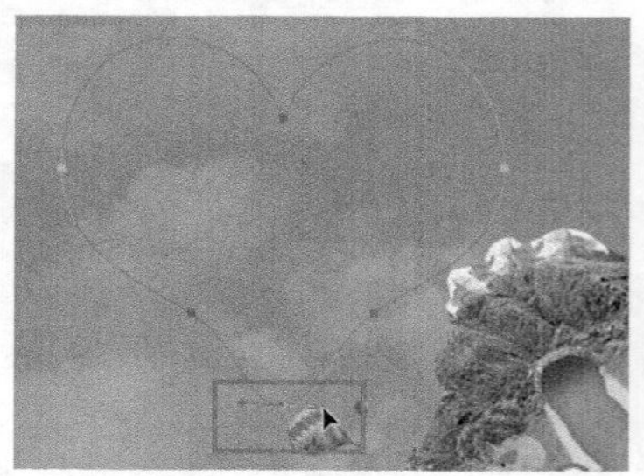
图12-43 转换锚点

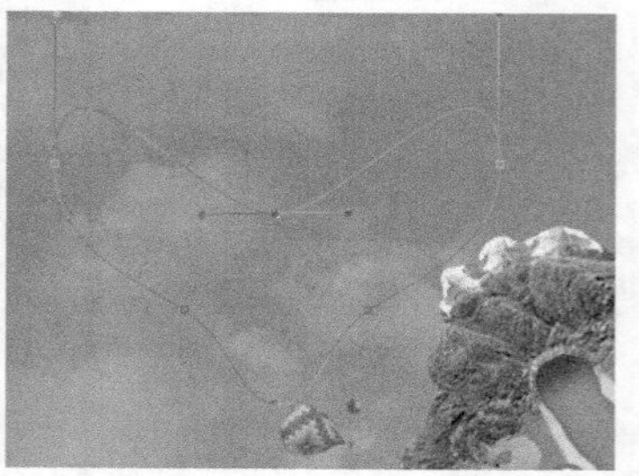
图12-44 改变路径形状

对曲线的方向进行调整只需拖动锚点的方向线，如图12-45所示，即可调整曲线的方向，如图12-46所示。

图12-45 拖动方向线

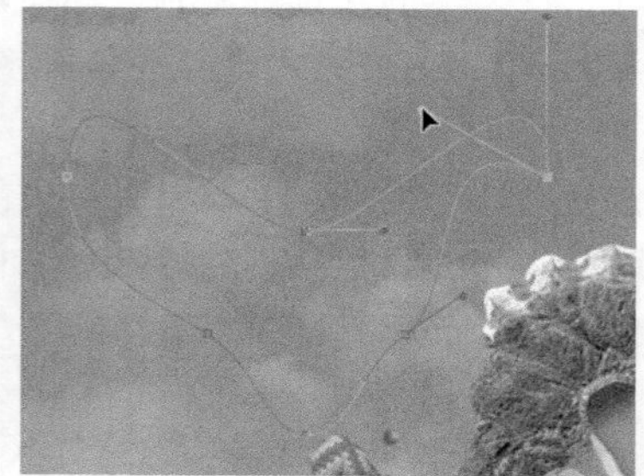
图12-46 路径形状

12.4.5 变换路径

在“路径”面板中选择需要变换的路径，执行“编辑>变换路径”下拉菜单中的命令，可以显示定界框，拖动控制点即可对路径进行缩放、旋转、斜切、扭曲等变换操作。路径的变换方法与图像的变换方法相同。

12.5 实战——设计房地产网站logo

前面主要介绍了在Photoshop CS6中绘制图像所用到的工具，其中包括“铅笔工具”、“画笔工具”、“钢笔工具”、“矩形工具”、“椭圆工具”以及“自定形状工具”等，下面将通过一个案例的制作继续对相关工具的使用方法和操作技巧进行巩固和加强。

设计房地产网站logo

●源文件：光盘\源文件\第12章\12-5.psd　　●视频：光盘\视频\第12章\12-5.swf

01 执行“文件>新建”命令，弹出“新建”对话框，设置如图12-47所示。设置完成后，单击“确定”按钮，创建一个空白的文档。打开并拖入素材图像“光盘\源文件\第12章\素材\12601.jpg”，自动生成“图层1”，将其调整至合适的大小和位置，效果如图12-48所示。

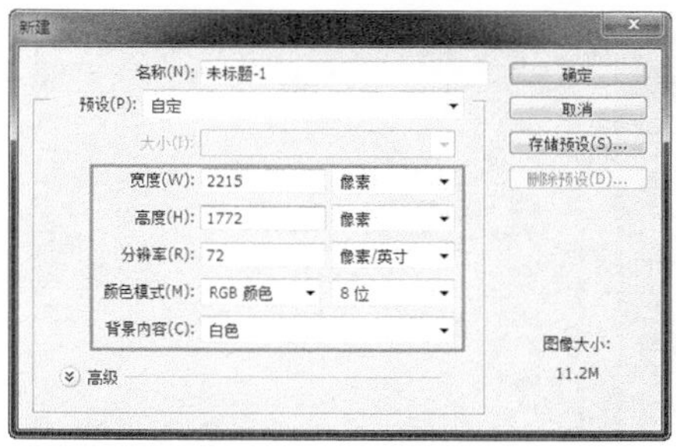

图12-47 “新建”对话框

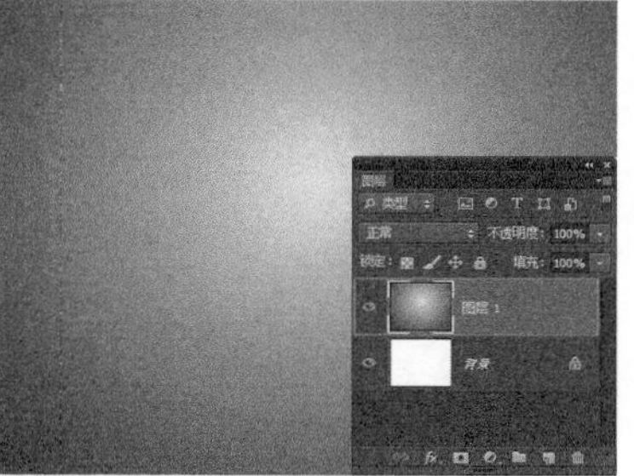

图12-48 图像效果

02 新建“图层2”，使用“钢笔工具”，在画布中绘制路径，如图12-49所示。按快捷键Ctrl+Enter，将路径转换为选区。使用“渐变工具”，单击“选项”栏上的渐变预览条，弹出“渐变编辑器”对话框，设置如图12-50所示。

图12-49 绘制路径

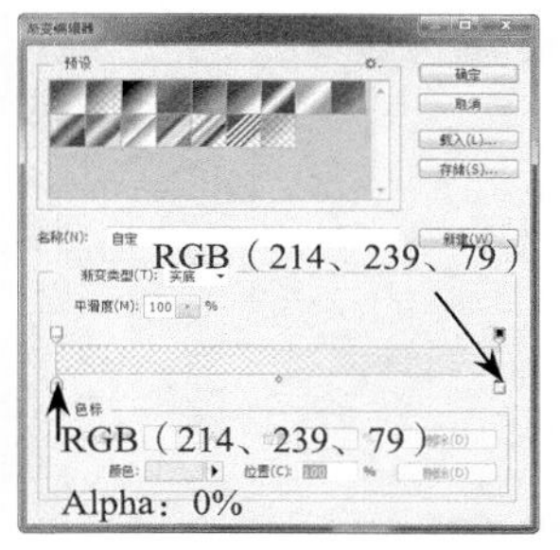

图12-50 “渐变编辑器”对话框

03 设置完成后，单击“确定”按钮，单击并拖动鼠标为选区填充线性渐变，效果如图12-51所示。按快捷键Ctrl+D取消选区，使用相同的方法，完成其他图像的绘制，图像效果如图12-52所示。

图12-51 填充渐变

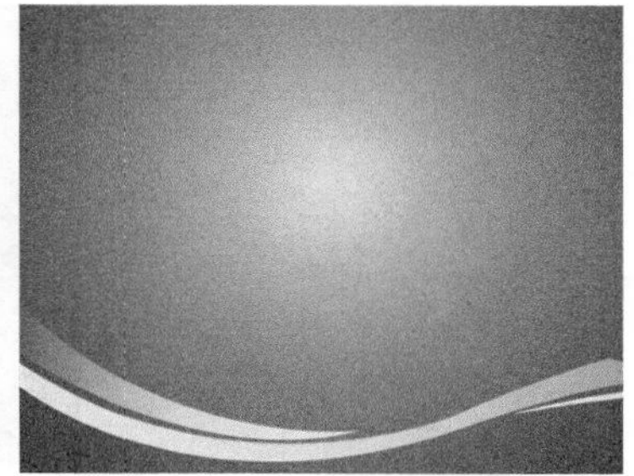

图12-52 图像效果

04 设置“图层2”的“混合模式”为“明度”，“不透明度”为17%，如图12-53所示，图像效果如图12-54所示。

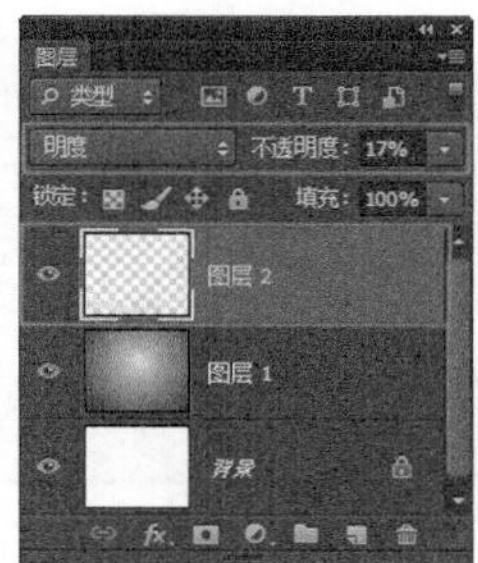

图12-53 “图层”面板

图12-54 图像效果

05 新建“图层3”，使用“画笔工具”，在“画笔”面板上单击“打开预设管理器”按钮，弹出“预设管理器”对话框，如图12-55所示。单击“载入”按钮，在弹出的“载入”对话框中选择相应的笔刷，如图12-56所示。

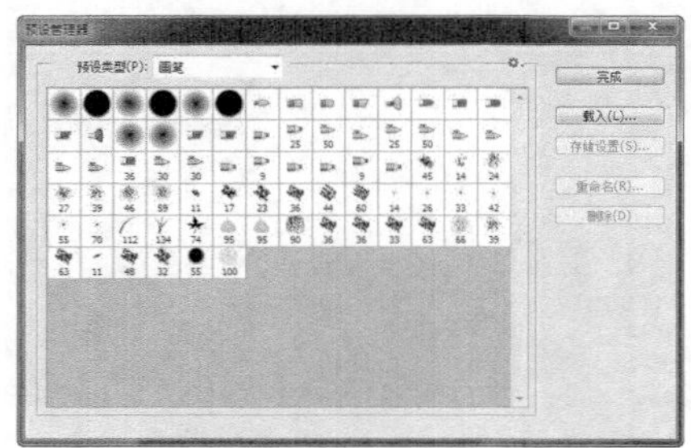

图12-55 “预设管理器”对话框

图12-56 “载入”对话框

06 单击“载入”按钮，即可载入相应的笔刷，如图12-57所示。单击“完成”按钮，对“画笔”面板上的相关选项进行设置，如图12-58所示。

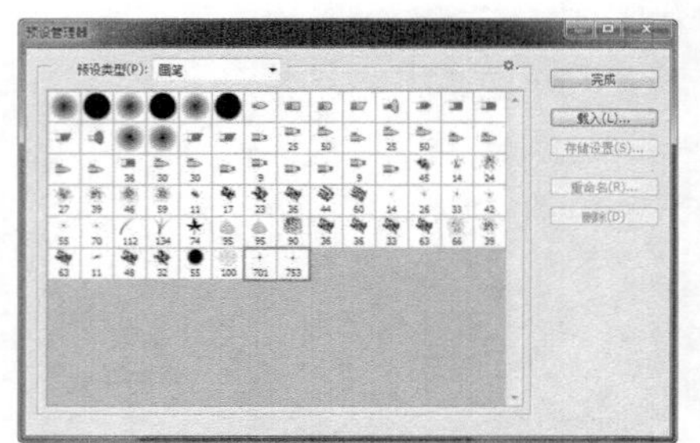

图12-57 “预设管理器”对话框

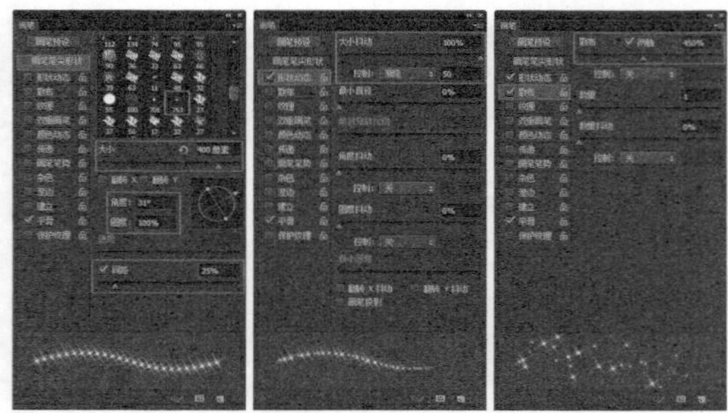

图12-58 设置“画笔”面板

07 设置“前景色”为RGB（214、239、79），在画布中进行绘制，效果如图12-59所示。设置该图层的“混合模式”为“明度”，“不透明度”为60%，如图12-60所示。

图12-59 绘制效果

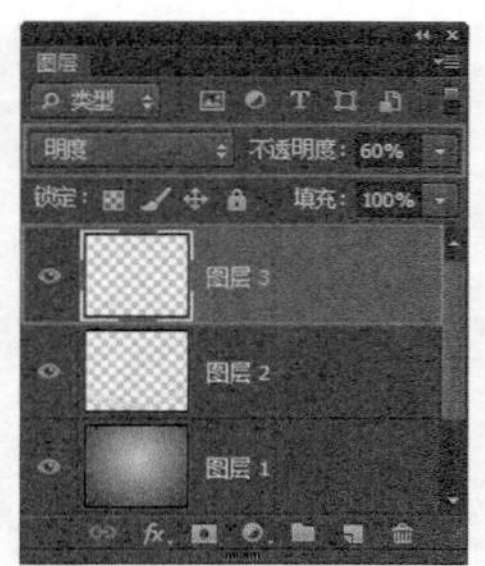

图12-60 “图层”面板

08 图像效果如图12-61所示。新建“图层4”，使用“钢笔工具”，在画布中绘制路径，如图12-62所示。

图12-61 图像效果

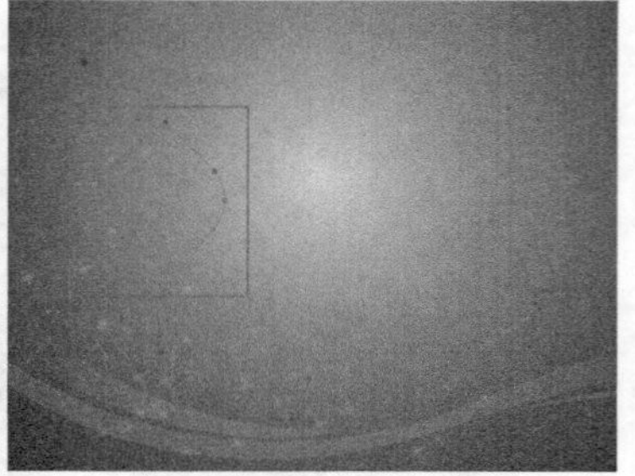

图12-62 绘制路径

09 按快捷键Ctrl+Enter，将路径转换为选区，使用“渐变工具”，单击“选项”栏上的“渐变预览条”，弹出“渐变编辑器”对话框，设置如图12-63所示。设置完成后，单击并拖动鼠标，在选区中绘制线性渐变，效果如图12-64所示。

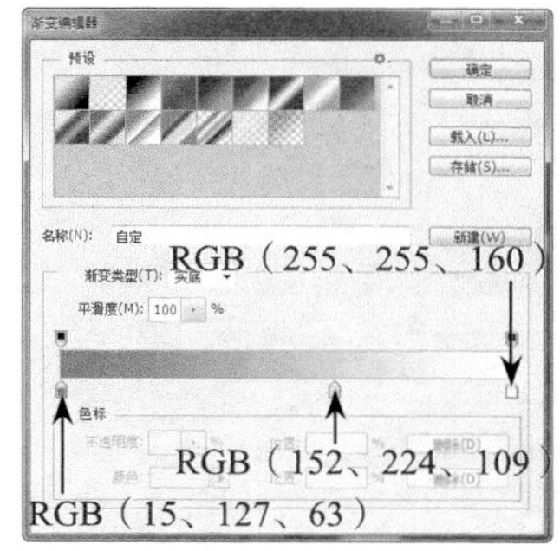

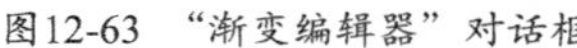

图12-63 “渐变编辑器”对话框　　图12-64 填充渐变

⑩ 按快捷键Ctrl+D取消选区，新建“图层5”，使用“钢笔工具”在画布中绘制路径，如图12-65所示。按快捷键Ctrl+Enter，将路径转换为选区，为选区填充颜色为RGB（64、141、61），如图12-66所示。

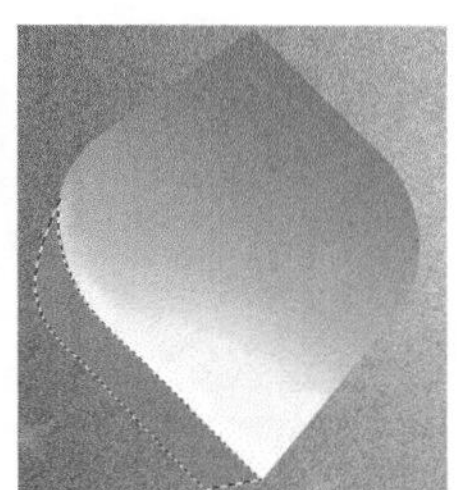

图12-65 绘制路径　　图12-66 填充颜色

⑪ 按快捷键Ctrl+D取消选区，新建“图层6”，使用“钢笔工具”在画布中绘制路径，如图12-67所示。按快捷键Ctrl+Enter，将路径转换为选区。使用“渐变工具”，单击“选项”栏上的“渐变预览条”，弹出“渐变编辑器”对话框，设置如图12-68所示。

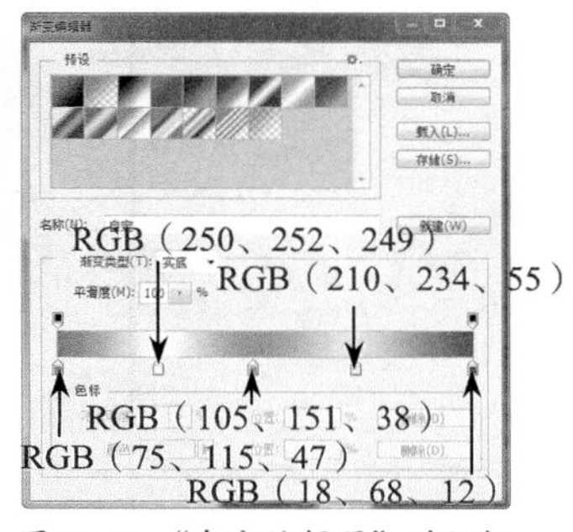

图12-67 绘制路径　　图12-68 “渐变编辑器”对话框

⑫ 设置完成后，在选区中拖动鼠标填充线性渐变，如图12-69所示。按快捷键Ctrl+D取消选区，新建“图层7”，使用“钢笔工具”在画布中绘制路径，如图12-70所示。

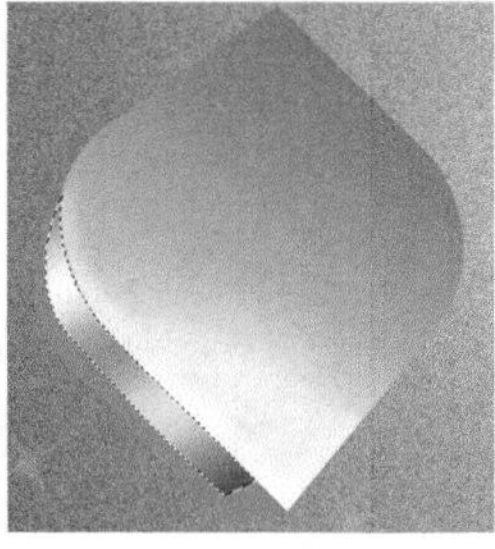

图12-69 填充渐变　　图12-70 绘制路径

⑬ 按快捷键Ctrl+Enter，将路径转换为选区，并填充颜色为RGB（3、96、48），如图12-71所示。执行“选择>修改>收缩”命令，弹出“收缩选区”对话框，设置如图12-72所示。

图12-71 填充颜色　　图12-72 “收缩选区”对话框

⑭ 单击“确定”按钮，选区效果如图12-73所示。执行“选择>修改>羽化”命令，弹出“羽化选区”对话框，设置如图12-74所示。

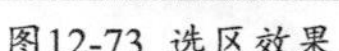

图12-73 选区效果　　图12-74 “羽化选区”对话框

⑮ 单击“确定”按钮，为选区填充颜色为RGB（2、74、37），按快捷键Ctrl+D取消选区，效果如图12-75所示。新建“图层8”，使用“钢笔工具”，在画布中绘制路径，如图12-76所示。

图12-75 填充颜色　　图12-76 绘制路径

⑯ 按快捷键Ctrl+Enter，将路径转换为选区。使用“渐变工具”，单击“选项”栏上的“渐变预览条”，弹出“渐变编辑器”对话框，设置如图12-77所示。设置完成后，在选区中拖动鼠标填充线性渐变，效果如图12-78所示。

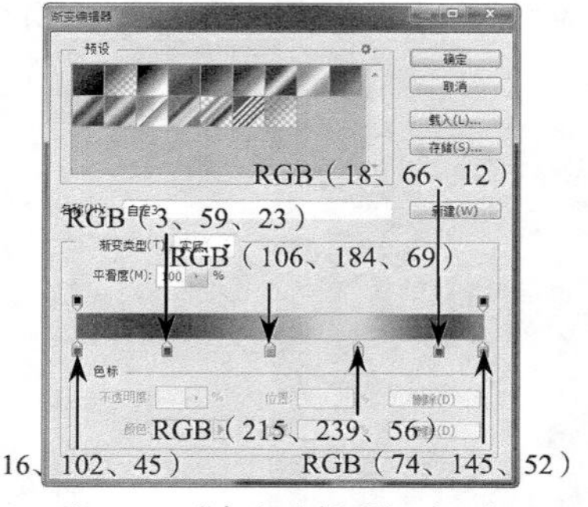

图12-77 “渐变编辑器”对话框　　图12-78 填充渐变

⑰ 按快捷键Ctrl+D取消选区，设置“图层8”的“混合模式”为“饱和度”，如图12-79所示，图像效果如图12-80所示。

图12-79 “图层”面板　　图12-80 图像效果

⑱ 使用相同的方法，完成其他相似内容的制作，图像效果如图12-81所示，“图层”面板如图12-82所示。

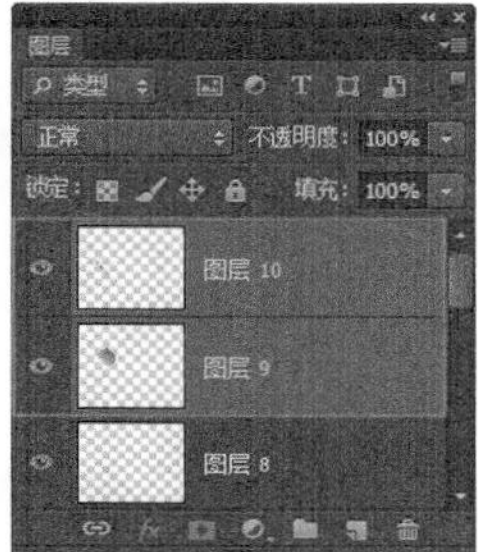

图12-81 图像效果　　图12-82 “图层”面板

⑲ 使用“文字工具”，在“字符”面板上对相关选项进行设置，如图12-83所示。设置完成后，在画布中单击并输入文字，效果如图12-84所示。

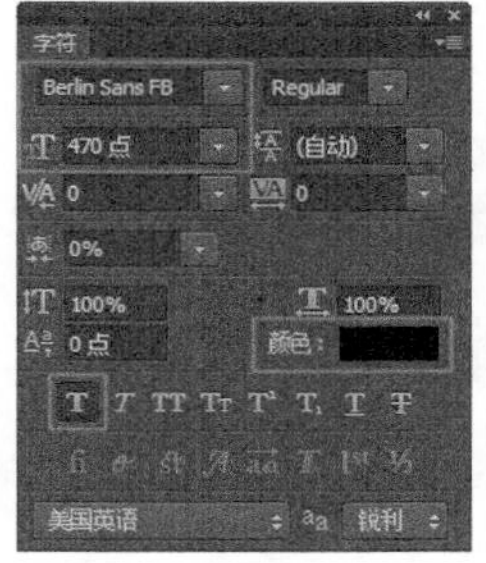

图12-83 设置“字符”面板　　图12-84 输入文字

⑳ 使用“移动工具”，按快捷键Ctrl+T显示调整框，对文字进行相应的旋转、斜切和缩放等操作，如图12-85所示。按Enter键确定，按住Ctrl键，在“E”图层缩览图上单击，将文字作为选区载入，隐藏文字图层，如图12-86所示。

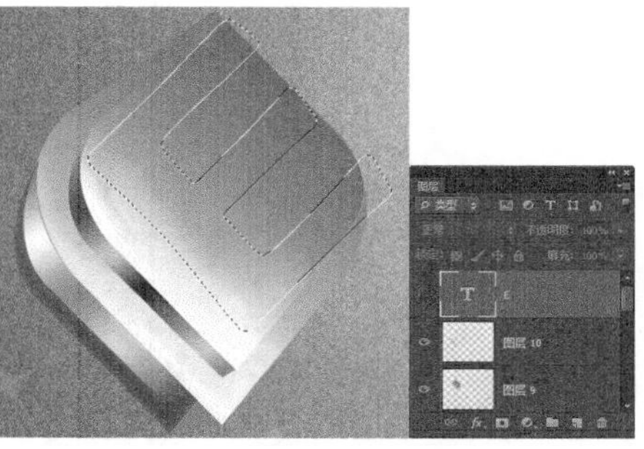

图12-85 文字变形　　图12-86 载入文字选区

21 单击“路径”面板底部的“从选区生成工作路径”按钮，将选区转换成路径，效果如图12-87所示。使用“转换点工具”对路径进行适当的调整，如图12-88所示。

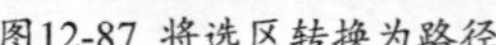

图12-87 将选区转换为路径　　图12-88 调整路径

22 按快捷键Ctrl+Enter，将路径转换成选区，使用“渐变工具”，单击“选项”栏上的“渐变预览条”，弹出“渐变编辑器”对话框，设置如图12-89所示。设置完成后，新建“图层11”，为选区填充线性渐变，效果如图12-90所示。

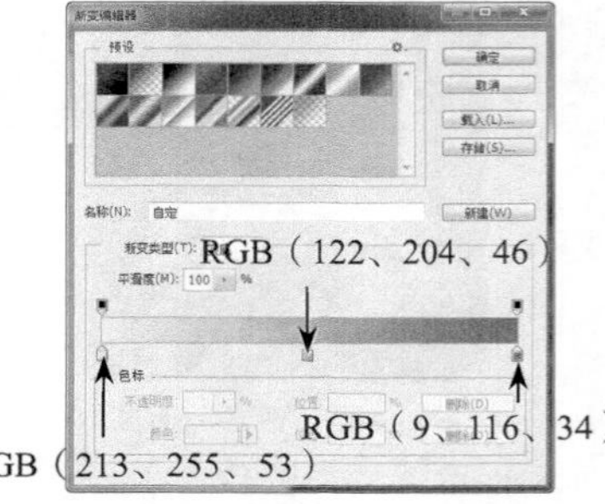

图12-89 “渐变编辑器”对话框

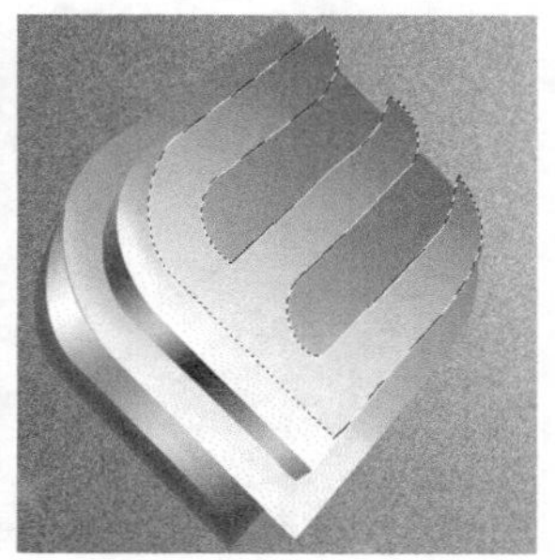

图12-90 填充渐变

23 按快捷键Ctrl+D取消选区，使用相同的方法，完成其他内容的制作，并调整图层的顺序，“图层”面板如图12-91所示，图像效果如图12-92所示。

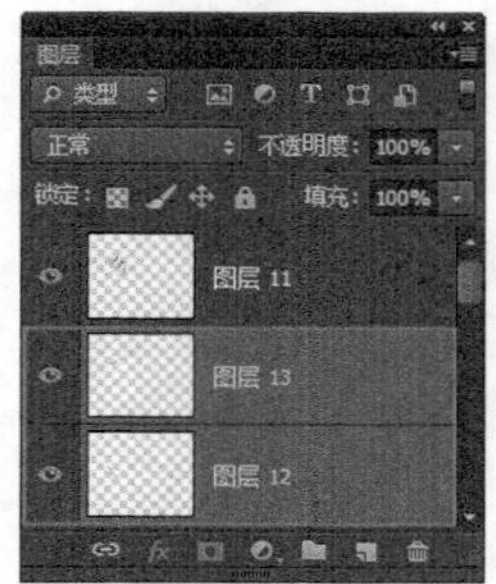

图12-91 “图层”面板

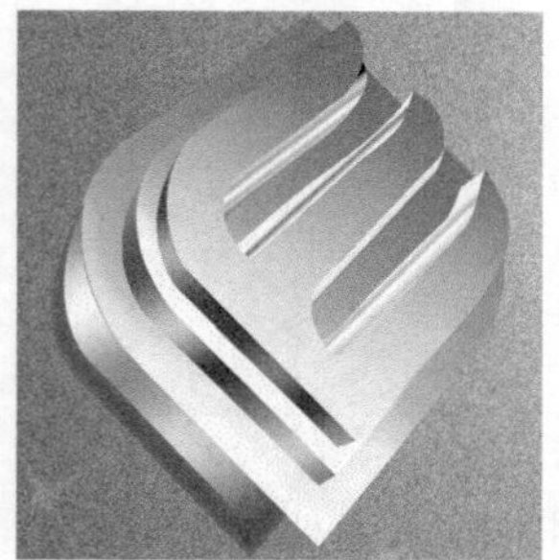

图12-92 图像效果

24 按住Ctrl键，单击“图层11”的缩览图，载入选区，如图12-93所示。执行“选择>修改>收缩”命令，弹出“收缩选区”对话框，设置如图12-94所示。

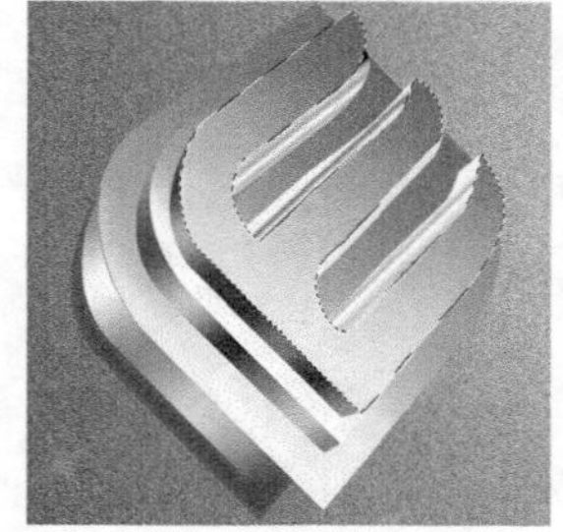

图12-93 载入选区

图12-94 “收缩选区”对话框

㉕ 单击“确定”按钮，新建“图层14”，并为选区填充白色，效果如图12-95所示。按快捷键Ctrl+D取消选区，单击“图层”面板底部的“添加图层蒙版”按钮，为“图层14”添加图层蒙版，如图12-96所示。

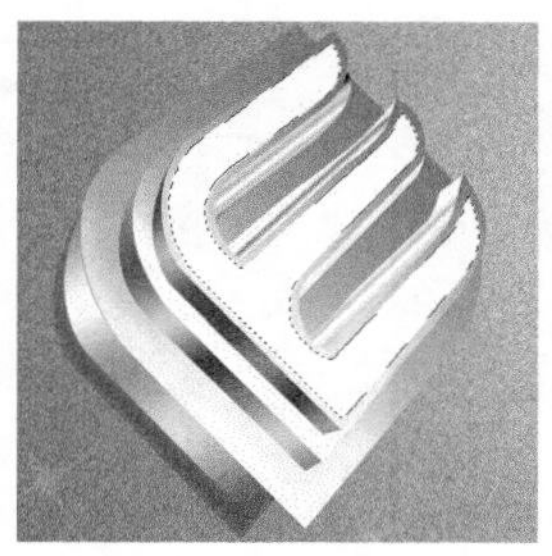
图12-95 填充颜色

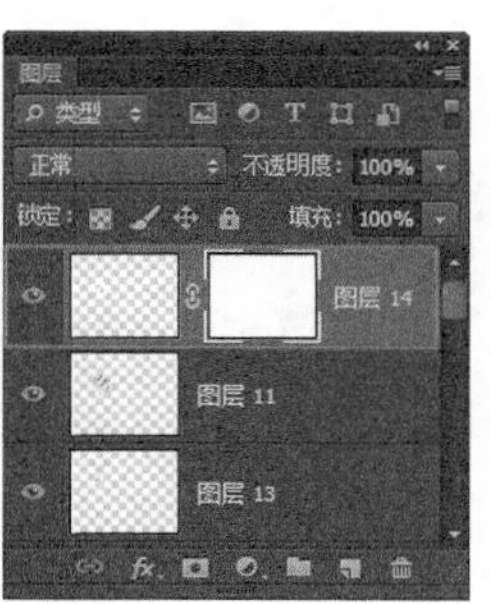
图12-96 “图层”面板

㉖ 设置“前景色”为黑色，使用“画笔工具”，在“选项”栏上对相关选项进行设置，如图12-97所示。在画布中进行涂抹，效果如图12-98所示。

图12-97 设置“选项”栏

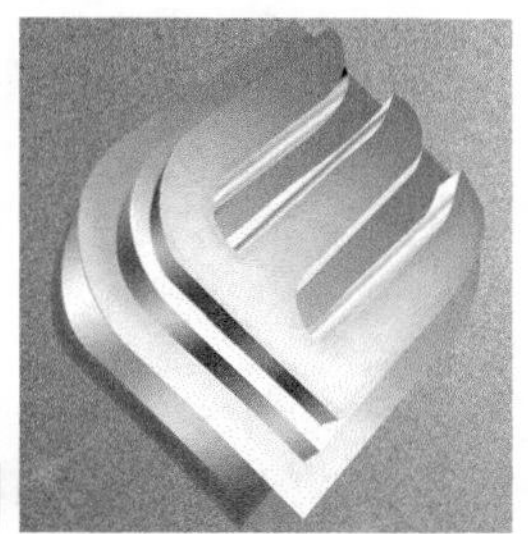
图12-98 涂抹效果

㉗ “图层”面板如图12-99所示。使用“文字工具”，在“字符”面板上对相关选项进行设置，如图12-100所示。

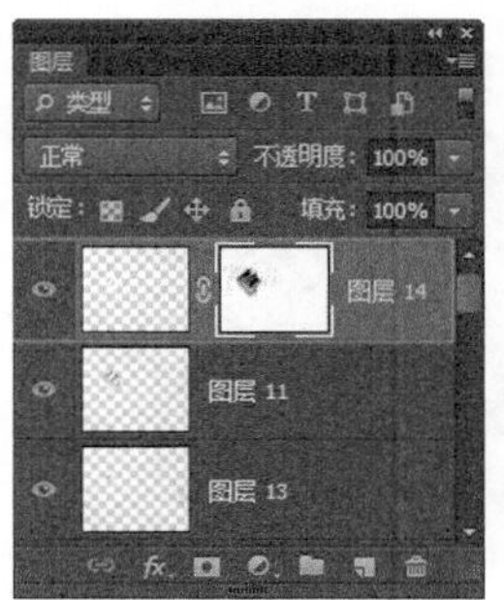
图12-99 “图层”面板

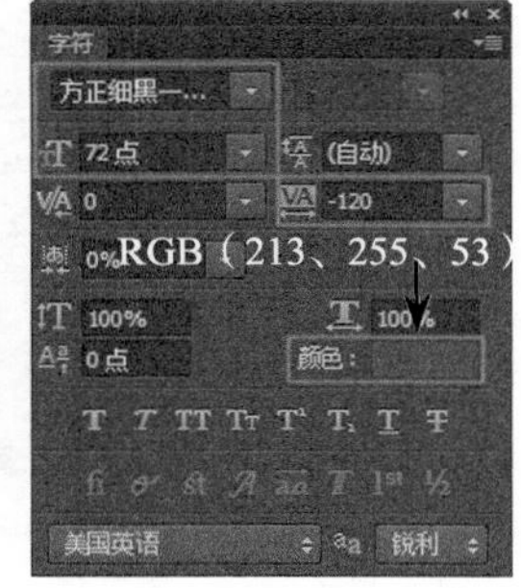

图12-100 设置“字符”面板

㉘ 设置完成后，在画布中单击并输入文字，如图12-101所示。在“图层”面板的文字图层上单击右键，在弹出菜单中选择“栅格化文字”选项，如图12-102所示。

图12-101 输入文字

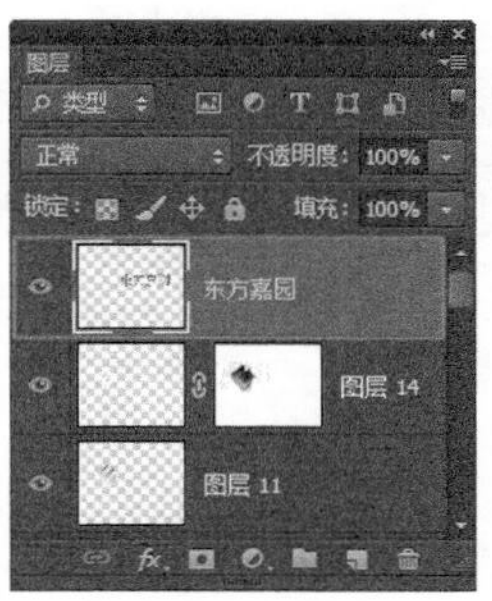
图12-102 “图层”面板

㉙ 使用“橡皮擦工具”，将文字相应的部分擦除，效果如图12-103所示。新建“图层15”，使用“钢笔工具”，在画布中绘制路径，如图12-104所示。

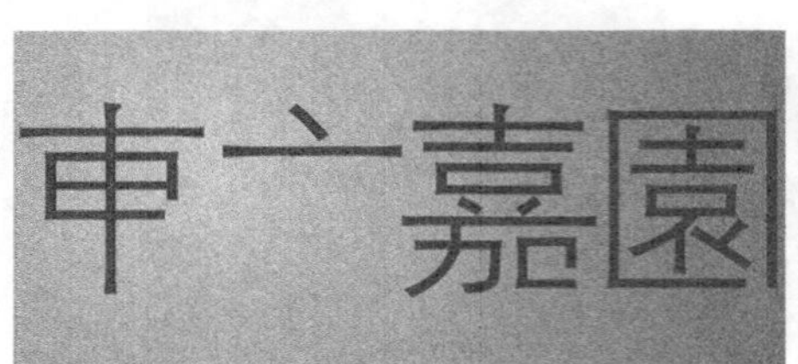
图12-103 涂抹效果

图12-104 绘制路径

㉚ 按快捷键Ctrl+Enter，将路径转换为选区，并填充颜色为RGB（213、255、53），如图12-105所示。使用相同的方法，完成其他内容的制作，图像效果如图12-106所示。

图12-105 填充颜色　图12-106 图像效果

㉛ 完成房地产网站logo的设计制作，执行“文件>存储为”命令，将其存储为“光盘\源文件\第12章\12-5.psd”，最终效果如图12-107所示。

图12-107 最终效果

12.6 本章小结

本章主要讲解在Photoshop CS6中，如何使用绘图工具绘制出逼真的图形效果，并详细讲解了每种绘图工具的功能和操作技巧。希望通过对本章内容的学习，可以让读者更快更深入的掌握这些工具的使用方法，并能够根据每种绘图工具的不同功能，在制作图像时操作更加快捷、简便。

第13章 修改图像的形状和颜色

当用户使用基本绘画工具绘制好所需的图像时，会发现许多图像也许不能达到用户的需求，此时，就需要对绘制的图像进行修改。在Photoshop CS6中，用户不仅可以对图像的形状进行修改，也可以修改图像的颜色。通过后期的修改，能够使图像更加完美地呈现在读者眼前，达到理想的效果。本章将详细讲解修改图像的形状和颜色的操作方法和技巧。

13.1 创建与编辑选区

在Photoshop中处理局部图像时，首先要指定编辑操作的有效区域，即创建选区。选区是用户通过选区绘制工具在当前图片文件中选取的图像区域，在图像窗口中显示为流动的虚线，如图13-1所示。创建选区相当于在当前图层中指定可操作的工作区域。

各种图像的处理往往是基于选区的选取，选取后才能在所选区域上进行，如何快速精确地选取图像十分重要。在操作的过程中，如果无法一次创建出符合需要的选区，那么用户在创建选区之后，可以通过选择命令对选区进行编辑，接下来就介绍如何在Photoshop CS6中创建和编辑选区。

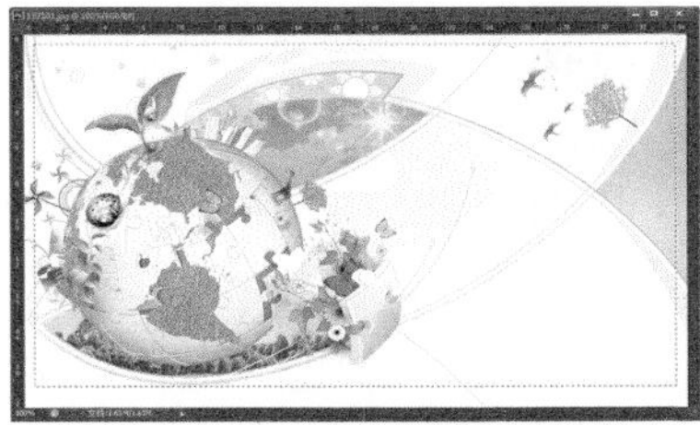

图13-1 图像窗口中的选区

Photoshop中用于创建选区的工具很多，例如选框工具组、套索工具组、魔术棒工具组，如图13-2所示。

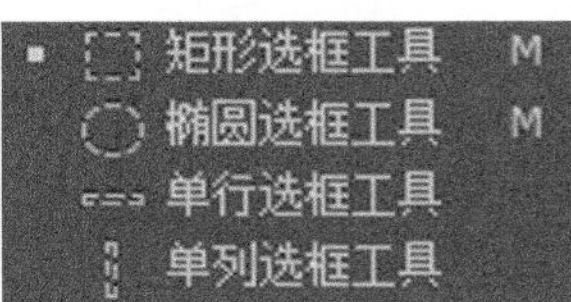

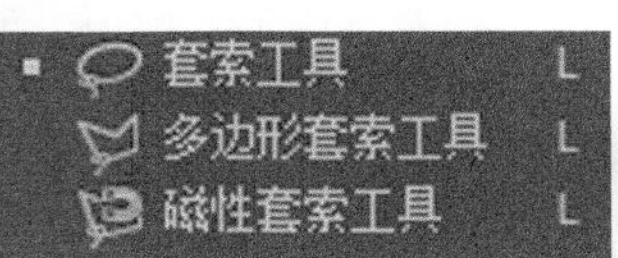

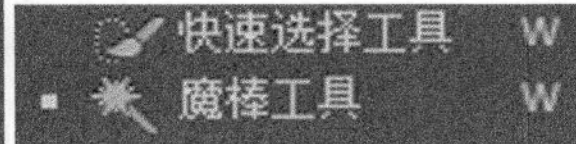

图13-2 创建选区工具

提示 选区是以像素为基本单位组成的，而像素是构成图像的基本单位，所以选区的大小至少要有1个单位的像素。

另外，除了使用工具箱中的工具创建选区外，还可以通过执行菜单命令，即“色彩范围”对话框通过颜色选取创建选区。

13.1.1 选框工具组

通过选框工具组可以绘制具有不同特点的规则几何形状的选区。选框工具组位于工具箱的左上角，包括“矩形选框工具”、“椭圆选框工具”、“单行选框工具”和“单列选框工具”。可以直接通过单击工具图标选择相应的工具，对于“矩形选框工具”和“椭圆选框工具”，可以通过按键盘上的快捷键M进行选择。

在工具箱中选择选框工具时，其“选项”栏中会出现该工具的相关属性设置。4种选框工具在“选项”栏中的相关设置大体相同，选择“矩形选框工具”，可以在其“选项”栏中设置“羽化”、“样式”等参数，如图13-3所示。

选区运算按钮组

羽化：0像素 消除锯齿 样式：正常 宽度： 高度： 调整边缘...

图13-3 “矩形选框工具”的“选项”栏

提示 用户在图像窗口中按M键可以直接选择工具箱中的“矩形选框工具”，反复按Shift+M键，就可以在“矩形选框工具”和“椭圆选框工具”之间进行切换。

选区运算按钮组：选区的运算方式有“新选区”、“添加到选区”、“从选区减去”和“与选区相交”4种。

- 新选区：在画布中同时只能创建一个选区，创建其他选区会将当前选区替换。
- 添加到选区：可以在画布中创建新选区，并将新选区与原有选区相加。
- 从选区减去：可以从当前选区范围中减去与当前选取范围相加的选区。
- 与选区相交：只保留两个选区交叉部分。

提示 除了单击“选项”栏中的相关按钮可以设置选区运算方式外，在创建选区时，按住Shift键的效果与“添加到选区”相同；按住Alt键的效果与“从选区减去”相同；按住Shift+Alt键的效果与“与选区相交”相同。

羽化：用来设置选区羽化的值，羽化值的范围在0~250像素之间。羽化值越高、羽化的宽度范围也就越大；羽化值越小、创建的选区越精确。

消除锯齿：图像中最小的元素是像素，而像素是正方形的，所以在创建椭圆、多边形等不规则选区时，选区会产生锯齿状的边缘，尤其将图像放大后，锯齿会更加明显。该选项可以在选区边缘一个像素宽的范围内添加与周围图像相近的颜色，使选区看上去比较光滑。

样式：用来设置选区的创建方法，一共有3种设置样式的方法。

- 正常：可通过拖动鼠标创建任意大小的选区，该选项为默认设置。
- 固定比例：可在右侧的“宽度”和“高度”文本中输入数值，创建固定比例的选区。例如，要创建一个宽度是高度3倍的选区，可输入宽度3、高度1，如图13-4所示。
- 固定大小：可在“宽度”和“高度”文本框中输入选区的宽度和高度，如图13-5所示。在绘制选区时，只需在画布中单击便可创建固定大小的选区。

样式：固定比例 宽度：3 高度：1

图13-4 固定比例样式

样式：固定大小 宽度：350 像 高度：195 像

图13-5 固定大小样式

调整边缘：单击该按钮可以弹出“调整边缘”对话框，对选区进行更加细致的操作，这是一种比较重要的处理选区的方法，在后面会对该功能的使用方法进行详细的讲解。

13.1.2 实战——使用“矩形选框工具”

Photoshop中的“矩形选框工具”是用来创建长方形或正方形选区的工具，在网页中，可以看到很多矩形背景或图像，可以通过使用“矩形选框工具”进行创建选区，来制作网页中许多广告图片的背景效果。

使用“矩形选框工具”

●源文件：光盘\源文件\第13章\13-1-2.psd ●视频：光盘\视频\第13章\13-1-2.swf

01 执行“文件>打开”命令，打开素材文件“光盘\源文件\第13章\素材\131201.psd”，图像效果如图13-6所示，“图层”面板如图13-7所示。

图13-6 打开素材

图13-7 “图层”面板

02 新建“图层 3”，使用“矩形选框工具”，设置“前景色”为RGB（241、199、149），在画布中绘制矩形选区，按快捷键Alt+delete，为选区填充前景色，如图13-8所示。取消选区，为其添加“描边”图层样式，在弹出的“图层样式”对话框中设置如图13-9所示。

图13-8 图像效果

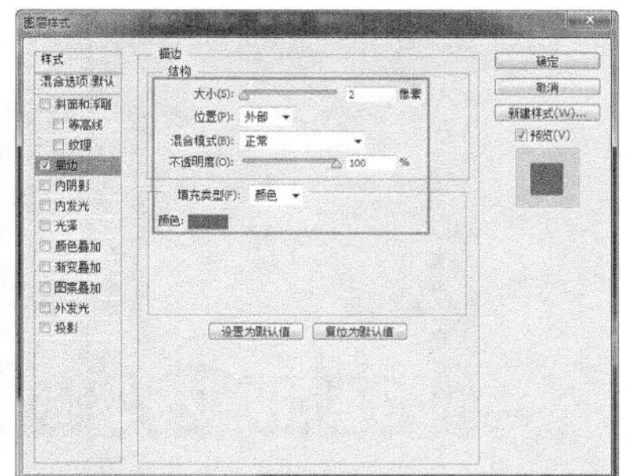

图13-9 “图层样式”对话框

03 单击“确定”按钮，效果如图13-10所示。执行“文件>打开”命令，打开素材并拖入素材图像，调整至合适的位置，按快捷键Alt+Ctrl+G，创建剪切蒙版，效果如图13-11所示。

图13-10 图像效果

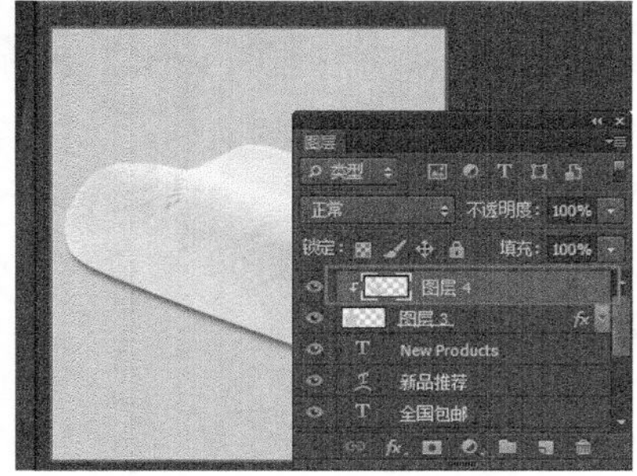

图13-11 图像效果

04 使用“横排文字工具”，打开“字符”面板，设置如图13-12所示。完成设置后，在画布中输入文字，文字效果如图13-13所示。

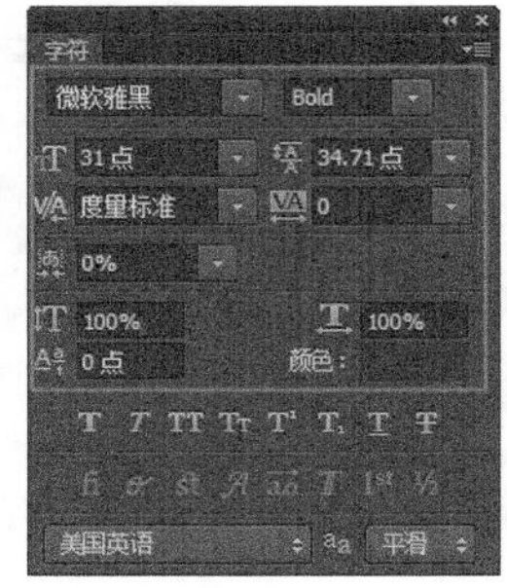

图13-12 “字符”面板

图13-13 文字效果

05 使用相同的方法，绘制图形并输入其他文字，效果如图13-14所示，“图层”面板如图13-15所示。

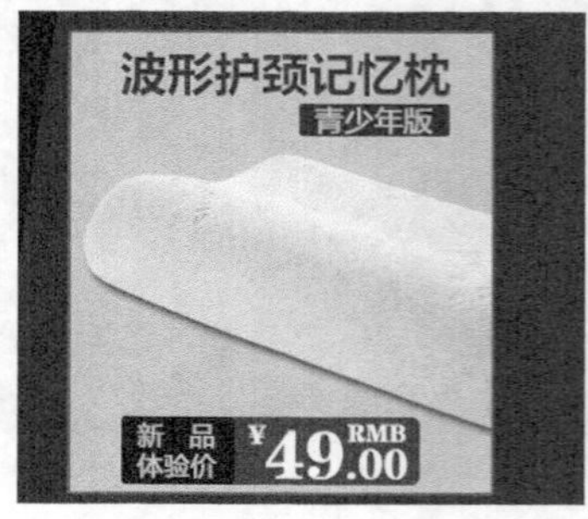

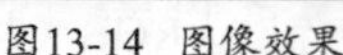
图13-14 图像效果

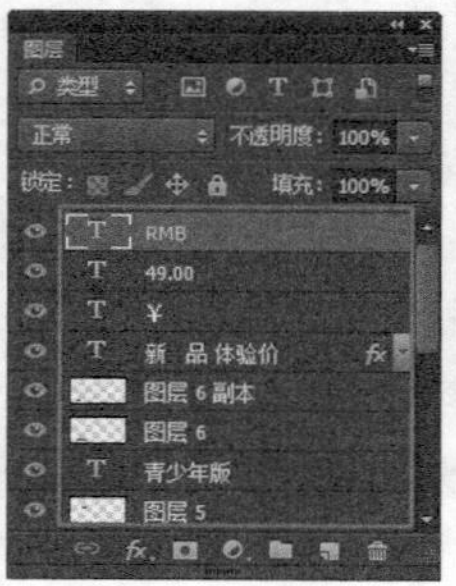

图13-15 “图层”面板

06 使用相同的方法，完成其他图像的制作，图像效果如图13-16所示。执行“文件>存储为”命令，将文件存储为“光盘\源文件\第13章\ 13-1-2.psd”。

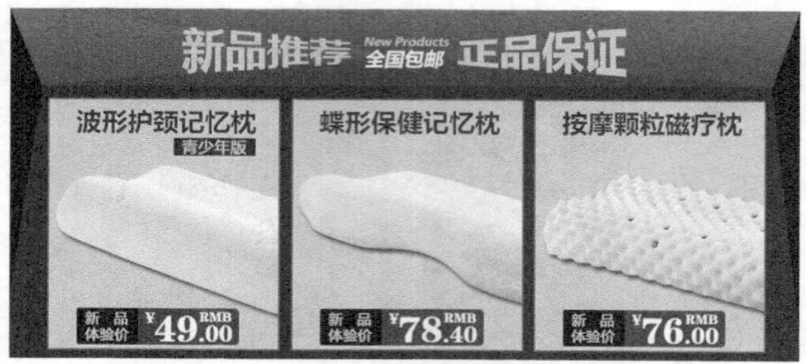

图13-16 最终效果

13.1.3 实战——使用“椭圆选框工具”

Photoshop中的“椭圆选框工具”是用来创建椭圆形选区的，使用“椭圆选框工具”在画布中单击并拖动鼠标即可创建椭圆选区，同时还可根据需要调整选区的形态，例如配合使用Shift键可建立正圆形选区。

使用“椭圆选框工具”

●源文件：光盘\源文件\第13章\13-1-3.psd　　●视频：光盘\视频\第13章\13-1-3.swf

01 执行“文件>打开”命令，打开素材文件“光盘\源文件\第13章\素材\131301.psd”，图像效果如图13-17所示，“图层”面板如图13-18所示。

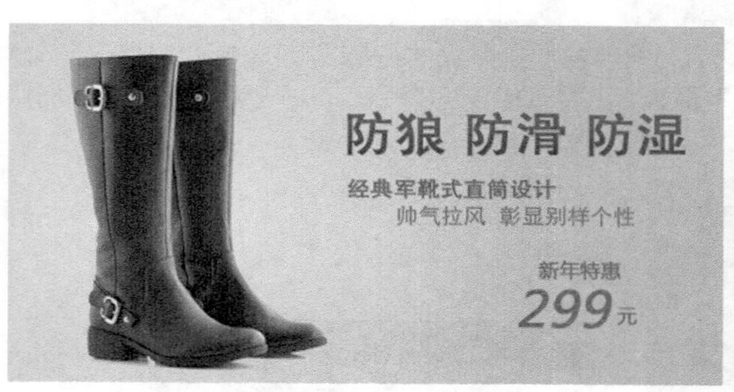

图13-17 打开素材

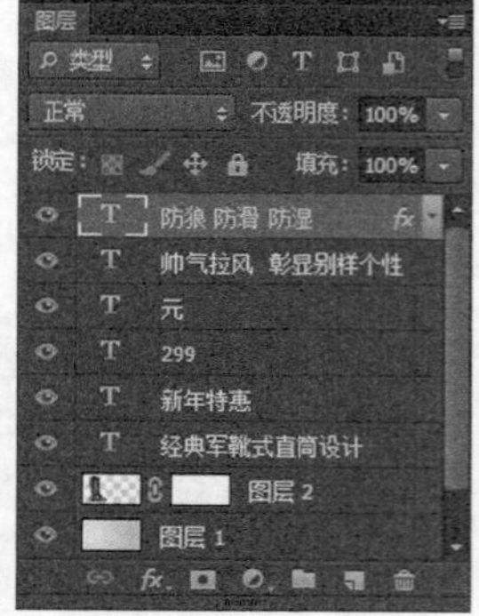

图13-18 “图层”面板

02 新建“图层 3”，使用“椭圆选框工具”，设置“前景色”为白色，按住Shift键在画布中绘制正圆形选区，按快捷键Alt+delete，为选区填充前景色，效果如图13-19所示。取消选区，设置该图层的“不透明度”为50%，效果如图13-20所示。

图13-19 图像效果

图13-20 设置“不透明度”

03 复制“图层 3”得到“图层 3副本”，并调整合适的大小和位置，设置该图层的“不透明度”为35%，效果如图13-21所示。使用相同方法，完成其他图像的制作，效果如图13-22所示。

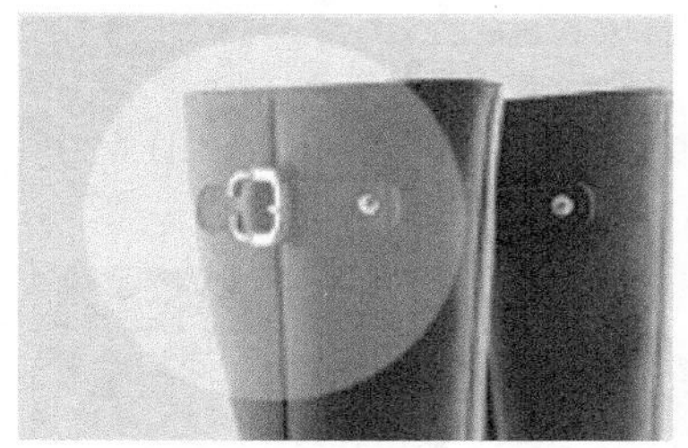

图13-21 图像效果

图13-22 图像效果

04 将“图层 3”至“图层 3副本8”移至“图层 2”的下方，效果如图13-23所示，“图层”面板如图13-24所示。执行“文件>存储为”命令，将文件存储为“光盘\源文件\第13章\ 13-1-3.psd”。

图13-23 图像效果

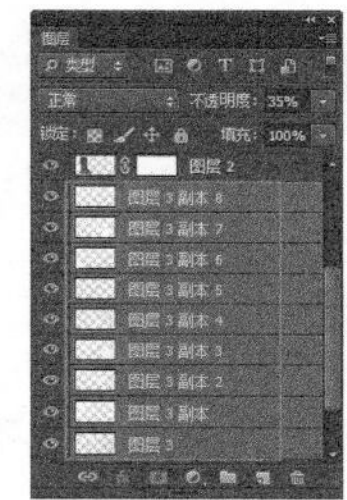

图13-24 “图层”面板

13.1.4 实战——使用“单行选框工具”

Photoshop中的“单行/单列选框工具”是一种特殊的选区创建工具，规定了所创建选区的宽度或高度只能为1个像素。

使用“单行选框工具”

●源文件：光盘\源文件\第13章\13-1-4.psd　　●视频：光盘\视频\第13章\13-1-4.swf

01 执行“文件>打开”命令，打开素材文件“光盘\源文件\第13章\素材\131401.psd”，图像效果如图13-25所示，“图层”面板如图13-26所示。

图13-25 图像效果

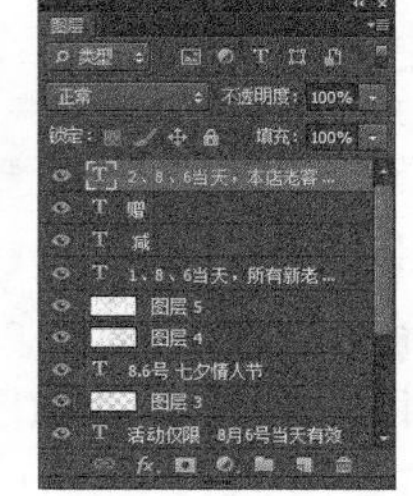

图13-26 “图层”面板

02 在“图层 4”上方新建“图层 6”，设置“前景色”为RGB（201、0、48），使用“单行选框工具”，按住Shift键在画布中绘制多个单行选框选区，为选区填充前景色，如图13-27所示。设置该图层的“不透明度”为10%，并进行旋转操作，效果如图13-28所示。

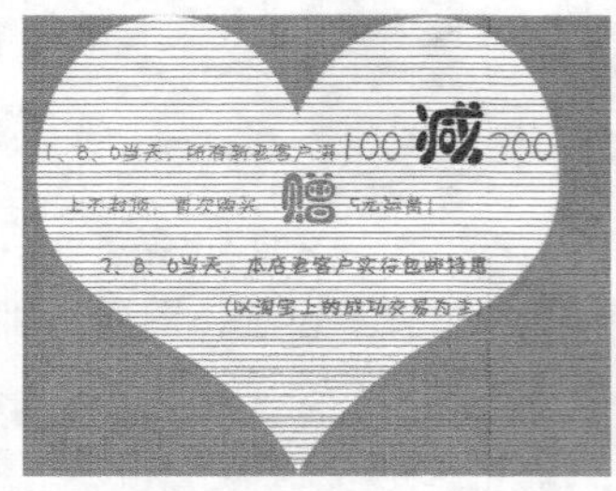

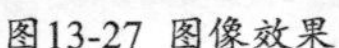
图13-27 图像效果　　图13-28 图像效果

03 按快捷键Alt+Ctrl+G，创建剪切蒙版，图像效果如图13-29所示，“图层”面板如图13-30所示。执行“文件>存储为”命令，将文件存储为“光盘\源文件\第13章\ 13-1-4.psd”。

图13-29 图像效果

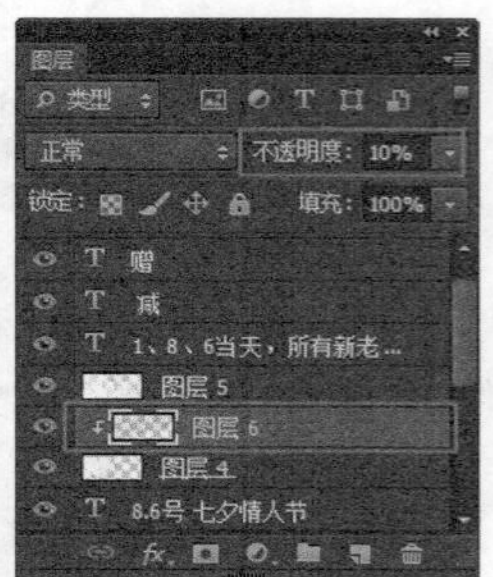

图13-30 “图层”面板

13.1.5 套索工具组

用户可以使用选框工具组创建具有规则几何形状的选区，但如果遇到需要创建外形不规则的选区的情况下，可以使用套索工具组。套索工具组共包括“套索工具”、“多边形套索工具”和“磁性套索工具”3种，可用来创建曲线、多边形或不规则形态的选区。

“套索工具”用于手动创建不规则的选区；“多边形套索工具”用于创建具有直线或折线外形的选区；“磁性套索工具”用于沿图像中颜色反差较大的边缘创建选区。套索工具组中的几种工具的作用虽然有所不同，但使用方法基本相同。

提示　使用“套索工具”在画布中单击，并拖动鼠标绘制选区，如果在拖动鼠标的过程中，释放鼠标，则会在该点与起点间创建一条直线再封闭选区。使用“磁性套索工具”，绘制选区的过程中，按住Alt键在其他区域单击，可切换为“多边形套索工具”，创建直线选区；按住Alt键单击并拖动鼠标，可切换为“套索工具”。

13.1.6 魔棒工具组

在魔棒工具组内有“快速选择工具”与“魔棒工具”两种工具，通过这两种工具可以选择图像中色彩变化不大且色调相近的区域。

“快速选择工具”能够利用可调整的圆形画笔笔尖快速绘制选区，可以拖动或单击鼠标以创建选区，选区会向外扩展并自动查找和跟随图像中定义颜色相近区域。单击工具箱中的“快速选择工具”按钮，在画布中拖动即可创建选区，如图13-31所示。

“魔棒工具”能够选取图像中色彩相近的区域，比较适合选取图像中比较单一颜色的选区，单击工具箱中的“魔棒工具”按钮，在画布中拖动即可创建选区，如图13-32所示。

图13-31 使用“快速选择工具”创建选区

图13-32 使用“魔棒工具”创建选区

13.1.7 修改选区

选区作为Photoshop中最基本的工具，虽然功能十分简单，却发挥着巨大的作用。用户创建选区后，还能够根据实际需要对选区进一步操作。用户可以执行“选择>反向”命令对选区进行反选操作，还可以通过“扩展”、“收缩”、“平滑”、“羽化”以及“变换选区”等命令对选区进行修改操作。

扩展选区

扩展选区是指将当前选区按照设定的数值进行扩大，其操作方法应建立在已有选区的基础上，执行“选择>修改>扩展”命令，如图13-33所示。弹出“扩展选区”对话框，如图13-34所示，即可在该对话框中设置相应的扩展数值，实现扩展选区的效果。

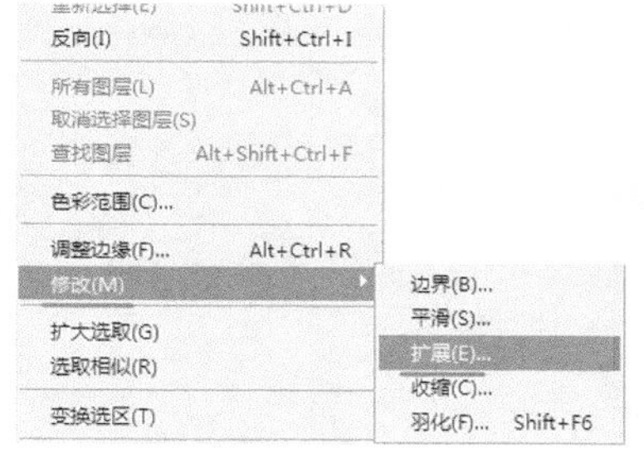

图13-33 “扩展”选项

图13-34 “扩展选区”对话框

收缩选区

收缩选区是指将当前选区按照设定的数值进行缩小，其操作方法应建立在已有选区的基础上，执行“选择>修改>收缩”命令，如图13-35所示。弹出“收缩选区”对话框，如图13-36所示，即可在该对话框中设置相应的收缩数值，实现收缩选区的效果。

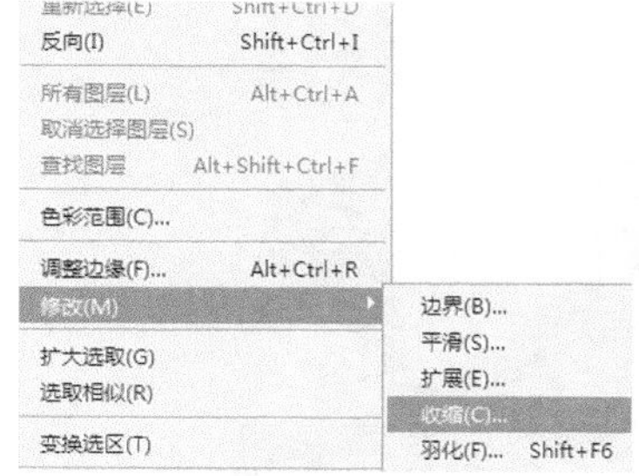

图13-35 “收缩”选项

图13-36 “收缩选区”对话框

平滑选区

平滑选区用于消除选区边缘的锯齿，其操作方法同样应建立在已有选区的基础上，执行“选择>修改>平滑”命令，如图13-37所示。弹出“平滑选区”对话框，如图13-38所示，即可在该对话框中设置适合的平滑数值，实现平滑选区的效果。

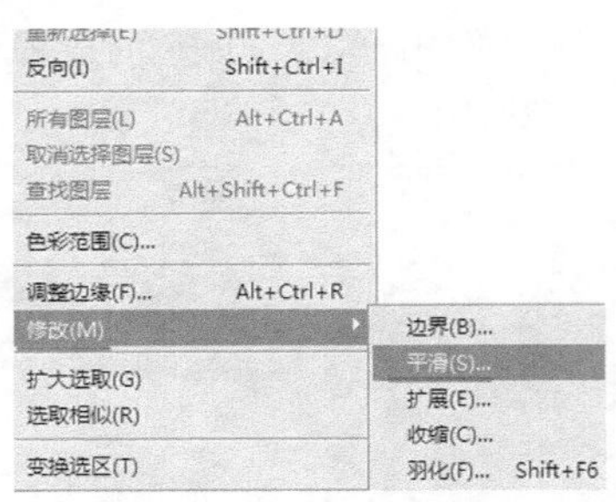

图13-37 “平滑”选项

图13-38 “平滑选区”对话框

羽化选区

羽化选区可以使选区呈平滑收缩状态，同时虚化选区的边缘，其操作方式应建立在已有选区的基础上，执行“选择>修改>羽化”命令，如图13-39所示。弹出“羽化选区”对话框，如图13-40所示，即可在该对话框中设置羽化数值，实现羽化选区的效果。

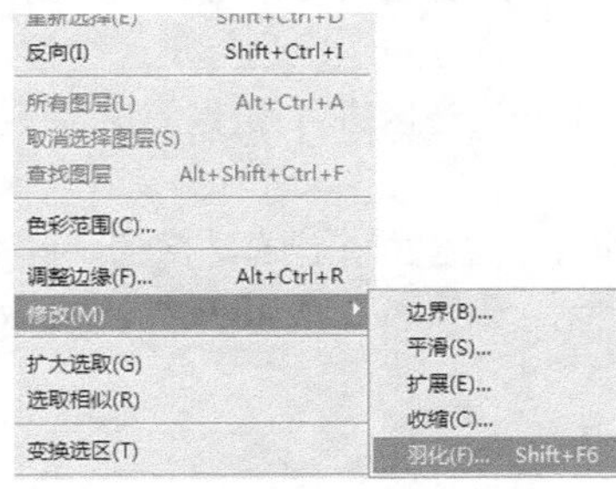

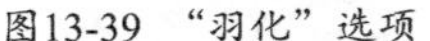

图13-39 “羽化”选项

图13-40 “羽化选区”对话框

提示 在“羽化选区”对话框中设置的羽化半径值与最终形成的选区大小成反比，半径越大，最终选区的范围越小，反之，则最终选区的范围越大。

变换选区

变换选区是根据命令对已有选区进行调整，其操作方法是执行“选择>变换选区”命令，如图13-41所示。在选区周围自动出现带有8个控制点的变换框，单击鼠标右键，在弹出的菜单中选择相应的选项，如图13-42所示，即可拖动控制点变换选区。单击“选项”栏右侧的“提交变换”按钮确定变换选区，或单击“取消变换”按钮放弃变换选区。

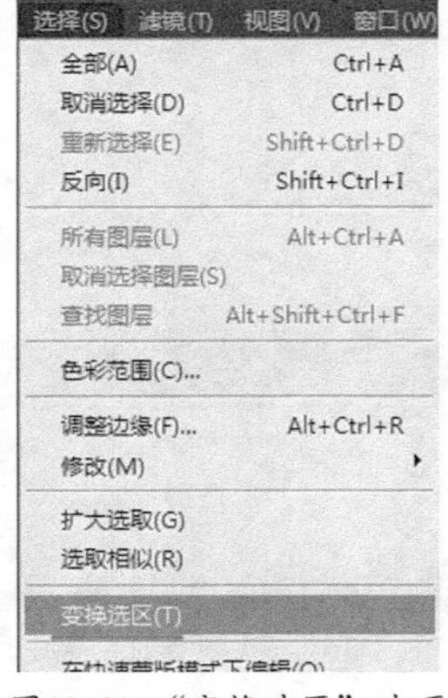

图13-41 “变换选区”选项

图13-42 变换选区和弹出菜单

提示 当选区处于变换状态时，将鼠标指针移至变换框或变化点附近，指针便会变换成不同的形状，这时拖动即可实现选区的放大、缩小和旋转等操作。

13.2 修改图像

通过素材获得的图像往往不能完全满足用户的需要，例如拍摄的时装展照片中有多余的背景人群、商品广告中有需要擦除的文字、图片主体对象显示不完全等，这时就需要利用Photoshop中提供的修饰工具来修改图像，使其符合设计的整体要求。

13.2.1 橡皮擦工具组

Photoshop CS6的工具箱中的橡皮擦工具组包括“橡皮擦工具”、“背景橡皮擦工具”和“魔术橡皮擦工具”，如图13-43所示。橡皮擦工具组用来删除图像中多余的部分，具体使用效果和在图像窗口中的鼠标指针形状都有所不同。

橡皮擦工具 E
背景橡皮擦工具 E
魔术橡皮擦工具 E

图13-43 橡皮擦工具组

使用“橡皮擦工具”，在图像中涂抹可以擦除图像。如果在“背景”图层或锁定了透明区域的图像中使用该工具，则被擦除的部分会显示为背景色。

“背景橡皮擦工具”是一种智能橡皮擦，具有自动识别对象边缘的功能，可采集画笔中心的色样，并删除在画笔内出现的这种颜色，使擦除区域成为透明区域。

“魔术橡皮擦工具”主要用于删除图像中颜色相近或大面积单色区域的图像，与“魔棒工具”相类似。

执行“文件>打开”命令，打开素材“光盘\源文件\第13章\素材\ 132104.jpg”，使用“快速选择工具”创建选区，如图13-44所示。使用“橡皮擦工具”，擦除选区中的内容，被擦除的部分会显示为背景色白色，如图13-45所示。

图13-44 创建选区

图13-45 使用“橡皮擦工具”进行擦除

使用“背景橡皮擦工具”对选区部分进行擦除，擦除效果如图13-46所示。使用“魔术橡皮擦工具”，在选区中单击，擦除效果如图13-47所示。

图13-46 使用“背景橡皮擦”进行擦除

图13-47 使用“魔术擦工具”进行擦除

提示 在Photoshop操作窗口中，按E键可以选择“橡皮擦工具”，按Shift+E组合键可以在橡皮擦工具组中的3个工具之间进行切换。

13.2.2 图章工具组

Photoshop CS6的工具箱中的图章工具组包括“仿制图章工具”和“图案图章工具”，如图13-48所示。可以使用它们来修改图像和绘制图案。

图13-48 图章工具组

13.2.3 仿制图章工具

利用“仿制图章工具”可以将图像中的全部或者部分区域复制到其他位置或是其他图像中，通常使用该工具来去除图片中的污点、杂点或者进行图像合成，“仿制图章工具”的“选项”栏如图13-49所示。

图13-49 “仿制图章工具”的“选项”栏

对齐：勾选该复选框后，在操作过程中，一次仅复制一个源图像；不勾选该复选框则将连续复制多个相同的源图像。

样本：该选项的下拉列表中包含“当前图层”、“当前和下方图层”和“所有图层”3个选项，默认选中“当前图层”选项，在其中可以选择样本的对象，即只在当前图层中选择样本。

> 提示 使用“仿制图章工具”进行复制时，在图像的取样处会出现一个十字线标签，表示当前正复制取样处的原图部分。

13.2.4 实战——使用“仿制图章工具”

可以利用“仿制图章工具”将图像中的区域复制到其他位置上或是其他图像中，下面通过一个小练习，学习使用“仿制图章工具”使得图像的效果变得更加丰富多彩。

使用“仿制图章工具”

●源文件：光盘\源文件\第13章\13-2-4.psd　　●视频：光盘\视频\第13章\13-2-4.swf

01 执行“文件>打开”命令，打开素材文件“光盘\源文件\第13章\素材\132401.psd”，图像效果如图13-50所示，“图层”面板如图13-51所示。

图13-50 图像效果

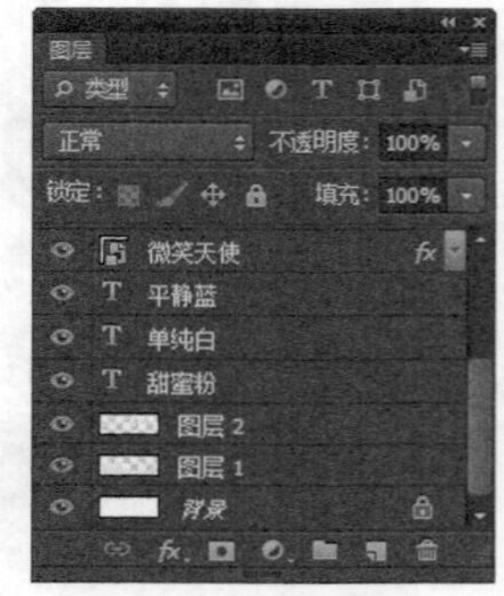

图13-51 “图层”面板

02 选中“图层 2”，使用“仿制图章工具”，按Alt键的同时在画布中单击鼠标，设置取样点，如图13-52所示。在右边空白部分拖动鼠标进行绘制，图像的最终效果如图13-53所示。

图13-52 设置取样点

图13-53 图像效果

13.2.5 图案图章工具

“图案图章工具”的使用方法和“仿制图章工具”基本相同，但操作时不需要按住Alt键进行取样，另外，在该工具的“选项”栏中增加了两个选项，如图13-54所示。

图13-54 “图案图章工具”的“选项”栏

“图案”下拉列表：用于选择在图像中填充的图案，单击右侧的倒三角按钮，在弹出列表框中列出了Photoshop CS6自带的图案选项，如图13-55所示，选择其中的选项后，在图像中拖动鼠标指针即可绘制该图案。

印象派效果：勾选该复选框，可使复制的图像效果具有类似于印象派油画的风格，画面比较抽象、模糊，默认为未选中状态。需要注意的是，勾选该复选框后，在图像中拖动鼠标进行喷涂的艺术效果是随机产生的，没有一定的规则，如图13-56所示。

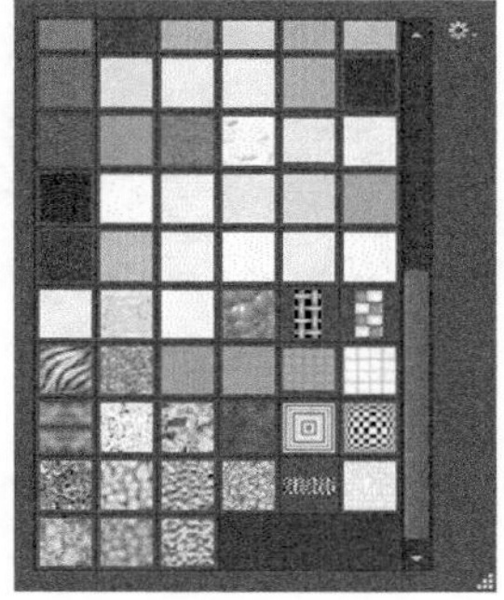

图13-55 “图案”下拉列表

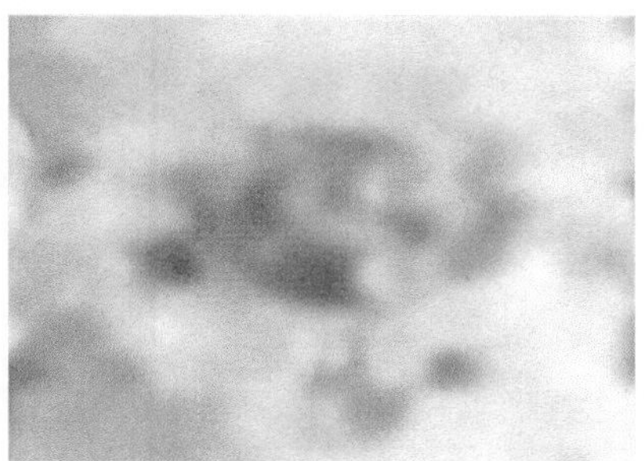

图13-56 图像效果

13.2.6 实战——使用“图案图章工具”

“图案图章工具”用于图案绘画，可以将图案库中的图案或自定义的图案复制到同一图像或其他图像中，下面就是通过自定义图案的方法，完成绘画的制作。

使用“图案图章工具”

●源文件：光盘\源文件\第13章\13-2-6.psd　　●视频：光盘\视频\第13章\13-2-6.swf

01 执行“文件>打开”命令，打开素材文件“光盘\源文件\第13章\素材\132601.psd”，图像效果如图13-57所示，“图层”面板如图13-58所示。

图13-57 打开素材

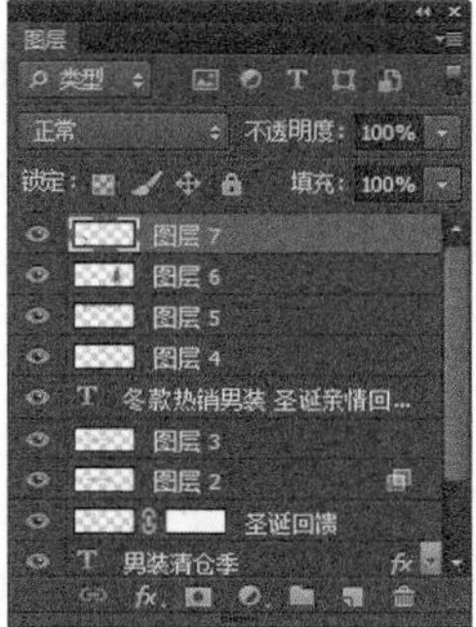

图13-58 “图层”面板

02 隐藏除“图层 7”以外的所有图层，使用“矩形选框工具”选取所要复制的区域，如图13-59所示。执行“编辑>定义图案”命令，弹出“图案名称”对话框，设置如图13-60所示。

图13-59 绘制选区

图13-60 “图案名称”对话框

03 单击“确定”按钮，使用“图案图章工具”，在“选项”栏中进行相应的设置，如图13-61所示。设置完成后，新建“图层 8”，在该图层上绘制“雪人”图案，图像效果如图13-62所示。

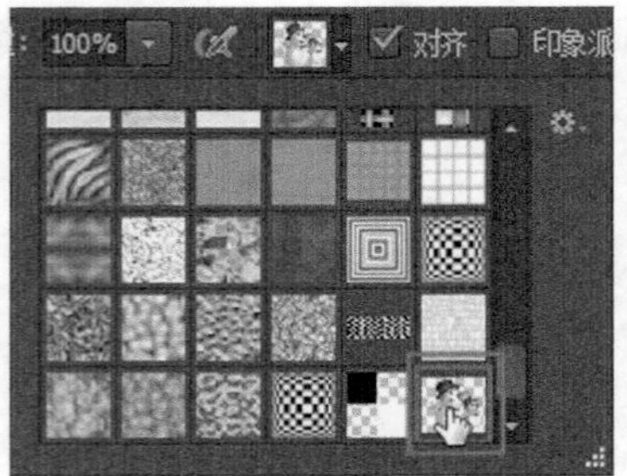

图13-61 “图案”下拉列表

图13-62 图像效果

13.2.7 修复工具组

修复工具组可以将取样点的颜色信息十分精确地复制到图像其他区域，并保持目标图像的色相、饱和度、高度以及纹理等属性，是一组十分快捷方便的图像修复工具，如图13-63所示。

污点修复画笔工具
修复画笔工具
修补工具
内容感知移动工具
红眼工具

图13-63 修复工具组

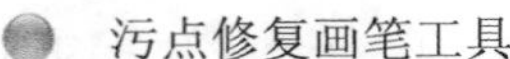

污点修复画笔工具

“污点修复画笔工具”主要用于快速修复图像中的斑点、色块、污迹、霉变和划痕等小面积区域。与“修复画笔工具”的效果类似，“污点修复画笔工具”也是使用图像或图案中的样本像素进行绘画，并能使样本像素的纹理、光照、透明度和阴影与所修复的像素相匹配。

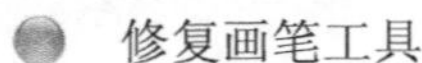

修复画笔工具

“修复画笔工具”与“仿制图章工具”一样，可以利用图像或图案中的样本像素来绘画。但该工具可以从被修饰区域的周围取样，使用图像或图案中的样本像素进行绘画，并使样本的纹理、光照、透明度和阴影等与所修复的像素相匹配，从而去除照片中的污点和划痕，修复后的效果不会产生人工修复的痕迹，如图13-64所示。

图13-64 修复图像前后效果

修补工具

“修补工具”的工作原理与修复工具一样，唯一的区别是在使用该工具进行操作时，要像使用“套索工具”一样绘制一个选区，然后把该区域内的图像拖动到目标位置完成对目标区域的修复。

- 内容感知移动工具

在Photoshop CS6中新增了“内容感知移动工具”，使用该工具可以轻松的移动图像中对象的位置，并在对象原位置自动填充附近的图像。单击工具箱中的“内容感知移动工具”按钮，可以在工具“选项”栏中看到相应的参数设置，如图13-65所示。

模式： 移动 适应： 中 对所有图层取样

图13-65 “内容感知移动工具”的“选项”栏

模式：在该选项列表中可以选择该工具的工作模式，其中包括两个选项，分别是“移动”和“扩展”。选择“移动”模式，则可以移动选区中的图像，并将图像原位置填充其附近的图像，如图13-66所示。

图13-66 使用“移动”模式

如果选择“扩展”模式，则可以移动选区中的图像，并在图像中保留原选区位置的图像，如图13-67所示。

图13-67 使用“扩展”模式

适应：在该选项列表中包含“非常严格”、“严格”、“中”、“松散”和“非常松散”5个选项，表示图像与背景的融合程度，如果选择“非常严格”选项，则移动对象与背景的融合更加自然，系统默认情况下，选择“中”选项。

- 红眼工具

在使用照相机拍摄照片时，闪光灯的光线会给人的眼睛造成反光斑点的情况，称为红眼现象，此时可以使用“红眼工具”消除红眼现象。

使用Photoshop CS6中的“红眼工具”时，只需在红眼睛上单击一次即可修正红眼，使用该工具时可以调整瞳孔大小和暗部数量。

> **提示** 用户在修复图像时，如果由于条件所限无法一次实现所需的结果，则可以综合应用各种修复工具，或者反复应用一种工具完成操作，达到用户的要求为止。

13.3 调整网页图像的颜色

当浏览者登录并打开一个网站页面的时候，其中的图像、形状、文字和颜色会给浏览者的心理和情绪带来一定的影响，如果网页中的元素，例如图像的颜色带给浏览者的是不好的印象，那么该用户则会选择退出该页面，页面的浏览量会下降。因此网页的配色是网页设计的重要元素之一，网页的背景、文字、图标等元素所采用的颜色，应该符合网站内容的要求，符合受众者的心理预期和审美的要求，才能起到烘托的作用，使网页整体更加统一。

当图像素材不符合当前网页的风格要求，存在颜色不匹配、亮度不适当、色调不统一等问题时，可以根据需要在操作窗口中执行“图像>调整”命令，在弹出菜单中选择相应的选项对图像的颜色进行调整。

13.3.1 实战——调整图像的亮度

通常网站页面中的图像素材会出现图像模糊、偏亮或者偏暗等情况，此时就需要在Photoshop中对亮度不合适的图像进行调整。

在Photoshop CS6中打开图像文件后，执行“图像>调整>亮度/对比度”命令，弹出“亮度/对比度”对话框，用户在该对话框中修改参数，即可很方便地调整图像的亮度或者提高图像的对比度，使图像更加清晰。

调整图像的亮度

●源文件：光盘\源文件\第13章\13-3-1.psd　　●视频：光盘\视频\第13章\13-3-1.swf

01 执行“文件>打开”命令，打开素材文件“光盘\源文件\第13章\素材\133101.psd”，图像效果如图13-68所示，“图层”面板如图13-69所示。

图13-68 打开素材

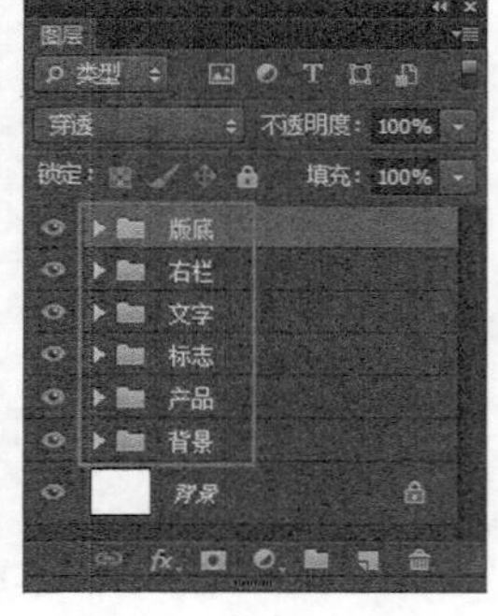

图13-69 “图层”面板

02 选中“背景”图层组中需要调整亮度的“图层 10”，如图13-70所示。执行“图像>调整>亮度/对比度”命令，如图13-71所示。

图13-70 “图层”面板

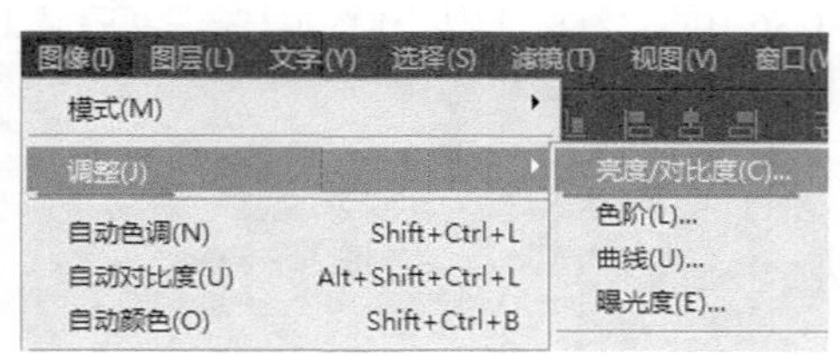

图13-71 “亮度/对比度”命令

03 弹出“亮度/对比度”对话框，在该对话框中进行相应的设置，如图13-72所示。单击“确定”按钮，完成“亮度/对比度”对话框的设置，效果如图13-73所示。执行“文件>存储为”命令，将文件存储为“光盘\源文件\第13章\ 13-3-1.psd”。

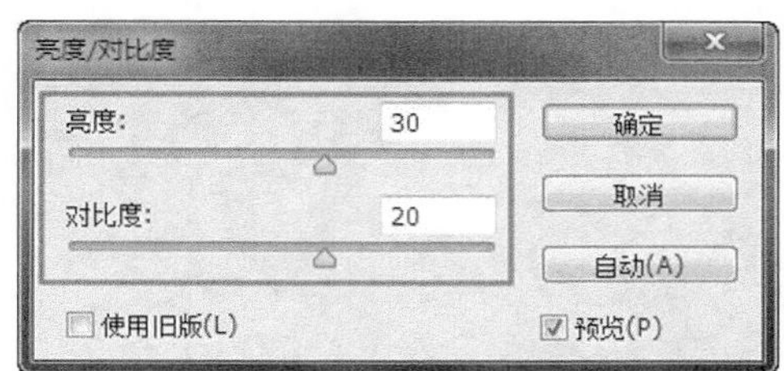

图13-72 “亮度/对比度”对话框

图13-73 图像效果

13.3.2 实战——调整图像颜色

有些网站页面中的图像素材会出现颜色不匹配的现象，此时就可以使用“匹配颜色”、“替换颜色”等命令对图像的整体颜色进行调整。

调整图像颜色

●源文件：光盘\源文件\第13章\13-3-2.psd　　●视频：光盘\视频\第13章\13-3-2.swf

01 执行“文件>打开”命令，打开素材文件“光盘\源文件\第13章\素材\133201.psd”，效果如图13-74所示。相同方法，打开素材“光盘\源文件\第13章\素材\133201.jpg”，如图13-75所示。

图13-74 图像效果

图13-75 打开素材

02 选中需要调整颜色的“图层 1”，复制“图层 1”得到“图层 1副本”，如图13-76所示。执行“图像>调整>匹配颜色”命令，弹出“匹配颜色”对话框，如图13-77所示。

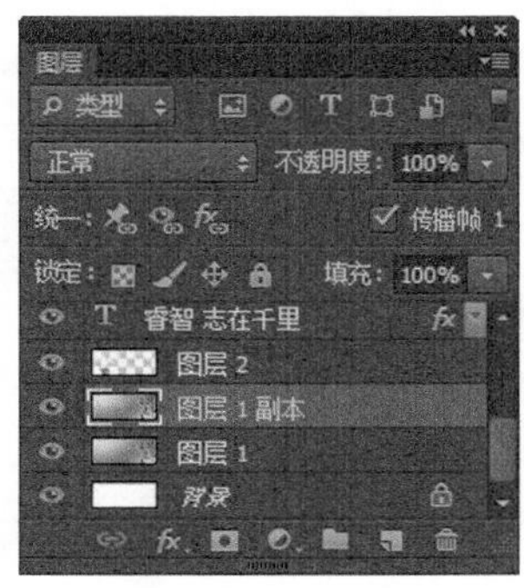

图13-76 “图层”面板

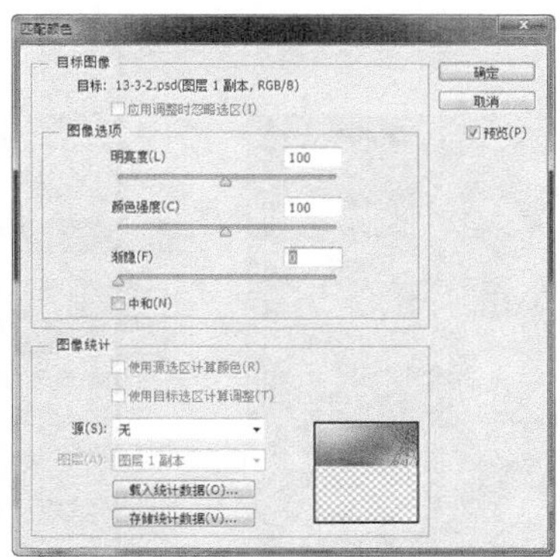

图13-77 “匹配颜色”对话框

03 在“源”下拉列表框中选择133201.jpg，并对相应的选项进行设置，如图13-78所示。单击“确定”按钮，完成“匹配颜色”对话框的设置，效果如图13-79所示，执行“文件>存储为”命令，将文件存储为“光盘\源文件\第13章\ 13-3-2.psd”。

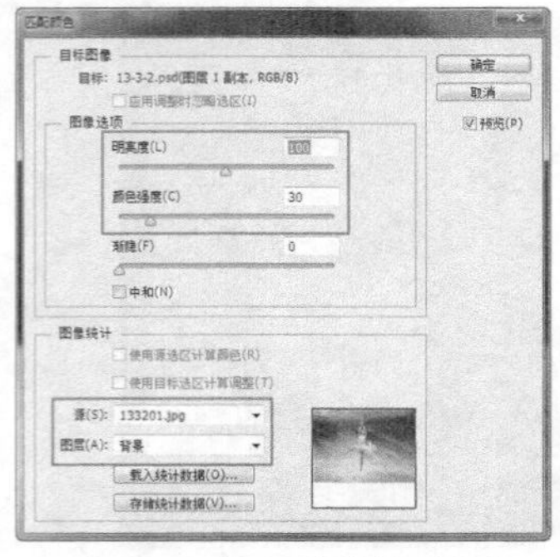

图13-78 “匹配颜色”对话框

图13-79 图像效果

13.3.3 实战——调整图像的色调

如果用户需要对网页中图像素材的色调进行修改，可以在Photoshop中首先打开该图像，执行“图像>调整>色相/饱和度”命令，即可在弹出的“色相/饱和度”对话框中修改参数，对网页图像的色调进行相应的调整。

调整图像的色调

●源文件：光盘\源文件\第13章\13-3-3.psd　　●视频：光盘\视频\第13章\13-3-3.swf

01 执行“文件>打开”命令，打开素材文件“光盘\源文件\第13章\素材\133301.psd”，图像效果如图13-80所示，“图层”面板如图13-81所示。

图13-80 图像效果

图13-81 “图层”面板

02 选中“内容”图层组中需要调整色调的“图层 3”，如图13-82所示。执行“图像>调整>色相/饱和度”命令，如图13-83所示。

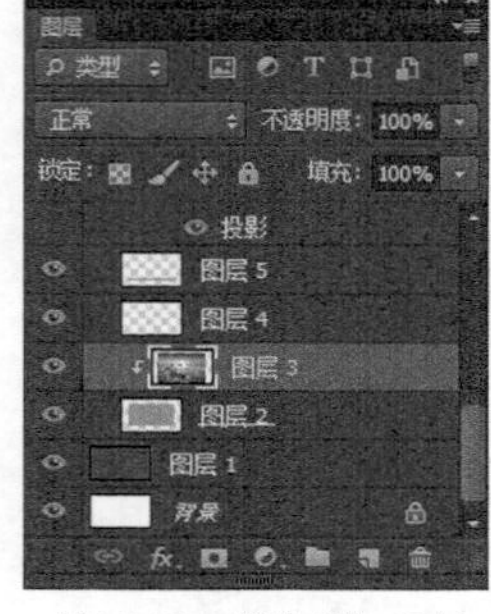

图13-82 “图层”面板

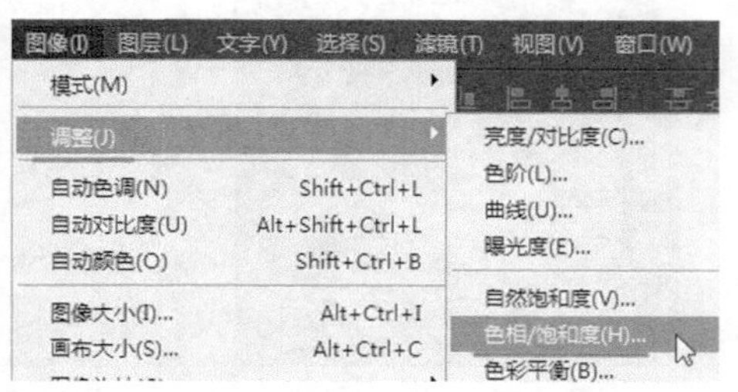

图13-83 “色相/饱和度”菜单命令

03 弹出“色相/饱和度”对话框，在该对话框中进行相应的设置，如图13-84所示。单击“确定”按钮，完成“色相/饱和度”对话框的设置，效果如图13-85所示，执行“文件>存储为”命令，将文件存储为“光盘\源文件\第13章\13-3-3.psd”。

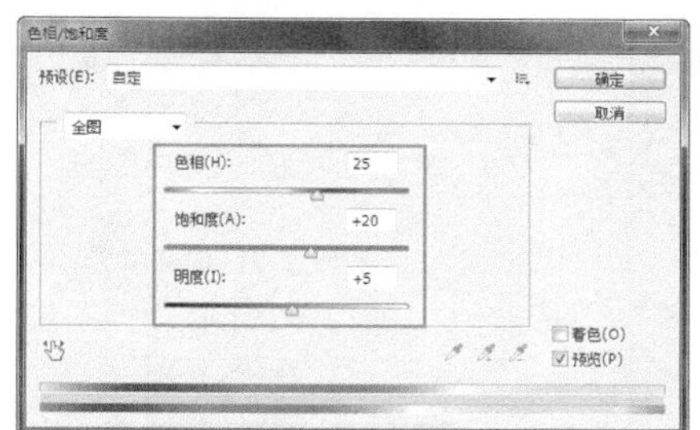

图13-84 “色相/饱和度”对话框

图13-85 图像效果

13.4 实战——设计网站宣传广告

本章主要详细讲解了关于修改图像的形状和颜色的相关知识，综合一下，就是能在网页中根据自己的需要制作出合适的图像或网页效果。一般浏览者在浏览网页时，网站中经常会出现许多宣传广告，下面将通过一个网站宣传广告的设计制作，向读者综合讲述本章所学知识。

设计网站宣传广告

●源文件：光盘\源文件\第13章\13-4.psd　　●视频：光盘\视频\第13章\13-4.swf

01 执行“文件>新建”命令，弹出“新建”对话框，设置如图13-86所示。单击“确定”按钮，新建“图层1”，使用“画笔工具”，设置“前景色”为RGB（111、195、72），设置合适的画笔笔触和画笔“不透明度”，在画布中进行绘制，效果如图13-87所示。

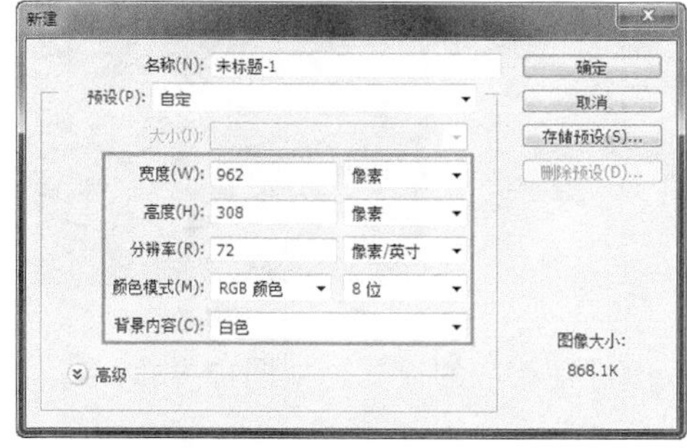

图13-86 “新建”对话框

图13-87 图像效果

02 设置“前景色”为RGB（65、197、180），设置合适的“不透明度”和画笔笔触，在画布中进行绘制，效果如图13-88所示。使用相同方法，设置不同的“前景色”、画笔笔触和画笔“不透明度”，在画布中进行绘制，效果如图13-89所示。

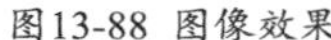

图13-88 图像效果

图13-89 图像效果

03 执行“文件>打开”命令，打开素材“光盘\源文件\第13章\素材\13401.png”，拖曳至新建文档中，生成“图层 2”，调整至合适的位置，如图13-90所示。新建“图层 3”，设置“前景色”为白色，使用“画笔工具”，设置合适的画笔笔触，在画布中进行绘制，图像效果如图13-91所示。

图13-90 拖入素材

图13-91 图像效果

04 使用相同方法，设置不同的画笔笔触，在画布中进行绘制，图像效果如图13-92所示，“图层”面板如图13-93所示。

图13-92 图像效果

图13-93 “图层”面板

05 使用相同方法，打开素材13402.png和13403.png，拖曳至新建文档中，生成“图层 4”和“图层 5”，并调整至合适的位置，图像如图13-94所示，“图层”面板如图13-95所示。

图13-94 拖入素材

图13-95 “图层”面板

06 使用“横排文字工具”，打开“字符”面板，在该面板中进行相应的设置，如图13-96所示。设置完成后，在画布中输入文字，文字效果如图13-97所示。

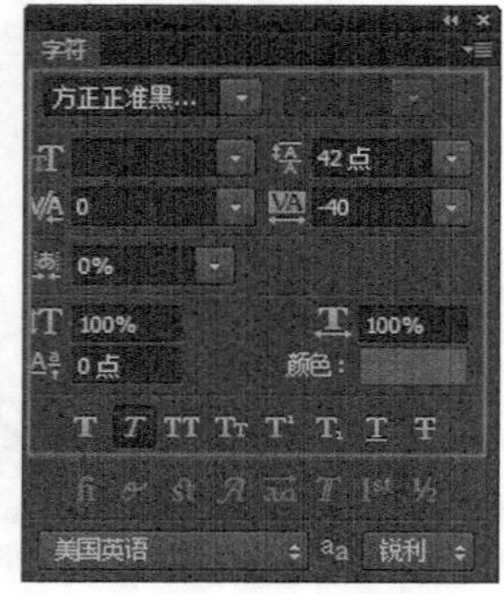

图13-96 “字符”面板

图13-97 文字效果

07 为文字添加“投影”图层样式，弹出“图层样式”对话框，设置如图13-98所示。单击“确定”按钮，完成“图层样式”对话框的设置，效果如图13-99所示。

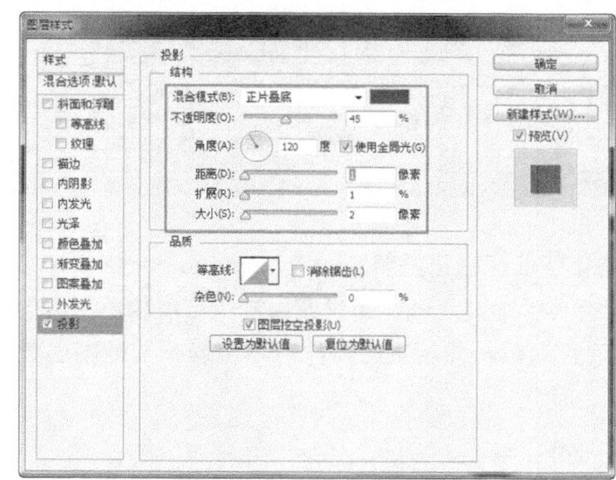

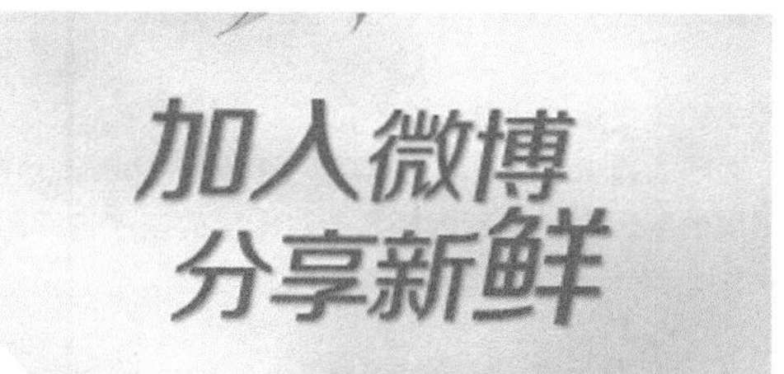

图13-98 “图层样式”对话框　　图13-99 图像效果

08 使用相同方法，输入其他文字，完成制作，图像最终效果如图13-100所示，“图层”面板如图13-101所示。

图13-100 图像效果

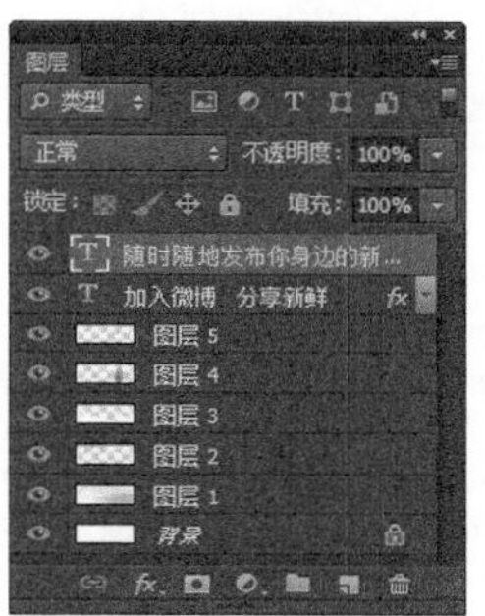

图13-101 “图层”面板

13.5 本章小结

本章重点讲解Photoshop CS6中创建与编辑选区、修改图像以及调整颜色的操作方法，这些都是在使用Photoshop CS6修改图像的形状和颜色时的基本操作，并通过相关实战练习，向读者详细讲解了如何调整网页中图像素材的颜色。通过本章的学习希望读者能够掌握相关知识。

第14章 使用文本和图层

文字是设计作品的重要组成部分，它不仅可以传达信息，还能起到美化版面、强化主题的作用。Photoshop提供了多个用于创建文字的工具，文字的编辑方法也非常灵活。图层是Photoshop中最为重要的功能之一，通过图层不仅可以随心所欲的将文档中的图像放置于不同的平面中，还可以轻易的对图层的顺序进行调整，而且对单一图层进行操作时不会影响其他图层效果。本章将主要讲解如何在Photoshop中对文本和图层进行处理。

14.1 输入文本

在Photoshop CS6中有两种文字输入方法，即横排文字输入法与直排文字输入法，下面将对文字输入方法进行具体讲解。

14.1.1 文字工具组

文字工具组包括4个文字工具，分别是“横排文字工具”、“直排文字工具”、“横排文字蒙版工具”和“直排文字蒙版工具”。使用鼠标右键单击工具箱中的“横排文字工具”按钮，可打开文字工具下拉菜单，如图14-1所示。

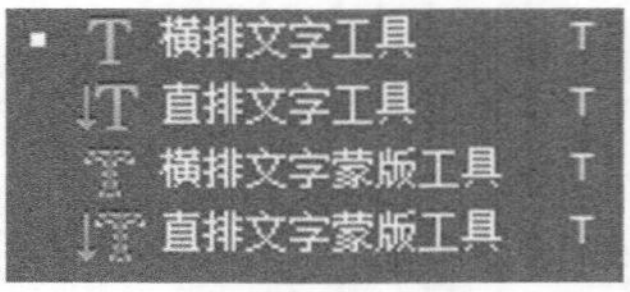

横排文字工具 T
直排文字工具 T
横排文字蒙版工具 T
直排文字蒙版工具 T

图14-1 文字工具

横排文字工具：在画布中单击输入文字，即可输入横排文字，此外使用“横排文字工具”还可以创建段落文字，即使用“横排文字工具”在画布中拖动出定界框并在其中输入文字。

提示 段落文字是在定界框内输入文字，在输入段落文字时，文字会基于文字框的尺寸大小自动换行，在需要处理大量文本时，可使用段落文字来完成。创建段落文字后，用户可以根据需要自由调整定界框的大小，使文字在调整后的矩形框中重新排列，通过定界框还可以旋转、缩放和斜切文字。

直排文字工具：使用该工具在画布中单击输入文字，即可输入直排文字。

横排文字蒙版工具：使用该工具在画布中输入的横排文字会以选区的方式出现。

直排文字蒙版工具：使用该工具在画布中输入直排文字可以创建直排文字选区。

提示 点文本和段落文本之间是可以相互转换的。执行“文字>转换为段落文本”命令，可将点文字转换为段落文本；执行“文字>转换为点文本”命令，可将段落文字转换为点文本。当段落文本转换为点文本时，所有溢出定界框的字符都会被删除。因此，为避免丢失文字，应首先调整定界框，使所有文字在转换前都显示出来。

单击文字工具后，在“选项”栏中将会显示该工具的设置选项，如字体、大小、文字颜色等，图14-2所示为“横排文字工具”的“选项”栏。

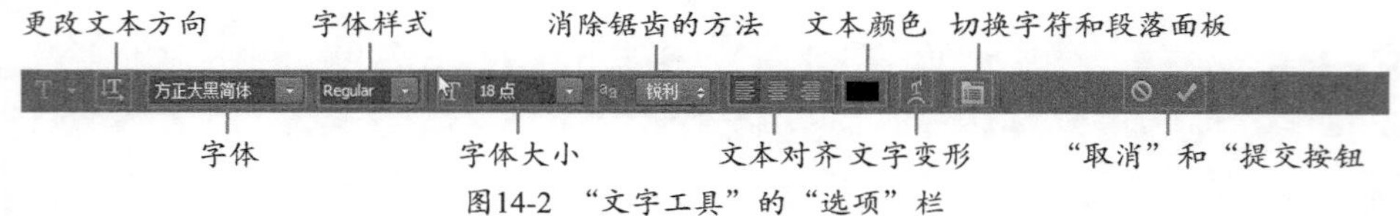

图14-2 “文字工具”的“选项”栏

“更改文本方向”按钮：如果当前文字为横排文字，单击该按钮，可将其转换为直排文字；如果当前文字为直排文字，单击该按钮，可将其转换为横排文字。

设置字体：在该选项下拉列表中可以选择各种不同的字体。

设置字体样式：用来为字符设置样式，包括Regular（规则的）、Italic（斜体）、Bold（粗体）和Bold Italic（粗斜体）等。“字体样式”只针对于部分的英文字体有用。

设置字体大小：可以选择字体的大小，或者直接输入数值进行字体大小的调整。

设置消除锯齿的方法：可以在下拉列表菜单中选择一种为文字消除锯齿的方法。Photoshop会通过部分的填充边缘像素，来产生边缘平滑的文字，使文字的边缘混合到背景中而看不出锯齿。

设置文本对齐：根据输入文字时光标的位置来设置文本的对齐方式，包括“左对齐文本”、“居中对齐文本”和“右对齐文本”。

设置文本颜色：单击颜色块，可以在弹出的“拾色器”对话框中设置文字的颜色。

“创建文字变形”按钮：单击该按钮，可在弹出的“变形文字”对话框中为文本添加变形样式，创建变形文字。

“切换字符和段落面板”按钮：单击该按钮，可以显示或隐藏“字符”和“段落”面板。

“取消”和“提交”按钮：单击“取消当前所有编辑”按钮，即可取消对文字进行的所有操作；单击“提交当前所有编辑”按钮，即可提交对文字进行的所有操作。

14.1.2 实战——输入横排文字

单击工具箱中的“横排文字工具”按钮，在画布中需要输入横排文字的位置单击，即可输入横排文字内容。“横排文字工具”是最常用的输入文字工具。

输入横排文字

●源文件：光盘\源文件\第14章\14-1-2.psd　　●视频：光盘\视频\第14章\14-1-2.swf

01 执行“文件>打开”命令，打开素材图像“光盘\源文件\第14章\素材\141201.jpg”，如图14-3所示。单击工具箱中的“横排文字工具”按钮，打开“字符”面板，设置如图14-4所示。

图14-3 打开图像

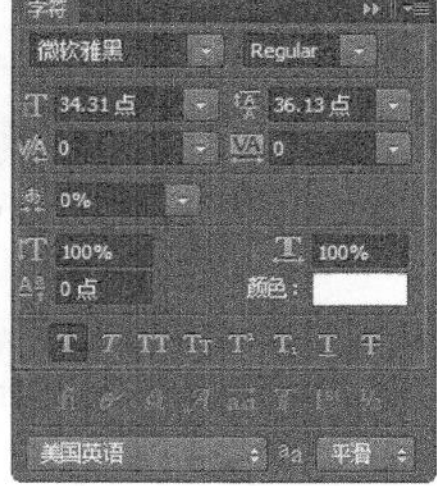

图14-4 “字符”面板

02 在画布中合适位置单击并输入相应文字，如图14-5所示。打开素材图像“光盘\源文件\第14章\素材\141202.png”，将素材拖入设计文档中，调整到合适的位置，如图14-6所示。

图14-5 输入文字

图14-6 拖入素材

提示 如果需要移动当前所输入文本位置，可以按住Ctrl键不放，然后将光标移至文本上（光标会变成▸形状），拖动鼠标即可移动所输入文本的位置。

03 使用相同方法，在图像中输入其他文字，效果如图14-7所示。执行“文件>另存为”命令，将该文件另存为“光盘\源文件\第14章\14-1-2.psd”。

图14-7 最终效果

14.1.3 实战——输入直排文字

单击工具箱中的“直排文字工具”按钮，在画布中单击即可输入直排文字，所输入的直排文字与横排文字在Photoshop中可以相互切换，使用非常自由和方便。

植入直排文字

源文件：光盘\源文件\第14章\14-1-3.psd　　　视频：光盘\视频\第14章\14-1-3.swf

01 打开素材文件“光盘\源文件\第14章\素材\141301.jpg”，如图14-8所示。单击“直排文字工具”按钮，打开“字符”面板，设置如图14-9所示。

图14-8 打开图像

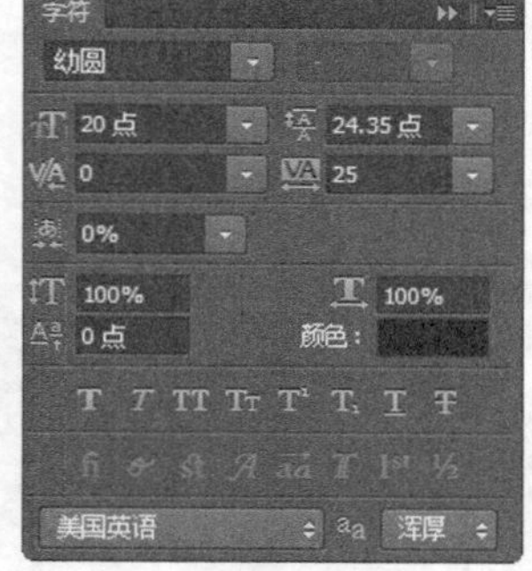

图14-9 “字符”面板

02 在画布中单击并输入相应直排文字，如图14-10所示。使用相同方法，输入其他文字，如图14-11所示。

图14-10 输入文字

图14-11 输入其他文字

03 单击“图层”面板上的“创建新图层”按钮，新建“图层1”，如图14-12所示。设置“前景色”为

RGB（105,0,116），使用“矩形工具”，在“选项”栏上的“工具模式”下拉列表中选择“像素”选项，在画布上绘制矩形，如图14-13所示。

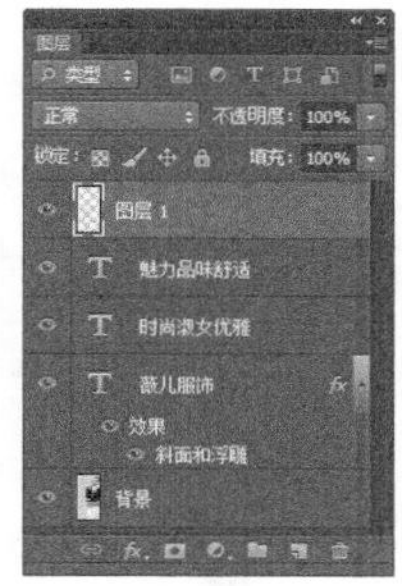

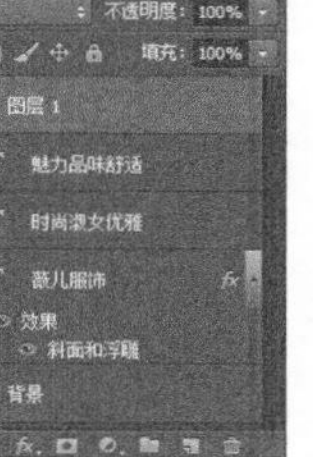

图14-12 新建“图层1”　　图14-13 绘制矩形

04 按快捷键Ctrl+T，对矩形进行旋转操作，如图14-14所示。单击工具箱中的“铅笔工具”按钮，在“选项”栏上打开“画笔预设”选取器，如图14-15所示。

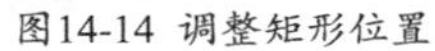

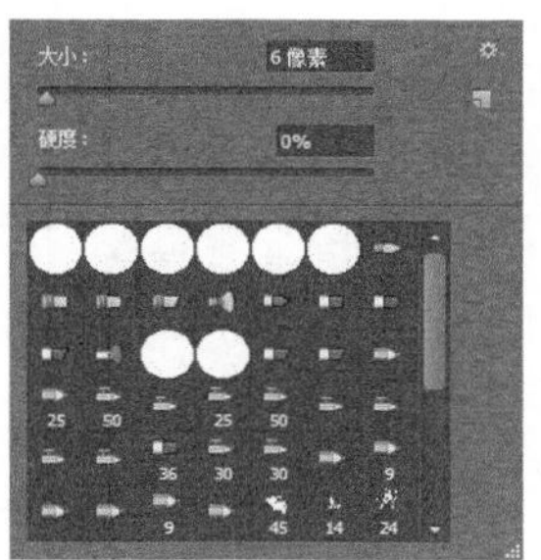

图14-14 调整矩形位置　　图14-15 打开“画笔预设”选取器

05 单击“设置”按钮，在弹出菜单中选择“方头画笔”选项，弹出对话框，如图14-16所示。单击“确定”按钮，载入“方头画笔”笔触，如图14-17所示。

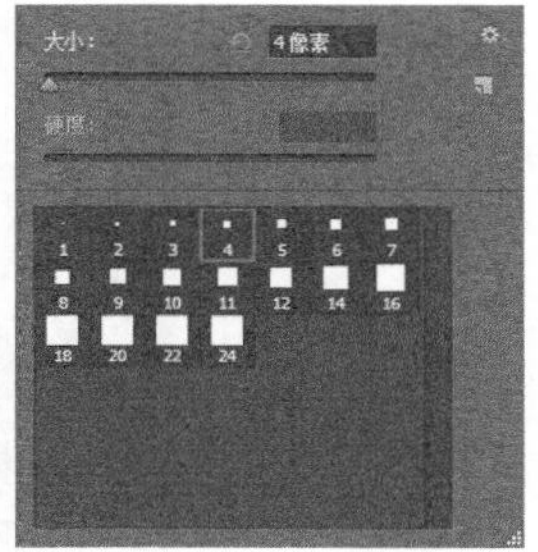

图14-16 提示对话框　　图14-17 载入方头笔触

06 打开“画笔”面板，设置如图14-18所示。新建“图层2”，按住Shift键并在画布上拖动鼠标绘制出虚线效果，如图14-19所示。

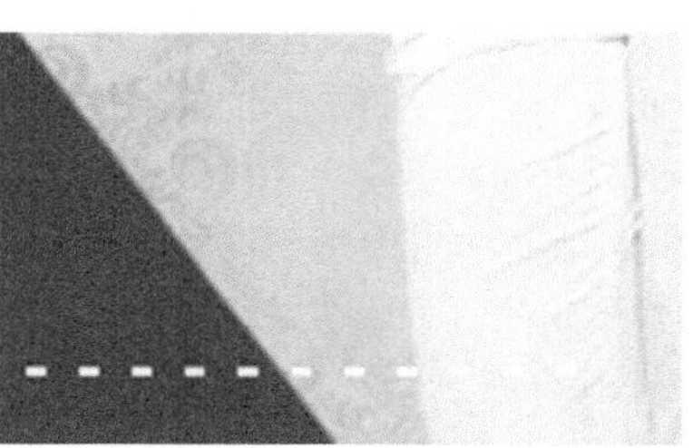

图14-18 设置“画笔”面板　　图14-19 绘制出虚线效果

07 按快捷键Ctrl+T，对所绘制的虚线进行旋转操作，效果如图14-20所示。使用相同方法，在画布中输入文字并对文字进行旋转，如图14-21所示。执行“文件>存储”命令，将该文件存储为“光盘\源文件\第14章\14-1-3.psd”。

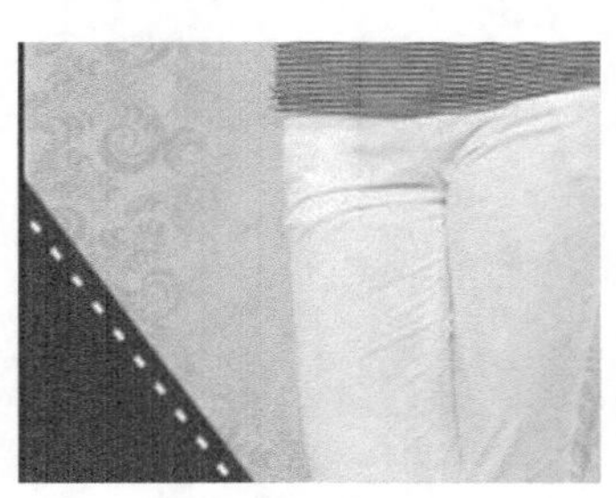
图14-20 图像效果

图14-21 最终效果

14.2 编辑文本

在Photoshop CS6中，无论是输入横排文字还是直排文字，都可以使用“字符”和“段落”面板来指定文字的字体、粗细、大小、颜色、字距调整、基线移动以及对齐等字符属性。

14.2.1 设置文字格式

“字符”面板相对于文本工具的“选项”栏，该面板的选项更全面。默认设置下，Photoshop工作区域内不显示“字符”面板。要对文字格式进行设置时，可以执行“窗口>字符”命令，打开“字符”面板，如图14-22所示。

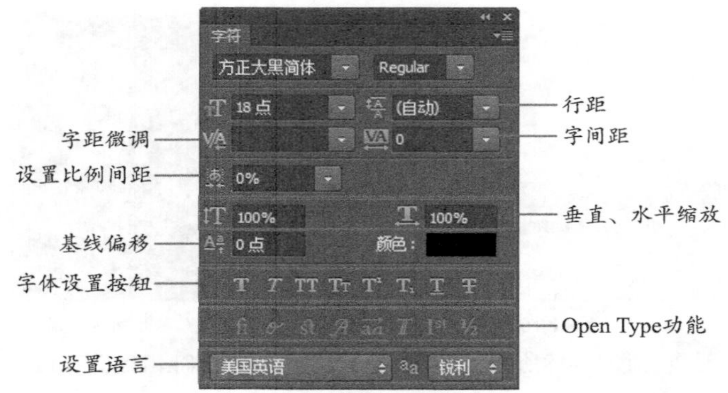

图14-22 “字符”面板

行距：是指两行文字之间的基线距离，Photoshop默认的行距设置为“自动”。如果自动调整行距，可选取需要调整行距的文字，在“字符”面板的“行距”文本框中直接输入行距数值，或在其下拉列表中选中想要设置的行距数值，即可设置文本的行间距。

字距微调：是指增加或减少特定字符之间的间距的过程，也就是调整两个字符之间的间距。

字间距：在“字符”面板中的“字距”下拉列表框中直接输入字符间距的数值（正值为扩大间距，负值为缩小间距），或者在下拉列表框中选中想要设置的字符间距数值，就可以设置文本的字间距。

设置比例间距：是指按指定的百分比值减少字符周围的空间，但字符自身不会发生变化。

垂直、水平缩放：在“垂直缩放”文本框和“水平缩放”文本框中输入数值，即可缩放所选的文字比例。比例大于100%则文字越长或越宽，小于100%则与之相反。

基线偏移：偏移字符基线，可以使字符根据设置的参数上下移动位置。在“字符”面板的“基线偏移”文本框中输入数值，正值使文字向上移，负值使文字向下移，类似Word软件中的上标和下标。

字体的加粗、倾斜、大写字母、上标下标、下划线、删除线：单击“仿粗体”按钮，可以将字体加粗；单击“仿斜体”按钮，可以将字体倾斜；单击“全部大写字母”按钮，可将小写字母转换为大写字母；单击“小型大写字母”按钮，同样可以将小写字母转换为大写字母，但转换后的大写字母都相对缩小；单击“上标”按钮或“下标”按钮，可以将选中的文字设置为上标或下标效果；单击“下划线”按钮，可以为选中的文字添加下划线；单击“删除线”按钮，可以选中的文字添加删除线。

Open Type功能：主要用于设置文字的各种特殊效果，共包括8个按钮，分别是“标准连字”，“上下文替代字”，“自由连字”，“花饰字”，“替代样式”，“标题替代字”，“序数字”和“分数字”。

设置语言：可以对所选字符进行有关字符和拼写规则的语言设置，Photoshop使用语言词典连字符连接。

14.2.2 实战——创建变形文字

变形文字是指对创建的文字进行变形处理后得到的文字效果，例如可以将文字变形为扇形或波浪形。通过创建变形文字效果可以将原本呆板生硬的文字变得富有生机和活力，从而增加图像的观赏性。

创建变形文字

●源文件：光盘\源文件\第14章\14-2-2.psd　　●视频：光盘\视频\第14章\14-2-2.swf

01 打开素材文件“光盘\源文件\第14章\素材\142201.jpg”，如图14-23所示。单击工具箱中的“横排文字工具”按钮，执行“窗口>字符”命令，打开“字符”面板，设置如图14-24所示。

图14-23 打开图像

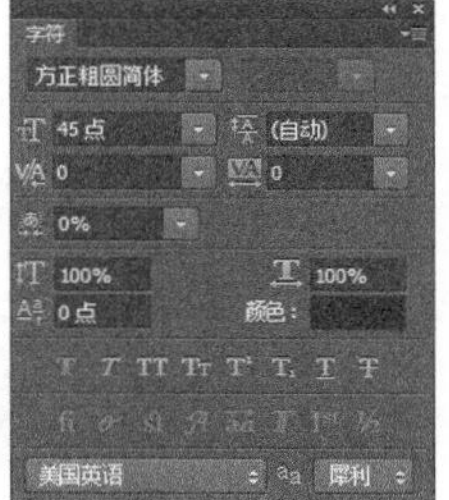

图14-24 “字符”面板

02 在画布中单击并输入文字，如图14-25所示。单击“选项”栏上“创建文字变形”按钮，弹出“变形文字”对话框，设置如图14-26所示。

图14-25 输入文字

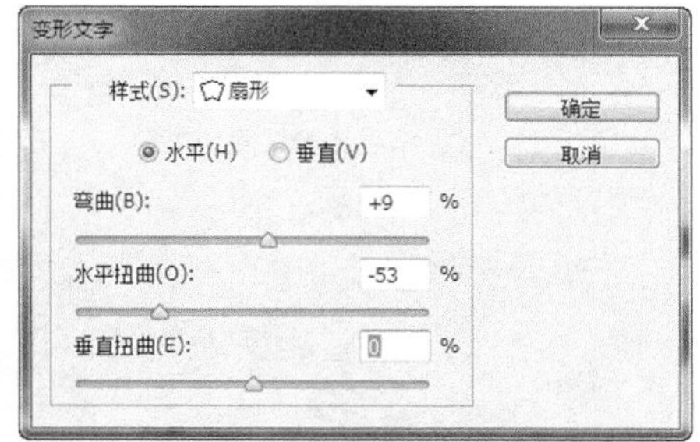

图14-26 “变形文字”对话框

提示：在“变形文字”对话框中的“样式”下拉列表中可以选择15种变形样式。选择“水平”单选按钮，文本扭曲的方向为水平；选择“垂直”单选按钮，文本扭曲的方向为垂直方向。“弯曲”选项用来设置文本的弯曲程度。“水平扭曲”和“垂直扭曲”选项用来为文本应用透视。设置正值的时候从左到右进行水平扭曲或从上到下进行垂直扭曲，负值的时候与之相反。

04 单击“确定”按钮，完成“变形文字”对话框的设置，效果如图14-27所示。按快捷键Ctrl+T，对文字进行旋转并调整到合适的位置，如图14-28所示。

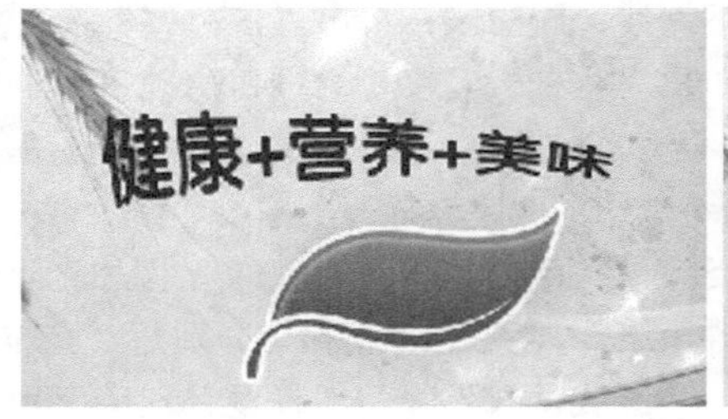

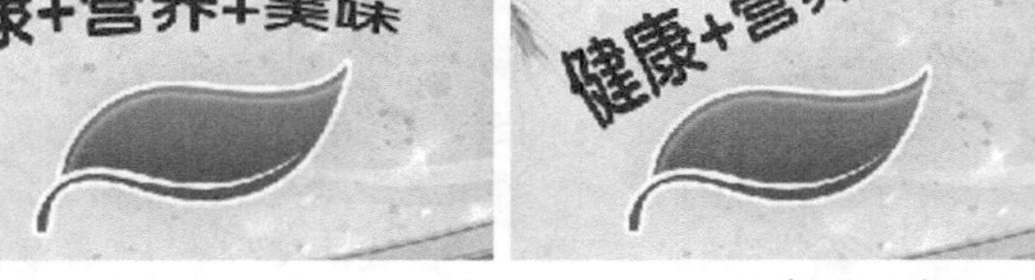

图14-27 文字变形效果　　图14-28 旋转并调整文字位置

04 单击“添加图层样式”按钮fx，在弹出菜单中选择“描边”选项，弹出“图层样式”对话框，设置如图14-29所示。在左侧列表中选择“混合选项”选项，设置如图14-30所示。

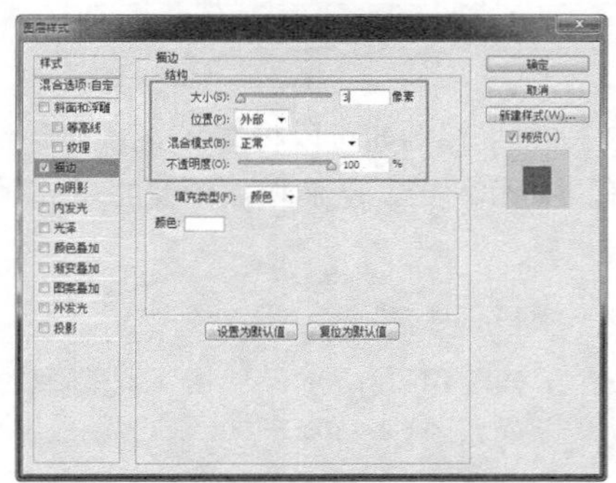
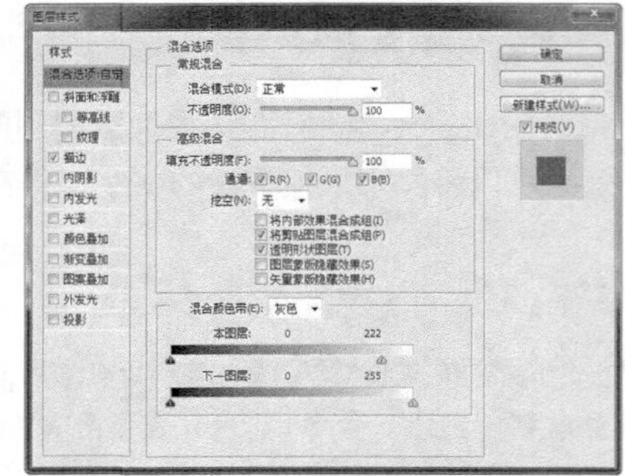

图14-29 设置“描边”参数　　图14-30 设置“混合选项”参数

05 单击“确定”按钮，完成“图层样式”对话框的设置，效果如图14-31所示。单击工具箱中的“横排文字工具”按钮，执行“窗口>字符”命令，打开“字符”面板，设置如图14-32所示。

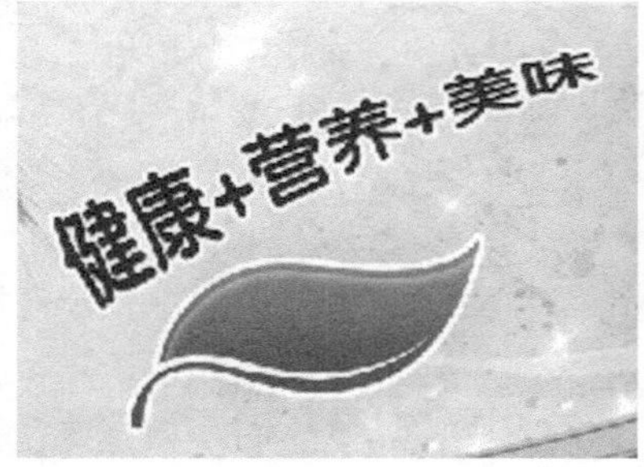

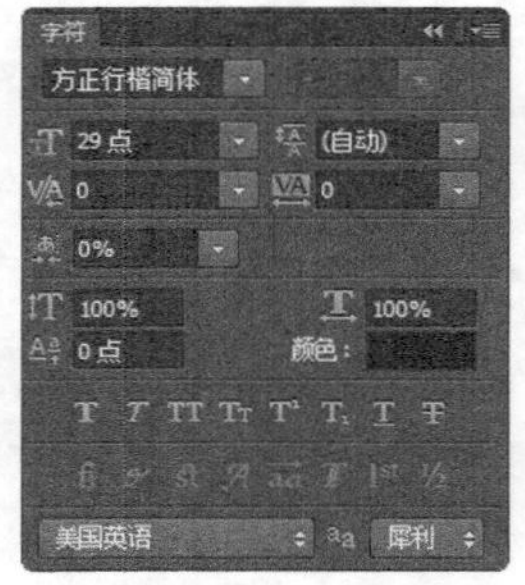

图14-31 文字效果　　图14-32 “字符”面板

06 在画布中单击并输入文字，如图14-33所示。单击“选项”栏上“创建文字变形”按钮，弹出“变形文字”对话框，设置如图14-34所示。

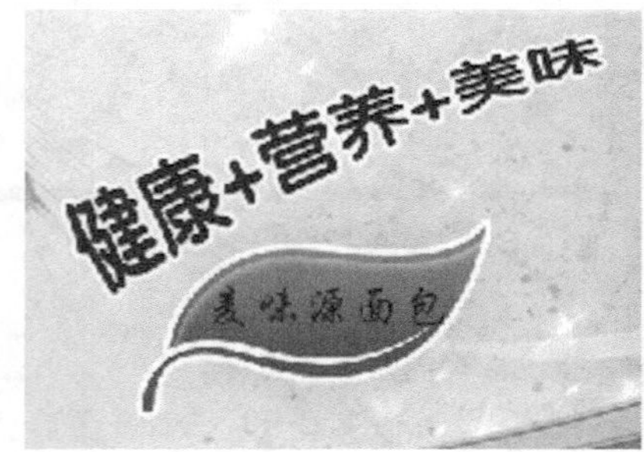

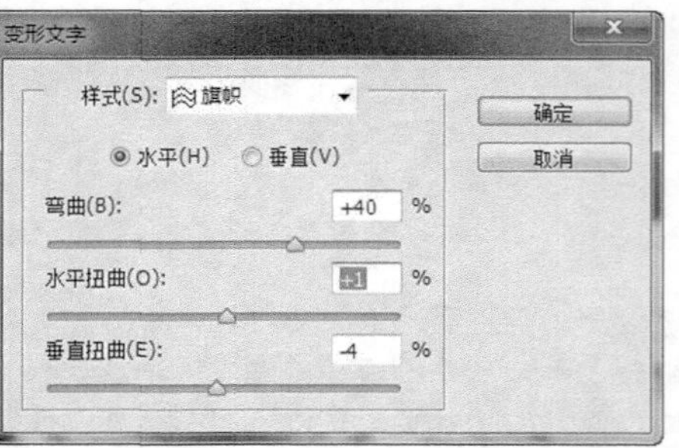

图14-33 输入文字　　图14-34 “变形文字”对话框

07 单击“确定”按钮，完成“变形文字”对话框的设置，效果如图14-35所示。使用相同方法，为文字添加相应的图层样式，最终效果如图14-36所示。执行“文件>存储”命令，将该文件存储为“光盘\源文件\第14章\14-2-2.psd”。

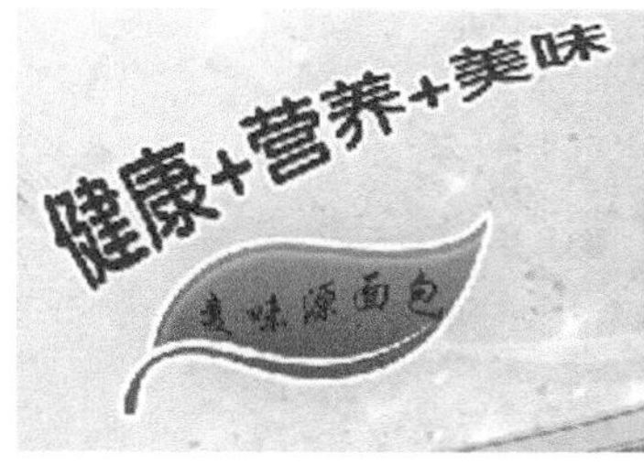

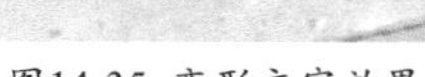
图14-35 变形文字效果

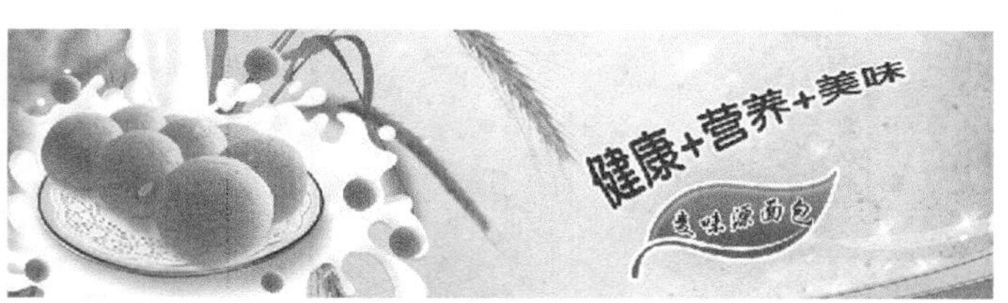

图14-36 最终效果

> **提示** 选择一种文字工具，单击“选项”栏中的“创建文字变形”按钮，或执行“文字>文字变形”命令，弹出“变形文字”对话框，修改变形参数，或者在“样式”下拉列表中选择另外一种样式，即可重置文字变形。

14.2.3 实战——创建路径文字

路径文字是指创建在路径上的文字，文字会沿着路径排列，改变路径形状时，文字的排列方式也会随之改变。Photoshop中增加了路径文字功能后，文字的处理方式就变得更加灵活了。

在Photoshop中，若想要创建沿路径排列的文字，首先需要创建一个路径，然后才能在该路径的基础上创建路径文字。

创建路径文字

●源文件：光盘\源文件\第14章\14-2-3.psd　　●视频：光盘\视频\第14章\14-2-3.swf

01 打开素材文件“光盘\源文件\第14章\素材\142301.jpg”，如图14-37所示。单击工具箱中的“横排文字工具”按钮，打开“字符”面板，设置如图14-38所示。

图14-37 打开图像

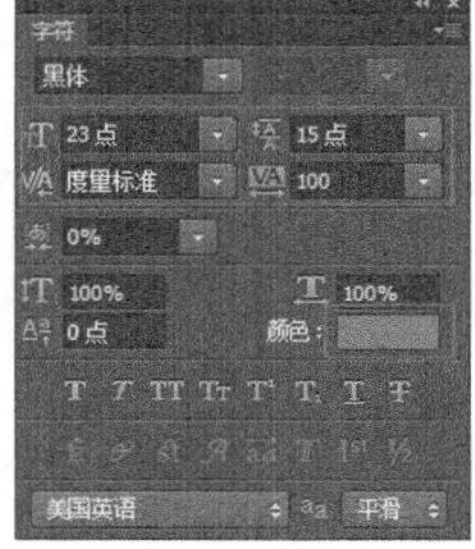

图14-38 “字符”面板

02 在画布中单击并输入相应文字，如图14-39所示。使用相同方法，输入其他文字，如图14-40所示。

图14-39 输入文字

图14-40 输入文字

03 选择“5月疯狂”文字图层，为该图层添加“描边”图层样式，设置如图14-41所示。单击“确定”按钮，完成“图层样式”对话框的设置，效果如图14-42所示。

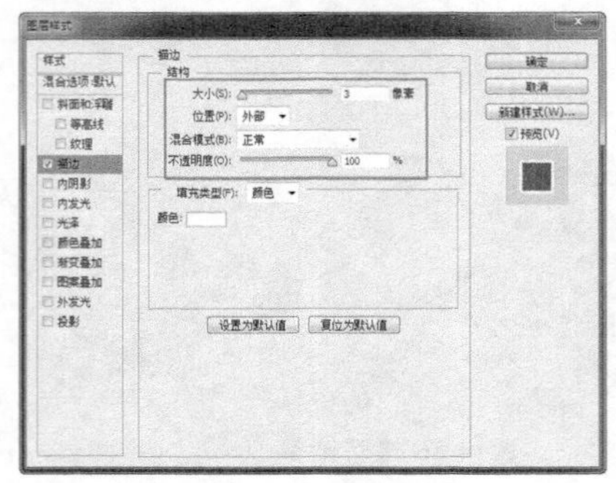
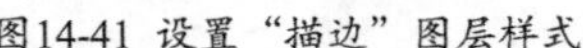

图14-41 设置“描边”图层样式

图14-42 文字效果

04 使用相同方法，为其他文字添加相应的图层样式，效果如图14-43所示。选择“单笔订单满58元送”文字图层，按快捷键Ctrl+J，复制该图层，如图14-44所示。

图14-43 文字效果

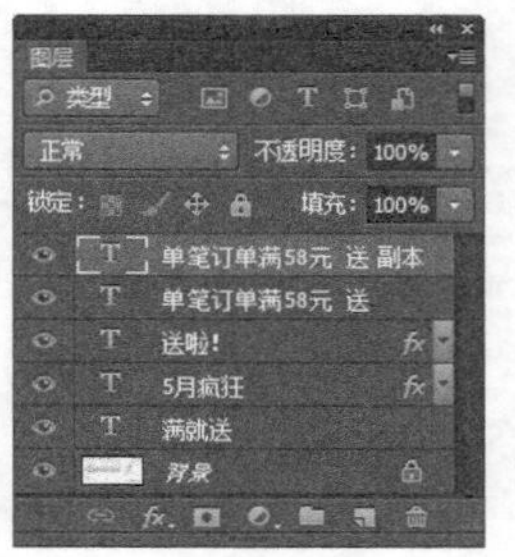

图14-44 复制图层

05 执行“编辑>变换>垂直翻转”命令，将复制得到图层垂直翻转并调整到合适的位置，效果如图14-45所示。为该图层添加图层蒙版，使用黑色画笔在图层蒙版上将多余的部分擦去，如图14-46所示。

图14-45 文字效果

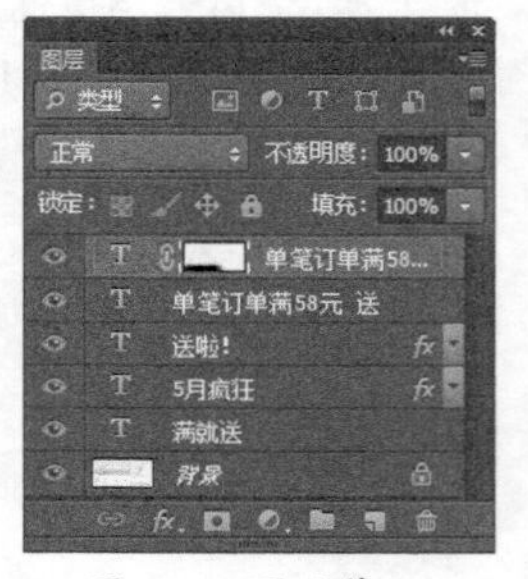

图14-46 图层蒙版

06 擦去后的效果如图14-47所示。使用“钢笔工具”，在“选项”栏上的“工具模式”下拉列表中选择“路径”选项，在画布中绘制路径，如图14-48所示。

图14-47 文字效果

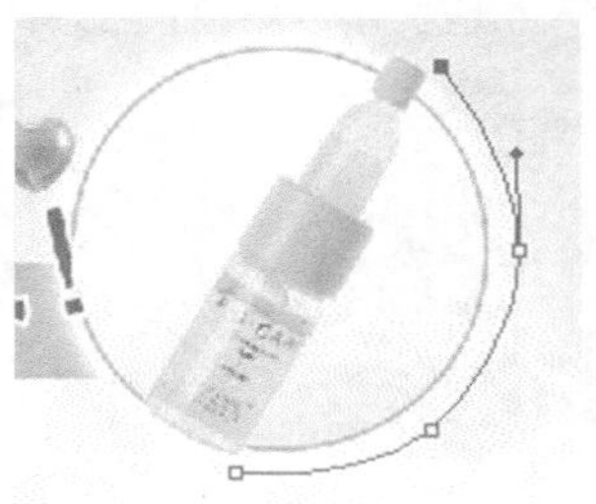

图14-48 绘制路径

提示 用于排列文字的路径可以是闭合式的，也可以是开放式的。

07 单击工具箱中的“横排文字工具”按钮，打开“字符”面板，设置如图14-49所示。将鼠标指针放在路径顶端，当指针变为如图14-50所示时，单击并输入路径文字。

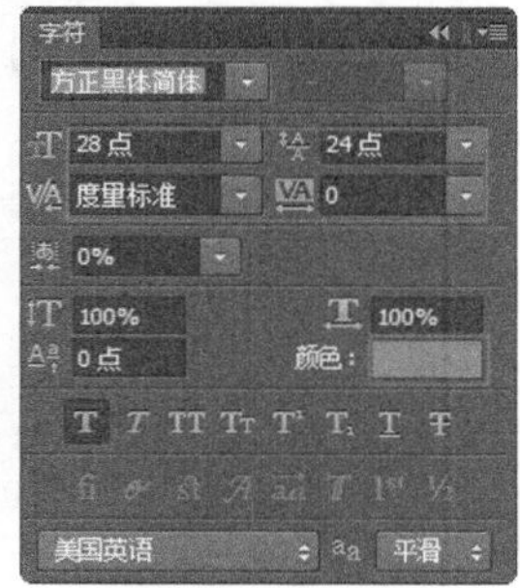

图14-49 “字符”面板

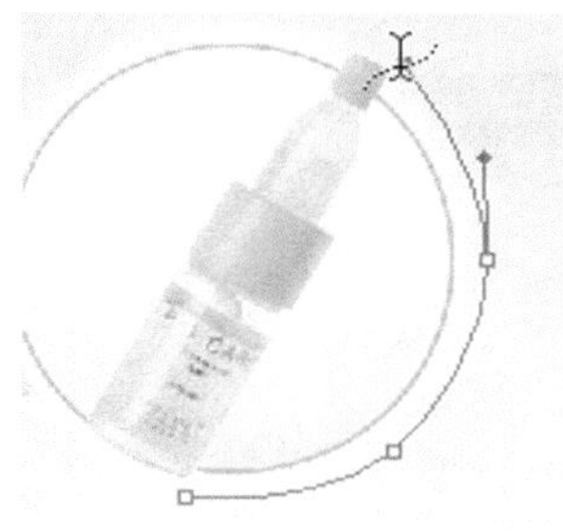

图14-50 鼠标指针变化

08 调整路径文字位置，效果如图14-51所示。执行“文件>存储为”命令，将该文件存储为“光盘\源文件\第14章\14-2-3.psd”。

图14-51 最终效果

提示 如果需要移动或翻转路径上的文字，可以使用“直接选择工具”或“路径选择工具”，将光标定位到文字上，光标会变为形状，单击并沿着路径拖动光标可以移动文字，单击并向路径的另一侧拖动文字，可以将文字翻转。

如果是对创建完成的文字路径不满意，可以使用“直接选择工具”来调整文字的路径，直到满意为止。

14.3 使用“图层”面板

在Photoshop中，如果没有图层，那么所有的图像将会处在同一个平面上，无法对图像进行分层处理，可见图层是Photoshop最为核心的功能之一，几乎承载了所有的图像编辑工作。

14.3.1 认识“图层”面板

在“图层”面板中包含了一个文档中的所有图层，在“图层”面板中可以调整图层叠加顺序、图层不透明度以及图层的混合模式等效果。执行“窗口>图层”命令，打开“图层”面板，如图14-52所示。

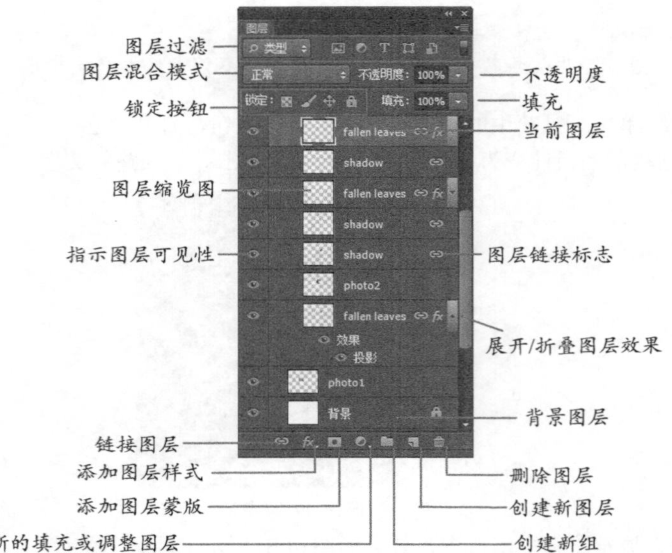

图14-52 “图层”面板

图层过滤：该功能是Photoshop CS6新增的功能，用于对“图层”面板中各种不同类型的图层进行快速查找显示。在下列拉列表中包括6个选项，如图14-53所示，选择不同的选项，右侧将显示相应的参数。

- 类型：在下拉列表中选择该选项，右侧将显示一系列过滤类型按钮，如图14-54所示。单击“像素图层滤镜”按钮，则在“图层”面板中只显示像素图层，隐藏其他图层；单击“调整图层滤镜”按钮，则在“图层”面板中只显示调整图层，隐藏其他图层；单击“文字图层滤镜”按钮，则在“图层”面板中只显示文字图层，隐藏其他图层；单击“形状图层滤镜”按钮，则在“图层”面板中只显示形状图层，隐藏其他图层；单击“智能对象滤镜”按钮，则在“图层”面板中只显示智能对象图层。

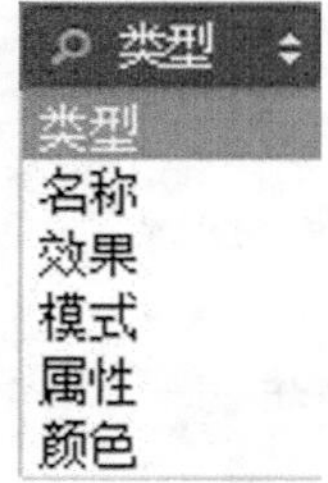

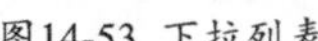

图14-53 下拉列表　　图14-54 “类型”相关选项

- 名称：在下拉列表中选择该选项，可以在下拉列表右侧显示文本框，如图14-55所示，可以在该文本框中输入图层名称，则在“图层”面板中将只显示所搜索的指定名称的图层。
- 效果：在下拉列表中选择该选项，可以在下拉列表的右侧显示图层样式下拉列表，如图14-56所示，选择不同的图层样式选项，将在“图层”面板中只显示应用了该图层样式的相关图层。

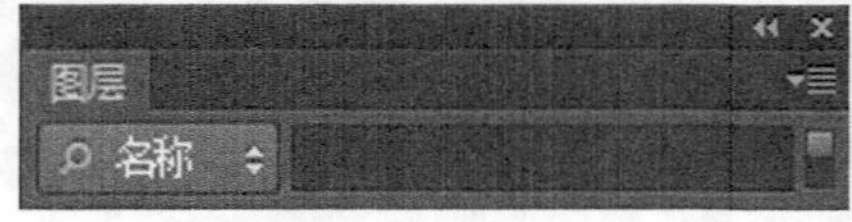

图14-55 “名称”相关选项　　图14-56 “效果”相关选项

- 模式：在下拉列表中选择该选项，可以在下拉列表的右侧显示图层混合模式下拉列表，如图14-57所示，选择不同的混合模式选项，将在“图层”面板中只显示设置了该混合模式的相关图层。
- 属性：在下拉列表中选择该选项，可以在下拉列表的右侧显示图层属性下拉列表，如图14-58所示，选择不同的图层属性选项，将在“图层”面板中只显示设置了该属性的图层。

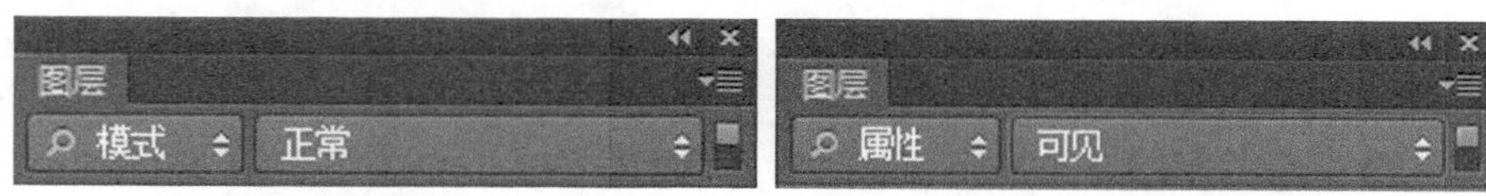

图14-57 “颜色”相关选项　　图14-58 “属性”相关选项

- 颜色：在下拉列表中选择该选项，可以在下拉列表右侧显示图层颜色下拉列表，如图14-59所示，选择不同的图层颜色选项，将在“图层”面板中只显示设置了该颜色标记的图层。
- “打开或关闭图层过滤”按钮：单击该按钮可以打开或者关闭“图层”面板上的图层过滤功能，当关闭图层过滤功能时，该部分功能不可用，如图14-60所示。

图14-59 “颜色”相关选项　　图14-60 关闭图层过滤功能

图层混合模式：通过设置不同的图层混合模式可以改变当前图层与其他图层叠加的效果，混合模式可以对下方的图层起作用。

锁定按钮：通过“锁定透明像素”按钮、“锁定图像像素”按钮、“锁定位置”按钮、“锁定全部”按钮可以对图层中对应的内容进行锁定，避免对图像内容进行误操作。

不透明度：用于设置图层的整体不透明度，设置的不透明度对该图层中的任何元素都会起作用，每个图层都可以设置单独的不透明度。

填充：用于设置图层内部元素的不透明度，只对图层内部图像起作用，对图层附加的其他元素（如图层样式）不起作用。

当前图层：当前选中的图层，可以在画布中对选中图层进行移动、编辑等操作。如果图层未被选中，则不可以执行移动、编辑等操作。

图层缩略图：在该缩览图中显示当前图层中的图像，可以快速对每一个图层进行辨认，图层中的图像一旦被修改，缩览图中的内容也会随之改变。

指示图层可见性：单击该按钮可以将图层隐藏，再次单击则可以将隐藏的图层显示。隐藏的图层不可以编辑，但可以移动。

图层链接标志：单击一个链接图层，将在“图层”面板中显示链接的所有图层，可以对链接的图层同时执行移动或变换操作。

展开/折叠图层效果：单击该按钮可以展开图层效果，显示为当前图层添加的图层样式种类，再次单击则可以将显示的图层效果折叠起来。

“背景”图层：该图层默认为锁定状态，不可执行移动、变换、添加图层混合模式操作，但可以在图层中进行涂抹等绘画操作。

14.3.2 新建图层

创建新图层的方法有很多种，可以直接在“图层”面板中通过单击按钮来创建，也可以通过执行相应的菜单命令来创建新的图层。

1、通过“新建”命令创建新图层

打开图像“光盘\源文件\第14章\素材\143101.jpg”，如图14-61所示。打开“图层”面板，如图14-62所示。

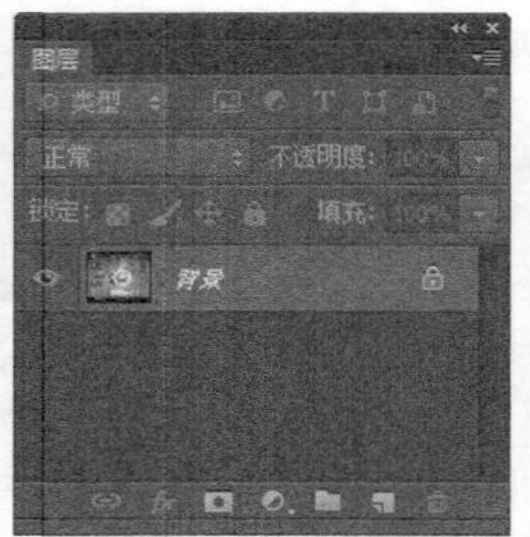

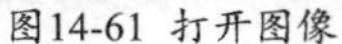

图14-61 打开图像　　图14-62 “图层”面板

执行“图层>新建>图层”命令或按快捷键Ctrl+Shift+N，弹出“新建图层”对话框，如图14-63所示，在该对话框中可以对所要新建的图层名称、模式等属性进行设置，单击“确定”按钮，此时在“图层”面板中会生成一个与“新建图层”对话框中名称相同的新图层，如图14-64所示。

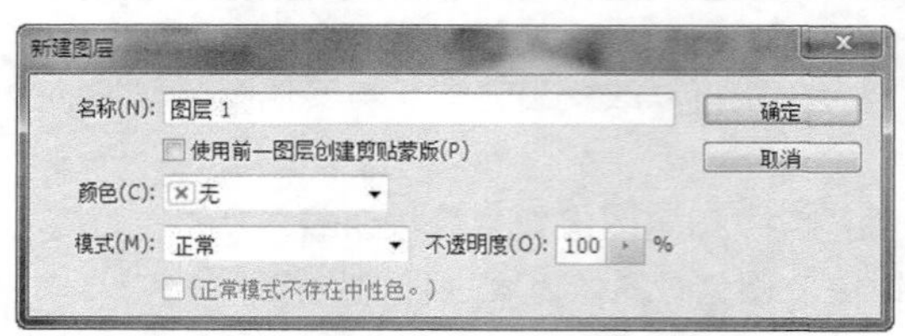

图14-63 “新建图层”对话框　　图14-64 “图层”面板

2、通过拷贝图层的方法创建图层

执行“图层>新建>通过拷贝的图层”命令，或按快捷键Ctrl+J，可以将当前选中图层拷贝，如图14-65所示。如果在图层中有选区存在，那么拷贝的将是图层选区中的内容，但不会对下方的图层产生影响，如图14-66所示。

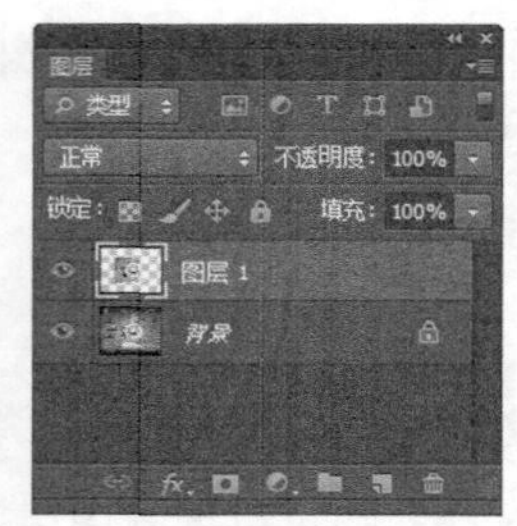

图14-65 “图层”面板　　图14-66 “图层”面板

3、通过剪切的图层创建图层

执行“图层>新建>通过剪切的图层”命令，或按快捷键Ctrl+Shift+J，可以将当前图层选区中的内容剪切并复制到新图层中，如果通过剪切的图层是背景层，那么剪切区域将会填充背景色，如图14-67所示。如果剪切的图层是普通图层，剪切区域将会变成透明，如图14-68所示。

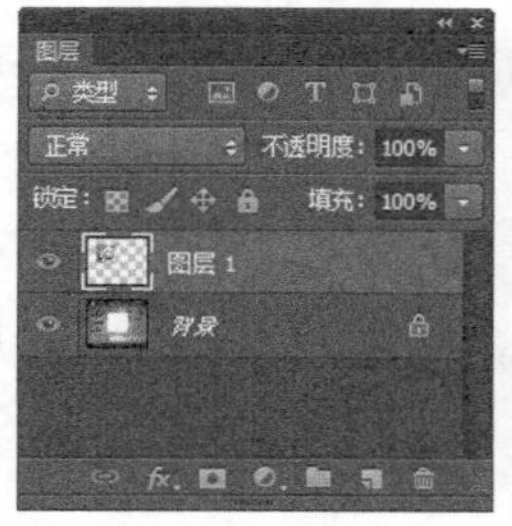

图14-67 “图层”面板　　图14-68 “图层”面板

4、在“图层”面板中创建新图层

在“图层”面板中创建新图层的方法与通过命令新建图层的效果是一样的，但通过命令可以执行更多的操作，而在“图层”面板中，只有与图层有关的操作命令。

单击“图层”面板中的“创建新图层”按钮，即可在“图层”面板中创建新图层，这种方法与通过“新建”命令创建新图层的方法相同。

14.3.3 复制图层

图层可以通过“图层”面板直接进行复制操作或执行“图层>复制图层”命令进行复制操作。

将需要复制的图层拖曳到“图层”面板中的“创建新图层”按钮，如图14-69所示，即可复制图层，如图14-70所示。执行“图层>复制图层”命令，弹出“复制图层”对话框，通过该对话框也可以复制图层，如图14-71所示。

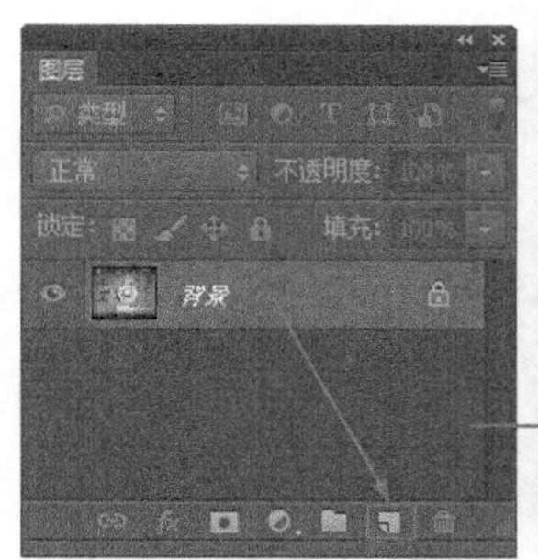

图14-69 复制图层

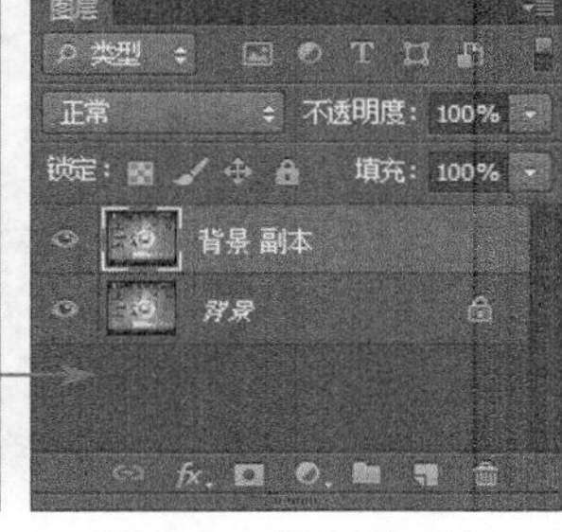

图14-70 “图层”面板

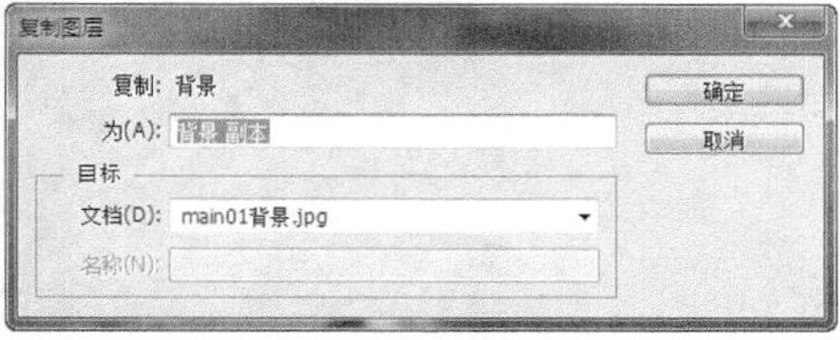

图14-71 “复制图层”对话框

14.3.4 删除图层

选择需要删除的图层，单击“图层”面板中的“删除图层”按钮或将需要删除的图层拖曳至“删除图层”按钮上，即可将选中图层删除。

14.3.5 调整图层顺序

如果想要在Photoshop中对图像进行精细处理，往往需要多个图层之间相互叠加，通过不同的叠放次序，会得到不同的图像效果。

打开文件“光盘\源文件\第14章\ 14-3-5.psd”，选择需要调整的图层，如图14-72所示。向下拖动该图层，即可调整其叠放的顺序，效果如图14-73所示。

通过“排列”命令调整图层叠放次序，选择需要调整的图层，执行“图层>排列”命令，在弹出的排列子菜单中也可以调整图层，如图14-74所示。

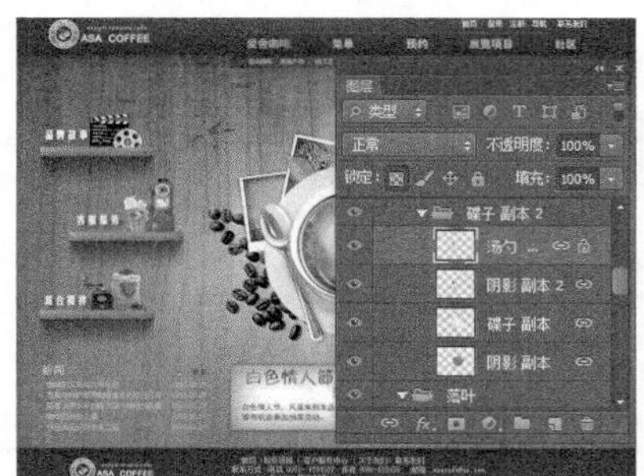

图14-72 选择图层

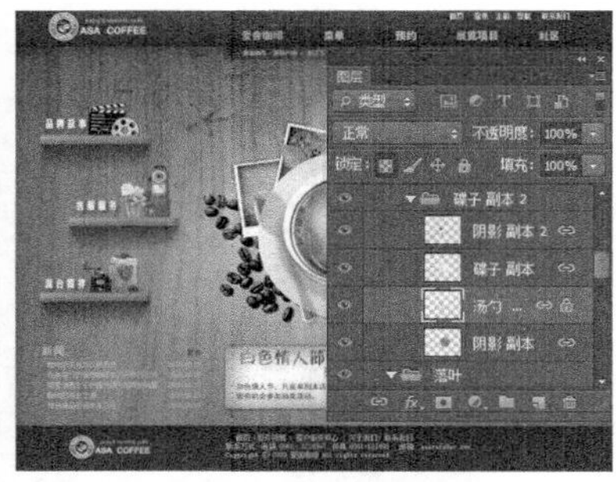

图14-73 图像效果

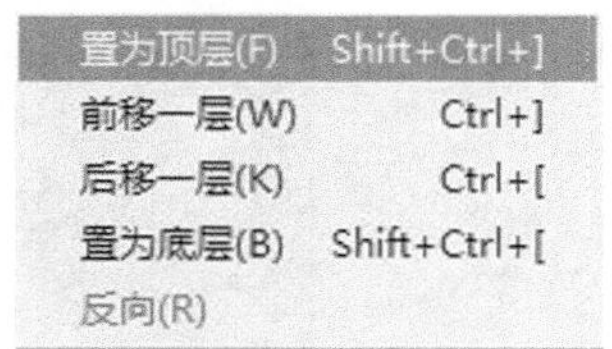

图14-74 “排列”子菜单

14.3.6 链接图层

将图层链接在一起后，可以同时对多个图层中的内容进行移动或是执行变换操作，如果是想将图层链接在一起，可以选择需要链接的图层并单击“图层”面板中的“链接图层”按钮，即可将选择的图层链接在一起。

14.3.7 合并图层

学会合并图层操作可以带来许多的好处，比如：减少图层数量以降低文件大小、使“图层”面板更加简洁、可以对图层进行统一调整等。在Photoshop中有多种合并图层的方法，下面就来为读者进行讲解。

1、向下合并图层

打开素材文件“光盘\源文件\第14章\ 素材\14-3-5.psd”，如图14-75所示。执行“窗口>图层”命令，打开“图层”面板，如图14-76所示。

图14-75 打开文件

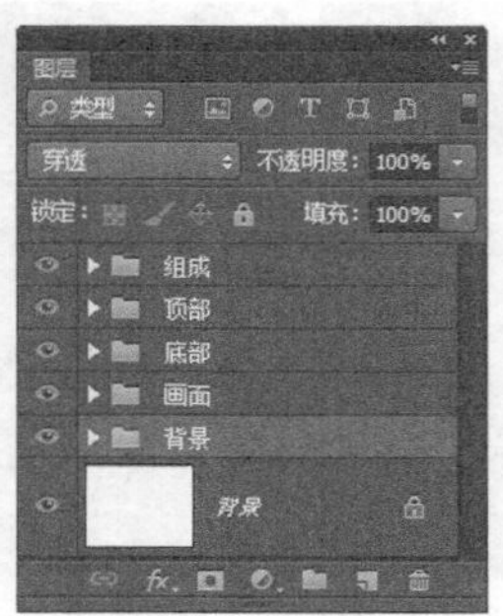

图14-76 “图层”面板

如果想要将一个图层与它下面的图层合并，可以选择该图层，如图14-77所示。然后执行“图层>向下合并”命令，或按快捷键Ctrl+E，向下合并图层，合并后的图层将会使用下面一个图层的名称，如图14-78所示。

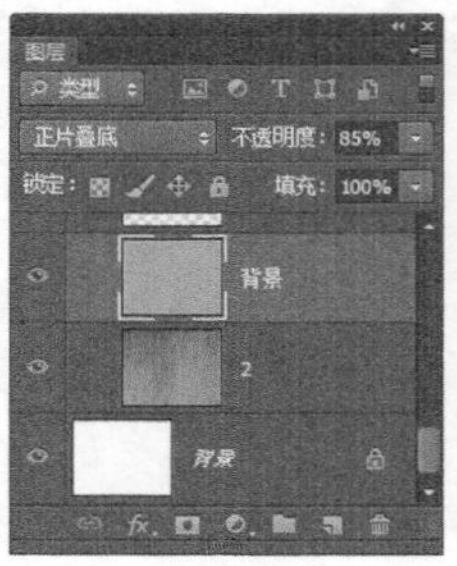

图14-77 选择图层

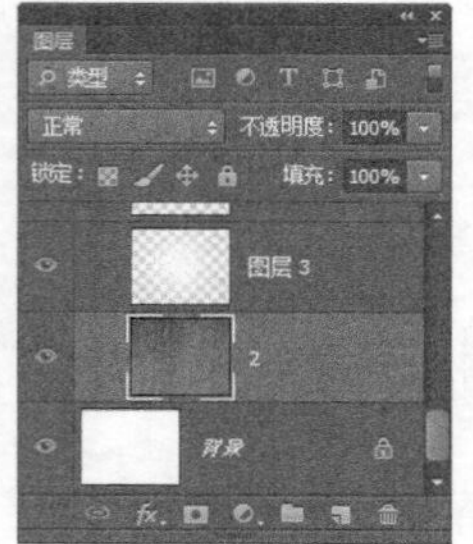

图14-78 向下合并图层

2、合并可见图层

如果在当前文档中有隐藏图层的存在，如图14-79所示。可以执行“图层>合并可见图层”命令，得到合并后图层如图14-80所示，图像效果如图14-81所示。

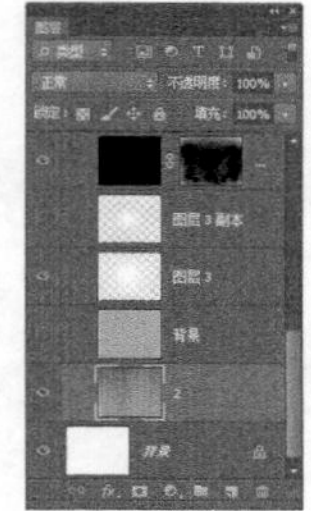

图14-79 “图层”面板

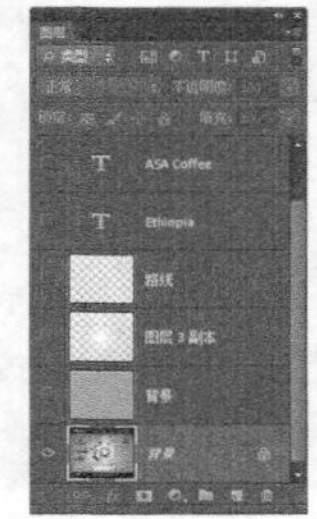

图14-80 “图层”面板

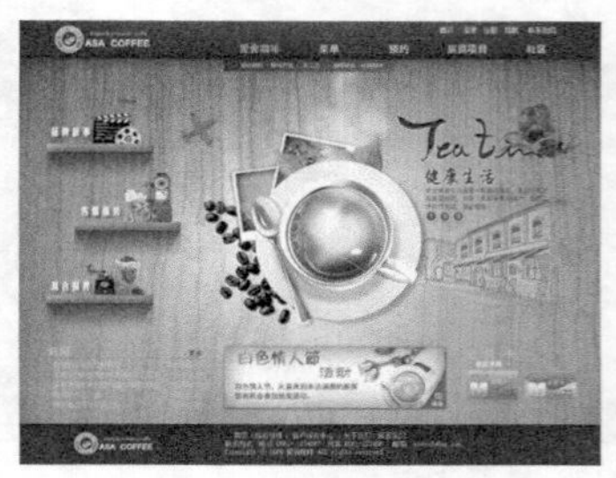

图14-81 图像效果

合并可见图层后生成的图层与合并图层后生成的图层相同，都是在所选图层的最上方，但如果当前可见图层中有“背景”层的存在，所有可见图层都将合并到“背景”层中。

3、拼合图像

打开“图层”面板，将不需要拼合的图层隐藏，如图14-82所示。拼合图像可以看作是“合并可见图层”的一种延伸，执行“图层>拼合图像”命令，如果有隐藏的图层，则会弹出一个提示对话框，询问是否删除隐藏的图层，如图14-83所示。单击“确定”按钮，所有的可见图层将合并为一个新的“背景”图层，而所有的隐藏图层将被删除，如图14-84所示。

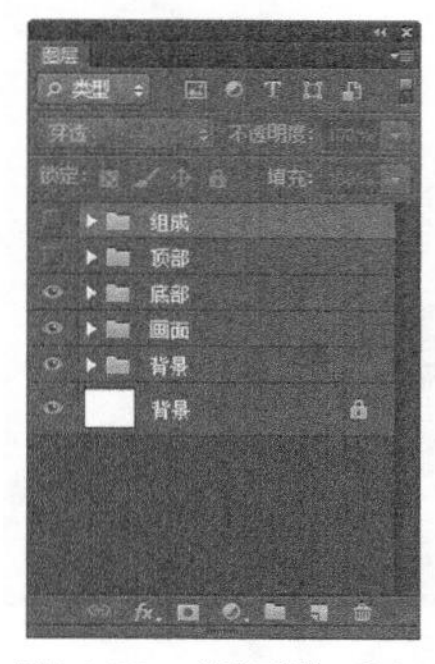
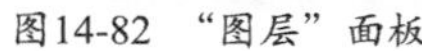

图14-82 “图层”面板

图14-83 提示对话框

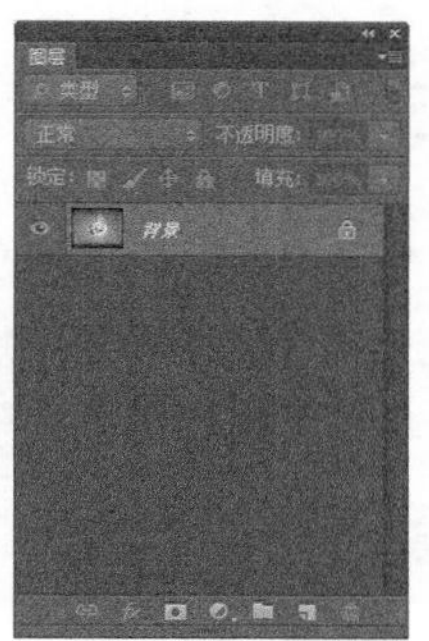

图14-84 “图层”面板

14.4 添加图层样式

图层样式是图层中最重要的功能之一，通过图层样式可以为图层添加描边、阴影、外发光、浮雕等效果，甚至可以改变原图层中图像的整体显示效果。

选择需要添加图层样式的图层，执行“图层>图层样式”命令，通过“图层样式”子菜单中相应的选项可以为图层添加图层样式，如图14-85所示。单击“图层”面板下方的“添加图层样式”按钮fx，在弹出菜单中也可以选择相应的样式，如图14-86所示，弹出“图层样式”对话框，如图14-87所示。

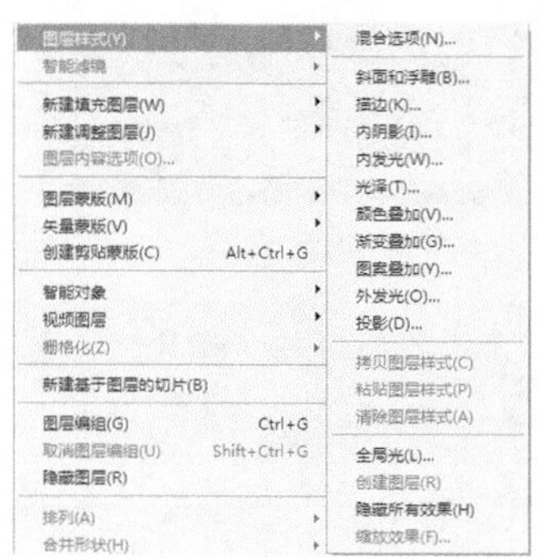

图14-85 “图层样式”子菜单

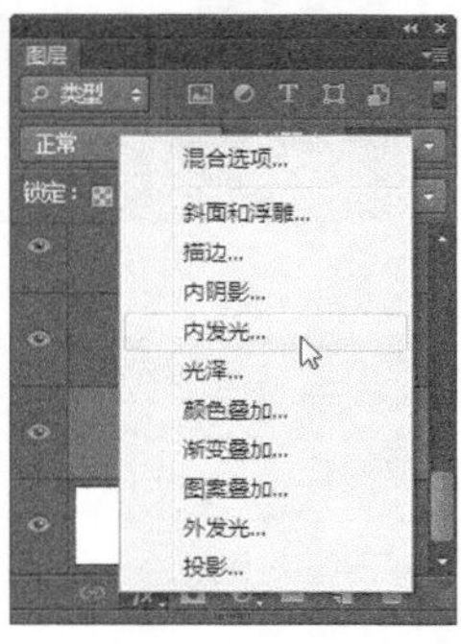

图14-86 “图层”面板

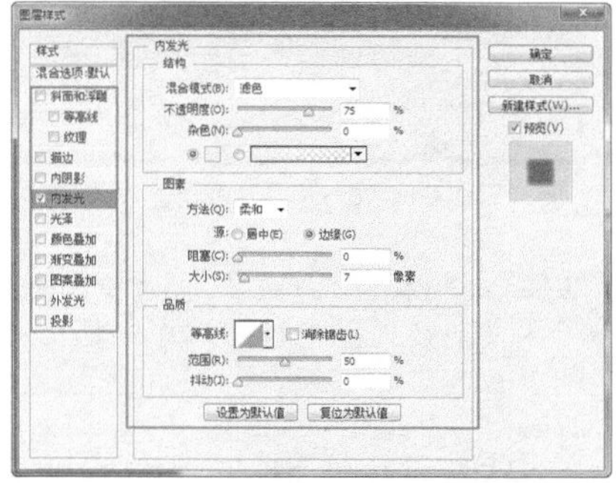

图14-87 “图层样式”对话框

提示 应用图层样式的方法除了上述两种外，还可以在需要添加样式的图层名称外侧区域双击，也可以弹出“图层样式”对话框，弹出对话框默认的设置界面为混合选项。

14.4.1 实战——投影、内阴影图层样式

投影和内阴影图层样式用于在图像文件中模拟物体被光线照射后产生的阴影效果，主要用来增加图像的立体感。投影图层样式生成的效果是沿图像边缘向外扩展，而内阴影图层样式是沿图像边缘向内产生投射，

两者的参数设置方法也基本相同。

投影、内阴影图层样式

●源文件：光盘\源文件\第14章\14-4-1.psd　　　　●视频：光盘\视频\第14章\14-4-1.swf

01 打开文件“光盘\源文件\第14章\素材\144101.psd”，如图14-88所示。打开“图层”面板，选中pic图层，单击“添加图层样式”按钮，在弹出菜单选择“投影”选项，弹出“图层样式”对话框，设置如图14-89所示。

图14-88 打开图像

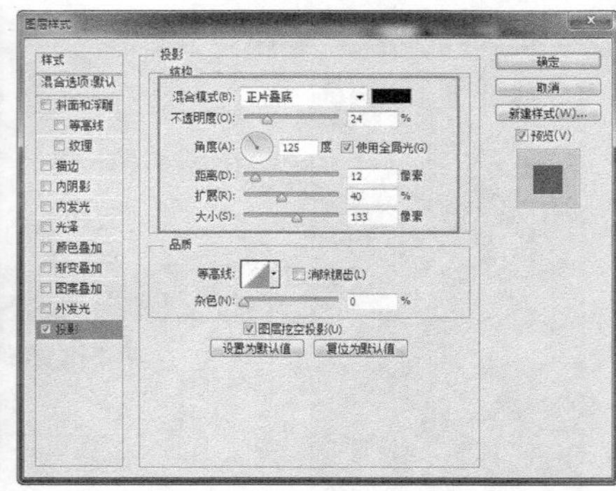

图14-89 设置“投影”参数

02 在左侧“样式”列表中选择“内阴影”选项，设置如图14-90所示。单击“确定”按钮，完成“图层样式”对话框的设置，效果如图14-91所示。执行“文件>存储为”命令，将该文件存储为“光盘\源文件\第14章\14-4-1.psd”。

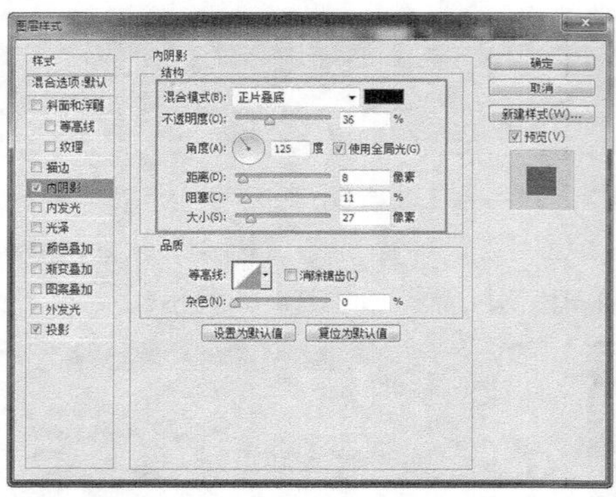

图14-90 设置“内阴影”参数

图14-91 最终效果

提示 如果“内阴影”的距离为0像素，那么为图层添加的内阴影位置就是原图像位置，此时调整角度不会对内阴影效果产生影响。

14.4.2 实战——外发光、内发光图层样式

外发光图层样式用于在图像中模拟沿边缘向外发光的效果，内发光图层样式用于在图像中模拟沿图像边缘向内产生发光的效果，两者的参数设置也基本相同。

外发光、内发光图层样式

●源文件：光盘\源文件\第14章\14-4-2.psd　　　　●视频：光盘\视频\第14章\14-4-2.swf

01 打开文件“光盘\源文件\第14章\素材\144201.psd”，如图14-92所示。打开“图层”面板，选择“礼包”图层，单击“图层”面板下方“添加图层样式”按钮，在弹出菜单中选择“外发光”选项，弹出“图层样式”对话框，设置如图14-93所示。

图14-92 打开图像

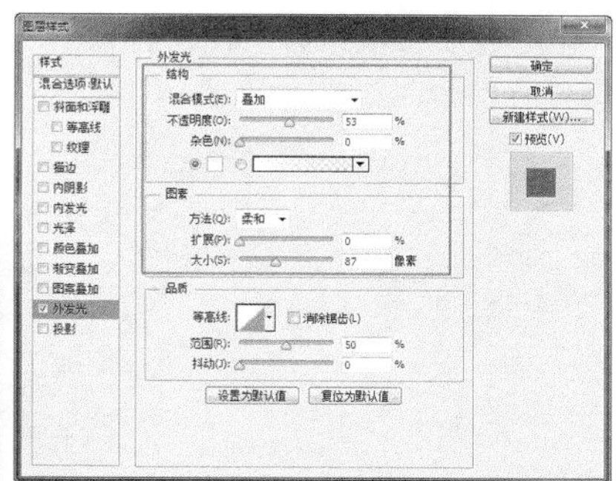

图14-93 设置“外发光”参数

02 在左侧“样式”列表中选择“内发光”选项，设置如图14-94所示。单击“确定”按钮，完成“图层样式”对话框的设置，效果如图14-95所示。执行“文件>存储为”命令，将该文件存储为“光盘\源文件\第14章\14-4-2.psd”。

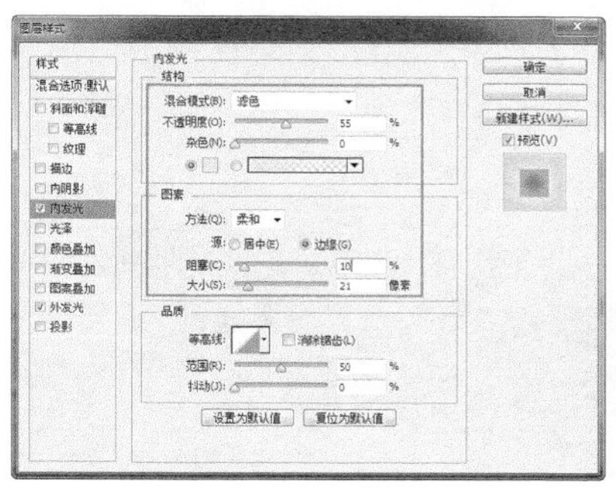

图14-94 设置“内发光”参数

图14-95 最终效果

14.4.3 实战——斜面和浮雕图层样式

斜面和浮雕图层样式用于在当前图像中增加图像边缘的暗调及高光，使其模拟出浮雕的效果。用户根据不同的选择，可以在“斜面和浮雕”的“图层样式”对话框中只选中“斜面和浮雕”复选框；可以在选中“斜面和浮雕”复选框的同时选中“等高线”复选框，使浮雕的层次感更加精确；可以在选中“斜面和浮雕”复选框的同时选中“纹理”复选框，为浮雕添加花纹。

斜面和浮雕图层样式

●源文件：光盘\源文件\第14章\14-4-3.psd　　●视频：光盘\视频\第14章\14-4-3.swf

01 打开文件“光盘\源文件\第14章\素材\144301.psd”，如图14-96所示。打开“图层”面板，选中“图层1”，单击“图层”面板下方“新建图层样式”按钮 fx ，在弹出菜单中选择“斜面和浮雕”选项，弹出“图层样式”对话框，设置如图14-97所示。

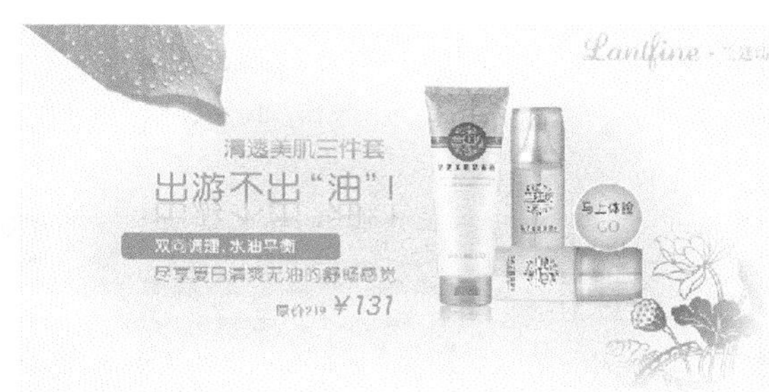

图14-96 打开文件

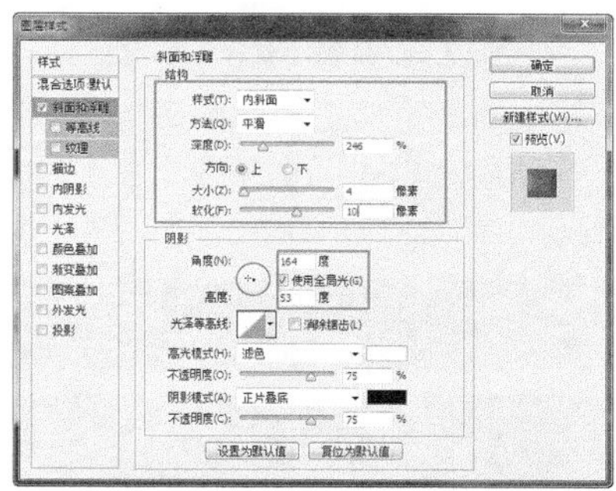

图14-97 设置图层样式

02 单击“确定”按钮，完成“图层样式”对话框的设置，效果如图14-98所示。执行“文件>存储为”命令，将该文件存储为“光盘\源文件\第14章\14-4-3.psd”。

图14-98 最终效果

提示 “等高线”与“纹理”这两个是单独对“斜面和浮雕”进行设置的样式，通过“等高线”可以勾画在浮雕处理中被遮住的起伏、凹陷和凸起，通过“纹理”则可以为图像添加纹理。

14.5 实战——设计网站导航栏

文本和图层是Photoshop图像处理中非常重要的功能，通过文字可以更加直观地表达图像的主题内容，通过图层和图层样式的设置，可以使图像更加具有表现力。本实例在Photoshop中设计一个网站导航栏，主要是通过图层样式的方式表现图形的质感。

设计网站导航栏

● 源文件：光盘\源文件\第14章\14-5.psd　　● 视频：光盘\视频\第14章\14-5.swf

01 执行“文件>新建”命令，弹出“新建”对话框，设置如图14-99所示。单击“确定”按钮，新建文档。执行“文件>打开”命令，打开图像“光盘\源文件\第14章\素材\145101.jpg”，将素材拖入到设计文件中，如图14-100所示。

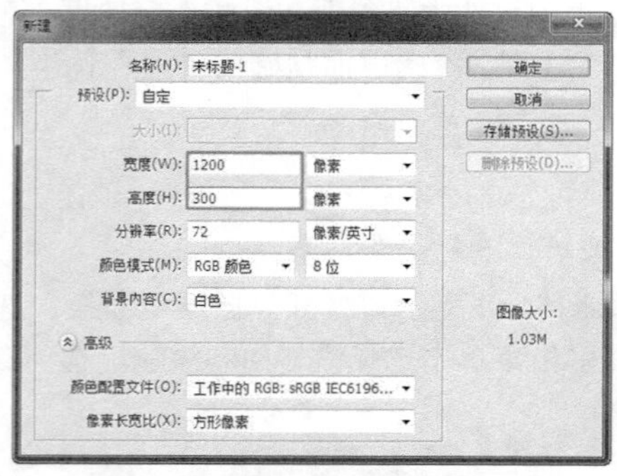

图14-99 创建“新建”对话框

图14-100 拖入素材

02 单击工具箱中的“矩形工具”按钮，在“选项”栏上的“工具模式”下拉列表中选择“形状”选项，在画布中绘制矩形，如图14-101所示。执行“编辑>变换路径>斜切”命令，对矩形形状进行斜切操作，效果如图14-102所示。

图14-101 绘制矩形

图14-102 调整矩形形状

03 右键单击该图层，在弹出菜单中选择“栅格化图层”选项，如图14-103所示。单击“图层”面板上“添加图层样式”按钮，在弹出菜单中选择“渐变叠加”选项，弹出“图层样式”对话框，设置如图14-104所示。

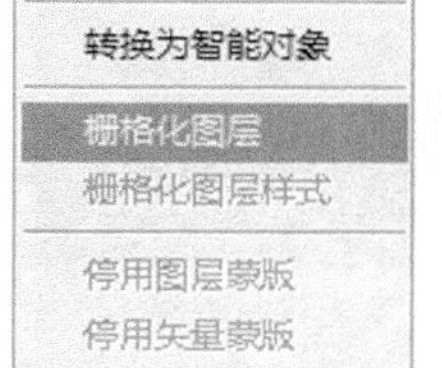

图14-103 “栅格化图层”选项

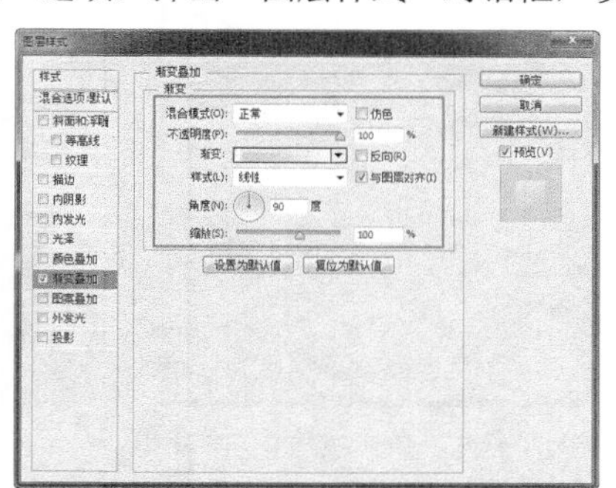

图14-104 设置“渐变叠加”参数

04 在左侧“样式”列表中选择“投影”选项，设置如图14-105所示。单击“确定”按钮，完成“图层样式”对话框的设置，效果如图14-106所示。

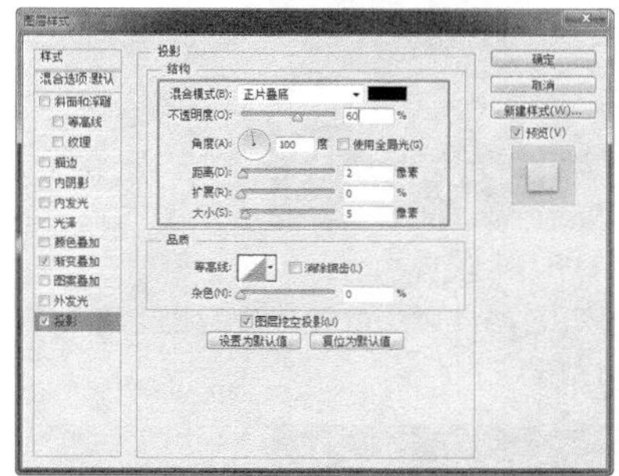

图14-105 设置“投影”参数

图14-106 图层样式效果

05 使用相同方法，绘制出其他图形，如图14-107所示。为该图层添加“颜色叠加”图层样式，在弹出的“图层样式”对话框中进行设置，如图14-108所示。

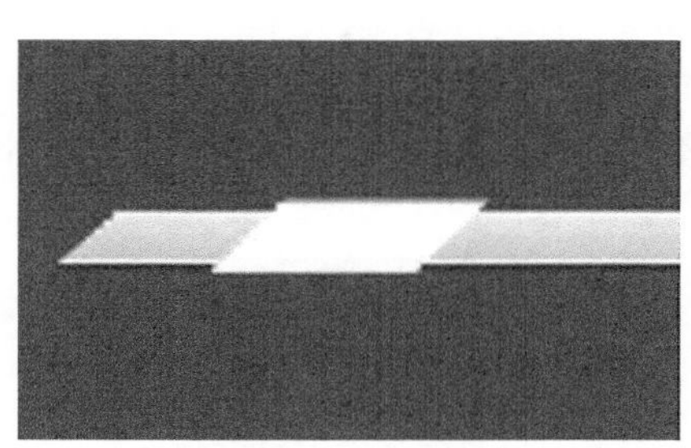

图14-107 绘制矩形

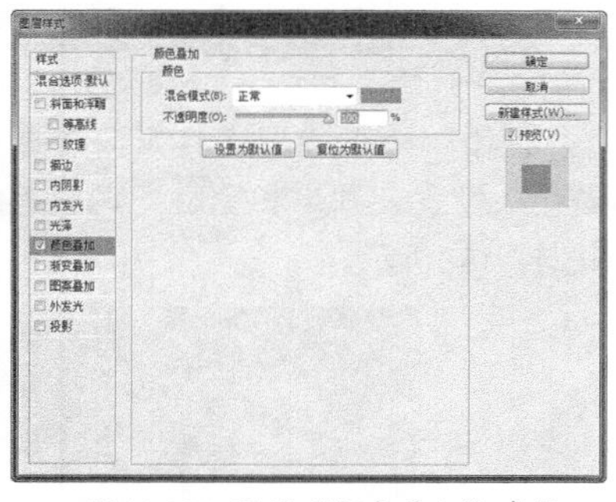

图14-108 设置“颜色叠加”参数

06 单击“确定”按钮，完成“图层样式”对话框的设置，效果如图14-109所示。新建“图层2”，使用“矩形选框工具”，在画布中创建矩形选区，如图14-110所示。

图14-109 图像效果

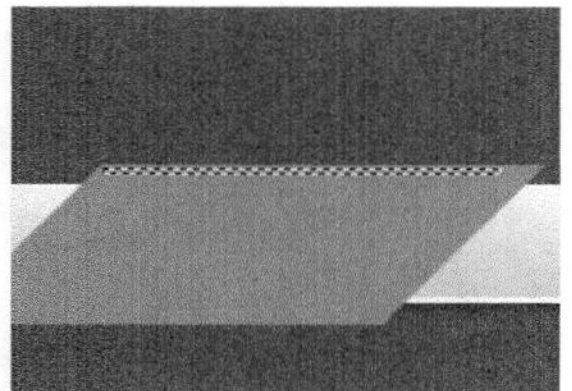

图14-110 创建选区

07 使用“渐变工具”，打开“渐变编辑器”对话框，设置如图14-111所示。在选区中拖曳鼠标指针填充线性渐变，按快捷键Ctrl+D，取消选区，效果如图14-112所示。

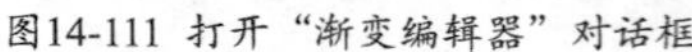

图14-111 打开“渐变编辑器”对话框　　图14-112 填充线性渐变

08 按快捷键Ctrl+J，复制该图层，调整复制图像到合适的位置和大小，如图14-113所示。使用相同方法，可以绘制出其他图形，如图14-114所示。

图14-113 图像效果　　图14-114 图像效果

09 新建“图层3”，使用“钢笔工具”，在画布中绘制路径，如图14-115所示。按快捷键Ctrl+Enter，将路径转换为选区，为选区填充线性渐变，取消选区，效果如图14-116所示。

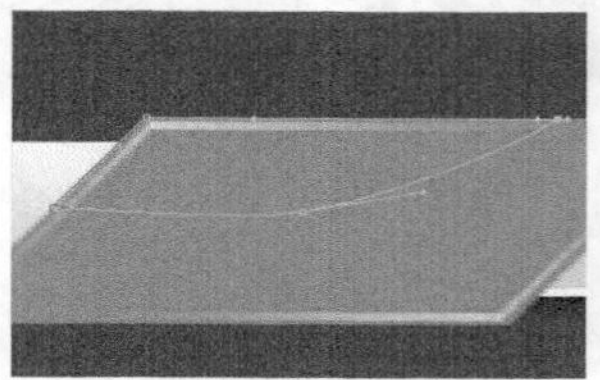

图14-115 绘制路径　　图14-116 图像效果

10 新建“图层4”，使用“矩形选框工具”，在画布中绘制矩形选区，如图14-117所示。单击工具箱中的“画笔工具”按钮，设置一种柔和笔触，调整笔触大小和不透明度，在选区中拖动鼠标指针进行绘制，取消选区，效果如图14-118所示。

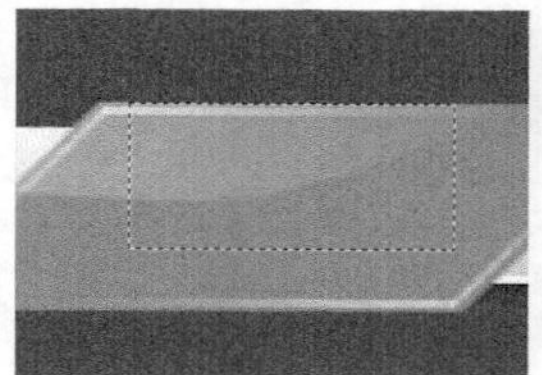

图14-117 绘制矩形选区　　图14-118 图像效果

11 将“图层4”的“混合模式”设置为“叠加”，如图14-119所示，图像效果如图14-120所示。

图14-119 “图层”面板　　图14-120 图像效果

⑫ 使用相同方法，绘出其他渐变效果，如图14-121所示。单击工具箱中的“画笔工具”按钮，打开“画笔预设”选取器，单击设置按钮，在弹出菜单中选择“方头画笔”选项，弹出对话框，如图14-122所示。

图14-121 图像效果

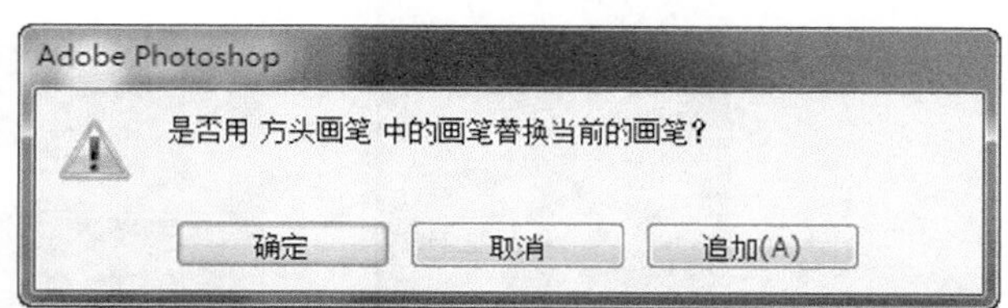

图14-122 提示对话框

⑬ 单击“确定”按钮，载入方头笔触，选择一种合适的笔触，如图14-123所示。打开“画笔”面板，设置如图14-124所示。

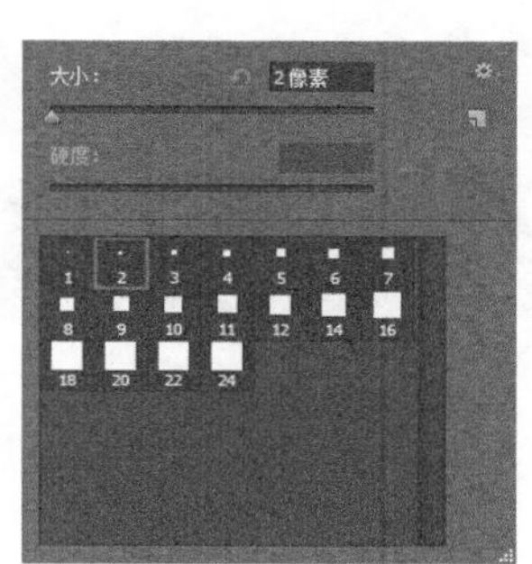

图14-123 选择方头笔触

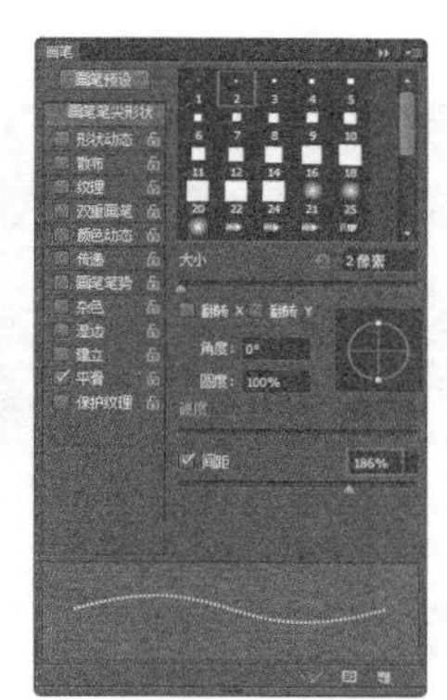

图14-124 设置“画笔”参数

⑭ 新建“图层9”，设置“前景色”为黑色，使用“画笔工具”，在画布上绘出虚线效果，如图14-125所示。为该图层添加“投影”图层样式，在弹出的“图层样式”对话框中设置，如图14-126所示。

图14-125 绘制图像

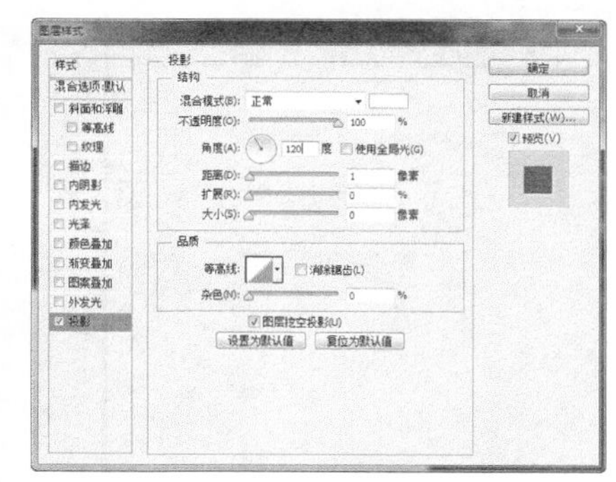

图14-126 设置“投影”图层样式

⑮ 单击“确定”按钮，完成“投影”图层样式的设置，效果如图14-127所示。多次复制该图层，并分别调整复制得到的图像位置，如图14-128所示。

图14-127 图像效果

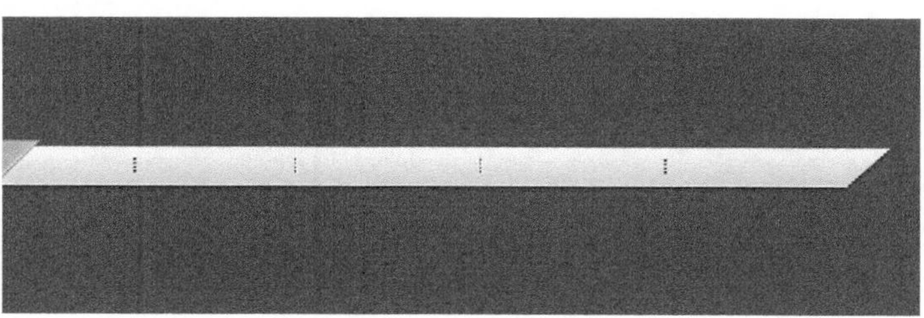

图14-128 复制图形

⑯ 使用“横排文字工具”，执行“窗口>字符”命令，打开“字符”面板，设置如图14-129所示。在画布中

单击并输入文字，如图14-130所示。

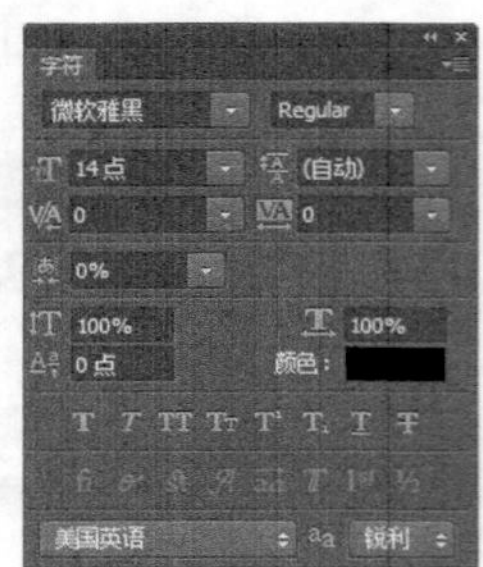

图14-129 设置“字符”面板

图14-130 输入文字

⑰ 使用相同方法，输入其他文字，效果如图14-131所示。执行“文件>存储为”命令，将该文件存储为“光盘\源文件\第14章\14-5.psd”。

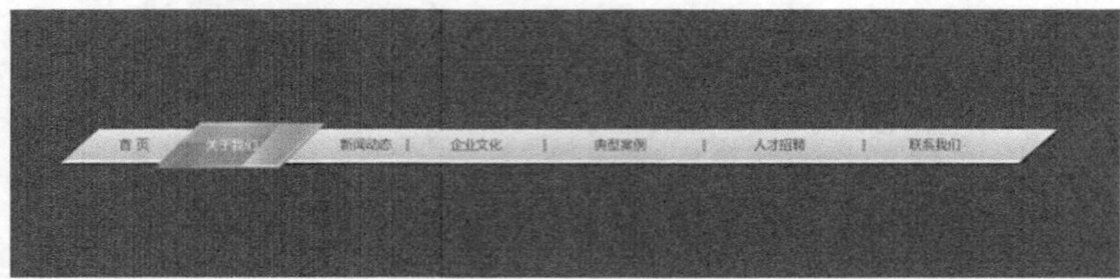

图14-131 最终效果

14.6 本章小结

本章主要讲解在Photoshop中输入文本、编辑文本，以及图层和图层样式的相关操作方法，这些都是使用Photoshop CS6设置文本和图层时的基本知识。完成本章的学习，读者就能够熟练掌握在Photoshop中输入文本以及图层的相关操作。

第15章 网页动画制作与切片输出

Photoshop是设计行业的“全能型选手”。除了在传统设计中起到了中流砥柱的作用，在网页设计行业也有很好的表现。使用Photoshop的网页设计工具及相关功能，可以轻松创建网站图像、动态图像、按钮等，还可以通过切片及相关存储功能输出完整的网页框架及链接。本章将讲解如何在Photoshop中处理Web图形，以及Photoshop中动画的制作。

15.1 创建与编辑切片

在Photoshop中的网页设计工具可以帮助设计和优化单个网页图形或整个页面布局。通过使用“切片工具”可将图形或页面划分为若干相互紧密衔接的部分，并对每个部分应用不同的压缩和交互设置。当然对图像切割的最大好处就是提高图像的下载速度，减轻网络的负担。在Photoshop CS6中还可以为切片制作动画，链接到URL地址，或者使用切片制作翻转按钮。

15.1.1 创建切片

在Photoshop中，使用“切片工具”创建的切片称为用户切片，通过图层创建的切片称为基于图层切片。

创建新的用户切片或基于图层的切片时，会生成附加的自动切片来占据图像的其余区域，自动切片可填充图像中用户切片或基于图层的切片未定义的空间。每次添加或编辑用户切片或基于图层的切片时，都会重新生成自动切片。用户切片或基于图层切片由实线定义，而自动切片则由虚线定义，如图15-1所示。

图15-1 创建的切片

15.1.2 实战——使用“切片工具”创建切片

在介绍完切片的定义后，可以使用“切片工具”对图像创建切片，下面来通过一个小案例来进一步熟悉切片工具。

使用“切片工具”创建切片

●源文件：无　　●视频：光盘\视频\第15章\15-1-2.swf

01 执行“文件>打开”命令，打开素材文件“光盘\源文件\第15章\素材\151201.jpg”，图像效果如图15-2所示，单击工具箱中的“切片工具”按钮，在“选项”栏上进行相应的设置，如图15-3所示。

图15-2 打开素材

图15-3 设置“选项”栏

提示 在“切片工具”的“选项”栏的“样式”下拉列表中可以选择切片的创建方式，包括“正常”、“固定长宽比”和“固定大小”。选择“正常”选项，可以通过拖动鼠标指针确定切片的大小；选择“固定长宽比”选项，可以在该选项后的文本框中输入切片的高宽比，创建具有固定长宽比的切片；选择“固定大小”选项，可以在该选项后的文本框中输入切片的高度和宽度值，然后在画布中单击，即可创建指定大小的切片。

02 在图像中单击并拖曳出一个矩形框，如图15-4所示。释放鼠标即可创建一个用户切片，该切片以外的部分会生成自动切片，如图15-5所示。

图15-4 单击并拖动鼠标

图15-5 创建切片

15.1.3 编辑切片选项

在创建切片时有时会碰到创建的切片没有达到想要的切片效果，这时，如果删除之前创建的切片，重新创建又比较费时，因此最好的方法是编辑切片，这样既提高工作效率，也节省时间。

单击工具箱中的“切片选择工具”按钮，在“选项”栏中可以设置该工具的选项，如图15-6所示。

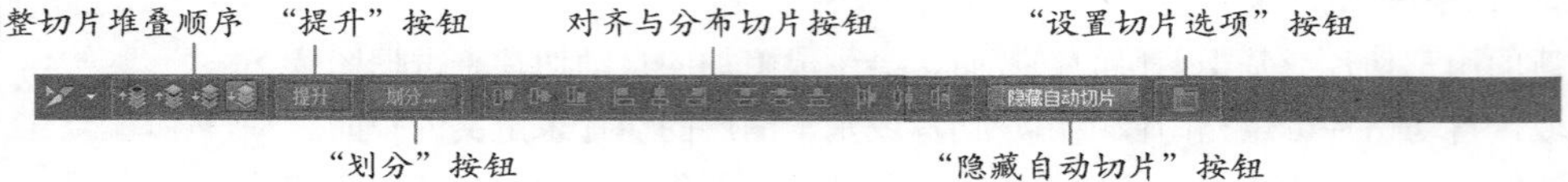

图15-6 “切片选择工具”的“选项”栏

调整切片堆叠顺序： 在创建切片时，最后创建的切片是堆叠顺序中的顶层切片。当切片重叠时，可以单击该选项中的按钮，改变切片的堆叠顺序，以便能够选择到底层的切片。

- “置为顶层”按钮：可将所选择的切片调整到所有切片的最上层。
- “前移一层”按钮：可将所选择的切片向上层移动一层。
- “后移一层”按钮：可将所选择的切片向下层移动一层。
- “置为底层”按钮：可将所选择的切片移动到所有切片的最底层。

“提升”按钮： 单击该按钮，可以将当前所选中的自动切片或图层切片转换为用户切片。

“划分”按钮： 单击该按钮，将会弹出“划分切片”对话框，在该对话框中可以对所选的切片进行划分的相关设置，如图15-7所示。

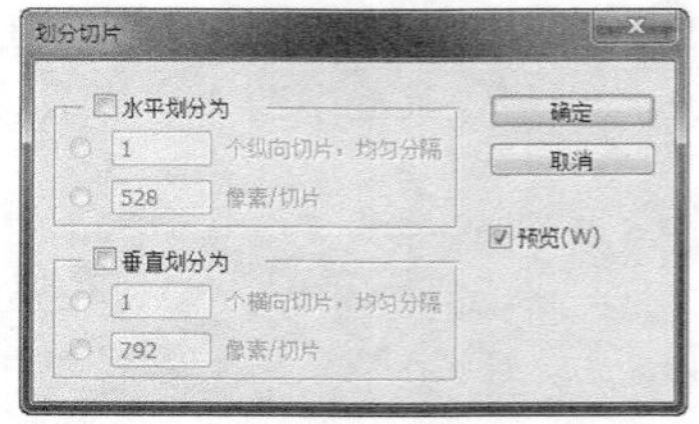

图15-7 “划分切片”对话框

对齐与分布切片按钮： 选择多个切片后，可单击该选项中的按钮来对齐或分布切片，这些按钮的使用方法与对齐和分布图层的按钮相同。

“隐藏自动切片”按钮： 单击该按钮，可以隐藏图像中的自动切片，只显示图像中的用户切片，再次单击该按钮，即可以显示出所有切片。

“设置切片选项”按钮： 单击该按钮，将弹出“切片选项”对话框，在该对话框中可以设置当前选中切片的名称、类型并指定URL地址等选项。

15.1.4 实战——选择和移动切片

通常，对图像进行切片时，可能会产生偏移或误差，通过“切片选择工具”既可以移动切片的范围框，也可以移动切片及其内容，调整图像中创建好的切片。

选择和移动切片

●源文件：无　　●视频：光盘\视频\第15章\15-1-4.swf

01 执行“文件>打开”命令，打开素材文件“光盘\源文件\第15章\素材\151401.jpg”，如图15-8所示。单击工具箱中的“切片工具”按钮，在“选项”栏中设置“样式”为“正常”，在图像中创建多个切片，效果如图15-9所示。

图15-8 图像效果

图15-9 创建切片

02 单击工具箱中的“切片选择工具”按钮，单击要选择的切片，即可选择该切片，选择的切片边线会以桔黄色显示，如图15-10所示。

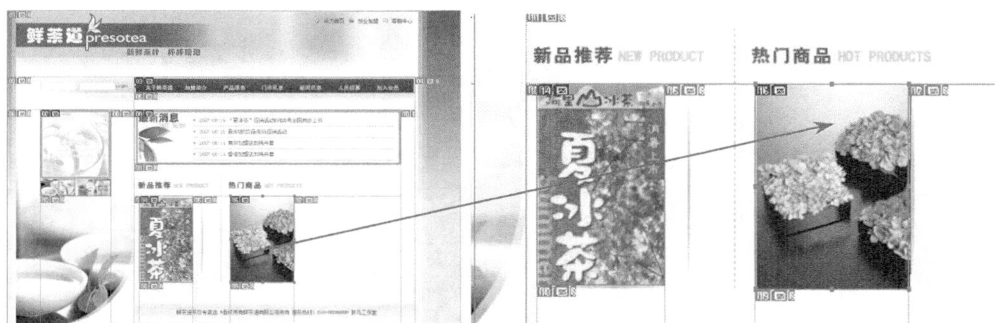
图15-10 选择切片

03 如果要同时选择多个切片，可以按住Shift键的同时单击需要选择的切片，即可选择多个切片，如图15-11所示。

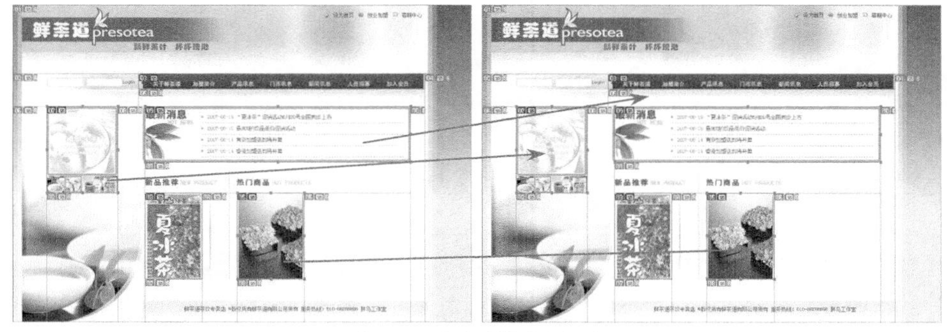
图15-11 同时选择多个切片

04 如果修改切片的大小，使用“切片选择工具”选择切片后，将光标移动到定界框的控制点上，当光标变成↔时，拖动即可调整切片的宽度或高度，如图15-12所示。

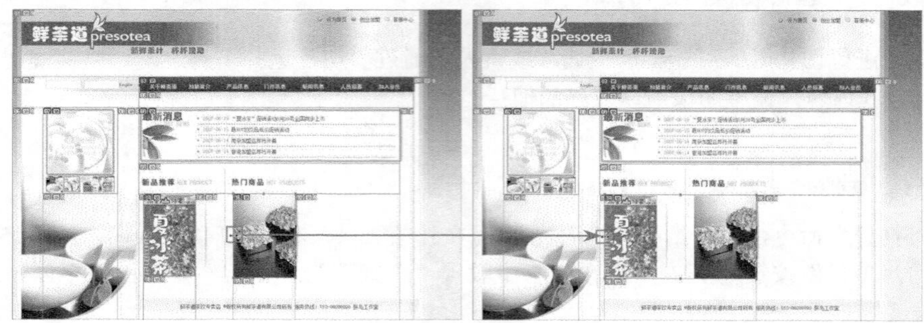

图15-12 调整切片大小

05 按住Shift键将光标放到切片定界框的任意一角，当光标变成↖时，拖动可等比例扩大切片，如图15-13所示。

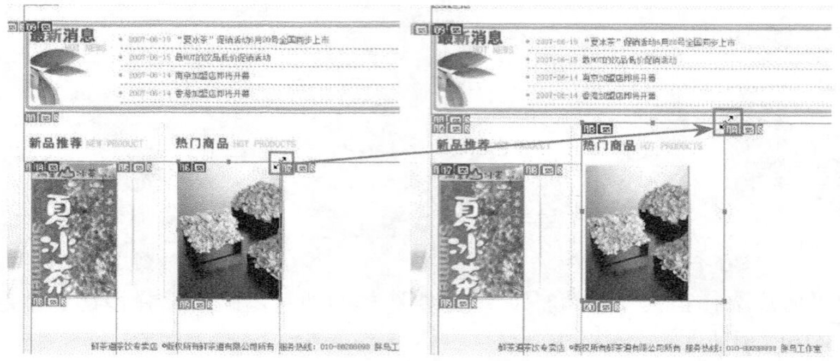

图15-13 等比例调整切片大小

06 选择切片以后，如果要调整切片的位置，拖动选择的切片即可将该切片进行移动，拖动时切片会以虚框显示，放开鼠标左键即可将切片移动到虚框所在的位置，如图15-14所示。

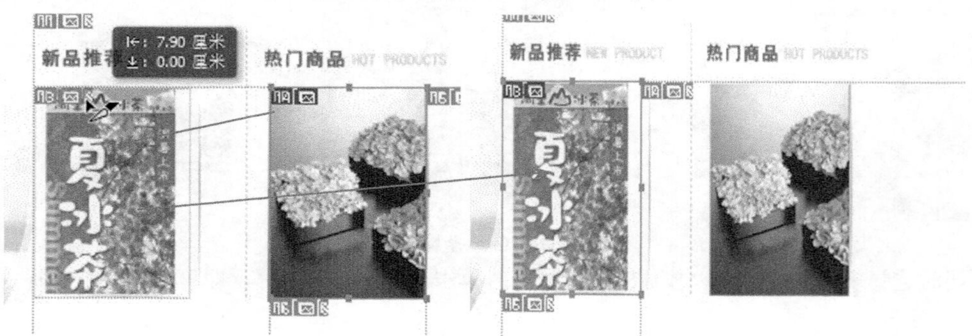

图15-14 调整切片位置

提示 创建切片后，为防止切片影响“切片选择工具”修改其切片，可以执行“视图>锁定切片”命令，将所有切片进行锁定，再次执行该命令即可取消锁定。

15.1.5 删除切片

创建切片后，为了用户方便管理切片，Photoshop提供了一些编辑切片的功能，如将切片进行删除等。

创建切片后，如果是对创建的切片不满意，可以对切片进行修改，也可以将切片删除。选择需要删除的切片，按 Delete 键可删除切片，如图15-15所示。如果要删除所有用户切片和基于图层的切片，可执行“视图>清除切片”命令，即可将所有用户切片和基于图层的切片删除，如图15-16所示。

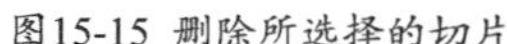
图15-15 删除所选择的切片

图15-16 清除所有切片

15.2 图像的优化与输出

在Photoshop CS6中，可以对图像进行优化以及输出操作。优化图像可以减小文件的大小，从而使得在Web上发布图像时，Web服务器能够更加高效地存储和传输图像，以及用户更快地下载图像。

15.2.1 优化图像

打开素材图像“光盘\源文件\第15章\素材\152101.jpg”，执行“文件>存储为Web所用格式”命令，弹出“存储为Web和设备所用格式”对话框，如图15-17所示。使用该对话框中的优化功能可以对图像进行优化和输出。

图15-17 “存储为Web所用格式”对话框

显示选项：单击“原稿”标签，窗口中显示没有优化的图像，如图15-18所示。单击“优化”标签，窗口中只显示应用了当前优化设置的图像，单击“双联”标签，并排显示图像的两个版本，即优化前和优化后的图像。单击“四联”标签，并排显示图像的4个版本，如图15-19所示。

图15-18 选择“原稿”标签的效果

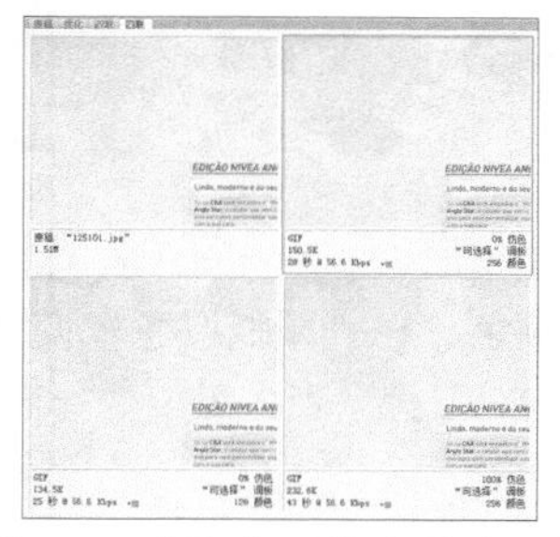
图15-19 选择“四联”标签的效果

工具：在该工具箱中包含了6种工具，分别为：

- “抓手工具”按钮：单击该按钮，在图像中单击并拖动可以移动图像。
- “切片选择工具”按钮：单击该按钮，可以在图像中的切片上单击以便选中该切片，对该切片图像进行优化设置。
- “缩放工具”按钮：单击该按钮，在图像中单击可以放大图像的显示比例，按住Alt键单击则缩小显示比例，也可以在缩放文本框中输入百分比数值。
- “吸管工具”按钮：单击该按钮，在图像中单击即可拾取颜色，并显示在吸管颜色图标上。
- “吸管颜色”按钮■：单击该按钮，可以在弹出的“拾色器（吸管颜色）”对话框中设置吸管的颜色。
- “切换切片可见性”按钮：单击该按钮，可以显示或隐藏切片的定界框。

状态栏：在状态栏中显示的是光标当前所在位置的图像相关信息，包括RGB颜色值和十六进制颜色值等。

在浏览器中预览的图像：单击该按钮，可在系统上默认的Web浏览器中预览优化后的图像。预览窗口中显示图像的题注，其中列出了图像的文件类型、像素尺寸、文件大小、压缩规格和其他HTML信息，如图15-20所示。如果要更换浏览器，可以在此菜单中选择“其他”选项。

图15-20 在浏览器中预览图像

优化的文件格式：在该选项的下拉菜单中包含了5种文件格式，分别为GIF、JPEG、PNG-8、PNG-24和WBMP，接下来将对每种文件格式的优化选项一一进行介绍。

- GIF和PNG-8格式：GIF是用于压缩具有单调颜色和清晰细节图像的标准格式，是一种无损的压缩格式。PNG-8格式与GIF格式一样，也可以有效地压缩纯色区域，同时保留清晰的细节。在下拉列表中选择GIF或PNG-8选项，可以显示优化选项，如图15-21所示。

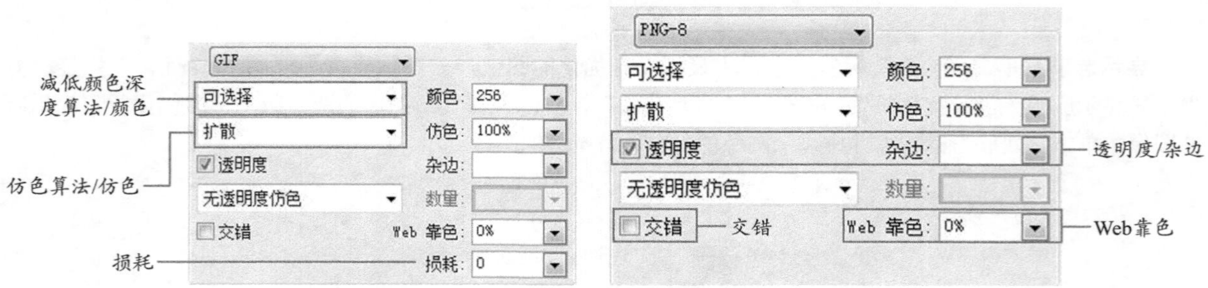

图15-21 GIF和PNG-8的优化选项

减低颜色深度算法/颜色：在“减低颜色深度算法”下拉列表中可以选择用于生成颜色查找表的方法，如图15-22所示。在“颜色”下拉列表中可以选择要在颜色查找表中使用的颜色数量，如图15-23所示。

图15-22 “减低颜色深度算法”下拉列表　　图15-23 “颜色”下拉列表

仿色算法/仿色：在“仿色算法”下拉列表中包含4个选项，如图15-24所示。“仿色”是指通过模拟电脑的颜色来显示系统中未提供的颜色的方法。在“仿色”选项中可以设置仿色的百分比值，较高的仿色百分比会使图像中出现更多的颜色和细节，但也会增大文件大小。

损耗：通过设置该选项，可以有选择的扔掉一些数据来减小文件的大小，可以适当的将文件减小5%～40%。数值越高，文件越小，但图像的品质会变差。

透明度/杂边：勾选“透明度”选项后，在输出图像时，将保持图像的透明部分。“杂边”选项用于设置图像边缘的颜色，在该下拉列表中可以选择一种颜色取值方式，如图15-25所示。

图15-24 “仿色算法”列表　　图15-25 “杂边”列表

Web靠色：通过该选项可以指定将颜色转换为最接近的Web面板等效颜色的容差级别并防止颜色在浏览器中进行仿色。数值越高，转换的颜色越多。

交错：选中该复选框，则当图像文件正在下载时，在浏览器中显示图像的低分辨率版本，使用户感觉下载时间更短，但是会增大文件的大小。

- JPEG格式：JPEG格式是用于压缩连续色调图像的标准格式。将图像优化为JPEG格式时采用的是有损压缩，它会有选择性地扔掉数据以减小文件大小，如图15-26所示。

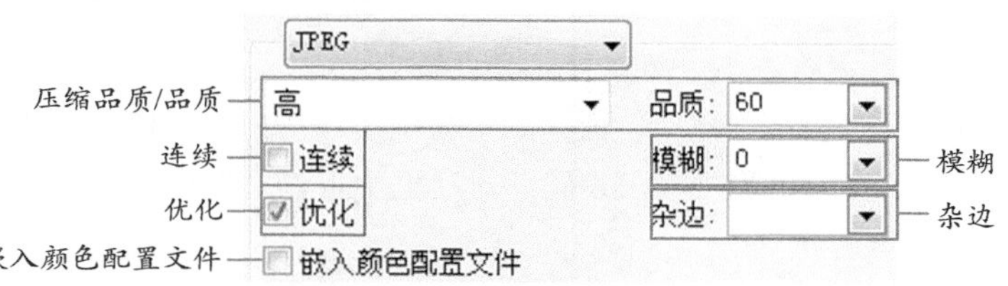

图15-26 JPEG的优化选项

压缩品质/品质：在“压缩品质”下拉列表中包括“低”、“中”、“高”、“非常高”和“最佳”5个选项，可以选择一种压缩品质；“品质”选项同样用于设置图像的压缩品质，“品质”设置越高，图像的细节越多，生成的文件也越大。

连续：勾选该复选框，则在Web浏览器中浏览该图像时将以渐进方式显示图像。

优化：勾选该选项，可以创建文件大小稍小的JPEG文件。如果要最大限度地压缩文件，建议使用优化的JPEG格式。

嵌入颜色配置文件：勾选该选项，则在优化文件中保存颜色配置文件。某些浏览器会使用颜色配置文件进行颜色的校正。

模糊：该选项指定应用于图像的模糊量。可以创建与“高斯模糊”滤镜相同的效果，并允许进一步压缩文件以获得更小的文件。建议使用0.1～0.5之间的设置。

杂边：该选项用于为原始图像中的透明像素指定一个填充颜色。

- PNG-24格式：PNG-24格式适用于压缩连续色调的图像，其优点是可以在图像中保留多达256个透明度级别，但生成的文件要比JPEG格式生成的文件要大得多，如图15-27所示。其设置方法可以参考GIF格式的相应选项。
- WBMP格式：WBMP格式是用于优化移动设备（如移动电话）图像的标准格式。如图15-28所示。使用该格式优化后，图像中只包含黑色和白色像素。

图15-27 优化为PNG-24选项　　图15-28 优化为WBMP格式

“优化”弹出菜单：单击该按钮，可以弹出优化菜单，包含“存储设置”、“链接切片”、“编辑输出设置”等命令，如图15-29所示。

“颜色表”弹出菜单：单击该按钮，可以弹出颜色表菜单，包含与颜色表有关的命令，可以新建颜色、删除颜色以及对颜色进行排序等，如图15-30所示。

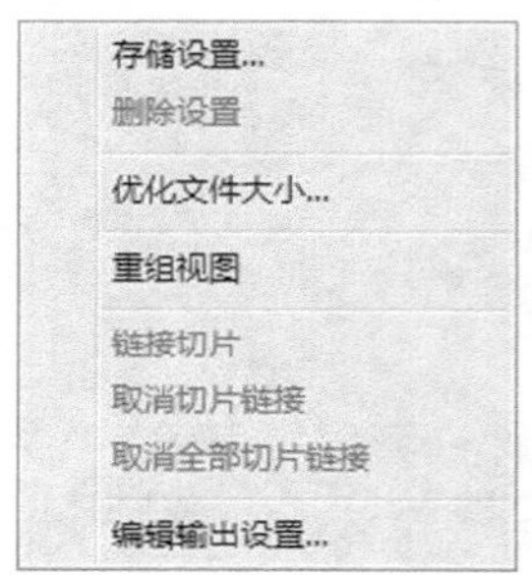

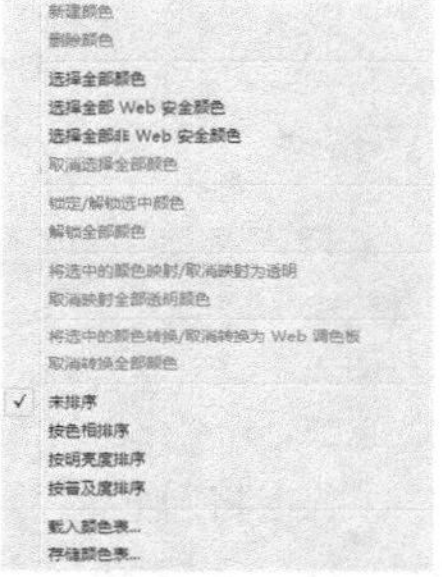

图15-29 “优化”弹出菜单　　图15-30 “颜色表”弹出菜单

颜色表：将图像优化为GIF、PNG-8和WBMP格式时，可在“颜色表”对话框中对图像颜色进行优化设置。

图像大小：在该选项区域中可以通过设置相关参数，将图像大小调整为指定的像素尺寸或原稿大小的百分比。

15.2.2 输出图像

在Photoshop CS6中，对图像进行优化过后，即可将图像输出。在“优化”菜单中选择“编辑输出设置”选项，如图15-31所示。在弹出的“输出设置”对话框中可以对图像输出的相关选项进行设置，如图15-32所示。

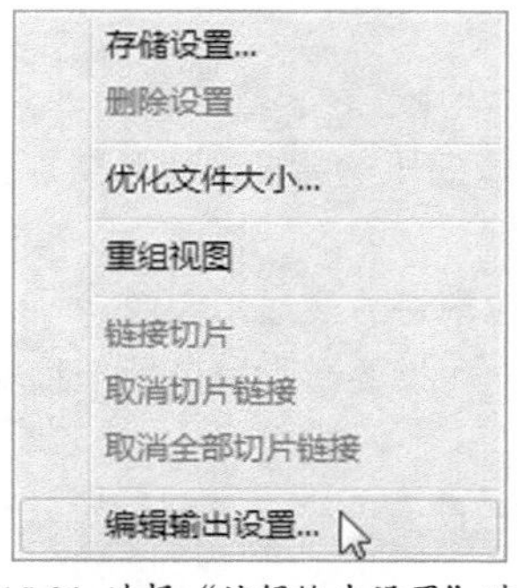

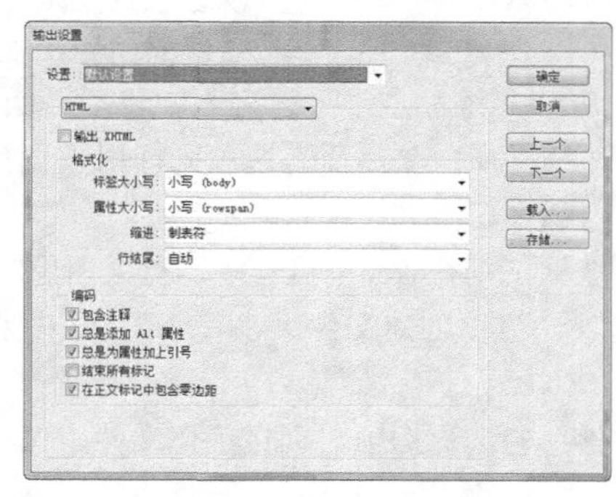

图15-31 选择“编辑输出设置”选项　　图15-32 “输出设置”对话框

在设置输出选项时，如果要使用预设的输出选项，可以在“设置”选项的下拉菜单中选择一个选项；如果要自定义输出的选项，则可以在弹出菜单中选择HTML、切片、背景或存储文件等选项，如图15-33所示。例如，选择“背景”选项后，在“输出设置”对话框中会显示详细的设置选项，如图15-34所示。

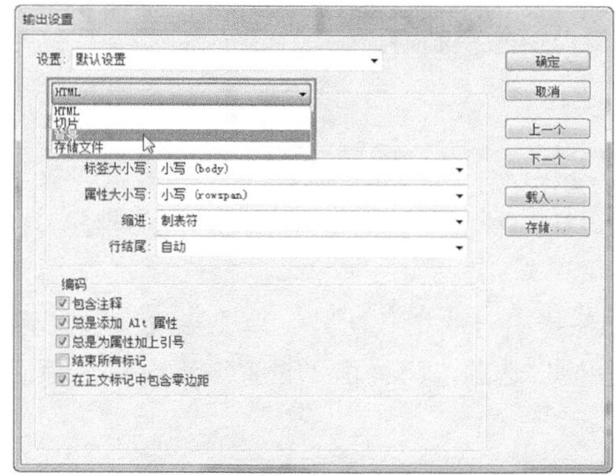

图15-33 选择自定义输出选项

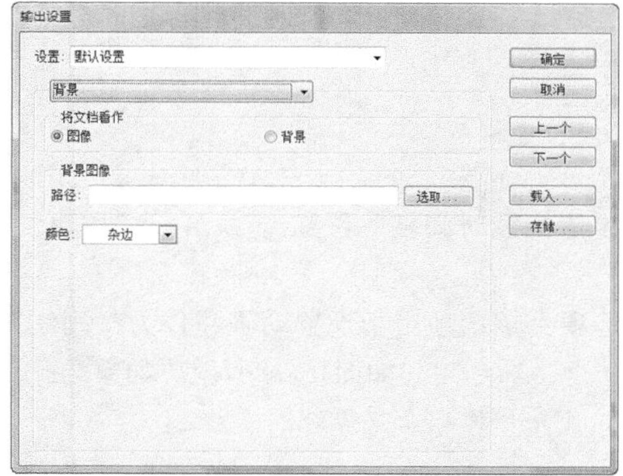

图15-34 显示“背景”的设置选项

15.3 创建GIF动画

gif动画图片是在网页上常常看到的一种动画形式， gif文件的动画原理是在特定的时间内显示的一系列图像或帧，当每一帧较前一帧都有轻微的变化时，连续快速地显示这些帧就会产生运动或其他变化的视觉效果，产生了动态画面效果。在Photoshop中，主要使用“时间轴”面板来制作gif动画。

15.3.1 认识“时间轴”面板

“时间轴”动画是Photoshop动画的主要编辑器，不需要过渡，只需要在变化过程中设定关键帧。执行“窗口>时间轴”命令，打开“时间轴”面版，如果面板为视频模式“时间轴”面板，单击面板下方的“转换为帧动画”按钮，将面板转换为帧模式“时间轴”面板，如图15-35所示。帧模式“时间轴”面板会显示动画中的每个帧的缩览图，使用面板底部的工具可浏览各个帧、设置循环选项、添加和删除帧以及预览动画。

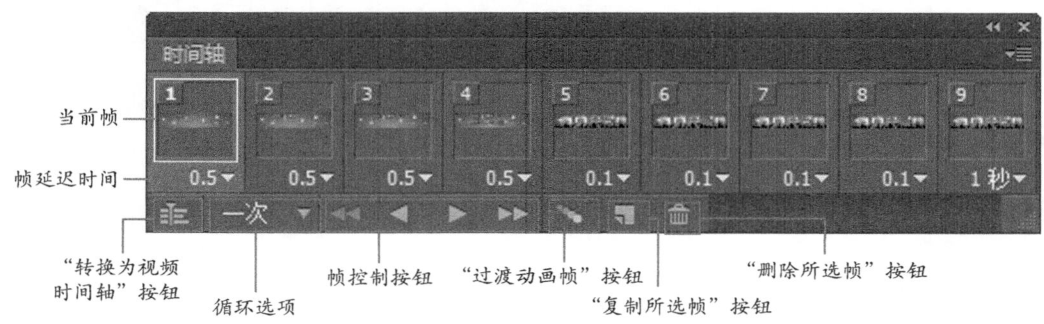

图15-35 帧模式“时间轴”面板

当前帧：当前所选择的帧，选中该帧后，即可对该帧上的图形进行相应的处理。

帧延迟时间：该选项用于设置帧在回放过程中的持续时间。单击该选项，在弹出菜单中可以选择一个帧延迟时间，如图15-36所示。如果选择“其他”选项，将弹出“设置帧延迟”对话框，如图15-37所示，用户可以自定义帧延迟的时间。

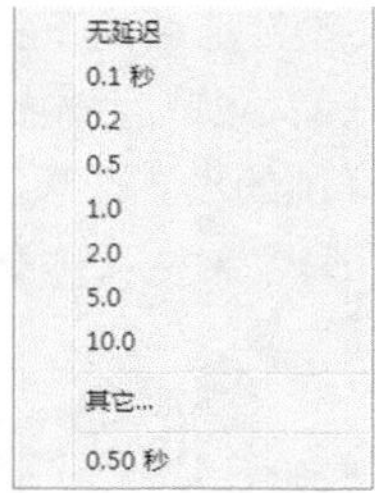

图15-36 “帧延迟时间”下拉菜单

图15-37 “设置帧延迟”对话框

“转换为视频时间轴”按钮：单击该按钮，可以将帧模式“时间轴”面板切换为视频模式“时间轴”面板。

循环选项：该选项用于设置动画在作为动画GIF文件导出时的播放次数。单击该选项，在弹出菜单中可以选择一个循环选项，如图15-38所示。如果选择“其他”选项，将弹出“设置循环次数”对话框，如图15-39所示，用户可以自定义循环的次数。

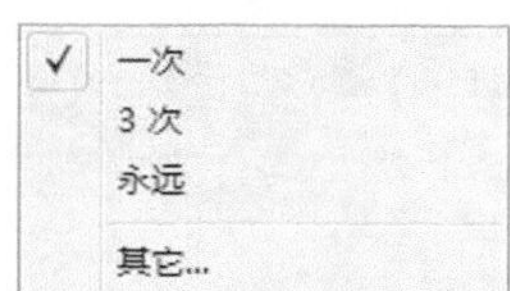

图15-38 “循环选项”下拉菜单

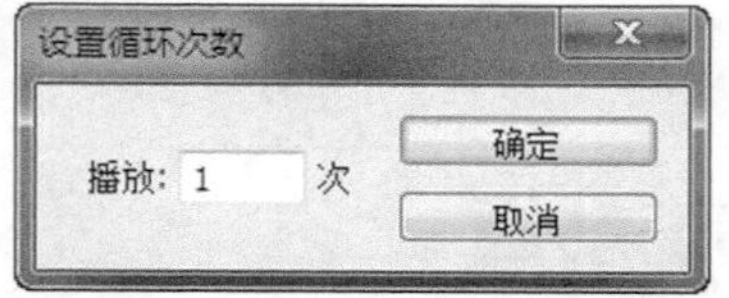

图15-39 “设置循环次数”对话框

帧控制按钮：该部分4个按钮主要用于对动画帧进行控制。单击“选择第一帧”按钮，可以自动选择序列中的第一个帧作为当前帧；单击“选择上一帧”按钮，可以选择当前帧的前一帧；单击“播放动画”按钮，可以在窗口中播放动画，再次单击则停止播放；单击“选择下一帧”按钮，可以选择当前帧的下一帧。

“过渡动画帧”按钮：如果要在两个现有帧之间添加一系列帧，并让新帧之间的图层属性均匀变化，可单击该按钮，弹出“过渡”对话框来设置，如图15-40所示。设置“要添加的帧数”为2，单击“确定”按钮，在“帧动画”面板中添加两帧，如图15-41所示。

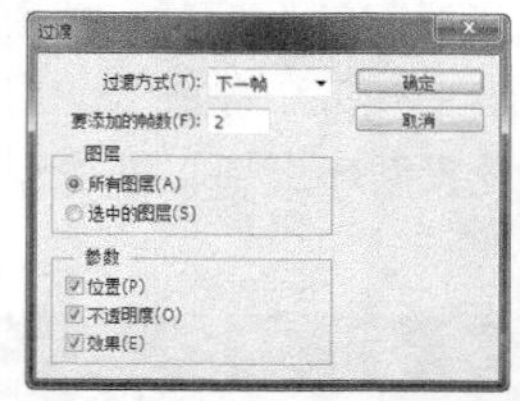

图15-40 “过渡”对话框

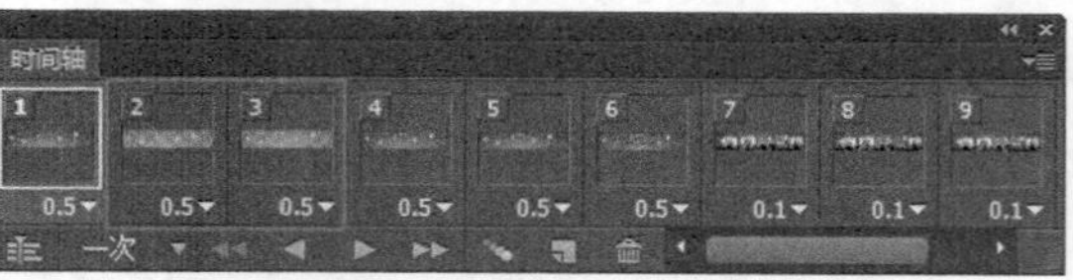

图15-41 自然添加两个过渡帧

“复制所选帧”按钮：单击该按钮，可以复制所选中的帧，得到与所选帧相同的帧。

“删除所选帧”按钮：选择要删除的帧后，单击该按钮，即可删除选择的帧。

15.3.2 实战——创建GIF动画

在详细介绍帧模式“时间轴”面板后，需要知道如何使用帧模式“时间轴”面板来制作GIF动画。通过下面的案例，讲解如何在Photoshop中创建GIF动画。

创建GIF动画

●源文件：光盘\源文件\第15章\15-3-2.psd ●视频：光盘\视频\第15章\15-3-2.swf

01 执行“文件>打开”命令，打开素材文件“光盘\源文件\第15章\素材\153201.jpg”，如图15-42所示。执行“窗口>时间轴”命令，打开“时间轴”面版，设置如图15-43所示。

图15-42 图像效果

图15-43 “时间轴”面板

02 单击“时间轴”面板下方的“复制所选帧”按钮，添加一个动画帧，如图15-44所示。执行“文件>打开”命令，打开素材文件“光盘\源文件\第15章\素材\153202.jpg”，将该素材图像拖入到设计文档中，得到“图层1”，如图15-45所示。

图15-44 添加动画帧

图15-45 拖入素材

03 选择“图层1”，单击“添加图层样式”按钮，在弹出菜单中选择“投影”选项，弹出“图层样式”对话框，设置如图15-46所示。单击“确定”按钮，完成“图层样式”对话框的设置，效果如图15-47所示。

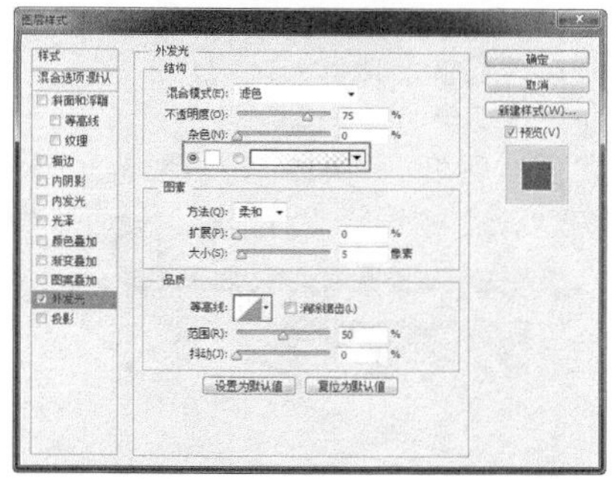

图15-46 “图层样式”对话框

图15-47 图像效果

04 使用相同方法，再添加一个动画帧，选择“图层1”，重新打开“图层样式”对话框，对相关参数进行修改，设置如图15-48所示。单击“确定”按钮，完成“图层样式”对话框的设置，效果如图15-49所示。

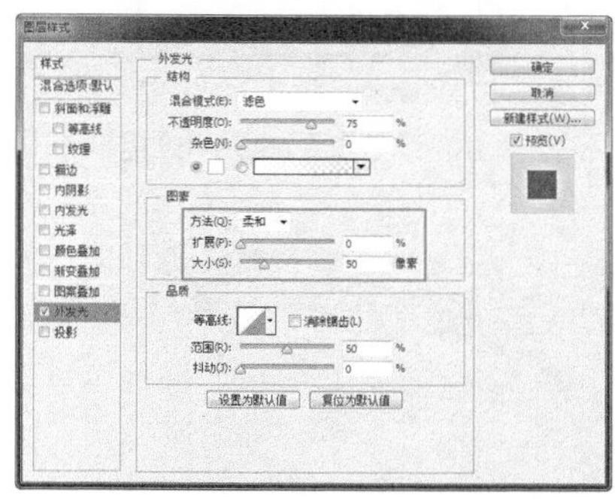

图15-48 “图层样式”对话框

图15-49 图像效果

05 单击“时间轴”面板下方的“复制所选帧”按钮，添加一个动画帧，如图15-50所示。执行“文件>打开”命令，打开素材文件“光盘\源文件\第15章\素材\153203.jpg”，将该素材图像拖入到设计文档中，得到“图层2”，如图15-51所示。

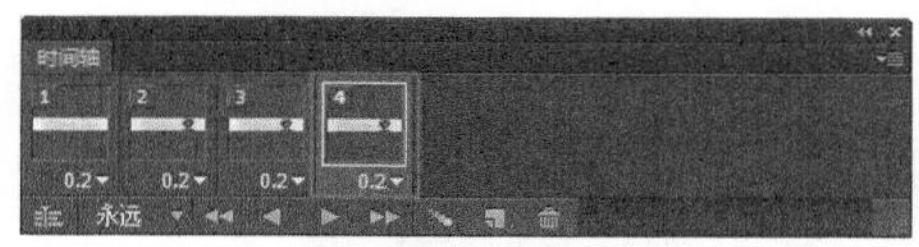

图15-50 添加动画帧

图15-51 拖入素材

06 使用相同方法，再添加一个动画帧，单击工具箱中的“横排文字工具”按钮，打开“字符”面板，设置如图15-52所示。在画布中输入文字，如图15-53所示。

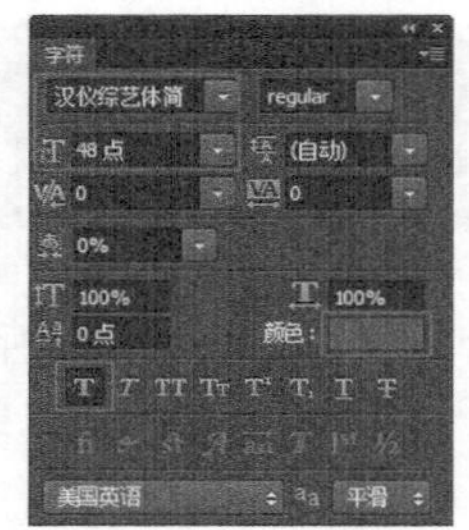
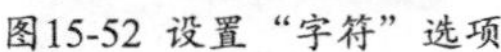

图15-52 设置“字符”选项

图15-53 输入文字

07 单击工具箱中的“椭圆选框工具”按钮，在画布中绘制选区，如图15-54所示。新建“图层3”，设置“前景色”为RGB（157、206、202），为选区填充前景色，如图15-55所示。

图15-54 绘制路径

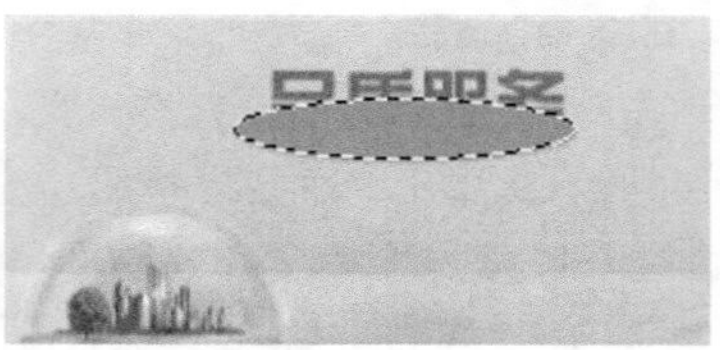

图15-55 填充选区

08 按快捷键Ctrl+D取消选区，选择“图层3”，设置该图层“不透明度”为41%，如图15-56所示。为“图层3”添加图层蒙版，单击工具箱中的“渐变工具”按钮，打开“渐变编辑器”对话框，设置如图15-57所示。

图15-56 图像效果

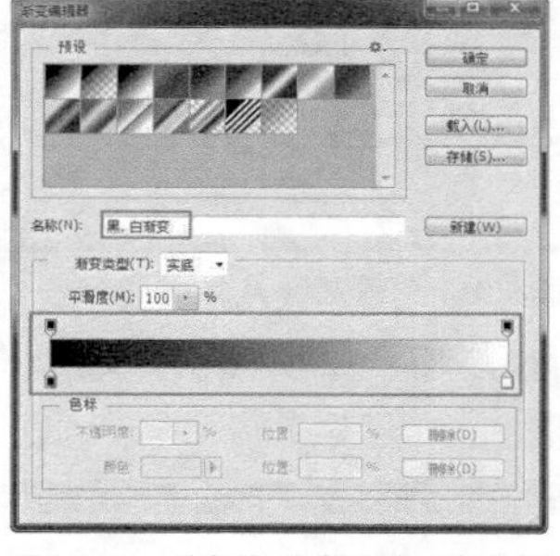

图15-57 “渐变编辑器”对话框

09 单击“确定”按钮，在蒙板中填充线性渐变，效果如图15-58所示。执行“图层>创建剪贴蒙版”命令，为“图层3”创建剪贴蒙版，效果如图15-59所示。

图15-58 渐变效果

图15-59 图像效果

10 “图层”面板如图15-60所示。单击“时间轴”面板下方的“复制所选帧”按钮，添加一个动画帧，如图15-61所示。

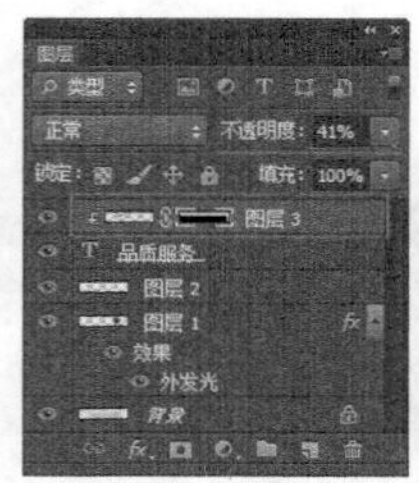

图15-60 “图层”面板

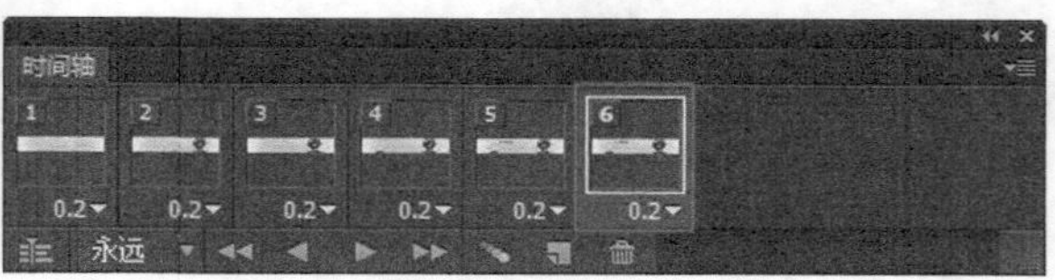

图15-61 添加动画帧

⑪ 使用相同方法，在画布中输入文字，如图15-62所示。使用相同方法，再添加一个动画帧，打开并拖入素材文件“光盘\源文件\第15章\素材\153204.jpg”到设计文档中，得到“图层4”，如图15-63所示。

图15-62 输入文字　　图15-63 拖入素材

⑫ 使用相同方法，再添加一个动画帧，单击“帧延迟时间”，在弹出菜单中选择帧延迟时间，如图15-64所示。“时间轴”面板如图15-65所示。

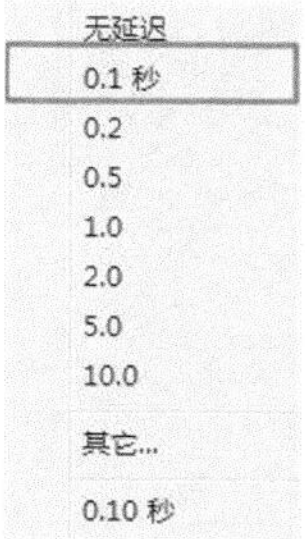

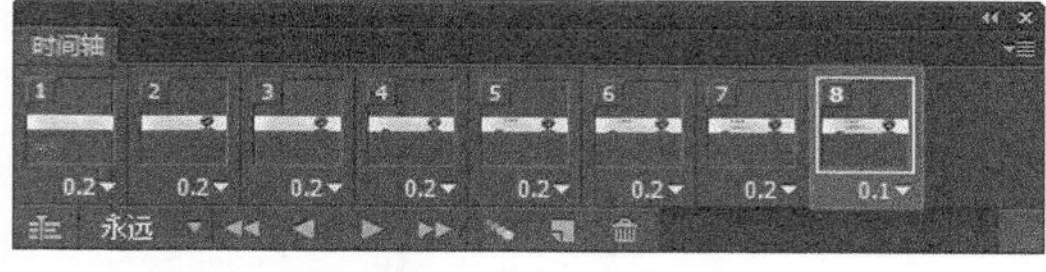

图15-64 “帧延迟时间”下拉菜单　　图15-65 “时间轴”面板

提示 设置帧延迟的目的是让动画更流畅的播放，如果不设置帧延迟，播放动画时，动画的播放速度比较快，就会看不清动画的效果。

⑬ 使用相同方法，在画布中输入文字，如图15-66所示。使用相同方法，依次添加几个动画帧，分别在不同的帧上显示不同图层中的图像，“时间轴”面板如图15-67所示。执行“文件>存储为”命令，将文件存储为“光盘\源文件\第15章\15-3-2.psd”。

图15-66 输入文字 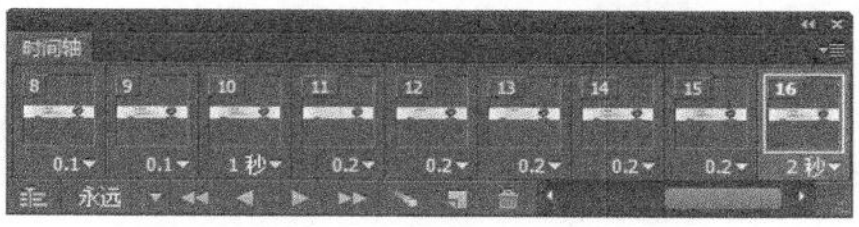　　图15-67 “时间轴”面板

15.3.3 实战——存储动画

在上一节中，详细讲解了如何在Photoshop中使用“时间轴”面板制作动画，在完成动画制作后，就需要将动画导出为GIF动画格式。

存储动画

●源文件：光盘\源文件\第15章\15-3-3.gif　　●视频：光盘\视频\第15章\15-3-3.swf

01 执行“文件>打开”命令，打开文件“光盘\源文件\第15章\15-3-2.psd”，如图15-68所示。

图15-68 打开素材

02 完成动画的制作后，执行“文件>存储为Web所用格式”命令，弹出“存储为Web所用格式”对话框，如图15-69所示。单击“播放动画”按钮 ▶，预览动画效果，如图15-70所示。

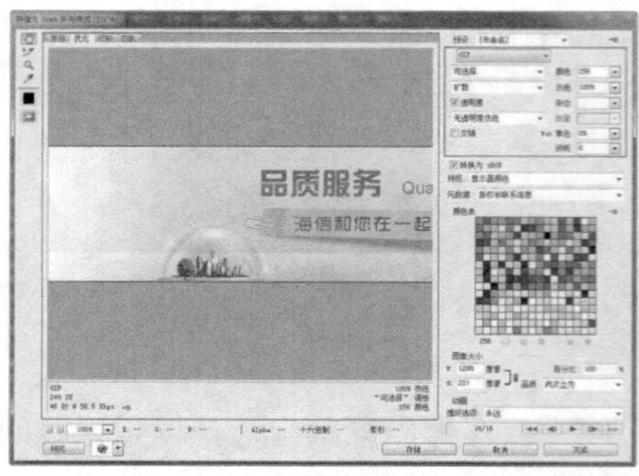
图15-69 “存储为Web所用格式”对话框

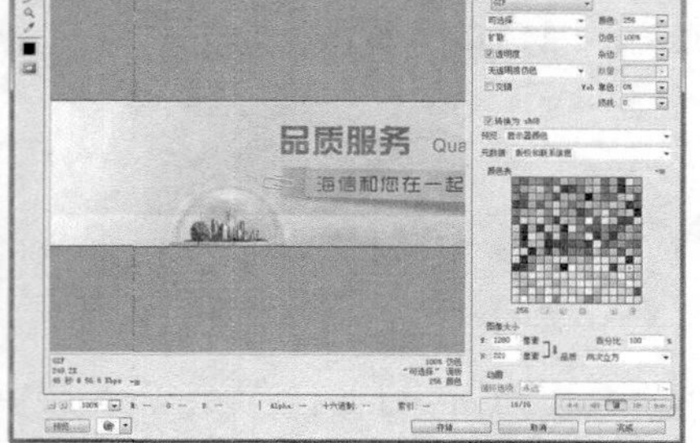
图15-70 预览动画效果

03 单击“存储”按钮，在弹出的“将优化结果存储为”对话框中设置如图15-71所示。单击“保存”按钮，即可导出GIF图片动画，在IE浏览器中打开刚导出的GIF图片动画，可以看到所制作的GIF动画效果，如图15-72所示。

图15-71 “将优化结果存储为”对话框

图15-72 在网页中查看GIF动画

15.4 实战——为网页创建切片并输出网页

前面已经讲解了如何在图像中创建切片，以及对切片进行编辑和优化输出图像的方法。在Photoshop中还可以直接在网页设计稿中创建切片并输出为HTML格式的网页文件，下面通过一个练习，介绍如何在Photoshop中为网页图像创建切片并输出网页。

为网页创建切片并输出网页

●源文件：光盘\源文件\第15章\15-4.html　　●视频：光盘\视频\第15章\15-4.swf

01 执行“文件>打开”命令，打开设计好的网页图像“光盘\源文件\第15章\素材\15-4.jpg”，页面效果如图15-73所示。单击工具箱中的“切片工具”按钮，在网页图像上相应的位置单击并拖动鼠标创建一个切片，如图15-74所示。

图15-73 打开网页图像

图15-74 创建切片

02 使用相同的方法，可以在网页图像中创建出其他的切片，如图15-75所示。使用“切片选择工具”，在切片22上单击鼠标右键，在弹出菜单中选择“编辑切片选项”选项，如图15-76所示。

图15-75 创建其他切片

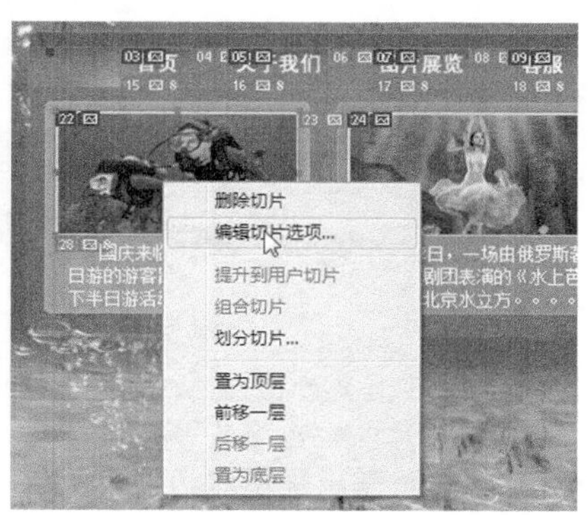

图15-76 选择“编辑切片选项”选项

03 弹出“切片选项”对话框，对相关选项进行设置，如图15-77所示。单击“确定”按钮，完成“切片选项”对话框的设置。使用相同的方法，可以对其他的切片进行相应的设置。执行“文件>存储为”命令，将其存储为“光盘\源文件\第15章\15-4.psd”，如图15-78所示。

图15-77 设置“切片选项”对话框

图15-78 存储文件

04 执行“文件>存储为Web所用格式”命令，弹出“存储为Web所用格式”对话框，选择“原稿”选项卡，选择需要优化的切片，如图15-79所示。在“优化的文件格式”下拉列表中选择JPEG选项，设置“品质”为90，其他选项默认设置，如图15-80所示。

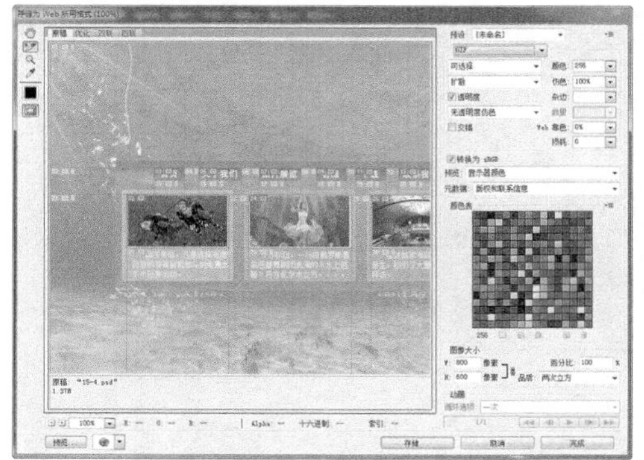

图15-79 选择需要优化的切片

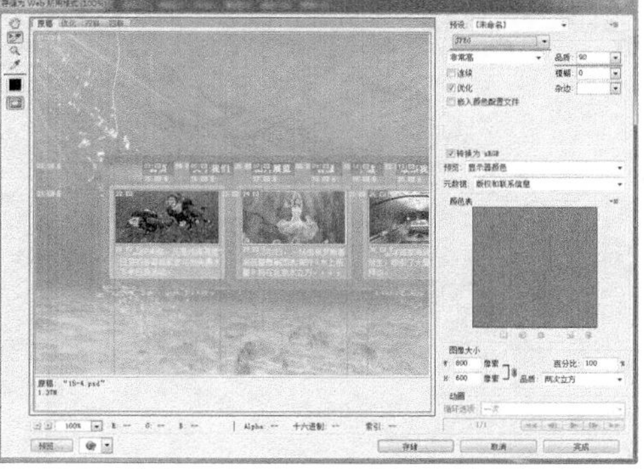

图15-80 设置优化选项

05 使用相同方法，可以对其他的切片进行优化设置，切换到“优化”选项卡中，可以看到刚才对图像进行优化后的效果，包括文件格式、大小等信息，如图15-81所示。单击“存储”按钮，弹出“将优化结果存储为”对话框，设置如图15-82所示。

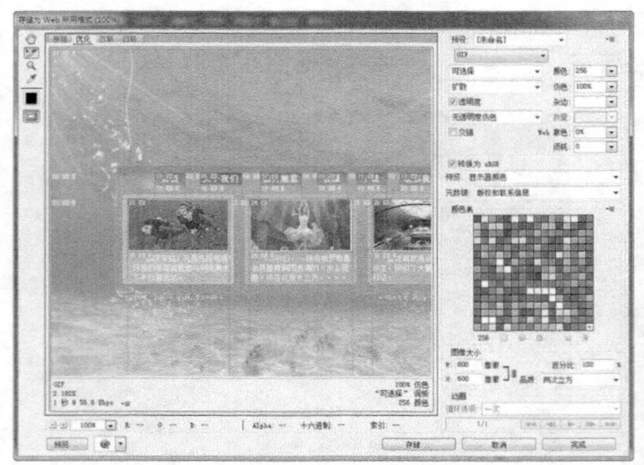
图15-81 切换到“优化”选项卡中

图15-82 设置“将优化结果存储为”对话框

06 单击“保存”按钮，弹出提示对话框，如图15-83所示。单击“确定”按钮，输出网页，完成网页的输出，双击生成的15-4.html，可以在浏览器中看到该网页的效果，如图15-84所示。

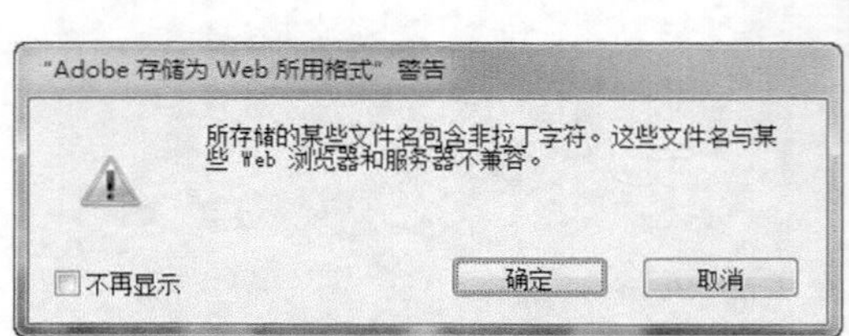

图15-83 提示对话框

图15-84 预览输出的网页文件

15.5 本章小结

本章主要讲解在Photoshop中创建与编辑切片、存储为Web和设备所用格式，以及在Photoshop中制作GIF动画的方法。本章的重点内容在于创建切片和GIF动画的制作，读者需要仔细理解，并通过练习巩固所学的知识点。

第16章 常用网页元素的设计

网页中所包含的元素较多，包括文字、图像、背景、按钮、图标、Logo、导航、动画、声音、视频等。在这些网页元素中，文字、图像、按钮、Logo和导航也是网页中最基本的元素，基本上所有的网页中都会包含这些元素。在前几章中，已经向读者介绍了Photoshop的基本使用方法和技巧，本章将带领读者完成几个常用网页元素的设计制作，并介绍相关的知识，使读者对网页元素有更清楚的理解。

16.1 网站Logo

作为独特的传媒符号，Logo一直是传播特殊信息的视觉文化语言。在网站设计中，Logo是网站特点和内涵的集中体现，是CIS导入网站的基础和最直接的表现形式，也是企业推向市场的一个重要部分，它可以使人们对企业有更深层次的了解。

16.1.1 网站Logo的特点

在网站Logo设计中极为强调统一的原则，统一并不是反复某一种设计原理，而应该是将其他的任何设计原理，如主导性、从属性、相互关系、均衡、比例、反复、反衬、律动、对称、对比、借用、调和、变异等设计人员所熟知的各种原理，正确地应用于设计的完整表现，如图16-1所示。

图16-1 设计的完整表现

构成Logo要素的各部分一般都具有一种共通性及差异性，这个差异性又称为独特性，或叫做变化。而统一是将多样性提炼为一个主要表现体，称为多样统一的原理。统一在各部分的要素中，有一个大小、材质、位置等具有支配全体的作用的要素，被称为支配。精确把握对象的多样统一，并突出支配性要素，是设计网站Logo必备的技术因素。

网站Logo所强调的辨别性及独特性导致相关图案字体的设计也要和被标识体的性质有适当的关联，并具备类似风格的造型。

网站Logo设计更应该注重对事物张力的把握，在浓缩了文化、背景、对象、理念及各种设计原理的基调上，可以最直观的实现对象的视觉效果，如图16-2所示。在任何方面的张力不足的情况下，精心设计的Logo常会因为不理解、不认同、不艺术、不朴实等相互矛盾的理由而被用户拒绝或被大众排斥、遗忘。所以，恰到好处地理解用户及Logo的应用对象，是非常有必要的。

图16-2 网站Logo

16.1.2 实战——设计生活服务类网站Logo

本实例设计制作一个生活服务类网站Logo，在该Logo设计中通过字母e的变形处理并加入其他的一些图形构成一个手形的图案，并为图案填充渐变颜色，使其更加具有层次感。再配以文字的变形处理，使得该网站Logo大方得体，符合行业的类型和性质。

设计生活服务类网站logo

●源文件：光盘\源文件\第16章\16-1-2.psd　　●视频：光盘\视频\第16章\16-1-2.swf

01 执行“文件>新建”命令，弹出“新建”对话框，设置如图16-3所示。设置完成后，单击“确定”按钮，新建一个空白文档。使用“文字工具”，在“字符”面板上对相关选项进行设置，如图16-4所示。

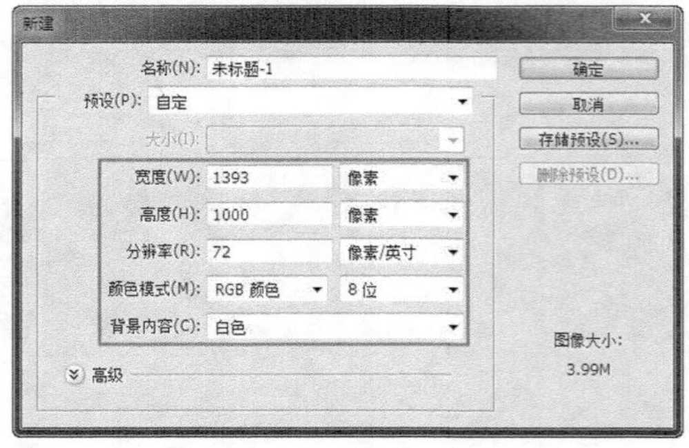

图16-3 “新建”对话框

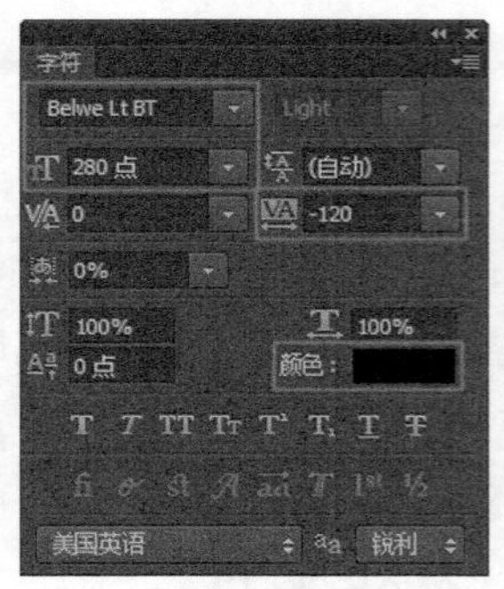

图16-4 设置“字符”面板

02 在画布中单击并输入文字，如图16-5所示。复制e图层，得到“e 副本”图层，隐藏e图层，在“e 副本”图层上单击右键，在弹出菜单中选择“栅格化文字”选项，将文字栅格化，“图层”面板如图16-6所示。

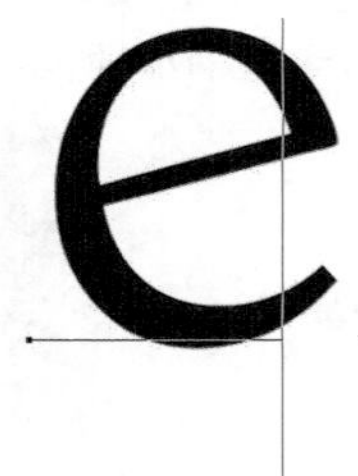

图16-5 输入文字

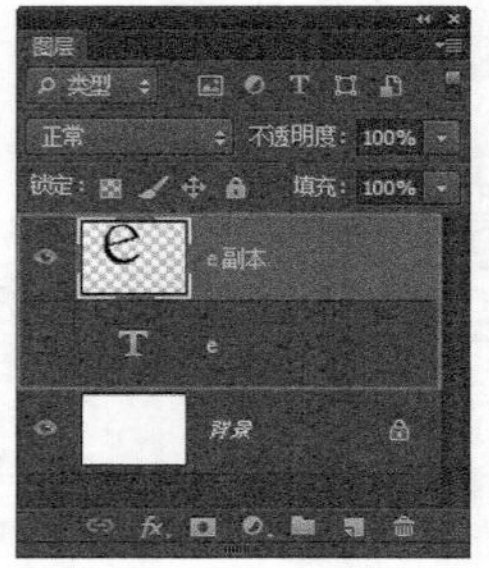

图16-6 “图层”面板

03 按住Ctrl键，单击“e 副本”图层缩览图，载入选区，并隐藏该图层，如图16-7所示。单击“路径”面板底部的“从选区生成工作路径”按钮，将选区转换成路径，效果如图16-8所示。

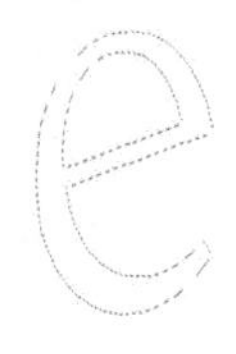

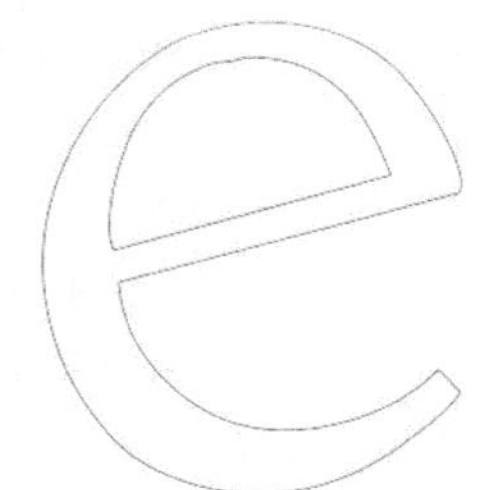

图16-7 载入选区　　图16-8 将选区转换成路径

04 使用“直接选择工具”对路径进行适当的调整，如图16-9所示。按快捷键Ctrl+Enter，将路径转换为选区，使用“渐变工具”，单击“选项”栏上的“渐变预览条”，弹出“渐变编辑器”对话框，设置如图16-10所示。

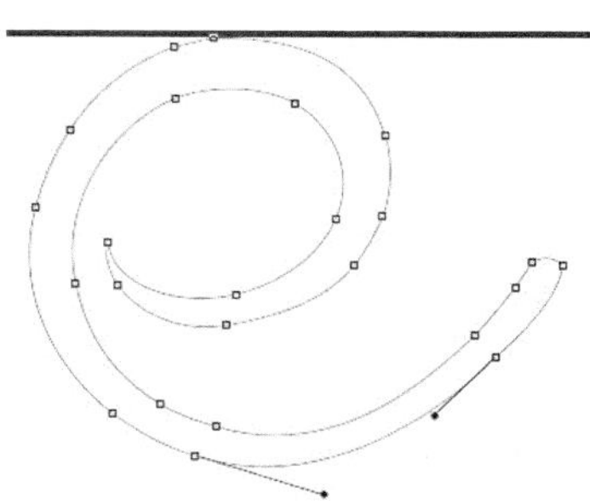

图16-9 调整路径

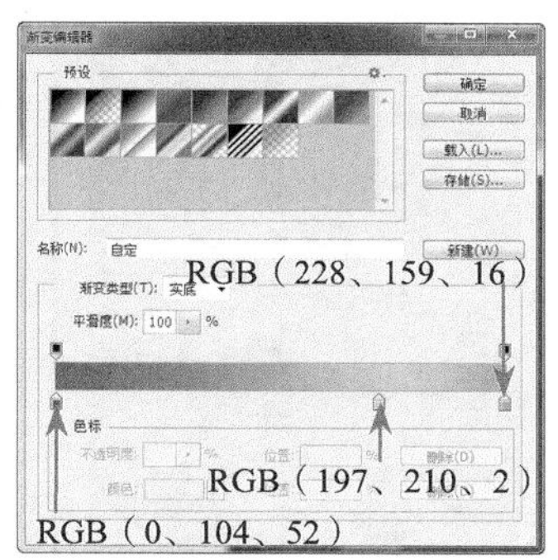

图16-10 “渐变编辑器”对话框

05 单击“确定”按钮，新建“图层1”，在选区中拖动鼠标填充线性渐变，如图16-11所示。按快捷键Ctrl+D取消选区，新建“图层2”，使用“钢笔工具”，在画布中绘制路径，如图16-12所示。

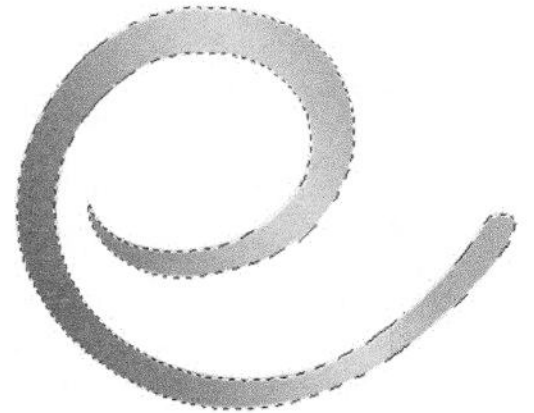

图16-11 填充渐变

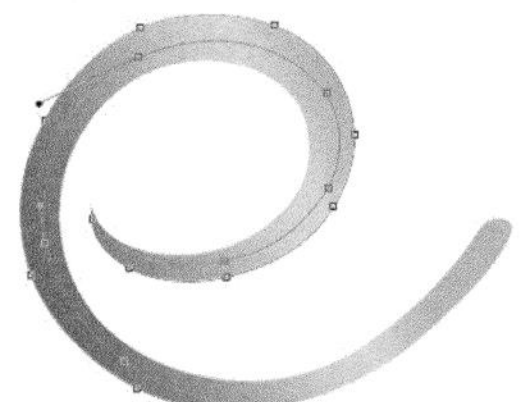

图16-12 绘制路径

06 按快捷键Ctrl+Enter，将路径转换为选区，使用“渐变工具”，单击“选项”栏上的“渐变预览条”，弹出“渐变编辑器”对话框，设置如图16-13所示。单击“确定”按钮，在画布中单击并拖动鼠标，为选区填充线性渐变，效果如图16-14所示。

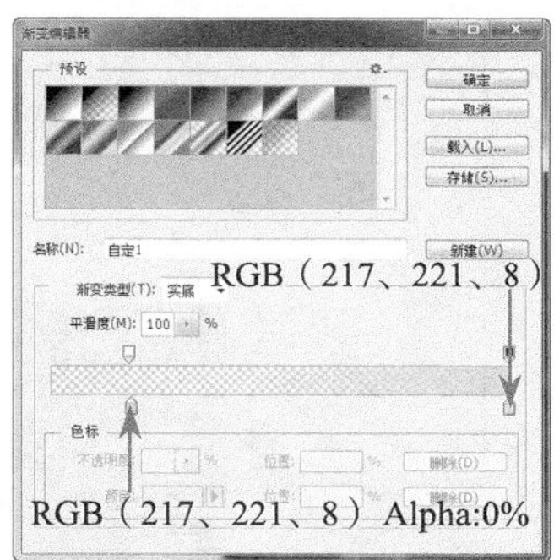

图16-13 “渐变编辑器”对话框

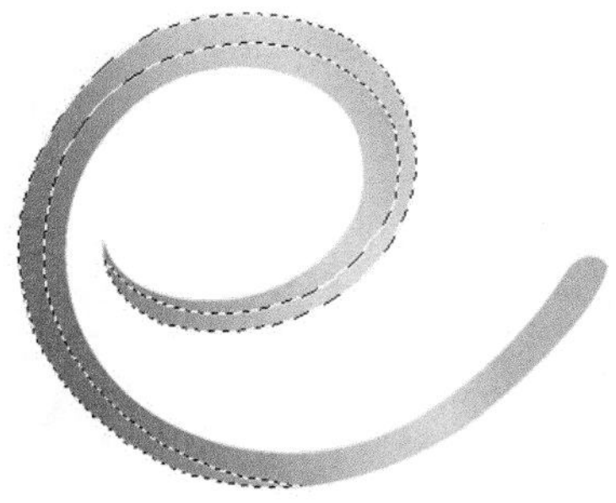

图16-14 填充渐变

07 按快捷键Ctrl+D取消选区，新建“图层3”，使用“钢笔工具”，在画布中绘制路径，如图16-15所示。按快捷键Ctrl+Enter，将路径转换为选区，并为选区填充白色，效果如图16-16所示。

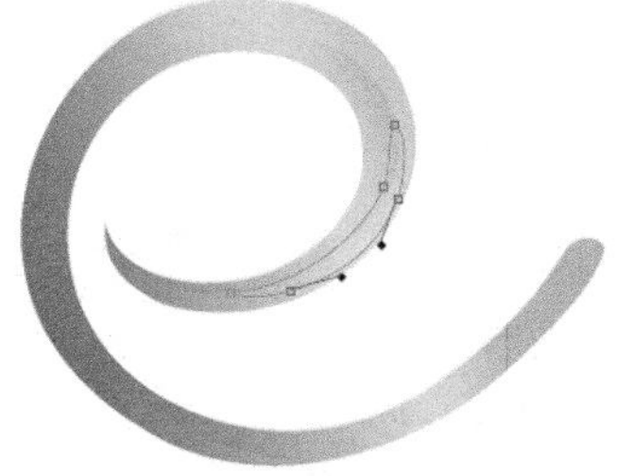

图16-15 绘制路径

图16-16 填充颜色

08 按快捷键Ctrl+D取消选区，设置“图层3”的“不透明度”为12%，如图16-17所示，图像效果如图16-18所示。

图16-17 “图层”面板　　图16-18 图像效果

⑨ 新建“图层4”，使用“钢笔工具”，在画布中绘制路径，如图16-19所示。按快捷键Ctrl+Enter，将路径转换为选区。使用“渐变工具”，单击“选项”栏上的“渐变预览条”，弹出“渐变编辑器”对话框，设置如图16-20所示。

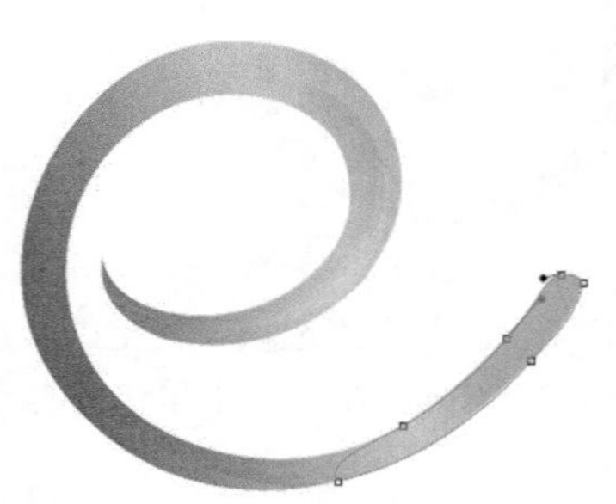

图16-19 绘制路径

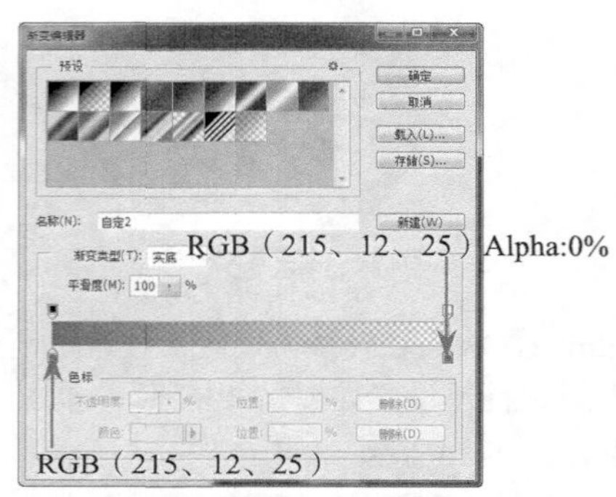

图16-20 “渐变编辑器”对话框

⑩ 单击“确定”按钮，在选区中拖动鼠标填充线性渐变，效果如图16-21所示。按快捷键Ctrl+D取消选区，相同的方法，完成其他图形的绘制，效果如图16-22所示。

图16-21 填充渐变　　图16-22 图像效果

⑪ 新建“图层6”，使用“椭圆选框工具”，在画布中绘制椭圆形选区，如图16-23所示。执行“选择>变换选区”命令，对选区进行旋转、缩放操作，如图16-24所示。

图16-23 绘制选区　　图16-24 对选区进行变形

⑫ 按Enter键确定，选区效果如图16-25所示。使用“渐变工具”，单击“选项”栏上的“渐变预览条”，弹出“渐变编辑器”对话框，设置如图16-26所示。

图16-25 选区效果

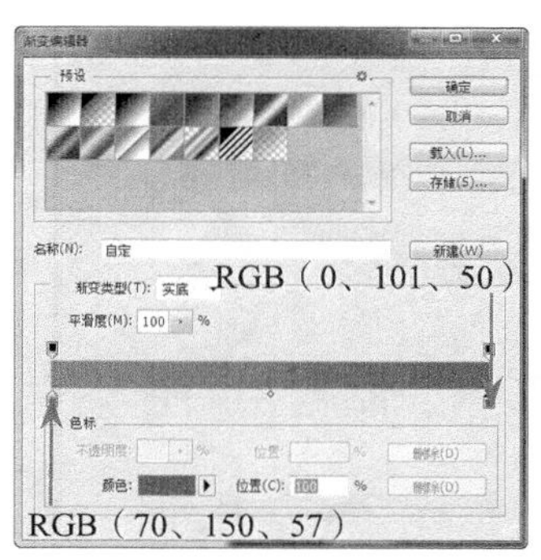

图16-26 “渐变编辑器”对话框

⑬ 单击“确定”按钮，在选区中拖动鼠标填充线性渐变，效果如图16-27所示。按快捷键Ctrl+D取消选区，相同的方法，完成其他图形的绘制，效果如图16-28所示。

图16-27 填充渐变

图16-28 图像效果

⑭ 新建“图层7”，使用“钢笔工具”，在画布中绘制路径，如图16-29所示。按快捷键Ctrl+Enter，将路径转换为选区。使用“渐变工具”，单击“选项”栏上的“渐变预览条”，弹出“渐变编辑器”对话框，设置如图16-30所示。

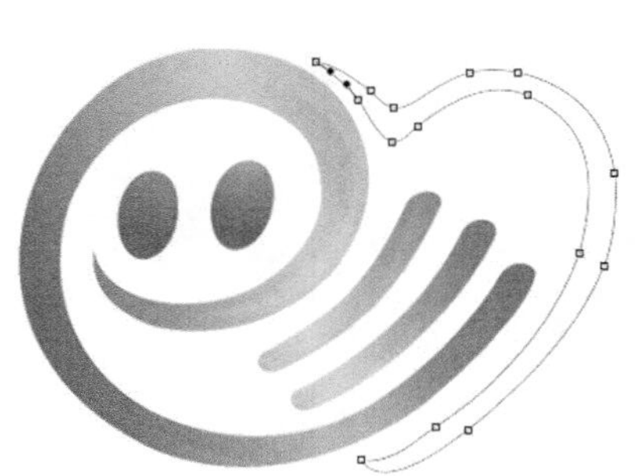

图16-29 绘制路径

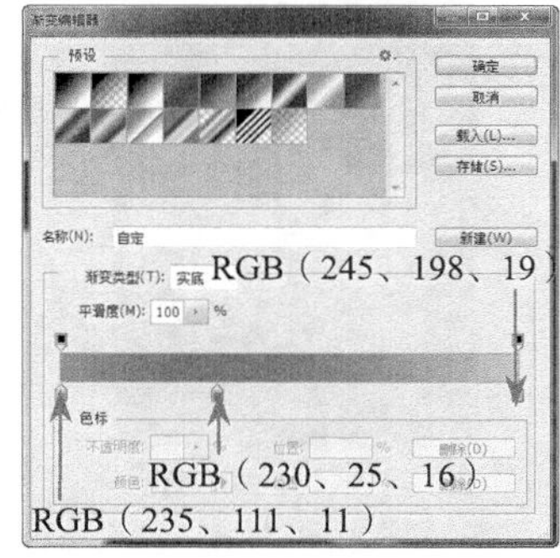

图16-30 “渐变编辑器”对话框

⑮ 单击“确定”按钮，在选区中拖动鼠标填充线性渐变，如图16-31所示。按快捷键Ctrl+D取消选区，新建“图层8”，使用“钢笔工具”，在画布中绘制路径，如图16-32所示。

图16-31 填充渐变

图16-32 绘制路径

⑯ 按快捷键Ctrl+Enter，将路径转换为选区。使用“渐变工具”，单击“选项”栏上的“渐变预览条”，弹

出“渐变编辑器”对话框，设置如图16-33所示。单击“确定”按钮，在选区中拖动鼠标填充线性渐变，效果如图16-34所示。

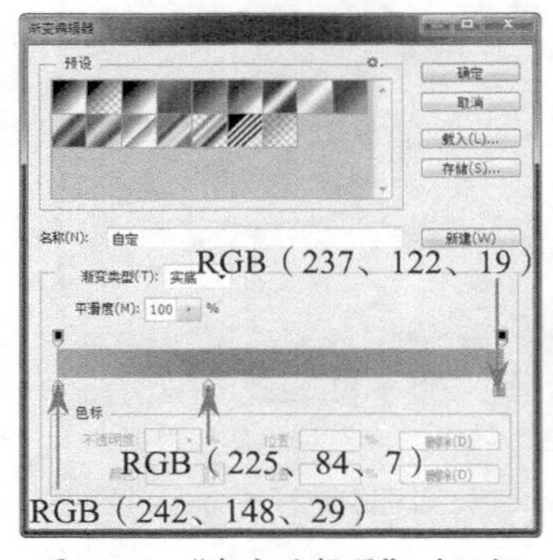

图16-33 “渐变编辑器”对话框

图16-34 填充渐变

⑰ 按快捷键Ctrl+D取消选区，新建“图层9”，使用“钢笔工具”，在画布中绘制路径，如图16-35所示。按快捷键Ctrl+Enter，将路径转换为选区，并为选区填充白色，按快捷键Ctrl+D取消选区，效果如图16-36所示。

图16-35 绘制路径

图16-36 填充颜色

⑱ 设置“图层9”的“不透明度”为10%，如图16-37所示，图像效果如图16-38所示。

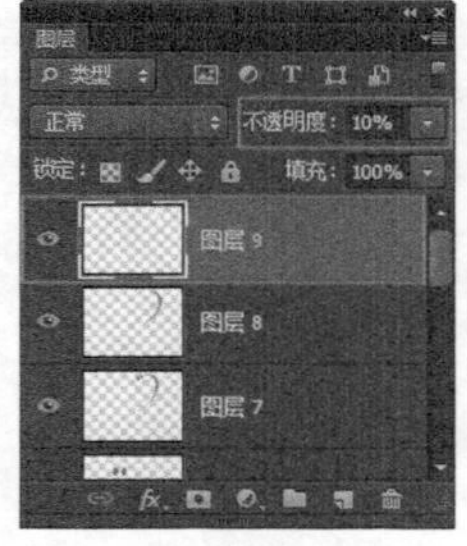

图16-37 “图层”面板

图16-38 图像效果

⑲ 使用“文字工具”，在“字符”面板上对相关选项进行设置，如图16-39所示。设置完成后，在画布中单击并输入文字，如图16-40所示。

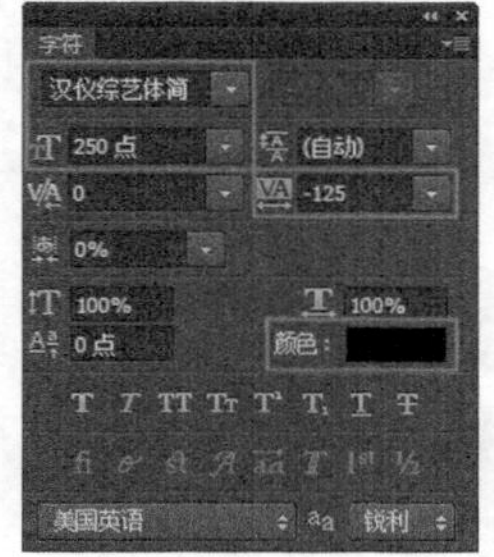

图16-39 设置“字符”面板

图16-40 输入文字

⑳ 复制“城市生活 站”图层，得到“城市生活 站 副本”图层，并隐藏“城市生活 站”图层，如图16-41所示。选中“城市生活 站 副本”图层，按快捷键Ctrl+T显示出调整框，对文字进行斜切、移动等操作，如图

16-42所示。

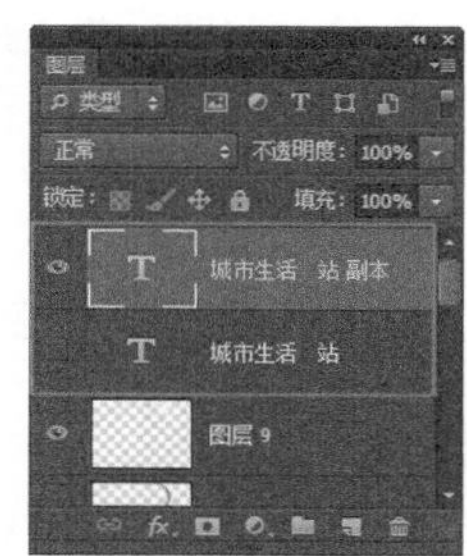

图16-41 “图层”面板

图16-42 文字变形

㉑ 按Enter键确认，在“城市生活 站 副本”图层上单击右键，在弹出菜单中选择“栅格化文字”选项，将文字栅格化，如图16-43所示。使用“橡皮擦工具”，将文字相应的部分擦除，效果如图16-44所示。

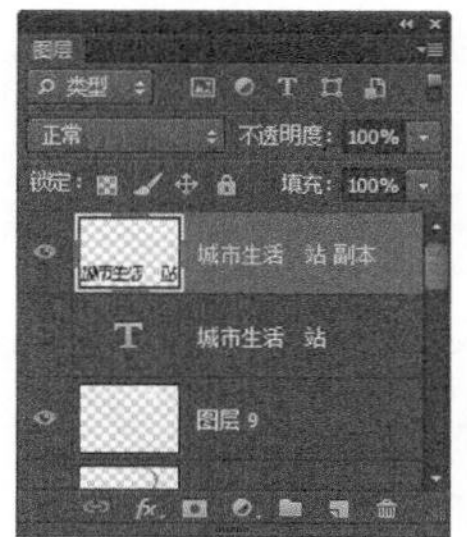

图16-43 “图层”面板

图16-44 图像效果

㉒ 新建“图层10”，使用“钢笔工具”，在画布中绘制路径，如图16-45所示。按快捷键Ctrl+Enter，将路径转换为选区，并为其填充黑色，按快捷键Ctrl+D取消选区，效果如图16-46所示。

图16-45 绘制路径 　　图16-46 图像效果

㉓ 使用“矩形选框工具”，在画布中绘制矩形选区，如图16-47所示。执行“选择>变换选区”命令，对选区进行旋转、斜切和缩放等操作，如图16-48所示。

图16-47 绘制矩形选区 　　图16-48 调整选区

㉔ 按Enter键确定，并为选区填充黑色，按快捷键Ctrl+D取消选区，效果如图16-49所示。使用相同的方法，完成其他相似内容的制作，图像效果如图16-50所示。

图16-49 图像效果 　　图16-50 图像效果

㉕ 按住Shift键，在“图层”面板中同时选中“城市生活 站 副本”图层和“图层10”，按快捷键Ctrl+E合并图层，得到“图层10”，如图16-51所示。按住Ctrl键，单击“图层10”的缩览图，载入选区，如图16-52所示。

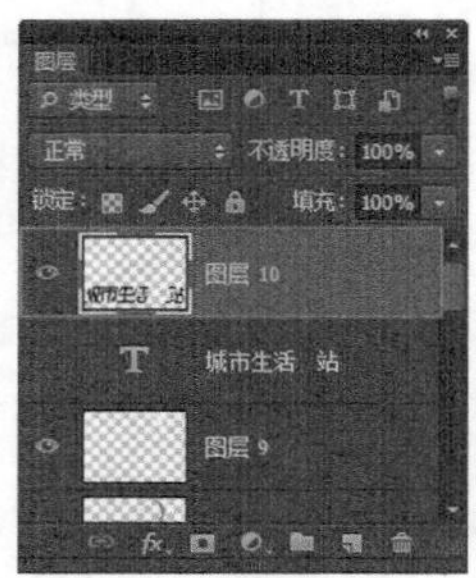

图16-51 “图层”面板

图16-52 载入选区

㉖ 使用“渐变工具”，单击“选项”栏上的“渐变预览条”，弹出“渐变编辑器”对话框，设置如图16-53所示。单击“确定”按钮，在选区中拖动鼠标填充径向渐变，如图16-54所示。

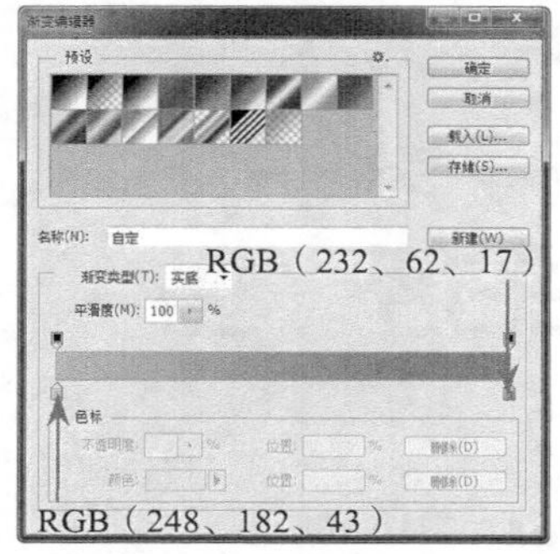

图16-53 “渐变编辑器”对话框

图16-54 填充渐变

㉗ 按快捷键Ctrl+D取消选区，相同的制作方法，完成其他部分内容的制作，完成生活服务类网站logo的设计，最终效果如图16-55所示。执行“文件>存储为”命令，将其存储为“光盘\源文件\第16章\16-1-2.psd”。

图16-55 最终效果

16.2 网站按钮

在网站中越来越多的使用图像按钮、JavaScript交互按钮或Flash动态按钮的形式，增加页面的动态和美观。网页中的动态效果越来越多，这些几乎都需要运用图像按钮或是Flash动态按钮。

16.2.1 网站按钮的特点

按钮主要起着两个作用：第一是提示性作用，通过提示性的文本或者图形告诉浏览者单击后会有什么作用；第二是动态响应作用，当指浏览者在进行不同的操作时，按钮能够呈现出不同的效果，响应不同的鼠标事件。

不论是静态图像按钮还是动态按钮，网页中的按钮都具有如下几个特点：

- 易用性

随着Flash动画在网页中越来越广泛的应用，在网页中使用图像按钮比使用特殊字体更容易被浏览者所识别。网页中的图像按钮可以充分发挥网页设计师的创意和想法，使图像按钮跃然于页面上，更方便浏览者的操作和使用，如图16-56所示。

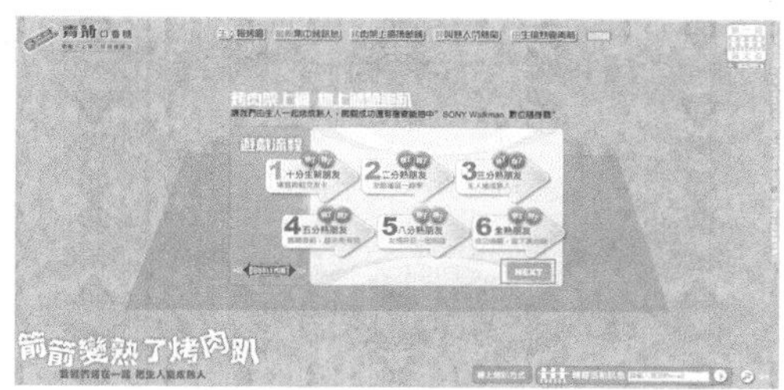

图16-56 网站按钮

- 可操作性

在网页设计过程中，为了使页面中比较重要的功能或链接能够突出显示，通常会将该部分内容制作成按钮的形式，例如“登录”按钮、“搜索”按钮等，或是一些具有特别功能的链接按钮。这些按钮，不论是静态的还是动态的，在网页中都需要实现某些功能或作用，而不是装饰，所以这就需要网页中的按钮都有一定的可操作性，能够实现网页的某种功能，如图16-57所示。

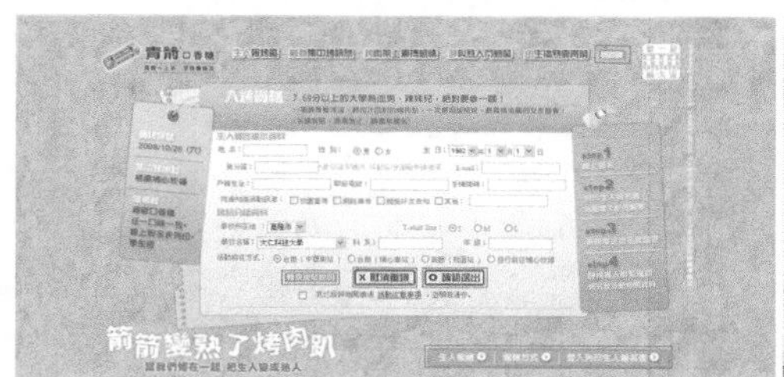

图16-57 网站按钮

- 动态效果

静态图像按钮的表现形式较为单一，不能够引起浏览者的兴趣和注意。而JavaScript交互按钮和Flash按钮具有动态效果，能够增强页面的动感，传达更丰富的信息，并且可以突出该按钮与页面中其他普通按钮的区别，突出显示该按钮及其内容，如图16-58所示。

图16-58 网站按钮

16.2.2 实战——绘制水晶质感按钮

本实例绘制一个网页中常用的按钮效果，在该按钮的绘制过程中，主要通过使用图层样式实现按钮的质感效果，并通过渐变颜色的填充来实现按钮图形的水晶感，读者在制作时需要能够掌握这种水晶质感的体现方法。

绘制水晶质感按钮

●源文件：光盘\源文件\第16章\16-2-2.psd　　　●视频：光盘\视频\第16章\16-2-2.swf

01 执行“文件>新建”命令，弹出“新建”对话框，设置如图16-59所示，单击“确定”按钮，新建一个空白文档。将文档显示比例放到最大，使用“矩形选框工具”在画布中绘制矩形选区，并填充黑色，如图16-60所示。

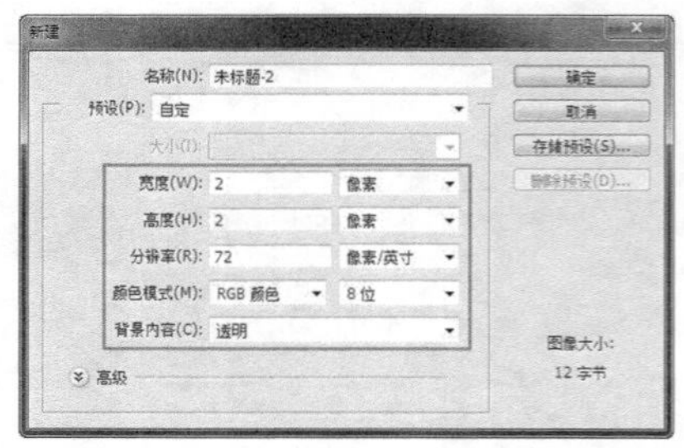

图16-59 “新建”对话框

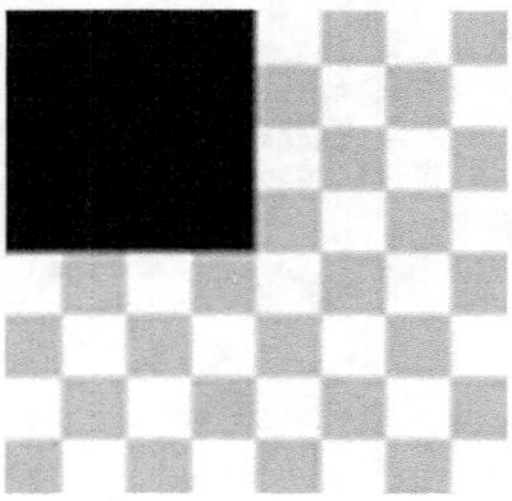

图16-60 绘制矩形

02 使用相同方法，绘制出另一个矩形，效果如图16-61所示。执行“编辑>定义图案”命令，弹出“图案名称”对话框，设置如图16-62所示，单击“确定”按钮。

图16-61 图像效果

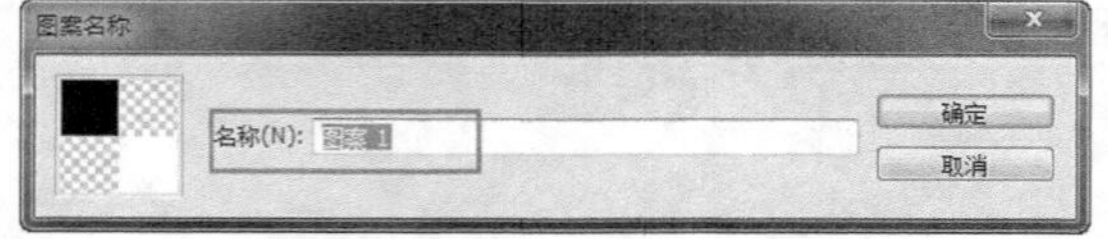

图16-62 “图案名称”对话框

03 执行“文件>新建”命令，弹出“新建”对话框，设置如图16-63所示，单击“确定”按钮，新建空白文档。新建“图层1”，使用“圆角矩形工具”，在“选项”栏中的“工具模式”下拉列表中选择“路径”选项，设置“半径”为15像素，在画布中绘制路径，如图16-64所示。

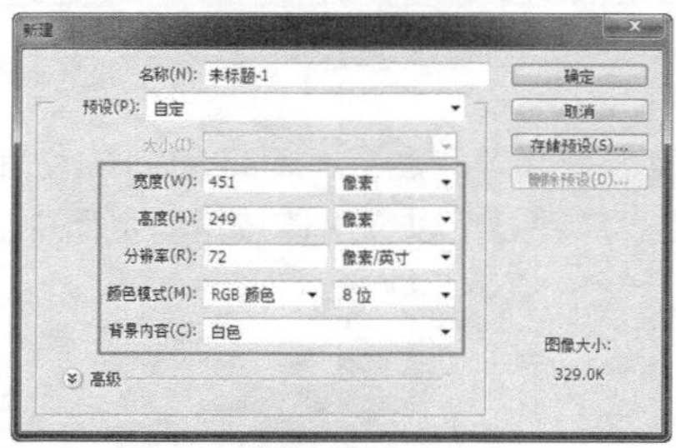

图16-63 “新建”对话框

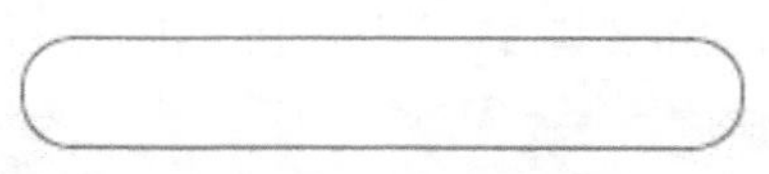

图16-64 绘制路径

04 按快捷键Ctrl+Enter将路径转换为选区，为选区填充白色，效果如图16-65所示。取消选区，为该图层添加“描边”图层样式，弹出“图层样式”对话框，设置如图16-66所示。

图16-65 图像效果

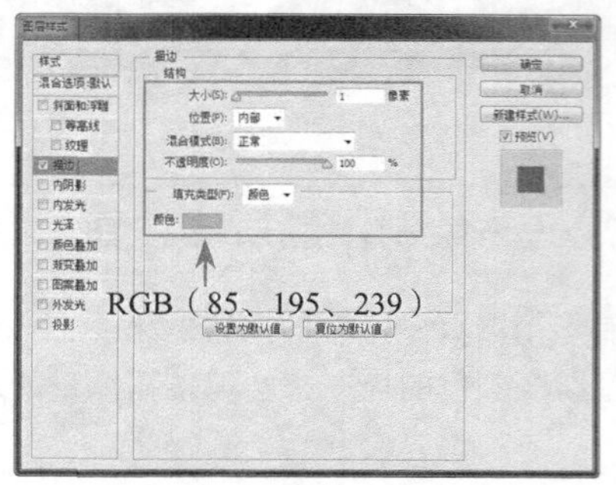

图16-66 “图层样式”对话框

05 在对话框左侧选中“渐变叠加”选项，设置如图16-67所示。选中左侧“图案叠加”选项，在“图案”下拉列表框中选择刚刚定义的图案，如图16-68所示。

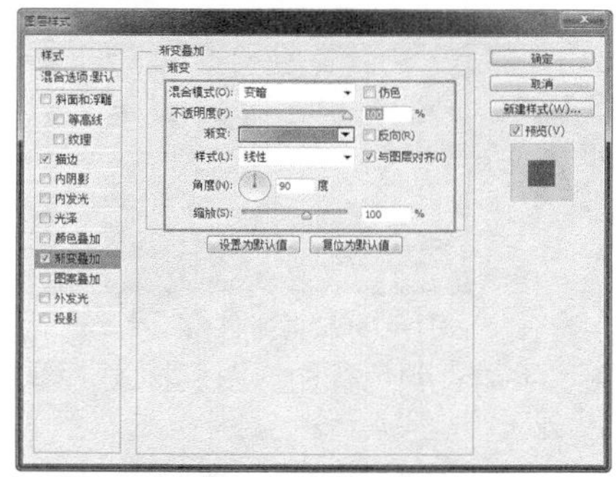

图16-67 “图层样式”对话框

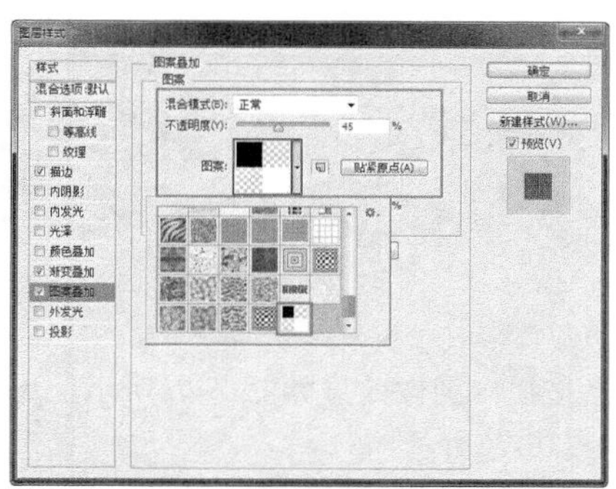

图16-68 “图层样式”对话框

提示 此处设置的渐变颜色值从左至右依次为RGB（49、203、247）、RGB（28、147、239）、RGB（28、147、239）。

06 选中左侧“外发光”选项，设置如图16-69所示。选中左侧“投影”选项，设置如图16-70所示。

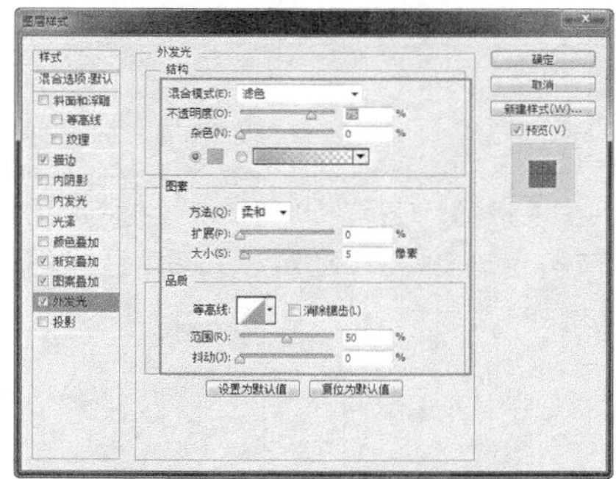

图16-69 “图层样式”对话框

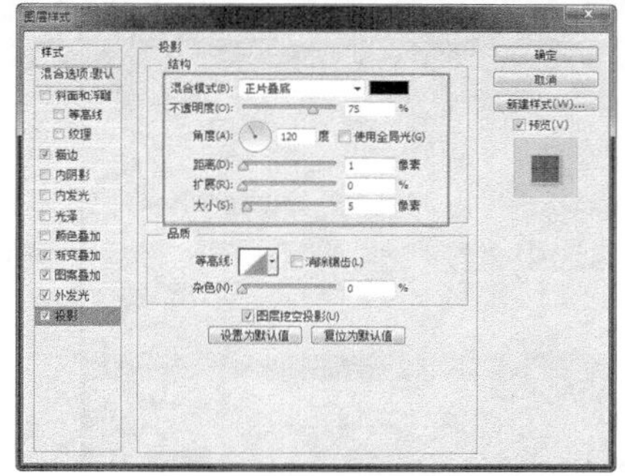

图16-70 “图层样式”对话框

07 单击“确定”按钮，完成“图层样式”对话框的设置，效果如图16-71所示，“图层”面板如图16-72所示。

图16-71 图像效果

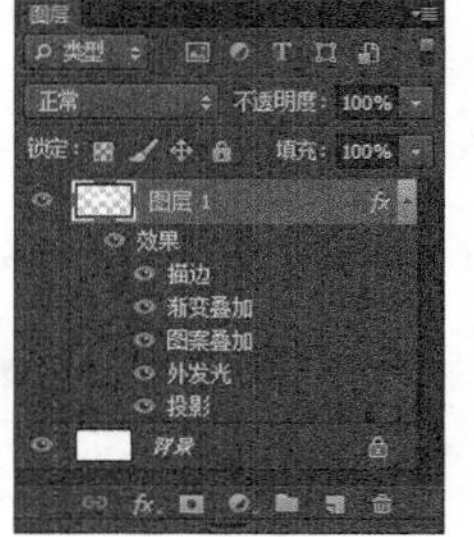

图16-72 “图层”面板

08 新建“图层 2”，设置“前景色”为RGB（145、196、14），使用“钢笔工具”在画布中绘制路径，并将路径转换为选区，为其填充前景色，如图16-73所示。执行“滤镜>高斯模糊”命令，在弹出的“高斯模糊”对话框中进行相应的设置，如图16-74所示。

图16-73 图像效果

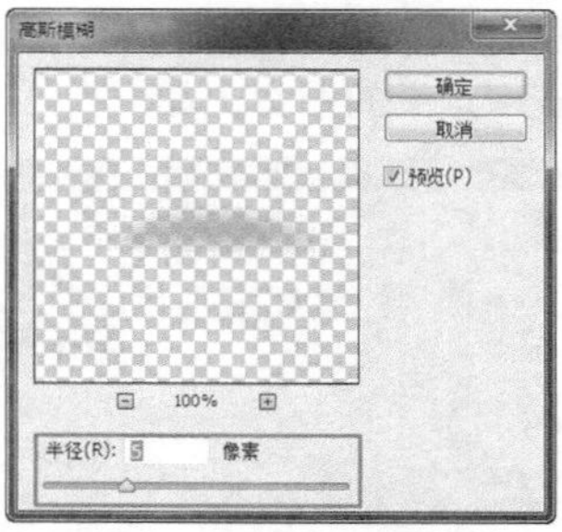

图16-74 “高斯模糊”对话框

⑨ 单击“确定”按钮，图像效果如图16-75所示。为该图层添加“颜色叠加”图层样式，弹出“图层样式”对话框，设置如图16-76所示。

图16-75 图像效果

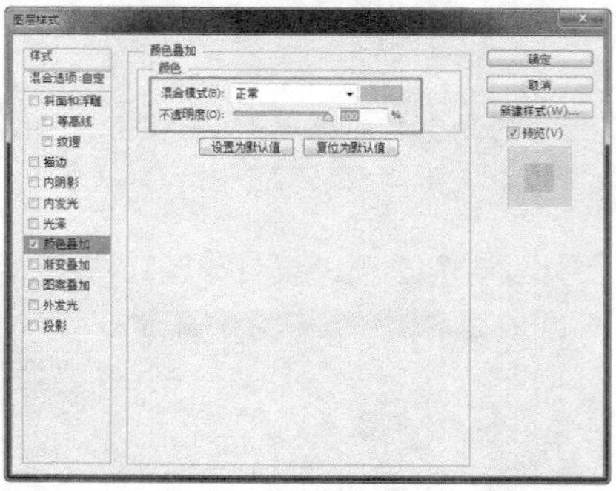

图16-76 “图层样式”对话框

⑩ 在对话框左侧选中“渐变叠加”选项，设置如图16-77所示。单击“确定”按钮，图像效果如图16-78所示。

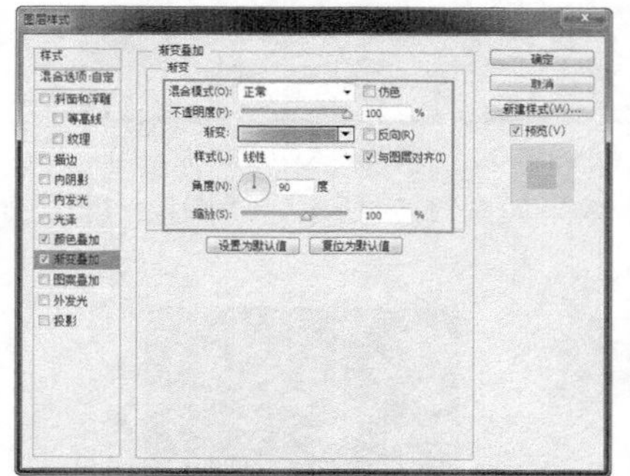

图16-77 “图层样式”对话框

图16-78 图像效果

提示 “颜色叠加”图层样式对话框中设置的颜色值为RGB（30、210、249）。“渐变叠加”对话框中所设置的渐变颜色值从左至右依次为RGB（0、234、255）、RGB（0、156、255）、RGB（0、156、255）。

⑪ 新建“图层 3”，使用“圆角矩形工具”，在画布中绘制路径，并将路径转换为选区填充白色，取消选区，效果如图16-79所示。为该图层添加图层蒙版，使用“渐变工具”，在蒙版中填充黑色到白色的对称渐变，图像效果如图16-80所示。

图16-79 绘制圆角矩形

图16-80 填充渐变

⑫ 使用“横排文字工具”，打开“字符”面板，在“字符”面板中进行相应的设置，如图16-81所示。完成设置后在画布中输入文字，文字效果如图16-82所示。

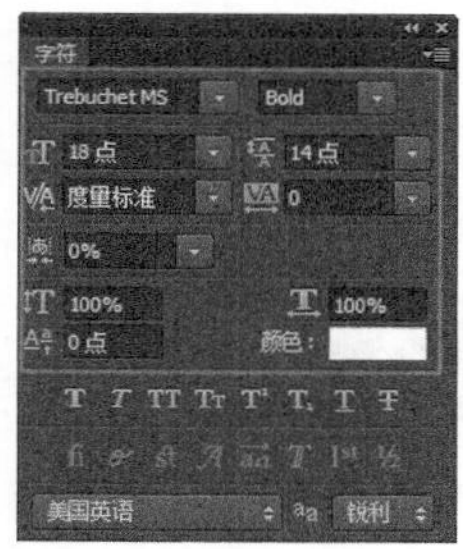

图16-81 “图层”面板

DOWNLOAD NOW

图16-82 输入文字

⑬ 为刚输入的文字添加“颜色叠加”图层样式，弹出“图层样式”对话框，设置如图16-83所示。在对话框左侧选中“投影”选项，设置如图16-84所示。

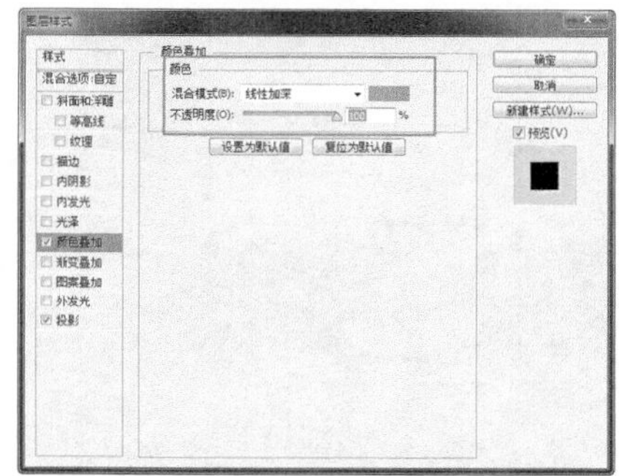

图16-83 “图层样式”对话框

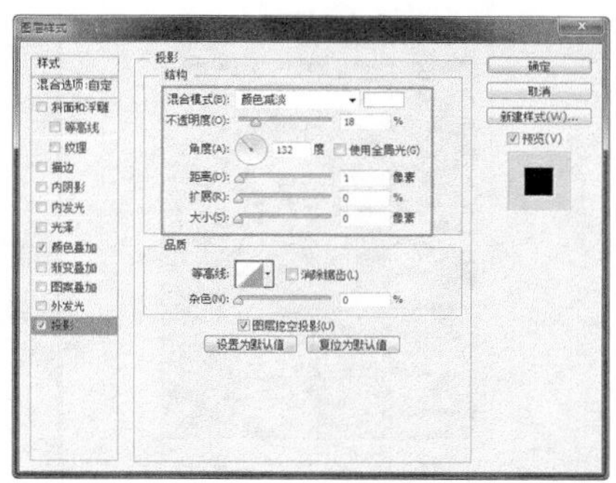

图16-84 “图层样式”对话框

⑭ 单击“确定”按钮，设置该图层的“混合模式”为“正片叠底”，效果如图16-85所示，“图层”面板如图16-86所示。

图16-85 图像效果

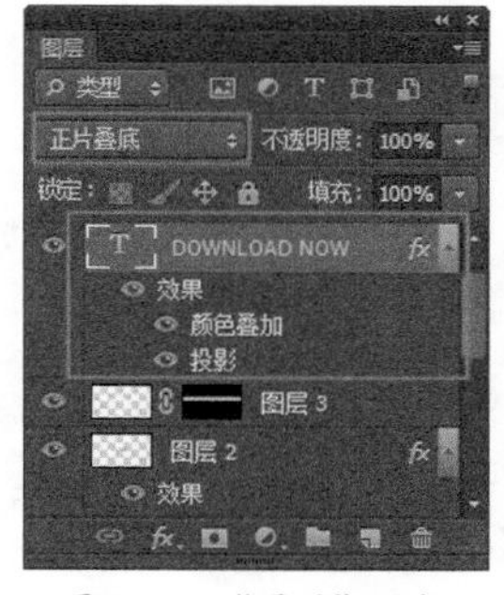

图16-86 “图层”面板

⑮ 使用相同方法，完成“图层 4”的制作，效果如图16-87所示，“图层”面板如图16-88所示。

图16-87 图像效果

图16-88 “图层”面板

⑯ 使用相同的制作方法，可以绘制出按钮的阴影效果，将“图层 5”和“图层 6”拖曳至“图层 1”下方，“图层”面板如图16-89所示，图像效果如图16-90所示。

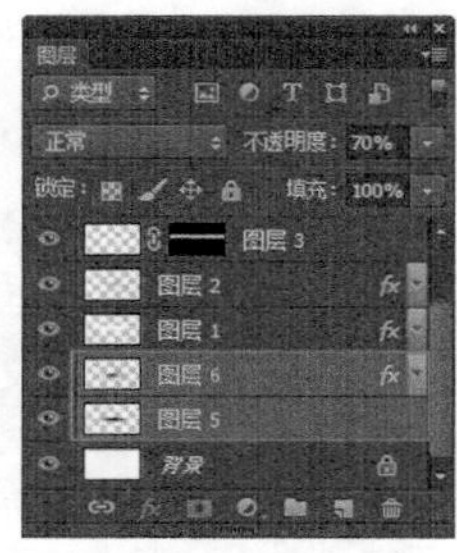
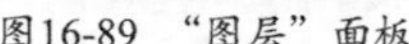

图16-89 “图层”面板　　图16-90 图像效果

⑰ 隐藏“背景”图层，按快捷键Ctrl+Shift+Alt+E盖印图层，得到“图层 7”，显示“背景”图层，并将“图层 7”拖曳至“图层 5”下方，“图层”面板如图16-91所示。执行“编辑>变换>垂直翻转”命令，并移动至合适的位置，效果如图16-92所示。

图16-91 “图层”面板　　图16-92 图像效果

⑱ 为“图层 7”添加图层蒙版，使用“渐变工具”在蒙版中填充线性渐变，图像效果如图16-93所示，“图层”面板如图16-94所示。

图16-93 图像效果　　图16-94 “图层”面板

⑲ 打开素材“光盘\源文件\ 第16章\素材\16201.jpg”，拖曳至设计文档中，生成“图层 8”，并将该图层移动至“图层 7”下方，“图层”面板如图16-95所示，图像效果如图16-96所示。执行“文件>存储”命令，将文件存储为“光盘\源文件\第16章\16-2-2.psd”。

图16-95 “图层”面板　　图16-96 最终效果

16.3 网站广告

打开任意一个商业网站，几乎都能够看到网站广告，设计精美、布局合理的网站广告能够大大吸引浏览者的目光。以前网站广告的主要形式还是普通的按钮广告，近几年长横幅大尺寸广告已经成为了网站中最主要的广告形式，也是现今采用最多的网站广告形式。

16.3.1 网站广告的优势

网站广告之所以能够如此快速地发展，是因为网站广告具备许多电视、电台、报纸等传统媒体无法实现的优点。

- 传播范围更加广泛

传统媒体有发布地域、发布时间的限制，相比之下，互联网广告的传播范围极其广泛，只要具有上网条件，任何人在任何地点都可以随时浏览到网站广告信息。

- 富有创意，感官性强

传统媒体往往只采用片面单一的表现形式，互联网广告以多媒体、超文本格式为载体，通过图、文、声、影传送多感官的信息，使受众能身临其境地感受商品或服务。

- 可以直达产品核心消费群

传统媒体受众目标分散、不明确，网站广告相比之下可以直达目标用户。以手机用户为例，年龄在20岁至35岁之间，学历在大专以上，收入在1500元以上的这个群体是社会上最具潜力，最具购买力的核心消费群体，而这些人群上网的时间比例也是最高的。

- 价格经济，更加节省成本

传统媒体的广告费用昂贵，而且发布后很难更改，即使更改也要付出很大的经济代价。网站媒体不但收费远远低于传统媒体，而且可以按需要变更内容或改正错误，使广告成本大大降低。

- 具有强烈的互动性，非强制性传送资讯

传统媒体的受众只是被动地接受广告信息，而在网络上，受众是广告的主人，受众只会点击感兴趣的广告信息，而商家也可以在线随时获得大量的用户反馈信息，提高统计效率。

- 可以准确统计广告效果

传统媒体广告很难准确地知道有多少人接收到广告信息，而互联网广告可以精确统计访问量，以及浏览者查阅的时间分布与地域分布。广告主可以正确评估广告效果，制定广告策略，实现广告目标。

16.3.2 实战——设计网站弹出广告页面

网站弹出广告页面也是在网页中常用的一种网页广告形式，弹出广告页面通常较大，可以更清楚的展示广告的内容。本实例设计制作一个网站弹出广告页面，该广告页面是一个有关情人节礼品促销的广告页面，通过新颖的布局方式和炫目的色彩处理吸引浏览者。

设计网站弹出广告页面

●源文件：光盘\源文件\第16章\16-3-2.psd　　●视频：光盘\视频\第16章\16-3-2.swf

01 执行“文件>新建”命令，弹出“新建”对话框，设置如图16-97所示，单击“确定”按钮，新建一个空白文档。单击“图层”面板上的“创建新组”按钮，并将新建的组重命名为“背景01”，“图层”面板如图16-98所示。

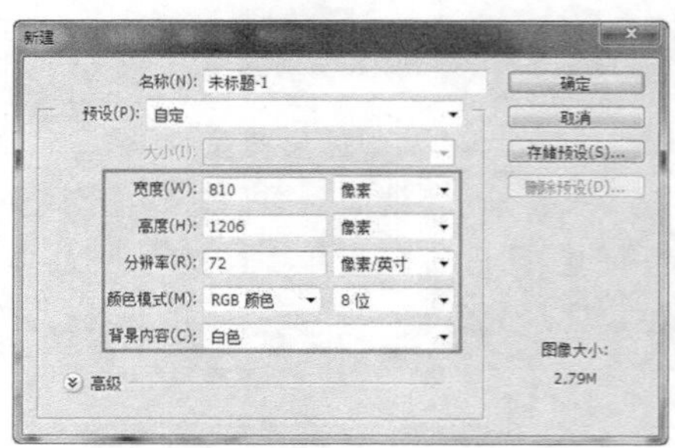
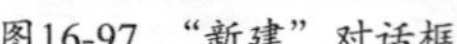

图16-97 “新建”对话框

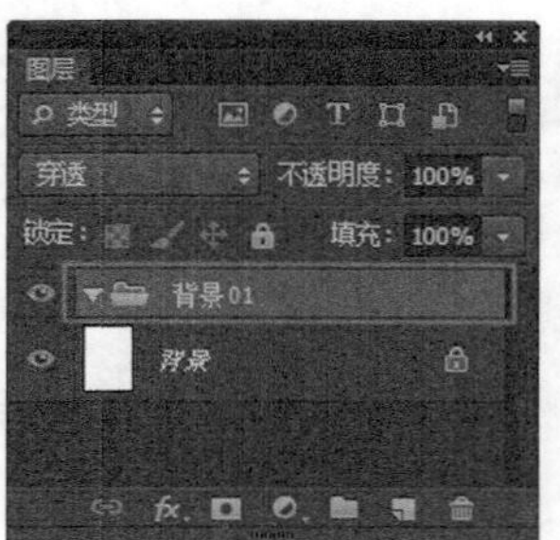

图16-98 “图层”面板

02 新建“图层 1”，设置“前景色”为RGB（252、205、227），使用“画笔工具”，打开“画笔预设”选取器，单击设置按钮，在弹出菜单中选择“载入画笔”选项，弹出“载入”对话框，选择相应的笔刷，如图16-99所示。单击“确定”按钮，在“画笔预设”面板中设置如图16-100所示。

图16-99 “载入”对话框

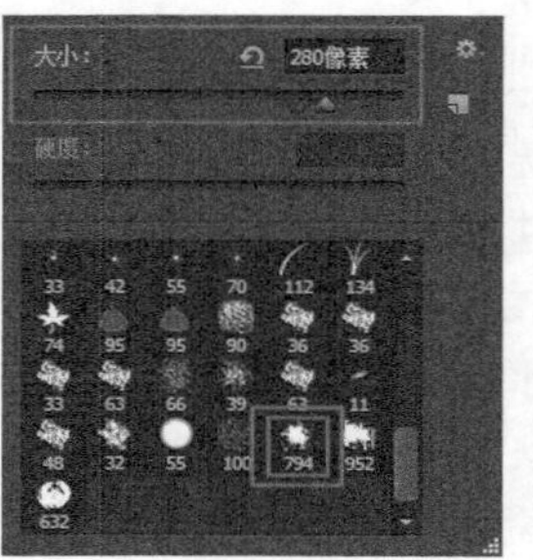

图16-100 “画笔预设”选取器

03 在画布中单击鼠标进行绘制，效果如图16-101所示。使用相同方法，设置不同的“前景色”和不同大小的画笔笔触在画布中进行绘制，图像效果如图16-102所示。

图16-101 图像效果

图16-102 图像效果

04 新建“图层 2”，使用“画笔工具”在画布中绘制，设置“图层2”的“混合模式”为“线性加深”，效果如图16-103所示。新建“图层 3”，打开素材“光盘\源文件\第16章\素材\16301.png”，拖动至新建文档中，调整至合适的位置，效果如图16-104所示。

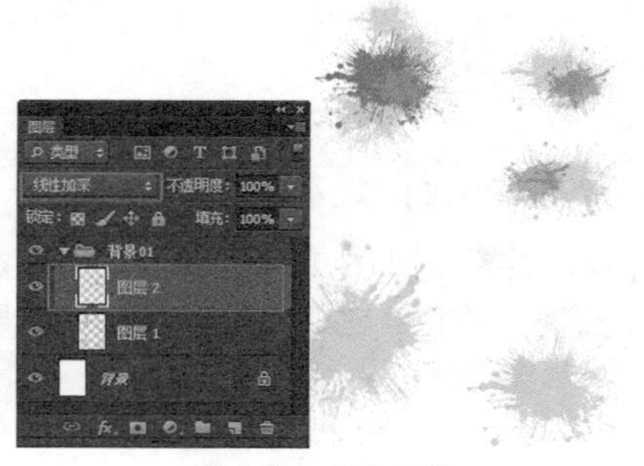

图16-103 图像效果

图16-104 图像效果

05 使用相同方法，拖入其他素材图像，调整至合适的大小和位置，效果如图16-105所示。“图层”面板如图16-106所示。

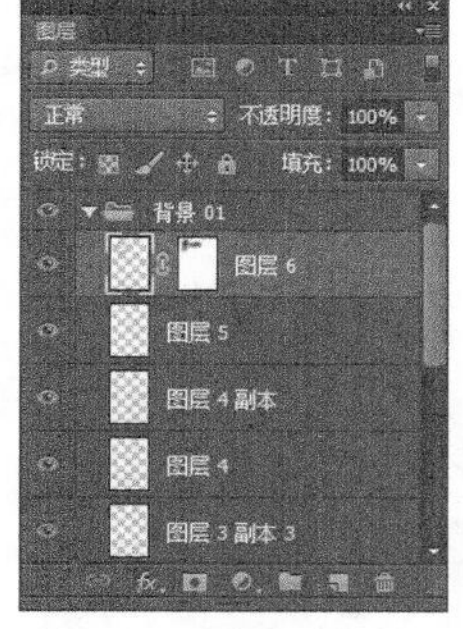

图16-105 图像效果　　图16-106 “图层”面板

06 新建图层组并重命名为“背景02”，新建“图层 7”，使用“钢笔工具”在画布中绘制路径，并将其转换为选区，填充白色，效果如图16-107所示。取消选区，为“图层 7”添加“外发光”图层样式，弹出“图层样式”对话框，设置如图16-108所示。

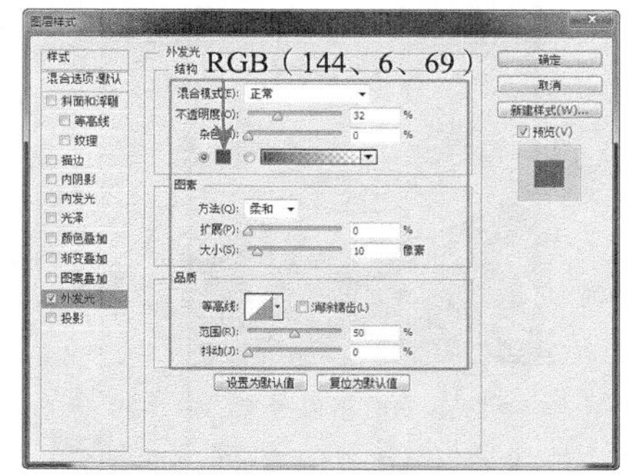

图16-107 图像效果　　图16-108 “图层样式”对话框

07 单击“确定”按钮，效果如图16-109所示。设置“前景色”为RGB（154、22、82），复制“图层 7”得到“图层 7副本”，按住Ctrl键单击“图层 7副本”缩览图，载入选区，填充前景色，修改其“外发光”颜色为黑色并等比例缩小，效果如图16-110所示。

图16-109 图像效果　　图16-110 图像效果

08 使用相同的方法，完成相似内容的制作，效果如图16-111所示，“图层”面板如图16-112所示。

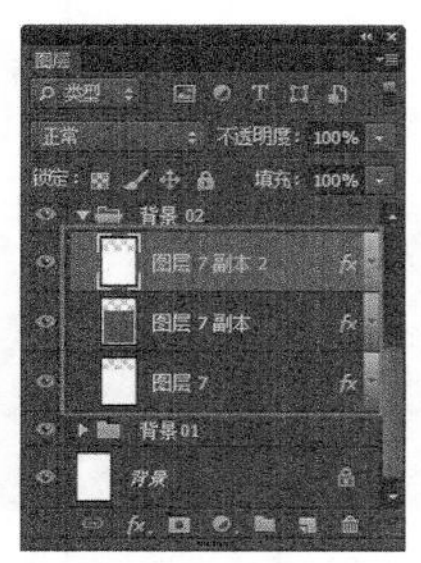

图16-111 图像效果　　图16-112 “图层”面板

09 新建“图层 8”，设置“前景色”为RGB（206、15、106），使用“钢笔工具”在画布中绘制路径，将其转换为选区，填充前景色，效果如图16-113所示。取消选区，按快捷键Alt+Ctrl+G创建剪切蒙版，效果如图16-114所示。

图16-113 图像效果　　图16-114 图像效果

10 新建“图层 9”，使用“钢笔工具”在画布中绘制路径，将其转换为选区，填充白色，效果如图16-115所示。取消选区，执行“滤镜>模糊>高斯模糊”命令，在弹出的“高斯模糊”对话框中进设置，如图16-116所示。

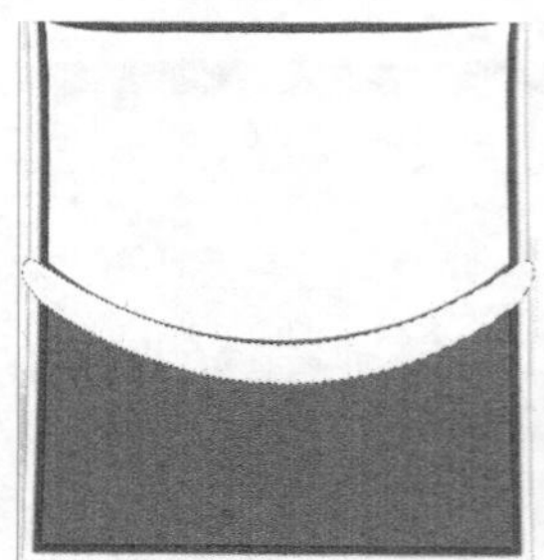

图16-115 图像效果

图16-116 “高斯模糊”对话框

11 单击“确定”按钮，按快捷键Alt+Ctrl+G创建剪切蒙版，图像效果如图16-117所示，“图层”面板如图16-118所示。

图16-117 图像效果

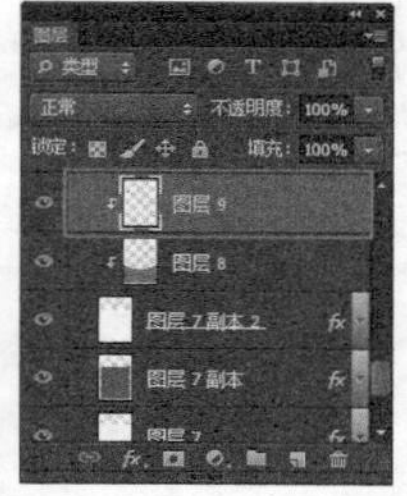

图16-118 “图层”面板

12 打开并拖入素材“光盘\源文件\第16章\素材\16305.png”，生成“图层 10”，设置其“混合模式”为“滤色”，“填充”为70%，按快捷键Alt+Ctrl+G创建剪切蒙版，图像效果如图16-119所示，“图层”面板如图16-120所示。

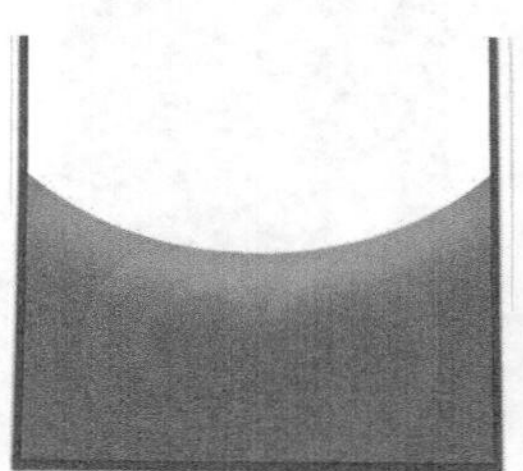

图16-119 图像效果

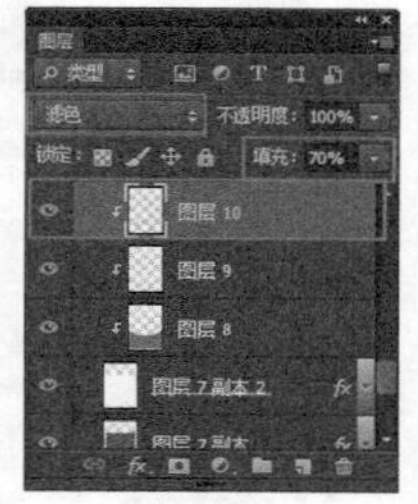

图16-120 “图层”面板

⑬ 使用相同方法，拖入其他素材并进行相应的处理，效果如图16-121所示，“图层”面板如图16-122所示。

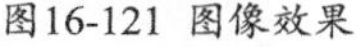
图16-121 图像效果

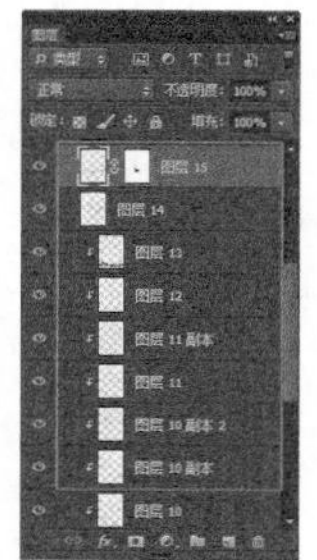
图16-122 “图层”面板

⑭ 新建“图层 16”，根据前面的方法，使用“画笔工具”，设置不同的颜色和笔触大小，在画布中进行绘制，效果如图16-123所示，“图层”面板如图16-124所示。

图16-123 图像效果

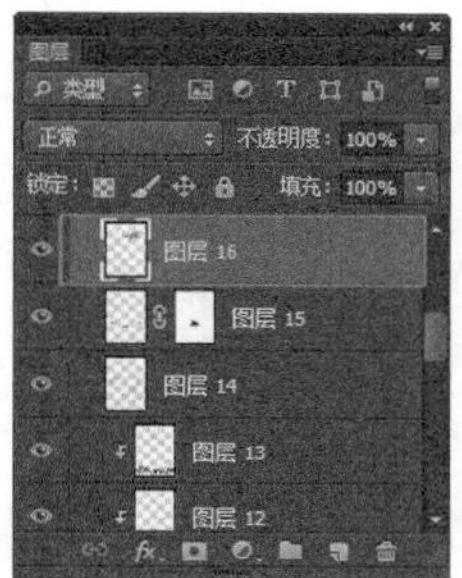

图16-124 “图层”面板

⑮ 新建“图层 17”，使用“钢笔工具”在画布中绘制路径，如图16-125所示。使用“画笔工具”，执行“窗口>画笔”命令，打开“画笔”面板，在该面板中进行相应的设置，如图16-126所示。

图16-125 图像效果

图16-126 “画笔”面板

⑯ 执行“窗口>路径”命令，打开“路径”面板，单击“用画笔描边路径”按钮，如图16-127所示，图像效果如图16-128所示。

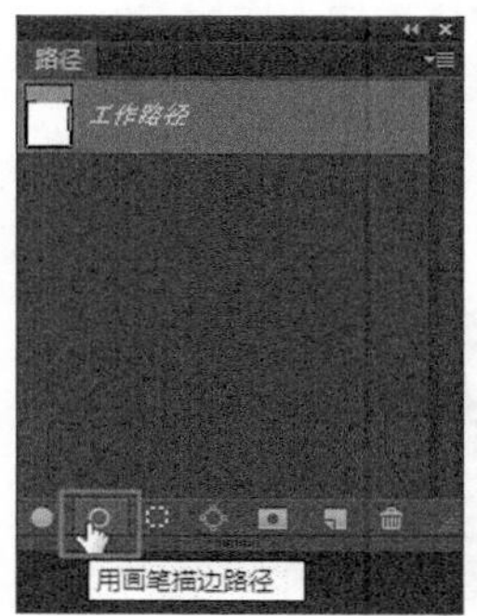

图16-127 “路径”面板

图16-128 图像效果

⑰ 新建图层组并重命名为“内容01”，打开素材16309.png至163012.png，并拖至新建文档中，调整至合适的位置，图像效果如图16-129所示，“图层”面板如图16-130所示。

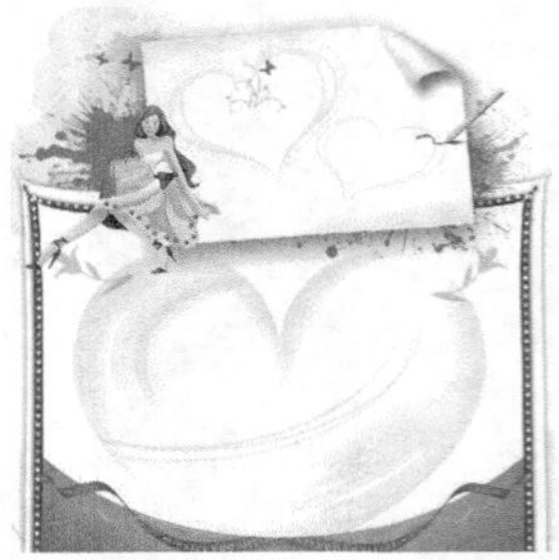

图16-129 图像效果

图16-130 “图层”面板

⑱ 使用“横排文字工具”，打开“字符”面板，设置如图16-131所示。在画布中输入文字，效果如图16-132所示。

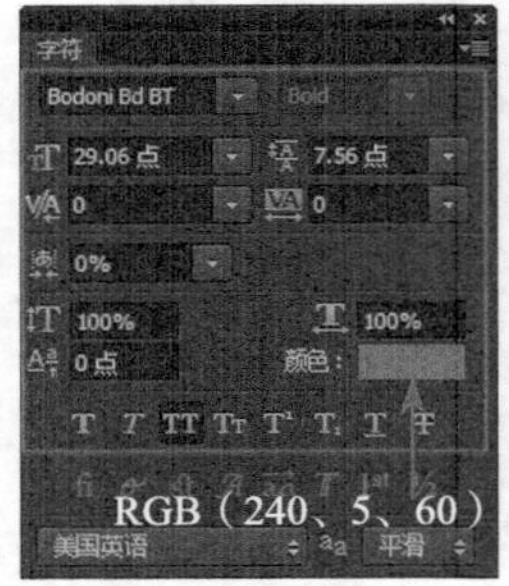

图16-131 “字符”面板

图16-132 图像效果

⑲ 将字母O删除，输入空格键，文字效果如图16-133所示。复制文字图层得到文字副本图层，将副本图层上的文字栅格化，“图层”面板如图16-134所示。

图16-133 图像效果

图16-134 “图层”面板

⑳ 设置“前景色”为RGB（154、2、38），按住Ctrl键单击“1 VE副本”图层缩览图，载入选区，填充前颜色，并进行放大，效果如图16-135所示。取消选区，为该图层添加图层蒙版，使用“渐变工具”在蒙版中填充黑白线性渐变，效果如图16-136所示。

图16-135 文字效果

图16-136 文字效果

㉑ 将“l VE副本”图层拖曳至“l VE”文字图层的下方，效果如图16-137所示，“图层”面板如图16-138所示。

图16-137 文字效果

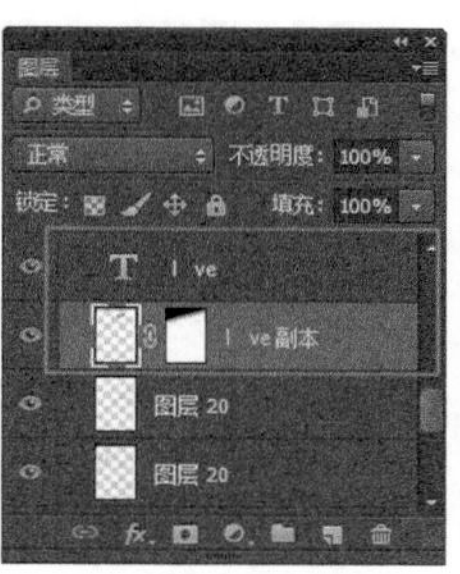

图16-138 “图层”面板

㉒ 根据前面的方法，完成其他图层的制作，效果如图16-139所示，“图层”面板如图16-140所示。

图16-139 图像效果

图16-140 “图层”面板

㉓ 新建图层组并重命名为“文字 01”，使用“横排文字工具”，打开“字符”面板，设置如图16-141所示。在画布中输入文字，文字效果如图16-142所示。

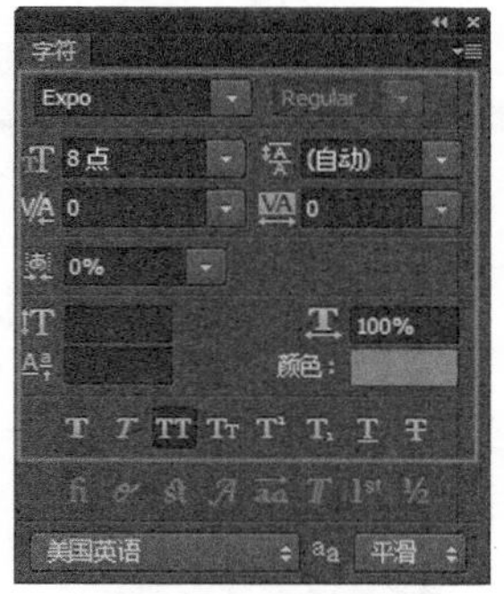

图16-141 “字符”面板

图16-142 图像效果

㉔ 分别选中字母V和字母N，在“字符”面板中进行相应的设置，如图16-143所示。设置完成后，文字效果如图16-144所示。

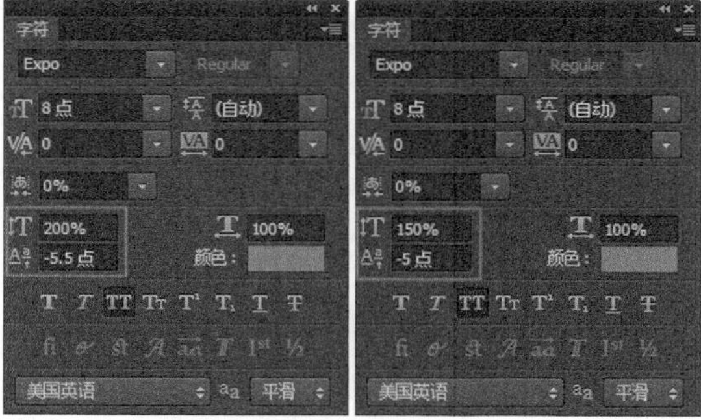

图16-143 “字符”面板

图16-144 文字效果

㉕ 为文字添加“描边”图层样式，弹出“图层样式”对话框，设置如图16-145所示。单击“确定”按钮，图像效果如图16-146所示。

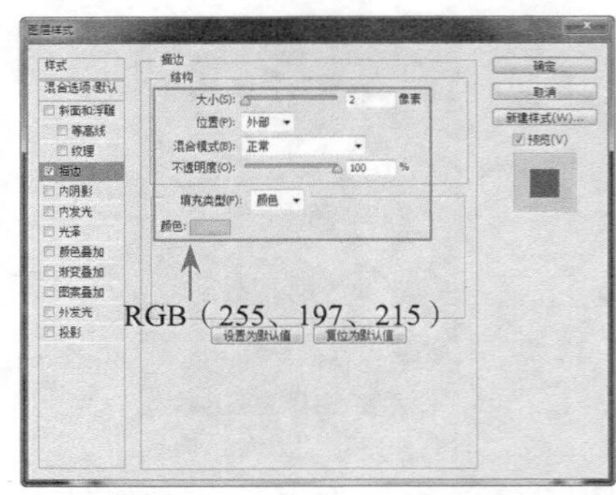

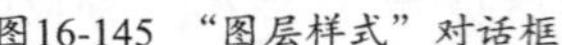

图16-145 “图层样式”对话框　　图16-146 文字效果

㉖ 使用相同方法，拖入素材输入文字，并添加相应的图层样式，效果如图16-147所示，“图层”面板如图16-148所示。

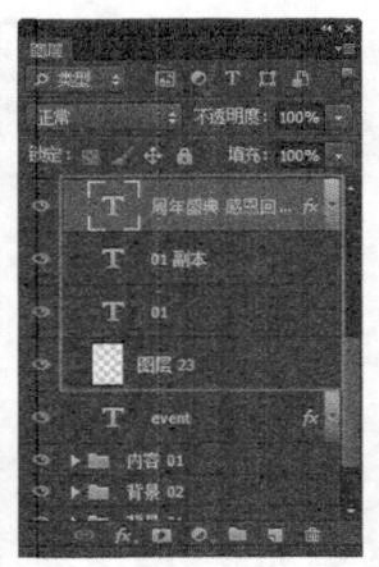

图16-147 图像效果　　图16-148 “图层”面板

㉗ 新建“图层 24”，设置“前景色”为RGB（255、242、248），使用“矩形选框工具”在画布中绘制矩形选区，并填充前景色，效果如图16-149所示。使用“横排文字工具”，打开“字符”面板，设置如图16-150所示。

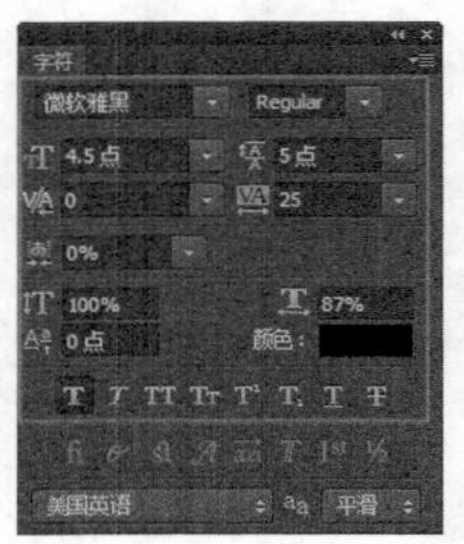

图16-149 图像效果　　图16-150 “图层”面板

㉘ 设置完成后，在画布中输入文字，效果如图16-151所示。选择部分文字，修改相应的颜色，新建图层，绘制“服务理念”文字的背景，效果如图16-152所示。

图16-151 图像效果　　图16-152 图像效果

㉙ 使用相同的方法，完成其他图层组的制作，最终效果如图16-153所示，“图层”面板如图16-154所示。执行“文件>存储”命令，将制作完成的网站弹出广告页面存储为“光盘\源文件\第16章\16-3-2.psd”。

图16-153 最终效果

图16-154 “图层”面板

16.4 网站导航菜单

导航是网站设计中不可缺少的基础元素之一，是网站信息结构的基础分类，也是浏览者进行信息浏览的路标。导航条应该引人注目，浏览者进入网站，首先会寻找导航条，通过导航条可以直观地了解网站的内容及信息的分类方式。

16.4.1 网站导航菜单的要求

在网页中导航，就是在网站的每个页面间自由地来去，即引导用户在网站中到达所需页面，这就是每个网站内都包含很多导航要素的目的。在这些要素中有菜单按钮、移动图像和链接等各种各样的对象，网站的页数越多，包含的内容和信息越复杂多样，那么导航要素的构成和形态是否成体系、位置是否合适将是决定该网站能否成功的重要因素。一般来说，在网页的上端或左侧设置主导航要素的情况是比较普遍的方式，如图16-155所示。同时，利用菜单按钮或移动的图像区别于一般的内容和其他的文本，很容易让人们知道这些就是导航的要素。也就是说，从构成和视觉的角度来把其他的内容和导航要素区别开来。

图16-155 横向网站导航

像这样已经普遍被使用的导航方式或样式，能给用户带来很多便利，因此现在许多网站都在使用已经被大家普遍接受的导航样式。但为了使自己的网站与其他的网站相比，更让人感觉富有创造力，有些网站就在导航的构成或设计方面，打破传统的已经被普遍使用的方式，独辟蹊径，自由地发挥自己的想象力，追求导航的个性化。如今像这样的网站也有不少，如图16-156所示。重要的一点是网页设计者应该把导航要素的构成设计得符合整个网站的总体要求和目的，并使之更趋于合理化。

导航栏在网页界面中是非常重要的要素，导航要素设计的好坏决定着用户是否能很方便地使用该网站。

虽然也有一些网站故意把导航要素隐藏起来，诱导用户去寻找从而让用户更感兴趣，但这种情况并不多见，也不推荐使用。一般来说，导航要素应该设计得直观而明确，并最大限度地为用户的方便考虑。网页设计师在设计网站时应该尽可能地使网站各页面间的切换更容易，查找信息更快捷，操作更简便，图16-157所示为设计比较优秀的网站导航栏。

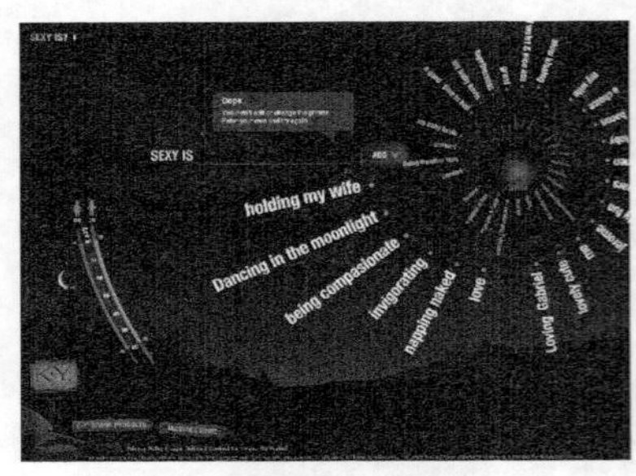

图16-156 个性网站导航

图16-157 优秀的网站导航

作为一名优秀的网页设计师应该充分认识到只有把导航要素设计得直观、单纯、明了，才能给用户带来最大的方便。除了追求艺术美感和试验性的网站，无论其他网站的内容多么富有创意和新颖，如果将导航栏设计得很复杂难懂，那么它就很难成为一个优秀的网站。

16.4.2 实战——设计游戏网站导航菜单

本实例设计制作一个游戏网站导航，通过对导航背景的处理，使导航完全融入到网站的背景图中，并通过图形和高光的叠回来体现导航的质感，整个导航菜单简洁、大方，设计感强烈。

设计游戏网站导航菜单

●源文件：光盘\源文件\第16章\16-4-2.psd　　●视频：光盘\视频\第16章\16-4-2.swf

01 执行“文件>打开”命令，打开 “光盘\源文件\第16章\素材\16401.jpg”，如图16-158所示。单击“创建新图层”按钮，创建新图层，单击“矩形选框工具”按钮，在画布上绘制矩形选区，如图16-159所示。

图16-158 打开文件

图16-159 创建矩形选区

02 设置“前景色”为RGB（0，23，36），按快捷键Alt+Delete为选区填充前景色，按快捷键Ctrl+D取消选区，单击“添加图层蒙版”按钮，为该图层添加图层蒙版，用黑色画笔在蒙版中擦去多余部分，如图16-160所示，图像效果如图16-161所示。

图16-160 为图层添加蒙版

图16-161 在蒙版中擦去多余部分

03 新建“图层2”，在画布上绘制矩形选区，设置“前景色”为RGB（0，99，136），按快捷键Alt+Delete

为选区填充前景色，使用“橡皮擦工具”将多余部分擦去，如图16-162所示。使用相同方法，绘制出其他部分，如图16-163所示。

图16-162 绘制高光

图16-163 绘制出其他相同效果

04 新建“图层3”，在画布上绘出矩形选区，如图16-164所示。设置“前景色”为RGB（3，150，204），按快捷键Alt+Delete为选区填充前景色，按快捷键Ctrl+D取消选区，用橡皮擦将多余的部分擦去，如图16-165所示。

图16-164 创建矩形选区

图16-165 绘制高光部分

05 使用执行“文件＞新建”命令，弹出“新建”对话框，如图16-166所示。单击“确定”按钮，在画布上绘出矩形选区，设置“前景色”为RGB（48，48，48），按快捷键Alt+Delete为选区填充前景色，按快捷键Ctrl+D取消选区，如图16-167所示。

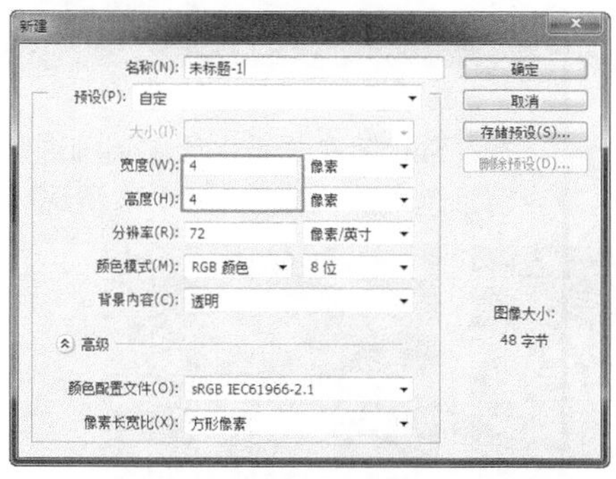

图16-166 新建文件

图16-167 绘制图案

06 使用相同方法，绘出其他部分，如图16-168所示。执行“编辑＞定义图案”命令，弹出“图像名称”对话框，如图16-169所示。单击“确定”按钮，完成定义图案设置。

图16-168 绘制出相同图案

图16-169 定义图案

07 返回设计文件中，新建“图层4”，在画布中绘制矩形选区，如图16-170所示。单击“油漆桶工具”按钮，在“选项”栏中选择“图案”选项，选择合适的图案，如图16-171所示。

图16-170 创建矩形选区

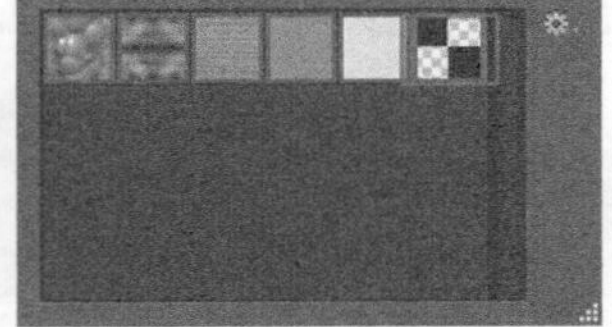
图16-171 选择填充图案

08 为选区填充图案，按快捷键Ctrl+D取消选区，效果如图16-172所示。为该图层添加图层蒙版，如图16-173所示。

图16-172 填充图案效果

图16-173 为图层添加蒙版

09 使用黑色画笔，调整笔触大小和不透明度在图层蒙版中将多余的部分擦除，如图16-174所示，图像效果如图16-175所示。

图16-174 用黑色画笔涂抹蒙版

图16-175 涂抹蒙版后效果

10 新建“图层5”，单击“椭圆选框工具”按钮，按住Shift键在画布上绘出正圆选区，如图16-176所示。设置“前景色”为黑色，按快捷键Alt+Delete为选区填充前景色，按快捷键Ctrl+D取消选区，如图16-177所示。

图16-176 创建圆形选区

图16-177 为选区填充颜色

11 按快捷键Ctrl+J复制图层得到“图层5副本”，如图16-178所示。单击“图层”面板下方“添加图层样式”按钮，在弹出菜单中选择“外发光”图层样式，设置如图16-179所示。

图16-178 复制图层

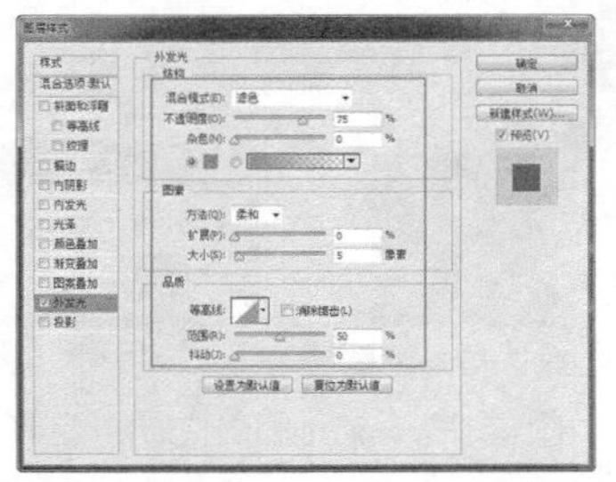
图16-179 设置“外发光”参数

⑫ 单击“确定”按钮，完成“图层样式”对话框的设置。新建“图层6”，在画布中绘制正圆选区，如图16-180所示。设置“前景色”为RGB（6，63，88），为选区填充前景色，取消选区，如图16-181所示。

图16-180 创建正圆选区

图16-181 图像效果

⑬ 单击“钢笔工具”按钮，在画布上绘制路径，如图16-182所示。单击“画笔工具”按钮，设置画笔笔触和大小，如图16-183所示。

图16-182 绘制路径

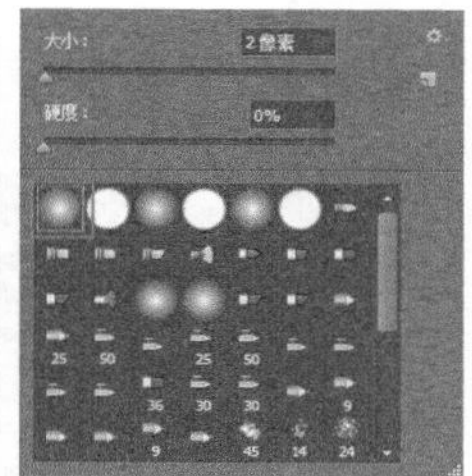

图16-183 设置笔触参数

⑭ 打开“路径”面板，选中“工作路径”，单击“路径”面板下方“用画笔描边路径”按钮。在“路径”面板空白区域单击可看到描边效果，如图16-184所示。单击“橡皮擦工具”按钮，设置合适的大小和不透明度将画布中多余的部分擦去，效果如图16-185所示。

图16-184 描边路径

图16-185 擦去多余部分

⑮ 使用相同方法，绘制出其他部分，效果如图16-186所示。新建“图层7”，使用“椭圆工具”在画布中绘制正圆形选区，并且将选区填充为黑色，取消选区，效果如图16-187所示。

图16-186 绘制其他高光部分

图16-187 绘制图形

⑯ 为“图层7”添加“斜面和浮雕”图层样式，参数设置如图16-188所示。单击“确定”按钮，完成“图层样式”对话框的设置，效果如图16-189所示。

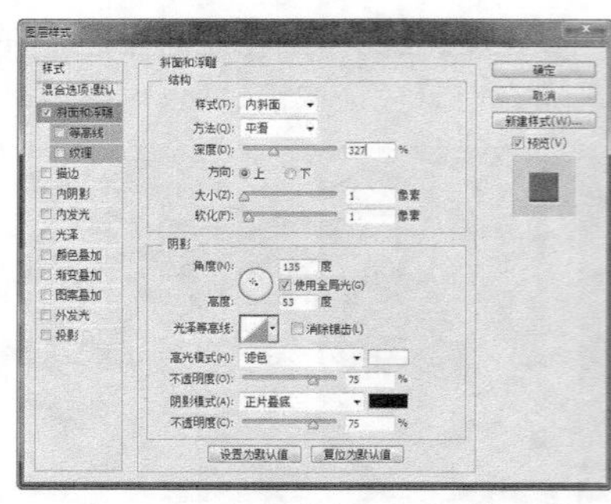
图16-188 设置“斜面和浮雕”参数

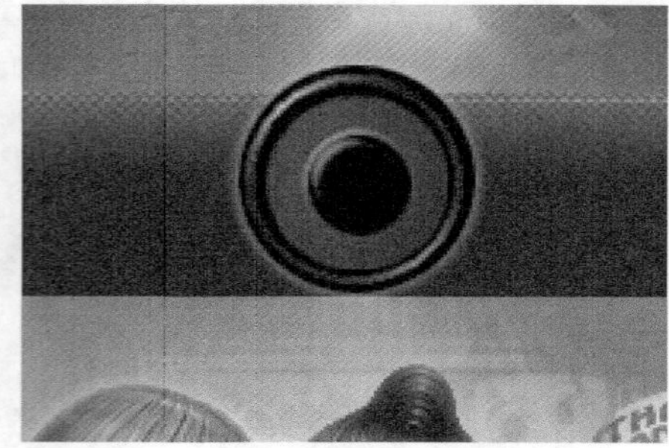
图16-189 图像效果

⑰ 单击“横排文字工具”按钮，打开“字符”面板，设置如图16-190所示。在画布中输入文字，如图16-191所示。

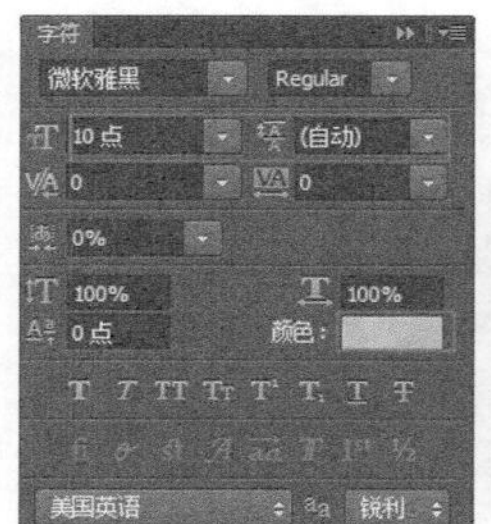
图16-190 设置“字符”参数

图16-191 输入文字

⑱ 使用相同方法，输入其他文字，如图16-192所示。打开并拖入素材“光盘\源文件\第16章\16402.png”，最终效果如图16-193所示。执行“文件＞存储为”命令，将文件存储为“光盘\源文件\第16章\16-4-2.psd”。

图16-192 输入其他文字

图16-193 最终效果

16.5 本章小结

本章主要讲解几种常见网页元素的相关知识，包括Logo、按钮、广告和导航，并通过实例操作的形式，讲解了在Photoshop中设计网页元素的方法。读者需要能够理解相关的知识，并掌握常用网页元素的设计和表现方法。

Flash CS6篇

第17章 Flash CS6入门

在网络技术迅速发展的今天，静止的图像已经无法满足人们的视觉需求以及商家对产品信息的表现，动画逐渐成为网页中不可缺少的一种重要的宣传手段和表现方法。其中，Flash以其人性化风格和强大的交互功能，吸引了越来越多的受众，并且其应用领域也越来越广泛。本章将讲解有关Flash的相关知识，并带领读者认识全新的Flash CS6，通过本章的学习，读者可以对Flash CS6有一个基本的认识和了解。

17.1　Flash动画基础

Flash是一款二维矢量动画软件，Flash凭借其文件小、动画清晰和运行流畅等特点，在各种领域中得到了广泛的应用。Flash动画是计算机图形学和艺术技巧互相结合的产物，是现代化的高科技制作方式，给人们提供了展示创造力和艺术天赋的平台。

17.1.1　Flash动画基础

Flash之所以能够在短短的几年内风靡全球，和它自身鲜明的特点是分不开的。在网络动画软件竞争日益激烈的今天，Adobe公司正凭借其对Flash的正确定位和雄厚的开发实力，使Flash的新功能层出不穷，从而奠定了Flash在网络交互动画上不可动摇的霸主地位。Flash动画的特点，则主要有以下几个方面：

1、体积小

在Flash动画中主要使用的是矢量图，从而使得其文件较小、效果好、图像细腻，而且对网络带宽要求低。

2、适用于网络传播

Flash动画可以放置于网络上，供浏览者欣赏和下载，可以利用这一优势在网上广泛传播，比如Flash制作的MV比传统的MTV更容易在网络上传播，而且网络传播无地域之分，也无国界之别。

3、交互性强

这是Flash得以称雄的最主要功能之一，通过交互功能，观众不仅能够欣赏到动画，还可以成为其中的一部分，借助于鼠标触发交互功能，从而在实现中人机交互。

4、节省成本

使用Flash制作动画，极大地降低了制作成本，可以大大减少人力、物力资源的消耗。同时Flash全新的制作技术可以让动漫制作的周期大大缩短，并且可以做出更酷更炫的效果。

5、跨媒体

Flash动画不仅可以在网络上传播，同时也可以在电视甚至电影中播放，大大拓宽了它的应用领域。

6、更具特色的视觉效果

凭借Flash交互功能强等独特的优点，Flash动画有更新颖的视觉效果，比传统动画更加亲近观众。

17.1.2 Flash动画术语

在开始学习Flash之前，首先需要对Flash动画的基本术语有所了解，这样在Flash制作学习过程中，才能够更容易理解。

- FLA文件

FLA文件是Flash中使用的主要文件，包含Flash文档的媒体、时间轴和脚本基本信息。

- SWF文件

SWF文件是FLA文件的压缩版本。

- AS文件

AS文件是指ActionScript文件，可以将某些或全部ActionScript代码保存在FLA文件以外的位置，这些文件有助于代码的管理。

- SWC文件

SWC文件包含可重新使用的Flash组件。每个SWC文件都包含一个已编译的影片剪辑、ActionScript代码以及组件所要求的任何其他资源。

- ASC文件

ASC文件是用于存储将在运行Flash Communication Server的计算机上执行的ActionScript的文件。这些文件提供了实现与SWF文件中的ActionScript结合使用的服务器端逻辑的功能。

- JSFL文件

JSFL文件是可用于向Flash创作工具添加新功能的 JavaScript文件。

- 场景

场景是在创建Flash文档时放置图形内容的矩形区域，这些图形内容包括矢量插图、文本框、按钮、导入的位图图形或视频剪辑等。Flash创作环境中的场景相当于Flash Player或Web浏览器窗口中在回放期间显示Flash文档的矩形空间。可以在工作时放大和缩小以更改场景的视图，网格、辅助线和标尺有助于在舞台上精确地定位内容。

- 关键帧

在关键帧中定义了对动画的对象属性所做的更改，或者包含了ActionScript代码以控制文档方面。Flash可以在定义的关键帧之间补间或自动填充帧，从而生成动画。因为关键帧可以不用画出每个帧就可以生成动画，所以能够更轻松地创建动画。可以通过在时间轴中拖动关键帧来轻松更改补间动画的长度。

帧和关键帧在时间轴中出现的顺序决定在Flash应用程序中显示的顺序。可以在时间轴中排列关键帧，以便编辑动画中事件的顺序。

- 图层

图层是透明的，在舞台上一层层地向上叠加。图层可以帮助组织文档中的插图，可以在图层上绘制和编辑对象，而不会影响其它图层上的对象。如果一个图层上没有内容，那么就可以透过它看到下面的图层。

可以创建的图层数只受计算机内存的限制，而且图层不会增加发布的SWF文件的文件大小。只有放入图层的对象才会增加文件的大小。

17.1.3 Flash动画的应用及发展前景

Flash以其强大的矢量动画编辑功能和动画设计功能，灵活的操作界面，开放式的结构，已经在影视、动漫、演示、广告宣传等领域得到了广泛的应用。Flash与ActionScript语言的结合，能够控制动画对象和流程，使其在多媒体课件、游戏、网页制作等领域也得到了更好的发挥

- 网页宣传广告

Flash在网络广告中的广泛应用，无疑是最直接的获利方式。一些传统的电视播放的产品广告，逐渐被

Flash替代，正如现在随处打开一个知名的网站，都会看到熟悉的产品的Flash广告，而网络用户也接受这种新兴广告方式，因为他们都是被Flash的趣味设计所吸引，所以并不会厌烦这种带有广告性质的Flash动画。相比之下，带有商业性质的Flash宣传广告动画制作更加精致，画面设计、背景音乐更加考究，网页宣传广告把Flash的技术与商业完美的结合，也给Flash的学习者指明了发展方向，图17-1所示为Flash网页广告。

图17-1 Flash商业广告

网页中的广告尺寸并没有严格的标准，只要符合在网页中的效果即可。而在形式上主要分为全屏广告、横幅广告与弹出式广告等。

横幅广告的展示区域狭小，为了配合这一特点，广告中的背景颜色与文字颜色要对比强烈、整体颜色不能过多。所以即使背景中带有图像，其颜色也尽量要与背景保持统一色调，这样才能够突出广告主题文字，如图17-2所示。

图17-2 网页中的横幅宣传广告

教学课件

通过图形、图像来表现教学内容是教学活动中一种重要的教学手段，在中小学课程中，化学分子、化学实验装置、几何图形、数学函数图形、物理电路元件符号等教学内容都可以通过Flash直观地表现。如果是语文方面的教学课件，则可以根据教学内容来准备素材图片，然后依据教学内容出现的顺序，同步制作动画，使其成为图文并茂的教学课件，图17-3所示为精美的Flash教学课件。

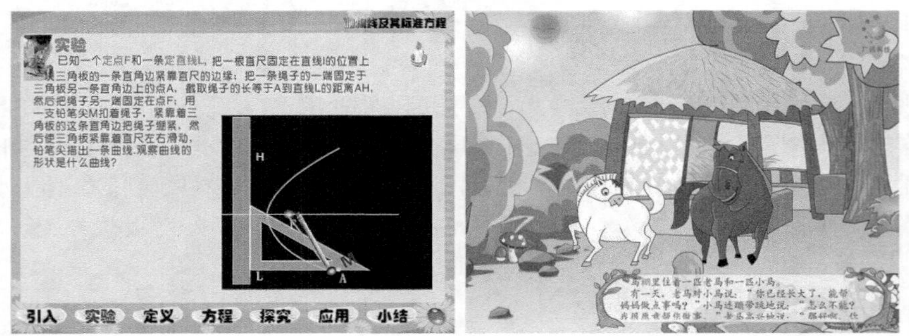

图17-3 Flash教学课件

交互游戏

现在Flash游戏的种类非常多，包括棋牌类、射击类、休闲类、益智类等。无论是哪种类型的Flash游戏，其主要特点都是交互性非常强。Flash游戏的交互性的互动性主要体现在鼠标或者是键盘上，图17-4所示为精彩的Flash游戏。

图17-4 Flash游戏

Flash网站

Flash给网站带来的好处也非常明显，全面的控制、无缝的导向跳转、更丰富的媒体内容、更体贴用户的流畅交互、跨平台和客户端的支持、以及与其他Flash应用程序无缝连接集成等。但是只有少数人掌握了使用Flash建立全Flash网站的技术，因为它意味着更高的Flash开发应用能力和界面维护能力，图17-5所示为Flash网站效果。

图17-5 Flash网站

网站中的各个元素还可以单独制作成Flash动画，从而降低Flash网站的难度。例如网站的Logo、网站导航菜单、产品展示等。网站中的导航菜单也分为很多形式，这是根据网站栏目来决定的，网站栏目较少时，可以采用简单的导航菜单，网站栏目较多时，则可以采用二级甚至三级导航菜单，图17-6所示为网站中的Flash导航菜单。

图17-6 Flash网站中的导航菜单

动画短片

动画短片是Flash最适合表现的一类动画，动画短片通常简短而精准、有鲜明的主题。通过Flash制作动画短片能很快地将作者的意图传达给浏览者。其中，动画短片的范围较广，一般是纯粹具有故事情节的影视短片，如图17-7所示。

图17-7 有故事情结的动画短片

Flash MV也可以称作为动画短片，Flash MV提供了一条在唱片宣传上既保证质量又降低成本的有效途径，并且成功地把传统的唱片推广扩展到网络经营的更大空间，其中，动画效果是作者依据自己对歌词的理解制作的，图17-8所示为Flash MV。

图17-8 Flash MV

17.2 认识Flash CS6工作界面

执行“开始>所有程序>Adobe>Flash Professional CS6”命令，启动Flash CS6，显示启动界面，如图17-9所示。等待Flash CS6软件初始化完成后即可进入Flash CS6界面，如图17-10所示。

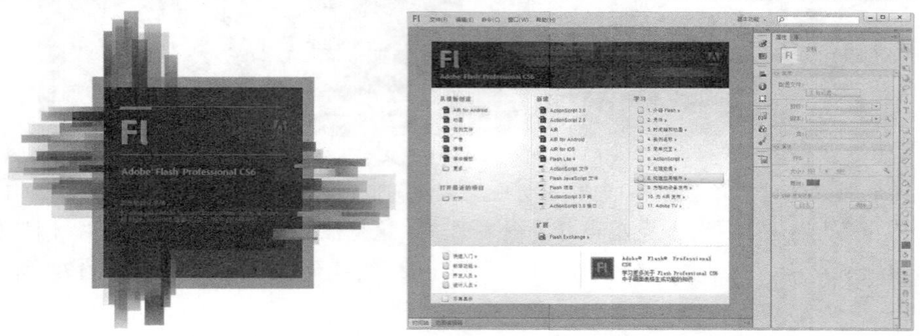

图17-9 Flash CS6启动界面　　图17-10 Flash CS6软件界面

17.2.1 Flash CS6工作区

Flash在每次版本升级时都会对界面进行优化，以提高设计人员的工作效率。Flash CS6的界面更具亲和力，使用也更加方便， Flash CS6软件的工作区显示如图17-11所示。

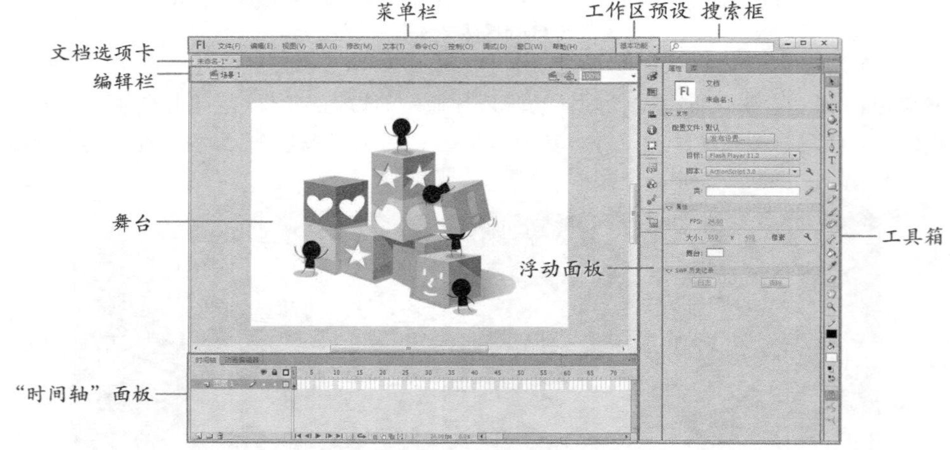

图17-11 Flash CS6的工作界面

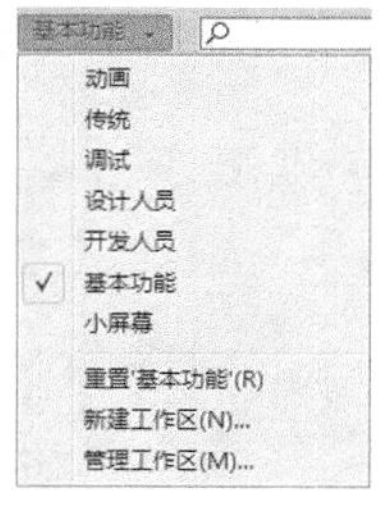

图17-12 下拉列表

菜单栏：在菜单栏中分类提供了Flash CS6中所有的操作命令，几乎所有的可执行命令都可在这里直接或间接地找到相应的操作选项。

工作区预设：Flash CS6提供了多种软件工作区预设，在该选项的下拉列表中可以选择相应的工作区预设，如图17-12所示，选择不同的选项，即可将Flash CS6的工作区更改为所选择的工作区预设。在列表的最后提供了“重置”、“新建工作区”、“管理工作区”3种功能，“重置”用于恢复工作区的默认状态，“新建工作区”用于创建个人喜好的工作区配置，“管理工作区”用于管理个人创建的工作区配置，可执行重命名或删除操作。

搜索框：该选项提供了对Flash中功能选项的搜索功能，在该文本框中输入需要搜索的内容，按键盘上的Enter键即可。

文档选项卡：在文档窗口选项卡中显示文档名称，当用户对文档进行修改而未保存时则会显示“*”号作为标记。如果在Flash CS6软件中同时打开了多个Flash文档，可以单击相应的文档窗口选项卡，进行切换。

编辑栏：左侧显示当前“场景”或“元件”，单击右侧的“编辑场景”按钮，在弹出菜单中可以选择要编辑的场景。单击旁边的“编辑元件”按钮，在弹出菜单中可以选择要切换编辑的元件。

舞台：即动画显示的区域，用于编辑和修改动画。

“时间轴”面板：“时间轴”面板也是Flash CS6工作界面中浮动面板之一，是Flash制作中操作最为频繁的面板之一，几乎所有的动画都需要在“时间轴”面板中进行制作。

浮动面板：用于配合场景、元件的编辑和Flash的功能设置，在“窗口”菜单中执行相应的命令，可以在Flash CS6的工作界面中显示或隐藏相应的面板。

工具箱：在工具箱中提供了Flash中所有的操作工具，笔触颜色和填充颜色，以及工具的相应设置选项，通过这些工具可以在Flash中进行绘图、调整等相应的操作。

17.2.2 菜单栏

Flash CS6工具界面顶部的菜单栏中包含了用于控制Flash功能的所有菜单命令，共包含了“文件”、“编辑”、“视图”、“插入”、“修改”、“文本”、“命令”、“控制”、“调试”、“窗口”和“帮助”11组，如图17-13所示。

Fl 文件(F) 编辑(E) 视图(V) 插入(I) 修改(M) 文本(T) 命令(C) 控制(O) 调试(D) 窗口(W) 帮助(H)

图17-13 菜单栏

- “文件”菜单

“文件”菜单中的菜单命令多是具有全局性的，如“新建”、“打开”、“关闭”、“保存文档”，“导入”、“导出”命令、发布相关、AIR和ActionScript设置、打印和页面设置以及退出Flash等命令，如图17-14所示。

- “编辑”菜单

在“编辑”菜单中提供了多种作用于舞台中各种元素的命令，如“复制”、“粘贴”、“剪切”等。另外，在该菜单下还提供了“首选参数”、“自定义工具面板”、“字体映射”及“快捷键”的设置命令，如图17-15所示。

- “视图”菜单

在“视图”菜单中提供了用于调整Flash整个编辑环境的视图命令，如“放大”、“缩小”、“标尺”、“网格”等命令，如图17-16所示。

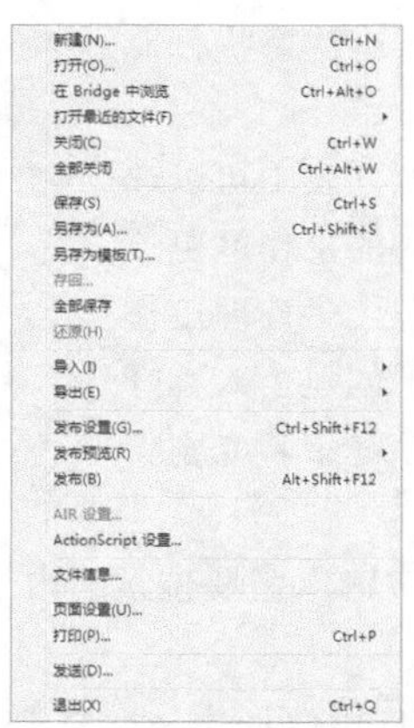
图17-14 “文件”菜单

图17-15 “编辑”菜单

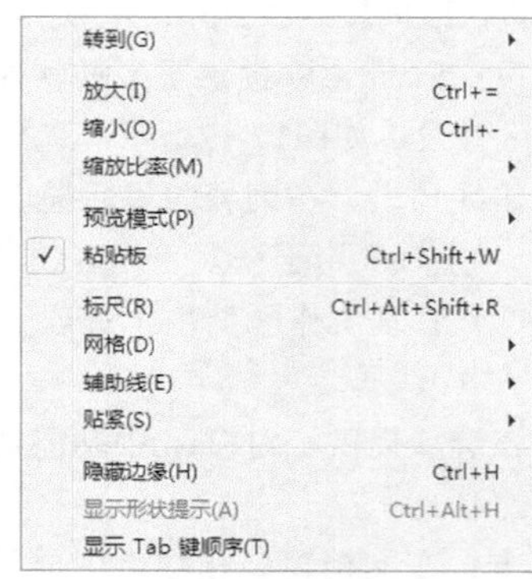

图17-16 “视图”菜单

● “插入”菜单

在“插入”菜单中提供了针对整个“文档”的操作，比如在文档中插入元件、场景，在时间轴中插入补间、图层或帧等，如图17-17所示。

● “修改”菜单

在“修改”菜单中包括了一系列对舞台中元素的修改命令，如“转换为元件”、“变形”等，还包括了对文档的修改等命令，如图17-18所示。

● “文本”菜单

在“文本”菜单中可以执行与文本相关的命令，如设置字体样式、大小、字母间距等，如图17-19所示。

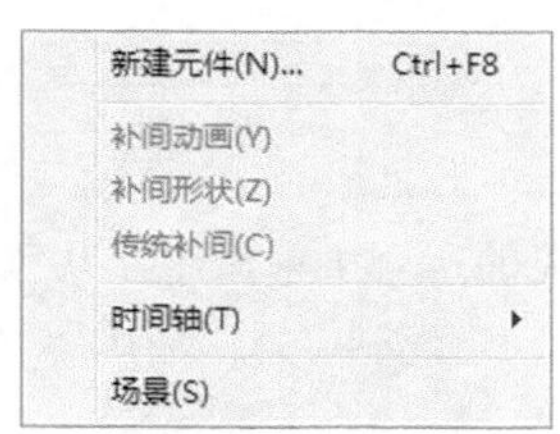

图17-17 “插入”菜单

图17-18 “修改”菜单

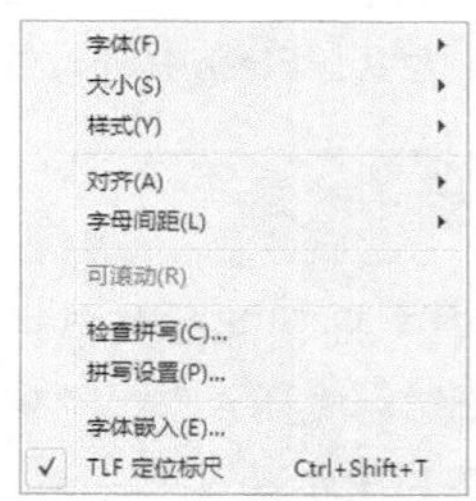

图17-19 “文本”菜单

● “命令”菜单

Flash CS6允许用户使用JSFL文件创建自己的命令，在“命令”菜单中可运行、管理这些命令或使用Flash默认提供的命令，如图17-20所示。

● “控制”菜单

在“控制”菜单中可以选择测试影片或测试场景，还可以设置影片测试的环境，例如用户可以选择在桌面或移动设备中测试影片，如图17-21所示。

● “调试”菜单

在“调试”菜单中提供了影片调试的相关命令，如设置影片调试的环境等，如图17-22所示。

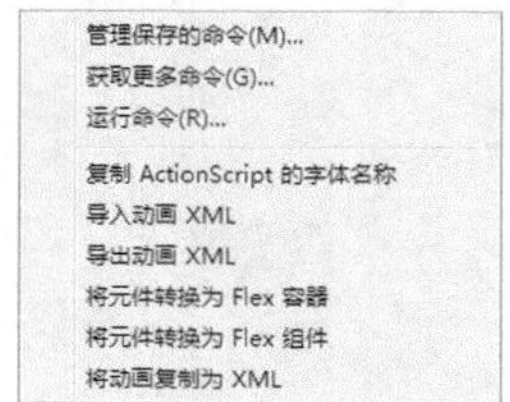

图17-20 “命令”菜单

图17-21 “控制”菜单

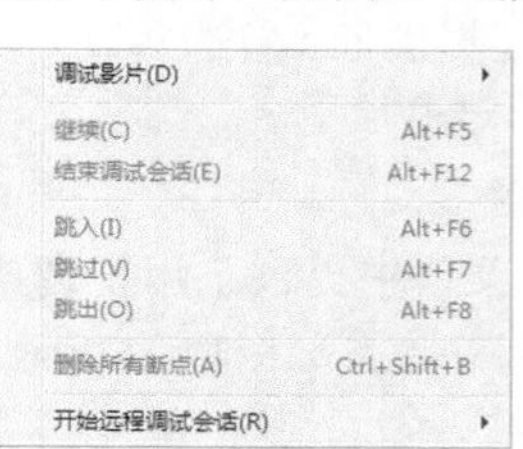

图17-22 “调试”菜单

- “窗口”菜单

在“窗口”菜单中主要集合了Flash中的面板激活命令，执行一个要激活的面板的名称即可打开该面板，如图17-23所示。

- “帮助”菜单

在“帮助”菜单中含有Flash官方帮助文档也可以选择“关于”来了解当前Flash的版权信息，如图17-24所示。

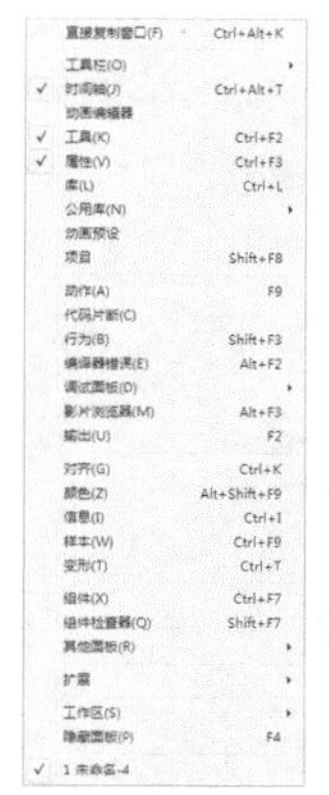
图17-23 “窗口”菜单

图17-24 “帮助”菜单

17.2.3 舞台

舞台是用户在创建Flash文件时放置图形内容的区域，这些图形内容包括矢量插图、文本框、按钮、导入的位图或者视频等。如果需要在舞台中定位项目，可以借助网格、辅助线和标尺。

Flash工作界面中的舞台相当于Flash Player或Web浏览器窗口中在播放Flash动画时显示Flash文件的矩形空间，如图17-25所示。在Flash工作界面中可以任意放大或缩小，从而更改舞台中的视图。

图17-25 舞台

17.2.4 时间轴

对于Flash来说，“时间轴”面板至关重要，可以说，“时间轴”面板是动画的灵魂。只有熟悉了“时间轴”面板的操作和使用方法，才能够在制作Flash动画时得心应手。

时间轴用于组织和控制文档内容在一定时间内播放的图层数和帧数。与胶片一样，Flash文件也将时长分为帧。图层就像是堆叠在一起的多张幻灯片，每个图层都包含一个显示在舞台中的不同图像。时间轴的主要组件就是图层、帧和播放头，图17-26所示为Flash动画的“时间轴”面板。

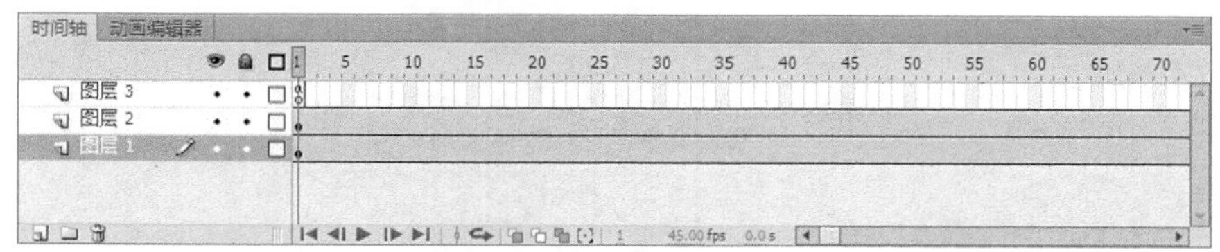

图17-26 “时间轴”面板

文档中的图层列在“时间轴”面板左侧的列表中，每个图层中包含的帧显示在该图层名右侧的一行中。“时间轴”面板顶部的时间轴标题指示帧编号，播放头指示当前在舞台中显示的帧。播放Flash文件时，播放头从左向右通过时间轴。

时间轴状态显示在“时间轴”面板的底部，可以显示当前帧频、帧速率，以及到当前帧为止的运行时间。

提示 在播放Flash动画时，将显示实际的帧频。如果计算机不能足够快地计算和显示动画，那么该帧频可能与文档的帧频设置不一致。

如果需要更改时间轴中的帧显示，可以单击“时间轴”面板右上角的“向下三角形”按钮，弹出“时间轴”面板菜单，如图17-27所示。

通过面板菜单，用户可以更改帧单元格的宽度和减小帧单元格行的高度。如果需要打开或关闭时用彩色显示帧顺序，可以选择“彩色显示帧”命令。

如果需要更改“时间轴”面板中图层高度，可以双击“时间轴”中图层的图标，或者在图层名称上单击鼠标右键，在弹出菜单中选择“属性”选项，在弹出的“图层属性”对话框中对“图层高度”属性进行设置，单击“确定”按钮，如图17-28所示。

图17-27 “时间轴”面板菜单

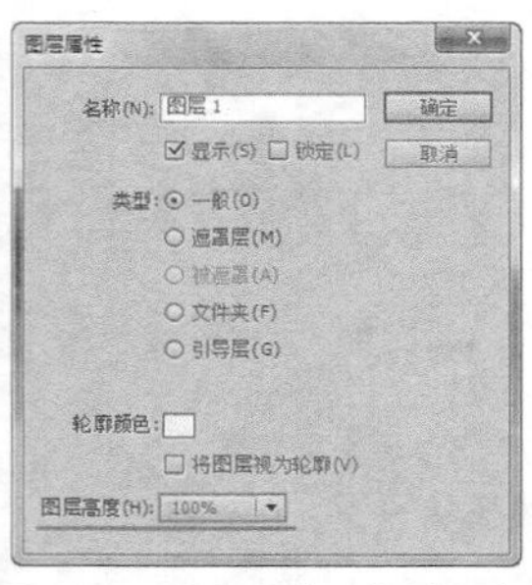

图17-28 “图层属性”对话框

提示 图层就像透明的纸张一样，在舞台上一层层地向上叠加。图层可以帮助用户组织文档中的插图，用户可以在图层上绘制和编辑对象，而不会影响其他图层上的对象。如果一个图层上没有内容，那么就可以透过它看到下面的图层。

17.2.5 工具箱

工具箱中包含较多工具，每个工具都能实现不同的效果，熟悉各个工具的功能特性是Flash学习的重点之一。Flash默认的工具箱如图17-29所示，由于工具太多，一些工具被隐藏起来，在工具箱中，如果工具按钮右下角含有黑色小箭头，则表示该工具下还有其他被隐藏的工具。

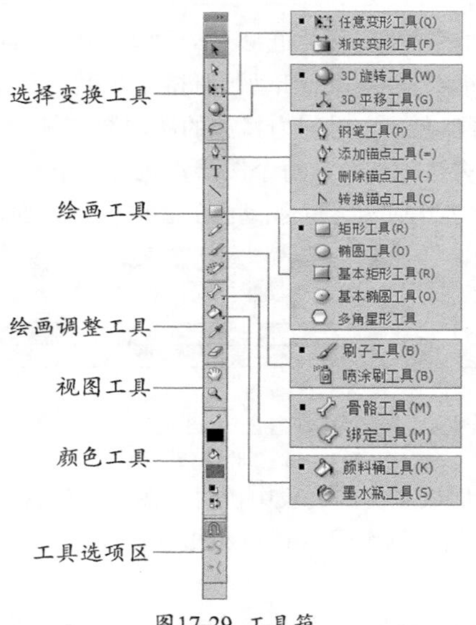

图17-29 工具箱

选择变换工具：工具箱中的选择变换工具包括了“部分选择工具”、“套索工具”、“任意变形工具”和“渐变变形工具”，利用这些工具可对舞台中的元素进行选择、变换等操作。

绘画工具：绘画工具包括“钢笔工具组”、“文本工具”、“线条工具”、“矩形工具组”、“铅笔工具”、**“刷子工具组”以及“Deco工具”，这些工具的组合使用能让设计者更方便的绘制出理想的作品。**

绘画调整工具：该组工具能让设计对所绘制的图形、元件的颜色等进行调整，包括“骨骼工具组”、“颜料桶工具组”、“滴管工具”、“橡皮擦工具”。

视图工具：视图工具中含有“手形工具”用于调整视图区域，“缩放工具”用于放大缩小舞台大小。

颜色工具：颜色工具主要用于“笔触颜色”和“填充颜色”的设置和切换。

工具选项区：工具选项区是动态区域，会随着用户选择的工具的不同而显示不同的选项，如果单击工具箱中的“套索工具”按钮，在该区域中会显示如图17-30所示的选项，单击“魔术棒”按钮，则切换“套索工具”为“魔术棒工具”，单击“魔术棒设置”按钮，弹出如图17-31所示对话框，用于设置“魔术棒”的相关参数。

图17-30 工具选项

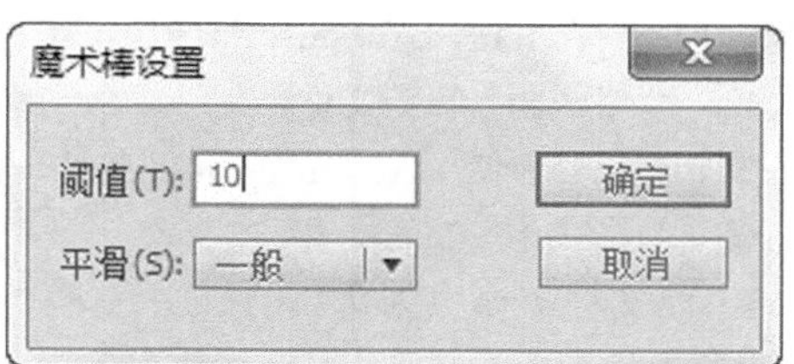

图17-31 “魔术棒设置”对话框

提示 将光标停留在工具图标上稍等片刻，即可显示关于该工具的名称及快捷键的提示。单击工具箱顶部的图标或图标即可将工具箱展开或折叠显示。右下角有三角图标的工具，表示是一个工具组，在该工具按钮上按下鼠标左键，当工具组显示后即可松开左键，然后选择显示的工具即可。

17.2.6 “属性”面板

使用“属性”面板，可以很容易地访问舞台或时间轴上当前选定的常用属性，从而简化文档的创建过程。用户可以在“属性”面板中更改对象或文档的属性，而不用访问控制这些属性的菜单或者面板。

根据当前选定的内容，“属性”面板可以显示当前文档、文本、元件、形状、位图、视频、组、帧或工具的信息和设置，图17-32所示为不同对象的“属性”面板。当选定了两个或多个不同类型的对象时，“属性”面板会显示选定对象的总数。

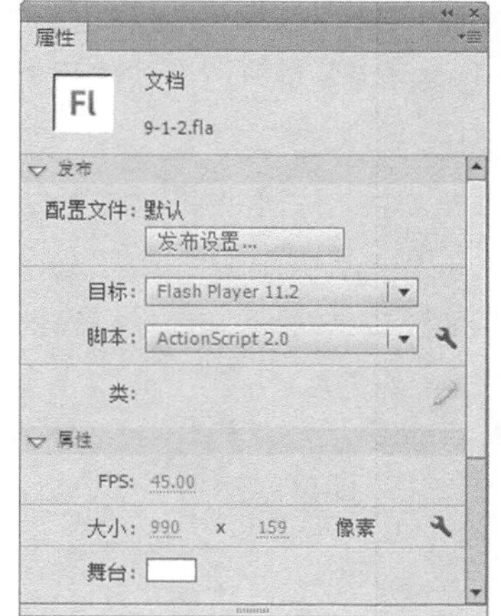

图17-32 不同对象的“属性”面板

17.3 新建Flash文件

Flash CS6提供了多样化的新建文件方法，不仅可以方便用户使用，而且可以有效提高工作效率。用户可以根据工作过程中的实际需要以及个人的爱好进行适当的选择。

17.3.1 新建空白Flash文件

启动Flash CS6后，执行“文件>新建”命令，弹出“新建文档”对话框，在该对话框中单击“常规”选项卡，如图17-33所示。选择相应的文档类型后，单击“确定”按钮，即可新建一个空白文档。

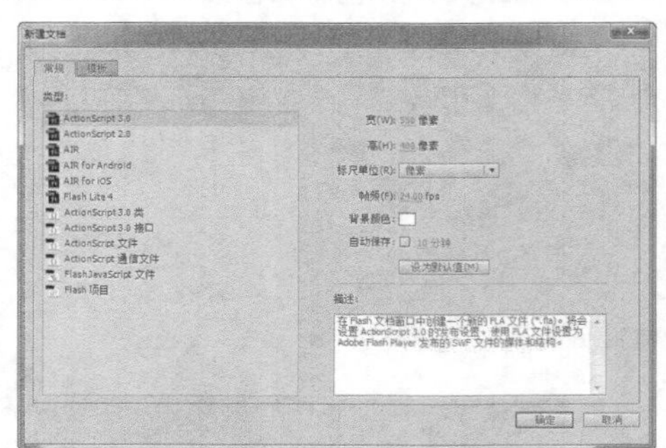

图17-33 “新建文档”对话框

ActionScript3.0：选择该选项，表示使用Actionscript3.0作为脚本语言创建动画文档，生成一个格式为*.fla的文件。

ActionScript2.0：选择该选项，表示使用Actionscript2.0作为脚本语言创建动画文档，生成一个格式为*.fla的文件。

AIR：选择该选项，在Flash文档窗口中创建新的Flash文档（*.fla），发布设置将会设定为用于AIR。

AIR for Android：选择该选项，表示创建一个Android设备支持的应用程序，将会在Flash文档窗口中创建新的Flash文档（*.fla），该文档将会设置AIR for Android的发布设置。

AIR for iOS：选择该选项，表示创建一个Apple iOS设备支持的应用程序，将会在Flash文档窗口中创建新的Flash文档（*.fla），该文档将会设置AIR for iOS的发布设置。

Flash Lite 4：用于开发可在Flash Lite 4平台上播放的flash。Flash Lite 4是可以使手机也能流畅播放、运行flash视频或程序的环境。

ActionScript3.0类：ActionScript 3.0允许用户创建自己的类，单击选择该项可创建一个AS文件（*.as）来定义一个新的ActionScript 3.0类。

ActionScript3.0接口：该选项可用于创建一个AS文件（*.as）以定义一个新的ActionScript 3.0接口。

ActionScript文件：选择该选项，可以创建Actionscript外部文件以供调用。

ActionScript通信文件：创建一个作用于FMS(Flash Media Server)服务端的ASC(ActionScript Communications)脚本文件。

Flash ActionJavaScript文件：该选项用于创建JSFL文件，JSFL文件是一种作用于Flash编辑器的脚本。

Flash项目：选择该选项，可以创建Flash项目，单击“确定”按钮，可以打开“项目”面板，可以在该面板中创建新的Flash项目。

17.3.2 新建Flash模板文件

在“新建文档”对话框中，单击“模板”选项卡，如图17-34所示。选择相应的文档类型后，单击“确定”按钮，即可新建Flash模板文件。

AIR for Android：在“类别”列表中选择AIR for Android选项，在其右侧的“模板”列表中预设了5种模板，如图17-35所示。选择任意一种模板，单击“确定”按钮，即可创建基于该模板的Flash文档，图17-36所示为“加速器”模板。

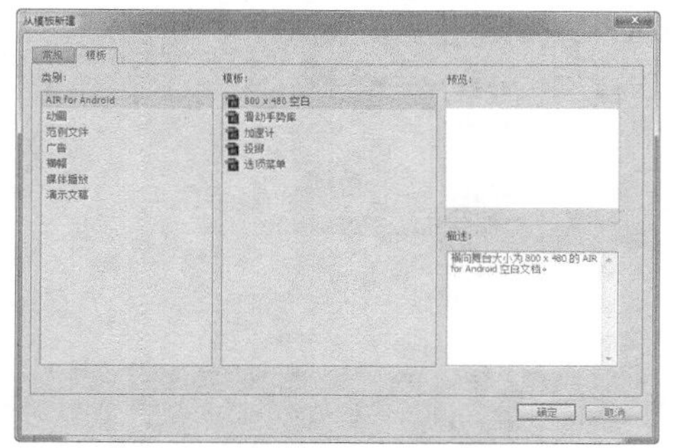

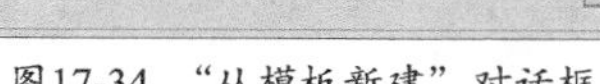
图17-34 “从模板新建”对话框

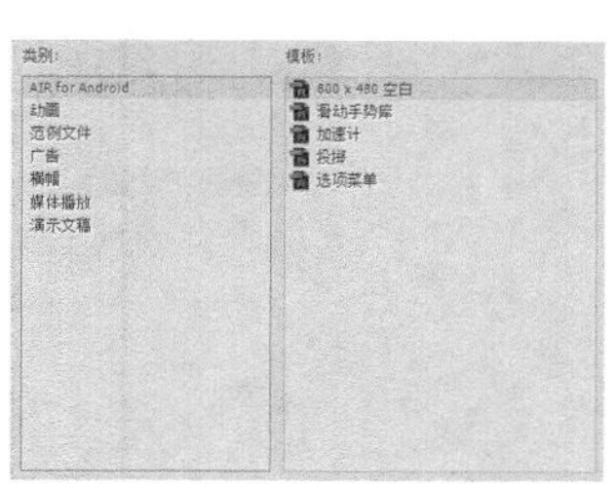

图17-35 AIR for Android模板

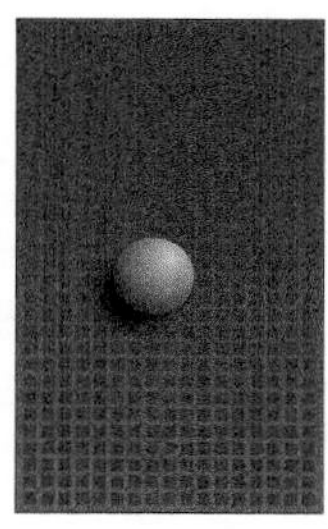
图17-36 “加速器”模板

动画：在“类别”列表中选择“动画”类别选项，在其右侧的“模板”列表中提供了几种预设动画模板，如图17-37所示。打开一个动画模板后，按Ctrl+Enter测试该动画即可看到动画效果，如图17-38所示为“雪影脚本”模板。

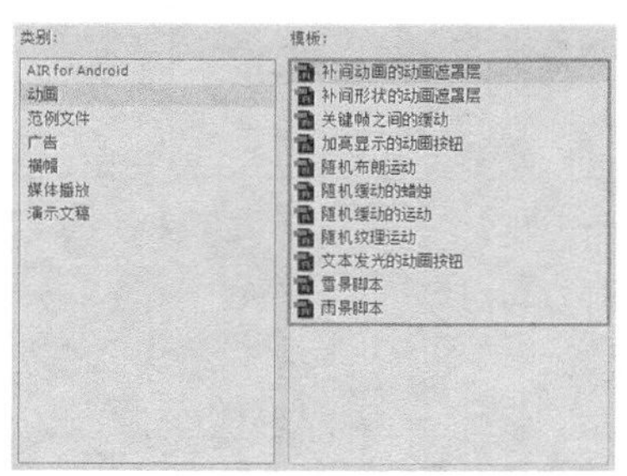

图17-37 “动画”模板

图17-38 “雪景脚本”模板

范例文件：选择“范例文件”类别选项，在“模板”列表中提供了相应的预设动画模板，如图17-39所示。打开一个动画模板后，按Ctrl+Enter测试该动画即可看到动画效果，图17-40所示为“Alpha遮罩层范例”模板。

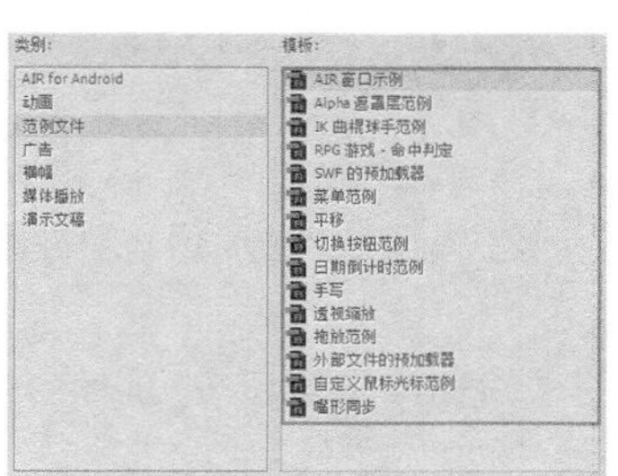

图17-39 “范例文件”模板

图17-40 “Alpha遮罩层范例”模板

广告：该类别中的模板文件并没有真正的内容，只是方便快速新建某一种文档大小尺寸的模板，如图17-41所示。

横幅：用于快速新建某一种特殊的横幅效果，打开一个模板后可根据提示对其进行修改，如图17-42所示。

图17-41 “广告”模板

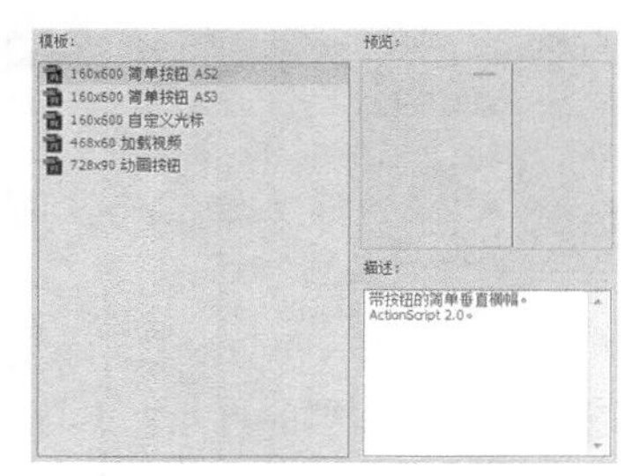

图17-42 “横幅”模板

媒体播放：该“媒体播放”类别中包含了各种用于媒体播放的预设动画模板，如图17-43所示。

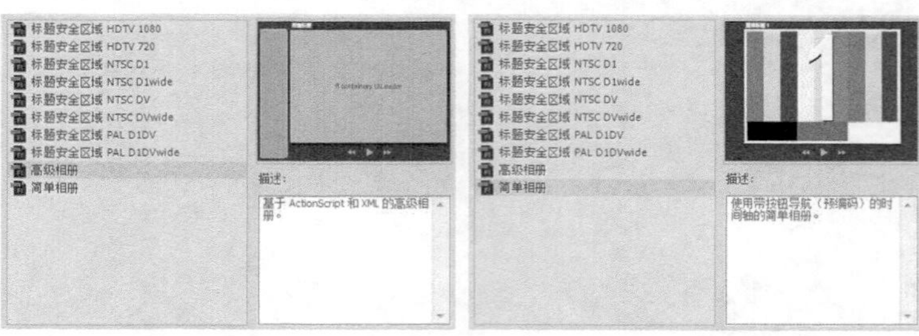

（“高级相册”模板）　（“简单相册”模板）

图17-43　“媒体播放”模板

演示文稿：选择“演示文稿”类别选项，在该“模板”列表中包括两款预设动画模板，即“高级演示文稿”，和“简单演示文稿”。它们尽管外观一致却有着不同的实现手段，前者使用MovieClips实现，后者借助时间轴实现。

17.3.3　设置Flash文档属性

新建一个文件类型为ActionScript 3.0的空白Flash文件，执行“修改>文档”命令，弹出“文档设置”对话框，如图17-44所示，在该对话框中可以对Flash文档的相关属性进行设置。

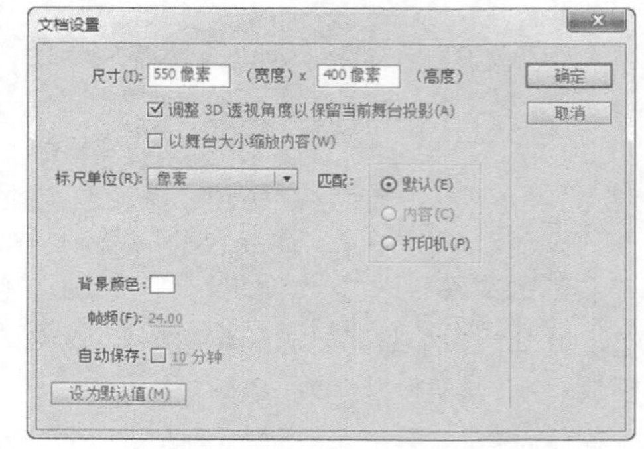

图17-44　“文档设置”对话框

尺寸：在该选项的文本框中可对动画的尺寸进行设置，系统默认的文档尺寸为550×400像素。

调整3D透视角度以保留当前舞台投影：如果需要在文档中调整舞台上3D对象的位置和方向，以保持其相对于舞台边缘的外观，可以选中该选项，默认情况下，该选项为选中状态。

以舞台大小缩放内容：选中该选项复选框，则当修改Flash文档的舞台大小时，舞台中的对象也会自动的进行缩放以适应新的舞台大小。默认情况下，不选中该选项。

标尺单位：该选项用来设置动画尺寸的单位值，在该选项的下拉列表中，可以选择相应的单位，如图17-45所示。

背景颜色：单击该选项右侧的色块□，在弹出的“拾色器”窗口中可以选择动画背景的颜色，如图17-46所示，系统所默认的背景颜色为白色。

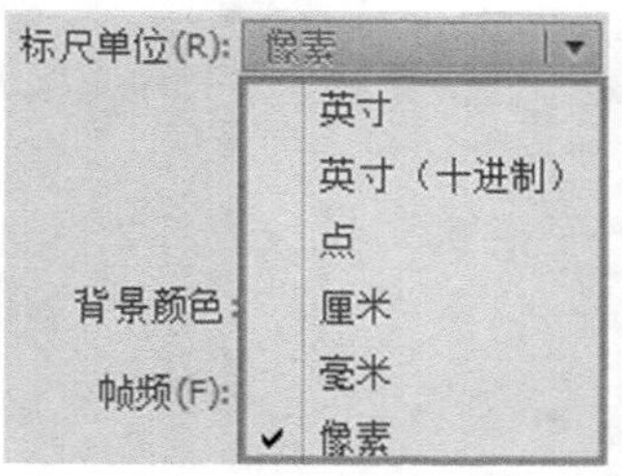

图17-45　“标尺单位”下拉列表

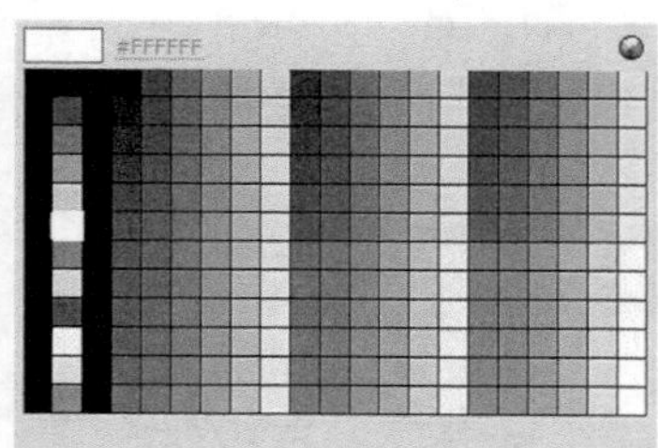

图17-46　“拾色器”窗口

帧频：在该选项的文本框中，可输入每秒要显示的动画帧数，帧数值越大，则播放的速度越快，系统所默认的帧频为24fps。

自动保存：勾选该选项右侧的复选框，可以对自动保存动画文件的时间进行相应设置。

匹配：在该选项区中可以设置Flash文档的尺寸大小与相应的选项相匹配。

- 默认：该选项为默认选项，表示文档的尺寸为设置的文档尺寸大小。

- 内容：选择该选项，可以将Flash文档的尺寸大小与舞台内容使用的间距量精确对应。
- 打印机：选择该选项，则可以将Flash文档的尺寸大小设置为最大的可用打印区域。

17.4 打开和保存Flash文件

在Flash中对文档的基本操作，主要包括新建文档、设置文档属性、打开Flash文件和保存Flash文件，上一节中已经介绍了如何新建Flash文档和设置Flash文档属性，这一节将向读者介绍如何打开和保存Flash文件。

17.4.1 打开Flash文件

如果需要在Flash中编辑或修改一个已经存在的Flash文档，则需要在Flash软件中打开该Flash文档。

执行“文件>打开”命令，弹出“打开”对话框，如图17-47所示。在该对话框中，选择需要打开的一个或多个文件后，单击“打开”按钮，即可在Flash CS6中打开所选择的文件，如图17-48所示。

图17-47 “打开”对话框

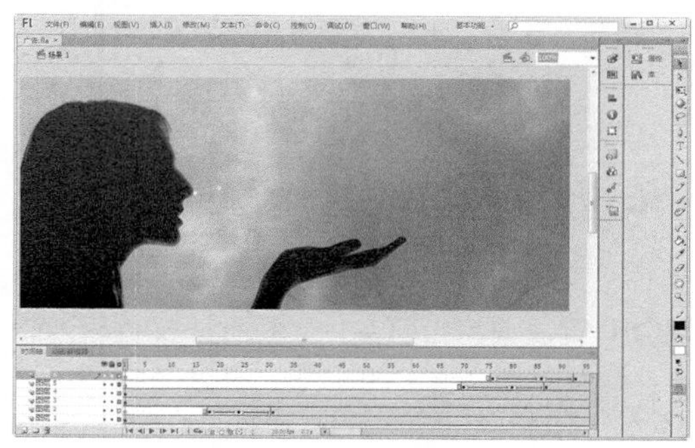

图17-48 打开Flash文档

> **提示** 除了通过使用命令打开文件以外，我们还可以直接拖曳或按快捷键Ctrl+O打开所需文件。如果需要打开最近打开过的文件，执行“文件>打开最近的文件”命令，在菜单项中选择相应文件即可。

17.4.2 直接保存Flash文件

完成Flash文件的制作，如果想要覆盖之前的Flash文件，只需要执行“文件>保存”命令，即可保存该文件，并覆盖相同文件名的文件。

17.4.3 另存为Flash文件

如果要将文件压缩、保存到不同的位置，或对其名称进行重新命名，可以执行“文件>另存为”命令，弹出“另存为”对话框，在该对话框中对相关选项进行设置，如图17-49所示，单击“保存”按钮，即可完成对Flash文件的保存。

> **提示** 在实际操作过程中，为了节省时间提高工作效率，可以使用保存快捷键Ctrl+S或另存为快捷键Ctrl+Shift+S，快速保存或另存为一份Flash文件。

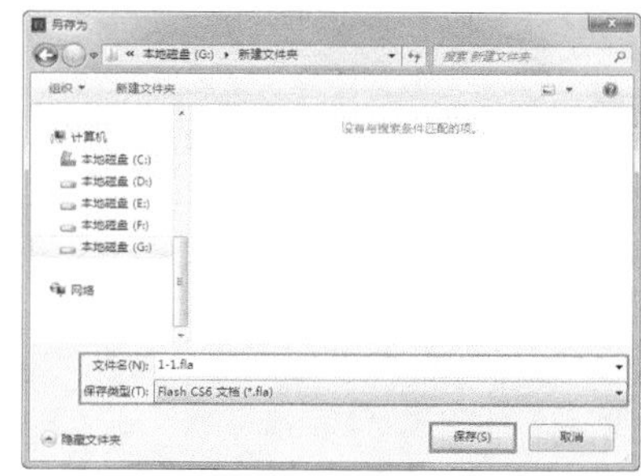

图17-49 “另存为”对话框

17.4.4 另存为Flash模板文件

将Flash文件另存为模板就是指将该文件使用模板中的格式进行保存，以方便用户以后在制作Flash文件时可以直接进行使用。

要将文件另存为模板，执行“文件>另存为模板”命令，弹出“另存为模板警告”对话框，如图17-50所示。单击“另存为模板”按钮，弹出“另存为模板”对话框，如图17-51所示。在该对话框中对相关选项进行设置，单击“保存”按钮，即可将当前Flash文件另存为模板文件。

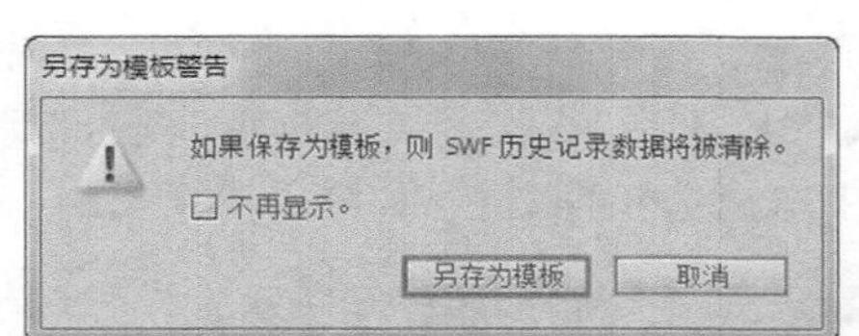

图17-50 “另存为模板警告”对话框

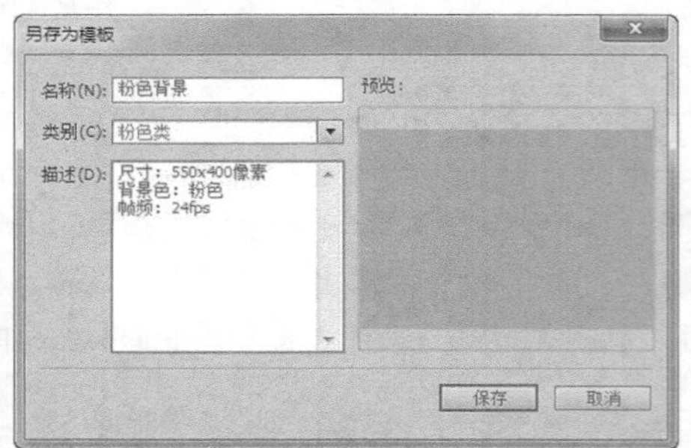

图17-51 “另存为模板”对话框

17.4.5 关闭Flash文件

通过执行“文件>关闭”命令，可以关闭当前文件，也可以单击该窗口选项卡上的“关闭”按钮，或者按快捷键Ctrl+W，关闭当前文件。执行“文件>全部关闭”命令，关闭所有在Flash CS6中已打开的文件。

提示 在关闭文件时，并不会因此而退出Flash CS6，如果既要关闭所有文件又要退出Flash，直接单击Flash CS6软件界面右上角的关闭按钮，即可退出Flash。

17.5 本章小结

本章是制作Flash动画的基础，主要讲解Flash动画的基础、Flash动画的相关术语、Flash动画的应用等基础内容。并且还带领读者认识了全新的Flash CS6的工作界面，以及Flash文档的基本操作方法。本章是Flash动画制作的基础内容，读者需要能够熟练的掌握Flash文档的基础操作，以及工作界面的运用，这样才能够在后面的学习中更轻松的学习Flash动画的制作。

第18章 使用Flash中的绘图工具

Flash不仅是一款出色的动画制作软件，而且还是一款优秀的矢量图绘制软件，在Flash的工具箱中包含了多种矢量绘图工具，通过这些矢量绘图工具的使用，在Flash中可以绘制出许多精美的矢量图形。本章主要讲解如何使用Flash中的绘图工具绘制矢量图形，并通过实例的练习，使读者能够快速掌握Flash绘图工具的使用方法和技巧。

18.1 使用基本绘图工具

在Flash中包含了多款基本绘图工具，每个工具都有着不同的选项供用户选择，使用不同的选项设置，可以绘制出不同效果的图形。

18.1.1 矩形工具和基本矩形工具

“矩形工具”和“基本矩形”工具是几何形状绘制工具，用于创建各种比例的矩形，也可以绘制各种比例的正方形。

单击工具箱中的“矩形工具”按钮，在场景中单击并拖动鼠标，拖动至合适的位置和大小，释放鼠标，即可绘制出一个矩形图形，得到的矩形由“笔触”和“填充”两部分组成，如图18-1所示。如果想要调整图形的“笔触”和“填充”，可以在其“属性”面板上根据需要进行相应的设置，如图18-2所示。

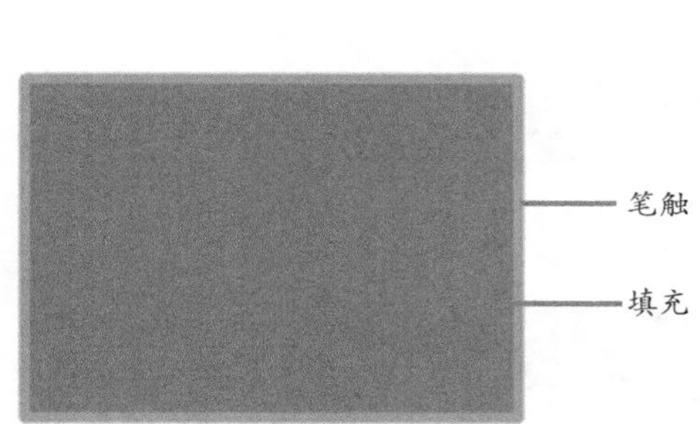

图18-1 矩形效果

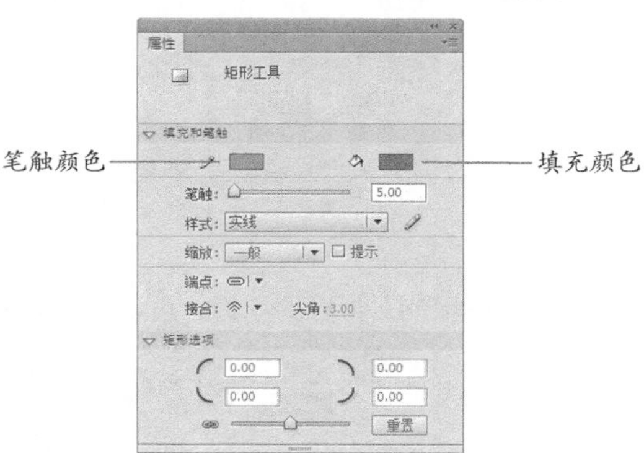

图18-2 “矩形工具”的“属性”面板

笔触颜色：该选项可以设置所绘制矩形的笔触颜色，单击该选项颜色块，可以弹出“拾色器”窗口，在该窗口中可以对笔触颜色进行设置。

填充颜色：该选项可以设置所绘制矩形的填充颜色，单击该选项的颜色块，即可对矩形的填充颜色进行相应的设置。

笔触：默认情况下，“笔触高度”为1像素，如果想要设置笔触的高度，可以通过“属性”面板上的“笔触高度”文本框进行设置，也可以通过拖动滑动条上的滑块进行设置，文本框中的数值会与当前滑块位置保持一致。

样式：该选项用于设置笔触样式，在该选项的下拉列表中可以选择Flash预设的7种笔触样式，包括“极细线”、“实线”、“虚线”、“点状线”、“锯齿线”、“点刻线”和“斑马线”，如图18-3所示。也可以单击右侧的“编辑笔触样式”按钮，在弹出的“笔触样式”对话框中对笔触样式进行设置，如图18-4所示。

图18-3 “样式”下拉列表

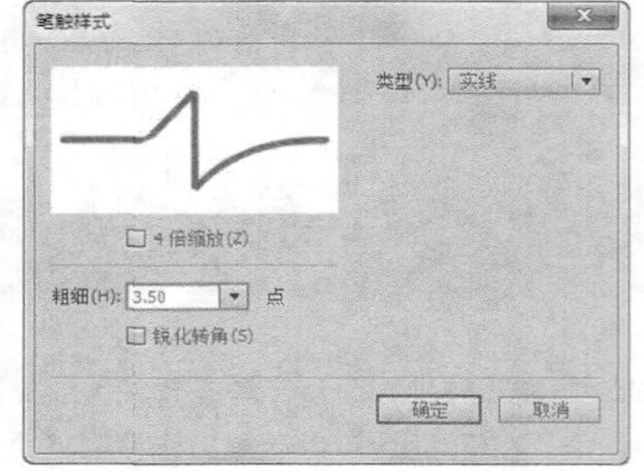
图18-4 “笔触样式”对话框

缩放：该选项用来限制笔触在Flash播放器中的缩放，在该选项的下拉列表中可以选择四种笔触缩放，包括“一般”、“水平”、“垂直”和“无”，如图18-5所示。

端点：该选项用于设置笔触端点的样式，在“端点”的下拉列表中包括“无”、“圆角”和“方形”3种样式，如图18-6所示。

接合：用来设置两条直线的结合方式，包括“尖角”、“圆角”和“斜角”3种结合方式，如图18-7所示。

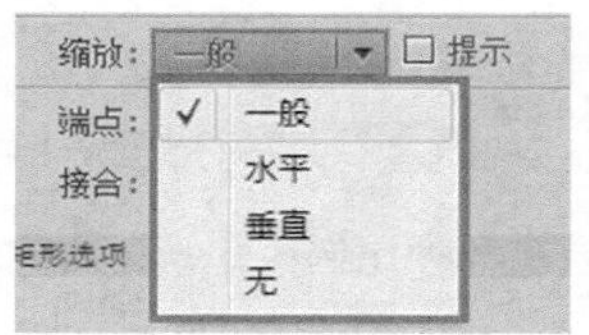
图18-5 “缩放”下拉列表

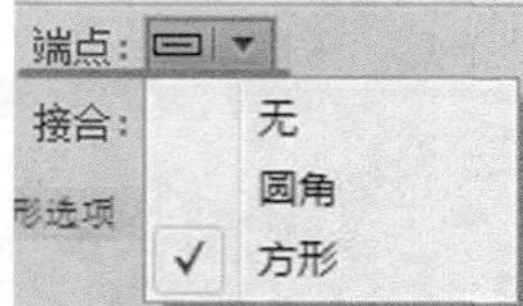
图18-6 “端点”下拉列表

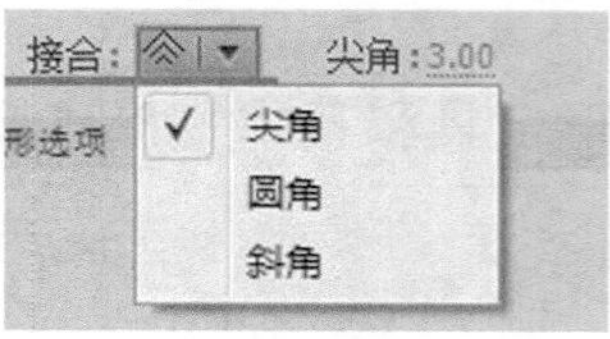
图18-7 接合样式

矩形选项：用来制定矩形的角半径。直接在各文本框中输入半径的数值即可指定角半径，数值越大，矩形的角越圆，如果输入的数值为负数，则创建的是反半径的效果，默认情况下值为0，创建的是直角，图18-8所示为设置“矩形边角半径”值后绘制矩形的效果。

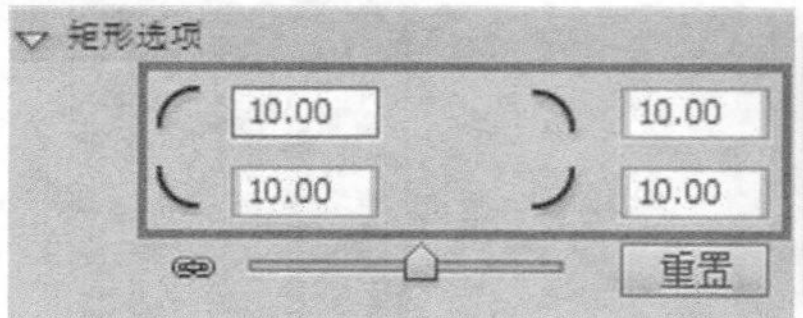

图18-8 “矩形选项”以及矩形的效果

如果取消选择限制角半径的图标，可以分别调整每个角的半径，如图18-9所示。

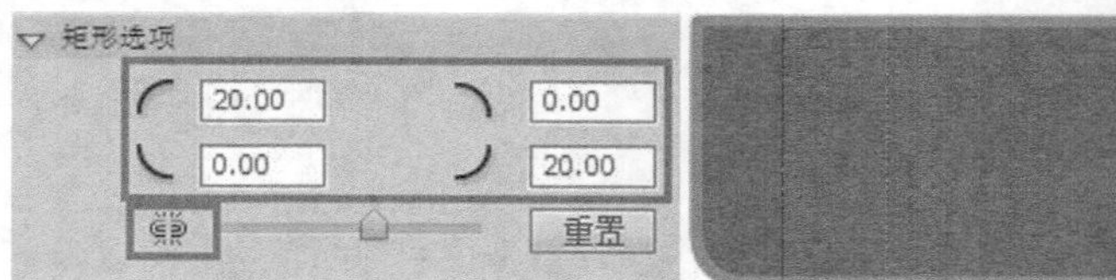
图18-9 “矩形选项”以及矩形的效果

> 提示
> 完成矩形的绘制之后，是不能在“属性”面板中对矩形的角半径重新设置的。因此如果需要改变该属性值，则应重新绘制一个新的矩形。

单击工具箱中的“基本矩形工具”按钮，在场景中单击并拖动鼠标，拖动至合适的位置和大小释放鼠标，即可绘制出一个基本矩形，如图18-10所示。在“属性”面板中可以对相应的属性值进行设置，如图18-11所示。

图18-10 绘制基本矩形

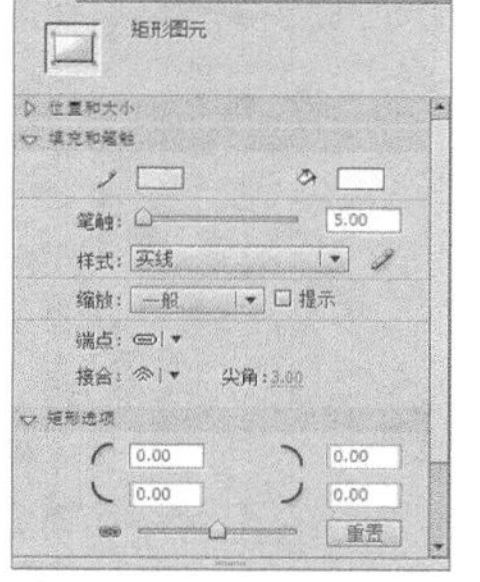

图18-11 “属性”面板

“基本矩形工具”与“矩形工具”最大的区别在于圆角的设置，使用“矩形工具”时，当一个矩形已经绘制完成之后，是不能对矩形的角度重新设置的，如果想要改变当前矩形的角度，则需要重新绘制一个矩形，而在使用“基本矩形工具”绘制矩形时，完成矩形绘制之后，可以使用“选择工具”对基本矩形四周的任意点进行拖动调整，如图18-12所示。

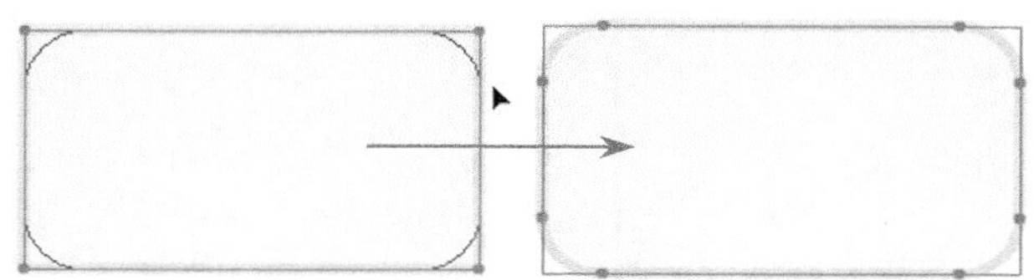

图18-12 调出基本矩形圆角

除了使用“选择工具”拖动控制点更改角半径以外，也可以通过改变“属性”面板中“矩形选项”文本框里面的数值进行调整，还可以拖动文本框下方区域的滑块进行调整，当滑块为选中状态时，按住键盘上的上方向键或下方向键可以快速的调整角半径，文本框中的数值和滑块的位置始终是一致的。

18.1.2 椭圆工具和基本椭圆工具

“椭圆工具”和“基本椭圆工具”属于几何形状绘制工具，用于创建各种比例的椭圆形，也可以绘制各种比例的圆形，使用方法与矩形工具的使用方法相似，操作起来较简单。

单击工具箱中的“椭圆工具”按钮，在场景中单击并拖动鼠标，拖动至合适的位置和大小，释放鼠标，即可绘制出一个椭圆，如图18-13所示。在“属性”面板中可以对椭圆的相应参数进行设置，如图18-14所示。

图18-13 绘制椭圆

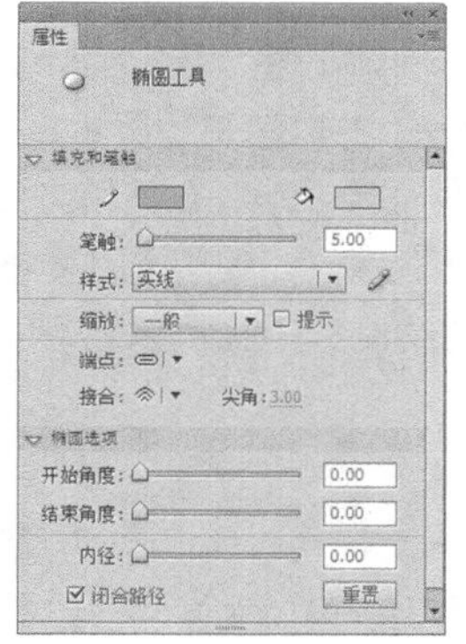

图18-14 “属性”面板

开始角度/结束角度： 在该选项的文本框中输入角度值或者拖动滑动条上的滑块，可以控制椭圆的开始点角度和结束点的角度，通过调整该选项的属性值，就可以轻松的绘制出许多有创意的形状，例如扇形、半圆、饼形、圆环形等，如图18-15所示。

图18-15 图形效果

内径：该选项用于调整椭圆的内径，可以直接在“属性”面板的文本框中输入内径的数值（范围：0~99），也可以拖动滑块来调整内径的大小，图18-16所示为设置不同内径大小时绘制图形效果。

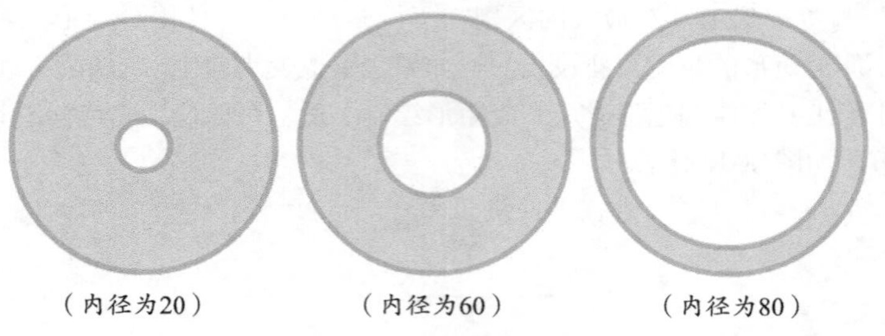

（内径为20）　（内径为60）　（内径为80）

图18-16 图形效果

闭合路径：该选项用来设置所绘制椭圆的路径是否为闭合状态，当椭圆指定了内径以后会出现多条路径，如果不勾选该复选框，则绘制时会出现一条开放路径，此时如果未对所绘制的图形应用任何填充，则绘制出的图形为笔触，如图18-17所示。默认情况下选择闭合路径，效果如图18-18所示。

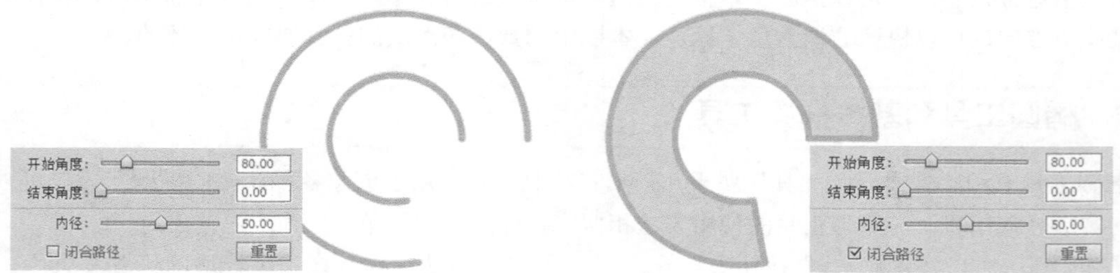

图18-17 开放路径效果　图18-18 闭合路径效果

重置：该选项用来重置椭圆工具的所有设置，把椭圆工具的所有设置恢复为原始值，此时再在舞台中绘制的椭圆形状将会恢复为原始大小和形状。

单击工具箱中的“基本椭圆工具”按钮，在场景中单击并拖动鼠标，拖动至合适的位置和大小释放鼠标，即可绘制出一个基本椭圆，如图18-19所示。

“椭圆工具”和“基本椭圆工具”在使用方法上基本相同，不同的是，使用“椭圆工具”绘制的图形是形状，只能使用编辑工具进行修改；使用“基本椭圆工具”绘制的图形可以在“属性”面板中直接修改其基本属性，在完成基本椭圆的绘制后，也可以使用“选择工具”对基本椭圆的控制点进行拖动改变其形状，如图18-20所示。

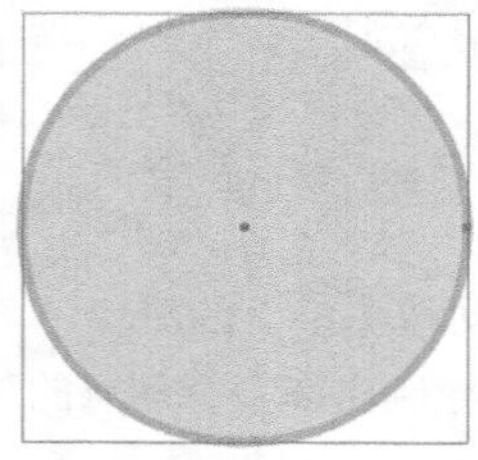

图18-19 绘制基本椭圆

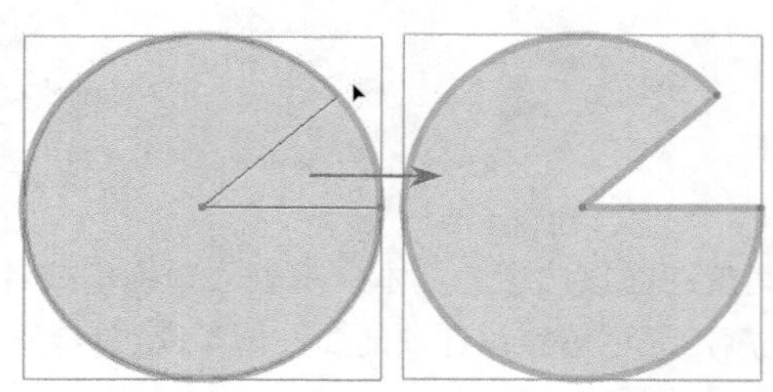

图18-20 调整基本椭圆形状

18.1.3 多角星形工具

“多角星形工具”也是几何形状绘制工具，通过设置所绘制图形的边数、星形顶点数（从3-32）和星形顶点的大小，可以创建出各种比例的多边形，也可以绘制各种比例的星形。

单击工具箱中的“多角星形工具”按钮，在场景中单击并拖动鼠标，拖动至合适的位置和大小释放鼠标，即可绘制出一个多边形，如图18-21所示。在“属性”面板中可以对其相应的参数进行设置，如图18-22所示。

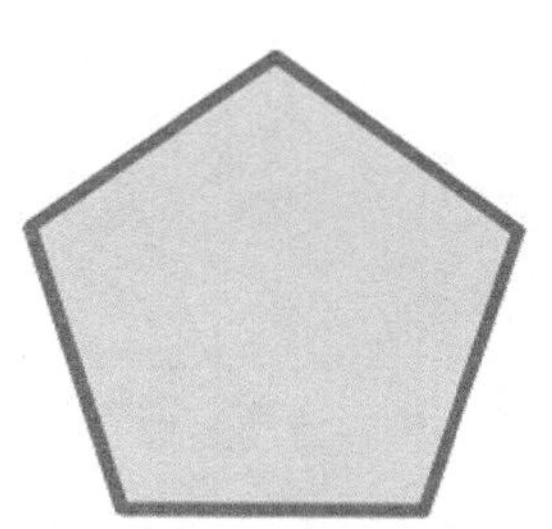

图18-21 绘制多边形

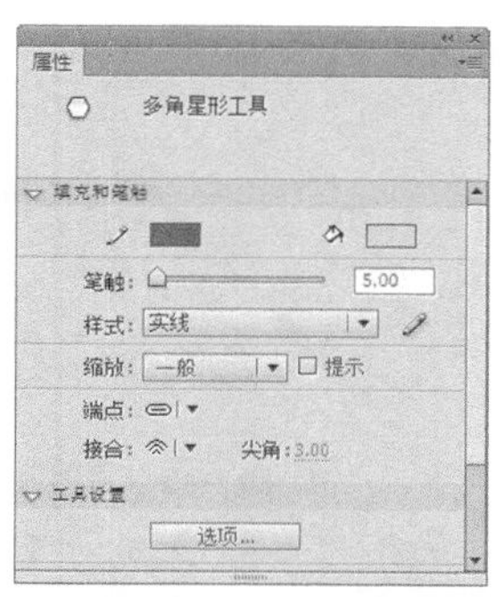

图18-22 “属性”面板

除了在场景中直接单击拖动鼠标绘制多边形以外，还可以通过“属性”面板中的“工具设置”对话框来绘制多边形。在选择“多角星形工具”之后，单击“属性”面板下方的“选项”按钮，在弹出的“工具设置”对话框中对多边形的属性进行设置，如果将“样式”设置为“星形”，如图18-23所示。单击“确定”按钮，在场景中即可绘制出一个星形，效果如图18-24所示。

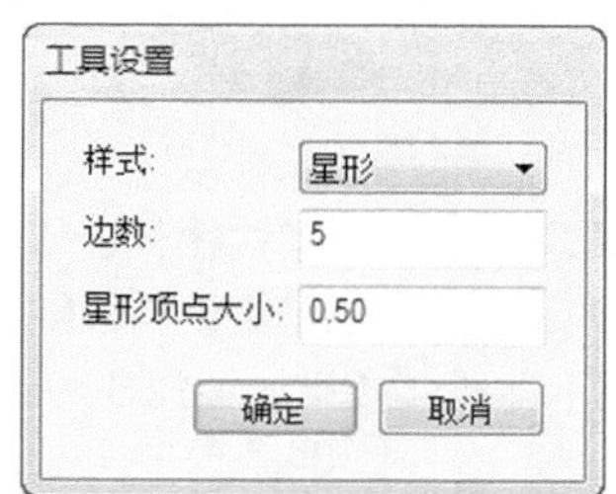

图18-23 “工具设置”对话框

图18-24 图形效果

样式：该选项用来设置所绘制多角星形的样式，在“样式”的下拉列表中包含“多边形”和“星形”两个选项，通常情况下，默认设置为多边形。

边数：该选项用来设置多角星形的边数，直接在文本框中输入一个3~32之间的数值，即可绘制出不同边数的多角星形，图18-25所示为分别设置“边数”为8和“边数”为15的星形效果。

星形顶点大小：该选项用来指定星形顶点的深度，在文本框中输入一个0~1之间的数字，即可绘制出不同顶点的多角星形，数字越接近0，创建出的星顶点越深，图18-26所示为设置不同星形顶点大小后绘制的星形效果。

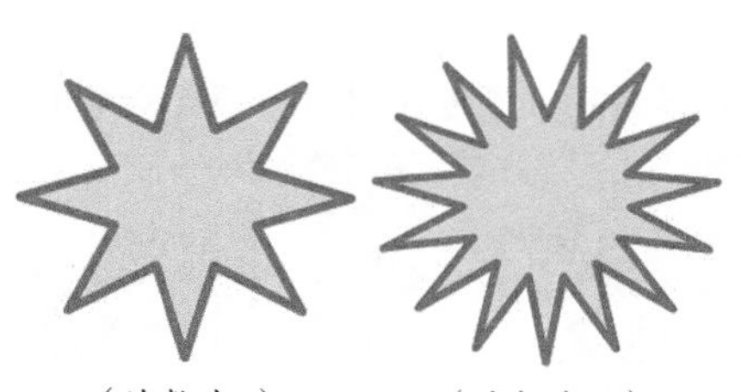

（边数为8） （边数为15）

图18-25 不同边数的星形效果

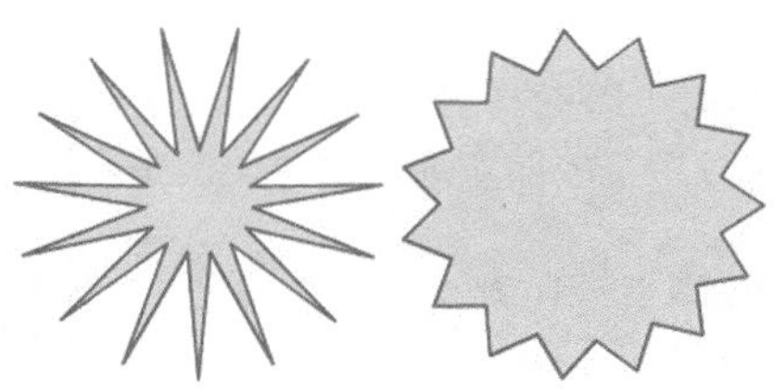

（顶点大小为0.3） （顶点大小为0.8）

图18-26 不同顶点的星形效果

18.1.4 线条工具

“线条工具”主要是用来绘制直线和斜线的几何绘制工具，“线条工具”所绘制的是不封闭的直线和斜线，由两点确定一条线。

单击工具箱中的“线条工具”按钮，在场景中拖动鼠标，随着鼠标的移动就可以绘制出一条直线，释放鼠标即可完成该直线的绘制，如图18-27所示。通过“属性”面板可以对“线条工具”的相应属性进行设置，如图18-28所示。

图18-27 绘制线条

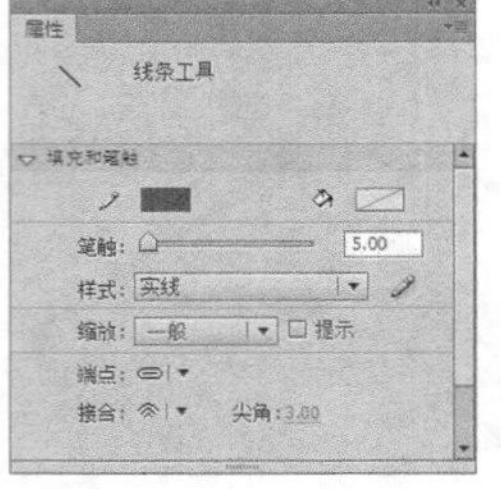

图18-28 “属性”面板

提示 按住Shift键可以拖曳出水平、垂直或者45°的直线效果，在使用“线条工具”绘制直线时，需要注意的是，“线条工具”不支持填充颜色的使用，默认情况下只能对笔触颜色进行设置。

18.1.5 铅笔工具

“铅笔工具”的使用方法很简单，单击工具箱中的“铅笔工具”按钮，在“属性”面板中选择合适的笔触颜色、线条粗细及样式，在场景中拖动鼠标，释放鼠标即可进行绘制，按住Shift键拖动鼠标可将线条限制为垂直或水平方向。

选择“铅笔工具”后，在工具箱最下方会出现相应的附属工具“铅笔模式”选项，这是“铅笔工具”和其他绘图工具所不同的，单击工具箱中的“铅笔模式”按钮，在弹出菜单中有3个选项：伸直、平滑和墨水，如图18-29所示。在不同模式下所绘制出的线条也是不同的，效果如图18-30所示。

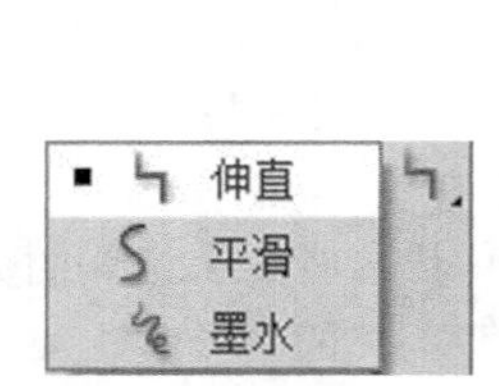

图18-29 “铅笔模式”的三个选项

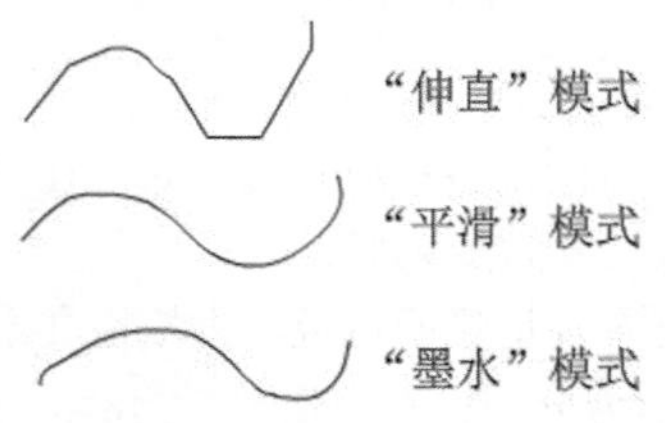

图18-30 不同的“铅笔模式”效果

伸直：该选项是Flash的默认模式，用于形状识别，在这种模式下绘图时，Flash会把绘制出的线条变得更直一些，一些本来是曲线的线条可能会变成直线，如果绘制出近似正方形、圆、直线或曲线，Flash将根据它的判断调整成规则的几何形状。

平滑：该选项用于对有锯齿的笔触进行平滑处理，在这种模式下绘图时，线条会变得更加柔和。

墨水：该选项用于较随意地绘制各类线条，这种模式不对笔触进行任何修改，绘制后不会有任何变化。

提示 “铅笔工具”的“端点”和“接合”两个属性和其他绘图工具非常相似。使用“铅笔工具”绘制出的线条被称为“笔触”，由于“铅笔工具”很难绘制出非常流畅的线条，所以在Flash绘图的过程中“铅笔工具”并不是最常用的工具。

18.1.6 刷子工具

使用“刷子工具”，可以绘制出类似钢笔、毛笔和水彩笔的封闭形状，也可以制作出例如书法等系列效果。单击工具箱中“刷子工具”按钮，在场景中任意位置单击，拖曳鼠标到合适的位置后释放鼠标即可绘制图形效果。

在Flash CS6中提供了一系列大小不同的刷子尺寸，单击工具箱中的“刷子工具”按钮后，在工具箱的底部就会出现附属工具选项区，在“刷子大小”下拉列表中可以选择刷子的大小，如图18-31所示。

工具箱底部的选项区中还有一个“刷子形状”选项按钮，在该选项的下拉列表中可以选择刷子的形状，包括直线线条、矩形、圆形、椭圆形等，如图18-32所示。

同样，单击“刷子模式”选项按钮，在该选项的下拉列表中有5种不同的刷子模式可供选择，可以根据需要进行选择，如图18-33所示。

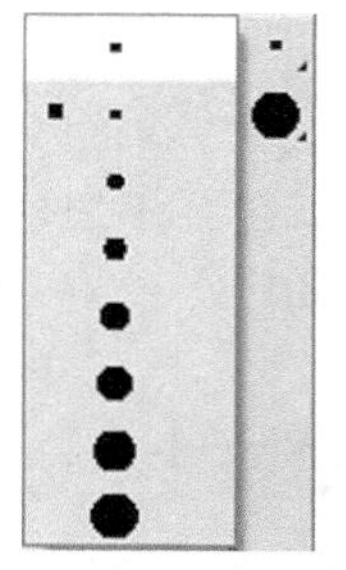

图18-31 “刷子大小”下拉列表

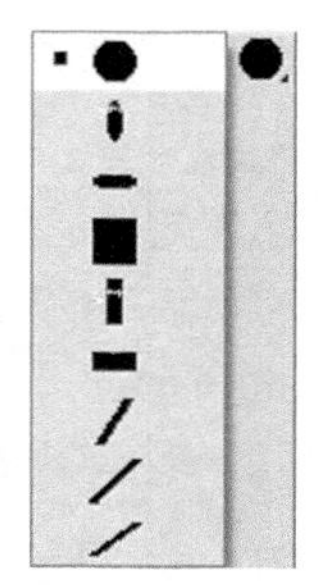

图18-32 “刷子形状”列表

图18-33 “刷子模式”列表

标准绘画：该模式可以对同一图层的线条和填充涂色，图18-34所示为使用“标准绘画”模式在场景中绘制图形的效果。

颜料填充：该模式只对填充区域和空白区域涂色，不影响线条，图18-35所示为使用“颜料填充”模式在场景中绘制图形的效果。

后面绘画：该模式只对场景中同一图层的空白区域涂色，不影响线条和填充，图18-36所示为使用“后面绘画”模式在场景中绘制图形的效果。

颜色选择：当使用工具箱中的“填充”选项和“属性”面板中的“填充”选项填充颜色时，该模式会将新的填充应用到选区中，类似于选择一个填充区域并应用新填充，图18-37所示为使用“颜料选择”模式在场景中绘制图形的效果。

内部绘画：对开始时“刷子笔触”所在的填充进行涂色，但不对线条涂色，也不在线条外部涂色。如果在空白区域中开始涂色，该“填充”不会影响任何现有的填充区域，图18-38所示为使用“内部绘画”模式在场景中绘制图形的效果。

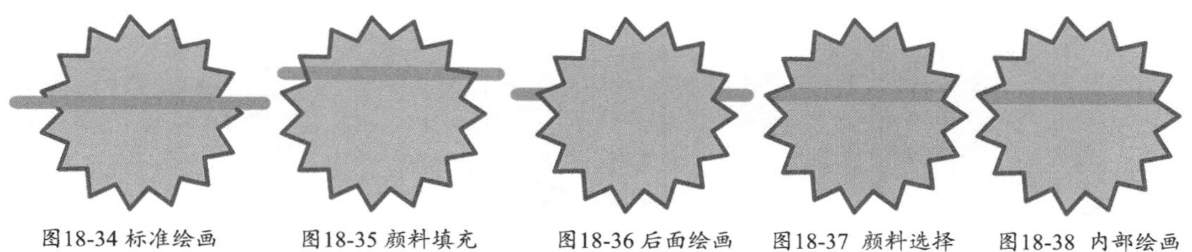

图18-34 标准绘画　图18-35 颜料填充　图18-36 后面绘画　图18-37 颜料选择　图18-38 内部绘画

18.1.7 喷涂刷工具

使用“喷涂刷工具”可以一次性将形状图案刷到场景中，默认情况下，喷涂刷使用的是当前默认的填充色喷涂，但其填充颜色并不是固定的，用户可以根据自己的需要在“属性”面板中进行相应的设置，也可将影片剪辑或图形元件作为图案进行喷绘。

单击工具箱中的“喷涂刷工具”按钮，可以选择“属性”面板中的默认形状进行填充，也可以单击“编辑”按钮 编辑... ，从库中选择已有的元件作为“粒子”进行填充，图18-39所示为喷涂工具的“属性”面板以及使用元件进行喷涂的效果。

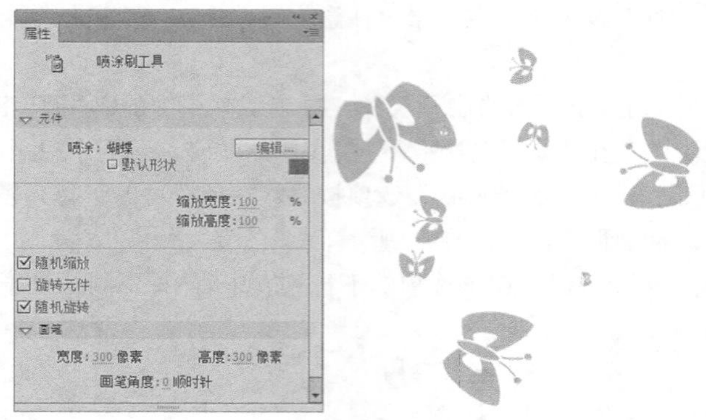

图18-39 “属性”面板及喷涂效果

“编辑”按钮：该选项用来设置喷涂刷所喷涂出的填充效果，单击该按钮，就会弹出“选择元件”对话框，从该对话框中可以选择图形元件或影片剪辑元件作为喷涂刷的粒子。当某个元件处于选中状态时，该元件的名称将会显示在喷涂刷的“属性”面板中，如图18-40所示。

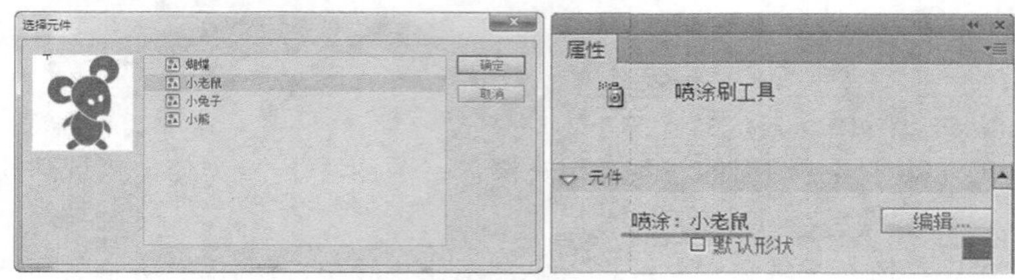

图18-40 选择元件

默认形状：该选项用来把喷涂刷的填充粒子设置为默认选项，如果勾选该复选框，将使用默认的黑色圆点作为喷涂粒子。

颜色选取器：用于设置默认粒子喷涂的填充颜色。勾选“默认形状”复选框，单击其后方的颜色块，此时将会弹出“拾色器”面板，从“拾色器”面板中选择一种颜色，然后在场景中进行喷涂，即可绘制出需要的图形效果。需要注意的是，当填充粒子是用户在库中选定的元件时，颜色选取器将呈现灰色不可用状态。

缩放宽度：该选项用来设置喷涂粒子的宽度。当勾选了“默认形状”时，对该选参数值进行设置，可以调整喷涂粒子的圆点大小；当使用自定义元件作为喷涂粒子时，也可以使用此参数调整元件的宽度。

缩放高度：该选项用来设置喷涂粒子的高度，但是该选项仅限于将自定义元件作为喷涂粒子时使用，此时激活该选项，调整参数值，即可调整元件的高度。图18-41所示为设置了不同缩放数值，所喷涂出的图形效果。

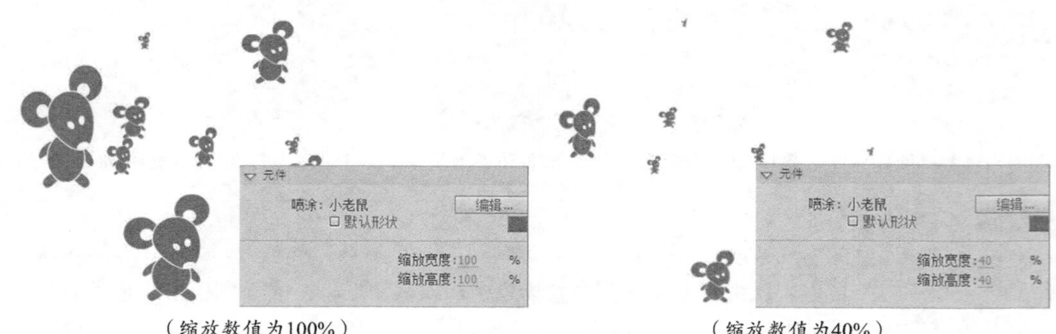

（缩放数值为100%）　（缩放数值为40%）

图18-41 不同缩放数值的图形效果

随机缩放：该选项可以改变每个喷涂的基本元素的大小。勾选该复选框，可以指定按随机缩放比例将每个用于喷涂的基本图形元素放置在场景中，并改变每个基本图形元素的大小。

旋转元件：该选项仅在将自定义元件作为喷涂粒子时使用。勾选该选项，根据鼠标移动的方向，旋转用于喷涂的基本图形元件，使用默认喷涂点时，会禁用此选项。

随机旋转：该选项仅在将自定义元件作为喷涂粒子时使用。按随机旋转角度将每个用于喷涂的基本图形元素放置在场景中，使用默认喷涂点时，会禁用此选项。

宽度/高度：该选项用来调整喷涂的画笔大小。

画笔角度：该选项用来调整旋转画笔的角度，当画笔的长度大小不同时，此选项才有实际的意义。

提示 需要注意的是，在使用“喷涂刷工具”时，有些属性是仅在勾选“默认形状”时使用，而有些属性是仅在将用户自定义元件作为喷涂粒子时使用，因此用户应该按照自己的需要适时的选择使用。

18.1.8 橡皮擦工具

“橡皮擦工具”可以进行擦除工作，主要用于擦除线条或填充内容，其使用方法和绘图工具相似，在使用“橡皮擦工具”的过程中，可以通过调节橡皮擦的3个附属工具来进行相应的操作。

“橡皮擦工具”可以完整或部分地擦除线条及填充内容。单击工具箱中的“橡皮擦工具”按钮，在工具箱中可以看到橡皮擦的相应选项，如图18-42所示。

使用“橡皮擦工具”，在工具箱中单击“橡皮擦模式”按钮，在该下拉列表中Flash为用户提供了5种橡皮擦模式，如图18-43所示，根据不同情况用户可以选择相应的模式以达到理想的效果。

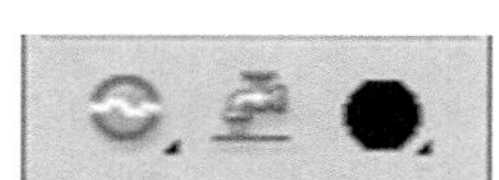

图18-42 橡皮擦选项

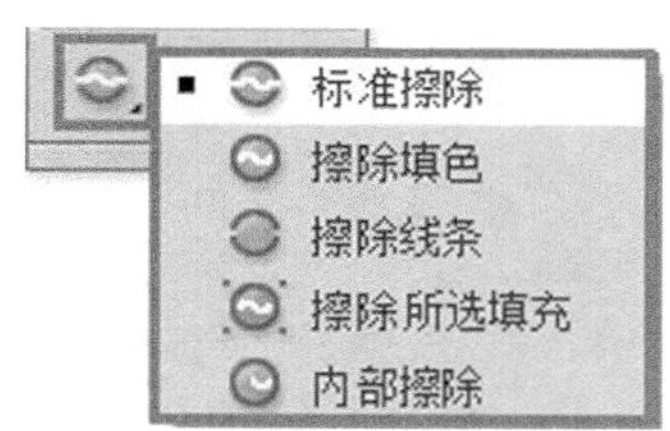

图18-43 橡皮擦5种模式

提示 “橡皮擦工具”的5种擦除模式与“刷子工具”的5种刷子模式十分相似，两者的区别在于“刷子工具”是进行绘制操作，“橡皮擦工具”是进行擦除操作。

“水龙头”可以直接擦除所选取区域内的线条或填充色，是一种智能的删除工具。“水龙头”的作用相当于使用“选择工具”选中后按Delete键删除。如果想一次性删除场景中的所有绘制对象，只需双击工具箱中的“橡皮擦工具”，即可删除所有内容。

18.1.9 实战——绘制可爱卡通小兔

本实例通过“椭圆工具”、“线条工具”、“选择工具”及其他相关工具的运用，绘制了一个可爱的卡通小兔形象，在绘制的过程中，需要读者熟练掌握这几种基本绘图工具的使用方法，从而能够为学习动画的制作打下坚实的基础。

绘制可爱卡通小兔

●源文件：光盘\源文件\第18章\18-1-9.fla　　●视频：光盘\视频\第18章\18-1-9.swf

01 执行“文件>新建”命令，弹出“新建文档”对话框，设置如图18-44所示。单击“确定”按钮，使用“椭圆工具”，打开“属性”面板，对其相关属性进行设置，如图18-45所示。

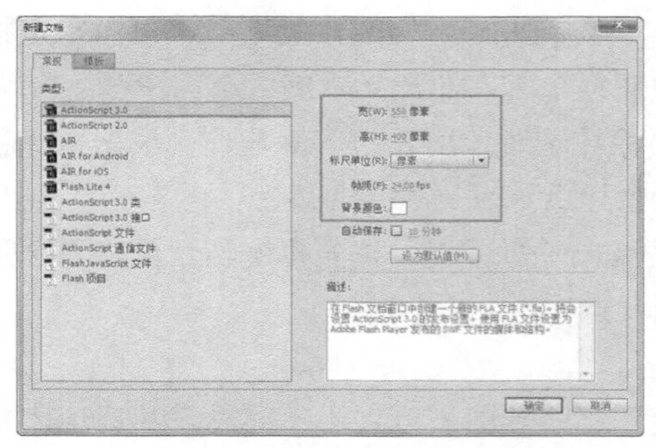

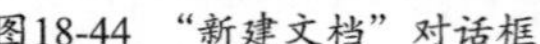
图18-44 “新建文档”对话框

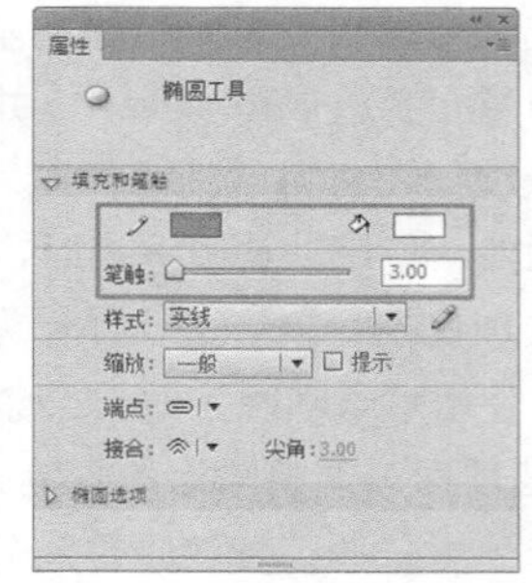

图18-45 “属性”面板

02 设置完成后，按住Shift键在舞台中拖动鼠标绘制一个正圆形，效果如图18-46所示。按住Alt键单击并拖动刚绘制的正圆形，复制图形，如图18-47所示。

图18-46 绘制正圆形

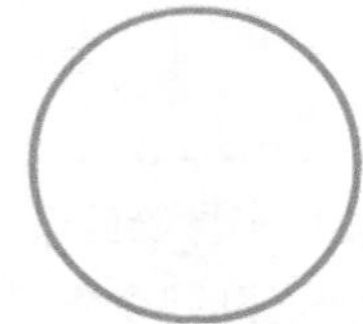

图18-47 复制图形

03 新建“图层2”，使用相同方法，完成图形的绘制，效果如图18-48所示。新建“图层3”，使用“椭圆工具”，按住Shift键在舞台中绘制一个正圆形，使用“选择工具”，对该正圆形的形状进行相应的调整，效果如图18-49所示。

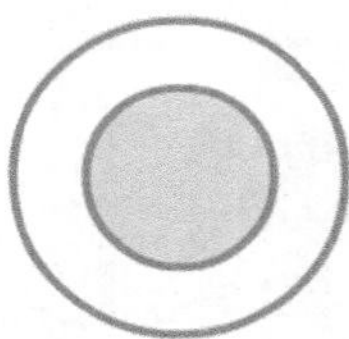

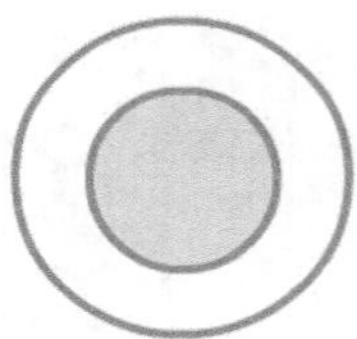

图18-48 绘制正圆形

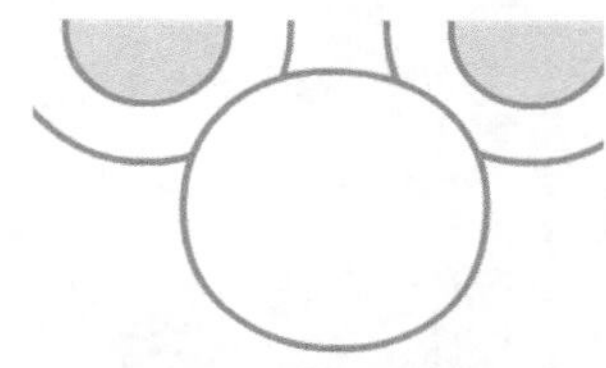

图18-49 绘制正圆形并调整

04 新建“图层 4”，使用“椭圆工具”，在舞台中绘制一个椭圆形，使用“橡皮擦工具”，擦除多余的部分，效果如图18-50所示。按住Alt键单击并拖动刚绘制的图形，进行复制，效果如图18-51所示。

图18-50 图形效果

图18-51 复制图形

05 新建“图层 5”，使用“椭圆工具”，打开“属性”面板，设置如图18-52所示。设置完成后，在舞台中拖动鼠标绘制一个椭圆形，如图18-53所示。

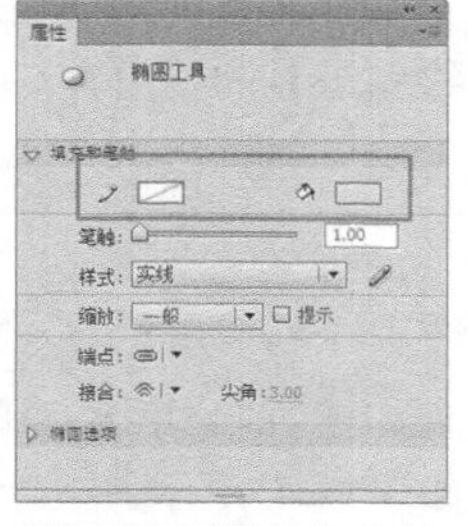

图18-52 “属性”面板

图18-53 绘制椭圆形

⑥ 新建“图层 6”，使用“线条工具”，打开“属性”面板，设置如图18-54所示。完成设置后，在舞台中拖动鼠标进行绘制多条直线，效果如图18-55所示。

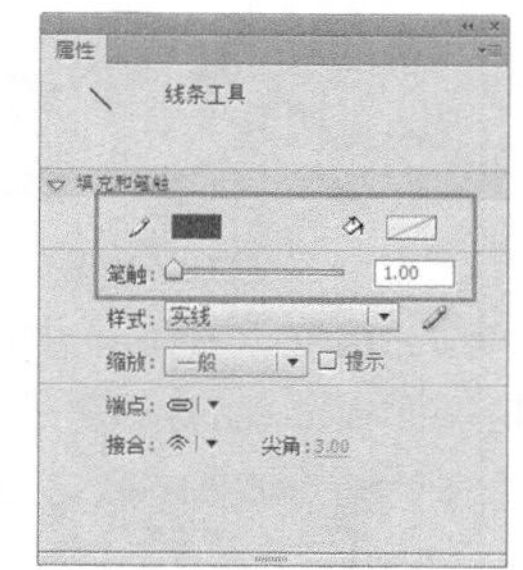

图18-54 “属性”面板

图18-55 绘制直线

⑦ 使用相同方法，完成其他相似图形绘制，如图18-56所示，“时间轴”面板如图18-57所示。

图18-56 场景效果

图18-57 “时间轴”面板

⑧ 新建“图层 10”，使用“矩形工具”，打开“属性”面板，设置如图18-58所示。设置完成后，在舞台中拖动鼠标绘制一个矩形，效果如图18-59所示。

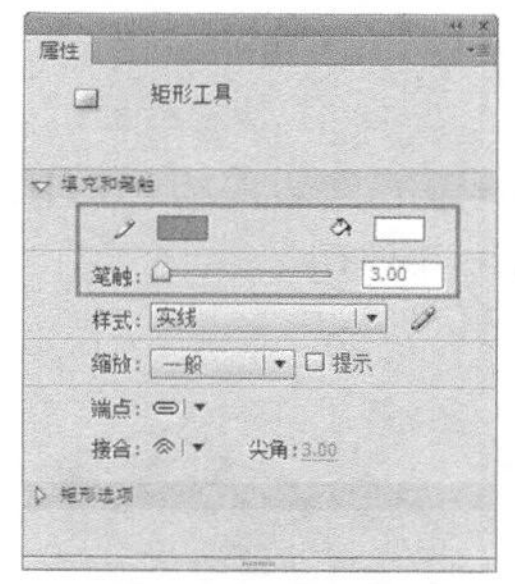

图18-58 “属性”面板

图18-59 绘制矩形

⑨ 使用“直线选择工具”配合“转换锚点工具”，对刚绘制的矩形路径锚点进行调整，效果如图18-60所示。使用“线条工具”，设置“笔触颜色”为#956135，“笔触高度”为2，在舞台中绘制直线，并使用“选择工具”进行调整，效果如图18-61所示。

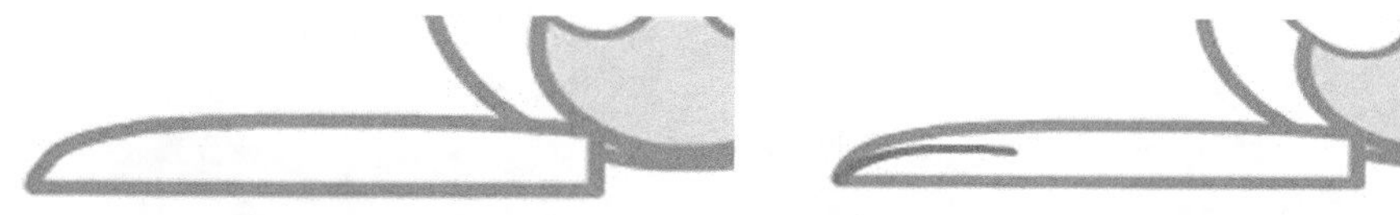
图18-60 图形效果

图18-61 图形效果

⑩ 按住Alt键单击并拖动刚绘制的图形，复制图形，执行“修改>变形>水平翻转”命令，选中“图层 10”上的所有图形，向上平移至相应的位置，效果如图18-62所示。将该图层移至“图层 7”的下方，效果如图18-63所示。

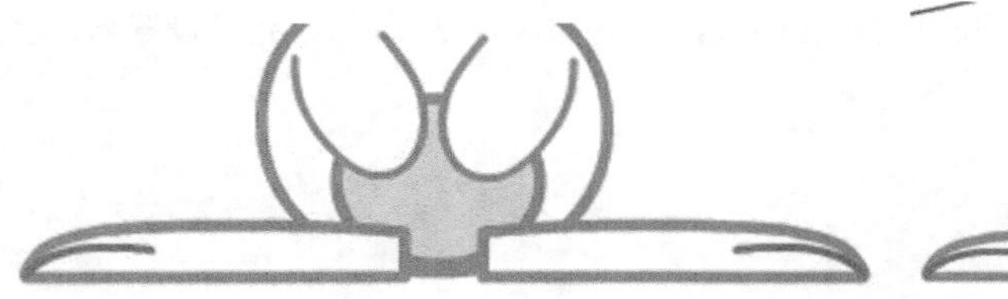
图18-62 图形效果

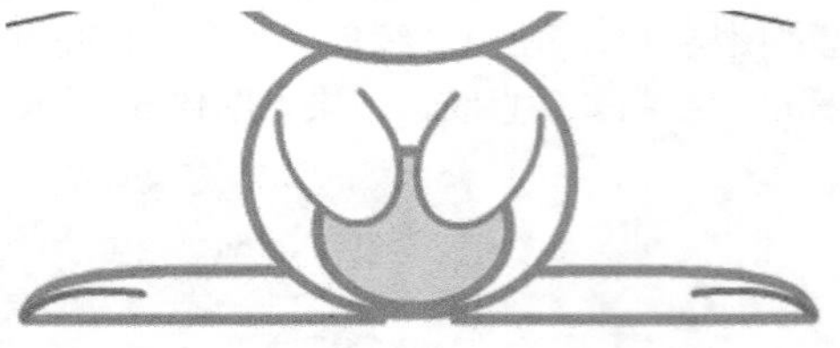
图18-63 图形效果

⑪ 新建“图层 11”，使用“刷子工具”，设置“填充颜色”为#956135，在舞台中拖动鼠标进行绘制，并将该图层移至“图层 7”的下方，效果如图18-64所示，“时间轴”面板如图18-65所示。

图18-64 绘制图形

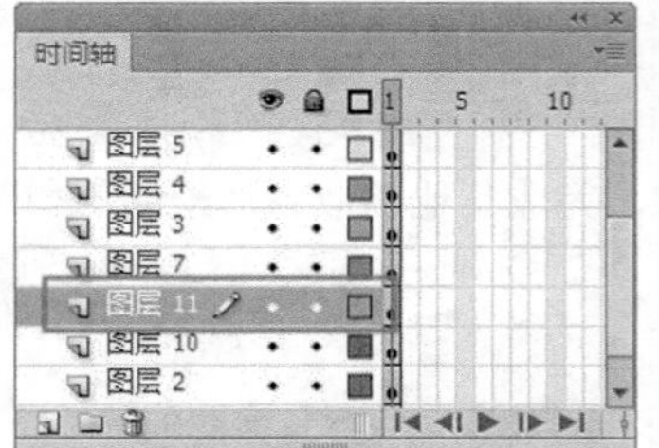

图18-65 “时间轴”面板

⑫ 新建“图层 12”，使用“钢笔工具”，设置“笔触颜色”为#61340F，“笔触高度”为2，在舞台中绘制路径，如图18-66所示。使用“颜料桶工具”，设置“填充颜色”为#B41A43，为刚绘制的路径填充颜色，效果如图18-67所示。

图18-66 绘制路径

图18-67 填充颜色

⑬ 使用“线条工具”，在舞台中绘制一条直线，并使用“选择工具”进行相应的调整，如图18-68所示。新建“图层 13”，使用“椭圆工具”，在舞台中绘制椭圆形，并使用“选择工具”进行调整，如图18-69所示。

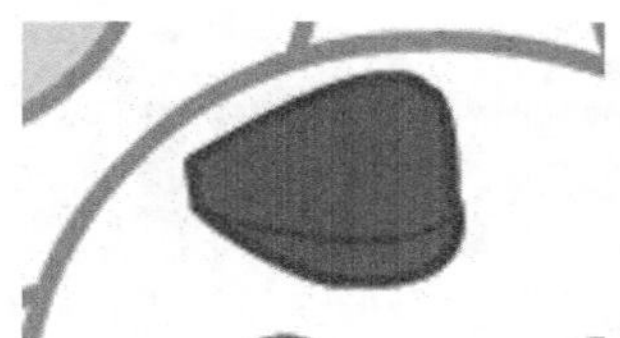
图18-68 绘制直线并调整

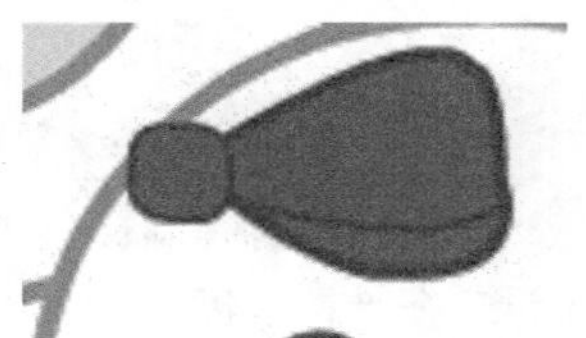
图18-69 绘制椭圆形并调整

⑭ 选中“图形 12”上的所有图形，按住Alt键拖动进行复制，并进行水平翻转和旋转操作，效果如图18-70所示。使用相同方法，新建图层，完成其他图形的绘制，并调整图层叠放顺序，效果如图18-71所示。

图18-70 复制图形并调整

图18-71 图形效果

⑮ 选中组成蝴蝶结图形的所有图层，“时间轴”面板如图18-72所示。使用“任意变形工具”，对图形进行旋转操作，并调整至合适的位置，效果如图18-73所示。

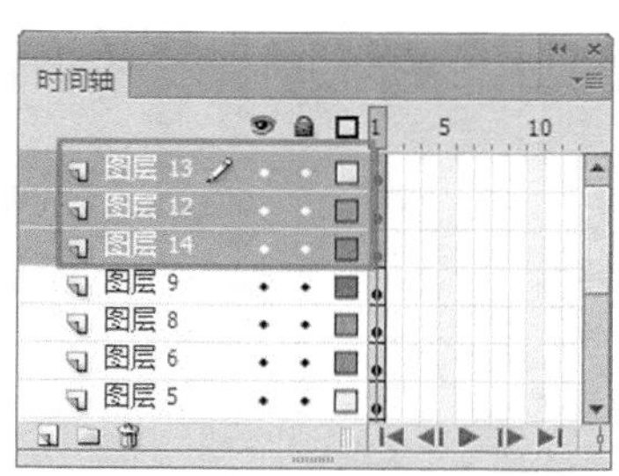

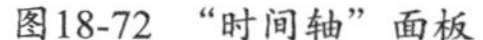
图18-72 “时间轴”面板

图18-73 场景效果

⑯ 将蝴蝶结图形进行复制，并调整至合适的位置，效果如图18-74所示。新建“图层 15”，执行“文件>导入>导入到舞台”命令，导入背景图片“光盘\源文件\第18章\素材\181901.jpg”，如图18-75所示。

图18-74 复制图形并调整

图18-75 导入素材

⑰ 将“图层 15”移至所有图层的最下方，效果如图18-76所示。执行“文件>保存”命令，将该文件保存为“光盘\源文件\第18章\18-1-9.fla”，按快捷键Ctrl+Enter，测试动画，效果如图18-77所示。

图18-76 最终效果

图18-77 测试动画

18.2 高级绘图工具

上一节向读者介绍了Flash CS6中各种基本绘图工具的使用方法和技巧，本节将向读者介绍两种高级绘图工具，分别为“钢笔工具”和“Deco工具”。使用“钢笔工具”可以绘制出很多不规则的图形，也可以调整直线段的长度及曲线段的斜率，是一种比较灵活的形状创建工具。“Deco工具”是装饰性绘画工具，用户可以使用它将创建的图形形状转换成复杂的几何图案。

18.2.1 钢笔工具

使用“钢笔工具”绘制图形最基本的操作就是绘制曲线，绘制曲线首先需要创建锚点，也就是每条线段上的一系列节点。

单击工具箱中的“钢笔工具”按钮，在场景中任意位置单击确定第一个锚点，此时钢笔笔尖变成一个箭头状，如图18-78所示。在第一个点的一侧选取另一个锚点，单击并拖曳鼠标，此时将会出现曲线的切线手柄，如图18-79所示，释放鼠标即可绘制出一条曲线段。

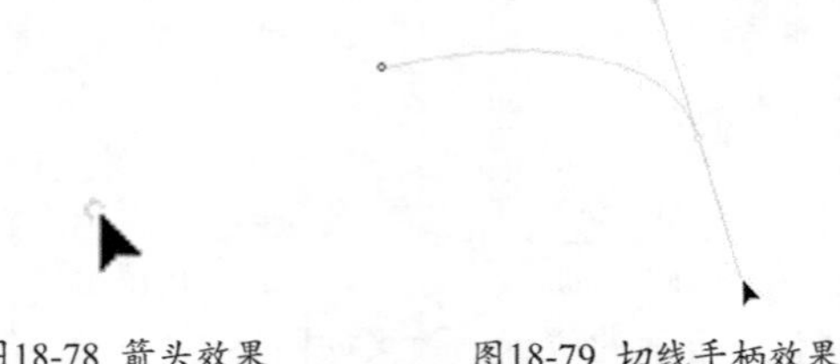

图18-78 箭头效果　　图18-79 切线手柄效果

提示　当使用“钢笔工具”单击并拖曳时，曲线点上出现延伸出去的切线，这是贝塞尔曲线所特有的手柄，拖曳它可以控制曲线的弯曲程度。

按住Alt键，当鼠标指针变为ト形状时，即可移动切线手柄来调整曲线，效果如图18-80所示。使用相同方法，再在场景中选取一点，拖动鼠标到合适的位置，双击鼠标完成曲线段的绘制，如图18-81所示。

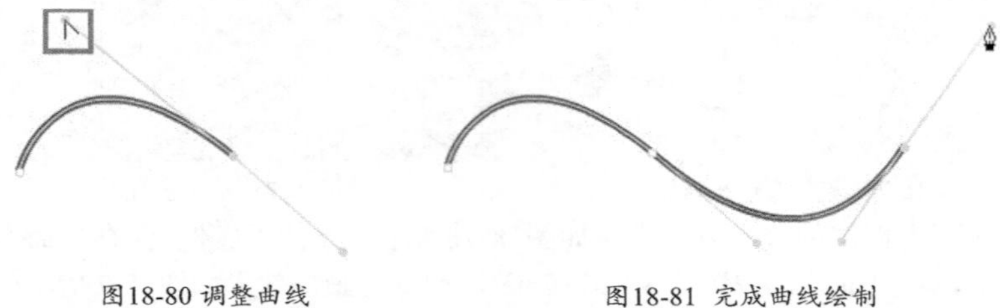

图18-80 调整曲线　　图18-81 完成曲线绘制

提示　完成路径绘制的方法除了双击鼠标之外，还有很多方法可以使用，例如，将“钢笔工具”放置到第一个锚记点上，单击或拖曳可以闭合路径，按住Ctrl键在路径外单击，单击工具箱中的其他工具，单击选择任意一个转角点。按住Shift键拖动鼠标可以将曲线倾斜角限制为45度角的倍数。

18.2.2 调整锚点和锚点转换

使用“钢笔工具”绘制曲线，可以创建很多曲线点，即Flash中的锚点，在绘制直线段或连接到曲线段时，会创建转角点，也就是直线路径上或直线和曲线路径结合处的锚点。

使用“部分选取工具”，移动路径上的锚点，可以调整曲线的长度和角度，如图18-82所示。也可以使用“部分选取工具”先选中锚点，然后通过键盘上的方向键对锚点进行微调。

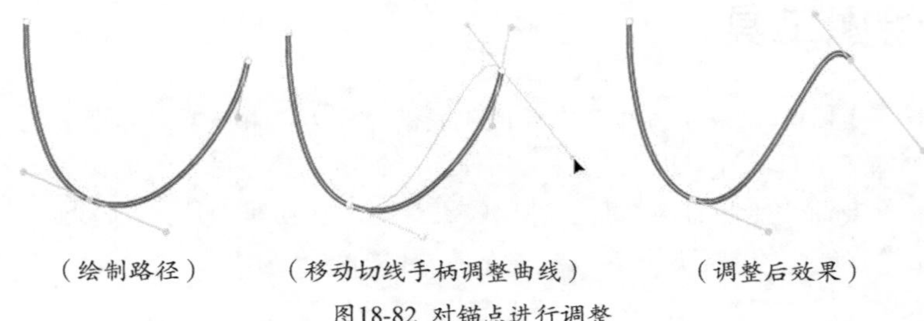

（绘制路径）　（移动切线手柄调整曲线）　（调整后效果）

图18-82 对锚点进行调整

要将线条中的直线段转换为曲线段，可以使用“部分选取工具”选中该转角点，同时按住Alt键拖动该点来调整切线手柄，释放鼠标即可将转角点转换为曲线点，转换过程如图18-83所示。

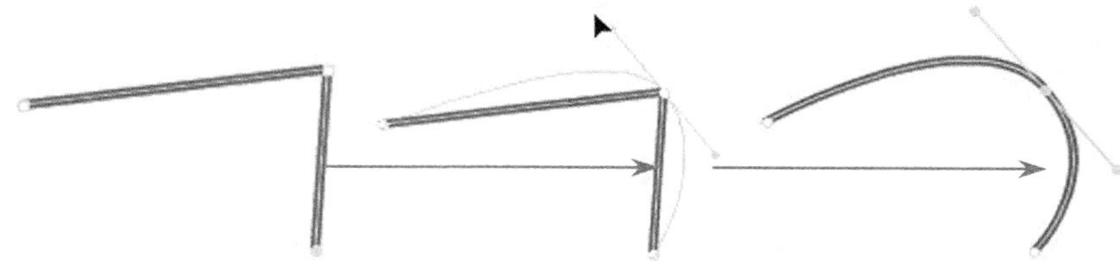

图18-83 将直线段转换为曲线段过程

除了上述方法外，使用“转换锚点工具”，直接在转角点处单击并拖曳鼠标来调整切线手柄，释放鼠标后也可以完成将直线转换为曲线的效果。

18.2.3 添加和删除锚点

使用“钢笔工具”单击并绘制完成一条线段之后，把光标移动到线段上的任意一点，当光标呈现状态时，单击即可添加锚点，效果如图18-84所示。

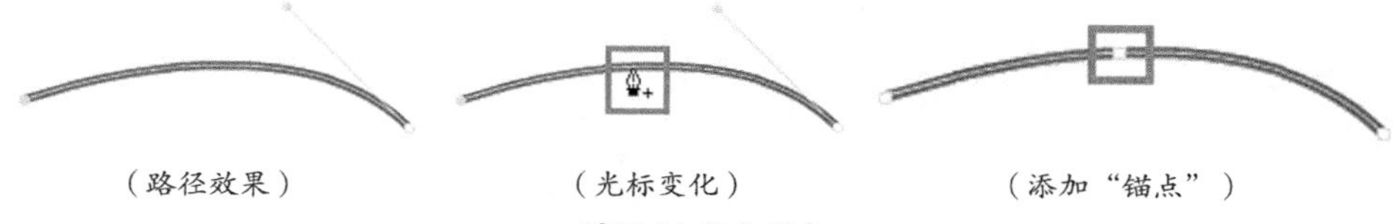

（路径效果） （光标变化） （添加“锚点”）

图18-84 添加锚点

除了使用“钢笔工具”以外，单击工具箱中的“添加锚点工具”按钮，使用相同方法，在线段中单击也可以完成添加锚点的效果。

使用“钢笔工具”，将光标指向一个路径锚点，当光标呈现状态时，单击即可删除此路径锚点，效果如图18-85所示。

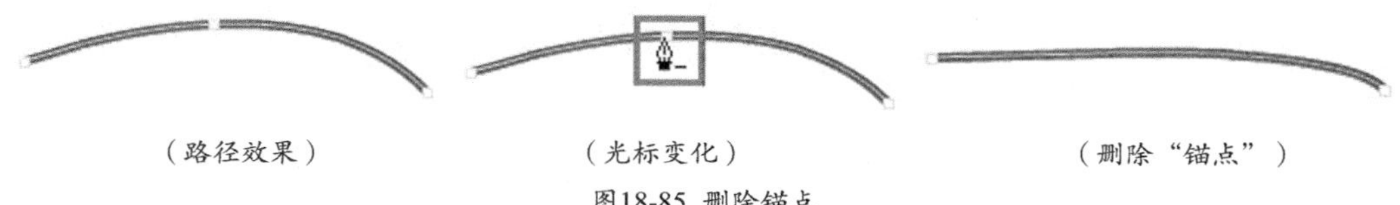

（路径效果） （光标变化） （删除“锚点”）

图18-85 删除锚点

除了使用“钢笔工具”删除锚点以外，单击工具箱中的“删除锚点工具”按钮，在需要删除的锚点上单击也可删除锚点，或者单击工具箱中的“部分选取工具”按钮，选中需要删除的锚点并按Delete键即可将锚点删除。

18.2.4 实战——绘制卡通铅笔人

本实例通过“椭圆工具”、“钢笔工具”和“渐变变形工具”及其他工具的运用，绘制了一个卡通铅笔人形象，在绘制的过程中，读者不仅需要熟练掌握相关工具的使用，而且要学会对颜色进行合理的搭配，才能制作出色彩兼备的卡通形象。

绘制可爱卡通铅笔人

●源文件：光盘\源文件\第18章\18-2-4.fla ●视频：光盘\视频\第18章\18-2-4.swf

01 执行“文件>新建”命令，弹出“新建文档”对话框，设置如图18-86所示，单击“确定”按钮，新建一个空白文档。使用“椭圆工具”，打开“属性”面板，设置如图18-87所示。

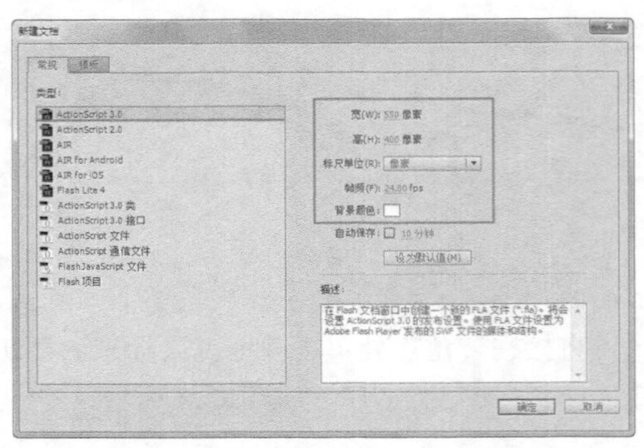
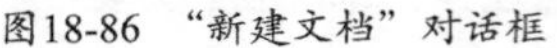
图18-86 “新建文档”对话框

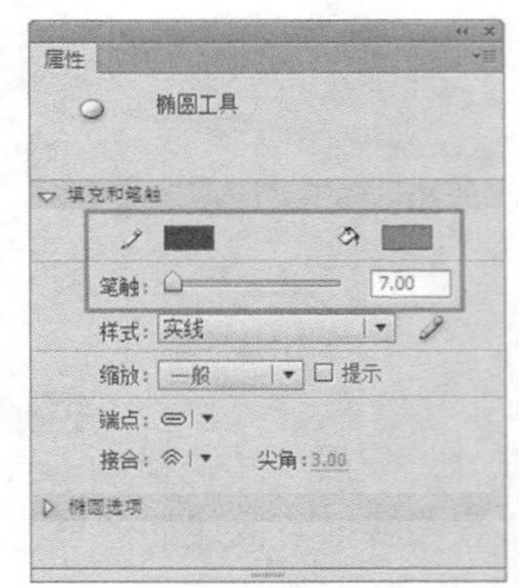

图18-87 “属性”面板

02 设置完成后，在舞台中拖动鼠标绘制一个椭圆形，使用“选择工具”对椭圆形形状进行调整，效果如图18-88所示。新建“图层 2”，使用“钢笔工具”，在舞台中绘制路径，如图18-89所示。

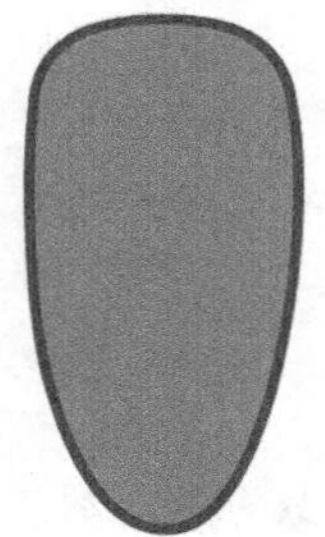
图18-88 绘制椭圆形并调整

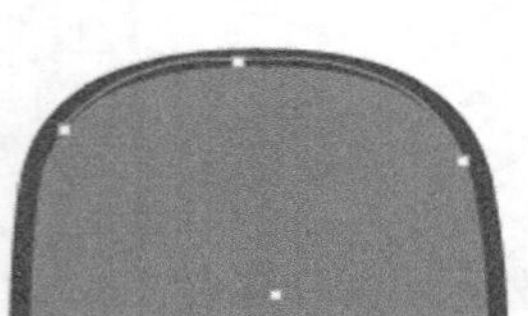
图18-89 绘制路径

03 使用“颜料桶工具”，打开“颜色”面板，设置如图18-90所示。设置完成后，在刚绘制的路径中拖动鼠标填充线性渐变颜色，选中图形笔触，按Delete键将其删除，效果如图18-91所示。

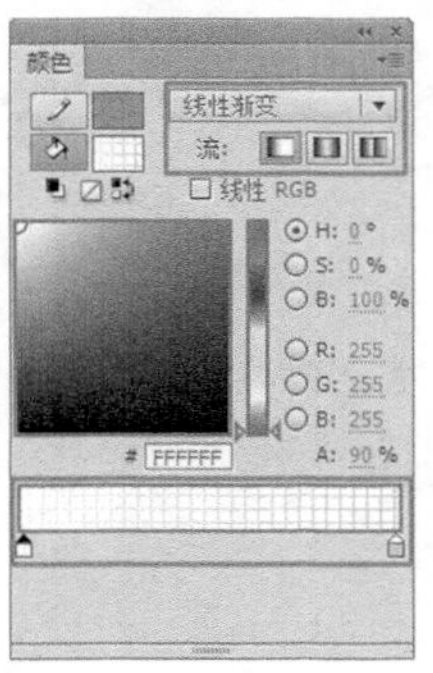

图18-90 “颜色”面板

图18-91 图形效果

04 新建“图层 3”，使用“线条工具”，设置其“笔触颜色”为#663300，“笔触高度”为3，在舞台中绘制直线，并使用“选择工具”进行相应的调整，效果如图18-92所示。按住Alt键单击并拖动刚绘制的图形，进行复制，效果如图18-93所示。

图18-92 绘制直线并调整

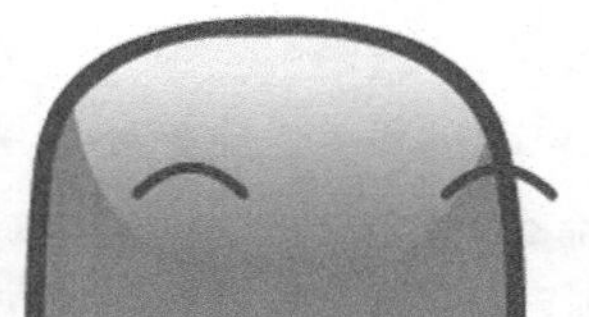
图18-93 复制图形

05 新建“图层 4”，使用“椭圆工具”，打开“属性”面板，设置如图18-94所示。设置完成后，按住Shift键，在舞台中拖动鼠标绘制正圆形，效果如图18-95所示。按住Alt键单击并拖动刚绘制的正圆形，进行复制，效果如图18-96所示。

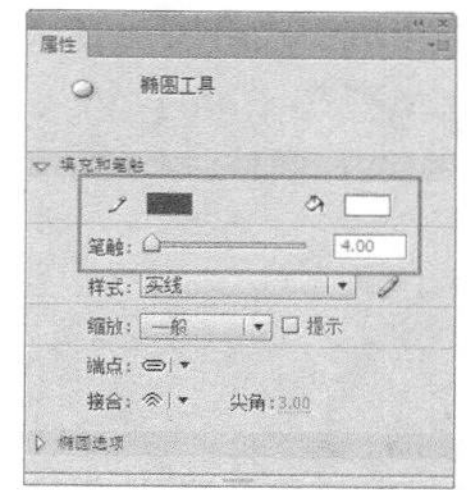

图18-94 “属性”面板

图18-95 绘制正圆形

图18-96 复制正圆形

06 新建“图层5”，使用相同方法，完成相似图形的绘制，效果如图18-97所示。新建“图层 6”，使用“椭圆工具”，设置其“笔触颜色”为无，“填充颜色”为白色，在舞台中进行绘制，如图18-98所示。

图18-97 图形效果

图18-98 图形效果

07 新建“图层 7”，使用“椭圆工具”，设置“笔触颜色”为无，“填充颜色”为如图18-99所示的径向渐变。设置完成后，在舞台中绘制椭圆形，并使用“渐变变形工具”对渐变填充效果进行调整，如图18-100所示。调整完成后，效果如图18-101所示。

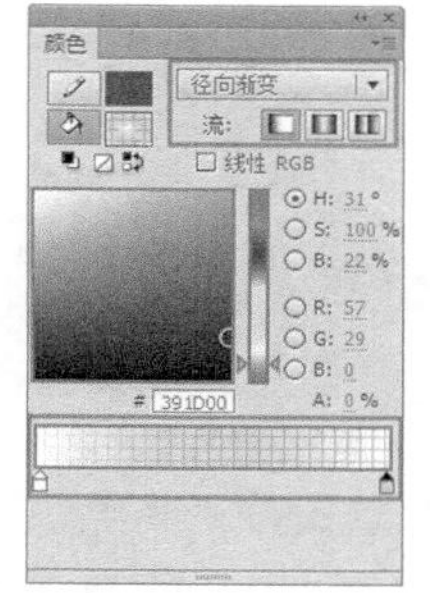

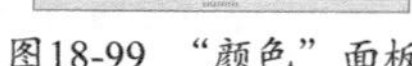
图18-99 “颜色”面板

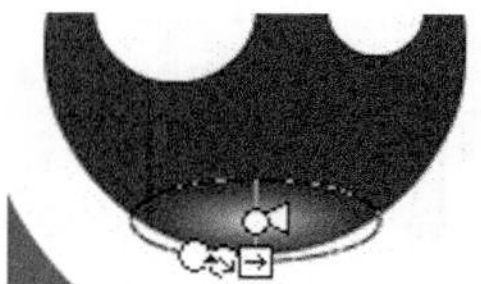
图18-100 调整渐变

图18-101 图形效果

08 新建“图层 8”，使用“钢笔工具”，设置“笔触颜色”为#663300，“笔触高度”为4，在舞台中绘制路径，如图18-102所示。使用“颜料桶工具”，为刚绘制的路径填充白色，如图18-103所示。新建“图层 9”，使用相同方法，完成图形的绘制，如图18-104所示。

图18-102 绘制路径

图18-103 填充颜色

图18-104 图形效果

09 使用前面的方法，完成相似图形的绘制，效果如图18-105所示，“时间轴”面板如图18-106所示。

图18-105 图形效果

图18-106 “时间轴”面板

⑩ 新建“图层 12”，使用“钢笔工具”，设置其“笔触颜色”为#663300，“笔触高度”为6，在舞台中进行绘制路径，如图18-107所示。使用“颜料桶工具”，设置其“填充颜色”为#FFCC00，在刚绘制的路径中单击填充颜色，效果如图18-108所示。

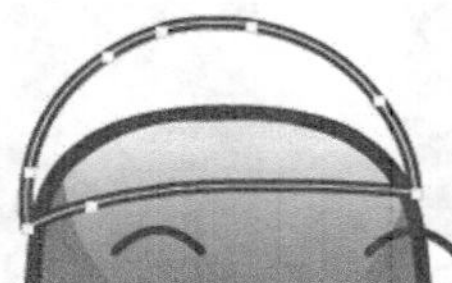
图18-107 绘制路径

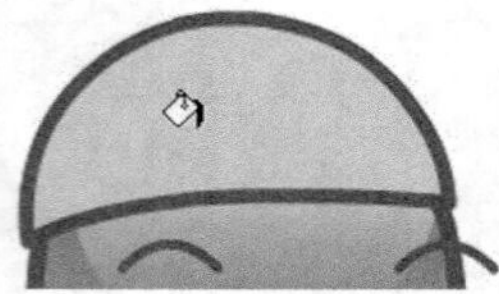
图18-108 填充颜色

⑪ 新建“图层 13”，使用“钢笔工具”在舞台中绘制路径，如图18-109所示。使用“颜料桶工具”，设置其“填充颜色”为#6699FF，在绘制的路径中单击填充颜色，效果如图18-110所示。根据前面的方法，绘制出其他图形，效果如图18-111所示。

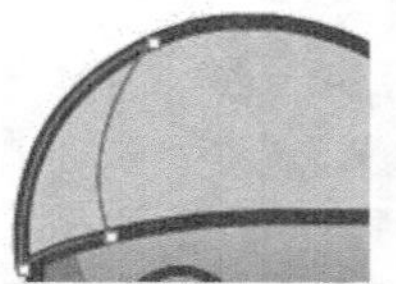
图18-109 绘制路径

图18-110 填充颜色

图18-111 图形效果

⑫ 新建“图层14”，相同方法，完成该图层中图形的绘制，如图18-112所示。将“图层 14”移至“图层 1”的下方，“时间轴”面板如图18-113所示，图形效果如图18-114所示。

图18-112 填充颜色

图18-113 “时间轴”面板

图18-114 图形效果

⑬ 新建“图层 15”，执行“文件>导入>导入到舞台”命令，导入背景图片“光盘\源文件\第18章\素材\182401.jpg”，如图18-115所示。将“图层 15”拖至所有图层的下方，“时间轴”面板如图18-116所示。

图18-115 导入素材

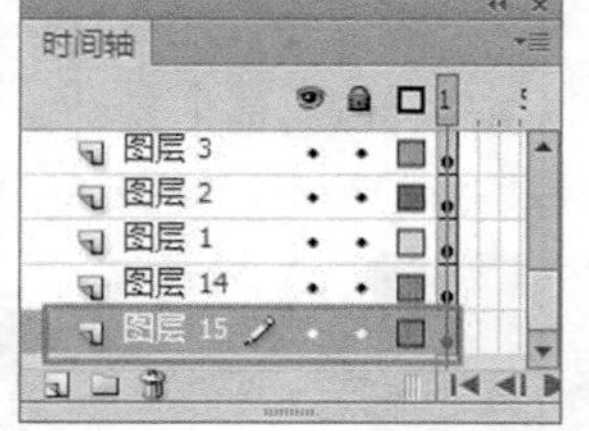

图18-116 “时间轴”面板

⑭ 图形效果如图18-117所示。执行“文件>保存”命令，将该文件保存为“光盘\源文件\第18章\18-2-4.fla”，按快捷键Ctrl+Enter，测试动画，效果如图18-118所示。

图18-117 图形效果

图18-118 测试动画

18.2.5 使用Deco工具

“Deco工具”和“喷涂刷工具”相似，都可以将创建的基本图形形状转换成复杂的几何图案。单击工具箱中的“Deco工具”按钮，其“属性”面板如图18-119所示。

绘制效果：在Flash CS6中一共提供了13种绘制效果，包括：藤蔓式填充、网格填充、对称刷子、3D刷子、建筑物刷子、装饰性刷子、火焰动画、火焰刷子、花刷子、闪电刷子、粒子系统、烟动画和树刷子，如图18-120所示。

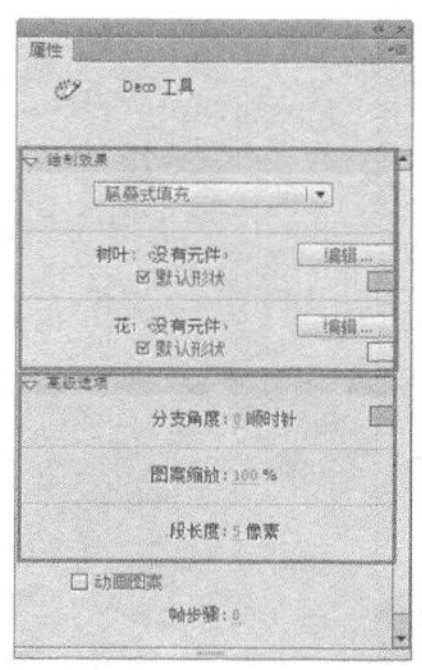

图18-119 “属性”面板

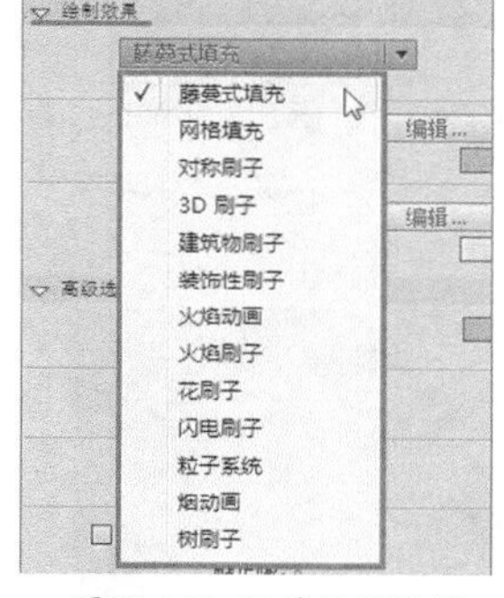

图18-120 13种绘制效果

高级选项：该选项内容会随着“绘制效果”所选选项的不同而显示出相应的选项，通过设置该选项可以实现不同的绘制效果。

18.2.6 实战——绘制梦幻般精美图形

通过使用Deco工具，可以轻松的绘制出各种精美的图形及背景效果，下面通过一个实战练习向读者详细介绍如何使用Deco工具绘制精美图形的方法和技巧，首先使用相应的工具绘制出图形元件，再使用Deco工具，进行相应的设置，即可绘制出精美的图形效果。

绘制梦幻般精美图形

●源文件：光盘\源文件\第18章\18-2-6.fla　　●视频：光盘\视频\第18章\18-2-6.swf

01 执行“文件>新建”命令，弹出“新建文档”对话框，设置如图18-121所示。单击“确定”按钮，新建一个Flash文档。执行“文件>导入>导入到舞台”命令，导入素材“光盘\源文件\第18章\素材\182601.jpg”，如图18-122所示。

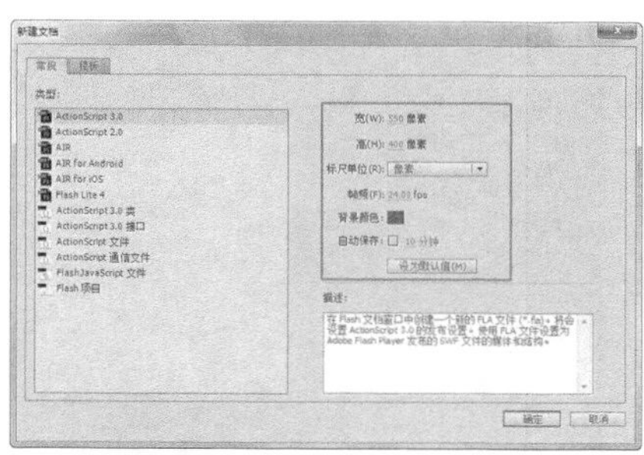

图18-121 “新建文档”对话框

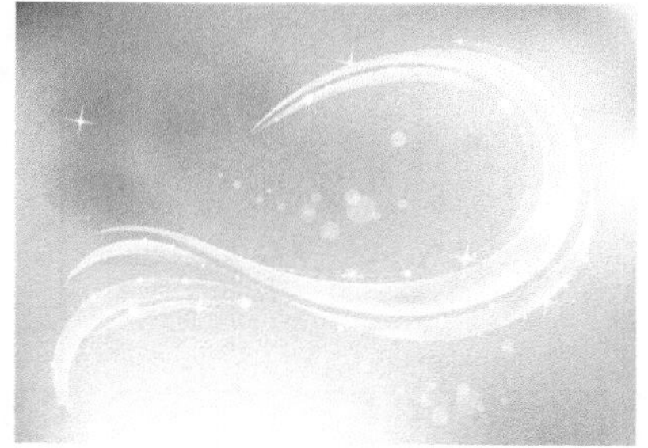

图18-122 导入素材

02 执行“插入>新建元件”命令，弹出“创建新元件”对话框，设置如图18-123所示。单击“确定”按钮，使用“多角星形工具”，打开“属性”面板，进行相应的设置，单击“选项”按钮，在弹出的“工具设置”对话框中，设置如图18-124所示。

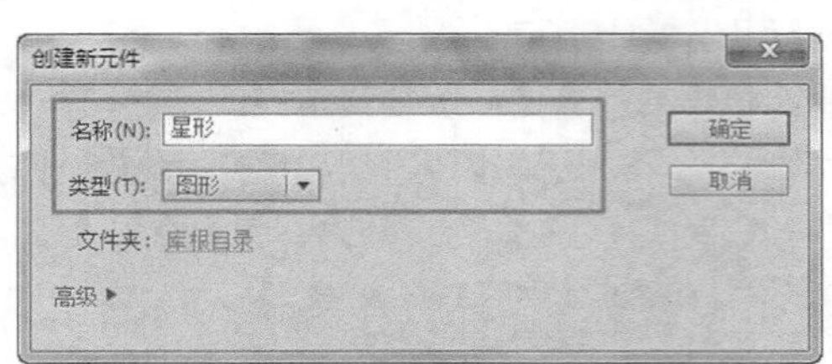

图18-123 “创建新元件”对话框

图18-124 “属性”面板

03 单击“确定”按钮，完成设置后，在舞台中拖动鼠标绘制一个五角星形，如图18-125所示。新建“图层2”，设置“笔触高度”为4，在舞台中再绘制一个五角星形，如图18-126所示。

图18-125 绘制五角星形

图18-126 绘制五角星形

04 新建“图层 3”，使用相同的方法，可以绘制出相似的星形效果，如图18-127所示。使用相同方法，新建其他图形元件，并绘制出其他的图形效果，如图18-128所示。

图18-127 图形效果

图18-128 绘制其他图形

05 单击“编辑”栏上的“场景1”文字，如图18-129所示。返回“场景 1”编辑状态，执行“文件>导入>导入到舞台”命令，弹入图像“光盘\源文件\第18章\素材\182601.jpg”，如图18-130所示。

图18-129 单击“场景1”文字

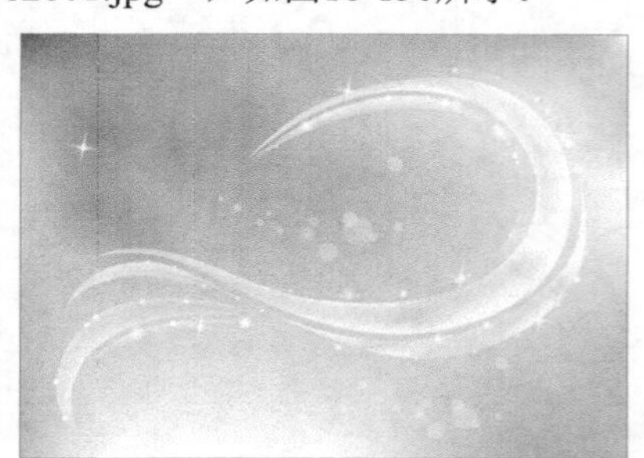

图18-130 导入素材图像

06 新建“图层 2”，单击工具箱中的“Deco工具”按钮，在“属性”面板上的“绘制效果”下拉列表中选择“3D刷子”选项，设置如图18-131所示。在“属性”面板中对高级选项进行设置，如图18-132所示。

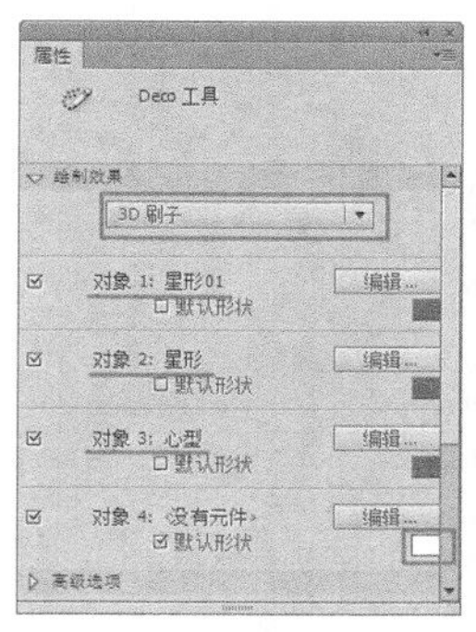

图18-131 “属性”面板

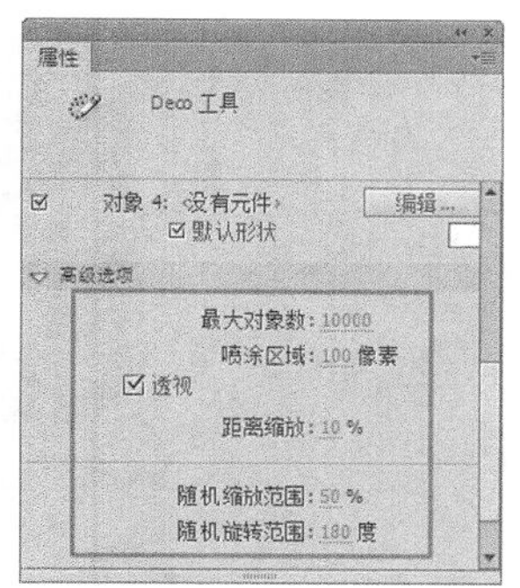

图18-132 “属性”面板

07 在舞台中拖动鼠标绘制出相应的图形，如图18-133所示。完成梦幻般精美图形的绘制，执行“文件>保存”命令，将该文件保存为“光盘\源文件\第18章\18-2-6.fla”，按快捷键Ctrl+Enter，测试动画，效果如图18-134所示。

图18-133 场景效果

图18-134 测试动画效果

18.3 设置颜色

图形、图像没有颜色将黯淡无光，反之，在图形图像的设计中，给绘制的对象添加上丰富多彩的颜色，则会给人带来美的享受。在制作Flash的过程中，如何给Flash对象添加色彩是一个十分重要的环节，本节将向读者介绍如何在Flash中设置颜色。

18.3.1 填充颜色和笔触颜色

在Flash中图形的颜色是由笔触和填充组成的，这两种属性决定矢量图形的轮廓和整体颜色，使用工具箱或者“属性”面板中的“笔触颜色”和“填充颜色”都可以改变笔触和填充的样式及颜色。

在绘制图形前，使用工具箱中的“笔触颜色”和“填充颜色”控件，可以方便快捷的设置创建图形的笔触颜色和填充颜色，工具箱中的颜色控件如图18-135所示。在创建时只需单击“笔触颜色”或“填充颜色”控件，即可在弹出的“拾色器”窗口中选择适合的颜色。

例如，单击“笔触颜色”控件，在弹出的“拾色器”窗口中选择一种颜色，也可以在文本框中键入颜色的十六进制值，如图18-136所示。

图18-135 工具箱

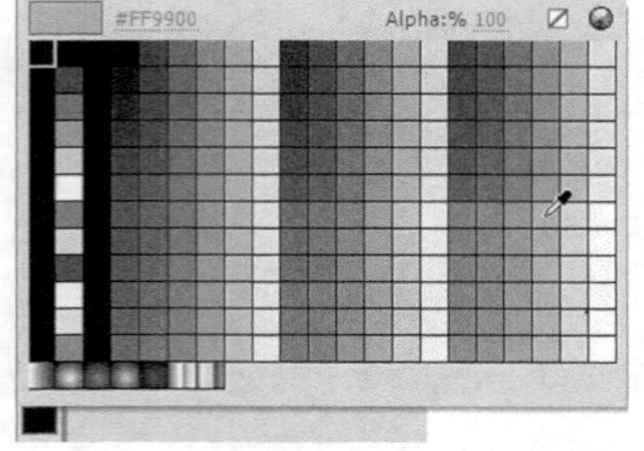

图18-136 设置笔触颜色

单击"填充颜色"控件，在弹出的"拾色器"窗口中选择一种颜色，也可以在文本框中键入颜色的十六进制值，如图18-137所示。完成"笔触颜色"和"填充颜色"的设置后，在场景中拖动鼠标绘制图形，即可看到绘制图形的"笔触颜色"和"填充颜色"，如图18-138所示。

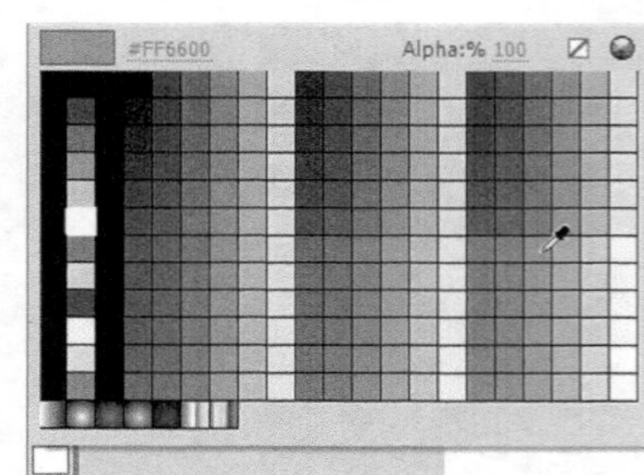

图18-137 设置填充颜色

图18-138 绘制图形

单击工具箱中的"默认填充和笔触"按钮，可以恢复默认颜色的设置，即白色填充和黑色笔触颜色。单击"交换填充和笔触"按钮，可以交换填充和笔触之间的颜色。

提示 "无颜色"按钮只能在创建新椭圆或新矩形时才会出现，可以创建无笔触或无填充的新对象，而不能对现有对象使用"无颜色"功能，如果想修改现有对象的笔触或填充颜色，先选择现有的笔触或填充，按Delete删除即可。

单击"拾色器"窗口中的"无颜色"按钮，即可设置笔触或填充的颜色为无。

18.3.2 设置颜色

除了在工具箱中设置图形的"笔触颜色"和"填充颜色"，还可以在"属性"面板中进行设置。

单击工具箱中的"矩形工具"按钮，打开"属性"面板，如图18-139所示。在"属性"面板中设置笔触和填充颜色的方法与在工具箱中的使用方法相似，直接单击"笔触颜色"或"填充颜色"控件，即可选择适合的颜色，如图18-140所示。

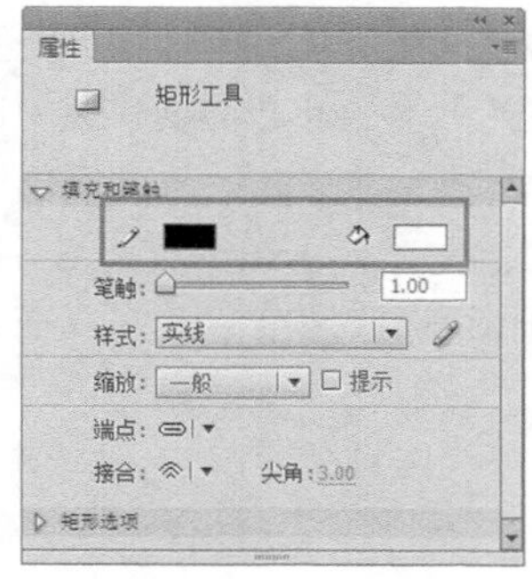

图18-139 "属性"面板

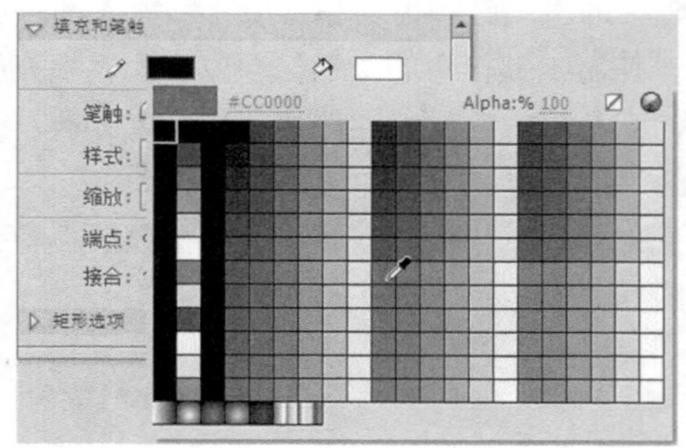

图18-140 选择颜色

提示 工具箱与“属性”面板中的“笔触颜色”和“填充颜色”使用方法相似，不同的是，“属性”面板除了能为图形创建笔触和填充颜色外，还提供了设置笔触宽度和样式的系列选项，该选项已在前面进行了详细的介绍，在这里就不重复讲解了。

18.4 使用“颜色”面板

执行“窗口>颜色”命令或按快捷键Alt+Shift+F9，打开“颜色”面板，如图18-141所示。单击面板中的“颜色类型”按钮，在弹出的下拉列表中包括5种选项，如图18-142所示。通过选择不同的选项，即可填充或修改图形笔触、填充颜色和创建多色渐变。

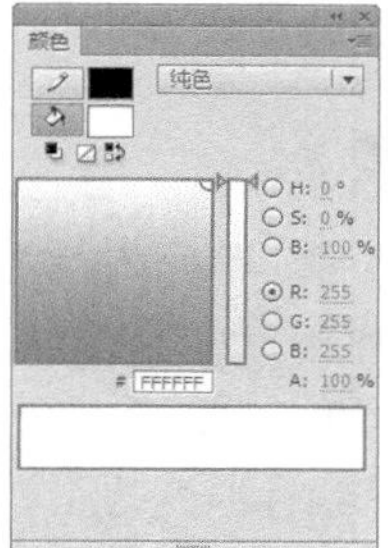

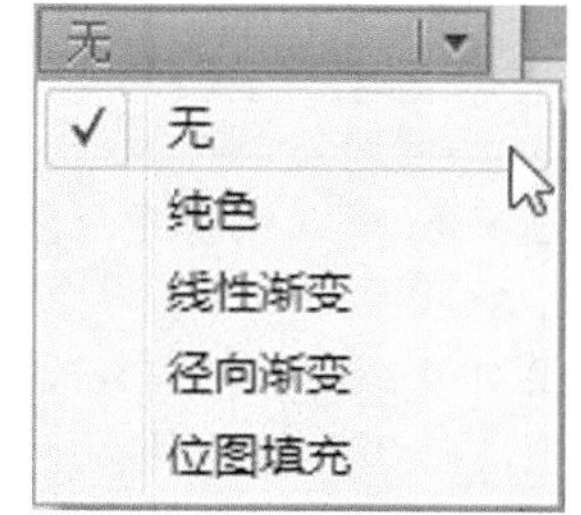

图18-141 “颜色”面板 图18-142 “颜色类型”下拉列表

使用“颜色”面板最大的好处就是可以动态的应用填充，这意味着在对象被创建之前或创建后都可以更改和处理对象的填充。

18.4.1 填充纯色

使用“颜色”面板可以创建纯粹的RGB（红、绿、蓝）、HSB（色调、饱和度、亮度）或十六进制计数法的颜色，并能够设置颜色的Alpha值，纯色填充，可以为图形提供一种单一的笔触或填充颜色。

打开“颜色”面板，在“颜色类型”的下拉列表中选择“纯色”选项，可以显示纯色填充的相关选项，“颜色”面板如图18-143所示。对“颜色”面板进行相应设置，为图形填充纯色后的效果如图18-144所示。

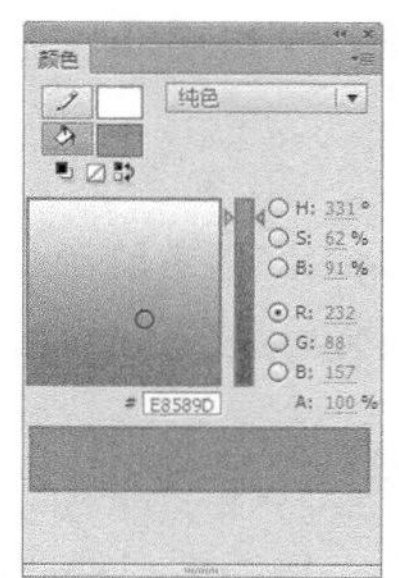

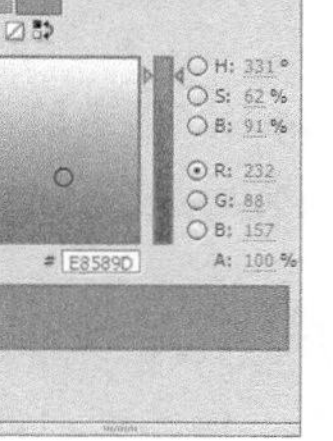

图18-143 “颜色”面板 图18-144 纯色填充的图形效果

RGB：用户在设置了相应的颜色后，会在R（红）、G（绿）、B（蓝）文本框中显示出相应的数值，此外也可以在文本框中输入相应的数值或拖动滑块来设置所需要的颜色。

HSB：H（色相）、S（饱和度）、B（亮度）的设置方法与RGB相似。

Alpha值：该选项用来处理图形颜色的不透明度，在Alpha文本框中输入数值来指定透明的程度，当Alpha值为0%时，创建的填充是填充不可见即完全透明；当Alpha值为100%时，则创建的填充是完全不透明的，如图18-145所示为不同Alpha 值的图形效果。

（Alpha 值为30%）

（Alpha 值为80%）

图18-145 不同Alpha值的图形效果

十六进制值：十六进制值显示当前颜色的十六进制值（也叫做 HEX值），它由6个字符组成，例如（FFCCCC），前两个字符表示红色（R），中间两位表示绿色（G），最后两位表示蓝色（B），每个数字（0~9）和字母（A~F）表示从0到16的整数，从而实现Hex计数法到RGB值的转换。若要使用十六进制值更改颜色，键入一个新的数值即可。

18.4.2 填充渐变颜色

渐变颜色的填充是一种多色填充，即一种颜色逐渐转变成另一种颜色，在Flash中可以将多达15种颜色应用于渐变颜色，使用渐变色填充也可以创建一个或多个对象间平滑过渡的颜色，从而制作出令人震撼的效果。

线性渐变是沿着一条轴线以水平或垂直方向来改变颜色的，打开"颜色"面板，在"颜色类型"的下拉列表中选择"线性渐变"选项，在"颜色"面板中将会显示线性渐变的相关选项，设置相应的线性渐变效果，为图形填充线性渐变，"颜色"面板如图18-146所示，图形填充效果如图18-147所示。

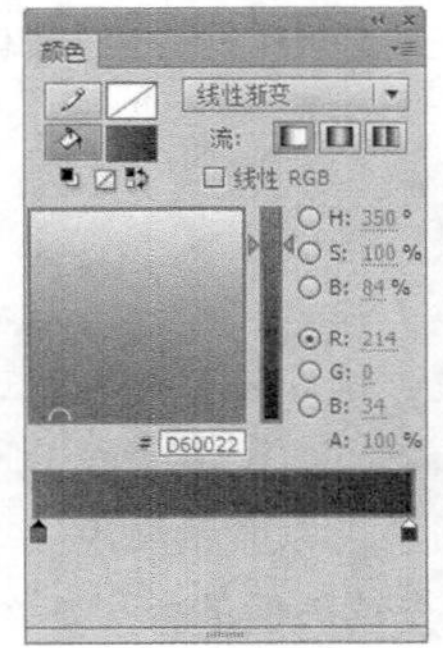

图18-146 "线性渐变"选项

图18-147 图形效果

流：该选项区可以控制超出线性或径向渐变限制应用的颜色范围。

- "扩展颜色"按扭：用来将指定的颜色应用于渐变末端之外。
- "反射颜色"按扭：利用反射镜像效果使用渐变颜色填充形状。指定的渐变色以下面的模式重复：从渐变的开始到结束，再以相反的顺序从渐变的结束到开始，再从渐变的开始到结束，直到所选形状填充完毕。
- "重复颜色"按扭：从渐变的开始到结束重复渐变，直到所选形状填充完毕。

线性RGB：勾选该选项，可创建兼容 SVG （可伸缩的矢量图形）的线性或径向渐变。

渐变编辑区：在此处可以添加和删除渐变滑块，并能够编辑渐变滑块的颜色。

- 添加渐变滑块：将光标移动到渐变编辑区，当光标变成状时，如图18-148所示，在相应的位置单击，即可添加渐变滑块，如图18-149所示。

图18-148 鼠标形状　　图18-149 添加渐变滑块

- 删除渐变滑块：选中需要删除的滑块，使用鼠标将滑块拖离渐变编辑区，即可删除渐变滑块。
- 更改渐变滑块的颜色：如果想要更改线性滑块的渐变颜色，单击选中滑块，在颜色设置区域内拖动鼠标至需要的颜色，或者在右边文本框内键入RGB数值即可更改渐变滑块的颜色。

径向渐变与线性渐变非常相似，不同的是，径向渐变是从一个中心焦点向外放射来改变颜色的，打开“颜色”面板，在“颜色类型”的下拉列表中选择“径向渐变”选项，在“颜色”面板中将会显示径向渐变的相关选项，设置相应的径向渐变效果，为图形填充径向渐变，“颜色”面板如图18-150所示，图形填充效果如图18-151所示。

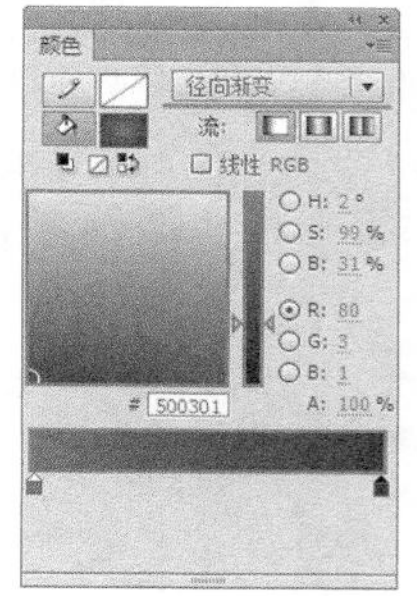

图18-150 “径向渐变”选项

图18-151 图形效果

18.4.3 填充位图

打开“颜色”面板，在“颜色类型”的下拉列表中选择“位图填充”选项，通过该填充类型，可以将位图应用到图形对象中，在应用时位图会以平铺的形式填充图形。

在“颜色”面板中选择“位图填充”选项，在没有导入位图至“位图填充”选项中的时候，此时会直接弹出“导入到库”对话框，在该对话框中用户可以选择相应的位图，如图18-152所示，单击“打开”按钮，“颜色”面板如图18-153所示，即可看到已经导入位图至面板中。

图18-152 “导入到库”对话框

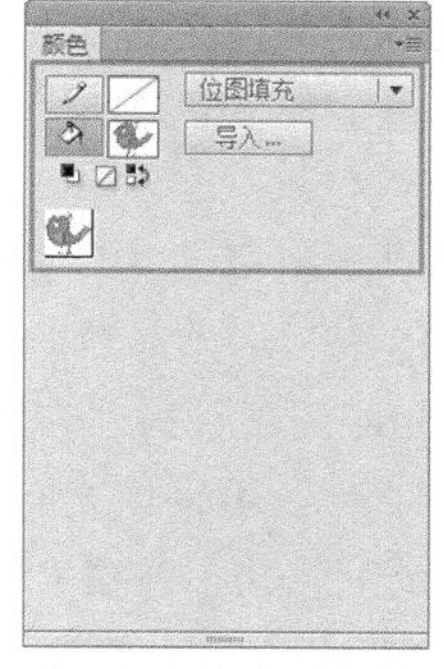

图18-153 导入位图后的“颜色”面板

导入位图完成后，可以使用相应的绘图工具在场景中绘制位图填充图形。使用“椭圆工具”，在场景中进行绘制，效果如图18-154所示，使用“多角星形工具”，在场景中进行绘制，效果如图18-155所示。

图18-154 绘制椭圆

图18-155 绘制多角星形

导入一个位图后，如果还需要导入其他位图，可以在“颜色”面板的“位图填充”选项下单击“导入”按钮，此时会弹出“导入到库”对话框，用户就可以根据自己的需要选择适合的图形。

18.5　墨水瓶工具和颜料桶工具

使用“墨水瓶工具”可以在不选择形状轮廓的情况下，实现一次更改一个或多个对象的笔触属性，包括笔触的颜色、宽度和样式。但对直线或形状轮廓只能应用纯色，而不能应用渐变或位图。

单击工具箱中的“墨水瓶工具”按钮，单击“属性”面板或工具箱中的“笔触颜色”控件，在弹出的“拾色器”窗口中选择一种颜色，选择完成后在“属性”面板中进行相应的设置，如图18-156所示，然后在场景中单击需要修改笔触的图形部分，修改完成后，可以看到为花朵添加笔触的效果，如图18-157所示。

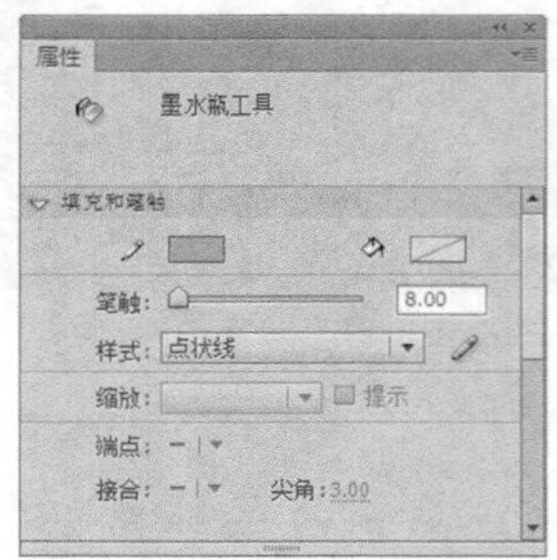

图18-156　“属性”面板

图18-157 添加笔触效果

提示 使用“墨水瓶工具”也可以改变框线的属性，如果一次要改变多条线段，可按住Shift键将它们选中，再使用“墨水瓶工具”点选其中的任何一条线段即可。

“墨水瓶工具”主要是用来更改对象的笔触属性，而“颜料桶工具”不仅可以填充空白区域的颜色，还可以对所选区域的填充颜色进行更改，填充的颜色可以使用纯色、渐变色，也可以使用位图进行填充。使用该工具还可以填充不完全封闭的区域。

单击工具箱中的“颜料桶工具”按钮，在工具箱底部会出现相应的颜料桶工具选项，如图18-158所示。“颜料桶工具”经常与“钢笔工具”配合使用，在场景中绘制了相应的路径后，使用该工具就可以为路径填充颜色。

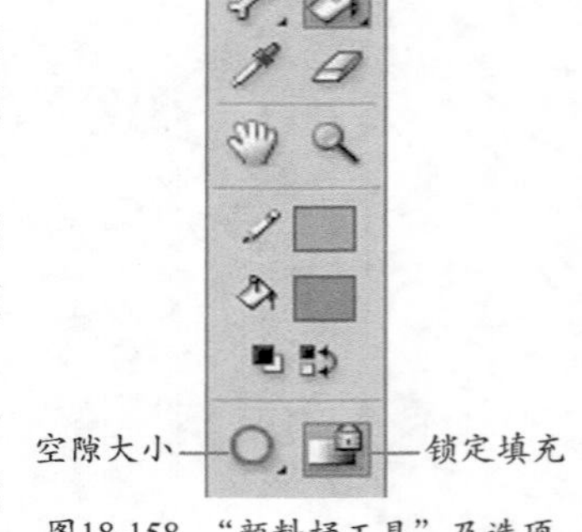

图18-158　“颜料桶工具”及选项

空隙大小：该选项可以用来填充有空隙的图形，使绘图变得更加容易方便。需要注意的是这个空隙并不是很大的空隙，图18-159所示空隙是不可填充的，相对很小的空隙才可以填充，图18-160所示空隙在操作时就可以填充。

图18-159 不可填充的空隙

图18-160　可以填充的空隙

在该选项的下拉列表中，Flash为用户提供了4种填充类型，如图18-161所示，用户可根据需要选择使用。

- 不封闭空隙：只填充封闭的区域，即没有空隙时才能填充。
- 封闭小空隙：填充有小缺口的区域。
- 封闭中等空隙：可以填充有一半缺口的区域。
- 封闭大空隙：可以填充有大缺口的区域。

图18-162所示为选择“封闭大空隙”选项填充后的图形效果。

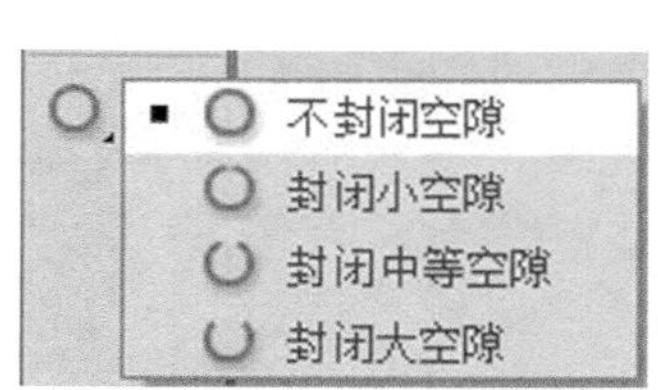

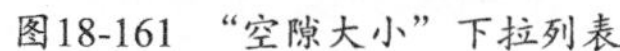

图18-161 “空隙大小”下拉列表

图18-162 图形效果

锁定填充：该选项只能应用于渐变，选择该选项后，不能再应用其他渐变，而渐变之外的颜色不会受到任何影响。

18.6 本章小结

本章主要讲解Flash CS6中各种绘图工具的使用方法和技巧，以及在Flash中填充各种类型颜色的方法，并通过实例的制作练习，帮助读者快速掌握在Flash中绘制图形的方法。完成本章的学习，读者需要能够熟练掌握Flash中绘图工具的使用方法。

第19章 文本与对象的操作

文本是动画制作中必不可少的关键性元素，它能够突出表达动画的主题内容，使受众快速获取相关信息。通过Flash CS6中的相关工具可以创建不同风格的文字对象。本章将对Flash CS6中文本的类型、创建文本、对象的基本操作、对象变形操作等内容做具体讲解。

19.1 文本的类型

文本是动画制作中必不可少的关键性元素，它能够突出表达动画的主题内容，使受众快速获取相关信息。通过Flash CS6中的相关工具可以创建不同风格的文字对象。

单击工具箱中的“文本工具”按钮T，在“属性”面板中单击“文本引擎”按钮，在弹出的下拉列表中可以看到两种文本引擎，如图19-1所示。为了满足设计的需要，可以通过“属性”面板中的各种选项对文本内容进行相应的设置。

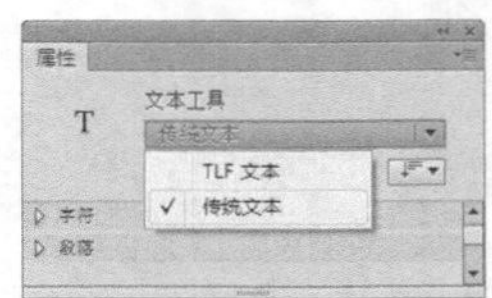

图19-1 “文本工具”的“属性”面板

19.1.1 传统文本

传统文本是Flash CS6中早期文本引擎的名称，传统文本包含3种文本类型：静态文本、动态文本和输入文本，如图19-2所示。

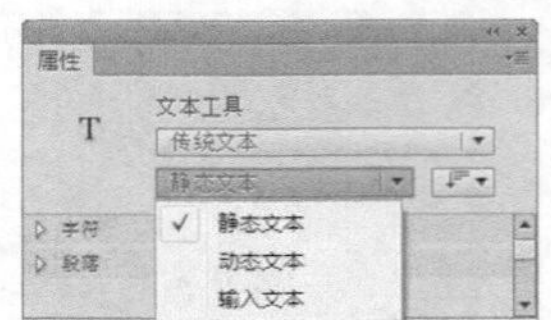

图19-2 “传统文本”类型

静态文本：该文本是用来创建动画中一直不会发生变化的文本，在某种意义上它就是一张图片，尽管很多人将静态文本称为文本对象，但需要注意的是，真正的文本对象是指动态文本和输入文本。由于静态文本不具备对象的基本特征，没有自己的属性和方法，无法对其进行命名，因此，不能通过编程使用静态文本制作动画。

动态文本：它只允许动态显示，却不允许动态输入。当用户需要使用Flash开发涉及在线提交表单这样的应用程序时，就需要一些可以让用户实时输入数据的文本域，此时，则需要用到“输入文本”。

输入文本：输入文本也是对象，和动态文本有相同的属性和方法。另外，输入文本的创建方法与动态文本也是相同的，其唯一的区别是需要在“属性”面板中的“文本类型”中选择“输入文本”选项。

19.1.2 TLF文本

TLF文本具有比传统文本更强大的功能，TLF文本同样包含3种文本类型：只读、可选和可编辑，如图19-3所示。

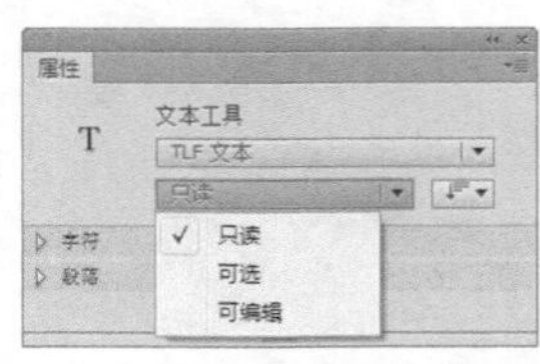

图19-3 “TLF文本”类型

只读：该文本是指当作为SWF文件发布时，此文本将无法选中或编辑。

可选：该文本是指当作为SWF文件发布时，此文本可以选中并可以将其复制到粘贴板中，但是不可以编辑。

可编辑：该文本是指当作为SWF文件发布时，此文本不仅可以选中，而且还可以进行编辑。

提示 传统文本类型用法是十分方便的，它可以随时灵活的互相转换，选择特定文本，在其“属性”面板顶部下拉菜单中选择一个新的文本类型即可。

19.2 创建文本

在Flash中创建文本的方法非常简单，只需要单击工具箱中的“文本工具”按钮T，在“属性”面板中选择一种合适的文本类型，在舞台中单击或者拖动鼠标绘制一个文本框即可输入相应的文本内容。

19.2.1 实战——创建静态文本

创建静态文本有两种方法，一种是使用“文本工具”在舞台区域可以创建相应的点文本，另一种是使用“文本工具”在舞台中拖动鼠标绘制出一个文本框，在该文本框中输入段落文本。

创建静态文本

●源文件：光盘\源文件\第19章\19-2-1.fla　　●视频：光盘\视频\第19章\19-2-1.swf

01 执行“文件>打开”命令，打开文件“光盘\源文件\第19章\素材\192101.fla”，如图19-4所示。单击工具箱中的“文本工具”T，在“属性”面板中对文本的相关属性进行设置，如图19-5所示。

图19-4 打开文件

图19-5 设置文本属性

02 将光标移至舞台的合适位置按住鼠标左键并进行拖动，创建一个文本输入框，如图19-6所示。在文本输入框中输入文本，在文本以外的区域单击鼠标，即可完成静态文本的创建，如图19-7所示。

图19-6 文本输入框

图19-7 输入文字

03 使用相同的方法，使用“文本工具”在舞台中相应的位置输入其他文字，如图19-8所示。完成静态文本的输入，执行“文件>另存为”命令，将该文件另存为“光盘\源文件\第19章\19-2-1.fla”，按快捷键Ctrl+Enter，测试动画，效果如图19-9所示。

图19-8 输入文字

图19-9 测试动画效果

提示 除了可以使用“文本工具”在舞台中拖动鼠标创建文本框以外，还可以使用“文本工具”在舞台中需要输入文字的地方单击，即可输入文本。

19.2.2 实战——创建动态文本

在Flash CS6中，提供了创建动态文本的相关功能，在Flash动画作品中添加动态文本可以使页面的整体氛围更加活跃，从而丰富了动画作品中的不同构成元素。

创建动态文本

●源文件：光盘\源文件\第19章\19-2-2.fla　　●视频：光盘\视频\第19章\19-2-2.swf

01 执行“文件>打开”命令，打开文件“光盘\源文件\第19章\素材\192201.fla”，如图19-10所示。单击“时间轴”面板上的“新建图层”按钮，新建“图层3”，如图19-11所示。

图19-10 打开文件

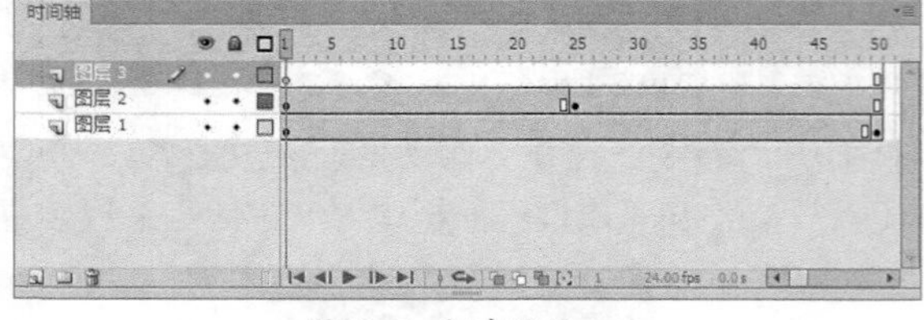
图19-11 新建图层

提示 由于ActionScript3.0的Flash文档不可以对动态文本的变量进行设置，因此，在制作本实例时，所打开的Flash文档必须是ActionScript2.0的文档。

02 单击工具箱中的“文本工具”按钮T，将光标移至舞台的合适位置按住鼠标左键并进行拖动，创建文本输入框，如图19-12所示。在其“属性”面板上对相关参数进行设置，如图19-13所示。

图19-12 文本输入框

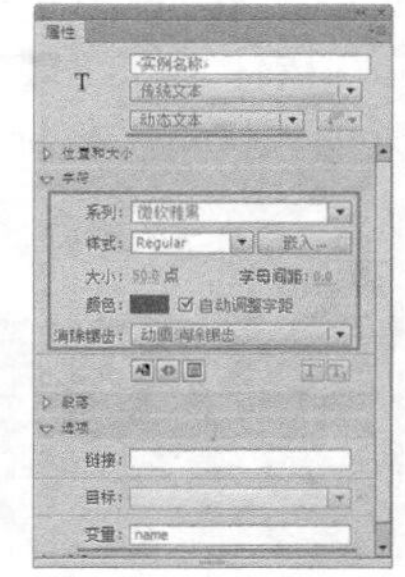
图19-13 “属性”面板

03 新建“图层4”，选择“图层4”第1帧，如图19-14所示。执行“窗口>动作”命令，在打开的“动作”面板中输入动作脚本，如图19-15所示。

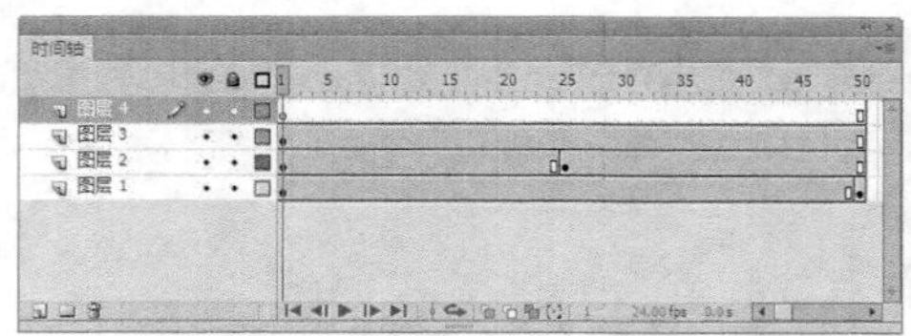
图19-14 新建“图层4”

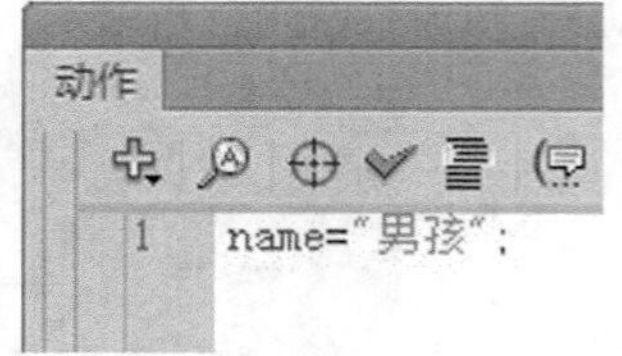

图19-15 添加动作脚本

04 在第25帧位置按F7插入空白关键帧，如图19-16所示。使用相同方法，在“动作”面板上输入动作脚本，如图19-17所示。

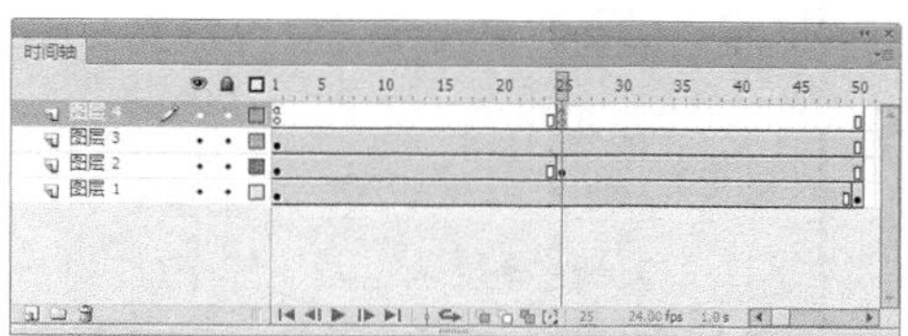
图19-16 插入空白关键帧

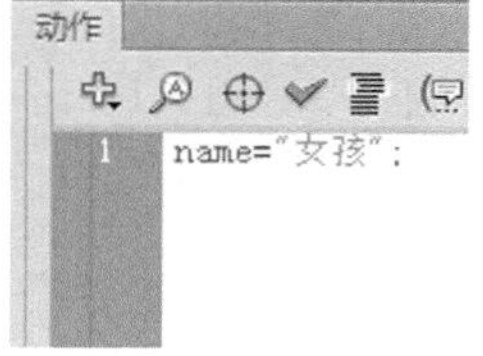

图19-17 添加动作脚本

05 完成动态文本的创建，执行“文件>另存为”命令，将该文件另存为“光盘\源文件\第19章\19-2-2.fla”，按快捷键Ctrl+Enter，测试动态文本效果，如图19-18所示。

图19-18 测试动画效果

19.2.3 实战——创建输入文本

如果使用Flash CS6开发涉及在线提交表单的应用时，则需要能够让用户输入某些数据的文本域，这时就需要使用输入文本。

创建输入文本

●源文件：光盘\源文件\第19章\19-2-3.fla　　●视频：光盘\视频\第19章\19-2-3.swf

01 执行“文件>打开”命令，打开文件“光盘\源文件\第19章\素材\192301.fla”，如图19-19所示。单击工具箱中的“文本工具”按钮T，在“属性”面板中对相关选项进行设置，如图19-20所示。

图19-19 打开文件

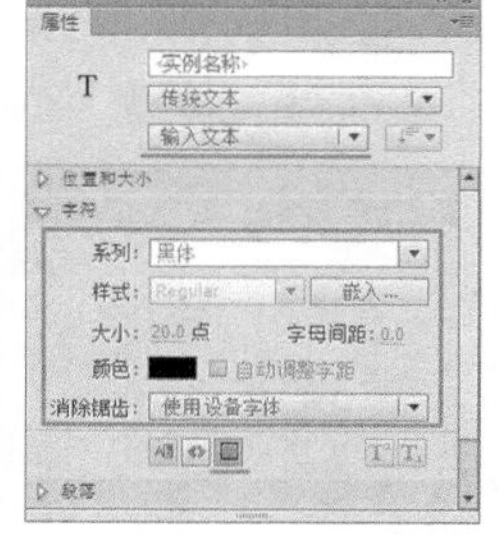

图19-20 设置文本属性

02 将光标移至舞台合适的位置，光标呈 形状时按住鼠标左键并进行拖动，即可创建一个文本输入框，如图19-21所示。使用相同方法，再创建一个文本输入框，如图19-22所示。

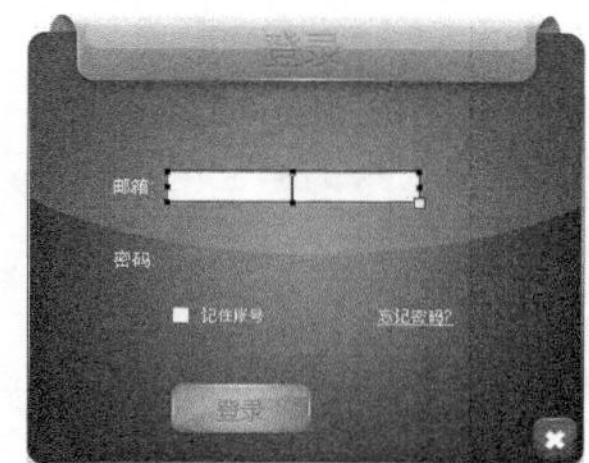
图19-21 创建文本框

图19-22 创建文本框

03 选中所创建的密码输入文本框，在“属性”面板的“段落”选项中设置“行为”为“密码”，如图19-23所示。执行“文件>另存为”命令，将该文本另存为“光盘\源文件\第6章\19-2-3.fla”，按快捷键Ctrl+Enter，测试动画，效果如图19-24所示。

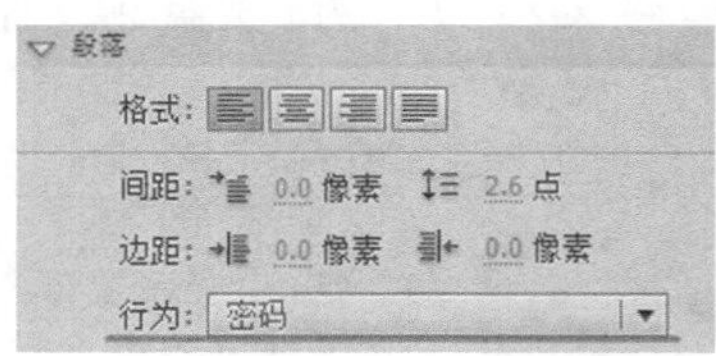

图19-23 设置“行为”选项

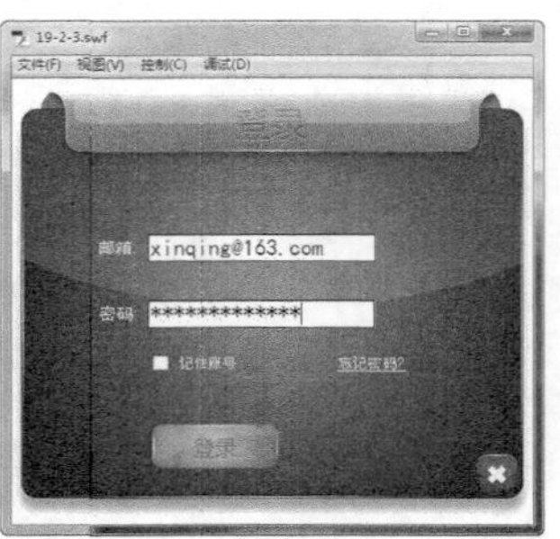

图19-24 测试输入文本效果

提示 “属性”面板的“行为”下拉列表中包含“单行”、“多行”、“多行不换行”和“密码”4个选项。“单行”选项是指所创建的输入文本框只能单行输入。“多行”选项是指所创建的输入文本框可以多行输入，并且还可以实现自动换行。“多行不换行”选项是指所创建的输入文本框可以多行输入，但是却不可以自动换行，需要按Enter键可以实现自动换行。“密码”该选项是指在所创建的输入文本框中输入的文本将以*显示。

19.3 文本的编辑处理

掌握了在Flash中各种不同类型文本的创建方法后，还需要了解在Flash中对文本的编辑处理，以便于能够更好的在Flash动画中应用文本。

19.3.1 选择和移动文本

执行“文件>打开”命令，打开文件“光盘\源文件\第19章\素材\193101.fla”，如图19-25所示。单击工具箱中的“文本工具”按钮T，将光标移至舞台中的文本右端，光标呈 I 状时，如图19-26所示。

图19-25 打开文件

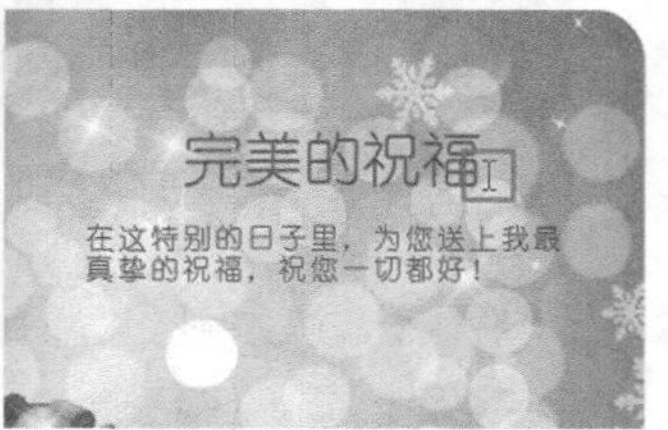

图19-26 定位鼠标

单击并向左拖曳鼠标至文本左端，然后释放鼠标左键，即可选中文本，如图19-27所示。如果想将选中的文本移动到合适的位置，使用“选择工具”，将光标放置于文本对象上，如图6-28所示。向左拖曳鼠标至合适位置，即可移动文本，如图19-29所示。

图19-27 选择文本

图19-28 定位鼠标

图19-29 移动文本

提示 除了使用上述方法选择文本外，还可以使用“选择工具”，双击文本，即可选择文本，并且系统还会自动将当前工具切换至文本工具。

19.3.2 为文本设置超链接

为文本设置超链接，可以将静态的文本做成一个让用户单击的超链接。在为文本设置超链接时，需要选中相应文本，然后，在打开的“属性”面板中的“选项”内容中进行设置，在“链接”文本框中输入文本链接的地址，在“目标”下拉列表中选择文本链接的打开方式，如图19-30所示。

图19-30 “选项”设置

19.3.3 实战——检查拼写

Flash CS6与大多数软件相同，具有检查拼写的功能。可以通过执行“文本>检查拼写”命令，在弹出的“检查拼写”对话框中完成相关操作。

检查拼写

●源文件：光盘\源文件\第19章\19-3-3.fla ●视频：光盘\视频\第19章\19-3-3.swf

01 执行“文件>打开”命令，打开Flash文件“光盘\源文件\第19章\193301.fla”，如图19-31所示。执行“文本>检查拼写”命令，弹出“检查拼写”对话框，如图19-32所示。

图19-31 打开文件

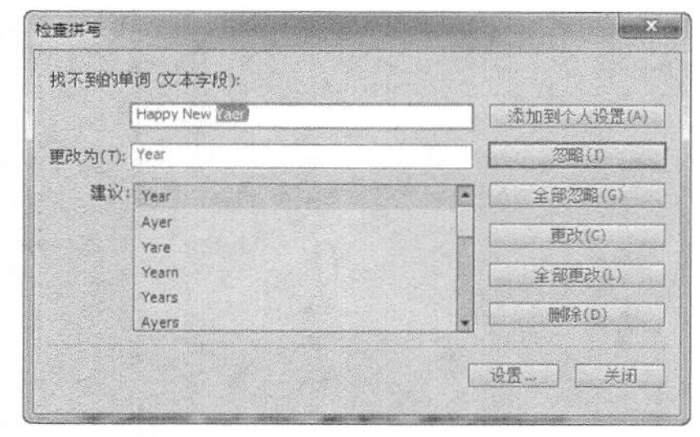

图19-32 “检查拼写”对话框

02 单击“更改”按钮，弹出信息提示框，如图19-33所示。单击“确定”按钮，即可完成对文本的拼写检查，并更改错误的拼写，如图19-34所示。

图19-33 信息提示框

图19-34 更改拼写错误

提示 检查拼写文本时，不需要选择某个特定的文本对象，系统会自动检查舞台区的所有文本对象。

19.3.4 查找和替换

在Flash CS6中，选择相应的段落文本对象，执行“编辑>查找和替换”命令，弹出“查找和替换”对话框，可以在该对话框中对相关选项进行设置，如图19-35所示。即可在所选段落中查找相应的文本并进行替换操作。

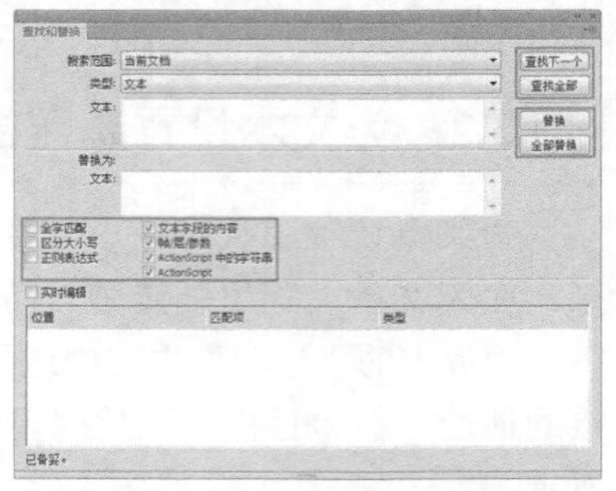

图19-35 “查找和替换”对话框

19.3.5 实战——分离文本

在Flash CS6中对文本进行分离操作，可以将每个字符置于单独的文本字段中，然后可以快速地将文本分离。

分离后的文本，无法进行再编辑该操作，和其他任何形状一样，可以对文本进行改变形状、擦除、分组等操作。另外，还可以将它们更改为元件，并制作出动画效果，下面通过一个练习将文本分离后，为文本添加描边效果。

分离文本

●源文件：光盘\源文件\第19章\19-3-5.fla ●视频：光盘\视频\第19章\19-3-5.swf

01 执行“文件>新建”命令，新建一个Flash文档，如图19-36所示。单击“确定”按钮，新建空白的Flash文档。执行“文件>导入>导入到舞台”命令，导入素材图像“光盘\源文件\第19章\素材\193501.jpg”，如图19-37所示。

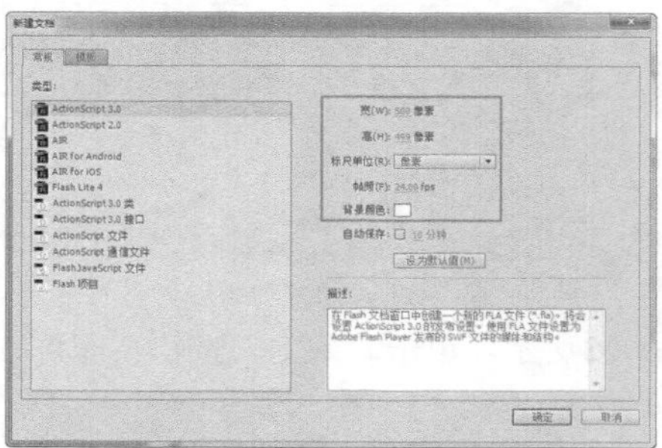

图19-36 “新建文档”对话框

图19-37 导入素材图像

02 新建“图层2”，单击工具箱中的“文本工具”按钮T，在“属性”面板中对文本属性进行设置，如图19-38所示。完成相应的设置，在舞台上单击并输入文字，如图19-39所示。

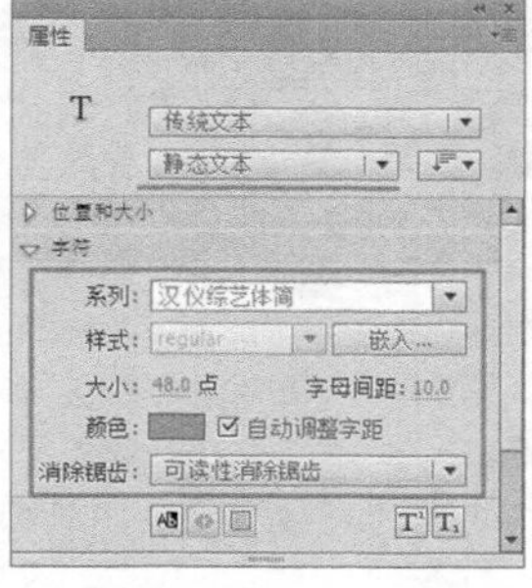

图19-38 设置文本属性

图19-39 在舞台中输入文字

03 使用“选择工具”单击选中刚输入的文本，执行“修改>分离”命令，或按快捷键Ctrl+B，可以将选定文本中的每个字符都会放入一个单独的文本字段中，但是文本在舞台上的位置保持不变，如图19-40所示。再次执行“修改>分离”命令，可以将舞台上的文本转换为形状，如图19-41所示。

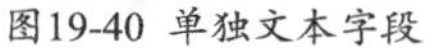

图19-40 单独文本字段　　图19-41 将每个文本转换为形状

04 选中分离得到的文字图形，按快捷键Ctrl+C复制文字图形，新建“图层3”，按快捷键Ctrl+Shift+V，粘贴到当前位置，将“图层3”隐藏，如图19-42所示。选中“图层2”上的文字图形，设置“笔触颜色”为白色，使用“墨水瓶工具”，为文字图形添加描边效果，如图19-43所示。

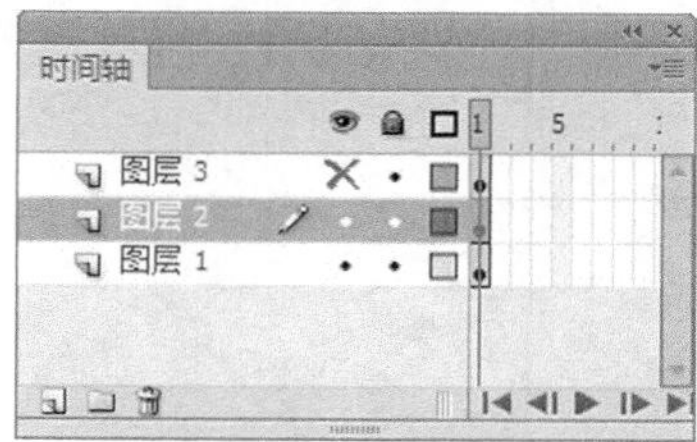

图19-42 隐藏图层

图19-43 为文字添加笔触

05 使用“选择工具”，将添加描边的文字图形选中，在“属性”面板中对相关选项进行设置，如图19-44所示。在舞台中可以看到相应的文字效果，如图19-45所示。将“图层3”显示，可以看到描边文字的效果，如图19-46所示。

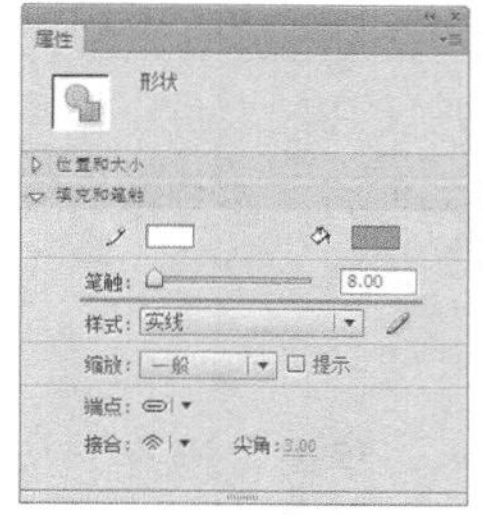

图19-44 设置“笔触”属性

图19-45 文字效果

图19-46 文字效果

06 新建“图层4”，使用“矩形工具”，在“属性”面板中对相关参数进行设置，如图19-47所示。完成相应的设置，在舞台区绘制矩形，使用“任意变形工具”，将矩形图形旋转至合适位置，如图19-48所示。

图19-47 设置“属性”面板

图19-48 绘制矩形并旋转

07 新建“图层5”，使用相同方法，完成相似部分图形的绘制，如图19-49所示。使用相同方法，新建其他图层，并完成其他图形的绘制，如图19-50所示。

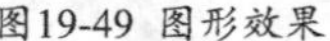

图19-49 图形效果

图19-50 图形效果

08 新建“图层13”，使用“文本工具”，在舞台中输入文字，并分别对各文字进行调整，如图19-51所示。完成该描边文字的制作，执行“文件>保存”命令，将该动画保存为“光盘\源文件\第19章\19-3-5.fla”，按快捷键Ctrl+Enter，测试动画，效果如图19-52所示。

图19-51 输入文字

图19-52 测试动画效果

19.3.6 实战——分散到图层

执行“修改>时间轴>分散到图层”命令，可以将文本对象以单个像素的形式分散到每个图层中，方便制作出具有层次感和空间感的文字动画，下面将通过一个实例练习向读者讲解如何将文本分散到图层。

分散到图层

●源文件：光盘\源文件\第19章\19-3-6.fla　　●视频：光盘\视频\第19章\19-3-6.swf

01 执行“文件>新建”命令，弹出“新建文档”对话框，设置如图19-53所示。单击“确定”按钮，新建一个空白的Flash文档。执行“文件>导入>导入到舞台”命令，导入素材图像“光盘\源文件\第19章\素材\193601.jpg”，如图19-54所示。

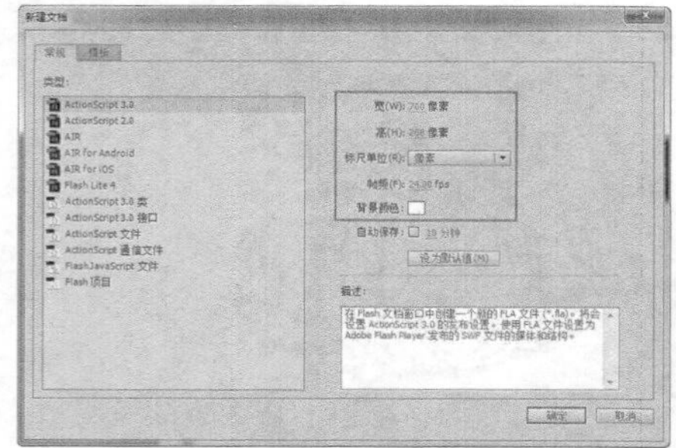

图19-53 “新建文档”对话框

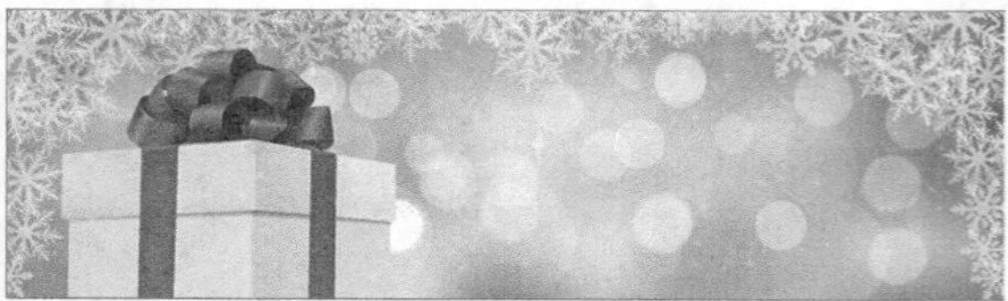

图19-54 导入素材

02 在第100帧按F5键插入帧，新建“图层2”，使用“文本工具”，在“属性”面板中对相关属性进行设置，如图19-55所示，在舞台中单击并输入相应的文字，如图19-56所示。

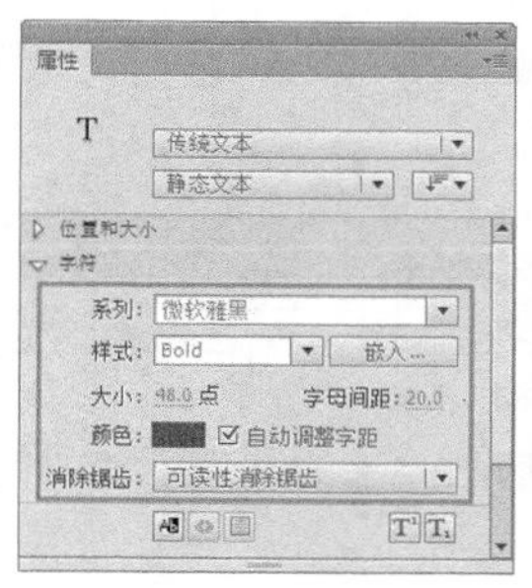

图19-55 “属性”面板

图19-56 输入文字

03 选中刚输入的文字，执行“修改>分离”命令，或按快捷键Ctrl+B，将文本分离为单个字符，如图19-57所示。执行“修改>时间轴>分散到图层”命令，将单个字符分散到不同的图层中，将“图层2”删除，“时间轴”面板如图19-58所示。

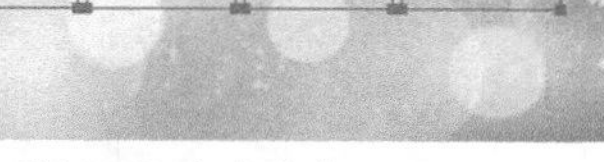

图19-57 分离文本

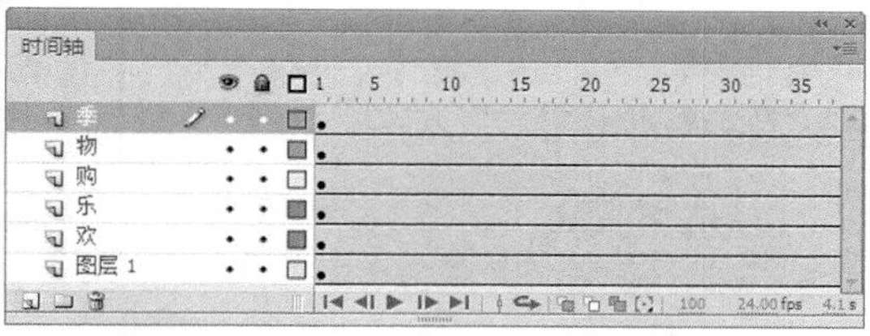

图19-58 “时间轴”面板

04 选择“欢”图层上的“欢”文字，执行“修改>转换为元件”命令，弹出“转换为元件”对话框，设置如图19-59所示。单击“确定”按钮，执行“窗口>动画预设”命令，打开“动画预设”面板，选择“2D放大”预设，如图19-60所示。

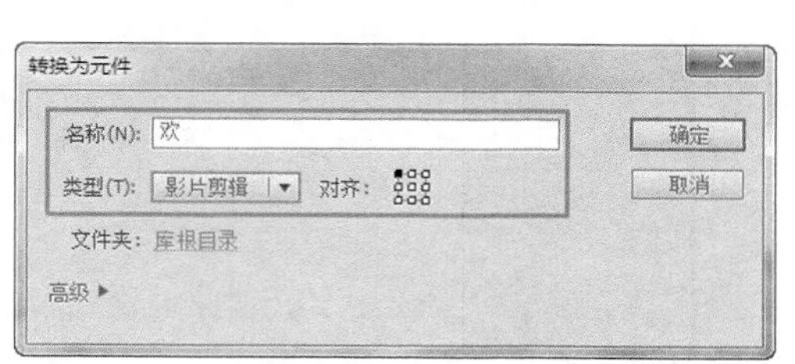

图19-59 “转换为元件”对话框

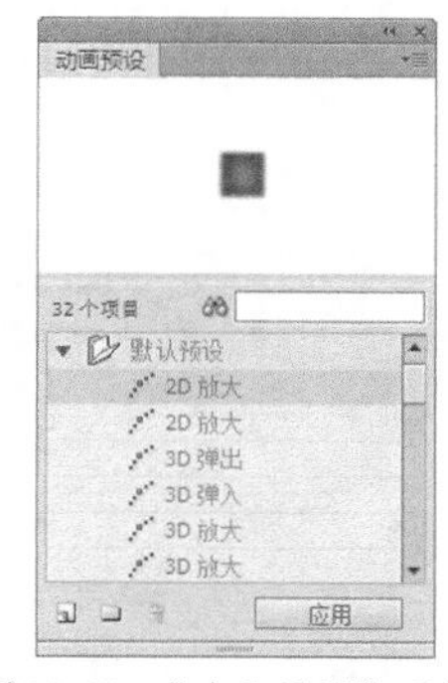

图19-60 “动画预设”面板

05 单击“应用”按钮，应用“2D放大”动画预设，“时间轴”面板如图19-61所示。在“欢”图层第100帧位置按F5键插入帧。选择“乐”图层上的“乐”文字，执行“修改>转换为元件”命令，弹出“转换为元件”对话框，设置如图19-62所示。

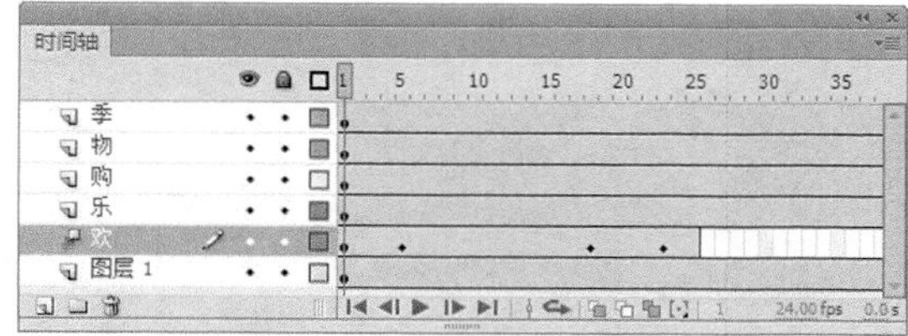

图19-61 “时间轴”面板

图19-62 “转换为元件”对话框

06 单击“确定”按钮，选择“乐”图层第1帧关键帧，将其拖至第20帧位置，如图19-63所示。选中“乐”元件，同样为其应用“2D放大”动画预设，并在第100帧按F5键插入帧，“时间轴”面板如图19-64所示。

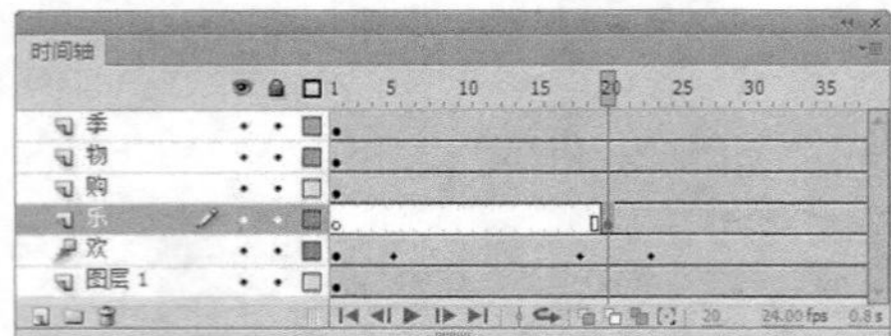
图19-63 “时间轴”面板

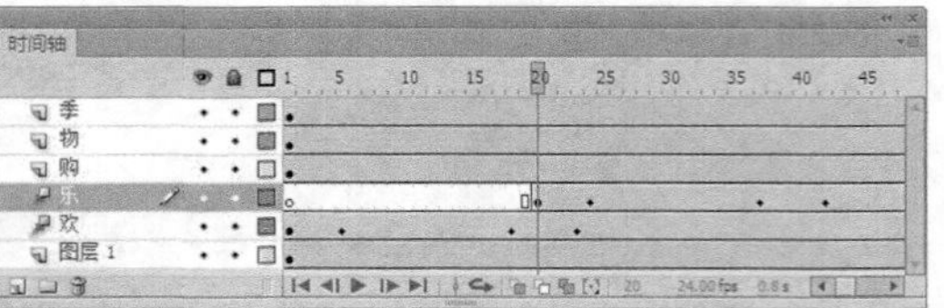
图19-64 “时间轴”面板

07 使用相同的制作方法，可以完成“购”、“物”和“季”图层上动画效果的制作，“时间轴”面板如图19-65所示。

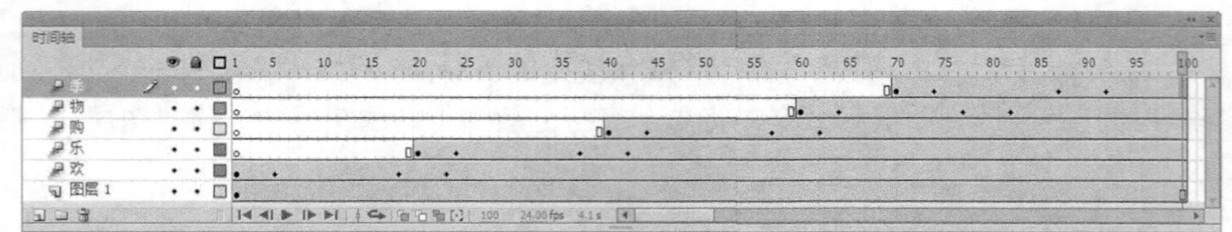
图19-65 “时间轴”面板

08 执行“文件>保存”命令，将该文件保存为“光盘\源文件\第19章\19-3-6.fla”，按快捷键Ctrl+Enter，测试动画，效果如图19-66所示。

图19-66 测试动画效果

19.4 对象的基本操作

在Flash中对象分为很多种，包括元件、位图、文本等，而且不同的对象相对应的编辑操作也不尽相同。在本节中，主要介绍的是在Flash CS6中对于对象的一些基本操作，包括选择、移动、复制、删除等，读者应该熟练掌握这些对象的操作方法。

19.4.1 选择对象

根据所选择对象的不同，可以使用不同的工具进行选择。在Flash CS6中为大家提供了多种选择对象的方法，其中包括“选择工具”、“部分选取工具”、“套索工具”以及执行相应的命令对对象进行选择操作。

1、使用“选择工具”

执行“文件>打开”命令，打开文件“光盘\源文件\第19章\194101.fla”，效果如图19-67所示。单击工具箱中的“选择工具”按钮，在卡通形象的身体部分单击，即可选中该对象，如图19-68所示。

图19-67 打开文件

图19-68 选择对象

提示 按住Shift键的同时单击对象，可以连续选择多个对象。当在使用其他工具时，可以按住Ctrl键，临时切换到“选择工具”进行选择。

使用“选择工具”，在场景中单击并拖动鼠标绘制一个矩形选框，如图19-69所示。松开鼠标，即可将该选框内的所有对象全部选中，如图19-70所示。

图19-69 绘制选区

图19-70 选择对象

提示 执行“编辑>全选”命令或按快捷键Ctrl+A，即可快速选择场景中所有的对象。但是对于被锁定、隐藏或不在当前图层上的对象，即使执行“编辑>全选”命令也不会被选中。

2、使用“部分选取工具”

执行“文件>打开”命令，打开文件“光盘\源文件\第19章\194102.fla”，效果如图19-71所示。单击工具箱中的“部分选取工具”按钮，将光标移至场景中，单击图像上相应的位置，即可选中该对象，如图19-72所示。

图19-71 打开文件

图19-72 选择对象

提示 当使用“部分选取工具”选择对象后，则对象的路径会以节点的形式进行显示。单击选中其中的某个节点后，如果按Delete键即可删除该节点；如果拖动鼠标即可改变该图形的形状。

单击并拖动鼠标绘制一个矩形选框，如图19-73所示。至合适的位置后松开鼠标后，可以看到矩形框中所有的节点都被选中，如图19-74所示。

图19-73 绘制选框

图19-74 选中节点

提示 在Flash中使用“部分选取工具”选择对象时，当光标的右下角为黑色的实心方框时，单击即可移动对象；当光标的右下角为空心方框时，单击即可移动路径上的一个锚点。

3、使用“套索工具”

执行“文件>打开”命令，打开素材文件“光盘\源文件\第19章\194103.fla”，效果如图19-75所示。单击工具箱中的“套索工具”按钮，将光标移至场景中，在图像上绘制选取区域，如图19-76所示。

图19-75 打开文件

图19-76 绘制选取区域

绘制完成后，松开鼠标，即可看到选取区域的效果，如图19-77所示。此时，便可以对选中的图形进行移动操作，效果如图19-78所示。

图19-77 选中图形

图19-78 移动图形

19.4.2 移动对象

在Flash中，移动对象的方法有很多种。在场景中，可以通过使用“选择工具”单击并移动对象，也可以通过“属性”面板、“信息”面板以及键盘上的方向键为对象指定精确的位置，还可以使用剪贴板在Flash和其他软件之间移动图像。

1、拖动方法

通过单击并拖动的方法来移动对象是最简单、最便捷的方法，下面介绍一下具体的操作方法。使用“选择工具”选中需要移动的对象，如图19-79所示。单击并拖动该对象即可将其进行移动操作，如图19-80所示。

图19-79 选择对象

图19-80 移动对象

提示 按快捷键Ctrl+Z，可以将移动后的对象恢复到原来的位置，按住Shift键单击并拖动对象，可以将对象移动的方向固定在水平、垂直或45°角的倍数方向。

2、使用方向键

在场景中单击选中相应的图形对象后，按键盘上的方向键，可以使图形对象向相应的方向移动1个像素。按住Shift键的同时按方向键，可以使图形对象向相应的方向一次移动10个像素。

3、使用“属性”面板

在场景中单击选中相应的图形对象后，即可在“属性”面板中的“位置和大小”选项中设置“*x*”和“*y*”的数值，为对象设置精确的定位，如图19-81所示。“*x*”和“*y*”的数值是相对于场景中坐标（0，0）为基准的。

4、使用“信息”面板

在场景中选中相应的图形对象，执行“窗口>信息”命令，打开“信息”面板，如图19-82所示。该面板中提供了两组可调整的对象属性，分别为：“宽”和“高”、“*x*”和“*y*”。当对象属性更改后，图形对象会根据修改后的数值进行相应的移动。“宽”和“高”属性分别用于设置对象的宽度和高度；“*x*”和“*y*”属性分别用于设置对象与场景左侧以及场景与对象上侧的距离。

图19-81 “属性”面板

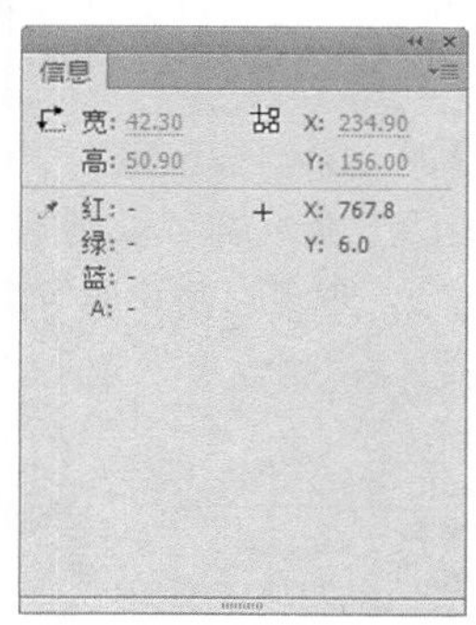

图19-82 “信息”面板

19.4.3 复制对象

在Flash动画的制作过程中，在图层、场景或其他Flash文件之间经常需要复制对象，从而能够有效地提高工作效率。复制对象的方法有很多种，下面将分别进行介绍。

如果是在同一个图层中复制对象，单击选中需要复制的对象，然后按住Alt键单击并拖动对象，即可将该对象进行复制操作，如图19-83所示。

图19-83 复制对象

如果是在不同场景或文件中复制图形对象，则可以使用不同的对象粘贴命令，将图形对象粘贴到相对于原始位置的某个位置。

在场景中单击选中需要复制的对象，执行“编辑>复制”命令后，在“编辑”下拉菜单中可以根据不同的情况选择相应的粘贴方式，如图19-84所示。

如果执行“粘贴到中心位置”命令或者按快捷键Ctrl+V，即可将对象粘贴到当前文件工作区的中心；如果执行“粘贴到当前位置”命令或者按快捷键Ctrl+Shift+V，即可将对象粘贴到相对于场景的同一个位置；如果执行“选择性粘贴”命令，即可弹出“选择性粘贴”对话框，如图19-85所示。

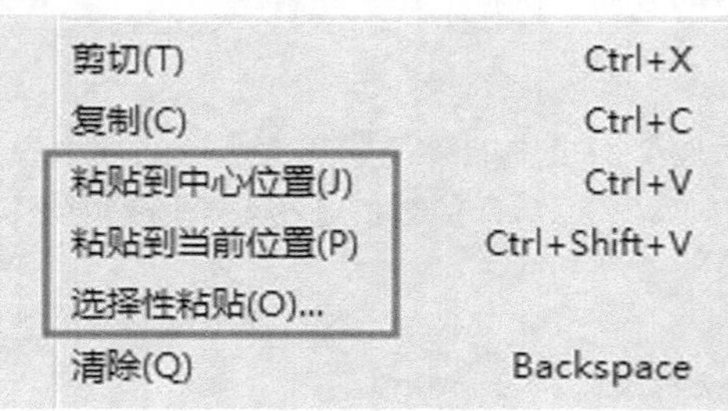

图19-84 “编辑”的下拉菜单

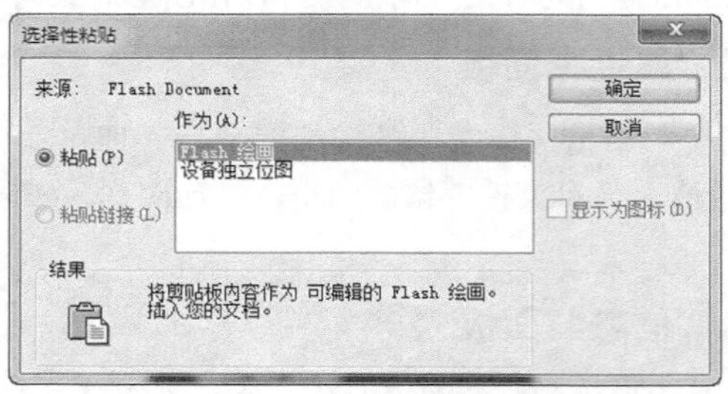

图19-85 “选择性粘贴”对话框

19.4.4 删除对象

在Flash中，有时需要将用不到的对象从文件中删除。删除对象的方法有很多种，下面将分别进行介绍。

在场景中选中需要删除的对象，按键盘上的Delete键或BackSpace键，或执行“编辑>剪切”命令，如图19-86所示，以及“编辑>清除”命令都可以删除该对象，如图19-87所示。还可以在该对象上单击右键，在弹出菜单中选择“剪切”选项，也可以将该对象删除。

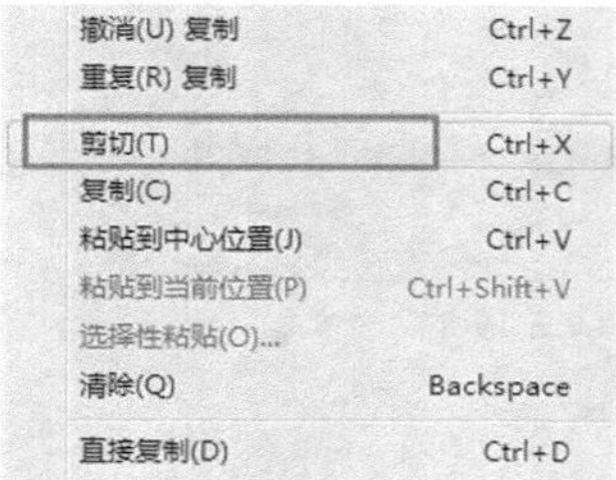

图19-86 “编辑>剪切”命令

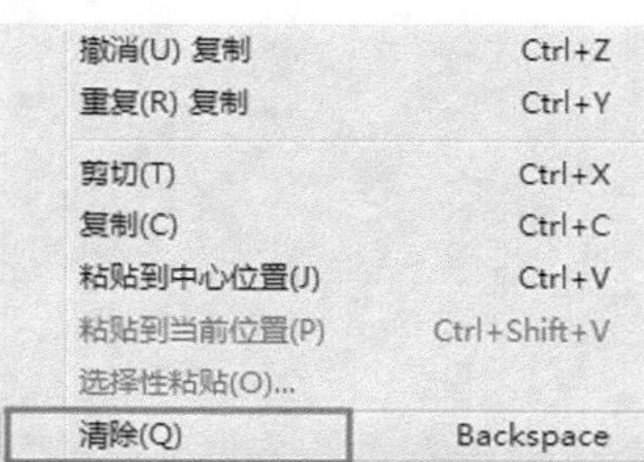

图19-87 “编辑>清除”命令

19.5 对象变形操作

在Flash中，可以根据需要对图形对象、组或文本块等进行旋转、扭曲或缩放等变形操作。

对对象进行变形操作的方法有3种，一种是单击工具箱中的“任意变形工具”按钮进行变形；另一种是执行“修改>变形”命令，在弹出的子菜单中选择相应的选项进行变形，如图19-88所示。还有一种就是执行“窗口>变形”命令，打开“变形”面板，通过“变形”面板对对象进行相应的变形操作，如图19-89所示。

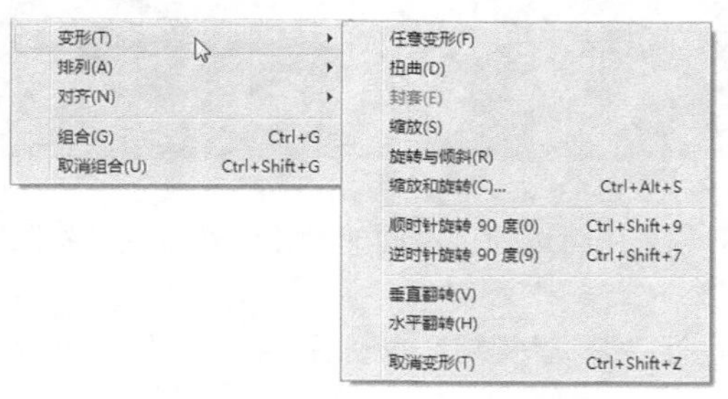

图19-88 “变形”子菜单

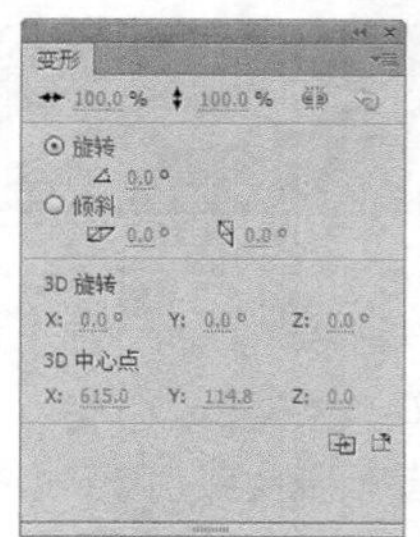

图19-89 “变形”面板

19.5.1 变形点

在Flash中，变形点可以用来作为当图形对象进行一些编辑操作时的参考点。例如，当图形对象沿着变形点进行旋转或对齐和分布操作时，变形点可以用来作为参考点。

在Flash中，每个文本、位图和实例都有一个定位点，其主要用于对象的定位和变形，可以将其移动到场景中的任意位置。默认情况下，对象的定位点就是对象的实际位置。

单击选中需要移动定位点的对象，单击工具箱中的“任意变形工具”按钮，或者执行“修改>变形>任意变形”命令，如图19-90所示。可以看到对象中心的空心圆，就是对象的定位点，如图19-91所示。单击并拖动该定位点即可将其进行移动，如图19-92所示。

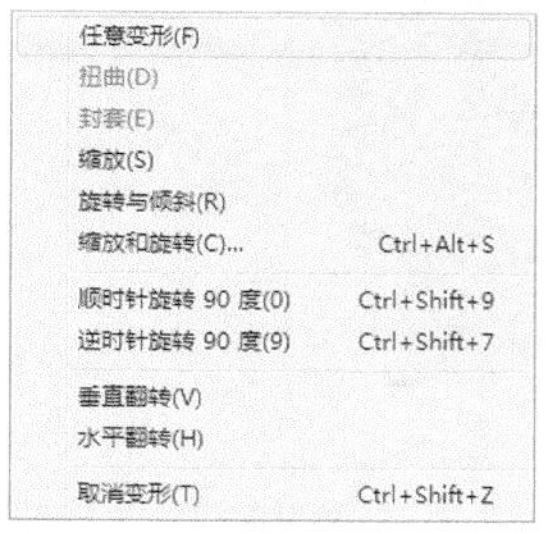

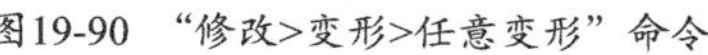
图19-90 “修改>变形>任意变形”命令　图19-91 图形定位点　图19-92 移动定位点

19.5.2 自动变换对象

单击“工具箱”中的“任意变形工具”按钮，在场景中单击选中相应的对象，便会在该对象的周围显示变换框，如图19-93所示。在变换框中即可进行缩放、倾斜、旋转等操作。

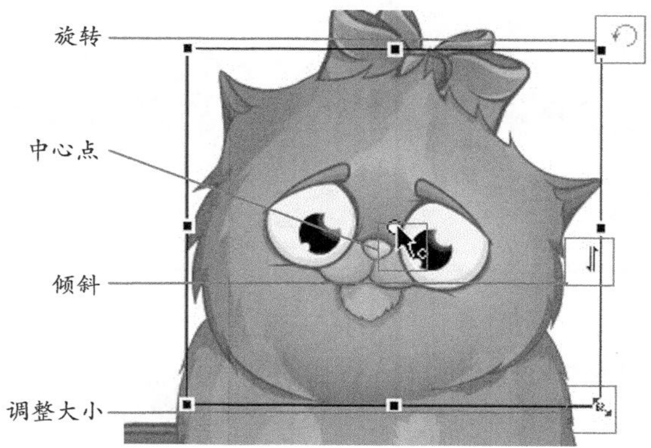

图19-93 显示变换框

中心点：位于变换框中央位置的白色圆点即是该对象的中心点，中心点可以随意移动，并且在对对象进行旋转或者按Alt键调整大小等操作时都可以以中心点作为基准。

旋转：当将光标移至变换框四角的控制手柄外时，光标则会变成旋转箭头的形状，这时单击并拖动鼠标即可对对象进行旋转操作。

倾斜：当将光标移至位于四角的控制手柄和位于控制框四边中点的控制手柄之间的位置时，光标则会变成为反向平行双箭头的形状，这时单击并拖动鼠标即可对对象进行倾斜操作。

调整大小：当将光标移至位于变换框四角或四条边中点的位置时，光标则会变成双向箭头的形状，这时单击并拖动鼠标即可调整对象的大小。当拖曳位于变换框四条边中点的控制手柄可以在水平或垂直方向上调整大小；当拖曳位于变换框四角的控制手柄则可以等比例的放大或缩小对象的大小。

19.5.3 缩放对象

缩放对象是指将选中的对象进行放大或缩小的操作，包括等比例缩放以及水平或垂直方向上的缩放。在Flash中，可以通过拖动变换框来缩放对象，也可以通过在相应的面板中进行设置来缩放对象。

执行“文件>打开”命令，打开素材文件，单击选中需要进行缩放的对象，如图19-94所示。执行“修改>变形>缩放”命令，显示出变换框，单击并拖动其中一个角点，即可沿x轴和y轴两个方向进行等比例缩放，如图19-95所示。如果是按住Shift键则可以进行不等比例的缩放。

图19-94 选中图像

图19-95 等比例缩放

将光标移至位于变换框上下左右四条边的中心调节点上，当光标变为双向箭头时单击并拖动鼠标即可对对象进行水平或垂直方向的缩放操作，如图19-96所示。

（垂直缩放）

（水平缩放）

图19-96 垂直缩放与水平缩放

19.5.4 旋转和倾斜对象

旋转对象是指使对象围绕其变形点通过一定的方向和角度进行旋转；倾斜是指使对象在水平或垂直方向的进行弯曲操作。在Flash中，可以通过拖动变换框的来旋转以及倾斜对象，也可以通过在相应的面板中进行设置来实现。

执行“文件>打开”命令，打开素材文件，单击选中需要进行旋转或倾斜的对象，如图19-97所示。执行“修改>变形>旋转与倾斜”命令，当光标移动到角点上时，则会变成旋转图标，此时单击并拖动鼠标即可使对象围绕变形点进行旋转，如图19-98所示。

图19-97 选中对象

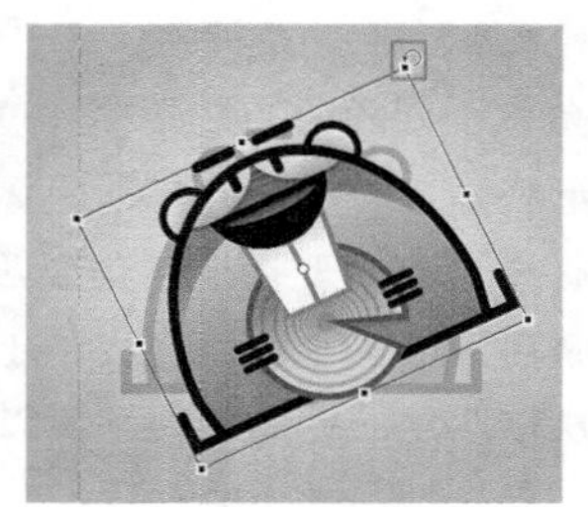

图19-98 旋转对象

将光标移至变换框的任意一条边上，当光标变成倾斜图标时，单击并拖动鼠标即可对图形进行水平或垂直方向的倾斜操作，如图19-99所示。

（水平倾斜）

（垂直倾斜）

图19-99 倾斜对象

19.5.5 扭曲对象

在Flash中，扭曲对象是通过调整变换框上控制点的位置来更改对象的形状，比如将一个规则的形状扭曲成不规则的形状。

单击选中需要进行扭曲的对象，执行“修改>变形>扭曲”命令后，对象周围会出现变形框，将光标放置在控制点上，光标会变成白色，如图19-100所示。单击并拖动变形框上的角点或边控制点，即可移动该角或边，如图19-101所示。

图19-100 指针状态

图19-101 扭曲对象

按住Shift键单击并拖动角点，可以将相邻两个角沿彼此相反的方向移动同等的距离，如图19-102所示。单击并拖动边的中点，即可移动整个边，如图19-103所示。

图19-102 移动点扭曲对象

图19-103 移动边扭曲对象

19.5.6 封套对象

封套对象是指通过调整封套的点和切线手柄来更改封套的形状，更改封套的形状便会直接影响到该封套内对象的形状。

单击选中需要封套的对象，执行“修改>变形>封套”命令后，对象周围会出现变形框，如图19-104所示。变换框上有方形和圆形两种变形手柄，单击并拖动方形手柄即可沿着对象变换框的点对其形状进行调整，如图19-105所示。而圆形手柄则为切线手柄，如图19-106所示。

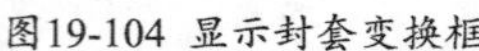

图19-104 显示封套变换框

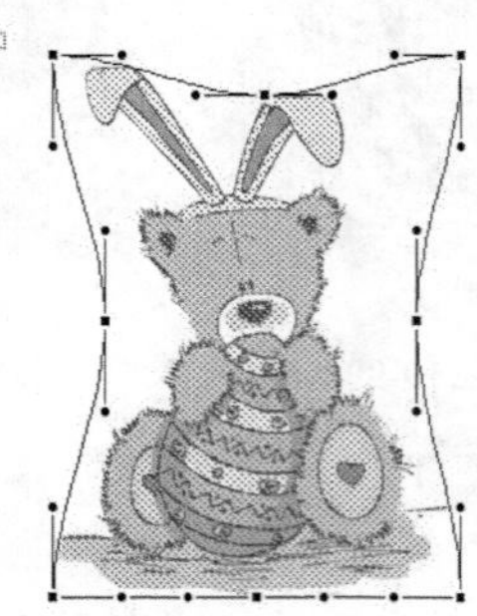

图19-105 拖动方形手柄

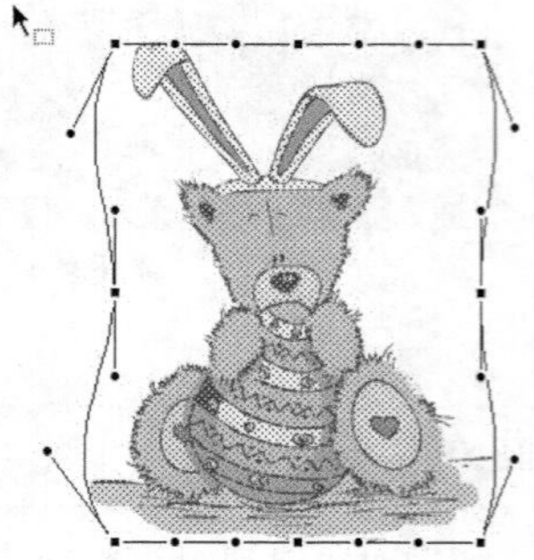

图19-106 拖动圆形手柄

19.6 本章小结

本章重点讲解Flash中文本的创建方法，以及对文本的设置和编辑方法，并且还讲解了在Flash中对象的各种编辑以及管理方法。本章的内容都是比较基础的操作，读者需要能够熟练的掌握文本和对象的操作方法，以便在制作Flash动画时运用自如。

第20章 元件与“库”面板

“时间轴”面板、元件和“库”面板是Flash动画制作过程中非常重要的内容。时间轴用于控制和管理一定时间内图层的关系以及帧内的文档内容，它类似于电影中的胶片卷，每一格胶片就是一帧，当包含连续静态图像的帧在时间轴上快速播放时，就形成了动画。元件是Flash中构成动画的基本元素，可以多次使用，元件的大小直接影响动画的大小，创建完成的元件会自动生成在“库”面板中。使用“库”面板可对文档中的图像、声音和视频等资源进行统一管理，以便于在动画制作时使用。

20.1 认识“时间轴”面板

在Flash中，时间轴是进行Flash作品创作的核心部分，由图层、帧和播放头组成。影片的进度通过帧来控制，时间轴从形式上可以分为两部分，左侧的图层操作区和右侧的帧操作区，如图20-1所示。

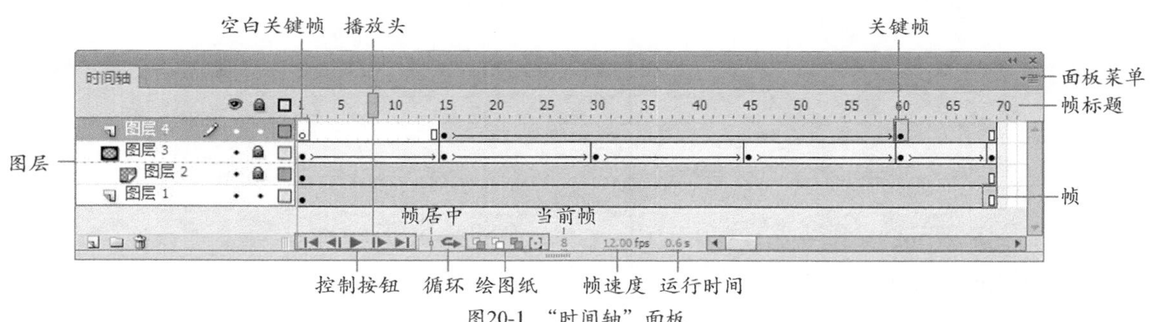

图20-1 “时间轴”面板

图层：图层用于管理舞台中的元素，例如可以将背景元素和文字元素放置在不同的层中。

播放头：在当前播放位置或操作位置上显示，可以对其进行单击或拖动操作。

帧标题：帧标题位于时间轴的顶部，用来指示帧的编号。

帧：帧是Flash影片的基本组成部分，每个图层中包含的帧显示都在该图层名称右侧的一行中。Flash影片播放的过程就是每一帧的内容按顺序呈现的过程。帧放置在图层上，Flash按照从左到右的顺序来播放帧。

空白关键帧：创建空白关键帧是为了在该帧中插入要素。

关键帧：在空白关键帧中插入要素后，该帧就变成了关键帧。白色的圆将会变为黑色的圆。

面板菜单：该选项用来显示与时间轴相关的菜单，在该选项的弹出菜单中提供了关于时间轴的相关命令，如图20-2所示。

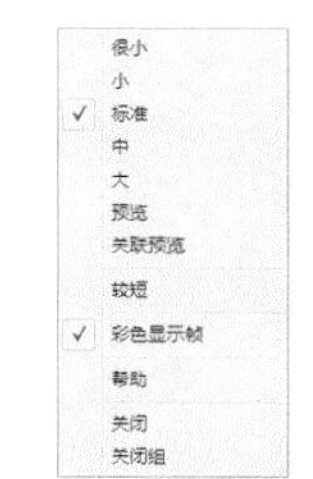

图20-2 面板菜单

控制按钮：用来执行播放动画的相关操作，可以执行转到第一帧、后退一帧、播放、前进一帧和转到最后一帧操作。

“帧居中”按钮：将播放头所处位置的帧置于中央位置。但如果播放头位于第1帧，即使单击该按钮，也无法位于第1帧的中央位置。

“循环”按钮：单击该按钮，在“时间轴”中设置一个循环的区域，就可循环预览区域内的动画效果。

“绘图纸”按钮组：在场景中显示多帧要素，可以在操作的同时查看帧的运动轨迹。

当前帧：此处显示的是播放头在时间轴中的当前位置。

帧速度：一秒钟内显示帧的个数，默认值为24，即一秒钟内显示24个帧。

运行时间：显示到播放头所处位置为止动画的播放时间。帧的速率不同，动画的运行时间也会不同。

20.2 关于帧

不同的帧代表不同的动画，无内容的帧是以空的单元格形式显示，有内容的帧是以一定的颜色显示。例如，传统补间动画的帧显示淡蓝色，形状补间动画的帧显示淡绿色，关键帧后面的帧继续显示关键帧的内容。

20.2.1 帧

帧又分为"普通帧"和"过渡帧"，在影片制作的过程中，经常在一个含有背景图像的关键帧后面添加一些普通帧，使背景延续一段时间，在起始关键帧和结束关键帧之间的所有帧被称为"过渡帧"，如图20-3所示。

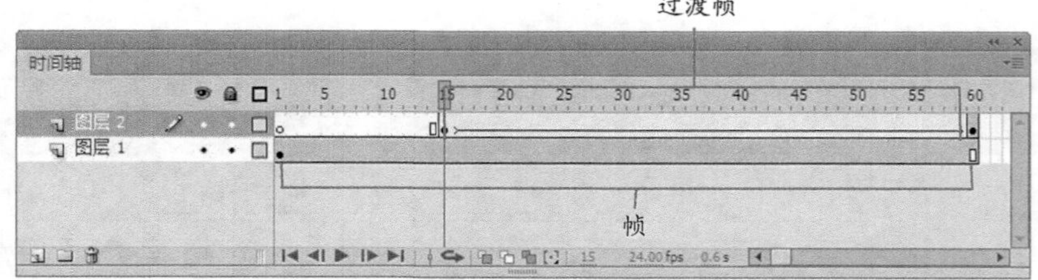

图20-3 帧效果

过渡帧是动画实现的详细过程，能具体体现动画的变化过程。当鼠标单击过渡帧时，在舞台中可以预览这一帧的动画情况，过渡帧的画面由计算机自动生成，无法进行编辑操作。

20.2.2 关键帧

关键帧是Flash动画的变化之处，是定义动画的关键元素，它包含任意数量的元件和图形等对象，在其中可以定义对动画的对象属性所做的更改，该帧的对象与前、后的对象属性均不相同。关键帧的效果如图20-4所示。

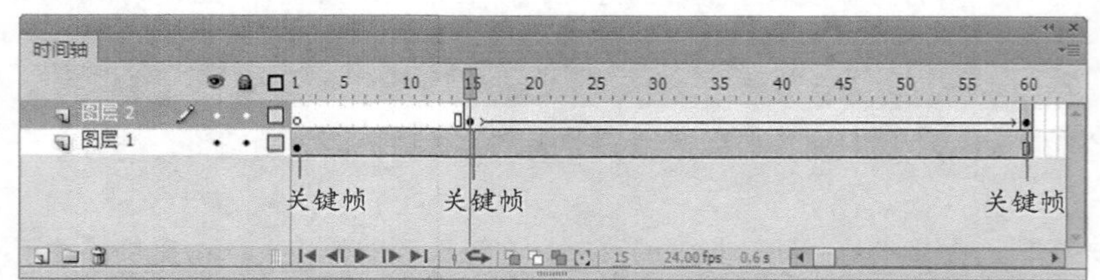

图20-4 关键帧效果

关键帧中可以包含形状剪辑、组等多种类型的元素或诸多元素，但过渡帧中的对象只能是剪辑（影片剪辑、图层剪辑、按钮）或独立形状。两个关键帧的中间可以没有过渡帧，但过渡帧前后肯定有关键帧，因为过渡帧附属于关键帧，关键帧可以修改该帧的内容，但过渡帧无法修改。

20.2.3 空白关键帧

当新建一个图层时，图层的第1帧默认为一个空白关键帧，即一个黑色轮廓的圆圈，当向该图层添加内容后，这个空心圆圈将变为一个小实心圆圈，该帧即为关键帧。

20.2.4 关于帧频

帧频在Flash动画的制作中是一个特别需要考虑的问题，因为帧频会影响最终的动画效果，将帧频设置的过高会导致处理器出现问题，特别是使用许多资源或使用了过多ActionScript创建动画时。

帧频就是动画播放的速度，以每秒钟所播放的帧数为度量，如果动画的帧频设置的太慢，会使该动画看起来没有连续感；如果动画帧频设置的太快，会使该动画的细节变得模糊，看不清。

一个动画标准的运动图像速率为每秒24帧。在Flash新建的文档中，默认的“帧频”设置为24fps，执行“文件>新建”命令，弹出“新建文档”对话框，在其中即可设置动画的帧频，如图20-5所示。因为一个Flash动画文档只能设置一个帧频，所以在设计制作Flash动画之前，就需要确定Flash动画的帧频。

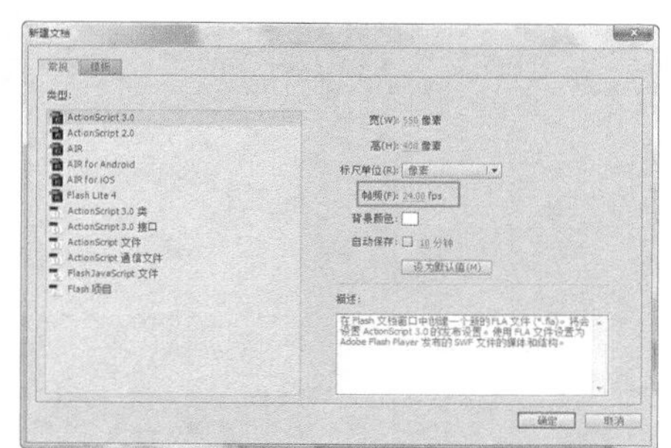

图20-5 “新建文档”对话框

如果后期需要修改文档的帧频，可以在“属性”面板上的“帧频”文本框中输入合适的帧频即可，如图20-6所示；或者单击“属性”面板上的“编辑文档属性”按钮🔧，在弹出的“文档属性”对话框中进行设置，如图20-7所示。

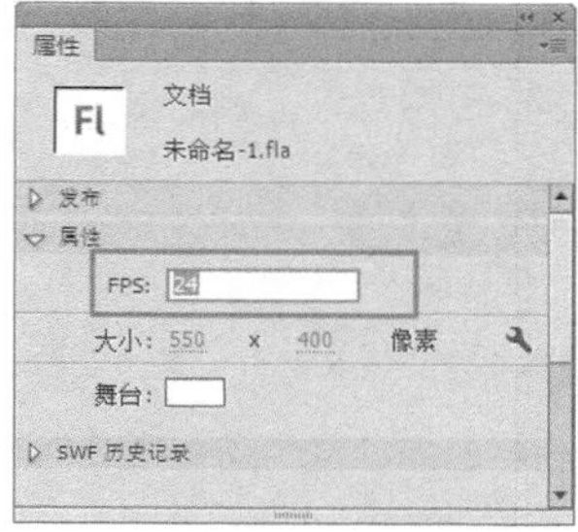

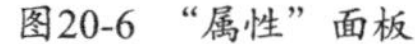

图20-6 “属性”面板

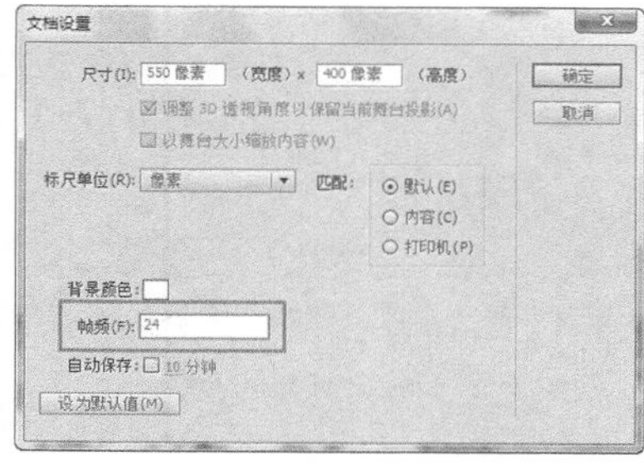

图20-7 “文档设置”对话框

20.3 帧的编辑操作

在实际的工作中，经常需要对帧进行各种编辑操作。帧的类型比较复杂，在影片中起到的作用也各不相同，但是对于帧的各种编辑操作都是相同的，下面将针对如何编辑帧进行详细讲解。

20.3.1 插入帧

选中需要插入帧的位置，执行“插入>时间轴>帧”命令，或者直接按F5键，即可在当前帧的位置插入一个帧，如图20-8所示。也可以在需要插入帧的位置单击鼠标右键，在弹出菜单中选择“插入帧”命令，如图20-9所示。

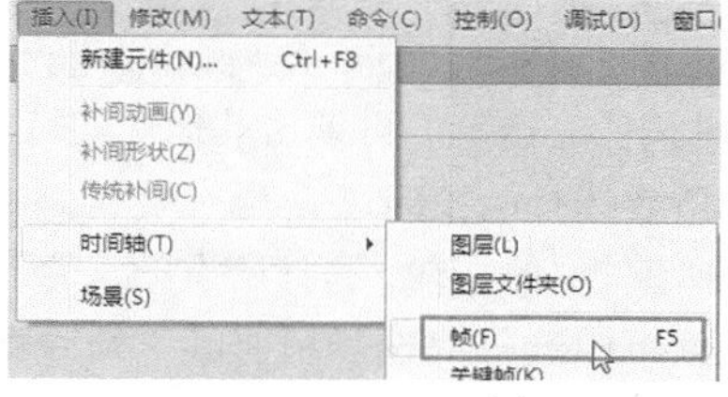

图20-8 “帧”菜单命令

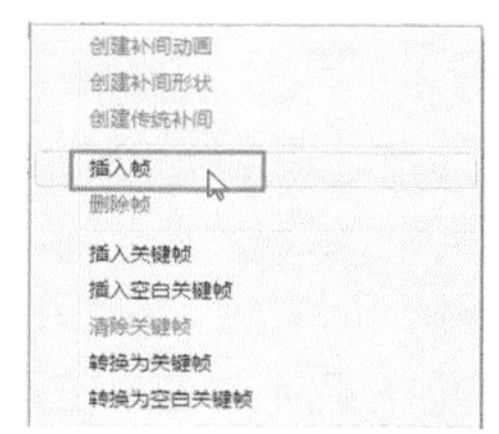

图20-9 “插入帧”快捷菜单

选中需要插入关键帧的位置，执行“插入>时间轴>关键帧”命令，或者按F6键，即可在当前位置插入一个关键帧，如图20-10所示。也可以在需要插入关键帧的位置单击鼠标右键，在弹出菜单中选择“插入关键帧”命令，如图20-11所示。

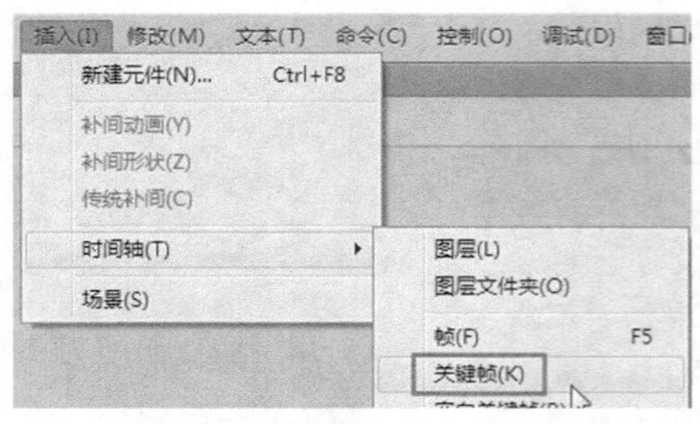

图20-10 “关键帧”菜单命令

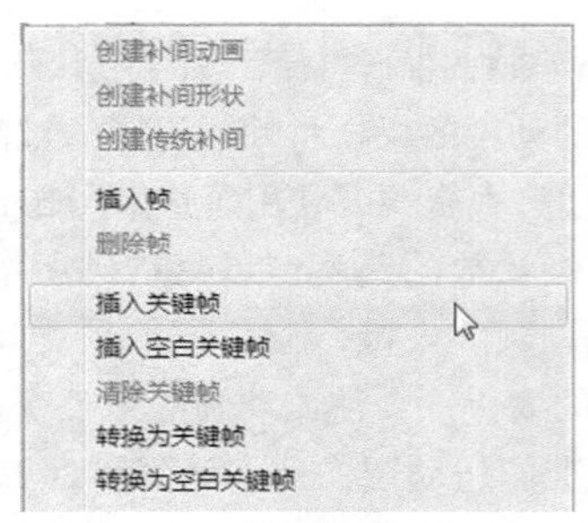

图20-11 “插入关键帧”快捷菜单

选中需要插入空白关键帧的位置，执行“插入>时间轴>空白关键帧”命令，或者按F7键，即可在当前位置插入一个空白关键帧，如图20-12所示。也可以在需要插入关键帧的位置单击鼠标右键，在弹出菜单中选择“插入空白关键帧”命令，如图20-13所示。

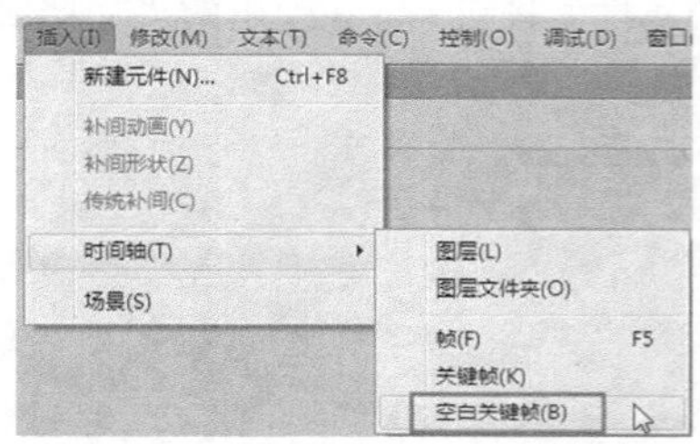

图20-12 “空白关键帧”菜单命令

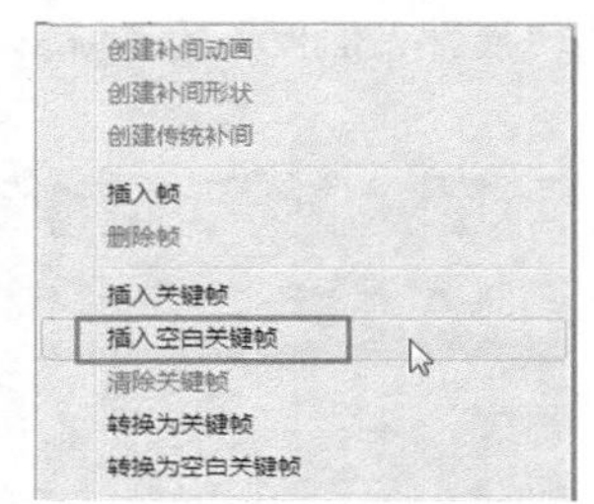

图20-13 “插入空白关键帧”快捷菜单

20.3.2 选择帧

鼠标左键单击帧，即可选中该帧，执行“编辑>首选参数”命令，在弹出的“首选参数”对话框中选择“常规”选项卡，勾选“基于整体范围的选择”复选框，如图20-14所示，则单击某个帧将会选择两个关键帧之间的整个帧序列，如图20-15所示。

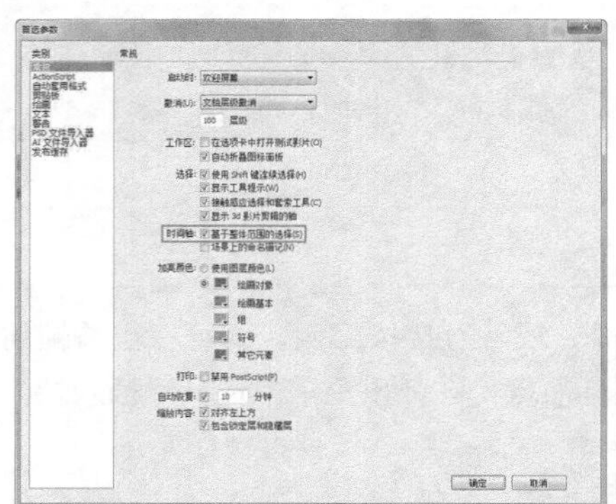

图20-14 “首选参数”对话框

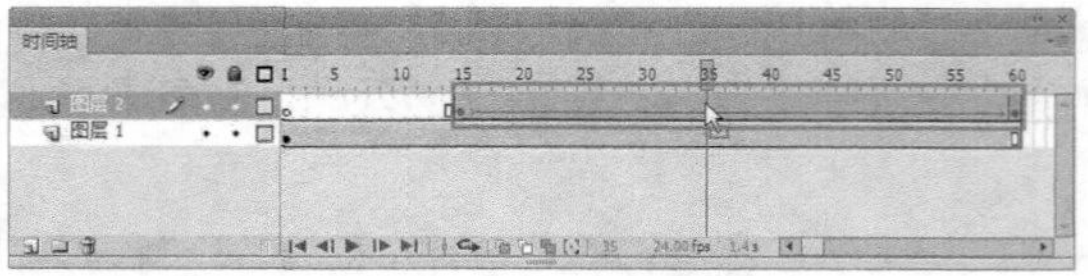

图20-15 选择整体范围

如果想选择多个连续的帧，选中一个帧的同时按住Shift键，再单击其他帧即可；如果要选择多个不连续的帧，选中一个帧的同时按住Ctrl键，再单击其他所要选择的帧即可。

如果想要选择时间轴中的所有帧，可以执行“编辑>时间轴>选择所有帧”命令，也可以在“时间轴”面板中任意一个帧的位置单击鼠标右键，在弹出菜单中选择“选择所有帧”命令即可选中时间轴中的所有帧，如图20-16所示。

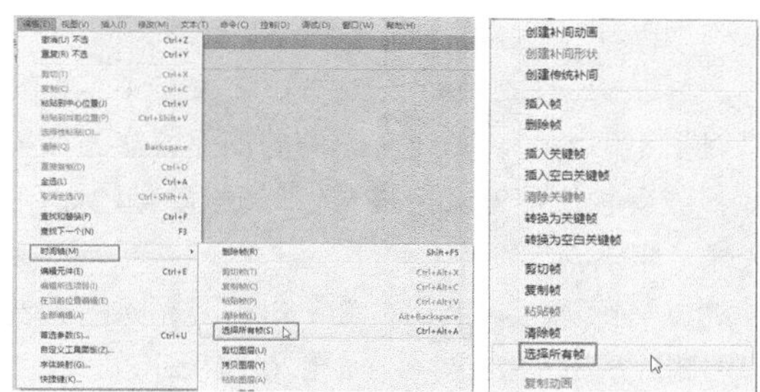

图20-16 选择所有帧

20.3.3 复制帧

选中需要复制的帧，按住Alt键的同时单击并拖动鼠标左键，停留到需要复制帧的位置，释放鼠标后即可复制该帧，如图20-17所示。

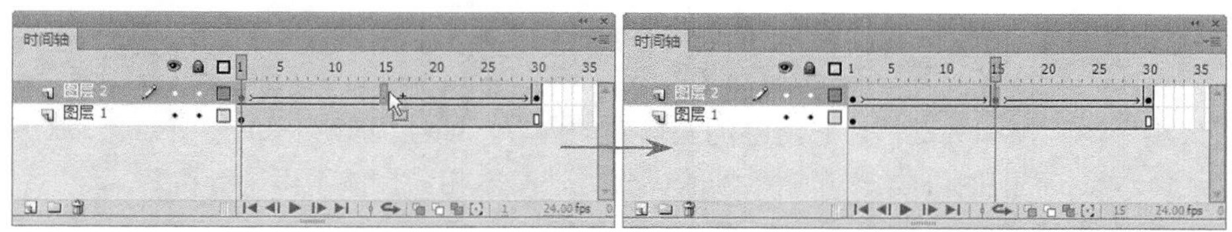

图20-17 复制帧

还可以选中关键帧，执行“编辑>复制”命令，如图20-18所示，然后在需要粘贴帧的位置单击鼠标左键，执行“编辑>粘贴到当前位置”命令，即可粘贴帧，如图20-19所示。

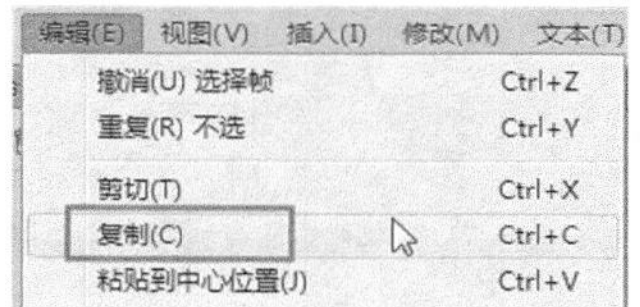

图20-18 “复制”命令　　图20-19 “粘贴到当前位置”命令

鼠标右键单击需要复制的帧，在弹出菜单中选择“复制帧”命令，如图20-20所示，选择需要粘贴帧的位置，单击鼠标右键，在弹出菜单中选择“粘贴帧”命令即可，如图20-21所示。

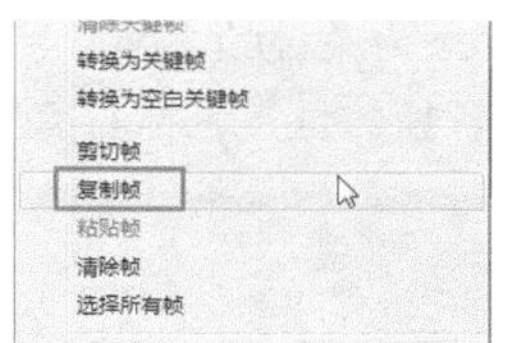

图20-20 “复制帧”命令

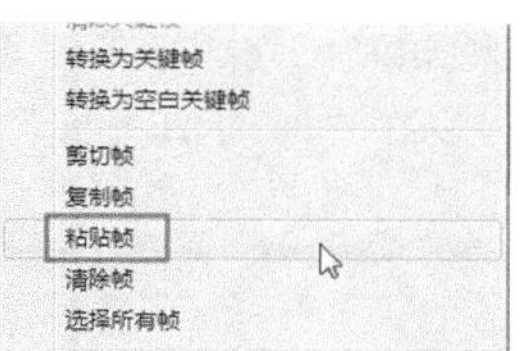

图20-21 “粘贴帧”命令

20.3.4 移动帧

要移动帧，只需要鼠标左键单击选中需要移动的帧，按住鼠标左键拖动到需要停留的位置即可完成移动帧的操作，如图20-22所示。

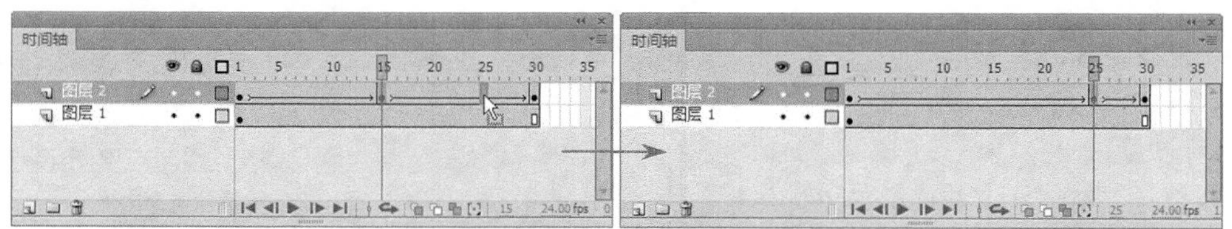

图20-22 移动帧

20.3.5 删除和清除帧

删除帧的方法很简单，但是对于不同的帧，需要有不同的操作方法。如果要删除帧，首先选中该帧，执行“编辑>时间轴>删除帧”命令，或者按快捷键Shift+F5，即可删除帧，如图20-23所示。也可以在该帧位置单击鼠标右键，在弹出菜单中选择“删除帧”命令。

而删除关键帧与空白关键帧的方法则不同，鼠标右键单击需要删除的关键帧或者空白关键帧，在弹出菜单中选择“清除关键帧”命令即可删除所选的关键帧，如图20-24所示。

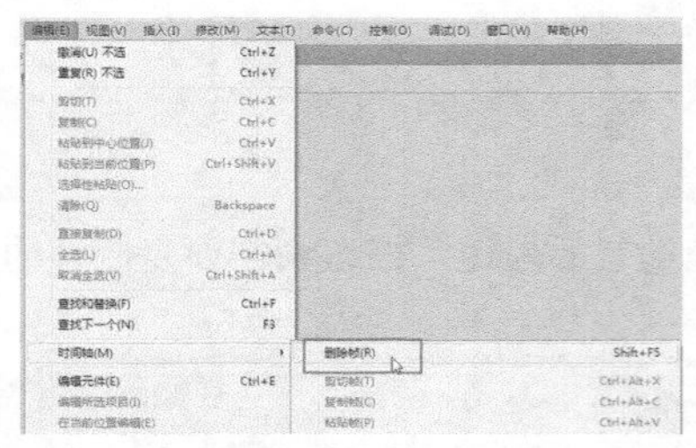

图20-23 “删除帧”命令

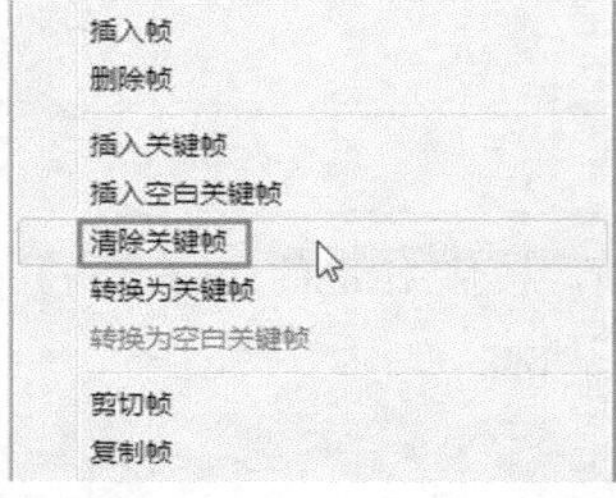

图20-24 “清除关键帧”命令

清除帧主要用于清除帧和关键帧，它清除的是帧中的内容，即帧内部所含的所有对象，对帧进行了清除后帧中将没有任何对象，清除帧的操作和删除帧的操作方法基本相同，就不再进行讲解。

20.3.6 翻转帧

选择一个或多个图层中的合适帧，然后执行“修改>时间轴>翻转帧”命令，即可完成翻转帧的操作，使影片的播放顺序相反，如图20-25所示。

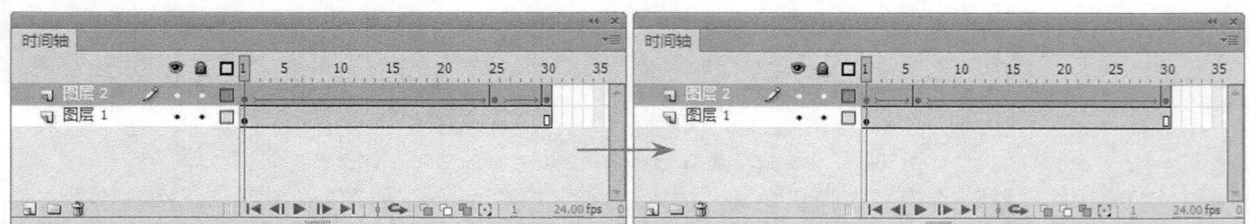

图20-25 翻转帧效果

需要注意的是，所选序列的起始位置和结束位置都必须为关键帧。翻转帧的操作方法除了执行“修改>时间轴>翻转帧”命令外，也可以在“时间轴”面板中任意帧的位置鼠标右键单击，在弹出菜单中选择“翻转帧”命令。

20.3.7 帧的转换

帧、关键帧和空白关键帧之间是可以转换的，其操作方法很简单，只需要在需要转换的帧上单击鼠标右键，在弹出菜单中选择“转换为关键帧”或者“转换为空白关键帧”命令，如图20-26所示，所选的普通帧将转换为关键帧，如图20-27所示。

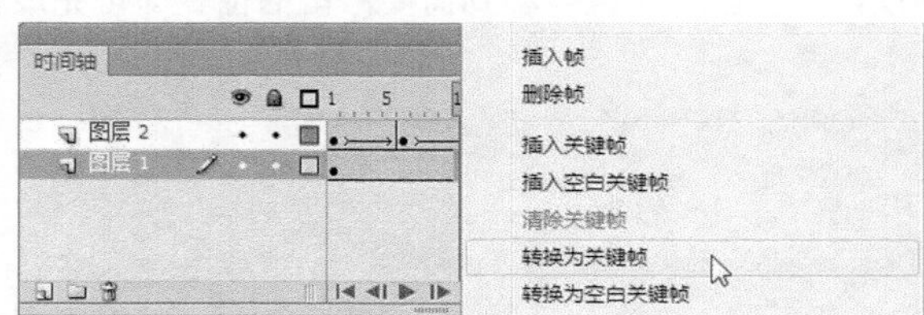

图20-26 “转换为关键帧”命令

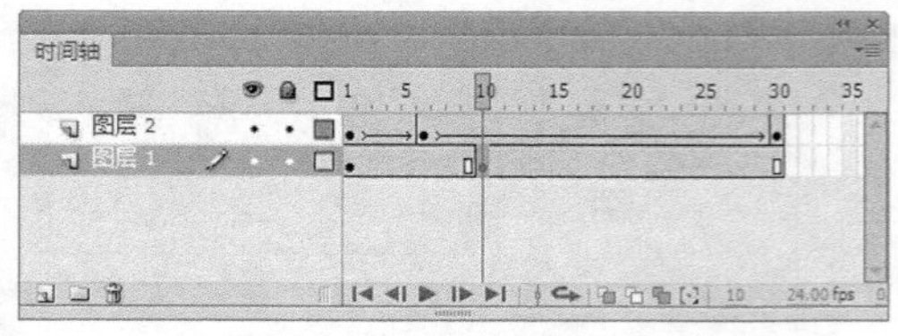

图20-27 转换为关键帧

同样，关键帧或者空白关键帧也可以转换为普通帧，在需要转换的帧上单击鼠标右键，在弹出菜单中选择“清除关键帧”命令，如图20-28所示，所选的关键帧将转换为普通帧，如图20-29所示。

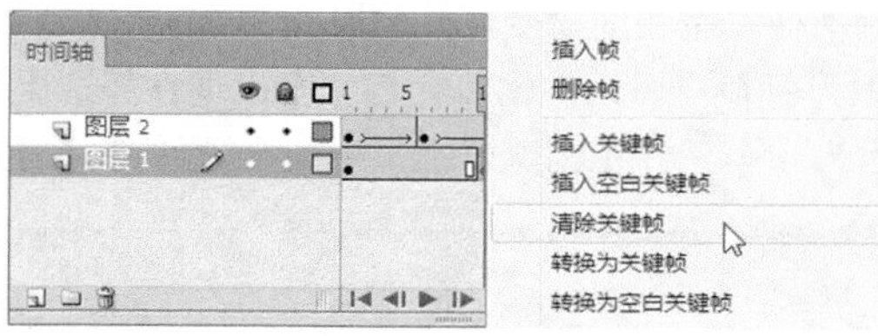

图20-28 “清除关键帧”命令

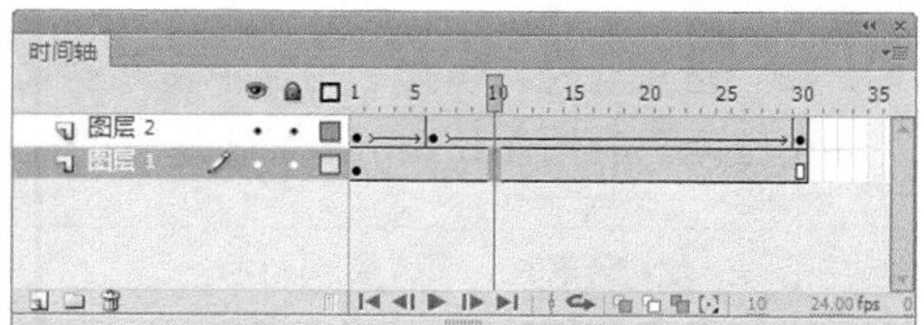

图20-29 转换为普通帧

20.3.8 帧标签

在时间轴上选中一个关键帧，在“属性”面板上的“名称”文本框中输入帧的名称即可创建一个帧的标签，如图20-30所示，在“类型”下拉列表中有3种可供选择的类型，如图20-31所示。

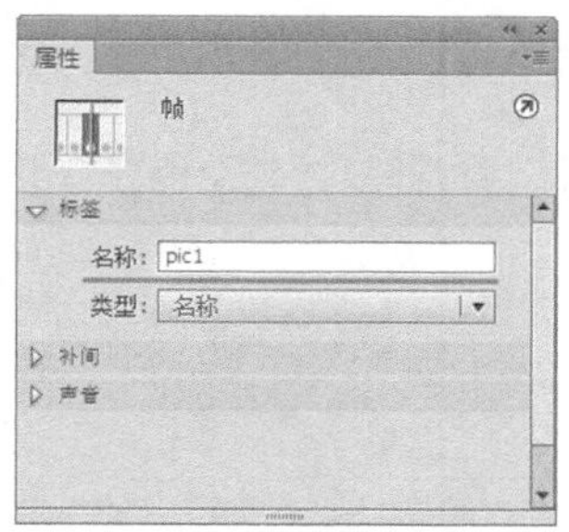

图20-30 “属性”面板

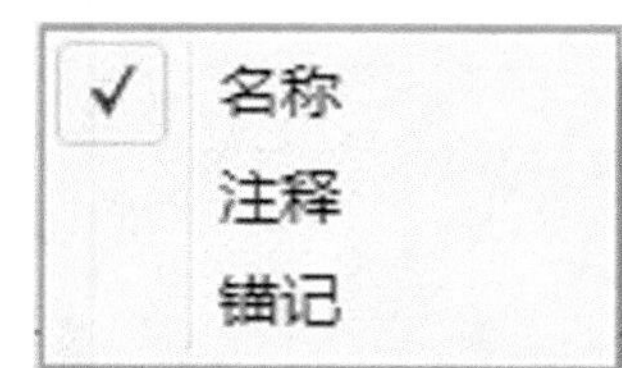

图20-31 “类型”下拉列表

名称：该选项用来标识时间轴中的关键帧名称，在动作脚本中定位帧时，使用帧的名称，如图20-32所示。

注释：选择该选项，表示注释类型的帧标签，只对所选中的关键帧加以注释和说明，文件发布为Flash影片时，不包含帧注释的标识信息，不会增大导出swf文件的大小，如图20-33所示。

锚记：可以使用浏览器中的“前进”和“后退”按钮，从一个帧跳到另一个帧，或是从一个场景跳到另一个场景，从而使得Flash动画的导航变得简单。将文档发布为swf格式的文件时，文件内部会包括帧名称和帧锚记的标识信息，文件的体积会相应的增大，如图20-34所示。

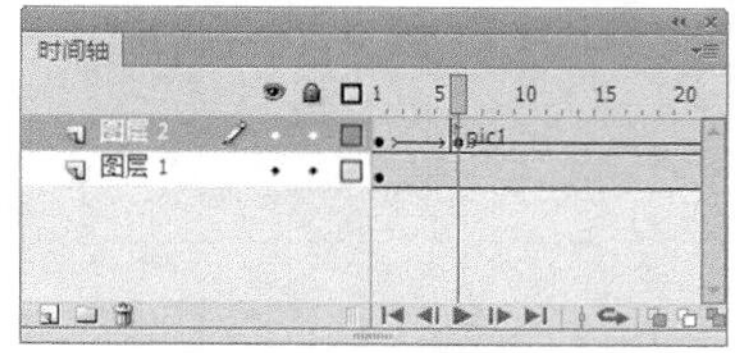

图20-32 “类型”为名称

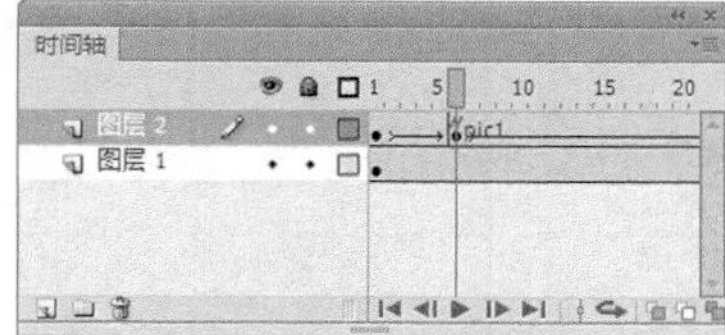

图20-33 “类型”为注释

图20-34 “类型”为锚记

20.4 元件基础

元件的使用使得Flash动画的制作简单轻松，在制作一个动画的过程中，如果对使用的图像元素重新编辑，那么还需要对使用了该图像元素的对象进行编辑，但通过元件的使用，就不再需要进行这样的重复操作。

20.4.1 什么是元件

元件是一些可以重复使用的图像、动画或者按钮，它们被保存在“库”面板中。如果把元件比喻成图纸，实例就是依照图纸生产出来的产品，依照一个图纸可以生产出多个产品，同样，一个元件可以在舞台上可以拥有多个实例。修改一个元件时，舞台上所有的实例都会发生相应的变化。

在影片中，运用元件可以显著地缩小文件的尺寸。因为保存一个元件比保存每一个出现在舞台上的元素要节省更多的空间。利用元件还可以加快影片的播放，因为一个元件在浏览器上只下载一次即可。

20.4.2 元件的类型

执行“窗口>库”命令，打开“库”面板，即可在“库”面板中看到3种类型的元件，如图20-35所示。

图形：通常用于存放静态的图像，还能用来创建动画，在动画中也可以包含其他元件，但是不能加交互控制和声音效果。

按钮：用于在影片中创建对鼠标事件（如单击和滑过）响应的互动按钮，制作按钮首先要制作与不同的按钮状态相关联的图形。为了使按钮有更好的效果，还可以在其中加入影片剪辑或音效文件。

影片剪辑：一个独立的小影片，它可以包含交互控制和音效，甚至能包含其他的影片剪辑。

图20-35 “库”面板

20.5 创建元件

创建元件的方法很简单，执行“插入>新建元件”命令，如图20-36所示，或者单击“库”面板右上角的三角图标，在弹出菜单中选择“新建元件”命令，如图20-37所示，即可弹出“创建新元件”对话框。

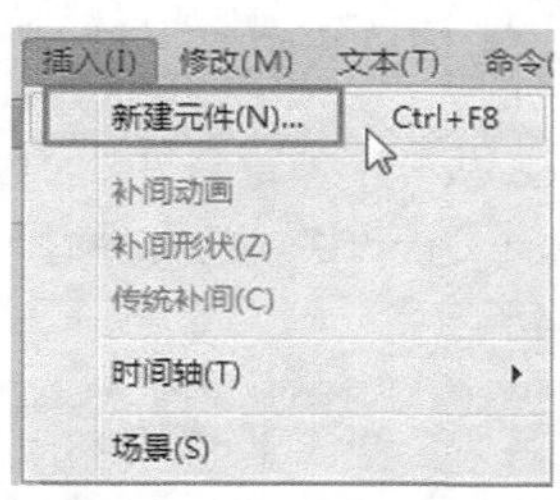

图20-36 “新建元件”命令

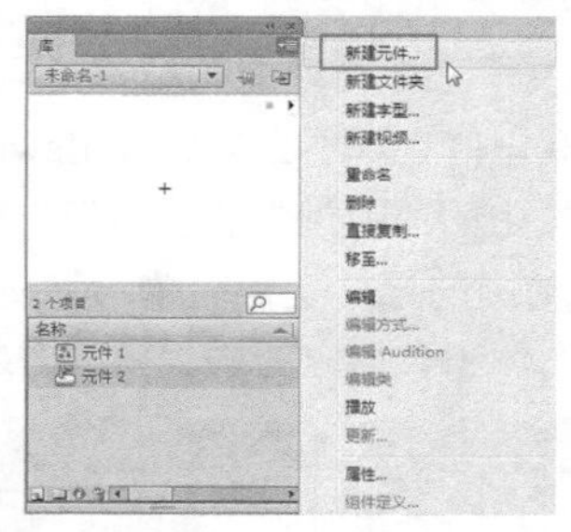

图20-37 弹出菜单

20.5.1 创建图形元件

执行“插入>新建元件”命令，在弹出的“创建新元件”对话框的“类型”下拉列表中选择“图形”选项即可，如图20-38所示。

图形元件可用于创建静态图像，是一种不能包含时间轴动画的元件，例如在图形元件中创建一个逐帧动画或补间动画后把它应用在主场景中，在测试影片时就可发现它并不能生成一个动画而是一个静态的图像，如图20-39所示。

图20-38 创建图形元件

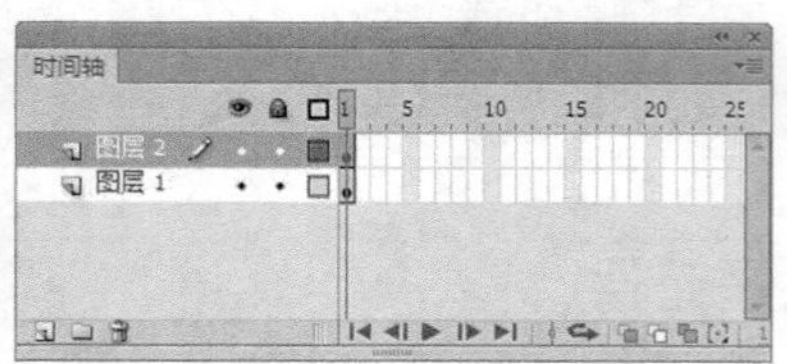

图20-39 图形元件“时间轴”面板

20.5.2 创建影片剪辑元件

执行“插入>新建元件”命令，在弹出的“创建新元件”对话框的“类型”下拉列表中选择“影片剪辑”选项即可，如图20-40所示。

在与动画结合方面，影片剪辑所涉及的内容很多，是Flash中非常重要的元素，因为从本质来说，影片剪辑就是独立的影片，影片剪辑的时间轴独立于时间轴，可以嵌套在主影片中，影片剪辑还支持ActionScript脚本语言控制动画，如图20-41所示。

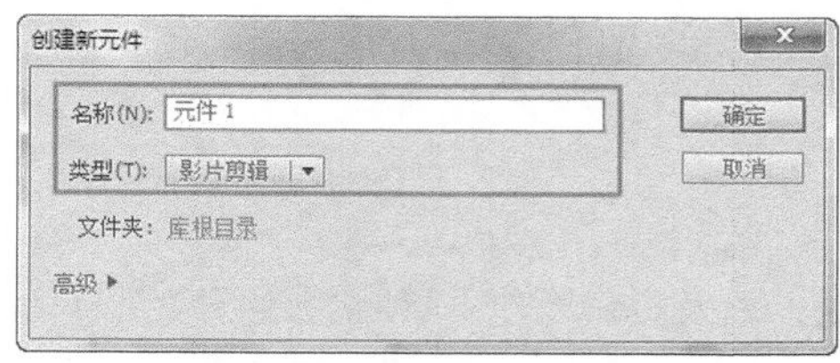

图20-40 创建影片剪辑元件

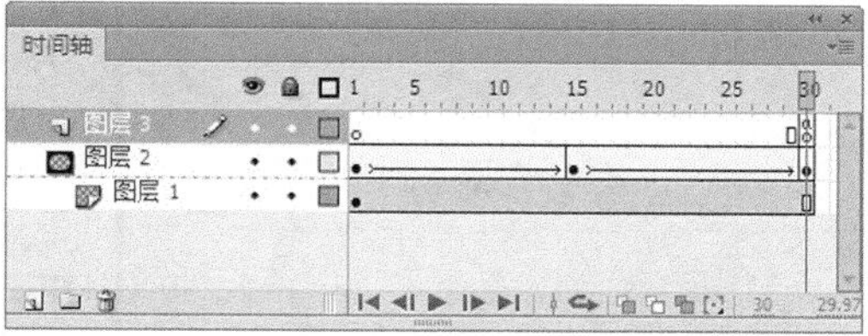

图20-41 影片剪辑“时间轴”面板

影片剪辑可以和其他元件一起使用，也可以单独地放在场景中使用。例如，可以将影片剪辑元件放置在按钮的一个状态中，创造出有动画效果的按钮。影片剪辑与常规的时间轴动画最大的不同在于：常规的动画使用大量的帧和关键帧，而影片剪辑只需要在主时间轴上拥有一个关键帧就能够运行。

20.5.3 创建按钮元件

执行“插入>新建元件”命令，在弹出的“创建新元件”对话框的“类型”下拉列表中选择“按钮”选项即可，如图20-42所示。

按钮元件能够实现根据鼠标单击、滑动等动作触发指定的效果，如在鼠标滑过按钮时按钮变暗或者变大甚至播放动画等效果。按钮元件是由4帧的交互影片剪辑组成的，当元件选择按钮行为时，Flash会创建一个4帧的时间轴。前3帧显示按钮的3种可能的状态，第4帧定义按钮的活动区域。时间轴实际上并不播放，它只是对指针运动和动作做出反应，跳到相应的帧，如图20-43所示。

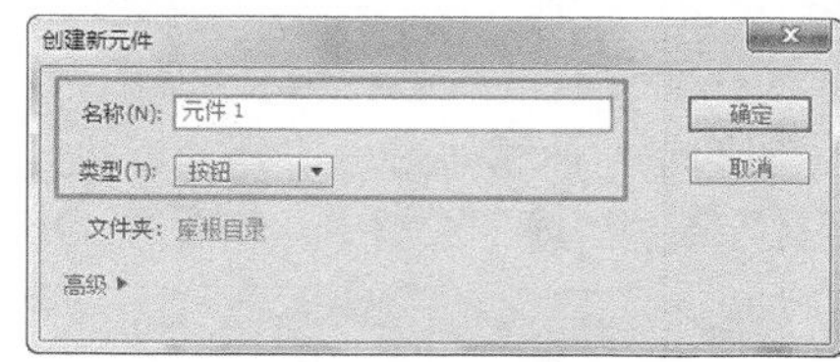

图20-42 创建按钮元件

图20-43 按钮元件“时间轴”面板

弹起：代表鼠标指针没有经过按钮时该按钮的状态。

指针经过：代表鼠标指针在按钮上时的状态。

按下：代表单击按钮时，该按钮的状态。

点击：定义对鼠标单击做出反应的区域，这个反应区域在影片中是看不见的。

> **提示** 要制作一个交互式按钮，可把该按钮元件的一个实例放在舞台上，然后给该实例指定动作。必须将动作指定给文档中按钮的实例，而不是指定给按钮时间轴中的帧。影片剪辑元件与按钮组件都可以创建按钮，可以添加更多的帧到按钮或添加更复杂的动画。

20.5.4 转换为元件

首先选中场景中需要转换为元件的对象，执行“修改>转换为元件”命令，或者按F8键，弹出“转换为元件”对话框，如图20-44所示。在该对话框中输入要转换的元件名称及类型，在“对齐”标签下可设置元件的注册点，单击“确定”按钮，Flash会在库中添加该元件，如图20-45所示。

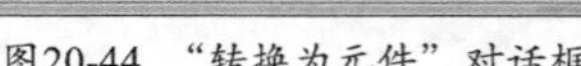

图20-44 “转换为元件”对话框　　图20-45 “库”面板

20.5.5 实战——制作基础按钮动画

在前几小节中已经向读者介绍了按钮元件的创建方法，以及按钮元件中4种状态的意义，下面通过一个练习制作一个基础的按钮动画，主要是通过按钮中4种状态帧来实现动画的效果，以帮助读者更好的理解按钮元件中的4种状态帧。

制作基础按钮动画

●源文件：光盘\源文件\第20章\20-5-5.fla　　●视频：光盘\视频\第20章\20-5-5.swf

01 执行“文件>新建”命令，在弹出的“新建文档”对话框中进行设置，如图20-46所示，单击“确定”按钮，新建一个Flash文档。执行“插入>新建元件”命令，在弹出的对话框中进行设置，如图20-47所示。

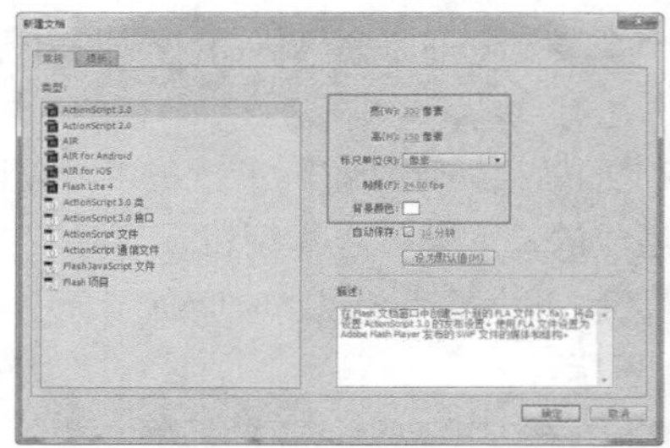
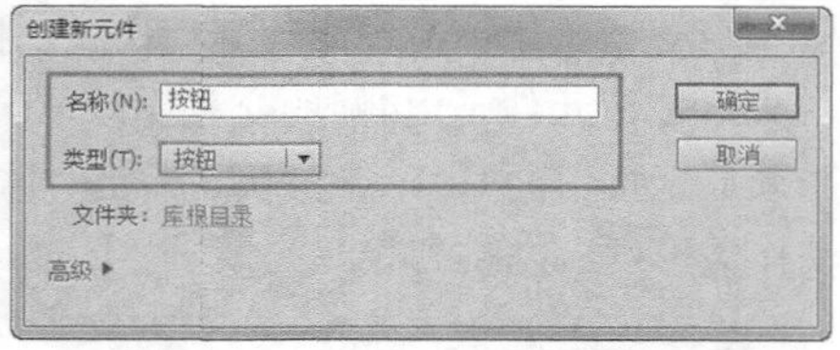

图20-46 “新建文档”对话框　　图20-47 “创建新元件”对话框

02 单击“确定”按钮，进入“按钮”元件编辑状态，“时间轴”面板如图20-48所示。执行“文件>导入>导入到库”命令，弹出“导入到库”对话框，将相应的素材导入到“库”面板中，如图20-49所示。

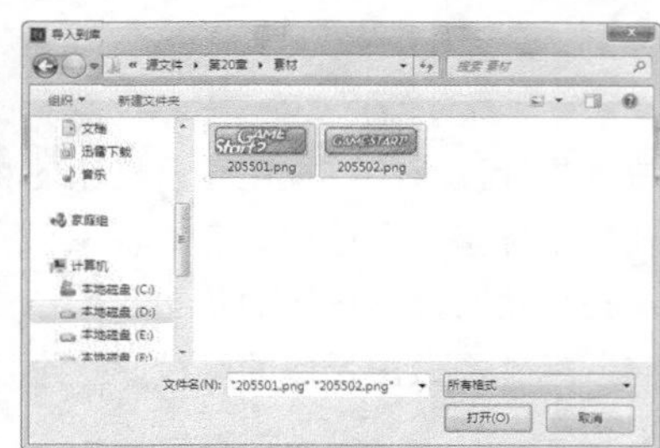

图20-48 “时间轴”面板　　图20-49 “导入到库”对话框

03 选择“弹起”帧，将素材2055501.png从“库”面板中拖入至舞台，如图20-50所示。选择“指针经过”帧，按F7键插入空白关键帧，将素材205502.png从“库”面板拖入舞台，如图20-51所示。

图20-50 拖入素材图像　　图20-51 拖入素材图像

04 选择“按下”帧，按F6键插入关键帧，使用“任意变形工具”，将该帧上的图像等比例缩小一些，如图20-52所示。选择“点击”帧，按F7键插入空白关键帧，使用“矩形工具”在场景中进行绘制，效果如图20-53所示。

图20-52 调整大小

图20-53 绘制矩形

05 完成“按钮”元件的制作，“时间轴”面板如图20-54所示。返回到“场景 1”编辑状态，设置舞台的背景颜色为#148EEC，将“按钮”元件从库中拖入到场景中，并调整至合适位置，如图20-55所示。

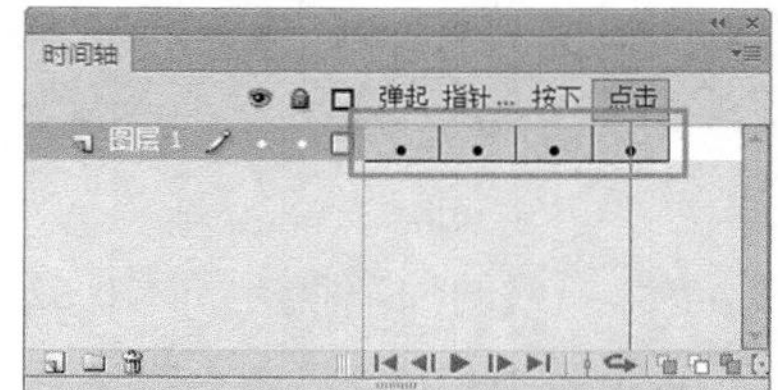

图20-54 “时间轴”面板

图20-55 场景效果

06 执行“文件>保存”命令，将动画保存为“光盘\源文件\第20章\20-5-5.fla”，按快捷键Ctrl+Enter，测试动画，效果如图20-56所示。

图20-56 预览Flash动画效果

20.5.6 实战——制作马儿奔跑动画

本实例制作一个马儿奔跑动画，首先创建一个影片剪辑元件，在该影片剪辑元件中导入图像序列形成逐帧动画的效果，然后返回到主场景，导入背景素材拖入影片剪辑元件，并制作影片剪辑元件从左至右的动画效果。

制作马儿奔跑动画

●源文件：光盘\源文件\第20章\20-5-6.fla　　●视频：光盘\视频\第20章\20-5-6.swf

01 执行“文件>新建”命令，在弹出的“新建文档”对话框中进行设置，如图20-57所示，单击“确定”按钮，新建一个Flash文档。执行“插入>新建元件”命令，在弹出的对话框中进行设置，如图20-58所示。

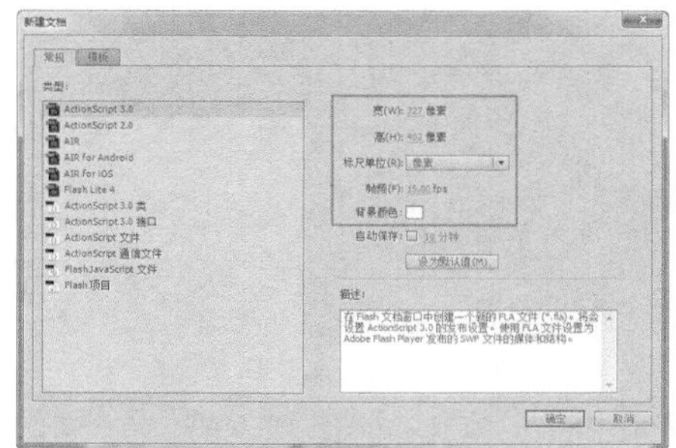

图20-57 “新建文档”对话框

图20-58 “创建新元件”对话框

02 执行“文件>导入>导入到舞台”命令，弹出“导入到舞台”对话框，选择图像“光盘\源文件\第20章\素材\m01.png”，如图20-59所示。单击“打开”按钮，弹出提示对话框，提示是否导入图像序列，如图20-60所示。

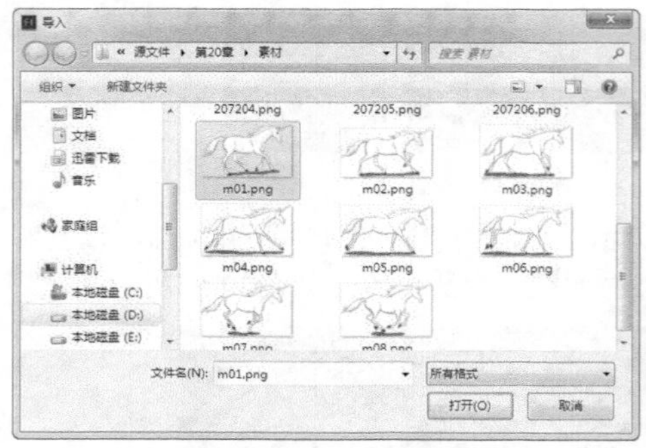

图20-59 “导入”对话框

图20-60 提示对话框

03 单击“是”按钮，导入图像序列，舞台效果如图20-61所示，“时间轴”面板如图20-62所示。

图20-61 舞台效果

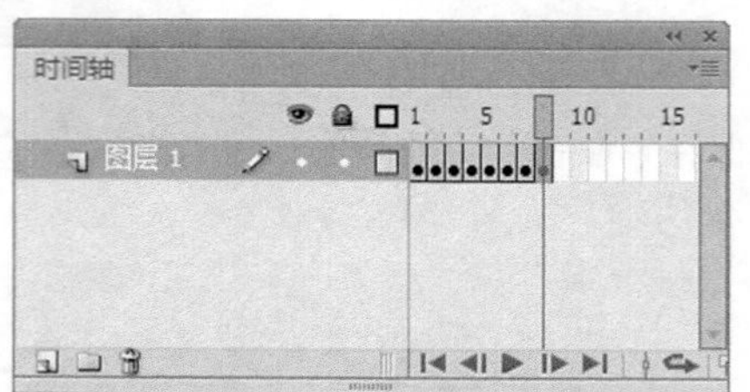

图20-62 “时间轴”面板

04 单击“编辑”栏上的“场景1”文字，如图20-63所示。返回“场景1”编辑状态，执行“文件>导入>导入到舞台”命令，导入素材图像“光盘\源文件\第20章\素材\205601.jpg”，如图20-64所示。

图20-63 单击“场景1”文字

图20-64 导入素材图像

05 在第60帧按F5键插入帧，新建“图层2”，在“库”面板中将“马奔跑”元件拖入到舞台中，如图20-65所示。在第60帧按F6键插入关键帧，调整该帧上元件的位置，如图20-66所示。

图20-65 拖入元件

图20-66 调整元件位置

06 在第1帧单击鼠标右键，在弹出菜单中选择“创建传统补间”选项，如图20-67所示。创建传统补间动画，“时间轴”面板如图20-68所示。

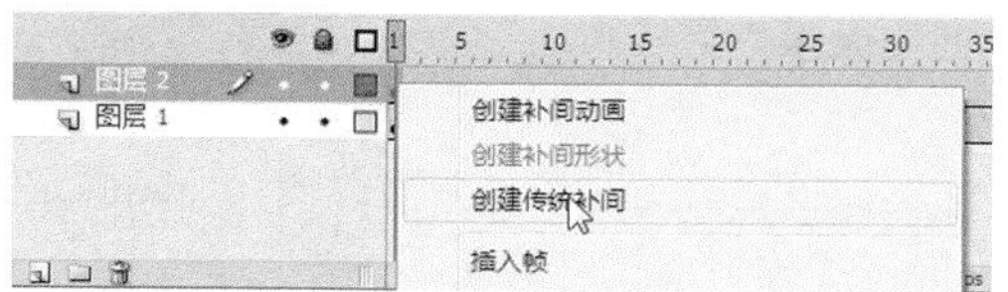

图20-67 选择“创建传统补间”选项

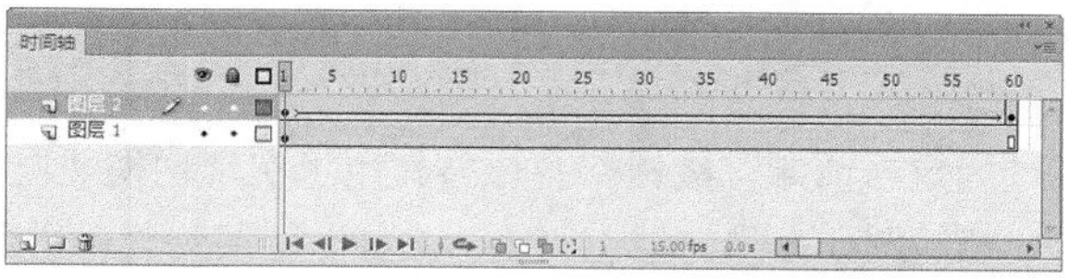

图20-68 “时间轴”面板

07 完成马儿奔跑动画的制作，执行“文件>保存”命令，将该动画保存为“光盘\源文件\第20章\20-5-6.fla”，按快捷键Ctrl+Enter，测试动画，效果如图20-69所示。

图20-69 测试动画效果

20.6 使用“库”面板

“库”面板可用于存放所有存在于动画中的元素，比如元件、插图、视频和声音等，利用“库”面板，可以对库中的资源进行有效的管理。执行“窗口>库”命令或者按F11键，就能打开“库”面板。

20.6.1 认识“库”面板

在“库”面板中按列的形式显示“库”面板中的每个元件的信息，正常情况下，它可以显示所有列的内容，读者也可以拖动面板的左边缘或者右边缘来调整“库”面板的大小。打开“库”面板，如图20-70所示。

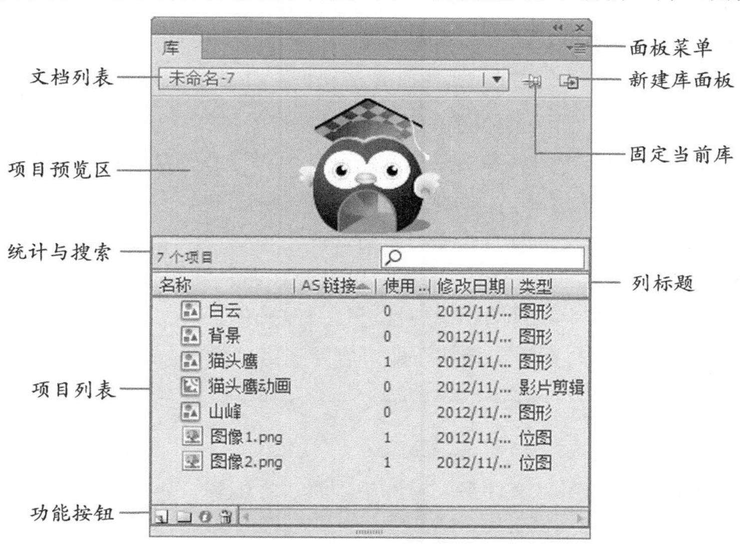

图20-70 “库”面板

文档列表：该选项用于显示当前显示库资源的所属文档，在该选项的下拉列表中会显示当前打开的文档列表，用于切换文档库。

面板菜单：单击该按钮打开“库”面板菜单，在该菜单下可执行“新建元件”、“新建字型”、“新建视频”等命令。

“固定当前库”按钮：该按钮用于实现切换文档时“库”面板不会随文档改变而改变，而是固定显示指定文档，例如，当文档由“未命名-1”切换到“未命名-2”时，“库”面板中的显示不变。

“新建库面板”按钮：单击“新建库面板”按钮，可同时打开多个“库”面板，每个面板可显示不同文档的库，一般在资源列表很长或元件在多文档中调用时使用。

项目预览区：选择文档中的某个项目，该项目将显示在“项目预览区”中，当项目为“影片剪辑”动画或声音文件时，预览区窗口的右上角会出现播放按钮，如图20-71所示，单击该播放按钮，即可在预览区欣赏影片剪辑或声音文件。

统计与搜索：该区域左侧是一个项目计数器，用于显示当前库中所包含的所有项目数，用户可在右侧文本框中输入项目关键字进行快速锁定目标项目，此时左侧会显示当前搜索结果的数目，如图20-72所示。

图20-71 项目预览区

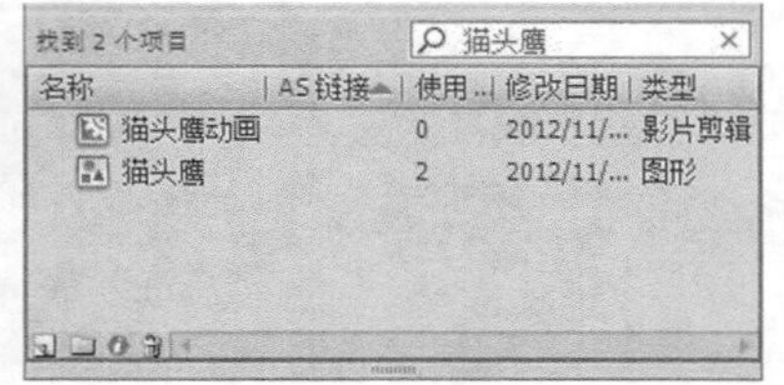

图20-72 搜索项目

列标题：列标题包括“名称”、“AS链接”、“使用次数”、“修改日期”、“类型”五项信息，支持拖动列标题名称调整次序。

- 名称：显示每个指定元件的名称，还可以显示导入文件（如音频文件和位图文件）的文件名。名称栏按字母顺序对元件名称排序，如果要将排列顺序相反，可以单击面板右边的“切换排列顺序”按钮。
- AS链接：表示元件是与另一个影片共享或是从另一个影片中导入的。
- 使用次数：准确记录了每个元件被使用的次数。
- 修改日期：显示元件或导入的文件最后被更新的时间。
- 类型：表示该元件为按钮、位图、图形、影片剪辑或声音类型。如果想将相同类型的项目放在一起，在“类型”标签上单击即可。

项目列表：项目列表罗列出指定文档下的所有资源项目，包括插图、元件、音频等，从名称前的图标可快速识别项目类型，常见如、、分别表示“影片剪辑”元件、“图形”元件、“按钮”元件。

功能按钮：在该部包含4个对“库”面板中的项目进行操作的按钮。

- “新建元件”按钮：单击该按钮将弹出“创建新元件”对话框，从而在库中直接创建新元件。
- “新建文件夹”按钮：默认情况下，元件都存储在库的根目录下。单击该按钮可以创建一个新的文件夹，使用文件夹，更方便项目资源的管理，提高管理性。
- “属性”按钮：选定一个元件或位图等项目，单击该按钮，弹出“元件属性”或“位图属性”对话框，用户可在该对话框中对选中项目的相关属性进行修改操作。
- “删除”按钮：选中一个项目，单击该按钮即可删除选定项目。

20.6.2 管理库项目

在“库”面板中，不仅可以利用“文件夹”对库中项目进行编辑，也可以轻松对资源进行编组、项目排序、重命名、更新等管理。

如果需要重命名库项目，可以在列表中选中一个项目，单击右键，在弹出菜单中选择“重命名”命令，输入新项目名称，按回车键即可，双击项目名称也可对其重命名，其操作方法和重命名文件夹的方法相同。

删除库项目的方法和删除文件夹的方法相同。另外，按Ctrl键可同时选中不连续的多个库项目文件，如

图20-73所示，按Shift键可以同时选中多个连续的库项目文件，如图20-74所示，再执行删除命令即可删除所有选定项目。

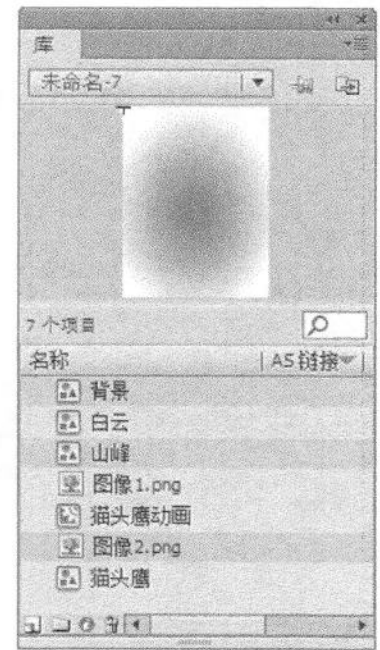

图20-73 选择多个不连续项目　　图20-74 选择多个连续项目

导入一张外部图片到“库”面板中，然后使用外部编辑器修改库中的该图片，Flash会自动更新其修改，如位图或声音等。当Flash没有自动更新时，用户可以手动更新，在选项菜单中选择“更新”命令，如图20-75所示，Flash就会把外部文件导入并覆盖库中文件。

如果想删除“库”面板中未使用的项目，可以在“库”面板的面板菜单中选择“选择未用项目”命令，如图20-76所示，找到所有未用项目后按Delete键即可删除。

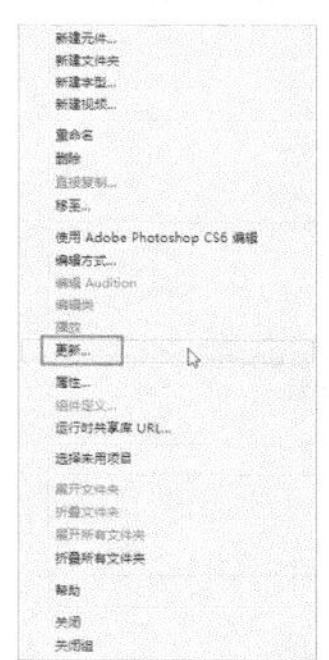
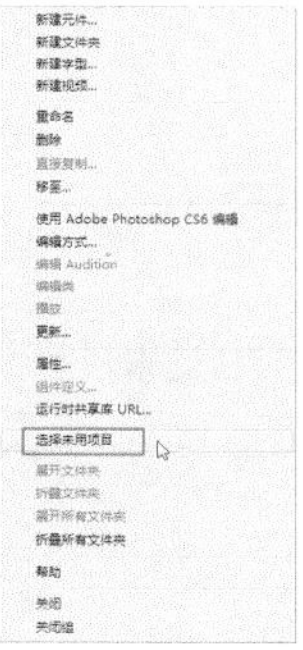

图20-75 “更新”命令　　图20-76 “选择未用项目”命令

20.6.3 使用公共库

Flash附带的范例库资源称为公用库，Flash为用户提供了3种公用库，分别为“声音”、“按钮”和“类”三类，执行“窗口>公用库”命令，单击选择一个需要的公用库即可打开该库，如图20-77所示。

（“按钮”公用库）　（“类”公用库）　（“声音”公用库）

图20-77 Flash公用库

打开一个公用库，即可在任意文档中使用该库中资源，拖曳其中的资源到目标文档中即可创建实例。

提示 在公用库中各元件的调用方法与“库”面板中元件和素材的调用方法是一样的，不同的是，在公用库中不能执行新建元件或文件夹以及删除元件或文件夹的操作。

20.7 使用动画预设

使用动画预设是学习在Flash中添加动画的基础知识比较快捷的方法和技巧。在Flash CS6中，使用动画预设的方法很简单，只要在场景中选中需要应用动画预设的对象后，单击“动画预设”面板上的“应用”按钮即可。当熟练掌握了动画预设的工作方式后，要想自己制作动画便是轻而易举的事了。

20.7.1 预览动画预设

Flash中的每个动画预设都可在“动画预设”面板中预览效果。通过预览动画预设的效果，可以提前了解在将动画应用于FLA文件中对象时所获得的结果。对于自己创建或导入的自定义预设，可以添加自己的预览。

执行“窗口>动画预设”命令，打开“动画预设”面板，在“默认预设”文件夹中选择一个默认的预设，即可预览默认动画预设的效果，如图20-78所示。在该面板外单击鼠标即可停止预览播放。

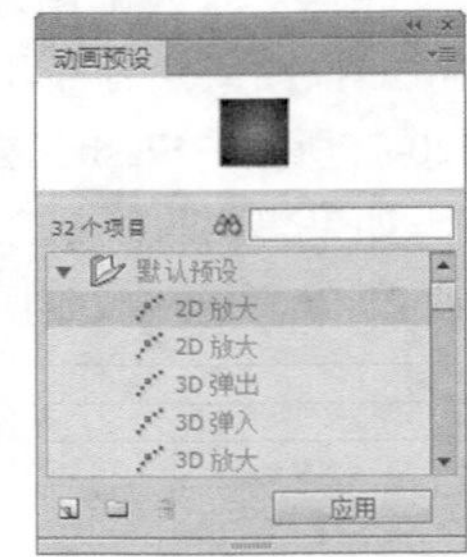

图20-78 “动画预设”面板

20.7.2 实战——使用动画预设制作文字入场动画

本实例通过使用动画预设制作文字入场的动画效果，在该动画的制作过程中，首先导入相应的素材图像，将素材图像分散在不同的图层中，然后分别转换为相应的图形元件，并分别应用相应的动画预设。

使用动画预设制作文字入场动画

●源文件：光盘\源文件\第20章\20-7-2.fla　　●视频：光盘\视频\第20章\20-7-2.swf

01 执行“文件>新建”命令，在弹出的“新建文档”对话框中进行相应的设置，如图20-79所示，单击“确定”按钮，新建一个Flash文档。执行“文件>导入>导入到库”命令，弹出“导入到库”对话框，选择多张外部素材，如图20-80所示。

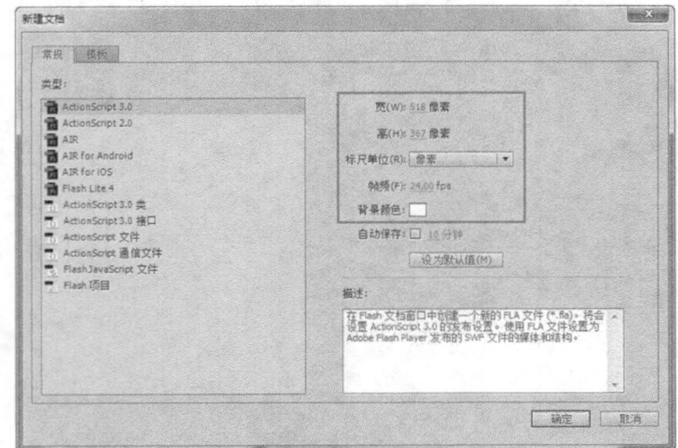

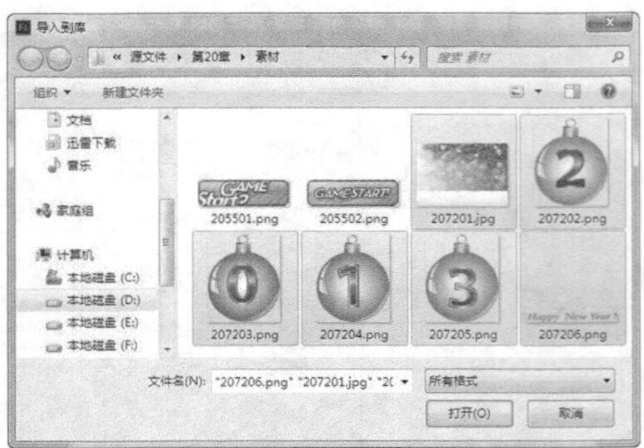

图20-79 “新建文档”对话框　　图20-80 “导入到库”对话框

02 单击“打开”按钮，将多张素材导入到“库”面板中，如图20-81所示。依次将“库”面板中的素材拖曳到舞台中，并调整至合适的位置，舞台效果如图20-82所示。

图20-81 “库”面板

图20-82 场景效果

03 按快捷键Ctrl+A，选中舞台中所有对象，单击鼠标右键，在弹出菜单中选择“分散到图层”命令，“时间轴”面板如图20-83所示。选择“图层 1”，将该图层删除。选中207201.jpg图层，在第80帧位置按F5键插入帧，如图20-84所示。

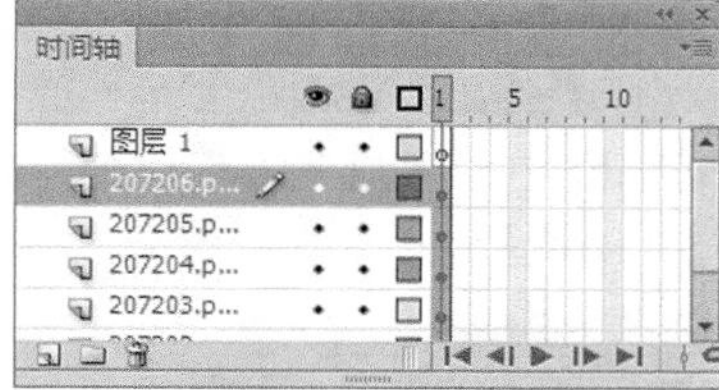

图20-83 “时间轴”面板

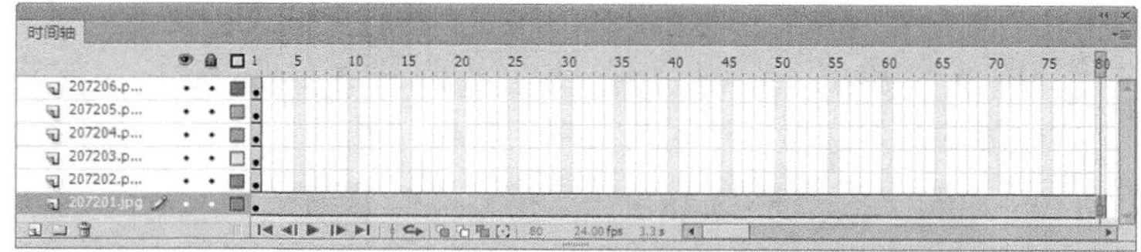

图20-84 “时间轴”面板

04 选择舞台中的数字2，单击鼠标右键，在弹出菜单中选择“转换为元件”命令，如图20-85所示。弹出“转换为元件”对话框，设置如图20-86所示。

图20-85 “转换为元件”命令

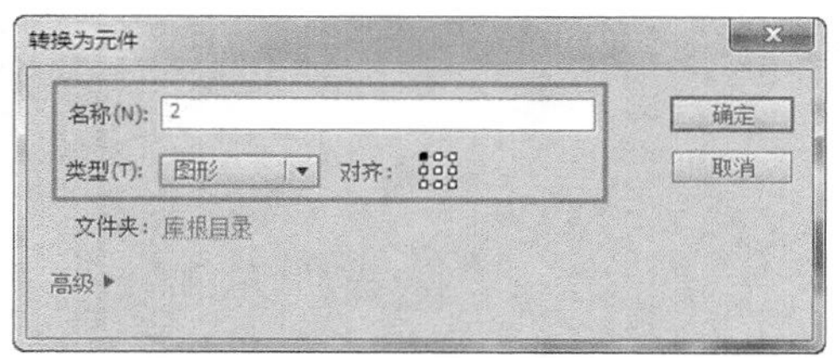

图20-86 “转换为元件”对话框

05 单击“确定”按钮，选择第1帧，执行“窗口>动画预设”命令，打开“动画预设”面板，选择“从顶部飞入”选项，如图20-87所示。单击“应用”按钮，应用“从顶部飞入”动画，“时间轴”面板如图20-88所示。

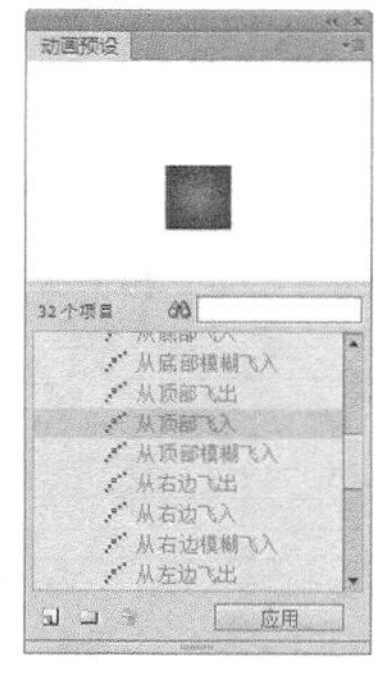

图20-87 “动画预设”面板

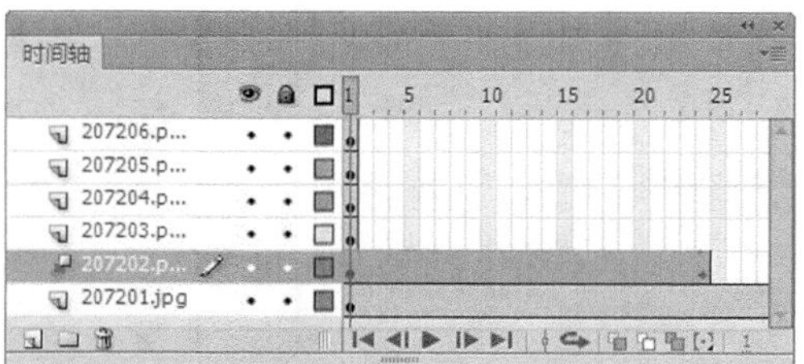

图20-88 “时间轴”面板

06 选择第1帧上的元件，将其向上移动，调整到合适的位置，如图20-89所示。选择第24帧上的元件，将其向上移动调整到适的位置，如图20-90所示。

图20-89 调整元件位置

图20-90 调整元件位置

07 选择第80帧按F5键插入帧，如图20-91所示。选择207203.png图层的第1帧，在场景中选中数字0，单击鼠标右键，在弹出菜单中选择“转换为元件”命令，在弹出的对话框中进行设置，如图20-92所示。

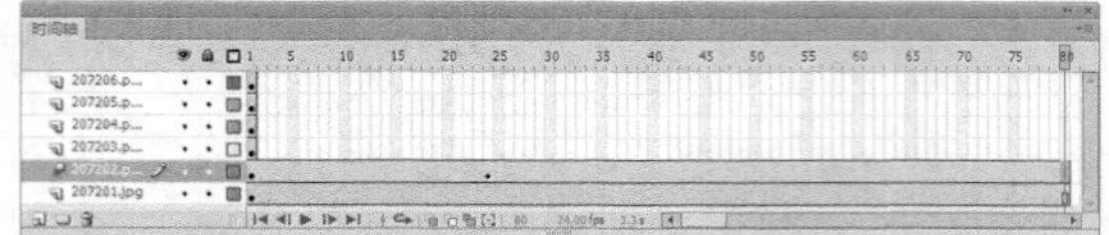
图20-91 “时间轴”面板

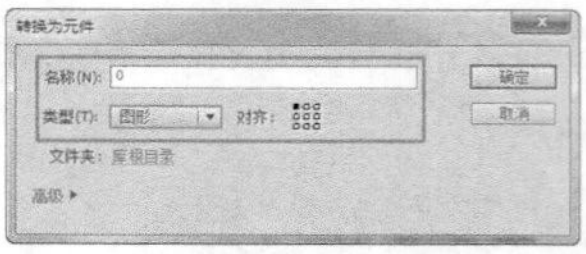

图20-92 “转换为元件”对话框

08 单击“确定”按钮，选择第1帧，将其拖动至第10帧位置，如图20-93所示。在“动画预设”面板中为其选择“从顶部飞入”选项，单击“应用”按钮，此时“时间轴”面板如图20-94所示。

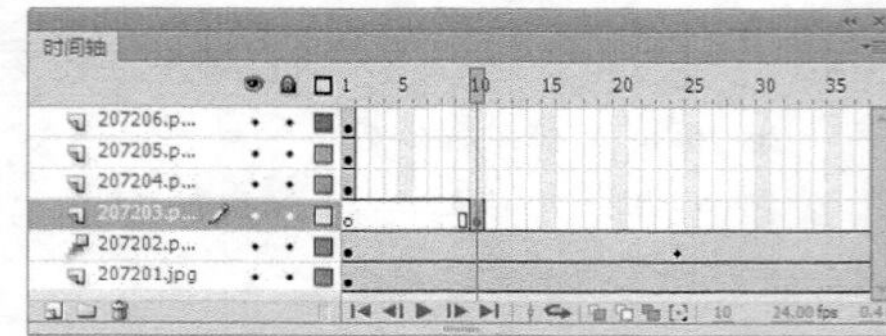
图20-93 拖至第10帧位置

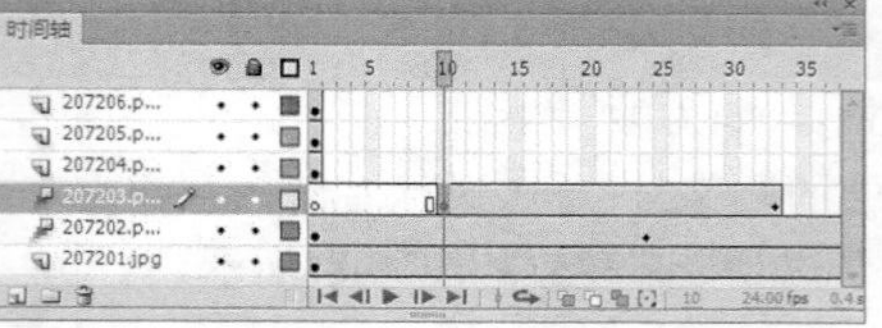
图20-94 “时间轴”面板

09 选择第10帧上的元件，将其向上移动，调整到合适的位置，如图20-95所示。选择第33帧上的元件，将其向上移动调整到合适的位置，如图20-96所示。

图20-95 场景效果

图20-96 移动元件

10 选择第80帧按F5键插入帧，“时间轴”面板如图20-97所示。使用相同方法，分别为数母1、3和英文应用动画效果，舞台效果如图20-98所示。

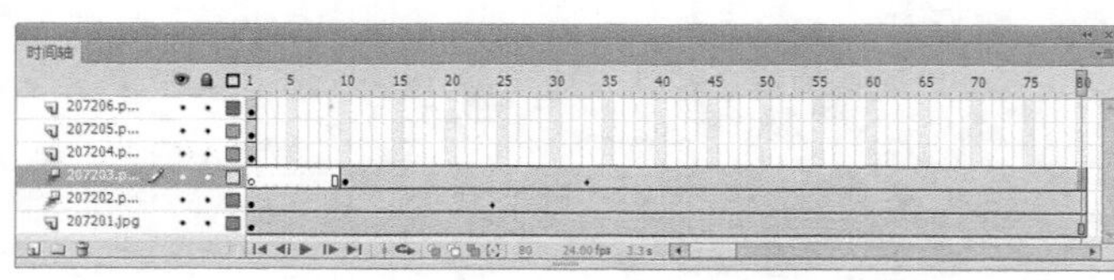
图20-97 “时间轴”面板

图20-98 场景效果

11 完成该动画的制作，“时间轴”面板如图20-99所示。

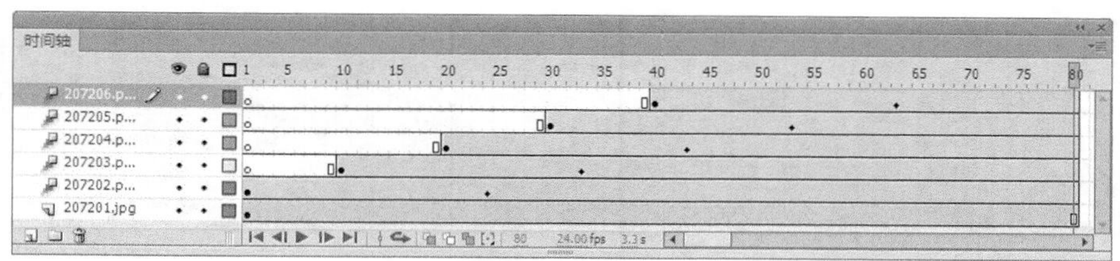

图20-99 “时间轴”面板

⑫ 执行“文件>保存”命令，将动画保存为“光盘\源文件\第20章\20-7-2.fla”，按快捷键Ctrl+Enter，测试动画，预览效果如图20-100所示。

图20-100 测试动画

20.8 本章小结

本章主要讲解Flash中3种非常重要的元件类型，并通过实例练习的方式讲解了不同元件的应用方法。并且还讲解了“库”面板和动画预设的使用方法，本章所讲解的内容都是Flash动画制作的基础，希望读者能够深入学习以便理解。

第21章 制作Flash动画

在Flash动画制作中，按照其功能和效果可以分为逐帧、形状补间、补间、传统补间、引导层动画和遮罩动画等几种。这些动画类型每一种都可以实现丰富的效果，综合使用这些动画制作方法，就可以制作出非常丰富多彩的Flash动画效果。本章主要向读者讲解Flash中各种类型动画的制作方法和技巧。

21.1 逐帧动画

创建逐帧动画需要将每一帧都定义为关键帧，然后为每个帧创建不同的图像。由于每个新关键帧最初包含的内容与其之前的关键帧是相同的，因此可以递增的修改动画中的帧。

21.1.1 逐帧动画的特点

制作逐帧动画的基本思想是把一系列差别很小的图形或文字放置在一系列的关键帧中，从而使得播放起来就像是一系列连续变化的动画效果。其利用人的视觉暂留原理，看起来像是在运动的画面，实际上只是一系列静止的图像。

逐帧动画最大的特点在于其每一帧都可以改变场景中的内容，非常适用于图像在每一帧中都在变化而不仅仅只在场景中移动的较为复杂的动画的制作。

但是，逐帧动画在制作大型的Flash动画时，复杂的制作过程导致制作的效率降低，并且每一帧中的图形或者文字的变化要比渐变动画占用的空间大。

21.1.2 实战——制作眩光文字动画

在Flash CS6中，可以通过序列组将一系列的外部图像导入到场景中并制作成逐帧动画，在此过程中，只需要在选择图像序列的开始帧后将图像序列进行导入即可。本实例就是通过逐帧动画的形式制作一个眩光文字动画效果。

制作眩光文字动画

●源文件：光盘\源文件\第21章\21-1-2.fla　　●视频：光盘\视频\第21章\21-1-2.swf

01 执行“文件>新建”命令，弹出“新建文档”对话框，设置如图21-1所示。执行“文件>导入>导入到舞台”命令，将图像“光盘\源文件\第21章\素材\21201.jpg”导入到舞台，如图21-2所示。

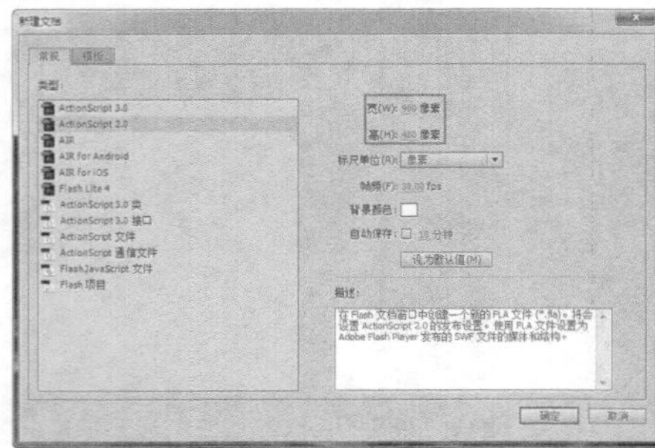

图21-1 “新建文档”对话框

图21-2 导入素材图像

02 在第90帧位置按F5键插入帧，如图21-3所示。单击“时间轴”面板中的“新建图层”按钮，新建“图层2”，如图21-4所示。

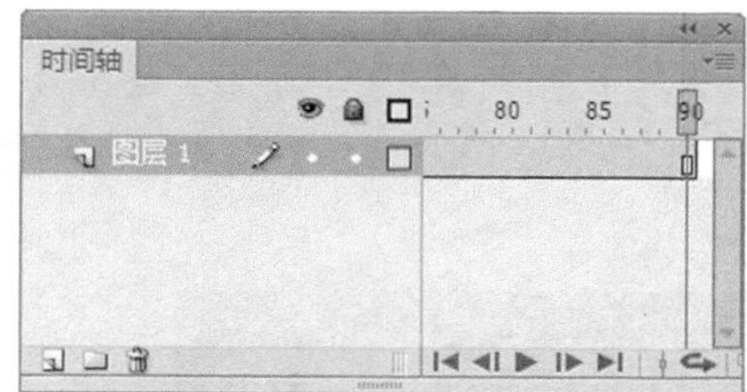

图21-3 插入帧

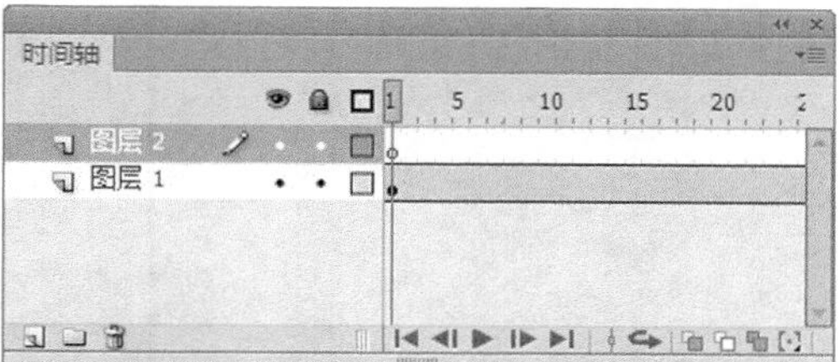

图21-4 新建图层

03 执行“文件>导入>导入到舞台”命令，在弹出的“导入”对话框中选择“光盘\源文件\第21章\素材\z41502.png”，在弹出提示对话框，如图21-5所示，单击“是”按钮，将序列中的图像导入到场景中，如图21-6所示。

图21-5 导入序列中的图像

图21-6 导入到场景

提示 当导入的图像素材文件名称为序列名称时，会弹出上图中的提示对话框。如果单击“是”按钮，则会自动以逐帧的方式将该序列的图像全部导入到Flash中；如果单击“否”按钮，则只会将选中的图像导入到Flash中。

04 “时间轴”面板显示如图21-7所示。按快捷键Ctrl+F8，弹出“创建新元件”对话框，设置如图21-8所示，单击“确定”按钮。

图21-7 导入序列图像效果

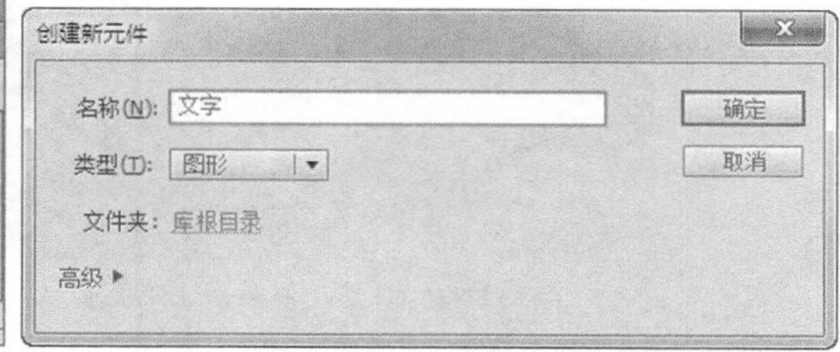

图21-8 “创建新元件”对话框

05 使用“文本工具”，在“属性”面板中设置如图21-9所示。在舞台中输入文字，如图21-10所示。

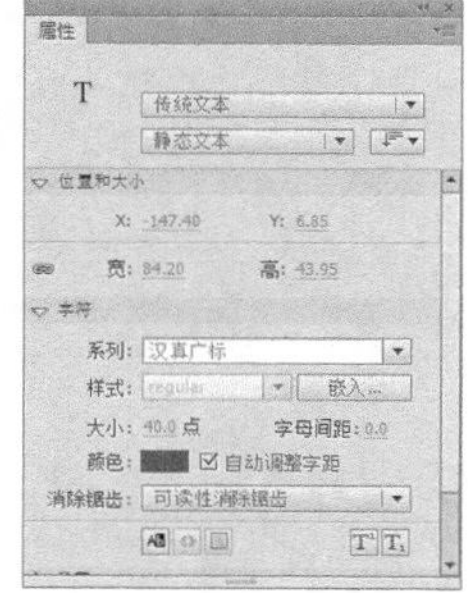

图21-9 “属性”面板

欢乐的圣诞之夜!

图21-10 输入文字

06 按快捷键Ctrl+B两次，将文字分离为图形，按快捷键Ctrl+C，复制文字图形，新建“图层2”，按快捷键Ctrl+Shift+V，粘贴到当前位置，隐藏“图层2”，单击工具箱中的“墨水瓶工具”按钮，打开“属性”面板，设置如图21-11所示。在“图层1”上对文字添加笔触效果，如图21-12所示。

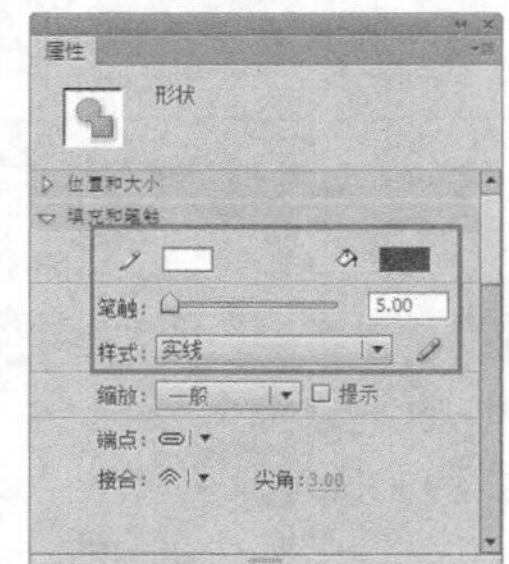

图21-11 “属性”面板

图21-12 为文字添加笔触效果

07 显示“图层2”，可以看到文字的效果如图21-13所示。返回“场景1”编辑状态，新建“图层3”，在第30帧按F6键插入关键帧，如图21-14所示。

图21-13 文字效果

图21-14 “时间轴”面板

08 将“文字”元件拖入舞台并调整到合适的位置，如图21-15所示。选中第30帧上的元件，打开“属性”面板，设置其Alpha值为0%，如图21-16所示。

图21-15 移动元件至合适的位置

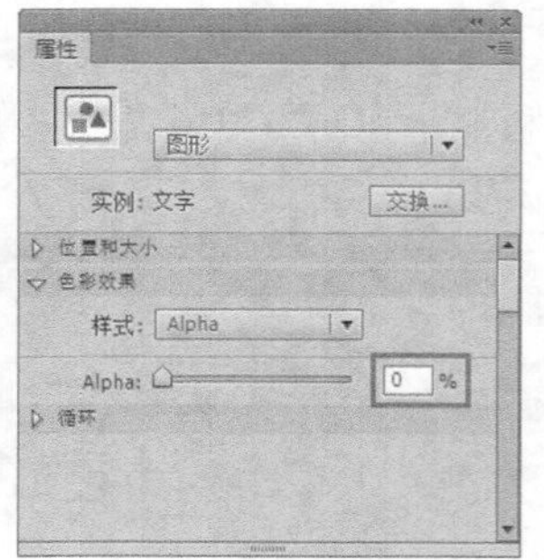

图21-16 “属性”面板

09 在第50帧按F6键插入关键帧，选择该帧上的元件，在“属性”面板中设置其Alpha值为100%，如图21-17所示。在第30帧创建传统补间动画，“时间轴”面板如图21-18所示。

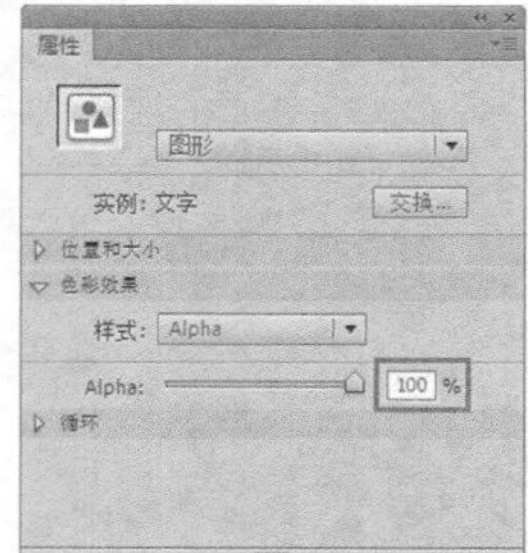

图21-17 “属性”面板

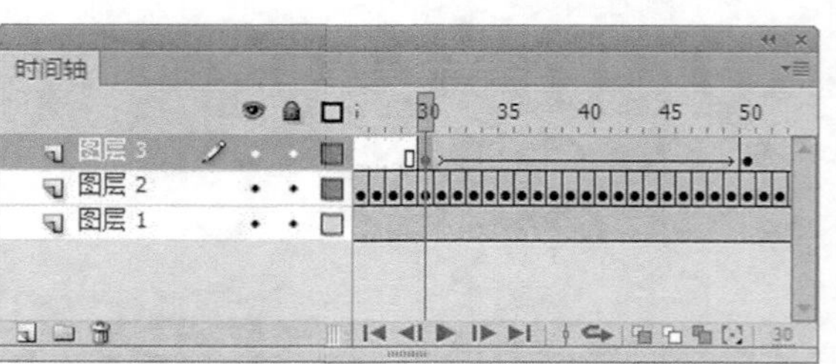

图21-18 “时间轴”面板

10 完成该逐帧动画效果的制作，执行“文件>保存”命令，将动画保存为“光盘\源文件\第21章\21-1-2.fla”，按快捷键Ctrl+Enter，测试动画，效果如图21-19所示。

图21-19 测试动画效果

> **提示** 动画播放的速度可以通过修改帧频来调整。也可以通过调整关键帧的长度来控制动画播放的速度，当然逐帧动画还是通过帧频来调整比较好。

21.2 形状补间动画

经常会在电视、电影中看到由一种形态自然而然地转换成为另一种形态的画面，这种功能被称为变形效果。在Flash CS6中，形状补间就具有这样的功能，能够改变形状不同的两个对象。

21.2.1 形状补间动画的特点

在Flash CS6中，创建形状补间动画只需要在运动的开始和结束的位置插入不同的对象，即可在动画中自动创建中间的过程，但是插入的对象必须具有分离的属性。

形状补间动画与补间动画的区别在于形状补间动画中的起始和结束位置上插入的对象可以不一样，但必须具有分离的属性，并且由于其变化是不规则的，因此无法获知具体的中间过程。

在舞台中绘制一个卡通图形，如图21-20所示。在第20帧位置按F7键插入空白关键帧，“时间轴”面板如图21-21所示。

图21-20 绘制卡通图形

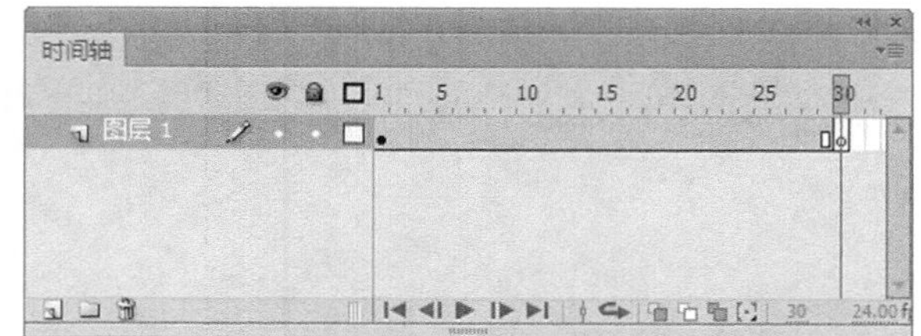

图21-21 “时间轴”面板

在空白的舞台中绘制另一个卡通形象，如图21-22所示。在第1~30帧中的任意一帧上单击右键，在弹出菜单中选择“创建补间形状”选项，“时间轴”面板如图21-23所示。

图21-22 绘制卡通图形

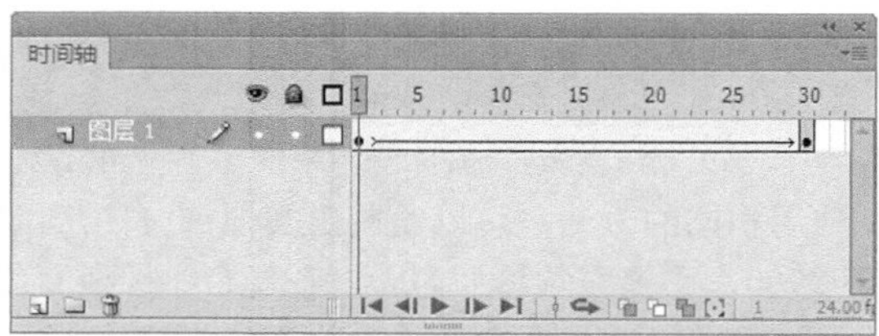

图21-23 “时间轴”面板

按快捷键Ctrl+Enter，测试动画可以看到影片效果，图21-24所示为不同帧的动画效果。

图21-24 测试动画效果

21.2.2 实战——制作闪耀的太阳动画

本实例制作闪耀的太阳动画，主要介绍形状补间动画的运用，首先通过使用Flash中的基本绘图工具绘制出太阳图形并填充径向渐变颜色，然后在不同的关键帧改变太阳的形状，在各关键帧之间创建形状补间动画，从而实现闪耀的太阳动画效果。

制作闪耀的太阳动画

●源文件：光盘\源文件\第21章\21-2-2.fla　　●视频：光盘\视频\第21章\21-2-2.swf

01 执行“文件>新建”命令，弹出“新建文档”对话框，设置如图21-25所示，按快捷键Ctrl+F8，弹出“创建新元件”对话框，设置如图21-26所示。

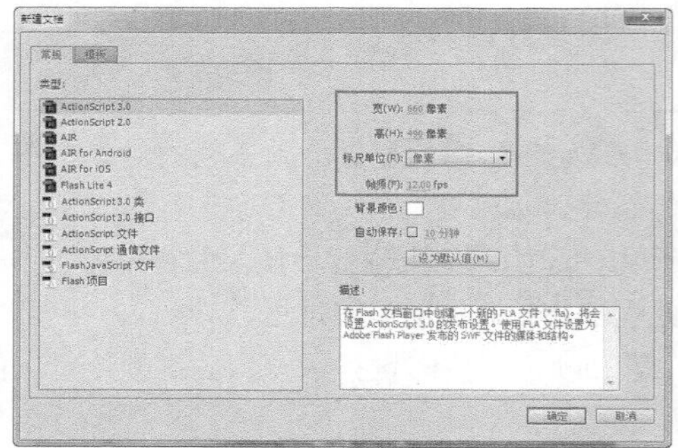

图21-25 “新建文档”对话框

图21-26 “创建新元件”对话框

02 打开“颜色”面板，设置从#FED61D到# FFFF33d的径向渐变，“笔触颜色”为无，如图21-27所示。使用“椭圆工具”，按住Shift在舞台中拖动光标绘制正圆形，如图21-28所示。

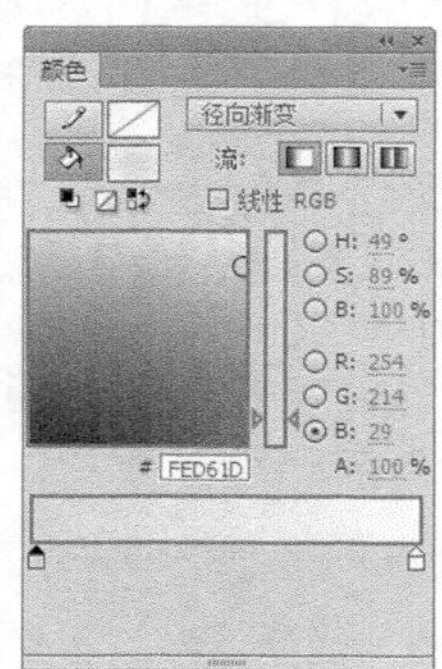

图21-27 “颜色”面板

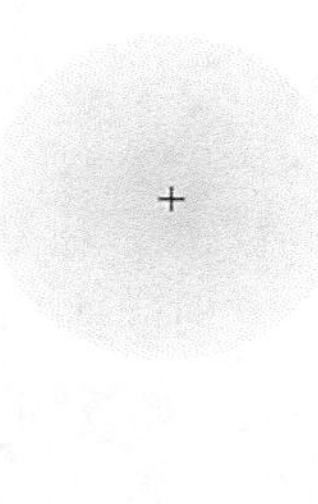

图21-28 绘制正圆形

03 新建“图层2”，使用相同的方法，可以绘制出其他部分图形，如图21-29所示。使用“线条工具”，设置“笔触颜色”为#FF9900，“填充颜色”为无，在舞台中绘制直线，使用“选择工具”，将直线调整为曲线，如图21-30所示。

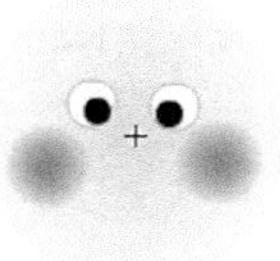

图21-29 图像效果

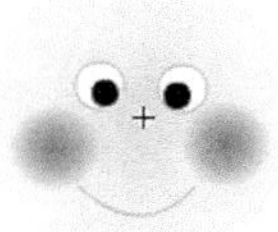

图21-30 图像效果

04 按快捷键Ctrl+F8，弹出“创建新元件”对话框，设置如图21-31所示。使用“椭圆工具”，设置“填充颜色”为任意颜色，“笔触颜色”为无，按住Shift键在舞台中绘制正圆形，如图21-32所示。

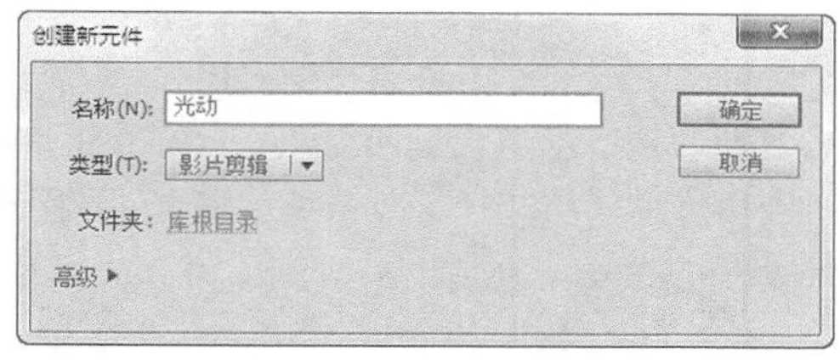

图21-31 “创建新元件”对话框

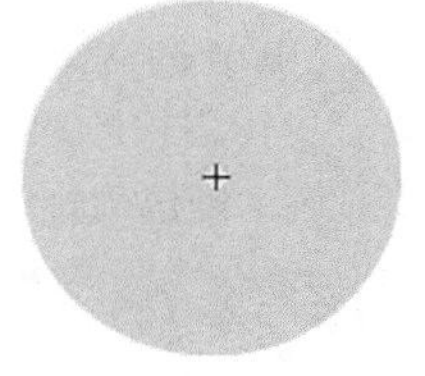

图21-32 绘制正圆形

05 单击工具箱中“多角星形工具”按钮，在“属性”面板中单击“选项”按钮，弹出“工具设置”对话框，设置如图21-33所示。单击“确定”按钮，在舞台中绘制三角形，如图21-34所示。

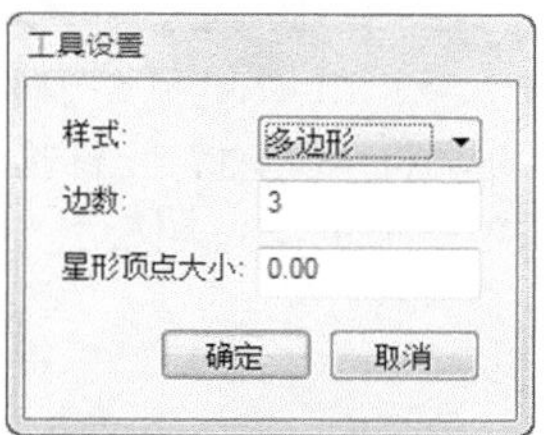

图21-33 “工具设置”对话框

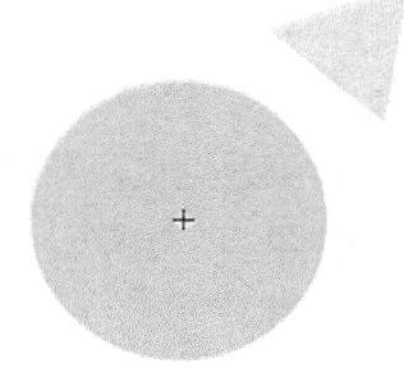

图21-34 绘制三角形

06 将刚绘制的三角形与正圆形相结合，如图21-35所示。使用“选择工具”，对图像进行调整，如图21-36所示。

图21-35 合并图形

图21-36 调整图形

07 使用相同方法，可以绘制出其他图形部分，如图21-37所示。打开“颜色”面板，设置从# FF9900到#FFFF33的径向渐变，“笔触颜色”为无，如图21-38所示。

图21-37 图形效果

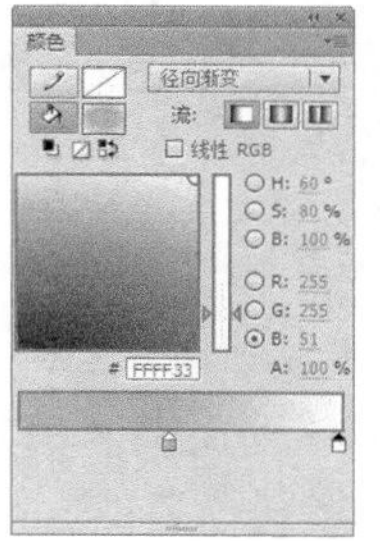

图21-38 “颜色”面板

08 使用“颜料桶工具”，在图形上填充径向渐变，如图21-39所示。分别在第10帧、第20帧按F6键插入关键帧，选择第10帧上的图形，执行“修改>变形>水平翻转”命令，如图21-40所示。

图21-39 填充径向渐变

图21-40 水平翻转图像

09 选择第10帧上的图形，使用“颜料桶工具”重新为该图形填充径向渐变。分别在第1帧和第10帧创建补间形状动画，如图21-41所示。按快捷键Ctrl+F8，弹出“创建新元件”对话框，设置如图21-42所示。

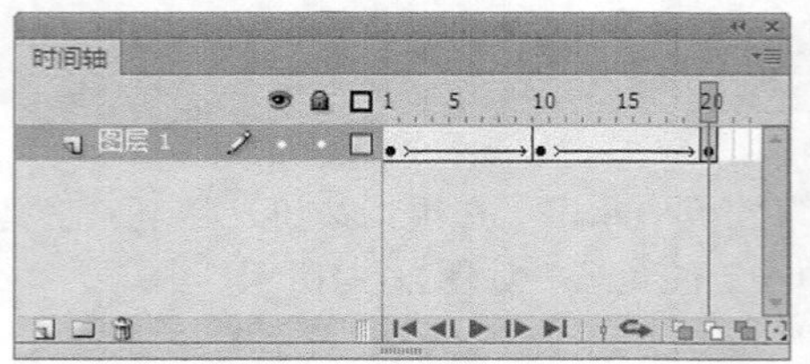

图21-41 “时间轴”面板

图21-42 “创建新元件”对话框

10 将“光动”元件拖入到舞台中，新建“图层2”，再次将“光动”元件拖入到舞台中，使“图层1”与“图层2”中的元件重合，如图21-43所示。选中“图层2”中的元件，使用“任意变形工具”，按住Shift键进行拖动，将元件等比例缩小，如图21-44所示。

图21-43 拖入元件

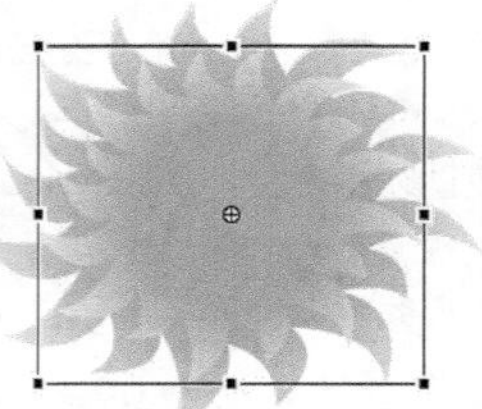

图21-44 等比例缩小图形

11 新建“图层3”，将“笑脸”元件拖入到舞台中，调整至合适的大小和位置，如图21-45所示。返回“场景1”编辑状态，执行“文件>导入>导入到舞台”命令，将图像“光盘\源文件\第21章\素材\21301.jpg”导入到舞台，如图21-46所示。

图21-45 拖入元件

图21-46 导入到舞台

12 新建“图层2”，将“太阳”元件拖入到舞台中，调整元件至合适的大小和位置，如图21-47所示。执行“文件>保存”命令，将动画保存为“光盘\源文件\第21章\21-2-2.fla”，按快捷键Ctrl+Enter，测试动画，效果如图21-48所示。

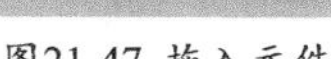

图21-47 拖入元件

图21-48 测试动画效果

21.3 补间动画

补间动画是用来创建随着时间移动和变化的动画，并且是能够在最大程度上减小文件占用空间的最有效的方法。

21.3.1 补间动画的特点

在Flash CS6中，由于创建补间动画的步骤符合人们的逻辑，因此比较易于掌握和理解。其中，补间动画只能在元件实例和文本字段上应用，但元件实例可以包含嵌套元件，在将补间动画应用于其他对象时，这些对象将作为嵌套元件包装在元件中，且包含的嵌套元件能够在自己的时间轴上进行补间。

执行“文件>打开”命令，打开素材文件“光盘\源文件\第21章\素材\213101.fla”，如图21-49所示。新建“图层2”，执行“文件>导入>导入到舞台”命令，导入素材图像“光盘\源文件\第21章\素材\213102.png”，并调整到合适的大小和位置，如图21-50所示。

图21-49 打开文件

图21-50 导入图片

在第1帧单击右键，在弹出菜单中选择“创建补间动画”选项，此时会弹出名为“将所选的内容转换为元件以进行补间”的警告对话框，如图21-51所示。单击“确定”按钮，即可将图像转换为“影片剪辑”元件，并创建补间动画，这时，时间轴颜色由灰色变成蓝色，“时间轴”面板如图21-52所示。

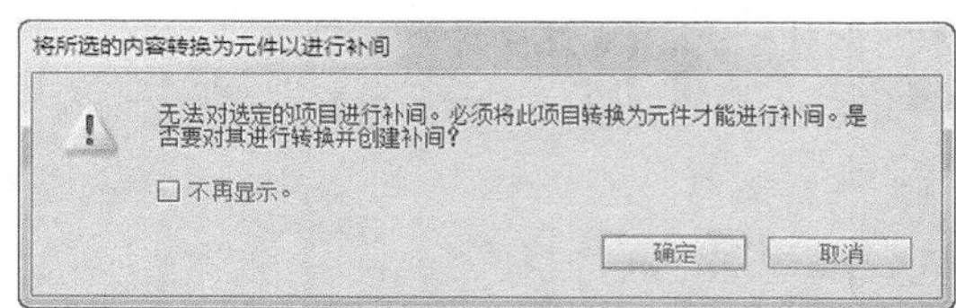

图21-51 警告对话框框

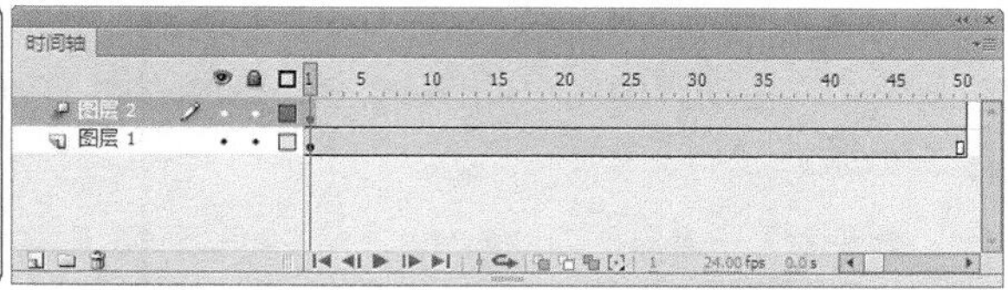

图21-52 “时间轴”面板

将播放磁头移至第45帧的位置，如图21-53所示。将元件移至合适的位置，并使用“任意变形工具”对其进行放大操作，设置完成后，可以看到元件是按照位移路径做直线运动，如图21-54所示。

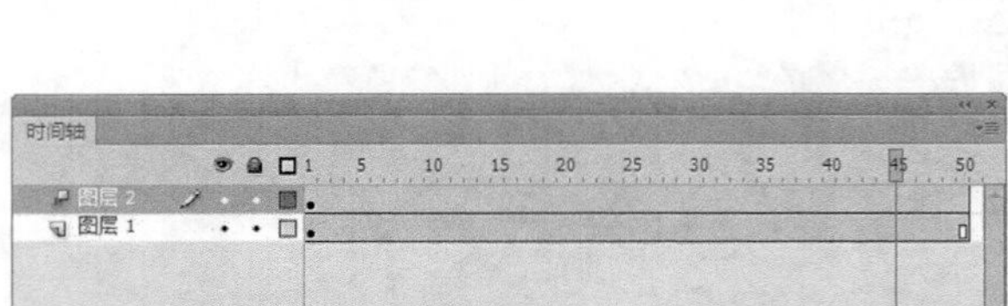

图21-53 “时间轴”面板

图21-54 元件效果

如果想让元件作曲线运动，可以通过更改路径线条来改变运动的轨迹。使用“选择工具”，将光标移至路径，当光标变为图标时，单击并拖动鼠标即可调整路径，如图21-55所示。如果需要更改路径端点的位置，可以将光标移至需要改变位置的端点，当光标变成图标时，单击并拖动鼠标即可改变端点位置，如图21-56所示。

图21-55 调整路径

图21-56 调整路径端点

如果需要更改整个路径的位置，可以单击路径，当路径线条变成实线后，单击并拖动鼠标即可改变路径位置，如图21-57所示。按快捷键Ctrl+Enter，测试动画，可以看到影片效果，如图21-58所示。

图21-57 调整整个路径

图21-58 测试动画效果

21.3.2 实战——制作雪人滑雪动画

补间动画是从Flash CS4加入的一种新的动画类型，本实例使用Flash CS6中的补间动画功能制作雪人滑雪的动画效果。在动画的制作过程中注意对元件的调整以及运动路径的调整。

制作雪人滑雪动画

●源文件：光盘\源文件\第21章\21-3-2.fla ●视频：光盘\视频\第21章\21-3-2.swf

01 执行“文件>新建”命令，弹出“新建文档”对话框，设置如图21-59所示。执行“文件>导入>导入到舞台”命令，将图像“光盘\源文件\第21章\素材\213201.jpg”导入到舞台中，如图21-60所示。

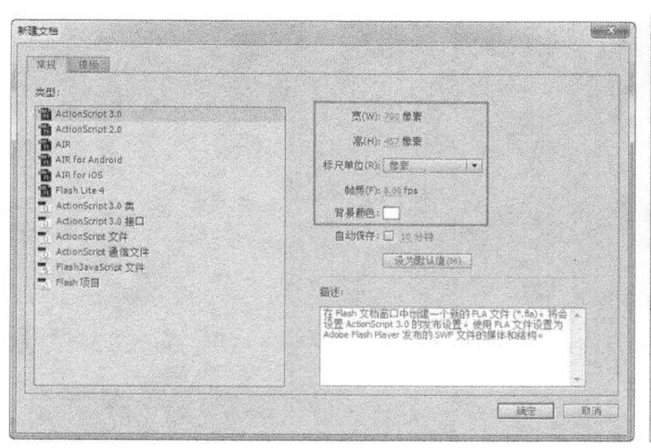
图21-59 设置“新建文档”对话框

图21-60 导入素材图像

02 在第120帧按F5键插入帧，如图21-61所示。新建“图层2”，执行“文件>导入>导入到舞台”命令，将图像“光盘\源文件\第21章\素材\213202.png”导入到舞台中，如图21-62所示。

图21-61 “时间轴”面板

图21-62 导入素材图像

03 选择刚刚导入的图像，执行“修改>转换为元件”命令，弹出“转换为元件”对话框，设置如图21-63所示。单击“确定”按钮，将其转换为图形元件，右键单击“图层2”的第1帧，在弹出菜单中选择“创建补间动画”选项，“时间轴”面板如图21-64所示。

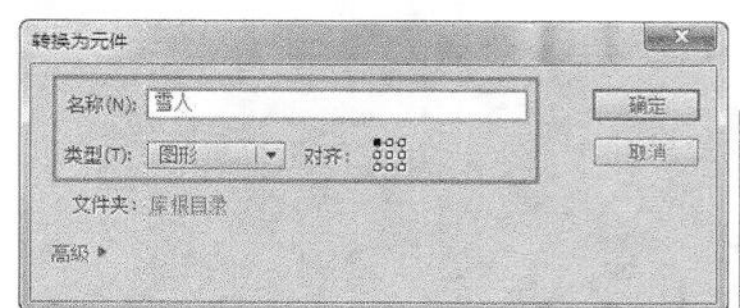

图21-63 “转换为元件”对话框

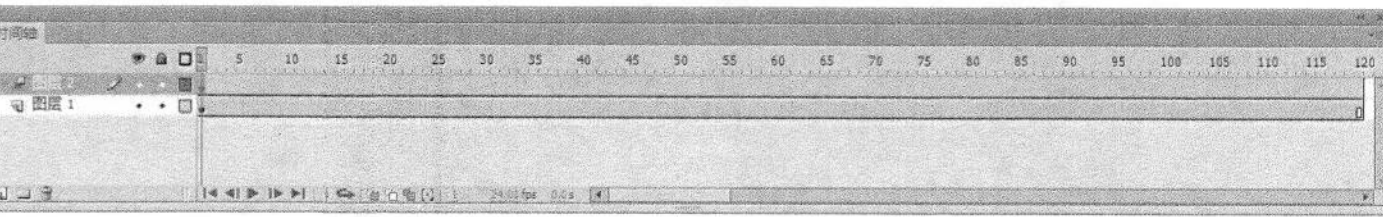
图21-64 “时间轴”面板

提示 创建补间动画的对象必须为元件。设定动画开始后，可以调整动画的长度，当再次调整元件属性时，动画自动生成。还可以通过调整动画轨迹丰富动画效果。

04 使用“选择工具”，调整第一帧上的元件到合适的位置，并对该元件进行相应的旋转，如图21-65所示。在第30帧位置单击，使用“选择工具”，调整元件到合适的位置，效果如图21-66所示。

图21-65 调整元件

图21-66 调整元件位置

05 使用“选择工具”，光标移至补间动画的运动路径上拖动鼠标，调整路径为曲线，如图21-67所示。选中第30帧上的元件，使用“任意变形工具”，对该帧上的元件进行旋转操作，如图21-68所示。

图21-67 调整运动路径

图21-68 旋转元件

06 在第31帧单击，执行“修改>变形>水平翻转”命令，效果如图21-69所示。在第60帧单击，调整元件到合适的位置，场景效果如图21-70所示。

图21-69 水平翻转元件

图21-70 调整元件位置

07 使用“选择工具”，光标移至补间动画的运动路径上拖动鼠标，调整运动路径，如图21-71所示。选中第60帧上的元件，使用“任意变形工具”，对该帧上的元件进行旋转操作，如图21-72所示。

图21-71 调整运动路径

图21-72 旋转元件

08 在第61帧单击，执行“修改>变形>水平翻转”命令，并调整元件位置，效果如图21-73所示。在第90帧单击，调整元件到合适的位置，场景效果如图21-74所示。

图21-73 水平翻转元件

图21-74 调整元件位置

09 在第91帧单击，执行“修改>变形>水平翻转”命令，并调整元件位置，效果如图21-75所示。在第120帧单击，调整元件到合适的位置，场景效果如图21-76所示。

图21-75 水平翻转元件

图21-76 调整元件位置

⑩ 完成“图层2”上补间动画的制作，“时间轴”面板如图21-77所示。

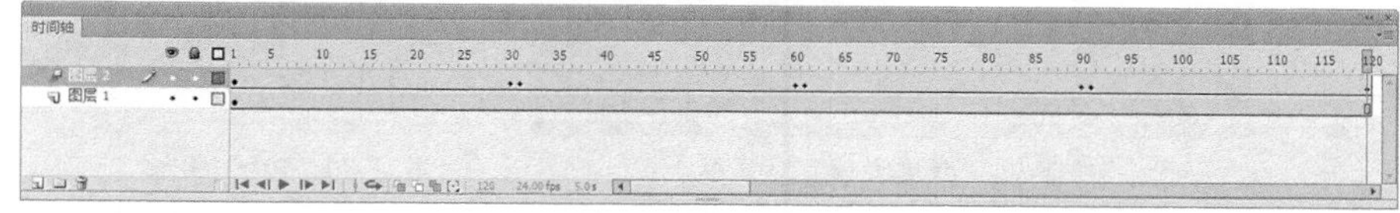
图21-77 “时间轴”面板

⑪ 完成动画的制作，执行“文件>保存”命令，将动画保存为“光盘\源文件\第21章\21-3-2.fla”，按Ctrl+Enter键测试影片，预览动画效果如图21-78所示。

图21-78 测试动画效果

21.4 传统补间动画

传统补间动画相较于补间动画来说，操作方法太过于繁杂，因此使用起来不太方便，但是其独有的某些类型动画的控制功能，使其在制作动画上占据着不可替代的位置。

21.4.1 传统补间动画的特点

创建传统补间动画需要先设定起始帧和结束帧的位置，然后在动画对象的起始帧和结束帧之间建立传统补间。在中间的过程中，Flash会自动完成起始帧与结束帧之间的过渡动画。

21.4.2 实战——制作网站活动广告条

网站中各种动画广告条非常常见，制作方法也并不复杂。本实例制作一个网站活动广告条，该动画主要是通过将导入的素材图像转换为相应的图形元件，在主场景中使用各部分元件通过传统补间动画的形式完成该动画效果的制作。

制作网站活动广告条

●源文件：光盘\源文件\第21章\21-4-2.fla　　●视频：光盘\视频\第21章\21-4-2.swf

01 执行“文件>新建”命令，弹出“新建文档”对话框，设置如图21-79所示。执行“文件>导入>导入到库”命令，将图像“光盘\源文件\第21章\素材\21401.jpg”导入到“库”面板中，使用相同方法导入其他素材，“库”面板如图21-80所示。

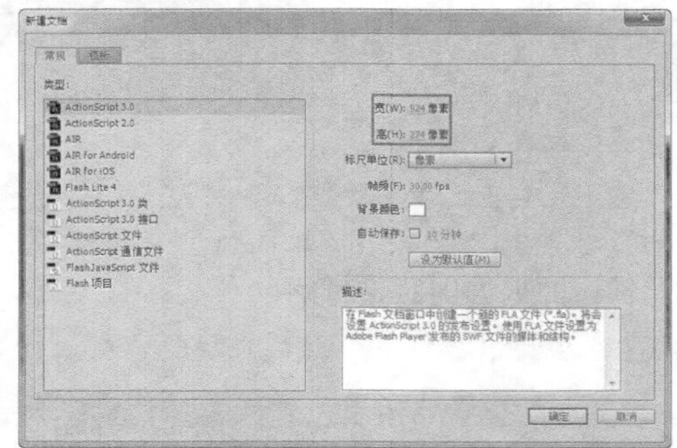

图21-79 “新建文档”对话框

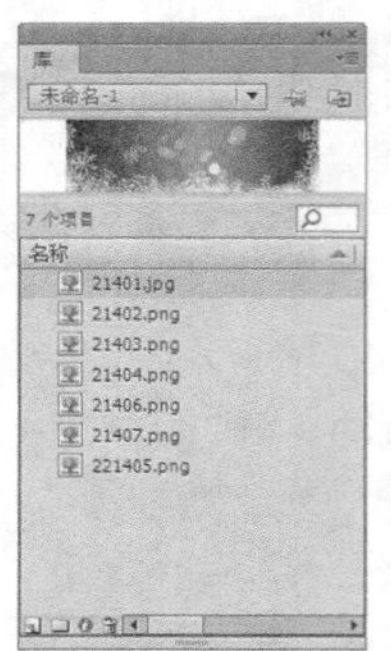

图21-80 “库”面板

02 按快捷键Ctrl+F8，弹出“创建新元件”对话框，设置如图21-81所示，单击“确定”按钮，将图像21402.png拖入到舞台中，如图21-82所示。

图21-81 “创建新元件”对话框

图21-82 拖入到舞台

03 使用相同方法，制作出其他图形元件，“库”面板如图21-83所示。返回“场景1”编辑状态，将图像21401.jpg拖入到舞台中，如图21-84所示。

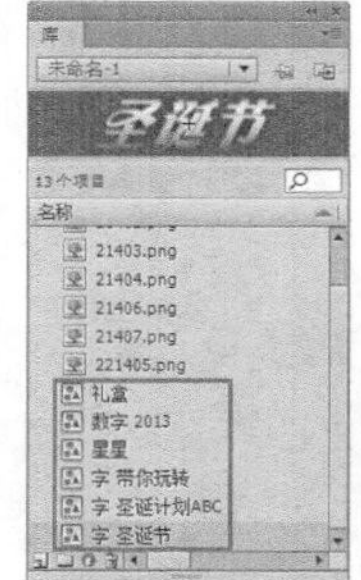

图21-83 “库”面板

图21-84 拖入到舞台

04 在210帧按F5键插入帧，新建“图层2”，在第1帧上将“数字2013”元件拖入到舞台，使用“任意变形工具”，按住Shift键等比放大元件并调整至合适的位置，如图21-85所示。打开“属性”面板，设置如图21-86所示。

图21-85 调整元件

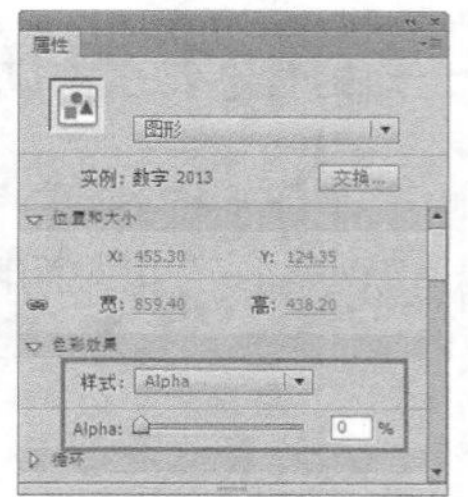

图21-86 “属性”面板

05 在第20帧按F6键插入关键帧，调整元件的大小与位置，如图21-87所示。打开“属性”面板，设置“样式”为“无”。在第45帧、第64帧分别按F6键插入关键帧，选择第64帧上的元件，将该帧上的元件向上移动，如图21-88所示。

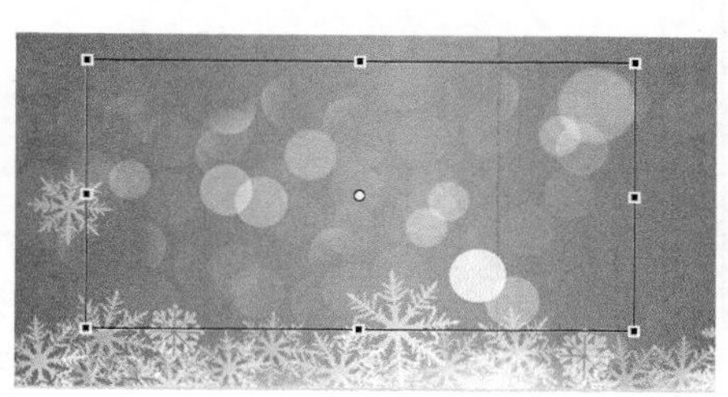

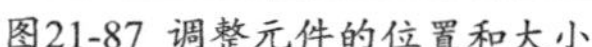

图21-87 调整元件的位置和大小

图21-88 调整元件的位置

06 打开“属性”面板，设置该帧上元件的Alpha值为0%，如图21-89所示。分别在第1帧、第45帧创建传统补间动画，“时间轴”面板如图21-90所示。

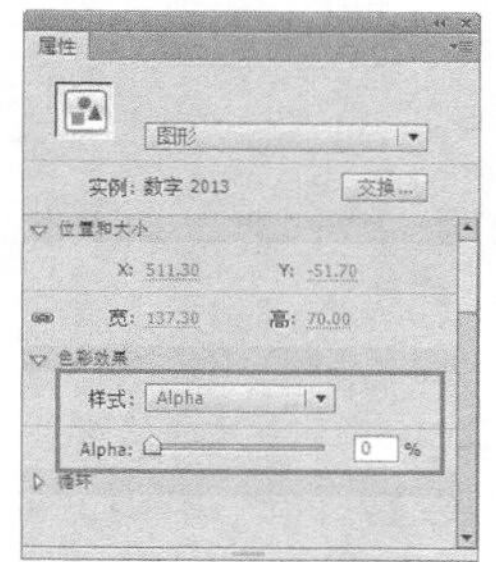

图21-89 “属性”面板

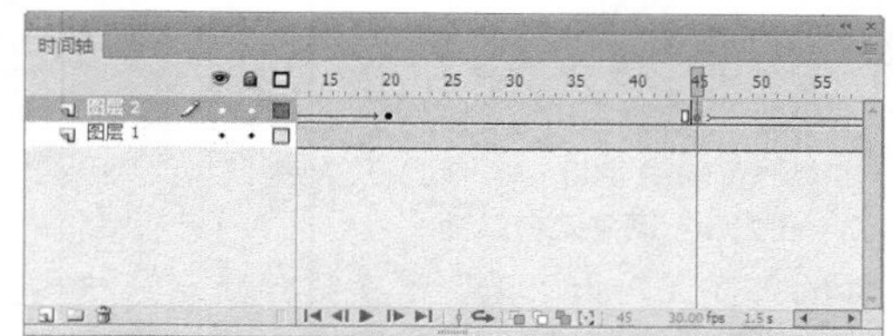

图21-90 “时间轴”面板

07 新建“图层3”，在第35帧按F6键插入关键帧，将“星星”拖入舞台并调整至合适的位置，如图21-91所示。在第45帧按F6键插入关键帧，将该帧上的元件向下移动，如图21-92所示。

图21-91 拖入元件

图21-92 调整位置

08 分别在第55帧、第64帧按F6键插入关键帧，选择第64帧上的元件，将该帧上的元件向下移动，如图21-93所示。分别在第35帧、第55帧创建传统补间动画，“时间轴”面板如图21-94所示。

图21-93 调整元件位置

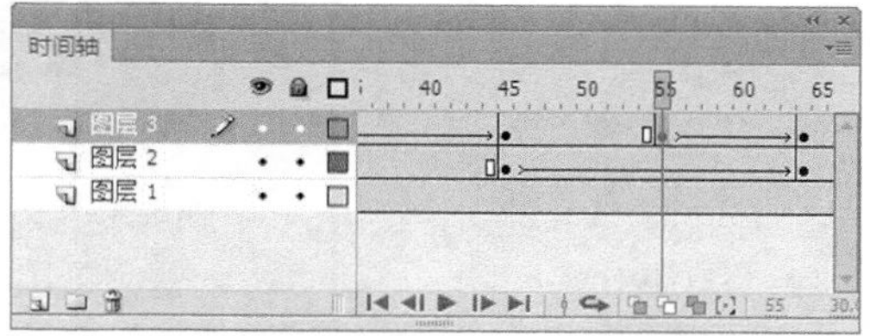

图21-94 “时间轴”面板

09 使用相同方法，可以制作出“图层4”至“图层10”上的动画效果，“时间轴”面板如图21-95所示。新建“图层11”，在第65帧按F6键插入关键帧，将“字 圣诞计划ABC”元件拖入舞台，如图21-96所示。设置该帧上元件的Alpha值为0%。

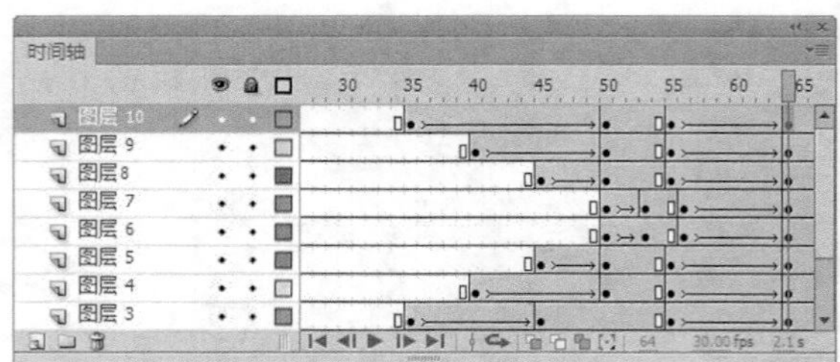
图21-95 “时间轴”面板

图21-96 将元件拖入到舞台

10 在第75帧按F6键插入关键帧，调整该帧上元件的位置，如图21-97所示。设置该帧上元件的Alpha值为30%，在第90帧按F6键帧插入关键帧，调整元件的位置，如图21-98所示。

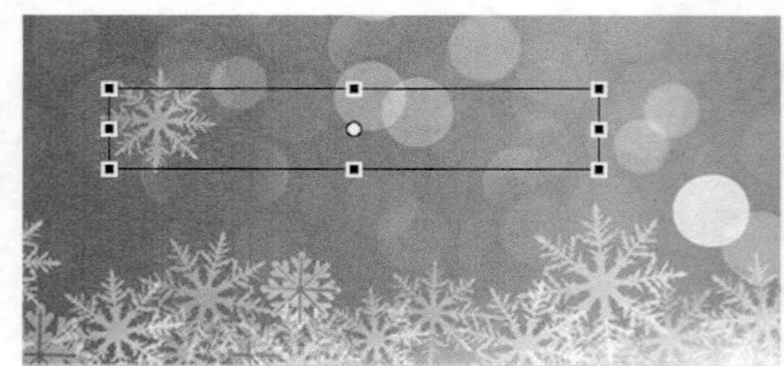
图21-97 调整元的位置

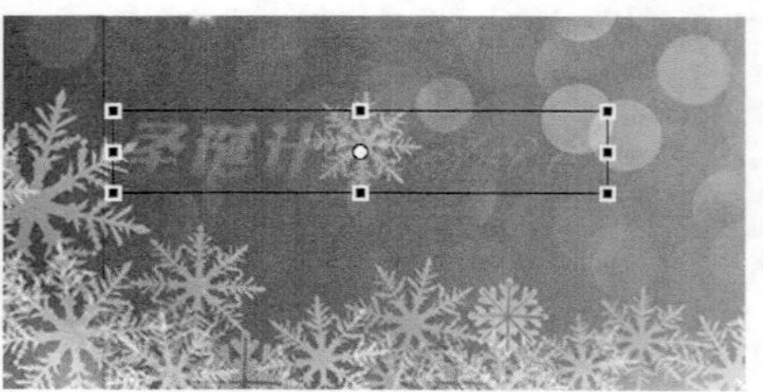
图21-98 调整元的位置

11 设置第90帧上元件的“样式”为“无”，在第65帧、第75帧创建传统补间动画，如图21-99所示。使用相同的制作方法，可以完成“图层12”和“图层13”上动画效果的制作，场景效果如图21-100所示。

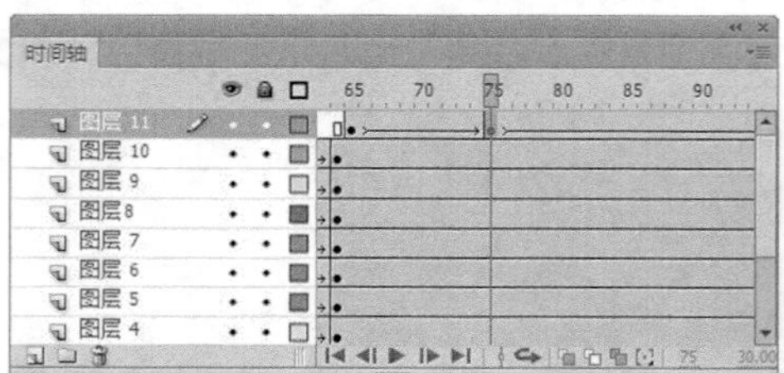
图21-99 “时间”轴面板

图21-100 场景效果

12 新建“图层14”，在第65帧按F6键插入关键帧，将“礼盒”元件拖入到舞台，设置该帧上元件的Alpha值为0%，使用“任意变形工具”，按住Shift键等比例缩小元件，如图21-101所示。在第90按F6键插入关键帧，调整元件的位置，并设置该帧上元件的“样式”为“无”，如图21-102所示。

图21-101 缩小元件

图21-102 元件效果

13 在第65帧创建传统补间动画，完成动画制作，“时间轴”面板如图21-103所示。

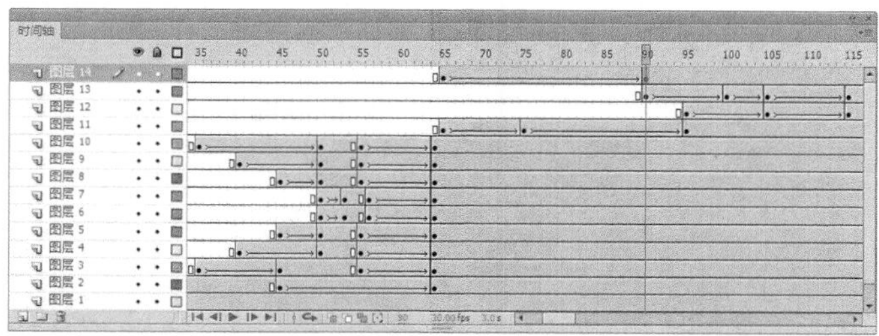

图21-103 “时间轴”面板

⑭ 完成该网站广告条动画的制作，执行“文件>保存”命令，将动画保存为“光盘\源文件\第21章\21-4-2.fla”，按快捷键Ctrl+Enter，测试动画，效果如图21-104所示。

图21-104 测试Flash动画效果

21.5 引导动画

引导动画是通过引导层来实现的，主要用来制作沿轨迹运动的动画效果。如果创建的动画为补间动画，则会自动生成引导线，并且该引导线可以进行任意的调整；如果创建的动画为传统补间动画，那么则需要先使用绘图工具绘制路径，再将对象移至紧贴开始帧的开头位置，最后将对象拖动至结束帧的结尾位置。

21.5.1 引导动画的特点

在Flash中创建引导动画需要两个图层，分别为绘制路径的图层、在开始和结束的位置应用传统补间动画的图层。引导层在Flash中最大的特点是：（1）在绘制图形时，引导层可以帮助对象对齐；（2）由于引导层不能导出，因此不会显示在发布的SWF文件中。

在Flash CS6中，任何图层都可以使用引导层。当一个图层作为引导层时，则该图层名称的左侧会显示引导线图标，如图21-105所示。

图21-105 “时间轴”面板

提示 对象的中心必须与引导线相连，才能使对象沿着引导线自由运动。位于运动起始位置的对象的中心通常会自动连接到引导线，但是结束位置的对象则需要手动进行连接。如果对象的中心没有和引导线相连，那么对象便不能沿着引导线自由运动。

21.5.2 实战——制作蝴蝶飞舞动画

本实例制作一个蝴蝶飞舞的动画效果，使用引导层动画的方式制作蝴蝶沿着引层线运动的动画效果，在制作的过程中，重点是需要注意学习创建引导层的方式，以及引导动画的制作方法。

制作蝴蝶飞舞动画

●源文件：光盘\源文件\第21章\21-5-2.fla　　●视频：光盘\视频\第21章\21-5-2.swf

01 执行“文件>新建”命令，弹出“新建文档”对话框，设置如图21-106所示。按快捷键Ctrl+F8，弹出“创建新元件”对话框，设置如图21-107所示。

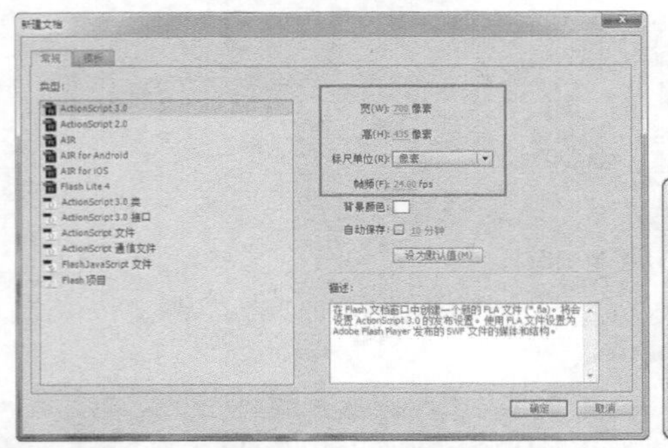

图21-106 “新建文档”对话框

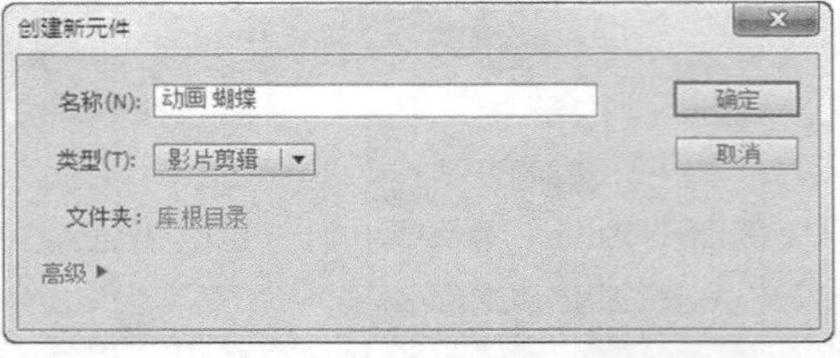

图21-107 “创建新元件”对话框

02 执行“文件>导入>导入到舞台”命令，将图像“光盘\源文件\第21章\素材\z6802.png”导入到舞台，在弹出的对话框中单击“是”按钮，如图21-108所示。导入图像序列，舞台效果如图21-109所示。

图21-108 导入序列中的图像

图21-109 舞台效果

03 “时间轴”面板如图21-110所示。返回“场景1”编辑状态，执行“文件>导入>导入到舞台”命令，将图像“光盘\源文件\第21章\素材\21601.jpg”导入到舞台，如图21-111所示。

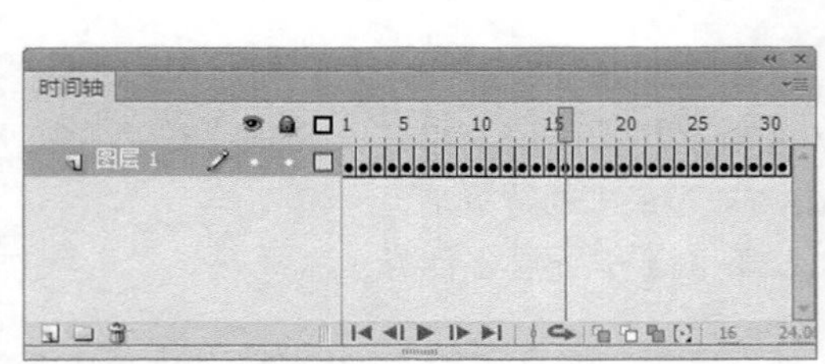

图21-110 “时间轴”面板

图21-111 导入素材

04 在第150帧按F5键插入帧，新建“图层2”，将“动画 蝴蝶”元件拖入到舞台中，如图21-112所示。执行“修改>变形>水平翻转”命令，将“动画 蝴蝶”元件水平翻转，如图21-113所示。

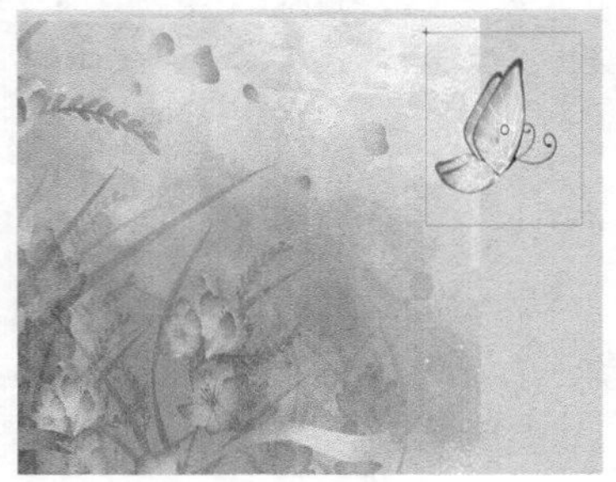

图21-112 拖入元件

图21-113 水平翻转元件

05 使用“任意变形工具”，按住Shift键将元件等比例缩小，并调整到合适的位置，如图21-114所示。在

“图层2”上单击鼠标右键，在弹出菜单中选择“添加传统运动引导层”选项，添加传统引导层，如图21-115所示。

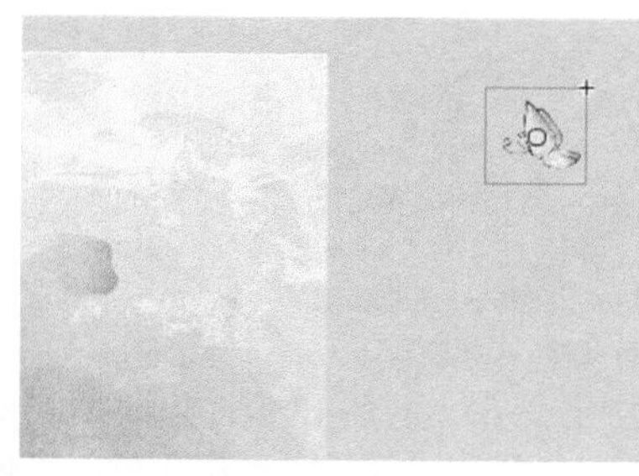

图21-114 缩小元件

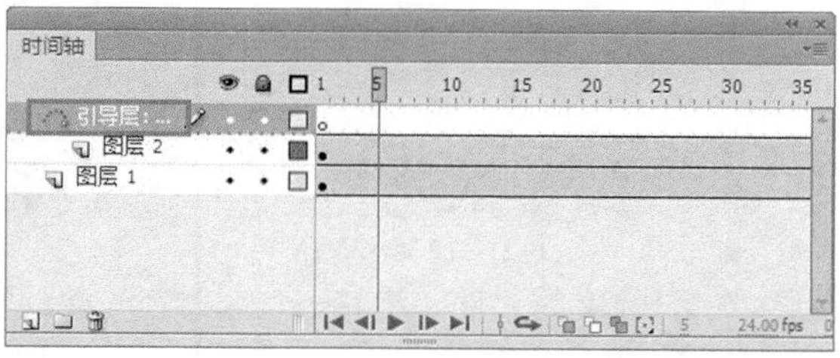

图21-115 “时间轴”面板

> **提示** 创建引导动画有两种方法，一种是在需要创建引导动画的图层上单击右键，在弹出菜单中选择“添加传统运动引导层”选项；另一种是首先在需要创建引导动画的图层上单击右键，在弹出菜单中选择“引导层”选项，将其自身变为引导层后，再将其他图层拖动到该引导层中，使其归属于引导层。

06 使用“钢笔工具”，在舞台中绘制路径，如图21-116所示。选择“图层2”第1帧上的元件，调整该帧上元件的位置，使元件的中心点在路径的端点上，如图21-117所示。

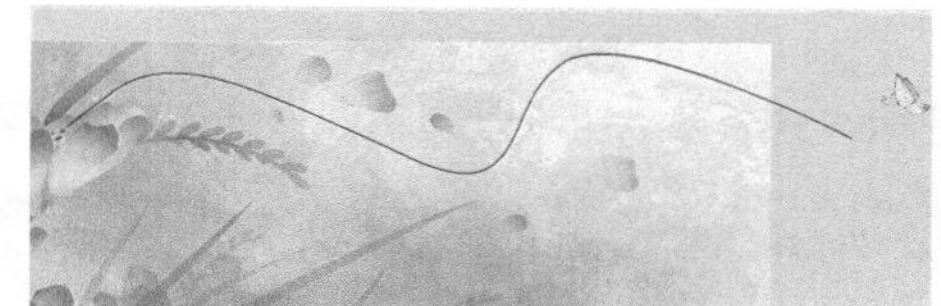

图21-116 绘制路径

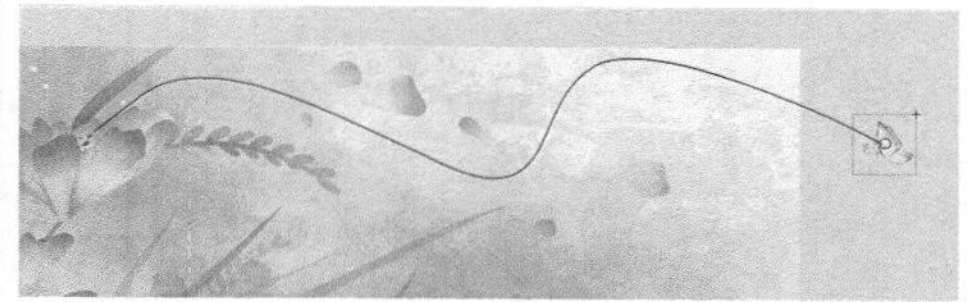

图21-117 调整元件的位置

07 选中“动画 蝴蝶”元件，打开“属性”面板，单击“添加滤镜”按钮，在弹出菜单中选择“调整颜色”选项，设置如图21-118所示，元件的效果如图21-119所示。

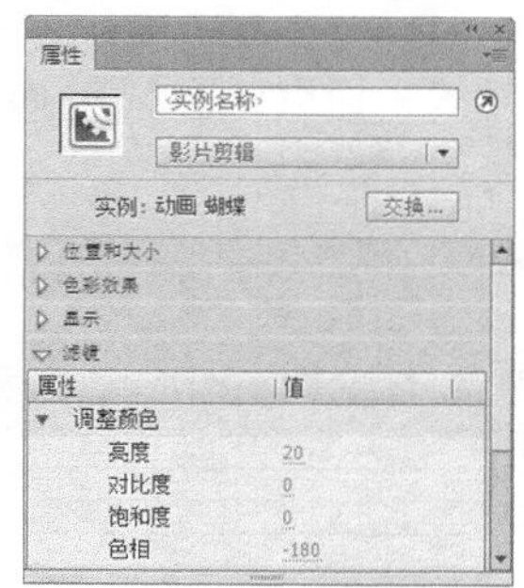

图21-118 “属性”面板

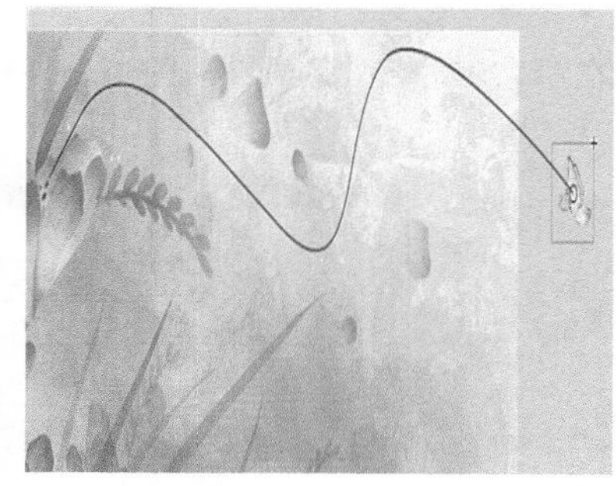

图21-119 元件效果

08 在“图层2”第150帧按F6键插入关键帧，移动该帧上的元件到合适的位置，如图21-120所示。在“图层2”的第1帧创建传统补间动画，如图21-121所示。

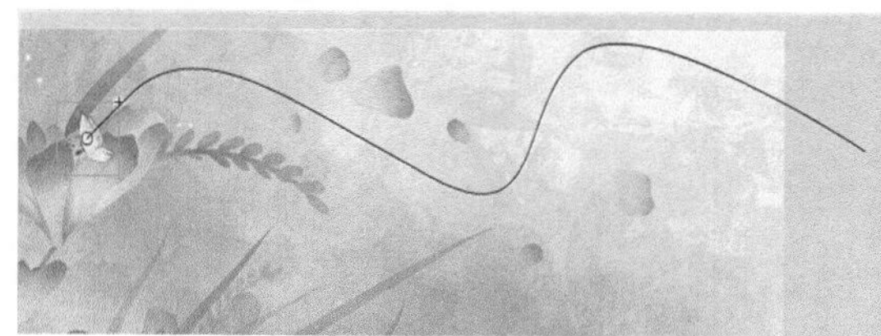

图21-120 调整元件的位置

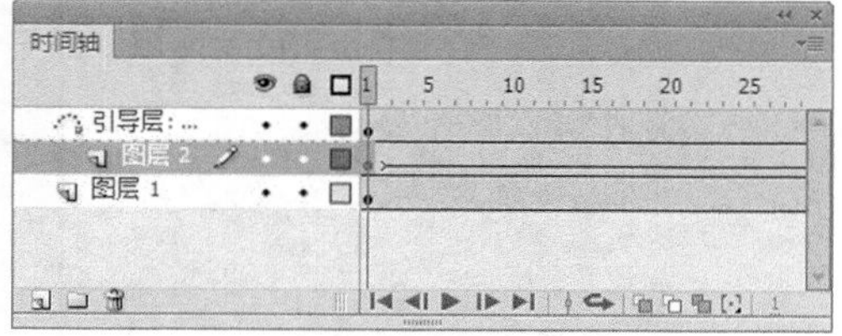

图21-121 “时间轴”面板

09 新建“图层4”，将“动画 蝴蝶”元件拖入到舞台中，使用“任意变形工具”，按住Shift键将元件等比例缩小，如图21-122所示。选择“图层4”，添加传统运动引导层，使用“钢笔工具”在舞台中绘制路径，如

图21-123所示。

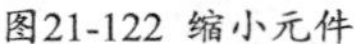
图21-122 缩小元件

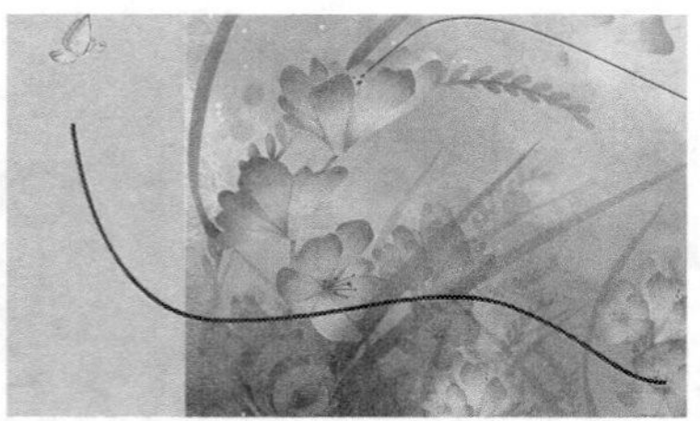
图21-123 绘制路径

⑩ 选择“图层4”第1帧上的元件，将其调整至路径一端的端点上，在“图层4”第150帧按F6键插入关键帧，调整帧上元件的位置，使得元件中心在路径端点上，如图21-124所示。在第1帧创建传统补间动画，如图21-125所示。

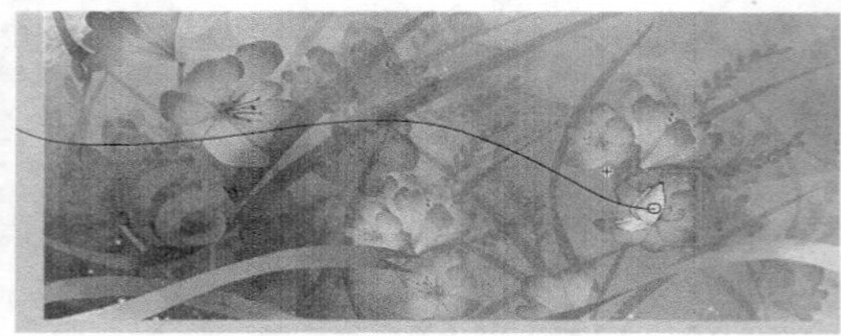
图21-124 “时间轴”面板

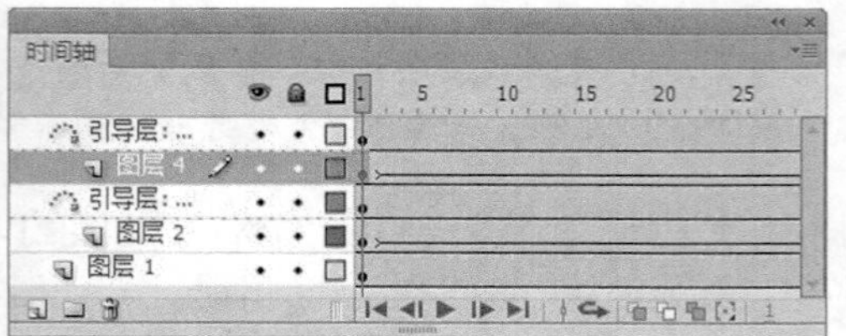

图21-125 调整元件的位置

⑪ 使用相同的方法，可以制作相似的图层，场景效果如图21-126所示，“时间轴”面板如图21-127所示。

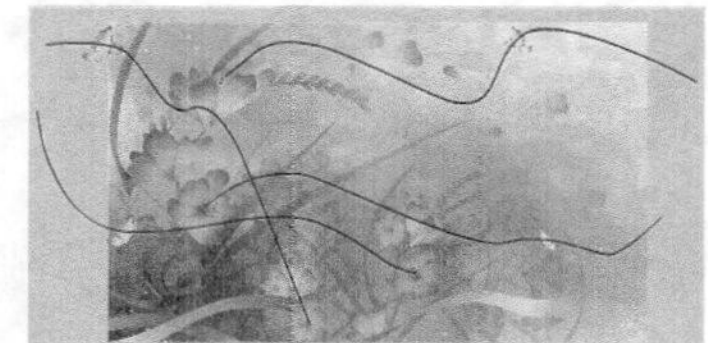
图21-126 场景效果

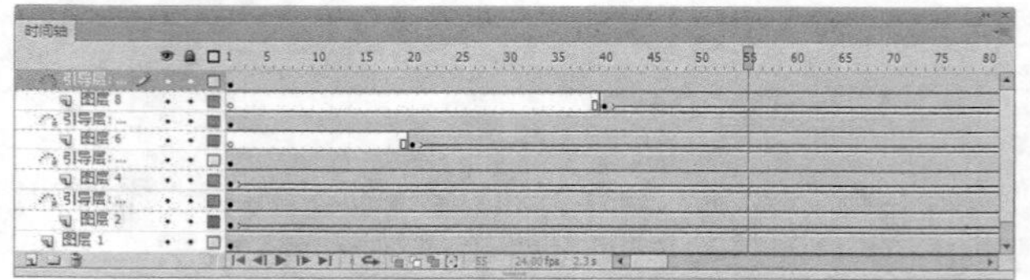
图21-127 “时间轴”面板

⑫ 新建“图层10”，在第150帧按F6键插入关键帧，打开“动作”面板，输入stop();，如图21-128所示，“时间轴”面板如图21-129所示。

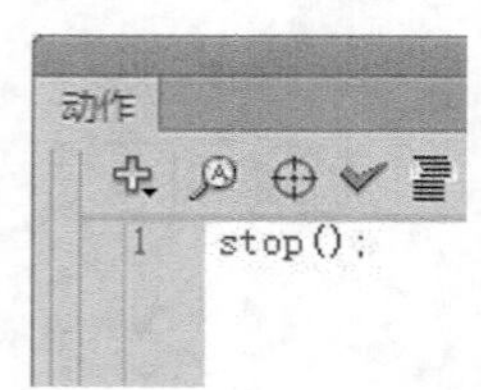

图21-128 “动作”面板

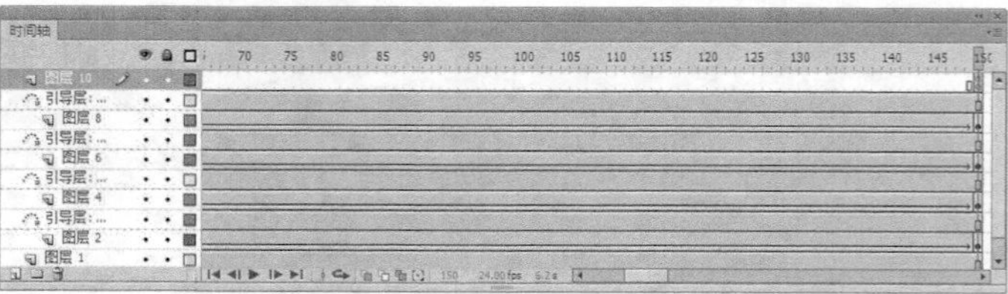
图21-129 “时间轴”面板

⑬ 完成蝴蝶飞舞动画的制作，执行“文件>保存”命令，将动画保存为“光盘\源文件\第21章\21-5-2.fla”，按快捷键Ctrl+Enter，测试动画，效果如图21-130所示。

图21-130 测试动画效果

21.6 遮罩动画

遮罩动画是Flash动画中一种常见的动画形式，是通过遮罩层来显示需要展示的动画效果。通过遮罩动画能够制作出很多极富创意色彩的Flash动画，例如过渡效果、聚光灯效果以及动态效果等。

21.6.1 遮罩动画的特点

遮罩就像是个窗口，将遮罩项目放置在需要用作遮罩的图层上，通过遮罩可以看到下面链接层的区域，而其余所有的内容都会被遮罩层的其余部分隐藏。

在创建遮罩动画时，一般情况下，一个遮罩动画中可以同时存在多个被遮罩图层，但是一个遮罩层只能包含一个遮罩项目，遮罩项目可以是填充的形状、影片剪辑、文字对象或者图形。按钮内部不能存在遮罩层，并且不能将一个遮罩应用于另一个遮罩，但是可以将多个图层组织在一个遮罩项目下来创建更加复杂的遮罩动画效果。

在创建动态的遮罩动画时，对于不同的对象需要使用不同的方法；如果是对于填充的对象，则可以使用补间形状；如果是对于文字、影片剪辑或者图形对象，则可以使用补间动画或传统补间动画。

21.6.2 实战——制作网站开场动画

本实例设计制作一个网站开场动画，在该实例的制作中，通过形状补间动画、传统补间动画与遮罩动画相结合，实现场景中的各种对象依次遮罩出现的效果。通过该实例的制作练习，可以掌握遮罩动画的创建和表现方法。

制作网站开场动画

●源文件：光盘\源文件\第21章\21-6-2.fla　　●视频：光盘\视频\第21章\21-6-2.swf

01 执行“文件>新建”命令，弹出“新建文档”对话框，设置如图21-131所示。执行“文件>导入>导入到库”命令，将图像“光盘\源文件\第21章\素材\21601.jpg”导入到“库”面板，使用相同方法导入其他素材，“库”面板如图21-132所示。

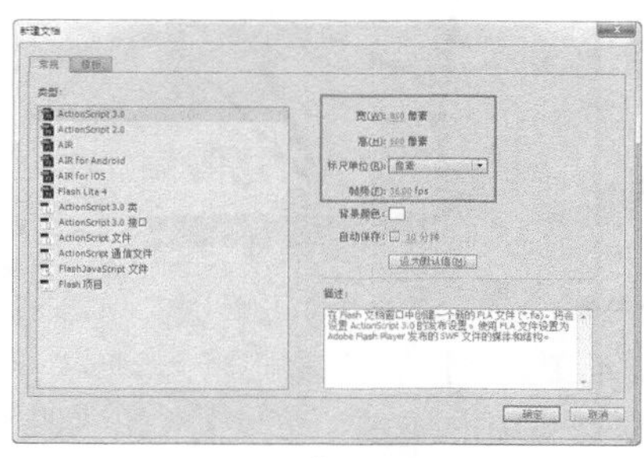

图21-131 “新建文档”对话框

图21-132 “库”面板

02 按快捷键Ctrl+F8，弹出“创建新元件”对话框，设置如图21-133所示。将21610.png从“库”面板拖入到舞台中，如图21-134所示。

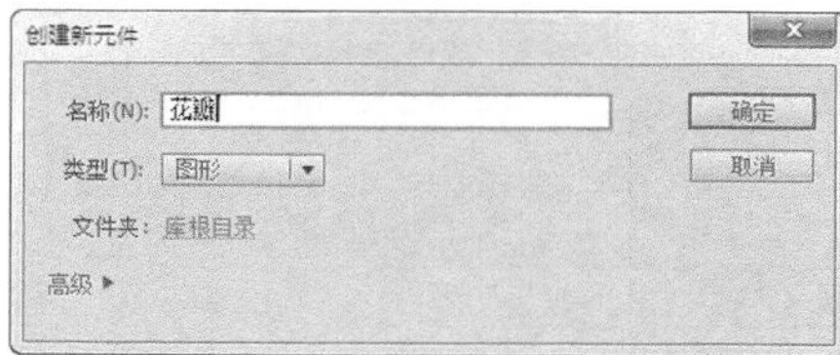

图21-133 “创建新元件”对话框

图21-134 拖入素材图像

03 返回“场景1”编辑状态，将21601.png从“库”面板拖入到舞台中，如图21-135所示。在第150帧按F5键插入帧，新建“图层2”，使用“矩形工具”，设置“填充颜色”为任意颜色，“笔触颜色”为无，在舞台中绘制矩形，如图21-136所示。

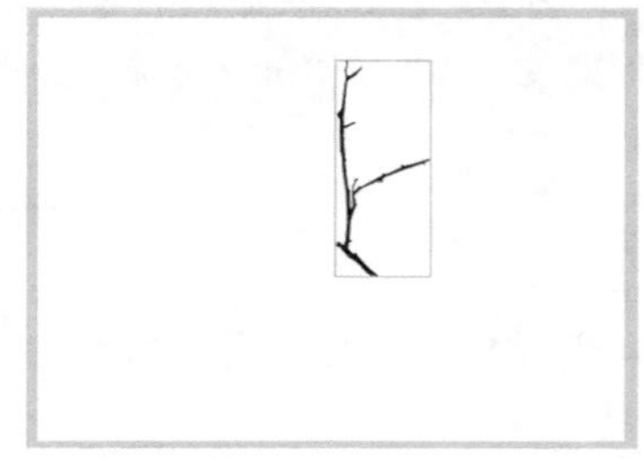
图21-135 拖入素材图像

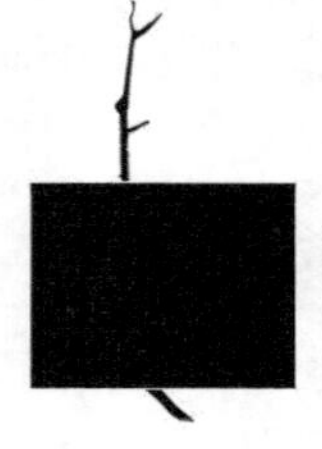
图21-136 绘制矩形

04 在第30帧按F6键插入关键帧，使用“任意变形工具”，调整该帧上矩形的形状，如图21-137所示。在第1帧创建补间形状动画，在“图层2”上单击鼠标右键，在弹出菜单中选择“遮罩层”选项，创建遮罩动画，如图21-138所示。

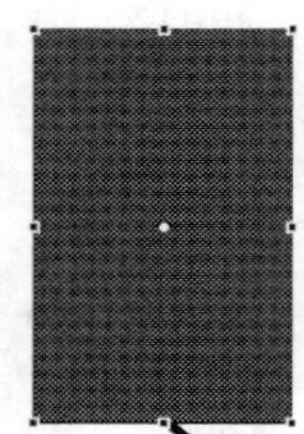
图21-137 调整矩形

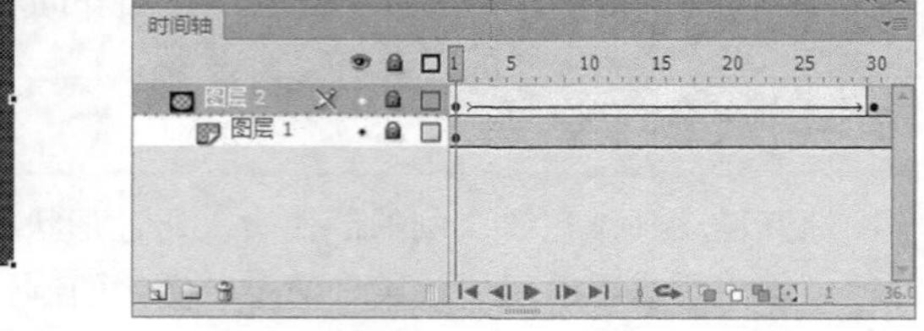

图21-138 “时间轴”面板

05 新建“图层3”，在第20帧按F6键插入关键帧，将21602.png从“库”面板拖入到舞台中，如图21-139所示。新建“图层4”，使用“矩形工具”，设置“填充颜色”为任意颜色，“笔触颜色”为无，在舞台中绘制矩形，如图21-140所示。

图21-139 拖入素材图像

图21-140 绘制矩形

06 在第40帧按F6键插入关键帧，使用“任意变形工具”，调整该帧上矩形形状，如图21-141所示。在第20帧创建补间形状动画，设置“图层4”为遮罩层。使用相同方法，可以制作出“图层5”至“图层16”上的动画效果，如图21-142所示。

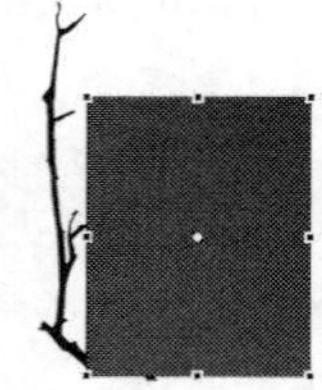
图21-141 调整矩形

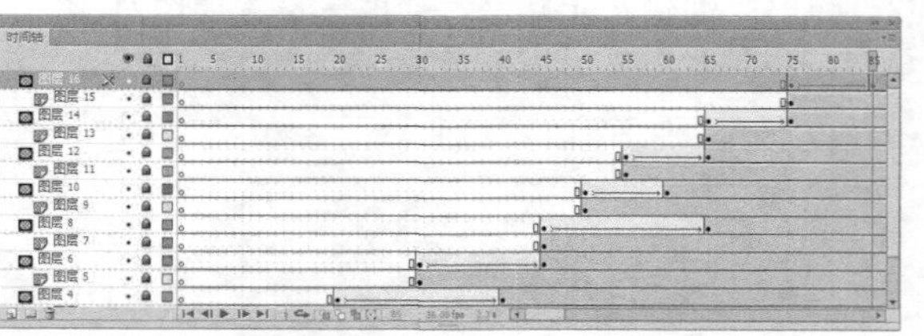
图21-142 “时间轴”面板

07 新建“图层17”，将21609.png从“库”面板拖入舞台中，如图21-143所示。新建“图层18”，在第70帧按F6键插入关键帧，将“花瓣”元件拖入舞台中，如图21-144所示。

图21-143 拖入素材图像

图21-144 将元件拖入舞台

08 选择第70帧上的元件，打开“属性”面板，在“样式”下拉列表中选择“高级”选项，设置如图21-145所示，元件效果如图21-146所示。

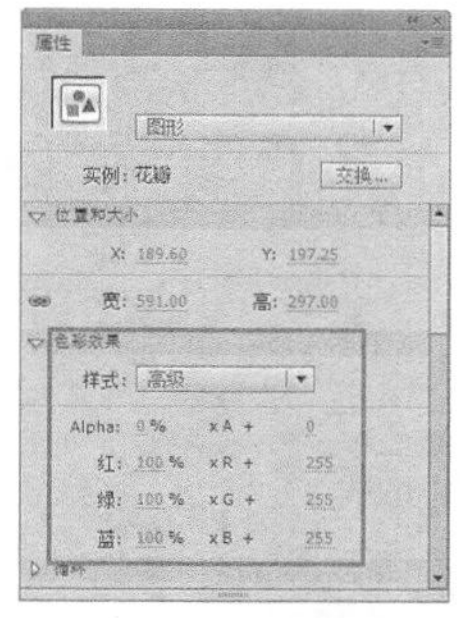

图21-145 “属性”面板

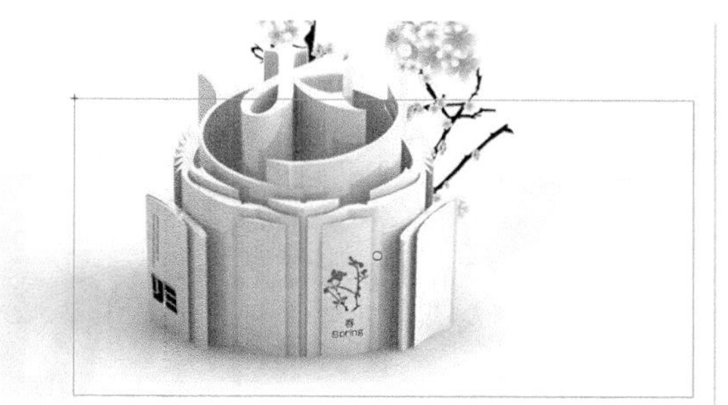

图21-146 元件效果

09 在第80帧按F6键插入关键帧，选中该帧上的元件，在“属性”面板中进行相应设置，如图21-147所示，元件效果如图21-148所示。

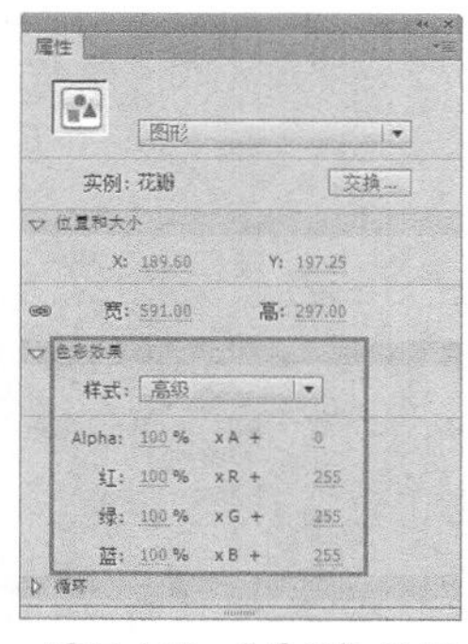

图21-147 “属性”面板

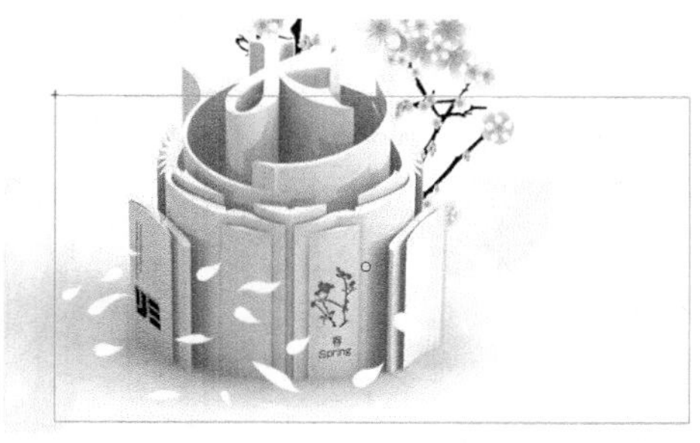

图21-148 元件效果

10 在第100帧按F6键插入关键帧，并设置该帧上元件的“样式”为“无”。分别在第70帧、80帧创建传统补间动画，如图21-149所示。新建“图层19”，在第70帧按F6键插入关键帧，使用“椭圆工具”，按住Shift键在舞台中绘制正圆形，如图21-1所示。

图21-149 “时间轴”面板

图21-150 绘制正圆形

⑪ 在第85帧按F6键插入关键帧，使用“任意变形工具”，按住Shift键，将正圆形等比例放大，如图21-151所示。在第80帧创建补间形状动画，设置“图层20”为遮罩层，“时间轴”面板如图21-152所示。

图21-151 调整图形

图21-152 “时间轴”面板

⑫ 完成该网站开场动画的制作，执行“文件>保存”命令，将动画保存为“光盘\源文件\第21章\21-6-2.fla”，按快捷键Ctrl+Enter，测试动画，效果如图21-153所示。

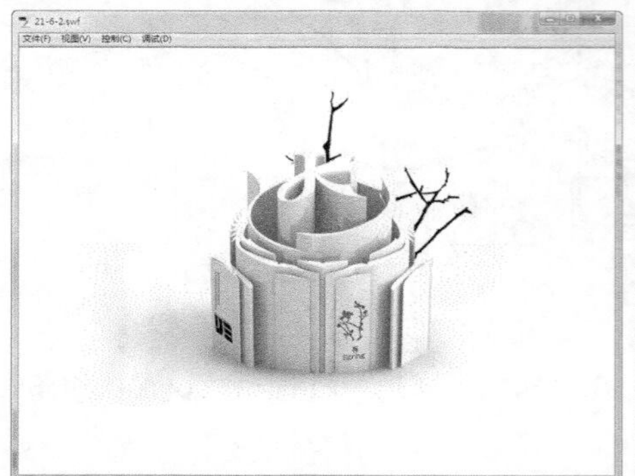

图21-153 测试动画效果

21.7 本章小结

本章主要讲解了一些基础Flash动画的制作过程和步骤，并了解了一些动画制作的基本操作方式和技巧。每种类型的动画都拥有其本身的特点，可以根据制作的动画类型的不同选择最合适的制作方法。本章只是学习动画制作的一个开始，学好本章的内容，便可以为以后制作更加复杂的动画打下坚实的基础。

第22章 使用ActionScript 3.0

在设计Flash动画作品时，合理的运用ActionScript 3.0的相关知识，可以实现更美好、更具丰富视觉效果的动画作品。另外，还可以实现与用户的交互，是实现强大动画的先决条件。本章向读者讲解有关ActionScript 3.0的相关知识，及应用方法，从而使所制作的Flash动画能够实现简单的交互效果。

22.1 了解ActionScript

在网页动画中，常常会看到些如花瓣飘落、雪花飞舞等特殊效果，如果使用基础的动画形式进行制作，既麻烦并且难以实现。而使用ActionScript脚本则可以很容易实现，通过语句控制，让系统自动复制影片剪辑，并对其大小、透明度等属性随机变化，然后将其随机放置在场景中的某一个位置即可。

ActionScript的应用极为广泛，除了可以使用它制作网页特效外，还可以用于Flash制作的交互式网站。另外，在制作多媒体课件、Flash游戏时也会使用到ActionScript。

22.1.1 ActionScript的发展

ActionScript是Flash动画的编程脚本语言，它在Flash交互动画中起着关键性作用，随着Flash的更新，ActionScript也不断更新，其功能越来越强大，用户使用也越来越方便。ActionScript的发展过程分为3个阶段，下面向读者简单介绍ActionScript的发展。

1. ActionScript 1.0

从Flash 5版本开始，首次在Flash软件中引入了ActionScript 1.0脚本语言，ActionScript 1.0脚本语言具备ECMAScript标准的语法格式和语义解释，主要应用于帧的导航和鼠标的交互。

2. ActionScript 2.0

随着Flash MX2004的推出，也推出了ActionScript 2.0脚本语言，ActionScript 2.0的横空出世，带来了两方面的大改进：变量的类型检测和新的class类语法。ActionScript 2.0的变量类型会在编译时执行强制类型检测。它意味着当发布或是编译影片时任何指定了类型的变量都会从众多的代码中脱离出来，检查是否与现有的代码存在矛盾冲突。尽管这个功能对于Flash Player的回放来说没有什么好处外，但对于创作人员来说是一个非常好的工具，可以帮助调试更大、更复杂的程序。在ActionScript 2.0中新的class类语法用来定义类，它类似于Java语言中的定义。

3. ActionScript 3.0

在Macromedia被Adobe公司收购后，Adobe公司推出了Flash CS3，其语言版本也发展到了ActionScript 3.0。ActionScript 3.0与ActionScript 1.0和2.0有着很大的差别，ActionScript 3.0全面支持ECMA4的语言标准，并具有ECMAScript中的Package、命名空间等多项ActionScript 2.0所不具备的特点。ActionScript由嵌入在FlashPlayer中的ActionScript虚拟机（AVM）执行。AVM1是执行以前版本的ActionScript的虚拟机，现在变得更加强大的Flash平台使得可能创造出交互式媒体和丰富的网络应用。ActionScript 3.0带来了一个更加高效的ActionScript执行虚拟机——AVM2，ActionScript 3.0的执行效率比以前的ActionScript执行效率至少高出10倍。

提示 ECMAScript是一种欧洲计算机制造商协会（ECMA）通过ECMA-262标准化脚本程序设计的语言。这种语言在互联网中应用广泛，常常被称为JavaScript或Jscript，但实际上后两者是ECMA-262标准的扩展。

22.1.2 ActionScript 3.0的特点

ActionScript 3.0的出现是ActionScript 2.0的核心语言方面融入ECMAScript并遵守其标准和引入新的改进功能区域的结合。比起早期版本，有很大的区别，除了需要一个全新的虚拟机来运行它，在早期版本中有些并不复杂的任务在ActionScript 3.0中的代码长度会是原来的两倍，但最终会获得高速和效率。总的来说，ActionScript 3.0有如下一些特点。

- **增强处理运行错误的能力：** 提示的运行错误提供了足够的附注（列出出错的源文件）和以数字提示的时间线，帮助开发者迅速地定位产生错误的位置。
- **类封装：** ActionScript 3.0引入密封的类的概念，在编译时间内的密封类拥有唯一固定的特征和方法，其他的特征和方法不被加入，因而提高了对内存的使用效率，避免了为每一个对象实例增加内在的杂乱指令。
- **命名空间：** 不但在XML中支持命名空间而且在类的定义中也同样支持。
- **运行时变量类型检测：** 在回放时会检测变量的类型是否合法。
- **int和uint数据类型：** 新的数据类量类型允许ActionScript使用更快的整型数据来进行计算。
- **新的显示列表模式和事件类型模式：** 一个新的、自由度较大的管理屏幕上显示对象的方法。一个新的基于侦听器事件的模式。

22.2 ActionScript 3.0基础

与其他程序开发语言相似，ActionScript 3.0具有语法和标点规则，这些规则是用来定义创建代码的字符（character）、单词（word）、语句（statement），以及撰写他们的顺序。

22.2.1 ActionScript 3.0中的变量和数据类型

ActionScript语句和普通程序语句一样，都是由语句、变量和函数组成，主要涉及变量、函数、表达式和运算符等。

1. 变量

变量用来存储信息，可以随时发生改变。通俗地讲，变量就是一个容器，可以在保持原有名称的情况下使其包含的值随特定的条件而改变。变量可能存储数值、逻辑值、对象、字符串以及动画片段等。

变量由变量名和变量值组成，变量名用于区分变量的不同，变量值用于确定变量的类型大小。在动画的不同部分可以为变量赋予不同的值。变量的命名必须遵守以下的规则：

- 变量名必须是一个标识符。标识符的第一个字符必须为字母、下划线（_）或美元符号（$）。其后的字符可以是数字、字母、下划线或美元符号。
- 在一个动画中变量名必须是唯一的。
- 变量名称不能是关键字或ActionScript文本，如true、false、null或undefined等。
- 变量名称区分大小写，当变量名中再现一个新单词时，新单词的第一个字母需要大写。
- 变量不能是ActionScript语言中的任何元素，例如类名称。

默认值是在设置变量值之前变量中包含的值。首次设置变量的值实际上就是“初始化”变量。如果声明了一个变量，但是没有设置它的值，则该变量便处于“未初始化”状态，未初始化的变量的值取决于它的数据类型。变量的默认值如下表所示：

变量的默认值

数值类型	默 认 值
Boolean	false
int	0
Number	NaN
Object	null
String	null
uint	0
未声明（与类型注释*等效）	undefined
其他所有类（包括用户定义的类）	null

变量有一定的作用范围，变量的作用范围是指该变量能够识别和应用的区域。在ActionScript中变量可以分为全局变量和局部变量两种。全局变量可以在所有引用到该变量的位置使用，而局部变量是指仅在代码的某个部分定义的变量。

定义全局变量的语法格式为：

```
变量名 = 表达式;
```

定义局部变量的语法格式为：

```
var 变量名 = 表达式;
```

或

```
var 变量名;
变量名 = 表达式;
```

2. 数据类型

在ActionScript 3.0中，数据类型从总体上可以分为简单数据类型和复杂数据类型两种。如单个数字或单个文本序列，像这样表示单条信息的数据类型称为简单数据类型。常用的简单数据类型如下表所示。

常用的简单数据类型

数值类型	含 义
String	一个文本值，例如，一个名称或某一段文字内容。
Numeric	在ActionScript 3.0中，该类型数据包含3种特定的数据类型。分别是：Number，任何数值，包括有小数部分或没有小数部分的值；Int，一个整数（不带小数部分的整数）；Uint，一个“无符号”整数，即不能为负数的整数。
Boolean	一个true或false值，例如开关是否开启或两个值是否相等。

ActionScript中定义的大部分数据类型都可以被描述为“复杂”数据类型，因为它们是组合在一起的一组值。大部分内置数据类型以及设计者自定义的数据类型都是复杂数据类型。

常用的复杂数据类型

数值类型	含 义
MovieClip	影片剪辑元件。
TextField	动态文本字段或输入文本字段。
SimpleButton	按钮元件。
Date	该数据类型表示单个值，如时间中的某个片刻。然而，该日期值实际上表示为年、月、日、时、分、秒等几个值，它们都是单独的数字动态文本字段或输入文本字段。

22.2.2 ActionScript 3.0语法

在编写ActionScript 3.0脚本代码的过程中，要熟悉其编写的语法规则，常用的有点语法、界定符、关键字、字母大小写和注释，在书写代码时，一定要遵从这些语法规则，否则无法正常运行。

1. 点语法

在Actionscript 3.0中，点（.）可以用来表示与某个对象相关的属性和方法，另外，它还可以用来表示变量的目标路径。点语法的表达式是以对象名开始，然后是一个点，后面紧跟着的是要指定的属性、方法或者变量。

```
myArray.height
```

height是Array对象的属性，它是指数组的元素数量。表达式是指Array类实例myArray的height属性。

表达一个对象的方法遵循相同的模式。例如，myArray实例的join方法把myArray数组中所有的元素连接成为一个字符串：

```
myArr.join();
```

表达一个影片剪辑的方法遵循相同的模式。例如，a_mc实例的play方法移动a_mc的时间轴播放头，开始播放：

```
a_mc.play();
```

点语法有两个特殊的别名：root和parent。 root是指主时间轴，可以使用root创建一个绝对路径：

```
root.functions.myFunc();
```

这段代码的意思就是调用主时间轴上影片剪辑实例functions内的myFunc()函数；

也可以使用别名parent引用嵌套当前影片剪辑的影片剪辑，也可以用parent创建一个相对目标路径：

```
parent.stop();
```

2. 界定符

在ActionScript中界定符包括花括号、分号、圆括号3种，不同的界定符具有不同的作用，下面分别对这3种界定符进行讲解。

ActionScript 3.0中的一组语句可以被一对花括号（{…}）括起来组成一个语句块。

```
public function myDate(){
//创建myDate 对象
Var myDate:Date = new Date();
currentMonth = myDate.getMonth();
}
```

此外，条件语句、循环语句也经常用花括号进行分块。

ActionScript中的语句是由一个分号来结尾的，但也并不是必需的。语句结尾不加分号，Flash也可以对此进行成功的编译。例如下面的语句就是以分号结尾的语句。

```
now = today.getTime();
month = "Monday";
```

在定义一个函数的时候，任何的参数定义都必须放在一对圆括号内。

```
public function myFunction(name,age,gender){
}
```

调用函数时，需要被传递的参数也必须放在一对圆括号内。

```
myFunction("Mike",23,"male");
```

使用圆括号还可以改变一条语句中的优先执行顺序，从而可以提高程序的易读性。

3. 关键字

在ActionScript 3.0中保留了一些具有特殊含义的单词，供ActionScript进行调用，这些被保留的单词即称为“关键字”。在编写ActionScript脚本的过程中，系统不允许使用这些关键字作为变量、函数以及标签等的名称，以免发生混乱。在ActionScript 3.0中的关键字如下表所示。

ActionScript 3.0中的关键字

as	break	case	catch	false	class	const	continue
default	delete	do	else	extends	false	finally	for
function	if	implements	import	in	instanceo	interface	internal
is	native	new	null	package	private	protected	public
return	super	switch	this	throw	to	true	try
typeof	use	var	void	while	with		

4. 字母大小写

在ActionScript中，变量和对象都区分大小写，例如下面的语句就定义了两个不同的变量：

```
var ppr: Number = 0;
var PPR: Number = 2;
```

如果在书写关键字时没有正确使用大小写，程序将会出现错误。当在“动作”面板中启用语法突出显示功能时，用正确的大小写书写的关键字显示为蓝色。

5. 注释

一般情况下，程序包括很多行，为了方便阅读以及修改，可以在“动作”面板中使用注释语句给代码添加相应的注释。此外，添加注释有助于合作开发者更好的理解编写的程序，从而提高工作效率。

为程序添加相应的注释，可以让复杂的程序更有条理性、更容易让人理解。

```
//创建新的日期对象
var myDate:Date = new Date();
var currentMont:Number = myDate.getMouth();
//把用数字表示的月份转换为用文字表示的月份
var monthName:Namber = calcMonth(currentMonth);
var year:Number = myDate.getFullYear();
var currentDate:Number = myDate.getDate();
```

如果要在程序中使用多行注释，可以使用“/*”和“*/”。位于注释开始标签（/*）和注释结束标签（*/）之间的任何字符都被ActionScript解释程序解释为注释并忽略。

需要注意在使用多行注释时，不要让注释陷入递归循环当中，否则会引起错误：

```
/*
“使用多行注释时要注意”; /*递归注释会引起问题*/
*/
```

在“动作”面板中，注释内容以灰色显示，长度不限。而且注释不会影响输出文件的大小，也不需要遵循ActionScript语法规则。

22.3 常用ActionScript语句

在Flash动画中，常常需要使用一些ActionScript语句对动画的播放进行控制，例如播放到相应的帧停止播放或者播放到相应的帧后跳转到某一处继续播放等。本节将讲解在Flash动画中常用的ActionScript控制语句。

22.3.1 播放控制

播放控制的实质是对Flash动画时间轴中播放头的运动状态进行控制，以产生包括play（播放）、stop（停止）、stopAllSound（停止所有声音）和toggleHighQuality（画面显示质量的高低）等动作，可以作用于Flash动画中的所有对象。下面介绍在Flash动画中最常用的命令语句。

play命令用于开始或继续播放被停止的动画，通常添加在动画中的一个按钮上，在其被按下后即可开始或继续播放，其语法结构为play()。

stop命令可以使正在播放的Flash动画停止在当前帧，可以在脚本的任意位置独立使用而不用设置参数，其语法结构为stop()。

22.3.2 播放跳转

调用gotoAndPlay()或gotoAndStop()命令，将使影片剪辑跳转到指定的帧编号。或者可以传递一个与帧标签名称匹配的字符串，可以为时间轴上的任何帧分配一个标签，选择时间轴上的某一帧，然后在“属性”面板上的“帧标签”文本框中输入一个名称。

当动画中的帧、图层和补间动画很多时，可以考虑给重要的帧加上具有解释说明的标签来表示影片剪辑中的行为转换。这样可以提高代码的可读性，同时使代码更加灵活，因为转到指定帧的ActionScript调用是指向单一参考的指针。如果以后决定将动画的特定片段移动到不同的帧，则无需更改ActionScript代码，只需要将这些帧的相同标签保存在新位置即可。

为了便于在代码中表示帧标签，ActionScript 3.0引入FrameLabel类。该类的每个实例都代表一个帧标签，并具有一个name属性（表示在“属性”面板中指定的帧标签的名称）和一个frame属性（表示该标签在时间轴上所处帧的帧编号）。

为了访问与影片剪辑实例相关联的FrameLabel实例，MovieClip类包括了两个可以直接返回FrameLabel对象的属性。currentLabels属性返回一个包含影片剪辑整个时间轴上所有FrameLabel对象的数组。currentLabel属性返回一个表示在时间轴上最近遇到的帧标签的FrameLabel对象。

22.3.3 条件语句

条件语句用来在动画中设置执行条件，当Flash动画播放到该位置时，脚本将对设置的条件进行检查。如果这些条件得到满足，将执行其中的动作，如果条件不满足，将执行设置的其他动作。在ActionScript 3.0中提供了3个条件语句。

1. if…else语句

if…else条件语句用于测试一个条件。如果该条件存在，则执行一个代码块，否则执行另一代码块。例如，如下的代码测试A的值是否大于30，如果是，则生成一个trace()函数，否则生成另一个trace()函数。

```
if(A>30) {
  trace(“A大于30”);
}
else {
  trace(“A小于等于30”);
}
```

2. if…else if语句

if…else if条件语句用来测试多个条件。例如，如下的代码不仅测试A的值是否大于30，而且还测试A的值是否为负数。

```
if(A>30) {
  trace(“A大于30”);
}
else if(A<0){
  trace(“A是负数”);
}
```

如果if或else语句后面只有一条语句，则无需使用花括号括起来。例如：

```
if(A>0)
  trace(“A是正数”);
else if(A<0)
  trace(“A是负数”);
else
  trace(“A等于0”);
```

3. switch语句

如果多个执行语句依赖于同一个条件表达式，则switch语句非常有用。它的功能大致相当于一系列if…else if语句，但是它更便于阅读。switch语句不是对条件进行测试以获得布尔值，而是对表达式进行求值并使用计算结果来确定要执行的代码块。代码块以case语句开头，以break语句结尾。例如，如下的switch语句基于由Date.getDay()方法返回的日期值输出星期日期。

```
var someDate:Date = new Date();
var dayNum:uint = someDate.getDay();
switch(dayNum) {
  case 0;
    trace(“星期日”);
    break;
  case 1:
    trace(“星期一”);
    break;
  case 2:
    trace(“星期二”);
    break;
  case 3:
    trace(“星期三”);
    break;
  case 4:
    trace(“星期四”);
    break;
  case 5:
    trace(“星期五”);
    break;
  case 6:
    trace(“星期六”);
```

```
      break;
    default:
      trace(“没有一个符合条件”);
      break;
  }
```

22.3.4 循环语句

循环语句允许使用一系列值或变量来反复执行一个特定的代码块，建议始终用花括号括起代码块。尽管可以在代码块中只包含一条语句时省略花括号，但是就像在介绍条件语言时所提到的那样，这会无意中增加将以后添加的语句从代码块中排除的可能性。如果以后添加一条语句，并希望将它包括在代码块中，却忘了加必要的花括号，则该语句不会在循环过程中执行。

1. for循环语句

for循环用于循环访问某个变量以获得特定范围的值。必须在for语句中提供3个表达式，一个设置初始值的变量，一个用于确定循环何时结束的条件语句，一个在每次循环中都更改变值的表达式，例如如下的代码。

```
var i:int;
for(i=0;i<100;i++) {
  trace(i)
}
```

上面的代码循环100次，变量i的值从0开始到100结束，输出结果是从0到99的数字，每个数字各占1行。

2. for…in循环语句

for…in循环用于循环访问对象属性或数组元素。例如，可以使用for…in循环来循环访问通用对象的属性（不按任何特定的顺序来保存对象的属性，因此属性可能以看似随机的顺序出现）。

```
var myObj:Object = {x:50,y:70};
for(var i:String in myObj) {
  trace(i+”:”+myObj[i]);
}
//输出x:50 y:70
```

for…in循环语句还可以循环访问数组中的元素，如下的代码所示。

```
var myArray:Array = [“one”,”two”,”three”];
for(var i:String in myArray) {
  trace(myArray[i]);
}
//输出 one two three
```

3. for each…in循环语句

for each…in循环用于循环访问集合中的项目，它可以是XML或XMLList对象中的标签、对象属性保存的值或数组元素。例如，下面的代码所示，可以使用for each…in循环来循环访问通用对象的属性，但是与for…in循环不同的是，for each…in循环中的迭代变量包含属性所保存的值，而不包含属性的名称。

```
var myObj:Object = {x:60,y:70};
for each(var num in myObj) {
```

```
    trace(num);
}
//输出 60 70
```

4. while循环语句

while循环与if语句相似，只要条件为true，就会反复执行。例如，下面的代码与for循环示例生成的输出结果相同。

```
var i:int = 0;
while (i<100) {
    trace(i);
    i++;
}
```

使用while循环的一个缺点是，编写的while循环中更容易出现无限循环。如果省略了用来递增计数器变量的表达式，则for循环示例代码将无法编译，而while循环示例代码仍然能够编译。如果没有用来递增i的表达式，循环将成为无限循环。

5. do…while循环语句

do…while循环是一种while循环，它保证至少执行一次代码块，这是因为在执行代码块后才会检查条件。下面的代码显示了do…while循环的一个简单示例，即使条件不满足，该示例也会生成输出结果。

```
var i:int = 100;
do {
    trace(i);
    i++;
}
while(I<100);
//输出 100
```

22.4 代码的输入

在ActionScript 2.0以前的版本中，不仅可以将代码添加到时间轴的关键帧中，而且还可以将代码添加到按钮或影片剪辑元件上。将代码加入到on()和onClipEvent()代码块中以及一些相关的事件中，如press、enterFrame等，在ActionScript 3.0中，只支持在时间轴的关键帧中添加ActionScript代码，或者将ActionScript代码添加到外部类文件中。

22.4.1 在时间轴上输入代码

在Flash CS6中，代码可以添加到时间轴上的任何关键帧上，包括主时间轴上的任何帧和任何影片剪辑元件时间轴中的任何关键帧。播放影片时，代码将在影片播放头进入该帧时执行。

执行“窗口>动作”命令，或者按快捷键F9，即可打开“动作”面板，如图22-1所示。“动作”面板大致可以分为工具栏、动作工具箱、脚本导航器和脚本编辑窗口四部分。

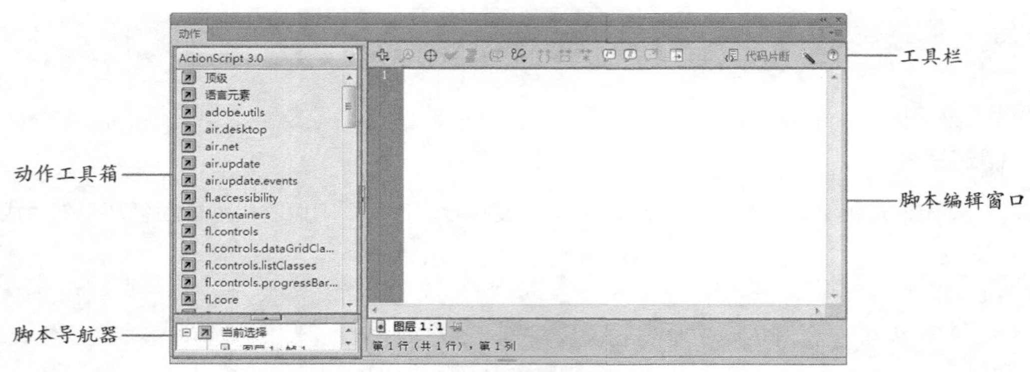

图22-1 “动作”面板

工具栏：位于“动作”面板的上方，在工具栏中提供了一组对所编写的ActionScript脚本代码进行编辑、检查或查找替换操作。

动作工具箱：动作工具箱位于“动作”面板的左侧，通过它可以浏览ActionScript元素（类、方法等）的分类列表。在动作工具箱中单击图标，即可打开相应的包、类、方法和属性集合，如图22-2所示。双击动作工具箱列表中的相应方法、属性或直接拖动该元素到“动作”面板中的脚本编辑窗口中，就能够轻松地插入ActionScript程序语句。

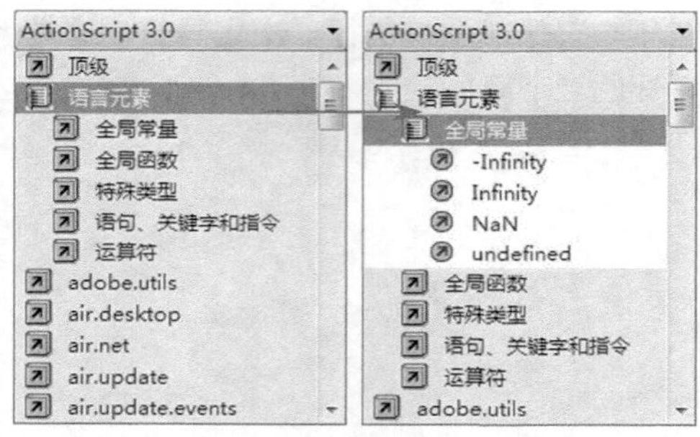

图22-2 打开相应的包、类、方法和属性集合

脚本导航器：脚本导航器位于“动作”面板的左下方，它可以快速显示正在工作的对象，以及在哪些帧上添加了脚本。使用它可以在Flash文档中的各个脚本之间快速切换，如图22-3所示。

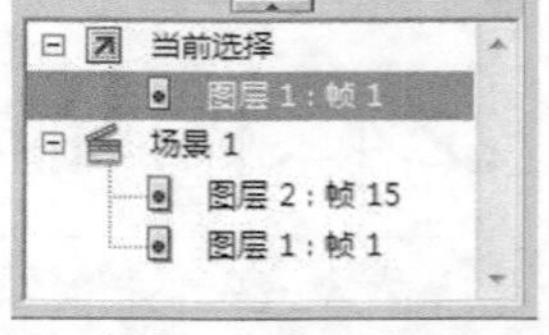

图22-3 脚本导航器

单击脚本导航器中的某一选项，那么与该项目关联的脚本将显示在脚本编辑窗口中，并且播放头将移到时间轴上相应的位置。

脚本编辑窗口：在该部分编写ActionScript脚本代码。

22.4.2 创建ActionScript文件

如果在构建较大的应用程序代码时，最好在单独的ActionScript源文件（扩展名为as的文件）中编辑ActionScript代码，因为时间轴上输入代码容易导致无法跟踪哪些帧包含哪些脚本，从而随着时间的推移，应用程序会越来越难以维护。

如果需要创建外部ActionScript文件，可以执行“文件>新建”命令，弹出“新建文档”对话框，在“类型”列表中选择需要创建的外部脚本文件的类型（ActionScript 3.0类、ActionScript 3.0接口、ActionScript文件、ActionScript通信文件、FlashJavaScript文件），如图22-4所示。单击“确定”按钮，即可

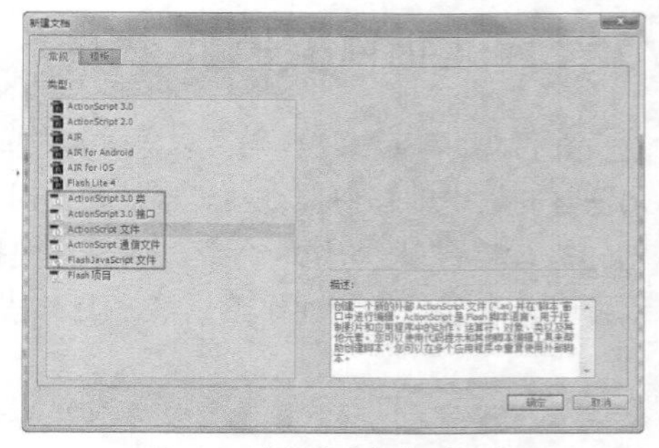

图22-4 “新建文档”对话框

在打开的脚本编辑窗口中直接输入ActionScript脚本代码。

22.5 对象处理

ActionScript 3.0是一种面向对象的语言程序设计。面向对象程序设计与面向过程程序设计是一样的，仅仅是一种编程方法，它与使用对象来组织程序中的代码的方法没有差别。

程序是计算机执行的一系列步骤或指令。从概念上来理解，可以认为程序只是一个很长的指令列表。然后，在面向对象编程中，程序指令被划分到不同的对象中，构成代码功能块。

22.5.1 属性

属性是对象的基本特性，如影片剪辑元件的大小、透明度、位置等，属性表示某个对象中绑定在一起的若干数据块中的一个。Song对象可能具有名为artist和title的属性；MovieClip类具有rotation、x、width和alpha等属性。可以像处理单个变量那样处理属性；事实上，可以将属性视为包含在对象中的子变量。例如：

```
menu1.x = 100;
//将名为menu1的MovieClip移动到X轴坐标为100的位置
menu1.rotation = menu2.rotation;
//使用rotation属性旋转名为menu1的MovieClip以便与名为menu2的MovieClip的旋转相匹配
menu1.scaleX = 1.5;
//名为menu1的MovieClip的水平缩放比例，以使宽度为原始宽度的1.5倍
```

将变量（menu1和menu2）用作对象的名称，后跟一个句点（.）和属性名（X、rotation和scaleX）。句点称为“点运算符”，用于指示要访问对象的某个子元素。

22.5.2 方法

方法是指可以由对象执行的操作。如果在Flash中使用时间轴上的几个关键帧和动画制作了一个影片剪辑元件，则可以播放或停止该影片剪辑，或者指示它将播放头移到特定的帧。

下面的代码指示名为movie的MovieClip开始播放。

```
movie.play();
```

下面的代码指示名为movie的MovieClip停止播放。

```
movie.stop();
```

下面的代码指示名为movie的MovieClip将其播放头移至第1帧，然后停止播放。

```
movie.gotoAndStop(1);
```

22.6 实战——制作网站宣传栏动画

本实例制作一个网站宣传栏动画，该动画主要是通过ActionScript 3.0脚本代码与XML文件相结合来实现的。使用这种制作方法的好处是，不需要修改Flash源文件，即可更改Flash动画的效果。

制作网站宣传栏动画

●源文件：光盘\源文件\第22章\22-6.fla　　●视频：光盘\视频\第22章\22-6.swf

01 执行“文件>新建”命令，弹出“新建文档”对话框，设置如图22-5所示。单击“确定”按钮，新建Flash文档。执行“插入>新建元件”命令，弹出“创建新元件”对话框，设置如图22-6所示。

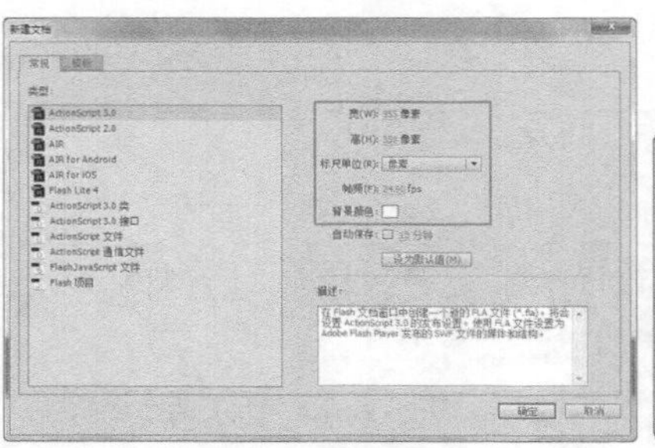

图22-5 “新建文档”对话框

图22-6 “创建新元件”对话框

02 单击“确定”按钮，使用“矩形工具”，设置“填充颜色”为黑色，“笔触颜色”为无，在舞台中绘制矩形，如图22-7所示。执行“插入>新建元件”命令，弹出“创建新元件”对话框，设置如图22-8所示。

图22-7 绘制矩形

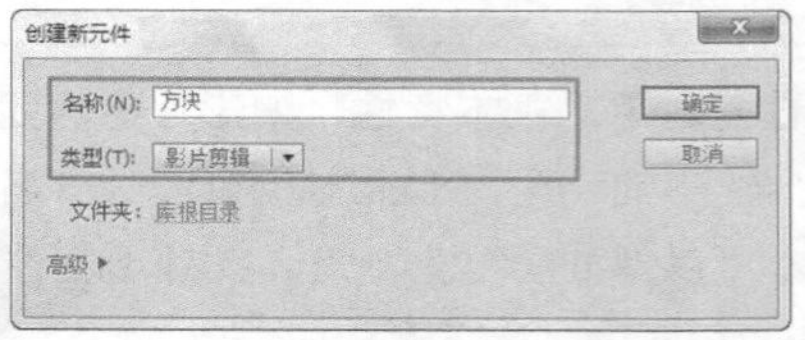

图22-8 “创建新元件”对话框

03 单击“确定”按钮，使用“矩形工具”，设置“填充颜色”为Alpha值为0%的白色，“笔触颜色”为无，在舞台中绘制矩形，如图22-9所示。在“库”面板上的“黑色条”元件上单击鼠标右键，在弹出菜单中选择“属性”选项，弹出“元件属性”对话框，设置“类”为black，如图22-10所示。

图22-9 绘制矩形

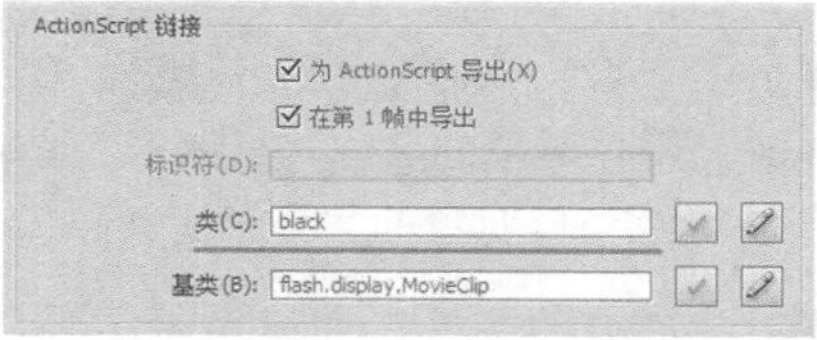

图22-10 设置“类”选项

04 返回“场景1”编辑状态，在“库”面板上的“方块”元件上单击鼠标右键，在弹出菜单中选择“属性”选项，弹出“元件属性”对话框，设置“类”为mc，如图22-11所示。在“库”面板中将“黑色条”元件拖入到舞台中，并设置该元件的Alpha值为60%，如图22-12所示。

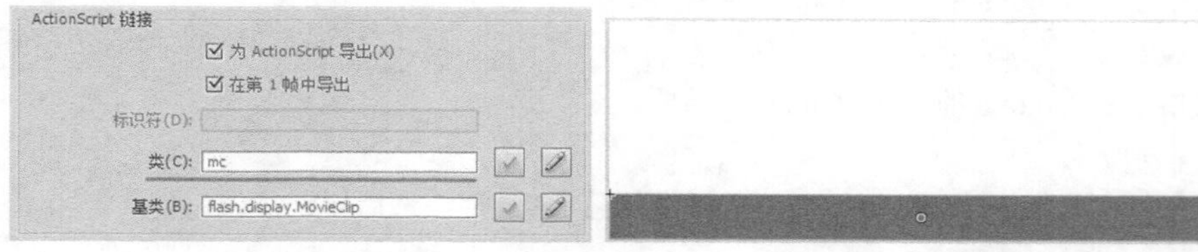

图22-11 设置“类”选项　　图22-12 元件效果

05 新建“图层2”，在“库”面板中将“方块”元件拖入到舞台中，如图22-13所示。新建“图层3”，使用“文本工具”，在“属性”面板中对相关选项进行设置，如图22-14所示。

图22-13 拖入元件

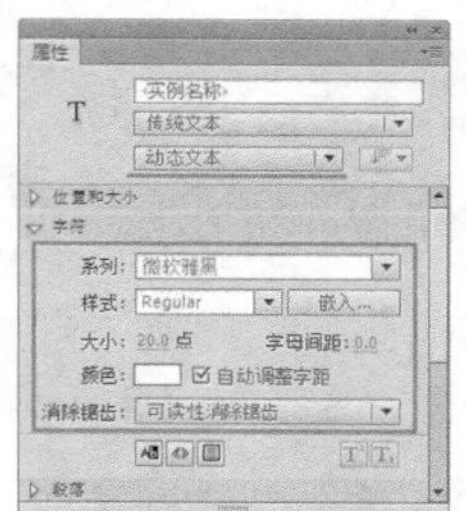

图22-14 设置文字属性

06 在舞台中拖动鼠标绘制一个动态文本框，如图22-15所示。选中刚绘制的动态文本框，在“属性”面板中设置其“实例名称”为title_txt，并添加“投影”滤镜，进行设置，如图22-16所示。

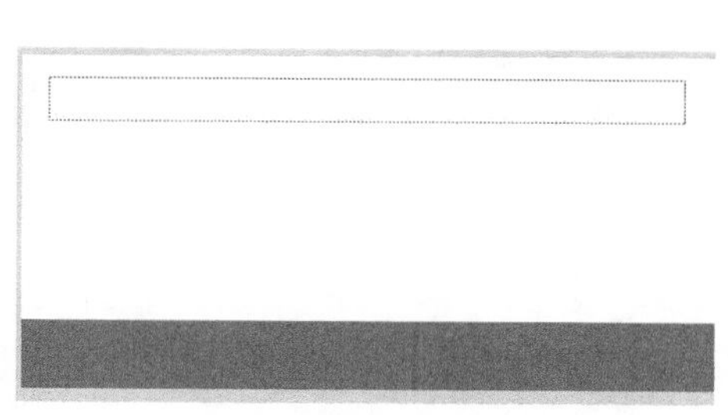

图22-15 绘制动态文本框

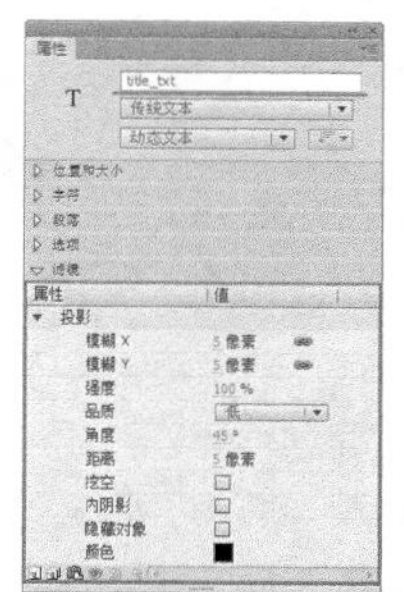

图22-16 设置“属性”面板

07 使用相同方法，再绘制两个动态文本框，并分别进行相应的设置，场景效果如图22-17所示。执行“文件>保存”命令，将该文件保存为“光盘\源文件\第22章\22-6.fla”。

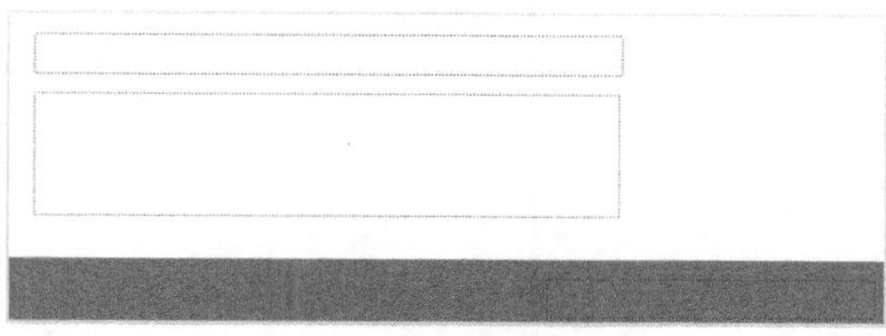

图22-17 场景效果

08 在22-6.fla文件的同一目录中新建一个文本文件，并将其另存为switch.xml，使用记事本打开该文件，编写XML代码，如下。

```
<?xml version="1.0" encoding="utf-8"?>
<switch>
<note>
    <!-- 图片的地址-->
    <pic>素材/22601.jpg</pic>
    <!-- 缩略图的地址-->
    <small>素材/22601s.jpg</small>
    <!-- 标题文字-->
    <title>品牌行销</title>
    <!-- 内容文字-->
    <content>摄影行业网络包装行销</content>
    <!-- 右下角文字-->
    <foot>服务热线 400-000-000</foot>
    <link>#</link>
    <!-- 播放的速度 -->
    <speed>4000</speed>

</note>
<note>
    <pic>素材/22602.jpg</pic>
    <small>素材/22602s.jpg</small>
    <title>典型案例</title>
```

```
    <content>分析/定位/取名/形象/广告/定位</content>
    <foot>服务热线 400-000-000</foot>
    <link>#</link>
  </note>
  <note>
    <pic>素材/22603.jpg</pic>
    <small>素材/22603s.jpg</small>
    <title>品牌策划</title>
    <content>起势/常态/奋起/审视/发威/惊跃</content>
    <foot>服务热线 400-000-000</foot>
    <link>#</link>
  </note>
  <note>
    <pic>素材/22604.jpg</pic>
    <small>素材/22604s.jpg</small>
    <title>广告活动推广</title>
    <content>快餐品牌新品活动推广</content>
    <foot>服务热线 400-000-000</foot>
    <link>#</link>
  </note>
  <note>
    <pic>素材/22605.jpg</pic>
    <small>素材/22605s.jpg</small>
    <title>整体宣传</title>
    <content>平面/网络/多媒体全方位宣传</content>
    <foot>服务热线 400-000-000</foot>
    <link>#</link>
  </note>
  </switch>
```

09 返回22-6.fla文件中，新建“图层4”，打开“动作”面板，输入ActionScript脚本代码，如图22-18所示。

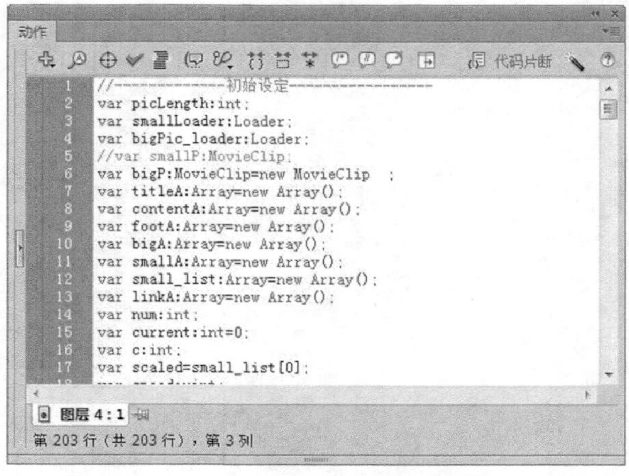

图22-18 编写ActionScript代码

提示 编辑XML文件的方法有很多，除了可以使用记事本进行编辑外，还可以使用Dreamweaver进行编辑。此处，由于代码过多，没有将全部代码展示，用户可以查看光盘中的源文件，获得相应的代码。

⑩ 完成该动画的制作，保存该文件，按快捷键Ctrl+Enter，测试动画，可以看到使用ActionScript 3.0与XML相结合所实现的网站展示广告动画效果，如图22-19所示。

图22-19 测试动画效果

22.7 本章小结

本章主要讲解了有关ActionScript 3.0的相关基础知识，读者需要能够理解并撑握ActionScript 3.0的相关基础知识，在实践中不断熟悉和掌握ActionScript 3.0的相关应用。

第23章 测试、导出与发布动画

制作完成的Flash动画主要应用于网络中，通过网站供浏览者浏览，因此为了便于Flash动画在网络中的传输，应该尽量地减小最终生成的SWF文件的大小，从而使浏览者在网络中能够更便捷的观看到Flash动画效果。在Flash CS6中，优化功能便可实现这个效果。优化完成后，为了更加方便观看，可以将影片进行输出操作；如果想在其他软件中使用Flash文件，可以使用发布功能，将Flash影片发布出其他模式，以方便在其他地方使用。本章将向读者讲解如何对制作完成的Flash动画进行测试、导出并最终发布。

23.1 优化与测试Flash动画

Flash动画制作完成后，可以将其导出为其他的文件格式，供其他的应用程序使用，或者将Flash动画作品发布在网络上供浏览者观看欣赏。但是在导出与发布Flash动画之前，需要对Flash动画进行优化，以减少文件的大小，提高Flash动画下载速度，同时还需要进行测试，以确保动画能够正常播放。

23.1.1 优化Flash动画

Flash动画文件通常体积比较大，直接影响其下载和播放速度，在线浏览时常会产生停顿、不流畅或等待的情况，这将直接影响Flash的点击率以及浏览者的耐心。为了减少Flash动画所占用空间，加快动画的下载速度，在导出Flash动画之前需要对其进行优化。

1. 优化动画文件

在制作Flash动画的过程中应该注意对Flash动画文件的优化。在Flash动画制作过程中文件的优化主要有3个方面：

- 将动画中相同的对象转换为元件，在需要使用时可以直接从“库”面板中调用，从而减少动画的数据量。
- 位图比矢量图的体积大得多，调用素材时最好使用矢量图，尽量避免或少使用位图。
- 因为补间动画中的过渡帧是系统计算自动生成的，逐帧动画的过渡帧是通过用户添加对象而得到的，补间动画的数据量相对于逐帧动画而言要小得多，因此制作Flash动画效果时，最好减少逐帧动画的使用，而尽量使用补间动画。

2. 优化Flash动画元素

在制作Flash动画时，还应该注意对元素进行优化处理。对元素的优化主要有以下6个方面：

- 尽量对Flash动画中的各元素进行分层管理。
- 尽量减小矢量图形的形状复杂程度。
- 尽量少导入素材，特别是位图，它会大幅增加Flash动画的体积。
- 导入声音文件时尽量使用MP3这种体积相对较小的声音格式。
- 尽量减少特殊形状矢量线条的应用，如锯齿状线条、虚线和点线等。
- 尽量使用矢量线条替换矢量色块，因为矢量线条的数据量相对于矢量色块要小得多。

3. 优化Flash文本

在Flash动画的制作过程中，通常都会使用到文本，在导出Flash动画时还可以对Flash中的文本进行优化，对文本进行优化主要包括以下两方面：

- 使用文本时最好不要运用太多种类的字体和样式，因为使用过多的字体和样式也会使Flash动画的数据量增大。
- 尽可能不要将文字分离。

23.1.2 实战——测试Flash动画

Flash动画的测试主要是完成对Flash动画的下载性能和动画效果的测试。在Flash Player中播放影片时，使用Flash调试器可以发现动画中的错误。动画制作者可以在测试模式下对本地文件使用调试器，也可以通过调试器测试位于远程Web服务器上的文件。使用调试器可以在动作脚本中设置断点，断点会在运行时停止Flash Player并跟踪代码，然后返回到脚本中对它们进行编辑，使其产生正确的结果。

测试Flash动画

●源文件：光盘\源文件\第23章\231201.fla　　●视频：光盘\视频\第23章\23-1-2.swf

01 执行“文件>打开”命令，打开文件“光盘\源文件\第23章\素材\231201.fla”，效果如图23-1所示。执行“控制>测试影片>测试”命令，测试该Flash动画的效果，如图23-2所示。

图23-1 打开Flash动画

图23-2 测试Flash动画

02 在Flash动画的测试窗口中打开“视图”菜单，在该菜单中提供了用于显示观察窗口和数据传情况的命令，如图23-3所示。执行“视图>下载设置”命令，在弹出的子菜单中选择一种下载速度来确定Flash模拟的数据流速率，如图23-4所示。

图23-3 “视图”菜单

图23-4 “下载设置”菜单

03 如果需要自定义下载速度，可以选择“自定义”选项，在弹出的“自定义下载设置”对话框中进行设置，如图23-5所示，单击“确定”按钮，关闭该对话框。执行“视图>带宽设置”命令，在动画测试窗口的上面将会出现带宽特性查看窗口，显示动画在浏览器中下载时的数据流图表，如图23-6所示。

图23-5 “自定义下载设置”对话框

图23-6 显示带宽特性查看窗口

提示 其中，数据图表中每个柱形代表各帧所含数据量的大小。红色水平线是动画传输速率警告线，其位置由传输条件决定，默认为“56K（4.7KB/s）”。如果柱形图高于图表中的红色水平线，表示该帧的数据量超过了目前设置的带宽流量限制，动画在浏览器中下载时可能会出现停顿或使用很长的时间。

23.2 导出Flash动画

在Flash中，通过导出动画操作，可以创建出能够在其他应用程序中进行编辑的内容，并且将影片直接导出为特定的格式。

执行“文件>导出”命令，在该命令的子菜单中包含了3种导出命令，分别为“导出图像”、“导出所选内容”和“导出影片”，如图23-7所示。

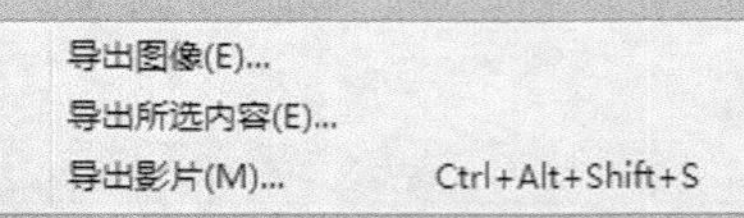

图23-7 导出命令

23.2.1 实战——导出Flash动画

完成Flash动画的制作后可以将其导出，导出Flash动画后，在文件导出位置双击该文件即可打开该动画。

导出Flash动画

●源文件：光盘\源文件\第23章\231201.fla ●视频：光盘\视频\第23章\23-2-1.swf

01 执行“文件>打开”命令，打开文件“光盘\源文件\第23章\素材\231201.fla”，效果如图23-8所示。执行“文件>导出>导出影片”命令，弹出“导出影片”对话框，设置文件保存的位置以及保存的名称，如图23-9所示。

图23-8 打开Flash动画

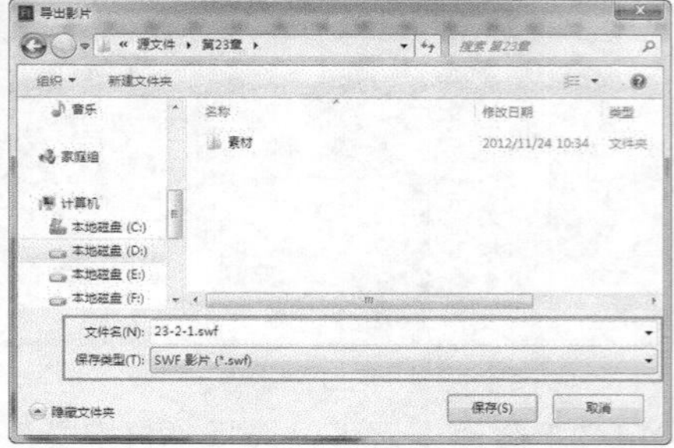

图23-9 “导出影片”对话框

02 单击“保存”按钮，即可将Flash动画导出为Flash影片，在保存位置可以看到所导出的Flash影片，双击该Flash影片，即可在Flash Player中播放该Flash影片，如图23-10所示。

图23-10 在Flash Player中播放Flash影片

23.2.2 实战——导出图像

Flash动画制作完成后，如果需要将动画中某个图像导出存储为某种图片格式，可以在Flash中导出相应帧的图像。

导出图像

●源文件：光盘\源文件\第23章\231201.fla　　●视频：光盘\视频\第23章\23-2-2.swf

01 执行“文件>打开”命令，打开文件“光盘\源文件\第23章\素材\231201.fla”，选择第1帧位置，执行“文件>导出>导出图像”命令，弹出“导出图像”对话框，在“保存类型”下拉列表中可以看到Flash所支持的导出图像的格式，如图23-11所示。设置文件保存的位置以及保存的名称，如图23-12所示。

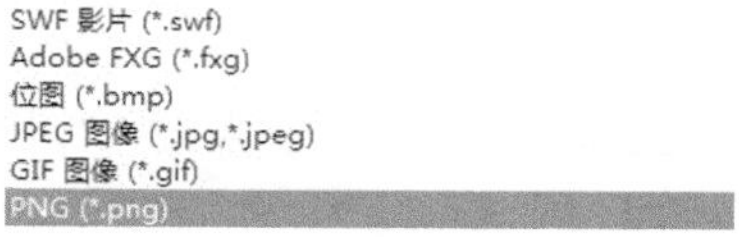

SWF 影片 (*.swf)
Adobe FXG (*.fxg)
位图 (*.bmp)
JPEG 图像 (*.jpg,*.jpeg)
GIF 图像 (*.gif)
PNG (*.png)

图23-11 “保存类型”下拉列表

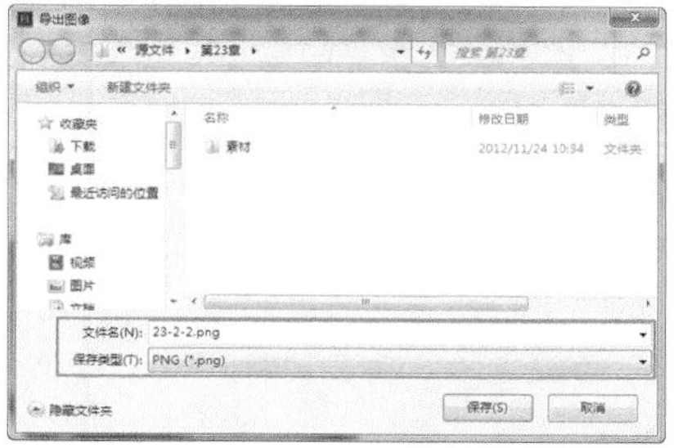

图23-12 “导出图像”对话框

02 单击“保存”按钮，弹出“导出PNG”对话框，在该对话框中可以对导出的PNG格式图像的相关参数进行设置，如图23-13所示。单击“导出”按钮，即可导出PNG格式图像，可以看到导出的PNG格式图像，如图23-14所示。

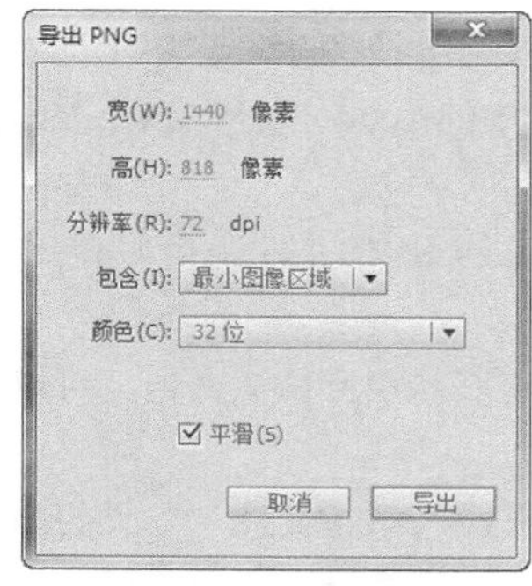

图23-13 “导出PNG”对话框

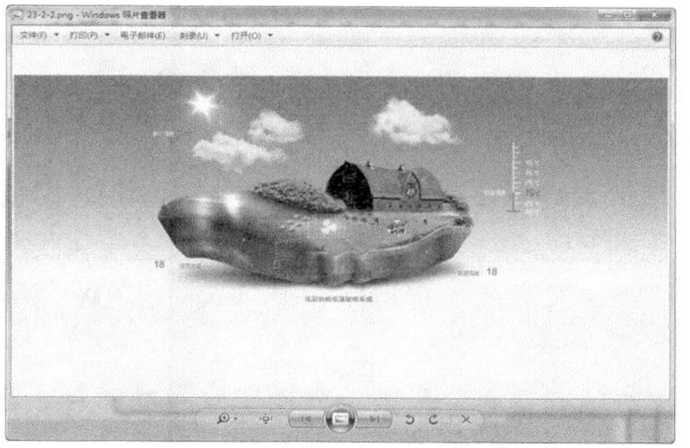

图23-14 导出的PNG格式图像

提示 在Flash文件中选中相应的对象，执行“文件>导出>导出所选内容”命令，即可对所选内容进行导出操作。

23.3 发布Flash动画

通过发布Flash动画，可以将制作好的动画发布为不同的格式、预览发布效果，并应用在不同的其他文档中，以实现动画的制作目的或价值。在Flash中，可以输出的Flash影片类型有很多种，因此，为了避免输出多种格式的文件时一个一个进行设置，可以执行“文件>发布设置”命令，在弹出的“发布设置”对话框中选择需要的发布格式并进行设置，便可以一次性输出所有指定的文件格式，这些输出的文件将会存放在影片文件所在的目录中。

23.3.1 发布为Flash影片

执行“文件>发布设置”命令，在弹出的“发布设置”对话框中单击选择Flash选项，在该对话框的右侧提供了Flash发布格式的相关选项，如图23-15所示。

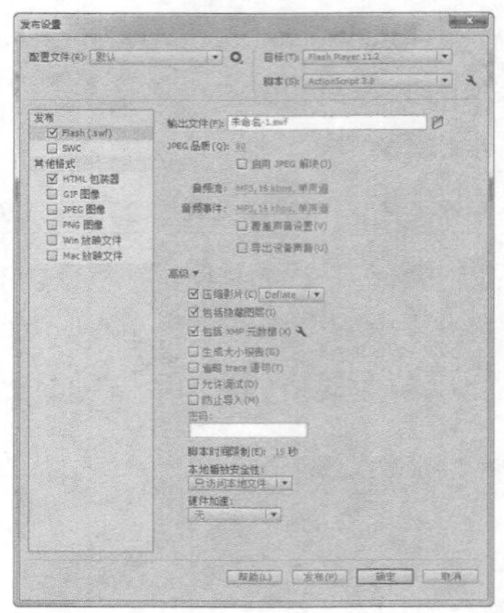

图23-15 Flash选项

JPEG品质： 该选项用来控制位图压缩的品质。在该选项后的数值上单击鼠标不放并左右拖动即可对该数值进行调整，或者直接单击即可输入精确的数值。数值越小，图像的品质就越低，生成的文件就越大；反之数值越大，图像的品质就越高，压缩比越小，文件越大。

启用 JPEG 解块： 勾选该复选框，可以使高度压缩的JPEG图像显得更为平滑，即可减少由于JPEG压缩导致的典型失真，如图像中通常出现的8×8像素的马赛克，但可能会使一些JPEG图像丢失少许细节。

音频流/音频事件： 分别单击这两个选项右边的相关内容，在弹出的对话框中进行相应设置，可以为SWF文件中的所有声音流或事件声音设置采样率和压缩。

压缩影片： 选中该复选项，将会对导出的SWF文件进行压缩，在该选项后的下拉列表中可以选择相应的压缩方式。

包括隐藏图层： 选中该复选框，则在导出的SWF文件中将包含FLA文件中的隐藏图层，如果不选中该复选框，则导出的SWF文件中将不包含隐藏图层中的内容。默认情况下，选中该复选框。

包括XMP元数据： 选中该复选框，则在导出的SWF文件中将包含FLA源文件中所设置的XMP元数据，默认情况下，不选中该复选框。

生成大小报告： 选中该选项后，则会生成一个报告，并按文件列出最终Flash内容中的数据量。

省略trace语句： 选中该选项后，会使Flash忽略当前SWF文件中的ActionScript trace语句，则trace语句的信息将不会显示在“输出”面板中。

允许调试： 选中该选项后，将激活调试器并允许远程调试Flash SWF文件。可以使用密码来保护SWF文件。

防止导入： 选中该选项后，可以防止其他人导入SWF文件并将其转换回FLA文档。可以使用密码来保护Flash SWF文件。

密码： 可在该选项的文本字段中输入密码，以防止他人调试或导入SWF文件。如果想执行调试或导入操作，则必须输入密码。但只有用户使用的是ActionScript 2.0或3.0，并且选择了“允许调试”或“防止导入”选项，才能激活“密码”选项。

脚本时间限制： 可以设置脚本在SWF文件中执行时可占用的最大时间量，在该文本框中输入一个数值，Flash Player将取消执行超出此限制的任何脚本。

本地播放安全性：可以选择要使用的Flash安全模型是授予已发布的SWF文件本地安全性访问权，还是网络安全性访问权。在该选项的列表中包含了两个选项，如图23-16所示。

硬件加速：可以设置SWF文件使用硬件加速，在该选项的列表中包含了单个选项，如图23-17所示。其默认设置为“无”。

图23-16 “本地播放安全性”下拉列表

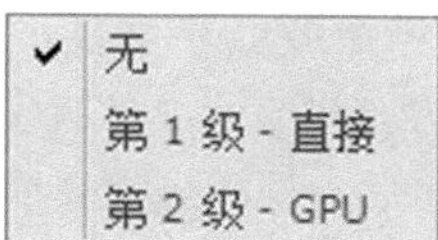

图23-17 “硬件加速”下拉列表

23.3.2 发布为HTML页面

在Flash CS6中，使用“发布”命令即可按模板文档中的HTML参数自动生成HTML文档。HTML参数可以控制Flash影片出现在浏览器窗口中的位置、背景颜色和影片大小等。

执行“文件>发布设置”命令，在弹出的“发布设置”对话框中单击选择“HTML包装器”选项，在该对话框的右侧即可显示HTML发布格式的相关选项，如图23-18所示。发布后HTML影片的效果如图23-19所示。

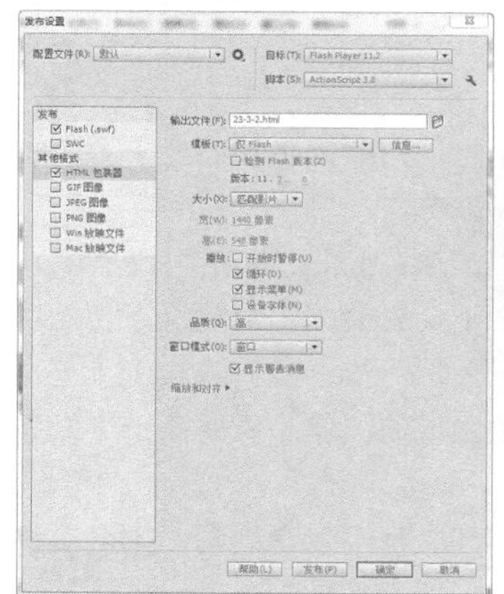

图23-18 “HTML包装器”选项

图23-19 HTML影片的效果

模板：可以显示HTML设置并选择要使用的已安装的模板，在该选项的列表中包含了10种类型的模板，如图23-20所示，默认选项是“仅Flash”。

信息：单击该按钮，即可弹出“HTML模板信息”对话框，如图23-21所示。在该对话框中显示了所选模板的名称、描述以及文件名。

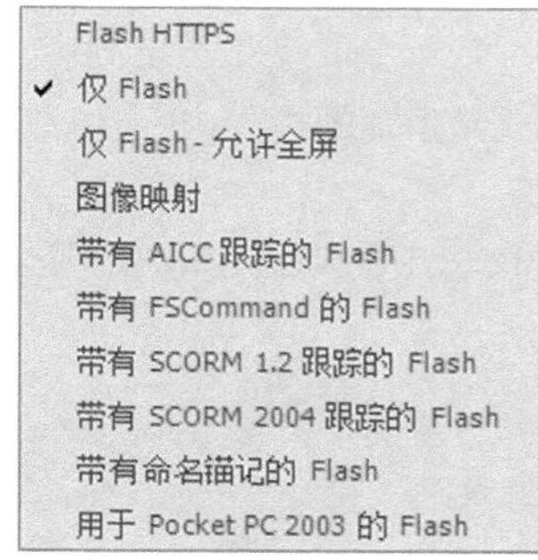

图23-20 “模板”列表

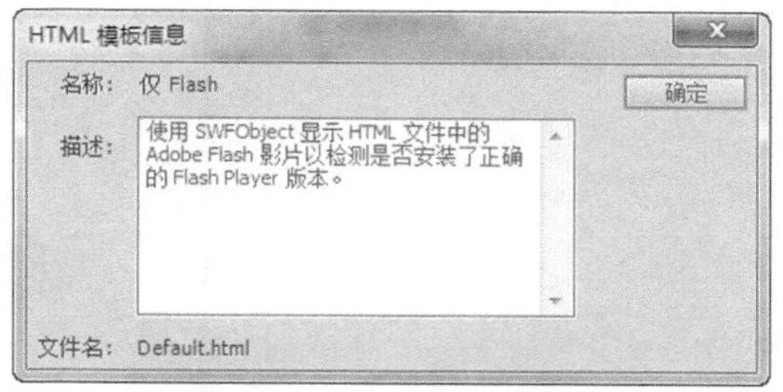

图23-21 “HTML模板信息”对话框

检测Flash版本：如果用户选择的不是“图像映射”模板，且在“Flash”选项卡中已将“版本”设置为Flash Player 4或者更高的版本，则需要使用检测Flash版本。“检测Flash版本”可以将文档配置为检测用户所拥有的Flash Player的版本并在用户没有指定的播放器时向用户发送替代HTML页面。

大小：可以设置object和embed标记中width和height属性的值，在该选项的列表中有3个选项。如果选择“配置影片”，则表示使用SWF文件的大小；如果选择“像素”，则输入宽度和高度的像素数量；如果选择“百分比”，则指定SWF文件所占浏览器窗口的百分比。

播放：可以用来控制SWF文件的播放和各种功能。

- 开始时暂停：一直暂停播放SWF文件，直到用户单击按钮或从快捷菜单中选择“播放”后才开始播放。默认状态下取消勾选此选项，即加载内容后就立即开始播放。
- 循环：循环内容到达最后一帧后再重复播放。取消勾选会使内容在到达最后一帧后停止播放。
- 显示菜单：用户右键单击(Windows)或按住Ctrl键并单击 (Macintosh) SWF文件时，会显示一个快捷菜单。如果要在快捷菜单中只显示“关于Flash”，请取消勾选此选项。默认情况下，会勾选该选项（MENU参数设置为true）。
- 设备字体：（仅限Windows）会用消除锯齿（边缘平滑）的系统字体替换用户系统尚未安装的字体。使用设备字体可使小号字体清晰易辨，并能减小SWF文件的大小。该选项只影响那些包含静态文本（创作SWF文件时创建且在内容显示时不会发生更改的文本）且文本设置为用设备字体显示的SWF文件。

低
自动降低
自动升高
中
✓ 高
最佳

图23-22 “品质”列表

品质：可以在处理时间和外观之间确定一个平衡点，该选项的列表中包含了6个选项，如图23-22所示。

- 低：使回放速度优先于外观，并且不使用消除锯齿功能。
- 自动降低：优先考虑速度，但是也会尽可能改善外观。回放开始时，消除锯齿功能处于关闭状态。如果Flash Player检测到处理器可以处理消除锯齿功能，则会自动打开该功能。
- 自动升高：在开始时是回放速度和外观两者并重，但在必要时会牺牲外观来保证回放速度。回放开始时，消除锯齿功能处于打开状态。如果实际帧频降到指定帧频之下，就会关闭消除锯齿功能以提高回放速度。
- 中：会应用一些消除锯齿功能，但并不会平滑位图。“中”选项生成的图像品质要高于“低”设置生成的图像品质，另外又低于“高”选项设置生成的图像品质。
- 高：使外观优先于回放速度，并始终使用消除锯齿功能。如果SWF文件不包含动画，则会对位图进行平滑处理；如果SWF文件包含动画，则不会对位图进行平滑处理。
- 最佳：提供最佳的显示品质，而不考虑回放速度。所有的输出都已消除锯齿，而且始终对位图进行光滑处理。

窗口模式：可以修改内容边框或虚拟窗口与HTML页中内容的关系，在该选项的列表中包含了4个选项，如图23-23所示。

显示警告消息：勾选该复选框后，如果在标签设置发生冲突时，例如，某个模板的代码引用了尚未指定的替代图像时，会显示错误消息。

缩放：可以在更改了文档的原始宽度和高度的情况下将内容放到指定的边界内，在该选项的列表中包含了4个选项，如图23-24所示。

HTML对齐：可以在浏览器窗口中定位SWF文件窗口，在该选项的列表中包括5个选项，如图23-25所示。

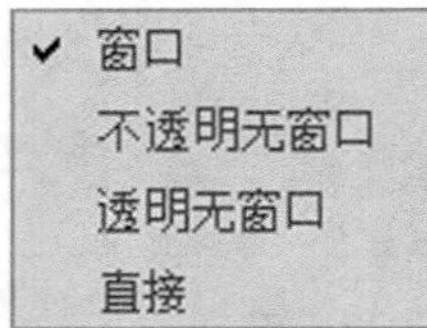

图23-23 “窗口模式”列表

✓ 默认(显示全部)
无边框
精确匹配
无缩放

图23-24 “缩放”列表

✓ 默认
左
右
顶部
底部

图23-25 “HTML对齐”列表

Flash水平对齐/Flash垂直对齐：可以设置在应用程序窗口内如何放置内容以及如何裁剪内容。

23.3.3 发布为GIF图像

标准的GIF文件是一种简单的压缩位图，它提供了一种较为简单的方法来导出绘画和简单动画，可以在Web中使用。

执行“文件>发布设置”命令，在弹出的“发布设置”对话框中单击选择“GIF图像”选项，在该对话框的右侧则会显示GIF图像发布格式的相关选项，如图23-26所示。发布后GIF动画的效果如图23-27所示。

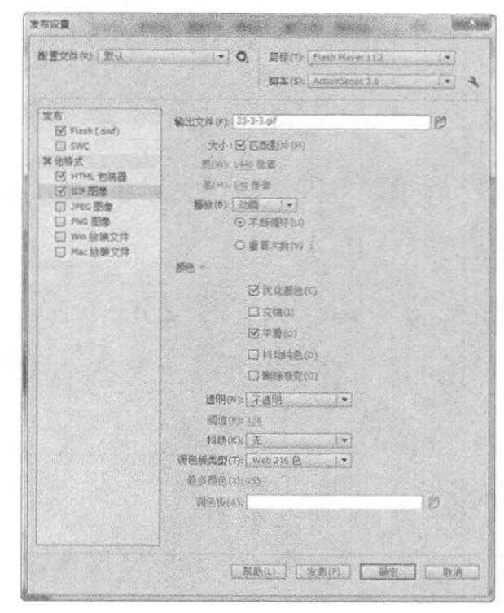

图23-26 “GIF图像”选项

图23-27 HTML影片的效果

大小：该选项可以用来设置导出的位图图像的宽度和高度值。如果勾选中“匹配影片”复选框，则可以使其与SWF文件大小相同并保持原始图像的高宽比。

播放：该选项可以用来设置创建的是静止图像还是GIF动画，在该选项的列表中包含了2个选项。如果选择“动画”选项，即可激活“不断循环”和“重复次数”选项，可以选择“不断循环”选项或输入重复次数。

优化颜色：选中该选项后，即可从GIF文件的颜色表中删除任何未使用的颜色。该选项可减小文件大小，但是不会影响图像的质量，只是稍稍提高了内存要求。

交错：选中该选项后，在浏览器中下载导出该GIF文件时页面中会逐步显示该文件，可以使用户在文件完全下载之前就能看到基本的图形内容，并能在较慢的网络连接中以更快的速度下载文件。

平滑：选中该选项后，可以消除导出位图的锯齿，从而生成较高品质的位图图像，并且还能够改善文本的显示品质。但是，平滑可能会导致彩色背景上已消除锯齿的图像周围出现灰色像素的光晕，并且会增加GIF文件的大小。如果出现光晕，或者如果要将透明GIF放置在彩色背景上，则在导出图像时不要使用平滑操作。

抖动纯色：选中该选项后，即可将抖动应用于纯色和渐变色。

删除渐变：选中该选项后，可以用渐变色中的第一种颜色将SWF文件中的所有渐变填充转换为纯色。渐变颜色会增加GIF文件的大小，而且通常品质欠佳。为了防止出现意想不到的结果，在勾选该选项时要小心选择渐变颜色的第一种颜色。

透明：该选项可以用来设置应用程序背景的透明度以及将Alpha设置转换为GIF的方式，在该选项的列表中包含了3个选项，如图23-28所示。

抖动：该选项可以用来设置如何组合可用颜色的像素来模拟当前调色板中没有的颜色，从而改善颜色品质，但是也会增加文件大小。在该选项的列表中包括3个选项，如图23-29所示。

调色板类型：该选项可以用来设置图像的调色板，在该选项的列表中包含了4个选项，如图23-30所示。

图23-28 “透明”列表

图23-29 “抖动”列表

图23-30 “调色板类型”列表

最多颜色：该选项只在“调色板类型”为“最合适”和“接近 Web 最适色”时是可用的。在此处输入相应的数值，可以设置减小用最适色彩调色板创建的GIF文件的大小。

调色板：该选项只在“调色板类型”为“自定义”时是可用的。自定义调色板的处理速度与“Web 216色”调色板的处理速度相同。单击该选项后的“浏览到调色板位置”按钮，即可在弹出的“打开”对话框中选择一个调色板文件，单击“打开”按钮即可设置自定义调色板。Flash支持由某些图形应用程序导出的以ACT格式保存的调色板。

23.3.4 预览发布效果

在Flash中，使用发布预览可用从发布预览菜单中指定输出的文件类型中选择一种文件类型进行输出，使用“发布预览”命令后，Flash会发布相应的文件并在默认的浏览器上打开预览。

执行“文件>发布预览”命令，在该命令的子菜单中包含了所有的发布格式，如图23-31所示。但是有些选项未被激活不可用，当在“发布设置”对话框中勾选中所有发布格式的选项内容后，该命令的子菜单效果如图23-32所示。

图23-31 默认选项

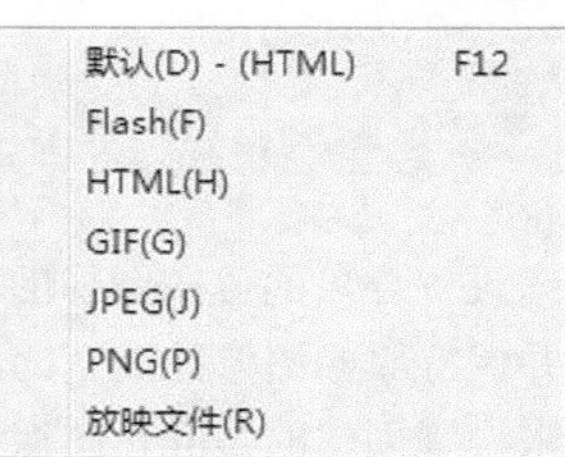

图23-32 更多激活选项

23.3.5 发布Flash动画

对于制作完成的Flash动画，并且完成发布设置并预览后，如果满意Flash动画的效果，就可以进行发布，发布Flash动画主要有以下两种方法。

1. 执行“文件>发布”命令。

2. 按快捷键Shift+F12。如果按F12键，可以快速预览将Flash动画发布为HTML格式后的效果。

Flash动画发布完成以后，系统将自动在动画源文件所在位置生成一个网页格式的文件，双击打开该网页文件，即可欣赏到Flash动画的效果。

23.4 实战——制作网站欢迎动画并发布

本实例制作一个网站欢迎动画，在该Flash动画的制作过程中综合运用了形状补间、传统补间和遮罩动画的功能，整个Flash动画效果简洁、大方。在完成Flash动画的制作后，需要将Flash动画发布成相应格式的文件。

制作网站欢迎动画并发布

●源文件：光盘\源文件\第23章\23-4.fla　　●视频：光盘\视频\第23章\23-4.swf

01 执行“文件>新建”命令，弹出“新建文档”对话框，设置如图23-33所示。执行“文件>导入>导入到库”命令，将图像“光盘\源文件\第23章\素材\23401.png”导入到“库”面板中，相同方法，将其他素材导入到“库”面板中，如图23-34所示。

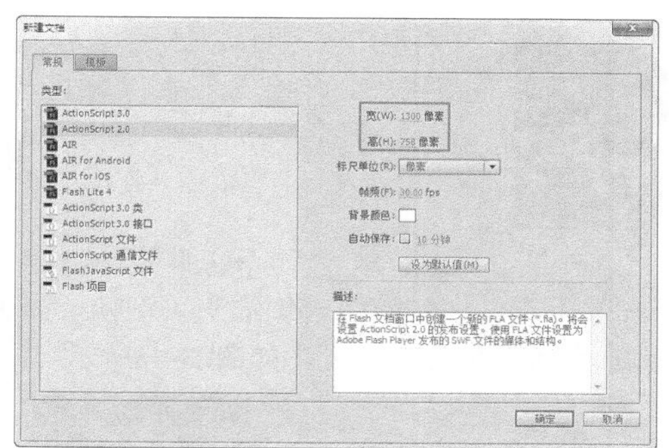

图23-33 “新建文档”对话框

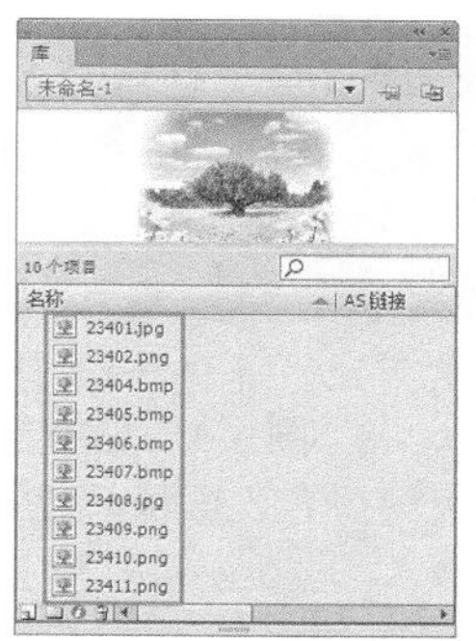

图23-34 “库”面板

02 执行“插入>新建元件”命令，弹出“创建新元件”对话框，设置如图23-35所示。在“库”面板中将23402.png拖入到舞台中，选中图片，按快捷键Ctrl+B将图片分离，如图23-36所示。

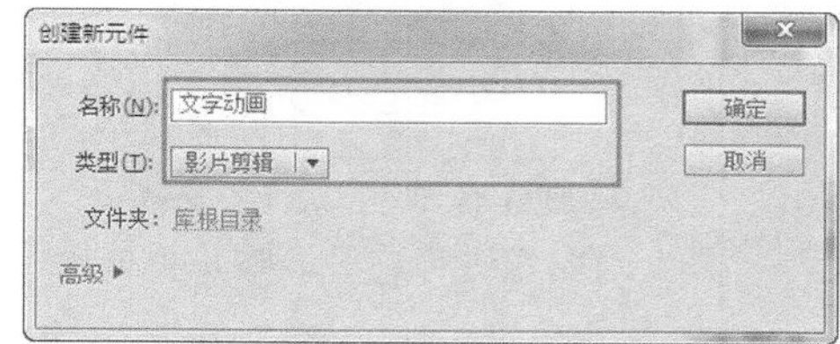

图23-35 “创建新元件”对话框

图23-36 图片分离效果

03 在第180帧按F5键插入帧。新建“图层2”，单击工具箱中的“刷子工具”按钮，在舞台中绘制图形，如图23-37所示。在第2帧按F6键插入关键帧，使用“刷子工具”继续在舞台中绘制图形，如图23-38所示。

图23-37 在舞台中绘制图形图

图23-38 在舞台中绘制图形

04 使用相同方法，依次插入关键帧，并分别在各关键帧上绘制图形，如图23-39所示。将“图层2”设置为遮罩层，“时间轴”面板如图23-40所示。

图23-39 绘制效果

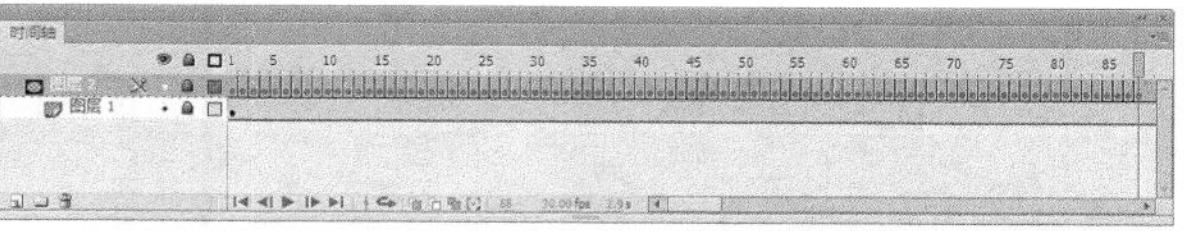

图23-40 “时间轴”面板

05 新建“图层3”，在第95帧按F6键插入关键帧，将“库”面板中的23402.png拖入到舞台中，调整到合适的位置，按快捷键Ctrl+B，将图像分离，如图23-41所示。使用“套索工具”，在工具箱下方单击“魔术棒设置”按钮，弹出“魔术棒设置”对话框，设置如图23-42所示。

图23-41 分离图像

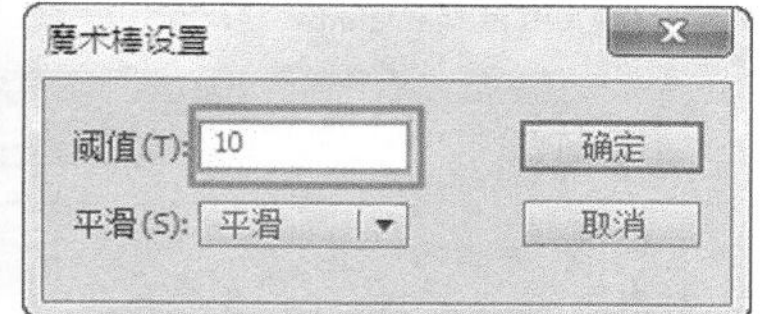

图23-42 “魔术棒设置”对话框

06 单击“确定”按钮，使用“魔术棒工具”在分离图形的背景部分单击，选中不需要的背景，如图23-43所示。按Delete键删除不需要的背景部分，效果如图23-44所示。

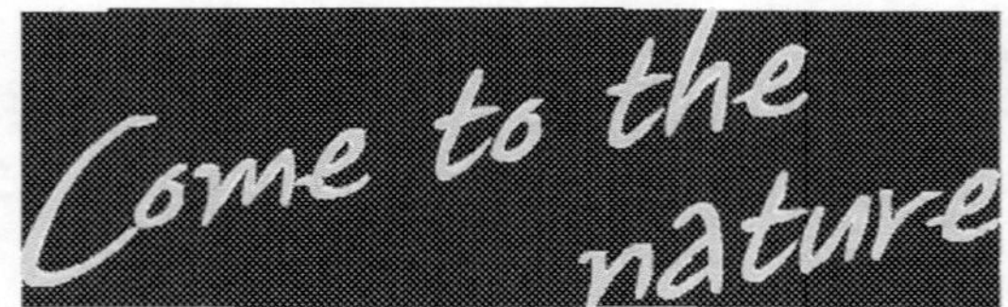

图23-43 选中不需要的背景

图23-44 图像效果

07 新建“图层4”，将“图层4”调整至“图层3”下方，在95帧按F6键插入关键帧，如图23-45所示。使用“椭圆工具”，打开“颜色”面板，设置白色到白色透明的径向渐变，如图23-46所示。

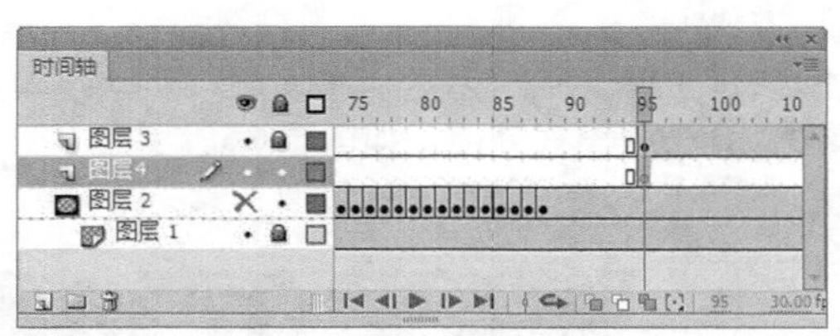

图23-45 “时间轴”面板

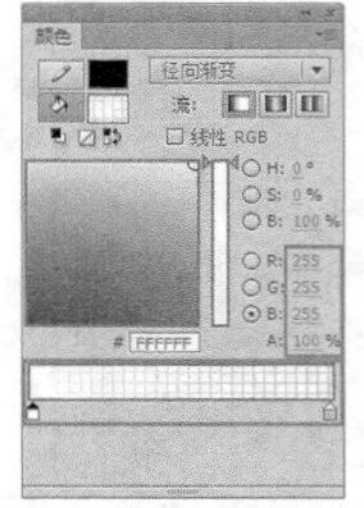

图23-46 设置“颜色”面板

08 在舞台中绘制椭圆，如图23-47所示。先使用“任意变形工具”对图像进行旋转调整，再使用“渐变变形工具”，调整椭圆的渐变填充效果，如图23-48所示。

图23-47 绘制椭圆

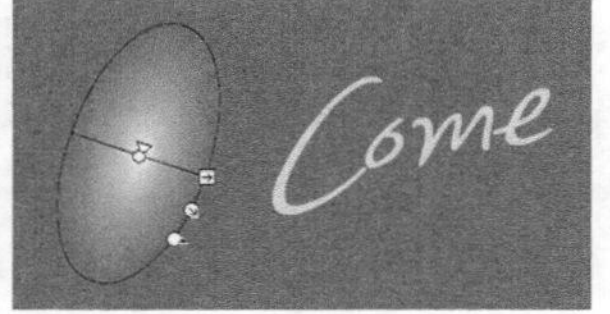

图23-48 调整图形

提示 此处绘制的是一个填充颜色为从白色到白色透明的径向渐变，为了使所绘制的椭圆能够看清晰，暂时将舞台的背景颜色设置为一种深灰色。

09 在180帧按F6键插入关键帧，调整该帧上椭圆形的位置，如图23-49所示。在95帧创建补间形状，并设置“图层3”为遮罩层，如图23-50所示。新建“图层5”，在第180帧按F6键插入关键帧，打开“动作”面板，输入脚本代码，如图23-51所示。

图23-49 调整椭圆形

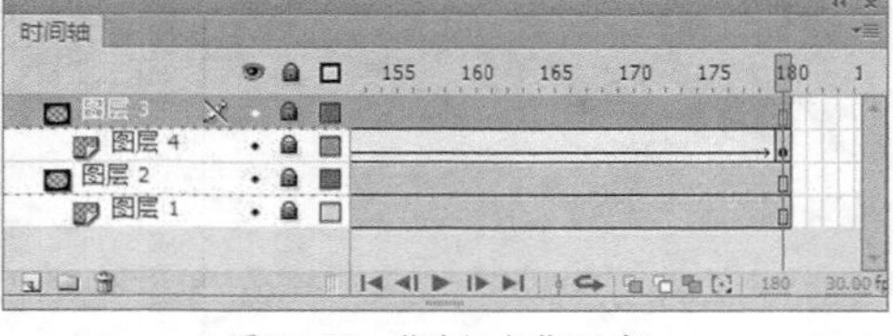

图23-50 “时间轴”面板

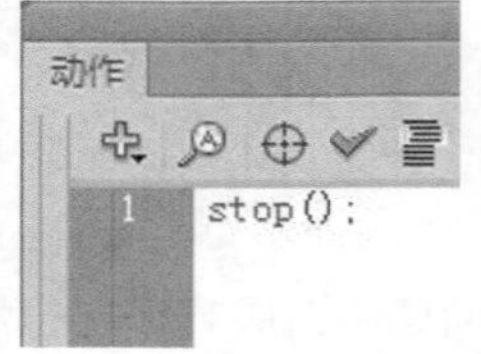

图23-51 “动作”面板

10 按快捷键Ctrl+F8，弹出“创建新元件”对话框，设置如图23-52所示。将“库”面板中的23404.bmp拖入到舞台中，按快捷键Ctrl+B将图像分离，如图23-53所示。

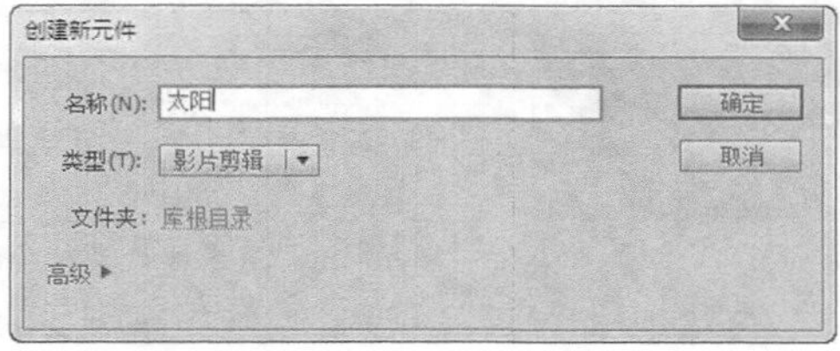

图23-52 设置“创建新元件”面板

图23-53 分离图片

⑪ 使用“任意变形工具”，按住Shift+Alt键等比例原位缩小图形，如图23-54所示。在第80帧按F6键插入关键帧，将图像放大，如图23-55所示。

图23-54 调整图形大小

图23-55 放大图像

⑫ 在第1帧创建补间形状动画，新建“图层2”，在第80帧插按F6键插入关键帧，打开“动作”面板，输入脚本代码stop();，如图23-56所示。使用相同方法完成其他元件的创建，“库”面板如图23-57所示。

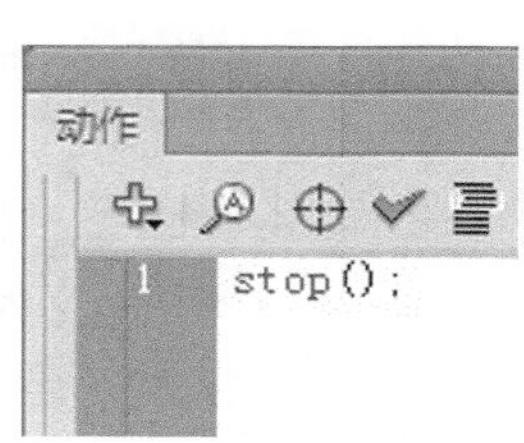

图23-56 “动作”面板

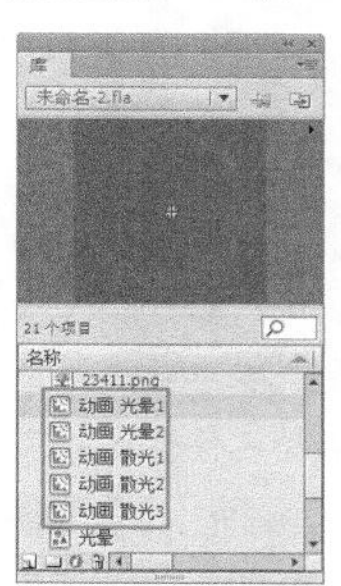

图23-57 “库”面板

⑬ 按快捷键Ctrl+F8，弹出“创建新元件”对话框，设置如图23-58所示。将“库”面板中的23409.png拖入到舞台中，如图23-59所示。

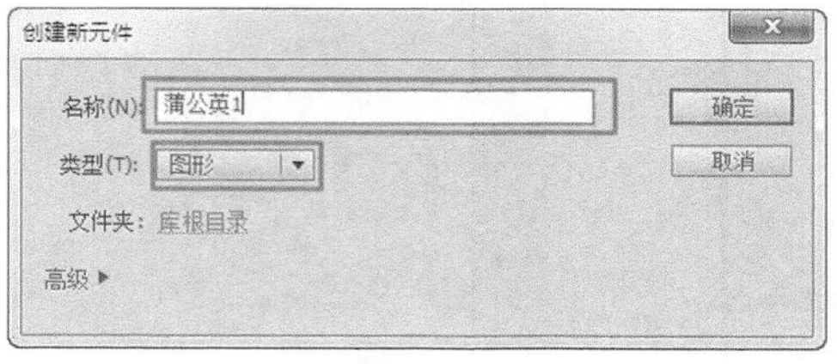

图23-58 “创建新元件”对话框

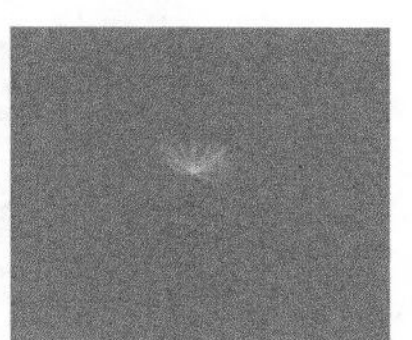

图23-59 将图拖入到舞台

⑭ 使用相同方法，创建其他图形元件，“库”面板如图23-60所示。执行“插入>新建元件”命令，弹出“创建新元件”对话框，设置如图23-61所示。

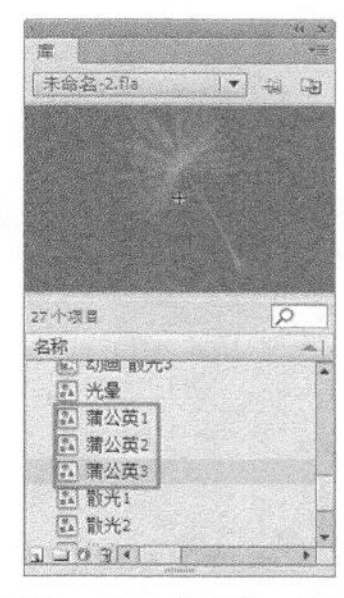

图23-60 “库”面板

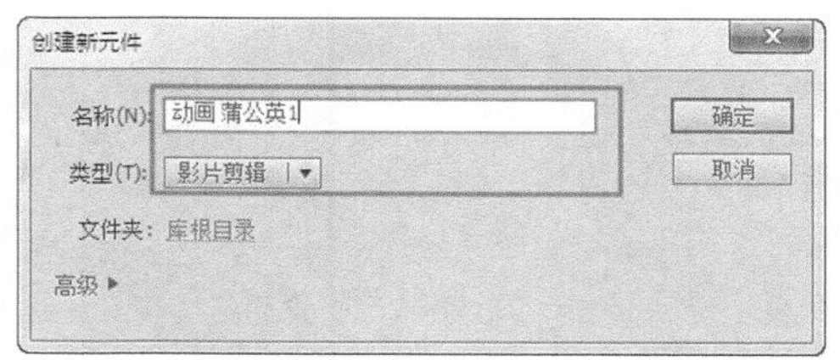

图23-61 “创建新元件”对话框

⑮ 将“库”面板中的“蒲公英1”拖入到舞台中，如图23-62所示，在200帧按F6键插入关键帧，在“图层1”上单击鼠标右键，在弹出菜单中选择“添加传统运动引导层”选项，单击工具箱中的“钢笔工具”按钮，在舞台中绘制路径，如图23-63所示。

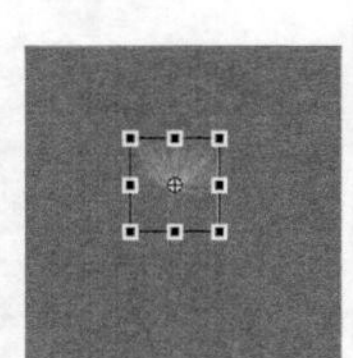
图23-62 将元件拖入到舞台

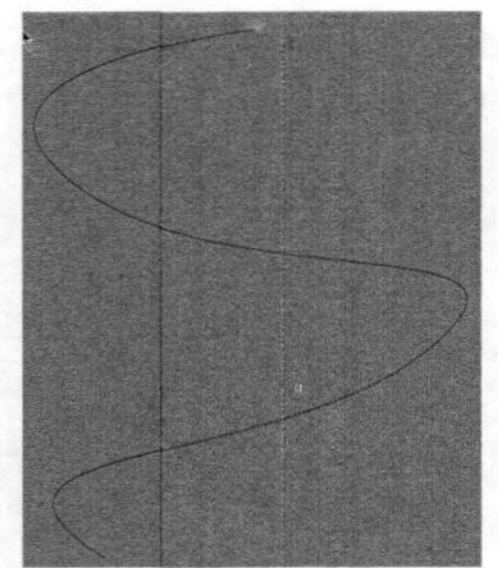
图23-63 绘制路径

⑯ 选择“图层1”第1帧上的元件，调整元件的位置，使元件的中心点与路径的端点重合，如图23-64所示。创建传统补间动画，“时间轴”面板如图23-65所示。

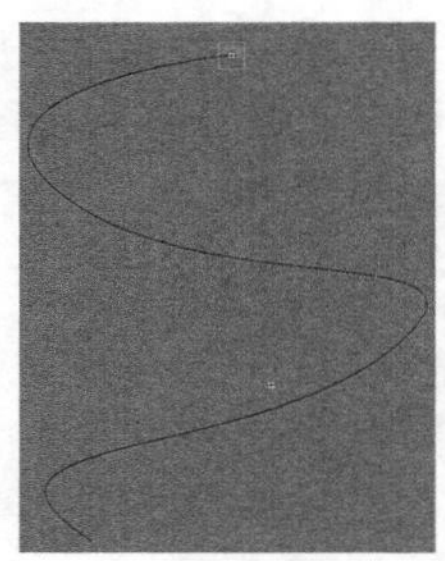
图23-64 调整元件位置

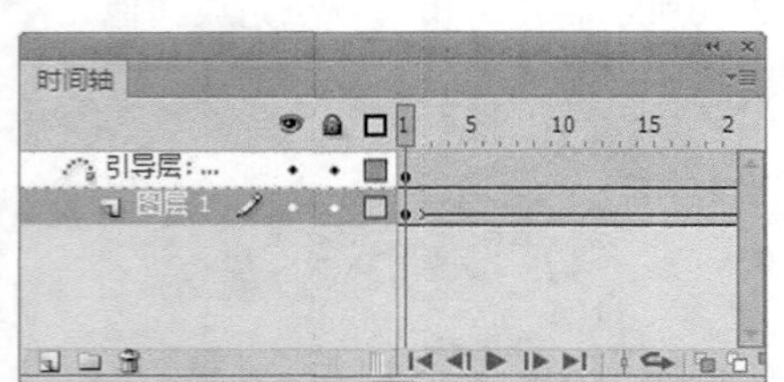

图23-65 “时间轴”面板

⑰ 选择第200帧上的元件，调整该帧上的元件到合适的位置，如图23-66所示。在48帧按F6键插入关键帧，使用“任意变形工具”，对该帧上的元件进行旋转操作，如图23-67所示。

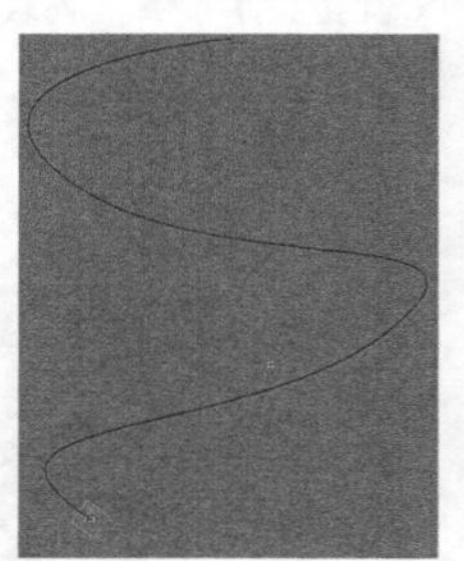
图23-66 调整元件的位置

图23-67 调整元件的方向

⑱ 使用相同方法，在相应的帧插入关键帧，并分别对各关键帧上的元件进行旋转。使用相同方法，可以制作出相似的影片剪辑元件，“库”面板如图23-68所示。返回“场景1”编辑状态，将23401.jpg拖入到舞台中，如图23-69所示。将“图层1”重命名为“背景”，在第250帧按F5键插入帧。

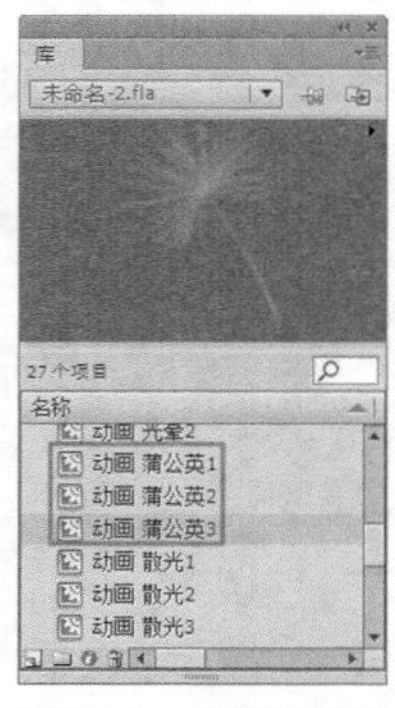

图23-68 “库”面板

图23-69 将图像拖入到舞台

⑲ 新建“图层2”并重命名为“文字”，在60帧按F6键插入关键帧，将“文字动画”元件拖入到舞台中，如

图23-70所示。新建“图层3”并重命名为“太阳”，在第10帧按F6键插入关键帧，将“太阳”元件拖入舞台并调整到合适的位置，如图23-71所示。

图23-70 将元件拖入舞台

图23-71 将元件拖入舞台

⑳ 选中“太阳”元件，在“属性”面板中设置“混合”选项为“增加”，如图23-72所示。在90帧按F6键插入关键帧，移动元件的至合适的位置，如图23-73所示。

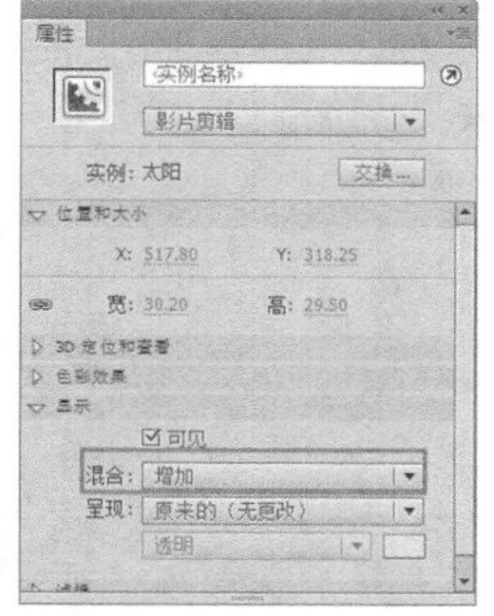
图23-72 “属性”面板

图23-73 移动元件位置

㉑ 在第10帧创建传统补间动画。使用相同的制作方法，可以完成其他图层中动画的制作，“时间轴”面板如图23-74所示。新建“图层9”并重命名为“蒲公英”，在第90帧按F6键插入关键帧，将“动画 蒲公英1”、“动画 蒲公英2”、“动画蒲公英3”拖入到舞台中，移动至合适位置，如图23-75所示。

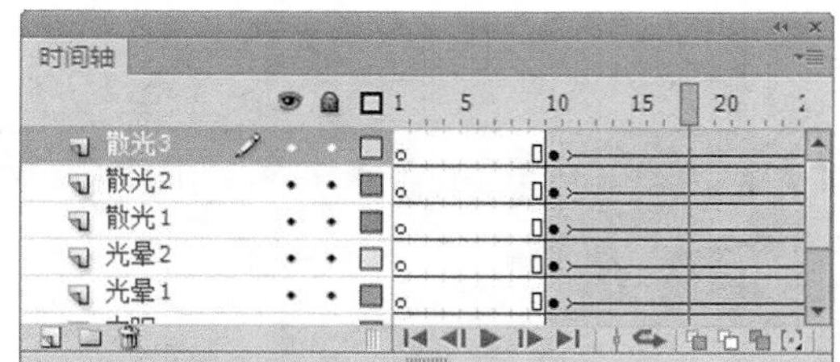
图23-74 “时间轴”面板

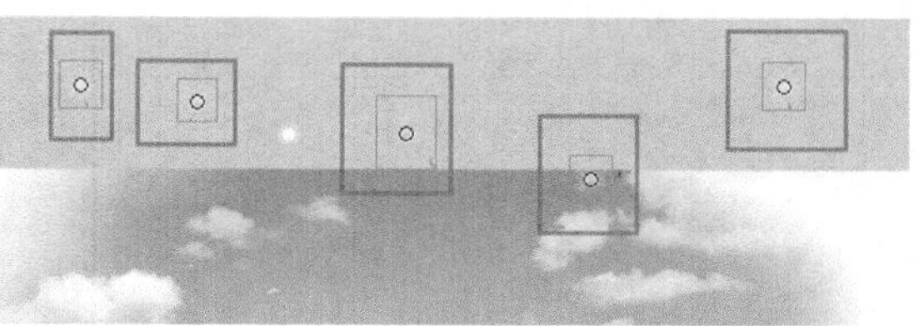
图23-75 将元件拖入到舞台

㉒ 新建“图层10”并命名为“停止”，在第250帧按F6键插入关键帧，打开“动作”面板并输入stop();，如图23-76所示。“时间轴”面板如图23-77所示。

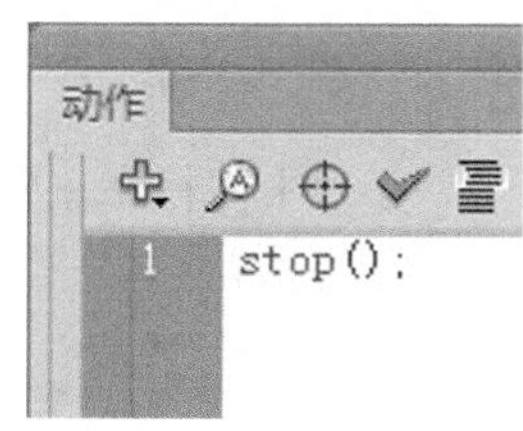
图23-76 “动作”面板

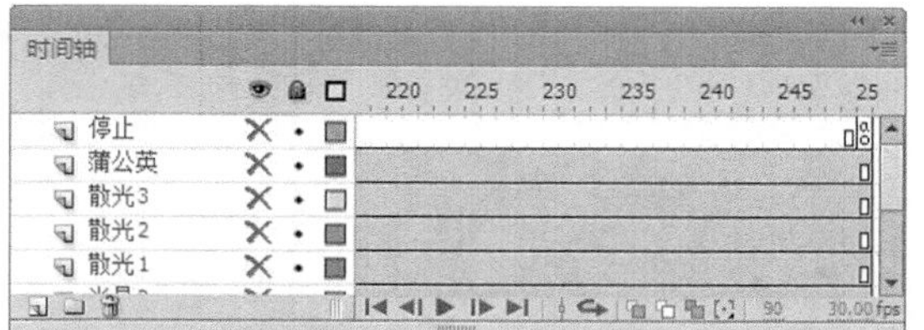
图23-77 “时间轴”面板

㉓ 执行“文件>另存为”命令，将该动画另存为“光盘\源文件\第23章\23-4.fla”。执行“文件>发布设置”命令，弹出“发布设置”对话框，选择需要发布的文件格式，如图23-78所示。单击“发布”按钮，即可在

文件保存位置生成所发布格式的文件，如图23-79所示。

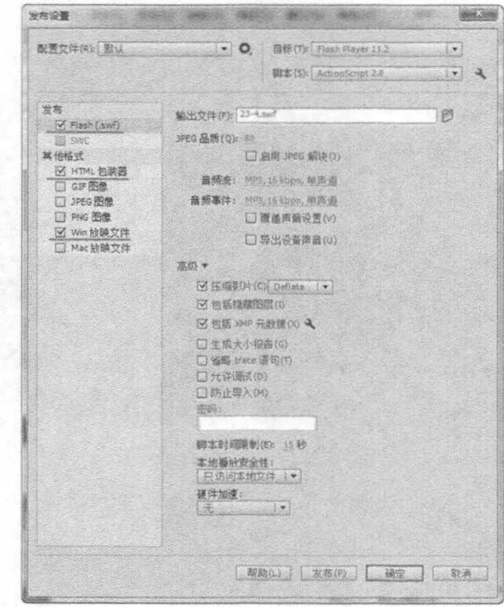

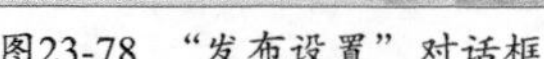

图23-78 “发布设置”对话框

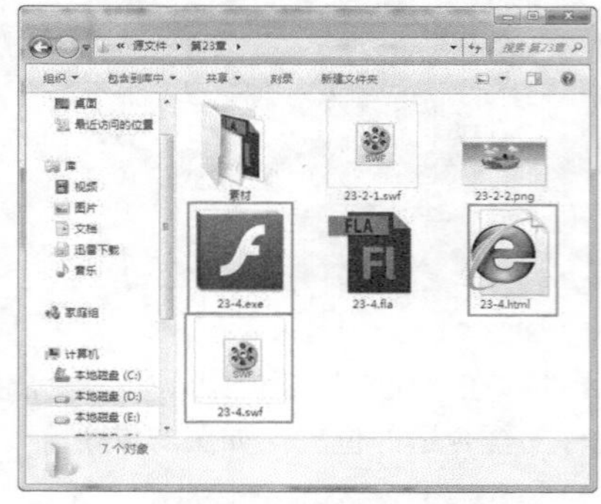

图23-79 发布得到的文件

㉔ 双击发布得到的23-4.swf文件，即可浏览到该Flash动画的效果，如图23-80所示。

图23-80 测试动画效果

23.5 本章小结

本章主要讲解测试与优化Flash动画的方法，以及如何将Flash动画导出为Flash影片和其他格式的图像文件，并且还重点讲解了有关Flash动画发布的相关知识。通过本章的学习，读者需要掌握测试与优化动画的方法，导出影片和图像格式以及发布Flash动画的设置方法。

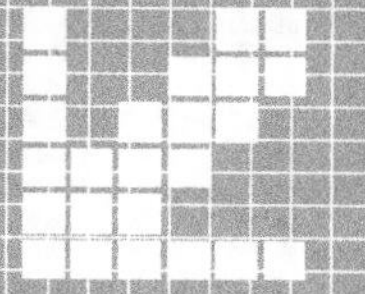

综合商业案例篇

第24章 设计制作电子商务网站

电子商务网站是一种最常见的网站类型，其不同于其他网站页面，整个页面的设计不仅要体现出该类网站的鲜明形象，而且还要注重对网站中涉及产品的展示和宣传的作用，从而使浏览者足够了解该网站的性质和其独到之处。

电子商务网站页面比较注重页面给浏览者带来的视觉享受，展现出大方、简洁的风格。通过在Photoshop和Flash中制作美观、特色的导航菜单和产品广告图片等，从而给浏览者留下深刻的印象。本章将带领读者完成一个完整的电子商务网站页面的制作。

24.1 电子商务网站的特点

在电子商务类网站页面中，重要的是制作出可以方便寻找到商品的导航栏并能够明显地标示出商品的图像及名称，最终使用户购买商品。电子商务类网站的中心是商品。为了使商品看起来美观，就需要合理的布局和使商品信息很鲜明的图像。

24.1.1 电子商务网站的分类

电子商务类网站根据其规模和面向群体，又可以分为企业小型电子商务网站和综合型购物商城网站，下面向读者进行简单的介绍。

1. 企业电子商务网站

企业电子商务网站通常都是立足于企业自身，主要面向供应商、客户或企业产品（服务）的消费群体，以提供某种直属于企业业务范围的服务或交易、或者为业务服务和交易为主。这样的网站处于电子商务化的中间阶段，由于行业特色和企业投入的深度与广度的不同，其电子商务化程度可能处于从比较初级的服务支持、产品列表到比较高级的网上支付过程中的某一阶段。通常这种类型可以形象的称为“网上XX企业”，如网上银行、网上酒店等。图24-1所示为精美的企业电子商务网站。

图24-1 精美的企业电子商务网站

2. 综合购物商城网站

综合购物商城网站是完全的电子商务类网站。此类网站通常信息量和商品量都很多，类似于百货商场。购物网站主要是需要实现网上客户服务与产品的在线销售，为公司直接创造利润，提高竞争力。图24-2所示为精美的综合购物商城网站。

图24-2 精美的综合购物商城网站

24.1.2 电子商务网站的设计原则

1. 内容原则

电子商务类网站的中心是商品，所以网页的内容要以商品为主，突出商品的优势。可以通过合理的布局和鲜明的图像处理来突出商品的内容信息。

2. 色彩原则

电子商务类网站通常会使用红色和黄色等暖色调颜色，或蓝色和草绿色等冷色调的颜色。红色和黄色等温暖的颜色给人明亮的印象，可以有效唤起人们的购买欲望。恰当的使用蓝色和草绿等冷色调也会给人以信赖和安定的感觉。

3. 构图原则

在电子商务类网站中，图像的构成要简洁明了，在图像中运用对比鲜明的颜色突出商品信息。

4. 整体原则

在电子商务类网站中，浏览者需要能够方便地找到商品的导航信息并能够明显地标示出商品的图像及名称等信息。在页面中还需要注意利用如购物车等购物项目，并提供购物的帮助信息等。简单的说，就是一切以用户的便利为中心。

24.2 使用Photoshop设计网站首页面

制作一个网站页面，是有一定的制作程序的，其中最基本的操作步骤就是使用Photoshop将网站页面的整体效果设计出来，这样一来，设计者就能够很方便的浏览该网站页面的整体效果，如果有不合适的地方，可以便捷的进行修改，最终得到满意的页面效果。

24.2.1 实战——设计网站首页面

在制作该电子商务网站的过程中，通过制作一个美观、特色的导航菜单，会让浏览者对该网站内容一目了然，大大减轻了视觉压力；另外自然清新的绿色的使用，似乎将浏览者带进了大自然一般的美的享受，从而使得整个页面大方美观，而不显繁琐冗杂。

设计网站首页面

●源文件：光盘\源文件\第24章\24-2-1.psd　　●视频：光盘\视频\第24章\24-2-1.swf

01 执行“文件>新建”命令，弹出“新建”对话框，设置如图24-3所示，单击“确定”按钮，新建一个空白文档。单击“图层”面板上的“创建新组”按钮，并将新建的组重命名为“导航部分”，如图24-4所示。

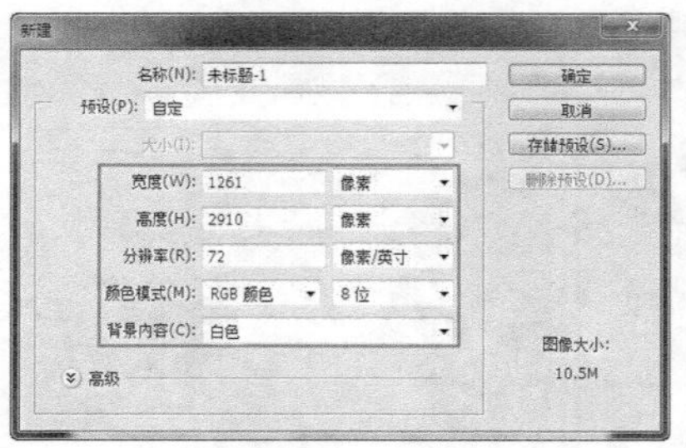

图24-3 “新建”对话框

图24-4 “图层”面板

02 执行“文件>打开”命令，打开素材“光盘\源文件\第24章\素材\242101.jpg”，拖曳至新建文档中，生成“图层 1”，如图24-5所示。新建“图层 2”，设置“前景色”为RGB（148、196、52），使用“圆角矩形工具”在画布中进行绘制圆角矩形路径，如图24-6所示。

图24-5 拖入素材

图24-6 绘制圆角矩形路径

03 按快捷键Ctrl+Enter，将路径转换为选区，按快捷键Alt+Delete，为选区填充前景色，如图24-7所示。执行“选择>修改>收缩”命令，在弹出的“收缩选区”对话框中进行相应的设置，如图24-8所示。

图24-7 图像效果

图24-8 “收缩选区”对话框

04 单击“确定”按钮，按Delete键删除选区部分，按快捷键Ctrl+D取消选区，效果如图24-9所示。新建“图层 3”，使用“自定形状工具”，在“形状”下拉列表框中选择“搜索”形状，如图24-10所示。

图24-9 图像效果

图24-10 “形状”下拉列表

05 设置“前景色”为RGB（21、113、36），在“选项”栏上的“工具模式”下拉列表中选择“像素”选项，在画布中绘制形状图形。打开并拖入相应的素材，生成“图层4”和“图层5”，调整素材位置并调整图层顺序，效果如图24-11所示，“图层”面板如图24-12所示。

图24-11 图像效果

图24-12 “图层”面板

06 使用"横排文字工具"，打开"字符"面板，设置如图24-13所示。在画布中单击输入文字，新建图层，使用相应的工具绘制出文字后的小图标，效果如图24-14所示。

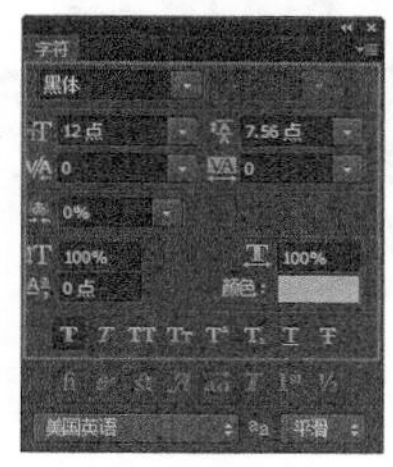

图24-13 "字符"面板

图24-14 输入文字并绘制图像

07 新建"图层 7"，使用"矩形选框工具"在画布中绘制矩形选区，使用"渐变工具"，打开"渐变编辑器"对话框，设置渐变颜色，如图24-15所示。单击"确定"按钮，在矩形选区内填充线性渐变，效果如图24-16所示。

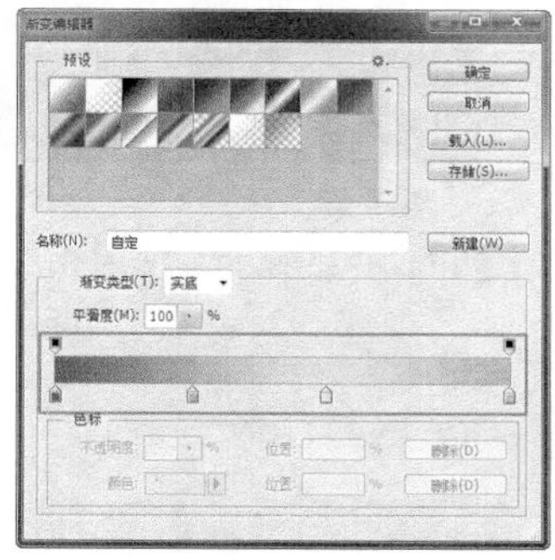

图24-15 "渐变编辑器"对话框

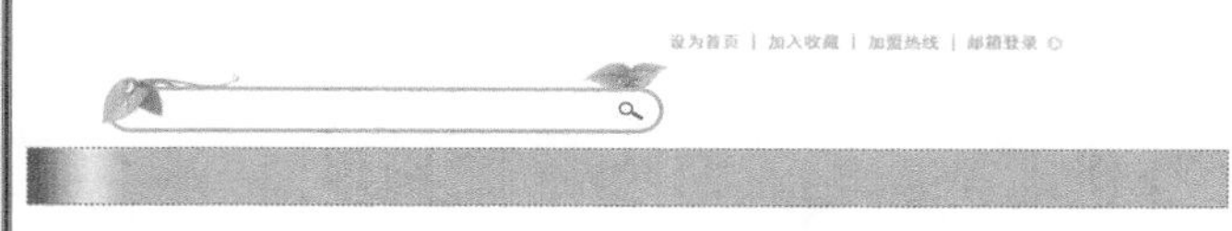

图24-16 填充渐变

提示 "渐变编辑器"对话框中设置的渐变颜色值分别为RGB（77、88、20）、RGB（162、195、54）、RGB（225、238、168）和RGB（167、203、45）。

08 取消选区，新建"图层 8"，使用"钢笔工具"在画布中绘制路径，按快捷键Ctrl+Enter将路径转换为选区，使用"渐变工具"，打开"渐变编辑器"对话框，设置如图24-17所示。单击"确定"按钮，在选区内填充线性渐变，效果如图24-18所示。

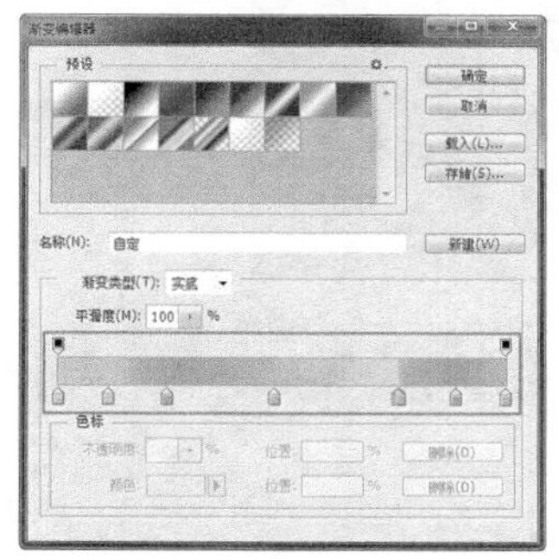

图24-17 "渐变编辑器"对话框

图24-18 图像效果

提示 "渐变编辑器"对话框中设置的渐变颜色值分别为RGB（183、218、53）、RGB（183、218、53）、RGB（149、182、41）、RGB（178、202、92）、RGB（212、230、118）、RGB（141、180、27）和RGB（168、204、46）。

09 使用相同方法，完成"图层 9"中阴影效果的制作，并将"图层 9"调整至"图层 8"的下方，效果如图24-19所示。使用"横排文字工具"，打开"字符"面板，设置如图24-20所示。

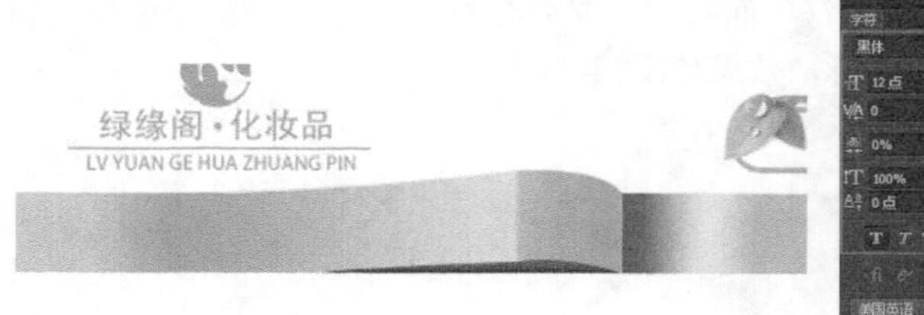

图24-19 图像效果　　图24-20 “字符”面板

⑩ 在画布中输入文字，如图24-21所示。新建“图层 10”，使用“自定形状工具”，在“形状”下拉列表框中选择“雨滴”形状，如图24-22所示。

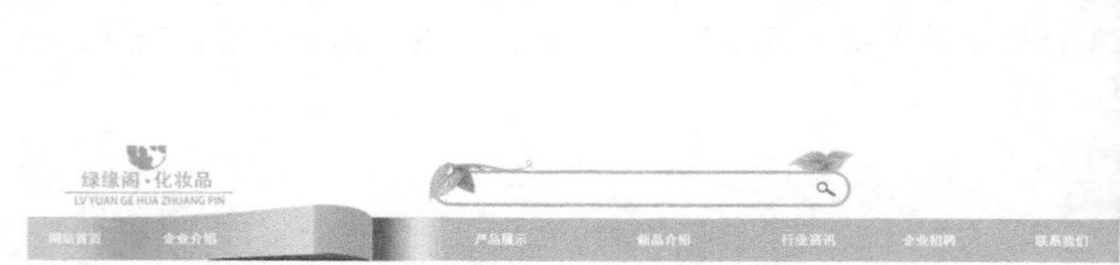

图24-21 输入文字　　图24-22选择“雨滴”形状

⑪ 在画布中绘制形状，填充线性渐变，并调整合适的位置和大小，效果如图24-23所示。使用相应的工具，绘制出其他图像，并添加相应的图层样式，效果如图24-24所示。

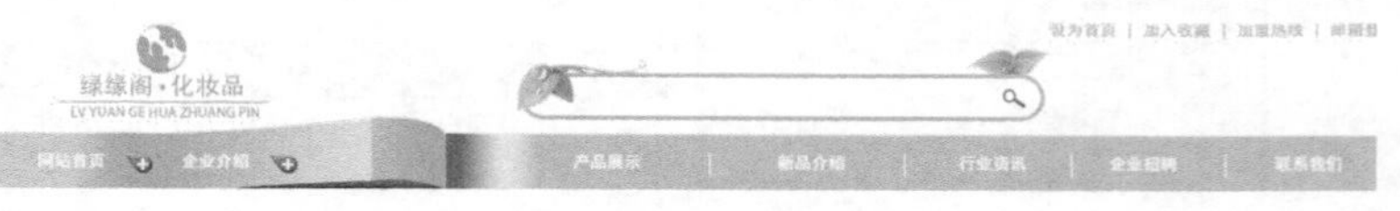

图24-23 图像效果　　图24-24 图像效果

⑫ 新建图层组并重命名为“左栏目”，设置“前景色”为RGB（147、205、0），新建“图层 12”，使用“单行选框工具”在画布中进行绘制，填充前景色，删除多余部分，效果如图24-25所示，“图层”面板如图24-26所示。

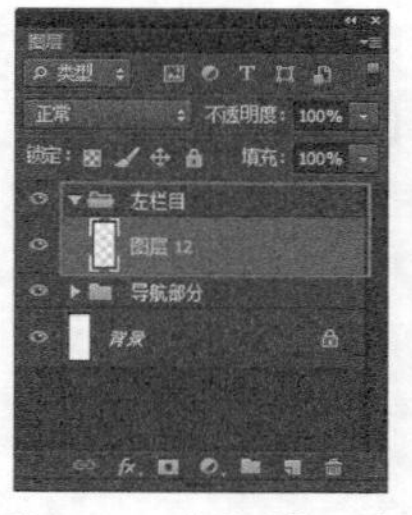

图24-25 图像效果　　图24-26 “图层”面板

⑬ 使用“横排文字工具”，在画布中输入文字，效果如图24-27所示。新建“图层 13”，使用前面的方法，绘制文字后的小图标，效果如图24-28所示。

特色新品速递专区
强势推荐产品专区
基础护理产品专区
功效美容产品专区
网络热销产品专区

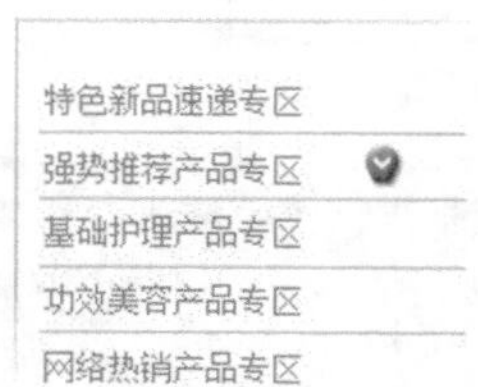

图24-27 输入文字　　图24-28 图像效果

⑭ 打开素材242104.png，拖曳至新建文档中，生成“图层 14”，调整至合适的位置，如图24-29所示。新建

“图层 15”，设置“前景色”为RGB（244、238、222），使用“矩形选框工具”，在画布中绘制矩形选区并填充前景色，如图24-30所示。

图24-29 拖入素材

图24-30 图像效果

⑮ 取消选区，为该图层添加“描边”图层样式，弹出“图层样式”对话框，设置如图24-31所示。单击“确定”按钮，图像效果如图24-32所示。

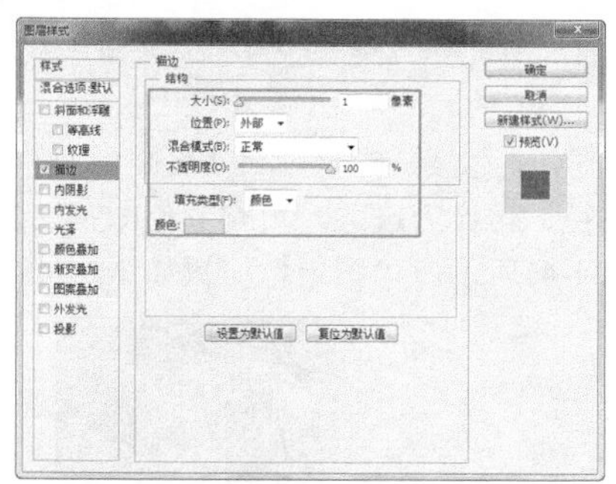

图24-31 “图层样式”对话框

图24-32 图像效果

⑯ 使用“横排文字工具”，在画布中输入文字，新建图层，使用“钢笔工具”在画布中绘制路径，将路径转换为选区并填充颜色，如图24-33所示。打开素材242109.png，拖曳至新建文档中，生成“图层 17”，调整至合适的位置，效果如图24-34所示。

图24-33 图像效果

图24-34 拖入素材

⑰ 使用相同的方法，完成相似内容的制作，效果如图24-35所示，“图层”面板如图24-36所示。

图24-35 图像效果

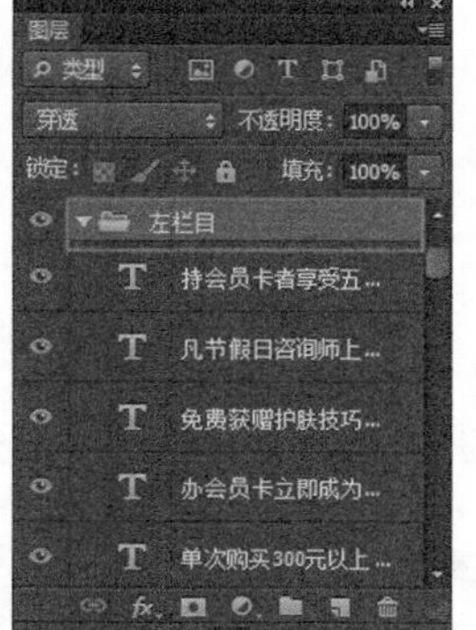

图24-36 “图层”面板

⑱ 新建图层组并重命名为“内容01”，打开素材242105.png，拖曳至新建文档中，自动生成“图层 40”，使用“横排文字工具”，在素材后输入文字，如图24-37所示。新建“图层 41”，使用“矩形选框工具”在

画布中进行绘制，并填充颜色，如图24-38所示。

图24-37 拖入素材并输入文字　　图24-38 绘制矩形

⑲ 新建图层，使用“圆角矩形工具”在画布中绘制路径，将路径转换为选区并填充颜色RGB（208、208、208），执行“选择>修改>收缩”命令，在弹出的“收缩选区”对话框中设置如图24-39所示。单击“确定”按钮，按Delete键删除选区中的内容，取消选区，效果如图24-40所示。

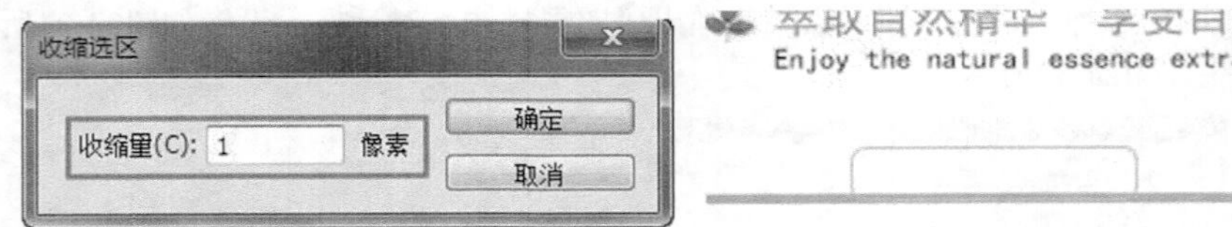

图24-39 “收缩选区”对话框　　图24-40 图像效果

⑳ 新建图层，使用“圆角矩形工具”在画布中绘制路径，转换为选区，填充颜色RGB（242、242、242），取消选区，将“图层 41”移至该图层上方，效果如图24-41所示，“图层”面板如图24-42所示。

图24-41 图像效果　　图24-42 “图层”面板

㉑ 使用相同方法，完成相似内容的制作，拖入相应的素材，调整合适的位置，效果如图24-43所示。使用“横排文字工具”在画布中输入文字，如图24-44所示。

图24-43 图像效果

图24-44 输入文字

㉒ 使用前面的方法，完成部分内容的制作，效果如图24-45所示，“图层”面板如图24-46所示。

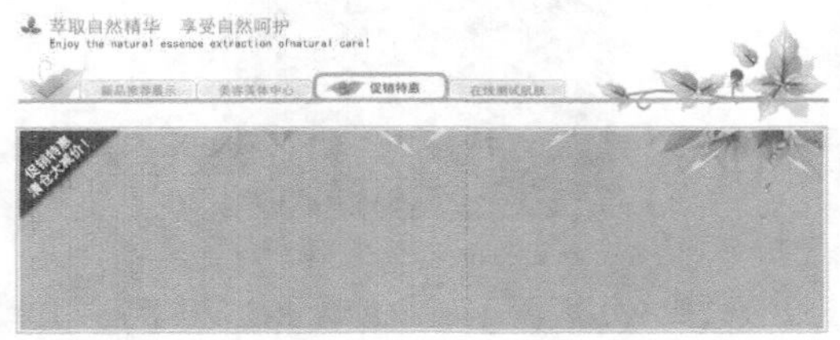

图24-45 图像效果　　图24-46 “图层”面板

㉓ 打开素材242108.png，拖曳至新建文档中，自动生成“图层 52”，将该图层移至“图层 49”的上方，按快捷键Alt+Ctrl+G，创建剪贴蒙版，效果如图24-47所示。设置该图层的“混合模式”为“柔光”，效果如图24-48所示。

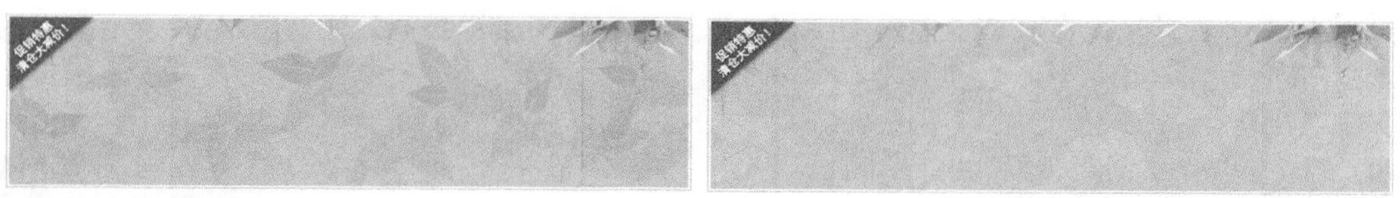

图24-47 图像效果　　图24-48 图像效果

㉔ 使用“横排文字工具”，在画布中输入文字，如图24-49所示。打开素材242114.png，拖曳至新建文档中，生成“图层 53”，调整合适的位置，移至“图层 52”上方，按快捷键Alt+Ctrl+G，创建剪贴蒙版，效果如图24-50所示。

图24-49 文字效果

图24-50 图像效果

㉕ 新建图层组并重命名为“内容02”，如图24-51所示。新建“图层 54”，设置“前景色”为RGB（213、211、211），使用“圆角矩形工具”在画布中绘制路径，将路径转换为选区，填充前景色，执行“选择>修改>收缩选区”命令，在弹出对话框中进行设置，如图24-52所示。

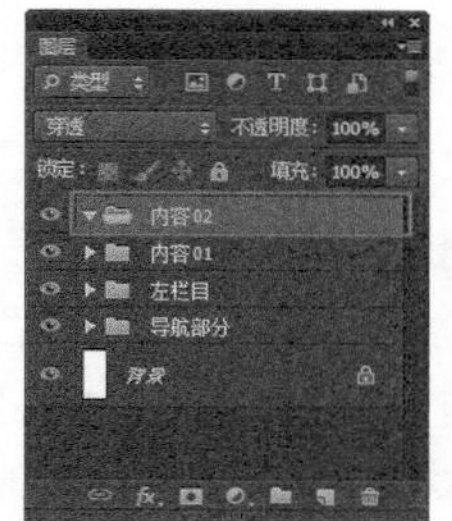

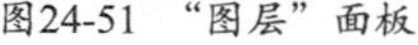

图24-51 “图层”面板

图24-52 “收缩选区”对话框

㉖ 单击“确定”按钮，按Delete键将选区中的内容删除，取消选区，效果如图24-53所示。使用前面的方法，绘制出其他图像效果，如图24-54所示。

图24-53 图像效果

图24-54 图像效果

㉗ 使用“矩形选框工具”，在画布中绘制选区，填充白色，进行旋转变换，复制多个图层，效果如图24-55所示。将复制的多个图层合并为“图层 57”，移至“图层 56”的下方，按快捷键Ctrl+Alt+G创建剪贴蒙版，设置其“不透明度”为2%，如图24-56所示。

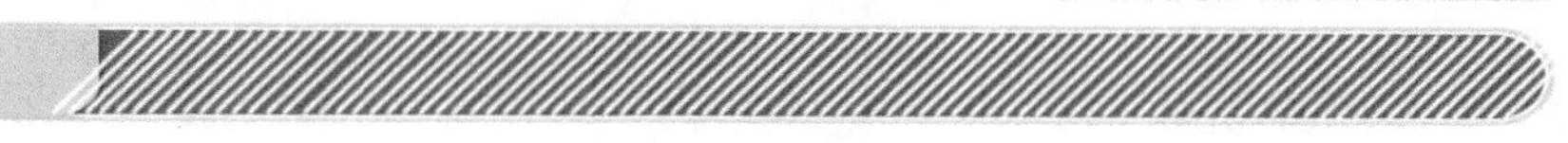

图24-55 图像效果

图24-56 图像效果

㉘ 使用“横排文字工具”，在画布中输入文字，并添加相应的图层样式，效果如图24-57所示，“图层”面板如图24-58所示。

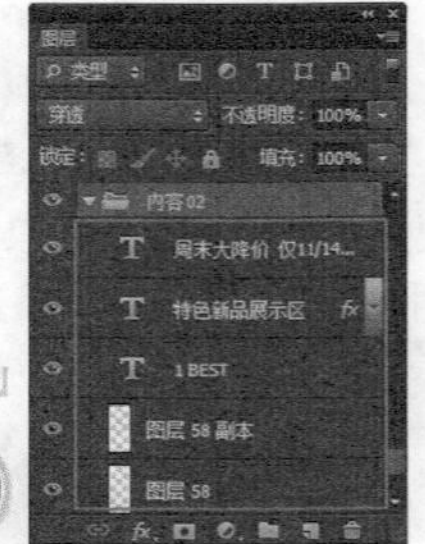

图24-57 文字效果

图24-58 “图层”面板

㉙ 新建图层，使用前面的方法，使用“矩形选框工具”在画布中绘制矩形选区并填充颜色，图像效果如图24-59所示。复制图层，并调整合适的位置，图像如图24-60所示。

图24-59 图像效果

图24-60 图像效果

㉚ 打开素材001.jpg至005.jpg，拖曳至新建文档中，并调整合适的位置，如图24-61所示。使用前面的方法，拖入素材，输入文字并绘制相应的图像，完成其他图层内容的制作，图像效果如图24-62所示。

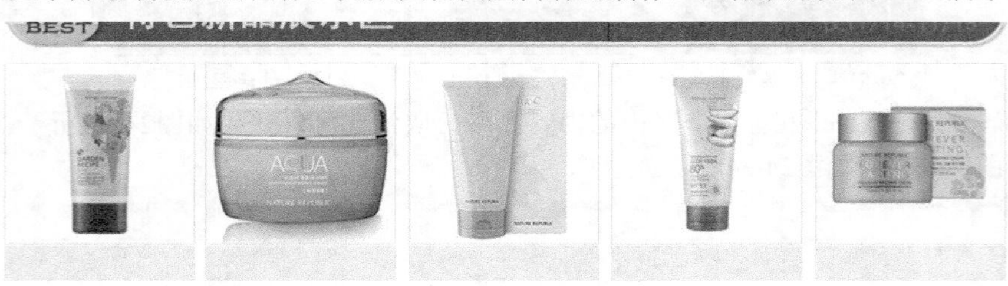

图24-61 图像效果

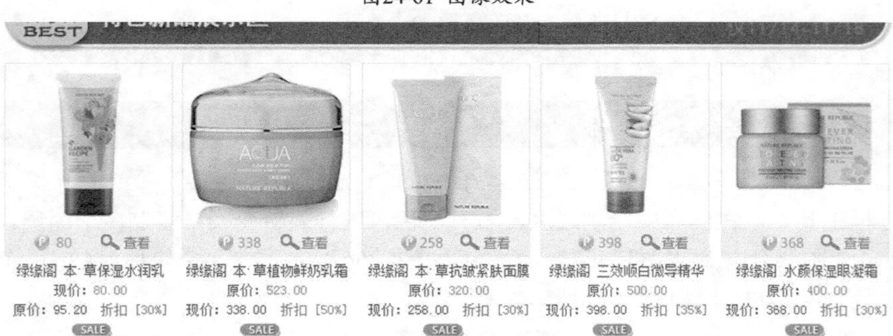

图24-62 图像效果

㉛ 使用相同方法，拖入素材，完成“内容02”图层组中相似内容的制作，效果如图24-63所示，“图层”面板如图24-64所示。

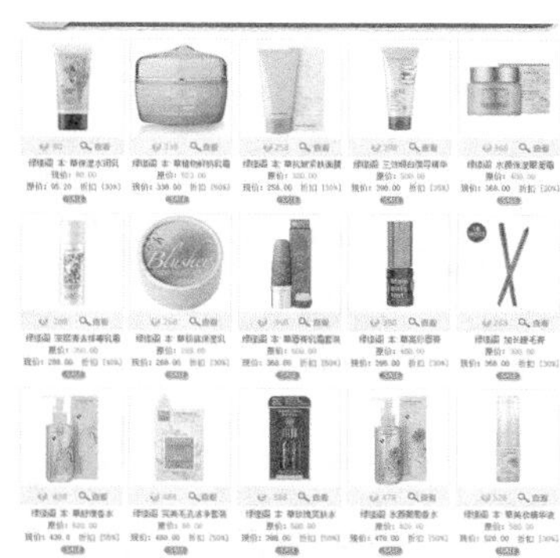
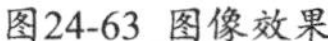

图24-63 图像效果

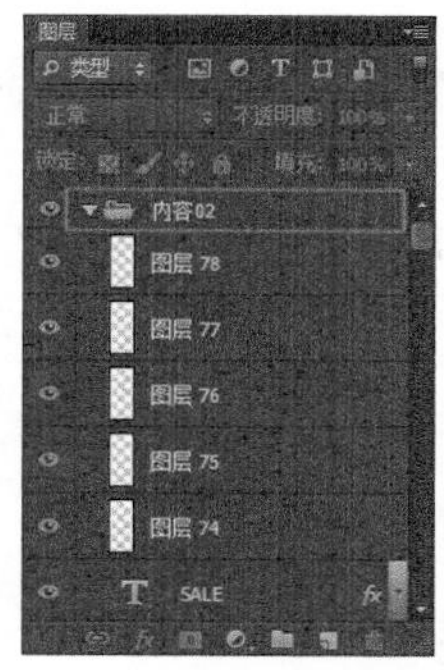

图24-64 “图层”面板

32 新建图层组并重命名为“内容03”，新建图层，使用前面的方法进行绘制，图像效果如图24-65所示，“图层”面板如图24-66所示。

图24-65 图像效果

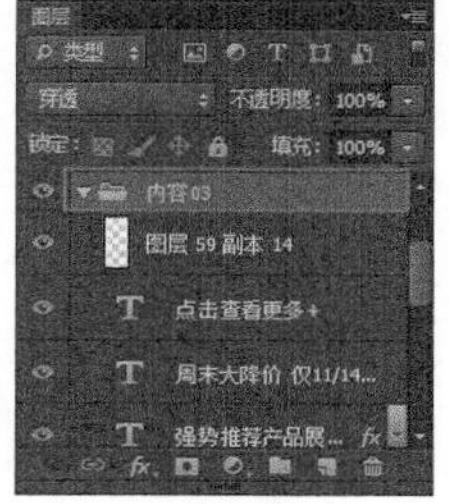

图24-66 “图层”面板

33 使用相同方法，完成其他图层组内容的制作，最终效果如图24-67所示，“图层”面板如图24-68所示。执行“文件>存储”命令，将文件存储为“光盘\源文件\第24章\24-2-1.psd”。

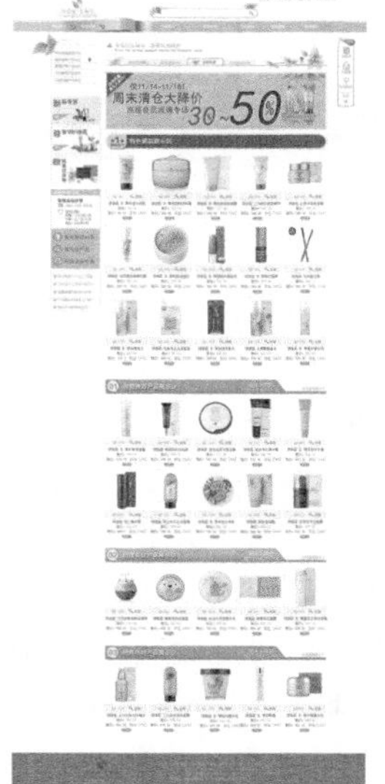

图24-67 图像效果

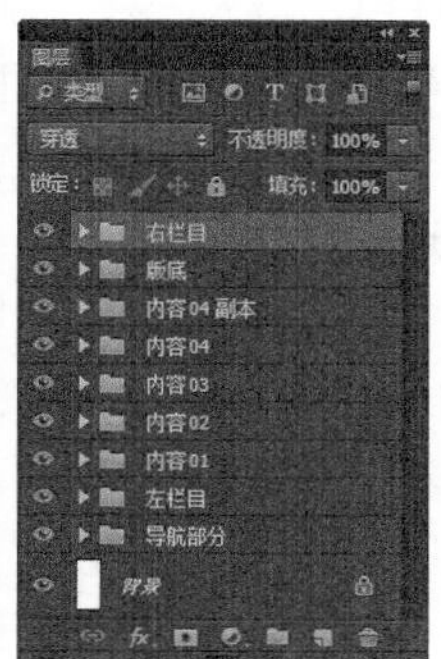

图24-68 “图层”面板

24.2.2 实战——切割页面素材

使用Photoshop完成了网站首页面的设计后，在将网站页面制作成HTML页面之前，还需要进行一项必要的操作，就是对网页中的相关素材进行切割，下面将对相关素材进行切割，从而为制作该HTML页面提供充分的页面素材。

切割页面素材

●源文件：无　　　　●视频：光盘\视频\第24章\24-2-2.swf

01 打开Photoshop软件，执行“文件>打开”命令，打开页面设计稿“光盘\源文件\第24章\24-2-1.psd”，如图24-69所示。根据所呈现出的页面，可以看到，该页面主要分为上、中、下3个部分，其中中间为页面的主体部分，又可以分为左、右两个部分，如图24-70所示。

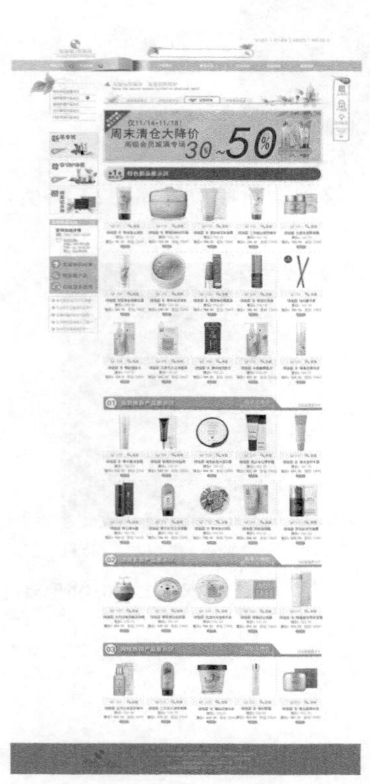

图24-69 页面效果

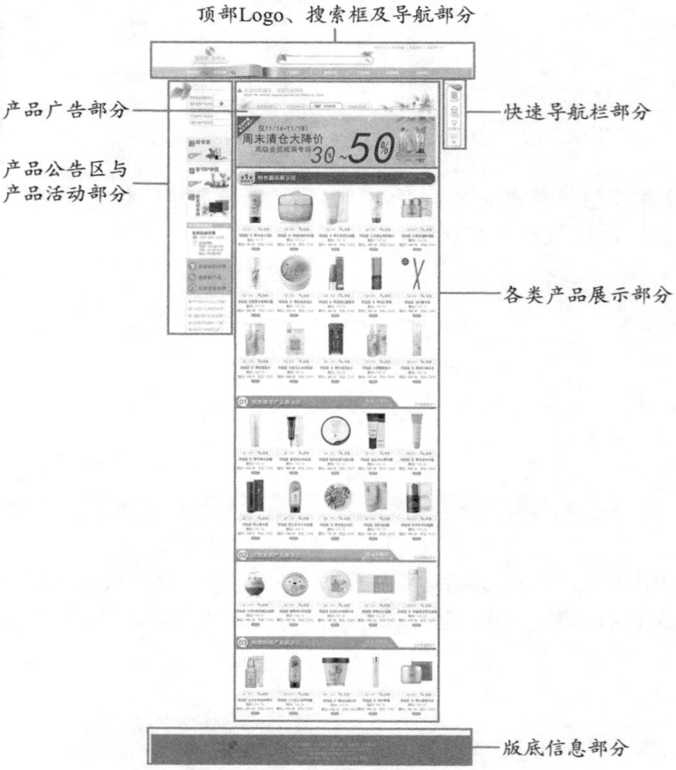

顶部Logo、搜索框及导航部分

产品广告部分

快速导航栏部分

产品公告区与产品活动部分

各类产品展示部分

版底信息部分

图24-70 页面布局分析

02 通过仔细观察设计稿，还可以发现更多的细节：

1、 整个页面以白色作为底色，给人一种干净利落，大方整洁的感觉。

2、 页面顶部具有特色的导航菜单是需要制作成Flash动画的，在Dreamweaver中制作该页面的导航菜单时，需要切割一个像素的图像作为背景图像，然后直接插入制作好的Flash动画即可。

3、 页面中间的主体部分还分为左右两个部分，左边是相关产品公告区和产品活动区域；右边主要是各类产品的展示部分，需要将各个产品的图像精确的切割出来，作为制作页面的素材。

4、 页面底部的版底信息内容相对简单，直接切割出需要的logo图像即可。

5、 将需要的素材切割出来，保存成相应格式的图片，就可开始制作该网站页面了。

03 打开“图层”面板，显示出页面中的所有图层，按快捷键Ctrl+Alt+Shift+E，盖印图层，如图24-71所示。使用“矩形选框工具”，在画布中合适的位置创建矩形选区，选区效果如图24-72所示。

图24-71 盖印图层

图24-72 创建选区

04 按快捷键Ctrl+C，复制选区中的图像，按快捷键Ctrl+N，弹出“新建”对话框，默认设置，如图24-73所示。单击“确定”按钮，按快捷键Ctrl+V，粘贴所复制的图像，如图24-74所示。

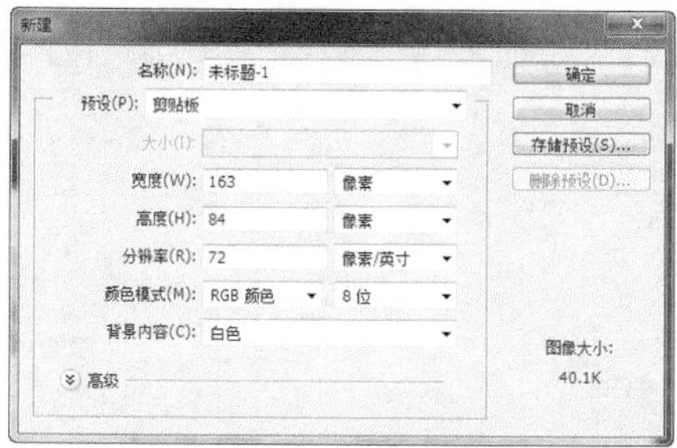

图24-73 “新建”对话框

图24-74 粘贴图像

05 执行“文件>存储”命令，将得到的素材图像存储到文件夹“光盘\源文件\第24章\images\244201.jpg”，使用相同方法，切割出页面顶部的其他需要的素材图像，如图24-75所示。使用“矩形选框工具”，在画布中相应的位置创建矩形选区，如图24-76所示。

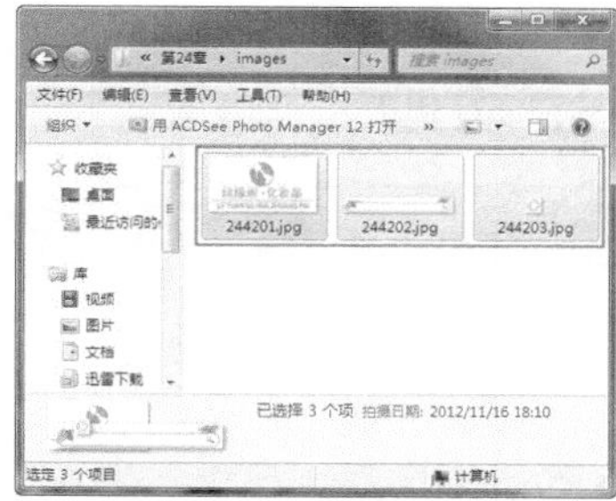

图24-75 切割出的页面素材

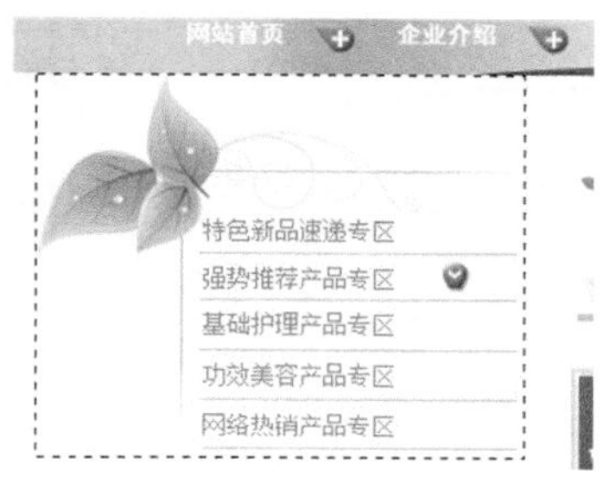

图24-76 创建选区

06 按快捷键Ctrl+C，复制选区中的图像，按快捷键Ctrl+N，弹出“新建”对话框，默认设置，如图24-77所示。单击“确定”按钮，按快捷键Ctrl+V，粘贴所复制的图像，如图24-78所示。

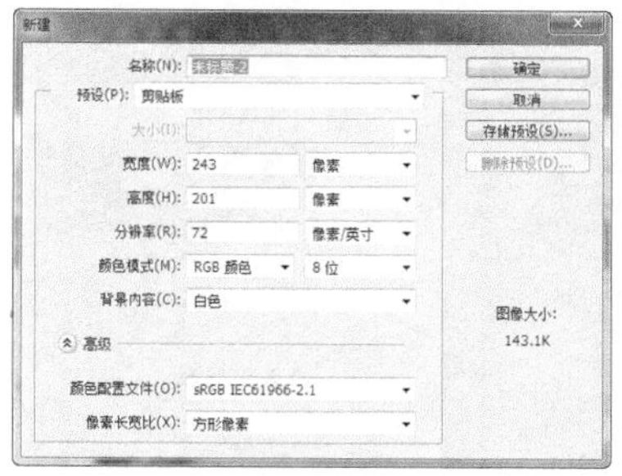

图24-77 “新建”对话框

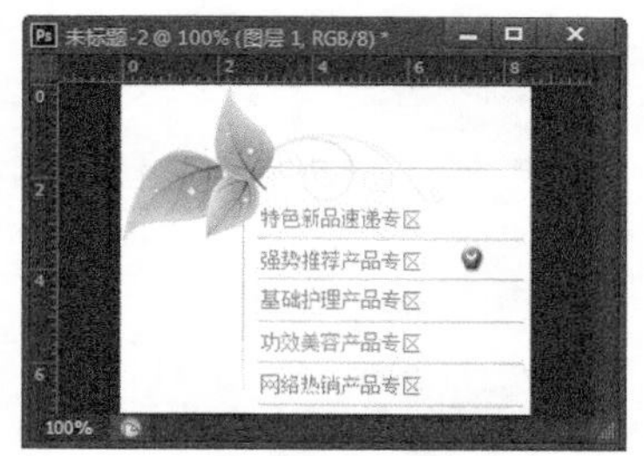

图24-78 粘贴图像

07 使用“矩形选框工具”在该图像中创建矩形选区，选区效果如图24-79所示。设置“前景色”为白色，为选区填充前景色，将选区内的文字清除，如图24-80所示。

图24-79 创建选区

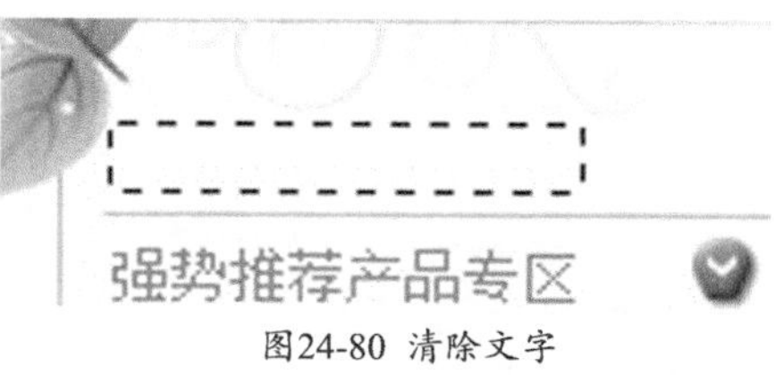

图24-80 清除文字

08 使用相同方法，清除其他不需要的内容，效果如图24-81所示。执行“文件>存储”命令，将得到的素材图像存储到相应的文件夹中。相同方法，切割出页面中其他需要的素材图像，完成页面图像素材的切割，在“光盘\源文件\第24章\images\”文件夹中可以看到切割得到的素材图像，如图24-82所示。

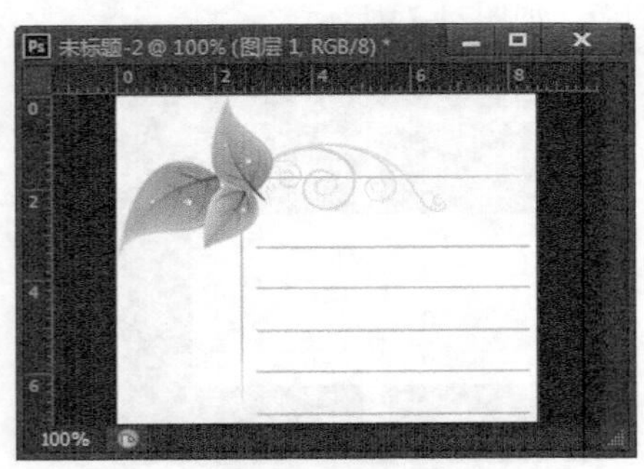
图24-81 图像效果

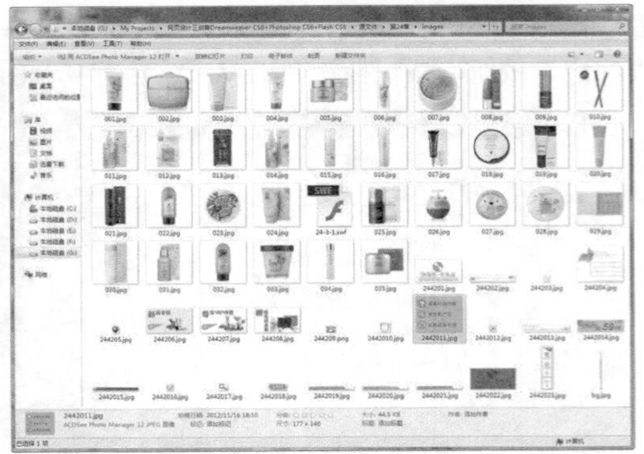
图24-82 切割出的页面素材

提示 有些切割出来的素材包含了在Dreamweaver中需要制作的内容，所以需要在Photoshop中进行相应的修改，即将部分文字或小图标清除掉，保留需要的背景图片即可。

24.3 实战——制作网站中的Flash动画

使用Photoshop将所设计的页面切割成所需要的素材后，接下来就是将网页中的需要通过Flash展示出来的部分制作成Flash动画，以更好的体现出网站的特色。该页面中的Flash动画主要是顶部的导航菜单部分。

制作导航菜单动画

●源文件：光盘\源文件\第24章\24-3-1.fla　　●视频：光盘\视频\第24章\24-3-1.swf

01 执行“文件>新建”命令，弹出“新建文档”对话框，设置如图24-83所示。执行“文件>导入>导入到库”命令，将素材“光盘\源文件\第24章\Flash素材\243101.png”导入到“库”面板中，相同方法导入其他素材，“库”面板如图24-84所示。

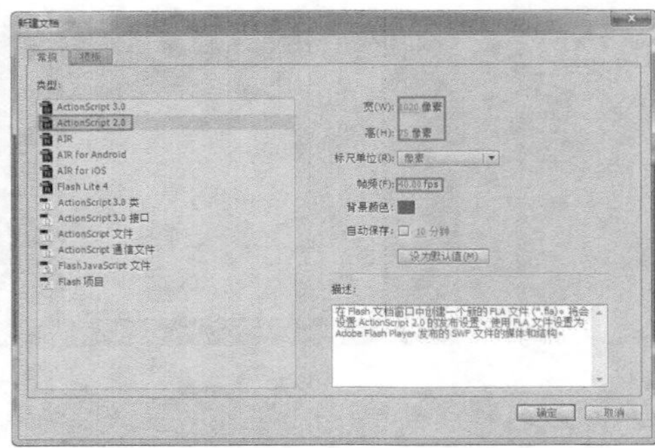
图24-83 “新建文档”对话框

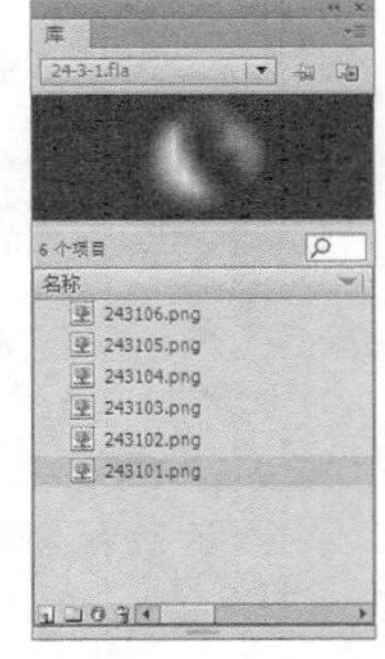

图24-84 “库”面板

02 按快捷键Ctrl+F8，弹出“创建新元件”对话框，设置如图24-85所示，单击“确定”按钮，将图像243101.png从“库”面板拖入到舞台中，如图24-86所示。

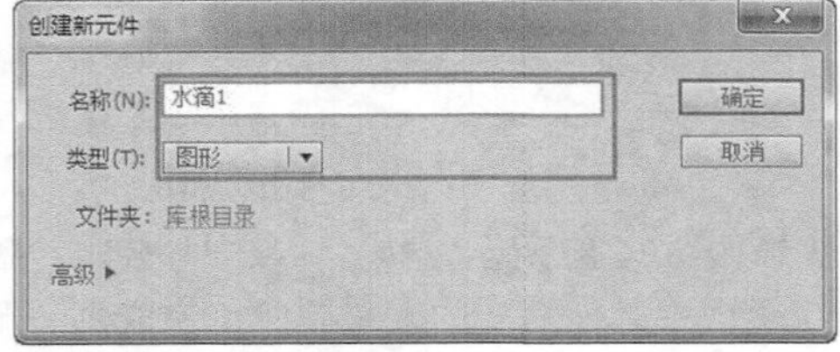

图24-85 “创建新元件”对话框

图24-86 拖入到舞台

03 使用相同方法，制作出其他图形元件，“库”面板如图24-87所示。按快捷键Ctrl+F8，弹出“创建新元件”对话框，设置如图24-88所示。

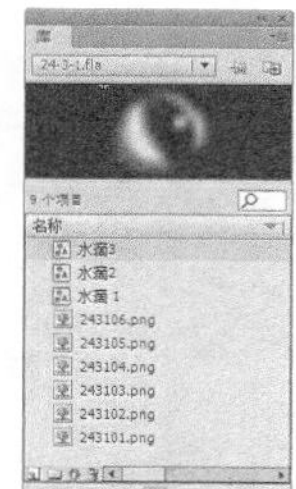

图24-87 “库”面板

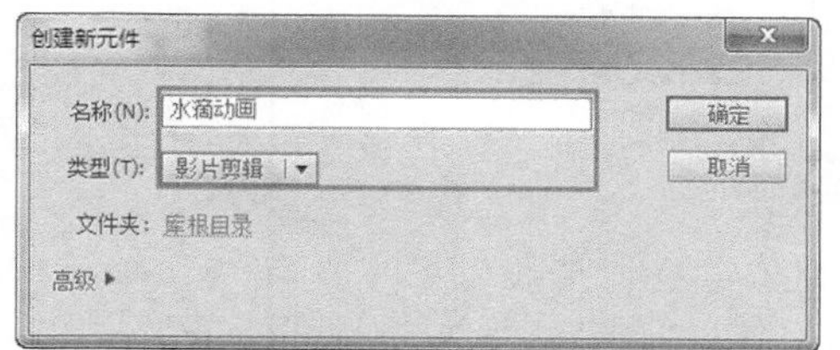

图24-88 “创建新元件”对话框

04 单击“确定”按钮，将“水滴1”元件拖入到舞台中，在“属性”面板中设置Alpha值为0%，如图24-89所示，元件效果如图24-90所示。

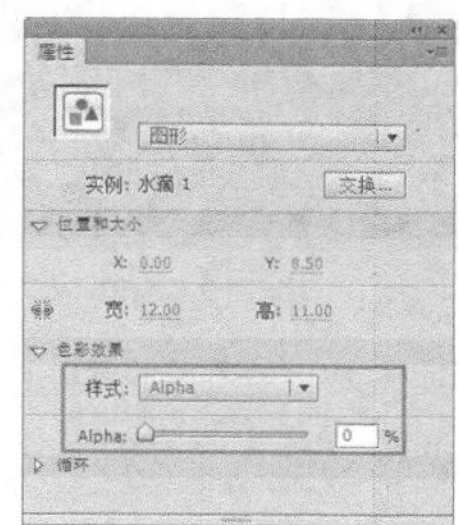

图24-89 “属性”面板

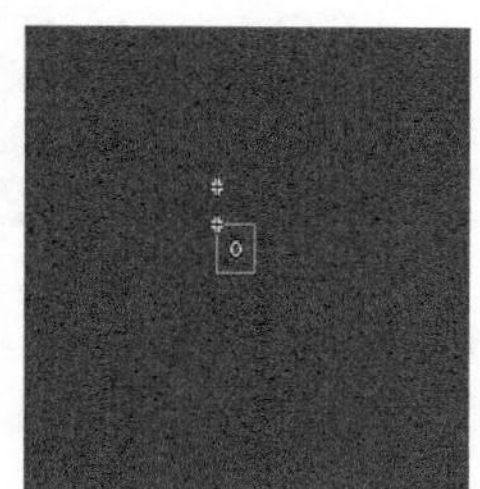

图24-90 元件效果

05 在第17帧按F6键插入关键帧，在“属性”面板中设置“样式”为“无”，并将该帧上的元上向下移动，如图24-91所示。在第1帧创建传统补间动画，在第43帧按F5键插入帧，“时间轴”面板如图24-92所示。

图24-91 元件效果

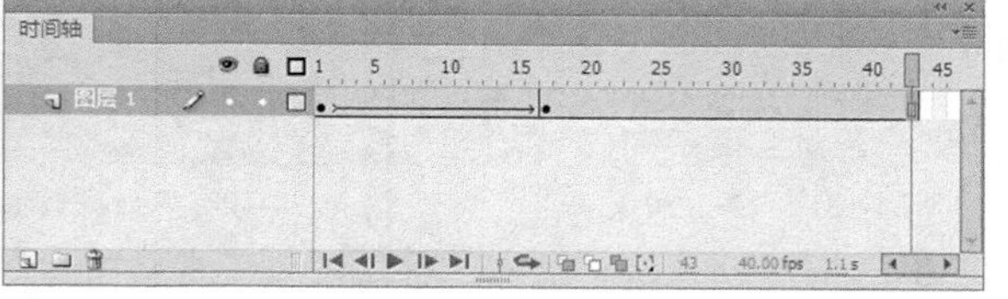

图24-92 “时间轴”面板

06 新建“图层2”，在第10帧按F6键插入关键帧，将“水滴2”元件拖入舞台中，调整合适的位置和大小，如图24-93所示。使用相同方法，完成“图层2”动画的制作，“时间轴”面板如图24-94所示。

图24-93 拖入“水滴2”元件

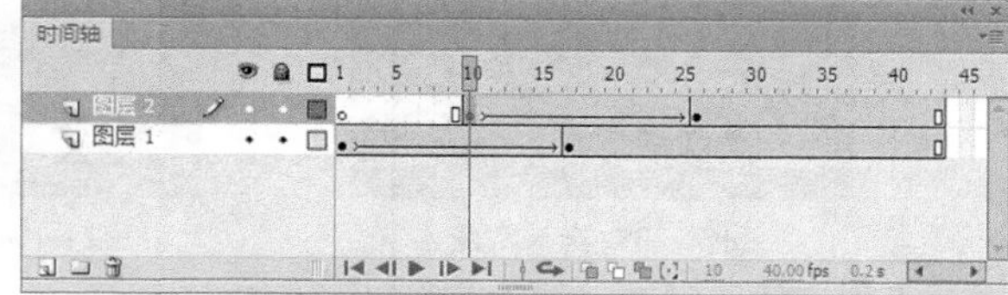

图24-94 “时间轴”面板

07 新建“图层3”，使用相同方法，完成“图层3”动画的制作，“时间轴”面板如图24-95所示，舞台效果如图24-96所示。

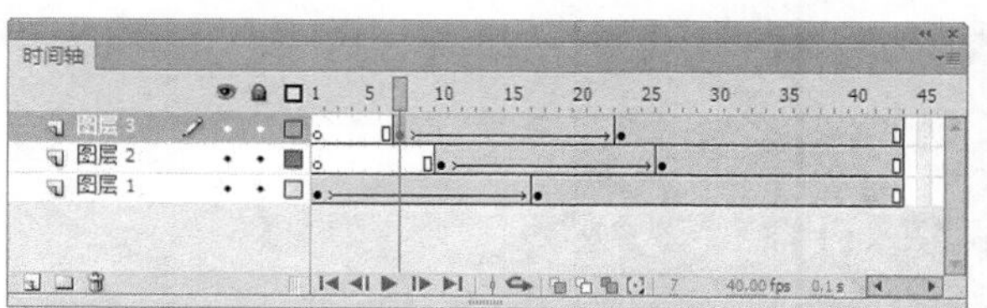

图24-95 “时间轴”面板

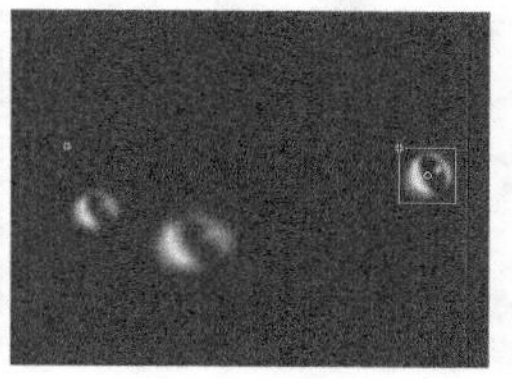

图24-96 动画效果

08 新建“图层4”，在第43帧按F6键插入关键帧，执行“窗口>动作”命令，打开“动作”面板，输入脚本代码，如图24-97所示，“时间轴”面板如图24-98所示。

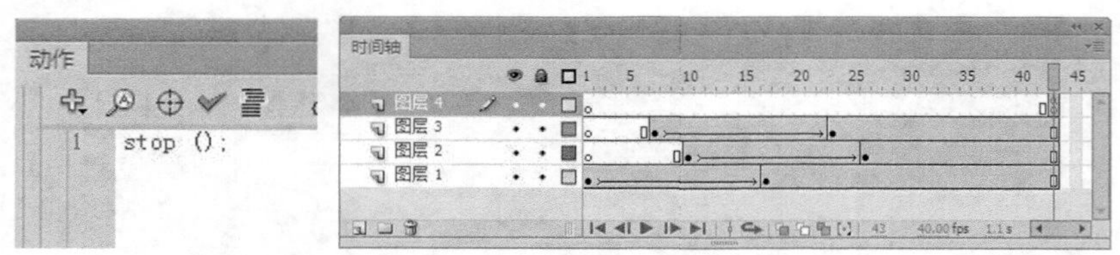

图24-97 “动作”面板　　图24-98 “时间轴”面板

09 按快捷键Ctrl+F8，弹出“创建新元件”对话框，设置如图24-99所示。单击“确定”按钮，在舞台中输入相应文字，选中文字，按快捷键Ctrl+B两次，将文字分离为图形，调整至合适的位置，如图24-100所示。

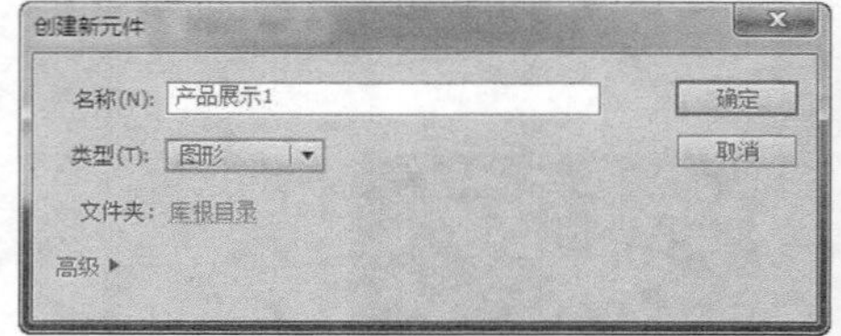
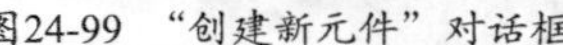

图24-99 “创建新元件”对话框　　图24-100 文字效果

10 使用相同方法，完成其他元件的制作，如图24-101所示。按快捷键Ctrl+F8，弹出“创建新元件”对话框，设置如图24-102所示。

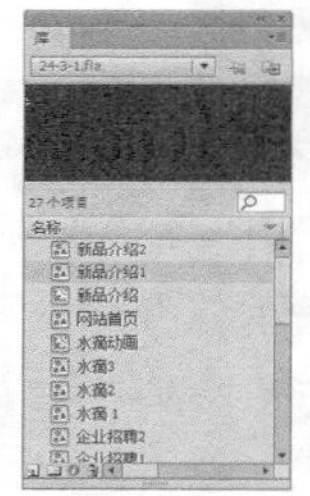
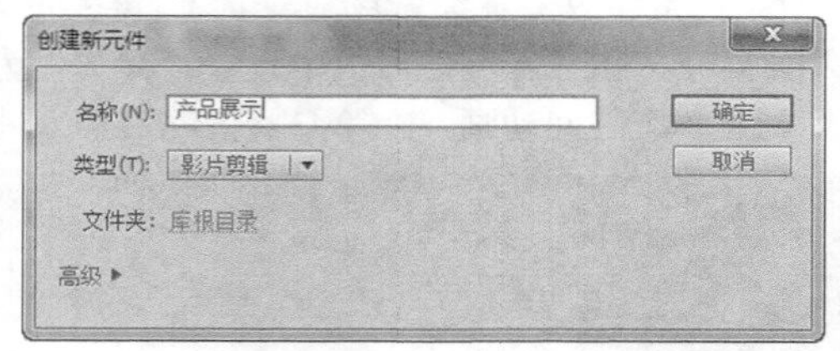

图24-101 “库”面板　　图24-102 “创建新元件”对话框

11 单击“确定”按钮，在第2帧按F6键插入关键帧，将“水滴动画”元件拖入到舞台中，调整位置，如图24-103所示。在第12帧按F5键插入帧。新建“图层2”，将“产品展示1”元件拖入舞台中，调整至合适的位置，如图24-104所示。

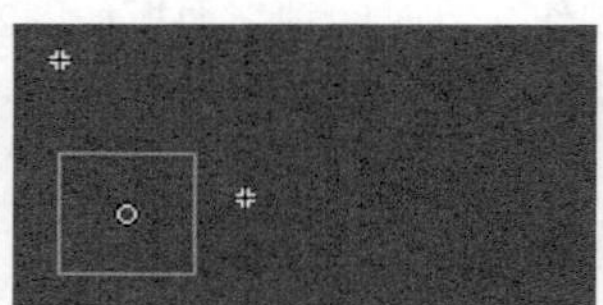
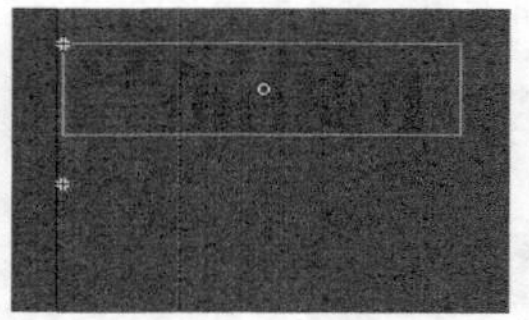

图24-103 拖入元件　　图24-104 拖入元件

12 在第10帧按F6键插入关键帧，并调整元件位置，如图24-105所示。在第1帧创建传统补间动画。新建“图层3”，将“产品展示2”元件拖入舞台中，如图24-106所示。相同方法，完成“图层3”的制作，“时间轴”面板如图24-107所示。

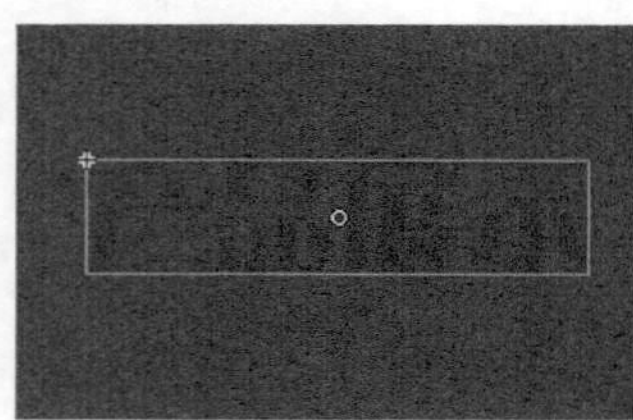

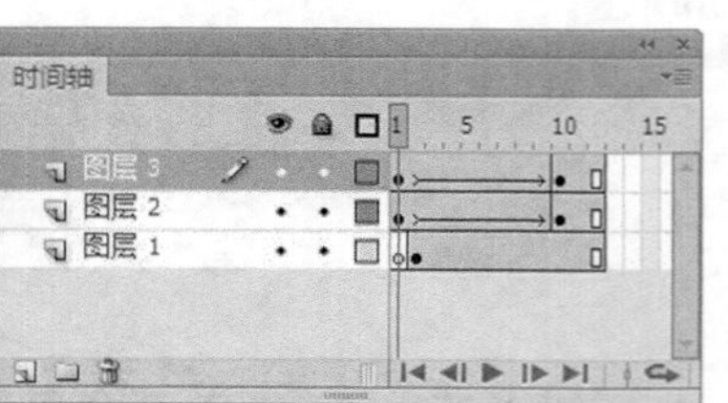

图24-105 调整元件位置　　图24-106 拖入元件　　图24-107 “时间轴”面板

⑬ 新建“图层4”，使用“矩形工具”在舞台中绘制矩形，如图24-108所示。在该图层上单击鼠标右键，在弹出菜单中选择“遮罩层”选项，在“图层2”上单击鼠标右键，在弹出菜单中选择“属性”选项，弹出“图层属性”对话框，设置如图24-109所示。

图24-108 绘制矩形

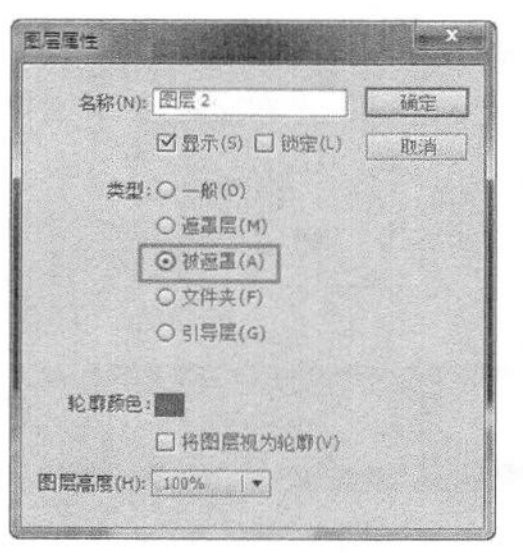

图24-109 “图层属性”对话框

⑭ 单击“确定”按钮，完成“图层属性”对话框的设置，“时间轴”面板如图24-110所示。新建“图层5”，使用“矩形工具”，设置“填充颜色”为Alpha值为0%的任意颜色，“笔触颜色”为无，在舞台中绘制矩形，如图24-111所示。

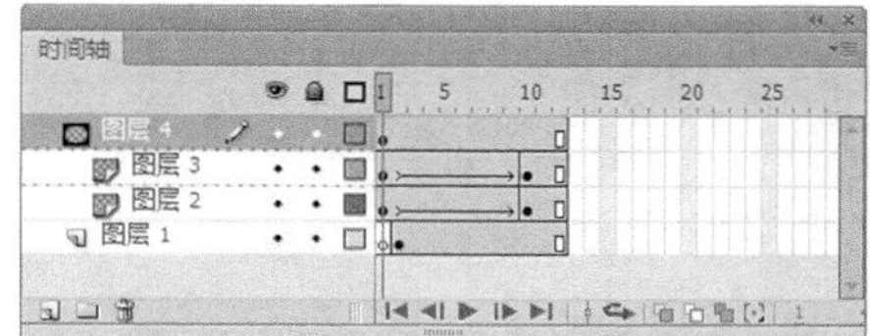

图24-110 “时间轴”面板

图24-111 绘制矩形

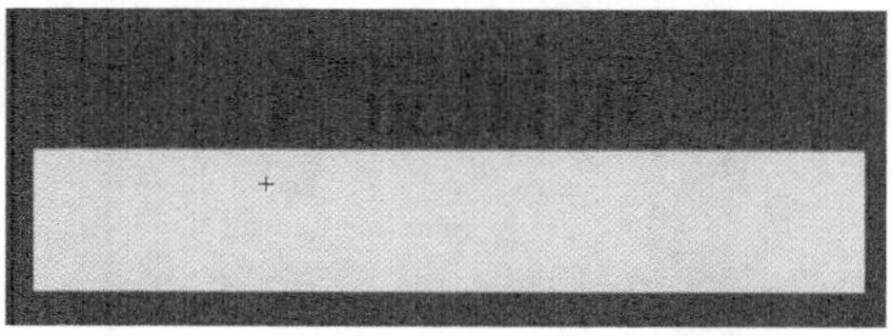

⑮ 新建“图层6”，打开“动作”面板，输入脚本代码，如图24-112所示。在第12帧插入关键帧，输入相同代码，“时间轴”面板如图24-113所示。

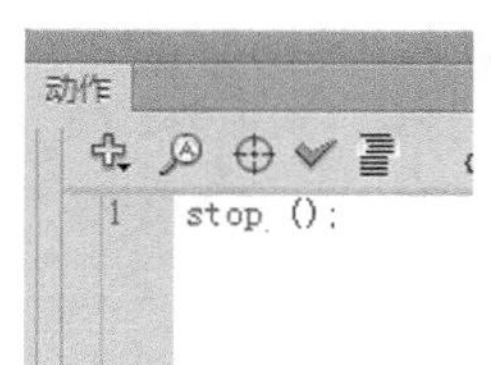

图24-112 “动作”面板

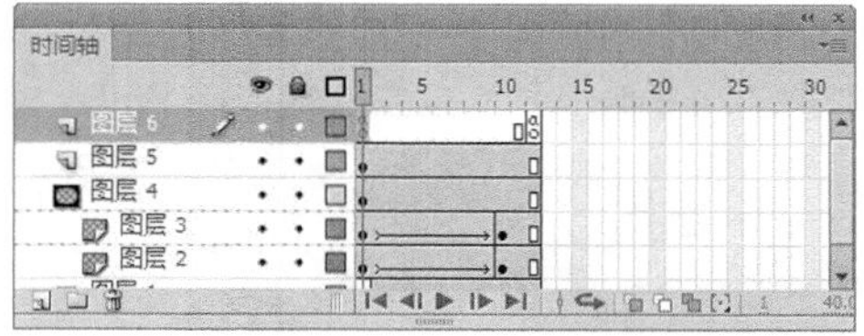

图24-113 “时间轴”面板

⑯ 使用相同方法，完成其他影片剪辑元件的制作，如图24-114所示。返回到“场景1”的编辑状态，将素材243104.png从“库”面板拖入舞台中，如图24-115所示。

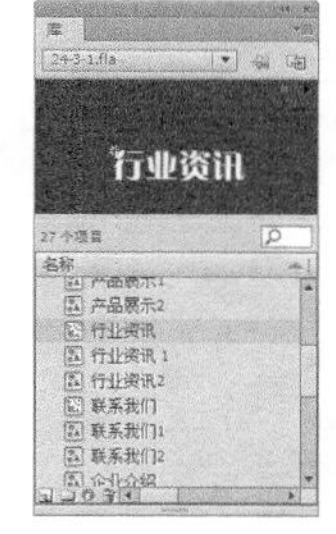

图24-114 “库”面板

图24-115 拖入素材图像

⑰ 新建“图层2”，将“网站首页”元件和“企业介绍”元件拖入舞台中，效果如图24-116所示。新建“图层3”，将素材243105.png从“库”面板拖入舞台中，如图24-117所示。

图24-116 拖入素材

图24-117 拖入素材

⑱ 使用相同方法，将其他元件拖入舞台中，如图24-118所示。选中“产品展示”元件，在“属性”面板中设置其“实例名称”为menu1，如图24-119所示。

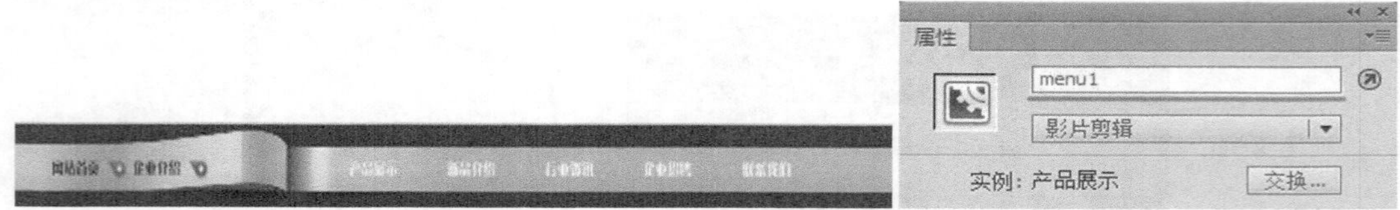

图24-118 拖入其他元件　　图24-119 设置“实例名称”

⑲ 选中“产品展示”元件，打开“动作”面板，输入相应的脚本代码，如图24-120所示。使用相同的方法，选中“新品介绍”元件，设置其“实例名称”为menu2，打开“动作”面板，输入脚本代码，如图24-121所示。

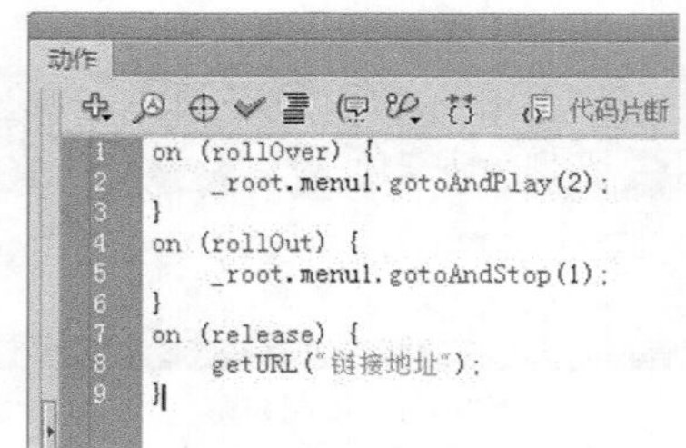

图24-120 输入脚本代码

```
on (rollOver) {
    _root.menu2.gotoAndPlay(2);
}
on (rollOut) {
    _root.menu2.gotoAndStop(1);
}
on (release) {
    getURL("链接地址");
}
```

图24-121 输入脚本代码

⑳ 使用相同的方法，分别为“行为资讯”、“企业招聘”和“联系我们”元件设置相应的“实例名称”，并分别在各元件上添加相应的脚本代码。完成该导航菜单动画的制作，执行“文件>保存”命令，将动画保存为“光盘\源文件\第24章\24-3-1.fla”，按快捷键Ctrl+Enter，测试动画，动画效果如图24-122所示。

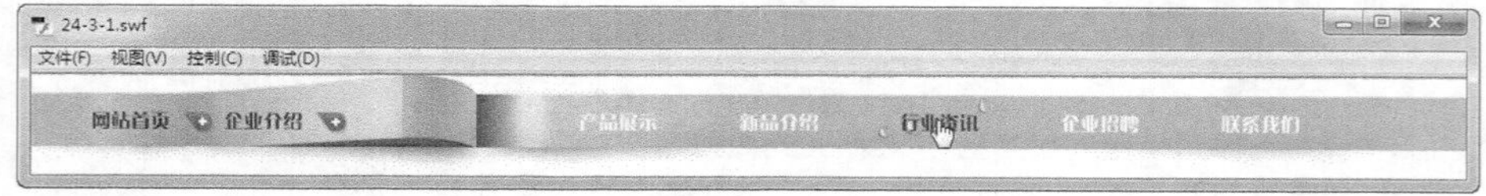

图24-122 测试动画效果

24.4 实战——使用Dreamweaver制作网站页面

前面使用Photoshop完成了网站页面的设计，将网页中所需要的图像素材切割出来，并且在Flash中制作了页面中的Flash动画。下面需要做的就是使用Dreamweaver将页面制作成HTML格式的网页了。下面将在Dreamweaver软件中，通过使用Div+CSS布局的方式将该页面完整的制作出来。

使用Div+CSS布局制作网站页面

●源文件：光盘\源文件\第24章\24-4.html　　●视频：光盘\视频\第24章\24-4.swf

01 执行“文件>新建”命令，弹出“新建文档”对话框，设置如图24-123所示。单击“创建”按钮，新建一个空白HTML页面，将该页面保存为“光盘\源文件\第24章\24-4.html”。

02 使用相同的方法，新建一个CSS样式表文件，弹出“新建文档”对话框，如图24-124所示，并将其保存为“光盘\源文件\第24章\style\style.css”。

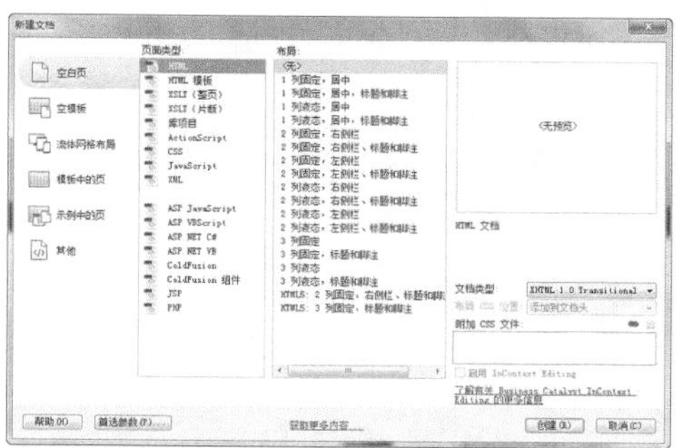
图24-123 “新建文档”对话框

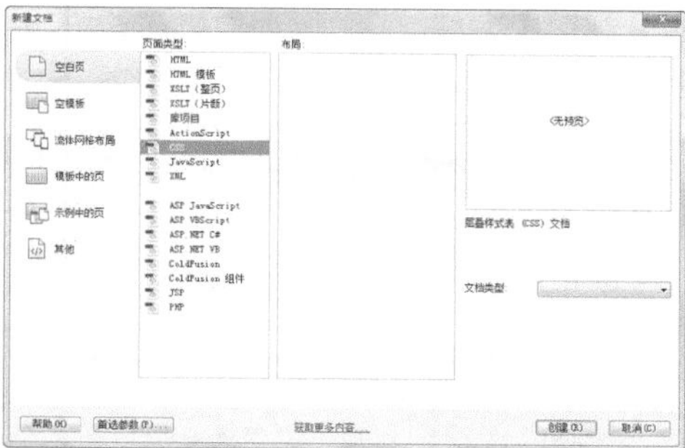
图24-124 “新建文档”对话框

03 单击“CSS样式”面板上的“附加样式表”按钮，弹出“链接外部样式表”对话框，设置如图24-125所示。单击“确定”按钮，切换到style.css文件中，创建名为*的通配符CSS规则和名为body的标签CSS规则，如图24-126所示。

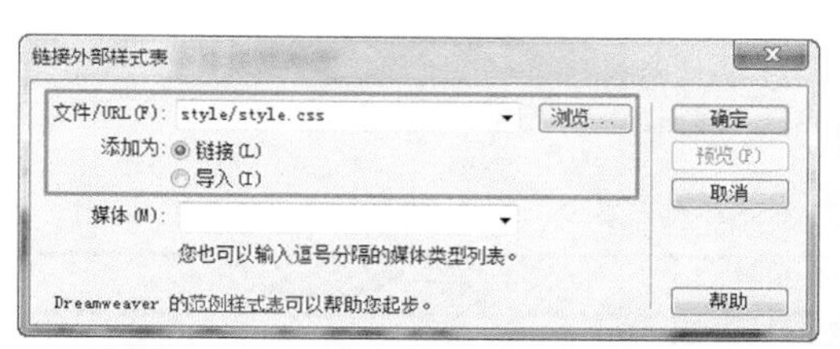

图24-125 “链接外部样式表”对话框

```
* {
    border: 0px;
    margin: 0px;
    padding: 0px;
}
body {
    font-family: "宋体";
    font-size: 12px;
    color: #000;
    background-image: url(../images/bg.jpg);
    background-repeat: repeat-x;
}
```

图24-126 CSS样式代码

04 返回到设计视图，可以看到页面效果，如图24-127所示。将光标放置在页面中，插入名为box的Div，切换到外部CSS样式表文件中，创建名为#box的CSS规则，如图24-128所示。

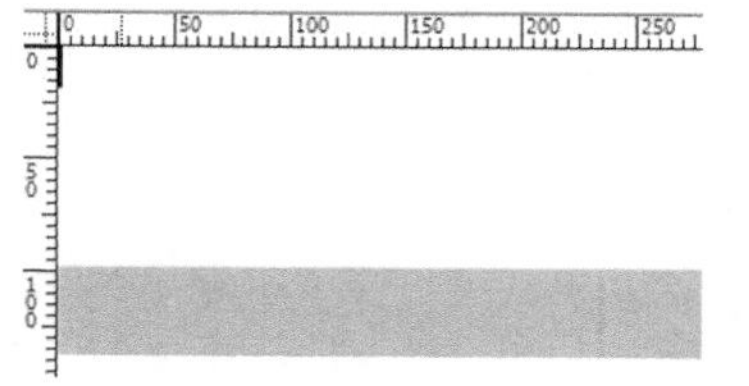
图24-127 页面效果

```
#box {
    width: 1261px;
    height: 100%;
    overflow: hidden;
}
```

图24-128 CSS样式代码

05 返回到设计视图中，可以看到页面效果，如图24-129所示。将光标移至名为box的Div中，删除多余文字，在该Div中插入名为top的Div，切换到外部CSS样式表文件中，创建名为#top的CSS规则，如图24-130所示。

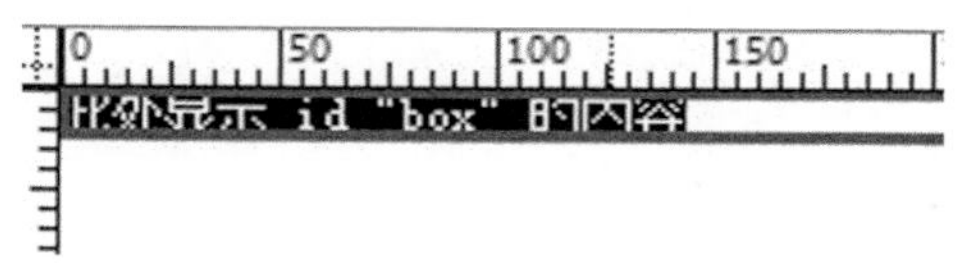

图24-129 页面效果

```
#top {
    width: 1015px;
    height: 84px;
    margin: 0px auto;
}
```

图24-130 CSS样式代码

06 返回到设计视图中，可以看到页面效果，如图24-131所示。将光标移至名为top的Div中，删除多余文字，在该Div中插入名为logo的Div，切换到外部CSS样式表文件中，创建名为#logo的CSS规则，如图24-132所示。

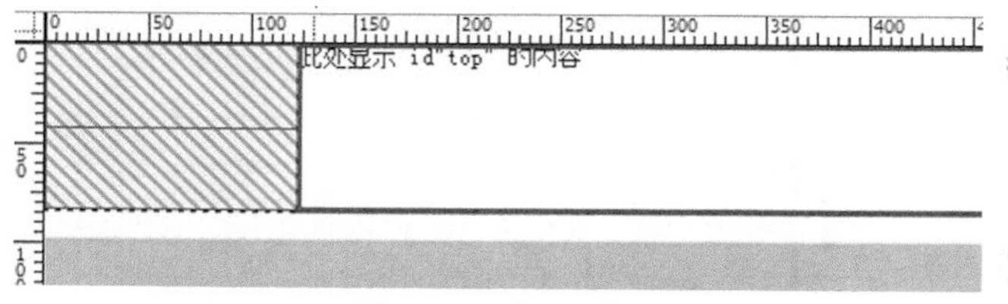

图24-131 页面效果

```
#logo {
    width: 163px;
    height: 84px;
    float: left;
}
```

图24-132 CSS样式代码

07 返回到设计视图中，可以看到页面效果，如图24-133所示。将光标移至名为logo的Div，删除多余文字，插入图像244201.jpg，如图24-134所示。

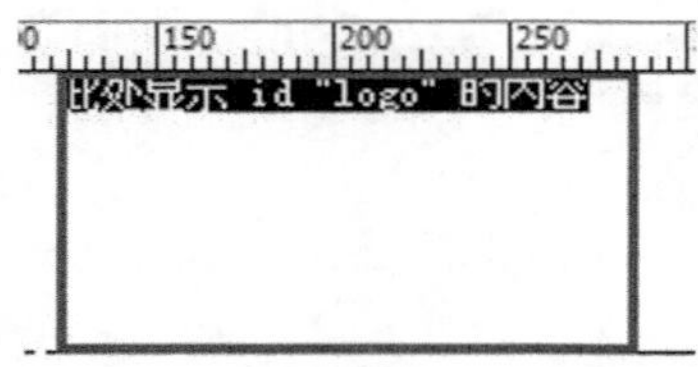

图24-133 页面效果

图24-134 插入图像

08 在名为logo的Div后插入名为sear的Div，切换到外部CSS样式表文件中，创建名为#sear的CSS规则，如图24-135所示。返回到设计视图中，可以看到页面效果，如图24-136所示。

```
#sear {
    width: 393px;
    height: 58px;
    float: left;
    margin-top: 23px;
    margin-left: 165px;
    background-image: url(../images/244202.jpg);
    background-repeat: no-repeat;
}
```

图24-135 CSS样式代码

图24-136 页面效果

09 将光标移至名为sear的Div中，删除多余文字，单击“插入”面板上的“表单”选项卡中的“表单”按钮，插入表单域，如图24-137所示。将光标移至表单域中，单击“表单”选项卡中的“文本字段”按钮，弹出“输入标签辅助功能属性”对话框，设置如图24-138所示。

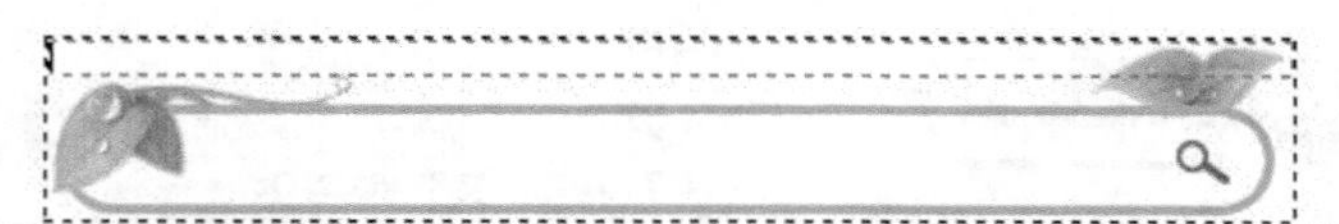

图24-137 页面效果

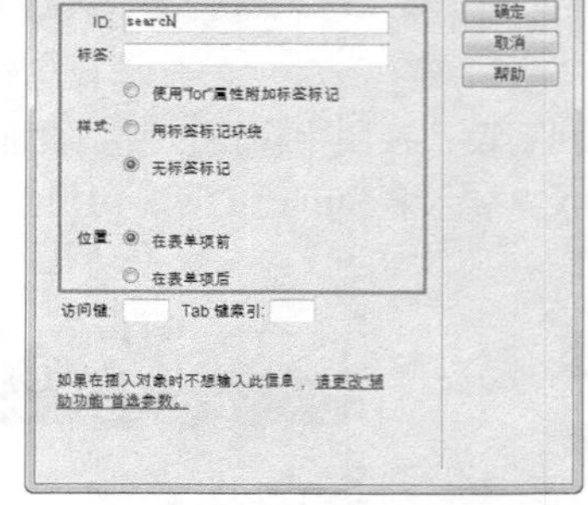

图24-138 “输入标签辅助功能属性”对话框

10 完成该对话框的设置，单击“确定”按钮，切换到外部CSS样式表文件中，创建名为#search的CSS规则，如图24-139所示。返回到设计视图中，可以看到页面效果，如图24-140所示。

```
#search {
    width: 300px;
    height: 25px;
    line-height: 25px;
    margin-top: 26px;
    margin-left: 50px;
}
```

图24-139 CSS样式代码

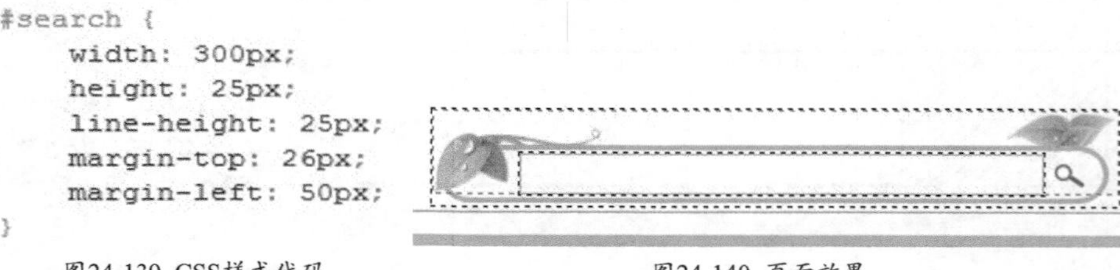

图24-140 页面效果

⑪ 在名为sear的Div后，插入名为menu_text的Div，切换到外部CSS样式表文件中，分别创建名为#menu_text和名为#menu_text img的CSS规则，如图24-141所示。返回到设计视图中，可以看到页面效果，如图24-142所示。

```
#menu_text {
    width: 290px;
    height: 20px;
    float: left;
    color: #94c434;
    font-family: "黑体";
    font-weight: bold;
    line-height: 20px;
}
#menu_text img {
    margin-top: 5px;
    vertical-align: top;
    margin-left: 5px;
}
```

图24-141 CSS样式代码

此处显示 id"menu_text" 的内容

图24-142 页面效果

⑫ 将光标移至名为menu_text的Div中，删除多余文字，输入相应的文字并插入图像，如图24-143所示。在名为top的Div后插入名为flash的Div，切换到外部CSS样式表文件中，创建名为#flash的CSS规则，如图24-144所示。

设为首页 | 加入收藏 | 加盟热线 | 邮箱登录

图24-143 页面效果

```
#flash {
    width: 1261px;
    height: 75px;
    text-align: center;
}
```

图24-144 CSS样式代码

⑬ 返回到设计视图中，可以看到页面效果，如图24-145所示。将光标移至名为flash的Div中，删除多余文字，插入flash“光盘\源文件\第24章\images\24-3-1.swf”，效果如图24-146所示。

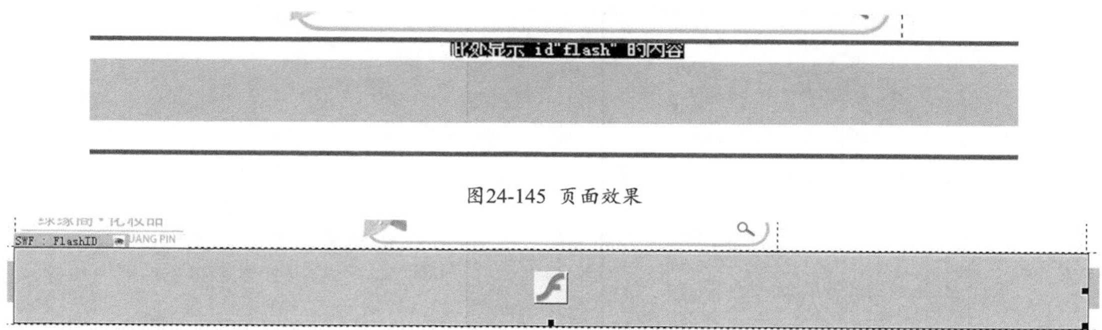

图24-145 页面效果

图24-146 插入flash动画

⑭ 在名为flash的Div后插入名为main的Div，切换到外部CSS样式表文件中，创建名为#main的CSS规则，如图24-147所示。返回到设计视图中，可以看到页面效果，如图24-148所示。

```
#main {
    width: 1058px;
    height: 100%;
    overflow: hidden;
    margin: 0px auto;
}
```


图24-147 CSS样式代码

图24-148 页面效果

⑮ 将光标移至名为main的Div中，删除多余文字，插入名为left的Div，切换到外部CSS样式表文件中，创建名为#left的CSS规则，如图24-149所示。返回到设计视图中，可以看到页面效果，如图24-150所示。

```
#left {
    width: 249px;
    height: 100%;
    overflow: hidden;
    float: left;
}
```

图24-149 CSS样式代码

图24-150 页面效果

⑯ 将光标移至名为left的Div中，删除多余文字，插入名为sort的Div，切换到外部CSS样式表文件中，分别创建名为#sort和名为#sort img的CSS规则，如图24-151所示。返回到设计视图中，可以看到页面效果如图24-152所示。

```
#sort {
    width: 161px;
    height: 129px;
    background-image: url(../images/244204.jpg);
    background-repeat: no-repeat;
    padding-top: 72px;
    padding-left: 82px;
    line-height: 24px;
    color: #7a7a7a;
}
#sort img {
    margin-left: 22px;
}
```

图24-151 CSS样式代码

图24-152 页面效果

⑰ 将光标移至名为sort的Div中，删除多余文字，输入段落文字并插入相应的图像，页面效果如图24-153所示。在名为sort的Div后，插入名为pic的Div，切换到外部CSS样式表文件中，创建名为#pic的CSS规则，如图24-154所示。

图24-153 页面效果

```
#pic {
    width: 177px;
    height: 100px;
    margin-left: 70px;
    margin-top: 45px;
}
```

图24-154 CSS样式代码

⑱ 返回到设计视图中，可以看到页面效果如图24-155所示。将光标移至名为pic的Div中，删除多余文字，插入图像“光盘\源文件\第24章\images\244206.jpg”，如图24-156所示。

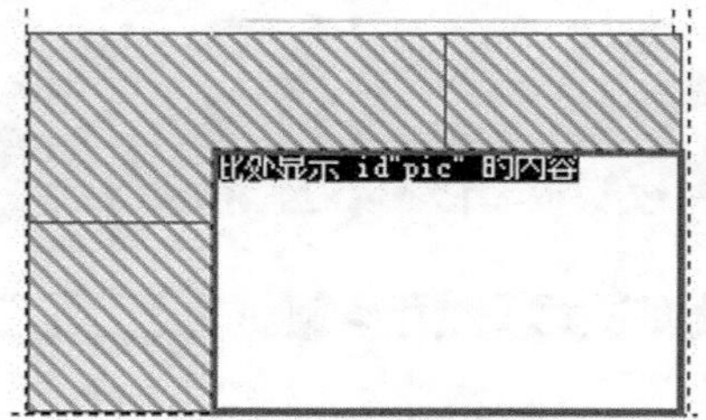

图24-155 页面效果

图24-156 插入图像

⑲ 使用相同方法，完成相似内容的制作，页面效果如图24-157所示。在名为pic02的Div后插入名为news_title的Div，切换到外部CSS样式表文件中，创建名为#news_title的CSS规则，如图24-158所示。

图24-157 页面效果

```
#news_title {
    width: 169px;
    height: 25px;
    margin-left: 70px;
    margin-top: 25px;
    background-color: #a7ca64;
    color: #FFF;
    font-family: "黑体";
    font-size: 14px;
    padding-left: 8px;
    line-height: 25px;
    font-weight: bold;
}
```

图24-158 CSS样式代码

⑳ 返回到设计视图在中，可以看到页面效果，如图24-159所示。将光标移至名为news_title的Div中，删除多余文字，输入相应的文字，文字效果如图24-160所示。

图24-159 页面效果

促销特惠活动 >>

图24-160 输入文字

㉑ 在名为news_title的Div后插入名为news_text的Div，切换到外部CSS样式表文件中，创建名为#news_text的CSS规则，如图24-161所示。返回到设计视图，可以看到页面效果，如图24-162所示。

```
#news_text {
    width: 151px;
    height: 116px;
    margin-left: 70px;
    padding-top: 6px;
    padding-left: 24px;
    border-left: 1px solid #e1e1e1;
    border-right: 1px solid #e1e1e1;
    color: #585858;
    line-height: 13px;
}
```

图24-161 CSS样式代码

图24-162 页面效果

㉒ 切换到外部CSS样式表文件中，分别创建名为#news_text img和名为.font、.font01的CSS规则，如图24-163所示。返回到设计视图中，将光标移至名为news_text的Div中，删除多余文字，输入文字插入图像，并为相应的文字和图像应用相应的类样式，页面效果如图24-164所示。

```
#news_text img {
    vertical-align: middle;
    margin-right: 7px;
}
.font {
    font-family: "黑体";
    font-size: 14px;
    color: #000;
    font-weight: bold;
    line-height: 20px;
}
.font01 {
    font-family: "黑体";
    font-size: 14px;
    color: #7ab443;
    font-weight: bold;
    line-height: 18px;
}
```

图24-163 CSS样式代码

图24-164 页面效果

㉓ 将光标移至名为news_text的Div后插入图像“光盘\源文件\第24章\images\2442011.jpg”，如图24-165所示。切换到外部CSS样式表文件中，创建名为.img01的类CSS样式，如图24-166所示。

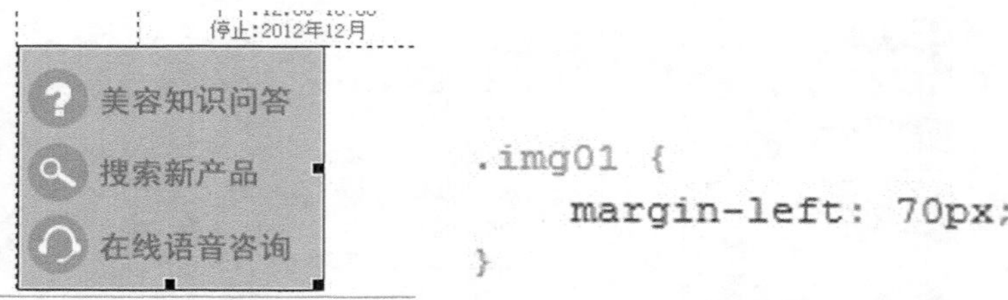

图24-165 页面效果　　　　图24-166 CSS样式代码

㉔ 返回到设计视图中，为该图像应用刚定义的类样式，可以看到页面效果，如图24-167所示。将光标移至图像后，插入名为news01的Div，切换到外部CSS样式表文件中，创建名为#news01的CSS规则，如图24-168所示。

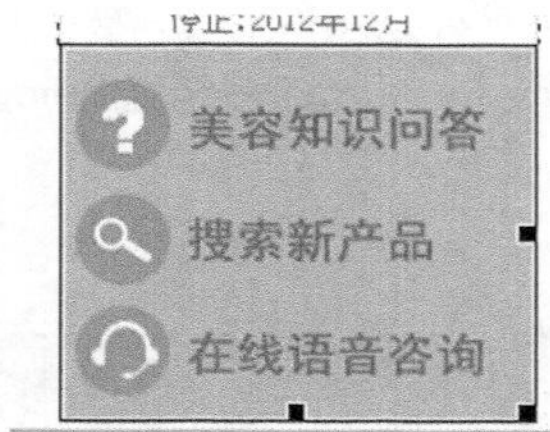


```
#news01 {
    width: 167px;
    height: 142px;
    margin-left: 70px;
    margin-top: 12px;
    padding-left: 8px;
    border: 1px solid #e1e1e1;
    color: #7fa82e;
    line-height: 28px;
}
```

图24-167 页面效果　　　　图24-168 CSS样式代码

㉕ 返回到设计视图中，可以看到页面效果，如图24-169所示。将光标移至名为news01的Div中，删除多余文字，插入相应的图像并输入文字，页面效果如图24-170所示。

单次购买300元以上得赠…
办会员卡立即成为会员…
免费获赠护肤技巧说明…
凡节假日咨询师上门指…
持会员卡者享受五折…

图24-169 页面效果　　　　图24-170 插入图像并输入文字

㉖ 切换到外部CSS样式表文件中，创建名为#news01 img的CSS规则，如图24-171所示。返回到设计视图中，可以看到页面效果，如图24-172所示。

```
#news01 img {
    vertical-align: middle;
    margin-right: 5px;
}
```

单次购买300元以上得赠…
办会员卡立即成为会员…
免费获赠护肤技巧说明…
凡节假日咨询师上门指…
持会员卡者享受五折…

图24-171 CSS样式代码　　　　图24-172 页面效果

㉗ 在名为left的Div后插入名为center的Div，切换到外部CSS样式表文件中，创建名为#center的CSS规则，如图24-173所示。返回到设计视图中，可以看到页面效果，如图24-174所示。

图24-173 CSS样式代码　　　　图24-174 页面效果

㉘ 将光标移至名为center的Div中，删除多余文字，插入名为pic03的Div，切换到外部CSS样式表文件中，创建名为#pic03的CSS规则，如图24-175所示。返回到设计视图中，可以看到页面效果，如图24-176所示。

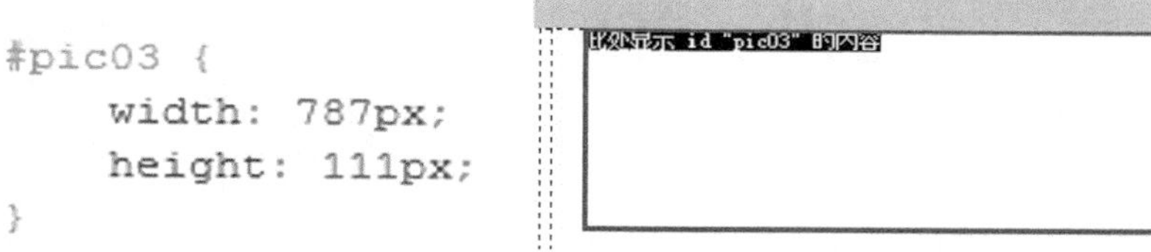

图24-175 CSS样式代码　　图24-176 页面效果

㉙ 将光标移至名为pic03的Div中，删除多余文字，插入图像"光盘\源文件\第24章\images\2442013.jpg"，如图24-177所示。在名为pic03的Div后插入名为pic04的Div，切换到外部CSS样式表文件中，创建名为#pic04的CSS规则，如图24-178所示。

```
#pic04 {
    width: 784px;
    height: 204px;
    border: 2px solid #d5d5d5;
}
```

图24-177 插入图像　　图24-178 CSS样式代码

㉚ 返回到设计视图中，可以看到页面效果，如图24-179所示。将光标移至名为 pic04的Div中，删除多余文字，插入图像"光盘\源文件\第24章\images\2442014.jpg"，如图24-180所示。

图24-179 页面效果　　图24-180 插入图像

㉛ 使用相同方法，完成相似内容的制作，效果如图24-181所示。在名为pi05的Div后插入名为center01的Div，切换到外部CSS样式表文件中，创建名为#center01的CSS规则，如图24-182所示。返回到设计视图中，可以看到页面效果，如图24-183所示。

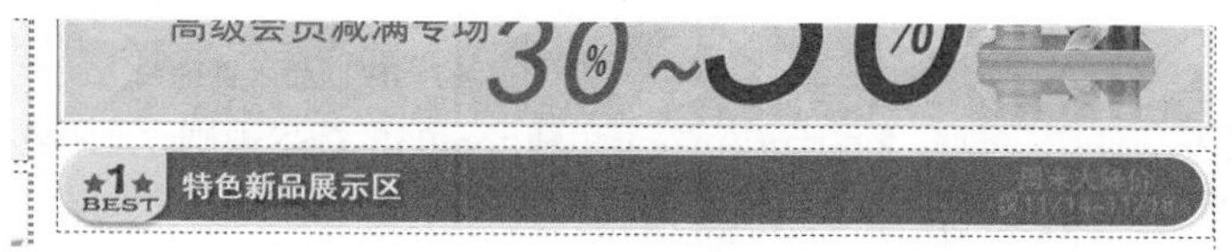

图24-181 页面效果

```
#center01 {
    width: 790px;
    height: 100%;
    overflow: hidden;
}
```

图24-182 CSS样式代码　　图24-183 页面效果

㉜ 将光标移至名为center01的Div中，删除多余文字，插入名为product01的Div，切换到外部CSS样式表文件中，创建名为#product01的CSS规则，如图24-184所示。返回到设计视图中，可以看到页面效果，如图24-185所示。

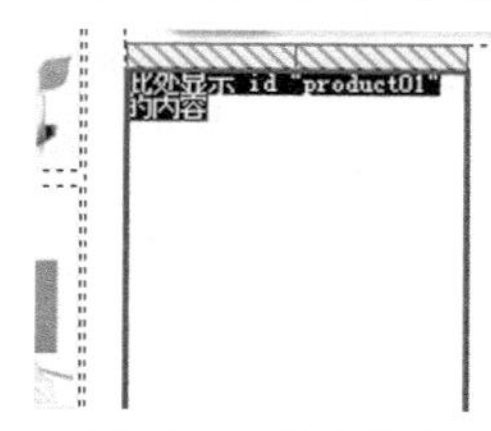

图24-184 CSS样式代码　　图24-185 页面效果

33 将光标移至名为product01的Div中，删除多余文字，插入名为pro01的Div，切换到外部CSS样式表文件中，创建名为#pro01的CSS规则，如图24-186所示。返回到设计视图中，可以看到页面效果，如图24-187所示。

```
#pro01 {
    width: 148px;
    height: 147px;
    border: 1px solid #f4f4f4;
}
```

图24-186 CSS样式代码

此处显示 id "pro01" 的内容

图24-187 页面效果

34 将光标移至名为pro01的Div中，删除多余文字，插入图像"光盘\源文件\第24章\images\001.jpg"，如图24-188所示。在名为pro01的Div后插入名为pri01的Div，切换到外部CSS样式表文件中，创建名为#pri01的CSS规则，如图24-189所示。

图24-188 页面效果

```
#pri01 {
    width: 150px;
    height: 28px;
    margin-top: 2px;
    background-color: #f4f4f4;
    line-height: 26px;
    font-family: "微软雅黑";
    color: #666666;
    font-weight: bold;
}
```

图24-189 CSS样式代码

35 返回到设计视图中，可以看到页面效果，如图24-190所示。将光标移至名为pri01的Div中，删除多余文字，插入相应的图像并输入文字，页面效果如图24-191所示。

图24-190 页面效果

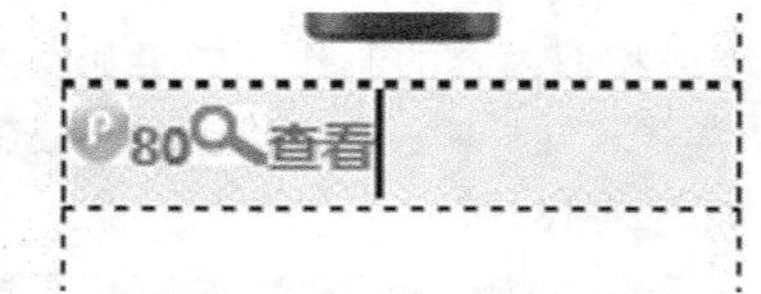

图24-191 插入图像输入文字

36 切换到外部CSS样式表文件中，创建名为#pri01 img和和.font05的CSS规则，如图24-192所示。返回到设计视图中，为相应的文字应用刚定义的类样式，可以看到页面效果，如图24-193所示。

```
#pri01 img {
    margin-left: 26px;
    margin-right: 4px;
    vertical-align: middle;
}
.font05 {
    color: #e18e28;
}
```

图24-192 CSS样式代码

图24-193 页面效果

37 在名为pri01的Div后插入名为text01 的Div，切换到外部CSS样式表文件中，创建名为#text01的CSS规则，如图24-194所示。返回到设计视图中，可以看到页面效果，如图24-195所示。

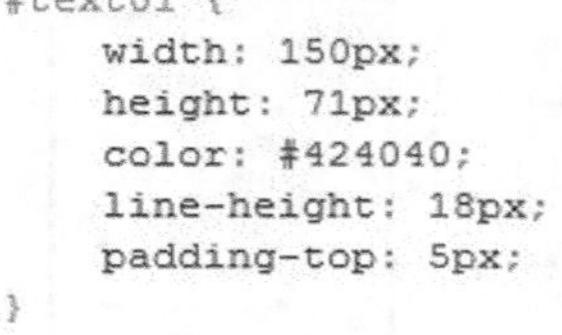

```
#text01 {
    width: 150px;
    height: 71px;
    color: #424040;
    line-height: 18px;
    padding-top: 5px;
}
```

图24-194 CSS样式代码

图24-195 页面效果

㊳ 将光标移至名为text01的Div中，删除多余文字，输入文字并插入图像，如图24-196所示。切换到外部CSS样式表文件中，分别创建名为#text01 img、.font03和.font04的CSS规则，如图24-197所示。返回到设计视图中，为相应文字应用相应的类样式，效果如图24-198所示。

图24-196 输入文字插入图像

```
#text01 img {
    margin-left: 10px;
}
.font03 {
    color: #649900;
}
.font04 {
    color: #fe0104;
}
```

图24-197 CSS样式代码

图24-198 页面效果

㊴ 使用相同方法，完成其他内容的制作，页面最终效果如图24-199所示。执行“文件>保存”命令，保存该页面，在浏览器中预览页面，效果如图24-200所示。

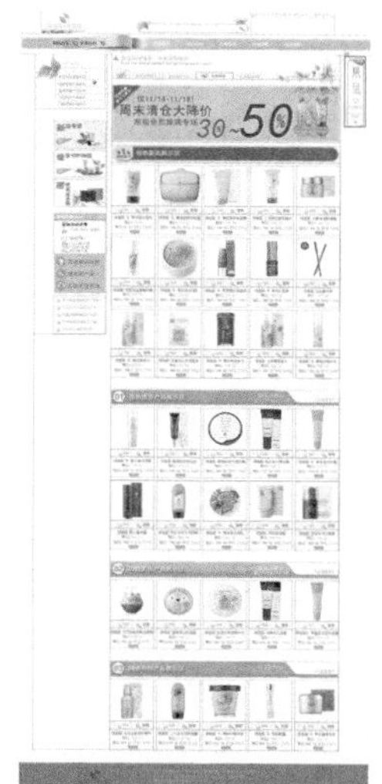

图24-199 页面效果

图24-200 在浏览器中预览页面

24.5 本章小结

本章综合讲述了电子商务网站页面的制作方法，首先在Photoshop中对网站页面进行设计，并且完成了对网页中素材图像的切割，然后使用Flash完成网页中导航菜单动画的制作，最后在Dreamweaver中将该页面制作成HTML页面。通过本章的学习，读者应该对网页设计制作的流程有进一步的了解和认识，并掌握一个完整网站页面的设计制作流程。